W0261310

Lebensmitteltoxikologie

Herausgegeben von

Prof. Dr. Rainer Macholz, Bergholz-Rehbrücke

und

Dr. sc. Hans Jochen Lewerenz, Bergholz-Rehbrücke

mit einem Beitrag von Dr. Heribert Benz, Koblenz

Mit 128 Abbildungen und 169 Tabellen

Springer-Verlag Berlin Heidelberg New York
London Paris Tokyo

Bearbeiter:

Dr. M. Achtzehn: Abschn. 19.2., *Dr. habil. H. Ackermann:* Kap. 12., Abschn. 8.17.9., *Prof. Dr. sc. M. Anke:* Abschn. 10.1. bis 10.21., *Prof. Dr. sc. H. Beitz:* Abschn. 11.1., 11.2., *Dr. H. Benz:* Kap. 24., *Dr. sc. D. W. R. Bleyl:* Kap. 5., Abschn. 6.6., *Dr. H.-H. Borchert:* Abschn. 4.1., 4.3., *Prof. Dr. sc. R. Engst:* Kap. 1., *Dr. sc. W. Fritz:* Kap. 17., 18., Abschn. 19.1., *Prof. Dr. sc. E. Heinisch:* Abschn. 13.1., 13.2., *Dr. H. Höring:* Abschn. 13.3.7., 14.2.3.2., *Dr. habil. K.-H. Horn:* Kap. 6.7., *Dr. A. Jantz:* Kap. 21., *Dr. S. Klein:* Abschn. 10.22., 13.1., 13.2., *Dr. R. Knoll:* Abschn. 13.3.1. bis 13.3.6., *Dr. F. Kretzschmann:* Kap. 14., 16., *Prof. Dr. sc. M. Kujawa:* Abschn. 11.3., *R. Levy:* Abschn. 14.7., *Dr. sc. H.-J. Lewerenz:* Kap. 2., 3., Abschn. 6.1. bis 6.5., Kap. 7., *Prof. Dr. sc. E. Ludwig:* Kap. 15., *Prof. Dr. sc. R. Macholz:* Kap. 8., *Dr. R. Plass:* Kap. 9., *Dr. H. Paulenz:* Kap. 23., *Dr. sc. H. Rein:* Abschn. 4.2., *Prof. Dr. sc. K. Ruckpaul:* Abschn. 4.2., *Dr. W. Schnaak:* Abschn. 11.4., *Prof. Dr. sc. J. Schöneich:* Abschn. 6.8., *Prof. Dr. habil. T. Schramm:* Abschn. 6.7., *Dr. H. Woggon:* Kap. 20., *Dr. H.-J. Zunft:* Kap. 22.

Lizenzausgabe für den
Springer-Verlag Berlin Heidelberg New York London Paris Tokyo

Vertriebsrechte für die nichtsozialistischen Länder:
Springer-Verlag Berlin Heidelberg New York London Paris Tokyo

Vertriebsrechte für die sozialistischen Länder:
Akademie-Verlag Berlin

ISBN-13: 978-3-642-73270-6   e-ISBN-13: 978-3-642-73269-0
DOI: 10.1007/978-3-642-73269-0

CIP-Titelaufnahme der Deutschen Bibliothek
Lebensmitteltoxikologie / hrsg. von Rainer Macholz u. Hans-
Jochen Lewerenz. Mit e. Beitr. von Heribert Benz. [Bearb.: M.
Achtzehn ...]. — Berlin ; Heidelberg ; New York ; London ;
Paris ; Tokyo : Springer, 1989
    ISBN 3-540-18671-9 (Berlin ...)
    ISBN 0-387-18671-9 (New York ...)
NE: Macholz, Rainer [Hrsg.]; Benz, Heribert [Mitverf.]

Satz und Druck: VEB Druckhaus „Maxim Gorki", Altenburg
Buchbinderei: Lüderitz & Bauer, Berlin
2154/3020-543210

Vorwort

In den letzten Jahrzehnten ist die Bedeutung der Lebensmitteltoxikologie enorm gewachsen. Der Wunsch, in gesunder Umwelt dem Wohlbefinden nicht abträgliche Lebensmittel verzehren zu können, hat verstärkt zu Diskussionen über lebensmitteltoxikologische Probleme unter Laien geführt. Hier kommt dem Fachmann eine eminente Verantwortung zu, wobei der Schwerpunkt auf der sachlichen Erläuterung der meist vielfältigen Aspekte der toxikologischen Bewertung von chemischen Stoffen liegen muß. Dabei wird das Fehlen von zusammenfassenden Darstellungen der biologischen Grundlagen zur Beurteilung toxischer Wirkungen und deren Anwendung auf die Vielzahl von Einzelsubstanzen in unserer Nahrung besonders deutlich.

Anliegen dieses Buches ist es, dem sowohl biologisch als auch lebensmittelchemisch orientierten Fachmann das interdisziplinäre Herangehen an die Bewertung von Substanzen zu erleichtern. Dabei sind zwangsläufig biochemische, toxikologisch-pharmakologische, ernährungswissenschaftliche, ökologische sowie teilweise medizinische Aspekte zu berücksichtigen, um dem Leser die Vielschichtigkeit der Problematik zu verdeutlichen. Vielfach liegen auch physiologische und toxikologische Aspekte so eng beieinander, daß ihre Trennung schon aus didaktischen Gründen wenig sinnvoll erscheint.

Über Einzelgebiete existieren zahlreiche Bücher, deren Inhalt sich seltener auf die biologischen Grundlagen bezieht oder bei denen weitgehend nur lebensmittelchemische Aspekte im Vordergrund stehen. Abhandlungen letzterer Art liegt nur selten die Absicht zugrunde, die breite Vielfalt der verschiedenen chemischen Stoffklassen darzustellen. Zudem sind seit einigen Jahren Stoffgruppen zu beachten, die bislang unberücksichtigt geblieben waren.

Dieses Buch soll weder ein Lehrbuch noch eine Monographie sein, auch nicht eine Anleitung zur Diagnose und Therapie von Intoxikationen. Auch legislative Aspekte, die sehr landesspezifisch sind, stellen keinen inhaltlichen Schwerpunkt dar.

Die weiterführende Literatur wurde nicht in der Absicht ausgewählt, alle Einzelfakten zu belegen, sondern sie bietet dem Leser über wenige Angaben den Zugang zur Originalliteratur.

Wir bedanken uns bei den Autoren für die Diskussionen zur inhaltlichen Gestaltung und besonders für ihr Verständnis, das sie den vielfältigen Wünschen der Herausgeber bezüglich der Gliederung und des Inhaltes entgegenbrachten.

Dem Leser werden mitunter vielleicht Uneinheitlichkeiten im Aufbau und Stil der einzelnen Kapitel auffallen. Dies ließ sich bei der Vielzahl der Autoren, die in der Absicht der Herausgeber, jeweils Experten hinzuzuziehen, ausgewählt wurden, nicht völlig vermeiden.

Zahlreiche Hinweise erhielten wir von Mitarbeitern und Fachkollegen zur inhaltlichen Gestaltung und zur Gliederung unseres Buches. Besonders wurde die Unterteilung der stärker substanzbezogenen Kapitel im zweiten Teil des Buches diskutiert, bis wir uns für das Ordnungsprinzip Pflanzenproduktion — Tierproduktion — Umwelteinflüsse — Be- und Verarbeitung — Lagerung entschieden hatten.

Jeder Fachmann hat sicherlich selbst schon erfahren, daß die Klassifizierung gesundheitsrelevanter Stoffe weder nach chemischen Prinzipien noch bezüglich ihrer Herkunft völlig durchgängig ohne Kompromisse und Überschneidungen möglich ist. Zudem erzwingt die aktuelle Entwicklung unseres Fachgebietes die Einbeziehung so übergreifender Kapitel wie „Strahlenbehandlung" und „Nahrungsmittelintoleranzen", deren Aufsplitterung in stoffbezogene Kapitel wenig sinnvoll erscheint.

In den Relationen der Kapitel untereinander wird sich auch nicht die Rangliste der Risiken bei Tisch widerspiegeln können. Infolge der in heutiger Zeit immer stärker in den Vordergrund drängenden präventiven Aufgaben der Toxikologie sind diejenigen Vorleistungen dieses Fachgebietes auszuweisen, die die praktische Relevanz streng überwachter Stoffe im Vergleich zu unkontrolliert verwendeten oder unbeabsichtigt in die Nahrung gelangenden Substanzen in den Hintergrund treten lassen.

Die Wiedergabe von Handelsnamen und Erzeugnisbezeichnungen berechtigt auch ohne die bes. Kennzeichnung nicht zu der Annahme, daß solche Namen im Sinne der Gesetzgebungen als frei zu betrachten sind.

Unseren Mitarbeiterinnen Frau *B. Michaelis, E. Schulze, R. Donath, B. Nickel, J. Groch, H. Götze, H. Käding, I. Wroz* und *S. Schultz* danken wir für ihre Unterstützung bei der Gestaltung des Manuskriptes. Herrn *Prof. N. Kurihara*, Radioisotope Research Center, Kyoto University, Kyoto, Japan danken wir für die Überlassung der Fotos Abb. 11.5 und 11.6 und Herrn *K. Ingebrigtsen* (Dept. Pharmacology & Toxicology, The Norwegian College of Veterinary Medicine, Oslo, Norwegen) für die Überlassung der Fotos Abb. 11.4. und 11.10 und für die Zustimmung zum Ausdruck. Herrn *Dr. H. Benz* danken wir für den Überblick des Lebensmittelrechts in der Bundesrepublic Deutschland (Kap. 24.).

Rainer Macholz   Hans-Jochen Lewerenz

Inhalt

Abkürzungsverzeichnis

ADI	acceptable daily intake
DC	Dünnschichtchromatographie
DNA	Desoxyribonucleinsäure
FAO	Food and Agriculture Organization of the United Nations
FM	Frischmasse
GC	Gaschromatographie
GSH	Glutathion
HPLC	Hochdruckflüssigchromatographie
IAEA	International Atomic Energy Agency
IARC	International Agency for Research on Cancer
i.p.	intraperitoneal
i.v.	intravenös
KM	Körpermasse
LDL_0	Lethal dose bzw. niedrigste Dosis, die einmal oder in geteilten Dosen über einen gegebenen Zeitraum verabreicht (außer inhalativ), den Tod von Mensch oder Tier auslöst
MFO	Mischfunktionelle Oxidasen
MS	Massenspektroskopie
NOEL	no-observed-effect level
p.o.	per os (oral)
ppm	parts per million (vgl. S. 24)
RNA	Ribonucleinsäure
s.c.	subcutan
TM	Trockenmasse
TDL_0	toxic dose low, niedrigste Dosis, die über einen gegebenen Zeitraum verabreicht (außer inhalativ) einen toxischen Effekt bei Mensch oder Tier auslöst (einschl. Spätwirkungen)
WHO	World Health Organization of the United Nations

1. Einleitung

In den letzten Jahrzehnten haben sich wesentliche Akzente bei der Beurteilung des Wertes von Lebensmitteln verlagert. Während früher vorrangig der Gehalt an Nährstoffen und anderen essentiellen Stoffen sehr deutlich im Vordergrund stand, werden heute in die Bewertung weit stärker Zusätze und vor allem unerwünschte Begleitstoffe einbezogen. So findet neben dem Aspekt einer ausreichenden Versorgung mit essentiellen Stoffen auch die potentielle Gefährdung durch Schadstoffe umfangreiche Beachtung.

Dieses Umdenken ist eine logische Folge z. T. eingreifender Veränderungen der Produktionsmethoden in der Landwirtschaft und bei den Be- und Verarbeitungstechnologien für Lebensmittel. Durch Erfahrung und Forschungsergebnisse gestiegenes „Umweltbewußtsein" der Menschen trägt nicht unwesentlich zur Orientierung auf mögliche Risiken durch Chemikalien in der Nahrung bei. Unzureichendes Wissen über das Vorkommen von chemischen Stoffen in der Umwelt und in den Lebewesen hat zudem die Entwicklung hochempfindlicher, selektiver Analysenmethoden beschleunigt. Im gleichen Maße wurden Erfahrungen über neue, bislang unbekannte oder zu Unrecht wenig beachtete fremdartige Stoffe in Lebensmitteln gewonnen. Dabei wuchs eine grundlegende Erkenntnis: Schadwirkungen (besonders schwierig zu ergründende Spätwirkungen) gehen nicht nur von neuartigen, von Menschenhand geschaffenen Stoffen aus, sondern auch von solchen Stoffen, welche die Natur selbst hervorbringt. Durch Schadstoffe in Lebensmitteln bedingte Gesundheitsrisiken sind somit keine neue Erscheinung in unserer Zeit, was gerade der Laie oft glaubt. Am Risiko des menschlichen Lebens haben auch die Ernährung allgemein und Schadstoffe insbesondere schon immer ihren Anteil. Als neu werden meist jedoch die Höhe und die Vielfalt der Gefährdungsmöglichkeiten in der gegenwärtigen Zeit betrachtet.

Die Vielzahl der Stoffe und ihrer Abbau- und Umwandlungsprodukte, die in diesem Zusammenhang wirksam werden können, kompliziert die Abschätzung ihrer gesundheitlichen Bedeutung. Sie belasten in ihrer Gesamtheit die toxikologische Gesamtsituation. Von den mehr als 4 Mio bekannten chemischen Verbindungen natürlichen oder synthetischen Ursprungs befinden sich heute etwa 63 000 in der menschlichen Umwelt. Der Mensch wird bewußt oder unbewußt ständig mit ihnen konfrontiert. Allein 1 500 chemisch definierte Wirkstoffe werden als Pesticide ausgebracht, wenigstens 4 000 als Arzneimittel verwendet, und für mehr als 5 000 Verbindungen ist die Eignung als Zusatzstoffe bei der Lebensmittelproduktion nachgewiesen worden. Nicht alle der möglichen Stoffe kommen in unserer Nahrung jedoch vor. Dennoch verdeutlicht die große stoffliche Vielfalt einen Teil der Problematik.

Diese Gefährdungsmöglichkeiten zu meistern, ist neben der Erhaltung der uns umgebenden Natur und der Erschließung umweltfreundlicher Energiequellen eine der vordringlichsten Aufgaben der Menschheit. Diese Aufgaben lassen sich nicht durch wehleidige Trauer um die Vergangenheit oder gar eine „Zurück-zur-Natur"-Bewegung lösen, da sie eng mit dem technischen Fortschritt und vielen uns angenehmen Errungenschaften unseres Zeitalters verknüpft sind. Mit dieser Feststellung eng verbunden ist die Tatsache, daß bezüglich des Kontaminationsgrades Lebensmittel stets Spiegelbild unserer Umwelt bzw. des Umganges mit ihnen (Produktion, Verarbeitung, Verpackung, Lagerung u. a.) sind. Deshalb müssen auch verschiedene Arbeitsgebiete der Toxikologie gemeinsam zur Risikominimierung beitragen.

Betrachtet man heute die tatsächlich für Verbraucher bestehenden Risiken, so ergibt sich folgende Rangfolge (mit absteigendem Risiko):

1. Fehlernäherung: Überernährung (Energie, Fett, niedermolekulare Kohlenhydrate), Mangelernährung,
2. Mikroorganismen und deren Toxine in Lebensmitteln,
3. natürlich vorkommende Schadstoffe,
4. Sekundärprodukte der Be- und Verarbeitung von Lebensmitteln,
5. Rückstände und Verunreinigungen,
6. Lebensmittelzusatzstoffe.

Nach dieser international anerkannten Reihenfolge treten mögliche Gesundheitsgefährdungen durch Schadstoffe in der Nahrung gegenüber der Fehlernährung an zweite Stelle (die Trennung von unphysiologisch hohem Fettverzehr z. B. und toxikologischen Fragestellungen sei hier verziehen).

Es ist falsch, aus dieser Rangfolge der Stoffgruppen eine schwerpunktmäßige Orientierung für Forschung, Prüfung, Kontrolle oder gar Reglementierung abzuleiten. Beim Vorkommen eines Stoffes im Lebensmittel ein geringeres Risiko sichern zu können, erfordert seine intensive Beachtung, anderenfalls ist das Risiko nicht kalkulierbar — folglich hoch.

Diese Reihenfolge ist somit bereits eine Auswirkung des bewußten Handelns des Menschen und keinesfalls a priori aus den Stoffeigenschaften ableitbar. Weil Lebensmittelzusatzstoffe außerordentlich streng geprüft, ausgewählt und in der Anwendung reglementiert werden, ist das von ihnen ausgehende Risiko als gering zu betrachten.

Von dieser Bewertungsfolge abweichen müssen zwangsläufig Bewertungsmaßstäbe, die emotional bedingt bei Laien noch verbreitet vorhanden sind („Chemie-Angst", „unnatürliche Stoffe", Mißstände und Pannen und öffentlichkeitswirksame oder in Massenmedien zur Öffentlichkeitswirksamkeit gebrachte Zwischenfälle), die aber weder der Überwachungspraxis noch anderen wissenschaftlichen Grundlagen Rechnung tragen.

Die Anstrengungen zur Absicherung eines gesundheitlich unbedenklichen Vorkommens bzw. Einsatzes von Chemikalien in unserer Nahrung sind hinsichtlich des erforderlichen wissenschaftlichen und für Prüfungen notwendigen Potentials sowie in bezug auf die erforderliche Zeit für ihre Realisierung gewaltig.

Unter Beachtung regionaler Unterschiede in den Schwerpunkten kann diese Aufgabe nur im internationalen Zusammenwirken der Länder gelöst werden. Dieser Weg wird bereits seit langem beschritten. Am häufigsten sind Zusammenschlüsse zwischen Ländern mit ähnlich gelagerten Problemen und gleichen Interessen, besonders zwischen Ländern, in denen gleiche gesellschaftliche und wirtschaftliche Verhältnisse herrschen. So haben sich die im Rat für Gegenseitige Wirtschaftshilfe (RGW) zusammengeschlossenen sozialistischen Staaten Körperschaften geschaffen, in denen die wissenschaftlichen Arbeiten der einzelnen Mitgliedsländer koordiniert und Empfehlungen für gemeinsame Festlegungen und Bestimmungen erarbeitet werden. Ein vergleichbares Vorgehen gibt es zwischen den Ländern der Europäischen Gemeinschaft (EG) und — in mehr oder weniger verbindlicher Form — in anderen Staaten und ökonomischen Gruppierungen.

Die wichtigste und effektivste Form der Informationssammlung, -verarbeitung und -weitergabe bezüglich Ernährung und Gesundheit betreiben die Welternährungs- und -landwirtschaftsorganisation (FAO) und die Weltgesundheitsorganisation (WHO). Deren gemeinsame Expertenausschüsse werten die Forschungsergebnisse aller Länder aus, beurteilen sie sachgerecht und leiten daraus Empfehlungen ab. Diese allen nationalen Gesundheitsbehörden zur Verfügung stehenden Empfehlungen bilden meist die Grundlage nationaler gesetzlicher Bestimmungen und Forderungen, wobei landesspezifische Auslegungen der international vorliegenden Erkenntnisse durchaus vorkommen.

Die WHO hat als nachgeordnete Einrichtung der Organisation der Vereinten Nationen (UNO) schon 1948 ihre Arbeit aufgenommen. Danach wurde bald begonnen, von Experten der Mitgliedsländer zu den damals aktuellen Fragen der Gesundheitspolitik Stellungnahmen und Empfehlungen ausarbeiten zu lassen, um sie der Weltöffentlichkeit zugängig zu machen. Es wurden zusammen mit der FAO gemeinsame Sachverständigengremien für spezielle Aufgaben (Joint FAO/WHO Expert Committee on Food Additives, Joint FAO/WHO Expert Committee on Pesticides u. ä.) gegründet, die seit 1956 regelmäßig in den „Technical Report Series", den Monographien der „Food Additives Series", neuerdings auch in den „Environmental Health Criteria" (International Programme on Chemical Safety, IPCS) der WHO u. a. Organisationen sowie in den „Nutrition Meetings Report Series", den „Food and Nutrition Papers" der WHO sowie weiteren Publikationen die Ergebnisse ihrer Arbeit veröffentlichen. Inzwischen sind über 700 WHO-Hefte publiziert worden, davon befaßt sich ein großer Teil mit Fremd- und Zusatzstoffen in der Nahrung, was die große Bedeutung dieser Substanzen widerspiegelt.

Die Arbeit der WHO wird durch Aktivitäten angeschlossener Organisationen wie der International Agency for Research on Cancer (IARC), die sich speziell mit der Beurteilung von cancerogenen und mutagenen Stoffen in Lebensmitteln und in der Umwelt in einer Monographien-Reihe befaßt und der International Atomic Energy Agency (IAEA), die den Einfluß ionisierender Strahlen auf Lebensmittel begutachtet, ergänzt.

Eine besondere Bedeutung kommt der Codex Alimentarius Commission zu. Der FAO und WHO nachgeordnet hat sie die Aufgabe übernommen, aus den Empfehlungen der Expertenkomitees Vorschläge für die Normierung einzelner Lebensmittel und Toleranzfestlegungen für Fremd- und Zusatzstoffe abzuleiten. Diese Vorschläge sind eine wertvolle Orientierung im internationalen Handel und erleichtern den zwischenstaatlichen Warenaustausch.

Der Wert der Arbeit der FAO/WHO besteht darin, daß den nationalen Regierungen, im besonderen von wirtschaftlich schwächeren und in der Lebensmittelgesetzgebung weniger traditionsreichen Ländern, Entscheidungshilfen gegeben werden. Diese Entscheidungen sind immer so gut wie die Informationen und Untersuchungsergebnisse zutreffend sind, aus denen sie abgeleitet wurden. Die Expertenkomitees der FAO und WHO bestehen aus erfahrenen Spezialisten und verfügen über die bestmöglichen Informationen. Dennoch sind auch ihre Entscheidungen nicht unfehlbar. Vielfache Revisionen, die auf Grund neu hinzukommender Untersuchungsergebnisse notwendig waren, veranschaulichen, daß es auch hier absolute und endgültige Feststellungen nicht gibt.

Vielfach ist es notwendig, zur Entscheidung für oder gegen seine Substanz Nutzen und Risiko gegeneinander abzuwägen. Dieser Kompromiß muß garantieren, daß das mutmaßlich verbleibende Restrisiko bei Anwendung oder Duldung einer Substanz in unserer Umwelt durch die gesicherten Vorteile, die die angewendete oder geduldete Substanz der menschlichen Gesellschaft bringt, bei weitem aufgehoben wird.

Trotz aller Bemühungen wird der Einsatz von Chemikalien oft mit einem Restrisiko verbunden sein. Dieses „kalkulierbar" zu gestalten und zu minimieren ist das Ziel der Lebensmitteltoxikologie.

2*

2. Aufgabengebiet der Lebensmitteltoxikologie

2.1. Definition, Anliegen

Die Lebensmitteltoxikologie hat die Aufgabe, schädliche Einflüsse chemischer Agenzien auf den Menschen über die Nahrungsaufnahme aufzufinden, zu analysieren und zu verhüten. Sie stellt ein spezielles Aufgabengebiet der Toxikologie dar. Auf Grund der Verflechtung mit der Ernährungswissenschaft wird die Arbeitsrichtung auch Ernährungstoxikologie genannt. Bei der Aufklärung der Wechselwirkung zwischen Stoff und Organismus bedient sich die Lebensmitteltoxikologie allgemeiner Prinzipien und Methoden der Toxikologie. Sowohl in der Grundlagen- und angewandten Forschung als auch bei der toxikologischen Prüfung finden theoretische und praktische Erkenntnisse verschiedener Disziplinen, wie der Biologie, Chemie, physikalischen Chemie, Biochemie, Physiologie, Pathologie, Pharmakologie und Biometrie Anwendung. Die Besonderheiten gegenüber anderen toxikologischen Arbeitsrichtungen bestehen darin, daß die Aufnahme der Stoffe über den Gastrointestinaltrakt erfolgt, die ernährungsbedingte Stoffexposition sich über die gesamte Lebensspanne erstrecken kann und alle Bevölkerungsgruppen in der Nahrung vorhandenen chemischen Substanzen ausgesetzt sind.

Die Arbeitsweise der Lebensmitteltoxikologie wird durch eine vorwiegend biologisch-toxikologische und eine chemisch-toxikologische Aufgabenstellung bestimmt. Die biologisch ausgerichtete Aufgabenstellung hat folgende Aspekte zu berücksichtigen:

— Unerwünschte Effekte können sich in Störungen der biologischen Funktionen, Zerstörungen von Strukturen oder Änderungen des Verhaltens äußern.
— Schädigende Wirkungen können sich in Fertilitätsstörungen, Einflüssen während der Schwangerschaft auf Mutter und Keimling mit prä- und postnatalen Folgen und in Laktationsbeeinträchtigungen widerspiegeln.
— Die physiologischen Bedingungen des heranwachsenden jugendlichen Organismus mit unvollständig entwickelten Möglichkeiten der Stoffumwandlung und -ausscheidung, besonderen Permeabilitätsverhältnissen und noch nicht ausreichend ausgebildeten anderen Schutzmechanismen können eine erhöhte Anfälligkeit bedeuten.
— Schädigungen der Erbanlagen können sich in Veränderungen bei späteren Generationen offenbaren.

Die vorwiegend chemisch orientierte Aufgabenstellung der Lebensmitteltoxikologie umfaßt die Analytik der chemischen Stoffe, einschließlich der qualitativen und quantitativen Erfassung der in der Nahrung und im Organismus vorgehenden Abbau- und Umwandlungsprozesse.

Die Lebensmitteltoxikologie hat zu beachten, daß eine Beeinflussung der Lebensprozesse auch auf einer Interaktion chemischer Agenzien mit Nährstoffen und ernährungsphysiologischen Vorgängen beruhen kann. Innerhalb des Arbeitsgebietes nehmen Risikoermittlung und toxikologische Bewertung vom experimentellen Aufwand und zeitlichen Umfang her eine zentrale Stellung ein. Die gesundheitliche und volkswirtschaftliche Bedeutung der Lebensmitteltoxikologie dokumentiert sich in der Erarbeitung der wissenschaftlichen Grundlagen für gesetzliche Maßnahmen und Entscheidungen, durch die eine unbedenkliche Aufnahme von Lebensmitteln gesichert und kontrolliert werden kann.

2.2. Vorkommen potentiell toxischer Stoffe in der Nahrung

Substanzen, die mit der Aufnahme über die Nahrung Risiken für die menschliche Gesundheit darstellen können, werden entweder mit gezielten Absichten bei der Lebensmittelproduktion oder -verarbeitung verwendet, oder sie gelangen unbeabsichtigt direkt oder indirekt in die menschliche Nahrung. Sie lassen sich in 4 Hauptgruppen einteilen:

1. Natürliche Bestandteile oder Inhaltsstoffe,
2. chemische Verunreinigungen aus der Umwelt einschließlich Rückstände von Agrochemikalien, Tierbehandlungsmitteln und anderen chemischen Mitteln,
3. Substanzen, die bei Lagerung, Verarbeitung und Zubereitung entstehen,
4. Stoffe, die den Lebensmitteln absichtlich zugesetzt werden.

Die Übersicht verdeutlicht, daß dem Ursprung nach zwischen biogenen und synthetischen oder abiotischen Stoffen zu unterscheiden ist und eine potentielle Gefährdung nicht nur durch von der chemischen Industrie erzeugte Produkte (anthropogene Schadstoffe) besteht. Bei den Stoffen handelt es sich um chemische Elemente oder Verbindungen, die in reiner Form oder als Verarbeitungsprodukt vorkommen.

Toxische Bestandteile natürlichen Ursprungs (*native Schadstoffe*) haben im Zusammenhang mit der Substitution herkömmlicher Lebensmittel und der Verwendung neuer Rohstoffe toxikologisch wieder an Bedeutung gewonnen. Einseitige Ernährung kann eine Schadwirkung natürlicher Inhaltsstoffe begünstigen. Nicht nur toxische Begleitstoffe der Nahrung, sondern auch essentielle Nährstoffe können Schädigungen hervorrufen, wenn sie im Übermaß aufgenommen werden. Bekanntestes Beispiel ist die Vitamin-A-Vergiftung von Arktisforschern und Fischern nach dem Verzehr großer Leberportionen von Polarbären und großen Meeresfischen. Obwohl Natriumchlorid eine lebensnotwendige, körpereigene Verbindung ist, kann es lebensbedrohlich werden, wenn infolge eines Überangebotes der Organismus seine Stoffwechselfunktionen nicht aufrechterhalten kann.

Der Eintrag von Chemieprodukten in die Ökosphäre, der zur Verunreinigung von Lebensmitteln führt, stellt ein besonderes lebensmitteltoxikologisches Problem dar. Der Grund ist in der zunehmenden Zahl chemischer Verbindungen, dem ubiquitären Vorkommen und der möglichen Anreicherung in der Nahrungskette Pflanze—Tier—Mensch zu sehen. Für die unerwünschte Belastung von Lebensmitteln pflanzlicher und tierischer Herkunft mit Chemieprodukten wird der Begriff „Kontamination" verwendet. Die betreffenden Stoffe werden *Kontaminanten* genannt. Eine wichtige Gruppe von Kontaminanten bilden bestimmte Schwermetalle, vor allem Blei, Quecksilber, Cadmium. Bekannte Beispiele für Lebensmittelverunreiniger sind polychlorierte Biphenyle und polycyclische Kohlenwasserstoffe. Hauptquellen für eine umweltbedingte Verunreinigung von Lebensmitteln mit Chemieprodukten sind Boden, Wasser und Luft bzw. ihre Stoffe akkumulierenden Bewohner. Unzulänglichkeiten der industriellen Herstellung und Verarbeitung können zur Kontamination der Lebensmittel mit Schmiermitteln, Lösungsmitteln, Reinigungsmitteln und anderen technischen Hilfsmitteln führen. Lebensmittelverunreinigungen können durch Migration chemischer Verbindungen aus Kunststoffbehältern, Verpackungsmaterial, Haushaltsgeräten oder Küchengeschirr bedingt sein.

Besondere Aufmerksamkeit der Lebensmitteltoxikologie beanspruchen *Rückstände* von Agrochemikalien in Lebens- und Futtermitteln. Rückstände werden definiert als Restmengen chemischer Substanzen, die in der Pflanzen- und Tierproduktion zur Erzielung bestimmter Wirkungen eingesetzt werden. Darunter fallen auch zum Verzehr gelangende Derivate, wie Abbau- und Umwandlungsprodukte, Reaktionsprodukte und eingebrachte Verunreinigungen. Pflanzenschutz und Schädlingsbekämpfung erfordern infolge sich ausbildender Resistenz von Schadorganismen laufend die Neuentwicklung von Pesticiden. Als biologisch aktive Substanzen können diese Stoffe auch Organismen, gegen die die Anwendung nicht gerichtet ist, z. B. den Menschen, gefährden. Durch eine beabsichtigte biologische Wirkung zeichnen sich auch Tierarzneimittel und Masthilfsmittel aus, die als Rückstände in Lebensmitteln tierischer Herkunft vorkommen können.

Infolge mikrobiellen Verderbs, unzulänglicher Lagerung oder ungeeigneter Zubereitung der Lebensmittel können von Bakterien oder Schimmelpilzen erzeugte, hochtoxische Stoffe in die Nahrung gelangen oder in ihr gebildet werden. Stoffe biologischer Herkunft, die toxische Wirkungen verursachen, werden *Toxine* genannt, z. B. Bakterientoxine, Mycotoxine. Toxine von niederen Meeresorganismen, z. B. Dinoflagellaten oder Cyanophyceen (Blaugrüne Algen), sind die Ursache von unter bestimmten Bedingungen auftretenden Vergiftungen nach dem Verzehr von Meerestieren (Muscheln, Schnek-, ken, Krabben, Fischen), die sich von diesen marinen Organismen ernähren.

Die Nahrungszubereitung durch Erhitzen bei höheren Temperaturen, Grillen, Toasten, Räuchern schließt die Möglichkeit zur Bildung potentiell toxischer Stoffe (*Sekundärprodukte*) ein.

In erheblicher Anzahl und Menge werden Zusatzstoffe (*Additive*) zur Entwicklung neuer und veredelter Lebensmittel, aber auch bei der Herstellung herkömmlicher Lebensmittel eingesetzt. Die Additive sollen eine ansprechende Beschaffenheit herbeiführen oder eine einwandfreie Beschaffenheit erhalten. Als Zusätze werden synthetische und natürlich in Pflanzen oder Tieren vorkommende Stoffe verwendet. Unter den synthetisch hergestellten Additiven gibt es Substanzen, die auch natürlicherweise in Nahrungsmitteln vorkommen.

Die Unterscheidung der Lebensmittelbestandteile in Substanzen natürlicher Herkunft, naturidentische Stoffe und Fremdstoffe ist nicht mit einer toxikologischen Bewertung identisch. Für die Lebensmitteltoxikologie kann die Natürlichkeit eines Stoffes allein keine Garantie für die Unbedenklichkeit sein. Der Nachweis einer unschädlichen Aufnahme muß entweder experimentell erbracht werden, oder er ergibt sich aus der Erkenntnis einer bisher unbedenklichen Verwendung als Nahrungsmittel oder Nahrungsbestandteil. Für die Lebensmittelwissenschaft sind Fremdstoffe Substanzen, die den betreffenden Lebensmitteln nach Art und Menge und von Natur aus oder auf Grund herkömmlicher Verfahren nicht eigen sind und als Bestandteil der Lebensmittel mitgegessen bzw. mitgetrunken werden. Die Toxikologie sieht als Fremdstoffe chemische Agenzien an, die für einen Organismus unnatürlich sind und verwendet dafür, unabhängig von der Herkunft (abiotisch oder biogen), den spezifischen bioaktiven Eigenschaften und der chemischen Struktur den Begriff *Xenobiotica* (*griech.*: xenos = fremd). Beispielsweise sind Stoffe, die ausschließlich in pflanzlichem Material vorkommen, für Tier und Mensch Xenobiotica.

Die Lebensmitteltoxikologie geht bei der Einschätzung in der Nahrung vorkommender Stoffe über die Charakterisierung als *Gift* (Toxikon, *engl.*: Toxicant) hinaus. Gifte sind chemische Stoffe, die unter definierten Bedingungen den Organismus wesentlich schädigen oder den Tod herbeiführen. Die Duldung eines Stoffes im Lebensmittel bedingt aber, daß keinerlei unerwünschte Auswirkungen auf die menschliche Gesundheit zu erwarten sind. Aus dem analytischen Nachweis einer als Gift deklarierten Substanz im Lebensmittel allein kann jedoch nicht auf eine gesundheitsschädigende Wirkung geschlossen werden. Ob der menschliche Organismus schädlich beeinflußt wird oder nicht, hängt von der vorhandenen Menge des Stoffes und der Zufuhrdauer ab.

3. Dosis und Wirkung

3.1. Dosis

Der Begriff *Dosis* umfaßt die aufgenommene oder zugeführte Menge eines Stoffes. Die damit ausgedrückte Quantität ist unabhängig von der Art eines Stoffes. Bei oraler Applikation ist die gewöhnlich auf Körpermasseeinheit bezogene Dosis (mg/kg KM) nicht mit der tatsächlich resorbierten Menge identisch. Bei einer umweltbedingten Exposition erfolgen Mengenangaben auf der Grundlage von Konzentrationen. Für in Lebensmitteln vorkommende Stoffe werden als Mengenangaben neben den alten Begriffen ppm, ppb oder ppt Masseeinheiten wie mg, μg oder ng, bezogen auf kg Lebensmittel, verwendet (Tab. 3.1).

Tabelle 3.1. Konzentrationsangaben für chemische Stoffe in Lebensmitteln (LM)

alt	neu	Verdünnung
1 ppm (part per million)	1 mg/kg LM	$1/1\,000\,000$ (10^{-6})
1 ppb (part per billion)	1 μg/kg LM	$1/1\,000\,000\,000$ (10^{-9})
1 ppt (part per trillion)	1 ng/kg LM	$1/1\,000\,000\,000\,000$ (10^{-12})

3.2. Wirkung

3.2.1. Wirkungsmerkmale

Jeder chemische Stoff kann unter bestimmten Bedingungen einen biologischen Effekt auslösen. Die biologische Wirkung eines Stoffes äußert sich in funktionellen und strukturellen Veränderungen eines biologischen Systems. Sie ist durch einen qualitativen und einen quantitativen Aspekt bestimmt. Die *Wirkungsqualität* (Art der Wirkung) hängt vom Charakter des Stoffes ab. Die *Wirkungsstärke* (Wirkungsintensität) kennzeichnet das von der Stoffmenge abhängige Ausmaß der induzierten Veränderungen gegenüber dem unbeeinflußten Zustand.

Am einzelnen Objekt kann sich eine Wirkung bei variierender Dosis in einer graduell abstufbaren oder einer Alles-oder-Nichts-Reaktion widerspiegeln. Beispiele für eine abstufbare Wirkung (graded response) am Individuum sind Blutdruckabfall, Verminderung der Respirationsrate, veränderte Enzymaktivität, gesteigerte Herzfrequenz. Bei einer Alles-oder-Nichts-Reaktion (Ja-Nein-Effekt, quantal response) ist die Wirkung entweder eingetreten oder nicht. Beispiele sind Tod, Atemstillstand, Tumorbildung.

Eine Abstufung der Wirkung am einzelnen Objekt ist nicht möglich. Abstufbare Wirkungen lassen sich als Ja-Nein-Entscheidung erfassen, indem auf einen definierten absoluten oder relativen Effekt bezogen wird.

Ein Effekt, der die Integrität des Organismus stört und seine Adaptations-, Kompensations-, Leistungs- und Reproduktionsfähigkeit sowie sein Verhalten beeinträchtigt, gilt als unzulässig (adverse) oder schädlich (*toxisch*). Ursache der toxischen Wirkung eines chemischen Stoffes ist zumeist ein Angriff auf molekularer oder zellulärer Ebene, der Funktionsstörungen oder strukturelle Veränderungen bewirkt und sich in einer Schädigung eines spezifischen Organs oder von bestimmten Organen dokumentiert. Das Wirkungsbild eines Stoffes kann variieren, wenn in Abhängigkeit von der Dosis unterschiedliche Effekte auftreten (Abb. 3.1).

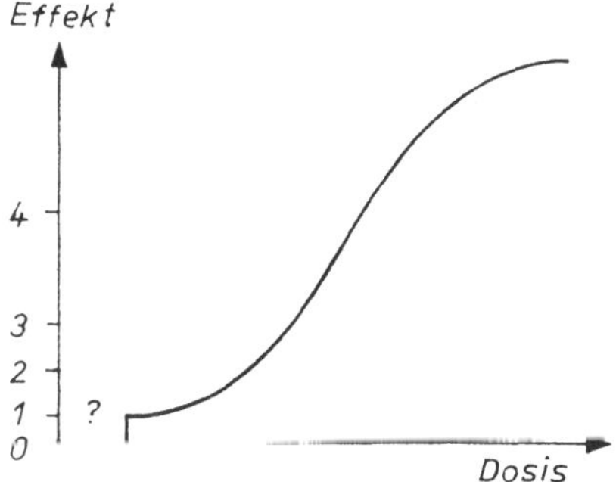

Abb. 3.1. Dosisabhängigkeit des Wirkungscharakters eines chemischen Stoffes (aus HAPKE, H. J.: „*Toxikologie für Veterinärmediziner*". Ferdinand Enke Verlag, Stuttgart 1988, S. 36)

0 — ohne (erkennbare) Wirkung

1 — Beeinflussung von Systemen oder Organfunktionen, z. B. Beeinträchtigung des Wohlbefindens

2 — Störung von Systemen oder Organfunktionen, durch Gegenmaßnahmen des Organismus kompensierbar, z. B. Beeinträchtigung der Leistung

3 — Schädigung, voll reversibel nach Eliminierung des Stoffes, z. B. Beeinträchtigung der Gesundheit

4 — Schädigung, irreversibel und progredient, z. B. Beeinträchtigung des Lebens

Nach einmaliger Substanzeinwirkung auftretende Effekte werden als *akut* bezeichnet. Akute Wirkungen können sich aber auch nach wiederholter Stoffgabe oder längerer Exposition einstellen. *Chronische* Wirkungen können nach einer einmaligen Substanzzufuhr auftreten, meist resultieren sie jedoch aus einer langfristigen Exposition. Sie sind nicht nur durch die Wirkungsdauer, sondern auch durch bestimmte pathologische Merkmale gekennzeichnet. Ein chronischer Effekt kann durch eine Stoffkumulation oder durch die Kumulation akuter Wirkungen bedingt sein. Eine *Stoffkumulation* tritt bei wiederholter Substanzzufuhr auf, wenn die aufgenommene Menge zum Zeitpunkt der erneuten Stoffaufnahme noch nicht vollständig aus dem Organisums eliminiert ist. Eine *Wirkungskumulation* liegt vor, wenn der durch einen Stoff induzierte Effekt nach der Substanzelimination erhalten bleibt und es bei weiterer Stoffzuführung zu einer Summierung der gesetzten Effekte kommt.

Biologische Wirkungen können *reversibel* oder *irreversibel* sein. Bei einer reversiblen Wirkung gehen die durch einen Stoff induzierten funktionellen oder strukturellen Veränderungen nach Aufhören der Exposition zurück. Von irreversibler Wirkung spricht man, wenn die ausgelösten Veränderungen nach der Exposition persistieren oder in Intensität oder Häufigkeit zunehmen. Zu den irreversiblen Effekten rechnen die Induktion von Mißbildungen und bösartigen Tumoren sowie die Erzeugung von Mutationen in der Nachkommenschaft.

Die Zeitdauer bis zum Auftreten einer Wirkung wird *Latenzperiode* genannt. Sie kann insbesondere bei geringer Dosis sehr lang sein (Abb. 3.2). Das ausgewählte Beispiel zeigt, daß zwar innerhalb der Lebensspanne der verwendeten Versuchstiere (bis 1000 Tage) bei niedriger Diethylnitrosamindosierung ein cancerogener Effekt nicht manifest wird, auf Grund der bestehenden Beziehung zwischen Latenzperiode der Tumorbildung und verabreichter Stoffmenge eine solche Wirkung auch geringerer Dosierungen aber zu vermuten ist.

Essentielle Nährstoffe können toxisch wirken, wenn der optimale Konzentrationsbereich überschritten wird (Abb. 3.3). Im Gegensatz zu nicht essentiellen Stoffen verursacht ihr Defizit ebenfalls biologische Veränderungen, die als Mangelerscheinungen verstanden werden und im Extremfall den Tod zur Folge haben.

Die Termini „Effekt" und „Response" werden oft als Synonyme für den Begriff „Wirkung" zur Kennzeichnung einer biologischen Veränderung verwendet. In der englischsprachigen Fachliteratur wird jedoch meist differenziert und mit „Effekt" die Stärke (Intensität) einer Reaktion, mit „Response" der Anteil der reagierenden Individuen eines Kollektivs nach Stoffzufuhr bezeichnet.

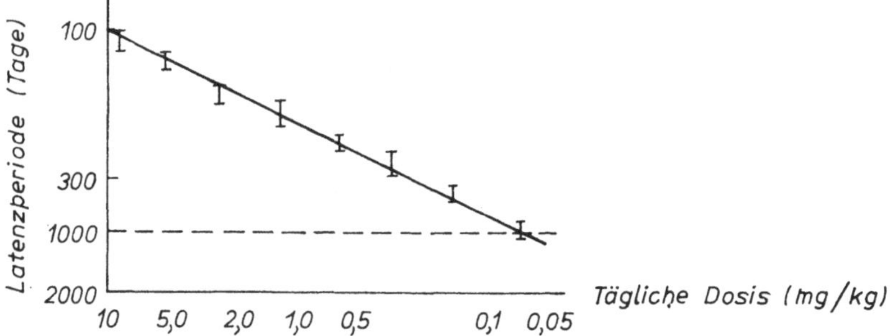

Abb. 3.2. Beziehung zwischen der Latenzperiode für die Tumorentwicklung und der Dosis der cancerogenen Substanz Diethylnitrosamin (aus: Süss, R., Kinzel, V., Scribner, J. D.: "*Cancer Experiments and Concepts*". Springer-Verlag, Berlin/New York 1973, S. 50)

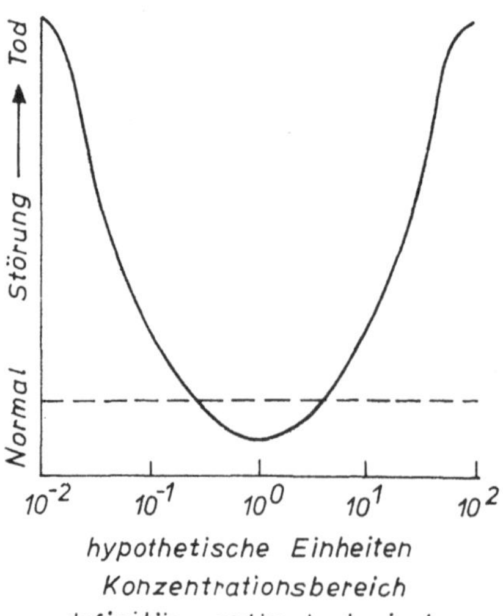

Abb. 3.3. Abhängigkeit biologischer Wirkungen von der Konzentration essentieller Stoffe (aus: Hapke, H. J.: „*Toxikologie für Veterinärmediziner*". Ferdinand Enke Verlag, Stuttgart 1988, S. 27)

3.2.2. Wirkungsmechanismen und Angriffsorte

Jeder durch die Wechselwirkung von chemischem Stoff und biologischem System bedingte Effekt beruht auf einem bestimmten Mechanismus. Es gehört zu den Zielen der Toxikologie, die einer Wirkung zugrundeliegenden Elementarvorgänge biochemischer, physikalischer oder physiologischer Natur zu erkennen. Wegen der Vielfalt möglicher Angriffsorte und Angriffsarten eines Mittels in einem hochorganisierten Organismus gelingt die Aufklärung des Wirkungsmechanismus jedoch nicht in jedem Fall.

Die Wirkung mancher Stoffe ist durch einfache physikalische oder chemische Vorgänge bedingt. Bei Kontakt mit den Schleimhäuten des Verdauungssystems können Stoffe mit Reizwirkung zur Gewebsschädigung führen. Bestimmte Stoffe lösen eine Wirkung infolge ihrer osmotischen Aktivität aus. Es gibt Stoffe, die auf ganze Organsysteme oder den Gesamtorganismus wirken und Substanzen, bei denen eine genaue Lokalisation des Reaktionsortes möglich ist.

3.2.2.1. Rezeptoren

Areale in Makromolekülen von biologischen Strukturen, die selektiv mit einem Stoff in chemische Wechselwirkung treten, werden *Rezeptoren* genannt. Durch die Reaktion wird ein Effekt ausgelöst. Die ausschließliche Reaktion eines Stoffes mit einem bestimmten Rezeptorareal führt zu einer *spezifischen Wirkung*. Die bevorzugtesten Reaktionspartner für chemische Substanzen sind Enzyme und andere aktive Proteine. Neben Eiweißstrukturen sind auch Nucleinsäuren, Polysaccharide und niedermolekulare Verbindungen, wie Lipide, Elektrolyte, als Angriffsstellen für chemische Stoffe bekannt.

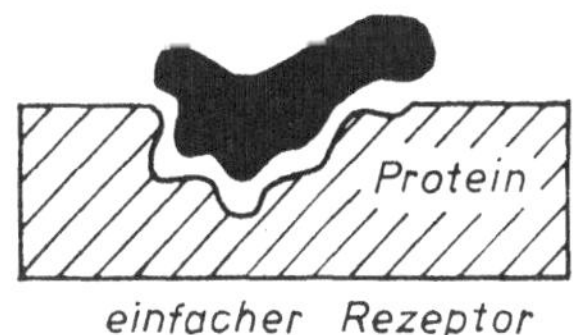

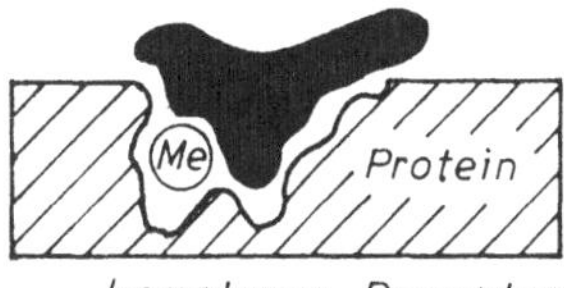

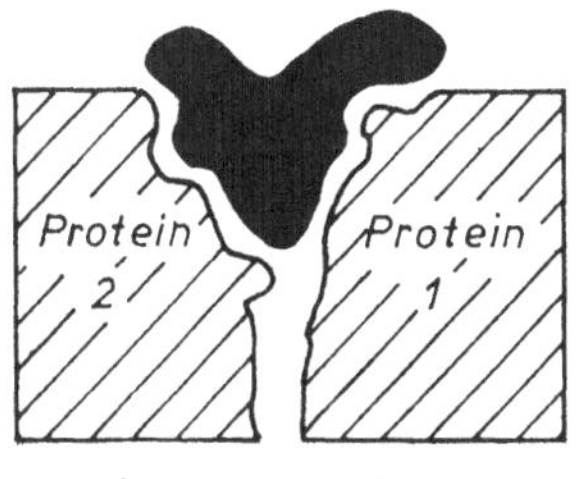

Abb. 3.4. Haupttypen von Rezeptoren (aus: SCHELER, W.: „*Grundlagen der Allgemeinen Pharmakologie*". VEB Gustav Fischer Verlag, Jena 1980, S. 99)

Die Reaktion zwischen Rezeptor und Stoff setzt voraus, daß die Fixationsstellen beider Moleküle einander räumlich entsprechen (Abb. 3.4). Durch eine Konformationsänderung des Rezeptors kann eine Anpassung an den Stoff erfolgen. An der Transformation der Stoff-Rezeptor-Reaktion in einen biologischen Effekt können im Organismus verschiedene Strukturen beteiligt sein, die als Rezeptor-Effektor-Einheit zusammengefaßt werden. Die Bindung eines Stoffes am Rezeptor kann auch ohne Effektauslösung erfolgen (*stummer Rezeptor*). Sie bewirkt dann lediglich eine Verminderung der Konzentration des freien Stoffes.

Folgende Haupttypen von Rezeptoren werden unterschieden (Abb. 3.4):

— *Einfacher (monomolekularer) Rezeptor:* Das Rezeptorareal liegt in einem einzelnen Makromolekül ständig in bindungsfähiger Form vor.
— *Komplexer Rezeptor:* Das Rezeptorfeld bildet sich durch definierte Zusammenlegung einer makromolekularen Komponente mit niedermolekularen Cofaktoren (z. B. Coenzyme, Metalle); es besteht oft nur vorübergehend.
— *Zwischenmolekularer Rezeptor:* Das Rezeptorareal ergibt sich aus der Anordnung verschiedener Molekularsysteme zu Kooperationseinheiten; es ist in der Regel stationär.

3.2.2.2. Bindungsarten

Der Wechselwirkung von Stoffen mit Rezeptoren liegen die für chemische Reaktionen geltenden Gesetze zugrunde. Die zwischen Stoff und Rezeptor wirksamen Bindungskräfte sind durch folgende Eigenschaften charakterisiert:

— Die *kovalente Bindung* zeichnet sich durch große Stabilität aus und ist praktisch irreversibel.
— Die *Ionenbindung* kommt durch elektrostatische Anziehung unterschiedlich geladener Gruppen zustande und ist ziemlich stabil.
— Die *Ionen-Dipol-Bindung* ermöglicht die Reaktion von nicht ionisierten, aber polaren Stoffen an geladene Rezeptorareale.
— Die *Wasserstoff-Brücken-Bindung* beruht auf der Wechselwirkung des Wasserstoffatoms eines Protonendonators mit einem Protonenakzeptor.
— Die *hydrophobe Wechselwirkung* beruht auf der Tendenz apolarer Gruppen, in wäßrigen Medien zu assoziieren, so daß der Kontakt mit Wassermolekülen vermindert wird.

3.2.2.3. Angriffsorte

3.2.2.3.1. Elemente der Körperzelle

Die Zelle bietet auf Grund ihres komplizierten Aufbaus vielfältige Angriffsmöglichkeiten für chemische Stoffe. Die direkte Beeinflussung kann Funktion und Struktur betreffen.

Ein Eingriff in die elementaren Prozesse der *Nucleinsäure-* und *Proteinysnthese* und die daran beteiligten Strukturen kann Auswirkungen auf Teilung, Wachstum und Differenzierung der Zellen haben. Für Replikationsstörungen (DNA-Synthese) kommen chemische Veränderungen der DNA, Veränderungen der Matrizen(Template)-Eigen-

schaften der DNA, Hemmung der DNA-Polymerase, der Synthese und des Einbaus
der Desoxyribonucleotide, Beeinflussung von DNA-Abbau und DNA-Reparatur in
Betracht. Beispiele für Substanzen, die chemische Modifikationen der DNA verursachen und damit mutagen wirken, sind salpetrige Säure, Nitrosamine und alkylierende
Stoffe.

Als suszeptibler Vorgang im Replikationsgeschehen ist die Spindelbildung während
der Mitosevorbereitung anzusehen. Einige Stoffe hemmen die Zellteilung, indem sie eine
Bindung mit den SH-haltigen Spindelproteinen eingehen. Bekannte Mitosehemmer sind
Arsenverbindungen und Pflanzenalkaloide, wie Colchicin, Vinblastin und Vincristin.
Grundsätzliche Bedeutung als Angriffsstellen für chemische Stoffe kommt auch den
Prozessen der RNA- und Protein-Synthese zu.

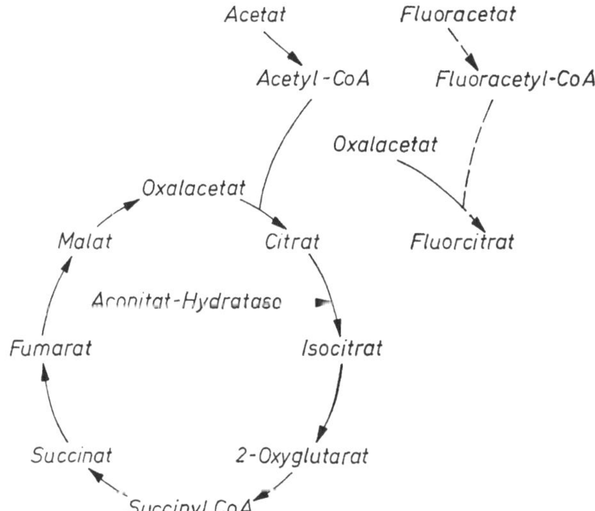

Abb. 3.5. Eingriff von Fluorcitrat
in den Citronensäurecyclus

Störungen der *Energielieferung* und *-speicherung*, die durch Eingriffe chemischer Stoffe
in Atmung, Glycolyse und Bildung von Adenosintriphosphat (ATP) entstehen, haben
schwerwiegende Beeinträchtigungen der Lebensvorgänge zur Folge. Bevorzugte Angriffspunkte sind im Energiestoffwechsel der Zelle beteiligte Enzyme. Beispielsweise führt
die Blockierung der SH-Gruppen empfindlicher Enzyme der Glycolyse oder des Citrat-
cyclus durch unspezifische Inhibitoren, wie Schwermetalle, Monoiodacetat, Oxydantien zur Einschränkung oder zum Verlust von Enzymaktivität. Eine spezifische Hemmwirkung, die auf Substratverdrängung am Rezeptor eines bestimmten Enzyms beruht,
liegt im Falle des Fluorcitrats vor (Abb. 3.5). Im Citronensäurecyclus wird Acetat in
Acetyl-Coenzym A überführt, das mit Oxalacetat zu Citrat kondensiert. Citrat stellt
das Substrat für das Enzym Aconitat-Hydratase dar und wird in Isocitrat umgewandelt.
Fluorcitrat verdrängt das Citrat, wird aber durch Aconitat-Hydratase nicht umgesetzt.
Folge dieser Enzymhemmung ist die Blockierung des Citronensäurecyclus. Die Wirkung
von Fluoracetat (Rodenticid) erklärt sich ebenfalls auf diese Weise. Der Stoff wird
anstelle von Acetat im Cyclus akzeptiert, so daß Fluorcitrat entstehen kann. Man bezeichnet den Vorgang als „letale Synthese", weil der Stoff in einigen Schritten des
Stoffwechsels als Substrat angenommen wird und dabei ein toxisches Produkt entsteht.

Eine vollständige Blockade der Glieder der Atmungskette ist für den höheren tierischen Organismus letal, da seine Zellen auf den oxydativen Stoffwechsel angewiesen sind. Beispielsweise liegt der Blausäurewirkung ein Eingriff an der Cytochromoxidase zugrunde, der auf einer HCN-Bindung mit dem Eisen des Enzyms beruht und zum Verlust der Redoxfunktion führt. Der Mechanismus der Schwefelwasserstoffwirkung ist ähnlich.

Die Sauerstoffzufuhr zu den Zellen kann auch dadurch gestört sein, daß die Transportfunktion des Hämoglobins durch chemische Stoffe beeinträchtigt wird. Beispiel hierfür ist die Methämoglobinbildung (Nitrat, aromatische Amine), bei der infolge der Oxydation zu Fe^{3+} Sauerstoff nicht mehr gebunden werden kann.

Manche Substanzen bewirken eine Entkopplung der Atmungskettenphosphorylierung. Dabei läuft die Atmung weiter, der Vorgang der Phosphorylierung wird aber ausgeschaltet. Da die ATP-Bildung unterbleibt, wird die produzierte Energie nicht gespeichert, sondern als Wärme freigesetzt. Für die Entkopplung von Atmung und Phosphorylierung ist daher eine Hyperthermie im Körper typisch. Als Entkoppler wirken beispielsweise 2,4-Dinitrophenol, Dinitroorthocresol, Dicumarol, Salicylsäure, Arsenat.

Enzyme stellen auf Grund ihrer Rolle in biochemischen Prozessen besondere Angriffsstellen für chemische Substanzen dar. Eine Vielzahl schädigender Wirkungen von Stoffen hat ihre Ursache in einer Enzymbeeinflussung. Als Mechanismen für die Beeinflussung enzymatischer Reaktionen kommen in Betracht: Erhöhung der spezifischen Aktivität, Induktion oder Inhibition der Enzymsynthese, veränderter Enzymabbau und Inhibition der Enzymaktivität. Eine *kompetitive Enzymhemmung* liegt vor, wenn der Stoff mit dem Substrat um das aktive Zentrum des Enzyms konkurriert. Dabei kann der Stoff selbst als Substrat wirken und metabolisiert werden, oder er bleibt unverändert (stabiler Inhibitor). Beispiel für eine *nichtkompetitive Enzymhemmung* ist die irreversible Inhibition der Acetylcholinesterase durch Organophosphate. Infolge der kovalenten Bindung der Phosphatgruppe an das katalytische Zentrum des Enzyms tritt eine Blockade des Acetylcholinumsatzes ein.

Eine Enzyminaktivierung kann dadurch eintreten, daß bestimmte chemische Gruppen dem Enzymverband entzogen werden oder ihre Blockade erfolgt. Ein solcher Hemmmechanismus trifft vor allem für die zahlreichen Enzyme zu, die Metallionen enthalten. Beispielsweise können Cadmium und Quecksilber Zink aus Metalloenzymen (alkalische Phosphatase) verdrängen und ihre Wirkung unterbinden. Schwermetalle haben eine besondere Affinität zu SH-Gruppen und können durch irreversible Bindungen mit solchen Gruppen Enzymhemmungen bewirken.

Die bis zur letalen Intoxikation führende Wirkung verschiedener Stoffe beruht darauf, daß infolge der Enzyminhibition ein Anstau aktiver Substrate (z. B. Acetylcholin, Histamin) erfolgt.

Membranstrukturen und die durch sie vermittelten biologischen Prozesse stellen weitere Angriffspunkte von chemischen Stoffen dar. Eine Schädigung der Plasmamembran, z. B. durch depolarisierende Stoffe, unterbricht den Konzentrationsgradienten und verändert die Zellpermeabilität, so daß der Zustrom von Substraten und der Abtransport von Abbauprodukten gestört ist. Die elektrischen und Permeabilitätseigenschaften der Plasmamembran lassen sich auch durch die direkte Einwirkung eines Stoffes auf membranale Enzyme und Carriersysteme beeinflussen. Änderungen der Membranladung wirken sich auf Reizbarkeit und Erregung der Zelle aus. Die Membranen von Zellorganellen, z. B. Mitochondrien, glattes und rauhes endoplasmatisches Retikulum,

Lysosomen, können ebenfalls durch chemische Stoffe angegriffen werden. Freisetzung von Enzymen aus den Lysosomen infolge einer Membranzerstörung kann zum Zelluntergang führen.

3.2.2.3.2. Systeme im Makroorganismus

Die komplizierten Wechselbeziehungen von Zellen und Systemen im Makroorganismus können durch chemische Stoffe auf vielfältige Weise beeinträchtigt werden. Zu Störungen der direkten zwischenzellulären Koordination kommt es, wenn der Metabolit- und Cofaktorenaustausch beeinflußt ist. Durch die Beeinflussung der humoralen oder neuralen Übertragung werden die Koordinationssysteme gestört. Werden die Systeme der Reizaufnahme und -beantwortung angegriffen, ergeben sich Auswirkungen auf die Beziehung des Gesamtorganismus zu seiner Umwelt. Besonders anfällig gegenüber dem Einfluß chemischer Stoffe erweisen sich die Versorgungssysteme, wie Respirationsapparat, Resorptions- und Eliminationseinrichtung, Herz-Kreislauf-System.

3.3.   Dosis-Wirkungs-Beziehungen

Die quantitativen Beziehungen zwischen Dosis und Wirkung lassen sich in Dosis-Wirkungs-Kurven darstellen. Bei graduell abstufbaren Reaktionen trägt man die Zahlenwerte für die Intensität der Wirkung auf der Ordinate, die zugehörigen Dosen auf der Abszisse ein (dose-effect-curve). Bei einer Alles-oder-Nichts-Reaktion dient der relative Anteil eines Kollektivs, bei dem die Wirkung eingetreten ist, als Ordinatenwert (dose-response-curve).

Werden Gruppen eines Kollektivs, das aus einer Vielzahl von Individuen besteht, mit steigenden Dosen eines Stoffes behandelt, zeigen bei kleinen Dosen nur wenige Individuen eine Wirkung. Die Anzahl der reagierenden Individuen erhöht sich mit steigender Dosis, bis der Effekt bei allen Individuen eingetreten ist. Diese individuelle Variabilität (biologische Streuung) macht es erforderlich, die Relationen zwischen Dosis und Wirkung am Kollektiv unter Einbeziehung statistischer Verfahren zu ermitteln.

Ergibt die graphische Darstellung der relativen Häufigkeit eines Effektes als Funktion der Dosis eine symmetrische Verteilung um eine Mediane, so spricht man von Normalverteilung (Abb. 3.6a). Der zentrale Punkt entspricht der Dosis, bei der 50% der Individuen des Kollektivs die erwartete Wirkung zeigen. Wird der relative Anteil der reagierenden Individuen kumulativ auf der Ordinate aufgetragen, so erhält man die Summenhäufigkeitsverteilung als Dosis-Wirkungs-Kurve (Abb. 3.6b). Der relative Anteil schließt alle Individuen ein, die bei der entsprechenden Dosis und bei den niedrigeren Dosen reagieren.

Eine vollkommene Symmetrie der Verteilung ist bei biologischen Objekten die Ausnahme. Bei arithmetischer Dosisabstufung findet sich gewöhnlich eine mehr oder weniger große Asymmetrie oder Schiefheit der Häufigkeitsverteilung. Dieser asymmetrische Charakter spiegelt sich auch in der Dosis-Wirkungs-Kurve der Summenhäufigkeitsverteilung wider (Abb. 3.7a). Die logarithmische Transformation der Werte für die Dosis resultiert in einer symmetrischen Häufigkeitsverteilung (lognormale Verteilung). Die entsprechende Kurve der Summenhäufigkeitsverteilung weist die charakteristische sigmoide Form auf, die in bezug auf ihren Mittelpunkt symmetrisch ist (Abb. 3.7b).

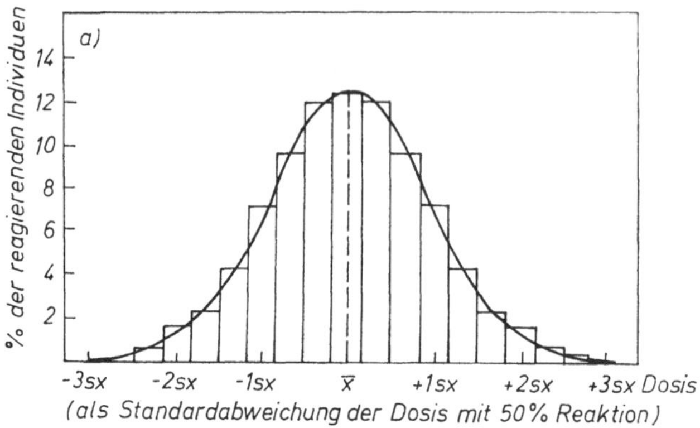

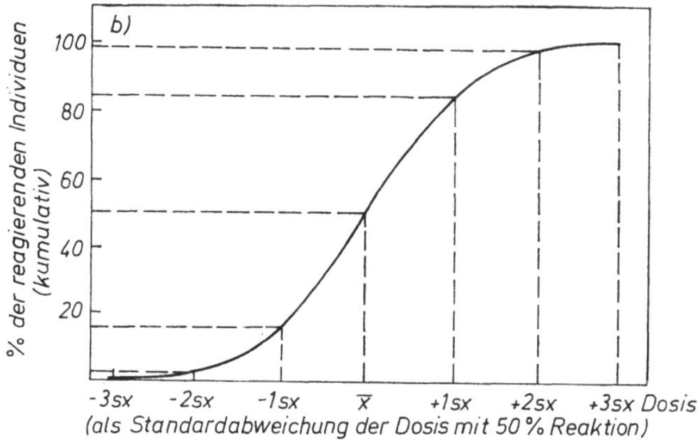

Abb. 3.6. Beziehung zwischen Dosis und Wirkung (Normalverteilung)
a) Darstellung als Häufigkeitsverteilung
b) ·Darstellung als Summenhäufigkeitsverteilung

Die normalen Dosis-Wirkungs-Kurven lassen sich durch eine bestimmte Deformation
in Geraden umwandeln. Bei der Normalverteilung (Abb. 3.6a) kennzeichnen die Wende-
punkte beim Übergang des konvexen Verlaufes der Kurve in den konkaven an beiden
Seiten die Standardabweichung (sx). Sie ist ein Maß für die Streuung um den Mittel-
wert ($\bar{x}$). Der Bereich $\bar{x} \pm$ sx schließt 68,3% der Individuen ein. Im Dosisbereich $\bar{x} \pm 2$ sx
liegt eine Wirkung bei 95,4% der Individuen vor.

Die Angaben $\bar{x} - 3$ sx, $\bar{x} - 2$ sx, $\bar{x} - 1$ sx, $\bar{x}$, $\bar{x} + 1$ sx, $\bar{x} + 2$ sx, $\bar{x} + 3$ sx drücken
gleiche Dosisintervalle aus. Die entsprechenden Anteile reagierender Objekte sind
0,1; 2,3; 15,9; 50; 84,1; 97,7 und 99,9%.

Werden diese Werte anstelle des bei einer bestimmten Dosis reagierenden Anteils
der Objekte in gleichen Abständen in das Koordinatensystem eingetragen, entsteht
eine Gerade für die Dosis-Wirkungs-Beziehung (Abb. 3.8). Die Abstufungen 2 bis 8
der häufig verwendeten Probit-Skala entsprechen diesen Prozentwerten (z. B. 5 = 50%).
Das Wort „Probit" leitet sich von probability unit ab. Probit ist die Standardabweichung oder die normale äquivalente Abweichung +5 (z. B. -2 sx $+ 5 = 3$). Bei der

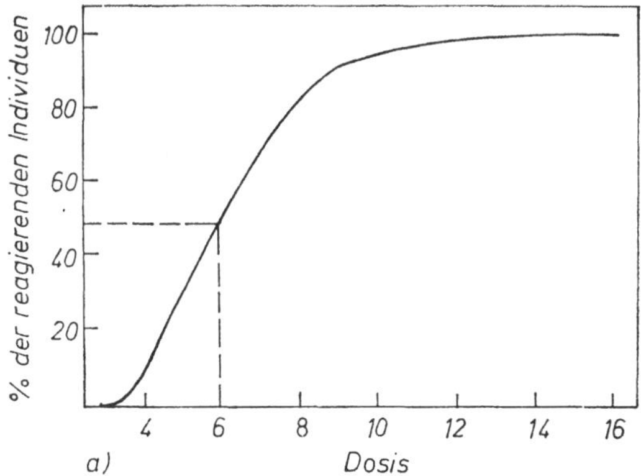

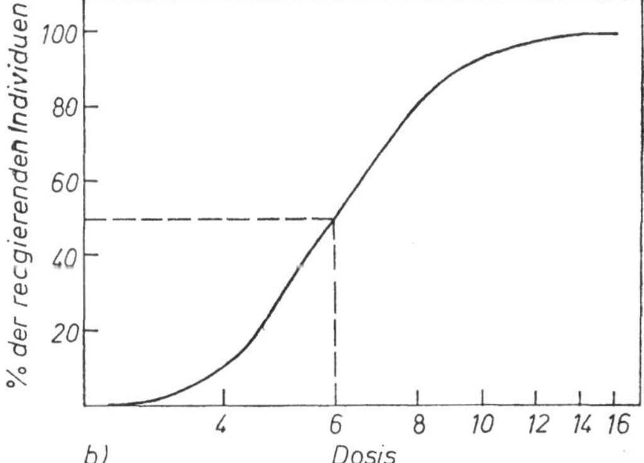

Abb. 3.7. Beziehung zwischen Dosis und Wirkung
a) Asymmetrischer Verlauf der Dosis-Wirkungs-Kurve (Summenhäufigkeitsverteilung) bei arithmetischer Dosisabstufung
b) Symmetrischer Verlauf der Dosis-Wirkungs-Kurve (Summenhäufigkeitsverteilung) bei logarithmischer Transformation der Dosiswerte

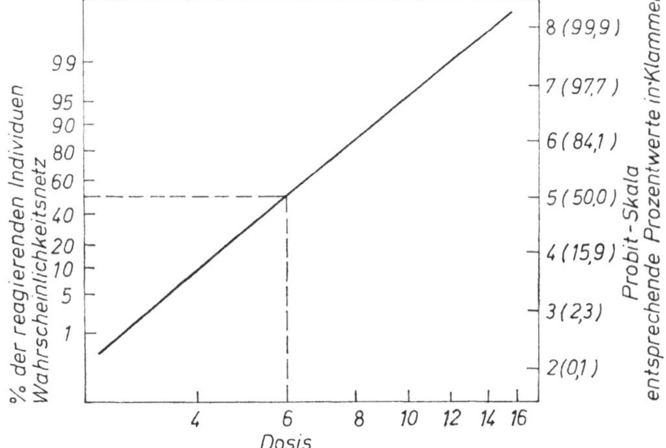

Abb. 3.8. Transformation der Dosis-Wirkungs-Kurve in eine Gerade

3 Macholz

Darstellung der Dosis-Wirkungs-Beziehung als lineare Funktion lognormaler Verteilungen eines Effektes im Wahrscheinlichkeitsnetz werden auf der Ordinate die Prozentwerte für die registrierte Wirkungshäufigkeit, in der Abszisse die Werte für die bei der betreffenden Gruppe angewandte Dosis in logarithmischer Skala eingetragen.

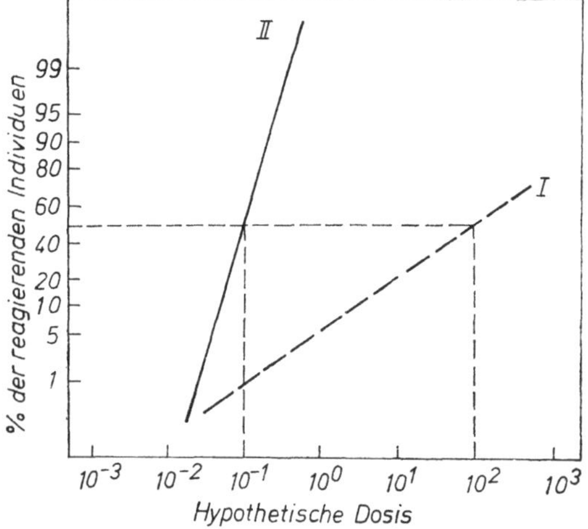

Abb. 3.9. Dosis-Wirkungs-Kurven verschiedener Steilheit

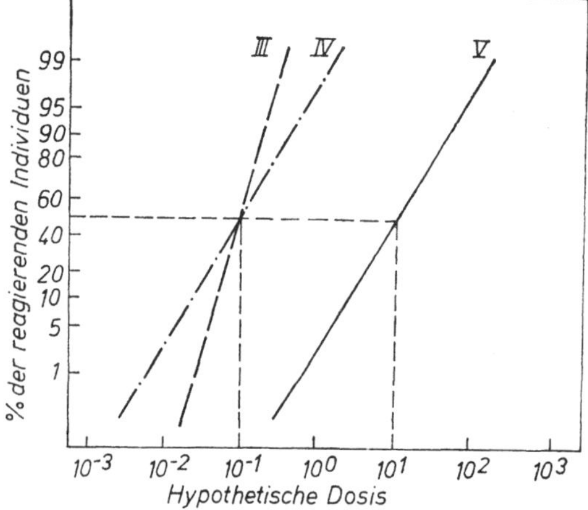

Abb. 3.10. Vergleich der Dosis-Wirkungs-Kurven von 3 Substanzen

Unterschiedliche Effekte zeigen gewöhnlich auch differente Dosis-Wirkungs-Kurven. Wichtige Merkmale einer Dosis-Wirkungs-Kurve sind ihre Steilheit und ihre Lage. In Abb. 3.9 sind 2 Kurven mit verschiedener Steilheit dargestellt. Bei der Substanz I nimmt die Wirkung mit Steigerung der Dosis nur langsam zu. Bei der Substanz II erfolgt eine Wirkungsverstärkung bereits bei geringfügiger Erhöhung der Dosis. Bei den Substanzen III und IV (Abb. 3.10) sind die Dosen für 50% der Wirkung identisch. Bei höheren Dosen ist der Stoff III, bei geringeren Dosen der Stoff IV wirksamer. Auf Grund der unterschiedlichen Steilheit der Dosis-Wirkungs-Kurven ist ein Vergleich über den gesamten Dosisbereich nicht möglich. Bei den Substanzen IV und V, deren Dosis-Wirkungs-Kurven gleiche Steilheit, aber verschiedene Lage haben, kann demgegenüber die relative Wirksamkeit über den gesamten Dosisbereich verglichen werden.

4. Resorption, Disposition und toxikokinetische Analyse

Für den biologischen Effekt eines Stoffes sind alle Teilprozesse und deren Beeinflussung durch verschiedene Faktoren (vgl. Kap. 5. und Abschn. 4.2.) von Bedeutung, die den Weg des Stoffes von seiner Freisetzung aus entsprechenden Ingestionsformen (Liberation; umfaßt die Desintegration fester Nahrungsbestandteile in kleinere Partikel, Auflösung und Verteilung in der am Resorptionsort vorliegenden Flüssigkeit sowie Ausbreitung des gelösten Wirkstoffes über die Resorptionsflächen), über die nachfolgende Aufnahme in die Blut- und Lymphbahn (Resorption), Verteilung (Distribution), Biotransformation bis zur Ausscheidung (Exkretion) bestimmen (Abb. 4.1).

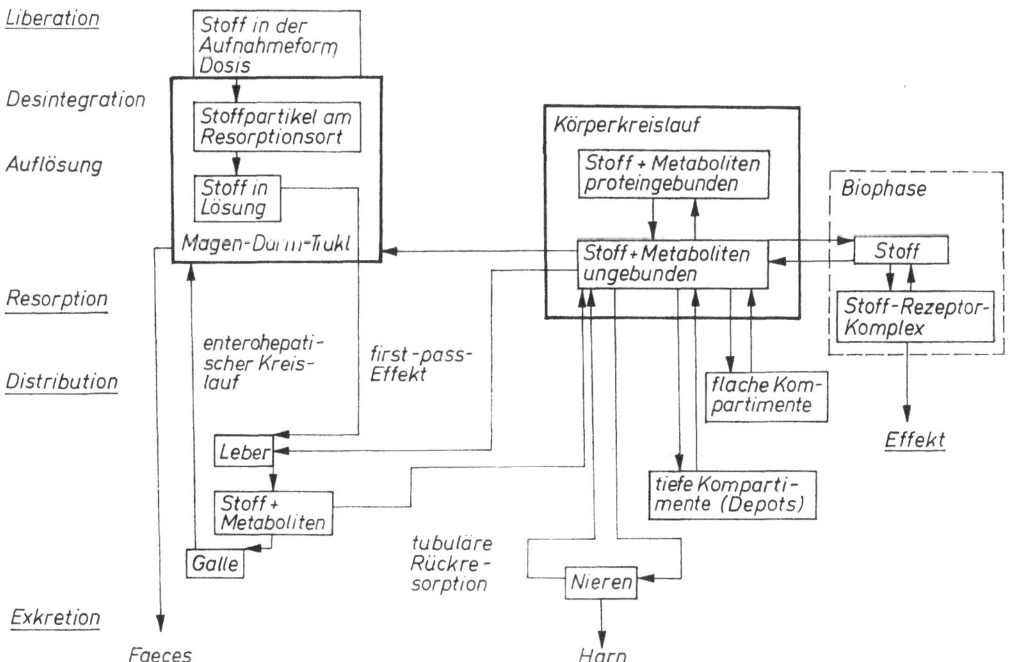

Abb. 4.1. Zusammenwirken der wichtigsten stoffkonzentrationsbestimmenden Prozesse im Organismus

4.1. Resorption, Verteilung, Exkretion

4.1.1. Prinzipien des Stofftransportes

Bei der Resorption, Verteilung und Exkretion spielen Transportprozesse durch Biomembranen und komplexe biologische Barrieren eine dominierende Rolle. Dabei lassen sich interzelluläre Transportwege (passive Diffusion durch interzelluläre Poren; Filtration durch interzelluläre Poren, Persorption) und transzelluläre Transportmechanismen (passive Diffusion: Lipiddiffusion, Diffusion durch Membranporen; carriervermittelte Transportprozesse: erleichterte Diffusion, aktiver Transport; Pinozytose und Zytopempsis, Ionenpaartransport) unterscheiden.

Darüber hinaus haben sich im Verlauf der Evolution bei höheren Organismen mit der Differenzierung besonderer Strukturen für den Stoffaustausch mit der Umwelt (Resorptions- und Exkretionsorgane) Konvektionssysteme herausgebildet, mit deren Hilfe die Stoffe durch aktiv in Gefäßsystemen bewegte Transportmedien schnell weite Transportwege überwinden können, während die kürzeren Entfernungen an den Austauschorten vor allem durch langsamere Diffusion oder Carriertransport überwunden werden (Atemsystem mit der Atemluft als Transportmedium für den Transport und Austausch flüchtiger Stoffe; Herz-Kreislauf-System mit dem Transportmedium Blut als Verbindungsglied zwischen den direkten Austauschorten mit der Umwelt — Resorptionsflächen und Exkretionsorgane — und den verschiedenen Organen und Geweben).

4.1.1.1. Passive Diffusion

Die Diffusion gelöster Substanzen, deren Ursache ein Konzentrationsgradient und deren treibende Kraft die thermische Bewegung der Moleküle darstellt, ist eine Stoffbewegung ohne sichtbare Verschiebung des Lösungsmittels. Die freie Diffusion gehorcht dem 1. FICKschen Diffusionsgesetz:

$$\frac{dQ}{dt} = -D \times F \frac{dc}{dx} \tag{4.1}$$

$\frac{dQ}{dt}$ — je Zeiteinheit transportierte Stoffmenge, D — Diffusionskoeffizient, F — Diffusionsfläche, $\frac{dc}{dx}$ — wirksamer Konzentrationsgradient

Der Diffusionskoeffizient einer Substanz ergibt sich aus der Beziehung

$$D = \frac{R \times T}{6\pi \times \eta \times r \times N} \tag{4.2}$$

R — Gaskonstante, T — absolute Temperatur, η — Viskositätskonstante des Lösungsmittels, r — Molekülradius, N — LOSCHMIDT-Konstante

4.1.1.1.1. Lipiddiffusion

Bei den transzellulären Transportprozessen spielt die Diffusion durch die Lipiddoppelschicht der Biomembranen (Lipiddiffusion) eine dominierende Rolle. Lipidlösliche Substanzen werden dabei in der halbflüssigen Phosphatidschicht der Membran gelöst und können im transmembranalen Raum wieder abgegeben werden. Als Maß für die

Lipidlöslichkeit einer Substanz dient der Lipid/Wasser-Verteilungskoeffizient, der durch Verteilung zwischen lipophilen (z. B. n-Octanol, Ether, Benzen) und wäßrigen Phasen (isotonische Puffer) ermittelt wird. Da die Lipiddoppelschicht der Biomembranen, zwei wäßrige Kompartimente voneinander abgrenzt, ist in den Grenzbereichen der Membran die Einstellung von Verteilungsgleichgewichten zwischen Kompartiment 1 und Membran sowie Kompartiment 2 und Membran zu berücksichtigen. Die Konzentrationsverhältnisse ergeben sich dabei nach dem NERNSTschen Verteilungssatz durch

$$c_{L1} = P_1 \times c_{w1} \quad \text{und} \quad c_{L2} = P_2 \times c_{w2} \tag{4.3}$$

c_{L1} bzw. c_{L2} — Gleichgewichtskonzentration im Grenzbereich der Membran zum wäßrigen Kompartiment 1 bzw. 2, c_{w1} bzw. c_{w2} — Konzentration im wäßrigen Kompartiment 1 bzw. 3, P_1 bzw. P_2 — Lipid/Wasser-Verteilungskoeffizient (für die Verteilung zwischen Membran und Kompartiment 1 bzw. 2).

Demnach ergibt sich der wirksame Konzentrationsgradient (vgl. Abb. 4.2) für die Diffusion durch die Membran nach

$$-\frac{dc_L}{dx} = \frac{P_2 \times c_{w1} - P_2 \times c_{w2}}{x} \tag{4.4}$$

und gilt für die Abnahme der Stoffmenge im Kompartiment 1 entsprechend dem FICKschen Diffusionsgesetz:

$$\frac{dQ_1}{dt} = -D \cdot F \cdot \frac{P_1 \times c_{w1} - P_2 \times c_{w2}}{x} \tag{4.5}$$

x — Dicke der Membran

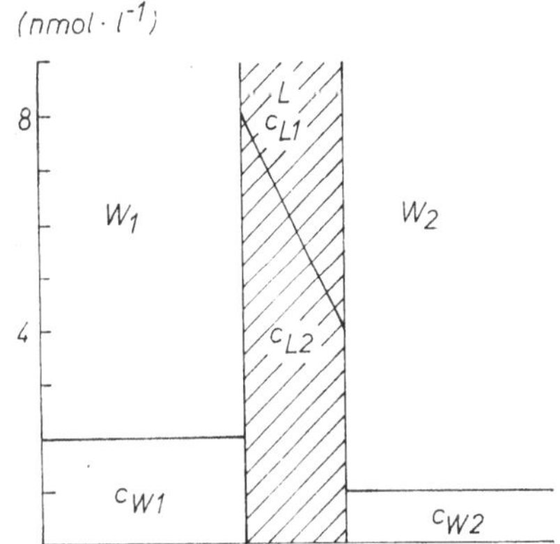

Abb. 4.2. Wirksamer Konzentrationsgradient bei der Diffusion einer Substanz mit den Verteilungsquotienten ($P_1 = P_2 = 5$) durch eine Lipidmembran (L) von dem wäßrigen Kompartiment W_1 nach W_2 bei $c_{W1} = 2$ und $c_{W2} = 1$ nmol/l

Die Diffusionsrate wird somit entscheidend vom Lipid/Wasser-Verteilungskoeffizienten der Substanz bestimmt. Andererseits muß die Substanz ein Mindestmaß an Wasserlöslichkeit besitzen, um sich hinreichend in den an die Lipidbarrieren angrenzenden wäßrigen physiologischen Medien verteilen und verfügbare Diffusionsflächen nutzen zu können. So werden z. B. bei Erfüllung anderer resorptionsbestimmender Voraussetzungen Stoffe mit einer Wasserlöslichkeit von > 3 mg/ml schnell und vollständig aus dem Magen-Darm-Trakt aufgenommen, während eine geringere Wasserlöslichkeit eine langsamere und mehr oder weniger unvollständige Resorption zur Folge hat.

Bei Säuren und Basen ist zu berücksichtigen, daß in der Regel nur der ungeladene, lipophile Anteil der Substanz Lipidbarrieren überwinden kann (nichtionische Diffusion), der ionisierte, hydrophile Teil dagegen nicht. Dementsprechend spielen bei sauren bzw. basischen Verbindungen deren pK_a-Werte und die pH-Bedingungen auf beiden Seiten der Lipidschranke eine wesentliche Rolle. Die Gleichgewichtskonstante für die Dissoziation einer schwachen Säure AH bzw. protonierten schwachen Base BH^+ (Dissoziationskonstante) ergibt sich aus dem Massenwirkungsgesetz:

$$K_a = \frac{[A^-] \times [H^+]}{[AH]} \quad \text{bzw} \quad K_a = \frac{[B] \times [H^+]}{[BH^+]}. \tag{4.6}$$

Aus rechnerischen Gründen wird anstelle von K_a allgemein der negative dekadische Logarithmus $pK_a = - \lg K_a$ verwendet. Die Gleichgewichtseinstellung zwischen den Säuren AH bzw. BH^+ und den korrespondierenden Basen A^- bzw. B erfolgt entsprechend der HENDERSON-HASSELBALCH-Gleichung in Abhängigkeit vom pK_a- und pH-Wert nach

$$\lg \frac{[A^-]}{[AH]} = pH - pK_a \quad \text{bzw.} \quad \lg \frac{[B]}{[BH^+]} = pH - pK_a. \tag{4.7}$$

Daraus abgeleitet errechnet sich der Ionisationsgrad einer Säure bzw. Base nach

$$\alpha_a = \frac{K_a}{Ka^+[H^+]} = \frac{1}{1 + 10^{pK_a - pH}} \tag{4.8}$$

bzw.

$$\alpha_b = \frac{[H^+]}{[H^+] + K_a} = \frac{1}{1 + 10^{pH} - pKa}. \tag{4.9}$$

Hieraus resultiert, daß sich die Stärke einer Base proportional und die einer Säure umgekehrt proportional zum pK_a-Wert verhält und die Abhängigkeit des Ionisationsgrades einer Verbindung mit einem bestimmten pK_a-Wert vom pH-Wert der Lösung eine Sigmoidkurve ergibt. Dementsprechend existiert für jede Säure HA bzw. BH^+ eine Dissoziationskurve und spiegelbildlich dazu eine Protonierungskurve der korrespondierenden Base A^- bzw. B. Zahlenmäßig entspricht der pK_a-Wert einer Substanz näherungsweise dem pH-Wert der Lösung, bei dem ionisierte und nichtionisierte Form zu gleichen Teilen vorliegen ($\alpha = 0{,}5$). Im pK_a-nahen pH-Bereich bewirken bereits geringfügige pH-Änderungen starke Veränderungen des Ionisationsgrades.

Bei reiner Lipiddiffusion gilt für die Verteilung zwischen zwei durch eine Lipidmembran getrennten Kompartimenten c_1/c_2 mit unterschiedlichen pH-Werten (pH_1 und pH_2) bei Säuren

$$\frac{c_1}{c_2} = \frac{1 + 10^{pH_1 - pK_a}}{1 + 10^{pH_2 - pK_a}} \tag{4.10}$$

und bei Basen

$$\frac{c_1}{c_2} = \frac{1 + 10^{pK_a - pH_1}}{1 + 10^{pK_a - pH_2}}. \tag{4.11}$$

Auf der Grundlage des Konzeptes der nichtionischen Diffusion und der Abhängigkeit des Ionidationsgrades vom pH-Wert läßt sich das Resorptionsverhalten zahlreicher Substanzen unter Berücksichtigung weiterer permeationsbestimmender Faktoren (Lipid/Wasser-Verteilungskoeffizient und Konzentrationsgradient der nichtionisierten Form, Molekülgröße, Diffusionsfläche, Länge und Eigenschaften der Diffusionsstrecke) erklären. Daneben verursachen pH-Differenzen in physiologischen Flüssigkeitsräumen zwischen beiden Seiten einer Lipidbarriere häufig asymmetrische Verteilungen saurer oder basischer Stoffe im Organismus und es kommt bei pH-Verschiebungen im Primärharn zu Veränderungen der tubulären Rückresorption und damit der renalen Exkretion. So liegen z. B. schwache Basen mit einem pK_a-Wert um 4 im Blut (pH = 7,4) vor allem nichtionisiert, im Magen (pH = 1) überwiegend in ionisierter Fom vor und werden daher aus dem Magen nicht resorbiert bzw. reichern sich durch pH-bedingte Verteilung zwischen Blutplasma und Magensaft nach enteraler Resorption bzw. parenteraler Applikation im Magen an (Ionenfalle; vgl. Abb. 4.3). Sehr schwache Basen ($pK_a < 1$) liegen dagegen auch im Magen partiell in der resorptionsfähigen, nichtionisierten Form vor. Basische Verbindungen mit relativ hohem pK_a-Wert ($> 7,4$) liegen im Blut und Magen überwiegend ionisiert vor und diffundieren daher um so schlechter durch die Lipidbarrieren je höher ihr pK_a-Wert ist. Wegen des höheren Ionisationsgrades im Magensaft kommt es auch hier mitunter zu einer beträchtlichen Anreicherung im Magen (hoher Effekt von Magenspülungen auch bei parenteralen Vergiftungen mit solchen Verbindungen). Schwache Säuren mit hohem pK_a-Wert liegen im Blut und Magen überwiegend in der nichtionisierten Form vor und können daher entsprechend dem Konzentrationsgradienten die Lipidbarriere in beiden Richtungen passieren, wobei Verbindungen mit einem pK_a-Wert um 8 nur geringfügig pH-bedingt im Blut angereichert werden. Vergleichsweise stärkere Säuren mit niedrigem pK_a-Wert sind im Magen ebenfalls überwiegend nicht ionisiert, im Blut dagegen vorwiegend ionisiert, so daß hier eine starke Anreicherung resultiert.

	Magen pH = 1,0	Lipid- mem- bran	Blut pH = 7,4
Säure $pk_a = 8$	nichtionisiert [1] ↑ ↓ ionisiert [10^{-7}] gesamt [≈1]		nichtionisiert [1] ↑ ↓ ionisiert [0,25] gesamt [1,25]
Säure $pk_a = 4$	nichtionisiert [1] ↑ ↓ ionisiert [0,001] gesamt [1,001]		nichtionisiert [1] ↑ ↓ ionisiert [2512] gesamt [2513]
Base $pk_a = 8$	nichtionisiert [1] ↑ ↓ ionisiert [10^7] gesamt [≈10^7]		nichtionisiert [1] ↑ ↓ ionisiert [4] gesamt [5]
Base $pk_a = 4$	nichtionisiert [1] ↑ ↓ ionisiert [10^3] gesamt [1001]		nichtionisiert [1] ↑ ↓ ionisiert [0,0004] gesamt [1,0004]

Abb. 4.3. pH-bedingte Verteilung zwischen Magensaft und Blutplasma

4.1.1.1.2. Diffusion durch Poren

Eine Diffusion durch die mit Wasser gefüllten Poren der Zellmembran, die nach heutigen Vorstellungen von integralen, aus mehreren Untereinheiten bestehenden Proteinmolekülen eingeschlossen sind, spielt nur bei relativ kleinen Molekülen (bis zu einer Molmasse von 100) eine Rolle, da die Porenweite bei den meisten Körperzellmembranen höchstens etwa 0,6 nm betragen dürfte und der Porenflächenanteil insgesamt relativ gering ist. Bei Substanzen mit einer Molmasse über 80 überwinden die lipophilen erheblich schneller (durch Lipiddiffusion) als die hydrophilen (durch Porendiffusion) Biomembranen. Leberzellmembranen sind allerdings auch für relativ große lipidunlösliche Moleküle durchlässig.

4.1.1.2. Filtration durch Poren

Filtrationsprozesse durch Membranporen oder interzelluläre Poren können als eine Form des konvektiven Transportes angesehen werden, da es sich um einen Transport von Molekülen unter Verschiebung des Lösungsmittels durch einen hydrostatischen oder osmotischen Druckgradienten handelt. Für den Stofftransport mit dem Flüssigkeitsstrom durch die Poren von Zellmembranen gelten die gleichen einschränkenden Bedingungen wie für die Diffusion durch Membranporen. Größere Bedeutung besitzen Filtrationsvorgänge für den Stoffaustausch durch die interzellulären Poren der Kapillarwände, wobei als wirksame Faktoren die Porenweite (3...7 nm), die Porenfläche (etwa 0,1% der Kapillarwandfläche) und der effektive Filtrationsdruck zu berücksichtigen sind. In den extrarenalen Kapillaren des Körperkreislaufs fällt der hydrostatische Druck (p_K) vom arteriellen zum venösen Schenkel von 5,5 auf 2,0 kPa, während die anderen zum effektiven Filtrationsdruck (p_F) beitragenden Faktoren, wie der kolloidosmotische Druck des Blutplasmas (p_{OB}) und der extrazellulären Flüssigkeit (p_{OE}) sowie der mechanische Gewebedruck (p_G) in einem definierten Kapillarbezirk relativ konstant sind. Da der effektive Filtrationsdruck aus

$$p_F = p_K + p_{OE} - p_G - p_{OB} \tag{4.12}$$

resultiert, ergeben sich dementsprechend im arteriellen Schenkel Filtrationsvorgänge vom Gefäßraum zum extravasalen Raum, im venösen Schenkel dagegen in entgegengesetzter Richtung.

Eine besondere Bedeutung kommt der Filtration durch interzelluläre Poren bei den Stoffaustauschprozessen in der Niere (glomeruläre Filtration) und im Bereich der Lebersinusoide zu (vgl. Abschn. 4.1.4.).

4.1.1.3. Carriervermittelte Transportprozesse

Carriertransportmechanismen spielen inbesondere bei wichtigen Nährstoffen, einigen endogenen Stoffwechselprodukten und anorganischen Ionen eine Rolle (z. B. Monosaccharide, Aminosäuren, B-Vitamine, Estradiol, Testosteron, 5-Hydroxy-indolessigsäure, Harnsäure, Na^+- und K^+-Ionen). Ihre Beteiligung an transzellulären Transportprozessen ist aber auch bei einigen Xenobiotica erkannt worden, wobei vor allem zwei Transportsysteme von Bedeutung sind. Ein Transportsystem ist für organische Anionen kompetent und besitzt eine hohe Affinität für verschiedene Carbonsäuren bzw. deren Konjugate, wie z. B. die Herbicide 2,4-D und 2,4,5-T, der DDT-Metabolit DDA (vgl. Abschn. 11.3.) sowie dessen Aminosäurenkonjugate und Glucuronid, Hippursäure und p-Aminohippursäure (Glycin-Konjugate der Benzoesäure bzw. p-Aminobenzoesäure) und offensichtlich auch für Glucuronide und Sulfatkonjugate einiger Phenole und Dihydrodiole. Das zweite Transportsystem ist für organische Kationen zuständig und zeigt eine hohe Affinität für verschiedene endogene und exogene organische Basen, die unter physiologischen pH-Bedingungen in ionisierter Form vorliegen. Substrate dieses Transportsystems sind Amine, wie Epinephrin, Histamin und Serotonin (vgl. Tab. 8.4, S. 207), Arzneistoffe (Amphetamin- und Morphinderivate, tricyclische Antidepressiva) sowie Umweltchemikalien (z. B. Paraquat, vgl. Tab. 11.9, S. 329) als auch stabile N-Oxide verschiedener Xenobiotica.

Es wird angenommen, daß beim Carriertransport ein membranständiges Carrierprotein das Transportsubstrat in ähnlicher Weise wie ein Enzym das Substrat bindet und durch die Membran schleust. Dem entsprechen typische Eigenschaften des Carriertransportes, wie eine gewisse Substratspezifität, Sättigungskinetik, kompetitive Hemmung durch Stoffe, die dem gleichen Transportmechanismus unterliegen, und Temperaturabhängigkeit.

Abweichend von früheren Vorstellungen, wonach der Carrier mit dem gebundenen Substrat durch die Membran wandert, geht man heute davon aus, daß ähnlich wie die Porenproteine in die Lipiddoppelschicht der Biomembran integral eingebettete Tunnelproteine die Funktion der Carrier ausüben und durch Konformationswechsel das Substrat nach dem Prinzip einer peristaltischen Pumpe durch die Membran befördern, wobei der Wechsel zwischen einer nach außen geöffneten, einer Übergangskonformation und einer nach innen geöffneten Konformation angenommen wird (Abb. 4.4). Die hierfür erforderliche Energie kann durch Spaltung von ATP, in Form von Konformationsenergie (Kopplung mit der Atmungskette) oder durch einen anderen Konzentrationsgradienten (gekoppelter Transport) geliefert werden.

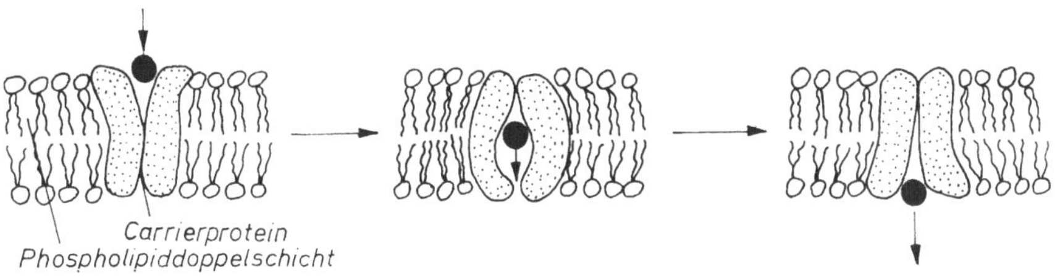

Abb. 4.4. Schematische Darstellung des Carriertransportes

Je nachdem, ob der Carriertransport gegen einen Konzentrationsgradienten und bei Ionen zusätzlich gegen einen elektrochemischen Potentialgradienten oder in Richtung dieser Gradienten erfolgt, spricht man von aktivem Transport oder erleichterter Diffusion.

4.1.1.4. Pinozytose und Persorption

Größere Moleküle, Partikel und Flüssigkeitströpfchen können durch Einstülpung der Zellmembran zum Zellinneren hin und anschließende Abschnürung einer Vakuole (Pinosom) in die Zelle aufgenommen werden (Abb. 4.5). Entsprechende Transportprozesse, die mit lokalen Strukturveränderungen der Membran verbunden sind (ausgelöst durch bestimmte Stoffe, wie z. B. Proteine), werden auch unter dem Oberbegriff Endozytosen zusammengefaßt. Je nachdem, ob das Transportsubstrat in flüssiger oder fester Form aufgenommen wird, spricht man von Pinozytose oder Phagozytose. Die Membranen der Pinosomen und der Inhalt können im Zellinneren durch lysosomale Enzyme angegriffen werden.

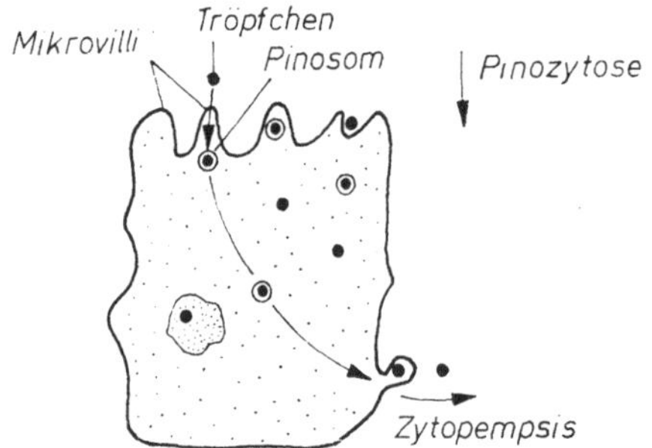

Abb. 4.5. Stofftransport durch Pinozytose und Zytopempsis

Eine Sonderform der Pinozytose ist die Zytopempsis, bei der die Pinosomen die Zelle passieren, an der Gegenseite wieder Anschluß an die Zellmembran finden und ihren Inhalt in den extrazellulären Raum abgeben, von wo er gegebenenfalls durch den Lymphstrom abtransportiert wird.

Bei den Endozytosen spielen vermutlich Membranrezeptoren eine Rolle, die mit den Transportsubstraten in Wechselwirkung treten, wie das für die Aufnahme von Bakterientoxinen plausibel gemacht werden konnte. Ektotoxine verschiedener pathogener Bakterien bestehen aus zwei Proteinkomponenten (A und B). Die A-Komponente wirkt im Zellinnern toxisch, ihr Eindringen durch die Membran wird aber erst durch Komponente B ermöglicht. Das B-Protein wird an Membranrezeptoren gebunden und führt vermutlich zu einer Umlagerung in der Membran, bei der deren Proteine zusammengeschoben werden und das A-Protein in die Zelle gelangen kann. Ein vergleichbarer Aufnahmemechanismus in die Zelle wird für Lutropin, Follitropin und Thyreotropin diskutiert.

Ein Beispiel für die Aufnahme größerer Komplexe über eine Membranrezeptor-Wechselwirkung ist die Einschleusung von LDL-Lipoproteinen in Fibroblasten. Dabei wird das gesamte Lipoprotein aufgenommen und offensichtlich mit Teilen der Membranlipide den Lysosomen zugeführt, wo schließlich die Apoproteine abgebaut und die Cholesterolester hydrolysiert werden.

Die Pinozytose scheint im Bereich der neuronalen Synapsen wichtige physiologische Funktionen auszuüben (Transport der Neurotransmitter) und spielt vor allem bei der Fettresorption (Ausschleusung der Chylomikronen aus den Darmepithelzellen in die Lymphbahn) eine entscheidende Rolle. Eine enterale Resorption durch Pinozytose ist auch für fettlösliche Vitamine, Cholesterol, flüssiges Paraffin und ölige Stoffe nachgewiesen worden. Diese Prozesse dürften jedoch insgesamt für den Transport von Xenobiotica durch Biomembranen nur von geringer Bedeutung sein.

Als Persorption bezeichnet man eine besondere Form des interzellulären Transportes, bei der die Penetration größerer suspendierter Feststoffpartikel aus dem Darmlumen unter Umgehung des Lösevorgangs erfolgt.

Die Partikel (z. B. Stärkekörner oder mikrokristalline Cellulose, vgl. Kap. 14.). wandern im Bereich der apikalen Desquamationszone der Dünndarmzotten zwischen den einschichtig angeordneten Schleimhautzellen hindurch und gelangen aus der Subepithelialregion in die Lymphgefäße und von dort weiter in den Blutstrom. Die Bedeutung der Persorption für die Aufnahme von Xenobiotica ist noch weitgehend ungeklärt.

4.1.1.5. Ionenpaartransport

Bei einigen Verbindungen, die im physiologischen pH-Bereich in stark ionisierter Form vorliegen (z. B. quarternäre Ammoniumbasen und Sulfonsäuren) wird angenommen, daß sie mit entgegengesetzt geladenen Ionen im Gastrointestinaltrakt neutrale Ionenpaarkomplexe bilden, die sowohl wasser- als auch lipidlöslich sind und durch passive Diffusion resorbiert werden können.

Die Überprüfung der Ionenpaartransport-Hypothese bei Wirkstoffkationen und -anionen erfolgte vor allem unter Verwendung von exogenen Gegenionen und Salzen der Gallensäuren.

Die Ionenpaartransport-Hypothese und vornehmlich die experimentellen Bedingungen unter denen ihre Richtigkeit belegt wurde, sind nicht unumstritten.

4.1.2. Resorption

Bei der Aufnahme von chemischen Stoffen aus Lebensmitteln steht die gastrointestinale Resorption (international hat sich auch der Begriff Absorption durchgesetzt) im Vordergrund.

Zu den resorptionsbestimmenden Faktoren gehören

— die physiologischen Bedingungen (Resorptions- bzw. Kontaktfläche, Kontaktzeit, Durchblutung der Schleimhaut, die durch den Abtransport des Stoffes für „sink"-Bedingungen am Resorptionsort sorgt, Beschaffenheit der Schleimhaut, Sekretionstätigkeit, pH-Verhältnisse sowie Motilität, Füllungszustand und -qualität mit Rückwirkungen auf die Liberation, auf die Verweildauer in den einzelnen Abschnitten des Magen-Darm-Traktes, auf die Auflösung und Vermischung in dessen Inhalt und damit auf die diffusionswirksamen Gradienten sowie die effektive Kontaktfläche), die konstitutions-, alters- sowie krankheitsbedingten Schwankungen unterliegen, und durch andere Substanzen verändert werden können,
— die Liberation des Stoffes aus der Ingestionsform (kann als begrenzender Faktor der nachgeschalteten Resorption wirken),
— die Stoffeigenschaften, die für den Transport durch Biomembranen maßgeblich sind, da in der Regel der transzelluläre Weg bei der Resorption überwiegt (vgl. Abschn. 4.1.1.),
— die Stoffkonzentration am Resorptionsort.

Eine wesentliche Grundlage für das Verständnis der Resorption stellt die von BRODIE et al. begründete pH-Verteilungshypothese dar, die in ihren wesentlichen Punkten besagt, daß

— die gastrointestinale Barriere als eine Lipid-Poren-Barriere wirkt, die vorwiegend die Passage der lipidlöslichen, undissoziierten Säuren und nichtprotonierten Basen erlaubt,
— passive Lipiddiffusion als Resorptionsmechanismus überwiegt (Aufnahme von Stoffen mit ungenügender Lipidlöslichkeit u. U. nur durch parazelluläre Mechanismen, Pinozytose, Carrier- oder Ionenpaartransport möglich),
— Resorptionsgeschwindigkeit und resorbierte Menge mit steigender Lipophilie des Stoffes zunehmen,

— für eine schnelle Resorption der niedrigste zulässige pK_a-Wert einer Säure bei 3 und
der höchste pK_a-Wert einer Base bei 7,8 liegt.

— saure Stoffe vorwiegend aus dem Magen und basische Stoffe aus dem Darm resorbiert
werden.

Zu berücksichtigen ist auch, daß ein Stoff am schnellsten aus dem Gastrointestinaltrakt resorbiert wird, wenn er in wäßriger Lösung aufgenommen wird oder in entsprechenden Lösungsmittelkombinationen gelöst vorliegt (z. B. wird Hexachlorbenzen von
Ratten nach oraler Gabe einer Lösung in Öl wesentlich besser resorbiert als nach Applikation in einer wäßrigen Suspension). Bei festen Ingestionsformen können mitunter
deren Desaggregation und die Lösung der Substanzen die geschwindigkeitsbestimmenden Schritte sein. In den Fällen, in denen die Lösungsgeschwindigkeit kleiner als die
Resorptionsgeschwindigkeit ist, beeinflussen alle Faktoren, die Auswirkungen auf die
Lösungsgeschwindigkeit des Stoffes haben (z. B. Teilchengröße, Salzbildung, Poly-
morphie und Pseudopolymorphie), auch dessen Resorption. Die Konzentrations-Zeit-
Verläufe lassen sich dabei durch folgendes Kompartimentmodell darstellen

$$\text{IF} \xrightarrow{k_L} \text{GI} \xrightarrow{k_1} \text{B} \xrightarrow{k_2} \text{U/F}$$

IF — Ingestionsform, GI — Gastrointestinaltrakt, B — Blut, U/F — Urin/Faeces, k_L — Libera-
tionsgeschwindigkeitskonstante, k_1 — Resorptionsgeschwindigkeitskonstante, k_2 — Eliminations-
geschwindigkeitskonstante

und unter der Annahme, daß alle Reaktionen irreversibel nach einer Kinetik 1. Ordnung
ablaufen, durch folgende Gleichungen beschreiben bzw. rechnerisch simulieren (vgl.
Abb. 4.6):

$$\frac{d[\text{IF}]}{dt} = k_L \times [\text{IF}] \tag{4.13}$$

$$\frac{d[\text{GI}]}{dt} = k_L \times [\text{IF}] - k_1 \times [\text{GI}] \tag{4.14}$$

$$\frac{d[\text{B}]}{dt} = k_1 \times [\text{GI}] - k_2 \times [\text{B}] \tag{4.15}$$

$$\frac{d[\text{U/F}]}{dt} = k_2 \times [\text{B}]. \tag{4.16}$$

Obwohl Nährstoffe, Na^+-Ionen und Wasser kaum aus dem Magen resorbiert werden
(kein aktiver Transport von Glucose, Aminosäuren usw.), verhält sich die Magenschleimhaut wie andere Lipidbarrieren des Organismus und ist für lipophile Substanzen durchaus permeabel. Die Besonderheiten der gastralen Resorption resultieren vor allem daraus,
daß das Magenepithel eine Lipidbarriere zwischen dem wäßrigen Medium Magensaft
mit einem pH-Wert von 1...2 und dem Blut (pH = 7,4) darstellt und die Schleimhaut-
oberfläche mit 0,1...0,2 m² relativ klein ist. Deshalb werden lipophile Verbindungen wie
Ethanol oder im Magensaft weitgehend nichtionisiert vorliegende schwache Säuren
($pK_a > 2$) und schwache Basen ($pK_a < 1$) bei entsprechender Lipidlöslichkeit der
nichtionisierten Form in größerem Umfang bereits aus dem Magen aufgenommen, obwohl die Resorption solcher Verbindungen, wenn sie auch im Dünndarm in der lipidlöslichen Form vorliegen, nach intraduodenaler Applikation wesentlich schneller erfolgt.

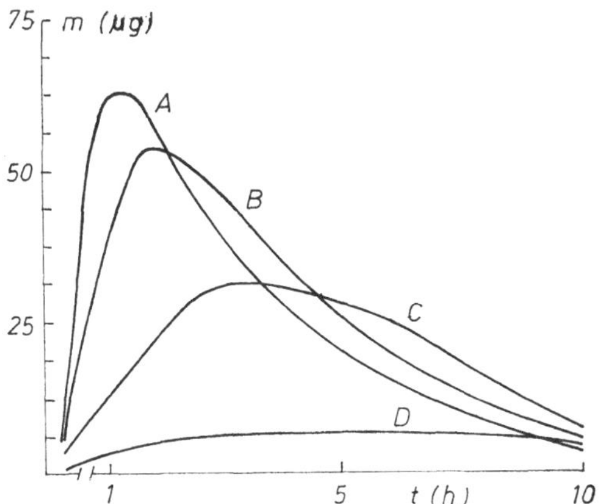

Abb. 4.6. Einfluß der Liberation auf die Stoffmenge im Blut (m) in Abhängigkeit von der Zeit (t) bei unveränderter Invasions- und Eliminationskonstante (k_1 = 2,5 h^{-1}; k_2 = 0,4 h^{-1}) und gleicher Dosis (D = 0,1 mg).
Liberationsgeschwindigkeitskonstanten: Ak_L = 6 h^{-1}, Bk_L = 2 h^{-1}, Ck_L = 0,3 h^{-1}, Dk_L = 0,04 h^{-1}

Dementsprechend beeinflußt die Magenentleerungszeit, die bei Nahrungsaufnahme in Abhängigkeit vom Volumen und von der Nahrungszusammensetzung verzögert wird (Verlangsamung durch Fette, stärker als durch Proteine, Kohlenhydrate), auch die Aufnahme von Substanzen, die teilweise bereits gastral resorbiert werden (z. B. Verzögerung der Ethanolresorption durch fettreiche Mahlzeit (vgl. Abschn. 8.12.).

Der Dünndarm ist wegen seiner beachtlichen Resorptionsfläche von etwa 100 m^2, des Feinbaues seiner Schleimhaut, der Strukturierung des subepithelialen Bereiches, der ein dichtes Netz von Blut- und Lymphgefäßen sowie Nervenästen aufweist, und der Milieubedingungen im schleimhautnahen Bereich das Hauptresorptionsorgan. Bei der Aufnahme von Stoffen aus dem Dünndarm, die (von Ausnahmen abgesehen) vor allem nach dem Prinzip der Lipiddiffusion gemäß der pH-Verteilungshypothese erfolgt, verhält sich die Oberfläche der Darmschleimhaut entsprechend einem pH-Wert von 5,3 ("virtueller pH-Wert"), während der pH-Wert des Darminhaltes etwa 6,5 beträgt. Tatsächlich konnte mit Spezialelektroden an der Oberfläche der Apikalmembranen des Jejunums von Ratten über eine Schichtdicke von < 20 μm bei einem pH-Wert der Badlösung von 7,2 ein pH-Wert von 5,5 gemessen werden. Demgemäß zeigen bei entsprechender Lipophilie der nichtionisierten Form schwache Säuren mit einem pK_a > 3 und Basen mit einem pK_a < 7,8 hohe Resorptionsraten.

Bei Substanzen mit geringer Lipidlöslichkeit, die in der Regel schlecht resorbiert werden, werden höhermolekulare (z. B. Inulin) wesentlich langsamer aufgenommen als niedermolekulare (z. B. Harnstoff).

Dickdarm und Rektum werden in der Regel nur von schlecht resorbierbaren Stoffen oder Ingestionsformen mit langsamer Liberation erreicht. Darüber hinaus erfolgt hier eine Rückresorption von Substanzen, die mitunter als polare Konjugationsprodukte über die Galle in den Dünndarm gelangen, nach mikrobieller Konjugatspaltung in den unteren, mit Mikroorganismen besiedelten Darmabschnitten wieder resorptionsfähig werden (Erhöhung der Lipophilie) und somit einem sogenannten enterohepatischen Kreislauf unterliegen (vgl. Abschn. 4.1.3.). Der Stoffaustausch in diesem Bereich erfolgt ebenfalls vorrangig durch Lipiddiffusion. Aktive Transportmechanismen sind hier nicht nachgewiesen worden. Die Resorptionsflächen betragen etwa 0,5...1,0 (Dickdarm) und 0,04...0,07 m² (Rektum). Der pH-Wert des Dickdarminhaltes liegt allgemein zwischen 7...7,5, der des Rektalschleimes um 7,2...7,4, wobei im membrannahen Bereich, wie bei anderen Schleimhäuten ein besonderes pH-Mikromilieu angenommen wird.

Für die Resorptionsverhältnisse ist auch der Flüssigkeitsdurchsatz im Gastrointestinaltrakt von Bedeutung. Bei einer täglichen Wasseraufnahme von 1,5...2,5 l mit Nahrung und Getränken, einer Sekretion von 0,5...2,0 l Speichel, 2...3 l Magensaft, 0,7...1,5 l Pankreassaft, 0,2...1,0 l Galle und 2...3 l Dünndarmsekret stehen im Gastrointestinaltrakt in 24 h insgesamt 6,9...12,9 l wäßriges Lösungsmittel zur Verfügung. Hiervon unterliegen etwa 6,8...12,7 l der enteralen Rückresorption. Unter diesen Bedingungen werden selbst viele schwerer lösliche Substanzen bei nicht zu hoher Dosierung vollständig gelöst und bei entsprechender Lipophilie resorbiert.

4.1.3. Verteilung und Speicherung

Ein in den Körperkreislauf gelangter Stoff wird mit dem Blut schnell in die verschiedenen Kapillargebiete transportiert und breitet sich von hier nach Filtration durch die Kapillarwandporen vor allem durch Diffusion in den angrenzenden Geweben aus. Nach gastrointestinaler Resorption wird allerdings zunächst über das Pfortadersystem die Leber passiert, wo ein Teil des Stoffes bereits vor Erreichen des Körperkreislaufes gebunden und metabolisiert werden kann („first-pass"-Metabolismus). Der Begriff Verteilung (Distribution) wird sowohl für den Prozeß verwendet, als auch für die Bezeichnung des Verteilungszustandes (Verteilungsmuster) einer Substanz zu einem bestimmten Zeitpunkt, wie er sich z. B. in Autoradiogrammen nach Applikation von radioaktiv markierten chemischen Stoffen (vgl. Abb. 11.10) oder bei Bestimmung der Substanzkonzentrationen in den verschiedenen Geweben darstellt. Die Distribution, die mit den vorgeschalteten Prozessen Liberation und Resorption sowie den Folgeprozessen Biotransformation und Exkretion in Beziehung steht (vgl. Abb. 4.1), bestimmt neben diesen maßgeblich die Konzentration der Stoffe in deren Biophase und damit ihre biologische Wirkung (z. B. Gefährdung bei Freisetzung von DDT aus Fettdepots in die Blutbahn nach Lipidmobilisation durch Hunger).

4.1.3.1. Verteilungsräume

Unter morphologisch-physiologischen Gesichtspunkten kann der Organismus in verschiedene Verteilungsräume unterteilt werden (Abb. 4.7). Hierzu gehören die mehr oder weniger abgegrenzten Flüssigkeitsräume aber auch biologische Strukturen, die eine Anreicherung des Stoffes bewirken (z. B. Protein- und Fettspeicher) und als imaginäre Verteilungsräume Verteilungsvolumina > 1 l/kg bedingen.

Die verschiedenen Flüssigkeitsräume unterscheiden sich vor allem hinsichtlich ihrer Austauschbeziehungen zum Blutplasma. Während zwischen Plasmawasser und leicht diffusibler Flüssigkeit des Interstitiums (hierzu zählen die Flüssigkeitsfilme, die die Zellen in den Geweben umgeben, Wasser im lockeren Bindegewebe und Lymphe) ein schneller Stoffaustausch stattfindet, ist dieser bei der schwer diffusiblen Flüssigkeit des Interstitiums (Flüssigkeit in dichten Bindegeweben von Haut, Sehnen, Aponeurosen, Knorpel und Knochen) deutlich verlangsamt und im Falle des intrazellulären Wassers sowie der transzellulären Flüssigkeiten (Flüssigkeiten in stark abgegrenzten Räumen, in die sie durch zelluläre Transportleistungen gelangen, wie z. B. Liquor im ZNS, Kammerwasser in den Augäpfeln, gewisse Flüssigkeitsanteile im Magen-Darm-Lumen, die Flüssigkeit in den Lumina der Nephronen, abführenden Harn- und Gallenwege sowie unter pathologischen Bedingungen auch Transsudate und Exsudate in Pleural-, Peritoneal- und Perikardialraum, Gelenkhöhlen usw.) in der Regel nur für lipidlösliche Stoffe möglich.

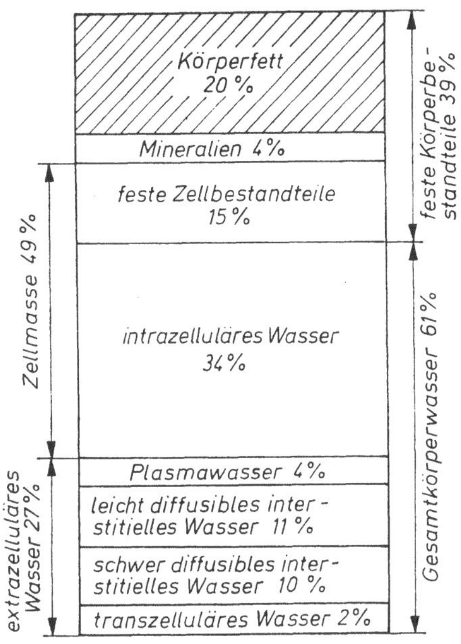

Abb. 4.7. Verteilungsräume des Organismus und prozentualer Anteil an der Gesamtkörpermasse (nach MERTZ)

Vor allem in den Zellen kann es durch

— hohe chemische Affinität zu Biostrukturen,
— Anreicherung im Fettgewebe und in lipidreichen Strukturen bei Substanzen mit hohem Lipoid/Wasser-Verteilungskoeffizienten und
— aktiven Transport

zur Speicherung von Stoffen kommen.

Im Zusammenhang mit der Bindung von Substanzen an biologische Makromoleküle ist zwischen der reversiblen Bindung an Plasma- und Gewebeproteine (vgl. Abschn. 4.1.3.2.) und irreversiblen (kovalenten) Bindung von Stoffen bzw. deren Bioaktivierungsprodukten an Biostrukturen, die von großem toxikologischen Interesse ist (vgl. Abschn. 4.2.), zu unterscheiden. Auf eine hohe Affinität zu Körperbestandteilen ist z. B. auch die Anreicherung einiger Acridinderivate in basophilen Strukturen (vor allem in Zellkernen) sowie von Strontium und Blei im Knochen zurückzuführen.

Bei lipophilen Verbindungen spielt insbesondere die Speicherung im Fettgewebe eine Rolle, wobei sich entsprechend dem Lipid/Wasser-Verteilungskoeffizienten zwischen Fettspeicher und wäßrigen Verteilungsräumen ein Fließgleichgewicht einstellt. Die Zeitcharakteristik dieser löslichkeitsbedingten Speicherung wird vor allem dadurch bestimmt, mit welcher Geschwindigkeit der lipophile Stoff durch Biotransformation zu hydrophileren Produkten aus dem wäßrigen Verteilungsraum eliminiert wird und dadurch aus dem Fettdepot nachrücken kann. Dementsprechend läßt sich z. B. bei den Hexachlorcyclohexan-Isomeren (vgl. Abschn. 11.3.1.), deren n-Octanol/Wasser-Verteilungskoeffizienten annähernd gleich sind, die im Vergleich zum γ-Isomer starke Kumulation des β-Isomeren partiell auf dessen langsamere Biotransformation zurückführen.

Eine Anreicherung in bestimmten Zellen durch aktiven Transport ist bisher vor allem für körpereigene Stoffe, wie Adrenalin, Noradrenalin, Dopamin, Histamin usw., gesichert worden, die auf diese Weise in den Mediatordepots gespeichert werden.

Zu berücksichtigen ist, daß sich die verschiedenen Verteilungsräume mit unterschiedlicher Geschwindigkeit füllen und leeren. Danach unterscheidet man flache Kompartimente, die sich schnell füllen und leeren (z. B. die leicht diffusible interstitielle Flüssigkeit oder Plasmaproteine bei lockerer Bindung des Stoffes) sowie tiefe und sehr tiefe Kompartimente, die sich langsamer füllen und vor allem den gespeicherten Stoff nur langsam wieder abgeben, auch wenn die übrigen Kompartimente bereits weitgehend durch Eliminationsprozesse geleert sind (z. B. Gewebskompartimente, insbesondere Fettgewebe). Dadurch kommt es in Abhängigkeit von der jeweiligen Bedeutung der verteilungsbestimmenden Faktoren bei den einzelnen Stoffen zu einer ständigen Umverteilung (Redistribution), wobei sich durch die Biotransformation und Exkretion laufend die Bedingungen für die Gleichgewichtseinstellung ändern.

4.1.3.2. Verteilungsbestimmende Faktoren

Die Verteilung von Stoffen zwischen dem Plasmawasser als zentralem Kompartiment und den anderen Verteilungsräumen wird in Abhängigkeit von ihren physikalisch-chemischen Eigenschaften (Lipid/Wasser-Verteilungskoeffizient, Molekülgröße hydrophiler Verbindungen, Ladung, chemische und biochemische Reaktivität) von seiten des Organismus durch folgende Hauptfaktoren bestimmt:

— Permeabilität der Kapillaren in den verschiedenen Organen und Geweben,
— Kapillarisierung und Durchblutung der Organe und Gewebe,
— Transportcharakteristik von Biomembranen (vgl. Abschn. 4.1.1.),
— Zustand des interzellulären Raumes,
— pH-Verhältnisse (vgl. Abschn. 4.1.1.1.1.),
— Bindung an Plasma- und Gewebeproteine,
— Fettdepots, Biostrukturen mit hoher Affinität zum Stoff und aktive Transportmechanismen (vgl. Abschn. 4.1.3.1.).

Der Bau der Kapillarwand, insbesondere die Größe und der Anteil der interzellulären Lücken und Poren, zeigen regionale Besonderheiten, die verteilungsbestimmend sein können (vor allem für hydrophile Verbindungen). Diese Besonderheiten kommen z. B. in der hohen Permeabilität der Nieren- und Leberkapillaren sowie in der geringen Durchlässigkeit der sogenannten Blut-Hirn-Schranke zum Ausdruck, die mit der Durchlässigkeit von Zellmembranen vergleichbare Permeabilitätseigenschaften aufweist (effektiver Porenradius bei Hirnkapillaren nur 0,7...0,9 nm gegenüber 2...3 nm z. B. bei Kapillaren im Muskelgewebe).

Die Kapillarisierung und Durchblutung zeigen zwischen verschiedenen Geweben und Organen z. T. Unterschiede, die auch für die Verteilungsprozesse, insbesondere in der Anfangsphase der Disposition, eine Rolle spielen. Zu Beginn der Verteilung nehmen Gewebe mit intensiver Gefäßversorgung und Durchblutung den Stoff schneller auf als schlechter versorgte Bereiche, da bei vergleichbaren Kapillarwandeigenschaften die Größe der am Austausch beteiligten Kapillaroberfläche der limitierende Faktor ist. So ergeben sich für hochlipophile Xenobiotica, wie z. B. Hexachlorbenzen, in der Anfangsphase der Disposition zunächst hohe Konzentrationen in der Lunge, anschließend in den stark durchströmten Geweben der visceralen Organe und schließlich auch im ZNS, während sich die schwach durchströmten Fettdepots nur langsam auffüllen. Durch die mit der Zeit entsprechend dem hohen Lipid/Wasser-Verteilungskoeffizienten zunehmende Anreicherung solcher Verbindungen in dem relativ großen Fettspeicher findet in der 2. Dispositionsphase eine Umverteilung (Redistribution) statt, die in den stärker kapillarisierten Geweben bis zum Erreichen eines Verteilungsfließgleichgewichtes zu einem schnelleren Konzentrationsabfall führt als durch die erheblich langsamere Elimination allein.

Die Eigenschaften der Grundsubstanz des Interzellulärraumes werden wesentlich von den Glycosaminoglycan-Makromolekülen (GAG; z. B. Hyaluronsäure) bzw. ihren Proteinverbindungen (Proteoglycane) geprägt, die ein hohes Wasserbindungsvermögen besitzen und einen großen Teil des extrazellulären Wassers binden. Die Solvatisierung wird durch elektrostatische Abstoßung anionischer Ladungen der GAG-Seitenketten begünstigt und nimmt mit zunehmender Polymerisation ab, kann aber auch durch die Elektrolytkonzentration in beiden Richtungen verändert werden. Durch Depolymerisation und Polymerisation bzw. Elektrolytverschiebungen (z. B. unter dem Einfluß von Nebennierenrindenhormonen) kann so der Wassergehalt des Interstitiums und damit dessen Anteil am Verteilungsvolumen sowie seine Transportkapazität beeinflußt werden.

Nach Aufnahme in die Blutbahn werden viele Substanzen von zellulären und makromolekularen Bestandteilen des Blutes gebunden. Dabei sind vor allem die Erythrozyten, die wegen ihrer negativen Oberflächenladungen (neuraminsäurehaltige Mucopolysaccharide im äußeren Membranbereich) positiv geladene Moleküle binden können (für bisquarternäre Ammoniumverbindungen belegt) oder lipophile Verbindungen transmembranal aufnehmen und u. U. durch Bindung an Hämoglobin intrazellulär anreichern sowie die Bindung an Albumin und saures α_1-Glycoprotein des Blutplasmas von Bedeutung. Die Plasmaproteinbindung kann in der Regel als Wechselwirkung von Liganden mit einer definierten Anzahl von Proteinbindungsstellen betrachtet werden, die eine Sättigungscharakteristik zeigt, und sich mit den gleichen aus dem Massenwirkungsgesetz abgeleiteten Beziehungen beschreiben läßt, die z. B. auch bei Enzym-Substrat-Wechselwirkungen angewendet werden. Als Bindungskräfte dominieren elektrostatische (ionogene) und vor allem hydrophobe Wechselwirkungen. Zwischen verschiedenen Verbindungen kann es zur Konkurrenz um gleiche Bindungsstellen oder zu allosterischen Verdrängungseffekten kommen. Die Bindungen an das saure α_1-Glycoprotein (vor allem bei basischen Stoffen) ist wegen der geringeren Konzentration dieses Plasmaproteins (etwa 20 µmol/l) leichter abzusättigen als die Bindung an Albumin, das eine relativ hohe Plasmakonzentration aufweist (600...700 µmol/l).

Verschiedene Stoffe werden auch im erheblichen Umfang reversibel an extravasale Gewebeproteine gebunden. Während die Bedeutung der Plasmaproteinbindung lange Zeit überschätzt wurde, ist der reversiblen Gewebebindung bisher relativ wenig Beachtung geschenkt worden. Die stoffkinetischen Auswirkungen der Plasmaproteinbindung resultieren daraus, daß der Substanz-Protein-Komplex biologische Barrieren nicht überwindet. Das kann folgende Konsequenzen haben (Abb. 4.8):

— Da der jeweils gebundene Anteil des Stoffes den intravasalen Raum nicht verläßt, sind die Verteilung im Organismus und die Konzentration an Wirkorten in Geweben eingeschränkt.

— Die Elimination ist verlangsamt, da nur der jeweils ungebundene Anteil in der Niere glomerulär filtriert oder mit den Enzymen der Biotransformation in Wechselwirkung treten bzw. biliär ausgeschieden werden kann.

Dabei ist allerdings zu berücksichtigen, daß nur in Verteilungsräumen, in denen keine anreichernden Mechanismen (Kumulation lipophiler Substanzen in lipidreichen

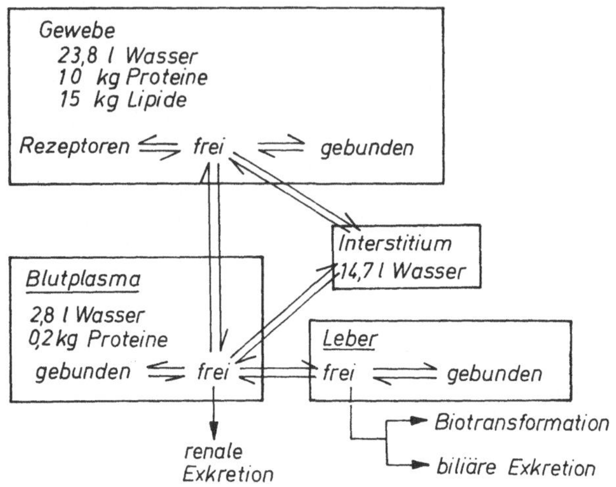

Abb. 4.8. Bedeutung der Bindung an Plasma- und Gewebeproteine für die Stoffdisposition bei einem etwa 70 kg schweren Menschen

Strukturen, Gewebebindung oder aktiver Transport) wirksam sind, die extravasale Konzentration der Plasmakonzentration des ungebundenen Stoffes entspricht und dementsprechend von der Gleichgewichtskonstanten (K) für die Plasmaproteinbindung abhängt. Dagegen werden durch anreichernde Mechanismen in Geweben, wie auch durch renale oder hepatische Elimination (Biotransformation und biliäre Exkretion) Ungleichgewichte geschaffen, die zu einer Spaltung der Plasmaproteinbindung führen, so daß die Geschwindigkeitskonstante für die Dissoziation des Stoff-Plasmaprotein-Komplexes (k_{-1}) und die Affinität zu anderen Gewebestrukturen für die Auswirkungen der Plasmaproteinbindung auf die Substanzdisposition entscheidend sind. Da die Gleichgewichtskonstante für die Proteinbindung (K) von den Geschwindigkeitskonstanten für die Bildung (k_1) und Dissoziation (k_{-1}) des Stoff-Protein-Komplexes determiniert wird,

$$K = \frac{k_1}{k_{-1}}, \tag{4.17}$$

kann auch bei starker Proteinbindung k_{-1} groß sein, wenn k_1 ebenfalls entsprechend groß ist. Demgemäß kann selbst eine starke Plasmaproteinbindung mitunter für die Distribution und Elimination bedeutungslos sein, insbesondere wenn eine hohe Affinität zu anderen Gewebestrukturen besteht oder aktive Transportmechanismen (auch bei der Elimination) eine Rolle spielen. So zeigen viele Substanzen trotz starker Plasmaproteinbindung ein hohes Verteilungsvolumen oder eine schnelle Elimination. Bei Verbindungen mit geringer Dissoziationsgeschwindigkeit des Stoff-Protein-Komplexes ist die Plasmaproteinbindung dagegen ein einschränkender Faktor für die Distribution und Elimination. Der Effekt auf die Eliminationshalbwertszeit ($t_{1/2}$) ist allerdings schwer vorherzusagen, da $t_{1/2}$ von der totalen Clearance (Cl_{tot}) und dem Verteilungsvolumen (V_d) abhängt (vgl. Abschn. 4.3.),

$$t_{1/2} = \frac{\ln 2 \times V_d}{Cl_{tot}}, \tag{4.18}$$

und diese beiden Größen mitunter durch Veränderungen der Plasmaproteinbindung gegensinnig beeinflußt werden können.

Die Plasmaproteinbindung ist in der Regel dann ein zu beachtender Faktor, wenn

— mehr als 90% der Stoffmenge im Plasma gebunden sind und
— der Stoff ein kleines Verteilungsvolumen hat (geringe Anreicherung in extravasalen Geweben).

In diesem Fall kann eine Zunahme des ungebundenen Anteils im Plasma (z. B. nach Verdrängung durch konkurrierende bzw. allosterisch wirkende Substanzen, insbesondere Pharmaca, pathologischer Abnahme der Albuminkonzentration, Sättigung der Bindung) zu einer erhöhten Toxizität führen. Dabei ist allerdings folgende Überlegung zu berücksichtigen: Nimmt der freie Anteil eines Stoffes z. B. um 50% zu, so kann eine annähernd vergleichbare Zunahme der Plasmakonzentration an freier Substanz nur dann erwartet werden, wenn der freigesetzte Anteil auch im Plasmaraum verbleibt. In der Regel verteilt sich der ungebundene Anteil jedoch schnell auch auf den übrigen Körperwasserraum, der etwa vierzehnmal größer als der Plasmaraum ist, so daß die effektive Konzentrationszunahme an freiem Stoff hierbei weniger als 4% beträgt.

Demgegenüber kommt der Gewebebindung (z. B. an Muskelproteine und Hämoglobin), die für verschiedene Stoffe belegt wurde, die Funktion eines großen Depots zu, da im Vergleich zu den Plasmaproteinen z. B. Hämoglobin in 2,3- und die Muskelproteine in etwa 30facher Menge vorliegen, und einer Proteinmasse von 0,2 kg im Blut etwa 10 kg Proteine in den Geweben gegenüberstehen (vgl. Abb. 4.8). Dementsprechend nimmt z. B. bei einer Verteilung des Stoffes im Gesamtkörperwasser durch Freisetzung von 50% aus der Hämoglobinbindung die Konzentration an freiem Stoff um > 7% zu (gegenüber < 4% bei Freisetzung aus der Plasmaproteinbindung) und steigt auf etwa 50% an, wenn zusätzlich eine vergleichbare Freisetzung aus der Muskelproteinbindung hinzukommt.

Auf die Bedeutung der Speicherung lipophiler Stoffe in Fettdepots wurde bereits hingewiesen (vgl. Abschn. 4.1.3.1.). Man unterscheidet Bau- und Speicherfett. Während das Baufett in seiner Ausbildung und Menge weitgehend konstant bleibt unterliegt das Speicherfett (bildet vor allem den subkutanen Fettmantel) von Angebot und Bedarf abhängigen Schwankungen. Der Anteil des Fettgewebes steigt bei Adipositas mitunter bis auf 50% der Körpermasse an, beträgt bei schlanken Menschen etwa 20% und kann im Hungerzustand auf ein Minimum von etwa 10% sinken.

Neben den bisher behandelten Verteilungsprinzipien und verteilungsbestimmenden Faktoren spielen bei einigen speziellen Verteilungsprozessen bestimmte diskriminierende Bedingungen eine besondere Rolle. Vor allem zu beachten sind spezielle Verteilungsbarrieren, wie die Blut-Hirn- und Blut-Liquor-Schranke, die sog. Placentaschranke sowie die Blut-Kammerwasser-Schranke, aber auch die Verteilung in die Sekrete verschiedener Drüsen (z. B. Brustmilch und Speichel) sowie cyclische Dispositionsprozesse (vgl. Abb. 4.11).

Das morphologische Äquivalent für das Konzept einer funktionellen Blut-Hirn-Schranke ist in der Abgrenzung der Hirnkapillaren zu sehen (Abb. 4.9). Die Endothelzellen der Hirnkapillaren sind ohne interzelluläre Lücken fest aneinandergefügt und von einer dicken Basalmembran umgeben, an die sich eine dichte Hülle anschließt, die von den Endfüßen der zur Neuroglia gehörenden Astrozyten gebildet wird.

Im Bereich des stark vaskularisierten Plexus chorioideus, in dem der Liquor cerebrospinalis gebildet wird, ist das Endothel der Hirnkapillaren zum Liquorraum hin von einem einschichtigen kubischen Epithel umgeben, das ebenfalls eine relativ dichte

4*

Transportbarriere darstellt und als Blut-Liquor-Schranke bezeichnet wird. Der Stoff-austausch zwischen Hirngewebe und Liquor erfolgt über die Ependymschicht der Hirn-ventrikel. Diese besitzt eine hohe Permeabilität und kann selbst von großen hydro-philen Molekülen interzellulär passiert werden, so daß die extrazelluläre Flüssigkeit des Nervengewebes und der Liquor einen annähernd einheitlichen Flüssigkeitsraum bilden (Abb. 4.10). Allerdings wirkt die Konvektion des Liquors in Richtung Blut (zum venösen Sinus der harten Hirnhaut) dem Transport von Stoffen aus dem Liquor in das Nerven-gewebe entgegen.

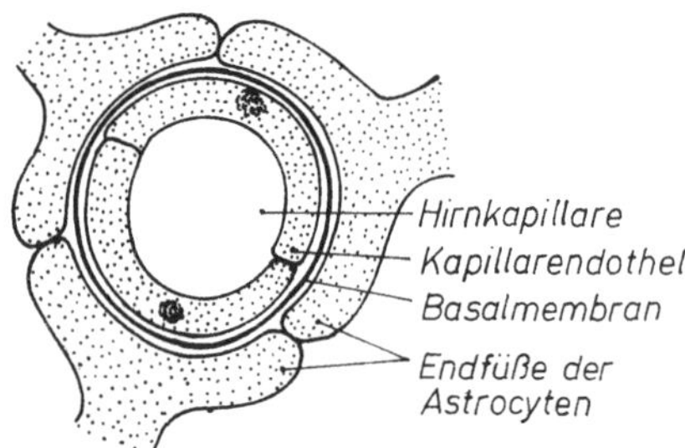

Abb. 4.9. Abgrenzung der Hirnkapillaren

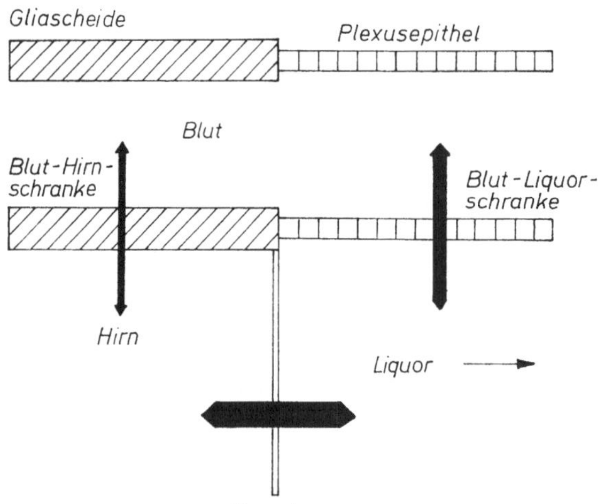

Abb. 4.10. Verteilungsverhältnisse im ZNS

Blut-Hirn- und Blut-Liquor-Schranke lassen nahezu ausschließlich transzelluläre Transport-wege zu, für die der Lipid/Wasser-Verteilungskoeffizient der nichtionisierten Form und der pK_a-Wert der Substanz maßgeblich sind. Dabei ist zu berücksichtigen, daß nur die Konzentration des freien Stoffes im Plasma als Resultante aus Plasmaproteinbindung und allen weiteren Ver-teilungsprozessen diffusionswirksam ist, eine starke Proteinbindung demzufolge den Übertritt in das ZNS verzögern kann, während die Bindung an Gewebeproteine oder eine Anreicherung im Fettgewebe Einfluß auf die Höhe der erreichbaren Konzentrationen im Liquor und Hirn haben. Dabei können sekundäre Umverteilungen vom stark durchströmten ZNS in Gewebe mit schlech-terer Blutversorgung (Fettdepots) auftreten. In Tierversuchen konnte für viele Verbindungen mit Octanol/Wasser-Verteilungskoeffizienten > 1 (bzw. Öl/Wasser-Verteilungskoeffizienten $> 0,1$) ein > 90proz. Konzentrationsausgleich zwischen Blut und Hirn über die Hirnkapillaren fest-gestellt werden. Für einen Konzentrationsausgleich zwischen Blut und Liquor wird als Voraus-setzung ein Octanol/Wasser-Verteilungskoeffizient > 10 angesehen. Dabei ist die Permeation des Stoffes größer als der Einstrom von Wasser durch die Liquorproduktion (etwa 0,2 ml/min), während bei Octanol/Wasser-Verteilungskoeffizienten < 10 die Liquorproduktion größer als die Permeation des Stoffes (restriktive Diffusion) ist, so daß sich bei einem relativ niedrigen Liquorkonzentrationswert ein Gleichgewicht zwischen Eindiffusion und Ausstrom einstellt.

Die zwischen mütterlichem und fetalem Blut befindliche gewebliche Trennwand, die sogenannte Placentaschranke, verhält sich insgesamt wie eine porendurchsetzte Lipidbarriere und stellt für den Durchtritt der meisten Fremdstoffe kein erhebliches Hindernis dar. Die Bezeichnung Placentaschranke ist daher nur sehr bedingt zutreffend. Lipophile Substanzen treten in Abhängigkeit von ihrem Lipid/Wasser-Verteilungskoeffizienten in der Regel sehr schnell durch Lipiddiffusion in den fetalen Kreislauf über und erreichen hier in kurzer Zeit annähernd die gleiche Konzentration wie im mütterlichen Plasma. Hydrophile Verbindungen passieren dagegen die Placentaschranke in Abhängigkeit von ihrer Molekülgröße langsamer (vor allem über interzelluläre Poren) und erreichen im Fetus in der Regel nur geringe Konzentrationen. Das von der Placenta kommende Nabelvenenblut (Umbilikalvenenblut) passiert zu $80\dots90\%$ zunächst die fetale Leber, bevor es in den Körperkreislauf des Fetus gelangt.

Zu beachten ist, daß es bei gefährlichen Schadstoffexpositionen praktisch in allen Entwicklungsphasen zu Schädigungen der Frucht kommen kann (vgl. Abschn. 6.6.).

Von besonderem Interesse ist auch der Übergang von Substanzen in die Muttermilch. Während nichtionisierte Stoffe mit hoher Lipidlöslichkeit ihre Konzentration in der Muttermilch mit der des ungebundenen Anteils im Blutplasma ausgleichen, treten wegen des in der Regel unter dem des Plasma liegenden pH-Wertes der Brustmilch (durchschnittlich etwa 6,9) bei Säuren und Basen pH-bedingte asymmetrische Verteilungsmuster auf.

Entsprechend der pH-Verteilungshypothese (vgl. Abschn. 4.1.1.1.1.), die hierfür mit der Realität gut übereinstimmende Ergebnisse liefert, wenn die Plasmaproteinbindung und der Lipid/Wasser-Verteilungskoeffizient berücksichtigt werden, gehen saure Stoffe kaum in die Muttermilch über (bei Säuren mit einem pK_a-Wert von $2,8\dots6,4$ wurden Milch/Plasma-Verteilungsquotienten um 0,2 gefunden), während bei Basen eine Anreicherung in der Milch auftreten kann (z. B. zeigten einige Basen mit pK_a-Werten von $4,6\dots8,8$ Milch/Plasma-Verteilungsquotienten um $6\dots7$). In diesem Zusammenhang sind bei Säuglingen neben der aus der täglichen Trinkmenge resultierenden Fremdstoffdosis Dispositionsunterschiede zum Erwachsenen zu beachten (z. B. Anteil der extrazellulären Flüssigkeit an der Körpermasse etwa doppelt so hoch; Plasmaproteinbindung reduziert; geringere Biotransformationskapazität, insbesondere bei Glucuronidierungen und mikrosomalen Monooxygenasereaktionen; niedrige renale Clearance wegen funktionell-morphologischer Unreife der Nieren; unterentwickelte Gallesekretion).

Der Konzentrationsverlauf von Stoffen im Blutplasma wird entscheidend von verschiedenen cyclischen Dispositionsprozessen geprägt (Abb. 4.11), die zu einer starken Verlangsamung der Ausscheidung führen, wobei die endgültige Exkretion häufig erst dann möglich ist, wenn die Rückresorption in die Blutbahn eingeschränkt oder unterbunden wird (z. B. durch Biotransformation zu weniger lipidlöslichen Metaboliten).

Von Bedeutung sind vor allem der aus glomerulärer Filtration und tubulärer Rückresorption bestehende Stoffkreislauf (vgl. Abschn. 4.1.4.1.) und der enterohepatische Kreislauf. Bei basischen Stoffen kann wegen der pH-bedingten Anreicherung im Magen (Ionenfalle) der gastroenterohepatische Kreislauf eine größere Rolle spielen (hohe Effektivität von Magenspülungen bei Vergiftungen mit basischen Substanzen).

Stoffe, die in die Galle ausgeschieden werden (vgl. S. 58), liegen häufig in konjugierter Form vor. In den besiedelten Darmabschnitten werden verschiedene Konjugate vor allem durch Darmbakterien teilweise wieder hydrolysiert. Die Spaltprodukte werden wegen ihrer höheren Lipophilie wie andere lipophile Stoffe wieder rückresorbiert, gelangen über die Pfortader in die Leber und von hier nach partieller Biotransformation und Redistribution erneut in den enterohepatischen Kreislauf.

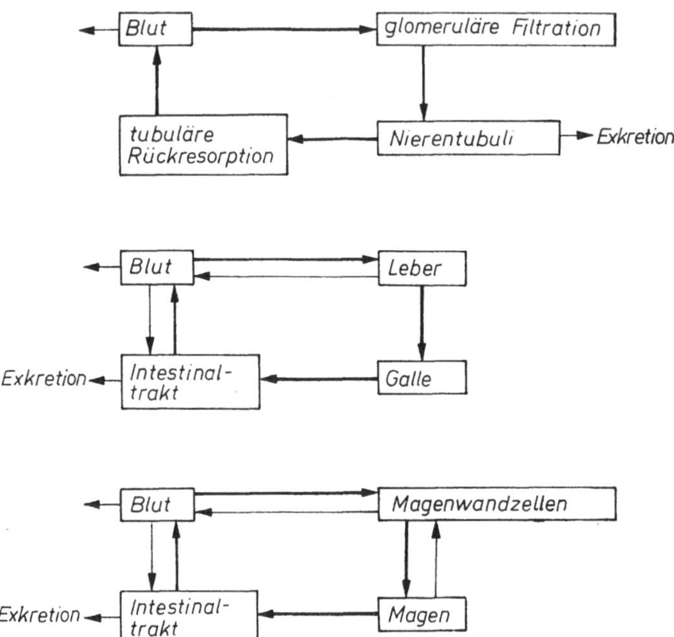

Abb. 4.11. Cyclische Dispositionsprozesse

Bei Verbindungen mit einem ausgeprägten enterohepatischen Kreislauf kann dessen Unterbrechung (z. B. durch Bindung des Stoffes im Darm an Cholestyramin oder Ableitung der Galle) die biologische Halbwertszeit um mehr als die Hälfte reduzieren.

4.1.4. Exkretion

Die wichtigsten Ausscheidungswege für Fremdstoffe und deren Metaboliten sind die renale Ausscheidung (mit dem Harn) und die biliäre sowie intestinale Exkretion (mit den Faeces). Bei leicht flüchtigen Verbindungen spielt die pulmonale Ausscheidung (mit der Ausatmungsluft) eine größere Rolle.

Als weitere Clearance-Prozesse können die Inaktivierung im Rahmen der Biotransformation (vgl. Abschn. 4.2.), die Ausscheidung in den Schweiß, in das Pankreassekret sowie über die Brustmilch und partiell auch der Übergang in den Speichel angesehen werden.

4.1.4.1. Renale Ausscheidung

Die Elementarprozesse, die in der Niere zur Bildung des Endharns führen und damit auch für die renale Ausscheidung von Fremdstoffen und deren Metaboliten eine Rolle spielen, sind

— glomeruläre Filtration,
— tubuläre Rückresorption und
— tubuläre Sekretion.

Die strukturelle und funktionelle Grundeinheit der Niere ist das Nephron (Abb. 4.12). Jedes der etwa 2 Millionen Nephrone beginnt in der Nierenrinde mit dem Nierenkörperchen (MALPIGHIsches Körperchen), das aus einem Kapillarknäuel (Glomerulus) und der doppelwandigen BOWMANschen Kapsel besteht, die kelchförmig den Glomerulus umschließt und mit der Blutkapillarwand eine engste Verbindung eingeht. Der Innenraum der BOWMANschen Kapsel stellt den Anfangsteil des Harnkanälchens (Tubulus) dar, dessen proximaler Teil zunächst charakteristisch gewunden ist und in Richtung Nierenmark einen zunehmend geraden Verlauf nimmt. Der proximale Tubulus ist mit kubischem Epithel ausgekleidet, das zur Oberflächenvergrößerung einen Saum von Mikrovilli aufweist. An der Grenze zwischen Rinde und Mark geht das kubische Epithel unter gleichzeitiger Verengung des Tubuluslumens in flache Epithelzellen über. Hier beginnt die HENLEsche Schleife mit einem dünnen ins Mark absteigenden Teil, einem dünnen und einem dicken aufsteigenden Teil, der wieder von kubischen Epithelzellen mit vereinzelten Mikrovilli ausgekleidet ist. Anschließend geht die HENLEsche Schleife im Rindenbereich in den distalen Tubulus über, der einen gewundenen Verlauf zeigt und in das Sammelrohr mündet. Die Sammelrohre, in die jeweils zahlreiche Tubuli einfließen, verlaufen in den Markpyramiden nierenbeckenwärts, vereinigen sich dabei und bilden schließlich die Nierenkelchgänge, die in das Nierenbecken übergehen, von wo der Endharn in den Harnleiter gelangt.

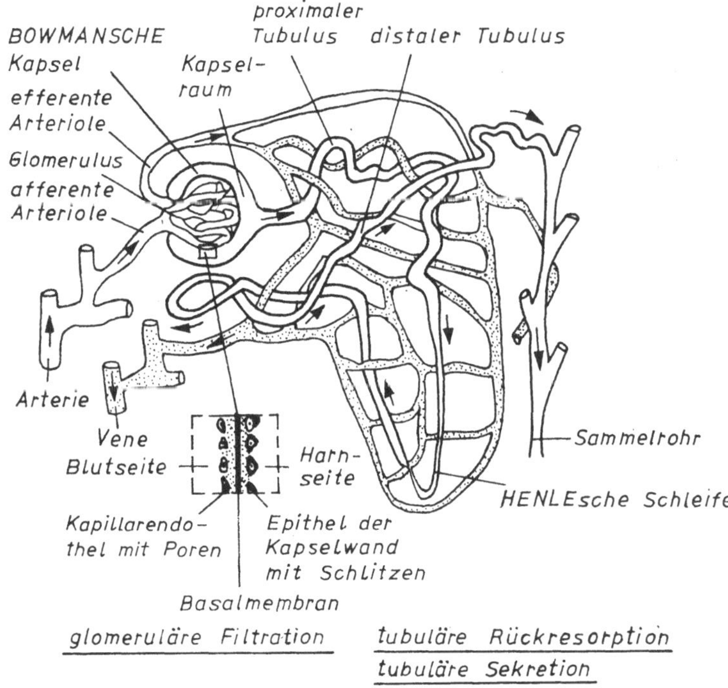

Abb. 4.12. Schematischer Aufbau eines Nephrons

In den Glomeruli findet ein intensiver Stoffaustausch durch Filtration statt. Die aus einem dreischichtigen Komplex bestehende Trennwand zwischen Kapillarlumen und Innenraum der BOWMANschen Kapsel (Kapillarendothel mit zahlreichen Poren, Basalmembran mit den Eigenschaften eines Gelfilters und Epithel der Kapselwand mit interzellulären Schlitzen; vgl. Abb. 4.12) verhält sich wie ein mechanisches Ultrafilter, das überwiegend negative Ladungen trägt. Dementsprechend werden große, besonders negativ geladene Moleküle wie Serumalbumin (damit auch an Albumin gebundene Fremdstoffe) im Blutplasma zurückgehalten, während kleinere, vor allem positiv geladene Moleküle in den Primärharn übertreten. Ein effektiver Molekülradius $> 4{,}4$ nm verhindert die glomeruläre Filtration, während Substanzen mit einem Molekülradius zwischen $2{,}0 \dots 4{,}2$ nm einer restriktiven Filtration unterliegen (Restriktionsgrad abhängig von der Molekülladung) und die meisten Fremdstoffe, die einen Molekülradius < 2 nm haben, nahezu ungehindert in den Primärharn gelangen.

Die glomeruläre Filtrationsrate (GFR) ist abhängig von der glomerulären Durchblutung und der effektiven Filtrationsfläche, die sich aus der Anzahl der durchbluteten, funktionstüchtigen Glomeruli ergibt. Neben Nierenerkrankungen kann deshalb auch Herzinsuffizienz zu Störungen der renalen Exkretion führen. Bei einem durchschnittlichen glomerulären Blutfluß von $1{,}2$ l/min ($\triangle$ effektivem Plasmafluß von 650 ml/min) resultieren als Durchschnittswerte für die GFR $120 \dots 130$ ml/min. Die individuelle GFR läßt sich mit Substanzen bestimmen, die sich ausschließlich extrazellulär verteilen, ungehindert filtriert und nicht verstoffwechselt, tubulär rückresorbiert oder aktiv sezerniert werden. Diese Forderungen erfüllen hinreichend das Polysaccharid Inulin und mit gewissen Einschränkungen auch das endogen gebildete Creatinin. Unter diesen Bedingungen entspricht die renale Clearance der Substanz der GFR und ergibt sich aus der Beziehung:

$$Cl_r = GFR = \frac{C_H \times V'_H}{c_{pss}} \tag{4.19}$$

Cl_r – renale Clearance (ml/min), GFR – glomeruläre Filtrationsrate (ml/min), C_H – Substanzkonzentration im Harn (μg/ml), c_{pss} – Fließgleichgewichtskonzentration der Substanz im Blutplasma (μg/ml), V'_H – Harnminutenvolumen (ml/min)

Die Substanzmenge, die je Zeiteinheit durch glomeruläre Filtration mit dem Primärharn in die Tubuli übergeht und damit die Effektivität der glomerulären Filtration, ergibt sich aus der Beziehung:

$$F = c_p \times GFR \tag{4.20}$$

c_p – Plasmaspiegel des nicht proteingebundenen Stoffes (μg/ml), F – glomerulär filtrierte Stoffmenge (μg/min)

Dementsprechend ist die Geschwindigkeit der glomerulären Filtration eines Stoffes bei konstanter GFR vom jeweiligen Plasmaspiegel des ungebundenen Anteils abhängig, der wiederum bei gegebener resorbierter Stoffmenge durch das Verteilungsvolumen, die Geschwindigkeit des Austausches zwischen extra- und intravasalem Verteilungsraum, konkurrierende Eliminationsprozesse und die Plasmaproteinbindung bestimmt ist.

Die tubuläre Rückresorption von Substanzen aus dem Primärharn ist in der Regel vor allem ein passiver Diffusionsprozeß, der von der Lipophilie und dem pK_a-Wert der Substanz sowie vom pH-Wert des Harns abhängt. Sie wird deshalb in erster Linie durch die tubuläre Harnkonzentrierung ermöglicht.

Bereits in den proximalen Tubuli kommt es zu einer umfassenden aktiven Rückresorption vor allem vom Na^+- und anderen Ionen sowie Aminosäuren, Harnsäure und Glucose. Diesem aktiven Transport folgt entsprechend dem osmotischen Gradienten passiv Wasser in die Blutbahn. Bis zum Ende der proximalen Tubuli nimmt so das Ultrafiltrat von 120 auf 30 ml/min ab. Die weitere Wasserrückresorption vollzieht sich im Gegenstromaustausch zwischen absteigendem und aufsteigendem Schenkel der HENLEschen Schleife und dem Sammelrohr über das Nierenmark sowie im distalen Tubulus. Bei einer durchschnittlichen GFR von 120 ml/min ergibt sich eine Gesamtfiltratmenge von 173 l/d. Davon werden schließlich nur etwa 1,5 l als Endharn ausgeschieden.

Als Folge der Harnkonzentrierung durch den umfassenden Rückstrom von Wasser werden lipophile Verbindungen nahezu vollständig durch passive Diffusion tubulär rückresorbiert. Erst nach Biotransformation zu polareren Metaboliten (vgl. Abschn. 4.2.) ist in diesem Fall in stärkerem Maße eine renale Ausscheidung möglich. Bei Säuren und Basen hängt der Umfang der tulubären Rückresorption entsprechend der pH-Verteilungshypothese entscheidend vom pK_a-Wert der Substanz und vom pH-Wert des Harns ab. Dementsprechend kann die renale Ausscheidung bei basischen Stoffen (z. B. Paraquat) durch Ansäuern (orale Gabe von NH_4Cl) und bei sauren Fremdstoffen (z. B. Phenoxyessigsäure-Herbicide) durch Alkalisieren des Harns (z. B. durch Applikation von $NaHCO_3$) beschleunigt werden, was bei Intoxikationen beim Menschen erfolgreich angewendet wurde.

Aktive tubuläre Rückresorptionsprozesse sind bei Fremdstoffen, mit Ausnahme von Cadmium-
und Lithiumsalzen, bisher nicht nachgewiesen worden. Offensichtlich kommt es dadurch zu einer
Akkumulation von Cadmium und zu entsprechenden Schäden im proximal tubulären Bereich.

Für eine Reihe organischer Säuren und Basen ist dagegen eine aktive Sekretion aus
den abführenden Arteriolen in das Tubuluslumen nachgewiesen worden. Dadurch
können renale Clearance-Werte erreicht werden, die mehr als das 5fache der glomerulären Filtrationsrate betragen (z. B. bei p-Aminohippursäure 650 ml/min). So wird die
gegenüber DDT etwa 240fach höhere renale Exkretionsrate des Metaboliten DDA einerseits auf dessen etwa 4mal höhere Verfügbarkeit im Plasma (geringeres Verteilungsvolumen) und andererseits auf dessen annähernd 60mal höhere tubuläre Sekretion zurückgeführt.

Wegen der starken Abhängigkeit vom renalen Blutfluß kann bei Spezies mit renalem Pfortadersystem (Fische, Hühner u. a.), bei denen die tubuläre Durchblutung die der Glomeruli übersteigt, der Anteil der tubulären Sekretion noch wesentlich höher sein (z. B. übersteigt die Clearance
von 2,4-D deren glomeruläre Filtrationsrate bei Fischen etwa 400...500fach).
Aus Befunden zur kompetitiven Hemmbarkeit der aktiven tubulären Sekretion ist abgeleitet
worden, daß für Säuren ein einheitlicher Transportmechanismus existiert, der von aktiv sezer-
nierten Basen nicht beeinflußt wird, jedoch durch Probenecid gehemmt wird.
Die Plasmaproteinbindung spielt bei der tubulären Sekretion nicht eine so entscheidende Rolle
wie bei der glomerulären Filtration, es sei denn, es kommt bei sehr starker Bindung zu kompetitiven Wechselwirkungen.

Bei Nierenfunktionsstörungen ist die Beeinträchtigung der verschiedenen renalen
Prozesse sowie deren Bedeutung für die Elimination des jeweiligen Stoffes zu berücksichtigen. Nicht immer ist dabei die biologische Halbwertszeit verlängert, da im gewissen Umfang renale Kompensationsmechanismen ein labiles Gleichgewicht schaffen
können oder bei reduzierter renaler Clearance verstärkt alternative Eliminationsprozesse (Biotransformation und biliäre Exkretion) wirksam werden.

4.1.4.2. Biliäre und intestinale Ausscheidung

Die biliäre Ausscheidung eines Stoffes schließt dessen Aufnahme aus dem Sinusoidal-
blut in die Leberzellen, teilweise die Biotransformation sowie den Transport aus den
Leberzellen in die Gallenkanälchen ein. Den daran beteiligten Transferschritten liegen
entweder passive Diffusionsprozesse oder aktive Transportmechanismen zugrunde.
Nach ihrem Galle/Plasma-Konzentrationsverhältnis lassen sich die Stoffe in drei
Gruppen einteilen:

— Stoffe mit einem Galle/Plasma-Verhältnis um 1,
— Stoffe mit einem Galle/Plasma-Verhältnis < 1,
— Stoffe mit einem Galle/Plasma-Verhältnis $\gg 1$.

Als Transportmechanismen werden für die beiden erstgenannten Gruppen Diffussion bzw. restriktive Diffusion und für die dritte Gruppe aktive Transportprozesse angenommen. Unter restrik-
tiver Diffusion ist dabei analog zur Verteilung zwischen Blut und Liquor (vgl. Abschn. 4.1.3.2.)
oder auch zwischen Blut und Speichel eine gegenüber dem Gallefluß niedrige Diffusionsgeschwin-
digkeit des Stoffes zu verstehen. Für den passiven Übergang zahlreicher Substanzen in die Galle
konnte gezeigt werden, daß solche mit einem Octanol/Wasser-Verteilungskoeffizienten < 10
flußabhängig, Stoffe mit einem Octanol/Wasser-Verteilungskoeffizienten > 10 flußunabhängig
diffundieren.

Die meisten Fremdstoffe gelangen durch passive Diffusion in die Galle und gehören somit zu den beiden erstgenannten Gruppen. Sie zeigen dementsprechend in der Galle einen zur Plasmaspiegelkurve parallelen Konzentrationsverlauf. Der Anteil der biliären Exkretion an der Gesamtausscheidung ist bei diesen Verbindungen von der biologischen Halbwertszeit abhängig. Er ist bei chemischen Verbindungen mit relativ kurzer Halbwertszeit (z. B. Chlorphenole und Phenoxyessigsäuren) nur gering, da bei diesen die renale Exkretion (Ausgangsverbindung und Konjugate) überwiegt. Dementsprechend ist bei diesen chemischen Verbindungen, die bereits polare Gruppen besitzen, auch der enterohepatische Kreislauf von untergeordneter Bedeutung. Der Anteil der biliären Exkretion ist dagegen bei Stoffen mit hoher Halbwertszeit wesentlich größer und macht bei Verbindungen mit sehr langsamer Elimination (z. B. Hexachlorbenzen, polychlorierte Dibenzodioxine und Dibenzofurane sowie viele andere hochlipophile, halogenierte

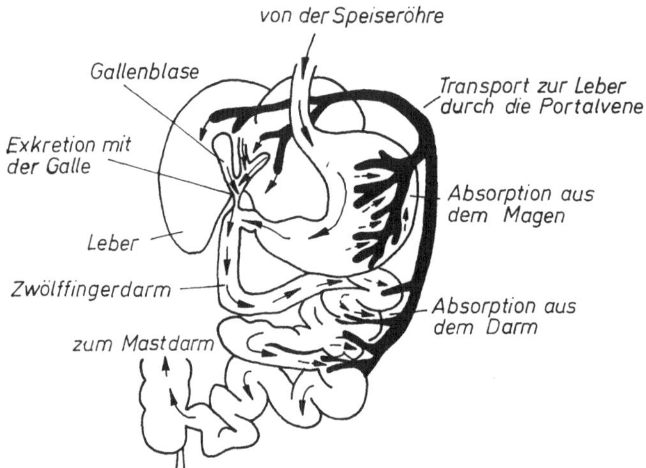

Abb. 4.13. Enterohepatischer Kreislauf

Xenobiotica, vgl. Kap. 13.), häufig nach Biotransformation sowie bei Stoffen der dritten Gruppe, die durch aktive Transportprozesse in die Galle gelangen, den Hauptanteil aus. Letztere sind durch ein relativ hohes Galle/Plasma-Konzentrationsverhältnis gekennzeichnet, während ihre Exkretionsgeschwindigkeit über die Faeces weitgehend vom Umfang des enterohepatischen Kreislaufs abhängt, der auch für bestimmte Stoffe eine eliminationsbestimmende Bedeutung besitzt (Möglichkeit der Behandlung von Intoxikationen durch Unterbrechung des enterohepatischen Kreislaufes mit Cholestyramin).

Zu den Moleküleigenschaften (häufig durch Biotransformation erworben), die für eine hohe biliäre Exkretion maßgeblich sind, werden bestimmte Strukturmerkmale, die Polarität und eine Molmasse oberhalb eines bestimmten Schwellenwertes gerechnet. Im Hinblick auf die Struktur sind derzeit nur wenige allgemeingültige Aussagen möglich. Unter den Stoffen mit hoher biliärer Exkretion sind häufig Heterocyclen mit Hydroxy- und/oder Ketogruppen sowie Verbindungen mit Zuckern als Substituenten. Darüber hinaus sind besonders polare anionische, kationische oder ungeladene Gruppen von Bedeutung, die auch durch Biotransformation, z. B. durch Glucuronidierung, erworben werden können. Auffällig ist die Abhängigkeit von der Molmasse. Für die biliäre Exkretion organischer Anionen werden folgende artspezifische Molmassenschwellen angegeben: Mensch $\approx$ 500, Kaninchen = 475 $\pm$ 50, Meerschweinchen = 400 $\pm$ 50, Ratte = 325 $\pm$ 50. Durch die Glucuronidierung wird neben der Polarität auch die Molmasse erheblich erhöht.

Oft schlägt sich eine intensive biliäre Sekretion wegen einer hohen enteralen Rückresorption (häufig nach Konjugatspaltung im Darm) nicht in einer adäquaten fäkalen Ausscheidung nieder. Andererseits kann ein hoher Stoffanteil in den Faeces (Metaboliten, u. U. auch durch die Darmflora gebildet, eingeschlossen) auch auf eine unvollständige gastroenterale Resorption oder auf intestinale Exkretion zurückzuführen sein. Letztere beruht am häufigsten auf einer passiven Diffusion aus dem Blut in das Darmlumen, wobei entsprechend der pH-Verteilungshypothese bei sauren und basischen Substanzen deren pK_a-Wert sowie der pH-Wert des Darminhaltes von Bedeutung sein können. Für einige Verbindungen sind auch aktive intestinale Exkretionsprozesse wahrscheinlich gemacht worden (z. B. für N-Methylnicotinamid, N-Methylscopalamin und Tetraethylammonium).

Durch verschiedene Untersuchungen ist belegt worden, daß bei vielen lipophilen Fremdstoffen (z. B. bei Hexachlorbenzen, Mirex und polychlorierten Biphenylen) die fäkale Ausscheidung erhöht und die biologische Halbwertszeit deutlich reduziert wird, wenn geringe Mengen aliphatischer Kohlenwasserstoffe (z. B. Hexadecan, flüssiges Paraffin oder Mineralöl) mit der Nahrung appliziert werden oder durch Gallengangligatur die Lipidkonzentration im Darm erhöht wird (verminderte Lipidresorption durch Mangel an Gallensäuren). Gegenwärtig wird diskutiert, ob hierfür eine verstärkte intestinale Exkretion als Folge einer Redistribution der Stoffe aus deren Hauptdepots verantwortlich ist (z. B. konnte gezeigt werden, daß durch Gabe von Mineralöl die intestinale Exkretion des Insekticids Mirex bei Affen erhöht und die biologische Halbwertszeit von 13 Jahren auf 3...5 Jahre reduziert wird, wobei offensichtlich die Redistribution aus dem Fettdepot eine Rolle spielt).

4.2. Biotransformation

4.2.1. Begriffsbestimmung

Als Folge der rapide zunehmenden Produktion chemisch-synthetischer Stoffe ist der menschliche Organismus gezwungen, sich mit einer steigenden Zahl von Fremdstoffen auseinanderzusetzen. Damit verbunden ist die Frage nach dem Verbleib der Fremdstoffe im Organismus, nach der Interferenz ihrer Wirkungen und schließlich danach, welche Mengen von Substanzen und in welcher Form im Verlauf der Nahrungskette über Pflanze und Tier in den menschlichen Organismus gelangen.

Gegenstand der Darlegungen ist es aufzuzeigen, über welche Systeme und Mechanismen der menschliche Organismus verfügt, um Fremdstoffe sehr unterschiedlicher chemischer Natur und Reaktivität zu entgiften und damit auszuscheiden.

Die Schädigung von Zellen, Organen oder des gesamten Organismus durch Schadstoffe setzt das Eindringen dieser Verbindungen in den Organismus voraus. An der primären Wechselwirkung mit Schadstoffen sind daher nur solche Organe beteiligt, die in unmittelbarem Kontakt mit der Umwelt stehen. Das sind Haut und Schleimhaut (z. B. Auge, Mundhöhle), Lunge und der Magen-Darm-Trakt. Entsprechend ihrer physiologischen Funktion kommt die Lunge als Organ für den Gasaustausch in erster Linie mit gasförmigen Schadstoffen in Kontakt. Die Haut kann in Wechselwirkung sowohl mit gasförmigen als auch mit flüssigen Stoffen treten und der Magen-Darm-Trakt schließlich ist der Einwirkung von Schadstoffen in flüssiger und fester Form ausgesetzt. Diese primären Kontaktorgane für Schadstoffeinwirkung schließen eine Wechselwirkung mit anderen Organen nicht aus, die entsprechend der Verteilung des Schadstoffes erfolgt. Dabei sind besonders solche Organe exponiert, die funktionell an der Ausscheidung beteiligt sind, wie Leber, Lunge und Niere. Darüber hinaus sind Organe und Gewebe mit hoher Wachstums- und Reproduktionsgeschwindigkeit, wie z. B. die Placenta und das Knochenmark, gegenüber einer Schadstoffeinwirkung besonders empfindlich.

Die biochemische Wechselwirkung des Schadstoffes mit dem menschlichen Organismus erfolgt erst auf der Stufe der Biotransformation. Dieser Reaktion sind Resorptions-, Diffusions- und Verteilungsprozesse vorgelagert, die an anderer Stelle ausführlich dargestellt sind (s. Abschn. 4.1.). Der weitaus größte Teil lebensmitteltoxikologisch bedeutsamer Schadstoffe sind organisch-chemische Verbindungen, die vom Organismus resorbiert werden können. Die auf molekularer Ebene ablaufende Biotransformation erfolgt in der Zelle.

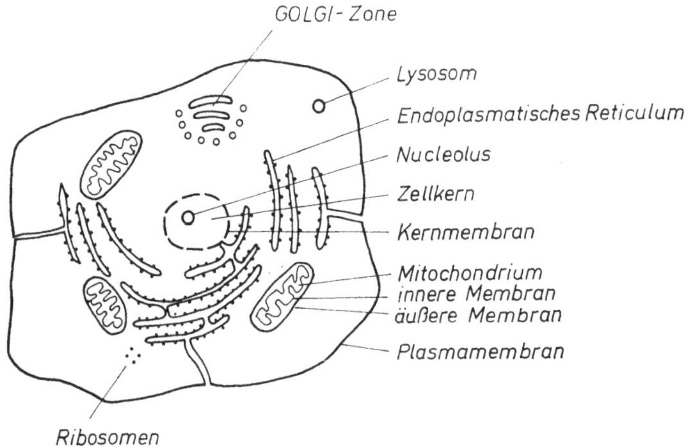

Abb. 4.14. Schematische Darstellung einer tierischen Zelle

Die Zelle (Abb. 4.14) ist von einer Membran umgeben, die das Cytosol vom Außenmedium abschließt. Der zytoplasmatische Raum ist von Membranen des endoplasmatischen Retikulums durchzogen. In dieses Netzwerk sind verschiedene Zellorganellen eingebettet, die durch einfache oder Doppelmembranen vom Cytosol abgegrenzt werden.

Der von einer Membran umschlossene Zellkern enthält die Erbinformationen und die für den Transkriptionsprozeß der Eiweißbiosynthese notwendigen Enzyme.

Der GOLGI-Apparat ist einbezogen in die Sekretionsfunktion, in verschiedene Konjugationsreaktionen sowie in die Bildung und Differenzierung von Plasmamembranen und von Lysosomen. Er besteht aus tubulären und cisternalen Elementen sowie aus sekretorischen Vesikeln. In den Lysosomen sind die intrazellulären Proteasen lokalisiert einschließlich solcher, die z. B. Vorstufen von Peptidhormonen in die definitive Form umwandeln.

Die Mitochondrien sind hochorganisierte Zellorganellen, die von einer inneren und äußeren Membran umschlossen werden. In den Mitochondrien sind die Enzyme der Atmungskette lokalisiert.

Das endoplasmatische Reticulum (ER) ist einerseits Biosyntheseort für nicht im Cytosol synthetisierte Eiweiße. Hier binden sich die Ribosomen, um den Translationsprozeß zu vollziehen. Andererseits aber ist das endoplastische Retikulum auch Matrix für eine Reihe wichtiger membranständiger Enzyme u. a. auch der für die Biotransformation von Schadstoffen verantwortlichen Enzyme. Diese tragen zum Teil vektoriellen Charakter, d. h., die durch enzymatische Katalyse am endoplastischen Retikulum veränderten Proteine (z. B. durch Glycosylierung) werden über das Lumen des endoplastischen Reticulums ausgeschleust.

Die Zellorganellen können durch Differentialzentrifugation gewonnen werden. Dabei bleiben Kerne und Mitochondrien weitgehend unzerstört, während die Membranen des endoplastischen Retikulum bei Homogenisieren der Zelle zerstört werden. Die Bruchstücke schließen sich zu Vesikeln mit einem mittleren Durchmesser von 150...300 nm zusammen, die als Mikrosomenfraktion bezeichnet wird. In den Mikrosomen sind die Enzyme für die enzymatische Hydroxylierung (Cytochrom P-450, NADPH-abhängiges Flavoprotein), konjugierende Enzyme wie UDP-Glucuronyltransferase, die Epoxidhydrolase und die Glucose-6-phosphatase lokalisiert.

Die unter dem Begriff Biotransformation zusammengefaßten Reaktionen sind von unterschiedlicher chemischer Natur. Man unterscheidet funktionalisierende und die in der Regel nachgeschalteten konjugierenden Reaktionen. Bei ersteren handelt es sich vorwiegend um Oxydationen, aber auch Reduktionen einschließlich Hydrolysen und reduktive Dehalogenierungen werden beobachtet. Weil körpereigene Enzyme mit wasserunlöslichen Substraten schlecht oder gar nicht reagieren können, ist es notwendig, in einer funktionalisierenden Reaktion den Fremdstoff zu aktivieren und durch eine nachfolgende Konjugationsreaktion ausscheidungsfähig zu machen. Das kann durch eine Kopplung mit aktivierter Glucuronsäure, Glutathion, Sulfat oder Essigsäure direkt oder erst nach Funktionalisierung erfolgen. Da die funktionalisierenden Reaktionen den Konjugationen vorgeschaltet sind, bezeichnet man sie auch als Phase I-Reaktionen, während die letzteren unter dem Begriff Phase II-Reaktionen zusammengefaßt werden.

Davon abzugrenzen sind Fremdstoffe, die nach Resorption und Wechselwirkung mit Biotransformationssystemen ihre Wirkung über einen nicht metabolisierbaren Teil des Moleküls entfalten. Hierzu gehören z. B. die Schwermetalle einschließlich der organischen Verbindungen von Blei und Quecksilber, Cadmium, Arsen und Thallium. Durch Aufnahme auch kleiner Dosen über längere Zeiträume und Speicherung im Organismus werden toxische Erscheinungen manifest (Berufserkrankungen). Es existiert kein einheitlicher Reaktionsmechanismus. Schwermetalle reagieren mit SH-, OH-, NH_2- und COOH-Gruppen. Durch Ausbildung koordinativer Bindungen mit Enzymen treten Funktionsstörungen in verschiedenen Organen auf. Die lebensmitteltoxikologische Bedeutung von Quecksilber und Cadmium hat inzwischen unter den Namen Minamata(Hg)- bzw. Itai-Itai(Cd)-Krankheit durch Massenerkrankungen mit zum Teil schweren neurologischen Symptomen Ende der 60er Jahre in Japan Eingang in die einschlägige Literatur gefunden.

Mehr oder weniger ist jede Zelle des Organismus an der Biotransformation von Xenobiotica beteiligt. 99% der gesamten Biotransformationsaktivität des Organismus verteilen sich auf 3 Organe: Leber (86,5%), Dünndarm (8,5%) und Haut (4%). Jedoch schließt die geringere Aktivität der restlichen Organe nicht aus, daß auch hier Biotransformationen von erheblicher toxikologischer Bedeutung ablaufen können.

Die an der Biotransformation beteiligten Enzyme sind sowohl membrangebunden als auch in löslicher Form im Zytoplasma lokalisiert. So sind in den Membranen des endoplasmatischen Retikulums die Monooxygenasen und Glucuronyltransferasen lokalisiert, andere Transferasen (z. B. Sulfo-, Acetyl- und GSH-Transferasen) dagegen im Zytoplasma.

4.2.2. Phase I-Reaktionen

Biotransformationen der Phase I lassen sich 3 Hauptreaktionstypen zuordnen: Oxydationen, Reduktionen und hydrolytische Spaltungen.

Oxydationen

Die wichtigste und häufigste Phase I-Reaktion ist die Oxydation. Dabei ist die Oxygenierung die charakteristische Biotransformationsreaktion. Eine Vielzahl chemisch völlig verschiedener Xenobiotica erfährt durch die Oxygenierung eine Polarisierung. Sie werden dadurch wasserlöslicher und ihre Ausscheidung damit begünstigt. Gleichzeitig erhöht sich aber auch ihre Fähigkeit, mit Biomakromolekülen zu reagieren. Die Oxygenierung wird vor allem durch Cytochrom P-450-abhängige Monooxygenasen katalysiert, die molekularen Sauerstoff spalten und davon ein Atom Sauerstoff auf das Substrat übertragen. Da dabei das andere Sauerstoffatom zu Wasser reduziert wird, ist für die Monooxygenasen die Bezeichnung MFO üblich.

Die Cytochrom P-450-abhängige Monooxygenierung, die in einem mehrstufigen Reaktionscyclus abläuft, ist NADPH abhängig:

$$RH + NADPH + H^+ + O_2 \rightarrow ROH + H_2O + NADP^+$$

Nach GUENGERICH und MACDONALD können die oxydativen Reaktionen in folgende Kategorien eingeteilt werden:

1. Kohlenstoffhydroxylierung,
2. Freisetzung eines Heteroatoms,
3. Oxygenierung eines Heteroatoms,
4. Epoxydierung,
5. Übertragung einer oxydativen Gruppe bei Änderung der Position der Nachbargruppe.

Zu 1.: Die Cytochrom P-450 katalysierte Hydroxylierung von Kohlenstoff in einer Methyl-, Methylen- oder Methinposition spielt eine wesentliche Rolle bei der Biotransformation von Schadstoffen wie auch bei der Umwandlung endogener Substrate (Steroide). Nach neueren Vorstellungen erfolgt der Prozeß unter Ausbildung eines radikalären Kohlenstoffes durch Wasserstoffabstraktion aus einem Perferrylsauerstoffintermediat mit anschließender Anlagerung des Sauerstoffintermediats an das reaktive Kohlenstoffatom.

$$[FeO]^{3+} \xrightarrow[\underset{\diagup}{\diagdown}CH]{} \left[[FeOH]^{3+} + \underset{\diagup}{\diagdown}C\cdot \right] \rightarrow Fe^{3+} + \underset{\diagup}{\diagdown}COH$$

Als Beispiel für diese Reaktion ist die Hydroxylierung von Hexobarbital angeführt:

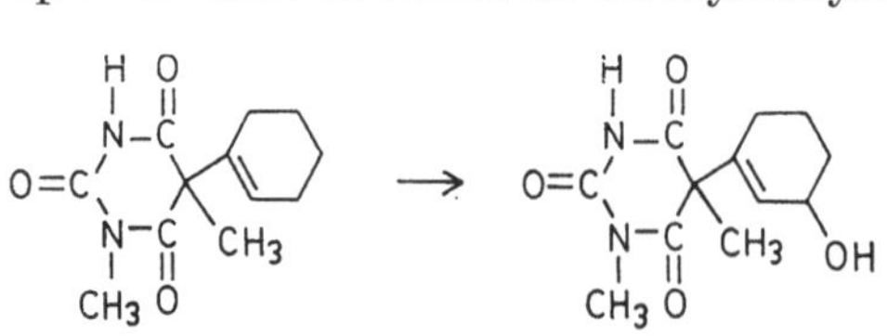

Zu 2. und 3.: Verbindungen mit einem Heteroatom werden auf zwei unterschiedlichen Reaktionswegen umgesetzt. Die Biotransformation kann über die Freisetzung eines

Heteroatoms durch oxydative Spaltung des heteroatomaren Molekülteils erfolgen, indem der Sauerstoff von dem einem Heteroatom benachbarten α-Kohlenstoffatom auf das Heteroatom übertragen wird. Dabei entsteht ein substituiertes Zwischenprodukt mit einem Hydroxyheteroatom (z. B. Carbinolamin, Halohydrin, Hemiacetal, Hemiketal oder Hemithioketal), das unter Freisetzung des Heteroatoms in eine Carbonalverbindung übergeht.

Der alternative Reaktionsweg verläuft über die Oxygenierung des Heteroatoms zum entsprechenden Oxid. Beispiele hierfür sind die Umwandlung eines tertiären Amins zum N-Oxid, eines Organohalids zum Halosoderivat, eines Sulfids zum Sulfoxid oder eines Phosphins zum Phosphinoxid.

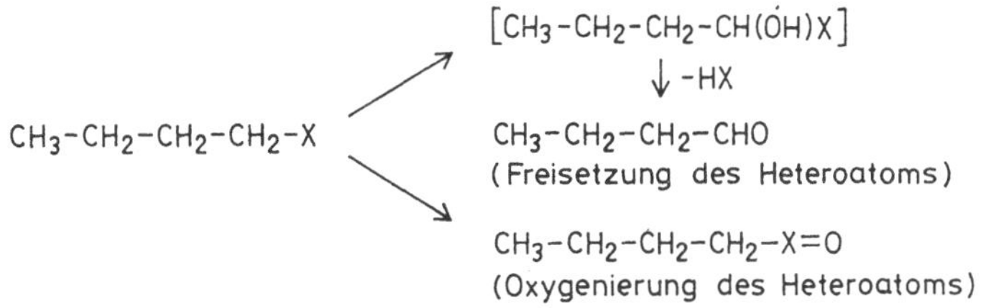

$$CH_3-CH_2-CH_2-CH_2-X \quad \nearrow \quad [CH_3-CH_2-CH_2-CH(\dot{O}H)X]$$
$$\downarrow -HX$$
$$CH_3-CH_2-CH_2-CHO$$
(Freisetzung des Heteroatoms)
$$\searrow \quad CH_3-CH_2-CH_2-CH_2-X=O$$
(Oxygenierung des Heteroatoms)

Die Oxygenierung des Heteroatoms ist gegenüber dessen Freisetzung begünstigt. Der Reaktionsweg (Oxygenierung oder Freisetzung) wird vom Ionisationspotential des Heteroatoms bestimmt. Eine Ausnahme bilden die Alkylfluoride.

Die direkte Freisetzung findet bevorzugt bei solchen Heteroatomen statt, die ein radikaläres Kation bilden, das weniger stabil ist als das α-Kohlenstoffradikal. Dies trifft für N, O, Br, Cl zu. Der α-Hydroxylierungsweg mit nachfolgender Freisetzung des Heteroatoms hingegen erfolgt vorzugsweise oder ausschließlich bei solchen Heteroatomen, wie P, N, S, die ein niedriges Ionisationspotential besitzen. Die Reaktion über die Abstraktion eines Wasserstoffatoms geschieht vor allem bei Heteroatomen mit höherem Ionisationspotential (Cl, Br, O, I).

Ein Beispiel für die Freisetzung eines Heteroatoms ist die N-Demethylierung von Aflatoxin B_1.

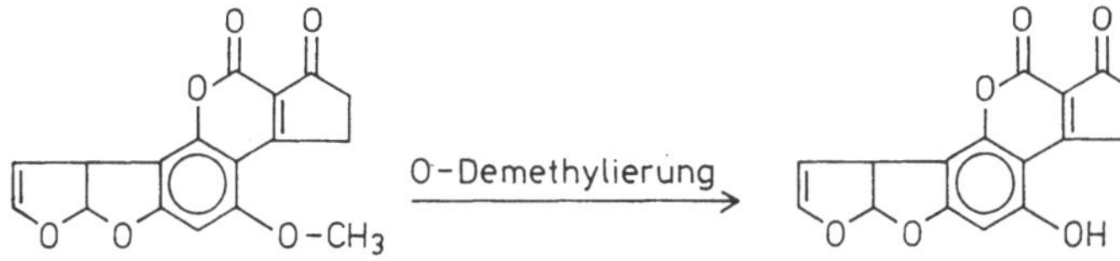

Im Falle des 2-Acetylaminofluorens wird das Heteroatom oxygeniert, wodurch ein ultimales Cancerogen gebildet wird.

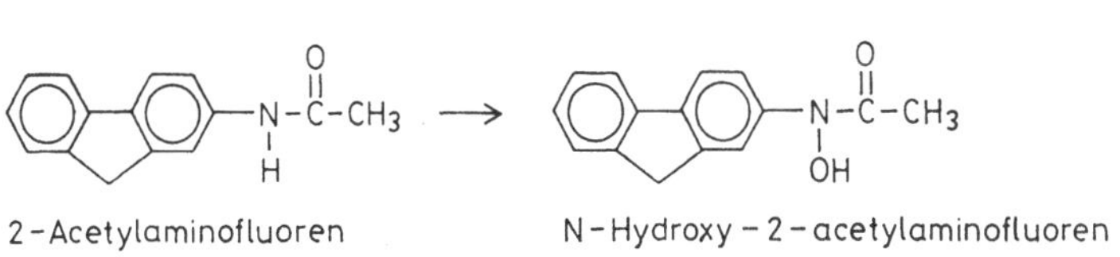

Zu 4. und 5.: Epoxydierung und Positionsänderung von Wasserstoffatomen oder Alkylgruppen durch Einführung oxydativer Gruppen spielen bei der Biotransformation von aromatischen Kohlenwasserstoffen und Olefinen eine große Rolle. Die Biotransformation

von Naphthalen verläuft wie die anderer aromatischer Kohlenwasserstoffe über das entsprechende Arenoxid. Naphthalen wird durch hepatische Monooxygenasen zu Naphthalen-1,2-oxid umgewandelt, das spontan zu 1-Naphthol isomerisiert. Diese Isomerisierung ist mit einer Wanderung des Wasserstoffatoms (gemessen mit Deuterium oder Tritium) von der 1- in die 2-Position verbunden. Diese hydroxylierungsinduzierte intramolekulare Wanderung von Arylringsubstituenten (H, Alkylgruppe) bezeichnet man auch als NIH-Shift. Weitere Abbauwege führen entweder über eine enzymatische Hydratation zum trans-Dihydrodiol oder über eine spontane oder enzymatische Konjugationsreaktion zum Glutathionkonjugat.

Der Reaktionsweg (1) → (3) schließt den NIH-Shift ein und ist nachfolgend in allgemeiner Form dargestellt, wobei X = Deuterium oder Tritium bedeuten kann.

[1-²H]Naphthalen   [1-²H]Naphthalen   Keto-Form   [2-²H]1-Naphthol
                     1,2-oxid

Bei der Biotransformation von Xylen wandert die Methylgruppe wie im folgenden Schema gezeigt.

Xylen   p-Xylenoxid   2,5-Xylenol   Methyl-wanderung   2,4-Xylenol

Weitere wichtige oxydierende Enzyme sind die Alkoholdehydrogenase, die insbesondere Ethanol zu Aldehyd dehydriert; Monoaminoxidase, die biogene Amine (z. B. Catecholamine) oxydativ angreift; N-Oxidase, ein Flavoprotein, das sekundäre Amine in Hydroxylamine, tertiäre Amine in N-Oxide umwandelt.

Reduktionen

Gegenüber Oxydation sind reduktive Prozesse im Biotransformationsgeschehen von untergeordneter Bedeutung. Carbonylverbindungen können durch Alkoholdehydrogenase oder im Zytoplasma lokalisierte Aldo-Keto-Reduktasen zu Alkoholen reduziert werden. Auch die NADPH-abhängige Cytochrom P-450-Reduktase scheint in derartige Reaktionen einbezogen (Spaltung von Azoverbindungen über Hydrazo-Zwischenstufen zu Aminen). Aus toxikologischer Sicht bedeutsam ist die reduktive Dehalogenierung von Tetrachlorkohlenstoff zu Chloroform bzw. Phosgen.

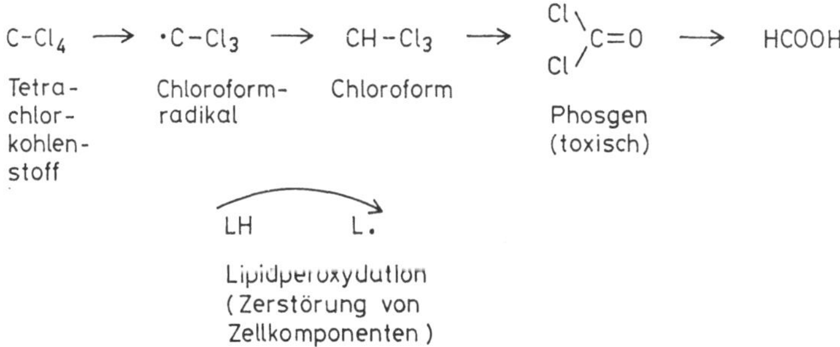

Weitere durch Cytochrom P-450 katalysierte Reaktionen umfassen die Reduktion von Azofarbstoffen, Epoxiden, N-Oxiden und Halomethanen, die Reduktion oder Spaltung von Hydroperoxiden sowie relativ unspezifische Oxydationen durch partiell reduzierten Sauerstoff, der von Cytochrom P-450 freigesetzt wird.

Hydrolysen

Wichtige hydrolytische Reaktionen sind die Spaltung von Estern und Amiden zu Säuren und Alkoholen bzw. Aminen durch Esterasen (Amidasen). Für die Biotransformation von Fremdstoffen sind Pseudocholin-Esterasen und Ali-Esterasen, die vorwiegend aliphatische Ester und Amide spalten sowie Aryl-Esterasen wesentlich. Die Umwandlung von Epoxiden zu vicinalen Diolen durch Epoxidhydrolasen ist eine wichtige Entgiftungsreaktion. Epoxidhydrolasen kommen in einem Multienzymkomplex im endoplasmatischen Retikulum zusammen mit Monooxygenasen vor. Schließlich ist noch die Hydrolyse von Acetalen (Glycosiden) durch Glycosidasen zu nennen.

4.2.2.1. Funktion und molekulare Struktur Cytochrom P-450-abhängiger Monooxygenasen

Eine ausführliche Darstellung der Cytochrom P-450-abhängigen Monooxygenasen hat im wesentlichen zwei Ursachen: Zum einen ist es die Schlüsselfunktion, die gerade Cytochrom P-450-abhängige Systeme nicht nur bei der Biotransformation von Fremdstoffen, sondern auch bei der Umwandlung endogener Substrate (z. B. Steroide, Fettsäuren, Prostaglandine) innehaben. Zum anderen hängt damit die Tatsache zusammen, daß infolge ihrer Bedeutung gerade diese Gruppe von Biotransformationsenzymen seit fast drei Jahrzehnten intensiv untersucht wird und deshalb die Kenntnisse über Funktion und Struktur am größten sind.

Die katalytische Aktivität der Monooxygenasen beruht auf der reduktiven Spaltung von molekularem Sauerstoff, der an das Eisen der prosthetischen Gruppe von Cytochrom P-450 (Eisen-Protoporphyrin) gebunden ist. Nach der Spaltung wird ein Sauerstoffatom auf das Substrat übertragen und das zweite zu Wasser reduziert. Diese enzymatische Funktion erfordert die kontinuierliche Bereitstellung von Elektronen. Dies wird durch eine mit Cytochrom P-450 funktionsgekoppelte NADPH-abhängige Cytochrom P-450-Reduktase, die FAD und FMN enthält, erreicht (externe Monooxygenase). Die für den enzymatischen Prozeß notwendigen Elektronen werden durch Stoffwechselprozesse bereitgestellt.

$$\text{Glucose} + \text{ATP} \xrightarrow{\text{Hexokinase}} \text{Glucose-6-Phosphat} + \text{ADP}$$

$$\text{Glucose-6-P} + \text{NADP}^+ + 2\,\text{H}^+ \xrightarrow{\text{G-6-P-Dehydrogenase}} \text{6-P-Gluconat} + \text{NADPH} + \text{H}^+$$

Das Flavoprotein (NADPH-abhängige Cytochrom P-450-Reduktase) überträgt nach Reduktion durch NADPH nicht nur die Elektronen via FAD → FMN auf das Hämeisen von Cytochrom P-450, sondern wandelt gleichzeitig den 2-Elektronenschritt NADPH → FAD in zwei Einelektronenschritte FMN → Fe^{3+} um.

Der Name der terminalen Oxygenase des Enzymsystems ergibt sich aus der auffälligen, in den längerwelligen Spektralbereich verschobenen Soretbande ihres CO-Komplexes bei 450 nm (P-450 = Peak bei 450 nm). Die CO-Komplexe anderer Hämoproteine (Hämoglobin, Myoglobin) zeigen ein Absorptionsmaximum der Soretbande bei etwa 420 nm. Diese Besonderheit von Cytochrom P-450 wird einerseits zu seiner Identifizierung und zum anderen zur quantitativen Bestimmung genutzt. Die Konzentration wird aus dem CO-Differenzspektrum (Meßküvette: reduzierter CO-Komplex; Vergleichsküvette: reduziertes Hämoprotein) bei 450 nm unter Verwendung eines Extinktionskoeffizienten von $\Delta\varepsilon_{(450\text{nm}\cdots490\text{nm})} = 91\ \text{mM}^{-1} \times \text{cm}^{-1}$ bestimmt. Die Bestimmung der enzymatischen Aktivität erfolgt entweder an Mikrosomen, solubilisierten oder rekonstituierten liposomalen Enzymsystemen. In Abhängigkeit vom eingesetzten Substrat wird das gebildete Produkt entweder spektralphotometrisch, fluorimetrisch oder radiometrisch bestimmt. Der fluorimetrischen Bestimmung liegt ein fluoreszierendes Produkt zugrunde, das aus einem nicht-fluoreszierenden Substrat gebildet wird. Im folgenden wird die Bestimmung der N-Demethylaseaktivität am Substrat Benzphetamin erläutert.

Eine Mikrosomensuspension ($\sim 2 \times 10^{-6}$ M Cytochrom P-450 im Endansatz) wird in 2 ml Pufferlösung inkubiert, die folgendermaßen zusammengesetzt ist: 0,1 M Phosphatpuffer, pH 7,4; 0,5 mM NADPH; 2,5 mM $MgCl_2$; 3 mM Semicarbazid und 1 mM Benzphetamin als Substrat. Dieses Inkubationsmedium wird unter Luft 5 min bei 37 °C geschüttelt. Durch Zugabe von 2 ml 20% Trichloressigsäure wird die Reaktion gestoppt und das Reaktionsgemisch filtriert. 2 ml des Filtrates werden mit 2 ml einer Reaktionslösung (2 M Ammoniumacetat, 50 mM Essigsäure und 20 mM Acetylaceton) 40 min bei 37 °C inkubiert und anschließend der gebildete Farbkomplex Diacetylhydrolutidin bei 412 nm vermessen (NASH-Reaktion). Die Molarität des freigesetzten Formaldehyds aus der N-Demethylierungsreaktion entspricht der des gebildeten Farbkomplexes. Für die Berechnung des Umsatzes wird ein Extinktionskoeffizient von $\varepsilon_{412\text{nm}} = 7,9 \pm 0,4\,\text{mmol}^{-1}$

$\times$ cm^{-1} für Diacetylhydrolutidin zugrundegelegt. Die erhaltenen Umsatzwerte liegen für phenobarbitalinduzierte Kaninchenlebermikrosomen bei $V_{max} = 5$ nmol $\times$ nmol P-450^{-1} $\times$ min^{-1}.

2 Acetylaceton + 1 Ammoniak + 1 Formaldehyd $\longrightarrow$ 3,5-Diacetyl-1,4-dihydrolutidin + 3 H$_2$O

Prinzip der NASH-Reaktion

Über den enzymatischen Mechanismus hinaus, der in Abschn. 4.2.2.2. im einzelnen erläutert wird, sind in den letzten Jahren eine Reihe von Ergebnissen zur molekularen Struktur der Komponenten erarbeitet worden, die sich folgendermaßen zusammenfassen lassen: Die Aminosäuresequenz verschiedener Cytochrom P-450-Formen (P-450 LM2, P-450 LM4, P-450 SCC, P-450 CAM u. a.) wurde aufgeklärt, die der Reduktase aus Lebermikrosomen liegt partiell vor. Die Molmasse von Cytochrom P-450 bewegt sich um 50000 (48000...55000), die der Reduktase um 79000. Sequenzvergleiche ergaben ein hohes Maß an Homologie funktionsgleicher Isozyme bei verschiedenen Spezies, jedoch deutliche Differenzen trotz noch vorhandener Homologie zwischen den einzelnen Isozymen derselben Spezies.

Die Funktion des Cytochrom P-450-Systems ist abhängig von der Organisation und Stöchiometrie seiner Komponenten. Das Monooxygenasesystem ist zu einem überwiegenden Anteil in die Membran des endoplasmatischen Retikulums der Leber eingebaut. Protein- und Phospholipidanteil der Membran betragen 60...70% bzw. 30...40% (Gewichtsprozent). Cytochrom P-450 kann bis zu 20% des Proteinanteils ausmachen. Erwähnenswert ist die Stöchiometrie von Reduktase zu Cytochrom P-450 von 1 : 15 bis 1 : 20. Die Verankerung beider Komponenten in der Membran ist unterschiedlich. Während das Flavoprotein nur mit einem hydrophoben Anker in die Membran eintaucht und sich etwa 9/10 des Moleküls außerhalb der Membran befinden, weist die Mehrzahl der Befunde auf einen vollständigen Einbau von Cytochrom P-450 in die Membran hin. In Übereinstimmung damit befinden sich Strukturmodelle, die aus der 1983 erfolgten vollständigen Sequenzermittlung des durch Phenobarbitalbehandlung induzierbaren Cytochrom P-450-Isozyms abgeleitet wurden. Danach sind 8 helicale Abschnitte der Polypeptidkette so in der Membran angeordnet, daß sie beide Schichten der Membran durchspannen. Eine C-terminale Sequenz überragt die Membran und kann Wechselwirkungen mit der Reduktase eingehen.

Die Stöchiometrie der beiden Proteine wie auch ihre unterschiedliche Verankerung in der Membran haben zu unterschiedlichen Auffassungen über die Organisation des Enzymsystems in der Membran geführt. Das eine Modell enthält einen Funktionskomplex aus mehreren Cytochrom P-450-Molekülen und einem Reduktasemolekül (Cluster-Modell), während das zweite Modell Reduktase und Cytochrom P-450 als frei diffusibel annimmt. Durch eine Reihe experimenteller Befunde wird das Cluster-Modell zunehmend favorisiert.

4.2.2.2. Reaktionscyclus des Monooxygenasesystems

Die durch das monooxygenatische Enzymsystem katalysierte Biotransformation eines Substratmoleküls (Fremdstoff) stellt eine Mehrschrittreaktion dar.

Der erste Schritt im Reaktionscyclus (Abb. 4.15) ist die Bildung eines Enzym-Substratkomplexes (Cytochrom P-450 mit 3wertigem Eisen), die mit charakteristischen Änderungen der spektralen Eigenschaften des Hämchromophoren verbunden ist. Diese spektralphotometrisch gut erfaßbaren Veränderungen erlauben eine eingehende Analyse von Wechselwirkungen des Substrates mit dem Enzym, wie Bestimmung der Bindungsfestigkeit und deren Abhängigkeit von Milieufaktoren u. ä. Der durch die Substratbindung gebildete Komplex wird durch die Insertion eines Elektrons zum 2wertigen Hämkomplex reduziert. Dieser kann wie andere zweiwertige Hämoproteine Sauerstoff binden. Die O_2-Bindung erfolgt im dritten Reaktionsschritt unter Ausbildung des sogenannten Ternärkomplexes (Cytochrom P-450, Substrat, Sauerstoff). Ein intramolekularer Elektronentransfer führt zur Oxydation des Eisens bei gleichzeitiger Ausbildung eines Cytochrom P-450-Superoxidanion-Komplexes. Dieser kann in einer Nebenreaktion zerfallen. Offenbar ist dieses mehr oder weniger immer der Fall, da bei Cytochrom P-450-abhängigen Monooxygenasereaktionen durch Dismutation entstandenes Wasserstoffperoxid nachweisbar ist.

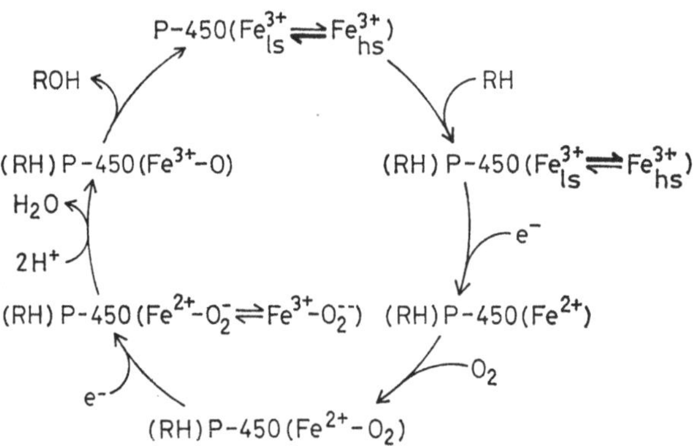

Abb. 4.15. Reaktionscyclus von Cytochrom P-450
Durch die Bindung eines Substrates (RH) wird substratspezifisch ein Konformationsgleichgewicht, charakterisiert durch die optischen und magnetischen Eigenschaften des dreiwertigen Eisenporphyrinkomplexes (Fe^{3+}_{ls} = low spin, Fe^{3+}_{hs} = high spin), verändert. Die Begünstigung der high spin-Konformation beim Enzym-Substratkomplex erleichtert die Reduktion des Hämeisens und reguliert damit die Konzentration dieses sauerstoffbindenden Komplexes. Letztlich wird dadurch die Menge des hydroxylierten Produktes (ROH) bestimmt.

Der nächste Schritt im monooxygenatischen Reaktionsweg ist die Einführung eines weiteren Elektrons. Hieran kann substratabhängig ein zweites endoplasmatisches Enzymsystem beteiligt sein, das ein NADH-abhängiges Flavoprotein und Cytochrom b_5 als Elektronenakzeptor enthält. Die durch die zweite Reduktion gebildete Sauerstoffspezies entspricht formal einem Peroxidkomplex mit 3wertigem Hämeisen. Die weiteren Schritte im Reaktionscyclus sind bisher noch nicht in allen Einzelheiten aufgeklärt. Der Zerfall des aktivierten Ternärkomplexes führt letztlich zur Sauerstoffspaltung, wobei ein Atom zu Wasser reduziert (Oxydasereaktion) und das zweite in das Substrat eingebaut wird (Oxygenasereaktion).

4.2.2.3. Molekularer Mechanismus der Sauerstoffaktivierung

Bei Cytochrom P-450-abhängigen Monooxygenasesystemen erfolgt die reduktive Spaltung von molekularem Sauerstoff am Hämeisen. Im Unterschied zu den meisten Hämoproteinen enthält Cytochrom P-450 an Stelle eines Histidinrestes in der Position des

5. Hämeisenliganden einen Mercaptidschwefel. Die Thiolgruppe ist für die Sauerstoffaktivierung essentiell. Ursache dafür sind die vollständig mit Elektronen gesättigten 3 $p\pi$-Orbitale des am Hämeisen gebundenen negativ geladenen Schwefels. Dadurch resultieren starke π-Donoreigenschaften, die beim Sauerstoffkomplex zu einer intensiven π-Rückbindung vom Eisen zum konjugierten Porphyrin-π-System und zum Sauerstoff führen (der molekulare Sauerstoff ist transständig zum Schwefel am Hämeisen gebunden). Die große Elektronegativität des Sauerstoffmoleküls begünstigt diese π-Rückbindung. Die durch die Reduktase gelieferten Elektronen werden offenbar durch diese elektronischen Eigenschaften des Hämkomplexes in das Sauerstoffmolekül „gedrückt". Folge der Aufnahme von Elektronen durch den Sauerstoff ist eine intramolekulare Bindungsschwächung, die mit einer Aufweitung der Bindung verbunden ist. Die Dissoziationsenthalpie des molekularen Sauerstoffes sinkt von $\Delta H = 494\ kJ/mol$ auf weniger als die Hälfte und der Bindungsabstand ist beim Peroxidion auf 1,49 Å gegenüber dem neutralen Sauerstoffmolekül von 1,21 Å aufgeweitet. Einzelheiten über den eigentlichen Vorgang der Spaltung des Sauerstoffmoleküls sowie über den intramolekularen Elektronentransfer sind nicht bekannt.

Möglicherweise ist die Spaltungsart von der chemischen Natur des Substrates abhängig. Das Substrat ist weiter von Bedeutung für die Regulation der enzymatischen Aktivität durch Verschiebung eines Gleichgewichtszustandes zwischen zwei Konformationsisomeren, worauf im folgenden Abschnitt gesondert eingegangen wird.

Der zum Mercaptidschwefel transständige Ligand ist bis heute noch unbekannt. Er bestimmt möglicherweise Spezies- und Substratunterschiede der einzelnen Cytochrom P-450-Formen.

4.2.2.4. Regulation des Monooxygenasesystems

Die Membranständigkeit des Cytochrom P-450-Systems wie auch sein Mehrkomponentencharakter lassen eine Erörterung der Regulationsmöglichkeiten auf verschiedenen Integrationsebenen zweckmäßig erscheinen.

1. Effektuierungen auf der *molekularen Ebene* erfolgen durch niedermolekulare Effektoren (Substrat, Cosubstrat, allosterische Effektoren), welche aktivitätsändernde Konformationsänderungen der Proteine auslösen.
2. Auf der *Membranebene* vollziehen sich aktivitätsmodulierende Regulationen durch Protein/Protein- oder Protein/Lipid-Wechselwirkungen. Dabei kommt der Lipidkomponente als Matrix für die Wechselwirkung besondere Bedeutung zu.
3. Auf *zellulärer Ebene* werden Induktoren, Hormone oder hereditäre Faktoren wirksam, die in einer genetisch determinierten Induzierbarkeit zum Ausdruck kommen.

zu 1.: Durch Substratbindung wird ein zwischen zwei Konformationsisomeren von Cytochrom P-450[1] bestehendes Gleichgewicht verschoben. Beide Konformationen sind durch charakteristische spektrale und magnetische Eigenschaften des Eisenporphyrinkomplexes gekennzeichnet und führen bei Verschiebung zu charakteristischen spektralen Änderungen des Hämchromophoren. (Die "low spin"-Konformation besitzt eine Ab-

---

[1] Cytochrom P-450 bezieht sich hier auf das xenobiotica-metabolisierende Isozym Cytochrom P-450 LM2.

sorptionsbande bei 417 nm und ein magnetiches Moment von S = 1/2; die "high spin"-Konformation absorbiert bei 387 nm und besitzt ein Gesamtspinmoment von S = 5/2.)

Die meisten Verbindungen, deren Umwandlung durch Cytochrom P-450 katalysiert wird, induzieren eine Verschiebung des Spingleichgewichtes zur "high spin"-Konformation. Das dadurch entstehende Differenzspektrum ist durch ein Minimum bei 417 nm und ein Maximum bei 387 nm charakterisiert. Die Verschiebung des Spingleichgewichtes variiert substratabhängig und wird von substratspezifischen Eigenschaften bestimmt (Hydrophobizität, Basizität, Stereochemie).

Wesentlich für unsere heutigen Kenntnisse zur molekularen Regulation der Enzymfunktion von Cytochrom P-450 war der Nachweis, daß durch Temperaturerhöhung das Gleichgewicht zur "high spin"-Konformation verschoben wird. Durch Bindung von Substraten wird die Temperatur des Spinübergangs erniedrigt. Die Halbumwandlungstemperatur von Cytochrom P-450 LM2 im substratfreien Zustand sinkt von 68 °C auf 41 °C in Gegenwart des Substrates Benzphetamin. Die substratinduzierte Verschiebung des Spingleichgewichtes zur "high spin"-Konformation begünstigt den nach der Substratbindung folgenden Reaktionsschritt, die Reduktion des Hämeisens, weil diese dann ohne Änderung des Gesamtspinmoments verläuft.

$$Fe^{3+}(S = 5/2) + e^-(S = -1/2) \rightarrow Fe^{2+}(S = 2)$$

Daraus erklärt sich die lineare Korrelation zwischen der Größe der Verschiebung des Spingleichgewichtes und der Reduktionsgeschwindigkeitskonstante, die experimentell für eine Reihe homologer tertiärer Amine belegt werden konnte. Die gleichen Untersuchungen ergaben weiterhin, daß auch der Substratumsatz mit den bereits genannten Parametern korreliert. Die molekularen Mechanismen der Umsatzregulation durch das Spingleichgewicht sind bis heute noch nicht vollständig erkennbar.

Die Regulation des Cytochrom P-450-Enzymsystems auf der molekularen Ebene erfolgt somit durch eine substratspezifische Verschiebung eines Konformerengleichgewichtes zugunsten der "high spin"-Konformation. Diese wird bevorzugt reduziert und kontrolliert damit die Aktivität des Enzymsystems.

zu 2.: Eine Reihe experimenteller Befunde weist nach, daß bei Wechselwirkung von Cytochrom P-450 mit Phospholipiden Konformations- und Reaktivitätsänderungen auftreten. Für Lipide mit negativ geladenen Kopfgruppen erfolgt die Reduktion von Cytochrom P-450 mit erhöhter Geschwindigkeit. Diese Zunahme ist darauf zurückzuführen, daß die schnelle Phase der biphasisch verlaufenden Reduktionsreaktion mit zunehmender Acidität der Kopfgruppe der Lipide ansteigt. Werden nun die Bindungskonstanten des zwischen Reduktase und Cytochrom P-450 gebildeten Komplexes näher untersucht, findet man, daß die Bindungsfestigkeit zwischen beiden Reaktionspartnern in Liposomen mit sauren Phospholipiden gegenüber solchen mit neutralen Kopfgruppen um eine Größenordnung zunimmt. Saure Phospholipide erhöhen also die Reaktionsgeschwindigkeit durch die Begünstigung der Komplexbildung zwischen Reduktase und Cytochrom P-450. Unsere derzeitigen Kenntnisse über den Mechanismus der Kontrollfunktion von Phospholipiden lassen sich etwa folgendermaßen zusammenfassen: Phospholipide vermitteln unter physiologischen Bedingungen die funktionelle Kopplung von Cytochrom P-450 mit der Reduktase. Die Lipidkomponente des endoplasmatischen Retikulums liefert einerseits die Matrix für die Aufnahme der Proteine und steuert gleichzeitig die Wechselwirkungsphänomene durch strukturelle Inhomogenitäten. Zum anderen üben die Kopfgruppen der Lipide eine Kontrollfunktion aus. Mit zunehmender Acidität wird die für die Funktion notwendige Komplexbildung zwischen Reduktase und Cytochrom P-450 begünstigt und damit die Reaktivität des Enzymsystems insgesamt erhöht.

zu 3.: Die auf der zellulären Ebene wirksame Induktion wird in Abschn. 4.2.4. gesondert behandelt.

4.2.3. Phase II-Reaktionen (Konjugationen)

In den Phase II-Reaktionen reagieren die Xenobiotica mit körpereigenen Verbindungen, dem Konjugationsagens, unter Ausbildung von meist stoffwechselindifferenten Ausscheidungsprodukten. In vielen Fällen werden durch die Reaktionen der Phase I erst die Voraussetzungen für die Konjugationsreaktionen geschaffen, d. h. durch Oxydation, Reduktion und Hydrolyse entstehen am Fremdstoffmolekül erst die funktionellen Gruppen (—OH, —SH, —NH$_2$, —COOH), an denen dann die Konjugationen möglich sind. Zu bemerken ist aber, daß bei der Biotransformation der Fremdstoffe in einigen Fällen Phase II- vor Phase I-Reaktionen erfolgen.

Entsprechend dem Vorschlag von JENNER und TESTA kann auch zweckmäßig zwischen *funktionalisierenden* und *konjugierenden* Reaktionen unterschieden oder auch *strukturverändernde Reaktionen* entsprechend dem Einbau funktioneller Gruppen für die Phase I von den *aufbauenden Reaktionen* der Phase II abgegrenzt werden. Durch Kopplung des Fremdstoffes mit einem Konjugationsagens entsteht eine neue Verbindung mit veränderten Eigenschaften. Die Konjugationsprodukte sind im allgemeinen gut wasserlöslich und werden daher schnell mit dem Harn ausgeschieden. Sie besitzen meistens keine oder nur geringe biologische Aktivität. Es gibt aber eine Reihe von Verbindungen, die durch die Konjugation eine Giftung erfahren. Die zunehmend exakte Analyse des Metabolismus verschiedenster Xenobiotica macht deutlich, daß eine pauschale Differenzierung in Aktivierung durch Phase I-Reaktionen und Entgiftung durch Konjugationen nicht richtig ist.

Das Konjugationsagens ist ein physiologisches Produkt des Intermediärstoffwechsels, das für die Konjugationsreaktion zuvor meist eine Aktivierung durch die Bindung eines Nucleotids erfährt. Die Aktivierung kann aber auch am Fremdstoff erfolgen, der dann mit einer nicht aktivierten körpereigenen Verbindung reagiert. Dazu gehört die Konjugation von bestimmten aromatischen Carbonsäuren mit Aminosäuren. Die Konjugation selbst ist eine enzymatische, durch spezifische Transferasen katalysierte Reaktion.

4.2.3.1. Glucuronsäurekonjugation

Eine häufige Konjugationsreaktion ist die Glucuronidierung, die an folgenden funktionellen Gruppen —OH, —SH, —NH$_2$ und —COOH stattfindet und damit eine Vielzahl chemisch verschiedener Xenobiotica einschließt (Alkohole, Phenole, Carbonsäuren, Amine, Amide, Thiole). Durch Bindung der Glucuronsäure an verschiedene funktionelle Gruppen entstehen verschiedene Glucuronide: Glucuronide vom Ether-Typ bei der Übertragung auf Alkohole und Phenole; Glucuronide vom Ester-Typ bei der Reaktion mit Carbonsäuren; N- bzw. S-Glucuronide bei der Konjugation mit Aminen bzw. Thiolen, wobei diese Konjugationen gegenüber der O-Konjugation selten sind.

Die für die Glucuronidierung notwendige aktivierte Glucuronsäure (Uridin-5'-diphospho-α-D-glucuronsäure) wird im Zytoplasma unter Aufwendung von Stoffwechselenergie aus Glucose-1-phosphat aufgebaut. Aus der aktivierten α-D-Glucuronsäure wird bevorzugt die β-Form der Glucuronide gebildet.

$$\text{α-D-Glucose-1-phosphat} + \text{UTP} \xrightarrow{\text{Pyrophosphorylase}} \text{UDP-α-Glucose (UDPG)} + \text{PP}$$

$$\text{UDPG} + 2\,\text{NAD}^+ + 2\,\text{H}_2\text{O} \xrightarrow{\text{UDPG-Dehydrogenase}} \text{UDPGS} + 2\,\text{NADH} + 2\,\text{H}^+$$

$$\text{UDPGS} + \text{R-XH} \xrightarrow{\text{UDP-Glucuronyltransferase}} \text{R-X-β-Glucuronid} + \text{UDP}$$
$$\text{X} = \text{O, N, S}$$

Aus α-D-Glucose-1-phosphat entsteht durch Reaktion mit Uridintriphosphat (UTP) die Uridin-5'-diphospho-α-D-glucose (UDPG), die in einem folgenden Schritt zur Uridin-5'-diphospho-α-D-glucuronsäure (UDPGS) dehydriert wird. Diese aktivierte Glucuronsäure reagiert dann mit dem Substrat (R-XH) unter Ausbildung des Konjugates mit β-Konfiguration, d. h. der Konfigurationswechsel erfolgt unter dem Einfluß der UDP-Glucuronyltransferase.

Während die an der Aktivierung der Glucuronsäure beteiligten Enzyme Pyrophosphorylase und UDPG-Dehydrogenase im Zytoplasma lokalisiert sind, erfolgt die Glucuronidierung selbst mit membranständigen Glucuronyltransferasen, die vor allem in der Leber aber auch in anderen Geweben, besonders in der Darmwand, Niere und der Haut lokalisiert sind. Die Glucuronidierung in der Darmmucosa ist beträchtlich und damit bedeutungsvoll für das Abfangen von aus dem Darmlumen resorbierten Fremdstoffen. Zum Beispiel ist die Glucuronidierung von Aminophenol bei Ratten im jüngeren Lebensalter im Darmgewebe größer als in der Leber.

Im endoplasmatischen Retikulum existieren chemisch verschiedene Glucuronyltransferasen (Isozyme) mit unterschiedlicher Substratspezifität. Offenbar werden die verschiedenen Glucuronidtypen durch verschiedene Transferasen gebildet. Wahrscheinlich ist die räumliche Nähe der Glucuronyltransferasen zu den ebenfalls im endoplasmatischen Retikulum lokalisierten Monooxygenasen für die Effizienz beider Enzyme im Sinne einer vektoriellen Funktionskopplung von Bedeutung. Die Konzentration der durch die Monooxygenasen oxydierten Verbindungen wird durch die unmittelbare Nachbarschaft der Transferasen zu den Oxygenasen schnell verringert und damit eine Produkthemmung des Monooxygenasesystems vermieden. Eine typische Kombination der Wirkung von Monooxygenasen und Transferasen betrifft die Bildung stabiler N-Glucuronide aus N-Hydroxymetaboliten von cancerogenen aromatischen Aminen. Die Glucuronide werden in das Lumen von Harn, Blase und Darm abgegeben, wo sie zu ihren Aglyconen hydrolysiert werden. Wichtig für die cancerogene Wirkung dieser Amine ist offenbar eine chemische Aktivierung der N-Hydroxyarylaminmetabolite in der Harnblase bei saurem pH unter Bildung von Addukten mit urothelialer DNA. Die Isozyme der Glucuronyltransferasen sind noch nicht vollständig klassifiziert. Das individuell unterschiedliche und speziesspezifische Enzymmuster (z. B. sind Katzen schlechte Glucoronidierer für eine Reihe von Fremdstoffen, nicht aber für körpereigene Stoffe) hängt von Hormonen, Xenobiotica und dem Alter ab. Bereits lange bekannt ist für den menschlichen Neugeborenen die zu langsame Glucuronidierung des Bilirubins bei erhöhtem Abbau des fetalen Hämoglobins (Neugeborenenhyperbilirubinämie-Icterus neonatorum). Da unkonjugiertes nicht an Plasmaproteine gebundenes Bilirubin vor allem für das Zentralnervensystem toxisch ist (Kernicterus), wird versucht, die Enzymaktivität durch Induktoren zu steigern.

Phenobarbital induziert in der Rattenleber die mRNA verschiedener Glucuronyltransferasen etwa 5fach. Etwa 10 verschiedene Induktoren konnten für Glucuronyltransferasen nachgewiesen werden, darunter Methylcholanthren und TCDD. Praktisch fehlende Bilirubin-Glucuronyltransferaseaktivität infolge eines genetischen Defektes liegt beim CRIGLER-NAJJAR-Syndrom und bei der GILBERTschen Krankheit vor.

4.2.3.2. Essigsäurekonjugation

Die Übertragung des aktivierten Acetylrestes (Acetylcoenzym A) auf primäre Aminogruppen ist ein wesentlicher metabolischer Weg für aromatische, z. B. Anilin und Sulfonamide, aber auch aliphatische Amine. Acetyliert werden Xenobiotica mit Aminogruppen, die oxydativ nicht abgebaut werden können. Eine Acetylierung von sekundären Aminen ist selten. Die Acetylierung, die mit Acetyltransferasen erfolgt, ist allgemein mit einer Abnahme der Hydrophilie des Substrates verbunden, z. B. Sulfadimethylpyrimidin → Acetylsulfadimethylpyrimidin = Verringerung der Wasserlöslichkeit von 1 auf 0,25. Bei schwachen Basen ist die Änderung der Löslichkeit gering, aliphatische Amine als starke Basen verlieren dabei ihre Polarität und damit ihre Wasserlöslichkeit.

Die Acetylierung ist individuell stark unterschiedlich. Man unterscheidet Schnell- und Langsam-Acetylierer. Ursache ist die unterschiedliche Menge an N-Acetyltransferase. Gefunden wurde dieser Enzymmangel, der autonom rezessiv vererbt wird, bei Tuberkulosekranken, die mit Isonicotinsäurehydrazid behandelt wurden. Dieses Tuberkulostatikum wird größtenteils durch Acetylierung und nur zum geringen Teil durch Hydrolyse metabolisiert.

Die Acetyltransferasen sind im Zytoplasma verschiedener Organe (Leber, Darmmucosa, Mamma u. a.) lokalisiert. Für eine Reihe cancerogener N-Hydroxyarylamine wurde eine Acetyl CoA-abhängige enzymatische Aktivierung mit hoher Effektivität im Lebercytosol bei verschiedenen Spezies (Kaninchen, Hamster, Ratte, Maus und Mensch) nachgewiesen. Die Konjugation durch O-Veresterung der N-Hydroxymetaboliten von 3,2′-Dimethyl-4-aminobiphenyl, 4-Aminobiphenyl, 2-Aminofluoren, N′-Acetylbenzidin und 2-Naphthylamin führt zu Konjugaten, die DNA-Addukte bilden. Im Hinblick auf die cancerogene Wirkung der N-Hydroxyarylamine ist ihre metabolische Acetylierung möglicherweise ein weiteres Beispiel für eine Konjugation mit toxischem Effekt.

4.2.3.3. Schwefelsäurekonjugation

Die Konjugation mit aktiver Schwefelsäure erfolgt vorwiegend mit phenolischen aber auch mit alkoholischen Hydroxylgruppen und Aminogruppen. Die Sulfatgruppe wird vom Organismus mit ATP zu 3′-Phosphoadenosin-5′-phosphosulfat aufgebaut, das dann mit Sulfotransferasen auf die Hydroxyl- und Aminogruppen übertragen wird. Sulfotransferasen sind lösliche Enzyme unterschiedlicher Spezifität, die im Zytoplasma vieler Gewebe, vor allem in Leber, Niere, Intestinum vorkommen.

Nach der Spezifität unterscheidet man Phenolsulfotransferasen, Alkoholsulfotransferasen, Arylaminsulfotransferasen, Steroidsulfotransferasen, wobei wahrscheinlich jede dieser spezifischen Transferasen aus mehreren Isozymen besteht. Für den Fremdstoffmetabolismus sind vor allem die Phenolsulfotransferasen wichtig, da sie mit ihrer geringen Spezifität fast alle substituierten Phenole umsetzen. In vivo steht die Schwefelsäurekonjugation von Phenolen, Alkoholen und Aminen in Konkurrenz zur Glucuronidierung, wobei letztere meistens benachteiligt ist. Trotzdem kann bei großem Umsatz bestimmter Fremdstoffe die Reaktion der Sulfotransferasen mit ihren natürlichen Substraten vermindert sein, da der Sulfatpool begrenzt ist. Physiologische Substrate der Sulfotransferasen sind Steroide, z. B. Zwischenstufen bei der Synthese von Sexualhormonen aus Cholesterol, Vorstufen des Chondroitinsulfats und der Mukoitinschwefelsäure sowie Heparin. Es gilt aber auch umgekehrt, daß bei starker Belastung die Sulfatdurch die Glucuronidkopplung ersetzt werden kann. So wird Phenol bei geringer Konzentration fast vollständig an Sulfat gebunden ausgeschieden, bei großem Angebot auch als Glucuronidpaarling. Im Harn finden sich Adrenalin, Anthrachinone und Morphin an Glucuronsäure als auch am Sulfatrest gekoppelt. Eine verringerte Fremdstoffsulfatierung kann auch Folge eines Sulfatmangels sein, für den es verschiedene Ursachen gibt. So wird Sulfat nur in geringen Mengen mit der Nahrung aufgenommen, überwiegend entsteht es im Organismus aus Cystein. Verminderte Eiweißzufuhr führt somit zum Sulfatmangel. Ein vermehrter Cysteinverbrauch, z. B. durch die chronische Zufuhr von Brombenzen mit der Bildung von Mercaptursäure, kann ebenfalls Ursache für einen verringerten Sulfatgehalt sein wie auch die vermehrte Bildung von hydrolisierenden Enzymen (Sulfatasen). Die vor allem in den Lysosomen der Zelle vorhandenen Sulfatasen werden u. a. bei der Tetrachlorkohlenstoffintoxikation, aber auch beim Vitamin E-Mangel und bei der Hypervitaminose A vermehrt freigesetzt.

Im allgemeinen erfolgt durch die Sulfatierung eine Entgiftung der Xenobiotica infolge ihrer erhöhten Ausscheidung durch die Bildung gut wasserlöslicher Konjugate. Manche Schwefelsäurekonjugate besitzen eine hohe Affinität zu Proteinen bzw. bilden Komplexe mit Phospholipiden, die zu toxischen Effekten führen. So wird das ursprünglich als Insekticid entwickelte 2-Fluorenylacetamid im Organismus hydroxyliert und danach durch Sulfatkonjugation der Hydroxylgruppe in eine cancerogene Verbindung übergeführt.

4.2.3.4. Konjugation mit Aminoverbindungen

Aromatische und auch aliphatische Carbonsäuren, vor allem solche, die keinem weiteren oxydativen Abbau unterliegen, können mit einem endogenen Amin, meistens einer Aminosäure, konjugieren. So ist die Konjugation von Benzoesäure mit Glycin zur Hippursäure die erste untersuchte Fremdstoffumsetzung (KELLER 1842). Weitere Beispiele der Glycinkonjugation sind Derivate der Benzoesäure, wie Salicylsäure (→ Salicylursäure), Phenylessigsäure und einige natürliche Steroidcarbonsäuren (Cholsäure). Außer den Glycinkonjugaten sind Konjugationen mit anderen Aminosäuren selten. Glutaminkonjugate scheinen nur beim Menschen und Affen vorzukommen. Während bei den bisher besprochenen Konjugationen das Konjugationsagens aktiviert wird, erfolgt bei der Glycinkonjugation die Aktivierung der Carbonsäure entsprechend dem ersten Schritt der Fettsäureaktivierung durch Anlagerung von Acetylcoenzym A

(CoA-SH) und ATP unter Bildung eines energiereichen Thiolesters (Acyl-CoA), der dann mit der Aminoessigsäure reagiert:

$$R-C{\overset{O}{\underset{OH}{}}} \;+\; CoA-SH \;+\; ATP \;\longrightarrow\; R-C{\overset{O}{\underset{S-CoA}{}}} \;+\; PP_i \;+\; AMP$$

$$R-C{\overset{O}{\underset{S-CoA}{}}} \;+\; NH_2-CH_2-C{\overset{O}{\underset{OH}{}}} \;\longrightarrow\; R-C{\overset{O}{\underset{NH-CH_2-C{\overset{O}{\underset{OH}{}}}}{}}} \;+\; CoA-SH$$

Die Enzyme für die Bildung des Coenzym A-Esters der Carbonsäure sind wahrscheinlich mit dem aktivierenden Enzymsystem des Intermediärstoffwechsels der Fettsäuren identisch. Die Reaktion des aktivierten Substrates mit Glycin wird durch Transacylasen (Glycin-N-acylase) katalysiert, die in Mitochondrien und im Zytoplasma vorkommen. Die Glycin-N-acylase reagiert spezifisch mit Glycin, verhält sich aber unspezifisch gegenüber der Carbonsäure. Das ist in Übereinstimmung mit der Glycinkonjugation auch von aliphatischen Carbonsäuren entgegen der früheren Ansicht, daß die Glycinkopplung nur mit aromatischen Carbonsäuren erfolgt. Die Glycinkonjugation findet vor allem in der Leber statt, da Glycin ein Syntheseprodukt der Leber ist.

4.2.3.5. Konjugation mit Glutathion

Eine wichtige und häufige Konjugation ist die Reaktion des nucleophilen Tripeptids Glutathion (GSH) mit zahlreichen chemisch völlig verschiedenen elektrophilen Verbindungen. So sind bei vielen Aromaten, Alkenen, Alkyl- und Arylhalogeniden und Arylaminen die Endprodukte Acetylcysteinderivaten (Mercaptursäuren), die letztlich durch Konjugation mit Glutathion entstehen.

Das primär gebildete Glutathionkonjugat unterliegt dem Angriff weiterer Enzyme. Zunächst werden durch Glutathionase Glutaminsäure und durch Peptidase das Glycin abgespalten, so daß ein Cysteinkonjugat entsteht, das mit einer Acetylase acetyliert, schließlich nach Abspaltung von Wasser das stabile Produkt der Mercaptursäure ergibt. Das eigentliche Ausscheidungsprodukt ist die Prämercaptursäure, da die Dehydratisierung im allgemeinen erst bei der Aufarbeitung des Harns bei saurem pH erfolgt. Am Beispiel des Metabolismus von Naphthalen ist die Entstehung des Mercaptursäurederivates dargestellt (Abb. 4.16). Naphthalen wird zunächst durch Epoxydierung aktiviert (Bildung eines Oxiranringes). Das Glutathionkonjugat entsteht durch den nucleophilen Angriff des Glutathions über die freie SH-Gruppe am Oxiranring. Durch die enzymatische Abspaltung von Glutaminsäure und Glycin sowie folgender Acetylierung entsteht die Prämercaptursäure, die dann bei saurem pH durch Wasserabspaltung in die 1-Naphthylmercaptursäure umgewandelt wird. Mercaptursäurederivate sind ausgesprochen hydrophil und damit leicht ausscheidungsfähig. Sie sind gute Substrate für die aktiven Transportsysteme in Niere und Leber.

An der Mercaptursäurebiosynthese sind mehrere Enzyme beteiligt. Die Konjugation mit Glutathion, die im Unterschied zu den bisher beschriebenen Konjugationen keiner vorherigen Aktivierung bedarf, wird durch Glutathion-S-Transferasen katalysiert. Die Abspaltung der Glutaminsäure erfolgt durch γ-Glutamyltranspeptidase, die Abspaltung des Glycins durch Cysteinylglycinase. Eine N-Acetylase katalysiert die Acetylierung. Wichtig ist, daß die Glutathion-S-Transferasen außer in der Leber und anderen Organen (Ovar, Testis, Niere, Nebenniere, Lunge, Dünndarm) auch in peripheren Lymphozyten nachzuweisen sind. Dies ermöglicht Routineuntersuchungen von Personen zur Bestimmung der individuellen Glutathionkonjugationsaktivität. Die GSH-Transferasen sind vorwiegend im Cytosol lokalisiert, aber auch im endoplasmatischen Retikulum und in der Mitochondrienmembran nachweisbar. Man differenziert zwischen verschiedenen GSH-Transferasen mit unterschiedlicher Substrataktivität: Glutathionepoxytransferase, Glutathion-S-aryltransferase, Glutathion-S-alkyl- und Glutathion-

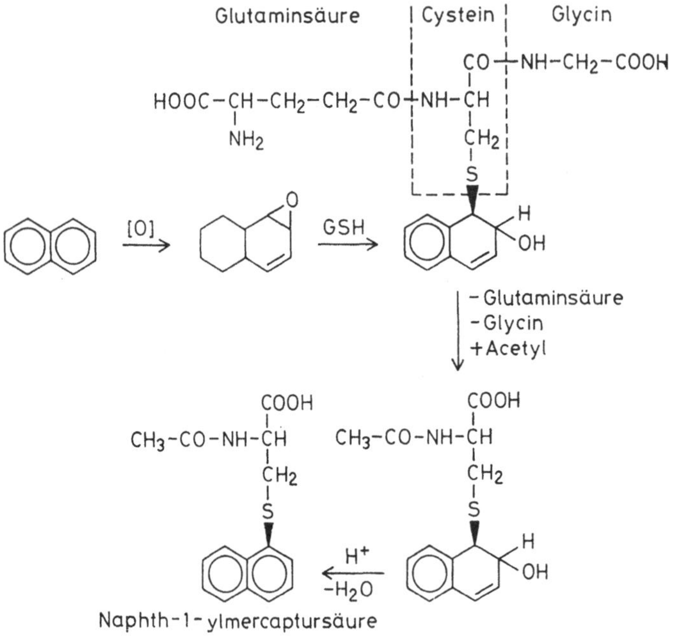

Abb. 4.16. Biotransformation von Naphthalen zu Naphthylmercaptursäure

S-alkentransferase. Über die natürlichen Substrate der GSH-Transferasen, die vorwiegend in der Cytosolfraktion nachweisbar sind, besteht noch Unklarheit. Neuere Befunde machen wahrscheinlich, daß GSH-Transferasen am Abbau polyungesättigter Fettsäuren beteiligt sind. Aktivierte Alkene, wie 4-Hydroxynonenal als Produkt des oxidativen Abbaus polyungesättigter Fettsäuren, wurden als eine neue Gruppe von Substraten für die GSH-Transferasen nachgewiesen. Darüber hinaus besitzen bestimmte GSH-Transferasen (Glutathionreduktase) auch funktionelle Bedeutung für die Entgiftung von Lipidperoxiden. Die reduzierende Wirkung des Glutathions wird durch dieses Enzym katalysiert. GSH-Transferasen mit Peroxidaseaktivität (GSH-Peroxidase) reduzieren organische Hydroperoxide zu entsprechenden Alkoholen. Durch die derzeitige Isolierung und Reinigung von GSH-Transferasen wird erkennbar, daß es sich wie bei den Oxygenasen auch hier um eine Familie von Isozymen mit breiter überlappender Substratspezifität handelt. Nachgewiesen ist auch die Induzierbarkeit dieser Enzyme durch verschiedenste Induktoren. Die Transskriptionsgeschwindigkeit der GSH-Transferasegene wird sowohl durch Phenobarbital als auch durch 3-Methylcholanthren erhöht. Jedoch ist der Anstieg der mRNA für die Glutathion-S-Transferase nach Phenobarbital- bzw. 3-Methylcholanthren-Induktion unterschiedlich hoch. TCDD induziert sowohl die Glutathion-S-Transferase- als auch Glutathionreduktaseaktivität. Die anticancerogene Wirkung der Ellagsäure, ein natürlich in Pflanzen vorkommendes Phenol, wird in Beziehung gesetzt zu ihrer induzierenden Wirkung auf die GSH-Transferase. Ellagsäure verhindert die durch 3-Methylcholanthren hervorgerufenen Hauttumoren. Es wird angenommen, daß die ultimalen Cancerogene des 3-Methylcholanthrens durch die induzierte GSH-Transferaseaktivität vermehrt entgiftet werden. Die Glutathionkonjugation hat eine ausgesprochen entgiftende Funktion, sie wird in dieser Hinsicht häufig der giftenden Oxygenasereaktion gegenübergestellt. Von Oxygenasen gebildete Epoxide werden mit GSH konjugiert, was bei der chemischen Cancerogenese von Bedeutung ist.

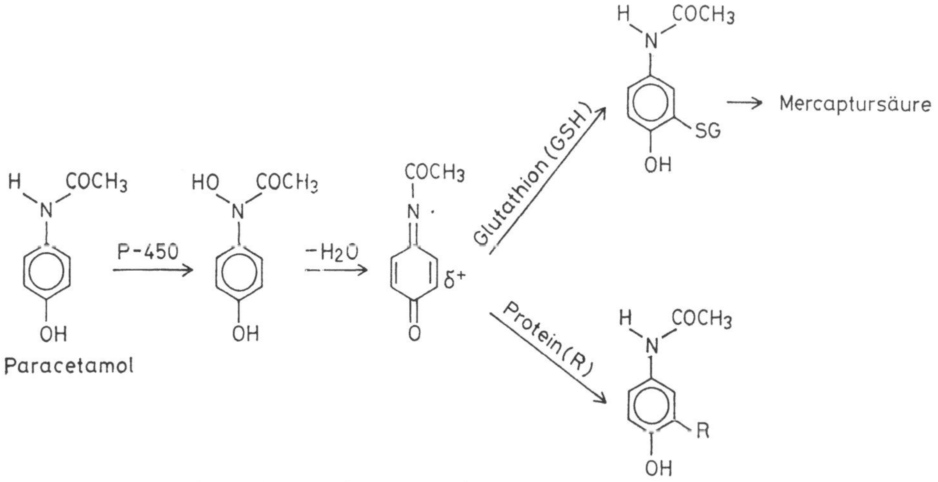

Abb. 4.17. Biotransformation von Paracetamol

Aromatische Kohlenwasserstoffe, wie etwa das cancerogene Benzo[a]pyren, werden nach enzymatischer Epoxydierung mit Cytochrom P-450 durch Glutathionepoxytransferasen mit Glutathion zu inaktiven Metaboliten konjugiert. Im Hinblick auf die cancerogene Wirkung von bestimmten aromatischen Kohlenwasserstoffen ist auch von Bedeutung, daß bei ihrem Umbau zu Prämercaptursäuren aus zwei Molekülen unter Abspaltung von oxydiertem Acetylcystein und Wasser ein Molekül des Ausgangskohlenwasserstoffes bei gleichzeitiger Entstehung eines Moleküls Phenol zurückgebildet wird. Bromsulphthalein, Brombenzen, Methyliodid, organische Phosphorsäureester (Parathion), α,β-ungesättigte Carbonylverbindungen (Etacrynsäure), Phenacetin sind weitere typische Substrate, die mit Glutathion konjugiert werden. 2-Bromhydrochinon, ein Metabolit des Brombenzens, wird durch die Glutathionkonjugation offenbar als eine Ausnahme nicht entgiftet. Die nephrotoxische und hepatotoxische Wirkung dieses Konjugates wird mit seiner kovalenten Bindung an Nieren- und Leberproteine in Verbindung gebracht.

Beim Vorliegen großer Mengen eines Xenobioticums, das mit Glutathion konjugiert wird, kann mehr Glutathion verbraucht werden als synthetisiert wird. Eine Verarmung an Glutathion führt zu toxischen Erscheinungen, wenn das mit dem Glutathion reagierende Zwischenprodukt (aus der Phase I-Reaktion) mit Zellbestandteilen reagieren kann. Das Auftreten von Leberzellnekrosen nach hohen Dosen Paracetamol ist ein Beispiel dafür.

Aus Paracetamol wird durch Cytochrom P-450 das toxische Intermediat N-Acetyl-p-benzochinonimin gebildet, das durch GSH-Konjugation entgiftet wird (Abb. 4.17). Bei hohen Paracetamoldosen ist das Glutathion weitgehend verbraucht, damit werden die Metabolite zunehmend an Proteine gebunden.

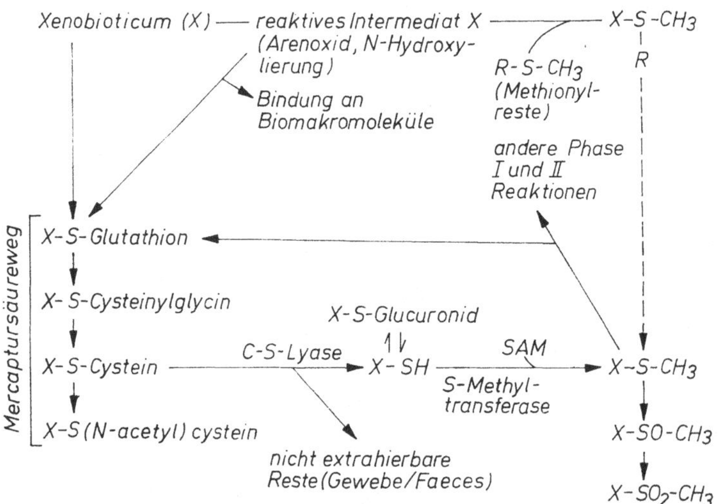

Abb. 4.18. Reaktionswege zur Einführung von Methylthiogruppen in Xenobiotica. Der Mercaptursäureweg überwiegt quantitativ die Bildung von Sulfoniumionen. Die Reaktion über C—S-Lyase symbolisiert den enterohepatischen Kreislauf und die weitere Biotransformation von methiolierten Metaboliten. Die gestrichelten Reaktionswege markieren erwartete aber bisher nicht belegte Reaktionswege (SAM = S-Adenylmethionin) (in Anlehnung an BAKKE und GUSTAFSON 1984).

Einer großen Zahl von Daten zur Konjugation von Schadstoffen mit Glutathion steht ein Mangel an Information über das weitere Verhalten der Konjugate nach der Sekretion in der Galle gegenüber. Es gibt Hinweise für den weiteren Umbau der Konjugate durch Enzymaktivitäten der Darmflora sowie deren Reabsorption mit anschließender Passage des enterohepatischen Kreislaufes und ihre endgültige Ausscheidung über den Darm. Unter der Einwirkung von Cystein-Konjugat 7-Lyase (C—S-Lyase) werden über den Mercaptursäureabbauweg Thiolverbindungen gebildet. Diese werden nach Kopplung an Faeces als nicht extrahierbare Verbindungen ausgeschieden. Die nicht ausgeschiedenen Konjugate werden durch S-Methyltransferase oder über einen zweiten Abbauweg zu reaktiven Thiolverbindungen wie Methylthio-, Methylsulfoxyl- und Methyl-sulfonylkomplexen der entsprechenden Schadstoffe umgewandelt (Abb. 4.18). Durch die Methylthiolierung werden jedoch durch Einwirkung der Mikroflora des Darmes (Intestinum) reaktive Schadstoffe gebildet, die toxische Prozesse auslösen können. Die weite Verbreitung der in die Methylthiolierung einbezogenen Enzyme und die große Zahl zu dieser Reaktion befähigter Organismen weisen darauf hin, daß derartige Verbindungen auch in der Nahrungskette auftreten können.

4.2.3.6. Methylierungsreaktionen

Xenobiotica, die phenolische oder alkoholische OH-Gruppen, SH- oder Amino-Gruppen enthalten, können entsprechende O-, S-, N-Methylkonjugate bilden. Die Methylierung erfolgt durch die essentielle Aminosäure Methionin, die nach Aktivierung zu S-Adenosyl-methionin die aktive Methylgruppe auf den Fremdstoff überträgt. Vermittelt wird die Reaktion durch Methyltransferasen. Am besten untersucht ist die spezifische Catechol-amin-O-methyltransferase, die nicht nur bei exogen zugeführten Catecholaminen die Methylierung vermittelt, sondern auch die im endogenen Stoffwechsel der Adrenalin-körper auftretenden.

Lokalisiert ist diese Methyltransferase vorwiegend im Zytoplasma, wobei mindestens zwei verschiedene Formen existieren. Eine Induktion dieses Enzyms ist nicht möglich. Im endoplasmatischen Retikulum findet sich eine Phenol-O-methyltransferase, die die Methylierung von Monophenolen, die mit Halogen, Alkyl- und Alkyloxyresten substituiert sind, vermittelt. Bemerkenswert ist, daß diese Transferase durch SKF 525 A hemmbar ist. Darüber hinaus gibt es eine Reihe löslicher N-Methyltransferasen, wie die Phenylethanolamin-N-methyltransferase, die endogene Catecholamine N-methyliert und eine unspezifische N-Methyltransferase, die die Methylierung einer Vielzahl verschiedener primärer und sekundärer Amine, wie Ephedrin, Anilin, Amphetamin, katalysiert.

Bezogen auf die Vielzahl von Xenobiotica mit Aminogruppen sind Methylierungen selten. N-Methylierungen am Heterocyclus (Pyridin) führen zu quarternären Verbindungen. Diese Reaktion ausgenommen, werden durch Methylierungen die physikalisch-chemischen Eigenschaften der Ausgangsverbindungen weniger verändert als bei den anderen Phase II-Reaktionen. Das bedeutet im allgemeinen keine Verbesserung der Wasserlöslichkeit, eher eine Verschlechterung und darüber hinaus stehen durch die Methylierung funktionelle Gruppen für solche Konjugationen nicht mehr zur Verfügung, die entscheidend die Wasserlöslichkeit erhöhen, z. B. die Glucuronidierung.

4.2.4. Induktion

Enzyminduktion ist ein zellulärer Regulationsprozeß, der die gesteigerte Biosynthese eines oder mehrerer Enzyme beinhaltet. Dieser Prozeß wird durch eine Vielzahl chemisch unterschiedlicher Verbindungen ausgelöst, den Induktoren. Die Induktion ist abzugrenzen

1. von einer allgemeinen Beschleunigung des Stoffwechsels, welche eine Steigerung von Biosyntheseprozessen einschließen kann und
2. von einem verringerten Enzymabbau, der ebenfalls die Enzymkonzentration erhöht.

Für die Induktion der Biotransformationsenzyme unterscheidet man den Phenobarbital- und den 3-Methylcholanthrentyp. Innerhalb dieser Gruppen, die jeweils eine Reihe von Verbindungen umfassen, werden weitere subgruppenspezifische Induktoren unterschieden.

Das Phänomen der Arzneimitteltoleranz ist schon seit 30...40 Jahren bekannt und basiert auf der Beobachtung, daß sich die durch Hexobarbital ausgelöste Schlafzeit durch Vorbehandlung mit bestimmten Arzneimitteln, z. B. mit Barbituraten, verkürzt. Unabhängig davon und etwa gleichzeitig wiesen JAMES und Elisabeth MILLER im Rahmen von Untersuchungen zur chemischen Cancerogenese eine Hemmung der Hepatocancerogenität von Methylderivaten des Buttergelbs (vgl. S. 442) durch Vorbehandlung von Ratten mit polycyclischen Aromaten nach. Die Ursache dieser Wirkungsmodifikationen konnte zunächst nicht erklärt werden, bis DEHLINGER und SCHINKE 1972 den Nachweis führten, daß die Behandlung von Ratten mit Phenobarbital und 3-Methylcholanthren eine Induktion von Cytochrom P-450 bewirkt, indem sie einen Einbau radioaktiver Aminosäuren in eine Cytochrom P-450 spezifische Bande im Elektropherogramm mit definierter Molmasse ($\sim$ 50000) zeigen konnten. Der Anstieg des Cytochrom P-450 spezifischen mRNA-Gehaltes, der DNA-abhängigen RNA-Synthese und der translationsaktiven Poly(A)-mRNA lieferten in den Folgejahren weitere experimentelle Beweise für das Vorliegen einer de-novo-Synthese von Cytochrom P-450. Aber erst der Einsatz isozymspezifischer Antikörper für Cytochrom P-450 in den letzten Jahren brachte den sicheren Beweis für das Vorliegen einer de-novo-Synthese durch den Nachweis induktorspezifischer Erhöhung bestimmter Isozyme. Die Sequenzanalyse der DNA verschiedener elektrophoretisch definierter Cytochrom P-450-Formen belegte ihre genetische Determiniertheit und damit ihren Isozymcharakter.

Bisher konnten aus Lebermikrosomen der Maus 20, bei Kaninchen 13 (Tab. 4.1) und bei der Ratte 8 verschiedene Cytochrom P-450-Isozyme charakterisiert werden. Auch beim Menschen konnten aus Lebermikrosomen 6 verschiedene Isozyme mit unterschiedlichen enzymatischen Aktivitäten nachgewiesen werden.

Tabelle 4.1. Cytochrom P-450-Isozyme aus Kaninchenlebermikrosomen

Isozym	Induktor	Molmasse	ΔA_{max}	
			3wertige Form (nm)	2wertige Form CO-Komplex (nm)
1		48000	417	450
2	Phenobarbital	48000	418	451
3a	Ethanol Imidazol	50000	393	452
3b	Triacetyloleandomycin	52000	416	450
4	5,6-Benzoflavon 3-Methylcholanthren, TCCD, Isosafrol	54000	393	447
5	Phenobarbital	57000	416	449
6	TCDD, Isosafrol	58000	416	448

Es ist zu erwarten, daß mit höherer Empfindlichkeit der Nachweistechniken (Antikörper) sich die Zahl der Isozyme dieser Multigen-Familie in nächster Zeit noch erhöht; Schätzungen liegen bei etwa 25. Ein Teil der Isozyme ist konstitutiv, d. h. sie sprechen auf bisher bekannte Induktoren nicht an. Für die pharmakologisch-toxikologischen Konsequenzen sind diese Formen daher weniger bedeutungsvoll als die induktiven Formen. Die Konzentration der letzteren wird durch Induktion verändert und führt zu Änderungen der Biotransformation von Fremdstoffen.

Für die durch polycyclische aromatische Kohlenwasserstoffe (PAK) ausgelösten molekularen Vorgänge bei der Induktion bestehen derzeit etwa folgende experimentell gestützten Vorstellungen: Die Fähigkeit mit Induktion zu reagieren, wird dem Ah-Locus (abgeleitet von *aromatic hydrocarbons*) zugeschrieben. Es handelt sich dabei um ein Regulatorgen, das beim Menschen auf Chromosom 2 angeordnet ist. Das entsprechende Strukturgen ist, wie man aus neueren Untersuchungen weiß, auf Chromosom 4 lokalisiert. Wichtiges Produkt des Ah-Locus ist bei Mäusen (Chromosom 17) ein cytosolischer Rezeptor, der gewisse PAK-Induktoren zu binden vermag. Der gebildete

Induktor-Rezeptor-Komplex reagiert nach Passage der Kernmembran mit einem noch
unbekannten Bindungsort im Kern. Dadurch wird die Transkription einer spezifischen
mRNA ausgelöst. Dies wiederum führt zur Biosynthese eines spezifischen Cytochrom
P-450 und damit zu einem vermehrten Einbau dieses Isozyms in die Membran des endoplasmatischen Retikulums. PAK-Induktoren bewirken auf direktem Wege eine tran-
skriptionell regulierte Induktion.

Die durch Phenobarbital ausgelösten molekularen Vorgänge bei der Induktion unterscheiden sich davon. Ein cytosolischer Rezeptor für Phenobarbital konnte bisher nicht
nachgewiesen werden. Die Konzentration von Phenobarbital im Kern ist wesentlich
geringer als im Cytosol. Das weist darauf hin, daß die Kernmembran für Phenobarbital
eine Diffusionsbarriere darstellt. Andererseits wurde nach Phenobarbitalbehandlung
ein signifikanter Anstieg von RNA im Cytosol festgestellt ohne eine gesteigerte Synthese
im Kernplasma oder von cytosolischer RNA. Offensichtlich verbessert Phenobarbital
die Passage der Kernmembran für RNA. Die im Gegensatz zur PAK-Induktion relativ
unspezifische Erhöhung fast aller Cytochrom P-450 Isozyme und funktionell assozi-
ierter Biotransformationsenzyme unterstützt diese Annahme. Erst in einer zweiten
Phase erfolgt eine Erhöhung der transkriptionsgesteuerten Biosynthese.

Der Gesamtprozeß der Induktion scheint jedoch komplizierter zu sein. So wird z. B.
durch β-Naphthoflavon nicht nur das für die Biotransformation von PAK spezifische
Isozym induziert, sondern gleichzeitig die Konzentration des durch Phenobarbital
induzierbaren Isozyms vermindert. Diese Verminderung kommt durch Repression der
für das phenobarbitalspezifische Cytochrom P-450 translatierbaren mRNA zustande.

4.2.4.1. Isozymverteilungsmuster

Durch Induktion erhöht sich nicht nur die Gesamtkonzentration von Cytochrom P-450,
sondern es ändert sich auch das Verteilungsmuster der Isozyme. Diese Verschiebungen
sind zum Teil erheblich. So bewirkt Phenobarbitalbehandlung eine 2,6fache Zunahme
der Gesamtkonzentration an Cytochrom P-450 in der Leber männlicher Ratten. Jedoch
wird der prozentuale Anteil des durch Phenobarbital spezifisch induzierbaren Isozyms
von 5,1% auf 86% erhöht (Tab. 4.2). Das bedeutet aber gleichzeitig, daß die anderen Isozyme von 95% auf 14% abgenommen haben. Unklar ist bis heute, ob die
durch Phenobarbital nicht induzierbaren Isozyme in ihren prozentualen Anteilen
erhalten bleiben oder ob sie eine unterschiedliche Abnahmequote besitzen. Letzteres
liegt nahe, weil es durch die Induktion mit β-Naphthoflavon (BNF) nicht nur zu einer

Tabelle 4.2. Quantitative Verteilung von phenobarbitalinduziertem Cytochrom P-450 (PB P-450)
in Ratten (♂) in Abhängigkeit von verschiedenen Induktoren[1]

	Gesamt P-450	PB P-450	nicht PB P-450
Vorbehandlung	nmol P-450/mg mikrosomales Protein		
unbehandelt	1,37	0,07	1,30
Phenobarbital	3,54	3,03	0,51
β-Naphthoflavon	1,94	0,03	1,91

[1] PHILLIPS, I. R., E. A. SHEPHERD, R. M. BAYNEY, S. F. PIKE, B. R. RABIN, R. NEATH und N. CARTER: Biochem. J. **212**,
55 (1983)

1,4fachen Zunahme des spezifischen BNF-induzierbaren Isozyms kommt, sondern gleichzeitig eine Repression der für das phenobarbitalspezifische Isozym verantwortlichen translatierbaren mRNA erfolgt. Dadurch sinkt der Anteil an phenobarbitalspezifischem Cytochrom P-450 von 5,1% auf 1,6% bei Zunahme der nichtphenobarbitalspezifischen Isozyme auf 98%. Auch bei dieser Induktion wird das BNF spezifische Isozym um einen ähnlichen Betrag wie im Falle der durch Phenobarbital bewirkten Induktion erhöht (30 ... 40fach.

4.2.4.2. Organspezifität der Induktion

Die bisher verfügbaren Daten zur molekularen Analyse der Biotransformation stammen im wesentlichen von der Leber. Ursache hierfür ist die experimentelle Zugänglichkeit, die bei der Leber sowohl von der Organgröße wie auch vom relativ hohen Gehalt der Monooxygenase bestimmt wird. 2/3 des im Mammalierorganismus vorhandenen Cytochrom P-450 sind in der Leber lokalisiert. Der Rest verteilt sich mit unterschiedlichen Gewebekonzentrationen u. a. in Darm, Lunge, Niere und Haut. Neben unterschiedlichen Konzentrationen in den einzelnen Organen existieren auch gewebespezifische Aktivitätsverteilungen, welche die Annahme entsprechender Isozymmuster nahelegen. Darüber hinaus zeigt auch die Induzierbarkeit erhebliche gewebespezifische Differenzierungen, die sich induktorabhängig bis zum 5fachen unterscheiden (Tab. 4.3).

Tabelle 4.3. Aryl-Hydrocarbon-Hydroxylase-Aktivität in verschiedenen Geweben neonataler Ratten

Gewebe	Kontrolle	BP-behandelt	Aroclor-behandelt
	(pmol 3-OH BP/min/mg Protein)		
Haut (gesamt)	0,7	8 (11)	11 (16)
Epidermis	0,6	6 (10)	12 (20)
Dermis	0,3	2 (7)	5 (17)
Leber	9,9	59 (6)	39 (4)
Lunge	0,8	7 (9)	7 (9)
Niere	1,2	38 (32)	28 (23)

Die Zahlen in Klammern geben die Induktionsraten bezogen auf die Kontrolle an (nach MUKHTAR, H. und D. R. BICKERS: Drug Metab. Disposition 9, 311 (1981)).

An den folgenden beiden Beispielen werden die Folgen eines solchen Zusammenhanges zwischen Fremdstoffeinwirkung und organspezifischer Induktion verdeutlicht: Typ II Alveolarzellen und Clarazellen der Lunge besitzen im Vergleich zu anderen Lungenzellen hohe Konzentration an Cytochrom P-450. Darüber hinaus wurde im Lungengewebe verschiedener kleiner Laboratoriumstiere eine relativ geringe Konzentration an Glutathion-S-Transferase und Epoxidhydratase nachgewiesen. Letztere beiden Enzyme sind für entgiftende Reaktionen insbesondere von polycyclischen aromatischen Kohlenwasserstoffen von Bedeutung. Die hohe Konzentration an Cytochrom P-450 in diesen Zellen der Lunge, die zur Bildung toxischer Metabolite insbesondere bei PAK in Verbindung mit der geringen Konzentration entgiftender Enzyme führt, legt die Annahme nahe, daß in diesem Organ bei entsprechender Exposition große Mengen chemischer Cancerogene gebildet werden. Treffen diese Verhältnisse auch für die menschliche Lunge zu, so sind aus diesen Überlegungen Vorstellungen zur Entstehung des Bronchialkarzinoms abzuleiten.

Eine vor kurzem beobachtete 500fache Steigerung der Cytochrom P-450-Aktivität in der Prostata von Ratten nach Behandlung mit β-Naphthoflavon fügt sich in diese Überlegungen ein. Es bleibt abzuwarten, ob die menschliche Prostata die Fähigkeit besitzt, in gleichem Maße Präcancerogene zu ultimalen Cancerogenen zu aktivieren. Neuere Beobachtungen deuten tatsächlich einen solchen Zusammenhang an. Das Prostatakarzinom wird in Japan gegenüber anderen Ländern selten beobachtet. Jedoch tritt bei japanischen Einwanderern in Amerika das Prostata-Ca ähnlich häufig auf wie bei Amerikanern. Diese Beobachtung schließt genetische Faktoren aus und legt die Annahme nahe, daß durch Umweltfaktoren einschließlich von Essensgewohnheiten ausgelöste Induktionsprozesse für das Zustandekommen des Prostatakarzinoms bedeutungsvoll sein sollten. Zumindest ergibt sich aus den dargelegten Beispielen, daß durch organspezifische Enzymmuster und Induktion in bestimmten Organen die Giftung in den Vordergrund treten kann und daraus eine bestimmte Disposition für Organschädigungen resultiert.

Der Zusammenhang zwischen Biotransformationsaktivität und der Bildung chemischer Cancerogene stützt sich auf den Nachweis solcher Beziehungen im Tierexperiment. So wird die biologische Aktivität von Dimethylanthracen, die sich als Mutagenität, Bindung an die DNA und Tumorbildung manifestiert, vollständig durch 7,8-Benzoflavon — einen Inhibitor von Cytochrom P-450 — gehemmt. Es gibt eine Reihe von Beispielen, die belegen, daß durch Induktion eines Isozyms die chemische Cancerogenese gefördert bzw. gehemmt wird. Überzeugendes Beispiel für diesen Vorgang sind Untersuchungen an zwei Mäusestämmen, von denen der eine durch fehlende Induzierbarkeit von Cytochrom P-450 ausgezeichnet ist. Der induzierbare Stamm zeigte ein etwa 4fach höheres Auftreten von Tumoren nach Behandlung mit Substanzen, die durch Cytochrom P-450 zu ultimalen Cancerogenen umgewandelt werden, als derjenige, dessen Cytochrom P-450 Biosynthese durch Gabe von Induktoren nicht stimuliert werden konnte. Sicher ist die Biotransformation nur ein Faktor, der für die Cancerogenese von Bedeutung ist neben anderen, wie Repairmechanismen, immunologische Reaktivität. Trotzdem ist bei der chemischen Cancerogenese die Bioaktivierung insbesondere durch Cytochrom P-450 ein mitbestimmender Faktor, der durch unterschiedliche Induzierbarkeit entscheidend beeinflußt wird.

4.2.5. Pharmakologisch-toxikologische Konsequenzen

Durch Cytochrom P-450-abhängige Monooxygenasen katalysierte Biotransformationsreaktionen können zu unwirksamen (Entgiftung) wie auch zu reaktiven (Giftung) Metaboliten führen. Welches Produkt durch die Umwandlungsvorgänge gebildet wird, hängt

1. von der chemischen Natur des Fremdstoffes ab. So wird Hexobarbital durch eine Hydroxylierung entgiftet, da durch die Hydroxygruppe eine Kopplung mit Glucuronsäure möglich geworden ist und in dieser Form Hexobarbital ausgeschieden werden kann. Das Präcancerogen β-Naphthylamin hingegen erfährt ebenfalls durch eine Hydroxylierung eine Biotoxifizierung durch Bildung des ultimalen Cancerogens α-Hydroxy-β-naphthylamin (Abb. 4.19).

6*

Wie für die pharmakologische bzw. toxische Wirkung einer Verbindung spielen auch für die Biotransformation die Diffusibilität und der Verteilungskoeffizient (wäßrige/ nichtwäßrige Phase) der jeweiligen Verbindung für ihre Anreicherung und damit für lokale (organabhängige) Konzentrationen (Bioverfügbarkeit) eine Rolle.

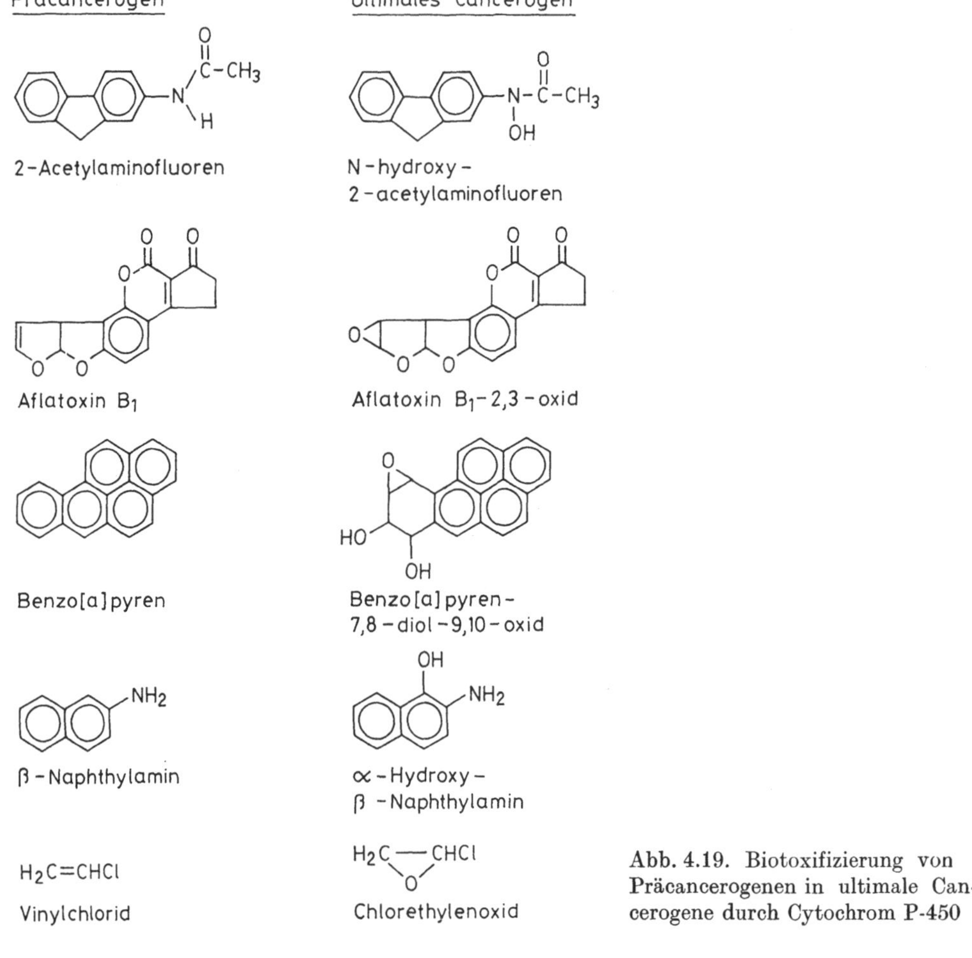

Abb. 4.19. Biotoxifizierung von Präcancerogenen in ultimale Cancerogene durch Cytochrom P-450

2. Das Reaktionsprodukt wird durch das spezifische Verteilungsmuster von Cytochrom P-450-Isozymen bestimmt. Dieses wiederum ist nicht nur von der Spezies abhängig, sondern auch von durch Umweltfaktoren ausgelöste Biosyntheseprozesse (Induktion), in deren Verlauf Cytochrom P-450-spezifische Isozyme vermehrt gebildet werden.

Die erwähnten Untersuchungen von MILLER sind ein Beispiel dafür, wie die Induktion die Entgiftung eines Cancerogens fördert. Die Biotransformation von Benzo[a]pyren hingegen ist ein Beispiel dafür, wie durch Induktion die Entgiftung in Giftung umschlägt (Abb. 4.20).

Ursache hierfür ist eine durch Induktion hervorgerufene Änderung des Metabolitmusters (Ratte). Benzo[a]pyren wird in der Rattenleber sowohl durch konstitutive Formen des Cytochrom P-450 wie auch durch eine durch polycyclische Aromaten induzierbare Isozymform abgebaut. Das konstitutive Cytochrom P-450 bildet hauptsächlich 4,5-Epoxide, während die induzierbaren Formen in stärkerem Maße Epoxide in 7,8- und 9,10-Positionen bilden. Das 4,5-Epoxid wird durch Epoxidhydrolase zu 4,5-Dihydrodiol umgewandelt, das durch Transferasen mit Glutathion und Glucuronsäure konjugiert und dann ausgeschieden wird. Hingegen ist das durch die PAK-induzierte Form gebildete Benzo[a]pyren-7,8-dihydrodiol-9,10-oxid ultimales Cancerogen. Der giftende Charakter der Biotransformation wird in diesem Falle durch die Induktion bestimmt.

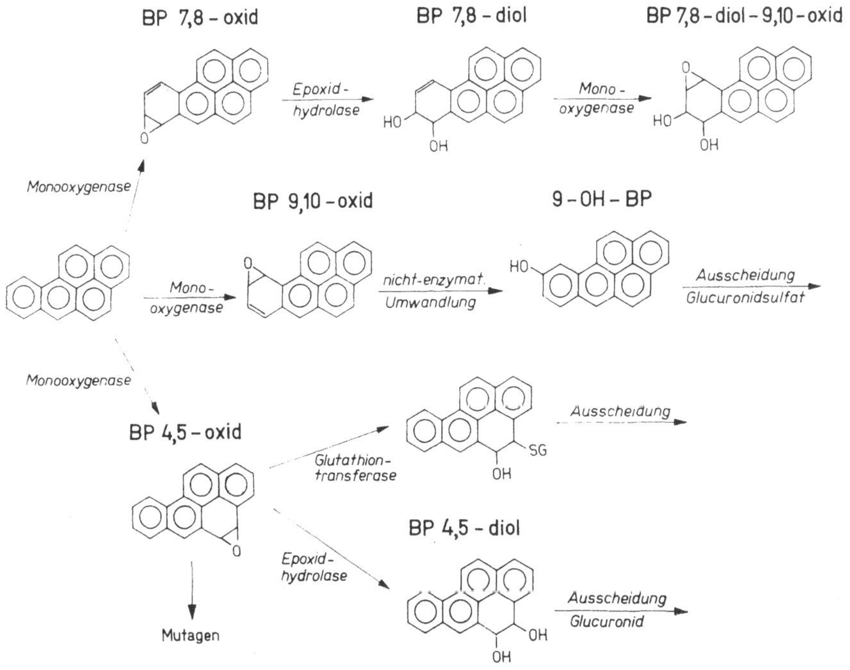

Abb. 4.20. Biotransformationswege von Benzo[a]pyren

Die medizinische Praxis liefert Beispiele, daß auch beim Menschen analog zum Tierversuch Induktionsprozesse mit zum Teil erheblichen gesundheitlichen Auswirkungen ablaufen. Herzinfarktpatienten werden in der Regel mit Barbituraten oder Psychopharmaca sediert — Arzneimittel, die eine Induktorwirkung auf Enzyme der Biotransformation von Fremdstoffen besitzen. Häufig erfolgt gleichzeitig eine Behandlung mit gerinnungshemmenden Arzneimitteln, z. B. Cumarinderivaten, deren Biotransformation durch die Induktion beschleunigt wird. Die Einstellung der Gerinnungszeit basiert also auf einer induzierten Biotransformationsaktivität. Wird nach Absetzen der Sedation, z. B. nach Entlassung aus der stationären Behandlung, die verordnete Dosis des Cumarins beibehalten, so wird infolge Nachlassens des Induktionseffektes, d. h. durch eine verringerte Enzymkonzentration, der Abbau des Cumarins verlangsamt. Die Folge ist ein erhöhter Wirkstoffspiegel, wodurch gefährliche Blutungen entstehen können.

In den beiden folgenden Tabellen sind einige Beispiele für Arzneimittelinterferenzen zusammengestellt, die auf Induktion bzw. Hemmung von Biotransformationsenzymen zurückzuführen sind.

Tabelle 4.4. Interferenz von Arzneimittelwirkungen durch Induktion von Biotransformationsenzymen

Erhöhte Biotransformation	Induktor	Klinische Wirkung
Cumarinderivate	Phenobarbital Gluthetimid Griseofulvin Carbamazepin	Nach Absetzen des Induktors Blutungsneigung
Griseofulvin	Phenobarbital	Dosiserhöhung notwendig
Pentobarbital	Ethanol	Dosiserhöhung notwendig
Dexamethason	Diphenylhydantoin	Dosiserhöhung notwendig

Tabelle 4.5. Interferenz von Arzneimittelwirkungen durch Hemmung von Biotransformationsenzymen

Gehemmte Biotransformation	Hemmstoff	Klinische Wirkung
Cumarinderivate	Chloramphenicol	Blutungen
Tolbutamid	Dicumarol Chloramphenicol	Hypoglykaemie
Diphenylhydantoin	Dicumarol Chloramphenicol Isoniazid	Intoxikationserscheinungen
Antipyrin	hormonale Contrazeptiva	Wirkungsverlängerung

Den beiden Beispielen (Benzo[a]pyren, Cumarin/Sedation) liegen unterschiedliche Mechanismen der durch Induktion ausgelösten Wirkungen zugrunde. Im Falle von Benzo[a]pyren werden durch die Induktion *qualitative* Veränderungen des Metabolitmusters bewirkt und dadurch eine Entgiftung zu einem cancerogenen Prozeß umgewandelt. Am zweiten Beispiel wird deutlich, wie durch induktionsbedingte *quantitative* Veränderungen Dauer und Intensität von Arzneimittelwirkungen verändert werden können. Ähnliches gilt für solche Phase II-Enzyme, die — wie im Abschn. 4.2.3. gezeigt wurde — eine Mikroheterogenität mit substratabhängigen Aktivitätsunterschieden aufweisen und ebenfalls einer Induktion unterliegen.

Dadurch werden hinsichtlich pharmakologischer Konsequenzen zwei Probleme aufgeworfen. Das ist zum einen die Frage nach den durch Induktion hervorgerufenen Auswirkungen auf das Isozymverteilungsmuster und zum anderen nach den durch gleichzeitige Gabe verschiedener Induktoren oder verdeckter Induktoren, wie zum Beispiel durch Comedikation, hervorgerufenen Wirkungsmodifizierungen. Unter lebensmitteltoxikologischem Aspekt können beide Faktoren eine Rolle spielen. Gerade dieser Aspekt wirft aber auch die Frage nach Kumulation subtoxischer Dosen sowie einer für eine Induktionsauslösung notwendigen minimalen Dosis auf.

4.2.5.1. Genetischer Polymorphismus

Genetischer Polymorphismus (s. a. Abschn. 5.3.) ist die Ursache für eine Reihe enzymatischer Defekte, die zu pathologischen Erscheinungen führen können. Die verringerte bzw. fehlende Enzymaktivität ist zurückzuführen auf durch Mutation gebildete Enzymvarianten mit geringerer Aktivität oder auf vollständiges Fehlen des Enzyms. So ist seit längerem ein Cholinesterasepolymorphismus bekannt, der bei Succinyldicholingabe zu schweren Störungen führen kann. Diesem Phänomen liegt folgender biochemischer Mechanismus zugrunde: Das Muskelrelaxans Succinyldicholin wird von gesunden Patienten durch Plasma-Cholinesterease innerhalb von 10 Minuten zu Succinylmonocholin abgebaut. Durch Mutation gebildete Enzymvarianten hydrolysieren die Verbindung mit geringerer Geschwindigkeit. Die Folge ist eine schwere Apnoe. Ein weiteres Beispiel ist der genetisch bedingte Glucose-6-Phosphatdehydrogenasemangel. Die Einnahme bestimmter Arzneimittel (Primaquin, Sulfonamide, Furazolidon) führt bei Trägern dieses in verschiedenen Schweregraden vorkommenden Enzymmangels zu Hämolysen, weil das für die Stabilität der Erythrozytenmembran benötigte reduzierte Glutathion auf Grund des Enzymdefektes nicht mehr gebildet werden kann.

Unterschiedliche Geschwindigkeiten sind auch im Abbau von Fremdstoffen beobachtet worden, die von Cytochrom P-450-abhängigen Monooxygenasen wie auch von konjugierenden Enzymen (Phase II-Reaktion) katalysiert werden. Diesen individuellen veränderten Biotransformationsaktivitäten liegt ebenfalls ein genetischer Polymorphismus zugrunde. Da von diesem Enzymsystem nicht nur Arzneimittel, sondern auch Umweltchemikalien, wie Schädlings- und Unkrautbekämpfungsmittel, Schadstoffe der Luft von Industrie und auch Nahrungsmittelzusätze, umgewandelt werden, hat sich für dieses Erscheinungsbild der Begriff Ökogenetik in Erweiterung der Pharmakogenetik gebildet, dem der genetische Polymorphismus zuzuordnen ist.

Der genetische Polymorphismus läßt sich experimentell durch Prüfung der individuellen Biotransformationsaktivität der Leber an der Ausscheidungsgeschwindigkeit bestimmter Verbindungen nachweisen. Es ist seit längerem bekannt, daß bestimmte Verbindungen von einzelnen Probanden nicht biotransformiert werden können und deshalb unverändert ausgeschieden werden. Auf der Grundlage gesicherter biochemischer Kenntnisse über die Existenz von Cytochrom P 450 Isozymen in der menschlichen Leber wissen wir heute, daß solchen Anomalien Defekte im Isozymmuster von Cytochrom P-450 zugrundeliegen. Diese Anomalien lassen sich genotypisch als homozygot oder heterozygot charakterisieren und führen zu unterschiedlichen Aktivitäten, die als genetischer Polymorphismus der Biotransformation bezeichnet werden. Zur Zeit werden hinsichtlich ihres enzymatischen Angriffspunktes 3 Typen von genetischem Polymorphismus unterschieden: Defekte bei C-, S- und N-Hydroxylierungen. Der ersten und weitaus am häufigsten vorkommenden Gruppe konnten bisher folgende Verbindungen zugeordnet werden: Debrisoquin, Spartein, Phenformin, Metoprolol, Timolol, Bufuralol, Nortriptilin, Guanoxan, Perlaxilin, Encainid, Dextramethorphen. Die beiden anderen Gruppen sind vergleichsweise weniger gut untersucht. Für die Sulfoxydation existiert als Prototyp S-Carboxymethylcystein, für die N-Oxydation Trimethylamin und entsprechende klinische Fälle für die defekte N-Oxydation. Eine defekte Sulfoxydation existiert unabhängig von einer defekten C-Oxydation.

Anhand der Ausscheidungsgeschwindigkeit (Debrisoquin-Clearance, 10 mg p.o., 8-Stunden-Urin, GC) wurden die Werte einer gesunden Kontrollgruppe mit denen von Patienten mit einem Lungenkarzinom verglichen. Der Clearance-Wert (zugeführte Menge: ausgeschiedener Menge) ergab bei fast 79% der Krebspatienten Werte um 1, während 63% der Kontrollgruppe Werte im Bereich von 1...12 auswiesen. Als wahrscheinliche Interpretation dieser Daten ergibt sich, daß die Krebspatienten überwiegend positiv homozygot sind (d. h. starke Biotransformatoren), während die Kontrollgruppe im wesentlichen aus Heterozygoten besteht. Offenbar ist das allelomorphe Gen, welches die 4-Hydroxylierung von Debrisoquin kontrolliert, ein signifikanter epidemiologischer Faktor für das Bronchialkarzinom bei Rauchern.

Die enzymatische Grundlage für diesen genetischen Polymorphismus besteht im Folgenden. Es konnte nachgewiesen werden, daß Debrisoquin durch ein spezifisches Isozym von Cytochrom P-450 hydroxyliert wird. Direkte Messungen der Monooxygenaseaktivität menschlicher Leberproben ergaben, daß bei Probanden, die Debrisoquin langsamer umsetzen, auch andere Arzneimittel (Nortryptilin, Bufuralol, Spartein und Phenacetin) nur langsam umgesetzt werden. Durch Hemmversuche konnte weiter gezeigt werden, daß alle diese Verbindungen durch das gleiche Isozym biotransformiert werden. Andererseits wird die Biotransformation von Acetanilid, Amylobarbital, Phenytoin und Antipyrin durch dieses Isozym nicht katalysiert. Aus Spenderlebern konnte das Debrisoquin umsetzende Isozym isoliert, gereinigt und die Substratspezifität in rekonstituierten Systemen untersucht werden.

Auch die Enzyme der Phase II-Reaktionen sind in diesen Polymorphismus einbezogen. Behandlung mit Isonicotinsäurehydrazid führt bei Patienten mit einem Mangel an N-Acetyltransferase durch verlangsamte Acetylierung zu einer Polyneuritis. Auch die individuell unterschiedliche Interferenz mit Diphenylhydantoin und Isoniazid hängt mit dem Polymorphismus der N-Acetyltransferase zusammen. Durch den höheren Isoniazidspiegel bei Langsamacetylierern wird die Hydroxylierung von Diphenylhydantoin so stark gehemmt, daß seine Toxizitätsgrenze überschritten wird (Ataxien und Nystagmus).

Der bisherige Erkenntnisstand erlaubt einzuschätzen, daß es nur noch eine Frage der Zeit ist, bis hochempfindliche immunologische Testverfahren zur Verfügung stehen, die es gestatten, ein individuelles Isozymverteilungsmuster zu bestimmen und damit Arzneimitteltherapie und prophylaktische Diagnostik auf der Grundlage individueller Enzymaktivitäten auf molekularer Ebene möglich machen.

4.2.5.2. Induzierbarkeit

Gestützt auf den Nachweis der genetischen Determiniertheit der Induzierbarkeit von Cytochrom P-450 an Mäusen wurde die Übertragbarkeit dieser Befunde auf den Menschen geprüft. Während in tierexperimentellen Untersuchungen Cytochrom P-450-abhängige Biotransformationsreaktionen meist durch in vitro Analysen direkt geprüft werden, muß bei klinischen Untersuchungen fast immer auf indirekte (in vivo) Methoden zurückgegriffen werden. Ein Ausweg bietet sich durch Untersuchung von leicht zugänglichen menschlichen Zellen. Trotz sehr niedriger Cytochrom P-450-Konzentration (ca. 2/100 der von 3-Methylcholanthren induzierten Rattenlebermikrosomen) war es möglich, in mitogenstimulierten menschlichen Lymphozyten AHH-Aktivität nachzuweisen und damit Voraussetzungen für die Durchführung einer quantitativen in vitro Bestimmungsmethode zu schaffen. Auf der Grundlage dieser Technik konnte an Zwillingspaaren (ein- und zweieiig) auch für den Menschen eine beträchtliche hereditäre Komponente für die AHH-Induzierbarkeit nachgewiesen werden.

Da das Monooxygenasesystem der Leber nicht nur entgiftet, sondern auch präcancerogene Verbindungen in ultimale Cancerogene umwandelt, sollte die genetisch determinierte Induzierbarkeit in einer funktionellen Beziehung zur Krebsanfälligkeit stehen.

Von einer solchen Annahme ausgehend, verglich KELLERMANN die Induzierbarkeit der AHH-Aktivität in Lymphozyten von Patienten mit einem Lungenkarzinom mit der einer gesunden Kontrollgruppe. Die Kontrollpersonen ließen sich in drei Gruppen, in solche mit geringer, mittlerer und hoher Induzierbarkeit gliedern. Patienten mit einem Lungenkarzinom waren im wesentlichen in der Gruppe mit hoher Induzierbarkeit verteilt. Mit wechselndem Erfolg wurde eine Reproduktion dieses Befundes versucht. Trotz unterschiedlicher Modalität der Verteilung konnte eine positive Korrelation zwischen erhöhter Induktionsrate der Lymphozyten und dem Auftreten eines Lungenkarzinoms wahrscheinlich gemacht werden.

Unter Verwendung eines zweiten Parameters, der AHH-Aktivität von Lungenalveolarzellen, gelang es, eine Korrelation hoher Signifikanz zwischen Induzierbarkeit und dem Auftreten eines Lungenkarzinoms nachzuweisen. Vorhersagen über eine individuelle Gefährdung gegenüber toxischen Substanzen, die langdauernd und in geringen Dosen auf den Menschen einwirken, scheinen somit möglich zu sein.

Aus den bisherigen Darstellungen ergibt sich die Frage nach den funktionellen Beziehungen zwischen der Basisaktivität und der Induzierbarkeit. Unter Basisaktivität soll der induktionsunabhängige Grundwert der Biotransformationsaktivität verstanden werden. Beide Größen — Induzierbarkeit und Basisaktivität — sind genetisch determiniert. Es läge also nahe zu vermuten, daß beide Eigenschaften genetisch gekoppelt sind. Das aber ist offenbar nicht der Fall. Tierexperimentelle Untersuchungen von NEBERT an der Maus ergaben, das Gen, welches die AHH-Induzierbarkeit kontrolliert, ist auf Chromosom 17 lokalisiert. Es ist funktionell nicht verknüpft mit dem Gen, welches auf Chromosom 9 die Bildung von Cytochrom P_1-450 (ein durch 3-Methylcholanthren induzierbares Isozym) codiert. Mit diesem Ergebnis übereinstimmende Befunde wurden beim Menschen erhoben. Untersuchungen an Placenta und mütterlichen Lymphozyten ergaben keine signifikante Korrelation zwischen AHH-Induzierbarkeit und placentarer AHH-Aktivität.

Diese Befunde sind ein Hinweis darauf, daß die AHH-Induzierbarkeit auf der Basis eines individuellen genetischen Status systematisch reguliert wird, während die Basisaktivität einer davon unabhängigen Regulation unterliegt.

4.2.6. Schlußbemerkungen und Ausblick

Anliegen dieses Kapitels war es aufzuzeigen, daß der menschliche Organismus über die enzymatischen Voraussetzungen verfügt, Fremdstoffe zu entgiften und auszuscheiden, daß jedoch auch Reaktionswege zur Giftung führen können, die durch biologische Regulationsmechanismen und genetisch determinierte Prozesse einer weiteren Beeinflussung unterliegen.

Da wir für absehbare Zeit mit den verschiedensten Chemikalien leben müssen, d. h. mit ihnen Kontakt haben und sie auch aufnehmen in Form von Arzneimitteln, Luftverunreinigungen durch Industrie und Verkehr aber auch als Zusätze, Rückstände und Kontaminanten in Nahrungsmitteln, muß der Frage nach den Wirkungen bei langdauernder Aufnahme einer Substanz in subtoxischen Dosen — also die Frage danach, ob eine Induktion biotransformationsaktiver Enzyme erfolgt — besondere Aufmerksamkeit zukommen. Es gilt also einerseits, die Toxizitätsanalyse weit umfassender zu gestalten als bisher, um Schädigungen der menschlichen Gesundheit vorzubeugen.

Zum anderen aber gewinnen geeignete diagnostische Verfahren, die individuelle Parameter anzeigen (Basisaktivität der Biotransformation, Induzierbarkeit) zunehmende Bedeutung. Es müßte beim gegenwärtigen Erkenntnisstand mittels geeigneter Standards möglich sein, die individuelle Biotransformationsaktivität zu bestimmen, die dann bei der Dosierung oder Wahl des Arzneimittels aber auch bei der Wahl des Arbeitsplatzes Berücksichtigung finden.

4.3. Toxikokinetische Analyse

Die Anwendung mathematischer Methoden zur Analyse von Stoffkonzentrationsänderungen im Organismus in Abhängigkeit von der Zeit, die im Rahmen der Arzneimittelwissenschaften in den letzten Jahrzehnten mit der Entwicklung der Pharmakokinetik und deren immer breiteren Nutzung bei der Optimierung von Pharmakotherapien einen nicht mehr wegzudenkenden Platz eingenommen hat, erfolgt in der Lebensmitteltoxikologie gegenwärtig leider noch relativ selten. Da hierin ein wichtiges Instrumentarium des wissenschaftlichen Herangehens an diesbezügliche toxikologische Fragestellungen zu sehen ist, erscheint eine weitere Verbreitung derartiger Verfahren auch auf diesem Gebiet als wünschenswert und wird hier ausdrücklich propagiert. Durch die stoffkinetische Analyse, mit deren Hilfe die konzentrationsbestimmenden Prozesse Resorption, Distribution, Biotransformation und Exkretion quantitativ erfaßt, in ihrer Zeitabhängigkeit mathematisch beschrieben und mittels kinetischer Parameter charakterisiert werden, lassen sich vor allem folgende Zielstellungen verfolgen:

— Zusammenfassung einer Vielzahl von Einzeldaten (gemessene Konzentrationswerte),
— Verbesserung des Verständnisses der konzentrationsbestimmenden Prozesse,
— Vorhersagen über zu erwartende Stoffkonzentrationen, insbesondere über Stoffakkumulationen bei entsprechender Exposition,
— Erkennen quantitativer Beziehungen zwischen stoffkinetischen Daten und biologischen Effekten (Effektkinetik).

Hierzu bedient man sich in der Regel entsprechender Modelle, die als vereinfachte Abbilder der inneren Struktur des Organismus die stoffkinetischen Teilprozesse und deren Verknüpfungen reflektieren.

4.3.1. Stoffkinetische Modelle

Ausgangspunkt der Modellbildung ist die Formulierung eines qualitativen Modells, das die wesentlichen Bestandteile und Eigenschaften des Organismus sowie die interessierenden Prozesse in Form von Blockschaltbildern oder Flußgleichungen widerspiegelt. Dieses wird unter Berücksichtigung der Zeitgesetze der kinetischen Prozesse, der Massenbilanzen sowie weiterer physikalisch-chemischer Gesetzmäßigkeiten (Diffusionsgesetz, MWG usw.) in ein quantitatives mathematisches Modell transformiert, das gewöhnlich durch eine oder mehrere Differentialgleichungen bzw. deren allgemeine Lösungen charakterisiert ist. In Tab. 4.6 werden die im folgenden verwendeten Symbole erläutert.

Tabelle 4.6. Erläuterung der verwendeten Symbole

Symbol	Maßeinheit	Bedeutung
a	(ng/ml)	Ordinatenschnittpunkt (präexponentieller Faktor) des Exponentialterms für die schnelle Disposition (α-Phase)
AUC	$(ng \cdot h/ml^{-1})$	Fläche unter der Plasmaspiegelkurve (area under curve)
b	(ng/ml)	Ordinatenschnittpunkt (präexponentieller Faktor) des Exponentialterms für die langsame Disposition (β-Phase)
C	(ng/ml)	Stoffspiegel im Plasma (Plasmaspiegel)
C_0	(ng/ml)	fiktiver Anfangsplasmaspiegel, der sich bei unmittelbarer Verteilung der gesamten Dosis bzw. von $D \cdot f$ im Verteilungsvolumen V_d (Ein-Kompartiment-Modell) oder im zentralen Kompartiment V_1 (Zwei-Kompartiment-Modell) ergeben würde
C_{max}^{ss}	(ng/ml)	steady-state-Plasmaspiegelmaximum (höchstmöglicher Kumulationswert bei Mehrfachdosierung)
C_{min}^{ss}	(ng/ml)	steady-state-Plasmaspiegelminimum (höchster Kumulationsrest bei Mehrfachdosierung)
Cl_{tot}	(ml/min)	totale Clearance (Plasmaclearance)
D	(ng)	Dosis
f		absolute Bioverfügbarkeit (Fraktion der Dosis, die bei extravasaler Applikation im Körperkreislauf verfügbar ist; ohne first-pass-Effekt = Resorptionsquote)
k_1	(h^{-1})	Invasionskonstante (Ein-Kompartiment-Modell)
k_2	(h^{-1})	Eliminationskonstante (Ein-Kompartiment-Modell)
k_{10}, k_{12}, k_{21}	(h^{-1})	Geschwindigkeitskonstanten für die Elimination aus dem zentralen Kompartiment und für den Transfer zwischen den Kompartimenten (Zwei-Kompartiment-Modell; Mikrokonstanten des Modells)
k_G, k_M, k_U	(h^{-1})	Geschwindigkeitskonstanten für die biliäre Exkretion, den Metabolismus und die Harnausscheidung des Stoffes
m	(ng)	Stoffmenge im Organismus zum Zeitpunkt t
$m_A, m_E,$ m_G, m_M m_U	(ng)	am Resorptionsort vorliegende, bereits eliminierte, biliär, durch Metabolisierung bzw. renal eliminierte Stoffmenge
m_1, m_2	(ng)	im zentralen bzw. peripheren Kompartiment vorliegende Stoffmenge
R		Kumulationsfaktor
t	(h)	Zeit nach der Applikation
$t_{1/2}$	(h)	biologische Halbwertszeit (Eliminationshalbwertszeit)
V_d	(l)	Verteilungsvolumen
V_1, V_2	(l)	Volumen des zentralen bzw. peripheren Kompartiments
$V_{dss}, V_{darea},$ $V_{d\beta}$	(l)	Verteilungsvolumina für bestimmte zeitliche Phasen beim Zwei-Kompartiment-Modell
α, β	(h^{-1})	Geschwindigkeitskonstanten für die schnelle bzw. langsame Dispositionsphase (Zwei-Kompartiment-Modell; Exponenten der phänomenologischen Exponentialterme)
τ	(h)	Dosierungsintervall

Sehr verbreitet ist heute noch die stoffkinetische Analyse auf der Grundlage der klassischen Kompartiment-Theorie. Daneben kommen aber in zunehmendem Umfang komplexere hämodynamische oder physiologische Modelle und die Methode der statistischen Momente (modellunabhängige Berechnung von mittlerer Verweildauer, steady-state-Verteilungsvolumen und Clearance) zur Anwendung.

4.3.1.1. Kompartiment-Modelle

Unter einem *Kompartiment* versteht man eine einheitliche Fraktion des Verteilungsraumes einer Substanz, charakterisiert durch ein definiertes Volumen und eine bestimmte Konzentration, die einer eigenen Kinetik gehorcht.

Der Einführung des Kompartiment-Begriffes liegt die vereinfachende Annahme zugrunde, daß stoffkinetische Prozesse in abgegrenzten Volumina ablaufen, die miteinander im Gleichgewicht stehen. Unter diesen Bedingungen läßt sich die Stoffkonzentration als Funktion der Zeit in jedem Kompartiment durch eine Differentialgleichung

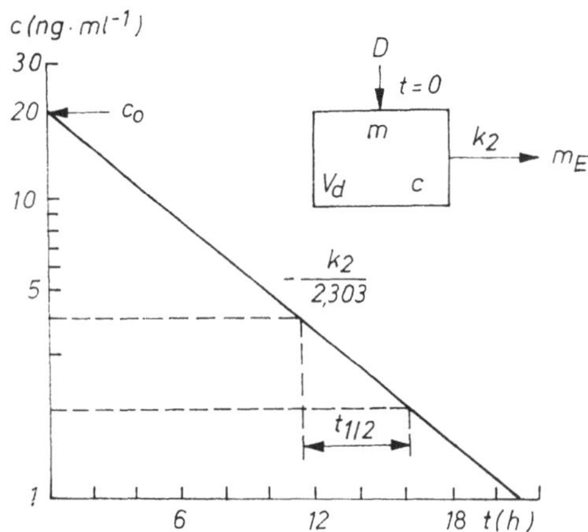

Abb. 4.21. Ein-Kompartiment-Modell und halblogarithmische Darstellung des Plasmaspiegelverlaufes bei intravasaler Applikation

beschreiben. Gehorchen die konzentrationsbestimmenden Prozesse formal einer Reaktionskinetik 1. Ordnung, so erhält man ein System linearer Differentialgleichungen, in dem die Koeffizienten (Geschwindigkeitskonstanten 1. Ordnung) die stoffkinetischen Parameter des Modells darstellen. Dieser Fall ist am häufigsten bei den relativ geringen Substanzmengen, die vom Organismus in der Regel aufgenommen werden, gegeben. Hiervon abweichend zeigen manche Stoffe, insbesondere bei hoher Dosierung, eine nichtlineare Kinetik, die auf eine Sättigung von Transportprozessen (z. B. im Intestinaltrakt, bei der tubulären Sekretion und biliären Exkretion), der Bindungsstellen an Plasma- und Gewebeproteinen sowie von Biotransformationsenzymen, aber auch auf Wechselwirkungen mit anderen Stoffen sowie Substrat- und Produkthemmung zurückgeführt werden kann. Für solche nichtlinearen Prozesse lassen sich die Zeitgesetze 0., 2. oder gemischter Ordnung (MICHAELIS-MENTEN-Kinetik) anwenden.

Das einfachste stoffkinetische Modell, das offene *Ein-Kompartiment-Modell*, betrachtet den gesamten Organismus als ein einheitliches Kompartiment, in dem die Verteilungsprozesse im Vergleich zur Elimination sehr schnell erfolgen, so daß nur ein einheitliches scheinbares Verteilungsvolumen V_d resultiert. In diesem Fall wird nach intravasaler Applikation die Substanzmenge im Organismus als Funktion der Zeit lediglich durch die Elimination bestimmt (Abb. 4.21) und gehorcht der Differentialgleichung

$$\frac{dm}{dt} = -k_2 \cdot m, \tag{4.21}$$

deren Lösung durch Integration

$$m = m_0 \cdot e^{-k_2 \cdot t} = D \cdot e^{-k_2 \cdot t} \tag{4.22}$$

ergibt. Führt man in Gl. (4.22) das Verteilungsvolumen ein, das die Funktion eines Proportionalitätsfaktors besitzt, wobei $C_0 \sim D$ und $C_0 = D/V_d$ gilt, so erhält man für die Konzentration (Blut-, Serum- bzw. Plasmaspiegel)

$$C = \frac{D}{V_d} \cdot e^{-k_2 \cdot t}. \tag{4.23}$$

Dementsprechend ergibt sich bei Darstellung von log C gegen t eine Gerade mit dem Ordinatenschnittpunkt log C_0 und der Steigung $-k_2/2{,}303$.

Bei ausschließlicher renaler Elimination ist gemäß der Massenbilanz die Abnahme der Stoffmenge im Organismus im gleichen Zeitraum gleich der mit dem Harn ausgeschiedenen Menge

$$m_U = m_0 - m = D - m,$$

so daß nach

$$m_{AU} = D \cdot (1 - e^{-k_2 \cdot t}) \tag{4.24}$$

k_2 auch aus der kumulativen Harnausscheidung ermittelt werden kann.

Sind an der Elimination mehrere parallele Prozesse beteiligt (renale und biliäre Exkretion sowie Biotransformation), so kann aus Plasmaspiegeln nur die globale Eliminationskonstante k_2 erfaßt werden. Die Charakterisierung der Einzelprozesse, die zusätzlich Bestimmungen der kumulativen Harn- und Galleexkretion sowie des Metabolitenanteils notwendig macht, ist durch folgende Differentialgleichungen möglich:

$$\frac{dm}{dt} = -(k_U + k_G + k_M) \cdot m = -k_2 \cdot m \tag{4.25}$$

$$\frac{dm_U}{dt} = k_U \cdot m = k_U \cdot D \cdot e^{-k_2 \cdot t} \tag{4.26}$$

$$\frac{dm_G}{dt} = k_G \cdot m = k_G \cdot D \cdot e^{-k_2 \cdot t} \tag{4.27}$$

$$\frac{dm_M}{dt} = k_M \cdot m = k_M \cdot D \cdot e^{-k_2 \cdot t}. \tag{4.28}$$

Deren allgemeine Lösungen (integrierte Gleichungen) lauten:

$$m = D \cdot e^{-(k_U + k_G + k_M) \cdot t} = D \cdot e^{-k_2 \cdot t} \tag{4.29}$$

$$m_U = D \cdot \frac{k_U}{k_2} (1 - e^{-k_2 \cdot t}) \tag{4.30}$$

$$m_G = D \cdot \frac{k_G}{k_2} (1 - e^{-k_2 \cdot t}) \tag{4.31}$$

$$m_M = D \cdot \frac{k_M}{k_2} (1 - e^{-k_2 \cdot t}). \tag{4.32}$$

Da für $t = \infty\, m_{U(\infty)} = D \cdot k_U/k_2$ gilt, ergibt sich aus der Gesamtharnausscheidung

$$k_U = k_2 \cdot \frac{m_{U(\infty)}}{D}, \tag{4.33}$$

wobei k_2 aus dem Plasmaspiegelverlauf ermittelt werden kann. Analog läßt sich k_G aus der Galle-exkretion bestimmen. Sind k_2, k_U und k_G bekannt, erhält man k_M nach

$$k_M = k_2 - (k_U + k_G). \tag{4.34}$$

Sind verschiedene Biotransformationsreaktionen beteiligt und gehorchen diese einer Kinetik 1. Ordnung, so setzt sich die globale Geschwindigkeitskonstante 1. Ordnung für die Biotransformation aus den Geschwindigkeitskonstanten für die Einzelreaktionen zusammen:

$$k_M = k_{M1} + k_{M2} + \dots + k_{Mi}. \tag{4.35}$$

Die einzelnen Konstanten können berechnet werden, wenn die prozentuale Bildung (Ausscheidung) der Metaboliten bekannt ist:

$$k_{Mi} = k_2 \cdot \frac{m_{Mi}}{D}. \tag{4.36}$$

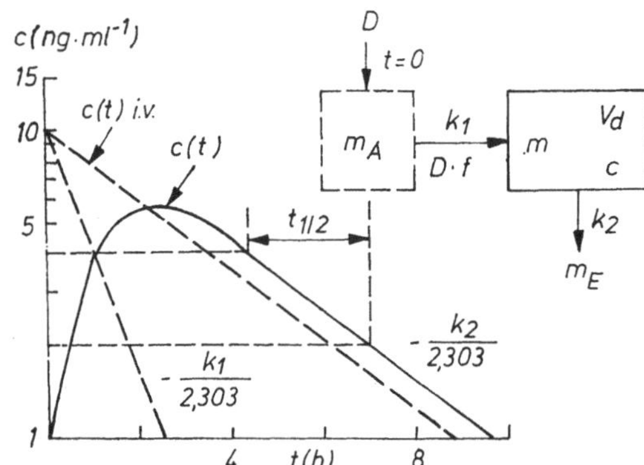

Abb. 4.22. Ein-Kompartiment-Modell und halblogarithmische Darstellung des Plasmaspiegelverlaufes bei oraler Stoffaufnahme

Bei oraler Aufnahme eines Stoffes findet mit beginnender Resorption (Invasion) gleichzeitig dessen Verteilung und Elimination statt. Erfolgen diese Prozesse nach Zeitgesetzen 1. Ordnung, so gelten bei vollständiger Resorption für das Ein-Kompartiment-Modell (Abb. 4.22) folgende Differentialgleichungen

$$\frac{dm_A}{dt} = -k_1 \cdot m_A \tag{4.37}$$

$$\frac{dm}{dt} = k_1 \cdot m_A - k_2 \cdot m \tag{4.38}$$

$$\frac{dm_E}{dt} = k_2 \cdot m \tag{4.39}$$

und deren allgemeine Lösungen

$$m_A = D \cdot e^{-k_1 \cdot t} \tag{4.40}$$

$$m = \frac{D \cdot k_1}{k_1 - k_2} \left(e^{-k_2 \cdot t} - e^{-k_1 \cdot t} \right) \tag{4.41}$$

$$m_E = \frac{D \cdot k_1 \cdot k_2}{k_1 - k_2} \left[\frac{1}{k_2} \left(1 - e^{-k_2 \cdot t} \right) - \frac{1}{k_1} \left(1 - e^{-k_1 \cdot t} \right) \right] \tag{4.42}$$

sowie die Massenbilanz

$$m_A + m + m_E = D. \tag{4.43}$$

Unter Berücksichtigung des Verteilungsvolumens und der absoluten Bioverfügbarkeit des Stoffes (Fraktion der Dosis, die im Körperkreislauf verfügbar ist; ohne first-pass-Effekt gleich der Resorptionsquote), $C_0 = D \cdot f/V_d$, erhält man aus Gl. (4.41), diese Funktion wurde erstmals von BATEMAN für den radioaktiven Zerfall abgeleitet (BATEMAN-Funktion), die Beziehung für den Plasmaspiegelverlauf:

$$C = \frac{D \cdot f \cdot k_1}{V_d(k_1 - k_2)} (e^{-k_2 \cdot t} - e^{-k_1 \cdot t}). \tag{4.44}$$

Unterscheiden sich k_1 und k_2 hinreichend voneinander, so zeigt diese Funktion im terminalen Teil, abgesehen von dem seltenen Fall einer sogenannten „flip-flop-Kinetik" ($k_2 > k_1$), einen zur Eliminationsfunktion parallelen Verlauf, da nach entsprechender Zeit der Exponentialterm mit dem größeren Exponenten ($e^{-k_1 \cdot t}$) gegen 0 strebt. Dementsprechend geht die Funktion bei halblogarithmischer Darstellung in eine Gerade über, aus deren Steigung k_2 ermittelt werden kann. Um den Ordinatenschnittpunkt $C_0 = D \cdot f/V_d$ zu erhalten, muß diese entsprechend rückextrapolierte Gerade so parallel verschoben werden, daß sie durch das Maximum der BATEMAN-Funktion läuft. Zur Ermittlung von k_1 können neben rechnergestützten Analysen einige Näherungsverfahren genutzt werden. Bewährt hat sich z. B. eine Methode, bei der die Invasionskurve rekonstruiert wird, indem den jeweiligen Meßwerten C(t) die bis zum Zeitpunkt t eliminierte Stoffmenge zugerechnet wird (Abb. 4.23), so daß man für den Verlauf der Invasionskurve die Beziehung

$$C_I(t) = C(t) + k_2 \cdot \int\limits_0^t C\, dt \tag{4.45}$$

erhält. Bei halblogarithmischer Darstellung der Differenzwerte $C_0 - C_I(t)$ ergibt sich eine Gerade mit dem Ordinatenschnittpunkt $\log C_0$ und der Steigung $-k_1/2{,}303$.

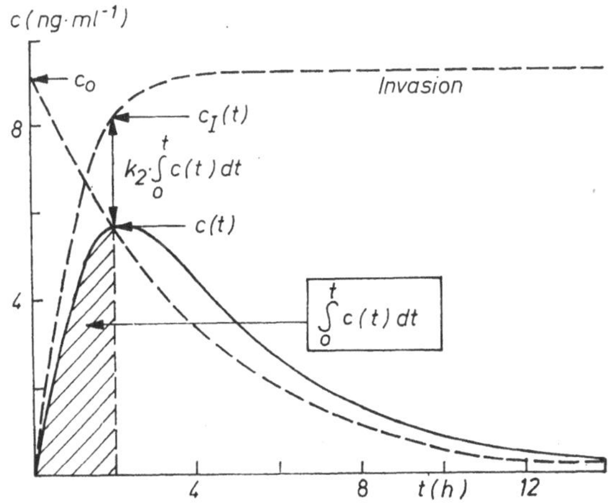

Abb. 4.23. Rekonstruktion der Invasionskurve C_I (t) aus der Plasmaspiegelkurve C(t) (nach KÜBLER)

Die Kinetik vieler Substanzen läßt sich allerdings besser durch das offene *Zwei-Kompartiment-Modell* beschreiben. Hierbei postuliert man vereinfacht ein zentrales Kompartiment mit dem Volumen V_1, repräsentiert durch das Blut sowie leicht zugängliche Körperflüssigkeiten und Gewebe (z. B. stark durchblutete Organe, wie Lunge, Herz, Leber, Niere und Gehirn), und ein peripheres Kompartiment mit dem Volumen $V_2 = V_d - V_1$ (entspricht z. B. langsam perfundierten Geweben wie Fett, Haut, Muskulatur und stark abgegrenzten Räumen). Das periphere Kompartiment zeigt einen langsamen Stoffaustausch (langsamer Ein- und Ausstrom) und erreicht erst nach einer gewissen Zeit ein Fließgleichgewicht (steady state) mit dem zentralen Kompartiment. Der initiale Plasmaspiegelverlauf wird dabei maßgeblich durch Verteilungsprozesse geprägt. Die Elimination erfolgt ausschließlich aus dem zentralen Kompartiment.

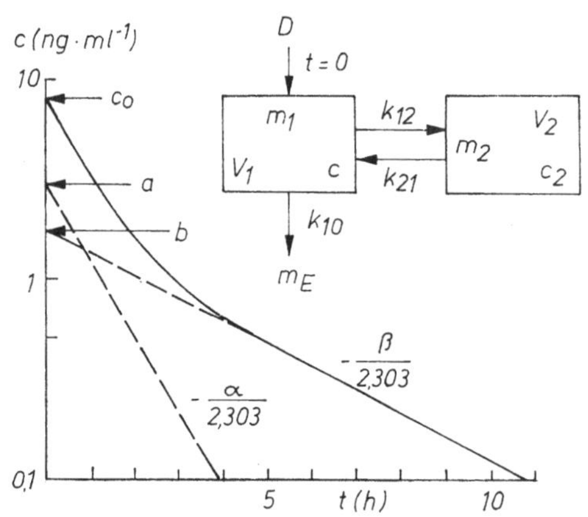

Abb. 4.24. Zwei-Kompartiment-Modell und halblogarithmische Darstellung des Plasmaspiegelverlaufes bei intravasaler Applikation

Das Zwei-Kompartiment-Modell für die intravasale Applikation (Abb. 4.24) läßt sich bei linearer Kinetik durch folgende Differentialgleichungen beschreiben:

$$\frac{dm_1}{dt} = -(k_{12} + k_{10}) \cdot m_1 + k_{21} \cdot m_2 \tag{4.46}$$

$$\frac{dm_2}{dt} = k_{12} \cdot m_1 - k_{21} \cdot m_2 \tag{4.47}$$

$$\frac{dm_E}{dt} = k_{10} \cdot m_1. \tag{4.48}$$

Das Modell kann bei verschiedenen parallelen Eliminationswegen analog dem beim Ein-Kompartiment-Modell entwickelten Muster erweitert werden.

Die Integration der Differentialgleichungen ergibt folgende Beziehungen, die zu analytischen Lösungen auf der Grundlage von Plasma- und Harndaten herangezogen werden können, wobei die Bedingungen $C = m_1/V_1$ bzw. $C_0 = D/V_1$ gelten:

$$C = \frac{D}{V_1(\alpha - \beta)} \cdot [(k_{21} - \beta) \cdot e^{-\beta \cdot t} + (\alpha - k_{21}) \cdot e^{-\alpha \cdot t}] \tag{4.49}$$

$$m_2 = \frac{D \cdot k_{12}}{\alpha - \beta} \cdot (e^{-\beta \cdot t} - e^{-\alpha \cdot t}) \tag{4.50}$$

$$m_e = D \left[1 - \frac{(k_{21} - \beta) k_{10}}{\beta(\alpha - \beta)} \cdot e^{-\beta \cdot t} - \frac{(\alpha - k_{21}) k_{10}}{(\alpha - \beta)} \cdot e^{-\alpha \cdot t} \right]. \tag{4.51}$$

Die sogenannten Dispositionskonstanten α und β sind dabei Hybridkonstanten und entsprechen den Exponenten der aus den Plasmaspiegelkurven direkt zugänglichen phänomenologischen Exponentialterme:

$$C(t) = a \cdot e^{-\alpha \cdot t} + b \cdot e^{-\beta \cdot t}. \tag{4.52}$$

Unterscheiden sich α und β hinreichend voneinander, so nähert sich $a \cdot e^{-\alpha \cdot t}$ nach entsprechender Zeit 0, so daß der terminale Kurvenverlauf durch $C(t) = b \cdot e^{-\beta \cdot t}$ bestimmt wird und bei halblogarithmischer Darstellung (Abb. 4.24) eine Gerade mit dem Ordinatenschnittpunkt log b (Rückextrapolation) und der Steigung $-\beta/2{,}303$ ergibt. Mit dem Abschälverfahren (Residuen-Methode) kann dann nach dem Prinzip $C(t) - b \cdot e^{-\beta \cdot t} = a \cdot e^{-\alpha \cdot t}$ der Exponentialterm mit dem größeren Exponenten α erhalten werden, der bei halblogarithmischer Darstellung eine Gerade mit dem Ordinatenschnittpunkt log a und der Steigung $-\alpha/2{,}303$ ergibt.

Die Geschwindigkeitskonstanten der Modelle (Mikrokonstanten) lassen sich nach folgenden Beziehungen ermitteln:

$$k_{12} = \frac{a \cdot b(\alpha - \beta)^2}{(a + b)(a \cdot \beta + b \cdot \alpha)} \tag{4.53}$$

$$k_{21} = \frac{a \cdot \beta + b \cdot \alpha}{a + b} \tag{4.54}$$

$$k_{10} = \frac{\alpha \cdot \beta(a + b)}{a \cdot \beta + b \cdot \alpha}. \tag{4.55}$$

Die Differentialgleichungen für ein entsprechendes Zwei-Kompartiment-Modell mit Resorptionsprozeß (Abb. 4.25) lauten:

$$\frac{dm_A}{dt} = -m_A \cdot k_a \tag{4.56}$$

$$\frac{dm_1}{dt} = m_A \cdot k_a - m_1(k_{12} + k_{10}) + m_2 \cdot k_{21} \tag{4.57}$$

$$\frac{dm_2}{dt} = m_1 \cdot k_{12} - m_2 \cdot k_{21} \tag{4.58}$$

$$\frac{dm_E}{dt} = m_1 \cdot k_{10}. \tag{4.59}$$

Die hieraus ableitbaren allgemeinen Lösungen ergeben für den Plasmaspiegel $(C = m_1/V_1)$ sowie für die Stoffmengen, die am Resorptionsort (m_A) oder im peripheren

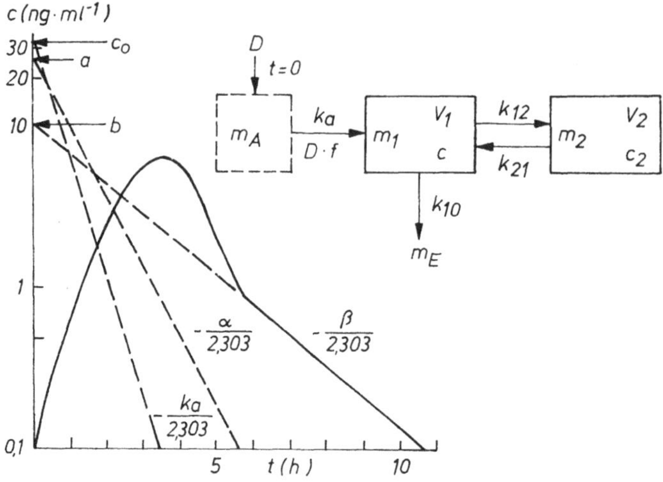

Abb. 4.25. Zwei-Kompartiment-Modell und halblogarithmische Darstellung des Plasmaspiegel-verlaufes bei oraler Stoffaufnahme

Kompartiment (m_2) vorliegen, bzw. die bereits eliminiert worden sind (m_E) unter Berücksichtigung der Ausgangsbedingungen $m_A{}^0 = D$, $m_1{}^0 = D \cdot f$ und $C_0 = D \cdot f/V_1$

$$m_A = D \cdot e^{-k_a \cdot t} \tag{4.60}$$

$$C = \frac{D \cdot f}{V_1} \cdot k_a \left[\frac{(k_{21} - \alpha)}{(k_a - \alpha)(\beta - \alpha)} \cdot e^{-\alpha \cdot t} \right.$$

$$\left. + \frac{(k_{21} - \beta)}{(k_a - \beta)(\alpha - \beta)} \cdot e^{-\beta \cdot t} + \frac{(k_{21} - k_a)}{(\alpha - k_a)(\beta - k_a)} \cdot e^{-k_a \cdot t} \right] \tag{4.61}$$

$$m_2 = D \cdot f \cdot k_a \cdot k_{12} \left[\frac{1}{(k_a - \alpha)(\beta - \alpha)} \cdot e^{-\alpha \cdot t} + \frac{1}{(k_a - \beta)(\alpha - \beta)} \cdot e^{-\beta \cdot t} \right.$$

$$\left. + \frac{1}{(k_a - \alpha)(k_a - \beta)} \cdot e^{-k_a \cdot t} \right] \tag{4.62}$$

$$m_E = D \cdot f \left[1 + \frac{k_a \cdot k_{10}(k_{21} - \alpha)}{\alpha(\alpha - \beta)(k_a - \alpha)} \cdot e^{-\alpha \cdot t} + \frac{k_a \cdot {}_{,10}(\beta - k_{21})}{\beta(\alpha - \beta)(k_a - \beta)} \cdot e^{-\beta \cdot t} \right.$$

$$\left. + \frac{k_{10}(k_a - k_{21})}{(k_a - \alpha)(k_a - \beta)} \cdot e^{-k_a \cdot t} \right]. \tag{4.65}$$

Gegenüber Gl. (4.52) erweitert sich die Beziehung zur phänomenologischen Beschreibung des Konzentrationsverlaufes — in diesem Fall durch den Exponentialterm für die Resorption — zu

$$C(t) = -(a + b) \cdot e^{-k_a \cdot t} + a \cdot e^{-\alpha \cdot t} + b^{-\beta \cdot t}. \tag{4.64}$$

Dieser läßt sich durch Bildung der Differenz

$$(a \cdot e^{-\alpha \cdot t} + b \cdot e^{-\beta \cdot t}) - C(t) = (a + b) \cdot e^{-k_a \cdot t}$$

abschälen, die im halblogarithmischen Raster eine Gerade mit dem Ordinatenschnitt-punkt log (a + b) und der Steigung $-k_a/2{,}303$ ergibt (Abb. 4.25).

Die logische Erweiterung dieses stoffkinetischen Grundmodells stellt das Drei-Kompartiment-Modell dar, das anzuwenden ist, wenn Verteilungsprozesse in sogenannte tiefe Kompartimente feststellbar sind, deren Geschwindigkeitskonstanten sich gegenüber denjenigen für die Verteilung in flachere periphere Kompartimente um mehr als eine Zehnerpotenz unterscheiden. Als tiefe Kompartimente spielen Gewebe und Strukturen mit hoher Affinität zu bestimmten Substanzen, sehr schwer erreichbare Flüssigkeitsräume oder bei stark lipophilen Stoffen das langsam durch-strömte Fettgewebe (z. B. für Hexachlorbenzen, DDT usw.) eine Rolle. Da die Geschwindigkeits-konstanten für den Transfer zwischen zentralem und tiefem Kompartiment sehr klein sind, reicht der Einstrom in letzteres bis in die Phase hinein, in der bereits aus dem flacheren Kompartiment ein eliminationsbedingter Nettorücktransport in das zentrale Kompartiment erfolgt, während in der späten Eliminationsphase der langsame Rückstrom aus dem tiefen Kompartiment zum geschwindigkeitsbestimmenden Prozeß wird.

Bei wiederholter Stoffaufnahme kommt es zu einem allmählichen Auffüllen tiefer Komparti-mente und damit zur Akkumulation des Stoffes, der dann nach Unterbrechung der Aufnahme wegen des langsamen Rückstroms in das zentrale Kompartiment langanhaltend verzögert eli-miniert wird.

Eine häufig verwendete, von kinetischen Konstanten abgeleitete Größe, ist die *Halbwertszeit* ($t_{1/2}$), die eine hohe Anschaulichkeit besitzt. Die Eliminationshalbwertszeit (biologische Halbwertszeit) wird beim Ein-Kompartiment-Modell von k_2 und bei Mehr-Kompartiment-Modellen aus dem Exponenten des terminalen Exponentialterms (beim Zwei-Kompartiment-Modell von β) abgeleitet:

$$t_{1/2} = \frac{\ln 2}{k_2} = \frac{0{,}693}{k_2} \tag{4.65}$$

$$t_{1/2\beta} = \frac{\ln 2}{\beta} = \frac{0{,}693}{\beta}. \tag{4.66}$$

Eine wichtige Eliminationsgröße ist auch die *Clearance* (Klärgröße), die sich modell-unabhängig aus der Fläche unter der Plasmaspiegelkurve (AUC)

$$Cl_{tot} = \frac{D}{AUC} \quad \text{bzw.} \quad Cl_{tot} = \frac{D \cdot f}{AUC} \tag{4.67}$$

oder bei Dauerinfusion bzw. oraler Mehrfachdosierung mit Hilfe der steady-state-Plasmaspiegel (C_{ss}) und der Infusionsgeschwindigkeit ($^0k_{in}$) bzw. des Dosierungsinter-valls (τ) ermitteln läßt:

$$Cl_{tot} = \frac{^0k_{in}}{C_{ss}} \quad \text{bzw.} \quad Cl_{tot} = \frac{D \cdot f}{\tau \cdot C_{ss}}. \tag{4.68}$$

Da beim Ein-Kompartiment-Modell

$$AUC = \int_0^\infty C\, dt = \frac{D}{V_d \cdot k_2} \tag{4.69}$$

und beim Zwei-Kompartiment-Modell

$$AUC = \int_0^\infty C\, dt = \frac{D}{V_{darea} \cdot \beta} = \frac{D}{V_1 \cdot k_{10}} \tag{4.70}$$

7*

ist, erhält man nach Gl. (4.67) die modellabhängigen Beziehungen:

$$Cl_{tot} = V_d \cdot k_2 \quad \text{bzw.} \quad Cl_{tot} = V_{darea} \cdot \beta = V_1 \cdot k_{10}. \tag{4.71}$$

Beim *Verteilungsvolumen* ist zu berücksichtigen, daß nur beim Ein-Kompartiment-Modell ein einheitliches Verteilungsvolumen gegeben ist, das sich nach intravasaler bzw. extravasaler Applikation aus folgenden Beziehungen ergibt:

$$V_d = \frac{D}{C_0} = \frac{D}{k_3 \cdot AUC} \tag{4.72}$$

bzw.

$$V_d = \frac{D \cdot f \cdot k_1}{C_0(k_1 - k_2)} = \frac{D \cdot f}{k_2 \cdot AUC}. \tag{4.73}$$

Beim Zwei-Kompartiment-Modell sind dagegen neben den Volumina für die verschiedenen Kompartimente

$$V_1 = \frac{D}{a + b} \tag{4.74}$$

und

$$V_2 = \frac{k_{12}}{k_{21}} \cdot V_1 \tag{4.75}$$

unterschiedliche globale Verteilungsvolumina für die verschiedenen zeitlichen Phasen zu berücksichtigen, wie

$$V_{dss} = \frac{k_{12} + k_{21}}{k_{21}} \cdot V_1, \tag{4.76}$$

das für den Zeitpunkt des steady state gilt, bei dem zwischen beiden Kompartimenten kein Nettotransport stattfindet (Einstrom in das periphere Kompartiment = Rückstrom in das zentrale Kompartiment) und das aus AUC und β ermittelte Verteilungsvolumen

$$V_{darea} = \frac{D}{AUC \cdot \beta}, \tag{4.77}$$

das mit

$$V_{d\beta} = \frac{D \cdot \alpha}{a \cdot \beta + b \cdot \alpha} = \frac{V_1 \cdot k_{10}}{\beta} \tag{4.78}$$

vergleichbar ist, und für das Pseudoverteilungsgleichgewicht (schließt sich an die steady-state-Phase an) während der terminalen Elimination gilt, in der die Konzentrationen in beiden Kompartimenten parallel abfallen.

Die am häufigsten verwendete Methode zur Schätzung der *Resorptionsquote* (f) beruht auf dem von DOST vorgeschlagenen Prinzip der korrespondierenden Flächen. Danach ist die Fläche unter der Plasmakurve der im Plasma erscheinenden Fraktion der Dosis, nach i.v. Applikation ist f = 1, proportional. Kann vorausgesetzt werden, daß Cl_{tot}

und D nach i.v. und extravasaler Applikation gleich sind, so gilt:

$$f = \frac{AUC_{ex}}{AUC_{i.v.}}.$$ (4.79)

Anderenfalls ist eine allgemeine Beziehung zu verwenden:

$$f = \frac{AUC_{ex} \cdot D_{i.v.} \cdot Cl_{tot\,ex}}{AUC_{i.v.} D_{ex} \cdot Cl_{tot\,i.v.}}.$$ (4.80)

AUC wird häufig bis zum letzten gemessenen Konzentrationswert (C_n) mit Hilfe der Trapezregel oder durch Planimetrie, Zähl- bzw. Wägemethode ermittelt und der Rest der Fläche bis t durch Integration der terminalen Eliminationsfunktion extrapoliert

$$\overset{0\to\infty}{AUC} = \overset{0\to t_n}{AUC} + \frac{C_n}{k_2} \quad \text{bzw.} \quad \overset{0\to\infty}{AUC} = \overset{0\to t_n}{AUC} + \frac{C_n}{\beta}.$$ (4.81)

4.3.1.2. Hämodynamische Modelle

Neuerdings versucht man in zunehmendem Maße eine bessere Annäherung an das biologische System zu erreichen, indem man physiologisch-morphologische Daten bei der Modellbildung berücksichtigt, wie z. B. die unterschiedliche Perfusion der verschiedenen Gewebe bzw. Organe und deren Masseanteil (Abb. 4.26). Dabei wird von einer vereinfachten Darstellung des Kreislaufsystems ausgegangen, in der die wichtigsten Organe und Gewebe parallel geschaltet sind. Für jedes Strömungsgebiet werden Differentialgleichungen formuliert, deren stoffspezifische Transferkonstanten (k_i) für den Ein- und Ausstrom durch die Organdurchblutung Q_i, die Gewebemasse (M_i) und den

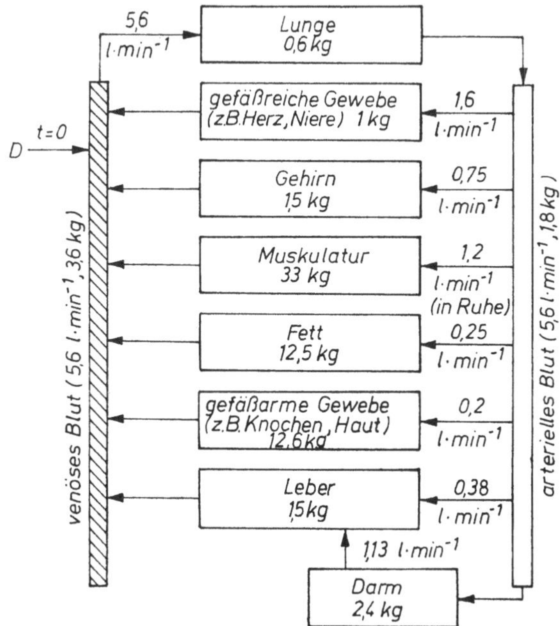

Abb. 4.26. Hämodynamisches Modell für die Stoffdisposition

Gewebe/Blut-Verteilungskoeffizient (P_i), der experimentell bestimmt wird, determiniert sind:

$$k_i = \frac{Q_i}{M_i \cdot P_i}.$$

(4.82)

In dieser Beziehung ist Q_i/M_i speziesabhängig, jedoch kaum die stoffspezifische Größe P_i. Wenn P_i in Tierversuchen ermittelt wird, ist unter Berücksichtigung der physiologischen Größen Q_i/M_i des Menschen (vgl. Abb. 4.26) eine bessere Extrapolation von Tier- zu Humandaten denkbar. Derzeit liegen hierzu jedoch noch keine endgültigen Aussagen vor.

4.3.2. Kumulationsanalyse

Da es sich bei der Aufnahme chemischer Stoffe mit Lebensmitteln in der Regel um eine chronische Aufnahme handelt, kommt hier der Kumulationsanalyse eine besondere Bedeutung zu. Dabei ist Kumulation keine spezifische Eigenschaft einiger besonderer Substanzen, sondern ein normaler stoffkinetischer Vorgang, der immer dann gegeben ist, wenn eine neue Dosis aufgenommen wird und von der vorhergehenden Dosis noch ein Teil im Körper vorhanden ist.

Wegen der besseren Überschaubarkeit sollen zunächst die Verhältnisse beim Ein-Kompartiment-Modell nach intravasaler Applikation betrachtet werden. Hierbei gilt für den höchsten Plasmaspiegel unmittelbar nach der ersten Injektion

$$C_{max}^1 = C_0 = \frac{D}{V}$$

und für das Minimum am Ende des Dosierungsintervalles zur Zeit $t = \tau$

$$C_{min}^1 = C_0 \cdot e^{-k_2 \cdot \tau}.$$

Wird zum Zeitpunkt $t = \tau$ erneut die gleiche Dosis verabreicht, so kommt zu diesem Kumulationsrest C_0 hinzu:

$$C_{max}^2 = C_0 \cdot e^{k_2 \cdot \tau} + C_0.$$

Nach der dritten Dosis ergibt sich nach diesem Superpositionsprinzip für $t = 2\tau$

$$C_{max}^3 = C_0 \cdot e^{-2k_2 \cdot \tau} + C_0 \cdot e^{-k_2 \cdot \tau} + C_0$$

und nach der n-ten Dosis zur Zeit $t = (h - 1)$.

$$C_{max}^n = C_0 \cdot e^{-(n-1)k_2 \cdot \tau} + C_0 \cdot e^{-(n-2)k_2 \cdot \tau} + \ldots + C_0 \cdot e^{-k_2 \cdot \tau} + C_0.$$

Diese geometrische Reihe kann zu der Gleichung

$$C_{max}^n = \frac{C_0(1 - e^{-n \cdot k_2 \cdot \tau})}{1 - e^{-k_2 \cdot \tau}}$$

(4.83)

zusammengefaßt werden, mit deren Hilfe sich die Maxima der einzelnen Fluktuationen der resultierenden Kumulationskurve berechnen lassen (Abb. 4.27). Da die Minima der

Fluktuationen jeweils um den Faktor $e^{-k_2 \cdot \tau}$ (Persistenzfaktor) kleiner sind als die Maxima, gilt:

$$C_{min}^n = \frac{C_0(1 - e^{-n \cdot k_2 \cdot \tau})}{1 - e^{-k_2 \cdot \tau}} \cdot e^{-k_2 \cdot \tau}. \tag{4.84}$$

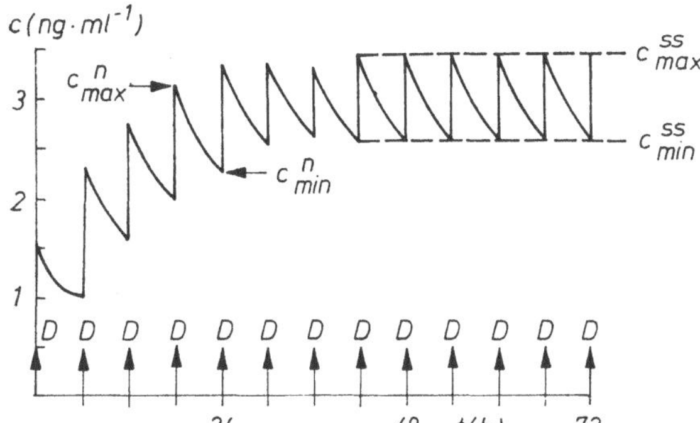

Abb. 4.27. Kumulationskurve bei wiederholter intravasaler Applikation

Von besonderem praktischen Interesse ist die Frage, welchen Grenzwerten die Kumulationskurve im steady state zustrebt, wenn sich eine konstante Beziehung zwischen Plasma- und Gewebekonzentrationen sowie ein annäherndes Gleichgewicht zwischen Invasion und Elimination eingestellt hat. Für $n = \infty$ ergeben sich abgeleitet aus den Gln. (4.83) und (4.84) ein maximaler steady-state-Plasmaspiegel (höchstmöglicher Kumulationswert) von

$$C_{max}^{ss} = \frac{C_0}{1 - e^{-k_2 \cdot \tau}} \tag{4.85}$$

und ein minimaler steady-state-Plasmaspiegel von

$$C_{min}^{ss} = \frac{C_0 \cdot e^{-k_2 \cdot \tau}}{1 - e^{-k_2 \cdot \tau}}. \tag{4.86}$$

Aus dem Verhältnis von steady-state-Maximum bzw. -Minimum zu den entsprechenden Werten im ersten Dosierungsintervall erhält man den *Kumulationsfaktor* R:

$$R = \frac{C_{max}^{ss}}{C_{max}^1} = \frac{C_{min}^{ss}}{C_{min}^1} = \frac{1}{1 - e^{-k_2 \cdot \tau}}. \tag{4.87}$$

R ist dementsprechend der Faktor, um den sich der steady-state-Plasmaspiegelverlauf von dem nach einmaliger Dosis unterscheidet:

$$C_{ss}(t) = C_0 \cdot e^{-k_2 \cdot \tau} \left[\frac{1}{1 - e^{-k_2 \cdot \tau}} \right]. \tag{4.88}$$

Definitionsgemäß hängt R vom Dosierungsintervall und von der Eliminationskonstanten bzw. -halbwertszeit ab (z. B. gilt für $\tau = 2 \cdot t_{1/2}$ R = 1,33, für $\tau = t_{1/2}$ R = 2 und für $\tau = 0,25 \cdot t_{1/2}$ R = 6,3). Hieraus wird deutlich, daß Stoffe mit sehr hohen

Eliminationshalbwertszeiten bei laufender Aufnahme (auch in geringen Mengen) beachtliche Kumulationswerte erreichen können.

Bei chronischer oraler Stoffaufnahme erhält man im Falle des Ein-Kompartiment-Modells durch analoge Ableitung aus der BATEMAN-Funktion für den maximalen und minimalen steady-state-Plasmaspiegel:

$$C_{max}^{ss} = \frac{C_0 \cdot k_1}{k_1 - k_2} \cdot \left[\frac{e^{k_2 \cdot t_{max}^{ss}}}{1 - e^{-k_2 \cdot \tau}} - \frac{e^{-k_1 \cdot t_{max}^{ss}}}{1 - e^{-k_1 \cdot \tau}} \right] \tag{4.89}$$

$$C_{min}^{ss} = \frac{C_0 \cdot k_1}{k_1 - k_2} \cdot \left[\frac{e^{-k_2 \cdot \tau}}{1 - e^{-k_2 \cdot \tau}} - \frac{e^{-k_1 \cdot \tau}}{1 - e^{-k_1 \cdot \tau}} \right] \tag{4.90}$$

und für den Zeitpunkt des steady-state-Plasmaspiegelmaximums

$$t_{max}^{ss} = \frac{1}{k_1 - k_2} \cdot \ln \left[\frac{k_1(1 - e^{-k_2 \cdot \tau})}{k_2(1 - e^{-k_1 \cdot \tau})} \right]. \tag{4.91}$$

Beim Zwei-Kompartiment-Modell kann das steady-state-Plasmaspiegelminimum nach den Gln. (4.86) bzw. (4.90) berechnet werden, wenn die aufeinanderfolgenden Applikationen jeweils in der β-Phase erfolgen und C_0 durch b sowie k_2 durch β substituiert werden. Das steady-state-Maximum kann aber nur unter zusätzlicher Berücksichtigung der α-Phase hinreichend genau geschätzt werden, da man sonst einen zu niedrigen Wert erhält. Beim Zwei-Kompartiment-Modell gilt für einen beliebigen Plasmaspiegelwert nach n-fach wiederholter intravasaler Applikation

$$C_n = \frac{D}{V_1(\alpha - \beta)} \left[\left(\frac{1 - e^{-n \cdot \beta \cdot \tau}}{1 - e^{-\beta \cdot \tau}} \right) \cdot (k_{21} - \beta) \cdot e^{-\beta \cdot t} - \left(\frac{1 - e^{-n \cdot \alpha \cdot \tau}}{1 - e^{-\alpha \cdot \tau}} \right) \cdot (k_{21} - \alpha) \cdot e^{-\alpha \cdot t} \right] \tag{4.92}$$

und nach n-fach wiederholter extravasaler Applikation

$$\begin{aligned} C_n = \frac{D \cdot f \cdot k_a}{V_1} &\left[\left(\frac{1 - e^{-n \cdot \alpha \cdot \tau}}{1 - e^{-\alpha \cdot \tau}} \right) \cdot \left(\frac{k_{21} - \alpha}{(k_a - \alpha) \cdot (\beta - \alpha)} \right) \cdot e^{-\alpha \cdot t} \right. \\ &+ \left(\frac{1 - e^{-n \cdot \beta \cdot \tau}}{1 - e^{-\beta \cdot \tau}} \right) \cdot \left(\frac{k_{21} - \beta}{(k_a - \beta) \cdot (\alpha - \beta)} \right) \cdot e^{-\beta \cdot t} \\ &+ \left. \left(\frac{1 - e^{-n \cdot k_a \cdot \tau}}{1 - e^{-\beta \cdot \tau}} \right) \cdot \left(\frac{k_{21} - k_a}{(\alpha - k_a) \cdot (\beta - k_a)} \right) \cdot e^{-k_a \cdot t} \right]. \end{aligned} \tag{4.93}$$

Mit diesen Gleichungen kann unter Berücksichtigung des Geltungsbereiches praktisch auch eine Simulation von Kumulationskurven auf der Grundlage von Einzeldosisbefunden vorgenommen werden.

Der Kumulationsfaktor R, der genau genommen für die intravenöse Applikation bei einem Ein-Kompartiment-Modell definiert ist, ermöglicht auch in allen anderen Fällen brauchbare Schätzungen (beim Zwei-Kompartiment-Modell ist k_2 durch β zu ersetzen).

5. Einflußfaktoren auf die Toxizität

Die Aufnahme chemischer Stoffe mit der Nahrung geschieht unter Bedingungen, die sich aus zahlreichen Einzelfaktoren zusammensetzen, die in Kombination oder allein verschieden stark toxische Effekte modifizieren können (Abb. 5.1).

Nachfolgend wird auf ausgewählte Faktoren, die die Toxizität chemischer Stoffe verändern, bzw. auf sogenannte Risikogruppen, bei denen eine veränderte Empfindlichkeit gegenüber der Einwirkung chemischer Stoffe besteht oder erwartet werden muß, eingegangen.

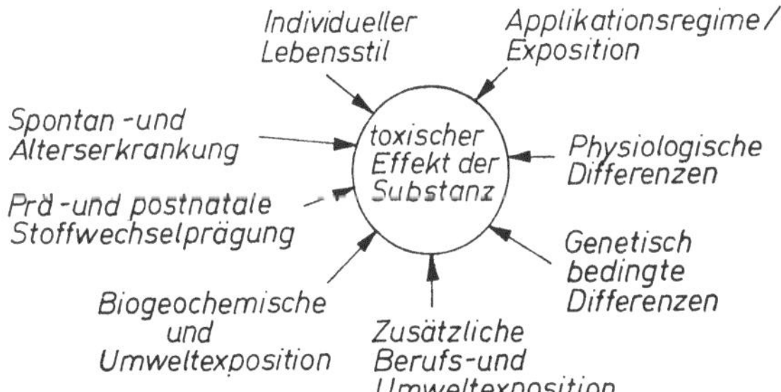

Abb. 5.1. Einflußfaktoren auf toxische Effekte

5.1. Applikationsregime — Exposition

Ein toxischer Effekt im Tierversuch ist primär von den physikalisch-chemischen Charakteristika der zu prüfenden Substanz bzw. des Substanzgemisches abhängig (Tab. 5.1). Aus praktischer Sicht ist bei Verwendung unterschiedlicher Chargen vor allem auf

Tabelle 5.1. Die Toxizität beeinflussende Faktoren

Charakteristika der zu prüfenden Substanz bzw. des Produktes
  chemische Zusammensetzung (pH, Wahl des Anions)
  physikalische Charakteristika (Partikelgröße, Formulierung)
  Reinheits- und Kontaminationsgrad
  Stabilität und Lagereigenschaften
  Löslichkeit in biologischen Flüssigkeiten
  Wahl des Vehikels

Applikationsregime
  Dosis, Konzentration und Applikationsvolumen
  Applikationsart
  Dauer und Häufigkeit der Applikation
  Zeitpunkt der Applikation (Tages- und Jahreszeit)

den gleichen Reinheits- und Kontaminationsgrad (z. B. mit Nebenprodukten) zu achten. Manche verwendeten Vehikel besitzen auch bei oraler Applikation z. T. eine gewisse Eigentoxizität oder beeinflussen indirekt das Versuchsergebnis durch Stimulierung des MFO-Systems (z. B. Pflanzenöle). Das Applikationsvolumen sollte p.o. 2...3% der KM nicht übersteigen und bei allen Versuchsgruppen gleich sein. Mit Vergrößerung der applizierten Wassermenge steigt die Hydratation an, was eine zusätzliche Belastung für die Tiere darstellt; bei öligen Applikationsmedien macht sich proportional zur verabreichten Menge eine laxierende Wirkung bemerkbar. In beiden Fällen wird die Toxikokinetik einer Prüfsubstanz beeinflußt.

Ein toxischer Effekt im Tierversuch ist weiterhin vom gewählten Applikationsregime abhängig, wobei auch bei ernährungstoxikologischen Untersuchungen mit Zwangsapplikation per Schlundsonde gearbeitet werden muß. Diese Applikationsform ermöglicht zwar die genaueste Dosierung/kg KM, sie kann aber auch toxikokinetische Konsequenzen zur Folge haben. Dabei spielt einmal die nie zeitparallele Aufnahme mit der Nahrung bei nachtaktiven Tieren eine Rolle. Zum anderen nimmt der Mensch Xenobiotica mit der Nahrung z. T. in gebundener Form auf. Bei Vorliegen dieser sogenannten "bound residues" sind geringere Resorptionsraten zu erwarten.

5.2. Physiologische Differenzen

5.2.1. Speziesunterschiede

Speziesunterschiede lassen sich im wesentlichen auf 4 Mechanismen zurückführen:

1. Es gibt Differenzen in der Resorptions- und Biotransformationsrate sowie dem Metabolitenmuster bei der Metabolisierung von Xenobiotica zwischen den Spezies.
2. Die Fähigkeit der Exkretion über den Harn und die Galle, die Plasmabindungsfähigkeit, die Gewebeverteilung und die Rezeptorreaktion sind unterschiedlich.
3. Physiologische Differenzen in der Entwicklung und Reifung können belangvoll sein, Als Beispiel sei auf den maximalen Massezuwachs des Gehirns (sog. "brain growth spurt") hingewiesen, der bei Meerschweinchen prä-, bei Mensch und Schwein peri-, aber bei der Ratte und der Maus postnatal liegt.

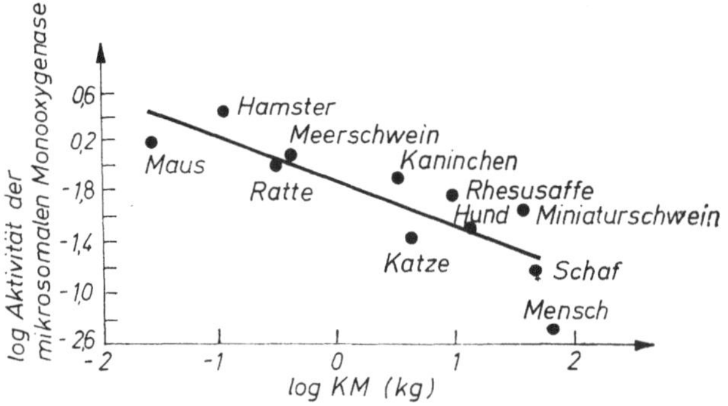

Abb. 5.2. Speziesdifferenzen in der Aktivität mikrosomaler Monooxygenasen (nach WALKER, C. H.: Drug Metab. Rev. 7, 295 (1978))

4. Die quantitative und qualitative Keimbesiedlung des Duodenums ist beim Menschen normalerweise geringer als bei Ratte und Maus. Diese spielt beim first-pass-Effekt sowie evtl. auch bei der Hydrolyse von über die Galle ausgeschiedenen Konjugaten und der Wiederaufnahme der dabei gebildeten Aglycone in den enterohepatischen Kreislauf eine Rolle (vgl. Abschn. 4.1.).

5.2.2. Alter

Das biologische Alter kann nicht als ein homogener Faktor betrachtet werden. Aus toxikologischer Sicht schließt es eine Verschmelzung von Komplexen ein, die in Wechselbeziehungen stehen und die jeweilige realisierbare Xenobioticaresorption und -eliminierung bestimmen. Auf der Grundlage einzelner Faktoren, wie Resorptionsrate, Aktivität der Cytochrom P-450-abhängigen Enzyme und deren Induzierbarkeit oder Exkretionsrate, läßt sich weder für eine bestimmte Substanz noch für eine bestimmte Altersgruppe eine Prädiktion anstellen. Eine ausgeprägte unterschiedliche Empfindlichkeit zeigt sich in der Pränatalentwicklung. Auch postnatal gibt es zwischen neonatalen und adulten Tieren einen Toxizitätsindex (Verhältnis der geringsten wirksamen Dosis) von 0,002 bis 16,0.

Charakteristisch für Säuglinge ist eine allgemein erhöhte Membranpermeabilität sowie eine beschränkte Kapazität zur Metabolisierung und Glucuronidierung von Xenobiotica. Dieser Art Unreife steht eine relativ höhere Induzierbarkeit des MFO-Systems gegenüber. Die erhöhte Induzierbarkeit der xenobioticametabolisierenden Enzyme in der Leber kann für eine spätere Exposition mit Fremdstoffen von Nachteil sein, wenn diese einer toxifizierenden Metabolisierung unterliegen. Sie kann einen Vorteil bedeuten, wenn eine detoxifizierende Biotransformation erfolgt. Kritisch auch in bezug auf das spätere Leben ist dabei vor allem die höhere Resorptionsrate von Schwermetallen und deren größere Akkumulation im Carcass, in der Leber und im Gehirn (nicht in der Niere) anzusehen.

Für eine Bleiexposition ist dabei das Auftreten von Encephalopathien (Tab. 5.2) typisch, die in 82% der Fälle eine mentale Retardierung nach sich zogen. Tierexperimentell zeigt sich eine Beeinflussung der Lernleistung von Ratten, wenn ihre Mütter von 1. bis 10. Tag postnatal Blei mit dem Futter erhielten. Dieser Effekt war nicht

Tabelle 5.2. Altersdifferenzen bei Bleiexposition[1]

	Kinder	Erwachsene
Resorption aus dem Magen-Darm-Trakt	30...50%	10%
Eisenmangel verstärkt Pb-Resorption	10...40%	< 10%
Ca-Mangel verstärkt Pb-Resorption	von praktischer Bedeutung	ungewöhnlich
Akkumulation von Protoporphyrin in den Erythrozyten	200 µg/l	250...300 µg/l
Neurotoxizität	Encephalopathien	periphere Neuropathien

[1] modifiziert nach McGABE, E. B.: Environ. Health Perspect. 29, 29 (1979)

zwischen dem 11. und 20. Tag postnatal nachzuweisen. In diesem Zusammenhang ist auch die höhere Empfindlichkeit von Kindern und speziell von Säuglingen gegenüber ZNS-Depressiva im Vergleich zu ZNS-Stimulantien zu erwähnen.

Mit einsetzender Seneszenz nimmt beim Säugerorganismus allmählich die Fähigkeit zur Fremdstoffmetabolisierung ab. Solche Veränderungen sind allein schon durch Alterungsprozesse wie abnehmendes Herzminutenvolumen (1%/Jahr zwischen 19. und 80. Lebensjahr) und zunehmende Körperfettdepots (Zunahme von 18...36% bei Männern bzw. 32...48% bei Frauen zwischen dem 18. und 85. Lebensjahr) bedingt. Darüber hinaus ist die Funktionstüchtigkeit einzelner Organe durch Auftreten von Spontanerkrankungen und vermehrtem Medikamentenkonsum individuell beeinflußt. Bei adulten/seneszenten Tieren besteht ein Trend zur

— verminderten Plasma- und Gewebebindung,
— verminderten relativen Lebermasse,
— Abnahme des glatten endoplasmatischen Retikulums,
— reduzierten Aktivität des MFO-Systems und
— reduzierten Exkretion über die Galle.

Trotz einer beschränkten Aktivität der Aryl-Hydrocarbon-Hydroxylase (AHH) sind die mutagenen Effekte bei alten Tieren nach Benzo[a]pyren- bzw. Aflatoxin B_1-Exposition erhöht, was mit einem veränderten Metabolitspektrum erklärt wird. Die höhere Schwermetallempfindlichkeit im Alter wird auf eine verminderte Metallothioneinproduktion zurückgeführt.

5.2.3. Geschlechtsbedingte Unterschiede

Steroidwirksame Substanzen, wie Diethylstilböstrol (vgl. Abschn. 12.4.), bewirken bei Applikation während der Gravidität geschlechtsspezifische Veränderungen am Genitaltrakt der Nachkommen. Die unterschiedliche Speicherung von chlororganischen Insekticiden (DDT, PCB, vgl. Abschn. 11.3. und 13.3.1.) und deren Metabolite könnte ebenfalls mit der Steroidwirksamkeit der Substanzen zusammenhängen.

Bei postnataler Exposition variieren die Empfindlichkeiten beider Geschlechter zumeist nur um einen Faktor von 2...3. Lediglich auf einige phosphororganische Verbindungen reagieren Weibchen 3- bis 4mal stärker. Nach Applikation von Barbituraten in gleicher Dosis ist die Schlafzeit bei den Männchen stets kürzer. Das Beispiel zeigt, daß in vielen Fällen die unterschiedlich starke Reaktion männlicher und weiblicher Labortiere auf eine Östrogen bzw. Androgen gesteuerte Kontrolle der Metabolisierungsrate für Xenobiotica speziell in der Leber zurückzuführen ist. Bei Behandlung von Weibchen mit Androgenen erhöht sich die Metabolisierungskapazität. Bei Behandlung von Männchen mit Östrogenen ist sie vermindert.

Bei weiblichen Ratten besteht unabhängig vom Calciumgehalt in der Nahrung eine gegenüber männlichen Tieren erhöhte Cadmium-Ganzkörperakkumulation (Tab. 5.3).

Während der Schwangerschaft sind folgende spezifische physiologische Veränderungen in Betracht zu ziehen:

— Verkürzung der biologischen Halbwertszeit, bedingt durch erhöhten renalen Blutfluß, erhöhte Urinausscheidung, verminderte Proteinbindung, zusätzliche fetoplacentare Biotransformation,

— Verlängerung der biologischen Halbwertszeit, bedingt durch kompetitive Hemmung der Biotransformation infolge erhöhten endogen bedingten Steroidspiegels, vergrößertes Verteilungsvolumen.

Tabelle 5.3. Ganzkörperakkumulation von ^{115}Cd in % 7 Tage nach Applikation an männliche und weibliche Ratten mit einer unterschiedlichen Calciumernährung[1]

	Männchen	Weibchen
Kontrolldiät (1,1% Ca)	0,23	0,45
Calcium-Mangeldiät (0,3% Ca)	0,30	0,60
Calcium-angereicherte Diät (2,4% Ca)	0,08	0,12

[1] nach KELLO, D., D. DEKANIC und E. KOSTIAL: Arch. Environ. Health **34**, 30 (1979)

Untersuchungen an Ratten und Kaninchen vor der Paarung und kurz vor dem Werfen zeigten, daß die Schlafzeit der Tiere während der Trächtigkeit 3mal länger ist als vor ihrer Konzeption; der Gehalt an Cytochrom P-450 sowie die spezifische Aktivität der Glucuronyltransferase und der Biphenyl-4-hydroxylase betragen etwa 1/3 der Werte nichtträchtiger Tiere. Die verminderte Metabolisierung von Xenobiotica wird als eine Folge der Veränderung an den Membran-Phospholipiden und/oder als eine Verringerung des „high-spin"-Charakters des Cytochrom P-450 (vgl. Abschn. 4.2.) diskutiert. Teilweise wird allerdings die geringere Metabolisierungsrate durch die Organmassezunahme wieder aufgehoben.

Der physiologische metabolische Streß, vor allem gegen Ende der Gravidität und während der Laktation, ist tatsächlich für die Mobilisation von lipophilen Xenobiotica aus den mütterlichen Fettdepots verantwortlich zu machen. Dieses Phänomen wird durch eine erhöhte Lipaseaktivität ausgelöst. Die Folgen davon spiegeln sich in den in Abhängigkeit von der vorangegangenen Exposition z. T. bedenklichen Gehalten lipophiler Xenobiotica in der Muttermilch bzw. in Aborten und Frühgeburten wider. Tierexperimentell ließ sich zusätzlich feststellen, daß es bei einer solchen Mobilisation auch zu einer Umverteilung von Xenobiotica in andere Kompartimente (z. B. Gehirn) des mütterlichen Organismus kommt. Welche praktische Bedeutung diesem Phänomen beigemessen werden muß, ist bisher noch unklar.

5.3. Genetisch bedingte Unterschiede

Die genetische Konstitution spielt unter den Faktoren, die Einfluß auf die Toxikokinetik haben, eine ausschlaggebende Rolle. Während die Varianz toxikokinetischer Größen des Individuums meist gering ist, bestehen zwischen den Individuen oft erhebliche Streuungen. Ein Beispiel stellt die nahezu identische Plasmahalbwertszeit von Pharmaca bei ein-, nicht aber bei zweieiigen Zwillingen dar. Das Vorkommen eines genetischen Polymorphismus des Xenobiotica-Metabolismus gilt als gesichert und bedeutet, daß jede Population phänotypische Subgruppen mit unterschiedlichen metabolischen Reaktionen aufweist.

Die genetischen Polymorphismen können für die Reaktionsbereitschaft gegenüber toxischen Substanzen in zwei Hauptwegen von Bedeutung sein:

1. Sie haben Auswirkungen auf die Resorption, Verteilung, den Metabolismus und die Exkretion oder
2. sie beeinflussen die Vorgänge an den Rezeptoren.

Über die Größenordnung der sich daraus ergebenden unterschiedlichen Empfindlichkeit gegenüber Xenobiotica innerhalb einer Population gibt es Anhaltspunkte durch standardisierte in vitro-Versuche über die Benzo[a]pyrenbindung an die DNA (vgl. Kap. 17.). Sie variiert beim menschlichen Bronchialgewebe im Verhältnis 1:75 und beim menschlichen Colonepithel sogar im Verhältnis 1:100. In Parallelversuchen an CD-Ratten und BDA-Mäusen (beides Inzuchtstämme) fand man nur eine Variabilität von 1:3. Unter Berücksichtigung auch einer Fremdstoff-Idiosyncrasie rechnet NEBERT (1983) mit einer Differenz der individuellen Empfindlichkeit beim Menschen von 100. Von den dabei zugrundeliegenden Mechanismen sind bisher nur der Ah locus und genetisch bedingter Enzymmangel bekannt geworden.

5.3.1. Ah- locus

Die unterschiedliche Induktion von Cytochrom P-450 bei verschiedenen Tierstämmen durch polyaromatische Kohlenwasserstoffe (z. B. 3-Methylcholanthren, β-Naphthoflavon, 2,3,7,8-Tetrachlordi-benzo-p-dioxin, polychlorierte Biphenyle) wird durch den sogenannten Ah locus bestimmt. Diesem System werden zahlreiche regulatorische, strukturelle und vielleicht auch temporäre Gene zugerechnet. Die beiden Allele unterliegen einem autosomalen dominanten Erbgang und werden als Ah responsive (Ah^b) oder als non-responsive (Ah^d) bezeichnet. Die über einen cytosolischen Rezeptor zur Pleiotropie (Bereitstellung von größeren Mengen an Cytochrom P-450 und anderen Formen des P-450 sowie einen beschleunigten steady-state level und reaktiven Zwischenprodukten) führenden Vorgänge sind in Abschn. 4.2. dargestellt. Bei Homocygoten (Ah^d/Ah^d) ist dieser cytosolische Rezeptor bisher nicht nachgewiesen worden.

Wie die Prüfung des first-pass-Effektes zeigt, kann die Cytochrom P-450-Induktion zwei Folgen haben. Nach oraler Applikation erreichen die Benzo[a]pyrenkonzentrationen von Ah^d/Ah^d-Mäusen 10mal höhere Werte im Knochenmark und in der Milz als Ah^b-Tiere. Daher ist mit einer hohen Krebsinzidenz bei Ah^b-Tieren in Geweben mit direktem Substanzkontakt (Haut, Magen-Darm-Trakt, Leber) zu rechnen, wogegen bei Ah^d-Tieren Tumoren in anderen Geweben häufiger auftreten. An Mäuseembryonen, die nach $3^1/_2 \ldots 8^1/_2$ d post coitum (*p.c.*) explantiert und in einem Medium sowohl mit Benzo[a]pyren als auch mit 5-Bromdesoxyuridin kontaminiert wurden, konnte ein gehäuftes Auftreten von Schwesterchromatidaustauschen bei den verwendeten Ah^b-Inzuchtstämmen nachgewiesen werden. Danach besitzen diese Tiere bereits im späten Prä- und frühen Postimplantations-Stadium die Fähigkeit zur Benzo[a]pyrenmetabolisierung. Liegenheterogene und homogene Ah-Typen in einem Wurf vor (Rückkreuzungen von heterogenen F$_1$-Hybriden mit einem ihrer Elternstämme), kommt es unter Benzo[a]pyren-Applikation während der Gravidität zu einer Verschiebung der erwarteten genetischen Zusammensetzung der lebenden Feten zugunsten der Ah non-responsiven Tiere. Außerdem zeigen die Ah^d/Ah^d-Mäusefeten die größere Körpermasse, aber die geringere spezifische AHH-Aktivität. Bisher konnte unter 48 geprüften Rattenstämmen kein Ah non-responsiver Typ gefunden werden. Bei der Maus war demgegenüber ein Drittel der untersuchten Stämme non-responsiv. Bei unterschiedlichen Ergebnissen mit Ratten und Mäusen kann man daher nicht ohne weiteres auf einen speziesbedingten Effekt schließen.

Mittels der Kultur von peripheren Lymphozyten in Anwesenheit einer mitogenen

Substanz und eines Induktors vom AHH-Phänotyp konnte nachgewiesen werden, daß es auch beim Menschen unterschiedliche Ah- loci gibt, die im Zusammenhang mit Bronchial- und Larynxkarzinomen eine Rolle spielen (vgl. Abschn. 4.2.). Aus der Pharmakokinetik ist das Problem der sogenannten defizienten Metabolisierer bei 5% der BRD- bzw. 10% der englischen Bevölkerung bekannt.

5.3.2. Obesitas

Es ist zwischen genetisch- und alimentärbedingter Fettsucht zu unterscheiden. Beide Varianten legen im Laufe des Lebens 2- bis 3mal mehr Fettdepots als Vergleichsgruppen an. Obese Individuen können wesentlich mehr lipophile Substanzen ohne eine klinische Beeinträchtigung speichern als Normalgewichtige. An Ratten konnte gezeigt werden, daß 6 Wochen nach beendeter Dieldrin-Exposition sowohl bei einer ad libitum-Fütterung als auch bei einer 50%igen Futterrestriktion die Substanzeliminierung bei den obesen Tieren geringer war. 8 Wochen alte homocygote obese Mäuse hatten deutlich reduzierte Cytochrom P-450-Werte im Vergleich zu heterocygoten Tieren; diese Differenz verschwand aber unter Restriktionsfütterung.

5.3.3. Enzymmangel

In einem Bericht der National Academy of Sciences der USA (1975) sind insgesamt 92 genetische Stoffwechselstörungen zusammengestellt worden, die für eine Prädisposition für eine Xenobiotica-Exposition von Bedeutung sind. Nachfolgend soll auf einige ausgewählte Beispiele eingegangen werden (vgl. auch Abschn. 4.2.).

5.3.3.1. Glucose-6-phosphatdehydrogenase (G6PDH)

Dieser Enzymmangel in den Erythrozyten kommt bei 11% der männlichen schwarzen Bevölkerung in den USA vor. Er tritt auch bei Asiaten und Bewohnern des Mittelmeerraumes auf. Das Enzym ist in den Erythrozyten wichtig für die genügende Bereitstellung des NADPH und damit für die vorhandene Menge an reduziertem Glutathion (vgl. Abb. 8.5, S. 214). Letzteres ist bei G6PDH-Mangel etwa um 1/3 reduziert, was normalerweise klinisch unauffällig bleibt. Aber durch die beschränkte Fähigkeit zur Reduktion von GSH ist die Erythrozytenmembran hypersensibel, und es kann sich unter der Exposition gegenüber bestimmten Stoffen, z. B. Nitrat bzw. Nitrit, Blei, Warfarin, Zineb, Favismusfaktoren, eine schwere hämolytische Anämie entwickeln.

5.3.3.2. Methämoglobinreduktase

Mangel bzw. Fehlen dieses Enzyms wurde bei Eskimos und anderen ethnischen Minderheiten Alaskas gefunden. Durch das Ausbleiben der kontinuierlichen Reduktion des Methämoglobins in den Ferrozustand kommt es zu einer Anreicherung von Methämoglobin. Daraus resultiert eine Hypersensibilität gegenüber methämoglobininduzierenden Substanzen, wie Nitrit, Vanadium, sowie bei Vitamin-C-Mangel.

5.3.3.3. Pseudocholinesterase (pCHE)

Menschen mit „atypischer" pChE fielen durch eine sehr langsame Metabolisierung von Muskelrelaxantien auf. Der Verdacht einer höheren Empfindlichkeit auch gegenüber Organophosphaten hat sich nicht bestätigt.

5.3.3.4. Glucuronyltransferase

Die nicht vorhandene Fähigkeit zur Konjugation von Bilirubin mit Glucuronsäure führt zur Speicherung überschüssigen Bilirubins bzw. zu einer nicht hämolytischen Gelbsucht. Aus toxikologischer Sicht müßte theoretisch in diesen Fällen eine erhöhte Empfindlichkeit gegenüber allen Xenobiotica bestehen, die beim Gesunden durch Glucuronidierung detoxifiziert werden. Der Organismus kann aber auf andere Metabolisierungs- und Exkretionswege ausweichen.

5.3.3.5. Aldehyddehydrogenase (ALDH)

Von den zwei Hauptenzymen der ALDH in der menschlichen Leber besitzt das Isoenzym I eine höhere Affinität zu Acetaldehyd. Epidemiologische Untersuchungen an Japanern haben bei 41% der Bevölkerung das Fehlen dieses Isoenzyms ergeben. Bei Alkoholikern lag allerdings nur bei 2...3% ein Isoenzymmangel vor. Diese populationsgenetischen Ergebnisse werden als eine Erklärung dafür angesehen, daß der Alkoholismus bisher in Japan ohne Relevanz war (Abschn. 8.12.1.).

5.3.4. Tierstamm/Rasse

Die Bedeutung der Wahl des verwendeten Tierstammes für die Extrapolation der erzielten Ergebnisse auf den Menschen soll an einem Beispiel demonstriert werden. Die Prüfung der Methylquecksilberverteilung an 14 Mäuseinzucht- und einem Wildstamm ergab in jedem Fall eine Dosisabhängigkeit bei den Rückstandsanalysen im Blut und im Gehirn, die stammspezifisch war und im Fall von Hybriden intermediär zwischen ihren Elternstämmen lag. Es bestand eine Korrelation zwischen den Quecksilbergehalten im Blut und der molekularen Struktur des Hämoglobins. Bei den Tierstämmen vom Hb-βd- und Hb-βp-Typ (dazu zählen auch der C3H-, der CBA- und der NZB-Stamm) wurden doppelt so hohe Hg-Werte als bei Stämmen mit einem Hb-β-s-Typ (dazu zählt u. a. der C57Bl-Stamm) nachgewiesen.

5.4. Koergismus

Unter Koergismus wird das Zusammenwirken chemischer Stoffe im biologischen System verstanden. Die Wirkungsinterferenz von Stoffen bei gleichzeitiger Anwesenheit im biologischen System nennt man Kombination. Als Sukzession wird die Wirkungsinterferenz bei aufeinanderfolgender Anwesenheit von Stoffen in biologischen Systemen bezeichnet. Da die Toxikologie mit biologischen Halbwertszeiten von Jahren rechnen muß, liegen unter praktischen Bedingungen in jedem Säugerorganismus einschließlich der embryonalen Gewebe akkumulierte Xenobiotica vor. Kombinationseffekte können demzufolge jederzeit auftreten.

Der Koergismus verändert die Wirkintensität von Xenobiotica, so daß danach folgende Unterscheidung getroffen werden kann:

Verstärkte Wirkintensität   = Potenzierung (überadditiver Synergismus)
Unveränderte Wirkintensität   = Addition (additiver Synergismus)
Abgeschwächte Wirkintensität = Antagonismus

In Tierversuchen wird zur Unterscheidung der beiden Synergismusformen der koergistische Index (I_k) herangezogen:

$$I_k = \frac{\text{erwartete Wirkintensität}}{\text{bestimmte Wirkintensität}}.$$

Für den Erwartungswert wird die Wirkintensität der einzelnen Substanzen addiert und durch die Anzahl der Substanzen dividiert.
Dabei bedeutet ein I_k

$< 0{,}8$ Antagonismus
$\quad 0{,}8 \ldots 1{,}5$ additiver Synergismus
$> 1{,}5$ überadditiver Synergismus (Potenzierung).

Zur Systematisierung von Wirkungsinterferenzen auf molekularer Ebene werden zwei Kategorien unterschieden.

1. Toxikokinetische Wirkungsinterferenzen
   - Resorption aus dem Magen-Darm-Trakt: Hierzu können eine Reihe von Einzelmechanismen aufgeführt werden, die vor allem im Zusammenhang mit Nahrungsbestandteilen (Mineralstoffe, Ballaststoffe) relevant sind (Veränderung des pH, Chelat-Bildung, adsorptive Mechanismen, Permeabilität, Peristaltik und aktive Resorptionsprozesse).
   - Verteilung und Eiweißbindung: Wirkungsinterferenzen hängen sehr entscheidend von der Konkurrenz an Bindungsstellen ab, wobei eine Verdrängungsreaktion im wesentlichen von der Konzentration der Einzelsubstanz und ihrer Affinität bestimmt wird.
   - Biotransformation (Leber, Lunge, Darm u. a.): Liegt eine Inhibition vor, so steigt im allgemeinen der Serumspiegel des bzw. der Xenobiotica an, die Halbwertszeit verlängert sich dadurch, und eine Wirkungsverstärkung (Synergismus) ist die Folge. Charakteristisch ist dies für Substanzen mit starker Lipophilie, Neigung zur Akkumulation und bei zumindest teilweise gemeinsamen Wegen der Biotransformation.

     Das Gegenteil ist bei einer Induktion der Fall (zumeist sind es antagonistische Wirkungen). Hierbei wird zwischen einer Fremd- und Autoinduktion unterschieden. Eine Autoinduktion kann z. B. bei der Mobilisation von Fremdstoffen aus den Fettdepots auftreten.

     Darüber hinaus gibt es Wirkungsinterferenzen zwischen Inhibitoren und Induktoren, zwischen Fremdstoffen aus der Nahrungskette und Arzneimitteln. Zum Beispiel reduzieren Induktoren des MFO-Systems (einschließlich chronischer Alkoholabusus) die Sicherheit von oralen Kontrazeptiva.

— Renale Exkretion: Betroffen sein können sowohl die glomeruläre Filtration, die aktive tubuläre Sekretion (Konkurrenz um die Bindung an Carrier) als auch die tubuläre Reabsorption.

2. Toxikodynamische Wirkungsinterferenzen
Hierunter faßt man die Wechselwirkungen auf der zellulären Ebene am Target-Organ zusammen:

— Reversible bzw. irreversible Verdrängungsreaktionen am gleichen Rezeptor (antagonistische Effekte),
— Wirkungsinterferenzen an verschiedenen Rezeptoren, Zellen oder biologischen Systemen,
— Veränderungen der Rezeptoreneigenschaften (z. B. Affinität, wichtig bei sukzessiven Effekten),
— Veränderungen von Transportmechanismen.

5.5. Prä- und postnatale Prägung

Nach einer Vorbehandlung mit Organochlorinsekticiden erweisen sich Ratten gegenüber einer akuten Intoxikation mit Parathion und Tetraethylpyrophosphat weniger empfindlich. Diese Untersuchungen belegen die Bedeutung von Wirkungsinterferenzen (Koergismus) verschiedener chemischer Stoffe bei sukzessiver Exposition des Säugerorganismus. Die Besonderheit dieser Form des Koergismus liegt gegenüber einer gleichzeitigen Exposition mit Xenobiotica in einer Vorprägung des Organismus bezüglich seiner metabolischen Fähigkeiten. Im Tierexperiment wird dafür im allgemeinen zunächst ein spezifischer Induktor oder Hemmer des MFO-Systems verabreicht. Pränataltoxikologische Effekte können dadurch sowohl in vivo als auch in vitro modifiziert werden.

Besondere Beachtung ist dieser sukzessiven Wirkungsinterferenz zu schenken, wenn die „Prägung" sehr zeitverschoben bzw. sogar zeitlebens nachzuweisen ist. Nach pränataler Exposition mit Ethanol konnte bei Weibchen in der F_1-Generation eine verstärkte Hypothermie bis in die 60. Lebenswoche verfolgt werden, die auf reversibel beeinträchtigte zentralnervöse Mechanismen zurückgeführt wird. Die verminderte Lernleistung beruht auf den gleichen Mechanismen solcher Tiere. Prägungseffekte lassen sich auch bei Neugeborenen demonstrieren. In den ersten 7 Lebenstagen mit Phenobarbital behandelte Ratten wiesen 37 Wochen später eine stärkere Aflatoxin-Bindung an die DNA sowie eine höhere mikrosomale Ethylmorphin-N-demethylase-Aktivität auf.

Eine Prägung mit toxikologischer Relevanz kann postnatal auch durch Ernährungsregime zustande kommen. Eine frühe Unterernährung hat beispielsweise Einfluß auf das Wachstum, die Gehirndifferenzierung, das Verhalten, die Lernfähigkeit, aber auch auf endokrine Funktionen (Schilddrüse, Pankreas). Bei Ratten, die in großen (Unterernährung) und kleinen Nestern (Überernährung) aufgezogen wurden, ließen sich mit der goitrogenen Substanz Maneb (vgl. Abschn. 11.4.) spezielle Prägungs- und in der Trächtigkeit sogar pränataltoxikologische Effekte erzeugen. Die Körpermassedifferenz zwischen den Tieren aus großen und kleinen Nestern blieb bis zum Versuchsende (13 Wochen nach dem Absetzen) erhalten. Bei weiblichen Tieren aus großen Nestern wurde die gesteigerte Iodakkumulation und der Iodeinbau in 3-Monoiodtyrosin, 3,5-Diiodtyrosin, 3,5,3'-Triiodthyronin, 3,5,3',5'-Tetraiodthyronin bei Verabreichung von Maneb im Futter signifikant reduziert, wogegen sich ein Substanzeinfluß bei den Tieren aus kleinen Nestern, die eine geringere Iodspeicherung bzw. einen niedrigen Iodeinbau zeigten, nicht nachweisen ließ. Bei anschließenden pränataltoxikologischen Untersuchungen wurden nur bei den Feten von Müttern aus großen Nestern Manebeffekte (Palatoschisis, Retardierung) gefunden.

Postnatale Unterernährung hat eine signifikante Erhöhung des Metallothioneingehaltes der Leber zur Folge; die Cadmium-Akkumulation ist dadurch im Intestinum und in der Milz erhöht, dagegen in der Niere erniedrigt. Angesichts der weitverbreiteten Unterernährung in den Entwicklungsländern bedarf dieser Einflußfaktor im Zusammenhang mit einem verstärkten Pesticideinsatz der Beachtung.

5.6. Spontanerkrankungen

Da toxikologische Untersuchungen normalerweise an gesunden Tieren durchgeführt werden, ist über den Einfluß von Spontanerkrankungen auf die Toxizität chemischer Stoffe wenig bekannt.

5.6.1. Infektionskrankheiten

Erwachsene Erpel, die 48 Stunden nach Infektion mit Enten-Hepatitis-Virus (EHV) mit 500...900 ppm DDT oder 40...80 ppm Dieldrin behandelt wurden, zeigten im Vergleich zur nichtinfizierten Gruppe eine erniedrigte Sterblichkeitsrate. Die vermutete Induktorwirkung des EHV konnte bei identischer Versuchsanstellung mit DDT belegt werden. Innerhalb der Untersuchungsspanne von 12 Tagen wurden durchschnittlich 11...32% weniger DDT im Serum, erhöhte DDT-Ausscheidungsraten über die Galle sowie ein Aktivitätsanstieg der Anilinhydroxylase in der Leber gefunden. Andererseits wird über eine Verminderung des neutralisierenden Antikörpertiters gegen Tahyna-Viren durch Cyclophosphamid berichtet.

5.6.2. Lebererkrankungen

Sie können zu einer Reihe pathophysiologischer Störungen führen, welche die Pharmakokinetik hepatisch eliminierter Medikamente verändern. Die Angaben zu Einzelsubstanzen vermitteln allerdings einen widersprüchlichen Eindruck, wenn man nicht eine Zuordnung nach ihrem Verhalten bezüglich intrinsischer Clearance und Eiweißbindung vornimmt. Die Bestimmung von Cytochrom P-450 und einiger mikrosomaler Enzyme nach Biopsie bei verschiedenen Lebererkrankungen belegt, daß bei akuter Hepatitis, chronisch aktiver Hepatitis und Cirrhose der Gehalt an Protein und Cytochrom P-450 sowie die Aktivitäten der mikrosomalen Enzyme AHH ,Ethylmorphindemethylase, Aminopyrin-N-demethylase und der Bilirubin-Uridindiphosphat-Glucuronyltransferase erniedrigt sind. Dagegen wird ein erhöhter Glutathiongehalt nur bei toxischer und Virushepatitis gefunden.

Bei Ratten mit tetrachlorkohlenstoff-gesättigter Leber konnte eine Erniedrigung der Cytochrom P-450-Werte bei gleichbleibender Proteinsynthese und Induzierbarkeit durch Phenobarbital, β-Naphthoflavon und Pregnenolen nachgewiesen werden. Überlagerungseffekte infolge von Zelldegenerations- und Regenerationsprozessen sowie Veränderungen im Blutfluß sind nicht auszuschließen. Eine vergleichende Prüfung der Toxikokinetik und der Anticholinesteraseaktivität von Carbaryl an 70%ig hepatektomierten und an mit Tranylcypromin behandelten (Konjugatblocker) Ratten ergab, daß die letzte Gruppe die größten Effekte auf Blutkinetik, Cholinesterasehemmung und LD_{50} hatte (Tab. 5.4).

Tabelle 5.4. Toxizität von Carbaryl[1] an scheinoperierten (I), 70%ig hepatektomierten (II) und an mit 50 mg/kg KM Tranylcypromin behandelten (III) Ratten

Gruppe	LD_{50} p.o.	Gesamtexkretion nach 24 h	Hemmung der Plasmacholinesterase nach 24 h
	(mg/kg)	(%)	(%)
I	585	73,4	38
II	342	66,5	30
III	91	42	23

[1] nach FALSON, F., Y. FERNANDEZ, C. CAMBON-GROS und S. MIJAVILA: J. Appl. Toxicol. 3, 87 (1983)

5.6.3. Diabetes mellitus

Obwohl Diabetes mellitus zu den häufigsten Krankheiten in der mitteleuropäischen Bevölkerung zählt, ist sein Einfluß auf die Fremdstoffmetabolisierung bisher nur im Tierversuch am Alloxan-Modell geprüft worden. Bei diabetischen Ratten ist der Cytochrom P-450-Gehalt in den Lebermikrosomen um 32% erhöht. Der Anstieg geht auf eine Fraktion mit einer Molmasse von 52000 zurück. Die mikrosomale Metabolisierung eines ausgewählten Substrats des Typs I (Ethylmorphin) ist erniedrigt, dagegen ist die Metabolisierung eines Substrats des Typs II (Anilin) erhöht (vgl. Abschn. 4.2.).

In eigenen Versuchen wurde die Nierenfunktion alloxandiabetischer Tiere nach Verabreichung einer nephrotoxischen Substanz (Phenylquecksilberacetat) untersucht. Trotz einer geringeren Körpermasse und damit einer niedrigeren absoluten Exposition (Dosis 0,5 mg/kg KM) lag der Quecksilbergehalt in der Niere bei den diabetischen Ratten um 28% höher als bei den Kontrolltieren. Parallel dazu war die Quecksilberausscheidung im Urin um 80% verringert.

5.6.4. Gastrointestinalflora

Im Gegensatz zur Biotransformation in der Leber finden bei der Fremdstoffmetabolisierung durch die Gastrointestinalflora vor allem Reduktions- und Hydrolysereaktionen statt. Der Charakter dieser Reaktionen ist eine Konsequenz der anaerobischen Bedingungen im Magen-Darm-Trakt. Dabei übernehmen Fremdstoffe die Funktion eines Elektronenakzeptors, was beim Säugerorganismus sonst dem Sauerstoff obliegt. Dadurch ist der enzymatische Fremdstoffabbau beispielsweise in der Leber oxydativ, während er sich bei der Intestinalflora reduktiv gestaltet.

Vier wichtige Aspekte sind im Zusammenhang mit der Fremdstoffmetabolisierung durch die Gastrointestinalflora zu erwähnen:

1. Einige Xenobiotica werden als Konjugat über die Galle ausgeschieden. Sie können in geringem Umfang in dieser Form wieder resorbiert werden. Nach Hydrolyse dieser Substanzen durch bakterielle β-Glucuronidasen erfährt aber ein großer Teil der dabei entstehenden Aglycone einen Recycling in den enterohepatischen Kreislauf. In diesem Zusammenhang sind auch spezifische C—S-Lyasen im Gastrointestinaltrakt zu erwähnen.

   Die Auswirkungen der bakteriellen Metabolisierung sind toxikologisch schwer zu beurteilen. Beim Quecksilber sind sowohl eine Reduktion zu Hg^{2+} als auch eine Methylierung beschrieben worden (vgl. Abschn. 10.22.). Entscheidend ist dabei sicherlich das Gleichgewicht zwischen beiden Reaktionen, das auch von anderen Methyldonatoren und -akzeptoren im Darminhalt mit bestimmt wird.

2. Im Zusammenhang mit toxikologischen Testungen von Cyclamat (vgl. Abschn. 14.5.4.3.) fiel ein Phänomen auf, was man als eine metabolische Adaptation der Gastrointestinalflora bezeichnen kann. Nach Cyclamatgabe scheidet ein Teil der Probanden Cyclohexylamin mit dem Urin aus. Tierexperimentell konnte nachgewiesen werden, daß am Ende eines Jahresversuches bei 80% der Tiere Cyclohexylamin ausgeschieden wird, obwohl anfänglich bei keinem Tier dieser Metabolit auftrat.

3. Aus der unterschiedlichen Magen-Darm-Trakt-Besiedlung leiten sich Speziesunterschiede der Fremdstoffmetabolisierung ab. Dabei ist für die first-pass-Metabolisierung sicherlich die Menge der Intestinalkeime im Dünndarm von Bedeutung. Durch Markierung mit Isotopen konnte die bakterielle Synthese von Methylquecksilber im Caecum nachgewiesen werden. Dieser Darmabschnitt spielt bei den Nagetieren eine besondere physiologische Rolle. Es bestehen auch Beziehungen zwischen Intestinalflora und Ernährung. Dies wäre zumindest eine Erklärung dafür, daß Japaner im Gegensatz zu Engländern Cyclohexylamin als Metabolit des Cyclamats ausscheiden.

4. Vergleichende Studien mit konventionellen bzw. assoziierten und keimfreien Tieren haben bezüglich der Syntheseleistungen (Bildung von Nitrosaminen und Methylquecksilber) der Gastrointestinalflora interessante toxikologische Aspekte erbracht.

5. Die Nahrungsaufnahme bzw. der Ernährungszustand beeinflußt den Metabolismus und die Wirkung von Fremdstoffen. Die Wirkung eines Xenobioticums ist daher abhängig von der Stoffwechselsituation. Diese Wechselbeziehungen lassen sich im Tierversuch bei biologisch sehr wirksamen Substanzen unter standardisierten Bedingungen aufzeigen; je geringer allerdings die Expressivität substanzbedingter Effekte ist, desto schwieriger wird dies. Direkte Studien auf diesem Gebiet am Menschen sind wegen der vielfältigen Variablen kompliziert.

5.7. Nahrungszusammensetzung

5.7.1. Proteingehalt in der Nahrung

Der Einfluß des Proteins auf toxische Wirkungen läßt sich am Beispiel der LD_{50}-Bestimmung demonstrieren (Tab. 5.5). Proteinmangel bewirkt eine verminderte Toxizität, wenn die Substanz einer toxifizierenden Metabolisierung unterliegt. Das ist z. B.

bei Heptachlor der Fall, bei dem die Epoxidbildung in geringerem Umfang unter diesen Bedingungen stattfindet. Im Falle einer detoxifizierenden Metabolisierung kann Proteinmangel eine bis zu 2000fach erhöhte Toxizität (Captan) zur Folge haben (vgl. Abschn. 11.4.).

In Ländern mit Proteinmangel ist der Einsatz bestimmter chemischer Stoffe deshalb kritisch zu betrachten. Auch bei einem Eiweißüberangebot kann — wenn auch vergleichsweise geringer — die Toxizität ansteigen, was sicherlich aber auf eine Überlastung der Niere zurückgeht.

Tabelle 5.5. Einfluß des Proteingehaltes im Futter von Ratten auf die akute Toxizität von ausgewählten Pesticiden[1]

Pesticid	Caseingehalt in der Diät			
	0%	3,5%	9%	81%
DDT	4,0	2,9	1,5	3,7
Malathion	2,6	2,3	1,8	2,2
Lindan	12,3	1,9	1,0	1,8
Captan	2100	26,3	1,2	2,4

Die Autoren verfütterten an Ratten nach dem Absetzen 4 Wochen lang die o.a. Caseindiät und bestimmten danach die LD_{50}. Die Zahlen in der Tabelle sind Toxizitätsindizes der LD_{50}-Bestimmungen =

$$\frac{LD_{50} \text{ (Normaldiät mit 26\% Casein)}}{LD_{50} \text{ (Diät mit 0; 3,5; 9 bzw. 81\% Casein)}}.$$

[1] nach BOYD, E. N. und V. KRUPA: J. Agric. Food Chem. 18, 1104 (1970)

An syrischen Hamstern konnte eine positive Korrelation zwischen dem Proteingehalt, dem Cytochrom P-450-Gehalt sowie der Aktivität der AHH und Anilinhydroxylase der Lebermikrosomen und der Proteinaufnahme belegt werden. Diese Beziehung blieb zum größten Teil bis in die Seneszenz erhalten. Daraus ergibt sich eine unterschiedliche Fähigkeit der mikrosomalen Leberenzyme zur Fremdstoffmetabolisierung, die bei Proteinmangel im Falle des Cancerogens N-Methyl-nitro-N-nitrosoguanidin einen potenzierenden Effekt zur Folge hat, wogegen die Toxizität bei Dimethylnitrosamin (vgl. Kap. 18.) oder Heptachlor (vgl. Abschn. 11.3.1.) etwa um einen Faktor von 3 vermindert ist.

Die Proteinversorgung spielt ebenfalls eine Rolle für die Toxizität von Schwermetallen.

5.7.2.   Fettgehalt in der Nahrung

Eine fettreiche Diät bewirkt eine Erhöhung des Cytochrom P-450-Wertes in der Leber. Entscheidend ist dabei der Gehalt an essentiellen Fettsäuren und die Bildung von Peroxiden, was in der tierexperimentellen Toxikologie praktische Bedeutung bei der Wahl des Vehikels hat. Bei gleichzeitiger Verabreichung eines Induktors (DDT, Phenobarbital) können sich diese Effekte potenzieren. Es gibt Substanzen (z. B. Buttergelb, vgl.

Abschn. 14.4.2.), deren cancerogene Wirkung dadurch verstärkt wird. Im Falle von Morestan (Pesticid) — einem Hemmer der Aminopyrin- und N-Methylanilin-N-demethylierung — tritt eine Abschwächung der Effekte bei fettreicher Diät ein (Tab. 5.6).

Tabelle 5.6. Enzymaktivitäten der Lebermikrosomen nach 4tägiger Applikation von 75 mg Morestan an weiblichen Ratten, die isokalorische Diäten mit unterschiedlichem Fett- und Proteingehalt erhielten[1]

Diät	Morestan	Mikrosomale Enzymaktivität (nmol Metabolit/mg Mikrosomenprotein/30 min)			Cytochrom P-450 (nmol/mg Mikrosomenprotein)
		Anilin	Amino-pyrin	N-Methyl-anilin	
20% Protein	—	12,25	9,97	7,99	0,538
	+	12,50	6,91	4,18	0,412
8% Protein	—	12,96	11,18	6,81	0,656
	+	19,17	6,88	4,01	0,370+
25% Fett	—	18,06+	11,40+	12,42+	0,555
	+	15,74	8,44+	4,47+	0,431+

+ = p 0,01 zur Kontrolle (20% Protein)

[1] nach GAILLARD, D., G. CHAMOISEAN und R. DERACHE: Toxicology 8, 23 (1977)

5.7.3. Ballaststoffgehalt in der Nahrung

Die toxikologische Bedeutung des Ballaststoffgehaltes und seiner Zusammensetzung (u. a. Pectin, Cellulose, Pentosane, Chitin) ist bisher nur unbefriedigend erforscht worden. Eine Beachtung muß unter toxikologischem Aspekt der Beeinflussung der metabolischen Aktivitäten der Gastrointestinalflora, des Kationenaustausches sowie der Transitzeit geschenkt werden.

Das Optimum der Bakterienbesiedlung des Caecums von Ratten und gleichzeitig das Maximum der Azoreduktase- und β-Glucosidase-Aktivität liegt bei der Verabreichung einer gereinigten Diät bei 2,5% α-Cellulose. Folge der metabolischen Aktivität der Gastrointestinalflora ist eine erhöhte Hepatotoxizität von 2,6-Dinitrotoluen bei gleichzeitiger Pectingabe. Ebenfalls durch Pectingabe erhöht sich die Bildung von Nitrit im Caecum von Ratten bei Verabreichung von Nitrat.

Beim Vergleich von zwei gereinigten Diäten mit Cellulose bzw. Pectin und einem Komponentenfutter fand man nicht nur signifikante Unterschiede der Aktivität bei den mikrosomalen Enzymen der Leber, sondern auch bei der Benzo[a]pyren-Hydroxylase in der Dünndarmmukosa der Ratte. Durch Verabreichung von Induktoren zur semisynthetischen Diät konnte nicht nur die Aktivität von Monooxygenasen der Leber (Phenobarbital: 2,5fach; 20-Methylcholanthren: 20fach), sondern auch die intestinale Metabolisierung von Fremdstoffen gesteigert werden. Dieser intestinale first-pass-Effekt von Xenobiotica wird oft zu wenig beachtet, obwohl er unmittelbare Bedeutung für die Metabolisierung vieler Stoffe haben dürfte.

Einzelne Komponenten der Ballaststoffe vermögen Mineralstoffe zu binden. Dabei ist die reduzierte biologische Verfügbarkeit vor allem von Eisen und Zink von Bedeutung (vgl. Kap. 10.). Körpermasseentwicklung und Zinkgehalt von Ratten stehen im reziproken Verhältnis zum Phytinsäuregehalt der Nahrung:

0,01% Phytinsäure $\triangleq$ 34% Verfügbarkeit von Zink

1,24% Phytinsäure $\triangleq$ 12% Verfügbarkeit von Zink.

Zu einem Zinkmangel kommt es beim Menschen allerdings erst, wenn das molare Verhältnis von Phytinsäure zu Zink über längere Zeit mehr als 10 : 1 beträgt. Die Verfügbarkeit von Mineralstoffen hängt aber auch von der Konzentration anderer Kationen (K, Ca, Mg, Pb, Cd, Hg) und dem Assoziationsgrad der Phytinsäure mit Proteinen ab (vgl. Abschn. 8.13.).

Die Bindungsfähigkeit von Lebensmittelzusatzstoffen durch Ballaststoffe kann sich auch positiv auswirken. Bei einer rohfaserarmen Grunddiät führen Zusätze von 2% Natriumcyclamat, 2% Lebensmittelfarbstoffen und 4% Tween 60, vor allem in kombinierter Anwendung, bei Ratten zu verminderter Körpermassezunahme, schweren Diarrhöen und teilweise zum Exitus. Die Erhöhung des Rohfaseranteils mit 5% Cellulose in der Nahrung verringerte deutlich alle Effekte. Darüber hinaus gibt es Beispiele für spezielle antitoxische Wirkungen von Ballaststoffen. Zugabe von 5% Pectin aus Citrusfrüchten reduziert die PCB-bedingte Wirkung auf den Lipidstoffwechsel. Man nimmt an, daß Pectin eine große Bindungsfähigkeit für Gallensäure besitzt und sie so dem enterohepatischen Kreislauf (vgl. Abb. 4.13, s. 58) entzieht. Da gleichzeitig der PCB-Gehalt in der Leber gesenkt wird, sind diese Ergebnisse im Zusammenhang mit den Herz-Kreislauf-Erkrankungen beim Menschen von Wichtigkeit (Tab. 5.7). Ein ähnlicher Wirkungsmechanismus liegt der prophylaktischen Anwendung von Pectin bei bleiexponierten Personen bzw. der Behandlung bei Blei- oder Quecksilbervergiftungen zugrunde, wobei die Effektivität dieses Vorgehens vom Veresterungsgrad des Pectins abhängt.

Tabelle 5.7. Ballaststoffgehalt in der Nahrung und PCB-bedingte Effekte auf den Lipidstoffwechsel sowie auf die Rückstandswerte bei Ratten[1]

Diät	Masse	Leber Gesamt-lipide	PCB	Serum	
				Gesamt-chole-sterin	High Density Lipoproteins (mmol)
	(g)	(mg/g)	(μg/kg KM)	(mmol)	
Standarddiät	4,36	76,8	n.n.	2,82	2,20
+ 0,03% PCB	5,05	83,6	449	4,03	2,98
+ 0,03% PCB u. 5% Pectin	4,43	71,8	1751	3,45	2,41

[1] nach QUAZI, S., H. YOKOGOSHI und A. YOSHIDA: Nutr. Rep. Int. 28, 1425 (1983)

5.7.4. Vitamin- und Mineralstoffgehalt in der Nahrung

Eine komplexe Wechselbeziehung besteht zwischen Mikronährstoffgehalt in der Nahrung und toxischen Effekten vor allem von Schwermetallen. Die prinzipielle Bedeutung dieser Zusammenhänge läßt sich am Beispiel des Cadmiums verdeutlichen, dessen biologische

Halbwertszeit beim Menschen mit 16...33 Jahren angegeben wird. Einmal resorbiert, wird Cadmium nur mit 0,005...0,01% der akkumulierten Menge/d wieder über den Urin ausgeschieden. Die Cadmiumresorption wird vor allem durch den Versorgungsgrad mit Calcium und Zink bestimmt.

Unter Cadmiumbelastung vermindert sich die Bindungsaffinität von Calcium zum Proteincarrier (erhöhte K_m-Werte) sowohl in den Bürstensaumvesikeln des Darms als auch der Nierentubuli (Tab. 5.8). Das gleiche findet im Prinzip mit Zink statt (Tab. 5.8), wobei es hier bei marginaler Versorgung und insbesondere bei Unterversorgung zu schweren Zinkmangelerscheinungen kommt. Auch die Kupferresorption wird durch Cadmium vermindert. Diese Effekte treten aber erst bei höheren Dosen auf. Industriearbeiter mit Cadmiumbelastung zeigen sehr häufig das klinische Bild einer Anämie. Wechselbeziehungen der Metalle Eisen und Cadmium werden sowohl in einer kompetitiven Hemmung der Intestinalresorption als auch in der Entleerung von Körperdepots vermutet.

Tabelle 5.8. Untersuchung des Calcium- und Zink-Transport-Carrieres im Darm bei Affen in Abhängigkeit von der Cadmium-Exposition[1]

Gruppe	Km (mmol)	V max[2]	Gruppe	Km (mmol)	V max[2]
Kontrolle	1,0	40,0	Kontrolle	0,75	125
+ 5 ppm Cd	2,5	35,7	+ 5 ppm Cd	1,25	120
Ca-Mangel	1,25	30,0	Zn-Mangel	0,735	110
Ca-Mangel + 5 ppm Cd	2,75	20,4	Zn-Mangel + 5 ppm Cd	1,125	100

[1] PRASAD, R., V. K. PALIWAL, N. SHARMA und R. NATH: Toxicol. Lett. 18, 8 (1983)
[2] nMol/mg Protein/45 min

Variationen des Vitaminstatus demonstrieren teilweise einen protektiven Effekt bei Cadmiumexposition, aber nur bei Vitamin D-Mangel wird eine deutliche Erhöhung der Cadmiumresorption festgestellt.

5.8. Individueller Lebensstil

Die mitteleuropäische Lebensweise ist stark durch den Genuß alkoholischer Getränke und das Rauchen von Tabak geprägt (vgl. Abschn. 8.12.1.). Beides hat einen Einfluß auf die Toxizität der Xenobiotica. Wichtige Erkenntnisse zur Wechselwirkung von Ethanol und Xenobiotica konnten aus tierexperimentellen Untersuchungen abgeleitet werden (Tab. 5.9). Ergänzend sei auf die höhere Besiedelung des Dünndarms mit An- und Aerobiern bei chronischem Alkoholismus des Menschen, auf die höhere Permeabilität des Magen-Darm-Traktes und auf die verminderte Endotoxin-Clearance als eine Art Circulus vitiosus hingewiesen. Alkohol hat auch eine enzyminduzierende Wirkung. Nach hohen Einzelgaben sind bei menschlichen Probanden speziell die 7-Ethoxycumarin-O-demethylase und die p-Nitroanisol-O-demethylase über einen Zeitraum von 20 Tagen betroffen.

Tabelle 5.9. Ethanoleffekte, die für eine Wechselwirkung mit Xenobiotica bedeutsam sind

Magen-Darm-Trakt	*Leber*	*Hämo- und lymphopoetisches System*
— Speichelsekretion ↑ (M) — Subacidität des Magens (M) — bakterielles Überwachsen des proximalen Dünndarms (M) — Bürstensaumenzyme (ATPase, alkalische Phosphatase) ↓ (R) — Na- und H_2O-Transport ↓ (M) — gesteigerte Permeabilität im Jejunum (M) — MFO ↑ (R) — chronische Pankreatitis bei chronischem Abusus (M)	— zonale (zentrolobuläre) Redoxveränderung (M, R) — NAD/NADH ↓ (M, R) — MFO (MEOS) ↑ (M, R) — Cytochrom P-450 ↑ (M, R) — ADH- und AHDH-Isoenzyme (genetische Aspekte bei M) — Fettsäure-Oxydation ↓ (M, R) — Kollagenabbau ↓ (R) — Cholesterol- und Triglyceridakkumulation ↑ (M, R) — Regenerationsfähigkeit ↓ (R)	— hämolytische Anämie (M) — T-Lymphozyten ↓ (M) *Herz* — Membran fluidity der Mitochondrien gestört (R) *Fettgewebe* — Lipolyse ↑ (M, R) *Pränatale Entwicklung* — Präimplantations-/Nidationsverluste ↑ (R) — Nabelschnurspasmen (in vitro M, R) — Placentafunktion (Hormonproduktion, Nährstofftransport) ↓ (R)
Endokrinium	*ZNS*	
— Hypothalamus-Hypophysen-Achse (LH, LHRH) gestört (R) — Steroidgenese (Testosteron) (M, R) — Serum T4 ↓ (M) — Prostaglandin E_1-Mangel (M)	— Neutrotransmitter ↓ (R) — Neuronenreifung verzögert (R) — Blut-Gehirn-Schranke durchlässiger (R)	

M — Mensch; R — Ratte ↓ Erniedrigung ↑ Erhöhung

Mehrstufige Varianzanalysen haben gezeigt, daß der Thiocyanatgehalt im Serum von retardierten Neugeborenen mit den Gewohnheiten des Rauchens und Biertrinkens korreliert (vgl. Kap. 12.). Nicotintartrat über das Trinkwasser an trächtige Ratten verabreicht (tägliche Aufnahme 1,46 ± 0,18 mg/kg), ergab eine erhöhte maternale Lipolyse. Dieser gleiche Effekt konnte mit 20%igem Ethanol als Trinkflüssigkeit erzielt werden, so daß bei kombinierter Exposition mit einer Potenzierung der Mobilisation von Xenobiotica aus dem Fettgewebe und noch unbekannten Folgen gerechnet werden muß.

5.9.   Ausblick

Die Mannigfaltigkeit der Faktoren, die die Toxizität eines Xenobioticums beeinflussen können, ist nahezu unüberschaubar. Obwohl das Problem prinzipiell nicht neu ist, sind wesentliche Gebiete kaum systematisch bearbeitet worden. Die toxikologische Prüfung von Einzelsubstanzen (einfaktoriell) an nicht vorbehandelten Tieren ist als erster Schritt unumgänglich. Die Risikoermittlung ist aber umfassender vorzunehmen, zumal die Stoffexposition über die Nahrung die gesamte menschliche Population betrifft. Mit der Herauskristallisierung der Toxikogenetik wurde bereits der Rahmen der Toxizitätsanalyse erweitert. Andere Gebiete — vor allem der Spontanerkrankungen (Risikogruppen) — sind ebenfalls einzubeziehen.

Die Xenobioticaexposition des Menschen erfolgt mehrfaktoriell (gleichzeitig mit unbekannt vielen Substanzen und anderen Einflußfaktoren). Die Komplexizität und Vielfalt dieser Bedingungen, die sich im Tierexperiment nicht einmal annähernd modellieren lassen, muß bei der ernährungstoxikologischen Bewertung Berücksichtigung finden.

6. Toxizitätsprüfung

6.1. Anforderungen an lebensmitteltoxikologische Untersuchungen

6.1.1. Allgemeines

Anforderungen an lebensmitteltoxikologische Untersuchungen werden durch den gesundheitlichen Aspekt bestimmt, die Menge eines Stoffes einzuschätzen, die in der Nahrung geduldet bzw. zugelassen werden kann, ohne daß mit nachteiligen Auswirkungen auf die Gesundheit des Menschen zu rechnen ist. Die erforderlichen experimentellen Verfahren und Bewertungen werden mit den Begriffen *Risikoermittlung* oder Sicherheitsnachweis (safety evaluation) erfaßt. Komplexizität und Kompliziertheit der Untersuchungen sind dadurch charakterisiert, daß die Bewertung den Ausschluß unerwünschter Wirkungen auch während der verschiedenen Entwicklungszustände und Reaktionslagen des menschlichen Organismus einbeziehen muß. Der Ausschluß gilt nicht nur für toxische Effekte. Er betrifft auch biologische Wirkungen, die mit der Nahrungsaufnahme nicht vertretbar sind. Um den menschlichen Organismus mit Sicherheit und vorbeugend vor einer Wirkung schützen zu können, müssen sowohl das Spektrum möglicher Wirkungen als auch der Wirksamkeitsbereich bekannt sein. Im Vordergrund der Toxizitätsprüfung steht die Charakterisierung des Stoffes nach Wirkungsqualität und -quantität bei langfristiger Aufnahme.

Den toxikologischen Untersuchungen liegt somit folgende Zielstellung zugrunde:

— Erkennung von Schadwirkungen kleinster Mengen und Erforschung der Natur dieser Wirkungen (Reaktionsort, Reaktionsmechanismus),
— Erfassung der Dosis-Wirkungs-Beziehungen und Ermittlung eines Grenzwertes der Wirksamkeit.

Die Aufdeckung, Erforschung und Verhütung von Schäden durch chemische Stoffe in der Nahrung ist nur durch Anwendung gezielter Untersuchungen und spezifischer Methoden möglich. Die vorzunehmende Aussage betrifft den Menschen, der aber aus ethischen Gründen nicht Gegenstand von Experimenten mit Stoffen unbekannter biologischer Wirkung sein kann. Epidemiologische Untersuchungen würden Spätwirkungen zumeist erst nach jahrelanger Exposition von Bevölkerungsgruppen erfassen. Für die prädiktive Risikoermittlung sind daher Untersuchungsobjekte notwendig, die in anatomischer und physiologischer Hinsicht mit dem Menschen vergleichbar sind und den Bedingungen einer kontinuierlichen Stoffexposition über die Nahrung ausgesetzt werden können.

Entsprechend dieser biologischen Notwendigkeit sehen die nationalen und internationalen Bewertungsempfehlungen und -richtlinien Toxizitätsuntersuchungen mit Säugetieren vor.

In den letzten Jahren sind große Anstrengungen zur Entwicklung von *in vitro-Tests* unternommen worden, die als Screening-Methoden zur frühzeitigen Erkennung mutagener und cancerogener Effekte sowie zur Aufklärung von Wirkungsmechanismen angewandt werden. Die verfügbaren Verfahren bieten aber keine ausreichende Grundlage für eine umfassende toxikologische Bewertung chemischer Stoffe. Sie stellen daher wohl eine wertvolle Erweiterung der toxikologischen Methodik, aber keinen Ersatz für Tierversuche dar.

6.1.2. Physiko-chemische Stoffbeschreibung

Die Durchführung von Toxizitätsuntersuchungen setzt eine ausreichende Kenntnis der physiko-chemischen Eigenschaften der Testsubstanz voraus. Gelegentlich vermittelt bereits die chemische Struktur eine Vorstellung über mögliche Angriffsstellen des Stoffes und die zu erwartende Biotransformation im Organismus. Ist das zu prüfende Produkt für eine gezielte Anwendung zur Nahrungsmittelproduktion oder -herstellung vorgesehen, muß eine angemessene Charakterisierung der Identität und Reinheit (Spezifikation) vorliegen. Unabdingbare Voraussetzung für die Toxizitätsprüfung ist die Identität des Testmaterials in den einzelnen Untersuchungsetappen. Außerdem muß die gleiche Spezifikation des Testmaterials und des zur Anwendung in der Praxis vorgesehenen Produktes gewährleistet sein.

6.1.3. Untersuchungsverfahren

Die gegenwärtig empfohlenen Untersuchungen zur toxikologischen Charakterisierung von Lebensmittelkontaminanten und -additiven sowie anderen zu bewertenden Bestandteilen der Nahrung sind in Tab. 6.1 zusammengestellt. Welchen Einflüssen des Organismus ein aufgenommener Stoff unterliegt, ist im Kap. 4. dargelegt. Kenntnisse über das Schicksal des Stoffes im Organismus einschließlich der Biotransformationsvorgänge, also der Toxikokinetik im weiteren Sinne, werden daher als eine wesentliche Grundlage zum Verständnis toxischer Wirkungen und zur Ergebnisübertragung auf den Menschen angesehen. Den Prüfungen auf akute, subchronische und chronische Toxizität werden die anderen aufgeführten Testverfahren oft als spezielle Untersuchungen gegenübergestellt, weil sie auf die Erkennung spezifischer Wirkungen abzielen bzw. besondere Reaktionslagen des Organismus berücksichtigen. Wieweit zusätzliche Untersuchungen im Rahmen der Risikoermittlung erforderlich werden, muß in Abhängigkeit von der Testsubstanz und der vorhandenen Kenntnis ihrer toxischen Eigenschaften vom Experimentator oder von kompetenten Gremien festgelegt werden. Beispielsweise empfiehlt sich für Organophosphate die Prüfung auf verzögerte neurotoxische Wirkung. International zeichnet sich der Trend ab, verhaltenstoxikologische Tests in die Risikoermittlung einzubeziehen. In den Bewertungsrichtlinien fehlen Untersuchungen auf allergische Reaktionen, obwohl Nahrungsmittelallergien nicht selten sind. Das Fehlen ist damit zu erklären, daß ein geeignetes Laborverfahren für die Risikofeststellung nicht verfügbar ist.

In der Praxis der lebensmitteltoxikologischen Prüfung werden die einzelnen Untersuchungen meist als Etappen eines Stufenprogrammes realisiert, wobei jeweils Entscheidungen über den weiteren Untersuchungsfortgang zu treffen sind. Die Erfahrung hat gezeigt, daß die Durchführung von Untersuchungen zur Toxikokinetik und zum Metabolismus sowie zur Mutagenität auf einer frühen Stufe für die toxikologische Einschätzung

Tabelle 6.1. Toxikologische Untersuchungen

Kennzeichnung der Untersuchung	Untersuchungsziele
Toxikokinetik-Metabolismus	Aufklärung der qualitativen und quantitativen Veränderungen des Stoffes im Organismus: Resorption, Verteilung, Anreiche-. rung, Biotransformation, Ausscheidung
Akute Toxizität	Erfassung der Symptome und des zeitlichen Ablaufes der Vergiftung Ermittlung der LD_{50}
Subchronische Toxizität	Erkennung toxischer Effekte Auffindung von Zielorganen Feststellung kumulativer Wirkungen Ermittlung der höchsten unwirksamen Dosis
Chronische Toxizität	Erkennung chronisch-toxischer Effekte Auffindung von Dosis-Wirkungs-Beziehungen Ermittlung der höchsten unwirksamen Dosis
Reproduktionstoxikologie	Auffindung von Fertilitäts- und Laktationsstörungen sowie von Beeinträchtigungen der Nachkommenschaft
Pränataltoxikologie (Teratogenität)	Erkennung embryotoxischer Wirkungen Erfassung der Mißbildungspotenz
Cancerogenität	Erkennung cancerogener Wirkungen Erfassung von Tumoren nach Art, Häufigkeit und Zeitpunkt des Auftretens
Mutagenität (Genotoxizität, in vitro und in vivo)	Erkennung genetischer Veränderungen: Genmutationen, Chromosomenaberrationen

von Vorteil ist. Die Zulassung eines Stoffes, z. B. als Lebensmittelzusatzstoff, setzt nicht in jedem Fall das vollständige Untersuchungsprogramm voraus. Sie kann (meist dann temporär) beispielsweise auf der Grundlage einer subchronischen Toxizitätsprüfung erfolgen.

6.1.4. Grundsätze der guten Laborpraxis (GLP-Regeln)

Zur Sicherung und Kontrolle der Qualität von Toxizitätsprüfungen, die die Grundlagen für die toxikologische Bewertung chemischer Stoffe und die Gefahrenabschätzung bilden, sind von nationalen und internationalen Expertengruppen Anforderungen für die Durchführung von Prüfungen erarbeitet worden. Die in diesen Ausarbeitungen aufgestellten Regeln sind weltweit als Grundsätze der guten Laborpraxis (*Good Laboratory Practice Regulations, GLP*) bekannt geworden. Die betreffenden Dokumente sind in den USA:

— Food and Drug Administration, FDA, (1978): Nonclinical Laboratory Studies. Good Laboratory Practice Regulations. Federal Register 43: 59986—60025
— Environmental Protection Agency, EPA, (1979): Good Laboratory Practice Standards for Health Effects. Federal Register 44: 27362—27375

und in den Mitgliedsländern der Organization for Economic Co-operation and Development (OECD):

— Good Laboratory Practice in the Testing of Chemicals. OECD Paris 1982.

Die in Details voneinander abweichenden Grundsätze umfassen den organisatorischen Ablauf und die Bedingungen, unter denen Toxizitätsprüfungen geplant, durchgeführt und überwacht werden. Sie schließen die Erfordernisse für Aufzeichnung und Berichterstattung der Prüfergebnisse ein. Zu den Bedingungen gehört, daß die Prüfeinrichtung hinsichtlich der Räumlichkeit, Ausrüstung und Materialien, Anzahl und Qualifikation der Mitarbeiter den Anforderungen der Prüfung entspricht und über Standard-Arbeitsanweisungen (Standard Operating Procedures) verfügt. Die Anerkennung toxikologischer Unterlagen (Toxizitätsberichte) durch die Behörden der betreffenden Länder wird von der Einhaltung der GLP-Regeln abhängig gemacht. Der weiteren Angleichung der Verfahren zur Toxizitätsprüfung und gegenseitigen Anerkennung der Daten innerhalb der OECD-Mitgliedsstaaten dienen gemeinsame Prüfrichtlinien (OECD Guidelines for Testing of Chemicals, OECD, Paris 1981).

6.1.5. Erfordernisse des Tierversuches

Für lebensmitteltoxikologische Untersuchungen sind Versuchstiere die wichtigsten Prüfsysteme. Erfolg und Aussagekraft der Toxizitätsprüfungen hängen von der Wahl der Tierart, ihrer Qualität und den Bedingungen ihrer Haltung während des Experimentes ab. Eine unerläßliche Forderung an das toxikologische Tierexperiment ist die Durchführung unter definierten Bedingungen. Die Beweiskraft eines Tierversuches schließt die Reproduzierbarkeit der Ergebnisse ein. Weitgehend standardisierte Versuchstiere und kontrollierbare standardisierte Umweltbedingungen für das Versuchstier stellen daher unabdingbare Voraussetzungen für toxikologische Prüfungen dar.

6.1.5.1. Speziesauswahl

Obwohl theoretisch eine Vielzahl von Tierarten für toxikologische Untersuchungen einsetzbar wäre, stehen für die Durchführung der Tierexperimente unter den geforderten definierten Bedingungen nur bestimmte Spezies zur Verfügung. Im Idealfall sollte das verwendete Tiermodell dem Menschen im Hinblick auf Resorption, Verteilung, Biotransformation, Ausscheidung und Wirkart eines Stoffes weitgehend entsprechen. Diese Voraussetzung ist in der praktischen Toxizitätsprüfung jedoch meist nicht gegeben. Die Wahl der Tierart wird daher vorwiegend durch praktische Aspekte bestimmt:
— Verfügbarkeit in ausreichender Anzahl,
— Haltung unter Laboratoriumsbedingungen,
— Kostenaufwand.

Für lebensmitteltoxikologische Untersuchungen werden vorrangig Nagetiere, wie Ratte und Maus, verwendet. Der Vorteil dieser Arten liegt im raschen Wachstum, in der relativen Zahmheit, der kurzen Gestationsperiode, der großen Vermehrungsrate, der kurzen Lebensdauer und der Eignung für eine Haltung unter Laboratoriumsbedingungen. Absolute Priorität im Tierexperiment unter lebensmitteltoxikologischen Aspekten besitzt die Ratte. Sie ist omnivor und in der Lage, große Quantitäten dem Futter zugesetzter Testsubstanzen aufzunehmen. Auf Grund der jahrzehntelangen Verwendung von Ratten als Versuchstiere liegt ein fundiertes Wissen über Biologie, Anatomie und Physiologie vor. Man kennt sowohl die physiologischen und anatomischen Ähnlichkeiten mit dem Menschen als auch die bestehenden Unterschiede (Tab. 6.2). Bei pränatal-

Tabelle 6.2. Vorteile und Nachteile der Ratte als experimentelles Modell für den Menschen (modifiziert nach OSER, B. L.: J. Toxicol. Environ. Health 8, 521—543 (1981))

Vorteile	Nachteile	
Geringe Größe	*Anatomisch:*	*Ernährung:*
Kurze Gestation/Laktation	Fehlen der Gallenblase	Mineralstoffbedarf
	Unterschiedlicher Placentaaufbau	Vitaminbedarf
Rasches Wachstum	Mehrere Brustdrüsen	Ascorbinsäure
	Fehlen des Brechreflexes	Histidinbedarf
Kurze Lebensspanne	Fellträger	*Verhalten:*
Omnivor	*Physiologisch:*	Nachtaktiv
Relative Zahmheit	Östrus- + Menstrualzyklus	Koprophagie
Haltung unter Labor-	Multipara	Kannibalismus
bedingungen	*Metabolisch:*	*Stammvariationen:*
	Purine in Allantoin	Spontantumoren

Tabelle 6.3. Kalkulierte Tierzahl zur Auffindung eines beim Menschen und beim Versuchstier identischen Effektes bei mindestens einem Individuum im Experiment (nach ZBINDEN, G.: *"Progress in Toxicology, Special Topics"*, Vol. 1. Springer-Verlag, Berlin/New York 1973)

Wahrscheinlichkeit eines Effektes beim Menschen (%)	Tierzahl im Experiment Wahrscheinlichkeit	
	0,95	0,99
100	1	1
80	2	3
60	4	6
50	5	7
40	6	10
20	14	21
10	29	44
5	59	90
2	149	228
1	299	459
0,1	2 995	4 603
0,01	29 956	46 050
0,001	299 572	—

toxikologischen Untersuchungen werden neben Ratte und Maus auch Hamster, Goldhamster und Kaninchen eingesetzt.

Mit Nagern bzw. Kaninchen als Versuchstiere wird die Verwendung großer repräsentativer Tierzahlen möglich. Dadurch läßt sich eine exakte statistische Auswertung der Versuchsergebnisse vornehmen und die Sicherheit der Aussage verbessern. Auch dem zahlenmäßigen Umfang von Versuchen mit Nagern sind jedoch Grenzen gesetzt. Die Anwendung der statistisch notwendigen Tierzahlen, um beim Menschen in geringer Häufigkeit mögliche Effekte im Tierversuch aufzufinden (Tab. 6.3), ist unrealistisch. Man umgeht diese Schwierigkeit durch Applikation hoher Dosen, um damit eine höhere Ereignishäufigkeit im Tierkollektiv zu erzielen.

Wegen der unterschiedlichen Speziesempfindlichkeit sind bestimmte Untersuchungen an einer zweiten, nicht zu den Nagern gehörenden Tierart angebracht. Das nach dem

Nagetier am häufigsten verwendete Versuchstier in der Lebensmitteltoxikologie ist der Hund. Auch Minischweine werden für ausgewählte Prüfungen herangezogen. Der Einsatz von Primaten für lebensmitteltoxikologische Untersuchungen erfolgt nur in Ausnahmefällen. Bevorzugte Arten unter den Primaten sind Pinseläffchen, Rhesus-, Kurzschwanz-, Javaner- und andere Affen, wobei es sich durchweg um herbivore Tiere handelt.

6.1.5.2. Genetischer Status der Versuchstiere

Die Standardisierung des Tierexperimentes schließt eine genetische Normierung der Versuchstiere ein. Tiere verschiedener Stämme oder Rassen einer Art zeigen unterschiedliche Reaktionen gegenüber der Einwirkung chemischer Stoffe (Kap. 5.).

Bei der Verwendung von Ratten und Mäusen ist zwischen Auszucht- (outbred stocks) und Inzuchtstämmen (inbred strains) zu wählen. *Auszuchttiere* sind heterozygot. Sie werden mit Hilfe eines Zuchtsystems (z. B. Rotation) erhalten, das Verwandtschaftspaarungen ausschließt und ein Maximum an genetischer Variation gewährleistet. *Inzuchttiere* sind homozygot. Bedingung für die Kennzeichnung als Inzuchtstamm ist eine Bruder/Schwester-Paarung über mindestens 20 Generationen. Da Auszuchttiere wegen ihrer genetischen Heterogenität der menschlichen Population mehr entsprechen, ist ihre Anwendung bei der Erfassung des Wirkungsprofils chemischer Stoffe mit unbekannten Eigenschaften vorteilhaft. Inzuchttiere sind vor allem für die Untersuchung spezifischer Effekte geeignet. Auf Grund der Homogenität ist bei Inzuchttieren eine geringere Streuung der Wirkung zwischen den Individuen als bei Auszuchttieren zu erwarten. Es ist nicht auszuschließen, daß der für eine toxikologische Untersuchung ausgewählte Inzuchtstamm gegenüber toxischen Wirkungen eines Stoffes unempfindlich sein kann.

Auch F_1-Hybriden finden bei der Toxizitätsprüfung Anwendung. Sie entstehen aus der Kreuzung von zwei Inzuchtstämmen. Gegenüber den Elternstämmen weisen F_1-Hybriden eine bessere Fähigkeit der Anpassung an Umweltveränderungen auf.

Mutanten, die durch eine induzierte oder natürlich aufgetretene Genmutation gekennzeichnet sind, können geeignete Modelle für Erkrankungen des Menschen darstellen und für toxikologische Untersuchungen zur Einschätzung der Stoffwirkung bei Risikogruppen herangezogen werden.

6.1.5.3. Versuchstierqualität

Verlauf und Ergebnis toxikologischer Untersuchungen werden entscheidend durch die Qualität der verwendeten Versuchstiere bestimmt. Für die Toxizitätsprüfung sind daher grundsätzlich gesunde Tiere zu fordern. Die Verwendung von Tiermodellen zur Simulierung von Risikogruppen der menschlichen Bevölkerung stellt einen Sonderfall dar. Der Gesundheitszustand eines Versuchstieres hängt vom Vorhandensein bzw. von der Abwesenheit unerwünschter Mikro- oder Makroorganismen ab. Nach dem hygienischen Status werden gnotobiotische, spezifiziert pathogen-freie (SPF) und konventionelle Versuchstiere unterschieden (Abb. 6.1). Die entsprechenden Haltungssysteme sind Isolator-, Barrieren- und offene Haltung. Wegen der besonderen Haltungsmaßnahmen werden gnotobiotische Tiere als keimfreie oder mit Mikroorganismen assoziierte Modelle (mono-, di-, polyassoziiert) nur zu speziellen toxikologischen Untersuchungen herangezogen. Keimfreie Tiere sind außerdem durch morphologische und physiologische Besonderheiten gekennzeichnet (Caecomegalie, Veränderungen von Enzymaktivitäten, Stoffwechsel, Darmpassagezeit, Immunstatus u. a.).

Dem Erfordernis einer hygienisch einwandfreien Versuchstierqualität bei toxikologischen Experimenten kann durch Verwendung von SPF-Tieren entsprochen werden. Der hygienische Status dieser Tiere ist durch das Freisein an bestimmten (spezifizierten) Mikroorganismen gekennzeichnet. Anzahl und Spezies nicht vorhandener Pathogene bestimmen die Qualität eines SPF-Tieres.

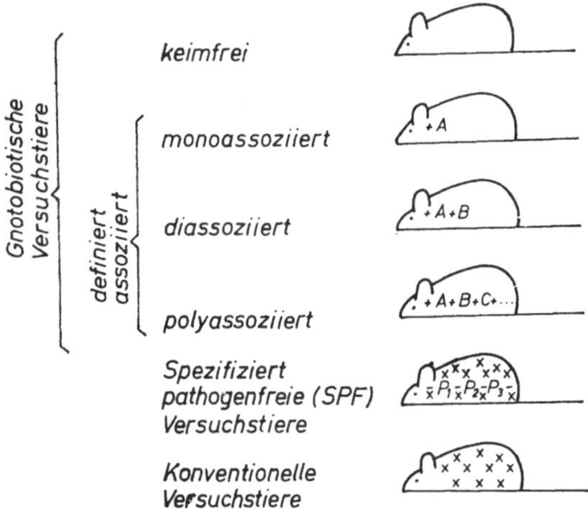

Abb. 6.1. Hygienischer Status von Versuchstieren (nach SPIEGEL, A.: „Versuchstiere". VEB Gustav Fischer Verlag, Jena 1975)

+A, +B usw. assoziiert mit Reinkulturen der Mikroorganismen A, usw.;

$-P_1$, P_2 usw. — geprüft frei von den pathogenen Mikroorganismen der Arten P_1, P_2 usw.;

xxx — Vorhandensein anderer, nicht diagnostizierter apathogener und/oder pathogener Arten von Mikroorganismen

6.1.5.4. Haltungs- und Versuchsbedingungen

Eine Vielzahl endogener und exogener Faktoren kann die Reaktion des Versuchstieres beeinflussen (Tab. 6.4). Toxikologische Tierexperimente erfordern aber Bedingungen, die unerwünschte und unkontrollierbare Einflüsse auf das Versuchstier und damit auf das Experiment ausschließen. Entsprechend den GLP-Grundsätzen müssen in toxikologischen Prüfeinrichtungen räumliche, technische, materielle und personelle Voraussetzungen gegeben sein, die auch bei Langzeitexperimenten (chronische Toxizitätsprüfung, Generationsversuche, Cancerogenitätsprüfung) einen guten hygienischen Status der Tiere sowie eine definierte und in vertretbaren Grenzen stabilisierte Umwelt gewährleisten.

Temperatur und Luftfeuchtigkeit müssen den Bedürfnissen der betreffenden Versuchstierart angepaßt sein. Sie sind wichtige Umweltfaktoren, da sie die Wärmeregulation des Versuchstieres beeinflussen. Empfehlungen für Temperatur und Luftfeuchtigkeit betreffen meist den Tierraum. Das Mikroklima im Käfig wird jedoch nicht nur von den Temperatur- und Feuchtigkeitsbedingungen im Raum, sondern auch von der Käfig-

Tabelle 6.4. Faktoren, welche die Reaktion des Versuchstieres beeinflussen (nach HEINECKE, H.: „*Grundlagen des Tierversuches.*" In: KLÖCKING, H.-P. und W. D. WIEZOREK: „*Aktuelle Probleme der Toxikologie*", Bd 1/1, S. 1—31. Halle, Druckhaus FREIHEIT 1982)

Lebensphasen Physiologischer Zustand	Umwelt		
	Abiotische Faktoren	Biotische Faktoren	Versuchsbedingte Faktoren
Alter	Klima	Soziale Faktoren	Transport
Geschlecht	Temperatur	Wurfgröße	Umgruppierung
— reife	Luftfeuchtigkeit	Käfigbesatz	Adaptation
— zyklus	— druck	Absetzhalter	Gruppengröße
Trächtigkeit	— bewegung (wechsel)	Rangordnung	"handling"
Laktation	Physikalische Umwelt	Raumbesatz	Zwangsgriffe
Säugen/Saugen	Lichtart	Eltern-Nachkommen-	Restriktion
	— intensität	Beziehung	Eingriffe
	— rhythmus	Personal	Experimentator
	Lärm/Geräusch	Einfühlungsvermögen	
	Erschütterung	Betreuung	
	Chemische Umwelt	"handling"	
	Luftzusammensetzung	Mikrobiologische Umwelt	
	Desinfektionsmittel	pathogene Keime	
	Pheromone	apathogene Keime	
	Trophische Faktoren	Immunstatus	
	Futterwert	Parasiten	
	— qualität	Endoparasiten	
	— härte	Ektoparasiten	
	— menge		
	— verabreichungsart		
	Pelletgröße		
	Wasserqualität		
	— menge		
	— vorbehandlung		
	Haltung		
	Raumausstattung		
	Käfige		
	Einstreuart		
	— größe		
	— härte		
	— Reinheitsgrad		

größe, dem Käfigmaterial, der Einstreu, der Käfigbelegung und der Käfiganordnung im Raum bestimmt. Für die Mikroumwelt von Nagern werden folgende Temperatur- und relative Luftfeuchtigkeitsbereiche empfohlen:

Spezies	Temperatur		Relative Luftfeuchtigkeit
	°C	°F	%
Maus	20 ⋯ 24	68 ⋯ 75	50 ⋯ 60
Ratte	18 ⋯ 24	65 ⋯ 75	45 ⋯ 55
Hamster	20 ⋯ 24	68 ⋯ 75	40 ⋯ 55

9*

Ein geeignetes *Ventilationssystem* ist nicht nur erforderlich, um im Tierraum eine gleichmäßige Luftverteilung, Temperatur und Feuchtigkeit zu gewährleisten. Ein ausreichender Luftwechsel muß die Versorgung mit Sauerstoff und Entfernung von Geruchsstoffen (z. B. Ammoniak) sicherstellen. Die gegenwärtigen Empfehlungen sehen einen 10- bis 15maligen Austausch mit Frischluft zu 100% pro Stunde vor. Eine Rezirkulation von Raumluft sollte nur unter Anwendung von Filtern oder anderen Vorrichtungen vorgenommen werden.

Licht stellt als Stimulator und Synchronisator circadianer Rhythmen einen zu beachtenden Umweltfaktor dar. Ein gleichmäßiger Hell-Dunkel-Rhythmus gilt bei toxikologischen Tierexperimenten als vorteilhaft. Die empfohlenen Angaben für die Hell-Dunkel-Perioden bei Ratten und Mäusen variieren zwischen 12/12, 13/11 oder 14/10 Stunden. Hohe Lichtintensität ist wegen möglicher Retinaschäden zu vermeiden. 300 bis 450 Lux in einer Höhe von 1 m über dem Boden gelten als maximal.

Käfige und *Einstreu* bestimmen die Mikroumwelt der Versuchstiere. Die Käfige sollten aus korrosionsbeständigem Material, undurchlässig für Flüssigkeiten und Feuchtigkeit und leicht zu reinigen bzw. zu sterilisieren sein. Bevorzugte Materialien für ihre Herstellung sind Plasten und rostfreier Stahl. Da bei Langzeit-Haltung auf Maschendrahtböden Ulcera an den Füßen bei Nagern auftreten können, sind Käfige mit festem Boden vorzuziehen. Bei der Auswahl und Belegung der Käfige ist den Raumansprüchen der einzelnen Spezies Rechnung zu tragen. Die Einstreu soll saugfähig, geruchsfrei, staubfrei, hygienisch unbedenklich, frei von chemischen Mitteln und für den Nestbau geeignet sein. Bei der Verwendung von Hobelspänen als Einstreu ist zu beachten, daß nicht jede Holzart geeignet ist. Beispielsweise beeinflußt Einstreumaterial von bestimmten Hölzern (Zeder, Kiefer) bei Mäusen die Aktivität fremdstoffmetabolisierender Enzyme der Leber.

Das *Futter* der Versuchstiere spielt als Umweltfaktor eine wesentliche Rolle. Es sollte schmackhaft und für die betreffende Tierart und jeweilige Lebensphase ernährungsphysiologisch vollwertig sein. Seine qualitative und quantitative Zusammensetzung muß dem Experimentator bekannt sein. Die Durchführung von Langzeitversuchen erfordert die gleichbleibende Zusammensetzung des Futters über lange Zeiträume. Man unterscheidet

— Futtermittel aus natürlichen Komponenten (Getreide, Sojabohnenmehl, Erdnußschrot, Fischmehl, Milchpulver, Futterhefen),
— semisynthetische Futtermittel, die eine Kombination von natürlichen Bestandteilen, reinen Chemikalien und Produkten unterschiedlichen Veredlungsgrades darstellen (Casein, Stärke, Zucker, Cellulose, Öle),
— synthetische Futtermittel, die chemisch definiert sind und aus reinen Chemikalien formuliert werden.

Die breiteste Anwendung bei toxikologischen Untersuchungen finden Futtermittel aus Naturprodukten. Das Futter wird den Tieren meist in Form von Pellets, in Mehl- bzw. Schrotform, oder als Brei angeboten. Für spezielle Untersuchungen können Sonderdiäten, z. B. Mangel- oder Überschußdiät, erforderlich werden. In der Regel erfolgt die Futterverabreichung ad libitum, d. h. dem Tier steht das Futter in unbegrenzter Menge jederzeit zur Verfügung. Der mikrobielle Status der Futtermittel bedarf der besonderen Beachtung. Futtermittel für Versuche mit SPF-Tieren müssen frei von Pathogenen sein, die Entfernung geschieht durch Dampfsterilisation oder Bestrahlung des Futters. Damit verbundene Vitaminverluste müssen in der Futterzusammensetzung berücksichtigt werden.

Das Versuchstierfutter kann mit abiotischen oder natürlich vorkommenden Schadstoffen kontaminiert sein, die in bestimmten Konzentrationen biochemische und physiologische Prozesse des Versuchstieres beeinflussen und somit zu Fehlinterpretationen von Versuchsergebnissen führen können. Es gehört zu den Grundsätzen einer guten Laborpraxis, das Futter regelmäßig auf relevante Schadstoffe und die Einhaltung der empfohlenen maximal annehmbaren Konzentrationen (Tab. 6.5) zu kontrollieren.

Tabelle 6.5. Maximale Höchstwerte für ausgewählte Kontaminanten in Futtermitteln (nach EPA: Federal Register 44, 27 334−27 375, 1979)

Agens	Maximale Konzentration
Aflatoxin (B1, B2, G1, G2) Gesamt (ppb)	5
Östrogene Aktivität (ppb)	1
Lindan (ppb)	20
Heptachlor (ppb)	20
Malathion (ppm)	2,5
DDT (gesamt) (ppb)	100
Dieldrin (ppb)	20
Cadmium (ppb)	160
Arsen (ppm)	1,0
Blei (ppm)	1,5
Quecksilber (ppb)	100
Selen (ppm)	0,6
PCB (ppb)	50
Nitrosamine (ppb)	10

Das *Trinkwasser* kann ebenfalls Quelle mikrobieller und chemischer Verunreinigungen sein. Verfahren zur Begrenzung oder Entfernung von Bakterien aus dem Trinkwasser sind Destillation, Strahlen- und Hitzesterilisation, Sterilfiltration, Chlorierung oder Ansäuerung auf pH 3,0 bis 2,5. Es gibt Hinweise, daß die chemische Trinkwasserkonservierung für das Versuchstier nicht völlig unbedenklich ist.

Für das toxikologische Tierexperiment gilt die Regel, von auswärts bezogene Tiere zu adaptieren (*Quarantäne*) und unterschiedliche Spezies/Stämme sowie Tiere verschiedener Herkunft in unterschiedlichen Räumen unterzubringen. Normalerweise sollten verschiedene Versuche, auch wenn es sich um Tiere eines Stammes handelt, in getrennten Räumen durchgeführt werden.

Eine strenge *Zufallsverteilung* (Randomisierung) der Tiere auf die einzelnen Versuchsgruppen ist eine unumgängliche Maßnahme in Vorbereitung eines toxikologischen Tierexperimentes.

6.2. Akute Toxizitätsprüfung

6.2.1. Untersuchungsziele

Die akute Toxizitätsprüfung ist die erste Stufe der toxikologischen Bewertung von chemischen Stoffen, die beabsichtigt oder unbeabsichtigt in die Nahrung gelangen. Akute Toxizität wird definiert als schädliche Wirkungen, welche innerhalb einer kurzen Zeit nach der Applikation eines chemischen Stoffes in einer einzelnen Dosis oder in verteilten Dosen über 24 Stunden oder weniger auftreten. Die Untersuchungen schließen die quantitative und qualitative Erfassung der toxischen Erscheinungen und den Zeitpunkt des Auftretens ein. Wesentliche Ziele akuter Toxizitätsprüfungen sind

— Ermittlung des toxischen und/oder letalen Dosisbereiches,
— Charakterisierung toxischer Effekte,
— Identifizierung von Zielorganen,
— Ergründung der wahrscheinlichen Todesursache bei letaler Wirkung,
— Nachweis von Geschlechts- und Speziesunterschieden,
— Ableitung geeigneter Dosierungen für andere Stufen der Toxizitätsprüfung.

6.2.2.   Untersuchungsprinzip

Die Testsubstanz wird in abgestuften Dosierungen als Lösung, Emulsion oder Suspension gleich großen Gruppen männlicher und weiblicher Versuchstiere proportional zur Körpermasse verabreicht. Die Applikation erfolgt in der Regel als Einzelgabe oral mit Hilfe einer Schlundsonde. Besondere Fragestellungen können in Ausnahmefällen parenterale Verabreichungsformen erforderlich machen. Ein Vergleich der Wirkungen bei intravenöser bzw. intraperitonealer Applikation mit den Effekten bei oraler Verabreichung kann wichtige Aufschlüsse über die Resorptionsrate eines Stoffes geben. Vergiftungssymptome und Sterblichkeit werden in festgelegten zeitlichen Abständen registriert. Gestorbene oder moribunde Tiere werden einer Autopsie unterzogen. Versuchsbedingungen und Untersuchungsverfahren müssen standardisiert sein.

6.2.3.   Versuchsdurchführung

6.2.3.1.   Auswahl der Versuchstiere

Die akute Toxizität einer Substanz kann zwischen verschiedenen Spezies beträchtlich variieren. Die Durchführung der Prüfung an mehreren Tierarten ist daher empfehlenswert. Ist die toxische Wirkung bei mehreren Spezies gleich, nimmt die Wahrscheinlichkeit für eine gleichartige Reaktion des Menschen zu.

Ratte, Maus und Hund werden vorrangig zur Untersuchung der akuten Toxizität herangezogen. Da unterschiedliche Effekte zwischen Ratte und Maus nicht ungewöhnlich sind, ist die Verwendung beider Nagerarten gerechtfertigt. Der Ratte ist im Gegensatz zu anderen Tierarten ein Erbrechen der durch Zwangsapplikation intragastral eingeführten Stoffmenge wegen des fehlenden Brechreflexes nicht möglich.

Bei der Auswahl der Versuchstiere für die akute Toxizitätsprüfung sind folgende Bedingungen zu beachten:

— Keine vorangegangene Verwendung in anderen Versuchen,
— keine Exposition gegenüber Tierarzneimitteln oder anderen chemischen Behandlungen,
— Abstammung von unbehandelten gesunden Muttertieren,
— Einheitlichkeit hinsichtlich Stamm, genetischen Status, hygienischen Status, Geschlecht, Alter, Körpermasse, Ernährungszustand, physiologischen Zustand.

Es gibt Hinweise, daß eine Behandlung während der Gravidität die akute Wirkung eines Stoffes bei den Nachkommen beeinflussen kann. Wegen möglicher Geschlechtsunterschiede sind die Prüfungen bei Männchen und Weibchen vorzunehmen. Differenzen beruhen teilweise auf Unterschieden im fremdstoffmetabolisierenden Metabolismus der Leber. Die unterschiedliche Kapazität der Leber zur Biotransformation kann auch die Ursache für altersabhängige Differenzen der akuten Toxizität sein. Beispielsweise wird bei einem unreifen Tier mit geringer Aktivität des fremdstoffmetabolisierenden Enzymsystems die Toxizität eines Stoffes erhöht sein, wenn die Enzyme für eine Detoxifikation des Stoffes verantwortlich sind. Geht von ihnen eine Aktivierung der Substanz aus, wird eine geringere Toxizität vorliegen. Altersabhängige Abweichungen der akuten Toxizität können auch mit fehlendem Einfluß von Geschlechtshormonen oder differierender Empfindlichkeit des Zentralnervensystems zusammenhängen. Obesitas kann insbesondere bei stark lipophilen Stoffen die Verteilung und Speicherung des Stoffes beeinflussen.

Im allgemeinen empfiehlt sich die Durchführung der akuten Toxizitätsprüfung an jungen adulten Tieren. Bei Verwendung von Ratten als Testtiere sollten junge adulte Tiere mit einer Körpermasse zwischen 150 g und 250 g ausgewählt werden. Innerhalb eines Versuches sollten die Abweichungen zwischen den Tieren $\pm 20\%$ der mittleren Körpermasse nicht überschreiten. Die Anzahl der Tiere pro Dosisgruppe variiert in Abhängigkeit vom Untersuchungsziel. Ist eine Quantifizierung der toxischen oder letalen Wirkung beabsichtigt, sind ausreichend Tiere einzusetzen, damit eine statistische Berechnung erfolgen kann. Die meisten Richtlinien empfehlen eine Mindestzahl von 5 männlichen und 5 weiblichen Tieren pro Dosis. Für die orale Applikation ist eine Futterkarenz der Tiere angebracht. Mit der Maßnahme wird eine Darmentleerung beabsichtigt, um eine Beeinträchtigung der Substanzresorption durch im Gastrointestinaltrakt vorhandene Nahrungsbestandteile auszuschließen. Ratten werden gewöhnlich in der Nacht vor der beabsichtigten Substanzverabreichung nüchtern gehalten. Für Mäuse reicht ein Futterentzug über 3 bis 4 h. Zu langes Hungern führt bei kleinen Tieren mit hoher Stoffwechselrate zu unerwünschten Effekten.

6.2.3.2. Dosierungen

Dosierungen werden in der Regel auf die Körpermasse der Versuchstiere bezogen und in Masse der Testsubstanz (mg oder g) pro kg Körpermasse ausgedrückt. Es gibt Auffassungen, wonach ein Bezug auf die Körperoberfläche eine bessere Vergleichbarkeit toxischer Wirkungen zwischen unterschiedlichen Spezies bietet.

Wenn keinerlei Informationen über die Toxizität eines Stoffes vorliegen, muß der für die akute Prüfung anzuwendende Dosisbereich in Vorversuchen (Pilotstudien) unter Verwendung geringer Tierzahlen ermittelt werden (Tab. 6.6). Die Anzahl der Dosierungen im endgültigen Versuch sollte so gewählt werden, daß eine Dosis-Wirkungs-Beziehung erkennbar wird. Als Minimum sind 4 Dosen anzusehen, deren Abstufung im gleichen logarithmischen Intervall oder mit entsprechender geometrischer Progression erfolgt. Besteht das Untersuchungsziel in der Bestimmung der mittleren letalen Dosis, sollten die ausgewählten Dosierungen für die Anwendung der Probitanalyse mindestens eine Dosis mit einer Letalität $> 50\%$, aber $< 100\%$ und eine Dosis mit einer Letalität $< 50\%$, aber $> 0\%$ einschließen.

Tabelle 6.6. Beispiel für die Dosisauswahl zur akuten Toxizitätsprüfung

Erster Vorversuch		Zweiter Vorversuch		Definitiver Versuch	
Dosis (mg/kg KM)	Sterblichkeit	Dosis (mg/kg KM)	Sterblichkeit	Dosis (mg/kg KM)	Sterblichkeit
15	0/2			300	0/5
60	0/2			380	1/5
240	0/2			475	3/5
960	2/2	300	1/3	600	4/5
3 840	2/2	600	2/3		

In den meisten Fällen muß die Testsubstanz unter Verwendung eines Vehikels in eine verabreichungsfähige Form gebracht werden. Das Vehikel sollte nach Möglichkeit keine eigene biologische Wirkung ausüben. Wasser ist deshalb als Lösungs-, Verdünnungs- oder Suspensionsmittel am günstigsten. Zur Stabilisierung von Suspensionen in wäßrigen Medien werden Cellulosederivate (z. B. 0,5% Methylcellulose), Stärke und Traganth (Tragacantha) verwendet. Häufig benutzte Lösungsmittel sind pflanzliche Öle. Bei ihrer Anwendung ist zu beachten, daß größere Mengen laxierend wirken. Lösungsmittel wie Ethanol und Propylenglycol sollten nach Möglichkeit vermieden werden. Ist die Eigenwirkung eines Vehikels unbekannt, sollte eine Kontrollgruppe das der Gruppe mit der höchsten Dosis verabreichte Volumen des Vehikels erhalten.

Für das Ergebnis einer akuten Toxizitätsprüfung ist nicht unerheblich, ob die Testsubstanz in konstanter Konzentration (d. h. unterschiedlichem Volumen) oder mit konstantem Volumen (d. h. wechselnder Konzentration) verabreicht wird! Die OECD-Richtlinien empfehlen eine Applikation mit gleichbleibendem Volumen in den verschiedenen Dosisgruppen. Grundsätzlich sollte das Volumen möglichst klein gehalten werden. Als maximal zumutbare Applikationsvolumina für Nager gelten 10 ml/kg KM bei nichtwäßrigen Vehikeln und 20 ml/kg KM bei wäßrigen Lösungen oder Suspensionen.

Bedarf die Prüfung der akuten Toxizität eines Stoffes sehr hoher Dosen, erübrigt sich eine solche Untersuchung. Als Testgrenze gilt eine Dosis von 5 g/kg KM. Bleibt eine letale Wirkung bei dieser Menge aus, sollte auf die Verabreichung höherer Dosierungen verzichtet werden. Die orale Verabreichung extrem großer Mengen relativ untoxischer Verbindungen kann zur Beeinträchtigung der gastrointestinalen Funktion führen und auf Grund der physikalischen Blockade den Tod der Versuchstiere bewirken.

6.2.3.3. Beobachtungen

Die Beobachtungsperiode bei der Untersuchung der akuten Toxizität eines Stoffes sollte dem Versuchsverlauf angepaßt sein. Ihre Dauer wird durch den Zeitpunkt des Auftretens von Intoxikationssymptomen und Todesfällen, dem Charakter toxischer Effekte und der Länge der Erholungsphase bestimmt. Viele Stoffe rufen toxische und letale Wirkungen innerhalb 24 h nach Verabreichung hervor. Die behandelten Tiere sterben entweder innerhalb einer sehr kurzen Zeit oder überleben die Substanzgabe. Die Dosis-Wirkungs-Kurven solcher Stoffe sind gewöhnlich durch große Steilheit gekennzeichnet. Die Beobachtung der Versuchstiere kann meist nach einer Woche beendet werden. Eine Verlängerung der Beobachtungszeit ist notwendig, wenn Symptome toxischer Wirkungen oder Letalität erst nach mehreren Tagen auftreten oder die Versuchstiere längere Zeit krank bleiben. Diese verzögerte Toxizität spiegelt sich häufig in einem flachen

Verlauf der Dosis-Wirkungs-Kurve wider. Solche Substanzen erweisen sich in subchronischen oder chronischen Versuchen oft als sehr toxisch.

Die Beobachtungsperiode sollte lang genug sein, um die Reversibilität toxischer Effekte und die Erholung vergifteter Tiere zu erfassen. Bei der Beobachtung sind alle toxischen Symptome nach Art, Zeit des Auftretens, Intensität und Dauer für die einzelnen Versuchstiere zu registrieren. Die Kontrollen sollten unmittelbar nach der Applikation beginnen und in den ersten Stunden in kurzen Intervallen vorgenommen werden. Danach empfiehlt sich die Durchführung von mindestens täglichen Kontrollen. Tierverluste durch Autolyse oder Kannibalismus sollten weitgehend ausgeschlossen werden. Die Beobachtungen sind zu richten auf den Zustand von Haut und Fell, Veränderungen an Augen, Schleimhäuten, am Kreislauf, Atmungssystem und Verdauungssystem, am autonomen und zentralen Nervensystem, der motorischen Aktivität, Haltung, Verhalten (Tab. 6.7). Erfaßt werden müssen Intoxikationsanzeichen wie Tremor, Konvulsionen, Ataxie, Lähmung, Lethargie, Speichelfluß, Tränenfluß, Diarrhoe, Schläfrigkeit, Pupillenerweiterung und -verengung usw. Körpermassebestimmungen sind während der Substanzgabe, wöchentlich und am Ende der Beobachtungsperiode vorzunehmen. Sektionen sind an allen gestorbenen und moribunden Tieren vorzunehmen. Empfohlen wird auch die Untersuchung der überlebenden Tiere am Versuchsende. Alle makroskopisch sichtbaren Organveränderungen sind zu beschreiben.

Tabelle 6.7. Allgemeine Symptome und Beobachtungen bei der akuten Toxizitätsprüfung

Organ/System	Symptome/Beobachtungen
Respirationssystem	Dyspnoe, Apnoe, Cyanosis, Tachypnoe, Bradypnoe, Nasenausfluß
ZNS/Somatomotorisches neuromuskuläres, sensorisches autonomes System	Verminderte oder erhöhte motorische Aktivität, Somnolenz, Verlust des Aufrichtreflexes, Anästhesie, Katalepsie, Ataxie, ungewöhnliche Bewegung, Prostration, Tremor, klonischer Krampf, tonischer Krampf, klonisch-tonischer Krampf, Fasciculation
Cardiovaskuläres System	Bradycardie, Tachycardie, Vasodilatation, Vasokonstriktion, Arrhythmie
Gastrointestinalsystem	Obarrhoe, Constipation, Flatulenz, Konsistenz und Farbe der Faeces
Haut/Fell	Ödem, Erythem, Piloerektion, Eruption
Auge	Lacrimation, Miosis, Mydriasis, Exophthalmus, Ptosis, Chromodacryorrhoe, Nystagmus, Iritis, Conjunctivitis
Verschiedenes	Salivation, veränderte Diurese, blutiger Harn

6.2.3.4. Mittlere letale Dosis (LD$_{50}$)

Die gebräuchlichsten Kenngrößen zur quantitativen Wirkungscharakterisierung nach einmaliger Substanzapplikation stellen die Mittelwerte für die Empfindlichkeit der Individuen eines Kollektivs dar (s. Abschn. 3.3.). Die mittlere Effektivdosis (Dosis effectiva media, ED$_{50}$) gibt an, bei welcher Dosis 50% der Individuen eines Kollektivs eine bestimmte Wirkung aufweisen. Als Maßangabe der letalen Wirkung dient die mittlere letale Dosis (Dosis letalis media, LD_{50}). Es ist diejenige Dosis, bei der 50% der Tiere eines Kollektivs sterben. Sie wird in der Regel in mg/kg KM angegeben.

Für die Bestimmung der LD_{50} existiert eine Reihe von Methoden. Meist handelt es sich um kombinierte graphisch-rechnerische Verfahren. Es ist üblich, die Vertrauensgrenzen für die mittlere Dosis zu ermitteln und anzugeben. Als Maß der Steilheit bzw. den Grad der Neigung der Dosis-Wirkungs-Kurve dient die Neigungsfunktion (slope function). Sie drückt mit einem Faktor aus, um wieviel die LD_{50} zu verringern ist, um die LD_{16} zu erhalten, oder zu vergrößern ist, um die LD_{84} zu bekommen. Ihre Kenntnis ist von praktischer Bedeutung, da oft Anteile der LD_{50} für wiederholte Verabreichungen gewählt werden. Beispielsweise wird mit 1/10 der LD_{50} von Substanz I (Abb. 3.9, S. 34) bereits nach der ersten Gabe eine Wirkung bei 16% des Kollektivs auftreten. Bei wiederholter Verabreichung von 1/10 der LD_{50} von Stoff II ist dagegen ein Effekt über einen längeren Zeitraum nicht zu erwarten.

Die Bestimmung der LD_{50} nach einmaliger Stoffapplikation wird oft mit akuter Toxizitätsprüfung gleichgesetzt. Die LD_{50} stellt aber nur einen Aspekt der akuten Toxizität dar. Ihre Ermittlung schreiben gegenwärtig die Richtlinien für die toxikologische Charakterisierung chemischer Stoffe in den meisten Ländern vor. Die LD_{50} einer Substanz wird als ein wesentliches Kriterium für die Einstufung als Gift oder für die Klassifizierung in offizielle Listen gefährlicher Stoffe herangezogen. Der LD_{50}-Wert kann jedoch nicht als biologische Konstante angesehen werden. Die Genauigkeit der Bestimmung hängt von der Anzahl der eingesetzten Tiere ab. Der Wert wird außerdem durch eine Reihe von Faktoren beeinflußt, z. B. Art, Stamm, Alter, Geschlecht und Gesundheitszustand der Tiere, Futter, Temperatur, Jahreszeit, Käfigbelegung, Applikationstechnik. Beispielsweise differierte der orale LD_{50}-Wert einer Substanz bei einer Ringuntersuchung in 100 Laboratorien aus 13 Ländern trotz abgestimmter experimenteller Bedingungen um mehr als das 8fache.

Es ist vorgeschlagen worden, bei der akuten Toxizitätsprüfung auf eine exakte LD_{50}-Bestimmung zu verzichten. Die empfohlenen Verfahren zur Ermittlung eines approximativen LD_{50}-Wertes basieren auf der Verwendung geringerer Tierzahlen.

Durch Einbeziehung physiologischer, hämatologischer, biochemischer und weiterer pathologischer Parameter kann der Aussagewert akuter Toxizitätsuntersuchungen für die Einschätzung von Risiken durch chemische Stoffe wesentlich erhöht werden.

6.3. Subchronische Toxizitätsprüfung

6.3.1. Untersuchungsziele

Für die Bewertung chemischer Agenzien in der Nahrung ist die Toxizität bei kontinuierlicher Aufnahme ausschlaggebend. Die Prüfung der subchronischen Toxizität stellt eine wesentliche Phase im Rahmen des Untersuchungsprogrammes zur Risikoermittlung dar. Man versteht unter subchronischer Toxizität die an Versuchstieren auftretenden schädlichen Wirkungen eines chemischen Stoffes bei Verabreichung über einen bestimmten Zeitraum der Lebensspanne der betreffenden Spezies. Der subchronischen Toxizitätsprüfung liegt folgende Zielstellung zugrunde:

— Ergründung des Profils und Analyse der Natur toxischer Wirkungen,

— Auffindung von Targetorganen oder -systemen,
— Erkennung einer Wirkungskumulation,
— Auffindung der Dosis-Wirkungs-Beziehungen und Ermittlung einer maximalen Dosis ohne erkennbare Wirkungen (*no-observed-effect level*, NOEL).

Eine subchronische Toxizitätsprüfung ist für alle Substanzen erforderlich, die beabsichtigt oder unbeabsichtigt in die Nahrung gelangen und hinsichtlich ihres Risikos für die menschliche Gesundheit zu bewerten sind, wenn ausreichende Kenntnisse über ihre biologischen Wirkungen fehlen. Darunter fallen auch Stoffe, die sich bei der akuten Prüfung als untoxisch erwiesen haben. Im Gegensatz zur einmaligen Applikation können wiederholte Verabreichungen solcher Stoffe sogar in kleinen Mengen infolge einer Stoff- oder Wirkungskumulation funktionelle und strukturelle Veränderungen bei den Versuchstieren hervorrufen. Auf der Grundlage der Ergebnisse einer subchronischen Untersuchung ist zu entscheiden, ob das Testprodukt als Bestandteil der menschlichen Nahrung zu akzeptieren ist und welche weiteren toxikologischen Untersuchungen notwendig sind. Die Auswahl der Dosierung für die chronische Prüfung, Cancerogenitätstestung und reproduktionstoxikologische Untersuchung wird entscheidend durch den im subchronischen Versuch ermittelten wirksamen Dosisbereich bestimmt.

Die Angaben über die Dauer subchronischer Toxizitätsuntersuchungen differieren. Nach allgemeiner Auffassung sollten die Experimente 10% der mittleren Lebenserwartung der jeweiligen Versuchstiere nicht überschreiten. Danach wäre die Versuchsdauer auf 2...3 Monate bei Verwendung von Ratten und Mäusen und 1...2 Jahre im Falle von Hunden begrenzt. In der Praxis der subchronischen Toxizitätsprüfung variiert die Versuchsdauer von 1...6 Monaten bei Nagern und von 3...12 Monaten bei Hunden. Gegenwärtig schreiben die meisten Richtlinien eine Substanzverabreichung bei Versuchen mit Nagern über mindestens 3 Monate (90 d) und bei Experimenten mit Nichtnagern über mindestens 6 Monate vor.

Die Bezeichnung für diese Stufe der toxikologischen Untersuchung ist nicht einheitlich. Anstelle des Terminus subchronische Toxizitätsprüfung werden auch Bezeichnungen wie subakute Prüfung, 90 Tage-Test, Kurzzeit-Test verwendet.

6.3.2. Untersuchungsprinzip

Zur Prüfung der subchronischen Toxizität wird die Testsubstanz in abgestuften Mengen ausgewählten Versuchstieren kontinuierlich mit dem Futter oder Trinkwasser, in Kapseln oder mit der Schlundsonde verabreicht. Während dieser Zeit werden Aussehen, Gesundheitszustand und Verhalten der Tiere kontrolliert. In regelmäßigen Intervallen werden Körpermasse und Futterverbrauch bestimmt. Klinisch-chemische, biochemische, physiologische und morphologische Untersuchungen erfolgen zwischenzeitlich und am Ende der Verabreichungsperiode. Abweichungen eines untersuchten Parameters von den Kontrollwerten gelten als Effekte, deren toxikologische Relevanz zu beurteilen ist. In neuerer Zeit finden verstärkt auch toxikokinetische Parameter Berücksichtigung, die Aufschluß über Resorption, Verteilung, Biotransformation und Ausscheidung des Stoffes unter den Bedingungen der kontinuierlichen Applikation geben sollen. Mit subchronischen Untersuchungen kann außerdem das Ziel verfolgt werden, die Reversibilität auftretender Effekte zu prüfen.

6.3.3. Versuchsdurchführung

6.3.3.1. Auswahl der Versuchstiere

Zur Prüfung der subchronischen Toxizität werden Untersuchungen an mindestens 2 Spezies empfohlen. Die Anforderungen schreiben in manchen Ländern die Verwendung einer Nager- und einer Nichtnagerart vor. In einigen Untersuchungsrichtlinien gilt die Ratte als obligatorische Spezies für subchronische Prüfungen. Als Nichtnager wird vorwiegend der Hund herangezogen. Hunde und andere größere Versuchstiere, z. B. Minischweine, bieten die Möglichkeit der Entnahme größerer Blutmengen im Verlauf des Versuches, ohne daß die Tiere getötet werden wüssen. Es sind junge Tiere auszuwählen, damit die Phase des raschesten Wachstums in die Untersuchungsperiode einbezogen werden kann. Werden Nager verwendet, ist der Versuch sobald wie möglich nach dem Absetzen der Tiere von der Mutter zu beginnen. Auch unter Berücksichtigung einer angemessenen Adaptationszeit sollten die Tiere nicht älter als 6...8 Wochen zum Versuchsbeginn sein. Hunde sollten im Alter von 4...6 Monaten für die Untersuchungen herangezogen werden. Die Anwendung beider Geschlechter ist für jede Tierart verbindlich, damit sexuelle Unterschiede in der Reaktion gegenüber der Testsubstanz erfaßt werden. Jede Dosisgruppe sollte aus mindestens 10 Tieren pro Geschlecht bei Verwendung von Nagern und mindestens 6 Tieren pro Geschlecht bei Verwendung von Hunden oder anderen größeren Versuchstieren bestehen. Die Verteilung der Tiere auf die Gruppen hat streng zufällig zu erfolgen. Statistisch gesicherte Differenzen der mittleren Körpermassen zwischen den Gruppen bei Versuchsbeginn sind auszuschließen. Durch individuelle Kennzeichnung ist die Identifizierung des einzelnen Tieres zu gewährleisten.

Eine größere Tierzahl ist erforderlich, wenn für zwischenzeitliche Untersuchungen Tiere getötet werden müssen. Zusätzliche Tiere pro Gruppe sind notwendig, wenn die Reversibilität von Effekten untersucht werden soll. Diese Tiere erhalten über die festgelegte Zeit (z. B. 90 d) die Testsubstanz. Sie werden danach für einen bestimmten Zeitraum (meist 2...4 Wochen) unter normalen Bedingungen gehalten und dann den gleichen Untersuchungen unterzogen, wie die nach der Verabreichungsperiode getöteten Tiere.

6.3.3.2. Dosierungen

Der Aussagewert eines subchronischen Experimentes hängt von der richtigen Auswahl der Dosierungen ab. Als optimaler Dosisbereich gilt

— eine hohe Dosis, die eindeutig toxisch, aber nicht letal wirkt,
— eine niedrige Dosis ohne erkennbare Wirkungen,
— eine oder mehrere dazwischen liegende Dosen.

Verschiedene Richtlinien fordern, daß die Sterblichkeit in der Tiergruppe mit der höchsten Dosis 10% nicht überschreiten darf. Die Festlegung der Anzahl und des Intervalls der Dosen muß darauf abzielen, abstufbare Reaktionen der Versuchstiere zu erhalten. Die niedrigste Dosis sollte ein Vielfaches der beim Menschen zu erwartenden täglichen Aufnahme der Substanz betragen.

Das Risiko, einen unzureichenden Dosisbereich in der subchronischen Untersuchung anzuwenden, ist für den Experimentator relativ groß. Treten beispielsweise im gesamten Dosisbereich toxische Effekte auf, kann die für die Risikoeinschätzung wesentliche Aussage über eine Dosis ohne erkennbare Wirkung nicht erfolgen.

Bei der Auswahl der Dosierungen werden verschiedene Verfahren angewandt. Eine Möglichkeit besteht in der Ableitung von der LD_{50}. Als mutmaßlich subletale, aber toxische Dosis im subchronischen Experiment wird ein Anteil der LD_{50} zwischen 10 und 25% zugrundegelegt. Bei der Dosierungsfestlegung ist der Verlauf der Dosis-Letalitäts-Kurve zu beachten (s. Abschn. 6.2.). Eine verbreitete Praxis zur Ermittlung eines geeigneten Dosisbereiches für das subchronische Experiment besteht in der Durchführung von Vorversuchen (range-finding-tests). Dabei wird die Testsubstanz in 3- bis 5-fachen Abstufungen 5 oder mehr Gruppen von Nagern (bestehend aus 2 oder mehr männlichen und weiblichen Tieren) über einen Zeitraum von 2...4 Wochen verabreicht. Eine wichtige Beobachtung im Vorversuch ist der Tod der Tiere. Todesfälle bei einer der angewandten Dosierung schließen diese Dosis für das subchronische Experiment aus. Beobachtungen über Futterverweigerung, Wachstumsbeeinträchtigung, klinische Symptome ergeben weitere Hinweise für den im subchronischen Versuch anzuwendenden Dosisbereich. An größeren Versuchstieren sollte die subchronische Toxizitätsprüfung erst nach Abschluß der Untersuchungen an einer Nagerart vorgenommen werden.

Jedes subchronische Experiment muß eine Kontrollgruppe enthalten, die sich aus der gleichen Anzahl männlicher und weiblicher Tiere wie die Dosisgruppen zusammensetzt. Erfolgt die Verabreichung der Testsubstanz mit dem Futter, bleiben die Kontrolltiere unbehandelt. Wird eine Schlundsondenapplikation vorgenommen, erhalten die Kontrolltiere das verwendete Vehikel. Ist mit einer Wirkung des Vehikels zu rechnen, sollte neben der Vehikelgruppe auch eine unbehandelte Gruppe als zusätzliche Kontrolle einbezogen werden.

6.3.3.3. Applikation der Testsubstanz

Die unter lebensmitteltoxikologischem Aspekt vorzunehmende subchronische Toxizitätsprüfung erfordert die orale Verabreichung der Testsubstanz. In der Regel erfolgt die Applikation über das Futter, indem abgestufte Mengen des Stoffes beigemengt werden. Nährstoffmangel oder Imbalanzen infolge zu hoher Beigaben zum Futter sind auszuschließen. Bleibt eine Wirkung bei einem Testsubstanzanteil von 10% im Futter aus, erübrigt sich eine Prüfung höherer Beimengungen. Eine Ausnahme bilden Produkte, die für einen Verzehr in großen Mengen für die menschliche Ernährung vorgesehen sind, z. B. neuartige Nahrungsmittel. In diesem Fall gelten besondere Bedingungen des Angebots mit dem Futter. Durch regelmäßige Analysen sind die gleichmäßige Verteilung der Testsubstanz im Futter und ihre Stabilität zu kontrollieren.

Bei Applikation des Testmaterials über das Futter ist eine Bestimmung des Futterverbrauches unerläßlich. Unter Berücksichtigung der Körpermasse läßt sich dadurch die Substanzaufnahme als Tagesdosis in mg/kg KM ausdrücken. Der Zusatz des Testproduktes zum Futter kann eine verminderte Futteraufnahme und damit einen Hungerzustand oder eine Nährstoffunterversorgung bewirken. Der geringere Futterverzehr kann durch unangenehmen Geschmack oder Geruch des Stoffes bedingt sein. Er kann aber auch Ausdruck einer Appetitsdepression infolge der Substanzwirkung sein. Zur Aufklärung der Ursachen und der Bedeutung eines solchen Zustandes ist die paarweise Fütterung eingeführt worden. Dabei wird dem einzelnen Tier in einer Kontrollgruppe die Futtermenge angeboten, welche ein feststehender Partner in einer Testgruppe am Tag zuvor zu sich genommen hat. Wegen des experimentellen Aufwandes, der auf Grund der Anwendung verschiedener Dosen im subchronischen Experiment gegeben ist, bleibt das Verfahren auf Sonderfälle beschränkt. Nager sind unmittelbar nach der Entwöhnung durch eine hohe Stoffwechselaktivität und große Wachstumsrate gekennzeichnet. Sie verzehren daher in Relation zur Körpermasse in der Anfangsphase des subchronischen Experimentes im Vergleich zum Versuchsende ein Mehrfaches (annähernd das 2,5fache) an Futter. Daraus resultiert bei konstantem Gehalt der Testsubstanz im Futter eine Verringerung der anfänglichen Dosis in der jeweiligen Gruppe auf nahezu 40%. Diese Applikationsbedingungen können sich in einer abnehmenden Wirkungsintensität im Versuchsverlauf widerspiegeln. Sollen die Dosierungen einer Testsubstanz bei Verabreichung mit dem Futter in Relation zur Körpermasse konstant gehalten werden, muß wöchentlich oder zweiwöchentlich der Anteil der Testsubstanz im Futter der Aufnahme angepaßt werden.

Eine Verabreichung löslicher Stoffe mit dem Trinkwasser ist möglich. Eine tägliche Applikation in Einzelgaben mittels Schlundsonde kann erforderlich werden, z. B.

— bei Instabilität der Testsubstanz im Futter,
— bei Futterverweigerung infolge unangenehmen Geschmackes oder Geruches der Testsubstanz.

In solchen Fällen ist das Testmaterial als Lösung oder Suspension zuzubereiten. Bei subchronischen Untersuchungen mit Hunden ist manchmal eine Verabreichung der Testsubstanz in Gelatinekapseln angebracht. Die Effekte können in Abhängigkeit vom Applikationsverfahren differieren. Während bei einer Verabreichung mit dem Futter die Testsubstanz verteilt in kleinen Mengen im Verlauf von 24 Stunden aufgenommen wird, erhält das Tier bei der Schlundsonden- oder Kapselapplikation die gesamte Tagesdosis in einer Gabe.

6.3.3.4. Beobachtungen und Untersuchungen

Die Aussagefähigkeit eines subchronischen Versuches wird durch die Auswahl der Untersuchungsmethoden und -parameter bestimmt. Nachteilige Wirkungen der Testsubstanzverabreichung können sich sowohl in morphologischen Veränderungen des Tieres oder bestimmter Organe bzw. Organsysteme als auch in Funktions- und Verhaltensstörungen äußern. Die Untersuchungen müssen daher Reaktionen und Parameter aus den verschiedenen Bereichen möglicher Veränderungen berücksichtigen, z. B.:

— Allgemeine Merkmale und Meßgrößen

Aussehen, Verhalten, Gesundheitszustand, Sterblichkeit, Körpermasse, Futterverbrauch (Trinkwasserverbrauch).

— Hämatologische Parameter

Hämoglobin, Erythrozytenzahl, Leukozytenzahl, Differentialblutbild, Retikulozytenzahl, Thrombozytenzahl, Prothrombin- und Blutgerinnungszeiten.

— Klinisch-chemische, biochemische und physiologische Parameter

Blutbestandteile, Urinbestandteile, Enzymaktivitäten, Stoffwechselvorgänge, Nierenfunktion Leberfunktion.

— Morphologische Parameter

Organmasse, makroskopische Organveränderungen, histologische Veränderungen.

Untersuchungen sind nicht nur am Versuchsende, sondern auch im Versuchsverlauf durchzuführen, um die Zeitabhängigkeit induzierter Veränderungen und eventuelle reversible Störungen und Schädigungen zu erfassen. Manche Richtlinien fordern, daß hämatologische und klinisch-chemische Untersuchungen auch unmittelbar vor Versuchsbeginn vorgenommen werden. Die Regel sind Untersuchungen nach 6 Wochen und am Versuchsende. Gesundheitszustand und Verhalten der Tiere müssen ständig kontrolliert werden. Ein wichtiges Bewertungskriterium ist das Wachstum der Tiere, das durch wöchentliche Wägungen zu verfolgen ist. Veränderungen der Körpermasseentwicklung lassen darauf schließen, daß nachteilige Auswirkungen der Testsubstanzverabreichung gegeben sind. Laufende Bestimmungen des Futterverbrauches geben Aufschluß über die aufgenommene Menge des Stoffes, wenn eine Verabreichung mit der Nahrung vorgenommen wird. In regelmäßigen Abständen durchgeführte Blutuntersuchungen sind geeignet, direkte hämatologische Wirkungen oder Veränderungen der Hämatopoese als Folge der Beeinträchtigung des Organismus aufzuzeigen.

Im Rahmen der klinisch-chemischen, biochemischen und physiologischen Untersuchungen sind spezifische Analysen und Bestimmungen erforderlich, die eine Vielzahl von Methoden einschließen. Mit dem Nachweis von Enzymaktivitäten in Körperflüssigkeiten und Organen werden besonders sensible Parameter für toxische Wirkungen erfaßt. Die zentrale Stellung der Leber beim Um- und Abbau der Stoffe und bei der Bildung toxischer Metaboliten sowie der Niere als Ort der direkten Stoffausscheidung erfordern, daß diese ständig exponierten Organe speziellen Funktionsprüfungen unterzogen werden. In Sonderfällen werden Verfahren wie Elektrocardiografie, Elektroencephalografie, Elektromyografie, Messung der Nervenleitung herangezogen.

Am Versuchsende werden im Anschluß an die Autopsie der Tiere mit gründlicher makroskopischer Untersuchung die wichtigsten Organe entnommen und gewogen. Die subchronische Toxizitätsprüfung wird mit den zeitaufwendigen histologischen Untersuchungen abgeschlossen. Die Organe können manchmal ausreichend funktionieren, obwohl bereits eine Gewebsschädigung eingetreten ist. Strukturelle Veränderungen werden daher oft erst durch histologische, histochemische oder elektronenmikroskopische Untersuchungen erkannt.

Alle ermittelten Daten sind einer statistischen Analyse zu unterziehen. Als Signifikanzgrenze gilt in der Regel $p < 0,05$.

6.4. Chronische Toxizitätsprüfung

6.4.1. Untersuchungsziele

Die chronische Toxizitätsprüfung erfordert die kontinuierliche Verabreichung der Testsubstanz an Versuchstiere in einer geeigneten Applikationsart und mit angemessenen Dosierungen über eine lange Zeitspanne. Im Falle kurzlebiger Versuchstiere schließt die Expositionsdauer den Hauptteil der Lebenszeit ein. Mit der langfristigen Stoffapplikation wird versucht, die menschliche Situation einer ständigen Substanzaufnahme zu simulieren. Die chronische Untersuchung verfolgt das Ziel, unter Verabreichung geringer Mengen des zu prüfenden Stoffes toxische Wirkungen aufzufinden und zu charakterisieren, die nur nach langfristiger Exposition offenkundig werden, irreversibel oder progressiv sind oder auf Grund altersabhängiger Empfindlichkeit bestimmter Gewebe auftreten.

Das chronische Experiment dient gleichzeitig dazu, die maximale Dosis zu ermitteln, bei der unerwünschte Effekte nicht nachweisbar sind (NOEL). Die Ergebnisse dieser wichtigen Stufe des toxikologischen Untersuchungsprogrammes bestimmen entscheidend die Einschätzung über Schädlichkeit oder Unbedenklichkeit der Aufnahme eines chemischen Stoffes mit der menschlichen Nahrung. Neben der chronischen Toxizitätsprüfung steht als weitere Langzeit-Toxizitätsuntersuchung die Cancerogenitätsprüfung. Während die chronische Prüfung darauf abzielt, die Dosis-Beziehungen aller auftretenden Wirkungen zu erfassen, verfolgt die Cancerogenitätsprüfung das Ziel, das Vorkommen oder Ausbleiben eines besonderen Typs toxischer Effekte, nämlich die Cancerogenität (Oncogenität) zu bewerten. Die beiden Untersuchungsverfahren können getrennt durchgeführt werden. Die Prüfung der chronischen Toxizität und Cancerogenität in einem Experiment ist möglich. Da die Cancerogenitätstestung gesondert im Abschn. 6.7. behandelt wird, befaßt sich dieser Beitrag ausschließlich mit den Erfordernissen der chronischen Toxizitätsprüfung.

6.4.2. Versuchsdurchführung

Die chronische Toxizitätsprüfung hat wegen ihrer Dauer und Komplexität der Vielzahl von Faktoren, die Versuchsablauf und Versuchsergebnis beeinflussen können, besondere Beachtung zu schenken (Abschn. 6.1.5.). Nicht zuletzt haben Unzulänglichkeiten früherer chronischer Experimente Veranlassung zur Aufstellung der GLP-Grundsätze gegeben. Für die Durchführung chronischer Experimente wird nunmehr vorausgesetzt, daß die Testeinrichtungen den Anforderungen an das toxikologische Tierexperiment entsprechen und definierte Bedingungen für den Ausschluß bzw. eine Kontrolle einflußnehmender Faktoren gegeben sind (Abschn. 6.1.4. und 6.1.5.). Die Prinzipien chronischer Toxizitätsprüfungen werden in verschiedenen nationalen und internationalen Richtlinien behandelt. Obwohl es Auffassungen gibt, daß eine chronische Toxizitätsprüfung als Forschungsexperiment anzusehen ist und genaue Durchführungsbestimmungen unangebracht sind, zeichnet sich der Trend einer weitgehenden Standardisierung im Interesse einer Vergleichbarkeit von Ergebnissen ab.

6.4.2.1. Auswahl der Versuchstiere

Die Spezies der Wahl für chronische Toxizitätsprüfungen ist die Ratte. Auf Grund ihrer relativ kurzen Lebenserwartung (Abb. 6.2) kann mit einer zweijährigen Versuchsdauer den Bedingungen einer Exposition über den größten Teil der Lebensspanne entsprochen werden. Die Auswahl eines geeigneten Stammes sollte durch verfügbare Daten über

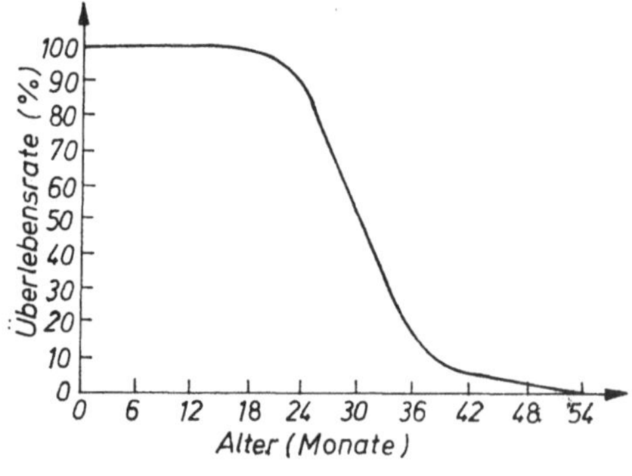

Abb. 6.2. Überlebensrate von Nagern (aus GRICE, H. C.: *"Current Issues in Toxicology"*. Springer-Verlag, New York/Berlin/Heidelberg/Tokyo 1984)

Spontanerkrankungen bestimmt sein. Beispielsweise sind einzelne Rattenstämme durch hohe Incidenz an chronischer Nephritis, Amyloidose und Mammatumoren gekennzeichnet. Nach Möglichkeit sind Tiere des für die subchronische Toxizitätsprüfung verwendeten Stammes einzusetzen.

Verschiedene Richtlinien fordern die Durchführung chronischer Toxizitätsprüfung an einer weiteren, nicht zu den Nagern gehörenden Tierart. Grundlage für diese Forderung ist die Erfahrung, daß chronische Effekte bei Nichtnagern, aber nicht bei Rodentieren aufgetreten sind, wobei es auch Beispiele für den umgekehrten Fall gibt. Als Nichtrodentier werden in chronischen Experimenten bevorzugt Hunde eingesetzt. Sie zeigen als Vertreter der Carnivoren gegenüber den omnivoren Ratten verschiedentlich Unterschiede in der Metabolisierung chemischer Stoffe. Bei Beginn der Exposition sollten Ratten nicht älter als 6 und Hunde nicht älter als 10 Wochen sein. Im Versuch mit Ratten muß jede Gruppe aus mindestens 50 Männchen und 50 Weibchen bestehen. Die Mindestgröße der Gruppen bei Verwendung von Hunden beträgt 6 männliche und 6 weibliche Tiere. Eine individuelle und Gruppenkennzeichnung ist unerläßlich. Traditionell erfolgt die Verabreichung der Testsubstanz im chronischen Experiment bei beiden Spezies über einen Zeitraum von 24 Monaten. Da der Einsatz von gesunden Versuchstieren (z. B. von SPF-Tieren) und optimale Haltungsbedingungen in den Testeinrichtungen eine Verlängerung der Lebenszeit für Rodentier ermöglichen, fordern manche Richtlinien eine über 2 Jahre hinausgehende Versuchsdauer (z. B. EPA 30 Monate) mit Ratten. Wie der Mensch entwickeln auch die Nager altersabhängige Veränderungen, die zur Beeinflussung von Organfunktionen führen. Die Ergebnisse chronischer Experimente müssen unter dem Aspekt solcher altersabhängigen Veränderungen bewertet werden. Da die Alterationen mit fortschreitendem Alter an Ausprägung, Häufigkeit und an Anzahl pro Tier zunehmen, vergrößert sich die Schwierigkeit einer Abgrenzung toxischer Effekte und chemisch induzierter neoplastischer Veränderungen von normal auftretenden geriatrischen Erscheinungen. Ein solcher Zustand der Versuchstiere erschwert auch die Aussage, inwieweit unter dem Einfluß der Testsubstanz eine Beschleunigung von Altersprozessen erfolgt. Manche Richtlinien machen das Versuchsende vom prozentualen Anteil der überlebenden Tiere in den verschiedenen Gruppen abhängig. Beispielsweise wird die Tötung der verbleibenden Tiere vorgeschlagen, wenn infolge hoher Sterblichkeit vor Ablauf von 24 Monaten die Anzahl der Überlebenden in der Kontrollgruppe nur noch 20% der ursprünglichen Tierzahl ausmacht.

6.4.2.2. Dosierungen

Die Testsubstanz ist in Dosierungen anzuwenden, die eine Dosis-Wirkungs-Analyse und die Ermittlung eines NOEL gewährleisten. Die höchste Dosis sollte unter Berücksichtigung klinischer, biochemischer oder pathologischer Parameter bei Ratten schwach toxisch sein und das Überleben der Tiere nicht merklich beeinträchtigen.

Bei Hunden muß eine signifikant toxische Wirkung bei minimaler Letalität vorliegen. Die Auffindung des zutreffenden Dosisbereiches ist eine der wichtigsten und schwierigsten Aufgaben in der Vorbereitung einer chronischen Toxizitätsprüfung. Es gibt zahlreiche Beispiele dafür, daß durch Anwendung zu hoher Dosen der vorzeitige Tod von Versuchstieren bewirkt wurde und damit das Ziel der Toxizitätsermittlung bei einer nahezu lebenslänglichen Exposition nicht erreicht werden konnte.

Hohe Dosen eines Testmaterials können bei langfristiger Applikation normale physiologische Vorgänge im Organismus beeinflussen und über verschiedene Mechanismen zu sekundären toxischen Effekten führen. Ein Beispiel hierfür ist die Bildung von Calculi in den Harnorganen von Ratten durch hohe Dosen von Nitrilotriessigsäure, die eine Induktion von Tumoren zur Folge hat. Hohe Dosen von chemischen Stoffen, die chronische Leberschädigung verursachen, können in einzelnen Fällen zur Induktion von Lebertumoren führen. Als Ursachen für die Auslösung sekundärer Effekte kommen physiologische oder biochemische Veränderungen normaler Organfunktionen, chronische Schädigungen, verlängerte Immunsuppression, chronische und exzessive Hormonstimulierung oder ernährungsphysiologische Imbalancen in Frage. Die Anwendung abgestufter Dosen erhöht die Möglichkeit, zwischen verschiedenen Mechanismen der Induktion von Sekundäreffekten zu unterscheiden.

Chemische Stoffe können bei Applikation in hohen Dosen ihre eigene Toxizität erhöhen oder verringern. Ein solcher Toxizitätswandel kann auf einer Inhibition oder Stimulierung fremdstoffmetabolisierender Enzyme beruhen (s. Abschn. 4.2.). Er kann aber auch dadurch zustande kommen, daß sich infolge einer Beeinflussung physiologischer Vorgänge die Metabolismusroute ändert. Eine obere Begrenzung der höchsten Dosis wird generell für notwendig erachtet (s. a. Abschn. 6.3.3.3.). Über die Kriterien ihrer Festlegung gehen die Ansichten auseinander. Zur Erleichterung der Dosisauswahl für die chronische Toxizitätsprüfung existieren verschiedene Vorstellungen. Übereinstimmend gilt die subchronische Toxizitätsprüfung, die den Charakter toxischer Wirkungen definiert und die Dosis-Wirkungs-Beziehungen aufzeigt, als notwendige Voraussetzung für die Festlegung der höchsten Dosis im chronischen Experiment. Praktikabel ist der Vorschlag, als höchste Dosis eine Substanzmenge anzuwenden, die durch die subchronische Toxizitätsprüfung folgendermaßen gekennzeichnet ist:

— Induziert keine toxischen Wirkungen, die sich als Zellschädigung oder Organfunktionsstörung widerspiegeln,
— induziert keine Anzeichen für eine Verkürzung der Lebenserwartung, außer als Ergebnis neoplastischer Veränderungen,
— bewirkt keine Wachstumsverzögerung, die 10% im Vergleich zu den Kontrolltieren übersteigt.

Dabei ist für die Berücksichtigung dieser Dosis nicht unwesentlich, ob die Wachstumsretardierung durch Anorexie, Dysphagie, verminderte Schmackhaftigkeit des Futters oder durch sekundäre Auswirkungen einer Diarrhoe oder Nährstoffimbalancen bedingt ist. Bei bestimmten Stoffen kann die Ableitung angemessener Dosierungen auf der Grundlage subchronischer Experimente Schwierigkeiten bereiten. Als Beispiele hierfür sind Substanzen wie halogenierte Kohlenwasserstoffe zu nennen, die sich in den Geweben anreichern. Im Falle einer Bioakkumulation sind daher Kenntnisse über das Schicksal des Stoffes im Organismus eine wichtige Voraussetzung für die Festlegung des Dosisbereiches. Die Dosis, von der toxische Wirkungen im chronischen Experiment nicht erwartet werden, sollte nicht unter der in Frage kommenden Aufnahmemenge des Menschen liegen. Sie sollte vielmehr ausreichend hoch sein, damit die Anwendung einer angemessenen Sicherheitsspanne für die Ableitung einer annehmbaren Dosis beim Menschen möglich wird. Um der Zielsetzung zu entsprechen, muß das chronische Experiment mindestens drei unterschiedliche Dosierungen einschließen. In jedem Versuch ist eine Kontrollgruppe einzubeziehen, die, von der Substanzverabreichung abgesehen, in jeder Beziehung mit den Testgruppen identisch sein muß.

6.4.2.3. Applikation der Testsubstanz

Hinsichtlich der Testsubstanzverabreichung gelten die für die subchronische Toxizitätsprüfung dargelegten Prinzipien (Abschn. 6.3.3.3.). Inkorporation in das Futter oder Verabreichung über das Trinkwasser sind die zweckmäßigsten Applikationsarten. In beiden Fällen erfolgt das Angebot ad libitum. Die meisten Testsubstanzen tragen keine für das Versuchstier verwertbare Energie in das Futter ein. Ist ein wesentlicher Anteil des Futters durch die Testsubstanz ersetzt, versuchen die Tiere durch einen erhöhten Futterverzehr ihren Energiebedarf zu decken. Sind sie jedoch nicht in der Lage, genügend Energie für ein angemessenes Wachstum aufzunehmen, können subtile physiologische Veränderungen oder verminderte Lebenserwartung die Folge sein.

Handelt es sich bei den Testmaterialien um Energielieferanten, ist das veränderte Verhältnis zwischen den Energiequellen (Protein, Kohlenhydrat, Fett) und eine eventuell verminderte Vitamin- und Mineralstoffaufnahme zu beachten.

6.4.2.4. Beobachtungen und Untersuchungen

Das chronische Experiment erfordert tägliche Beobachtungen aller Tiere. Jede Abweichung vom normalen Zustand oder im Verhalten, Toxizitätssymptome, Morbidität, Sterblichkeit und Todesursache sind zu registrieren. Der Verlust von Tieren durch Kannibalismus, Autolyse oder aus anderen Gründen (z. B. Entlaufen) ist durch geeignete Maßnahmen weitgehend auszuschließen. Ein Versuch gilt als unzulänglich, wenn derartige Tierverluste 5% in einer Versuchsgruppe übersteigen.

Relevante Untersuchungsparameter sind Wachstum und Futterverbrauch. Manche Richtlinien verlangen wöchentliche Bestimmungen von Körpermasse und Futteraufnahme während des gesamten Versuches. Andere fordern Bestimmungen in wöchentlichen Intervallen für die ersten 3 Monate und danach in regelmäßigen Abständen von 2 oder 4 Wochen. Verschiedentlich wird die Futterverwertung, die sich aus der Beziehung Futterverbrauch zum Körpermassezuwachs ergibt, als Untersuchungskriterium einbezogen. Die Wasseraufnahme ist regelmäßig zu ermitteln, wenn die Testsubstanz mit dem Trinkwasser verabreicht wird.

Im Verlauf des chronischen Experimentes sind umfangreiche hämatologische und klinisch-chemische Untersuchungen sowie Funktionsprüfungen erforderlich (Tab. 6.8).

Tabelle 6.8. Klinische Laboruntersuchungen

Hämatologie
Hämatokrit, Hämoglobin, Erythrozytenzahl, Retikulozytenzahl (bei Anämie), Leukozytenzahl, Differentialblutbild, Thrombozytenzahl, Blutgerinnungszeit, Prothrombinzeit
Serumanalysen
Calcium, Natrium, Kalium, Chlorid, Lactatdehydrogenase, Alaninaminotransferase, Aspartataminotransferase, Creatininkinase, Cholinesterase, alkalische Phosphatase, Glucose, Harnstoff-Stickstoff, Creatinin, direktes und Gesamtbilirubin, Cholesterol, Triglyceride, Gesamtprotein, Albumin, Globulin
Urinanalysen
Spezifische Masse oder Osmolarität, pH, Protein, Glucose, Ketone, Bilirubin, Urobilinogen, Sediment (mikroskopisch)
Funktionsprüfungen
Leber, Niere, Lunge, Cardiovasculäres System

10*

Die quantitativen Bestimmungen werden gewöhnlich nach 3, 6, 12, 18 und 24 Monaten vorgenommen. Bei Verwendung von Ratten sind die Untersuchungen an mindestens 8 Männchen und 8 Weibchen aus jeder Gruppe durchzuführen. Im Falle von Nichtnagern müssen alle Tiere untersucht werden. Alle während des Versuches verendeten sowie alle zwischenzeitlich und am Versuchsende getöteten Tiere werden seziert und makroskopisch begutachtet. Organmasseveränderungen können wichtige Anzeichen toxischer Wirkungen darstellen. Bestimmungen der absoluten und relativen (bezogen auf Körpermasse) Masse von Gehirn, Herz, Lunge, Leber, Nieren, Nebennieren, Milz, Gonaden, Hypophyse und Schilddrüse gehören daher zum morphologischen Untersuchungsprogramm.

Tabelle 6.9. Organe und Gewebe für histologische Untersuchungen

- Gehirn (Vorder-, Mittel-, Hinterhirn), Hypophyse, Rückenmark (Hals-, Brust-, Lendenregion)
- Augendrüsen, Speicheldrüsen, Schilddrüse mit Nebenschilddrüse, Brustdrüsen, Thymus
- Schleimhaut von Zunge, Backen, Rachen, Nasenrachen
- Herz und Aorta (drei Abschnitte)
- Luftröhre, Lungen, Hauptbronchien
- Speiseröhre, Magen, Dünndarm, Dickdarm einschließlich Blinddarm, Mastdarm
- Nebennieren, Bauchspeicheldrüse, Leber (zwei Lappen), Gallenblase (wenn vorhanden), Milz
- Nieren, Harnblase
- Lymphknoten
- Knochen, einschließlich Knochenmark
- Haut, Skelettmuskel
- von Männchen: Hoden, Prostata und andere akzessorische Geschlechtsorgane
- von Weibchen: Vagina, Gebärmutter und Hals der Gebärmutter, Eierstöcke, Eileiter

Proben der wichtigsten Organe und Gewebe (Tab. 6.9) werden für histologische Untersuchungen vorgesehen. Um die Entwicklung morphologischer Veränderungen erfassen zu können, sind zwischenzeitliche Untersuchungen erforderlich.

6.5. Reproduktionstoxikologische Untersuchungen

6.5.1. Aufgabe

Aufgabe reproduktionstoxikologischer Untersuchungen ist die Erkennung und Analyse schädigender Einflüsse chemischer Stoffe auf die Vorgänge der Reproduktion. Die Bedeutung solcher Untersuchungen ergibt sich aus den besonderen physiologischen Zuständen des Reproduktionscyclus. Reproduktion stellt sich als komplexe Folge miteinander zusammenhängender physiologischer Ereignisse auf der Basis komplizierter und empfindlicher endokriner Regelkreise dar. Diese Vorgänge ermöglichen die Erhaltung der „Keimbahn" und die Übertragung genetischer Information von einer Generation auf die andere. Da die prädiktive Risikoermittlung den Ausschluß unerwünschter Wirkungen auf den Menschen zum Ziel hat, bedient man sich bei reproduktionstoxikologischen Untersuchungen vorrangig des Säugetiers als Modell.

Die wichtigsten Phasen im Reproduktionscyclus der Säugetiere sind:

1. Gametogenese (Oogenese, Spermatogenese),
2. Freisetzung und Transport der Keimzellen,

3. Befruchtung,
4. Furchung und Blastogenese,
5. Implantation,
6. Metabolische Veränderungen während der Gravidität,
7. Embryonale Entwicklungsphase (Embryogenese), Anlage und Ausbildung der Organe,
8. Fetalphase (frühe und späte), gekennzeichnet durch Histogenese, Wachstum und beginnende funktionelle Reifung,
9. Ausbildung der Placenta, Intensivierung der maternalen-fetalen Beziehungen,
10. Geburt und postnatale Einstellung,
11. Laktation und maternale Pflege,
12. Postnatales Wachstum, funktionelle und sexuelle Reife.

Reproduktionsstörungen können sowohl durch pränatal als auch postnatal induzierte Veränderungen biologischer Prozesse bedingt sein (Abb. 6.3). Pränatale Einflüsse setzen eine Exposition der Mutter während der Gravidität voraus. Postnatale Einflüsse können indirekt über die Laktation gegeben sein und die Entwicklungsvorgänge des Säuglings betreffen oder sie sind durch direkte Exposition vor oder während der Geschlechtsreife bedingt.

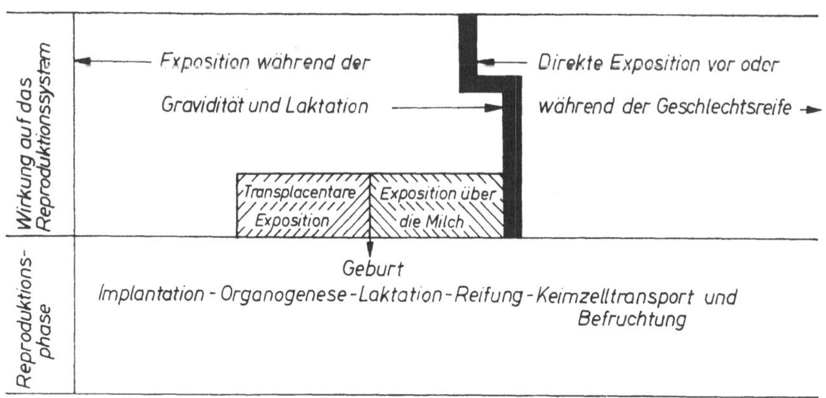

Abb. 6.3. Expositionsmöglichkeiten für die Induktion von Reproduktionsschäden (nach McLachlan, J. A., R. R. Newbold, K. S. Korach, J. C. Lamb IV und Y. Suzuki: *"Transplacental Toxicology: Prenatal Factors Influencing Postnatal Fertility."* In Kimmel, C. A. und J. Buelke-Sam: *"Developmental Toxicology."* Raven Press, New York 1981, S. 213—232)

6.5.2. Sensitive Faktoren für die Induktion von Reproduktionsstörungen

Einzelne Phasen des Reproduktionscyclus sind durch eine hohe spezifische Empfindlichkeit gegenüber chemischen Agenzien gekennzeichnet.

Gametogenese, Befruchtung, Implantation

Während der Gametogenese erfolgt die Bildung und Reifung der Eizellen und Spermien. Man nimmt an, daß die Keimbahn bereits gegenüber chemischen Stoffen in geringen Dosen empfindlich sein kann. Schädigungen während dieser Phasen des Reproduktionsprozesses können zu mutagenen Veränderungen führen. Bei den meisten Säugern ist die Oogenese besonders anfällig gegenüber Chemikalien, da die Bildung aller Oozyten während des fetalen Lebens erfolgt. Im Gegensatz zum weiblichen ist der männliche Säugerorganismus in der Lage, Keimzellen auch während des postnatalen Lebens zu produzieren, wobei die Anzahl mit der Pubertät ansteigt. Schädigungen der Spermatogenese können daher sowohl pränatal als auch postnatal induziert sein. Außer einer Beeinträchtigung oder Hemmung der Gametogenese sind Wirkungsmechanismen an den Gonaden möglich, die zur Produktion von geschädigten Keimzellen mit reduzierter Kapazität zur Befruchtung oder Befruchtbarkeit führen. Die Gametogenese kann auch dadurch gestört werden, daß die normale Hormonproduktion zur Regulation dieser Vorgänge beeinträchtigt ist. Oder es kommt zu Reproduktionsstörungen, weil die für Keimzelltransport, Befruchtung oder Implantation verantwortlichen Mechanismen beeinträchtigt sind.

Entwicklung des Genitaltraktes

Die Entwicklung des Genitaltraktes beginnt beim menschlichen Keimling im ersten Trimester. Während dieser Periode werden die männlichen und weiblichen Elemente für die Entwicklung des Genitaltraktes geprägt, das Fortpflanzungssystem erhält die charakteristischen Geschlechtsmerkmale.

Die wichtigsten Vorgänge sind

— beim weiblichen Geschlecht die Entwicklung des MÜLLERschen Ganges mit der Anlage von Ovidukt, Uterus, Cervix und oberer Vagina, die Rückbildung des WOLFFschen Ganges, Differenzierung des Ovars und die Oogenese,
— beim männlichen Geschlecht die Entwicklung des WOLFFschen Ganges mit der Anlage von Epididymis, Vas deferens und Samenblase, die Rückbildung des MÜLLERschen Ganges, Differenzierung des Hodens und Beginn der Spermatogenese.

Diese Differenzierungsvorgänge, die in allen Säugerembryonen ablaufen, haben sich als besonders anfällig gegenüber chemischen Stoffen erwiesen. Auswirkungen auf die Reproduktionsfunktionen können auf einer gestörten Entwicklung des Genitaltraktes, einer Beeinträchtigung der Gonadenfunktion oder neuroendokrinologischen Veränderungen beruhen.

Während der kritischen Perioden der Geschlechtsdifferenzierung produziert die männliche Gonade zwei Typen von Hormonen. Bei dem einen Typ handelt es sich um Androgene, welche die Entwicklung und Differenzierung der WOLFFschen Gänge zu den männlichen Geschlechtsgängen induzieren. Der andere Typ stellt den ursprünglich als x-Faktor bezeichneten Stoff dar, der die Differenzierung der für das weibliche Geschlecht typischen MÜLLERschen Gänge unterdrückt, so daß es im männlichen Geschlecht zu ihrer Rückbildung kommt (Abb. 6.4). Der x-Faktor wird neuerdings auch „Anti-Müllergang-Hormon" genannt. Chemische Verbindungen, die pränatal die Produktion dieser Hormone beeinflussen, können somit eine Fehlentwicklung während der Organogenese dieser Fortpflanzungsorgane verursachen.

Placentafunktion, maternal-conceptale Beziehungen

Einen wichtigen Aspekt im Reproduktionsprozeß nehmen die durch die Placenta vermittelten maternalen-conceptalen Beziehungen ein. Bei den Mammaliern ist der maternale Organismus die physikalische Umwelt der Frucht. Er stellt gleichzeitig die Versorgungsquelle für Erhaltung und Wachstum des Keimlings dar. Die Placenta dient dem Stoff- und Gasaustausch zwischen Mutter und Conceptus. Sie ist sowohl Stoffwechselorgan als auch endokrine Drüse. Eine durch chemische Stoffe induzierte Placentainsuffizienz oder -schädigung führt zu einer Minderversorgung und Entwicklungsgefährdung des Feten.

Es ist heute allgemein anerkannt, daß Moleküle vieler Stoffe die sogenannte Placentaschranke entweder durch einfache Diffusion oder durch ein aktives Transportsystem passieren können. Somit kann die Mehrzahl der vom graviden Säugerorganismus aufgenommenen Xenobiotica auch den Fetus erreichen. Die Substanzmenge, welcher der Keimling ausgesetzt ist, wird zunächst durch die Resorptionsrate des Stoffes in den mütterlichen Blutkreislauf bestimmt.

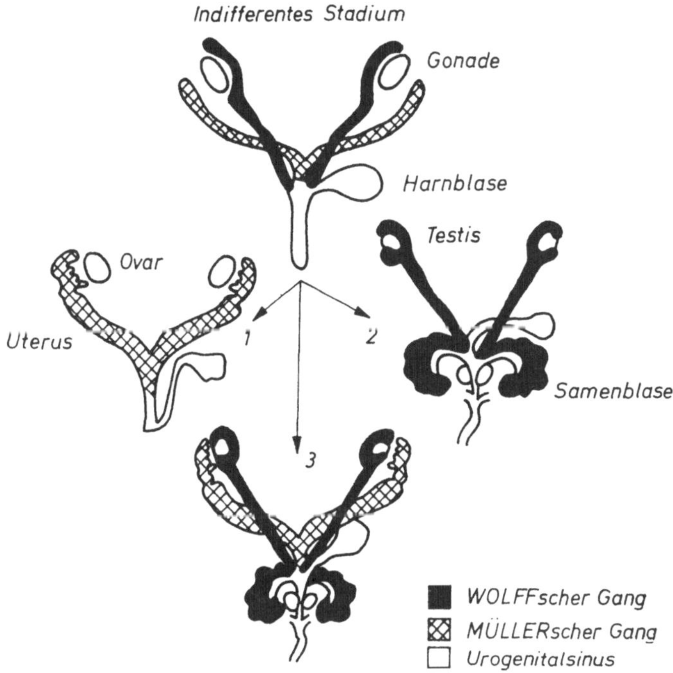

Abb. 6.4. Differenzierungsmöglichkeiten des Genitalsystems bei Säugern (aus: NEUMANN, F., W. ELGER, H. STEINBECK, K.-J. GRÄF: *"The role of androgens in sexual differentiation of mammals."* In: REINBOTH, R. L.: *"Intersexuality in the Animal Kingdom."* Springer-Verlag, Berlin 1975, S. 407—421)

1 — Androgene und x-Faktor nicht aktiv; 2 — Androgene und x-Faktor aktiv; 3 — Androgene aktiv, x-Faktor nicht aktiv

Ob dann eine schädigende Dosis auf Embryo oder Fetus einwirkt, bestimmen zwei Faktoren:

1. die Geschwindigkeit, mit der maternale homöostatische Prozesse die Verbindung aus dem Plasma eliminieren und
2. die Rate, mit der die im Plasma vorhandene Verbindung oder ihre Metaboliten die Placenta durchdringen.

Die Konzentration eines Xenobioticums im maternalen Blut unterliegt unter normalen Bedingungen beträchtlichen Veränderungen. Sie werden bestimmt durch maternale homöostatische Prozesse, wie Biotransformation, Exkretion, Proteinbindung und Gewebsspeicherung, sowie durch die Passage durch die Placenta zur Frucht. Bekanntlich sind diese verschiedenen biologischen Prozesse zeitabhängig. Deshalb hängt die embryonale Dosis sowohl von der Dauer der Substanzanwesenheit im maternalen Blut als auch von ihrer Konzentration ab. Die embryonale Dosis ist also der maternalen Blutkonzentration proportional, aber nur bei Stoffen, bei denen die Placentapassage durch einfache Diffusion erfolgt.

Gravidität

Der maternale Organismus ist während der Schwangerschaft besonders empfindlich. Zum einen sind die Mechanismen der Biotransformation verändert, zum anderen neigt der mütterliche Organismus zu veränderten Stoffwechselprozessen. Protein-, Kohlenhydrat- und Lipidmetabolismus sind während dieser Zeit verändert. Bestimmte Substanzen können zu spezifischen Störungen des für die Schwangerschaft wichtigen endokrinen Systems führen und Aborte oder vorzeitige Niederkunft bewirken. Beispiele hierfür sind Substanzen, die durch direkte oder indirekte Einwirkung an der Steroidsynthese beteiligte Enzyme hemmen.

Neugeborene

Der neugeborene Säugerorganismus zeigt sich gewöhnlich besonders anfällig gegenüber chemischen Stoffen. Wichtige biologische Faktoren, die eine erhöhte Suszeptibilität dieses Entwicklungsstadiums bedingen, sind rasches Gewebewachstum, Entwicklung des ZNS, unvollständige Ausbildung der physiologischen Barrieren, z. B. der Blut-Hirn-Schranke, hohe gastrointestinale Stoffresorption, unentwickelte Biotransformationsmechanismen, unvollständige Funktion der Exkretionsorgane.

Laktation

Verschiedene Formen einer Laktationsbeeinträchtigung sind möglich. Es können

1. bestimmte Stoffe (z. B. Steroide) die Quantität der Milch vermindern und/oder die Qualität verändern,
2. ein Xenobioticum in die Milch gelangen und sie für den Säugling ungenießbar machen, ohne daß ein direkter Einfluß auf die Laktation vorgelegen hat und
3. Substanzen in Konzentrationen in die Milch gelangen, die toxische Auswirkungen auf die Nachkommenschaft haben.

Geschlechtsreife

Sensitive Vorgänge während der Geschlechtsreife sind im weiblichen Geschlecht Menarche, Ovulation und Endometriumcyclus und im männlichen Geschlecht, Prostata- und Samenblasensekretion, Spermatogenese.

Auswirkungen auf den Reproduktionsprozeß sind durch Störungen der Sekretion, des Cyclus, des Keimzelltransportes, durch Beeinträchtigung der Gonadenfunktion oder von Befruchtung und Implantation bedingt.

Verhalten

Die Funktion der Reproduktion schließt auch eine Verhaltenskomponente ein. Durch chemische Stoffe induzierte Verhaltensstörungen können daher zur Infertilität führen, ohne daß eine unmittelbare Wirkung auf endokrine Organe oder den Genitaltrakt vorgelegen hat.

6.5.3. Prüfung auf reproduktionsschädigende Wirkung

Unter der Vielfalt möglicher toxischer Auswirkungen chemischer Stoffe auf Organe und Funktionen treten bestimmte Effekte nur während des komplexen physiologischen Prozesses der Reproduktion in Erscheinung. Daraus ergibt sich die Notwendigkeit, während der Reproduktion gegebene Gefährdungen durch besondere Untersuchungsverfahren aufzudecken. Zum einen hat sich gezeigt, daß Auswirkungen auf die Reproduktion nicht in jedem Fall mit pathologischen oder histopathologischen Befunden korrelieren. Zum anderen gibt es Hinweise, daß Reproduktionsparameter in verschiedenen Fällen empfindlichere Indikatoren schädigender Wirkungen als andere Kriterien sind und auf Dosierungen reagieren, die unter den in subchronischen oder chronischen Versuchen ermittelten unwirksamen Mengen liegen.

Dem Erfordernis der besonderen Berücksichtigung des Reproduktionsvorganges bei der toxikologischen Beurteilung chemischer Stoffe wird heute weitgehend in den internationalen Richtlinien und Anforderungen Rechnung getragen. Obwohl es hinsichtlich der Durchführung reproduktionstoxikologischer Prüfungen international eine Reihe von Varianten gibt, stimmen die experimentellen Grundlagen im wesentlichen überein. Die Applikation des Stoffes erfolgt unter dem Aspekt der lebensmitteltoxikologischen Einschätzung auf oralem Wege. Es sind mehrere Dosierungen anzuwenden. Meist wird eine Abstufung in drei Dosierungen vorgenommen. Einige Richtlinien empfehlen, daß die höchste Dosis noch gerade von den Elterntieren vertragen werden soll, also keine toxischen Wirkungen hervorruft. Andere gehen davon aus, daß eine minimale Wirkung angebracht sei. Bei jedem Versuch ist eine Kontrollgruppe mitzuführen. Die wichtigsten Untersuchungsverfahren zur Erkennung von Reproduktionsstörungen sind:

— Prüfung auf männliche und weibliche Fertilität,
— Prüfung auf allgemeine Fortpflanzungsfähigkeit,
— Prüfung auf teratogene Wirkung,
— Peri- und Postnatal-Test,
— Multigenerationstest.

Verschiedene Richtlinien fassen die ersten 4 Untersuchungsverfahren in drei Abschnitte (Segmente) zusammen:

Abschnitt 1: Prüfung auf männliche und weibliche Fertilität und allgemeine Fortpflanzungsfähigkeit

Abschnitt 2: Untersuchung auf selektive Teratogenität

Abschnitt 3: Peri- und postnatale Untersuchung

Bei Lebensmittelzusatzstoffen, -kontaminanten und Pesticiden finden hauptsächlich die Teratogenitätsprüfung und der Multigenerationstest Anwendung. Es gibt Vorstellungen, beide Untersuchungsverfahren mit der subchronischen Toxizitätsprüfung zu kombinieren.

Bei den weiteren Betrachtungen zur praktischen Durchführung der reproduktionstoxikologischen Untersuchungen wird die Teratogenitätsprüfung ausgeklammert, da sie Gegenstand des nachfolgenden Abschn. 6.6. ist.

6.5.3.1. Prüfung auf Fertilität und allgemeine Fortpflanzungsfähigkeit

Zur Prüfung auf männliche und weibliche Fertilität und allgemeine Fortpflanzungsfähigkeit werden vorwiegend Ratten, daneben aber auch Mäuse eingesetzt. Die Schemata
(Abb. 6.5) skizzieren das Versuchsprinzip bei der Verwendung von Ratten. Die Tierzahl pro Gruppe sollte mindestens 10 Männchen und 20 Weibchen betragen. Gepaart
wird in der Regel im Verhältnis ein Männchen zu zwei Weibchen über einen Zeitraum

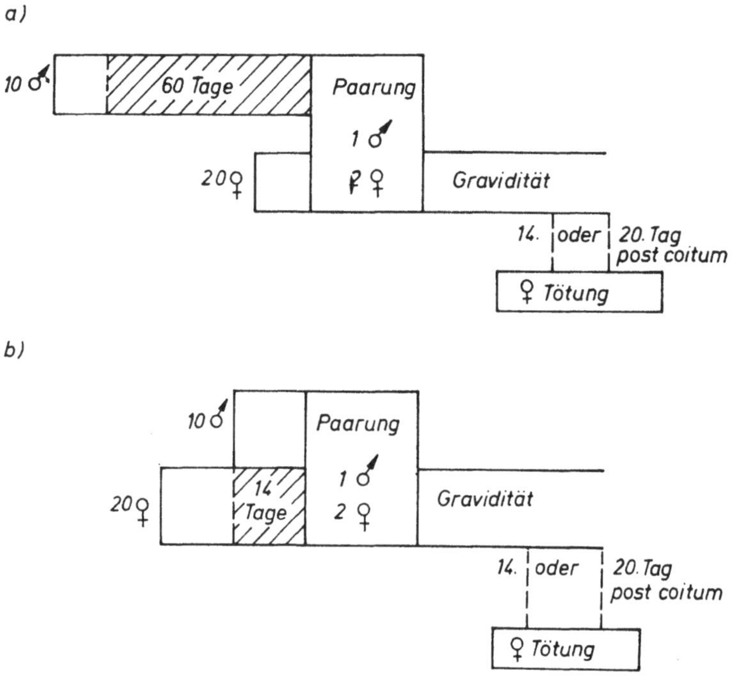

Abb. 6.5. Prüfung auf männliche (a) und weibliche (b) Fertilität

von zwei bis drei Wochen. Bei der Prüfung auf männliche Fertilität müssen die Männchen mindestens 60 Tage vor der Paarung mit der Testsubstanz behandelt werden. Die
lange Behandlungszeit der Männchen ist darin begründet, daß die Spermatogenese bei
der Ratte diesen Zeitraum umfaßt und die Exposition alle Stadien der Spermienentwick-
lung einschließen soll. Für die Paarung werden unbehandelte Weibchen verwendet.

Bei der Prüfung auf weibliche Fertilität erhalten die Weibchen mindestens 14 Tage
vor der Paarung die Testsubstanz, damit der Östruscyclus ein- oder zweimal erfaßt wird.
Da die weibliche Gametogenese pränatal erfolgt, wie schon erläutert wurde, fällt dieser
Prozeß nicht in die Behandlungszeit. Für die Paarung werden unbehandelte Männchen
verwendet.

In beiden Tests wird der Paarungserfolg ermittelt. Die graviden Ratten werden entweder am 14. oder 20. Tag post coitum (p.c.) getötet. Nach Laparotomie erfolgt die Bestimmung der Anzahl der Corpora lutea, Implantationen, Resorptionen, lebenden und
toten Keimlingen und Ermittlung der Prä- und Postimplantationsverluste.

Ein spezielles Verfahren zur Prüfung der männlichen Reproduktionsfunktion, gleichzeitig auch zum Nachweis von dominanten Letalmutationen, stellt die Methode der Reihenpaarung mit Ratten oder Mäusen dar. Nach der Behandlung mit der Testsubstanz wird jedes Männchen über einen Zeitraum von 7 Tagen zur Paarung mit einem unbehandelten Weibchen gehalten. Während der Paarungszeit erfolgt eine tägliche Kontrolle auf stattgefundene Besamung. Nach einer Woche wird dem Männchen ein anderes unbehandeltes Weibchen zugesetzt. Dieser Vorgang wird gewöhnlich über eine Zeitspanne von 10 Wochen fortgesetzt. Die graviden Weibchen werden etwa am 13. Tag p.c. getötet und hinsichtlich ihrer lebenden und toten Keimlinge untersucht. Das mit dieser Methode erfaßte Profil der männlichen Fertilität gibt gleichzeitig Aufschluß, welches Stadium der Spermatogenese durch die Behandlung der Männchen mit der Testsubstanz geschädigt wurde.

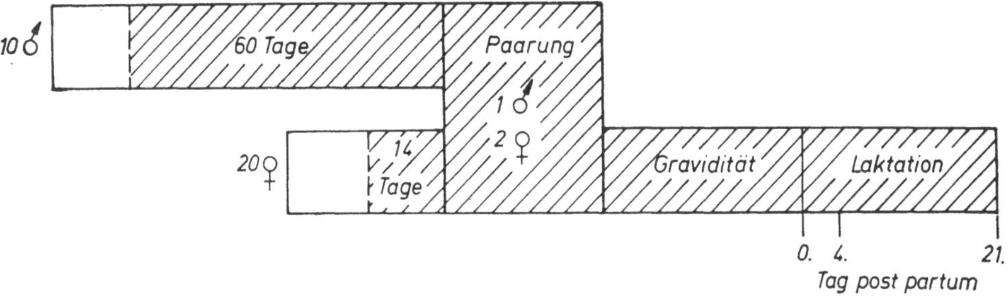

Abb. 6.6. Prüfung auf allgemeine Fortpflanzungsfähigkeit

Bei der Prüfung auf allgemeine Fortpflanzungsfähigkeit (Abb. 6.6) erfolgt die Substanzverabreichung vor der Paarung wie bei den Fertilitätsprüfungen, d. h. mindestens 60 Tage bei den Männchen und mindestens 14 Tage bei den Weibchen. Die Behandlung beider Geschlechter wird über den zwei- bis dreiwöchigen Paarungszeitraum fortgesetzt, um einen möglichen Einfluß auf Libido, Befruchtung und Eitransport zu erfassen. Die weiblichen Tiere erhalten die Testsubstanz auch während der Gravidität und nach dem Spontanwurf während der Laktation, wodurch eventuelle Effekte auf Implantationen, Embryogenese und Fetogenese sowie neonatale Entwicklung berücksichtigt werden. Außer dem Paarungserfolg, der sich in der Befruchtungsquote widerspiegelt, und der Trächtigkeitsdauer werden Masse und Anzahl der lebenden Jungtiere sowie die Anzahl der toten Jungtiere am 1., 4. und 21. Tag (Absetztermin) bewertet.

6.5.3.2. Peri- und Postnatal-Test

Der Peri- und Postnatal-Test (Abb. 6.7) dient der Feststellung, ob eine Exposition der Mütter während des letzten Drittels der Gravidität und während der Stillperiode den Geburtsvorgang und die postnatale Entwicklung der Nachkommen beeinträchtigt. Bei der Ratte liegt der Beginn der Substanzapplikation beim 15. Tag post coitum. Für die Untersuchung sollten mindestens 20 trächtige Tiere eingesetzt werden. Als Untersuchungsparameter werden herangezogen: Dauer der Gravidität, Masse und Anzahl lebender Jungtiere bei der Geburt sowie am 4. und 21. Tag post partum, Anzahl toter Jungtiere bei der Geburt sowie nach 4 und 21 Tagen. Eine nachweisbare Beeinträchtigung der Jungtierentwicklung kann dabei folgende Ursachen haben:

1. Am Keimling sind pränatal funktionelle oder organische Schäden induziert worden.

2. Laktation oder Aufzuchtinstinkt der Muttertiere sind beeinflußt.

3. Durch Sekretion des Stoffes oder seiner Metabolite in die Milch kommt es zur toxischen Wirkung auf die Jungtiere.

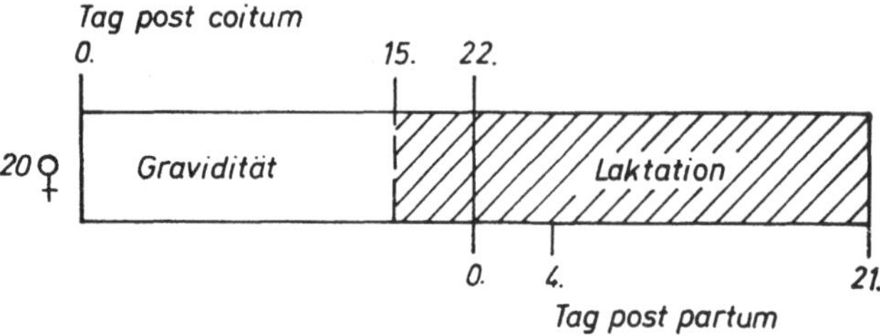

Abb. 6.7. Peri- und Postnatal-Test

6.5.3.3. Multigenerationstest

Im Multigenerationsversuch erfolgt eine kontinuierliche Verabreichung der Testsubstanz über mehrere Generationen. Hinsichtlich der Durchführung und Generationsfolge gibt es zwischen den Empfehlungen der verschiedenen Länder Abweichungen. Im folgenden wird das häufig angewandte Verfahren eines Reproduktionsversuches über drei Generationen mit zweimaliger Paarung in jeder Generation erläutert (Abb. 6.8). Als Versuchstiere werden Ratte oder Maus gefordert. Das Alter der Tiere sollte zu Versuchsbeginn bei Ratten vier bis sechs Wochen und bei Mäusen drei bis fünf Wochen betragen. Meist werden eine Kontrollgruppe und drei Testgruppen eingesetzt. Jede Gruppe sollte aus mindestens 10 Männchen und 20 Weibchen bestehen. In der Regel wird die Testsubstanz in abgestuften Konzentrationen mit dem Futter verabreicht. Die mittlere Konzentration sollte der Menge der Substanz entsprechen, die im subchronischen oder chronischen Versuch an Ratten keine nachteiligen Wirkungen hervorgerufen hat (NOEL). Die Tiere erhalten das Futter ad libitum. In Ausnahmefällen kann eine Schlundsondenapplikation erforderlich werden. Solche Fälle sind beispielsweise nachgewiesene Flüchtigkeit oder Instabilität der Testsubstanz im Futter oder eine Futterverweigerung infolge unangenehmen Geruches oder Geschmackes der Testsubstanz.

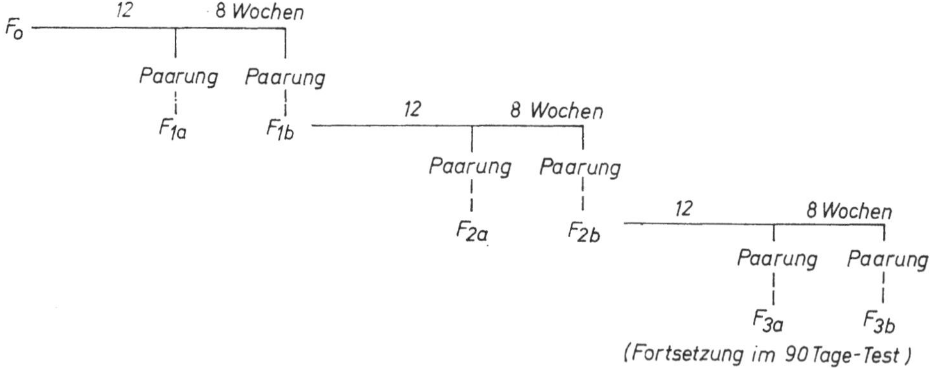

Abb. 6.8. Plan eines Reproduktionsversuches mit Ratten über 3 Generationen

Über einen Zeitraum von 12 Wochen erfolgt bei gleichzeitiger Substanzverabreichung eine wöchentliche Körpermassekontrolle und Bestimmung des Futterverbrauches. Danach werden die Tiere erstmalig über einen Zeitraum bis zu zwei Wochen im Verhältnis ein Männchen zu zwei Weibchen aus derselben Gruppe gepaart. Die zweite Paarung innerhalb der F_0-Generation wird acht Wochen nach der ersten Paarung (20 Wochen nach Beginn der Substanzverabreichung) vorgenommen. Die Würfe werden jeweils nach drei Wochen abgesetzt. Bei dem zweiten Wurf (F_{1b}) werden aus jeder Gruppe 10 Männchen und 20 Weibchen für die Produktion der weiteren Generation (F_2) unter Verabreichung der Testsubstanz ausgewählt. Die Paarungstermine entsprechen denen der F_0-Generation. Der Ablauf wiederholt sich in der F_2-Generation. Für jede Paarung bzw. jeden Wurf werden folgende Parameter bestimmt: Anzahl gravider Weibchen, Masse und Anzahl lebender Jungtiere bei der Geburt sowie am 4. und 21. Tag post partum, Anzahl toter Jungtiere bei der Geburt sowie nach 4 und 21 Tagen, Anzahl der Jungtiere mit externalen Malformationen.

Falls erforderlich, kann die Generationsfolge noch erweitert werden, sich ein subchronischer Versuch anschließen oder an den Absetzern weitere Untersuchungen vorgenommen werden.

Das Verfahren bei der Maus entspricht diesem für die Ratte angegebenen Paarungsschema mit dem Unterschied, daß die Substanz an die Elterntiere vor der ersten Paarung über einen Zeitraum von acht Wochen verabreicht wird.

Mit Hilfe der erfaßten Parameter werden für jede Paarung folgende Indizes der Reproduktions- und Laktationsleistung ermittelt:

Fertilitätsindex

$$\frac{\text{Anzahl der trächtigen Weibchen}}{\text{Anzahl gepaarter Weibchen}} \times 100$$

Gestationsindex

$$\frac{\text{Anzahl der Weibchen mit lebenden Würfen}}{\text{Anzahl trächtiger Weibchen}} \times 100$$

Lebendgeburtenindex

$$\frac{\text{Anzahl der Lebendgeborenen}}{\text{Gesamtzahl der Neugeborenen}} \times 100$$

Lebensfähigkeitsindex

$$\frac{\text{Anzahl lebender Jungtiere am 4. Tag}}{\text{Anzahl der Lebendgeborenen}} \times 100$$

Laktationsindex

$$\frac{\text{Anzahl lebender Jungtiere am 21. Tag}}{\text{Anzahl lebender Jungtiere am 4. Tag}} \times 100$$

6.5.3.4. Andere Untersuchungsverfahren

Neben diesen Prüfverfahren existieren weitere Untersuchungsmethoden, die zur Auffindung unerwünschter Einflüsse chemischer Stoffe auf die Reproduktion angewandt werden können. Sie wurden mit dem Ziel entwickelt, Reproduktionsschädigungen mit verringertem tierexperimentellen Aufwand oder in kürzerer Zeit unter in vivo- oder in vitro-Bedingungen zu erfassen. Auf einige dieser Verfahren soll hingewiesen werden, auch wenn sie bisher in den nationalen oder internationalen Richtlinien für die Prüfung chemischer Stoffe auf reproduktionsschädigende Wirkung nicht enthalten sind.

Männliche Fertilität

Die männliche Fertilität spiegelt sich in der Fähigkeit der Spermien wider, Eizellen zu befruchten und gesunde Nachkommen zu erzeugen. Eine Möglichkeit zur raschen Beurteilung der Befruchtungsfähigkeit der Spermien unter Laboratoriumsbedingungen bieten Befruchtungsteste in vitro. Bevorzugt verwendet man Gameten von Laboratoriumstieren, wenn mit Hilfe solcher Verfahren Wirkungen chemischer Stoffe auf den Vorgang des Spermieneindringens in die Eizelle und der Befruchtung untersucht werden sollen. Erwähnenswert ist der Hamstereizellen-Test, der die Untersuchung der Befruchtungsfähigkeit von Spermien auch anderer Nagerspezies und des Menschen ermöglicht.

Die Beurteilung des Spermas nach Anzahl, Beweglichkeit und Morphologie der Spermien sowie Konsistenz und pH-Wert des Ejakulats (Samenflüssigkeit) kann Aufschluß über eine Fertilitätsbeeinträchtigung infolge Einwirkung chemischer Stoffe geben. Dem Nachweis einer beeinflußten Fertilität dienen vor allem Untersuchungen über abweichende Spermienkopfformen bei Ratten, Mäusen und beim Menschen (Spermienmorphologietest).

Weibliche Fertilität

Untersuchungen des Genitalcyclus und Bestimmungen des Gehaltes an Hormonen im Blutplasma sind zusätzliche Verfahren, um Informationen über mögliche Effekte chemischer Substanzen auf die weibliche Fertilität zu erhalten. Mit Hilfe von Vaginalabstrichen können Veränderungen in der Folge des Östrus- oder Menstrualcyclus nachgewiesen werden. Durch Eileiterausspülungen lassen sich Eizellen gewinnen und somit Beobachtungen über mögliche Substanzwirkungen auf Ovulation und Lebensfähigkeit der Eizellen vornehmen.

6.5.4. Schlußbetrachtung

Die hier vorgestellten Verfahren spiegeln die gegenwärtigen Möglichkeiten wider, mit denen auf der Grundlage des aktuellen Erkenntnisstandes Schädigungen der Reproduktion durch chemische Stoffe aufgefunden werden können. Zu den Zielen dieser Prüfungen gehört, die Dosis-Beziehungen dieser Wirkungen aufzuzeigen und die Dosis zu ermitteln, bei der schädigende Wirkungen ausbleiben. Damit ist die Voraussetzung gegeben, Risiken für den Reproduktionsprozeß beim Menschen abzuschätzen und Maßnahmen zur Vermeidung von Reproduktionsschädigungen durch chemische Stoffe in der Nahrung vorzunehmen.

6.6. Pränataltoxikologische Untersuchungen

6.6.1. Einführung

6.6.1.1. Definition

VON KREYBIG (1968) versteht unter experimenteller Pränataltoxikologie das „*Studium der Wirkung exogener Reize auf die vorgeburtliche Entwicklung*". Da aber die Folgen einer chemischen Exposition der Mutter während der Schwangerschaft auf die F_1-Generation nur zum Teil bis zum Geburtstermin zu erfassen sind, zählen hierzu auch Untersuchungen von Effekten, die erst postnatal oder sogar erst in späteren Generationen nachzuweisen sind (Abb. 6.9). Unter Einbeziehung aller Untersuchungskriterien soll die unwirksame Dosis (no teratogenic effect level) abgeleitet werden, die als Grundlage für die Extrapolation auf den Menschen herangezogen wird. Aus Interpretationsgründen werden gleichzeitig Kriterien einer möglichen maternalen Toxizität registriert. Der Begriff Teratologie (*griech.*: teras = Monster, Wunderbildung) sollte lediglich auf morphologisch nachweisbare Veränderungen beschränkt bleiben.

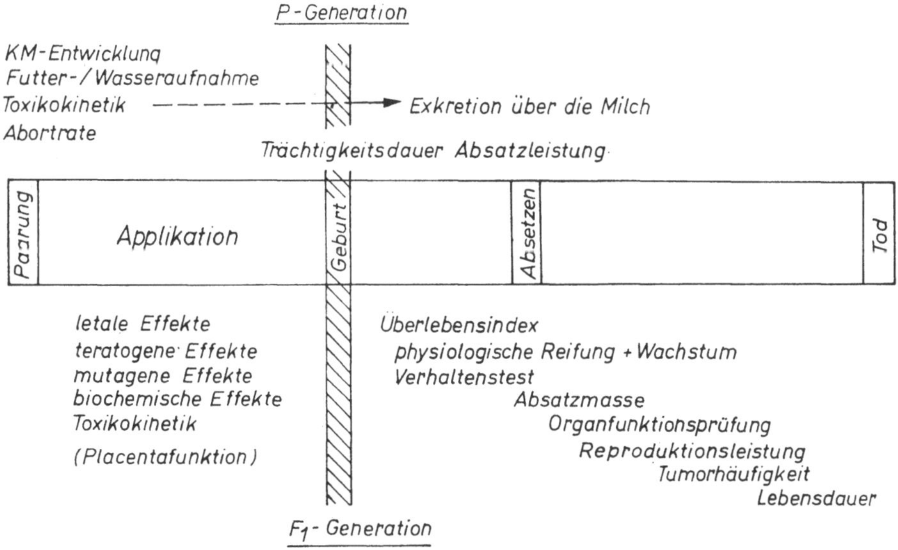

Abb. 6.9. Pränataltoxikologische Untersuchungen in vivo

6.6.1.2. Historischer Überblick

Die Anfänge der Pränataltoxikologie sind eng mit der Einführung der Kunstbrut von Vogeleiern verbunden. DE SAINT HILAIRE gelang es damit, 1832 in Verbindung mit Temperatureinflüssen experimentell Anencephalie und Spina bifida zu erzeugen. Er wird deshalb als Begründer der experimentellen Teratologie angesehen. Die bis dahin geltende Präformationstheorie war dadurch widerlegt worden. Umwelteinflüsse wurden nun als Ursache für Mißbildungen verantwortlich gemacht. FÉRÉ applizierte dann als erster 1893...1901 u. a. Ethanol und Nicotin direkt in das Eialbumin und induzierte damit teratogene Effekte. Durch Vitamin A-Mangel vor und in den ersten 30 Trächtigkeitstagen gelang es schließlich HALE 1933 beim Schwein Anophthalmus zu erzeugen. Er stellte die Hypothese auf, daß äußere Einflüsse nur im Zusammenhang mit spezifischen Entwicklungsperioden teratogen wirken, und daß ein solcher Effekt dosisabhängig sein kann. Mit den Untersuchungen von LARSEN (1947) über urethanbedingte transplacentare Cancerogenese und von SPYKER (1972) zum Auftreten von postnatalen Verhaltensstörungen wurde die mögliche Latenzzeit pränataltoxikologischer Effekte über den Geburtstermin hinaus verlegt.

Den Stellenwert, der der experimentellen Pränataltoxikologie heute beigemessen wird, hat sie allerdings erst durch das epidemiologische Auftreten von spezifischen Mißbildungssyndromen infolge chemischer Exposition des Menschen (Thalidomid, Diethylstilbestrol, Quecksilber) während der Schwangerschaft als Folge einer zunehmenden Chemisierung unserer Umwelt erhalten. Epidemiologische Studien am Menschen selbst beschränken sich aus ethischen Gründen im wesentlichen auf die Untersuchung von Aborten sowie Aussagen während der perinatalen Periode und im Zusammenhang mit Expositionskatastrophen, wie z. B. mit Dioxin in Seveso (s. Kap. 3.).

6.6.2. Grundlagen für pränataltoxikologische Untersuchungen

6.6.2.1. Auswahl des Modells

Die pränatale Entwicklung verläuft bei den Säugern und darüber hinaus bei allen Vertebraten nach den gleichen ontogenetischen Grundprinzipien. Lediglich die Zeitverläufe und vor allem die späteren Entwicklungsstadien nach dem Nabelanschluß sind zunehmend durch gattungs- und artspezifische Unterschiede geprägt. Die Homologien und Analogien in der Ontogenese bilden die Grundlage für die mit Vorsicht vorzunehmende Extrapolation tierexperimenteller Befunde auf den Menschen in der Pränataltoxikologie. Die Berücksichtigung auch nicht morphologischer Kriterien erschwert die Auswahl eines oder mehrerer geeigneter Tiermodelle (Tab. 6.10). Reproduktionsbiolo-

Tabelle 6.10. Speziesunterschiede der fetoplacentaren Einheit, die für die Wahl eines geeigneten Versuchstiermodells bei pränataltoxikologischen Untersuchungen von Bedeutung sind

Spezies	intrauterine Entwicklung (d)	maximales Gehirnwachstum[1]	Placentatyp	Entwicklung der Phase-I-Reaktion[2]
Mensch	280	prä- und postnatal	P. haemochorialis	pränatal
Maus	18...20	postnatal	P. haemoendothelialis	postnatal
Ratte	21...24	postnatal	P. haemoendothelialis	postnatal
Kaninchen	28...32	prä- und postnatal	P. haemochorialis	pränatal
Meerschweinchen	58...72	pränatal	P. haemoendothelialis	pränatal
Schwein	112...115	perinatal	P. epitheliochorialis	pränatal

[1] nach ORNOY, A. und J. YANAI: Adv. Study Birth Defects 4, 1 (1980)
[2] nach KLINGER, W. et al.: In: ESTABROOK, R. W. und E. LINDENLAUB: *"The Induction of Drug Metabolism."* F. K. Schattauer Verlag, Stuttgart 1978

gische und damit ökonomische Aspekte allein sind als Begründung nicht mehr ausreichend.

Ratte, Maus und Hamster mit ihrer im Vergleich zum Menschen kurzen Gravidität sind relativ empfindlicher gegenüber einer chemischen Exposition, weil Reparatur-Mechanismen keine praktische Bedeutung erlangen können. Andererseits liegt bei Nestflüchtern (Meerschweinchen) die sogenannte kritische Phase des Gehirns überwiegend, wenn nicht sogar ausschließlich, pränatal. Diese zieht sich beim Menschen postnatal über Jahre hinaus. Eine allgemein verbindliche Empfehlung zur Wahl eines bestimmten Versuchstieres für die pränataltoxikologische Substanztestung läßt sich nicht geben. Es wird daher gefordert, zumindest zwei Tierarten (darunter eine Nichtnagerspezies) in die Untersuchung einzubeziehen. Eine vergleichbare Metabolisierung der Substanz bei Modell und Mensch sollte nach Möglichkeit gegeben sein.

6.6.2.2. Phasenspezifität pränataltoxikologischer Effekte

Die Embryogenese kann als eine stetige Änderung des ontogenetischen Status des Keimes charakterisiert werden. Die Grundmechanismen dafür sind ein kybernetisches Wechselspiel von Determinierung und morphogenetischer Realisierung bei ständigem Wachstum, wobei sich ein zunehmender Differenzierungsgrad der einzelnen somatischen Zellen über die Entstehung von Präblasten, Primitiv- und ausgereiften Organen einstellt. Eine chemische Exposition während der Gravidität erreicht daher den Keimling in einer bestimmten Entwicklungsphase und kann je nach Intensität (Dauer, Konzentration) die Normogenese ganz oder teilweise verzögern bzw. unterbinden (Abb. 6.10).

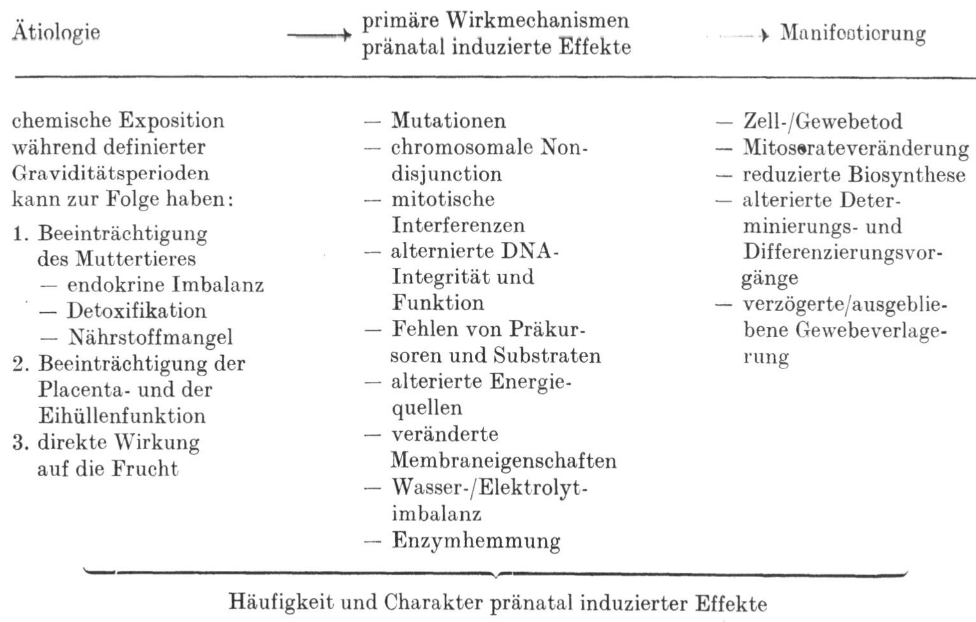

Abb. 6.10. Formale Pathogenese der Pränataltoxikologie

Man kann deshalb bestimmte pränatale Effekte nur bei Applikation in bestimmten Phasen erzielen. Diese auffällig empfindlichen Etappen der Frucht bzw. einer ihrer Anlagen werden als *kritische Phasen* bezeichnet. Angaben über die zeitliche Ausdehnung der kritischen Phase, z. B. eines Organs, sind lediglich als'Anhaltspunkte zu betrachten, die zu Vergleichszwecken herangezogen werden können. Sie gehen von positiven (teratologischen) Befunden aus. Das Pendant zu dieser Problematik ist in Angaben von *relativ resistenten Embryonalphasen* (Präimplantationsstadien) zu sehen. Feinere Methoden haben inzwischen neben letalen auch spezifische Effekte auf die innere Zellmasse der Blastula aufgezeigt, die im Zusammenhang mit einem Kompensationswachstum völlig unauffällig bleiben können. Welche Folgen sie aber für das postnatale Leben haben, ist bisher völlig unklar. Die Konsequenz der Existenz von sog. sensiblen und weniger sensiblen Embryonalphasen findet ihren Niederschlag in der häufig geäußerten Meinung, daß für pränataltoxikologische Untersuchungen eine Applikation lediglich während der Organogenese ausreicht. Es läßt sich aber belegen, daß die intrauterine Entwicklung zu jeder Zeit durch exogene Reize gestört werden kann.

Betrachtungen über die Phasenspezifität pränataltoxikologischer Effekte müssen toxikokinetische Aspekte mit einschließen. Bei Substanzen mit relativ langen Halbwertszeiten sind Effekte nämlich auch dadurch denkbar, daß die primären Wirkungsmechanismen erst Tage nach der Applikation beeinflußt werden.

6.6.2.3. Bewertung pränataltoxikologischer Effekte

Die Bewertung von Effekten ist immer mit einer Abgrenzung eines „Normalbereiches" verbunden. Geschieht dies im Zusammenhang mit Wachstums- und Differenzierungsprozessen, so ist zusätzlich eine Zeitkomponente zu berücksichtigen, so daß immer mit einem fließenden Übergang zwischen Normo- und Teratogenese zu rechnen ist (Tab. 6.11):

Mißbildungen sind anatomische Anomalien, die entweder unvereinbar mit dem Überleben sind oder zumindest eine schwere Beeinflussung des Wachstums, der Reifung, der Fertilität und anderer Organfunktionen zur Folge haben.

Aberrationen sind im Vergleich dazu nur geringgradige strukturelle Anomalien, die in drei Kategorien unterteilt werden können:

1. *Retardierungen* sind Verzögerungen der Morphogenese bzw. der Entwicklung (lokal) oder des Wachstums (allgemein). Als typische Beispiele dafür sind verminderter Ossifikationsgrad, Nierenbeckendilatation oder eine verlangsamte Wanderung von Organen oder Geweben anzuführen. Teilweise treten als Folgeerscheinung postnatal Effekte, z. B. Verhaltensstörungen, auf.
2. *Variationen* sind geringgradige strukturelle Anomalien, die in mehr als 5% einer bestimmten Population auftreten.
3. *Deviationen* sind geringgradige strukturelle Anomalien, die vorübergehend an Feten auftreten und postnatal reparabel sind. Wavy ribs sind häufig nur zwischen dem 17. und 20. Tag post coitum (p.c.) bei Ratten nachzuweisen. Bei den betroffenen Feten ist parallel ein Abfall der alkalischen Phosphataseaktivität und des Gesamteiweißes im Serum festzustellen.

Definitionsgemäß müßte auch das Phänomen des fetalen Kompensationswachstums als Deviation eingestuft werden.

Tabelle 6.11. Klassifikation von Skelettveränderungen

Ossa	Retardierung	Variation	Deviation	Mißbildungen
Cranium	erheblich verbreiterte Fontanellen, unvollständige Ossifikation aller Kopfknochen (Os sphenoides und Supraoccipitale aus 2 Verknöcherungszentren bestehend)	leicht verbreiterte Fontanellen, Os hyoides kein Verknöcherungszentrum		Palatoschisis, Cheiloschisis, dorsale Spaltbildungen
Columnae vertebralis	verminderte Anzahl verknöcherter Corpus et Arcus vertebrae	geringere Verknöcherung von Corpus und Arcus vertebrae	Skoliose	asymmetrische oder unregelmäßige Verknöcherung, mäßige Fusion von Corpus und Arcus vertebrae, Kurz- und Knickschwanz
Costae	Verkürzung oder noch fehlende Ossifikation der 13. Rippe	geringgradige Verkürzung der 13. Rippe	wavy ribs	Rippenfusion, Gabelrippen, irreguläre Verbindung zur Wirbelsäule, Zervikalrippen
Sternum	Fehlen und noch getrennte symmetrische Verknöcherungszentren	irreguläre Form (z. B. crankshaft) von Verknöcherungszentren		knorpelige Anlage gespalten (Verschlußstörung)
Ossa extremitatis	verminderte Anzahl und Größe verknöcherter Ossa metacarpalia und metatarsalia, Verkürzung von Humerus, Ulna, Radius, Femur, Fibula und Tibia	Form der Ossa metacarpalia und metatarsalia sehr different	Verbiegungen von Humerus und Femur	teilweises bzw. vollständiges Fehlen der Ossa extremitatis, Digitalfunktion, Atavismen

Es ist nicht immer möglich, eine zweifelsfreie Zuordnung von vorliegenden Effekten in einer dieser drei Aberrationskategorien vorzunehmen. Für eine Extrapolation von gefundenen Effekten beim Versuchstier auf den Menschen müssen ihre Induktionsmechanismen und ihre Bedeutung postnatal geklärt werden.

6.6.2.4. Dosisabhängigkeit und Pseudoteratogenität

Die Dosisabhängigkeit pränataltoxikologischer Effekte unterliegt einer Eigengesetzlichkeit, weil die Normogenese ganz oder teilweise verzögert bzw. unterbunden werden kann. Dadurch kommen nicht nur quantitative, sondern auch qualitative Abstufungen (Beispiel 2) zustande:

Dosierung	Beispiel 1	Beispiel 2
höchste	Amelie	letale Effekte
mittlere	Ectrodactylie	Mißbildungssyndrom
geringe	Polydactylie	Retardierung

11*

In diesem Zusammenhang spricht man auch von dosisabhängiger Expressivität (Ausbildungsgrad der Mißbildung, Beispiel 1) und Penetranz (Mißbildungshäufigkeit)

Von möglichen substanzbedingten pränataltoxikologischen Effekten sind stammspezifische Charakteristika abzugrenzen. Das setzt eine genaue Kenntnis des verwendeten Tiermaterials in allen bestimmten Kriterien sowie standardisierte Haltungs- und Fütterungsbedingungen im Sinne der GLP-Regeln (s. Abschn. 6.1.4.) voraus. Vor allem „seltene Ereignisse" sind ätiologisch schwierig sicher zuzuordnen. Die Verwendung von Tierstämmen mit „instabiler Konstitution" verbietet sich aus diesem Grunde. Eine Pseudoteratogenität kann aber auch durch andere Faktoren vorgetäuscht werden: Streß, Alter des Mutter- und Vatertieres, verwendetes Lösungsmittel, Verunreinigungen der Prüfsubstanz und des Lösungsmittels. Darunter fallen aber nicht pränataltoxikologische Effekte auf Grund einer Mobilisation, z. B. von lipophilen Substanzen aus den mütterlichen Fettgeweben.

Eine Zwitterstellung nehmen in dieser Beziehung chronobiologische Faktoren ein. So werden saisonale Unterschiede von bestimmten Mißbildungssyndromen beim Menschen beschrieben. Hypothetisch wird dies auf circannuale Differenzen im Endokrinium zurückgeführt. Bei den Versuchstieren ist aber sowohl eine saisonale als auch circadiane Beeinflussung teratogener Effekte experimentell nachgewiesen worden. Deswegen ist bei Veröffentlichungen immer der Versuchszeitpunkt anzugeben.

Bei multiparen Labortieren besteht zusätzlich zwischen den einzelnen Feten eines Wurfes eine Variation in der Entwicklung. Die Grenzen der *Normalvariation* liegen bei der Maus zwischen 0,25…1,0, bei der Ratte zwischen 0,5…1,5 und beim Meerschweinchen zwischen 0,5…3,0 „Reifetagen". Als Ursachen hierfür werden zeitliche Differenzen in der Befruchtung, die Uterusposition (Blutversorgung) und genetische Aspekte angenommen (s. Abschn. 5.3.1).

6.6.3. Tierversuche

6.6.3.1. Pränatale Untersuchungen

6.6.3.1.1. Allgemeines

Als Versuchstiere (Tab. 6.12) werden ausgewachsene nullipare weibliche und fortpflanzungsfähige männliche Tiere verwendet.

Tabelle 6.12. Einige Zuchtparameter von Laboratoriumstieren

Versuchstier	Erreichen der Zuchtreife	Länge des Sexualzyklus (d)	Sectio caesarea p.c. (d)	Spontaner Geburtstermin p.c. (d)
Maus	ca. 10 Wochen	4…5	19.	19. bis 20.
Ratte	10…12 Wochen	4…5	20.	21. bis 23.
Kaninchen	5…6 Monate	15…17 (Spontanovulation)	29.	29. bis 33.
Goldhamster	6…7 Wochen	4	15.	16.
Meerschweinchen	8…12 Wochen	13…20	60.	62. bis 68.

Die Verpaarung beim Kaninchen wird durch direkte Beobachtung registriert. Bei den anderen Spezies werden die weiblichen Tiere, evtl. mit einem Proöstruscyclus vorselektiert, abends in den Bockkäfig gesetzt und am folgenden Morgen auf einen positiven Spermanachweis im Vaginalabstrich bzw. auf Vaginalpfröpfe untersucht. Bei Mäusen läßt sich darüber hinaus eine stattgefundene Konzeption durch den Nachweis von Vaginalblut um den 8. Tag p.c. belegen.

Während der Gravidität hat sich das "handling" der Tiere auf ein Minimum (Applikation, wägen in wöchentlichen Abständen) zu beschränken, da dadurch sowohl intrauteriner Fruchttod als auch Spontanabort versuchsbedingt erzeugt werden kann.

Abb. 6.11. Applikationsregime bei pränataltoxikologischen Untersuchungen an der Ratte

Für lebensmitteltoxikologische Fragestellungen erfolgt die Exposition der Tiere über das Futter, per Schlundsonde oder in Spezialfällen kontinuierlich durch Minipumpen oder Dauerinfusion. Das gewählte Verfahren ist bei der Versuchsplanung abzuwägen. Auf Grund toxikokinetischer Differenzen sind je nach Applikationsmodus gravierende Unterschiede in den Effekten zu erwarten. Prinzipiell wird zwischen chronischer, Einzel-, phasenspezifischer und einmaliger Applikation in vier bestimmten Entwicklungsphasen unterschieden (Abb. 6.11). Die Einzelapplikation stellt die Methode der Wahl dar. Dies gilt nicht zuletzt auch wegen der Induktionswirkung der Prüfsubstanz auf die mütterlichen Detoxifikationsmechanismen. Nur ist dieses Verfahren für die Praxis der Pränataltoxizitätstestung vom Zeit- und Kostenaufwand her nicht tragbar.

6.6.3.1.2. Letale Effekte

Muttertiere fressen in vielen Fällen instinktiv ihre mißgebildeten und schwachen Jungen auf. Daher sind außer bei Versuchen, wo eine Aufzucht unumgänglich ist, die Feten kurz vor dem erwarteten Wurftermin durch Sectio caesarea zu entnehmen. Dabei werden für den Nachweis von letalen Effekten nach antimesenterialer Eröffnung des Uterus die Anzahl der Corpora lutea graviditatis, die Implantationen und deren Aufgliederung in Resorptionen, tote und lebende Feten registriert. Hieraus lassen sich der Prä-, Post- und Gesamtverlust/pränataltoxikologische Einheit (Wurf) errechnen.

Die exakte Zählung der Gelbkörper bereitet vor allem bei Mäusen mit sehr vielen Implantationen Schwierigkeiten. Durch Ausnutzung eines hypostatischen Effektes (Tiere eine Weile liegenlassen) erleichtert sich das Zählen. Im Falle von Totalaborten oder 100%igen letalen Effekten ist die Zählung der Gelbkörper normalerweise nicht mehr möglich, da ihre Degeneration mit dem Absterben der letzten Früchte beginnt. Zur zeitlichen Einengung eines letalen Effektes kann man die Resorptionsstadien nach frühen (2...3 mm groß), mittleren (Placenta 4...5 mm große Scheibe) und späten (Fet zeigt typische pränatale Gestalt, oft Hydramnion) Resorptionen unterscheiden. Dies entspricht etwa einem Entwicklungsstadium vom 10. bis 12., 13. bis 15. bzw. 16. bis 18. Tag p.c. bei der Ratte. Das Vorliegen von Deziduomata belegt einen letalen Effekt um oder kurz nach der Nidation; ihre exakte Bestimmung kann durch Eintauchen des Uterus in 1% Ammoniumsulfid geschehen, oder man durchleuchtet den auf einer Glasplatte möglichst breit ausgezogenen Uterus.

6.6.3.1.3. Untersuchungen der lebenden Feten

— Skelett- und Organuntersuchungen:

Die Position der einzelnen Implantationen ist zu registrieren, und erst dann sollte die Entnahme und das Wägen der Feten und Placenten beginnen. Die Fetenaufarbeitung nach Inspektion auf äußerliche Mißbildung erfolgt unterschiedlich. Im eigenen Labor wird alternierend je ein lebender Fetus für die Rasierklingentechnik in BOUINscher Flüssigkeit und in absolutem Ethanol für die Skelettuntersuchung fixiert.

Insgesamt sind beim Rattenfetus 108 Knochen (Kopf 10, Thorax 64, Brustgürtel 16 und Becken-gürtel 18) zu begutachten (Tab. 6.11). In vorgefertigte Protokolle kann folgende Kategorisierung semiquantitativ vorgenommen werden: fehlend, hypoplastisch und normal. Diese Bewertung läßt sich wesentlich erleichtern und objektivieren, wenn man einen repräsentativ ausgewählten Feten aus der Kontrollgruppe der Versuchsserie konstant zum Vergleich heranzieht. Desweiteren sind Fusionen, Verformungen und noch nicht erfolgte Verschmelzungen, Überschußreaktionen usw. zu protokollieren. In Ausnahmefällen ist auch unproportioniertes frühreifes Wachstum zu regi-strieren und gezielt der Ossifikationsgrad einzelner Knochen in Relation zur fetalen Körpermasse zu prüfen. Das Supraoccipitale ist dafür auf Grund seiner charakteristischen Formgestaltsänderung sehr geeignet. Eine Bestimmung der absoluten und relativen Knochenflächeneinheiten über Bild-analysetechnik nach der einfachen „Alizarinrot-Färbung" ist bei den Extremitätenknochen mög-lich (Abb. 6.12a und b).

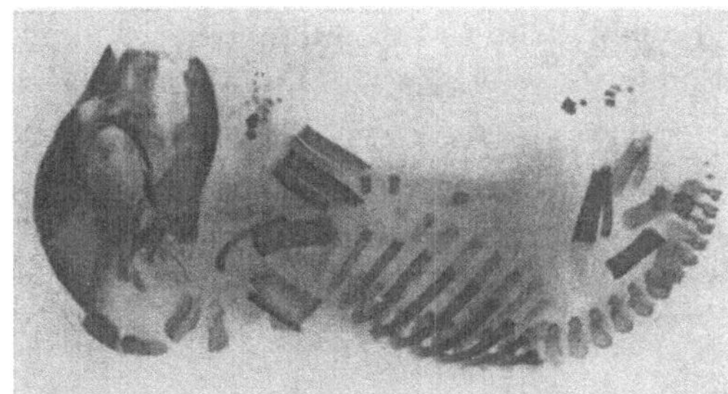

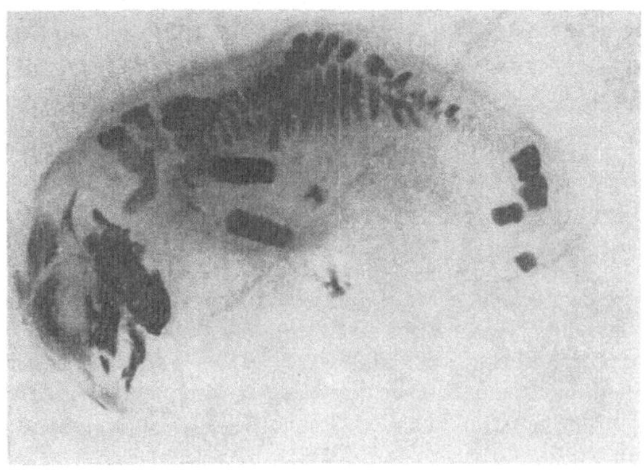

Abb. 6.12. Fetales Rattenskelett am 20. Tag p. c.:
a) einer Kontrollgruppe;
b) nach Behandlung der Mutter am 13. Tag p. c. mit 200 mg Propylen-thioharnstoff/kg KM (Alizarinrot-Färbung, Endvergrößerung 1:2)

— Biochemische Untersuchungen:

Die Embryogenese geht mit einer Enzymontogenese einher. Ein Teil der Enzyme tritt clusterartig phasenspezifisch und offenbar im Zusammenhang mit einem entwicklungs-physiologischen Bedarf auf, so daß sich Enzymmusteruntersuchungen spezifisch für pränataltoxikologische Testungen anbieten (Tab. 6.13). Es liegen noch zu wenig Er-fahrungen vor, welche „Schlüsselenzyme" auch bei Routineuntersuchungen bestimmt werden sollten. Es gibt auch vielfältige Bemühungen, die pränataltoxikologische Patho-genese über Proteinmusteranalysen zu erhellen; u. a. lassen sich auch beim Alkohol-syndrom des Menschen Unterschiede in der Aminosäurezusammensetzung des Serums nachweisen.

Tabelle 6.13. Biochemische Untersuchungen an Feten bei pränataltoxikologischen Untersuchungen

Substanz	Applikation (Tag p.c.)	Dosis (mg/kg)	Biochemische Untersuchung	Organ	Literatur
Methyl-Hg (Ratte)	7. bis 12.	5	Na$^+$-K$^+$-ATPase	Gehirnzell-kultur vom 19. Tag p.c.	[1]
			AS-Transport, AS-Einbau	vom 16. Tag p.c.	
Methyl-Hg (Ratte)	6.	4 bzw. 8	Glucose	Plasma am 22. Tag p.c.	[2]
			Glycogen	Leber am 22. Tag p.c.	
			Glucose-6-Phosphatase		
Methyl-Hg (Ratte)	18.	5 bzw. 10	Cytochromoxidase	Leber am 19. Tag p.c.	[3]
Methyl-Hg (Maus)	6. bis 17.	1	ATPase	Cerebellum am 2. Tag p.n.	[4]
			Cytochromoxidase (histochemisch)		
Methyl-Hg (Maus)	12,5.	10	cAMP Phosphodiesterase	Gaumen am 14,5. Tag p.c.	[5]
Pb-Acetat (Ratte)	1. bis 18. bzw. 21.	500 ppm im Trink-wasser	ALAD	Erythrozyten am 18. bis 21. Tag p.c.	[6]
Pb (Maus)	1. bis 16. bzw. 18.	bis 0,5% im Futter	Porphyrin	Embryo am 16. bis 18. Tag p.c.	[7]
Cd (Ratte)	1. bis 20.	100 ppm im Trink-wasser	Metallothionein	Leber	[8]

[1] Holmer, L. S. und G. T. Okita: Fed. Proc. Fed. Am. Soc. Exp. Biol. **38**, 680 (1979)
[2] Snell, K., S. L. Ashby und S. J. Barton: Toxicology **8**, 277 (1977)
[3] Höring, H., A. Heinze und Ch. Ellinger: Wiss. Z. E.-M.-Arndt Univ. Greifswald, Med. Reihe **32**, 133 (1983)
[4] Khera, K. S. und S. A. Tabacova: Food Cosmet. Toxicol. **11**, 245 (1973)
[5] Olson, F. C. und E. J. Massaro: Teratology **22**, 155 (1980)
[6] Hayashi, M.: Ind. Health **21**, 127 (1983)
[7] Jacquet, P., G. Gab und J. Maes: Bull. Environ. Contam. Toxicol. **18**, 271 (1977)
[8] Sowa, B., E. Steidert und K. Gralewska: Toxicol. Lett. **11**, 233 (1982)

— Mutagene Untersuchungen:

Für derartige Tests gibt es im wesentlichen zwei Anhaltspunkte:

1. Zwischen Mutagenität und Pränataltoxizität besteht eine Korrelation von 0,64 bis
   0,72. Dies findet auch seinen Ausdruck bei der Zusammenstellung primärer Mechanismen embryonaler Schäden (Tab. 6.11).
2. Bei etwa 50% aller Spontanaborte des Menschen lassen sich Chromosomenabnormi-
   täten nachweisen. Die Pathogenese primär mutagener Effekte könnte folgendem
   Ablauf unterliegen: Genotoxizität → makromolekulare Störungen → Cytotoxizität
   → Zelltod → Differenzierungsstörungen → Mißbildungen/letaler Effekt/Abort.

Chromosomenuntersuchungen wurden bisher in den verschiedensten embryonalen
Entwicklungsstadien vorgenommen. Dabei haben sich der Schwesterchromatidaustausch-
Test mit fetalen Leberzellkulturen vom 15. Tag p.c. (Ratte) und der Mikronukleus-
Test, zumeist unter Einbeziehung des fetalen Blutes, als effektiv erwiesen. Ersterer ist
bis zu 580mal empfindlicher, dagegen letzterer jederzeit als Zusatzuntersuchung am
Ende der Trächtigkeit möglich. Beide können als Screening für eine transplacentare
Cancerogenese angesehen werden.

— Rückstandsanalytische Untersuchungen:

Man erhält damit Hinweise zur Effektivität der „Barrierenfunktion" der Placenta und
auf fetale Target-Organe, die sehr spezifisch sein können (Tetracyclin im Skelett,
Thiouracile in der Schilddrüse, Quecksilber vor allem im Gehirn, Chlorpromazin in
der Retina). Es empfiehlt sich daher, sowohl die Placenta als auch zumindest in Gehirn,
Leber und Restkörper zerlegte Feten zu analysieren. Als Ergänzung hierzu bietet sich
die sehr aufwendige Autoradiographie an.

Da die Permeabilität der Placenta im allgemeinen gegen Ende der Trächtigkeit zunimmt,
konzentrieren sich die meisten Untersuchungen auf die späte Fetogenese. Dabei können wichtige
Belege für eine pränataltoxikologische Wirkung verloren gehen. So konnten ethanolbedingte
Präimplantationsverluste in Zusammenhang mit dem Alkoholnachweis im Uterussekret gebracht
werden. Ein anderes Beispiel ist die phasenspezifische Verlagerung der Bleibindung an Hämoglobin. Die intrauterine Akkumulation von Pesticiden (DDT und Dieldrin) ist bei männlichen
und weiblichen Lämmern nicht identisch. Das negative Ergebnis in den fetalen Geweben ist kein
Beleg für den Ausschluß einer direkten transplacentaren Substanzwirkung; es kann durch die
Nachweisgrenze, die biologische Halbwertszeit und die untersuchten Trächtigkeitsphasen begründet sein.

6.6.3.2. Postnatale Untersuchungen

6.6.3.2.1. Allgemeines

Zur Korrelierung von prä- und postnatalen Effekten werden beide Untersuchungsetappen jeweils in einem Versuchsansatz geprüft. Der Ausschluß maternaler Effekte postnatal ist durch Ammenaufzucht möglich. Eine weitere Einengung von Einflußgrößen
wird in der Standardisierung der Nestgröße aller Gruppen gesehen. Dies stellt aber einen
willkürlichen Eingriff dar und ist deswegen umstritten. Mit Beginn des postnatalen
Lebens nimmt der Einfluß des Muttertieres auf das einzelne Neugeborene rapid ab,
daher bezieht sich die statistische Auswertung postnatal jeweils auf das Individuum.
Ausgenommen davon sind natürlich Kriterien, die sich auf die Mutter beziehen (Auf-

zuchtleistung). Das Muttertier kann durch die Behandlung während der Trächtigkeit in Mitleidenschaft gezogen sein. Die Verfolgung ihrer Körpermasse im Verlaufe der Laktation bzw. spezielle soziale Verhaltensteste sollen dies abklären.

Postnatale Verhaltensteste stützen sich methodisch auf tierexperimentelle Untersuchungsmethoden aus der Psychologie. Es gibt dazu aber grundsätzlich Unterschiede in den Rahmenbedingungen. Die Anzahl der zu untersuchenden Tiere ist um ein wesentliches höher, wodurch zeitaufwendige Verfahren von vornherein entfallen. Die zu verschiedenen Zeitpunkten anfallenden Einzelteste lassen sich nicht wahllos aneinanderreihen, da es dadurch zu einer Konditionierung bei den Tieren kommt. Zum anderen müssen die Untersuchungen in den Versuchsablauf eingeordnet werden, was eine Konditionierungsphase, speziell für Lernteste, nicht erlaubt.

Wenn heute international, mit Ausnahme von Großbritannien und Japan, noch keine Verhaltensteste für die toxikologische Bewertung gefordert werden, so hat das im wesentlichen drei Gründe:

1. Optimale Untersuchungsergebnisse sind am Modell nur durch artspezifische Versuchsanstellungen oder durch verallgemeinerungsfähige Teste (durch Reize ausgelöste Schmerzschreie, Kaumuskelmotorik u. a.) zu erzielen.
2. Verhaltensteste stellen keine Endpunkt-Untersuchungen dar; sie bedürfen zur Interpretation und Extrapolation einer weiteren pharmakologischen und biochemischen Überprüfung bezüglich Transmittervorgänge oder anderer Rezeptoren.
3. Es ist bisher viel zu wenig über die Phasenspezifität (optimaler Zeitpunkt der Exposition, aber auch des Untersuchungszeitpunktes) bekannt. Außerdem entspricht die Gehirndifferenzierung bei den in Frage kommenden Laborspezies zum Zeitpunkt der Geburt der des menschlichen Feten am Ende des 2. Trimesters. Das maximale Gehirnwachstum (brain growth spurt) findet bei der Ratte und Maus erst postnatal statt.

6.6.3.2.2. Postnatale Entwicklung

Eine summarische Erfassung von pränataltoxikologischen Effekten kann postnatal durch die Bestimmung des Lebensfähigkeitsindexes, der postnatalen Verluste bis zum Absetzen, der Aufzucht- und Absatzleistung erfolgen. Das findet seinen Niederschlag auch in der individuellen Wurf- und Absatzmasse. Spezielle Untersuchungen prüfen gezielt den Reifegrad, das Vorhandensein von Reflexen bzw. die Funktionstüchtigkeit der Sinnesorgane. Ein optimaler Untersuchungszeitpunkt muß am jeweiligen Stamm festgelegt werden (Tab. 6.14).

Tabelle 6.14. Untersuchungen der postnatalen Entwicklung (Tage p.n.) bei der Maus

äußerlich sichtbare Reifeanzeichen		Reflexontogonie		Sinnesorgane	
Ohrenfaltung	5. bis 8.	Greifreflex vorn und hinten	4. bis 6.	negative Geotaxis	9. bis 11.
Schneidezahndurchbruch	1. bis 7.	Seitenreflex	2.	Hören	14. bis 18.
Augenöffnung	10. bis 14.	Schwanzrotation	10.	Sehen	16. bis 24.
Descensus des Hodens	25.	Ohrreflex	12.	Geruch	3. bis 12.
Vaginalöffnung	30.	Vibrissenreflex	12.		
		Hangelreflex	12.		

6.6.3.2.3. Fitness- und Verhaltensteste

Die Verhaltenswissenschaft unterscheidet drei Vektoren, die die Organismus-Umwelt-Beziehung auf der Grundlage des Informationswechsels steuern und regeln: Eingangs-vektor (sensorisches System), Zustandsvektor (Nerven- und endokrines System) und Ausgangsvektor („sichtbare Motorik oder eigentliches Verhalten"). Die Interaktion der drei Funktionseinheiten untereinander erlaubt bei Vorgabe eines bestimmten Inputs Aussagen über den Zustandsvektor (EKG, EMG, Atemfrequenz, Hautwiderstand) direkt oder indirekt, z. B. über quantitative und qualitative Erfassung spezieller Ver-haltensmuster und kommunikativer Signale.

Die großen Erwartungen an tierexperimentelle Untersuchungen auf diesem Gebiet werden im Zusammenhang mit epidemiologischen Angaben über geistige und Verhal-tensstörungen u. a. nach Pharmacagebrauch und Pesticidexposition während der Schwangerschaft, über Sprachfehler bzw. unzureichende Konzentrationsfähigkeit bei Schulkindern und nicht zuletzt über das sogenannte hyperkinetische und Alkoholsyn-drom verständlich.

Leider zeigen die Erfahrungen, daß sowohl zahlreiche postnatale Einflußfaktoren als auch Kompensationsmechanismen substanzbedingte pränataltoxikologische Effekte maskieren können. Dies erfordert eine besonders kritische Bewertung von Ergebnissen von Verhaltenstests. Zum anderen sind erst bescheidene Ansätze zur Korrelation bestimmter Verhaltensmuster und mög-liche Zustandsänderungen an speziellen Rezeptoren untersucht worden; so wird das climbing-Verhalten von den cerebralen Dopaminrezeptoren bestimmt. Mit der Beschreibung von metaboli-schen, cytotoxischen und Rezeptormodellen liegen jetzt potentielle Positivkontrollgruppen zur Auswahl vor.

— Individuelles Verhalten:

Bei der Prüfung des individuellen Verhaltens lassen sich durch die Bestimmung der *fitness* (Laufband, Laufrad, allgemeine lokomotorische Aktivität im Käfig) pauschale Aussagen über den Gesundheitszustand der Tiere anstellen; gekoppelt mit einer Regi-strierung über den gesamten Tagesablauf, erlauben diese Methoden jedoch sehr spezi-fische Beschreibungen, z. B. über Freßrhythmen. Auf Grund des hohen Aufwandes für diese Teste sind Untersuchungen zum neuromuskulären Zusammenspiel unter er-zwungenen Bedingungen heute noch üblicher (Drehstab, Chimney-Test). Eine Sonder-stellung nimmt hier der *Schwimmtest* ein, da das erhöhte Schwimmverhalten sich post-natal erst über verschiedene Stadien entwickelt, die zu einem vorgegebenen Zeitpunkt zwischen Dosis- und Kontrollgruppe verglichen werden können. Dagegen werden die Tiere bei *open-field*-Untersuchungen standardisiert einer Versuchssituation ausgesetzt, die für sie relativ strukturlos und zumindest am 1. Versuchstag neu ist. Zuzüglich der Ergebnisse an den nachfolgenden Untersuchungstagen sind deswegen mit dem open-field Aussagen zum Erkundungsverhalten (Bewegung über standardisierte Flächen-einheiten, Aufrichten, Schnüffeln), zum Komfortverhalten (Putzen) und zur Emotionali-tät der Tiere (Miktion, Defäkation) möglich.

Eine Vielzahl von Untersuchungsvarianten gibt es für gezielte Testungen des *Lern-verhaltens* (shuttle box, Stabsprung, passives Vermeidungslernen, Labyrinthversuch).

— Soziales Verhalten:

In der Wichtigkeit an oberster Stelle dürfte für derartige Untersuchungen die Mutter-Säuglings-Beziehung eingeschätzt werden, die bereits bei der Abnabelung nach Telo-drin-Exposition gestört sein kann. Interessant vor allem für zukünftige Untersuchungen scheint die gezielte *Untersuchung der Kommunikation* innerhalb des Nestes zu sein. Mütterlicherseits kann dies durch den Jungentransport-Test, säuglingsseitig durch Prüfung einer veränderten Vokalisation geschehen. Als ein allgemeiner Soziotest wird die Erarbeitung von Verhaltensdaten unter definierter Variation der Sozialstruktur (Gruppengröße, Besatzdichte, Gruppenzusammensetzung) empfohlen. Geläufiger ist bisher aber eine Modifikation des open-field-Testes (Anwesenheit eines Artgenossen differenziert nach Alter, Geschlecht, Partner) bzw. das Abspielen von Sonogrammen in ansonsten schallisolierten Kammern.

6.6.3.2.4. Funktionelle Teratologie

Alle Mängel in der physiologischen Kapazität eines Organs oder Organsystems, deren Pathogenese auf eine pränatale Schädigung zurückgeführt werden kann, werden heute unter dem Begriff funktionelle Teratologie zusammengefaßt. Zum Nachweis derartiger Schäden müßte die gesamte Untersuchungspalette subchronischer Toxizitäts- und anderer Spezialuntersuchungen einbezogen werden. Die wenigen gesicherten Beispiele auf diesem Gebiet zeigen eine erstaunliche Vielfalt (Tab. 6.15). Es gibt Beispiele dafür, daß durch ihre Einbeziehung in pränataltoxikologische Untersuchungen der NOEL um eine Zehnerpotenz sinkt.

Tabelle 6.15. Beispiele für funktionelle Teratogenese bei der Ratte

Substanz	Applikationszeitpunkt (Tag p.c.)	postnataler Effekt	Literatur
Mirex Ethylenthioharnstoff	6. bis 8.	Herzblock	[1]
Pb-Acetat	ganze Trächtig-keit (Trinkwasser)	basaler Plasmarenin-spiegel erhöht	[2]
Proteinmangel (8%) Zn-Mangel Cd	9. bis 13. oder 17. bis 21. 12. bis 15.	pulmonale Surfactant herabgesetzt	[3]
Methyl-Hg	8., 10. u. 12.	verminderte Na- und Wasserausscheidung der Niere	[4]
Pb-Acetat	9. bis 21.	veränderte Steroidgenese und Hormonrezeptoren bei Sertoli-Zellen	[5]
Ethanol		Depression des zellulären Immunsystems	[6]
Diazepam	15. bis 21.	T 4 im Serum vermindert	[7]

[1] GRABOWSKI, C. T.: "*Abnormal Functional Development of Heart, Lungs and Kidneys.*" Alan R. Liss, New York 1983

[2] VICOTORY, W. und A. VANDER: Proc. Soc. Exp. Biol. Med. **172**, 1 (1982)

[3] NEWMAN, L. M. und E. M. JOHNSON in: JOHNSON, E. M. und D. M. KOCHHAR: "*Teratogenesis and Reproductive Toxicology.*" Springer-Verlag, Berlin 1983

[4] SMITH, J. H., K. M. McCORMACK, W. E. BRASELTON und J. B. HOTTK: Environ. Res. **30**, 63 (1983)

[5] WIEBE, J., K. BARR und K. BUCKINGHAM: J. Toxicol. Environ. Health **10**, 657 (1982)

[6] MONJAN, A. A. und W. MANDELL: Teratology **21**, 4A (1980)

[7] FUJII, T., N. YAMOTO und K. FUCNINO: Toxicol. Lett. **16**, 131 (1983)

6.6.3.2.5. Transplacentare Cancerogenese

International zeichnet sich ein Trend der Zunahme der Krebshäufigkeit bei Kindern bis zu 5 Jahren ab. Nicht nur dieser epidemiologische Befund, sondern auch möglicherweise alle Tumoren beim Menschen bis zum 40. Lebensjahr sind auf eine transplacentare Cancerogenese zurückzuführen. Als Ursache dafür wird eine wesentlich höhere Empfindlichkeit (ca. 100fach) der Feten gegenüber krebserzeugenden Stoffen angegeben. Entscheidend für das Zustandekommen der transplacentaren Cancerogenese ist die direkte Alkylierung der betreffenden Substanz im Fetus (Abb. 6.13).

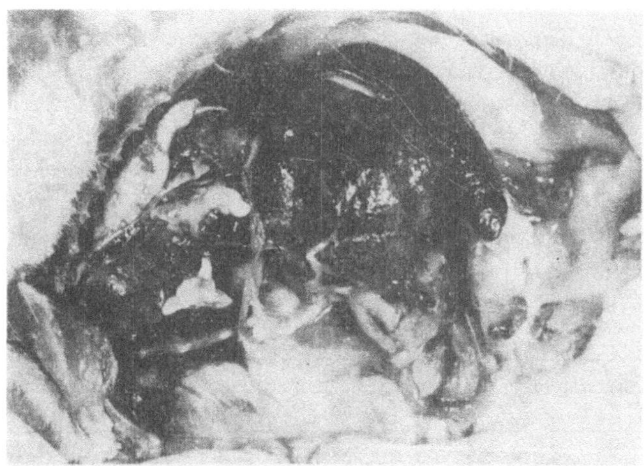

Abb. 6.13. Transplancentare Cancerogenese bei der Ratte nach Behandlung der Mutter mit 1 mg Dimethylnitrosamin/kg KM am 8., 11., 15. und 19. Tag p.c. und 20%igem Ethanol ad libitum während der Trächtigkeit.
Nachweis eines bronchiogenen Karzinoms und einer Leberdysplasie am 526. Lebenstag.

Tierexperimentelle Untersuchungen zeigen eine ausgeprägte Phasenspezifität. Bei Applikation von Nitrosoharnstoffderivaten während der Teilung der Oogonien (7. bis 11. Tag p.c., Maus bzw. 16. ... 17. Tag p.c., Ratte) kommt es zu einer Zunahme der Tumorhäufigkeit in der F_2- und späteren Generation. Auf der Basis von Mutationen der Keimzellen läßt sich auch das Auftreten von verschiedenen Mißbildungen (Exencephalie, Spaltbildungen, Polydactylie, Anophthalmus) in der F_2-Generation nach KNO_3-Verabreichung (2,5% im Futter) erklären.

6.6.3.2.6. Beeinträchtigung des Immunsystems

Über eine beeinträchtigte immunologische Reaktion in der F_1-Generation nach Behandlung gravider Mäuse mit Methylquecksilber wird berichtet. Die B-Zellantikörperbildung war um ca. 50% vermindert, was die Anfälligkeit gegen bakterielle Infektionen postnatal stark erhöhte. Vergleichbare Effekte wurden von Chlordan, bei Zinkmangelernährung sowie bei Maisölapplikationen während der Trächtigkeit nachgewiesen. Es handelt sich dabei um eine zellvermittelte und/oder humorale Immundepression.

6.6.4. Pränataltoxikologische Untersuchungen in vitro

Der hohe Zeit- und Kostenaufwand von in vivo-Testungen am Säugerorganismus sowie die nicht ausreichende Testkapazität stimuliert nach wie vor die Suche nach alternativen Methoden (theoretische Struktur-Wirkungs-Modelle, Untersuchungen an Nichtsäugern und in vitro-Methoden). Letztere können als Prä-Screenings aber auch zur Analyse von substanzabhängigen Wirkmechanismen eingesetzt werden (Abb. 6.14). Der Grad der

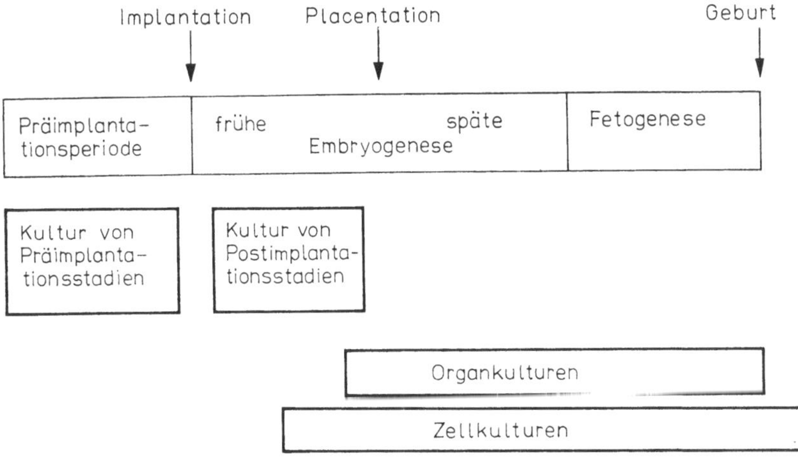

Abb. 6.14. Pränataltoxikologische Untersuchungen in vitro

Komplexität des gewählten Modells (Zellkulturen bis Ganz-Embryonen-Kultur) bestimmt die Eignung für die zu untersuchende Fragestellung und die Aussagefähigkeit (begrenzte Kultivierungsmöglichkeit). Einer gezielten Anwendung in der Entwicklungsforschung bei Xenobiotica kann man aber nichts entgegenhalten. Es gelang z. B. mit Extremitätenknospenkulturen bei Nitrosaminen (vgl. Kap. 18.), eine Verminderung der teratogenen Effekte mit abnehmender Seitenkettenlänge nachzuweisen. Je nach der Bedeutung, die die Industrie einer Substanz beimißt, muß sie einschätzen, ob bei positiven (teratogenen) Effekten in vitro der Tierversuch für eine Entscheidung über eine mögliche Zulassung oder Ablehnung des Stoffes durchgeführt wird oder nicht. Gezielte Untersuchungen an embryonalen Humangeweben, die für genetische Fragestellungen und für die Bewertung von Speziesunterschieden genutzt werden sollen, sind aus ethischen Gründen nur mit der in vitro-Technik möglich.

6.7. Cancerogenitätstestung

6.7.1. Theoretische Grundlagen, Definition, Anforderungen, Probleme

Die Forderung, chemische Verbindungen im Zusammenhang mit ihrer toxikologischen Bewertung bzw. Absicherung auch hinsichtlich etwaiger cancerogener Eigenschaften zu prüfen, gründet sich auf die Annahme, daß viele Krebserkrankungen des Menschen durch derartige Noxen und Faktoren verursacht werden bzw. ihre Entstehung durch sie gefördert wird. Zwar dürfte es sich in den meisten Fällen um sehr komplexe Vorgänge handeln, doch sprechen zahlreiche, insbesondere auch epidemiologische Daten dafür, daß bestimmte exogene Faktoren besondere Bedeutung besitzen, weil sie die Cancerogenese initiieren, promovieren bzw. modifizieren können.

Bei kritischer Wertung der wesentlichsten hierzu seit Mitte der 60er Jahre veröffentlichten Aussagen, bleibt festzustellen, daß Umweltfaktoren im weitesten Sinne als wichtige ätiologische Faktoren von Krebserkrankungen zu betrachten sind. Angaben, die beispielsweise besagen, daß 80% aller Krebserkrankungen umweltbedingt seien, müssen zumindest neu interpretiert werden. Dominierende Bedeutung mißt man neuerdings komplexen Ursachen bei, die mit dem Terminus "life-style" beschrieben werden. In diesem Zusammenhang werden ernährungsbedingte bzw. mitbedingte Ursachen für mindestens ein Drittel aller Krebserkrankungen verantwortlich gemacht.

Trotz mancher neuerer Erkenntnisse über Mechanismen der Cancerogenese bleiben noch immer einige wichtige Fragen unbeantwortet. Empfehlungen zur Konzipierung und Durchführung von Cancerogenitätstests widerspiegeln diese Probleme, die auch beim Interpretieren erzielter Befunde besondere Schwierigkeiten bereiten können. Schließlich geht es darum, cancerogene Risikofaktoren für den Menschen zu erkennen, die Größe solcher Gefahren einzuschätzen und, sofern dies möglich ist, auch auszuschließen. Lückenhafte Kenntnisse über die Mechanismen der Cancerogenese auf den unterschiedlichen Ebenen Molekül, Zelle, Gewebe, Organ und Organismus sind die Hauptgründe dafür, daß es keine allgemeinverbindlichen Vorschriften oder Empfehlungen gibt, wie chemische Verbindungen oder Produkte bezüglich cancerogener Eigenschaften zu prüfen sind. Es liegen jedoch eine Reihe z. T. sehr detaillierter Empfehlungen vor, aus denen hervorgeht, wie dies am zweckmäßigsten erfolgen sollte, und die sich in der Praxis bewährt haben. Die angedeuteten Schwierigkeiten verbieten jeglichen Schematismus bei Prüfungen auf Cancerogenität, und sie erfordern eine sehr kritische Arbeitsweise, damit falsche Resultate und für die Praxis nachteilige Schlußfolgerungen möglichst vermieden werden.

Eine chemische Verbindung bezeichnet man als ein *Cancerogen*, wenn als Folge ihrer Verabreichung bzw. als Folge von Expositionen gegenüber einer derartigen Noxe solide Tumoren oder/und systemische Neoplasien (z. B. Leukosen) entstehen. Diese Klassifizierung gilt einheitlich nicht nur für Krebserkrankungen des Menschen, sondern auch für Versuchs-, Haus-, Nutz- und Wildtiere sowie für Vertreter solcher Arten, die zu Gruppen des taxonomischen Systems unterhalb der Vertebraten gezählt werden. Als Kriterien werden hierfür in der Regel die folgenden verwendet:

— Signifikant erhöhte Anzahl eines oder mehrerer Neoplasietypen, verglichen mit denjenigen in Kontrollgruppen beobachteten,
— Auftreten von Neoplasietypen, die in Kontrollgruppen nicht vorkommen,
— signifikant verkürzte Latenzzeiten der Neoplasien in behandelten bzw. bei exponierten Gruppen, verglichen mit den Latenzzeiten von Neoplasien derselben Typen bei Kontrollen.

Mit routinemäßig durchgeführten Cancerogenitätstests werden (in der Regel) nur Cancerogene im engeren Sinne erfaßt, nicht jedoch Wirkungen von Tumorpromotoren, Cocancerogenen bzw. von Inhibitoren der Cancerogenese. Dies ist ein grundsätzlicher Mangel, zumal man Faktoren dieser Art zunehmende Bedeutung für das Entstehen von Krebserkrankungen beimißt.

Bei der Testung auf Cancerogenität wird dem Auftreten von Malignomen größere

Bedeutung beigemessen als dem Vorkommen benigner Tumoren, doch werden diese ebenfalls beim Bewerten der Wirkungen der untersuchten Substanzen mit berücksichtigt. Probleme können auftreten, wenn ausschließlich solche Tumortypen entstehen, deren Relevanz nach wie vor unterschiedlich bewertet wird (z. B. benigne Lebertumoren und Lungentumoren bei Mäusen bestimmter Stämme sowie Fibroadenome der Mamma bei Ratten). Allgemein versteht man unter einem Tumor eine dynamische, heterogene Zellpopulation, deren Wachstum aus dem Nettoresultat der Wechselbeziehungen zwischen Zellvermehrung, Differenzierung und Zellverlust resultiert.

6.7.2. Metabolisierung, modifizierende Faktoren

Die cancerogene Wirkung einer chemischen Verbindung hängt nicht nur von ihrer Molekülstruktur ab, sondern auch vom prinzipiellen Reaktionsvermögen sowie der aktuellen Reaktionsbereitschaft des betreffenden Organismus. Unterschiedliche, z. B. speziesspezifische Metabolisierungsweise (Biotransformation), aber auch stammes- und geschlechtsspezifische, ja sogar individuelle Besonderheiten, können die Nachweisbarkeit cancerogener Eigenschaften chemischer Verbindungen beeinflussen. Ein Beispiel hierfür ist das 2-Naphthylamin, dessen cancerogene Wirkung auf den Menschen als Folge arbeitsplatzbedingter Exposition bereits eindeutig feststand, ohne daß es im üblicherweise verwendeten Tiermodell (Ratte, Maus) gelang, diese Beobachtung zumindest zu bestätigen. Fütterungsversuche an Hunden verursachten schließlich denselben Tumortyp (Harnblasenkarzinome) wie beim Menschen (Tab. 6.16). Hierbei handelt es sich um eine prinzipielle Schwierigkeit, weil eine Tierspezies, bei der cancerogene Wirkungen möglichst vieler oder sogar aller Substanzen mit cancerogenen Eigenschaften gleichermaßen gut nachgewiesen werden können, bislang nicht bekannt ist und wahrscheinlich auch nicht existiert.

Tabelle 6.16. Unterschiedliche Reaktionsweisen verschiedener Spezies nach oraler Applikation von 2-Naphthylamin

Spezies	Reaktionsweise
Hund Rhesusaffe Mensch Goldhamster (nur hohe Dosen)	Harnblasenkarzinome
Maus	erhöhte Quote „spontaner" Hepatome
Ratte Kaninchen	fragliche Befunde

Bei Prüfungen chemischer Verbindungen und Produkte auf cancerogene Eigenschaften gilt es, unbedingt zu beachten, daß die meisten Cancerogene (*Präcancerogene*) im Organismus zu unwirksamen Metaboliten oder aber über aktivierte Zwischenstufen (*proximale Cancerogene*) zu den eigentlichen Wirkformen (*ultimale Cancerogene*) umgewandelt werden. Cancerogene dieses Typs werden als sekundäre, Cancerogene, die keiner Metabolisierung bedürfen, weil sie direkt wirken, werden als primäre Cancerogene bezeichnet. Primäre Cancerogene bzw. die ultimalen Formen sekundärer Cancerogene reagieren als elektrophile Reaktionspartner mit nucleophilen subzellulären Strukturen. Es wird angenommen, daß auf diese Weise Initialschritte von Cancerisierungsprozessen erfolgen, ohne daß damit auch andersartige Mechanismen ausgeschlossen werden können (vgl. Abschn. 4.2.).

Diese Darlegungen machen verständlich, weshalb bei Prüfungen chemischer Verbindungen auf Cancerogenität neben eindeutig positiven oder negativen Ergebnissen mitunter auch Resultate erzielt werden, die es nicht erlauben, die Frage zu beantworten, ob es sich bei einer bestimmten chemischen Verbindung um ein Cancerogen handelt oder nicht. Probleme dieser Art können sich auch dann ergeben, wenn Tierexperimente bzw. etwaige epidemiologische Untersuchungen methodisch einwandfrei durchgeführt wurden. Auf diese Grauzone ist deshalb besonders hinzuweisen, weil zu ihr auch Verbindungen zählen, die aus verschiedenen Gründen besondere Bedeutung besitzen, und weil sich in solchen Fällen Unsicherheiten beim Bewerten möglicher cancerogener Risiken in der Praxis sehr nachteilig auswirken können.

6.7.3. Tumorklassifikation, maligne/benigne Tumoren, Spontantumoren, Kontrolltiere

Neben objektiven Schwierigkeiten, von denen einige erwähnt wurden, können Probleme bei Tests auf Cancerogenität auch als Folge subjektiver Faktoren entstehen. Dies trifft besonders für das Diagnostizieren und Klassifizieren von Tumoren und systemischen Neubildungen zu. Auch aus diesem Grunde haben sich vornehmlich Experten der IARC/WHO darum bemüht, entsprechend der in der Humanpathologie üblichen Tumorklassifikation Empfehlungen für die Bewertung von Neubildungen bei den wichtigsten, für Cancerogenitätstests eingesetzten Versuchstierspezies (Maus, Ratte, Goldhamster) zu erarbeiten. Sie sollten, nicht zuletzt im Interesse internationaler Vergleichbarkeit mitgeteilter Befunde, als Grundlage für alle Cancerogenitätstests dienen.

Im Rahmen von Prüfungen auf Cancerogenität ist es von großer Bedeutung, die Spontantumorquote der verwendeten Versuchstiere sehr genau zu kennen, und zwar unter Verwendung aktueller Kontrollen. Da sich Tumorspektrum und Tumorhäufigkeit im Laufe der Zeit erheblich verändern können, genügt es nicht, sich auf historische Befunde als Bezugsgrößen zur Bewertung von Ergebnissen zu stützen. Sie können bestenfalls als eine zusätzliche Informationsquelle herangezogen werden.

6.7.4. Bewertung chemischer Verbindungen vor ihrer experimentellen Prüfung in Screening-Tests bzw. im Langzeit-Tierversuch

Es gibt bisher keine Möglichkeiten, lediglich auf der Grundlage von Kenntnissen über die physiko-chemische Struktur einer zu untersuchenden Verbindung Voraussagen bezüglich eventueller cancerogener Eigenschaften treffen zu können. Trotzdem ist vor Beginn experimenteller Prüfungen in jedem Falle zu ermitteln, ob für die betreffende, oder für ähnliche Verbindungen genotoxische, vielleicht sogar cancerogene Wirkungen beschrieben worden sind. Man darf dabei jedoch nicht übersehen, daß eine lückenlose Dokumentation aller cancerogenen Noxen nicht allgemein verfügbar ist, daß die Gesamtzahl der adäquat auf Cancerogenität getesteten Verbindungen relativ klein ist, und daß insbesondere manche älteren Bewertungen bei kritischer Nachprüfung inzwischen revidiert werden mußten.

Verlaufen solche Recherchen ergebnislos, sollte vor Beginn experimenteller Untersuchungen ferner ermittelt werden, ob die betreffende Verbindung z. Z. anderenorts hinsichtlich cancerogener Eigenschaften getestet wird. Bezüglich solcher weltweiten Aktivitäten informieren IARC/WHO in Abständen von etwa 2 Jahren. Auch sei darauf verwiesen, daß einige Klassen chemischer Verbindungen zahlreiche Vertreter enthalten, die cancerogen wirken. Bei aller gebotenen Vorsicht sind in derartigen Fällen zumindest gewisse Analogieschlüsse möglich. Man sollte jedoch stets beachten, daß mitunter geringfügigste Veränderungen einer Molekülstruktur entscheidend dafür sein können, ob es sich im speziellen Falle um ein Cancerogen handelt oder nicht.

6.7.5. Kurzzeit- (Screening-) Tests im Rahmen von Prüfungen chemischer Verbindungen auf Cancerogenität

Langzeit-Tierversuche zur Prüfung auf Cancerogenität erfordern sehr hohe Aufwendungen. Deshalb reichen Bemühungen um rationellere Testmethoden mehrere Jahrzehnte zurück. Die Anfangsergebnisse schienen vor allem deshalb wenig erfolgversprechend, weil die grundsätzliche Bedeutung der Metabolisierung der meisten Cancerogene erst 1971 erkannt wurde. Vor allem seit Beginn der 70er Jahre ist eine immer größere Zahl von Kurzzeit-Tests erarbeitet worden. Auf diese Weise erzielte Ergebnisse erregten gelegentlich erhebliches Aufsehen, ohne daß damit die mit Tests auf Cancerogenität zusammenhängenden Probleme als gelöst betrachtet werden können. Die Bewertungskriterien für die in solchen Tests erzielten Resultate beruhen nicht auf dem Nachweis von Tumoren, sondern im Erfassen unterschiedlicher biologischer, häufig genotoxischer Effekte. Die so erzielten Ergebnisse entsprechen unterschiedlich gut der an solche Tests zu stellenden Forderung, in möglichst hohem Maße mit cancerogenen Wirkungen der untersuchten Verbindungen zu korrelieren. Es handelt sich bei den erfaßten Effekten beispielsweise um Vorwärts- oder um Rückwärtsmutationen bei Mikroorganismen, um Induktion von DNA-Schäden und um deren Reparatur, um chromosomale Läsionen verschiedenen Typs, aber auch um Alterationen (neoplastische Transformation) in vitro kultivierter Mammalierzellen. Testorganismen sind vor allem Bakterien, niedere Pilze, Insekten, aber auch Zellen verschiedener Mammalierspezies einschließlich von Zellkulturen des Menschen. Berücksichtigt man außerdem noch gewisse methodische Varianten, so wurden bisher mehr als 200 derartige Testmethoden beschrieben. Unter der Voraussetzung, daß Möglichkeiten und Grenzen beim Interpretieren erzielter Ergebnisse sorgfältig beachtet werden, können diese Methoden als wichtige Stufe im Rahmen der Prüfung chemischer Verbindungen auf Cancerogenität angewendet werden, und zwar entsprechend von Empfehlungen der IARC/WHO

— zum Vorhersagen möglicher cancerogener Eigenschaften, sofern bislang keine Daten aus Langzeit-Tierversuchen vorliegen,

— als Entscheidungshilfe beim Auswählen derjenigen Verbindungen, die im Langzeit-Tierversuch geprüft werden sollten,

— zum Identifizieren aktiver Fraktionen aus komplexen Stoffgemischen, die cancerogene Bestandteile enthalten,

— zum Nachweis biologisch aktiver Metaboliten von Cancerogenen, z. B. in Körperflüssigkeiten des Menschen oder von Versuchstieren,

— als zusätzliche Informationsquelle bei Risikoeinschätzungen für den Menschen auf
der Grundlage schwierig interpretierbarer Daten.

Unabhängig davon, welche Kurzzeit-Tests angewendet werden, besagen auf diese
Weise erzielte positive Befunde — beim gegenwärtigen Stand der Entwicklung solcher
Prüfmethoden —, daß es sich bei der getesteten Verbindung um ein Cancerogen handeln
könnte. Negative Ergebnisse lassen, besonders dann, wenn sie mittels Testbatterien
erzielt wurden, cancerogene Eigenschaften zwar als wenig wahrscheinlich erscheinen,
vermögen sie jedoch nicht auszuschließen. Diese Aussagen treffen nur für genotoxisch,
jedoch nicht für epigenetisch wirkende Cancerogene zu.

6.7.6. Langzeit-Tierversuche zur Prüfung chemischer Verbindungen auf Cancerogenität

Tests dieser Art sind zeit- und kostenaufwendig, stellen hohe Ansprüche an die Qualifikation des Personals und erfordern materiell-technische Voraussetzungen von sehr
hoher Qualität. Diese betreffen vor allem die Tierhaltung, die anatomisch-pathologi-
sche Auswertung, die statistische Bearbeitung und eine gleichermaßen sorgfältige wie
kritische Interpretation erzielter Befunde. Es hat sich international bewährt, daß für
jeden einzelnen Cancerogenitätstest ein Hauptverantwortlicher für Planung, Durchführung, Auswertung und Berichterstattung fungiert. Vor Testbeginn sollten alle
verfügbaren Daten über die zu untersuchende Verbindung zur Verfügung stehen (Toxizität, Stabilität, Löslichkeit, Reinheitsgrad, Kontaminanten, pharmakokinetische Eigenschaften, Resorption, Akkumulation, Exkretion, Herkunft, Chargenbezeichnung).

6.7.6.1. Spezies, Tierstamm, Geschlecht

Von einer für Cancerogenitätstest idealen Spezies wäre zu fordern, daß sie in gleicher
Weise reagiert wie der Mensch. Eine solche Spezies ist nicht bekannt. Es sind in Cancerogenitätstests mindestens 2 Spezies einzubeziehen. Am häufigsten verwendet werden
Ratte, Maus und Goldhamster. Diese Wahl ist nicht biochemisch, biologisch oder
anatomisch begründet, sondern sie geschieht aus rein praktischen Gründen: Kurze
Lebenserwartung, geringe Größe, Möglichkeit der Unterbringung vieler Individuen,
umfassende Kenntnisse bezüglich Physiologie, Anatomie, Genetik, Ernährungsweise,
Erkrankungen, Spontantumoren. Mitunter werden in Langzeit-Tierversuchen zur Prüfung auf Cancerogenität auch geschlechtsspezifisch unterschiedliche Ergebnisse beobachtet. Aus diesem Grunde ist in derartigen Tests stets die gleiche Anzahl weiblicher
und männlicher Versuchs- und Kontrolltiere einzubeziehen. Ein für Cancerogenitäts-
prüfungen idealer Versuchstierstamm sollte keine oder kaum spontane Tumoren entwickeln, jedoch möglichst spezifisch und hochempfindlich auf alle jene Cancerogene
ansprechen, die für den Menschen ein tatsächliches Krebsrisiko darstellen. Ein derartiger
Stamm existiert bislang nicht.

Weil manche Ratten- und Mäusestämme sehr hohe Spontantumorquoten aufweisen,
mißt man zusätzlichen Erhöhungen solcher Quoten im Zusammenhang mit Applikationen einer zu testenden Verbindung allgemein nur "limited evidence" beim Bewerten
eines Stoffes als Cancerogen bzw. als Nicht-Cancerogen bei. Ob Auszucht- oder Inzucht-

tiere bzw. ob F_1-Hybriden (vgl. Abschn. 6.1.5.2.) verwendet werden sollen, hängt von den jeweiligen Bedingungen und Möglichkeiten ab und ist sowohl mit gewissen Vor-, aber auch mit verschiedenen Nachteilen verbunden.

6.7.6.2. Applikations- und Behandlungsweise

Für Cancerogenitätstests gewählte Applikationsweisen sollten möglichst der Exposition entsprechen, wie sie im jeweiligen Falle für den Menschen in Betracht zu ziehen sind. Die Prüfung unter lebensmitteltoxikologischem Aspekt erfordert daher eine orale Verabreichung (Futter, Trinkwasser, Schlund- und/oder Magensonde). Im Falle einer berufsbedingten Exposition werden bevorzugt dermale bzw. inhalative Applikationsweisen praktiziert. I.p., i.m. oder i.v. Injektionen werden seltener angewendet. S.c. Injektionen gelten als problematisch, weil auf diese Weise (bes. bei Ratten) erzielte Befunde seit langem kontrovers bewertet werden. Dies ist begründet durch die ungewöhnlich sensible Reaktion (Entstehung von Fibromen und Sarkomen) des subkutanen Bindegewebes der Ratte nach Implantation/Injektion auch chemisch völlig inerter Materialien, z. B. Gold und Platin. Die Bewertung „cancerogen" sollte sich deshalb nicht allein auf Befunde dieser Art stützen.

6.7.6.3. Dosierung

Anzuwendende Dosierungen sollten auf der Basis subchronischer Toxizitätsprüfungen ermittelt werden (sofern die zu testende Verbindung toxische Eigenschaften besitzt). Gefordert werden mindestens 2 verschiedene Dosierungen sowie außerdem Kontrolltiere. Die höchste Dosis ist so zu wählen, daß dadurch die durchschnittliche Lebenserwartung im Vergleich zu den übrigen Tiergruppen nicht verkürzt wird, abgesehen von Verkürzungen als Folge erhöhter Tumorzahlen. Bei oraler Applikation wird empfohlen, die zu testende Verbindung täglich, mindestens jedoch 5mal pro Woche zu verabreichen. Um 10% verringerte Körpermasse als Folge der Behandlungen wird als gerade noch tolerierbar betrachtet. Ist die zu testende Substanz untoxisch, wird ein Zusatz zur Diät von maximal 5% empfohlen.

6.7.6.4. Beginn und Dauer der Behandlung, Beobachtungszeitraum

Mit der Behandlung sollte nicht später als 6 Wochen nach Geburt der Tiere begonnen werden. Pränatale Behandlung und Multigenerationsversuche werden für routinemäßige Prüfungen auf Cancerogenität nicht gefordert. Die Behandlung der Versuchstiere sollte bis zum Versuchsende durchgeführt werden, d. h. bei Mäusen und Goldhamstern mindestens 18 Monate, bei Ratten mindestens 24 Monate. Ob man alle Tiere abtötet, wenn die kumulative Mortalität bei Kontrolltieren 75% erreicht hat, oder ob alle Tiere bis zum Spontantod beobachtet werden sollten, das liegt im Ermessen des Untersuchers. Übersteigt die Mortalität unter den Kontrolltieren oder innerhalb der Gruppe mit der niedrigsten Dosierung 50%, bevor Ratten 104, Mäuse 96 bzw. Goldhamster 80 Wochen alt geworden sind, dann ist das Gesamtergebnis des Testes in Frage gestellt.

12*

6.7.6.5. Anzahl der Tiere in Cancerogenitätstests

Mindestzahlen von je 50 männlichen und 50 weiblichen Tieren pro Dosierungsgruppe und in den Kontrollgruppen gelten als vertretbarer Kompromiß zwischen Aufwand und Bemühen, falsch negative Bewertungen nach Möglichkeit zu vermeiden. Erhöht man die Tierzahl pro Gruppe, z. B. auf 80, so steigt der Aufwand beträchtlich, die Gefahr falsch negativer Aussagen wird dadurch jedoch nur geringfügig verringert. Auf die besondere Bedeutung zeitgleicher, unbehandelter Kontrolltiere ist bereits hingewiesen worden. Sogenannte positive Kontrollen (Behandlung der Tiere mit einem bereits bekannten Cancerogen, um deren aktuelle Reaktionslage zu ermitteln) werden für Routineprüfungen auf Cancerogenität nicht gefordert.

6.7.6.6. Randomisierung der Tiere

Mit dem Ziel, unbeabsichtigte Selektionen auszuschließen, müssen alle in Cancerogenitätstests eingesetzten Tiere zuvor randomisiert werden. Die Altersvariabilität sollte 2...3 Tage möglichst nicht übersteigen. Nach Ermittlung der individuellen Massen der Tiere sollten jeweils gleiche Tierzahlen pro Gewichtsklasse auf jede Versuchs- und Kontrollserie verteilt werden. Bei Verwendung genetisch nicht identischen Tiermaterials (Auszucht-Tiere) muß vermieden werden, daß Geschwister-Tiere in dieselbe Versuchs- bzw. Kontrollgruppe gelangen. Eine individuelle Kennzeichnung aller Versuchs- und Kontrolltiere ist bei Cancerogenitätstestungen obligatorisch.

6.7.6.7. Inspektionen und Befunderhebung

Alle Tiere sind einmal täglich zu visitieren. Krankheitssymptome, insbesondere Tumoren, sind schriftlich zu erfassen. Etwaige toxische Wirkungen einer Testsubstanz sind von anderen Krankheitssymptomen abzugrenzen. Innerhalb der ersten 3 Monate nach Versuchsbeginn sind die Körpermassen einmal wöchentlich, dann einmal monatlich zu ermitteln. Hämatologische Untersuchungen sind Bestandteil jedes Cancerogenitätstests. Sie sollten bei Versuchsbeginn, nach 12 und 18 Monaten sowie vor dem Abtöten von Tieren erfolgen. Alle verstorbenen bzw. abgetöteten Tiere sind zu sezieren und deren Organe in Formalin zu fixieren. Eingehende histologische Untersuchungen sind erforderlich, zumal manche Tumoren erst bei mikoskopischer Untersuchung erkannt werden. Es liegen unterschiedliche Empfehlungen darüber vor, wieviele Organe und Gewebsproben histologisch untersucht werden sollten. In den Richtlinien des National Cancer Institute der USA zur Prüfung chemischer Verbindungen auf Cancerogenität werden in diesem Zusammenhang 42 Organe bzw. Gewebe aufgeführt.

6.7.6.8. Datengewinnung und -aufbewahrung

Wichtige Bestandteile von Langzeit-Tierversuchen betreffen Erhebung, Bearbeitung und Darbietung von Befunden ebenso wie das Aufbewahren von Präparaten und Protokollen, die Art und Weise der Befunddokumentation, insbesondere die Speicherung von Daten für jedes Tier in Form von Einzeldokumentationen. Computergestützte Datenerfassung, -speicherung und -verarbeitung erlangen auch im Rahmen von Cancerogenitätstests zunehmende Bedeutung.

6.7.6.9. Tierqualität, Tierhaltung

Im Rahmen von Cancerogenitätstests auftretende Probleme und einander widersprechende Versuchsergebnisse können z. B. durch folgende Faktoren verursacht oder beeinflußt werden: Genetische Qualität der Tiere, Gesundheitsstatus, mikrobielle, virale bzw. parasitäre Infektionen, Futterzusammensetzung und -qualität, Trinkwasser, Qualität der Belüftung bzw. der Klimatisierung der Versuchstierräume, Luftfeuchtigkeit, Tag-Nacht-Rhythmus, Anzahl von Tieren je Käfig, Qualität der Einstreumaterialien, Kannibalismus und Streßfaktoren als Folge unsachgemäßer Behandlung bzw. Handhabung.

Da es sich bei Cancerogenitätstestungen grundsätzlich um Langzeitversuche handelt, werden an die Haltungsbedingungen höchste Anforderungen gestellt, wie sie insbesondere die "Good Laboratory Practice (GLP)"-Empfehlungen vorsehen (s. Abschn. 6.1.4. und 6.1.5.).

Tiere unterschiedlicher Herkunft und verschiedener Spezies müssen in getrennten Räumen untergebracht werden. Es wird gefordert, daß alle Tiere aus SPF-Zucht stammen, doch wird eine Haltung im Vollbarrieresystem als nicht erforderlich erachtet. Räume, Regale, Käfige und alle Geräte müssen leicht zu säubern sein. Anwendungen von Desinfektionsmitteln und von Pesticiden sind zu unterlassen. Gefordert werden Untersuchungen der Tiere auf Kontamination mit solchen Keimen, die das Versuchsergebnis beeinträchtigen können.

6.7.6.10. Futtermittel und Einstreu

Für alle in Cancerogenitätstests verwendeten Futtermittel wird eine konstante Qualität gefordert. Sie müssen adäquate, standardisierte Mengen aller essentiellen Makro- und Mikronährstoffe enthalten und sollten nicht länger als 3 Monate lagern.

Da verschiedene Futterkontaminanten Cancerisierungsprozesse modifizieren, ja diese sogar initiieren können, sind die verwendeten Futtermittel bezüglich etwaiger Kontaminanten zu untersuchen. Dies gilt insbesondere für Pesticide, chlorierte und polycyclische Kohlenwasserstoffe, Östrogene, Schwermetalle, Nitrosamine und für Aflatoxine (s. Abschn. 6.1.5.4.).

Die überlicherweise als Einstreu verwendeten Hobelspäne sollten staubfrei sein und dürfen nicht von chemisch vorbehandelten Hölzern stammen. Es empfiehlt sich, das Einstreumaterial auf etwaigen Gehalt an Rückständen, wie z. B. Pflanzenschutz- und Holzschutzmitteln, zu untersuchen.

6.7.6.11. Sicherheitsmaßnahmen, Arbeits- und Gesundheitsschutz

Jede in einem Cancerogenitätstest untersuchte Verbindung ist zunächst als ein potentielles Cancerogen zu betrachten. Dies erfordert besondere Sorgfalt hinsichtlich Transport, Aufbewahrung, Portionierung, Anwendung, Dekontamination und Abfallbeseitigung. Spezielle Arbeitsschutzkleidung ist erforderlich, desgleichen die strenge Einhaltung zweckentsprechender hygienischer Maßnahmen.

Mit Prüfungen chemischer Verbindungen auf Cancerogenität befaßte Mitarbeiter sind eingehend über mögliche Gefährdung und über angemessene Verhaltensweisen zu belehren und anzuleiten. Essen, Trinken oder Rauchen sind im Zusammenhang mit der Durchführung von Cancerogenitätstests grundsätzlich zu unterlassen.

6.7.6.12. Datenanalyse

Bereits bei der Planung der Versuche sind die Anforderungen statistischer Auswertmethoden zu berücksichtigen, zumal statistische Bearbeitungen der bei Prüfungen auf Cancerogenität erzielten Befunde unumgänglich sind. Hierfür werden seitens internationaler Institutionen verschiedene Methoden empfohlen, die sich in der Praxis bewährt haben, auf die jedoch nicht näher eingegangen werden kann.

6.7.6.13. Protokoll

Vor Beginn jedes Cancerogenitätstestes ist ein Protokoll zu erarbeiten, in dem der gesamte Versuchsablauf, die einzelnen Arbeitsschritte und Etappen sowie die Verantwortlichkeiten aller Beteiligten detailliert festgelegt sind.

6.7.6.14. Mitteilung und Interpretation erzielter Befunde

Mitteilungen und Veröffentlichungen von Daten, die in Langzeit-Tierversuchen zur Prüfung auf Cancerogenität erarbeitet wurden, haben mit größter Sorgfalt zu erfolgen. International gesammelte Erfahrungen besagen, daß insbesondere viele ältere Angaben kritischen Nachprüfungen nicht standhalten. Dies trifft sowohl für falsch positive als auch für falsch negative Aussagen und Einschätzungen zu. Für eine umfassende Bewertung einer chemischen Verbindung können auch negative Befunde besondere Bedeutung erlangen und sollten auch aus diesem Grunde veröffentlicht werden, was erfahrungsgemäß jedoch nur selten geschieht.

6.7.7.   Schlußbemerkungen

Man kann davon ausgehen, daß ein sorgfältig geplanter, optimal durchgeführter und exakt ausgewerteter Langzeit-Tierversuch ein hohes Maß an Sicherheit beim Einschätzen cancerogener Eigenschaften einer chemischen Verbindung bzw. eines Produktes bieten kann. Es darf jedoch nicht übersehen werden, daß auch in Fällen negativer Resultate eine absolute Unbedenklichkeit, d. h. Sicherheit für den Menschen unter allen, möglicherweise sehr unterschiedlichen Rand- und Zusatzbedingungen nicht abgeleitet werden kann. Ein derartiges Restrisiko kann um so geringer eingeschätzt werden, je mehr Spezies übereinstimmend negativ reagieren. Zwar wurden in der Vergangenheit erste Hinweise auf Wirkungen cancerogener Noxen mitunter erst im Ergebnis kasuistischer Berichte oder epidemiologischer Studien erlangt, doch sollten solche Fälle eine Ausnahme bilden. Hat sich eine chemische Verbindung im Tierexperiment als cancerogen wirksam erwiesen, dann bedeutet dies, daß sie auch für den Menschen als ein potentielles Cancerogen anzusehen ist, und zwar zumindest bis zum Beweis des Gegenteils, was jedoch aus objektiven Gründen nur ausnahmsweise möglich ist.

Beim Bewerten von Ergebnissen, die in Cancerogenitätstests erzielt wurden, sollte man auch nicht übersehen, daß, wenngleich nur in seltenen Ausnahmefällen, cancerogene Wirkungen bestimmter Noxen auf den Menschen bereits eindeutig nachgewiesen waren, ohne daß es gelang, diese, und sei es auch nur nachträglich, im Tiermodell zu verifizieren.

6.8.   Mutagenitätstestung

6.8.1.   Einführung

Als Mutation wird jede nachweisbare, erbliche Änderung des genetischen Materials bezeichnet, die nicht durch genetische Segregation oder Rekombination zustande kommt. Entsprechend dem Aufbau des genetischen Materials der Eukaryonten unterscheiden wir zwischen

— *Genommutationen:* zahlenmäßige Änderungen des Chromosomensatzes (Polyploidien, Heteroploidien)
— *Chromosomenmutationen:* Änderungen in der Struktur eines oder mehrerer Chromosomen (Translokationen, Deletionen, Duplikationen, Inversionen) und
— *Genmutationen:* Veränderungen innerhalb eines Genes (Basensubstitutionen, Rastermutationen), in deren Ergebnis ein neuer, erblich stabiler Zustand eines Genes, ein neues Allel, entsteht.

Genommutationen und Chromosomenmutationen werden auch unter dem Begriff Chromosomenaberrationen zusammengefaßt.

Treten Mutationen in den Keimzellen des Menschen auf, können sie auf die nächsten Generationen übertragen werden und dort zu genetisch bedingten Erkrankungen unterschiedlichen Schweregrades führen.

Mutationen entstehen spontan, was häufig nur zum Ausdruck bringt, daß die Ursache der Mutation im gegebenen Fall nicht bekannt ist und sie können durch exogene Faktoren (*Mutagene*) induziert werden. Als Mutagene kommen sowohl physikalische Faktoren (ionisierende und nichtionisierende Strahlen) als auch Chemikalien und Viren in Betracht. Auf dem Gebiet der strahleninduzierten Mutagenese existieren sehr gute Kenntnisse, die u. a. zu den strengen und gut begründeten Strahlenschutzvorschriften geführt haben. Anders ist die Situation bei den Chemikalien: In seiner von hoher Zivilisation geprägten Umwelt nimmt der Mensch heute bei den verschiedensten Gelegenheiten chemische Agenzien in seinen Körper auf. Untersuchungen, die in den 60er Jahren begannen und seit dieser Zeit rapid angewachsen sind, haben nun den Nachweis mutagener Verbindungen, z. B. bei Arzneimitteln, Lebensmittelzusatzstoffen, Konservierungsmitteln, Pesticiden, Kosmetika und Industriechemikalien erbracht. Um das menschliche Erbgut vor mutagenen Verbindungen zu schützen, müssen diese als Mutagene zunächst einmal erkannt werden. Die Methoden zur Identifizierung von Mutagenen kann man in 3 Gruppen einteilen:

1. Chemische und physikalische Verfahren zum Nachweis von Chemikalien mit bekannter mutagener Wirkung.
2. Einsatz von Testsystemen zur Prüfung einer Chemikalie auf mutagene Wirkungen.

3. Spezielle Untersuchungen an menschlichen Populationen (Population monitoring)
   zum Nachweis der Exposition gegenüber einem bestimmten mutagenen Umweltfaktor oder einer bestimmten Umwelt (Environment).

Die größte Bedeutung kommt der Prüfung von Chemikalien auf Mutagenität in Testsystemen unter Verwendung verschiedener Testorganismen, angefangen bei Mikroorganismen bis hin zum Säuger, zu. Gegenüber anderen Toxizitätsprüfungen zeichnet
sich die Prüfung auf Genotoxizität dadurch aus, daß das Targetmolekül für mutagene
Agenzien, die DNA, gut bekannt ist und bei allen Organismen, von den Viren bis hin
zum Menschen, den gleichen chemischen Aufbau und die gleiche Struktur besitzt. Auch
der strukturelle Aufbau der Chromosomen zeigt bei allen Eukaryonten eine weitgehende
Übereinstimmung. Darüber hinaus sind gut fundierte Kenntnisse über die molekularen
Mechanismen der Mutationsentstehung vorhanden. Prinzipiell kann eine Chemikalie,
die mutagen bei Viren oder Bakterien ist, nur deshalb keine mutagene Wirkung beim
Menschen besitzen, weil besondere Mechanismen die Einwirkung des Mutagens auf das
genetische Material des Menschen verhindern. So ist es gerechtfertigt, mit Mikroorganismen, Wirbellosen und in vitro kultivierten Zellen Screening-Teste zu entwickeln,
die eine hohe Durchsatzrate besitzen und mit denen für den Menschen potentiell mutagene Substanzen schnell erfaßt werden können.

Zweifellos müßten alle Chemikalien, mit denen der Mensch in Kontakt kommt oder
kommen könnte, auf Mutagenität geprüft werden. Das macht die Testung aller *neuen*
Verbindungen, bevor sie auf den Markt kommen, zur Pflicht. Da die Zahl der bereits
auf dem Markt befindlichen Chemikalien die vorhandenen Testkapazitäten bei weitem
übersteigt, ist es notwendig, für die nachträgliche Testung dieser Verbindungen Prioritäten auf der Grundlage folgender Kriterien festzulegen:

1. In welchem Umfang ist die menschliche Population gegenüber der Chemikalie exponiert?
2. Gibt es biologische Effekte durch die Chemikalie, die als indirekte Hinweise auf eine
   mutagene Wirkung gewertet werden können (z. B. Cancerogenität, Mitosehemmung,
   Einflüsse auf Hämatopoese)?
3. Sind Verbindungen mit ähnlicher Struktur bekannt, die eine mutagene oder cancerogene Wirkung besitzen?
4. Sind Metabolite der Verbindung bekannt, die verdächtig sind, eine mutagene Wirkung zu besitzen?

Bei Anwendung dieser Kriterien verlangt bereits der Punkt 1 die generelle Mutagenitätsprüfung aller Lebensmittelzusatzstoffe.

6.8.2. Kinetik chemischer Mutagene

Die ionisierenden Strahlen und das UV-Licht entfalten ihre mutagene Wirkung überwiegend durch eine direkte Interaktion mit dem genetischen Material, das sie auf dem
kürzesten Weg (geradlinige Ausbreitung) erreichen. Im Gegensatz dazu müssen chemische Mutagene, bevor sie ihre Wirkung entfalten können, zumeist auf sehr komplizierten Wegen erst einmal zu dem genetischen Material der Target-Zellen gelangen.
Die Aufnahme von Chemikalien aus der Umwelt erfolgt überwiegend über den Magen-
Darm-Trakt, die Atmungsorgane und die Haut, wobei der Aufnahme über den Magen-

Darm-Trakt im Falle der Lebensmittel die entscheidende Bedeutung zukommt. Vom Ort der Aufnahme werden sie über das Blut oder das Lymphsystem verteilt und eliminiert. Die Wirkung eines jeden Mutagens, physikalisch oder chemisch, ist dosisabhängig. Die Dosis (D) ist das Produkt der Konzentration (C) des Mutagens und seiner Einwirkungsdauer (t).

$$D = C \times t. \tag{6.1}$$

Gleichung (6.1) gilt für den Fall, daß die Konzentration während der gesamten Zeit der Einwirkung konstant bleibt. Das ist jedoch unter in vivo Bedingungen meist nicht der Fall. Die Konzentration steigt im Organismus zunächst an, erreicht ein Maximum und fällt wieder auf den Nullpunkt ab. Die Dosis ist in diesem Fall das Integral der Konzentration über der Zeit.

$$D = \int\limits_{t_1}^{t_2} C(t)\, dt. \tag{6.2}$$

Das bedeutet, daß die mutagene Wirkung sowohl von der Menge des Agens, als auch von seiner Einwirkungsdauer auf das Target-Molekül bestimmt wird. Damit sind Invasion und Elimination einer Verbindung von entscheidender Bedeutung für ihre Mutagenität im Säugerorganismus. Unter Elimination verstehen wir nicht nur die Exkretion über die Niere, die Galle, die Lunge und andere Organe, sondern auch den chemischen Ab- und Umbau in einen nichtmutagenen Metaboliten (Biotransformation). Andererseits spielt die Biotransformation von Chemikalien eine entscheidende Rolle bei der Invasion von Mutagenen in den Fällen, in denen im Stoffwechsel aus einer per se nichtmutagenen Chemikalie ein mutagener Metabolit entsteht. Bei Berücksichtigung der Abhängigkeit der Wirkung chemischer Mutagene von der Biotransformation lassen sich diese in zwei Gruppen einteilen.

6.8.2.1. Ultimale Mutagene

In diese Gruppe gehören die Chemikalien, die ohne metabolische Aktivierung mit dem kritischen Target-Molekül der Zelle, besonders der DNA, in Wechselwirkung treten können. Die meisten ultimalen Mutagene sind stark elektrophile, meist alkylierende oder arylierende Verbindungen. Auch Basenanaloga, DNA-Antimetabolite, Nitrit und interkalierende Verbindungen sind zu dieser Gruppe zu zählen.

6.8.2.2. Promutagene

Hierzu gehören die Chemikalien, die nicht per se die Fähigkeiten besitzen, direkt (oder nach spontaner Umwandlung) mit dem kritischen Target-Molekül zu reagieren. Promutagene werden erst im Stoffwechsel eines Organismus in das ultimale Mutagen umgewandelt. Diese Chemikalien zeigen demnach keine mutagene Wirkung in solchen Systemen, in denen die für die Biotransformation notwendigen Enzyme fehlen.

Auf Grund der gegebenen Dosisdefinition (Gl. (6.2)) wird verständlich, daß für die Effektivität der ultimalen Mutagene die Kinetik der Inaktivierung und Exkretion von entscheidender Bedeutung ist. Die Wirkung der Promutagene wird dagegen von einem sehr viel komplexeren Prozeß bestimmt:

— von der Kinetik des Promutagens,
— von der Transformation des Promutagens in das ultimale Mutagen und
— der Inaktivierung und/oder der Exkretion des ultimalen Mutagens, d. h. vom Verhältnis von Invasion zur Elimination.

Biochemisch bedeutet dies, daß die mutagene Wirkung abhängig ist vom Verhältnis der Reaktionskinetiken der aktivierenden und inaktivierenden Enzyme und damit im gewissen Sinne vom Gehalt der Zellen an diesen Enzymen. Es ist bekannt, daß es zwischen verschiedenen Säugerarten, zwischen Individuen einer Art und zwischen Organen und Geweben eines Individuums erhebliche Unterschiede in der Aktivität der verschiedenen Chemikalien metabolisierenden Enzyme gibt. Damit werden spezies-spezifische Reaktionen auf chemische Mutagene ebenso wie die organotrope Wirkung vieler chemischer Cancerogene erklärbar. Die Balance zwischen aktivierenden und inaktivierenden Prozessen und damit die Kinetik eines ultimalen Mutagens kann sehr erheblich von physiologischen Faktoren, wie z. B. Alter, Geschlecht, Gravidität, Ernährungszustand, Tagesrhythmus, und von exogenen Faktoren beeinflußt werden. Insbesondere Faktoren, die Veränderungen der mikrosomalen Enzymaktivitäten der Leber bewirken und damit zur Hemmung oder Stimulierung der Biotransformation führen (vgl. Abschn. 4.2.), können damit auch die Mutagenität chemischer Verbindungen im Säuger wesentlich beeinflussen. Das für die Mutagenitätstestung entscheidende Target ist das genetische Material der Keimzellen. Denn nur wenn die zu testende Substanz Mutationen in den Keimzellen des Menschen induziert, stellt sie ein genetisches Risiko für zukünftige Generationen dar. Das bedeutet nicht, daß mutagenen Effekten in somatischen Zellen keine Bedeutung beigemessen zu werden braucht, denn sie können die Ursache für Tumoren, teratogene Wirkungen und Alterungsprozesse sein. Aus diesem Grunde wird den Mutagenitätstesten auch so große Bedeutung als Screening auf Cancerogenität beigemessen (s. Abschn. 6.7.).

6.8.3. Testsysteme

Ausgehend von den bisherigen Ausführungen sind an die Mutagenitätstestung folgende Anforderungen zu stellen:

1. Es muß die Möglichkeit gegeben sein, die Induktion aller Mutationstypen (Genom-, Chromosomen- und Genmutationen) zu analysieren.
2. Das System sollte neben der Analyse von somatischen Mutationen auch die Untersuchung von Keimzellmutationen ermöglichen.
3. Der Metabolisierung der Testsubstanz im Säuger ist Rechnung zu tragen.

Es gibt keinen einzelnen Test, der allen diesen Anforderungen gerecht wird. Hierfür sind Testbatterien mit einer Reihe ausgewählter, aufeinander abgestimmter Teste notwendig. Die Teste einer Testbatterie können hierarchisch und nichthierarchisch angeordnet sein. Bei den nichthierarchischen Testbatterien werden die Testsubstanzen simultan geprüft. In hierarchischen Testbatterien werden die Verbindungen schrittweise, beginnend mit den einfachsten, schnellsten und sensibelsten Testen und abschließend mit den material- und zeitaufwendigsten Testen untersucht. Dabei geht man davon aus, daß die meisten Substanzen mit mutagener Wirkung bereits am Anfang der Testung in den einfachen Screening-Testen erkannt und dadurch unter Umständen weitere aufwendige Teste unnötig werden. Die Erfahrung hat aber gezeigt, daß man in sehr vielen Fällen eine Kombination beider Systeme vornehmen muß. Außerdem schließt ein positives Ergebnis in den Screening-Testen nicht immer automatisch die Testung am Säuger aus, da mit diesen Methoden bessere Aussagen über das genetische Risiko für den Menschen gemacht werden können als z. B. mit den mikrobiellen Testsystemen (AMES-Test).

Die wesentlichen, gegenwärtig im Einsatz befindlichen Mutagenitätsteste lassen sich in 3 Gruppen einteilen (Tab. 6.17).

Tabelle 6.17. Auswahl der wichtigsten Mutagenitätsteste

Teste der Gruppe 1

1. Teste auf DNA-Schäden
1.1. Bakterienteste
1.1.1. *E. coli* pol A^+/pol A_1^--System
1.1.2. *P. mirabilis* PG 274 $(++)$/PG 713 (rec^-, hcr^-)-System
1.1.3. *B. subtilis* H 17 Ref^+/M 45 Rec^--System
1.2. Teste an Säugerzellen
1.2.1. Nachweis induzierter Excisionsreparatur
   (UDS, Zentrifugation im alkal. Saccharose-Gradienten)
1.2.2. Induktion von SCE
2. Teste mit unklarem Schadenstyp
2.1. Spermienmorphologietest

Teste der Gruppe 2

1. Punktmutationsteste
1.1. Bakterienteste
1.1.1. Salmonella $(his^- \rightarrow His^+)$-AMES-Assay
1.1.2. *E. coli* $(trp^- \rightarrow Trp^+)$
1.1.3. *E. coli* K-12 $(arg^- \rightarrow Arg^!, nad^- \rightarrow NAD^!, gal\ R_{18}^o \rightarrow GAL^!,$
   $MTR^r, VAL^r, NAL^r)$
1.2. Säugerzellen *in vitro*
1.2.1. Maus-Lymphomazell-Assay $(TK^{+-} \rightarrow TK^{--})$
1.2.2. Hamster V79-, CHO-Assay
1.3. Drosophila (verschiedene Marker zur Analyse rezessiver und dominanter Mutationen und von Chromosomenaberrationen)
2. Chromosomenaberrationsteste
2.1. *In vitro* Zytogenetik
   (Chromosomenaberrationen in *in vitro* kultivierten Zellen verschiedener Säuger inklusive des Menschen)
2.2. Drosophila (siehe 1.3.)
2.3. Saccharomyces cerevisiae (Nachweis induzierter somatischer Rekombination und Nondisjunction)

Teste der Gruppe 3

1. Teste an somatischen Zellen
1.1. *in vivo* Zytogenetik (Chromosomenaberrationen im Knochenmark, in embryonalen Zellen und anderen mitotisch aktiven Geweben; Mikronukleustest)
1.2. Fellfleckentest
   Induktion von Mutationen in embryonalen Melanoblasten
2. Teste an Keimzellen
2.1. Dominanter Letaltest
2.2. Heritable-Translocation-Assay (kaum geeignet für die Routinetestung)
2.3. Spezifischer Locustest

Gruppe 1 umfaßt die Teste, mit denen nicht die Induktion von Mutationen nachgewiesen wird, sondern Phänomene untersucht werden, die damit mehr oder weniger enge Beziehungen aufweisen. Hierzu gehören zunächst die Reparaturteste mit Bakterien, Hefen, Pilzen und Säugerzellen. Mit diesen Testen, die schnell und billig sind, werden Chemikalien erfaßt, welche die DNA-Integrität stören. In der Mehrzahl der Fälle handelt es sich um Effekte, die als Primärläsionen zu Mutationen führen, woraus die enge Korrelation der Ergebnisse in Reparaturtesten mit denen in Mutagenitäts- und Cancerogenitätstesten verständlich wird. Bei den Reparaturtesten wird die Induktion einer S-Phasen unabhängigen DNA-Synthese (unscheduled DNA-synthesis) oder eine verringerte Überlebensrate bei Reparaturdefekten Stämmen im Vergleich zu Wildtypstämmen durch die Behandlung mit der Testsubstanz analysiert.

In diese Gruppe sind auch die Teste zum Nachweis induzierter Schwesterchromatidaustausche (SCE) einzuordnen. Sie weisen ebenfalls auf die Induktion von Primärläsionen in der DNA hin, zeigen aber keine, wie ursprünglich angenommen, direkte Beziehung zu den strukturellen Chromosomenaberrationen.

Weiterhin gehört in diese Gruppe der Spermienmorphologietest. Als positiv wird hier eine Substanz gewertet, die einen signifikanten Anstieg der Frequenz morphologisch abnormaler Spermien bei der Maus induziert. Der Aussagewert dieses Testes ist dadurch begrenzt, weil völlig unbekannt ist, ob diese Spermienabnormitäten eine genetische Ursache haben, d. h. auf Mutationen beruhen. Er ist jedoch von Bedeutung, da er anzeigt, daß die Substanz bis zu den Gonaden und den Keimzellen vordringen und einen Einfluß auf die Spermatogenese ausüben kann (s. Abschn. 6.5.3.4.).

Die *Gruppe 2* umfaßt die eigentlichen Screening-Teste, mit denen die Induktion von Gen- und/oder Chromosomenmutationen in Mikroorganismen und Säugerzellen, aber auch Wirbellosen (z. B. Drosophila) oder Pflanzen nachgewiesen werden kann. Der am häufigsten eingesetzte Mutagenitäts-Screening-Test ist der von B. AMES und Mitarb. entwickelte Salmonella-Mikrosomen-Assay. Daneben wird *E. coli* in verschiedenen Variationen für das Mutagenitätsscreening eingesetzt.

In beiden Fällen handelt es sich um Rückmutationsteste, bei welchen im Falle des (his⁻ → His⁺) Salmonella-AMES-Assay Basensubstitutions- und Frameshiftmutationen im Histidin-Operon, beim *E. coli*-Test (trp⁻ → Trp⁺) Basensubstitutionen in einem Tryptophanbiosynthesegen nachgewiesen werden. Die hochempfindlichen Salmonella-Teststämme tragen außerdem Mutationen im gal-rfa-Locus, die zur Reduktion der Lipopolysaccharidhülle und damit zu einer gesteigerten Permeabilität für viele Chemikalien führen. Eine weitere Mutation im uvrB-Locus verursacht den Verlust der Excisionsreparatur und damit eine stark erhöhte Sensibilität gegenüber vielen Mutagenen. Weitere Teststämme enthalten das Plasmid pKM 101, welches ein Gen für eine Ampicillinresistenz (als Selektionsmarker) und ein Gen für eine "error-prone-repair" fördernde Nuclease enthält. Dieses Enzym ist verantwortlich für die um ein Vielfaches gesteigerte Sensibilität dieser Teststämme (TA 98, TA 100).

Ein mangelhaftes oder völlig fehlendes säugerspezifisches Biotransformationssystem kann beim AMES-Test und bei den meisten anderen in vitro-Testen zumindest teilweise durch die Zugabe einer Biotransformationskomponente (postmitochondrialer Überstand eines Leberhomogenates mit Cofaktoren) kompensiert werden.

Im Host-mediated-Assay werden die Testorganismen einem mit der Testsubstanz behandelten Säuger (meist Maus) injiziert. Dadurch sind sie der zu prüfenden Verbindung oder ihren Metaboliten unter Bedingungen ausgesetzt, welche die Toxikokinetik im Säugerorganismus voll berücksichtigen.

Drosophila, der in der Mutationsforschung besonders häufig eingesetzte und damit bestuntersuchte Eukaryont, besitzt selbst ein dem Säuger ähnliches Biotransformationssystem. Der entscheidende Vorteil dieser Screening-Teste gegenüber denen der Gruppe 1 besteht vor allem darin, daß mit diesen Testen die Induktion von Mutationen per se nachgewiesen werden kann.

Gruppe 3, in der alle Teste am Säuger enthalten sind, kann noch einmal unterteilt werden in solche, bei denen Mutationen an somatischen Zellen bzw. an Keimzellen analysiert werden. Sie berücksichtigen die Toxikokinetik, die neben der Metabolisierung auch die Prozesse der Invasion, Distribution und Exkretion umfaßt, ebenso wie spezifische Reparaturprozesse oder die Besonderheiten der Keimzellentwicklung bei den Säugern. Damit sind diese Teste besonders geeignet abzuklären, ob und wieweit die Ergebnisse vorhergehender Screening-Teste (Gruppe 2) auch auf den Säuger und damit auch auf den Menschen übertragbar sind.

Zu den Testen an somatischen Zellen gehören in erster Linie der Knochenmarktest und der Mikronukleustest, mit denen die Induktion von Chromosomenaberrationen im hämatopoetischen System der Versuchstiere untersucht werden kann.

Der Fellfleckentest mit der Maus (mouse spot test), der ebenfalls in diese Untergruppe gehört, zeichnet sich durch zwei interessante Besonderheiten aus. Zuerst ist es ein Test, mit dem die Induktion von Punktmutationen in embryonalen Melanoblasten, die zu Farbflecken auf dem Fell der Tiere führen, nachgewiesen werden kann. Zum anderen besteht die Möglichkeit, Probleme der transplacentalen Mutagenese zu bearbeiten. Die durchaus berechtigte Annahme, daß sich mit dem Fellfleckentest auch Chromosomenmutationen nachweisen lassen, kann nicht völlig ausgeschlossen werden. Jüngste vergleichende Untersuchungen zwischen dem Fellfleckentest und der Induktion von Chromosomenaberrationen bei 10 Tage alten Mäuseembryonen sprechen allerdings nicht für eine solche Möglichkeit.

Zu den Säuger-Keimzelltesten gehören der spezifische Locustest und der dominante Letaltest. Mit dem spezifischen Locustest wird bei Mäusen die Induktion von Punktmutationen, kleinen Deletionen und seltener von Chromosomenaberrationen und „nondisjunction" bei einer kleinen Zahl (7) selektierter Gene, die für morphologische Merkmale determinieren, nachgewiesen. Im dominanten Letaltest mit Mäusen oder Ratten werden dagegen bevorzugt Chromosomenmutationen erfaßt, während induzierte Genmutationen nur eine sehr untergeordnete Rolle spielen. Obwohl beide Teste so konzipiert sind, daß mit ihnen die Induktion von Mutationen in der Spermotogenese nachgewiesen werden soll, lassen sie sich auch für die Erfassung von Mutationen, die in der Oogenese induziert werden, anwenden.

6.8.4. Bewertung der Testergebnisse

Den verschiedenen Gruppen und den einzelnen Testen innerhalb der Gruppen 2 und 3 kommt natürlich eine unterschiedliche Bedeutung zu, die daran zu messen ist, wie groß ihr Vorhersagewert für den Nachweis eines chemischen Agens ist, das Mutationen in den Keimzellen der Menschen induziert. Eine Arbeitsgruppe der International Commission for Protection against Environmental Mutagens and Carcinogens hat die wichtigsten Screening-Teste auf ihre Aussagefähigkeit für den Nachweis von Keimzell-Mutagenen überprüft und dafür zunächst eine Begriffsdefinition vorgenommen (ICPEMC 1983):

— Als Säuger-Keimzell-Mutagen (Mammalian germ cell mutagen) wird eine Substanz bezeichnet, die Punktmutationen oder Chromosomenmutationen in männlichen oder

weiblichen Keimzellen eines Säugers induziert, die mit dem spezifischen Locustest, dem dominanten Letaltest oder dem „Heritable Translocation-Test" nachgewiesen werden.
— Genotoxisch ist eine Verbindung, die einen positiven Effekt in einem beliebigen Test, der einen genetischen Endpunkt analysiert, induziert.

Als genetische Endpunkte werden bezeichnet
— Alterationen der DNA-Basensequenz,
— Alterationen der DNA-Integrität,
— DNA-Rearrangements,
— Alterationen der Chromosomensegregation,
— Alterationen der Chromosomenintegrität.

Obwohl die Daten über Chemikalien, die gleichzeitig in Keimzelltesten und mehreren Screening-Testen untersucht wurden, gering sind, und die untersuchten Chemikalien nicht unselektiert waren, lassen sich doch einige wesentliche Schlußfolgerungen ziehen, die in Verbindung mit eigenen Erfahrungen bei der Routinemutagenitätstestung wie folgt zusammengefaßt werden können:
— Die Teste der Gruppe 1 bieten die geringste Sicherheit, ein Säuger-Keimzell-Mutagen zu identifizieren. Die Interpretation der Testergebnisse ist häufig schwierig, besonders wenn sie im Widerspruch zu den Ergebnissen der Gruppe 2 und 3 stehen. Ein positives Resultat klassifiziert die Testsubstanz als genotoxisch, aber noch nicht als mutagen.
— Mit den Testen der Gruppe 2 kann nicht nur eine genotoxische, sondern eine mutagene Wirkung direkt nachgewiesen werden. Bei einem positiven Ergebnis ist die Substanz als Mutagen einzuordnen und steht damit in dem Verdacht, für den Säuger und Menschen mutagen zu sein.
— Die höchste Relevanz für die Voraussage einer mutagenen Wirkung beim Menschen besitzen die Teste der Gruppe 3, insbesondere diejenigen, die eine Verbindung als Säuger-Keimzell-Mutagen klassifizieren.

Da die Säugerkeimzellteste tiermaterial- und zeitaufwendig sind, ist es von praktischer Bedeutung, daß alle bisher im Fellfleckentest und im spezifischen Locustest untersuchten Substanzen übereinstimmende Ergebnisse gebracht haben und eine hohe Korrelation der Ergebnisse in den in vivo-Chromosomenmutationstesten und dem dominanten Letaltest besteht. Dies unterstreicht die Bedeutung, die man den Ergebnissen der Teste an somatischen Zellen der Gruppe 3 beimessen muß.

Die Extrapolation der Testergebnisse, die am Laborsäuger gewonnen wurden, auf den Menschen, insbesondere eine quantitative Risikoabschätzung, stellt ein sehr komplexes, bisher nicht völlig gelöstes Problem dar. Alle Vorschläge, die die mit physikalischen Mutagenen (Strahlen) gewonnenen Erkenntnisse schematisch auf chemische Mutagene übertragen wollen, sind zum Scheitern verurteilt, wenn sie die speziesspezifische und · damit teilweise sehr unterschiedliche Toxikokinetik der Testsubstanz beim Versuchstier und Menschen nicht berücksichtigen. Bei der Prüfung von Lebensmittelinhalts- und -zusatzstoffen spielt das Problem einer Quantifizierung des genetischen Risikos in den meisten Fällen allerdings nur eine untergeordnete Rolle, da bei Verbindungen, die eine mutagene Wirkung in Testen der Gruppe 2 oder 3 zeigen, eine Zulassung als Lebensmittelinhalts- oder -zusatzstoff nicht zur Debatte stehen wird, obwohl man nicht notwendigerweise davon ausgehen muß, daß diese Substanz dann auch beim Menschen Mutationen in den Keimzellen in signifikantem Ausmaß auslöst.

7. Toxikologische Bewertung

7.1. Zielstellung

Die toxikologische Bewertung umfaßt die Einschätzung der Ergebnisse aller vorliegenden Toxizitätsprüfungen nach ihrer Bedeutung und Aussagekraft mit dem Ziel, zu toxikologischen Entscheidungen als Grundlage für Regulative auf nationaler, interregionaler oder internationaler Ebene zu gelangen. Für die Bewertung sind in der Regel Expertengruppen zuständig, denen folgende Aufgaben obliegen:

— Abschätzung möglicher Risiken für den Menschen,
— Entscheidung über die Annahme oder Ablehnung einer chemischen Substanz als Lebensmittelzusatzstoff,
— Ableitung duldbarer Tagesmengen für den Menschen,
— Ableitung duldbarer Stoffmengen im Lebensmittel.

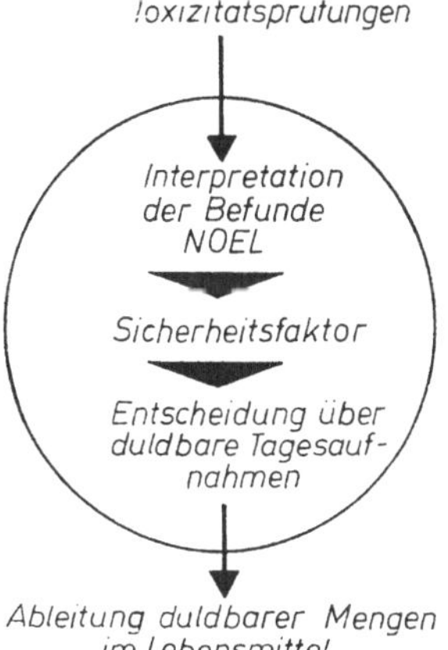

Abb. 7.1. Toxikologische Bewertung

Wesentliche Faktoren der toxikologischen Bewertung sind bei der Interpretation der Befunde die Feststellung der Wirkungsschwelle und die Anwendung eines Sicherheitsfaktors bei der Übertragung der Daten auf den Menschen (Abb. 7.1).

7.2. Wirkungsschwellen

Grundlage für die Ableitung duldbarer Mengen für den Menschen ist die Auffassung der klassischen Toxikologie, daß für jeden Stoff eine Schwellendosis existiert, unterhalb derer eine Wirkung nicht mehr nachweisbar ist. Auf die Existenz einer Wirkungsschwelle hat bereits PARACELSUS (Theophrastus Bombastus von HOHENHEIM, 1493—1541) in seiner These verwiesen: „*Alle Dinge sind Gift und nichts ist ohne Gift, allein die Dosis macht, daß ein Ding kein Gift ist*". Die Darstellung der Beziehungen zwischen zugeführter Stoffmenge und Art und Größe der Effekte als Dosis-Wirkungs-Kurve veranschaulicht eine solche Wirkungsgrenze (s. Abb. 3.1, S. 25).

Die Ermittlung der höchsten Dosis ohne Wirkung (no-effect level) ist die entscheidende Voraussetzung für die Ergebnisübertragung auf den Menschen. Sie erfolgt unter Berücksichtigung der Resultate der verschiedenen Toxizitätsuntersuchungen. Durch sorgfältige Auswertung aller Parameter und den Vergleich von Kontroll- und Versuchstieren muß statistisch bestimmt werden, bei welcher Dosis des Stoffes Effekte ausgeblieben sind. Diese Aufgabe, etwas Negatives nachzuweisen, gilt als Besonderheit im biologisch-naturwissenschaftlichen Bereich. Die Ausführungen über die Toxizitätsprüfung (s. Kap. 6.) dokumentieren, daß der Nachweis der höchsten unwirksamen Dosis auf der Basis bestimmter Untersuchungsparameter und mit Hilfe unterschiedlichster Methoden erfolgt. Erkennbar sind nur solche Effekte, die durch die Untersuchungsverfahren erfaßt werden. Es ist daher korrekter, von der höchsten Dosis ohne erkennbare Wirkung (*no-observedef-fect level*, NOEL) zu sprechen. Da diese Dosis bei verschiedenen Spezies und den einzelnen Prüfungen unterschiedlich ist, wird für die Extrapolation auf den Menschen die empfindlichste Tierart und der sensibelste Test berücksichtigt. Nicht jede statistisch gesicherte Abweichung eines Parameters zwischen Kontroll- und Versuchstieren ist Ausdruck einer Schadwirkung. Es können signifikante biologische Veränderungen als normale Reaktionen gegenüber Streß auftreten. Für eine Reihe biologischer Parameter (z. B. hämatologische und klinisch-chemische Parameter) besteht ein Normalbereich der Werte. Es ist möglich, daß sich der Wert einer Testgruppe signifikant vom Kontrollwert unterscheidet, obwohl er im Normalbereich liegt. Diese Beispiele belegen die Schwierigkeit der Abgrenzung schädlicher (adverse) von nicht schädlichen (non adverse) Effekten. Als generelle Kriterien für schädliche Wirkungen gelten:

1. Veränderungen anatomischer, physiologischer und biochemischer Parameter sowie von Verhaltensparametern, die Funktionsbeeinträchtigungen zur Folge haben oder die Fähigkeit einschränken, Belastungen zu kompensieren,
2. irreversible Veränderungen, die die Fähigkeit des Organismus zur Aufrechterhaltung der Homöostase vermindern und
3. Veränderungen, die mit einer erhöhten Suszeptibilität gegenüber anderen schädigenden Einflüssen der Umwelt einhergehen.

Demgegenüber werden unschädliche Wirkungen als Effekte definiert, die keine physischen, physiologischen, biochemischen und Verhaltensveränderungen verursachen, welche Wohlbefinden, Wachstum, Entwicklung oder Lebenserwartung eines Versuchstieres beeinträchtigen.

Die Differenzierung zwischen schädlichen und nicht schädlichen Effekten ist besonders problematisch, wenn es sich um reversible Veränderungen und geringfügige funktionelle und morphologische Abweichungen des Normalzustandes eines Biosystems handelt. Beispielsweise kann eine Wachstumsretardierung durch toxische Anorexie oder durch verminderte Schmackhaftigkeit des Futters bedingt sein. Diarrhoe kann eine toxische Wirkung reflektieren oder Widerspiegelung einer osmotischen Belastung durch hohe Dosen der Testsubstanz sein. Welche toxikologische Bedeutung muß einer Caecumvergrößerung beigemessen werden?

Beispiele für unterschiedliche Auffassungen hinsichtlich der Ergebnisinterpretation stellen die Induktion mikrosomaler Enzyme und die Auslösung einer reversiblen Leber-hypertrophie durch relativ geringe Dosen zahlreicher chemischer Stoffe dar. Sie werden einerseits als adaptive und gesundheitlich unbedenkliche Reaktionen verstanden. Andererseits gelten sie als Hinweis auf mögliche Schädigungen. Wegen der Probleme bei der Interpretation bestimmter Effekte hat sich die Auffassung, als Grundlage für die Extrapolation auf den Menschen nicht von der höchsten Dosis ohne erkennbare Wirkung, sondern von der höchsten Dosis ohne unerwünschte (no-adverse-effect level) bzw. ohne toxische Wirkung (no-toxic-effect level) auszugehen, in der Praxis nicht generell durch-gesetzt. Man geht davon aus, daß der biologischen Bedeutung eines Effektes bei der Festlegung des Sicherheitsfaktors Rechnung getragen werden muß.

Das Konzept der Ermittlung der höchsten Dosis ohne Wirkung hat zu berücksich-tigen, daß Effekte, die sich als Ereignishäufigkeit in einem Kollektiv äußern, nur bei ausreichender Tierzahl und Expositionsdauer erkannt werden. Bei genotoxischen Cancerogenen und mutagenen Substanzen als Beispiele dieses Wirkungstyps ist die Frage eines Grenzwertes der Wirksamkeit umstritten. Vorstellungen von der Nicht-existenz einer Wirkungsschwelle bei genotoxischen Cancerogenen und mutagenen Sub-stanzen beruhen auf der Annahme, daß ein einzelnes Molekül solcher Stoffe einen pro-gressiven, zum sichtbaren Effekt führenden Vorgang auslöst. Man kennt jedoch einige Stoffe, die über die Induktion bestimmter Effekte sekundär zum Auftreten von Neo-plasien führen (epigenetische oder nicht-genotoxische Cancerogene). Ein Beispiel ist die Entstehung von Blasenkrebs bei Ratten nach Verabreichung von Polyoxyethylen-monostearat, die mit der Induktion von Calculi durch die Substanz in Verbindung ge-bracht wird. Für die Tumorbildung auf diesem Wege ist die Existenz einer Wirkungs-schwelle wahrscheinlich. Die tierexperimentell ermittelte unwirksame Stoffmenge wird im allgemeinen in mg/kg Futter oder ppm angegeben, da die Tiere die Testsubstanz mit dem Futter erhalten. Vom NOEL erfolgt eine Umrechnung in mg/kg KM/d und man erhält die unwirksame Tagesdosis für das Versuchstier. Die Umrechnungsformel ist

$$\frac{\text{unwirksamer Futterzusatz} \times \text{Tagesfutterverbrauch}}{\text{mittlere Körpermasse (Versuchstier)}}.$$

Für eine schematische Umrechnung bei der Ratte hat sich folgendes Verfahren ein-gebürgert: Junge Tiere mit einer Körpermasse von 0,1 kg nehmen durchschnittlich 10 g Futter/d auf; somit entspricht 1 mg des Stoffes pro kg Futter einer Tagesdosis von 0,1 mg/kg KM. Ältere Tiere mit einer Körpermasse von 0,4 kg verzehren durchschnitt-lich 20 g Futter/d; eine Substanzmenge von 1 mg/kg Futter entspricht demnach einer Tagesdosis von 0,05 mg/kg KM.

7.3. Sicherheitsfaktor

Von der am Versuchstier erhaltenen höchsten Dosis ohne erkennbare Wirkung muß unter Wertung des toxischen Potentials eines Stoffes auf eine für den Menschen ver-mutlich ungefährliche Dosis geschlossen werden. Bei dieser Abschätzung ist ein Sicher-heitsfaktor einzubeziehen, der

— physiologische Differenzen zwischen Versuchstieren und Menschen,
— Unterschiede in der Empfindlichkeit verschiedener Bevölkerungsgruppen und ein-zelner Individuen,

— Unterschiede zwischen der Zahl der eingesetzten Versuchstiere und der Größe der exponierten Bevölkerung,
— Toxikokinetik des Stoffes,
— Intensität und Spezifität der nachgewiesenen Wirkungen

berücksichtigen soll.

Mit diesem Verfahren ist beabsichtigt, bestehende Unsicherheiten bei der Übertragung tierexperimenteller Befunde auf den Menschen auszuschließen. Häufig wird in Übereinstimmung mit Empfehlungen von Expertenkomitees der WHO/FAO eine Sicherheitsspanne von 100 zugrunde gelegt. Dieser Wert leitet sich von der Annahme ab, daß die Empfindlichkeit des Menschen zehnfach größer als die der Ratte ist und die individuelle Empfindlichkeitsvariation in der menschlichen Population (Kinder, Alte, Schwangere, Kranke) durch einen weiteren Faktor von 10 ausgeglichen werden kann. Daraus resultiert insgesamt ein Sicherheitsfaktor von $10 \times 10 = 100$. Die Übertragung der Ergebnisse der Tierversuche auf den Menschen mit Hilfe eines Sicherheitsfaktors ist jedoch nicht als einfache Divisionsaufgabe zu verstehen, die schematisch angewandt wird. Die Höhe des Sicherheitsfaktors ist für jeden Stoff individuell nach Analyse des Wirkungsprofils festzulegen.

Eine Vergrößerung des Sicherheitsfaktors kann erforderlich werden bei Speicherung, irreversiblen Schäden, Wirkungskumulation, Wechselbeziehung zu anderen chemischen Stoffen, unklarer Wirkungscharakteristik, unklaren Resorptions- oder Eliminationsbedingungen. Eine Verkleinerung der Sicherheitsspanne ist möglich bei schneller Ausscheidung, reversibler Wirkung, eindeutiger Charakterisierung, am Menschen gewonnener Erfahrungen, zahlreichen Spezialuntersuchungen, Effekten im Sinne reiner Anpassungsvorgänge bei hoher Dosierung.

Die Praxis der toxikologischen Bewertung zeigt, daß die Höhe des angewandten Sicherheitsfaktors in Abhängigkeit von der beurteilten Substanz bei Zusatzstoffen zwischen 10 und 1 000 und bei Pesticiden zwischen 10 und 2 500 liegt. Da die Festlegung des Sicherheitsfaktors wegen des Fehlens gesicherter wissenschaftlicher Grundlagen oft eine Ermessensfrage ist, bemüht man sich, mit Hilfe von Verfahrensgrundsätzen die Anwendung quantifizierbar und nachvollziehbar zu gestalten.

7.4. Duldbare tägliche Aufnahmemenge

Mit Hilfe des festgelegten Sicherheitsfaktors wird durch entsprechende Sachverständigengremien von der höchsten Dosis ohne erkennbare Wirkung die Menge des chemischen Stoffes abgeleitet, die der Mensch nach der gegenwärtigen Einschätzung täglich lebenslang aufnehmen kann, ohne daß gesundheitliche Schädigungen zu befürchten sind. Für diese dem Menschen zuträgliche Menge werden die Termini „Annehmbare Tagesdosis" (*acceptable daily intake*, ADI) oder „Duldbare tägliche Aufnahmemenge" (DTA), bezogen auf kg KM, verwendet:

$$\text{ADI(mg/kg KM/d)} = \frac{\text{Dosis ohne erkennbare Wirkung (mg/kg KM)}}{\text{Sicherheitsfaktor}} .$$

Die Formel verdeutlicht, daß der ADI-Wert für den Menschen jeweils um den Sicherheitsfaktor niedriger als die tierexperimentell ermittelte Dosis ohne erkennbare Wirkung (NOEL) ist. Bei manchen Stoffen wird auf die Festlegung einer Aufnahmebegrenzung verzichtet (ADI not specified). Hierzu gehören Substanzen mit geringer Toxizität, z. B. bestimmte Nahrungskomponenten oder einzelne im menschlichen Organismus normal vorkommende Stoffwechselprodukte. Man geht davon aus, daß eine Anwendung als Zusatzstoffe in Mengen erfolgt, die kein gesundheitliches Risiko darstellen.

7.5. Zulässige Mengen im Lebensmittel

Auf der Grundlage der annehmbaren oder duldbaren Tagesaufnahmemenge wird errechnet, welche Stoffmenge im Lebensmittel vorhanden sein darf. Für die Umrechnung werden die durchschnittliche Körpermasse des erwachsenen Menschen und ein durchschnittlicher Tagesverzehr (food factor) der den Stoff enthaltenen Lebensmittel zur duldbaren Tagesdosis in Beziehung gesetzt:

$$\frac{ADI\ (mg/kg/d) \times KM\ (kg)}{Tagesverzehr\ (kg)}.$$

Der erhaltene Wert ist die toxikologisch duldbare Stoffmenge im Lebensmittel, ausgedrückt in mg/kg.

Als durchschnittliche Körpermasse des Erwachsenen werden 60 kg zugrunde gelegt. Bei der Ableitung duldbarer Mengen sind sowohl die Verzehrsmenge eines bestimmten Lebensmittels, in welchem der Stoff vorkommen kann, als auch der Gesamtverzehr an Lebensmitteln, die den Stoff enthalten können, zu berücksichtigen. Es muß gewährleistet sein, daß die Summe der für einzelne Lebensmittel festgelegten duldbaren Mengen eines Stoffes den ADI-Wert nicht übersteigt.

Duldbare Mengen sind nicht nur für Zusatzstoffe, Pesticide und Kontaminanten bei der Nahrungsproduktion abzuleiten. Auch für Verbindungen, die aus Verpackungsmaterialien oder Behältern in Lebensmitteln migrieren können, sind toxikologische Begrenzungen (specific migration limits) erforderlich.

In Anpassung an die praktisch in den Lebensmitteln vorhandenen Anteile des chemischen Stoffes wird die maximal zulässige Menge (Toleranz, Höchstmenge, maximal zulässige Rückstandsmenge) vom Gesetzgeber so niedrig wie möglich unter dem toxikologisch duldbaren Wert in ppm oder mg/kg Lebensmittel festgesetzt.

Aus praktischen Erwägungen hat sich die Notwendigkeit ergeben, in Ausnahmefällen temporäre ADI-Werte bzw. vorläufige duldbare Mengen für Zusatzstoffe und Rückstände von Pflanzenschutzmitteln festzulegen. Dieser Weg wird eingeschlagen, um einen neu eingeführten Stoff bereits vorläufig zuzulassen, wenn die toxikologische Beurteilung noch nicht umfassend vorliegt oder wenn der Einsatz zeitlich und mengenmäßig begrenzt ist.

7.6. Risikoabschätzung

Das Prinzip der ADI-Ableitung mit Hilfe eines Sicherheitsfaktors setzt das Vorhandensein einer Wirkungsschwelle der zu bewertenden Stoffe voraus. Probleme für die Anwendung eines solchen Bewertungsverfahrens ergeben sich bei Substanzen mit genotoxischer Wirkung (Cancerogene, Mutagene). Es wurde schon darauf verwiesen, daß für diesen Wirkungstyp die Existenz einer Wirkungsschwelle angezweifelt wird. Bei Nachweis einer Cancerogenität oder Mutagenität im Tierversuch unterbleibt daher die Ableitung eines ADI-Wertes. Solche Stoffe werden als potentielle Cancerogene bzw. Mutagene für den Menschen eingestuft. In den meisten Ländern gehen die gesetzlichen Regelungen davon aus, daß in Fällen, wo ein Einsatz vermeidbar ist, z. B. als Lebensmittelzusatzstoff oder als Pesticid, cancerogene Stoffe nicht zuzulassen sind. Beispielsweise verbietet seit 1958 die DELANEY-Klausel im Food, Drug und Cosmetic Act der USA die Verwendung von Cancerogenen als Additive.

Das natürliche Vorkommen mutagener und cancerogener Stoffe in der Nahrung hat die Frage nach anderen Bewertungsprinzipien aufgeworfen und zur Entwicklung verschiedener Verfahren für eine Quantifizierung des Risikos bzw. für eine Risiko-Nutzen-Abwägung geführt. Mit Hilfe mathematischer Extrapolationsmodelle erfolgt eine Abschätzung der Risikoquoten für gesundheitliche Schäden bei einer gegebenen Dosis. Diese für Stoffe mit und ohne Wirkungsschwellen anwendbaren Bewertungskonzepte schließen die Vorgabe eines zumutbaren Risikos (acceptable risk) ein, die über eine toxikologische Bewertung hinausgeht.

7.7. Schlußbetrachtung

Auf der Grundlage des dargelegten Bewertungskonzeptes sind für eine Vielzahl in Lebensmitteln vorkommender chemischer Agenzien Einschätzungen über zulässige oder duldbare Höchstmengen in Lebensmitteln vorgenommen worden. Sie leiten sich entweder von Empfehlungen der WHO/FAO-Expertenkomitees ab oder beruhen auf nationalen Festlegungen, für die gesetzliche Bestimmungen die Basis bilden. Die Zuständigkeit für die Sicherung und Kontrolle einer unbedenklichen Aufnahme chemischer Stoffe mit der Nahrung ist in den einzelnen Ländern unterschiedlich. Die Verantwortung auf staatlicher Ebene obliegt meist den Gesundheits-, Landwirtschafts- oder Umweltbehörden bzw. den ihnen zugeordneten Institutionen. Bedingt durch nationale Gegebenheiten, Verzehrsgewohnheiten, Technologien u. a. können die festgelegten Höchstmengen für Additive, Pesticidrückstände und Kontaminanten in Lebensmitteln zwischen den Ländern divergieren.

Die Anforderungen an die toxikologische Bewertung von chemischen Stoffen in der Nahrung sind Gegenstand eines ständigen Prozesses der Überarbeitung, Präzisierung und Erweiterung. Mit dem wissenschaftlichen Fortschritt ergeben sich neue Erkenntnisse, die in die Untersuchungsmethodik einfließen und neue Maßstäbe für die Lebensmitteltoxikologie setzen.

8. Natürliche toxische Substanzen in Lebensmittelrohstoffen

8.1. Einführung

Toxische Substanzen in Lebensmittelrohstoffen werden auch als native Schadstoffe bezeichnet. Sie sind in pflanzlichen und tierischen Rohstoffen von Natur aus enthalten. Der Mensch hat im Laufe von Jahrtausenden gelernt, Rohstoffe mit toxischen Inhaltsstoffen (entweder in hoher Konzentration vorkommend oder mit niedriger toxischer Dosis) zu meiden. Dabei konnten durch Erfahrung nicht alle gesundheitsschädigenden Stoffe vom Verzehr ausgeschlossen werden. Nur bei solchen, wo Stoffaufnahme und Gesundheitsschäden kausal in Verbindung gebracht werden können, d. h. wo beide Ereignisse in zeitlich überschaubarer Beziehung (wie bei echten Pilzvergiftungen) stehen, kann ein solcher Lernprozeß vonstatten gehen. Folglich eliminierte der Mensch frühzeitig bereits hochwirksame native Schadstoffe aus seiner Nahrung. Es blieben aber z. T. bis heute solche Stoffe in seiner Nahrung, die in geringer Dosis erst über lange Zeiträume wirksam sind oder solche, deren Vorkommen und Schadwirkung erst mit Hilfe der modernen Biologie, Medizin und Analytik (z. B. Pyrolyseprodukte) erkennbar waren. Ein Schwerpunkt der Forschung liegt deshalb heute beim Nachweis von Langzeitwirkungen geringer Stoffmengen.

Behält man die üblichen Ernährungsweisen bei, wird man in unseren Breiten keine dramatischen toxischen Effekte erwarten können, es sei denn, Lebensmittel sind verdorben. Es wurde aber auch diskutiert, ob der Organismus bzw. seine Darmflora nicht subtoxische Reize durch Wirkstoffe erhalten muß, um die normale Anpassungsfähigkeit zu gewährleisten (SCHOLE u. a., 1978).

In den letzten Jahrhunderten hat der Mensch vielfach durch Züchtung den Gehalt an bekannten nativen Schadstoffen in pflanzlichen Rohstoffen gesenkt, während Giftstoffe enthaltende Tiere wie früher von der Verwendung als Nahrungsrohstoffe ausgeschlossen blieben. Bei der Erschließung neuer, bisher wenig oder nicht für die menschliche Ernährung genutzter landwirtschaftlicher Rohstoffe kann der Gehalt an nativen Schadstoffen limitierend und ihre Entfernung für die Ökonomie der Verfahren entscheidend sein.

Bei einigen Naturvölkern kommt einigen nativen Schadstoffen aber auch heute noch große Bedeutung zu, wenn es keine Alternativen zu giftstoffhaltigen Lebensmittelrohstoffen gibt und/oder vor dem Genuß Entgiftungsschritte traditionell benutzt werden.

Eine Klassifizierung der natürlich vorkommenden toxischen Substanzen nach gleichbleibenden Kriterien ist nicht möglich. So müssen sowohl Einteilungen nach chemischen Gemeinsamkeiten neben der Ordnung nach der Herkunft der Stoffe u. a. benutzt werden, wobei selbst chemische Merkmale Zuordnungen zu verschiedenen Stoffklassen gestatten.

8.2. Alkaloide

Alkaloide sind strukturell sehr verschiedene N-haltige Heterocyclen. Ihre Einteilung nach biogenetischen Präcursoren (das sind Aminosäuren) ist möglich, jedoch werden lebensmittelspezifische Verbindungen auch nach anderen Klassifizierungsmerkmalen (z. B. als Glycoside, biogene Amine) zusammengefaßt.

Als Protoalkaloide bezeichnet man Stoffe mit acyclischem Stickstoff (vgl. „Amine", Abschn. 8.3.). Jene Alkaloide, die sich nicht von Aminosäuren ableiten und anderen Stoffklassen näher stehen (z. B. Steroidalkaloide), zählt man zu den Pseudoalkaloiden.

Nur wenige im Tierreich vorkommende Alkaloide (im engeren Sinne) besitzen ernährungstoxikologische Bedeutung. In Pflanzen sind dagegen diesbezüglich relevante Alkaloide weit verbreitet. Sie kommen meist in speziellen Pflanzenteilen vor.

Coffein, Theobromin und Theophyllin sind methylierte Derivate der Ketoform des Xanthin (2,6-Dihydroxypurin) und besitzen als Inhaltsstoffe von Genußmitteln Bedeutung (Tab. 8.1.).

Methylxanthine inhibieren die Phosphodiesterase (verzögerter Abbau von cAMP). Ihre Wirkung als Antagonisten des Adenosin wird diskutiert. Methylxanthine wirken auf das ZNS erregend, auf das Herz iono- und chronotyp, auf Gehirngefäße kontrahierend, auf periphere Gefäße dilatierend und diuretisch.

Tabelle 8.1. Purinderivate in Genußmitteln

	R_1	R_2	R_3	Vorkommen in Rohstoffen in %	Gehalt in Getränken in mg/l[1]	LD_{50} p.o. (mg/kg)
Xanthin	H	H	H			
Coffein[2]	CH_3	CH_3	CH_3	Kaffee 0,2...4,0 Kakaobohne 0,07...1,7 schwarzer Tee 2...4 Colanuß 1,5...3,5	Kaffee 350...1100 Kakao 10...70 Tee 150...350 Cola 90...200	192 (Ratte)
Theobromin[2]	H	CH_3	CH_3	Kakaobohnen 0,2...2,3 Tee 0,065...0,17 Kaffee 0,002 Colanuß 0,053	Kakao 200...700	960 (Ratte)
Theophyllin	CH_3	CH_3	H	Tee 0,0015...0,013 Kakao 0,0002 Kaffee 0,0005		206 (Ratte)

[1] 1 Tasse $\triangle$ 140 ml
[2] Milchschokolade im Mittel 200 mg Coffein/kg und 1900 mg Theobromin/kg

Coffein (1,3,7-Trimethylxanthin; Caffein, Thein, Guaranin) schmeckt schwach-bitter. Im Kaffee liegt Coffein teilweise als Salz im Molekülkomplex mit Chlorogensäure (1:1) vor. Coffein kann nach Extraktion mit organischen Lösungsmitteln (Chloroform) und chromatographischer Reinigung spektrophotometrisch oder mittels GC bestimmt werden. Die mittlere Coffeinkonsumtion betrug um 1980 in den USA für Personen über 18 Jahre 3 mg/kg KM, bei starken Kaffeetrinkern bis zu 7 mg/kg KM. Für Kinder unter 18 Jahre war Tee die Hauptquelle (1,2...5,2 mg/kg KM), danach folgten Cola-Getränke (0,5 bis 1,4 mg/kg KM).

Die Resorption des Coffeins erfolgt schnell; die höchste Konzentration wird im Blut nach 30...60 min erreicht. Obwohl es gut wasserlöslich ist, werden $< 1\%$ vom Menschen unverändert ausgeschieden. Als Plasma-Halbwertszeit werden 5,2 h angegeben. Eine Kumulation findet nicht statt.

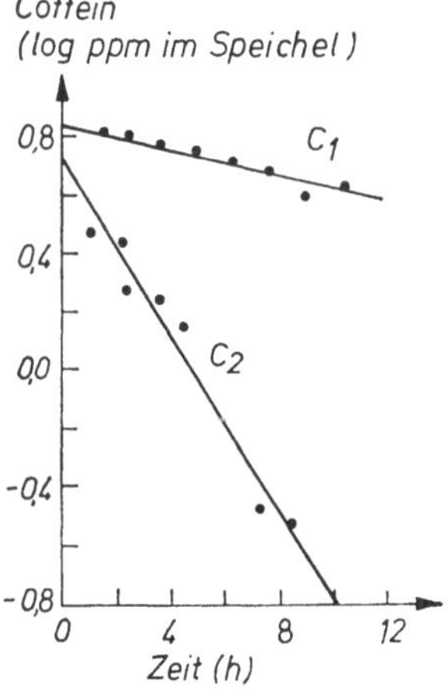

Abb. 8.1. Coffeinabbau während der Schwangerschaft (C_1: 36. Woche; Halbwertszeit 14,2 $\pm$ 0,9 h) und nach der Geburt (C_2: 9. Woche danach; Halbwertszeit 2,0 $\pm$ 0,1 h) unterscheiden sich, was zur stärkeren Belastung beim Kaffeekonsum während der Schwangerschaft führt (nach ROTHWEILER).

Theophyllin (1,3-Dimethylxanthin) wird vom Menschen zu 10%, Theobromin (3,7-Dimethylxanthin) zu 50% unverändert ausgeschieden.

Coffein, Theophyllin und Theobromin werden durch Oxydation am C8-Atom und N-Demethylierung biotransformiert. Aus Coffein entstehen Di- und Monomethylxanthine, sich davon jeweils ableitende Harnsäurederivate sowie über Di- und Trimethyldihydroharnsäure durch Ringöffnung zwischen Position 8 und 9 6-Amino-5-[N-formylmethylamino]-methyluracil-Abkömmlinge. Harnsäure entsteht nicht.

50...100 mg Coffein vermindern Müdigkeit und erhöhen die Leistungsfähigkeit; 500 mg können leichte Vergiftungen (Unruhe, zentrale Erregung, Schlaflosigkeit, angiöse Herzbeschwerden, Beschleunigung von Atmung und Puls, Herzklopfen) verursachen. Die nicht toxische Dosis wird für den Menschen mit 2...5 mg/kg KM angegeben. Kaffeegenuß führt zur Erhöhung der lipolytischen Aktivität in epididymalen Fettzellen, zur Steigerung des Gehalts an freien Fettsäuren im Plasma und zur gesteigerten Magensekretion. Teratogene, embryotoxische und mutagene Effekte sind aus Tierversuchen bekannt, jedoch erst bei einer um den Faktor 10...100 über der täglich vom Menschen aufgenommenen Dosis. Verhaltensstörungen und cardiovaskuläre Langzeiteffekte (Blutdrucksteigerung, Arrhythmien) sowie eine Begünstigung von Herzinfarkten sind nach neueren Erkenntnissen auszuschließen. Cancerogenität von Kaffee und Coffein kann ausgeschlossen werden. Kritisch zu betrachten sind Befunde, die den Wirkstoffen zugeordnet werden, wenn diese in Kaffeeextrakten, Kakaopulver u. a. verabreicht werden, wobei die möglichen Effekte der Begleitstoffe unberücksichtigt bleiben.

Theophyllin ist toxischer als Coffein. Trotzdem werden nach Teegenuß geringere Wirkungen als nach Kaffeegenuß beobachtet. Theobromin ist weniger toxisch als Coffein.

Saxitoxin (Tab. 8.2) ist ein hochsubstituiertes 3,4,6-Trialkyltetrahydropurinderivat, das von Dinoflagellaten und anderen einzelligen Meeresorganismen gebildet und von eßbaren Meerestieren (Muscheln, Austern) aufgenommen wird. Es wurden schon 200000 µg Saxitoxin/kg Muschelfleisch nachgewiesen. Das Saxitoxin blockiert den Na^+-Einstrom und damit die Reizleitung der Nerven. Nach Aufnahme von 5000...30000 Mäuse-Einheiten Saxitoxin innerhalb von 30...60 min kann es zu Parästhesien in Gesichts-regionen, Taubheitsgefühlen bis zu völligen Lähmungen der Extremitäten kommen (paralytic shellfish poisoning). Die Prognose ist gut, wenn die ersten 12 h überlebt werden. Durchschnittlich 8% der Vergiftungen enden tödlich.

Tabelle 8.2. Saxitoxinderivate

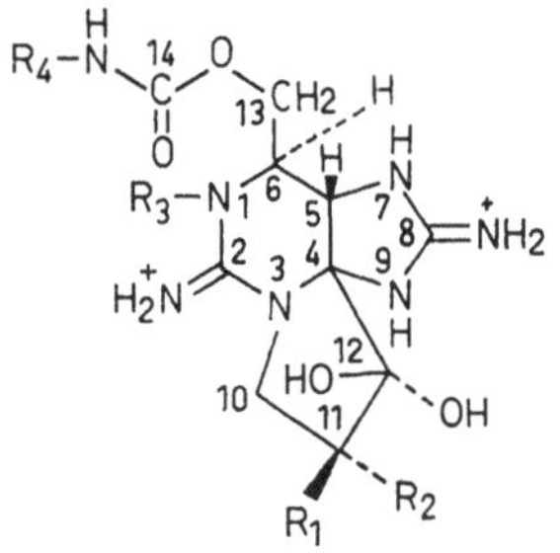

Saxitoxinderivate

Name	R_1	R_2	R_3	R_4
Gonyantoxin (GTX)				
GTX1	H	OSO_3^-	OH	H
GTX2	H	OSO_3	H	H
GTX3	OSO_3^-	H	H	H
GTX4	OSO_3^-	H	OH	H
Saxitoxin	H	H	H	H
Neosaxitoxin	H	H	OH	H

Die p.o. LD_{50} für Saxitoxin beträgt bei Mäusen 263 µg/kg. 1...4 mg Saxitoxin gelten als tödliche Dosis; 800 µg (4000 Mäuseeinheiten)/kg Muschelfleisch gelten als tolerierbar (z. T. gesetzlich geregelter Grenzwert) für den Menschen. Antidote sind unbekannt. Saxitoxin ist hitzestabil, geht jedoch in das Kochwasser über. Die Zahl der bedenklichen Algen und damit betroffenen Weichtierspezies ist relativ begrenzt. Vergiftungen wurden an nordamerikanischen und westeuropäischen Küsten, vorzugsweise zu bestimmten Jahreszeiten beobachtet. 1974 soll es immerhin 1600 Vergiftungsfälle (davon 300 tödlich) gegeben haben. Der Nachweis des Toxins wird über Mäuse-Bioassay, Fluoreszenz-spektroskopie oder HPLC mit fluorimetrischer Detektion geführt.

Nicotin ist das Hauptalkaloid der Tabakblätter[1]. In unserer Region konsumierte Zigaretten und Zigarren enthalten je nach Sorte 1...3% Nicotin. Es gibt auch fast nicotinfreie Tabake.

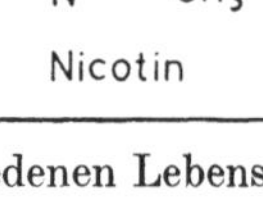

Nicotin

---

[1] In verschiedenen Lebensmittelgesetzen ist der Tabak den Lebensmitteln gleichgestellt.

Mit dem eingeatmeten Hauptrauchstrom gelangen etwa ein Drittel des Nicotingehaltes des verrauchten Tabaks in den Mund. Der Stummel ist besonders nicotinreich. Beim Zigarrenrauchen verbrennt mehr Nicotin; beim Pfeiferauchen geht mehr als 50% des Nicotins in den Hauptrauchstrom. Der Rest gelangt in die Umgebung des Rauchers und führt zum sogenannten Mitrauchen in kleineren Räumen. Beim Nichtinhalieren des Rauches nimmt der Raucher nur maximal 5% des darin enthaltenen Nicotins auf. Bei der Inhalation des Rauches wird der größte Teil des Nicotins resorbiert.

Die Nicotinaufnahme stellt nur eines von mehreren Gefahrenmomenten beim Rauchen dar. Neben dem Nicotin kommen im Tabakrauch noch ca. 200 Stoffe (aliphatische und aromatische Kohlenwasserstoffe, einschl. polycyclische cancerogene Kohlenwasserstoffe, Carbonylverbindungen, phenolische Verbindungen, wasserdampfflüchtige Säuren, Schwefelverbindungen, Alkohole, Kohlendioxide, Cyanwasserstoff, Cadmium und andere Schwermetalle) vor, deren Schadstoffcharakter eindeutig belegt ist. Dies war immer wieder Anlaß für die WHO, mit Nachdruck auf die Gesundheitsschädlichkeit des Rauchens hinzuweisen. Als Ursache für akute Vergiftungen kommt nur der Nicotingehalt in Frage. Gewohnheitsraucher vertragen pro Stunde bis zu 20 mg Nicotin, während bei Nichtgewöhnten bereits wenige Milligramm Vergiftungen verursachen, und 40...100 mg tödlich wirken. Auch bei an das stark giftige Alkaloid Gewöhnten besteht keine große Toleranz. Das Essen von halben Zigaretten führte bei Kindern zu Vergiftungen. Nicotin wurde als Kontaktinsekticid eingesetzt, wobei es zu Intoxikationen nach percutaner Exposition kommen kann. Nicotin wird schnell resorbiert. Die Ausscheidung erfolgt über Harn und Muttermilch (Schädigungen des Säuglings möglich!). Der Metabolismus (der 90% des zugeführten Nicotins verändert) führt zu Cotinin, Nornicotin und substituierten Carbonsäuren. Es sind auch N-Oxide und Spaltungen des Pyrolidinringes bekannt.

In kleinen Dosen wirkt Nicotin erregend, bei höherer Dosierung lähmend. Bei Gewöhnung verlieren sich die peripher erregenden Wirkungen. Bei chronischem Nicotinmißbrauch sind Blutgefäße und Herz geschädigt (Blutdruckanstieg) und es kann zu hochgradigen Durchblutungsstörungen besonders der Beine kommen. Verminderte Geburtsgewichte, Frühgeburten und Entwicklungsstörungen der Kinder sind bei rauchenden Schwangeren feststellbar. Rauchen verkürzt im statistischen Durchschnitt die Lebenserwartung.

Mutterkornalkaloide kommen in den auf Gräsern (Getreide) schmarotzenden Pilzen der Gattung Claviceps vor. Die Sklerotien (0...1% Alkaloide enthaltende Dauerformen) werden als Mutterkorn (*engl.*: ergot) bezeichnet. Das Vergiftungsbild (gangränoser Ergotismus: „St. Antonius-Feuer", konvulsiver Ergotismus: „Kribbelkrankheit") gilt als eine der ältesten bekannten Mykotoxikosen. Jahrhundertelang (zuletzt 1977/78)

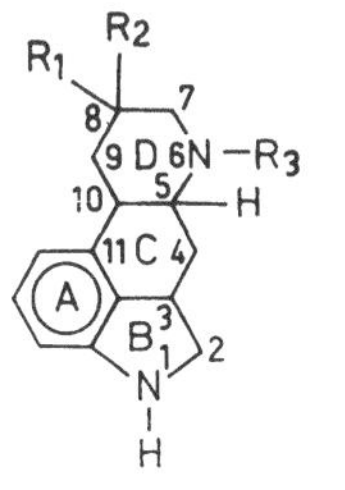

Mutterkornalkaloide

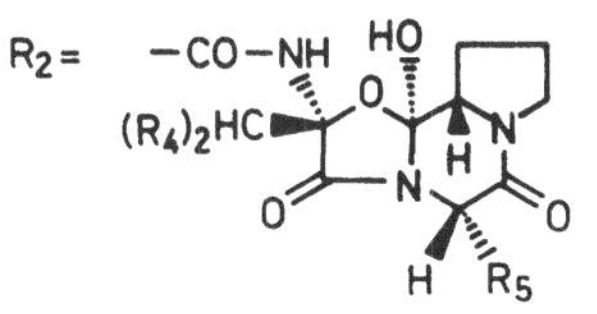

		R_4		R_5
Ergotamingruppe		H	z.B. Ergotamin	Benzyl
Ergotoxingruppe		CH_3	z.B. Ergocristin	Benzyl

	Δ	R_1	R_2	R_3
Ergolin	—	H	H	H
Clavinalkaloide	8,9	CH_3 oder CH_2OH	—	CH_3
D—Lysergsäure	9,10	H	COOH	CH_3
Ergometrin	9,10	H	$-CONH-CH(CH_2OH)-CH_3$	CH_3

kam es zu Massenvergiftungen nach dem Genuß sklerotienhaltigen Getreides (Roggen, Hirse), was durch heute übliche Saatgutreinigung vermieden werden kann. In Industrieländern ist der Mutterkornbesatz im Getreide oder Mehl auf Gehalte um 0,1% begrenzt. Der steigende Konsum unkontrollierten Getreides („Bioprodukte") bedeutet jedoch eine zunehmende Gefahr, zumal die Alkaloide hitze- und lagerstabil sind. Mutterkornalkaloide sind disubstituierte Indolderivate, die Amide der D-Lysergsäure oder Clavinalkaloide sind.

Wasserlösliche Alkaloide sind einfachere Amide (Ergometringruppe: Ergin, Ergometrin), die wasserunlöslichen Peptidalkaloide (Ergotamingruppe, Ergotoxingruppe).

Mutterkornalkaloide stimulieren die α-Adreno- und Serotoninrezeptoren und blockieren α-Rezeptoren. Im Vordergrund stehen die Wirkungen von Ergotamin, daneben die von Ergoclavin und Ergometrin (Ergobasin). Vergiftungssymptome sind vom Anteil der Einzelsubstanzen (mehr als 30 verschiedene Alkaloide) abhängig. 5...10 g frisches Mutterkorn gelten als tödlich für Menschen. Bei akuten Vergiftungen stehen Magen-Darm-Erscheinungen, kardiovaskuläre und zentralnervöse Effekte im Vordergrund. Bei chronischen Vergiftungen werden Gangrän (Ergotamin; Ergotoxine) oder bis zu 8 Wochen anhaltende Krämpfe beobachtet. Mutterkornalkaloide werden therapeutisch genutzt.

D-Lysergsäurediethylamid (LSD) wirkt nach oraler Aufnahme von 20...50 μg als starkes Halluzinogen, dessen Mißbrauch als Rauschmittel und chemischer Kampfstoff möglich ist.

Die ca. 200 bekannten Pyrrolizidinalkaloide sind Mono- oder Diester, die als basische Komponente gesättigte oder 1,2-ungesättigte Aminoalkohole (Necine) und als Säurekomponente Necinsäuren (Mono-, Dicarbonsäuren, γ- oder δ-Hydroxysäuren; mitunter verzweigt; 6...10 Kohlenstoffatome) aufweisen. Bis zu 90% können sie als N-Oxide vorliegen. Die Alkaloide werden in mehr als 240 Pflanzenspezies gefunden, wobei die Gattungen Senecio (Kreuzkraut), Heliotropium (Sonnenwende) und Crotolaria (Hanfspezies, Rasselerbse) und als Substanzen Retrorsin, Heliotrin, Lasiocarpin und Jacobin zu nennen sind. 3% aller Pflanzenspezies (d. h. 6000 Arten) sollen Pyrrolizidinalkaloide enthalten.

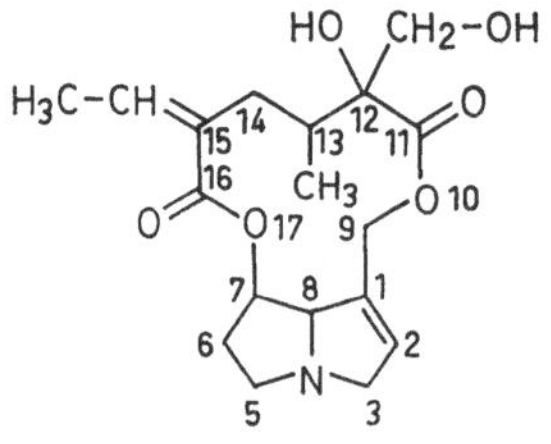

Retrorsin
(Retrorsin – N-oxid: Isatidin) a)

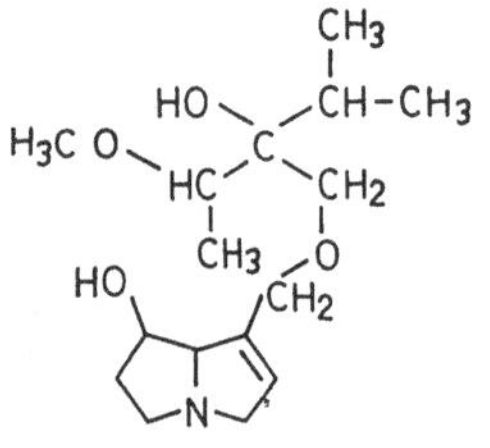

Heliotrin b)

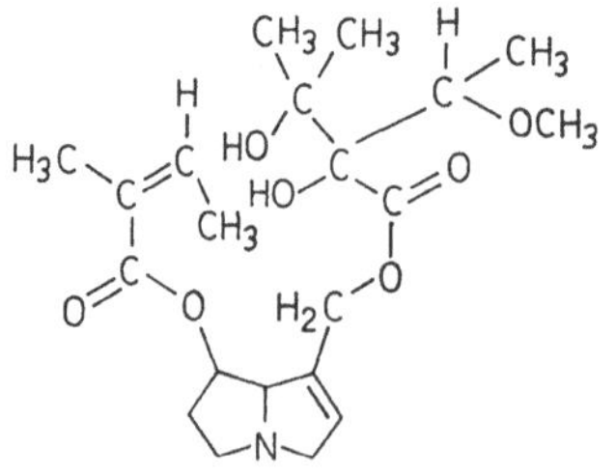

Lasiocarpin c)

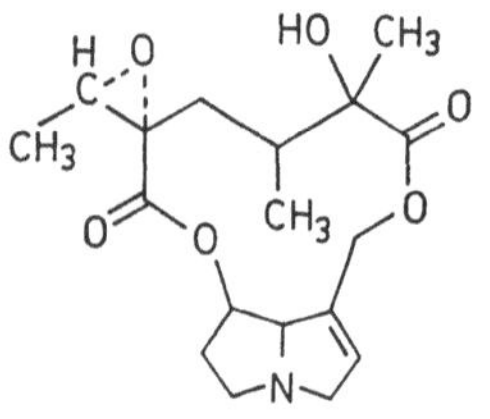

Jacobin d)

Im Vordergrund des bisherigen Interesses standen Schädigungen von Nutztieren, jedoch werden Lebererkrankungen des Menschen mit diesen Substanzen in Verbindung gebracht (Kontamination von Milch, Honig, „Gesundheitstees"). In Jamaika, wo große Teile der Bevölkerung den sogenannten Busch-Tee (Gemisch o. g. Spezies) trinken, ist eine Venenverschlußerkrankung der Leber (50% Rekonvaleszenz, 20% Mortalität, 30% schwere chronische Schäden) häufig. In Zentralasien führten versehentliches Vorkommen von Heliotropic um im Mehl und in Indien (42% Todesfälle) von Crotolaria in Getreide zu Vergiftungen. Die genannten Pflanzenspezies werden in Tansania (gegen Malaria bei Kindern), Indien und anderswo aus medizinischen Gründen angewendet. Senecio- und Crotolaria-Spezies sind in Nordamerika und Europa nicht selten. In den USA wird deshalb der aus verschiedenen Gründen steigende Teeverbrauch (sog. „Naturheilmittel") als eine potentielle Gefahrenquelle angesehen. Bisher wurden nur ca. 350 Pflanzen auf ihren Alkaloidgehalt untersucht, wobei eine sehr große Variationsbreite festgestellt wurde.

Macrocyclische Alkaloide sind stabiler als Mono- und Diesteralkaloide. Beim Trocknen kann der Alkaloidgehalt auf 20% absinken.

Pyrrolizidinalkaloide sind mittels GC bestimmbar, wobei die fluorierten Ester mit dem ECD oder TMS-Derivate mit dem FID erfaßt werden. Ionenpaar-DC (Chloranil als Detektionsmittel) ist ebenfalls anwendbar.

Tabelle 8.3. Steroidalkaloidglycoside der Gattung Solanum (Nachtschattengewächse)

Glycoalkaloid	Aglycon	Grundgerüst des Aglycons	Saccharid	R
α-Solanin[2]	Solanidin	Solanidan[1]	Solatriose	D-Glucose-D-Galactose- L-Rhamnose (mit Verzweigung an D-Galactose)
α-Chaconin	Solanidin	Solanidan	Chacotriose	L-Rhamnose-D-Glucose- L-Rhamnose (mit Verzweigung an D-Glucose)
Tomatin	Tomatidin	Spirosolan[3]	Lycotetraose	D-Glucose\ / D-Xylose >D-Glucose-D-Galactose—

[1] leitet sich vom 5α-Solanidan ab
[2] β-Solanin: Solanidin + Galactose + Glucose
  γ-Solanin: Solanidin + Galactose
[3] Stickstoffanaloge der Spirostane

Als toxische Wirkungen (Abb. 8.2) werden Lebernecrosen, Megalocytose und Venenverschluß der Leber sowie Lungenschädigungen (u. a. Hochdruck; Endothelveränderungen als Ursache) beobachtet. Über Speiseröhrentumoren bei Nutztieren wird berichtet. Bisher untersuchte Pyrrolizidinalkaloide sind hochwirksam: einmalige orale Verabreichung von 30 mg Retrorsin/kg (Ratte) führte nach 12 Monaten zu deutlich erhöhter Tumorinzidenz. Die orale LD_{50} beträgt 170 mg Monocrotalin/kg (Maus), und 48 mg Isatidin/kg (Ratte).

Die C_{27}-Steroidalkaloidglycoside (Tab. 8.3) α-Solanin (40%) und α-Chaconin (60%) machen 95% des Alkaloidanteils der Kartoffel (Solanum tuberosum L.) aus. 5% entfallen auf β- und γ-Isomere. Der durchschnittliche Gehalt in der Kartoffelknolle beträgt bis 100 mg/kg (meist < 20 mg/kg) α-Solanin und bis 200 mg/kg freies Solanidin. Bei > 200 mg/kg tritt bitterer Geschmack und off flavour auf. Belichtete oder bei höherer Temperatur gelagerte Knollen können Alkaloidgehalte bis zu 700 mg/kg (Knolle) bzw.

bis zu 1000 mg/kg (Schale) enthalten. Keime (bes. Augen), Früchte und Blüten enthalten wesentlich mehr Alkaloide und sollten nicht an Tiere verfüttert werden.

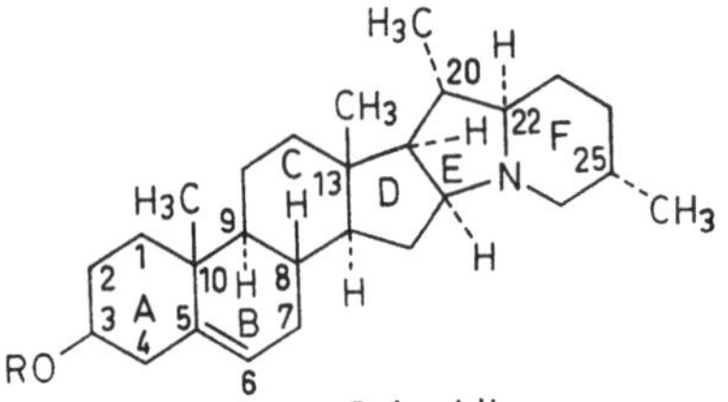

Solanidin

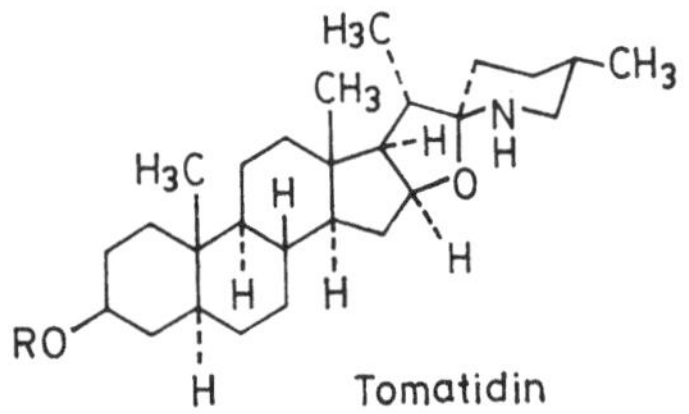

Tomatidin

Zum Chaconin sind wenige Erkenntnisse vorhanden; es gilt als weniger toxisch im Vergleich mit Solanin, weist jedoch ähnliche Wirkungen auf. Über den Wirkungsmechanismus beider Alkaloide ist wenig bekannt. Solanin besitzt leicht kardiotonische Aktivität. Zentralnervöse und gastrointestinale Wirkungen überwiegen. Brennendes und kratzendes Gefühl im Hals, Brechdurchfälle, Nierenentzündungen, Gehirnödem (Benommenheit), Koma, Krämpfe und Todesfälle (bei Kindern) werden beschrieben. Die beschriebene Cholinesterasehemmung scheint nicht Wirkprinzip zu sein. Gehalte > 200 ppm Solanin in Kartoffeln (2,8 mg/kg KM) gelten als toxisch, 3...6 mg/kg KM oral als tödlich für Menschen. Parenteral verabreicht ist die Toxizität mindestens 10fach höher und die hämolytische (saponinartige) Aktivität tritt in Erscheinung. Beim Kochen geht Solanin, ohne jedoch zerstört zu werden, in das Wasser über. Gastrointestinal werden die Alkaloide hydrolysiert.

Die Aglycone sind weniger toxisch und werden wie die Glycoside schlecht resorbiert. Innerhalb 24 Stunden werden 78% des Solanins zu 90% (davon 65% als Aglycon) im Kot ausgeschieden. Über die chronische Toxizität der Alkaloide ist praktisch nichts bekannt. Teratogene Effekte (Spina bifida, Anencephalie) bei Menschen wurden mit Alkaloiden der Kartoffel in Verbindung gebracht, jedoch nicht bestätigt. Die teratogene Wirkung ist an die α-Stellung zur Steroidebene des freien Elektronenpaares vom N-Atom im Ring F gebunden, was bei dem natürlich vorkommenden Solanin und Tomatin nicht gegeben ist. Teratogene Wirkungen von pflanzenpathogenen Mikroorganismen (Phytophthora infestans) befallener Knollen sind offenbar auf andere Inhaltsstoffe (evtl. Phytoalexine, vgl. Abschn. 8.11.) zurückzuführen.

α-Tomatin kommt neben Solanin in Tomaten (Lycopersicon esculentum) vor. Grüne Tomaten enthalten 250 mg Tomatin/kg; reife Tomaten wesentlich weniger (3...30 mg/kg). In Tomaten kommen in grünen Früchten 32...141 mg/kg, in reifen Früchten 3...28 mg/kg Alkaloide vor. In Kartoffeln ist Tomatin nicht nachweisbar. Zur Toxizi-

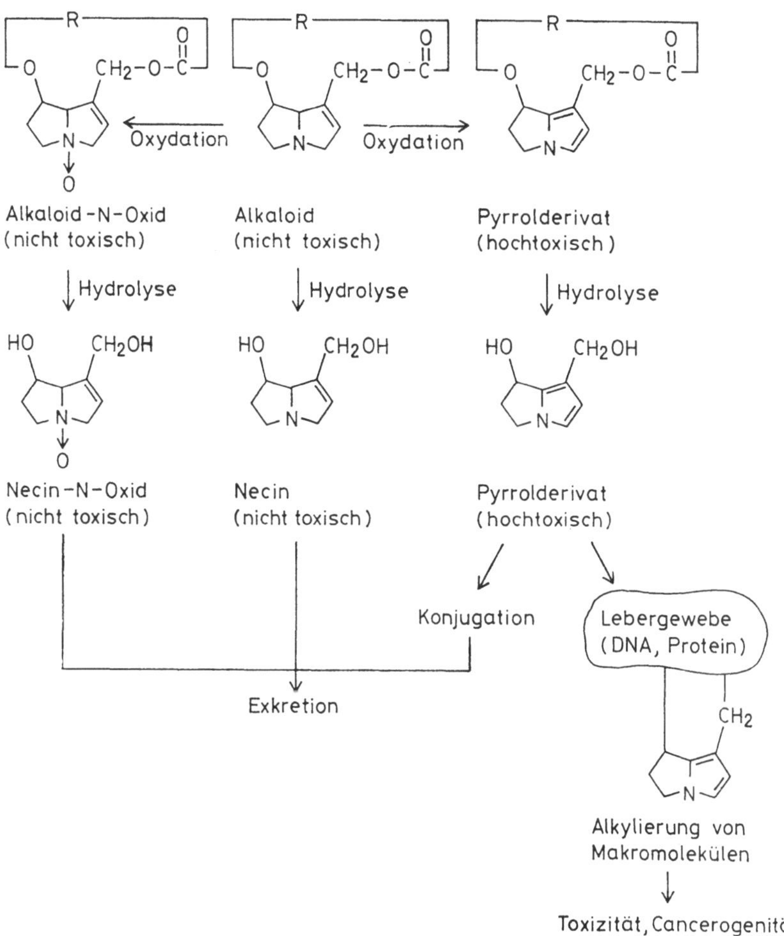

Abb. 8.2. Biotransformation und Wirkmechanismus von Pyrrolizidinalkaloiden (nach ROITMAN sowie SWICK).
Das toxische Prinzip sind unter Einfluß der MFO entstehende Pyrrolderivate, die alkylierend wirken. Necin-N-oxide hemmen die MFO, werden aber im Darm bereits teilweise zum Stammalkaloid abgebaut. Die ebenfalls nachweisbaren Esterhydrolysen modifizieren die Toxizität durch Erhöhung der Lipophilität (Exkretion). Gesättigte Necinderivate sind nicht, macrocyclische Ester infolge behinderter Hydrolyse dagegen stark toxisch. Die Notwendigkeit der metabolischen Aktivierung erklärt die vielfältigen Einflüsse (Spezies, Ernährungszustand) auf die Alkaloidtoxizität.

tät von Tomatin liegen keine Angaben vor. Beim Verzehr kleiner unreifer Tomaten sollte man zurückhaltend sein.

Die Chinolizidinalkaloide Lupanin, Spartein sowie 13- bzw. 4-Hydroxylupanin sind toxische Inhaltsstoffe der Lupine. Sie sind für Vergiftungen von Nutztieren (zentrale Erregung; Lähmung; Muskelerregung; Abort) nach Fütterung von Lupinen verantwortlich. Am stärksten toxisch sind Spartein und Lupanin, die anderen Alkaloide weisen nur 1/5...1/10 der Wirkung auf. 11...25 mg/kg KM eines Alkaloidgemisches erwiesen sich bei Kindern als tödlich. Vergiftungen von Erwachsenen treten bei 25…46 mg/kg KM auf.

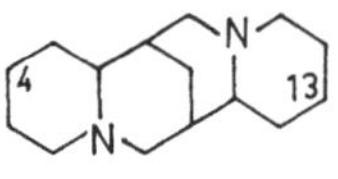

Spartein

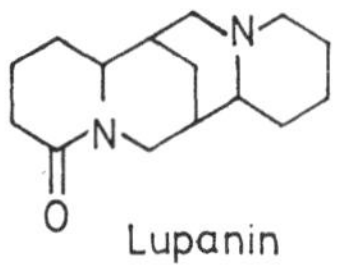

Lupanin

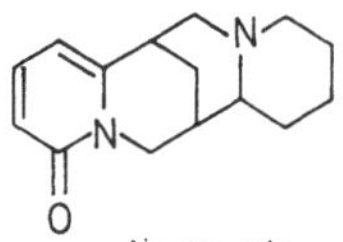

Anagyrin

Anagyrin ist teratogen und soll mit der Milch von Nutztieren ausgeschieden werden. Diese Möglichkeit der Aufnahme von natürlichen Teratogenen blieb bisher weitgehend unbeachtet. Bestimmte Lupinen sind für die menschliche Ernährung geeignet (vgl. Abschn. 8.17.8.).

Tetrodotoxin ist ein Aminohydrochinazolinderivat, das ein pH-abhängiges Gleichgewicht zwischen Lacton- und o-Carbonsäurederivat bildet. Über 50 Fischspezies (Igel-, Sonnen-, Puffer-, Kugelfische, Fugu) enthalten dieses Gift vorzugsweise in Ovarien und der Leber weiblicher Tiere. Muskelfleisch enthält geringe Mengen.

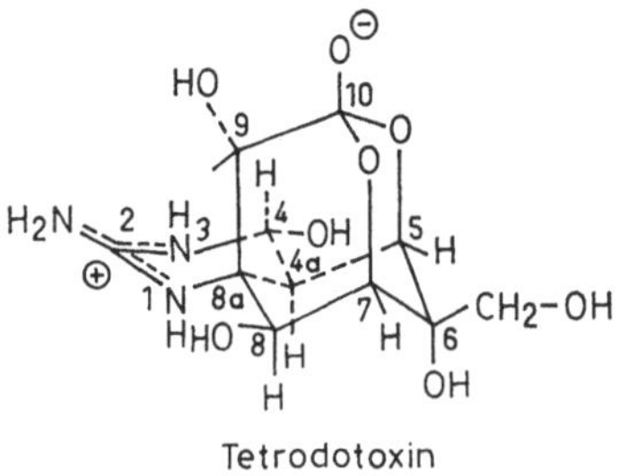

Tetrodotoxin

Tetrodotoxin hemmt, ohne die Permeabilität für K^+ zu beeinflussen, selektiv den Na^+-Transport durch die Zellmembran. Symptome, die der Saxitoxin-Vergiftung recht ähnlich sind, treten innerhalb von 5 bis 30 Minuten ein. Hinzu kommt ein starker Blutdruckabfall. Die LD_{50} für Tetrodotoxin beträgt 10 µg/kg (i.p., Maus). Für den Menschen sollen weniger als 1 mg (oral) tödlich wirken. Die Mortalität von Tetrodotoxin-Vergiftungen liegt bei 50%. In Japan werden Fugu als Delikatesse verzehrt. Während dort in lizensierten Restaurants Vergiftungen selten sind, starben infolge ungeeigneter Zubereitung mehr als 100 Menschen pro Jahr (Angaben um 1960). Kochprozesse zerstören das Gift nicht vollständig. Tetrodotoxin kann im Mäuse-Bioassay bestimmt werden. Es gilt als einer der stärksten Giftstoffe.

8.3. Biogene Amine

Biogene Amine sind ursprünglich in Lebensmitteln enthalten oder entstehen durch Verderb oder Gärung. Sie sind Aroma- und Geschmacksstoffe (Bier; Milch bei Silagefütterung), an der MAILLARD-Reaktion beteiligt und in vielen Fällen als Kriterium für

Tabelle 8.4. Biogene Amine in Lebensmitteln[1]

Name	chemische Struktur	Vorkommen	Gehalt (μg/g)
Cadaverin	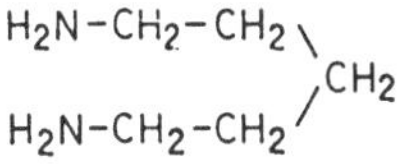 $H_2N-CH_2-CH_2$ $\diagdown$ CH_2 $H_2N-CH_2-CH_2$ $\diagup$	Getreidekeimling	17...234
		Käse	bis 877
		Sauerkraut; Fisch (geräuchert)	3...20 (...337)
		Rohwurst	0,05...787
		Wein	bis zu 6
Histamin	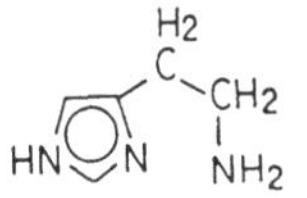 (Imidazolring)$-CH_2-NH_2$	Fisch (Konserven)	0...4640 (...200)
		Hefeextrakt	260...2830
		Käse	0...13
		Sauerkraut	6...200
		Tomaten; Wein	0...30
		Wurst (Rohwurst)	5...120 (...555)
Putrescin	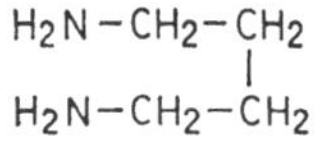 $H_2N-CH_2-CH_2$ $H_2N-CH_2-CH_2$	Getreidekeimling	12...136
		Sauerkraut	1...40
		Fisch (Konserven)	bis zu 15 (...31)
		Marinaden	2...175
		Käse	bis zu 420
		Rohwurst	bis zu 598
		Wein	bis zu 24
Serotonin	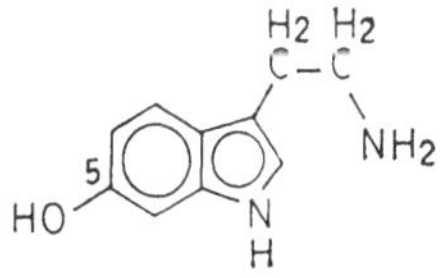 (Indolring)$-CH_2-CH_2-NH_2$, HO am Position 5	Pflaumen; Avocado; Tomaten	bis zu 12
		Walnuß	170...340
		Ananas	17...65
		Bananen[2]	bis zu 78
Spermidin	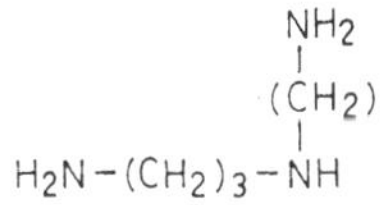 NH_2 $(CH_2)_4$ $H_2N-(CH_2)_3-NH$	Getreidekeimling	83...307
Spermin	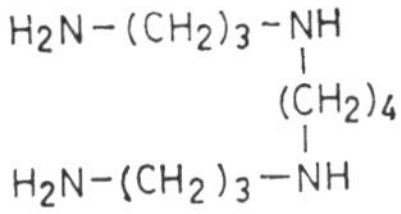 $H_2N-(CH_2)_3-NH$ $(CH_2)_4$ $H_2N-(CH_2)_3-NH$	Getreidekeimling	21...141
		Fisch	0,6...26
		Käse	< 0,1
		Wein	bis zu 14
		Rohwurst	bis zu 181
Trimethylamin	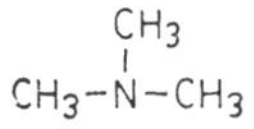 CH_3 CH_3-N-CH_3	Fisch	0...300 mgN/kg
Tyramin	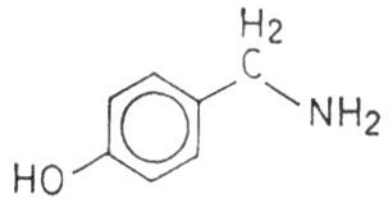 (Benzolring)$-CH_2-NH_2$, HO am Ring	Orangen; Avocado; Wein	bis zu 25
		Bier	2
		Bananen	7...11
		Fisch	0...500
		Hefeextrakt	66...2256
		Käse	0...953
		Sauerkraut	20...95
		Wurst (bes. Rohwurst)	85...685
		Schokolade	bis zu 25

[1] Seltene Amine sind Synephrin (in Orangen bis zu 52, Mandarinen bis zu 162 μg/g), Phenethylamin (Räucherfisch bis zu 126 μg/g; Fischkonserven bis zu 88 μg/g; Wurst bis zu 535 μg/g; Wein bis zu 9 μg/l); Cysteamin, Taurin, 3-Methylthiopropylamin, Feruloylputrescin (Grapefruit bis zu 41 μg/g), Dopa (Vicia faba), Agmatin, Hordenin; die Neurotransmitter Dopamin (Banane: 8 μg/g; Pflaume), Adrenalin und Noradrenalin (Banane: 2 μg/g)

[2] Kindernahrung auf Basis Banane bis zu 54 μg/g

Lebensmittelqualität und -verderb (bei erhöhtem Vorkommen) geeignet (Tab. 8.4). Amine sind Präcursoren für N-Nitrosamine (vgl. Kap. 18.).

Biogene Amine sind gut wasserlöslich, wenn sie < 6 C-Atome besitzen. Nach Proteinfällung, Lösungsmittelverteilung oder Ionenaustauschchromatographie zur Reinigung kann die Bestimmung mittels DC (z. B. Histamin allein), GC (als Fluorderivat im nmol-Bereich), HPLC (im μmol-Bereich als Derivat) oder Ionenaustauschchromatographie (Nachweisgrenze bei Fluoreszenzdetektion 1 pmol) erfolgen.

Sie werden unterteilt in vasoaktive (durch Noradrenalinfreisetzung blutdrucksteigernd: Phenethylamin, Tyramin), blutdrucksenkende (Histamin, Serotonin) und psychoaktive Amine (Dopamin, Serotonin). Histamin erhöht die Permeabilität der Blutkapillaren (nesselartige Ausschläge, Quaddeln). Histaminvergiftung kommt häufig nach Verzehr bestimmter Fische vor und wird deshalb nach diesen Scomboid-Vergiftung genannt. Übelkeit, Hautrötung, starke Kopf- und Magenschmerzen, Schluckbeschwerden und Brennen im Hals treten auf. Für den Menschen gelten bei oraler Aufnahme 5...8 mg Histamin als verträglich, 5...40 mg als leicht toxisch, 1500...4000 mg als stark toxisch (LD_{50}: 260 mg als Hydrochlorid/kg, Meerschweinchen). 20...80 mg Tyramin (bei Einnahme von Monoaminoxydase-(MAO)-Inhibitoren bereits 6 mg, entsprechend z. B. 20 g Käse) verursachen einen Blutdruckanstieg; sie gelten als toxische Schwelle. 5 mg Phenethylamin können Kopfschmerz verursachen. Entscheidend für die unterschiedliche Wirkung sind individuelle Unterschiede in der Aktivität der Aminoxydase in Darmmucosa, Leber und Nieren. Bei psychiatrischen Erkrankungen spielen Amine eine wichtige Rolle. Bestimmte Antidepressiva und Antihypertonica wirken als MAO-Inhibitoren, wobei nach alimentärer Aminaufnahme schwere, mitunter lebensbedrohliche Zustände (mit tödlichem Ausgang) bekannt wurden.

Histamin und Tyramin werden mit Migräneanfällen in Verbindung gebracht, wobei es besonders empfindliche Menschen gibt. Coffein, Theophyllin, Alkohol und einige Amine untereinander können die Wirkung von biogenen Aminen verstärken. Für Gesunde geht von diesen Stoffen keine Gefährdung aus, ausgenommen, wenn verdorbene Lebensmittel verzehrt werden oder z. B. in Gegenden, wo Bananen Grundnahrungsmittel darstellen.

Lebensmittel mit Gehalten von 9 bis 80 mg/kg Histamin sind verdorben (für Importe existierende Grenzwerte für Fisch: 30...3000 mg/kg). Die Amine sind hitzestabil, so daß Vergiftungen auch bei Sterilkonserven eintreten können.

8.4. Carbonsäuren

Cyclopropenfettsäuren kommen in Ölen der Gattung Malvaceae (Malvengewächse) vor. Baumwollsaatöl (enthält 10...14% dieser Fettsäuren) und Samen des Stinkbaumes (Stercula foetida; wird in Ostindien und Indochina von der Bevölkerung gegessen), jedoch nicht Kakaobutter enthalten diese Fettsäuren. Gemeinsam mit Cyclopropan-

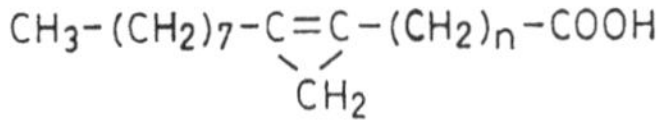

$$CH_3-(CH_2)_7-C=C-(CH_2)_n-COOH$$
$$\diagdown\,/$$
$$CH_2$$

Cyclopropenfettsäuren

Sterculiasäure   n = 7
Malvaliasäure   n = 6

fettsäuren (z. B. Lactobacillussäure in Milchsäurebakterien) können sie bis zu 30% in Bakterienfetten vorhanden sein.

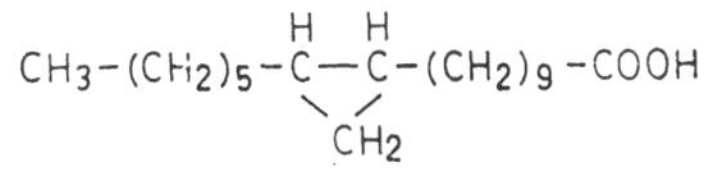

$$CH_3-(CH_2)_5-\overset{H}{\underset{\diagdown}{C}}-\overset{H}{\underset{\diagup}{C}}-(CH_2)_9-COOH$$
$$CH_2$$

Lactobacillussäure

Cyclopropenfettsäuren verursachen bei Versuchstieren Vergrößerungen der Gallenblase und Leber, Verminderung des Wachstums, Reproduktionsstörungen und Tod (bei 40 kcal%, Ratten). Die Fettsäuren werden im Eigelb von Hühnern und tierischen Geweben (z. B. Broiler) angereichert und in Nahrungsketten weitergegeben.

Bei der Ölraffination (Desodorierung) werden sie weitgehend entfernt, so daß für den menschlichen Verzehr bestimmtes Baumwollsaatöl nur 0,1...0,5% dieser Fettsäuren enthält. Toxische Schäden sind bei Verzehr von Baumwollöl durch den Menschen in Langzeitversuchen nicht gefunden worden.

Geringe Mengen (100 mg/kg, Forelle) Cyclopropenfettsäuren besitzen cocancerogene Wirkungen (Leber, Pankreas) bei aflatoxinhaltigem Futter. Man führt dies auf Reaktionen der Doppelbindung der Fettsäuren mit SH-Gruppen, die beobachtete Stimulierung der DNA-Synthese (schon 30 h nach Verfütterung) und Erhöhung der Mitoserate zurück.

Verzweigte Fettsäuren sind Stoffwechselprodukte von Mikroorganismen. In bestimmten Mikrobenfetten (bes. von Bakterien) können sie bis zu 75% der Fettsäuren ausmachen. Deshalb findet man sie nicht nur in Sauermilcherzeugnissen oder Käse, sondern als Folge der Tätigkeit von Pansenbakterien auch in Wiederkäuerfetten (bis 3%). Sie sind folglich normale Bestandteile der Nahrung und enthalten oft 15 bzw. 17 C-Atome.

Ungeradzahlige Fettsäuren werden durch β-Oxidation zu Essigsäure und Propion-

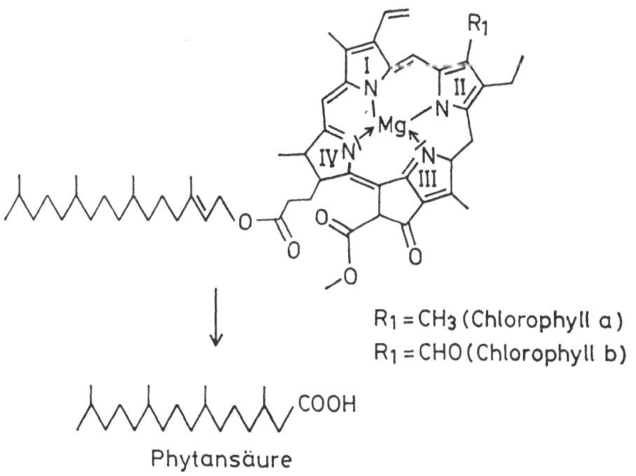

Abb. 8.3. Bildung von Phytansäure aus Phytol, einem Bestandteil des Chlorophylls.
Der Mensch kann Phytol als Bestandteil des Chlorophylls nicht resorbieren und auch keine Phytansäure synthetisieren. Die Mikroflora des Pansens von Wiederkäuern spaltet Chlorophyll und danach wird die Phytansäure im tierischen Organismus gebildet. Über Milch und Fett gelangt sie in den Menschen. Der zum REFSUM-Syndrom führende Enzymdefekt (Häufigkeit $< 1:10^6$) besteht in der ca. 95%igen Hemmung des ersten Abbauschritts der Phytansäure, der α-Hydroxylierung. Bei Normalpersonen führen oral 0,5 g Phytol zu keinem wesentlichen Anstieg des Phytansäurespiegels im Plasma, während die Phytansäure bei Erkrankten 5...30% der Plasma-Fettsäuren ausmacht. Zur gaschromatographischen Bestimmung der Phytansäure siehe: JACKSON, P. J. und J. A. SAMUNDSEN: J. Chromatogr. **325**, 336 (1985).

säure abgebaut, die ihrerseits normal verwertet werden. Nach Aufnahme größerer Mengen dieser Fettsäuren (vgl. Abschn. 8.17.9.) erfolgt die Speicherung in Geweben, deren Auswirkungen noch nicht bekannt sind.

Bei der REFSUMschen Krankheit handelt es sich um einen sehr seltenen genetischen Defekt der Fettsäureoxydation und es kommt zur Speicherung der aus Phytol gebildeten Phytansäure in menschlichen Geweben und einem neurologischen Syndrom (Abb. 8.3).

In selenhaltigen Aminosäuren, speziell Selenomethionin, Selenocystathion, Selenocystin, speichern auf stark selenhaltigem Boden (z. B. in Oregon, Süddakota) bestimmte Pflanzen 20...30 mg Selen/kg (Astragalus-Arten bis 15000 mg/kg). Diese Menge übersteigt die toxische Dosis für Nutztiere („Alkali-Krankheit"). In solchen Regionen sind gastrointestinale Störungen, Schwindelgefühl, Hautverfärbungen, Haar- und Nägelverlust sowie Zahncaries bei Menschen häufiger. Kinder sind durch höhere Selengehalte der Kuh- und Muttermilch belastet. Beim Selen liegt die essentielle Dosis relativ nahe der toxischen Dosis (vgl. Kap. 10.)

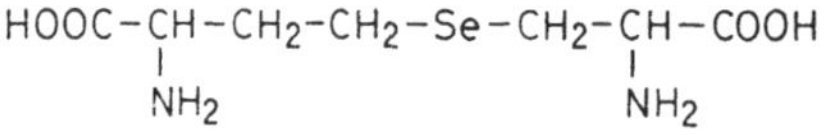

$$HOOC-CH-CH_2-CH_2-Se-CH_2-CH-COOH$$
$$\quad\quad\ \ |\quad\quad\quad\quad\quad\quad\quad\quad\quad\ |$$
$$\quad\quad NH_2\quad\quad\quad\quad\quad\quad\quad NH_2$$

Selenocystathion

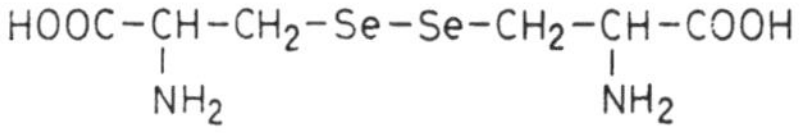

$$HOOC-CH-CH_2-Se-Se-CH_2-CH-COOH$$
$$\quad\quad\ \ |\quad\quad\quad\quad\quad\quad\quad\quad\quad\ |$$
$$\quad\quad NH_2\quad\quad\quad\quad\quad\quad\quad NH_2$$

Selenocystin

Djenkolsäure kommt ungebunden zu 1...4% in der Djenkol-Bohne (Pithecolobium lobatum), einer Leguminose, die in Indonesien gegessen wird, vor. Niereninsuffizienz, Hämaturie und Anurie sind Folgen nach dem Verzehr. Die Säure gelangt teilweise unverändert in die Nieren, wo sie im sauren Milieu auskristallisiert und zu den genannten Schäden führt.

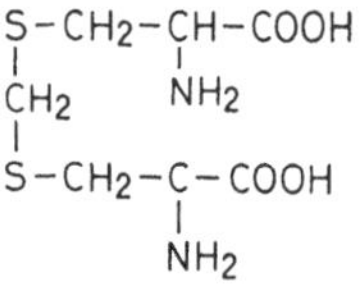

$$S-CH_2-CH-COOH$$
$$|\quad\quad\quad\ |$$
$$CH_2\quad\ NH_2$$
$$|$$
$$S-CH_2-C-COOH$$
$$\quad\quad\quad\ |$$
$$\quad\quad\quad NH_2$$

Djenkolsäure

Erucasäure (cis-13-Docosensäure) ist in Rapsöl enthalten (vgl. Abschn. 8.5.). Bei zahlreichen Tierarten führt die Aufnahme hoher Erucasäuremengen zu Fettablagerungen im Herzmuskel (Lipidose), was auf mehrere Ursachen zurückzuführen ist:

1. Geringe Affinität der Erucasäure zum Albumin und dadurch verstärkter Influx der Fettsäure in Organe.
2. Erhöhte Triglyceridsynthese-Rate im Herzmuskel.
3. Verminderte Triglyceridhydrolyse-Rate im Herzgewebe.
4. Verminderte Aktivität der Enzyme der Fettsäureaktivierung und -oxydation beim Substrat Erucasäure (verringerte Erucasäure-Oxydation in Mitochondrien).
5. Hemmung der Oxydation anderer Fettsäuren.

Nach Adaptation an erucasäurehaltige Rapsöle geht die Lipidose zurück (Induktion von Kettenverkürzungsmechanismen). Nachdem die Myocarditis zuerst nur bei extrem hohen Dosierungen (50...70 kcal% in Form von Rapsöl) festgestellt wurde, gibt es jetzt ähnliche Befunde mit erucasäurearmen Ölen. Es ist nicht auszuschließen, daß die Schädigung Folge eines ungünstigen Fettsäureverhältnisses bzw. unsachgemäßer Fütterung der Versuchstiere mit für sie unphysiologischen Fettmengen ist. Eine tatsächliche Gefährdung des Menschen durch Erucasäure ist experimentell nicht bewiesen. Die Züchtung erucasäurearmer Rapssamen trägt der Vorstellung Rechnung, daß 5% Erucasäure (teilweise gesetzlich fixierter Grenzwert) in der Nahrung ohne Schäden beim Menschen bleiben.

Cetolsäure (cis-11-Docosensäure), im Heringsöl enthalten, führt ebenfalls zur Lipidanreicherung im Herzgewebe von Ratten.

Hypoglycin kommt in der Ackee-Frucht (Blighia sapida; ein im tropischen Westafrika heimischer, in Jamaica und Südflorida angebauter Strauch) vor. Fruchtfleisch und Samen enthalten Hypoglycin A und B (Dipeptid mit Glutaminsäure), die eine akute Hypoglycämie ("Vomiting Sickness") verursachen. Die Mortalität ist hoch; der Tod tritt gewöhnlich nach 12 h ein. Hypoglycin ist Antivitamin (vgl. Abschn. 8.16.) des Riboflavin, hemmt die Gluconeogenese, steigert den Glucose-Stoffwechsel und wirkt teratogen.

$$H_2C = C - CH - CH_2 - CH - COOH$$

$$CH_2 \qquad NH_2$$

Hypoglycin A

Samen von Wicken (Lathyrus sp.) enthalten Carbonsäurederivate (Tab. 8.5), die für das Krankheitsbild Lathyrismus verantwortlich sind. Auch in Samen der Gattungen Crotolaria und Vicia kommen diese toxischen Substanzen vor. Wicken werden wegen ihres hohen Proteinanteils (24...28%; daneben 58% Kohlenhydrate) in Indien angebaut. Bei uns spielten sie nur in Notzeiten eine gewisse Rolle. Zwei Typen der Erkrankung sind bekannt: 1. Neurolathyrismus (Parethesie, Paralyse, Blasen-, Darm- und spastische Lähmungen; Tod), der bei einer 3- bis 6monatigen eiweißarmen Nahrung (davon ein Drittel bis zur Hälfte Wickensamen) beim Menschen auftritt und eine geringe Rückbildungsquote aufweist. 2. Osteolathyrismus (Störungen der Collagen-Synthese), der nur bei Tieren und nicht beim Menschen beobachtet wurde.

L-Canavanin ist die einzige bekannte Aminooxyaminosäure. Es kommt in 500 Leguminosen vor. Von Naturvölkern werden entsprechende Samen gekocht, wodurch die

Tabelle 8.5. Lathyrismus verursachende Carbonsäurederivate

Neurolathyrogene[1]	*Osteolathyrogene*
3-Cyanoalanin[2]	3-Amino-propionitril[3]
4-Glutamyl-3-cyanoalanin[2]	3-Amino-4-glutamyl-propionitril
2-Amino-3-oxalylamino-propionsäure	
2-Amino-4-oxalylamino-buttersäure	
2,4-Diaminobuttersäure	

[1] ähnlich wirksam (amyotrophische Lateralsklerose) ist 2-Amino-3-methylaminopropionsäure (in Teilen der Cycas-Palme)
[2] auch in Vicia sativa u. a. Vicia species
[3] teratogen, mutagen

14*

Toxizität jedoch nicht vollständig beseitigt wird. Canavanin wird enzymatisch in L-Canalin und Harnstoff gespalten. Das freigesetzte L-Canalin kann sich mit der CHO-Gruppe des Vitamin B_6 zu einer SCHIFFschen Base umsetzen. Canalin wirkt offenbar auch als Ornithin- und Arginin-Antagonist und stört den RNA- und DNA-Stoffwechsel.

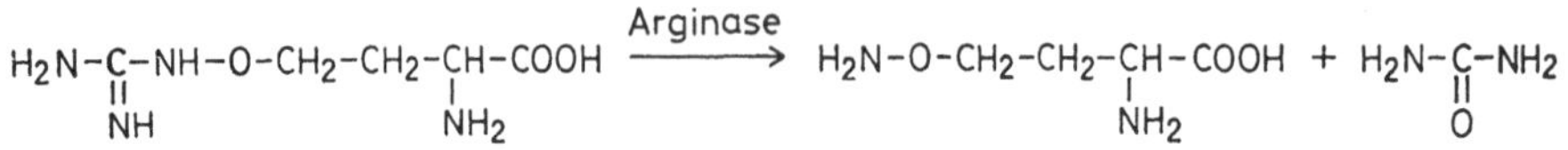

$$H_2N-\underset{\underset{NH}{\|}}{C}-NH-O-CH_2-CH_2-\underset{\underset{NH_2}{|}}{CH}-COOH \xrightarrow{Arginase} H_2N-O-CH_2-CH_2-\underset{\underset{NH_2}{|}}{CH}-COOH + H_2N-\underset{\underset{O}{\|}}{C}-NH_2$$

Canavanin   Canalin   Harnstoff

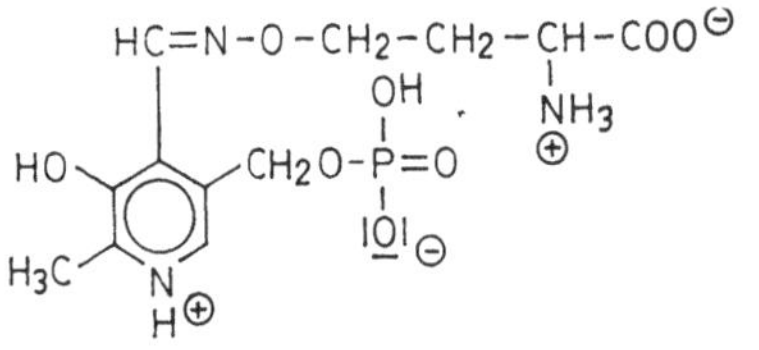

Reaktionsprodukt aus Canalin und Vitamin B_6

Die tägliche Aufnahme von Oxalsäure betrug um 1960 in Großbritannien 70 bis 920 mg/d, wobei Mittelwerte um 150 mg/d wahrscheinlich sind (vgl. Tab. 8.6). In Indien schwankte 1972 die Oxalsäure-Aufnahme von 78...2045 mg/24 h. Gewöhnlich übersteigt in unserer Region die Calciumaufnahme die Oxalsäure-Belastung erheblich, so daß die verminderte Bioverfügbarkeit des Calciums ohne praktische Bedeutung bleibt. Oxalate werden nach oraler Aufnahme nur zu 5...8% resorbiert (Abb. 8.4).

Tabelle 8.6. Gehalt an Oxalsäure in Lebensmitteln[1]

Lebensmittel	Gehalt (mg/kg i. d. FM)
Gemüse	3...175
aber: Möhre	2270
Rhabarber	2600...6200
Spinat	3560...7800
Petersilie	1660
Obst	0...66
Fleisch, Fisch	2...48
Innereien	16...71
Getreideerzeugnisse	10...263
Schokolade (Kakaopulver)	1235 (6230)
Kaffeepulver	570...2300
Teegetränke	70...172

[1] lösliche Oxalate werden besser resorbiert. Ihr Anteil beträgt 34...93%. Der Oxalatgehalt schwankt stark in Abhängigkeit vom Alter der Pflanzen.

Pathologische Veränderungen durch Oxalsäure sind auf vier Ursachen zurückführbar:

1. Excessive Oxalat-Aufnahme. Tödlich wirken 2...30 g (innerhalb 3 min bis zu 14 Tagen). Nach Verzehr von Rhabarberblättern bzw. -stengeln werden Vergiftungen (lokale Effekte: Gastroenteritis; kardiovasculäre, neuromuskuläre und zentralnervöse Symptome; Nierenschäden) beschrieben, die von den Wirkungen der Anthrachinone (vgl. Tab. 8.16) schlecht abzugrenzen sind.
2. Erhöhung der Oxalat-Resorption (bei Darmerkrankungen).

3. Gesteigerte endogene Oxalat-Synthese (bei Vitamin B_1- und B_6-Mangel oder einem seltenen genetischen Defekt).
4. Oxalat-Retention als Folge oder Ursache einer Niereninsuffizienz (Calcium-Oxalat-Steine).

Ethylenglycol (letale Dosis für den Menschen ca. 1,5 ml/kg KM) wirkt auf Grund der aus ihm gebildeten Oxalsäure toxisch. Bei ausreichender Calcium- und Vitamin D-Versorgung sind Schäden durch Aufnahme von·oxalsäurehaltigem Gemüse nicht zu erwarten. Menschen vertragen dabei 600...700 mg Oxalsäure/d (4-Wochen-Versuch). Der Nachweis chronischer Schäden durch Oxalsäure steht noch aus.

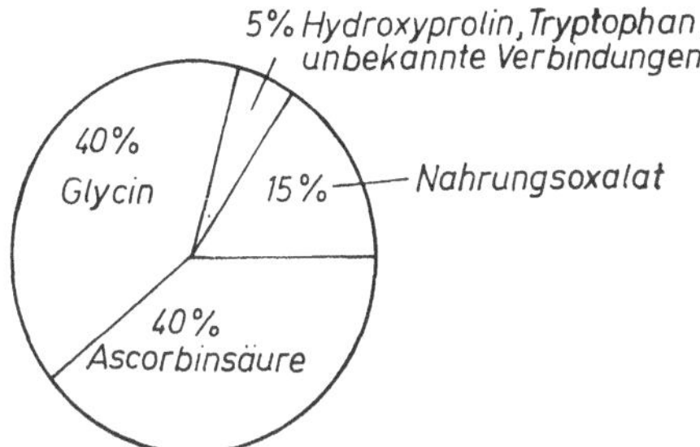

Abb. 8.4. Anteil verschiedener Quellen an der im Urin vom Menschen ausgeschiedenen Gesamtmenge (15...50 mg/d) an Oxalsäure (nach HODGKINSON).

Ein Teil des nichtresorbierten Oxalats wird durch die Intestinalflora abgebaut, so daß nur noch ca. 50 mg mit den Faeces ausgeschieden werden. Als weitere Oxalat-Quelle kommt exogene Glyoxylsäure (z. B. aus unreifen Stachelbeeren) in Frage, die gleichzeitig aber auch endogen aus Glycin entsteht. Hohe Ascorbinsäure-Aufnahme (1,5...9 g/d) erhöht die Oxalsäureausscheidung im Urin, wobei aber keine Nierensteinbildung feststellbar war.

8.5. Glycoside

Die Gruppe der Glycoside ist außerordentlich vielgestaltig. Viele Vertreter anderer Stoffklassen (Alkaloide, Terpene u. a.) lassen sich ihnen zuordnen.

Bei der Spaltung in Kohlenhydratkomponente und Aglycon verändert sich die biologische Wirkung meist grundlegend.

Beim Genuß von Vicia faba (Favabohnen, Feld-, Pferde- oder Saubohnen, vgl. Abschn. 8.17.7.) kann es besonders in Mittelmeerländern zur Krankheit „Favismus" (ca. 100 Mio Betroffene) kommen. Dies ist genetisch durch einen intraerythrozytären Mangel an Glucose-6-phosphat-Dehydrogenase (G6PDH) bedingt. Dieser Enzymdefekt gehört zu den häufigsten Erbkrankheiten. In anderen Gegenden ist sie trotz hohen Bohnenverzehrs wesentlich seltener anzutreffen. 5 bis 24 Stunden nach dem Essen der Bohnen treten Symptome, wie Übelkeit, gastrointestinale Beschwerden, Schwindelgefühl, auf. In schweren Fällen führt die schnell und unerwartet auftretende Krankheit zu hämolytischer Anämie (tritt innerhalb von Minuten, bes. nach Einatmen von Blütenstaub ein), Fieber und Gelbsucht. Nach 24...48 h erfolgt ebenso spontan Besserung. Besonders gefährdet sind Kleinkinder (in Ägypten sind 50% der Fälle jünger als 1 Jahr), wobei nur Bluttransfusionen helfen. In den Bohnen wirksam sind die 5-β-D-Glucopuranoside Vicin und Convicin sowie L-Dopa (Favismus-Faktoren), Abb. 8.5. Die Glucoside sind hitzestabil und werden durch milde Säurehydrolyse oder durch β-Glucosidasen (vgl. Abb. 18.4) in die freien Pyrimidinderivate gespalten. Die Aglucone wirken stark reduzierend, sind alkali- und hitzelabil, wofür die OH-Gruppe in Position C5 verantwortlich ist. In Bohnen kommen die Faktoren in unterschiedlicher Menge vor (vgl. Abschn. 8.17.7.). L-Dopa ist in den Schalen lokalisiert.

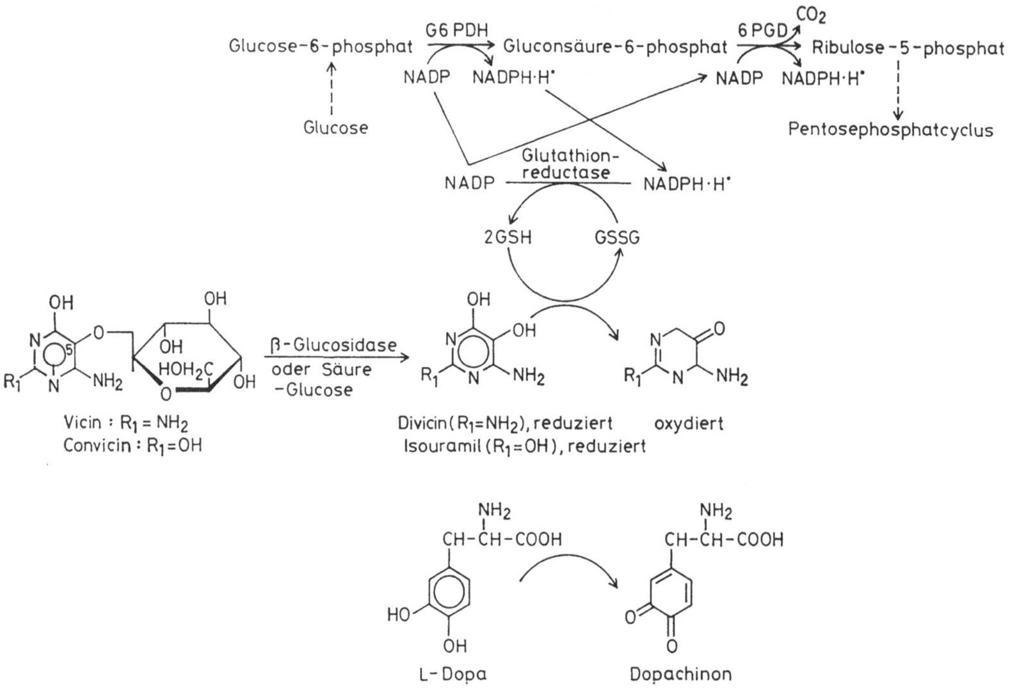

Abb. 8.5. Wechselbeziehungen zwischen Glucose-6-phosphatdehydrogenase-Mangel, Glutathionstoffwechsel und wirksamen Substanzen in Vicia faba (nach Askar, A. und H. Treptow: Favism. Akt. Ernähr. 7, 22 (1982)).
Beim Typ A des G6PDH-Mangels verbleiben ca. 10% der Enzymaktivität, beim Typ B 0...2%. Nur beim Typ B tritt Favismus auf. Durch den Enzymmangel sinkt der Gehalt des reduzierten Glutathions (GSH) in den Erythrozyten unter 500 mg/l (normal: 600...880 mg/l). Während in normalen Erythrozyten der GSH-Abfall infolge Oxydation durch die Favismus-Faktoren leicht überwunden wird, kommt es bei angeborenen G6PDH-Mangel zum völligen Verlust des GSH und zur Hämolyse.

Eine Therapie des Favismus ist nicht möglich. Nur die Prophylaxe (Verzicht auf Bohnen) ist möglich und notwendig, weil Neugeborene Favismus-Faktoren mit der Muttermilch aufnehmen können. Ein Tiermodell des Favismus ist nunmehr offenbar gefunden worden. Konkrete Zahlenangaben zur toxischen Dosis der Favismus-Faktoren sind nicht verfügbar; zudem bestehen erhebliche individuelle Unterschiede in der Empfindlichkeit.

Glucosinolate sind Alkalimetallsalze von Senfölglycosiden (Abb. 8.6), deren Vorkommen in Kreuzblütlern für die menschliche Ernährung bedeutsam ist (Tab. 8.7). 1980 nahmen Bewohner von Großbritannien täglich folgende Gesamtmenge von Glucosinolaten auf: 46,1 mg aus frischem und 29,4 mg aus zubereitetem Gemüse (was einer Belastung mit 6,7 mg Oxazolidin-2-thionen und 14,7 mg Thiocyanat entspricht). Individuell können aber bis zu 300 mg Gesamtglucosinolate verzehrt werden.

Tabelle 8.7. Glucosinolate in für die menschliche Ernährung bedeutsamen Pflanzen

Glucosinolat	R (vgl. Abb. 8.6)	Vorkommen	Gehalt (μg/g FM)
Sinigrin	$H_2C{=}CH{-}CH_2{-}$	Rotkohl[1] Weißkohl[2] Rosenkohl[3] Blumenkohl[4]; Raps; schwarzer Senf;	6…102 35…590 110…1560
Gluconapin	$H_2C{=}CH{-}CH_2{-}CH_2{-}$	Chinakohl[5] Rosenkohl[3] Raps	0…250 30…500
Glucobrassicanapin	$H_2C{=}CH{-}CH_2{-}CH_2{-}CH_2{-}$	Chinakohl[5] Raps	13…275
Glucoiberin	$CH_3{-}\underset{\underset{O}{\|\|}}{S}{-}CH_2{-}CH_2{-}CH_2{-}$	Weißkohl[2]	46…270
Gluconasturtiin	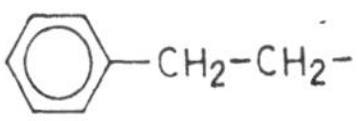 Phenyl$-CH_2{-}CH_2{-}$	Chinakohl[5]	22…320
Glucotropaeolin	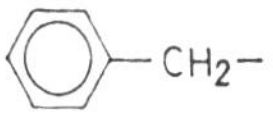 Phenyl$-CH_2{-}$	Raps; Radies; Gartenkresse	
Sinalbin	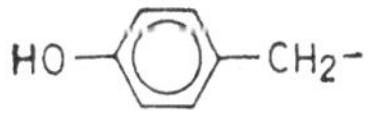 $HO-$Phenyl$-CH_2{-}$	weißer Senf	104400 bis 1288000
Glucobrassicin	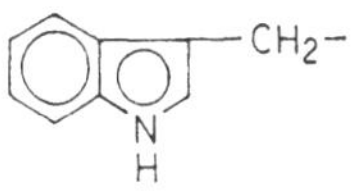 Indol-3-yl$-CH_2{-}$	Rotkohl[1] Weißkohl[2] Wirsingkohl[6]	155…300 51…510 300…526
Progoitrin	$CH_2{=}CH{-}\underset{\underset{OH}{\|}}{CH}{-}CH_2{-}$	Raps Rosenkohl Kohl	40…990
Gluconapoleiferin	$CH{=}CH{-}CH_2{-}\underset{\underset{OH}{\|}}{CH}{-}CH_2{-}$	Raps	

Gesamtglucosinolatgehalte (μg/g): [1] 410…1090 [2] 330…1020 [3] 600…3900 [4] 130…2083 [5] 170…1360 [6] 470…1240

Bei der Zerkleinerung glucosinolathaltiger Pflanzenteile erfolgt spontan die Abspaltung der Aglucone durch das pflanzeneigene Enzym Myrosinase, wobei je nach Milieubedingungen sich vom Rest R ableitende Isothiocyanate (ITC), Nitrile und Thiocyanate nebeneinander entstehen. Bei Abspaltung von hydroxylgruppentragenden Agluconen cyclisieren diese spontan zu Oxazolidin-2-thionen, von denen 5-Vinyloxazolidin-2-thion (VOT) der wichtigste Vertreter ist.

Die Biotransformation der Glucosinolate ist wenig untersucht. Die Intestinalflora hat nicht den Anteil an ihrer Spaltung, wie angenommen wurde (MACHOLZ u. a.,). ITC (speziell das Benzyl-ITC) werden schnell an Glutathion zu Mercaptursäuren (Mensch) gebunden oder als cyclische Mercapto-pyruvat- (Kaninchen, Meerschweinchen) oder Hippursäure-Konjugate (Hund) entgiftet. Aus Thiocyanaten und Nitrilen wird Cyanid freigesetzt. Ungesättigte und aromatische Spaltprodukte werden auch an der Doppelbindung oder am Ringsystem biotransformiert.

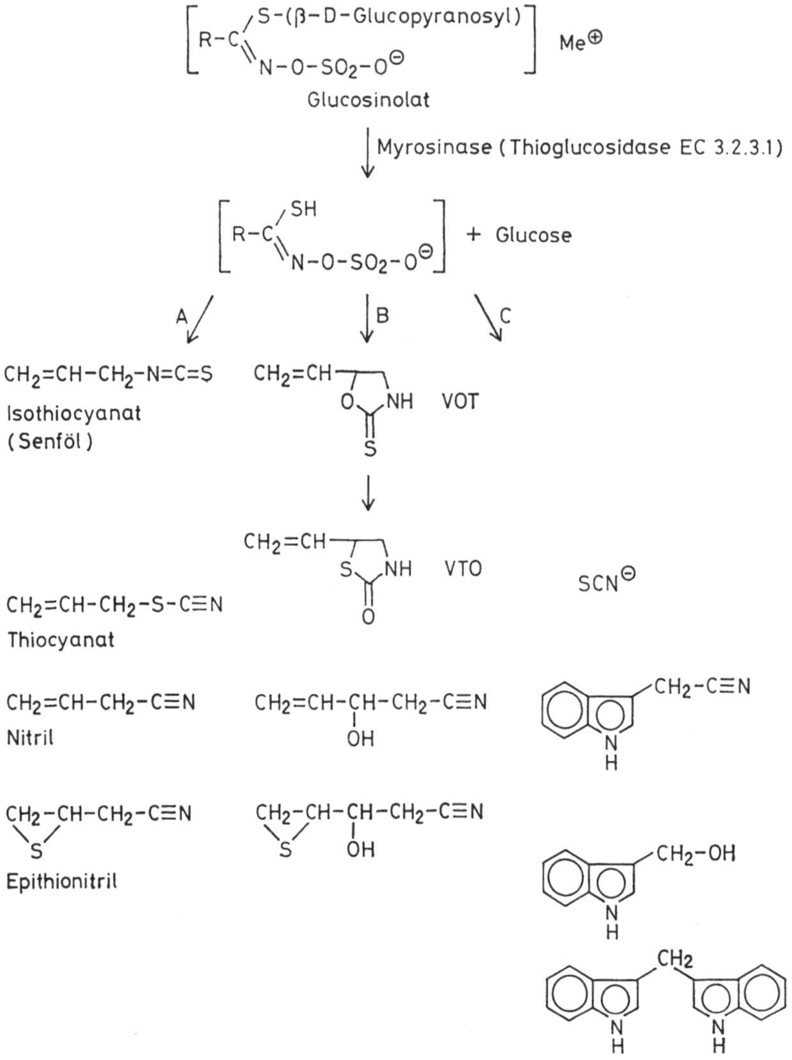

$$[R-C(S-(\beta-D-Glucopyranosyl))(N-O-SO_2-O^{\ominus})] \; Me^{\oplus}$$

Glucosinolat

Myrosinase (Thioglucosidase EC 3.2.3.1)

$$[R-C(SH)(N-O-SO_2-O^{\ominus})] + Glucose$$

A / B / C

$$CH_2=CH-CH_2-N=C=S$$
Isothiocyanat (Senföl)

$$CH_2=CH- \ldots \quad VOT$$

$$CH_2=CH-CH_2-S-C\equiv N$$
Thiocyanat

$$CH_2=CH- \ldots \quad VTO$$

$$SCN^{\ominus}$$

$$CH_2=CH-CH_2-C\equiv N$$
Nitril

$$CH_2=CH-CH-CH_2-C\equiv N \quad (OH)$$

$$CH_2-CH-CH_2-C\equiv N \; (S)$$
Epithionitril

$$CH_2-CH-CH-CH_2-C\equiv N \; (S)(OH)$$

Abb. 8.6. Enzymatischer Abbau von Sinigrin (*A*), Progoitrin (*B*) und Glucobrassicin (*C*). Daneben sind Polymere des VOT nachweisbar. Die Reste R sind für die verschiedenen Glucosinolate in Tab. 8.7 angegeben.

Die Wirkungen der ungespaltenen Glucosinolate sind ebenfalls an analysenreinen Verbindungen nur wenig untersucht. 200 ppm Gesamtglucosinolate in der Rattennahrung (5 d) waren wirkungslos, wobei bei höheren Dosierungen starke Unterschiede zwischen einzelnen Vertretern der Substanzklasse auftraten. ITC weisen eine LD_{50} um 100 mg/kg (Ratte) auf. Sie wirken cytotoxisch, z. T. mutagen und embryotoxisch. ITC reagieren auch bei Isolierungsverfahren mit Proteinen zu toxischen Sekundärprodukten (MACHOLZ u. a.).

Epithionitrile wirken embryotoxisch (1-Cyanoepithiobutan: 44 mg/kg, Ratte) und Hinweise auf cancerogene und mutagene Wirkungen liegen vor. Für 1-Cyano-2-hydroxy-3,4-epithiobutan wurde ein NOEL < 75 ppm (90 d, Ratte) und eine akute Toxizität von 100...500 mg/kg (Ratte) ermittelt. ITC und Nitrile hemmen die MFO (vgl. Abschn. 4.2.). VOT besitzt eine LD_{50} von 1 300 mg/kg (Ratte) und wirkt embryotoxisch (100 mg/kg Ratte). 0,5 µg VOT/d sollen innerhalb 1...10 Wochen und eine Einzeldosis von 100 µg innerhalb 4 h bei Ratten thyreotoxisch wirken. Ein 90-Tage-Test (Ratte) mit kristallinem VOT ergab einen NOEL von 0,4 mg/kg KM (MACHOLZ, LEWERENZ u. a., unveröffentlicht). Die chemische Verwandtschaft zum ETU (vgl. Kap. 11.) ist gegeben. 2 µg L-5-Phenyl-oxazolidin-2-thion/d wirken innerhalb 1...9 Wochen bei Ratten thyreotoxisch. 25...50 mg VOT werden als thyreotoxisch, 0,1% dieser Dosis als thyreostatisch für den Menschen beschrieben. Erst 200...1000 mg Thiocyanat hemmen die Radio-Iod-Aufnahme beim Menschen, so daß der Verzehr von Milch (5...8 mg SCN/l) mit Brassica-Spezies gefütterter Rinder als Ursache für antithyroide Effekte ausscheidet. Dabei auftretende Gehalte bis 100 µg VOT/l Milch sind jedoch beachtenswert. Die toxikologischen Konsequenzen der Glucosinolataufnahme sind derzeit noch nicht einzuschätzen. Eine enge Beziehung zum Auftreten des endemischen Kropfes wird diskutiert.

Die Entfernung der Glucosinolate bzw. von deren Spaltprodukten stellt das Hauptproblem bei der Erschließung von Rapsprotein für die tierische und menschliche Ernährung dar (vgl. Abschn. 8.17.).

Glucosinolate sind nach Derivatisierung mit Silylierungsreagenzien als Desulphoderivate mittels GC an unpolaren Trennsäulen, Nitrile und ITC an polaren Säulen trennbar. VOT kann mittels DC oder HPLC erfaßt werden (die spektroskopische Methode ist wenig spezifisch).

Cyanogene Glycoside (Tab. 8.8) spalten bei Zerkleinerung der Samen Blausäure ab. Besonders Schalen enthalten die Glycoside, so daß deren Entfernung den Glycosidgehalt deutlich senkt. Durch Waschen, Einweichen, Kochen und Trocknen ist eine Entgiftung von Früchten möglich. Bei der Angabe des Gehaltes findet man meist nur Zahlen über die freisetzbare HCN-Menge, da sich die Toxizität auf dieses Abbauprodukt reduzieren läßt.

Beim Menschen sind individuelle Empfindlichkeiten für eine HCN-Vergiftung be-

Tabelle 8.8. Vorkommen und chemische Struktur cyanogener Glycoside

$$\begin{array}{c} R_2\diagdown \quad \diagup O-\beta-\text{Zucker} \\ C \\ R_1\diagup \quad \diagdown CN \end{array}$$

Glycosid	chemische Struktur		Zucker	Vorkommen	HCN-Gehalt (mg/kg FM) in Früchten
	R_1	R_2			
(R)-Amygdalin	⟨phenyl⟩	H	Gentiobiose	Prunus-Arten: bittere Mandeln Aprikosenkerne Pfirsichkerne Apfel	2500
(S)-Dhurrin	HO–⟨phenyl⟩	H	Glucose	Sorghum-Arten	2500
Linamarin	CH_3	CH_3	Glucose	Limabohne Leinsamen Cassava	2500...3120 130...2450
(R)-Lotaustralin	C_2H_5	CH_3	Glucose	(wie Linamarin)	
(R)-Prunasin	⟨phenyl⟩	H	Glucose	Prunus-Arten	

Gesamtgehalt freisetzbarer Blausäure (in mg/kg TM): Sojabohne 21; Limabohne 97,5; gelbe Gartenbohne 13,3; Linse 3,0; Lupinensamen 3,0...28,9

achtlich. 0,5...3,5 mg/kg KM (> 30 mg) können tödlich wirken. Nach schneller Resorption hemmt das Cyanidion durch Anlagerung an das Fe^{3+} der Cytochromoxidase die Zellatmung. Bei nichtletaler Vergiftung wird Cyanid schnell entgiftet (Abb. 8.7).

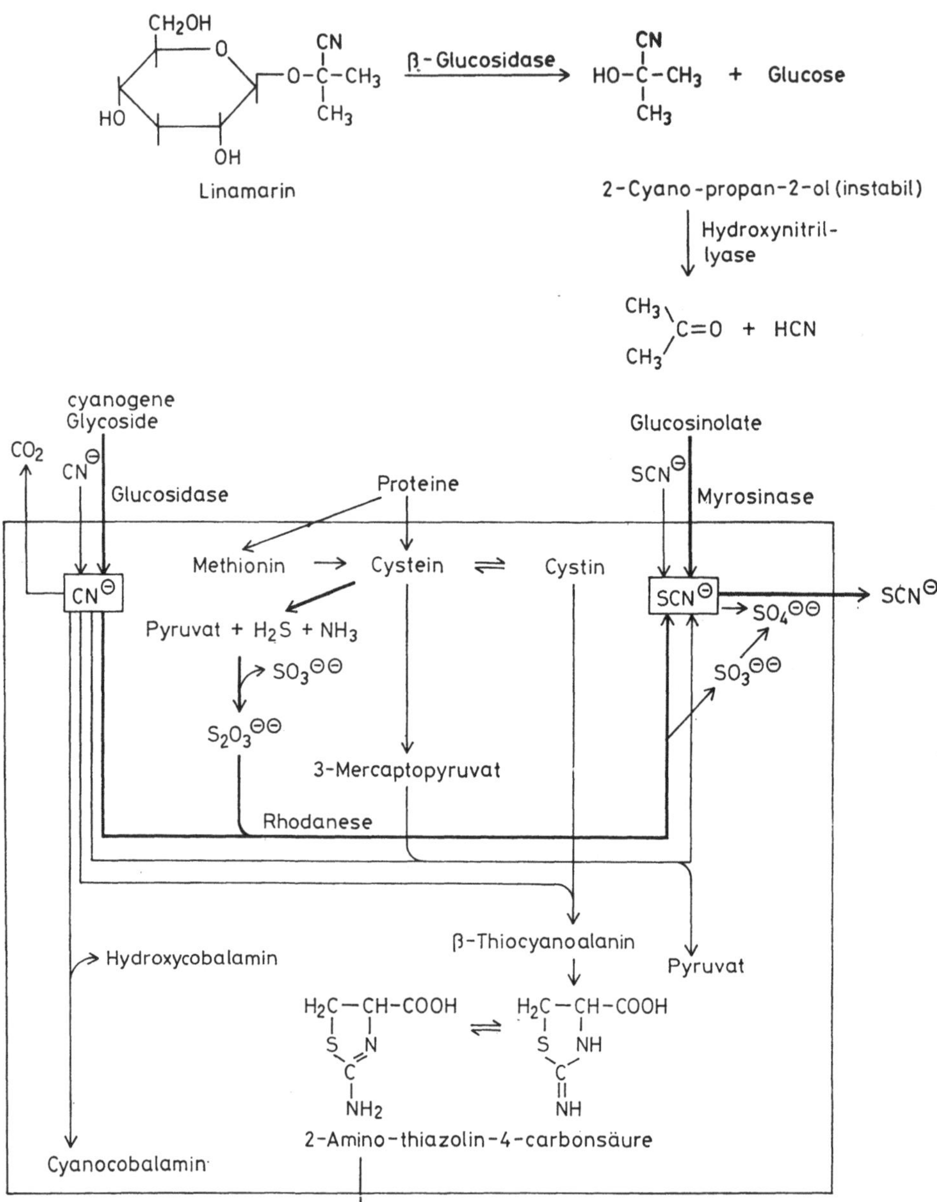

Abb. 8.7. Entgiftung von Cyanidionen und Stoffwechselwege des Thiocyanations (nach ERMANS et al., 1972).

Die größte Rhodanese-(Thiosulfat-Cyanid-Schwefeltransferase)-Aktivität ist in Leber und Nieren vorhanden, wobei die Speziesdifferenzen in der Aktivität für unterschiedliche Empfindlichkeit gegenüber Cyanwasserstoff verantwortlich sind. In Gegenwart von Licht entgiftet auch Vitamin B_{12}. Eine in Erythrozyten lokalisierte Thiocyanatoxidase wandelt SCN^- in CN^- um. Normalerweise wird im Plasma ein CN/SCN-Verhältnis von 1:99 nicht überschritten.

Entstehendes Thiocyanat (auch bei Rauchern im Serum erhöht) wirkt goitrogen. Bei reichlichem Cassava-Verzehr in tropischen Ländern treten die sogenannte tropische ataxische Neuropathie (TAN; bes. bei Proteinunterversorgung) und endemischer Kropf auf. Unter europäischen Verhältnissen sind Vergiftungen mit bitteren Mandeln (60 sollen tödlich für Erwachsene wirken; bei Kindern bereits 5…10) und im Fernen Osten solche mit Bambussprossen (3000…8000 mg HCN/kg) möglich. Bohnen und Erbsen unserer Breiten enthalten keine bedeutsamen Mengen (ca. 20 mg HCN/kg).

Linamarin wirkt bei einer Dosis von 500 mg/kg KM, aber nicht bei 300 mg/kg KM für Ratten tödlich. 20% des Linamarins werden unverändert, 10% als Thiocyanat im Urin ausgeschieden. Amygdalin erwies sich bei i.p. Applikation von 5 g/kg KM an Mäuse als untoxisch, während die oral LD_{50} 350 mg/kg beträgt, was den entscheidenden Einfluß der intestinalen Mikroflora an der HCN-Freisetzung belegt.

Die chronische Toxizität ist nicht völlig geklärt. Bei Ratten, die 18 Monate Cassava erhielten, entwickelte sich ein der TAN vergleichbares Krankheitsbild. Das dem Amygdalin strukturanaloge Laetril wird verschiedentlich zur Krebstherapie verwendet, wobei therapeutische Wirkungen in der Mehrzahl der Fälle bestritten werden.

Süßholzwurzeln enthalten das Glycyrrhizin, eine saponinartige Substanz, die aus Glycyrrhetinsäure (Aglycon) und Glucuronsäure aufgebaut ist und in Form des Kalium- und Calciumsalzes vorliegt. Der Rohstoff dient zur Herstellung von Lakritze (Geschmackskorrigens) und schleimlösender Mittel. Übermäßiger Genuß von Lakritze führt zu Bluthochdruck, Störungen im Natrium- und Kaliumhaushalt und Wasserretention (Wirkungsähnlichkeit mit dem Desoxycorticosteron).

Saponine sind stickstofffreie Glycoside, die als Aglucon (Sapogenin) einen Steroid- oder Triterpenbaustein und als Kohlenhydratkomponenten D-Galactose, D- und L-Arabinose, L-Rhamnose, D-Glucose, D-Xylose oder D-Glucuronsäure enthalten. Sie kommen in Sojabohnen (ca. 0,5%), Luzerne, rote Beete, Zuckerrüben, Spinat, Linsen- und Bohnenarten (ca. 4%), Spargel, grünem Tee (0,04%) sowie in Sonnenblumen- und Erdnußsamen vor. Der Anteil an Kornradensamen im Getreide ist wegen des Saponingehaltes (…6%; hauptsächlich Githanginglycosid) zu begrenzen (0,1%). Vergiftungen durch Kornrade im Getreide können unter Krämpfen tödlich verlaufen. Bucheckern (nicht aber ihr Öl) enthalten das wasserlösliche Fagus-Saponin. Der Genuß roher Roßkastanien kann infolge des Saponingehaltes zu Vergiftungen führen. (Formeln auf Seite 220.)

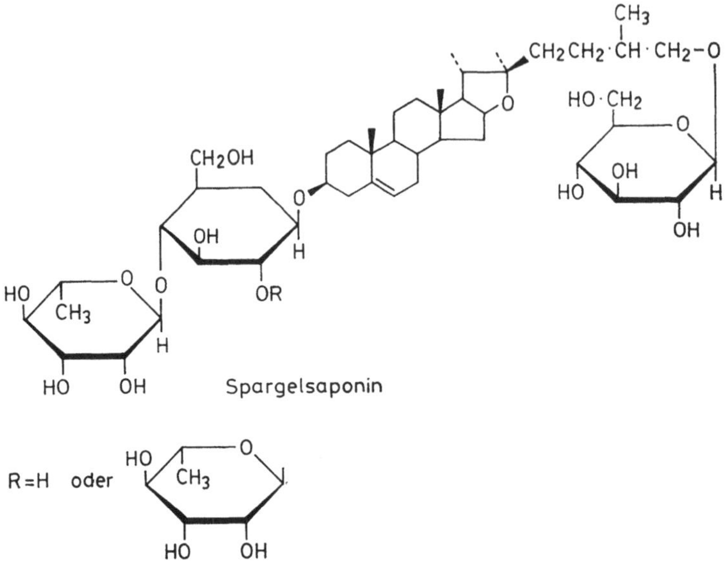

Spargelsaponin

R=H oder

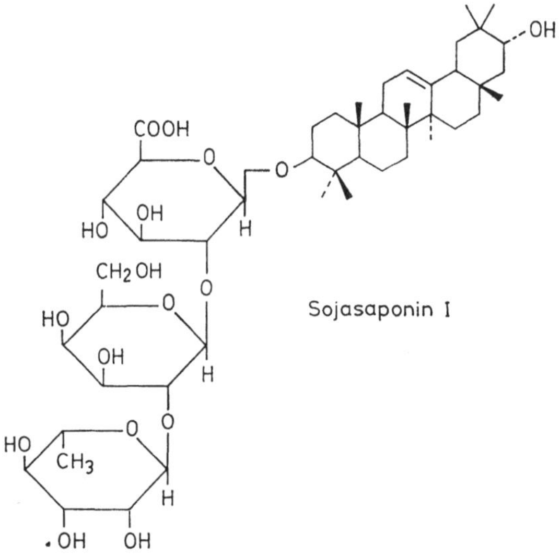

Sojasaponin I

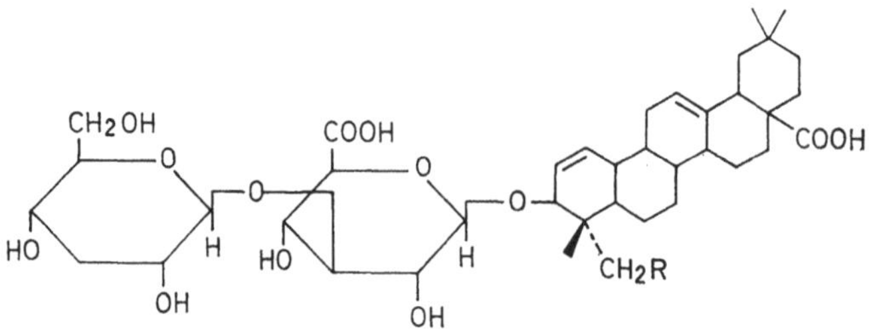

Spinatsaponin

R = H oder OH

Die akute orale Toxizität der Saponine beträgt 25...3000 mg/kg KM (Ratte). Saponine sind stark oberflächenaktiv und wurden deshalb früher zur Erzeugung eines starken und dauerhaften Schaumes in Getränken (Bier u. a.) in Mengen von 30 mg/kg eingesetzt. Parenteral verabreicht (LD_{50} der Saponine beträgt hierbei 0,67...50 mg/kg) werden schwere Schäden (Leberschäden; Hämolyse) beobachtet. Da jedoch Saponine in der nativen Form nur zu einem geringen Teil resorbiert werden, kommt es im allgemeinen nur zu unspezifischen lokalen Magen-Darm-Reizungen bei Aufnahme mit der Nahrung. Protease-Hemmung wird beobachtet. 0,5...3% eines Sojasaponinextraktes im Mäusefutter (3 Wochen) blieben ohne Wirkungen. Nur wenige Saponine werden resorbiert (z. B. Saponine aus der koreanischen Ginseng-Wurzel). Saponine werden intestinal in Aglycon und Zucker gespalten.

Einige Saponine senken den Serum-Lipid- bzw. Cholesterol-Spiegel beim Menschen. Der bewußte Einsatz in der menschlichen Ernährung erfolgt nicht, da chronische Toxizitätsuntersuchungen fehlen. Dabei ist zu berücksichtigen, daß Menschen mit Irritationen des Intestinaltraktes (z. B. Darmentzündungen, Mißbrauch von Abführmitteln) gegenüber Saponinen deutlich empfindlicher reagieren. Saponine sind mitunter (z. B. nicht das Kornradensaponin) durch Hitzeeinwirkung zerstörbar.

Saponine bestimmt man über ihre spezifischen Eigenschaften (Schaumindex, hämolytischer Index). Die Identität von Einzelsubstanzen kann nur mittels Papierchromatographie, DC oder Elektrophorese ermittelt werden.

Cycasin ist das β-Glucosid des Methyl-O,N,N-azoxymethanol (vgl. Abb. 18.4, S. 503). Es kommt in der Cycas-Palme, die auf pazifischen Inseln wächst, vor. Samen (Nüsse) und Mark der Palme werden zur Ernährung (Sago, Mehl) genutzt. Die dortige Bevölkerung entgiftet die Stärke durch kombiniertes Fermentieren, Erhitzen, 7...10tägiges Wässern und Waschen sowie Trocknen an der Sonne.

Ein so behandeltes Produkt führte bei einem Gehalt von 15% in einer Rattendiät (2 Jahre) zu einem frühzeitigen Sterben der Tiere. Eine andere Zubereitungsform führte bei 6% in der Diät innerhalb 10 Tagen zum Tod oder bei einem Gehalt von 0,5...1% zu malignen, metastasierenden Tumoren der Leber und Nieren. Wirksam ist nur das Aglucon, das intestinal durch bakterielle Spaltung freigesetzt wird. In Gnotobionten ist das Glycosid deshalb wirkungslos. Wie aus Dimethylnitrosamin bildet sich in Folgereaktionen aus Cycasin das auf RNA alkylierend wirkende Diazomethan. Letzteres ist für die nachgewiesene hepatocancerogene Wirkung des Cycasins verantwortlich. Orale Gaben von 0,4% Cycasin in der Nahrung führt bei Ratten für nur 2 Tage zu Tumoren des Colon, der Leber und Nieren.

8.6.   Peptide

Pilzgifte sind hochwirksame Giftstoffe höherer Pilze (Tab. 8.9). In Europa gibt es ca. 160 giftige oder giftverdächtige Pilze. Meist durch Verwechslung mit ungiftigen Spezies, unsachgemäße Zubereitung (Reizker) oder bei unzutreffendem Wissen über die Nichtentgiftbarkeit (Speitäubling) kommt es zu schweren sogenannten echten Pilzvergiftungen, deren tödlicher Ausgang teilweise nur durch Intensivtherapie vermieden werden kann. Die sogenannten unechten Pilzvergiftungen treten als Folge des Verzehrs mikrobiell zersetzter Pilze oder Pilzgerichte auf. Für Vergiftungen mit Knollenblätterpilzen (95% aller Intoxikationen; zu 30...60% tödlich) sind unter den mehr als 10 verschiedenen Giften für das Vergiftungsbild hauptsächlich α- und β-Amanitin verantwortlich.

Amatoxine und Phallotoxine lagern sich an Proteine an (vergleichbar mit Antigen-Antikörper-Komplexen). Die Synthese der mRNA und damit die Proteinsynthese sind gehemmt. Phallotoxine wirken erst bei Verabreichung einer im Vergleich mit Amatoxinen etwa 10fach höheren Dosis, aber schneller. Beide Giftstoffgruppen werden schnell resorbiert und nicht metabolisiert. Amanitine werden langsam ausgeschieden und unterliegen dem enterohepatischen Kreislauf (vgl. Abb. 4.13). 6 bis 48 Stunden nach Aufnahme treten Brechdurchfälle auf, nach weiteren 48 bis 72 Stunden

Tabelle 8.9. Pilzgifte und verwandte Verbindungen

Substanz	Substanzklasse/Name	LD_{50} (Maus) (mg/kg)	Vorkommen	Gehalt im Pilz (mg/kg)
Amatoxine	durch Sulfoxidbrücke zweigeteilte bicyclische Octapeptide aus L-Aminosäuren		Amanita (A.) phalloides (Grüner Knollenblätterpilz)[3]	
α-Amanitin		0,1...0,3		80...140[1], 650...3250[2]
β-Amanitin		0,4		50[1], 1200...3500[2],
γ-Amanitin		0,2...0,8		59[1], 160...680[2]
Amanullin		ungiftig		
Proanullin		50 mg/kg sind ungiftig		
Bufotenin	Indolylalkylamlin (Indolalkaloid, Tryptaminderivat): N,N-Dimethylserotonin	50 mg p.o. oder 20 i.v. wirkungslos	A. citrina (Gelber Knollenblätterpilz); Kröten	
Coprin			Coprinus atramentarius (Tintling)	
Ibotensäure (Pantherin)	Alanyl-3-hydroxyisoxazol		A. muscarina (Fliegenpilz), A. pantherina (Pantherpilz)	500[1]
Muscarin	quarternäre Ammoniumbase (Tetrahydrofurfurol)		A. muscaria, A. pantherina, Inocybe patonillardi (ziegelroter Rißpilz), Boletus satanas (Satanspilz)	2...3[1]
Muscimol	Decarboxylierungsprodukt der Ibotensäure		A. muscaria	300...1000[1]
Gyrometrin	Acetaldehyd-N-methyl-N-formylhydrazon	344; 70[4] NOEL: 0,5[4]	Helvella (Gyromitra) esculenta (Speiselorchel)	50...3000[1]
Helvellasäure	vermutlich Kunstprodukt bei der Isolierung von Gyrometrin			
Phallotoxine	bicyclische Heptapeptide mit D-Aminosäuren		A. phalloides	
Phalloin		1,5...2		
Phalloidin		2		100[1]

[1] FM   [2] TM   [3] ein frischer Pilz wiegt ca. 50...70 g, was 2,5...3,5 g TM entspricht   [4] Kaninchen

Tabelle 8.10. Häufigkeit von Pilzvergiftungen (Auswahl von Daten)

Land	Zeitraum	Anzahl
Bundesrepublik Deutschland	1955	3% aller Intoxikationen
Bundesrepublik Deutschland	jährlich	40...60
Bundesrepublik Deutschland[1]	1949...1962	37 (davon 1% tödlich)
Schweiz	1919...1958	1 980 (davon 4,85% tödlich)
Mitteleuropäische Großstädte		1...3% aller Intoxikationen
Deutschland	1948	200 Todesfälle
USA	jährlich	50 Todesfälle
Volksrepublik Polen[2]	1967...1969	356
	1975...1978	174
DDR	1970, 1975, 1980	303...458 jährlich (davon 0...6 tödlich)
	1979	96
	1962...1982	5 254 (davon 2% tödlich)

[1] in *einer* Klinik behandelt bzw. erfaßt

[2] Anteil der Pilzvergiftungen an allen Vergiftungsfällen beträgt 3%

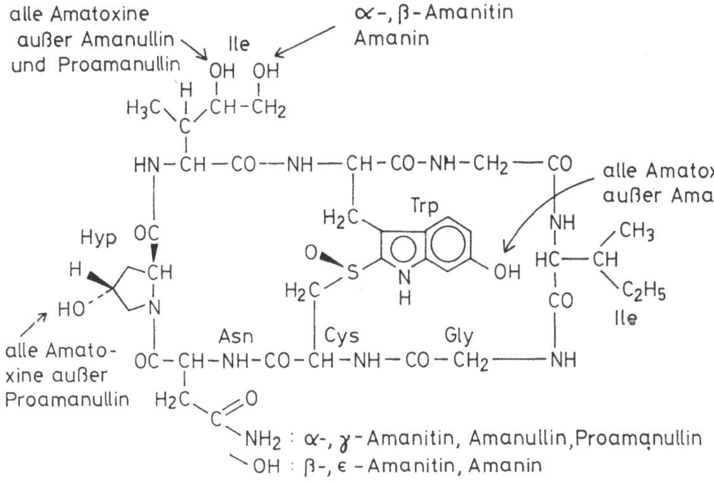

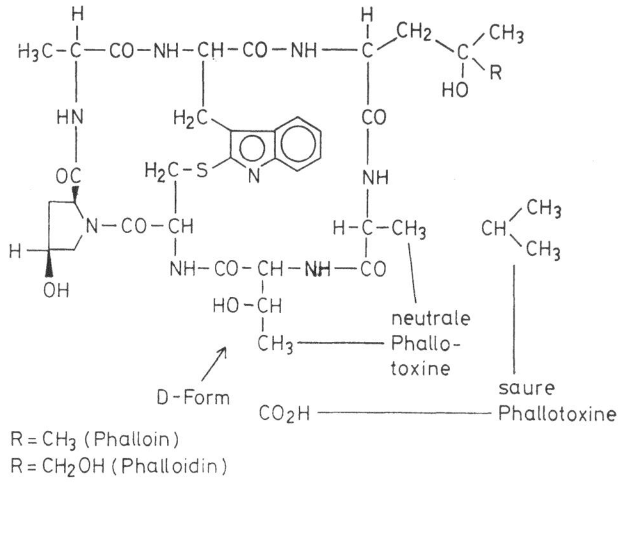

folgen Leberparenchymschäden und Leberzerfallskoma. Die zweite Phase wird begleitet durch eine Hemmung der Blutgerinnung.

Das als Antidot beschriebene Cyclodecapeptid Antamanid wirkt nur prophylaktisch, nicht aber kurativ. Silibinin (ein Phenylchromanderivat) ist als Antidot offenbar auch kurativ einsetzbar. Amanitine lassen sich mittels DC gut trennen. In Gegenwart von Chlorwasserstoffdämpfen reagieren Amatoxine (> 0,02 mg/ml) mit Zimtaldehyd unter Blau-Violett-Färbung.

Die Giftwirkung des Fliegenpilzes wird nicht durch das beim Kochen stabile Muscarin hervorgerufen. Muscarin reagiert mit cholinergen Rezeptoren (Acetylcholinwirkung), jedoch überdeckt die psychotrope Ibotensäure mit ihren atropinartigen Wirkungen die Muscarineffekte. Die Symptomatik setzt 0,5...1,5 h nach Genuß des Pilzes ein. Die Ibotensäure ist recht labil und geht in Muscimol über, das seinerseits über γ-Aminobuttersäure-Rezeptoren wirkt. Der Genuß von etwa 10 Fliegenpilzen soll tödlich sein.

Das Gift der Frühjahrslorchel, Gyrometrin, ist wasserlöslich, hitzelabil und flüchtig, so daß ein Verschwinden des Giftes durch mindestens 5minütiges Kochen (99,9% Verlust) oder Trocknung (> 99% Verlust) möglich sein soll. Bei der Hydrolyse des Gyrometrins entstehen Hydrazinderivate, die die Ursache der Toxizität sind. Daraus durch Biotransformation entstehende Diazoniumverbindungen wirken cancerogen (vgl. Agaritin, Tab. 8.16). Auch 9 Derivate homologer Aldehyde (zusammen etwa 50 bis 60 mg/kg) sind im Pilz vorhanden, die jedoch weniger akut toxisch wirken.

Coprin ist Inhaltsstoff von Tintlingen, bei deren Verzehr in Verbindung mit Alkohol eine Überempfindlichkeit (Antabus-Syndrom) eintritt. Ein Tintlingsgericht und 1...2 Flaschen Bier sollen bereits zu Unverträglichkeiten führen. Coprin wirkt ähnlich dem Disulfiram (vgl. Abschn. 11.4.; Inhibierung durch Chelatisierung des Zentralatoms der Alkoholdehydrogenase).

Über individuelle Unverträglichkeiten bei Genuß allgemein als eßbar bezeichneter Pilzarten (Hallimasch) wird berichtet.

8.7. Hormonaktive Substanzen

Über östrogen wirksame natürliche Substanzen in der menschlichen Nahrung ist relativ wenig bekannt; wesentlich besser sind die Kenntnisse über derartige Substanzen in Futtermitteln.

Tabelle 8.11. Relative Wirksamkeit (oral) von Phytoöstrogenen (nach BICKOFF)[1]

Östrogen	relative Wirksamkeit
Diethylstilböstrol[2]	100 000
Östron[2]	6 900
Zearalenon	100[3]
Coumestrol	35
Genistein	1,00
Daidzein	0,75
Biochanin A	0,46
Formononetin	0,26

[1] gemessen wird die Hypertrophie des Uterus der Maus
[2] vgl. S. 38
[3] nach DORFMANN

Phytoöstrogene gehören drei chemischen Substanzklassen an:

1. Isoflavonderivaten,
2. Coumestanderivaten (ebenfalls vom Isoflavon-Grundkörper abgeleitet, Hauptvertreter: Coumestrol),
3. Resorcylsäurederivaten (Zearalenonderivate, vgl. Kap. 11.).

Östrogene Isoflavone	R_1	R_2	R_3
Genistein	OH	H	OH
Genistin	O-Glucosyl	H	OH
Daidzein	OH	H	H
Daidzin	O-Glucosyl	H	H
Glycitein	OH	OCH_3	H
Glycitein–7β–Glucosid	O-Glucosyl	OCH_3	H

Coumestrol

Genistein und Coumestrol sind hitzestabil. Beide können im Körperfett von Nutztieren angereichert werden, jedoch enthält das Fett dann < 1 mg/kg dieser Substanzen. Östrogene Aktivitäten wurden in Luzernen, in Kleearten, in Kohl (0,024 µg Östradiol-Äquivalente (ÖÄ)/g), Bohnen (0,005 µg ÖÄ/g), Hopfen (1...300 µg ÖÄ/g), Sojabohnen (1,2 µg Coumestrol/g TM), Spinat (0,1 µg Coumestrol/g TM) gefunden. Einige Vertreter dieser Substanzklasse entstehen offenbar als sogenannte Streßmetaboliten (vgl. Abschn. 8.11.).

Zearalenon-Gehalte können in Mais bis 1 100 mg/kg ansteigen, sinken aber auch in anderen Pflanzenmaterialien bei Lagerung. Zearalenon ist als antikontrazeptiver Wirkstoff patentiert.

Insgesamt ist die Exposition des Menschen gegenüber exogenen Östrogenen gering. Sie beträgt schätzungsweise weniger als 1/1 000 der Hormonäquivalente konventioneller oraler Kontrazeptiva (Tab. 8.11). Mögliche cancerogene Effekte geringer Mengen dieser Stoffe geben zu Bedenken Anlaß, zumal auch Metaboliten der genannten Substanzen östrogen wirksam sind.

8.8 Phenolische Verbindungen

Niedermolekulare Phenolsäuren sind Derivate der Zimtsäure (C_6-C_3) oder Benzoesäure (C_6-C_1). Sie kommen selten frei, sondern meist verestert mit Chinasäure (Chlorogensäure), seltener mit Shikimi-, Äpfel-, Weinsäure oder meso-Inosit vor. Die Cumarinderivate sind Lactone der Cumarsäure, die beim Zerstören von Pflanzengeweben aus gespaltenen Glycosiden der cis-2-Cumarsäure spontan cyclisieren.

Weitere Phenole leiten sich vom Flavan ($C_6-C_3-C_7$; Flavonoide[1]) ab: Catechine, Anthocyanidine, Flavanone, Flavone und Flavonole. Zu den hochmolekularen Tanninen (Molmasse 500...5000) gehören die nichthydrolysierbaren (kondensierten) und die hydrolysierbaren Tannine. Omnivoren (wie der Mensch) haben in der Evolution

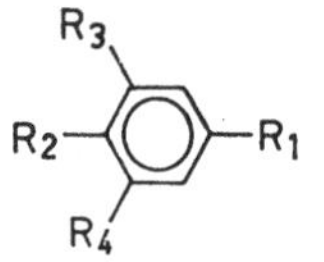

Phenolsäuren

R_1 COOH	R_2	R_3	R_4	R_1 CH=CH-COOH
Benzoesäure	H	H	H	Zimtsäure
4-Hydroxybenzoesäure	OH	H	H	4-Cumarsäure
Protocatechusäure	OH	OH	H	Kaffeesäure
Vanillinsäure	OH	OCH$_3$	H	Ferulasäure
Syringasäure	OH	OCH$_3$	OCH$_3$	Sinapinsäure
Gallussäure[1]	OH	OH	OH	

Salicylsäure	:	2-Hydroxybenzoesäure
Gentisinsäure	:	2,5 Dihydroxybenzoesäure
2-Cumarsäure	:	2-Hydroxyzimtsäure

[1] Glucoseester :   Tanninsäure (orale LD_{50} : 2,3...6g/kg KM; Ratte)

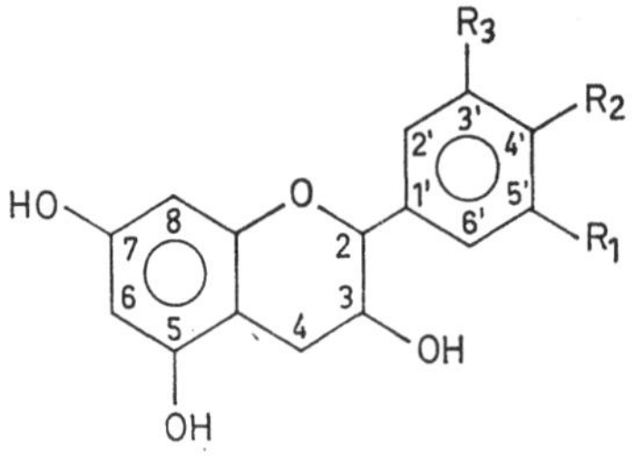

Catechine

Catechine	R_1	R_2	R_3
Catechine	H	OH	OH
Gallocatechin	OH	OH	OH

[1] Sie können frei und/oder als Glycoside vorliegen.

effektive Entgiftungsmechanismen für Phenole der Angiospermen (nicht der Gymnospermen) entwickelt, die bei anderen Spezies (Carnivoren; Fische, Vögel, Reptilien) weniger vorhanden sind. Zu den phenolischen Verbindungen im weiteren Sinne sind auch extrem toxische Stoffe, wie Mykotoxine (vgl. Abschn. 19.2.) und essentielle Wirkstoffe (α-Tocopherol, Vitamin K_1, Tyrosin u. v. a.) zu zählen.

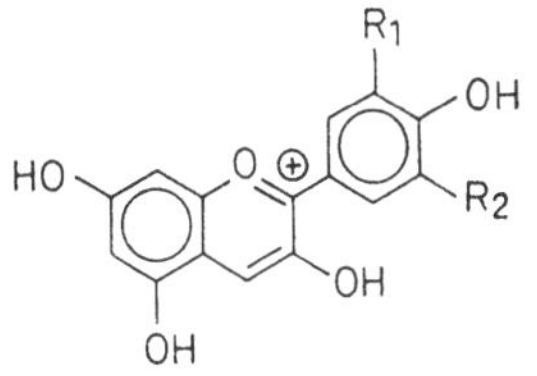

Anthocyanidine[1]	R_1	R_2
Pelargonidin	H	H
Cyanidin	OH	H
Malvidin	OCH$_3$	OCH$_3$

[1] 3-0-Glycoside der Anthocyanidine : Anthocyane

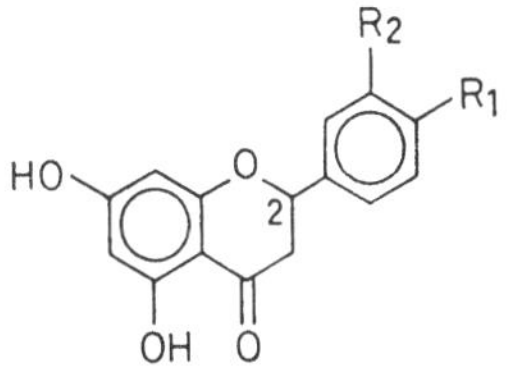

Flavanone[1]	R_1	R_2
Naringenin	OH	H
Hesperitin	OCH$_3$	OH

[1] Gehen bei Ringöffnung zwischen Sauerstoff und C2 in z.T. süß-schmeckende Chalkone (vgl. Dihydrochalkone) über

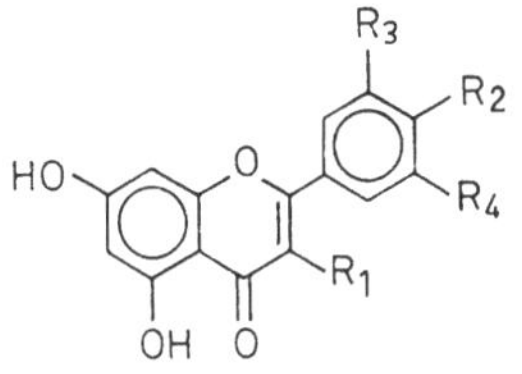

	R_1	R_2	R_3	R_4
Flavone[1]	H			
Flavonole[2]	OH			
Kämpferol	OH	OH	H	H
Quercetin[3]	OH	OH	OH	H
Myricetin	OH	OH	OH	OH

[1] penta...heptamethoxylierte Flavone (Tangeretin, Nobiletin u.a.) sind in Schalen von Citrusfrüchten enthalten und wirken embryotoxisch.

[2] als Galactosid, Glucosid, Rhamnosid

[3] 3-Rhamnoglucosid : Rutin

Der Gesamtgehalt an Hydroxyzimtsäurederivaten liegt bei den meisten Gemüsearten < 100 ppm, bei Blattgemüse < 300 ppm (aber in Grünkohl 1500 ppm, Feldsalat 600 ppm), in Kartoffeln < 60 ppm sowie in Obstarten < 400 ppm). Er steigt in Röstkaffee auf 3...6% Chlorogensäure an (1 Tasse Kaffee: 260 mg Chlorogensäure) und kann in schwarzem Tee 20% der TM betragen. Obst enthält 1000...10000 ppm (Äpfel, Weintrauben) Gesamtphenole, Wein 180...300 ppm nichtflavonoide Phenole. Samenschalen von Saaten sind besonders phenolreich.

Oral verabreicht bleiben 1...2 g/kg KM (Katze), 4...5 g/kg KM (Maus, Ratte) oder 1,5 g/d (60 d, Mensch) Chlorogensäuren ohne Schadenssymptome. Ihr allergenes Potential ist offenbar gering, jedoch erhöht sie wie Kaffeesäure und Cynarin die Sekretion der Galle (Cholesterinsenkung im Blut) und Magensäure. Hydroxyzimtsäuren werden von Ratten innerhalb 2 h nach Aufnahme mit dem Urin ausgeschieden.

Kaffeesäure zeigt in vitro einen Antithiamin-Effekt, was in vivo auch bei latentem Thiamin-Mangel offenbar nicht zum Tragen kommt. 1% Gallussäure in einer methionin- und cholinarmen Diät erzeugt bei Ratten Fettleber, die durch Methionin- oder Cholinzusatz verhütet wird.

Ellagsäure ist schwer löslich, ihre orale Toxizität vernachlässigbar. Sie erscheint nach oraler Gabe bei normalen Ratten nicht in Kot und Urin, sondern nur bei Gnotobionten.

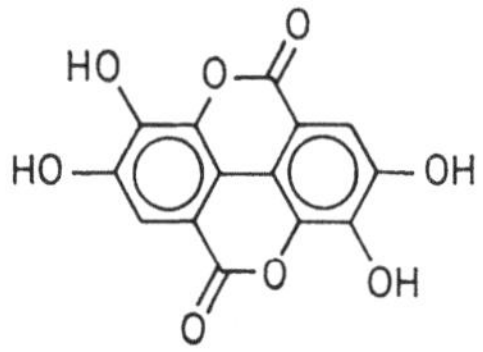

Ellagsäure

Nichtflavonoide Phenole vermindern die Aflatoxin-Mutagenität, die Wirkung des ultimalen Cancerogens des Benzo[a]pyrens (vgl. Abb. 4.19 und Abb. 4.20 sowie Kap. 17.), sowie beeinflussen Nitrosierungsreaktionen (Abb. 8.8). Phenole sind leicht oxydierbar, wobei die Umsetzungsprodukte Folgereaktionen mit Proteinen eingehen können (Abb. 8.9). Mutagene, cancerogene und promovierende Wirkungen werden Phenolen auf Grund der Fähigkeit zur Bildung von Hydroxyl- und Superoxidradikalen bei ihrer Oxydation zugesprochen, was experimentell für H_2O_2 und einige Phenolsäuren und Phenole (in vitro) bewiesen ist und wofür es z. T. epidemiologisch bei Menschen Hinweise gibt (Betelnuß-Kauen).

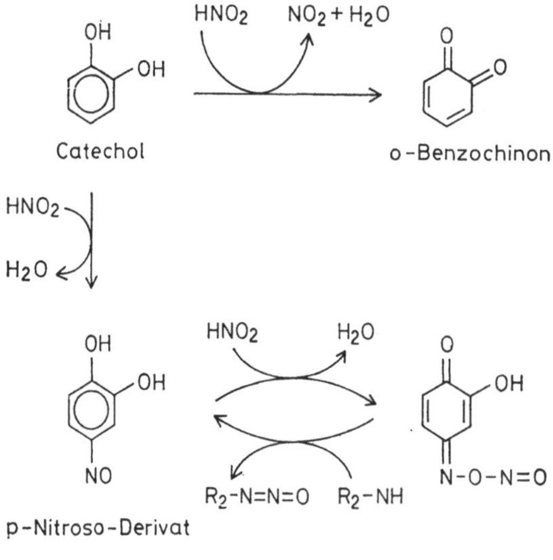

Catechol

o-Benzochinon

p-Nitroso-Derivat

Abb. 8.8. Hemmung und Begünstigung von Nitrosierungsreaktionen durch Phenole (nach MIRVISH; STICH und ROSIN). Bei gleichzeitiger Gabe von Nitrit und Prolin verminderten Kaffee, Tee oder Kaffeesäure die Nitrosoprolinausscheidung bei Menschen.

Pflanzliche Lebensmittel können Spuren bis einige g/kg Frischmasse Flavonoide enthalten. In Gemüse und Früchten kommen einige 100 mg/kg vor. Die menschliche Nahrung enthält schätzungsweise 500 mg kondensierte Tannine und jeweils ca. 200 mg Anthocyanine, Catechine und 4-Oxo-flavonoide/d.

Oral verabreicht verursachten 6 g Anthocyane/kg KM (Ratte, 3 Monate) keine Schäden (auch keine teratogenen). 1% Naringin, Hesperidin, Rutin oder Quercetin im Rattenfutter (200 d) waren untoxisch. Von 2000 natürlichen Flavonoiden erwiesen sich 30 im AMES-Test (vgl. Abschn. 6.8 3.) als genotoxisch, was bisher in vivo nur für das in der Nahrung ubiquitäre Quercetin bewiesen ist.

Glycoside sind wenig aktiv; ihre Mutagenität erhöht sich nach Inkubation mit Enzymen von Darmbakterien. Mikrosomen aktivieren Flavonoide. Chinoide Strukturen (im sauerstoffhaltigen Ring und/oder Ring B) werden als reaktive Intermediate, die an DNA gebunden werden, angesehen. Zwei von 9 Cancerogenitätsstudien mit Quercetin fielen an Ratten positiv aus. Flavonoide induzieren z. T. die MFO (vgl. Abschn. 4.2.). Flavonoide mit Elektronendonator-Gruppen sind schwache Goitrogene. Antimikrobielle und -virale Effekte von Phenolen (auch Flavonoiden, besonders Naringenin, Hesperitin) werden schon lange ausgenutzt (Tee, Wein).

Flavonoide wurden wegen ihres die Vitamin-C-Wirkung modifizierenden Effektes (in bezug auf Skorbut, Kapillarblutung) früher als Vitamin P bezeichnet und werden noch heute als „Bioflavonoide" gehandelt. Bei marginaler Vitamin-C-Versorgung bewirken einige eine erhöhte Ascorbinsäurespeicherung in Organen (Meerschweinchen) und halten das Vitamin C in der reduzierten Form. Sie selbst wirken in der Diät antioxydativ (als Metallfänger). Vasculäre Effekte der Flavonoide (z. B. Verminderung der Brüchigkeit der Kapillaren) sind gut bekannt (bes. wirksam ist Catechin). Flavonoide besitzen für Collagen eine Schutzwirkung, aktivieren den Leberstoffwechsel (bei Pankreatitis), wirken hemmend auf Entzündungen, Erythrozytenaggregation, ATPasen (Flavonole) und die cAMP- bzw. cGMP-Phosphodiesterase sowie beeinflussen den Prostaglandin-, Histamin-, Kohlenhydrat-Fettstoffwechsel.

Hydrolysierbare Tannine haben in der menschlichen Ernährung keine Bedeutung. Kondensierte Tannine sind in Früchten und Getreide (Cerealien, Leguminosen: 1,5 bis 6% i. d. TM.; gefärbte Sorghum-Varietäten: 7…8%) enthalten. Die Aufnahme an dimeren Flavanen wird auf 400 mg/d geschätzt. Hoher Kakao-, Tee- und Rot- sowie Apfelweinkonsum haben wesentlichen Anteil. Tanninsäure wird in der Humanmedizin bei Diarrhoe (oral) und Verbrennungen (lokal) sowie rectal angewendet.

hydrolysierbares Tannin

Wesentlichste Eigenschaft und Wirkungsursache der Tannine ist ihre Bindung an Protein, wobei diese unlöslich werden. Tannine entwickeln 6 Kategorien von Schadwirkungen:

1. Erniedrigung der Nahrungsaufnahme (adstringierender Geschmack u. a.),

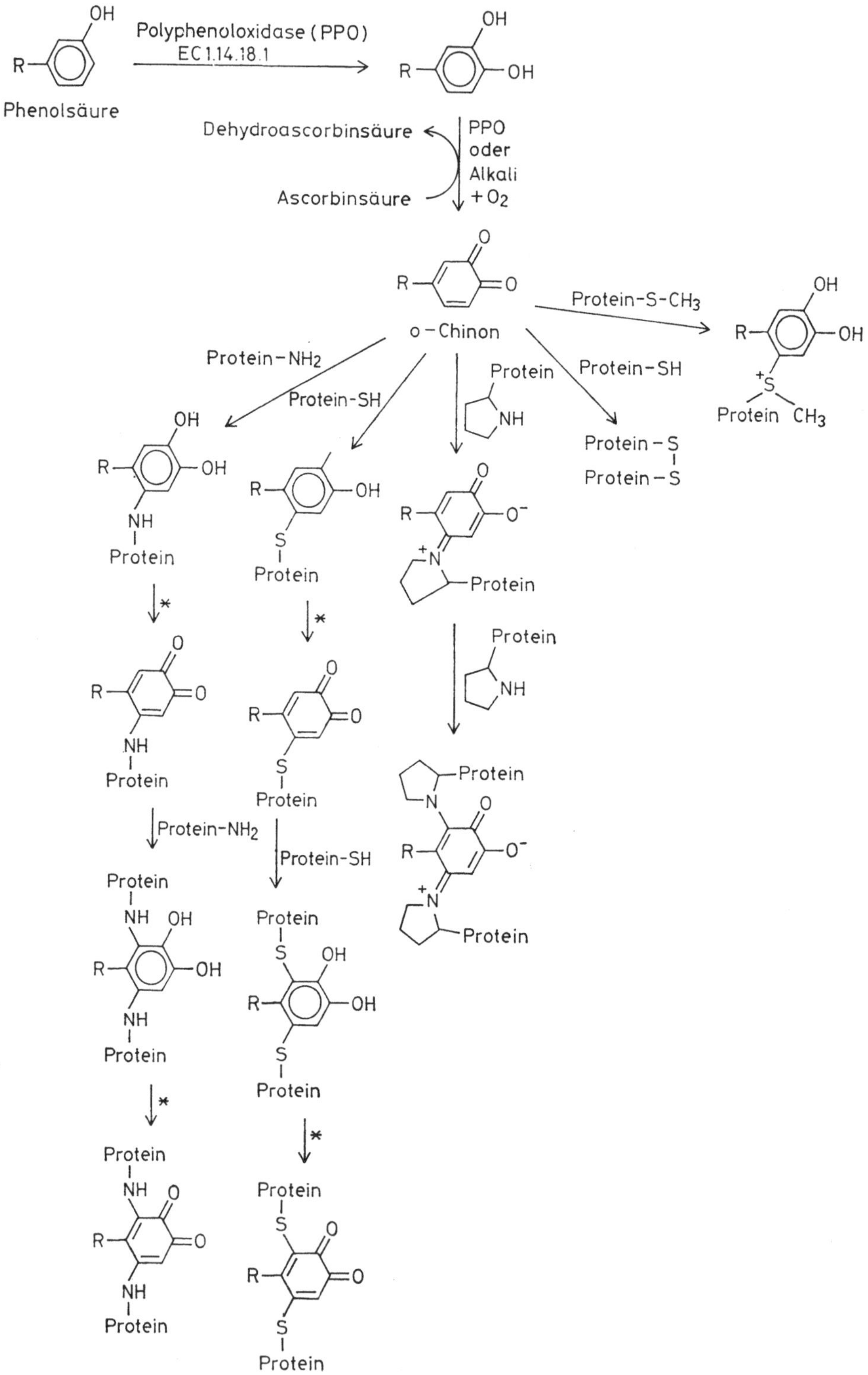

OH
R
Phenolsäure
Polyphenoloxidase (PPO)
EC 1.14.18.1
OH
OH
R
Dehydroascorbinsäure
PPO
oder
Alkali
+ O2
Ascorbinsäure
O
O
R
o-Chinon
Protein-S-CH3
OH
OH
R
+S
Protein CH3
Protein-NH2
Protein-SH
Protein
NH
Protein-SH
OH
OH
R
NH
Protein
OH
R
S
Protein
O
R
O
+N
Protein
Protein-S
Protein-S
O
O
R
NH
Protein
O
O
R
S
Protein
Protein
NH
Protein
N
R
O
O
+N
Protein
Protein-NH2
Protein-SH
Protein
NH OH
R
OH
NH
Protein
Protein
S OH
R
OH
S
Protein
Protein
NH O
R
O
NH
Protein
Protein
S O
R
O
S
Protein
Reaktion: 1   2   3   4   5
* enzymatisch oder nichtenzymatisch

2. Komplexbildung aus Nahrungsprotein bzw. Kohlenhydrat und Tannin (geringere Verdaulichkeit; Methylgruppendonatoren kompensieren diesen Effekt z. T.),
3. Hemmung von Verdauungsenzymen,
4. Erhöhung der Exkretion endogenen Proteins (Folge der Hypersekretion),
5. Schädigung des Verdauungstraktes (Mucosaschäden, die zur erhöhten Resorption und gesteigerten Toxizität der Tannine führen; Hypersekretion),
6. Toxizität resorbierter Tannine und von deren Metaboliten bei chronischer Aufnahme nach Schädigung der Darmoberfläche.

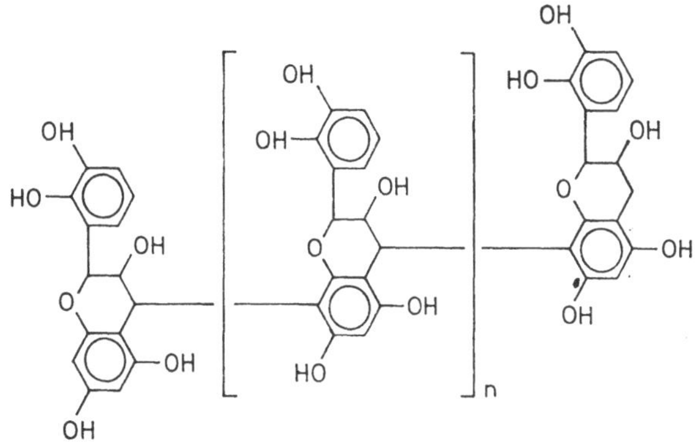

kondensiertes Tannin

Toxische Wirkungen sind von der Herkunft des Tannins abhängig. Bei täglicher oraler Aufnahme von > 1 g/kg (Ratte) oder $1\ldots5\%$ Tannin im Tierfutter sind Wachstumshemmung und andere toxische Effekte zu erwarten. Die Cancerogenität oral aufgenommener Tannine konnte nicht belegt werden; s.c. applizierte Tannine verursachen Lebertumoren bei Mäusen.

Antinutritive Effekte der Tannine können durch Extraktion oder Mahlen, Komplexierung mit Eisen und Detergentien, Zusatz von Methylgruppendonatoren (Methionin, Cholin; gesteigerte Entgiftung), chemische Zersetzung oder züchterische Maßnahmen vermindert werden.

Lignine sind dreidimensional vernetzte unlösliche Hochpolymere, deren Monomere sich vom Coniferylalkohol und Sinapinsäure- oder 4-Hydroxyzimtsäure-Analogen ableiten. Sie sind unverdaulich; toxische Effekte sind unbekannt. Sie besitzen wie Tannine leicht proteinbindende und enzyminhibierende Wirkungen, was die N-Retention vermindert. Antioxydative Wirkungen, Hemmung der Nitrosaminbildung, Nitritbindung und Adsorption von Gallensteroiden und Cholesterol sind bekannt und werden wie der Ballaststoffeffekt der Lignine insgesamt positiv bewertet, aber auch in bezug auf Colonkrebs diskutiert.

Phenolsäuren (geschmackliche Reizschwellen: $10\ldots240$ mg/kg in Proteinpräparaten) können mittels HPLC bestimmt werden. Bei Anwendung der GC ist eine Derivatisierung unumgänglich.

Abb. 8.9. In alkalischer Lösung oder enzymatisch sind Phenolsäuren leicht oxydierbar. Die Chinone reagieren mit α- und ε-Amino-, SH-, SCH_3-Gruppen (Methioninsulfoxid-Bildung, vgl. Kap. 15.) sowie heterocyclischen Aminosäuren (z. B. Tryptophan). Die entstehenden braunen Proteine weisen einen verminderten biologischen Wert und geringere Verdaulichkeit auf. Der Komplex aus Lysin und Kaffeesäurechinon wird nicht resorbiert, sondern im Kot ausgeschieden. Ascorbinsäure kann die Oxydation und die damit verbundene Verfärbung durch eine nichtenzymatische Reaktion verhindern. Besonders in Sonnenblumenproteinpräparaten (vgl. Abschn. 8.17.5.) setzt sich die Chlorogensäure um. Spezielle Verfahrensschritte sind notwendig, um hierbei und auch bei Blattproteinpräparaten die off colour und Geschmacksbeeinträchtigungen zu beseitigen. Die Reaktionsfolgen 1 (nach HURRELL), 2 (nach PIERPOINT), 3 (nach MASON et al.), 4 (nach PIERPOINT) und 5 (nach VITHAYATHIL et al.) können nebeneinander ablaufen.

Tannine werden nach Extraktion mit Dimethylformamid/$Na_2S_2O_5$, Wasser und Methanol (jeweils allein oder als Mischung) mit Vanillin/H_2SO_4 photometrisch erfaßt.

Das in Baumwollsaat (vgl. Abschn. 8.17.3.) enthaltene gelbe Gossypol (Pigment) existiert in drei tautomeren Formen. In Samen herkömmlicher Sorten sind die Pigmente überwiegend in den ca. 100...400 μm großen Pigmentdrüsen vorhanden und können 21...39% der Gesamtmasse der Drüsen ausmachen. Samen enthalten 1,09...1,53% Gesamtgossypol, wovon ca. 0,19% frei vorkommen. Bei Verarbeitungsprozessen (Säurebehandlung, Pressen, Kochen) oder Lagerung entstehen daneben auch andere Gossypolpigmente (Gossyfulvin, Gossycaerulin, Gossyverdurin u. a.) von denen über 15 bekannt sind und die zumindest akut z. T. deutlich toxischer als Gossypol sind. Einige sind jedoch chemisch wenig charakterisiert und stellen offenbar Reaktionsprodukte mit anderen Sameninhaltsstoffen dar.

Gossypol

Der Gehalt an Gossypol in Folgeprodukten der Samenzerkleinerung ist vom Grad der Zerstörung der Pigmentdrüsen abhängig und schwankt daher stark. Bei der herkömmlichen Verarbeitung werden aber 80...90% des Gossypols an Protein gebunden, was mit einer Entgiftung gleichgesetzt wird. Letzterer Effekt wird offenbar auch beim Mischen von Baumwollsamennahrung mit anderen Nahrungsmitteln erzielt. Als entscheidend wird der Gehalt an freiem Gossypol angesehen, der in Preßrückständen zwischen 0,04 und 0,10% schwankt. Nach der Extraktion mit Hexan sinkt dieser auf 0,02 bis 0,07% während er in Öl 0,4...1% beträgt. Zahlreiche Prozesse zur Gossypolentfernung werden beschrieben. Die Resorptionsrate des Gossypols aus dem Darm ist gering, der Durchtritt durch die Placenta stark behindert, wodurch die Substanz bei Ratten nicht teratogen wirken kann. Anteile werden in Organen gebunden. Metabolisch verwertet werden offenbar nur die Formylreste (zu CO_2), während der Bis-Naphthalen-Grundkörper unverändert bleibt. Die Ausscheidung erfolgt über Galle und Faeces. Gossypol behindert enzymatische Spaltungen und inaktiviert über seine Carbonylgruppen Enzyme. Es wird aus dem Organismus offenbar durch Hydrolyse der Proteine, an die es gebunden ist, d. h. als lösliches Aminosäure- oder Peptidkonjugat eliminiert.

Die LD_{50} beträgt in Wasser gelöst 2400...3340 mg/kg (Ratte) und 550 mg/kg (Schwein). 20 mg/kg/d (39 Wochen) oder 30 mg/kg/d (16 Wochen) verursachen bei

Ratten leichte Schäden an Leber, Herz und Nieren; 7,5 mg/kg/d (12 oder 52 Wochen) waren nicht toxisch. In Nichtwiederkäuern sind Gossypol-Effekte kumulativ; die Empfindlichkeit scheint bei Ratten und Affen gering, bei Hunden und Kaninchen dagegen groß zu sein. Gossypol verursacht spezifische Herzschäden. Da Gossypol Eisen bindet, lassen sich durch Eisenzusätze (und besser noch $Ca(OH)_2$-Zusatz) toxische Effekte (speziell hämatologische Befunde) mindern. Die Umsetzung mit Aminen zu SCHIFFschen Basen ist der Hauptgrund für die Toxizität und Kumulation von Gossypol. Über Lysinbindung kann der biologische Wert der Nahrung erniedrigt werden, jedoch läßt sich die Wirkung durch einen Lysinüberschuß nicht vollständig aufheben denn Gossypol wird auch über Wasserstoffbrückenbindungen an Proteine angelagert.

Gossypol hemmt mit unbekanntem Mechanismus effektiv die Spermatogenese bei empfindlichen Tieren und Menschen (optimale Dosierung 20 mg/d, 60...70 Tage oder 40...50 mg/Woche ergab zu 99,07% Infertilität). Wirksam ist das (−)-Isomere. Bleibende Infertilität, die seltenere hypokaliämische Paralyse (z. B. Veränderungen des EKG und Kaliumhaushaltes), genotoxische, tumorinduzierende und -promovierende Wirkungen sowie die Kumulation im Organismus lassen die Anwendung von Gossypol als Kontrazeptivum (trotz der umfangreichen Erprobung in der VR China) derzeit nicht akzeptabel erscheinen.

Als Grundwert für die tägliche Aufnahme werden 450...600 mg freies Gossypol (1 200 mg Gesamtgossypol)/kg Nahrung angesehen, was technologisch bei Baumwollöl und -mehl ohne weiteres erreichbar ist, aber nach neueren Erkenntnissen jedoch die Gefahr der Infertilität nicht ausschließt.

Durch Züchtung sind heute gossypolarme Sorten mit Gehalten $< 0,01\%$ Gesamtgossypol und $< 0,002\%$ freiem Gossypol verfügbar.

Cumarinderivate sind in Pflanzen weit verbreitet (Tonka-Bohne; Waldmeister; Datteln, Erd- und Brombeeren; Aprikosen, Kirschen). Beim Welken entsteht das Cumarin aus dem β-Glycosid der Cumarinsäuren. Glucoside des 7-Hydroxycumarins kommen in Chicoree und Kartoffeln vor, haben toxikologisch aber offenbar keine Bedeutung.

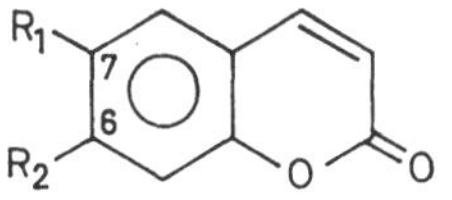

Cumarinderivate	R_1	R_2
Cumarin	H	H
Umbelliferon	H	OH
Aesculetin[1]	OH	OH

[1] Aesculin (Aesculetin-6-Glucosid) in Roßkastanien

68 bis 92% des oral aufgenommenen Cumarins werden vom Menschen als 7-Hydroxycumarin (nicht hepatotoxisch) und 1...6% als 2-Hydroxyphenylessigsäure im Urin ausgeschieden. Chronische orale Aufnahme von > 10 mg Cumarin/kg KM bewirken Leberschäden, wobei die erheblichen Speziesunterschiede auf eine speziesspezifische Biotransformation zurückzuführen sein dürften. Die IARC stuft die Substanz als cancerogen ein. Aus diesem Grund ist der Zusatz von Cumarin als Aromastoff (Getränke ent-

hielten oft > 5 mg/l) abzulehnen und teilweise auch gesetzlich verboten (vgl. Tab. 14.12., S. 449).

Cumarin hat praktisch keinen Einfluß auf die Blutgerinnung und unterscheidet sich dadurch von chemisch verwandten Substanzen (Dicumarol, vgl. auch Abschn. 11.5.), deren blutgerinnungshemmende Wirkung gezielt ausgenutzt wird.

Safrol und Myristicin sind Methylendioxy-ether von Allylphenolderivaten.

	R_1	R_2	R_3
Safrol	H	H	H
1'-Hydroxysafrol	H	H	OH
Myristicin	OCH_3	H	H
Apiol	OCH_3	OCH_3	H

Safrol kommt im Sassafrasöl (bis 80%), Anis- und Campheröl in größeren Mengen, im Zimt und Muskatnußöl (0,6%) in geringen Mengen vor. Bei Ratten traten nach Verfütterung von $> 0{,}25\%$ Safrol maligne Lebertumoren (vgl. Abschn. 6.7.) und von 1% Safrol Todesfälle auf.

Noch bei einer Dosis von 5 mg/kg KM/d traten geringe Leberschäden auf, die bei 100 ppm (2 Jahre) deutlich hervortraten. Bei Ratten und Mäusen ist das 1'-Hydroxysafrol Hauptmetabolit. Es ist ein stärkeres Cancerogen als Safrol, konnte aber als Stoffwechselprodukt im Menschen nicht gefunden werden. In Ratten erfolgt seine Isomerisierung zum 3'-Hydroxysafrol. Die cancerogene Wirkung scheint mit der Seitenkette in Verbindung zu stehen. Safrol wurde als Geschmacksstoff zugesetzt, was jetzt untersagt ist.

Myristicin ist im Öl der Muskatnuß, im Öl aus Petersilienfrüchten und Dillkraut (4%) enthalten. Eine Muskatnuß (ca. 5 g) enthält 5...15% flüchtiges Öl und 25...40% nichtflüchtige Extraktstoffe. (Zwei Nüsse töteten ein 8jähriges Kind innerhalb 24 h.) Halluzinationen, vegetative Störungen u. a. sind Vergiftungssymptome, die bis zu 10 Tagen anhalten können. Es konnte die Biotransformation zu Abkömmlingen des Amphetamin (1-Phenyl-2-aminopropan; psychomimetische Wirkung) belegt werden. Eine weitere Komponente des Muskatöls, das Elimicin, ist eng mit dem Mescalin verwandt. Safrol soll ebenfalls psychische Veränderungen bewirken. Das Apiol ist in Petersilienfrüchten, deren Extrakte zu Vergiftungen geführt haben, enthalten.

	R
Elimicin	$-CH_2-CH=CH_2$
Mescalin	$-CH_2-CH-NH_2$
3,4,5-Trimethoxy-amphetamin	$-CH_2-CH-CH_3$ $\quad\quad\quad NH_2$

8.9.   Enzym-Inhibitoren

Enzym-Inhibitoren sind untrennbar mit Lebensvorgängen verbunden, folglich kommen sie auch in allen biologischen Materialien häufig vor. Sie lassen sich in

1. dem Substrat analoge Verbindungen (Cholinesterase-Inhibitoren),
2. notwendigen Cofaktoren analoge Stoffe,

3. allosterische Effektoren von Enzymen,
4. Substanzen (vgl. CN^-; SCN^-; Metallionen, alkylierende Substanzen), die an essentiellen Gruppen der Enzyme kovalent oder koordinativ gebunden werden,
5. aus dem Enzym essentieller Gruppen entfernende Substanzen (z. B. Entfernung von Kationen durch Chelatbildner),
6. spezifische starke Komplexe mit dem Enzym bildende Makromoleküle (Proteine, Kohlenhydrate) und
7. Verbindungen, die nichtspezifisch die Aktivität von Enzymen als Folge einer Bindung mindern (vgl. Saponine, Tannine, andere Phenole u. a.).

einteilen.

Aus der Gruppe der inhibierten Enzyme sind die Proteasen, von den makromolekularen Inhibitoren solche, die Proteine pflanzlicher Herkunft sind, besonders gut untersucht. Diese Inhibitoren kommen in Getreide, Rüben, Kartoffeln und Leguminosen vor, wobei die Gehalte in letzteren toxikologisch relevant sind. Tierische Lebensmittel (Hühnereiweiß, Eiklar; Ovomucoid) weisen ebenfalls Protease-Inhibitor-Aktivität auf.

Protease-Inhibitoren wirken gegenüber Proteasen einer ganzen Gruppe (Serinproteasen: Trypsin, Chymotrypsin u. a.: Sulfhydrylproteasen: Papain; Carboxylproteasen: Pepsin; Metalloproteasen: Carboxypeptidase, Aminpeptidase) oder enthalten nur für einzelne Enzyme spezifische Bindungsstellen (Aminosäuresequenzen).

Protease-Inhibitoren (stets Proteine der Molmasse 6000...460000) bilden, vermutlich durch kovalente Bindung (wie bei der Substrat-Hydrolyse) mit Proteasen stabile, aber inaktive Komplexe. Die Struktur von Inhibitoren der Sojabohne (BOWMAN-BIRK-Inhibitor: auf Grund von 7 Disulfidbrücken kompakte Tertiärstruktur, sehr thermostabil; KUNITZ-Inhibitor: thermolabiler; alle säure- und alkaliunempfindlich) ist genau bekannt. Protease-Inhibitoren verursachen sehr schnell (bereits nach einer Mahlzeit roher Bohnen) Pankreas-Hypertrophie (mitunter auch -Hyperplasie) (Abb. 8.10). Diese Pankreas-Vergrößerung erfolgt aber nicht bei allen Spezies (z. B. nicht beim Hund, Schwein, Rind) und scheint zudem altersabhängig zu sein. Bei erwachsenen Menschen scheint eine Adaptation an geringe Inhibitormengen möglich zu sein. Bei Ratten sollen ca. 40% der durch rohes Sojamehl im Futter verursachten Wachstumsverzögerung auf die direkte Inhibitorwirkung (überwiegend Pankreas-Vergrößerung) zurückführbar sein.

Protease-Inhibitoren werden unter Verwendung eines künstlichen Substrates (Trypsin: N-Benzoyl-L-arginin-p-nitroanilid; Chymotrypsin: N-Succinyl-L-phenylalanin) mit Rindertrypsin bestimmt. Aus der Freisetzung von p-Nitroanilin läßt sich bei 410 nm die Aktivität in Trypsin-Inhibitor-Einheiten (vgl. Abschn. 8.17.) ermitteln.

Die Inaktivierung der Protease-Inhibitoren erfordert recht drastische Bedingungen, wobei bei höherem Wassergehalt meist kürzere Behandlungszeiten notwendig sind. Toastung für 10...15 min bei 100 °C (Soja), Erhitzen von Sojamilch auf 93 °C für 30 bis 75 min, längeres Einweichen und 5 min Kochen oder 40 min Erhitzen auf 110 °C (Ackerbohne) beseitigen die Inhibitoraktivität sicher. An Proteine (Enzyme) gebundene Protease-Inhibitoren weisen eine höhere Stabilität gegen Hitzedenaturierung auf.

Wenig bekannt ist über α-Amylase- und Lipase-Inhibitoren in der Nahrung. α-Amylase-Inhibitoren kommen in Getreide, Bohnen sowie unreifen Bananen vor und sind kleine Peptide oder Oligosaccharide (4...8 Bausteine). Im Weizenmehl beträgt der Anteil der α-Amalyse-Inhibitoren ca. 1%. Diese Inhibitoren sind sehr thermostabil und können Backprozesse überstehen. Der Gehalt an faecaler Stärke erhöht sich bei Aufnahme von α-Amylase-Inhibitoren infolge der geringeren Verdaulichkeit. Der Mechanismus der α-Amylase-Inhibitoren beruht im Unterschied zu den Protease-Inhibitoren in einer nichtkompetitiven Hemmung. Auch bei ihnen besteht eine Spezies-Spezifität bezüglich der Amylasen, die sie hemmen. Im Gegensatz zu den Proteasen wird die Amylase-Sekretion durch resorbierte Verdauungsprodukte geregelt. Amylase-Inhibitoren im Darm verursachen bei stärkehaltiger Nahrung eine verminderte Sekretion der Amylase.

Der Einsatz von α-Amylase-Inhibitoren zur Therapie wurde erprobt und ergab die Reduzierung der postprandialen Hyperglycämie und Hyperinsulinämie bei Menschen. Pathologische Effekte sind jedoch dabei wahrscheinlich. Amylase-Inhibitor-Präparate ("starch blockers") waren in den USA handelsüblich, jedoch weitgehend unwirksam.

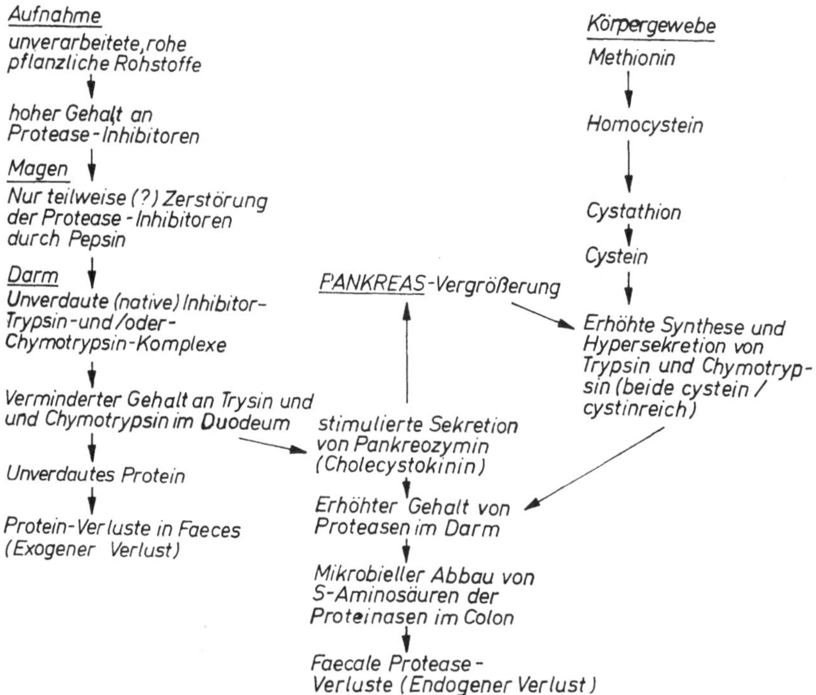

Abb. 8.10. Wirkungsmechanismus von Protease-Inhibitoren (nach RICHARDSON).
Durch negative feedback-Inhibierung wird auf Grund des Gehaltes an freiem Trypsin im Darm die Sekretionsrate geregelt. Inhibitoren binden das Enzym irreversibel, so daß sie sehr effektiv wirken. Bei Tieren, deren Pankreasmasse $\geq 0,3\%$ der KM beträgt (Ratte, Maus, Huhn, junges Meerschwein), kommt es zur Pankreas-Vergrößerung. Bei geringerer Pankreasmasse (erwachsenes Meerschwein, Hund, wachsendes Schwein, Rind; Mensch: $0,09...0,12\%$ der KM) kann die Vergrößerung ausbleiben. Der Methionin-Mangel von Tieren kann durch Zusätze dieser Aminosäure beseitigt werden, wobei sich das Wachstum normalisiert. Die Pankreas-Vergrößerung ist nach Eliminierung der Protease-Inhibitoren aus der Diät meist reversibel. In einigen Tierversuchen mit Protease-Inhibitoren waren aber auch Adenome und Krebserkrankungen feststellbar; gleichzeitig werden anticancerogene Wirkungen diskutiert. 1 h und 5 h nach oraler Verabreichung des BOWMAN-BIRK-Inhibitors an Ratten und Mäuse waren $74...92\%$ unverdaut und nicht resorbiert in Colon und Faeces nachweisbar.

Die Lipase-Aktivität im Rattendarm sinkt bei Verfütterung von Cellulose deutlich, was jedoch unerheblich ist, da beim Menschen erst eine 90%ige Absenkung der Lipase-Aktivität zur Fett-Malabsorption führt. Weitere Lipase-Inhibitoren sind unbekannt.

8.10. Hämagglutinine

Hämagglutinine (Lectine) können pflanzlicher Herkunft sein (Phytohämagglutinine) oder in Tieren (z. B. eßbare Weinbergschnecke, Helix pomatia) vorkommen. Es sind Proteine, die eine Molmasse um 100000, geringen Cystein- und Methioningehalt und überwiegend saure Aminosäuren (und Hydroxyaminosäuren) aufweisen. Sie existieren mitunter in multiplen Formen mit ähnlicher biologischer Aktivität und können in 2 oder 4 Untereinheiten dissoziieren. Lectine lassen sich verschiedenen Typen zuordnen:

1. Unspezifisch alle Zellen ohne Unterschiede in der Herkunft agglutinierende Lectine.
2. Bevorzugt spezifisch Zelltypen bestimmter Spezies agglutinierende Lectine.
3. Blutgruppen-spezifische Lectine.

Lectine sind zumeist Glycoproteine (bis 5% Zuckeranteil) und binden sich an Zucker-reste von Zelloberflächen.

Die Bestimmung der Lectineaktivität erfolgt als Titer (Verdünnung) unter Verwendung von 2...3%igen Erythrozyten-Suspensionen (mitunter trypsinbehandelt) nach 1...2 h Inkubation. Die Erythrozyten stammen dabei von Kaninchen, Rind oder Mensch, woraus sich zusätzlich zum Fehler von $\pm 30\%$ auch u. U. speziesabhängige Abweichung der ermittelten Aktivität ergeben.

800 von 2600 untersuchten Pflanzenspezies oder bei anderen Untersuchungen 29 von 88 geprüften pflanzlichen Lebensmitteln wiesen Lectineaktivität auf. Die Lectine sind folglich weit verbreitet, ihr Vorkommen ist in Leguminosen besonders relevant, aber darauf nicht begrenzt (Tab. 8.12).

Die in vitro feststellbare agglutinierende Wirkung erklärt nicht alle in vivo auftretenden Effekte der Lectine. Hämagglutinierende Wirkung und Toxizität gehen auch nicht immer parallel. Auch die Hemmung der Resorption von Nährstoffen oder der Proteinsynthese könnten als toxische Wirkungen in Betracht kommen. Die agglutinierende Aktivität kann durch Zucker inhibiert werden, wobei verschiedene Zucker unterschiedlich wirksam sind. Lectine können die Mitose (speziell humaner Leukozyten) beeinflussen.

Tabelle 8.12. Lectine in pflanzlichen Rohstoffen

Herkunft	Lectin
Schwertbohne (Jack Bean, Canavalia ensiformis)	Concanavalin A
Sojabohne (Glycine max)	
Ricinusbohne (Castor Bean, Ricinus communis)	Ricin[1]
Erbse (Pisum sativum)	
Linse (Lens culinaris)	
Gartenbohne (Phaseolus vulgaris)	Phaseolotoxin A
Limabohne (Phaseolus lunatus)	
Ackerbohne (Vicia faba)	Favin
Erdnuß (Arachis hypogea)	
Kartoffel (Solanum tuberosum)	
Weizen (Triticum vulgaris)	

[1] Ein neues teratogenes Syndrom nach Verzehr von Ricinussamen in der frühen Schwangerschaft wurde beschrieben: Mansour El MAUHOUB et al: Annals Tropical Paediatrics 3, 57 (1983)

Hämagglutinine verursachen bei oraler Aufnahme starke Entzündungen der Darmmucosa sowie Zerstörungen des Epithels. Sie führen zu Ödemen und Blutungen lymphatischer Gewebe. In Kapillaren werden Thromben beobachtet. Die Leber ist degenerativ verfettet oder necrotisch. Bereits der Genuß von 5...6 rohen Bohnen soll zu schweren Vergiftungen führen. Gegen Phasin bildet der Mensch Antikörper, die bei chronischer Aufnahme eine Gewöhnung ermöglichen. Hämagglutinine lassen sich teilweise durch Wässern und sicher durch Kochen (2...15 min) zerstören und verlieren in Einzelfällen (z. B. Sojamehl) bereits bei Einwirkung von Salzsäure oder Pepsin (Verdauung) deutlich an Aktivität. Hämagglutinine werden unter den Bedingungen, die ohnehin meist zur Inaktivierung von Protease-Inhibitoren erforderlich sind, praktisch vollständig zerstört. Metallionen sind an der Ausbildung der Tertiärstruktur der Lectine beteiligt und stabilisieren diese gegenüber thermischer Schädigung.

8.11. Phytoalexine

Der Begriff Phytoalexine (phytos = Pflanze; alekein = abwehren) wurde früher auf chemische Substanzen beschränkt, die von Parasiten befallene und in Nekrobiose befindliche Zellen bilden (MÜLLER und BÖRGER, 1940). Der heute gebräuchliche Begriff ist weiter gefaßt. Er schließt alle Substanzen (Streß-Metaboliten) ein, die als Folge von Streß-Situationen, wie physikalische (mechanische Beschädigung, Licht u. a.), mikrobielle oder chemische Reize (SO_2, Ozon, NO_2; Schwermetallsalze; 2,4-D, 2,4,5-T; Ethephon, vgl. Kap.. 11.), in Pflanzen enthalten sind[1]. Phytoalexine besitzen offenbar fast in jedem Fall antimikrobielle Wirkungen.

Phytoalexine gehören in der Mehrzahl zu drei Substanzgruppen — den Isoflavanoiden, Phenylpropanoiden oder Isoprenen.

Phaseollin ist phytotoxisch, wirkt hämolysierend und embryotoxisch (Hühnerembryonen). Pisatin schädigt Membranen pflanzlicher Zellen sowie humaner Erythrozyten und entkoppelt die oxydative Phosphorylierung in Lebermitochondrien von Ratten.

Für Falcarinol beträgt die LD_{50} 100 mg/kg (Maus), für Falcarindiol 133 mg/kg (i.p., Maus).

Einige Phytoalexine sollen cancerogen wirken (Photocancerogenität von Xanthotoxin; Lebernekrosen bei Mäusen durch Ipomeamaron).

Die teratogene Wirkung von Phytoalexinen in mikrobiell befallenen Kartoffeln wird mit erhöhtem Auftreten von Spina befida und Anencephalie in Verbindung gebracht. Diese Hypothese

---

[1] Damit sind pflanzliche Östrogene, Solanum-Alkaloide u. a. Stoffe, die auch anderen Gruppen zugeordnet werden können und auch ohne Streß, allerdings dann in geringeren Mengen, natürlich vorkommen, prinzipiell einzuschließen.

Tabelle 8.13. Ausgewählte Phytoalexine in pflanzlichen Lebensmittelrohstoffen. (Das Vorkommen der Substanzen ist nicht auf diese Pflanzen beschränkt.)

Pflanze	Substanz
Leguminosen	
Grüne Bohnen (Phaseolus vulgaris)	Phaseollin, Phaseollidin, Kieviton Phaseollinisoflavan Coumestrol, Genistein (vgl. S. 255)
Limabohne (Phaseolus lunatus)	Coumestrol
Ackerbohne (Vicia faba)	Wyerol, Wyeron, Wyeronsäure, Wyeronepoxid, Medicarpin
Linse (Lens culinaris)	Wyeron, Wyeronepoxid, Variabilin
Gartenbohne (Pisum sativum)	Pisatin, Daidzein (vgl. S. 255), Inermin, 4-Hydroxy-2,3,9-trimethoxy-pterocarpan
Sojabohne (Glycine max)	Glyceollin, Daidzein, Coumestrol, Sojagol
Luzerne (Alfalfa, Medicago sativa)	Mecicarpin, Daidzein, Formononetin, 4′,7-Dihydroxyflavon, Coumestrol u. a.
Erdnuß (Arachis hypogoea)	3,5,4′-Trihydroxy-4-isopentenyl-stilben, 3,5,4′-Trihydroxy-stilben, Betagarin,
Zuckerrübe (Beta vulgaris)	Betavulgarin, Betagarin
Safflor	Safynol, Dehydrosafynol
Nachtschattengewächse	
Kartoffel (Solanum tuberosum)	Solanine, Chaconine (vgl. S. 203), Rishitin, Phytuberin, Lubimin
Doldengewächse	
Sellerie (Apium graveolens)	Psoralen, Xanthotoxin
Möhre (Daucus carota L.)	Falcarinol[1] (Carototoxin), Falcarindiol[2], Myristicin, Phenolsäuren (vgl. S. 226)
Süßkartoffel (Ipomoca batatas Lam.)	Ipomeamaron

[1] 24,1...53,3 mg/kg

[2] 64,7...384 ppm (nach YATES, S. G., R. E. ENGLAND und W. F. KNOLEK in: FINLEY, J. W. und D. E. SCHWASS, siehe Tab. 8.14)

Tabelle 8.14. Beispiele für die Zunahme des Phytoalexingehaltes in Sellerie bei Streß-Situationen[1]

Behandlung	Phytoalexingehalt (mg/kg)		
	Bergapten	Xanthotoxin	Psoralen
ohne	0,04...0,35	0,04...0,61	0,03...0,15
CuSO$_4$	...1,2	...5,1	21...29
Gefrieren			2,2
UV-Licht			7,4

[1] BEIER, R. C., I. WAYNE und E. H. OERTL: Psoralens as Phytoalexins in Food Plants of Family Umbelliferae. In: FINLEY, J. W. und D. E. SCHWASS: Xenbiotics in Foods and Feeds. Am. Chem. Soc. Symp. Ser. 234. Am. Chem. Soc., Washington, D.C. 1983

wird erhärtet, nachdem teratogene Effekte von Solanin ausgeschlossen werden können (vgl. S. 204).
Die Mehrzahl der Phytoalexine wirkt antibiotisch.

Phytoalexine zeigen keine selektive toxische Wirkung gegen Pflanzenschädlinge. Ihre Warmblütertoxizität ist noch unzureichend aufgeklärt. Es gibt Hinweise, daß diese bisher wenig berücksichtigten Substanzen eine hohe Toxizität für Tiere besitzen. Dieses Problem verdient im Zusammenhang mit der Resistenz-Züchtung von Kulturpflanzen eine größere Beachtung.

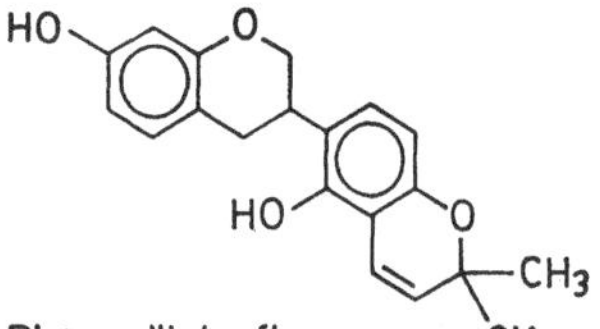

Phaseollinisoflavan

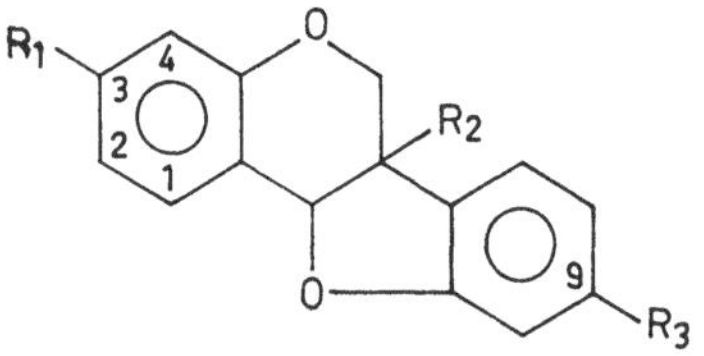

	R_1	R_2	R_3
Medicarpin	OH	H	OCH_3
Variabilin	OCH_3	OH	OCH_3
Pterocarpan	H	H	H

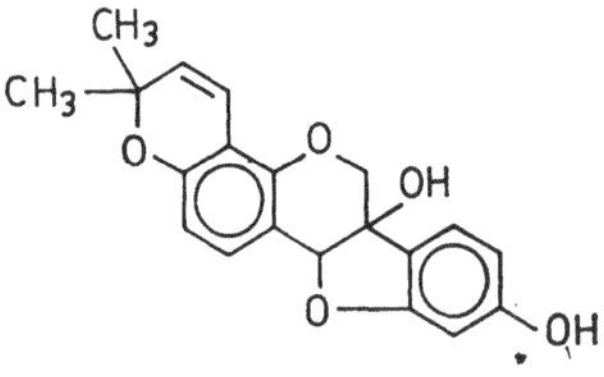

Glyceollin

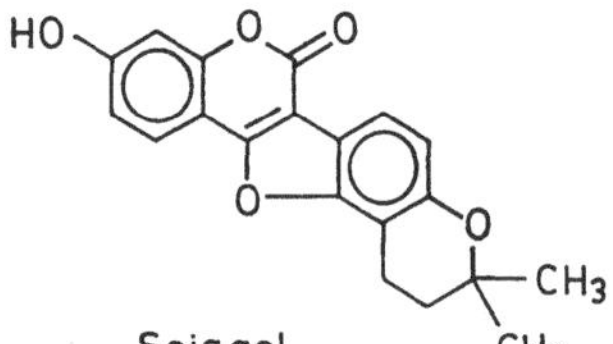

Sojagol

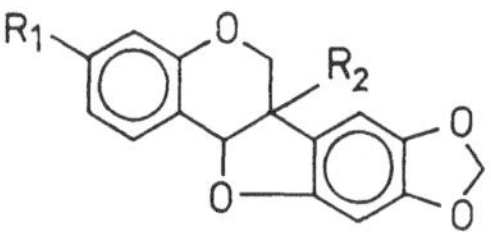

	R_1	R_2
Pisatin	OCH_3	OH
Inermin	OH	H

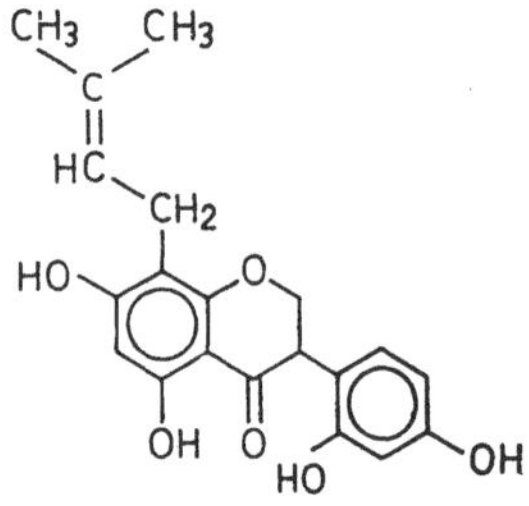

Kieviton

$CH_2-CH-CH=CH-(C{\equiv}C)_3-CH=CH-CH_3$
$\quad\ \ |\quad\ |$
$\quad\ OH\ \ OH$

Safynol

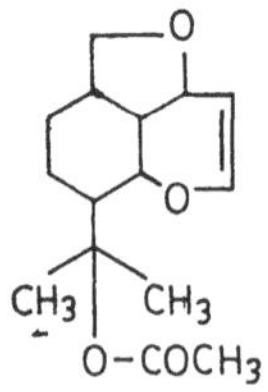

Phytuberin

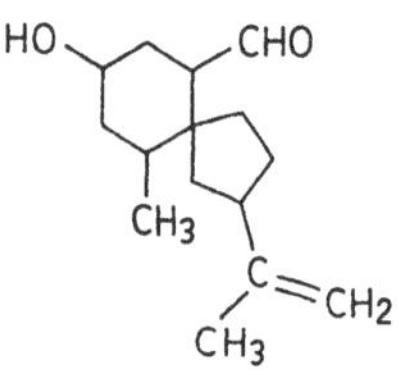

Lubimin

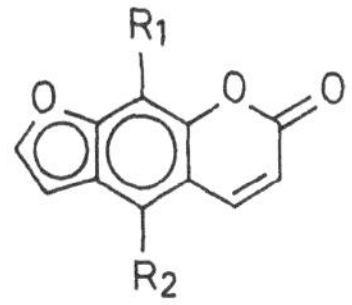

	R₁	R₂
Psoralen	H	H
Bergapten	H	OCH₃
Xanthotoxin	OCH₃	H

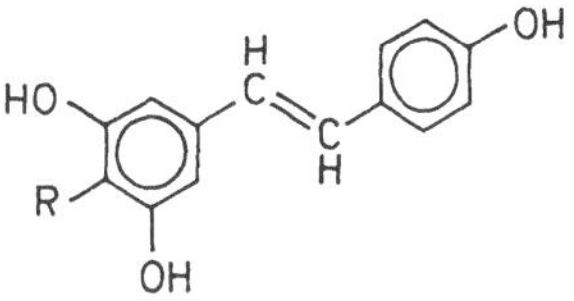

Stilbenderivate
R = H oder iso-Pentenyl

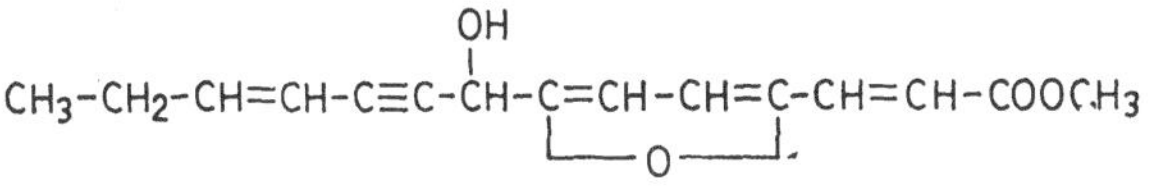

$$CH_3-CH_2-CH=CH-C\equiv C-\overset{\overset{\displaystyle OH}{|}}{CH}-C=CH-CH=C-CH=CH-COOCH_3$$

Wyerol

$$CH_3-CH_2-CH=CH-C\equiv C-\overset{\overset{\displaystyle O}{\|}}{C}-C=CH-CH=C-CH=CH-COOR$$

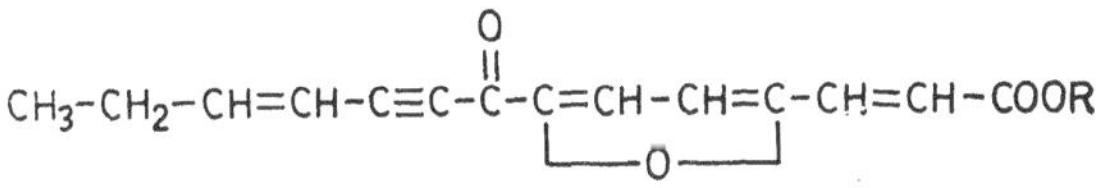

	R
Wyeron	CH₃
Wyeronsäure	H

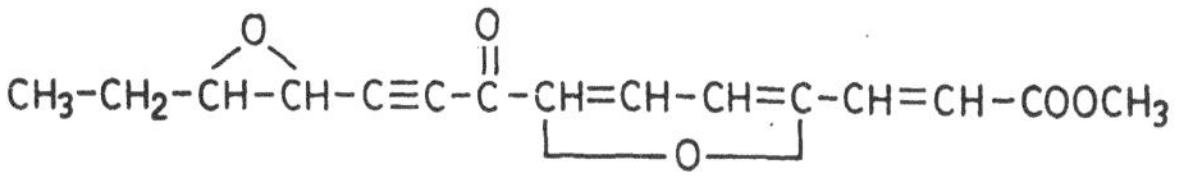

$$CH_3-CH_2-CH-CH-C\equiv C-\overset{\overset{\displaystyle O}{\|}}{C}-CH=CH-CH=C-CH=CH-COOCH_3$$

Wyeronepoxid

$$CH_2=CH-\overset{\overset{\displaystyle R_1}{|}}{\underset{\underset{\displaystyle R_2}{|}}{C}}-C\equiv C-C\equiv C-\overset{\overset{\displaystyle R_3}{|}}{CH}-CH=CH-(CH_2)_6-CH_3$$

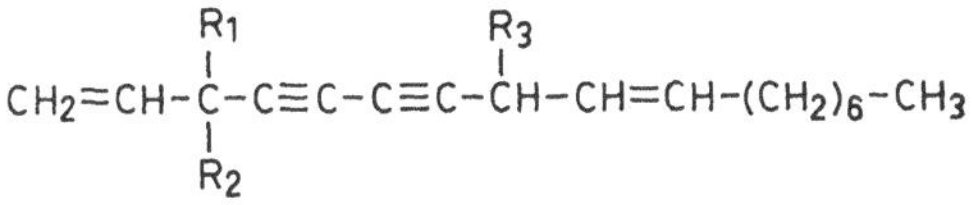

	R₁	R₂	R₃
Falcarinol	OH	H	H
Falcarindiol	OH	H	OH

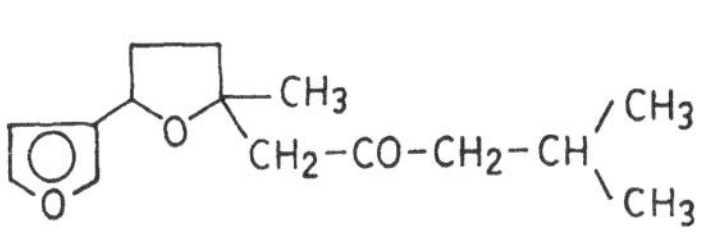

Ipomeamaron

8.12. Alkohole

8.12.1. Ethanol

Unter den Rausch- und Genußmitteln ist Ethanol mengenmäßig und bezüglich der gesundheitlichen Schäden seines Mißbrauches die bedeutendste Einzelsubstanz. In vielen europäischen Ländern steigt der Pro-Kopf-Verbrauch jährlich deutlich an.

Der Ethanolgehalt von Getränken schwankt stark (Bier 2...5%; Wein 8...12%; Spirituosen 20...80%).

Die Resorption des Ethanol erfolgt in allen Abschnitten des Magen-Darm-Kanals und innerhalb 1 h zu 90%. Bei gefülltem Magen oder niederprozentigen Getränken ist die Resorption verzögert. Vom aufgenommenen Ethanol werden im der Leber von der Alkoholdehydrogenase (ADH) 90% und von den mischfunktionellen Oxidasen (vgl. Abschn. 4.2.) 5% zu Acetaldehyd und weiter zu Essigsäure oxydiert und nur wenige Prozent unverändert durch Niere, Atemluft oder Haut ausgeschieden. Die Geschwindigkeit der Elimination ist weitgehend konzentrationsunabhängig, da die ADH im Sättigungsbereich arbeitet. Dabei werden beim Mann 0,1 g/kg KM/h und bei der Frau 0,085 g/kg KM/h (d. h. ca. 10 ml/h; ±30%) abgebaut. Eine Gewöhnung im Sinne eines stärkeren Abbaus ist nicht möglich.
Ethanol liefert 7,1 kcal/g (30 Joule/g) Energie, wodurch Alkoholiker längere Zeit ohne Energieaufnahme auskommen können; gleichzeitig entsteht aber ein Mangel an essentiellen Stoffen (bes. B-Vitamine). 0,02...0,03‰ Ethanol im Blut sind physiologisch. Geringe Mengen Ethanol erregen, größere dämpfen das ZNS. Die Aufnahme von 30...40 ml Ethanol (0,5...1‰) führt zu Koordinations- und Sprachstörungen und Bewußtseinstrübungen sowie Gedächtnisverlust, 175...300 ml (4...5‰) zu Lebensgefahr (Hypothermie, Lähmung des ZNS). Chronische Vergiftungen bei Männern treten nach Aufnahme von 60...160 g Ethanol/d auf; Frauen reagieren empfindlicher. Über Fettleber und Hepatitis entsteht eine Leberzirrhose. Gefäßschäden treten frühzeitig auf, Polyneuritis und irreversible Schädigungen von Teilen des ZNS (KORSAKOW-Syndrom u. a.) werden beobachtet. Ethanol ist ein bedeutendes Teratogen: 2 × 30 g Ethanol pro Woche soll die Häufigkeit von Spontanaborten erhöhen. 30 g/d erniedrigen das Geburtsgewicht. Ethanol-Mißbrauch führt zum „embryo-fetalen Alkohol-Syndrom".

Ethanol ist ein Suchtmittel. In der BRD gelten 2...3‰ der Bevölkerung als Alkoholkranke. Eine Therapie durch Entziehungskur (0,5 g Disulfiram/d als Hilfsmittel erzeugt Überempfindlichkeit; vgl. S. 224) ist angezeigt. Ethanol beeinflußt (verstärkt meist) die Wirkung bestimmter Pharmaca durch Hemmung mischfunktioneller Oxidasen.

8.12.2. Methanol

Methanol ist toxischer als Ethanol. 30...100 ml (1...2% im Blut) gelten als tödlich; 5...15 ml als gesundheitsschädlich.

Die Oxydation des Methanol durch die ADH erfolgt wesentlich langsamer. Der gebildete Formaldehyd ist sehr kurzlebig und offenbar für Sehstörungen verantwortlich, toxisch wirkt die Ameisensäure (durch Acidose am 1. bis 6. Tag nach der Vergiftung). 25% der Methanolvergiftungen enden mit Erblinden, 50% mit Sehdefekten.

Als gesundheitlich unbedenklich gelten die Methanol-Mengen in Spirituosen, Frucht- und Gemüsesäften (0...289 mg freies Methanol/l, aus veresterten Carboxylgruppen des Pectins; daneben gebundenes Methanol).

8.13. Phytinsäure

Phytinsäure [Myo-Inositol-1,2,3,4,5,6-hexakis(dihydrogen-phosphat)] liegt als Calcium-, Magnesium- und Kaliumsalz vor und enthält mit 40…90% die Hauptmenge des gebundenen Phosphors in Samen. Die chemische Struktur der Phytinsäure ist noch Gegenstand von Diskussionen, wobei neuere Ergebnisse stärker den Strukturvorschlag von ANDERSON (A) unterstützen. Die von NEUBERG (B) angegebene Struktur könnte aber auch eine Vorstufe der Struktur A darstellen. Im Samen ist Phytinsäure meist nicht gleichmäßig verteilt, sondern im Keimling (Mais) oder in der Aleuronschicht (Weizen, Reis, Erdnuß, Baumwollsamen, Bohnen) in großen Menge vorhanden. Der Phytinsäuregehalt schwankt im Samen zwischen 0,1 und 3% und kann in Proteinkonzentraten auf 1…8% ansteigen.

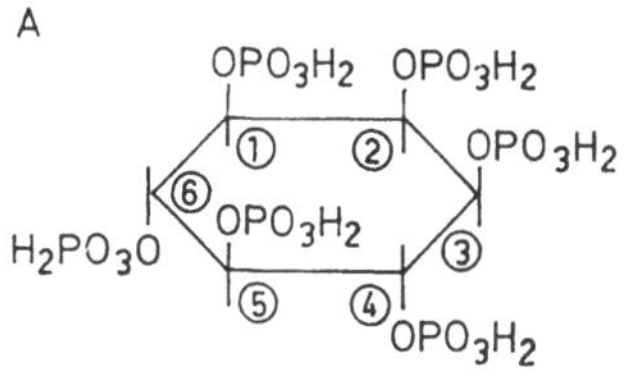

Phytinsäure bildet mit essentiellen Mineralstoffen (Stabilität bei pH 7,4; Cu^{2+} > Zn^{2+} > Co^{2+} > Mn^{2+} > Fe^{3+} > Ca^{2+}) und Proteinen im sauren und alkalischen Bereich Komplexe[1], deren Löslichkeit stark pH-abhängig ist und was die Verfügbarkeit der Mineralstoffe und Proteine (Verdaulichkeit) mindert. Die Bioverfügbarkeit von Mineralstoffen wird dabei durch folgende Faktoren beeinflußt:

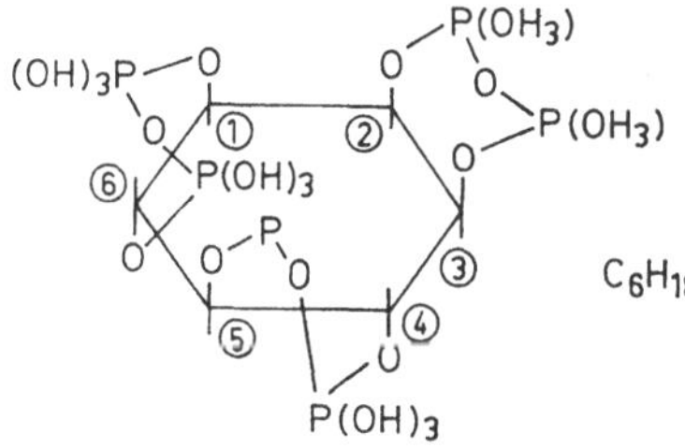

1. Fähigkeit der Mucosa zur Absorption von Mineralstoff-Phytaten und anderen Inhaltsstoffen.
2. Gehalt an Phytinsäure in der Nahrung.
3. Mineralstoff-Angebot mit der Nahrung.
4. Intestinale Spaltungsmechanismen für Phytat.
5. Phytase-Inhibierung (Phytat-Metall-Protein-Komplexe sind schlechter spaltbar bzw. höhere Phytatgehalte hemmen die Phytase).
6. Einflüsse der Verarbeitung des Lebensmittels.

Besonders betroffen sind Magnesium, Eisen und Zink, deren Bioverfügbarkeit aus Lebensmitteln von 39…100% schwanken kann, was allerdings auch auf den Einfluß

---

[1] Auch ternäre Komplexe entstehen

16*

weiterer Inhaltsstoffe (Phenole, Oxalate, Aminosäuren, Ascorbinsäure u. a.) mit zurückzuführen ist. Praktisch nicht betroffen ist die Calciumresorption.

Marginale Mineralstoff-Versorgung (bes. bei Zink und Eisen) kann sich bei Phytataufnahme zum manifesten Mangelzustand entwickeln.

Wie Phytat-Protein-Komplexe ernährungsphysiologisch zu bewerten sind, ist noch unklar. Aus technologischer Sicht verschlechtert diese Komplexbildung meist funktionelle Eigenschaften.

Eine Reduzierung des Phytatgehaltes der Nahrung wird angestrebt und ist durch Mahl-, Extraktions-, Filtrations(Dialyse, Ultrafiltration)-, Koch(Phytat ist relativ stabil)- und Fermentations(Backen, Autolyse; mikrobielle Enzyme)-Prozesse möglich. Beim Keimen von Samen vermindert sich deren Phytatgehalt stark.

Phytat wird bei Ratten unter dem Einfluß von intestinalen Bakterien zu 2 bis 56% (bei niedrigem Calciumgehalt der Nahrung mehr) gespalten. Für den Menschen wird die Verfügbarkeit des Phosphors aus Phytat mit 40...85% angegeben.

Wegen der vielen z. T. noch ungenau bekannten Einflußfaktoren können Zahlenangaben über duldbare Phytinsäuregehalte nicht gemacht werden.

Phytinsäure soll infolge Komplexbildung die für die Entstehung von Hydroxylradikalen und somit die Lipidperoxydation notwendige Bindungsstelle des Eisenions blokkieren können. Die Verminderung der Colon-Krebs-Häufigkeit bei pflanzen-(phytat-) reicher Kost wird damit in Verbindung gebracht.

Bestimmungsmethoden für Phytinsäure basieren auf der HPLC, einer Fällung als Eisen(III)-salz und auf der Ermittlung des Eisen- oder Phosphorgehaltes. Der Phosphatgehalt der Phytinsäure beträgt je nach zugrundegelegter Struktur 26...28%.

8.14.   Oligosaccharide

Oligosaccharide sind typische Inhaltsstoffe von Hülsenfrüchten, können aber auch in anderen Samen vorkommen. Die Hauptvertreter in Leguminosen-Mehlen sind Raffinose (0,2...1%), Stachyose (0,8...4%) und Verbascose (0,1...3%). Nach Verzehr von diesen Erzeugnissen tritt Flatulenz auf, weil anaerob im Darm Oligosaccharide spaltende Mikroorganismen die entstandenen Monosaccharide unter Bildung von H_2, CO_2 und CH_4 verstoffwechseln. Die erhöhte Gasbildung im Darm ist zwar im gesellschaftlichen Leben heute und in unseren Regionen peinlich und deshalb unerwünscht, bringt aber an sich keine organischen Gesundheitsbeeinträchtigungen mit sich. Im Sinne der weitergefaßten Definition des Begriffes „Gesundheit" durch die WHO, sind diese Mißempfindungen negativ zu bewerten.

$$O-\alpha-D-Gal\ p-(1\rightarrow6)-O-\alpha-D-Glc\ p-(1\rightarrow2)-\beta-D-Fru\ f \quad \text{Raffinose}$$

$$O-\alpha-D-Gal\ p-(1\rightarrow6)-\text{Raffinose} \quad\quad \text{Stachyose}$$

$$O-\alpha-D-Gal\ p-(1\rightarrow6)-\text{Stachyose} \quad\quad \text{Verbascose}$$

8.15.   Nucleoside, Nucleotide, Nucleinsäuren

Unter Nucleosiden versteht man im erweiterten Sinne N-Glycoside heterocyclischer Verbindungen. Als Aglycone treten die Purine Adenin, Guanin sowie die Pyrimidine Thymin (nur in DNA; in RNA an dessen Stelle Uracil) und Cytosin auf. Orotsäure,

Hypoxanthin und Xanthin sind Zwischenprodukte der Biosynthese der Nucleotide (Phosphorsäureester der Nucleoside), vgl. Abb. 8.11.

Nucleinsäuren enthalten 3',5'-Phosphorsäurediesterbrücken, die Zuckerreste miteinander verbinden. Diese Verbindungen kommen in allen Pflanzen und Tieren, folglich auch allen Lebensmitteln vor. Das Verhältnis der Basen ist speziesabhängig. Höhermolekulare Stoffe liegen neben freien Basen vor. Ihr Gehalt schwankt je nach Rohstoff. Zahlenangaben sind vielfach nicht vergleichbar, zudem erlauben die meist angegebenen Gesamtmengen nur sehr beschränkt Aussagen zur gesundheitlichen Unbedenklichkeit.

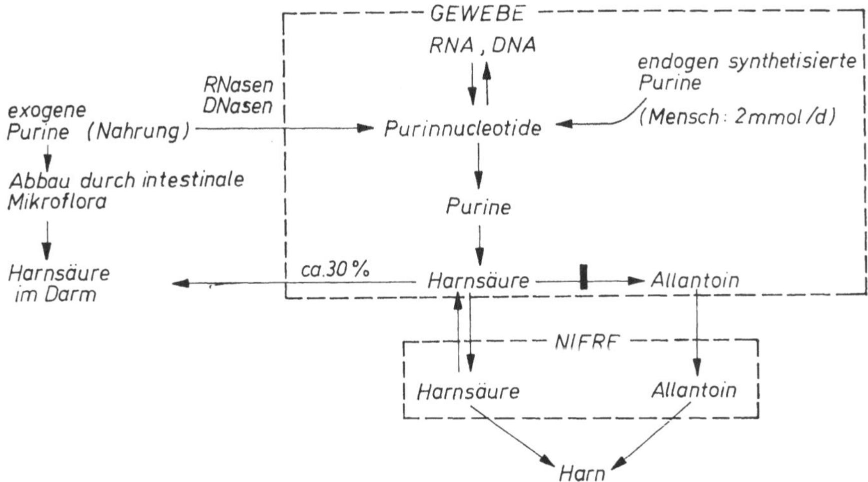

Abb. 8.11. Vereinfachtes Schema des Stoffwechsels von Purinen.
Der Abbau zum Allantoin findet beim Menschen nicht statt. Dalmatinerhunde besitzen die rassetypische Eigenart, ebenfalls Purine größtenteils als Urat auszuscheiden und sind im Uratstoffwechsel dem Menschen in weiteren Parametern ähnlich. Sie sind deshalb zur Charakterisierung von purinkörperenthaltenden Nahrungsmitteln besonders geeignet.

Pyrimidine unterliegen einem vollständigen Abbau über 3-Ureidopropansäure (Cytosin, Uracil) bzw. 3-Ureidobuttersäure (Thymin) zu β-Alanin bzw. 3-Amino-isobuttersäure. Purine werden vom Menschen bis zur Harnsäure abgebaut[1]. Der gesunde Mensch scheidet bei purinarmer Kost täglich etwa 300...500 mg Harnsäure aus. Normalwerte für die Serumkonzentration werden mit 50...70 mg (Männer) und 40...60 mg Harnsäure/l (Frauen) angegeben. Bei RNA- und DNA-Verabreichung steigt der Harnsäuregehalt im Serum um 9 bzw. 4 mg/l pro g Nucleinsäure an. Aus Nahrungspurinen können bei purinreicher Kost deshalb nochmals bis 400 mg Harnsäure ausgeschieden werden. Bei Aufnahme größerer Mengen Purinverbindungen kann der Harnsäurespiegel im Blut ansteigen (Hyperuricämie) und Ablagerungen von Harnsäure in Gelenken und anderen Geweben (Gicht, Nierensteine) treten auf. Harnsäuregehalte über 8 mg/100 ml gelten als bedenklich. Das Gichtrisiko ist bei manchen ethnischen Gruppen höher als bei Europäern. Die Gesamtaufnahme an Nucleinsäuren ist auf maximal 4 g/d zu begrenzen (vgl. Abschn. 8.17.9.).

---

[1] Vgl. Fußnote 1, Tab. 8.15

Tabelle 8.15. Puringehalte in verschiedenen Rohstoffen und Lebensmitteln[1]

Rohstoff	Gehalt an Purinen (g/kg Protein)	Gehalt an RNA (g/kg Protein)	Purin-N (mg/kg eßbarer Anteil)
Milch		0	
Rind, Schwein		37...41	500...700
Huhn	5,5	29	500...600
Leber	6...10	93	900...1100
Hühnerei			0...10
Fisch	10...20		200...900
Sardellen			145
Brathering (Salzhering)			5400 (7900)
Gemüse			50...200
Cerealien	1,5		
Leguminosen			400...700
Einzellerprotein		80...180	
Algen[2]	14		
Hefen[2], Bakterien	25...50		

[1] Besonders purinreich sind **Kakaoerzeugnisse** und **Kaffee**. Aus Coffein wird allerdings vom Menschen keine **Harnsäure** gebildet (vgl. S. 199).

[2] Hauptkomponente der Nucleinsäurefraktion ist mit ca. 80% die RNA.

Die enzymatische Gesamtpurinkörperbestimmung erlaubt infolge des abweichenden Resorptionsverhaltens der Einzelkomponenten nicht immer richtige Schlüsse auf den zu erwartenden Serumharnsäureanstieg. Bei Erfassung der einzelnen Nucleobasen (Druckhydrolyse, HPLC[1]) lassen sich exakte RNA- und DNA-Gehalte der Lebensmittel berechnen. In Pflanzenproteinpräparaten liegen die Purinbasen fast ausschließlich in Nucleinsäuren gebunden, in Fleisch(erzeugnissen) dagegen zu 20...30% frei vor (bis zu 6000 mg Hypoxanthin/kg TM in Muskelfleisch und Fisch).

8.16. Sonstige toxische Stoffe

Eine weitere Vielzahl bedenklicher Substanzen (Tab. 8.16), die jedoch oft nur in extremen Situationen in Erscheinung treten, sind bekannt. Einige dieser Stoffe sind in ihrer Gesamtbedeutung z. Z. noch nicht exakt einschätzbar (z. B. Algentoxine).

Trotz vielfältiger struktureller Unterschiede lassen sich Substanzen mit Antivitamin-Wirkung zu einer Gruppe zusammenfassen. Wenngleich der Antivitamin-Charakter experimentell gesichert erscheint, ist in Einzelfällen durchaus umstritten, ob unter praktischen Bedingungen tatsächlich eine für den Menschen relevante Schadwirkung resultieren kann (Tab. 8.17).

[1] HERBEL, W. und A. MONTAG: Z. Lebensm.-Unters.-Forsch. **174**, 81 (1984)

Tabelle 8.16. Weitere ernährungstoxikologisch relevante Verbindungen

Substanz	Vorkommen	Wirkung
Mimosin	bestimmte Leguminosen (Indonesien)	Haarausfall, Kollagenbildung behindert (Hemmung von Metall-enzymen); Metabolit ist goitrogen
Rhein	Abführtees	Peristaltik des Darms; Proteinbindung
Capsaicin	Cayenne-Pfeffer (Curry) 0,5...1%	Schäden an Darmmucosa und -zotten
Estragol	Tarragon-Öl (60...70%) Fenchel, Basilikum	4,4 µmol/neugeborene Maus zu 23% tödlich; 70% Lebertumoren nach 15 Monaten
Δ^9-Tetrahydrocanna-binol	Indischer Hanf Haschisch, Marihuana	3...5 mg Rauschdroge
Anthrachinon-Glycoside	Rhabarber 0,5...1% i. d. FM	Gewebereizung
Arachidoside	rote Haut der Erdnuß	goitrogen
2-Hydroxyaretiin	Saflorsamen 0,49% i. d. TM	Katarrh
Matairesinol-Monoglucosid	Saflorsamen 0,11% i. d. TM	Bittergeschmack
Thujon	Wermut (Absinth) < 10 mg/kg	Gehirnschäden (30 mg/kg/KM)
Tutin	Honig von der Tuta-Pflanze (Neuseeland) 5...67 mg/kg	Übelkeit, Krämpfe, Bewußtlosigkeit (1 Löffel Honig kann toxisch sein)
Andromedotoxin (Grayanotoxin I)	Honig von Azaleearten (Türkei)	atropinartig (neutrotrop)
Limonen	Citrusöle	(co)cancerogen
Eucalyptol	Eucalyptusöl	(co)cancerogen
α-Pinen, Borneol Sabinol	Wacholderbeeren (teilweise in Gin, Genever, Steinhäger)	Schleimhautreizungen, Nierenschäden, u. a.
Menthol	Pfefferminzöl (bis zu 40%), Kakao	individuelle Unverträglichkeiten
S-Alkyl-L-cysteinsulfoxide Alliin (R = Allyl) R = Propen-1-yl	Knoblauch (2,4 mg/g) Zwiebel (2 mg/g)	evtl. goitrogen antibiotisch Vorstufe des Tränenreizstoffs
Fuselöle[1]	Brandweine	hepatoxisch, mutagen; ZNS-Schäden
Acetaldehyd	Wein (bis zu 500 mg/l)	Schwindelgefühl, Blutandrang, Tachykardie
Natriumglutamat	Sojasauce (Zusatz)	Kopfschmerz, Taubheitsgefühle (Nacken, Rücken, Arme), Herzklopfen: China-Restaurant-Syndrom (vgl. Abschn. 14.5.3.)
Lyngbyatoxin A[2]	einige blaugrüne Algen (in Gewässer)	Dermatitis; gastrointestinale Störungen; hepatotoxisch(?)

(Fortsetzung Tabelle 8.16)

Substanz	Vorkommen	Wirkung
Debromaplysiatoxin[3] Oscillatoxin A[3] Microcystin[4] Anatoxin[2] und [4] Aphantoxin[2]		
Agaritin[5]	Champignon (3000 mg/kg)	enge chemische Verwandtschaft zu Verbindungen, die cancerogene Diazoniumsalze bilden

[1] höhere Alkohole (n-Propanol, Isobutanol, Amylalkohol), die bei der alkoholischen Gärung entstehen
[2] Alkaloid (Neurotoxin)
[3] Phenol
[4] Peptid (Hepatotoxin)
[5] N^β-[(+)-γ-glutamyl]-4-(hydroxymethyl)phenylhydrazin

Tabelle 8.17. Substanzen mit Antivitaminwirkung

Substanz	Herkunft	Mechanismus/Wirkung
L-Amino-D-prolin (Freisetzung aus Linatin)	Leinsamen	Komplexbildung mit Vitamin B_6
Thiaminasen	aquatische Tiere Pflanzen	spalten Vitamin B_1
Ascorbinsäureoxidase	Pflanzen	oxydiert Vitamin C
Avidin	rohes Eiklar	Komplexbildung mit Biotin
Gyromitrin (Wirkform: Methylhydrazin)	Speiselorchel	Anti B_6
Agaritin	Agaricus bisporis	Anti B_6
Dicumarol (Rodenticid, Antikoagulans)	Therapeutikum	Anti K
α-Tocopherylchinon	Vitamin E-Metabolit	Anti K
Lipoxidase	Sojabohne	oxydiert Vitamin A
Citral	Citrusfrüchte	Anti A
Phytinsäure	Getreide	Anti D
Hypoglycin A und D	Akee (Frucht des Strauches Blighia sapida)	Anti B_2
unbekannt	Ackerbohne	Anti E
unbekannt	Sojabohne	Anti E, Anti B_{12}
Leucin	Zuckerhirse	Anti-Niacin
Methylsinapat	Senfsamen	Anti B_1
3,5-Dimethyloxysalicylsäure	Baumwollsamen	Anti B_1
Phenolsäuren (Chlorogen-Kaffeesäure)	Kaffee u. a.	Anti B_1

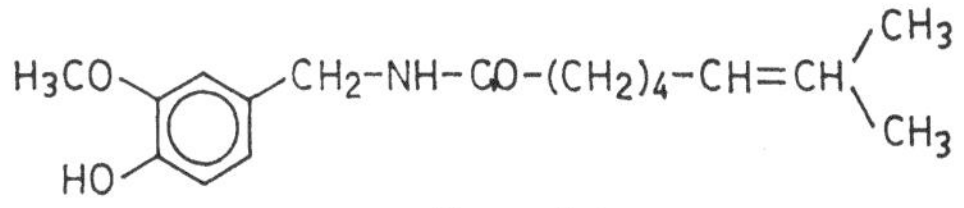

Capsaicin

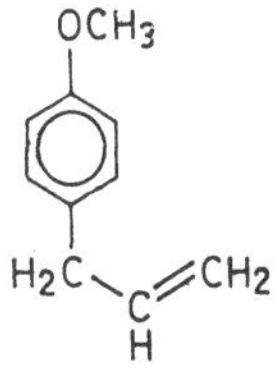

Estragol

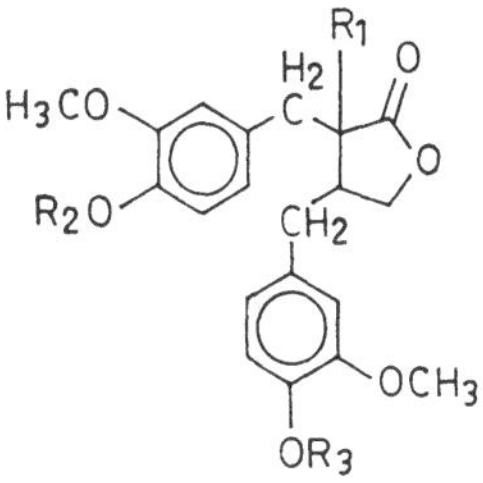

	R_1	R_2	R_3
2-Hydroxyactiin	OH	Glucosyl	CH_3
Matairesinol	H	H	Glucosyl

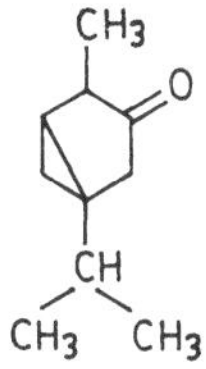

Thujon

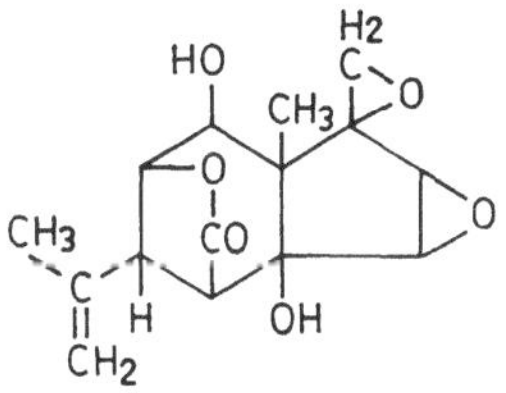

Tutin

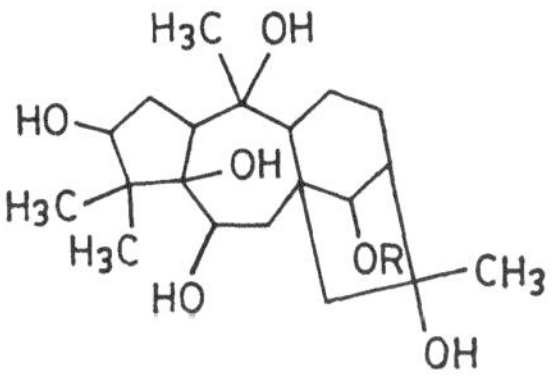

Grayanotoxin I
R = COCH_3

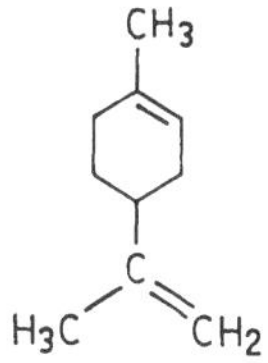

Limonen

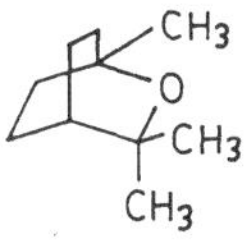

Eucalyptol

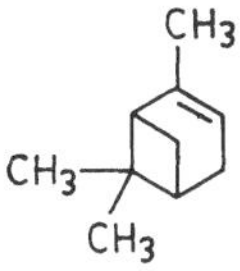

α - Pinen

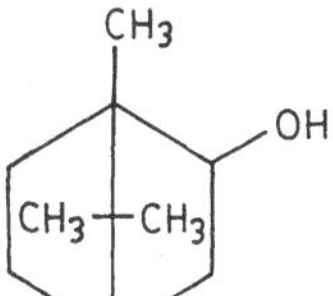

Borneol

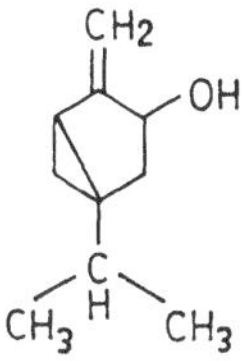

Sabinol

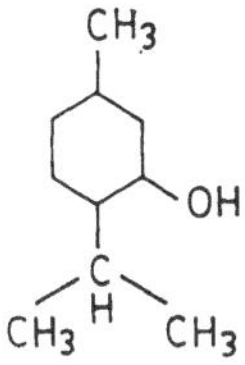

Menthol

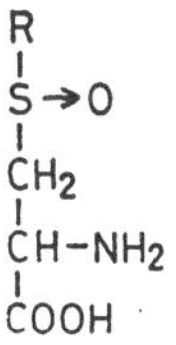

S-Alkyl-L-Cysteinsulfoxid

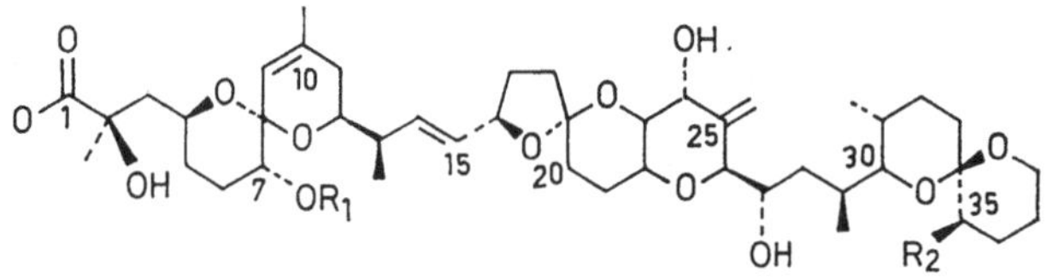

Okadainsäure   : R₁ = H, R₂ = H
Dinophysistoxin -1   : R₁ = H, R₂ = CH₃
Dinophysistoxin -3   : R₁ = acyl, R₂ = CH₃

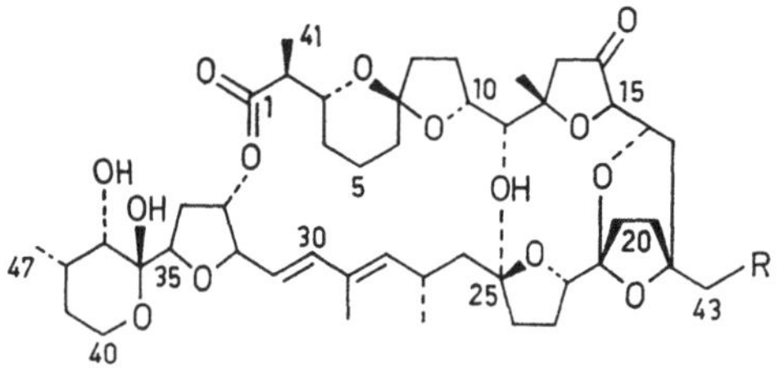

Pectenotoxin -1 : R = OH
Pectenotoxin- 2 : R = H

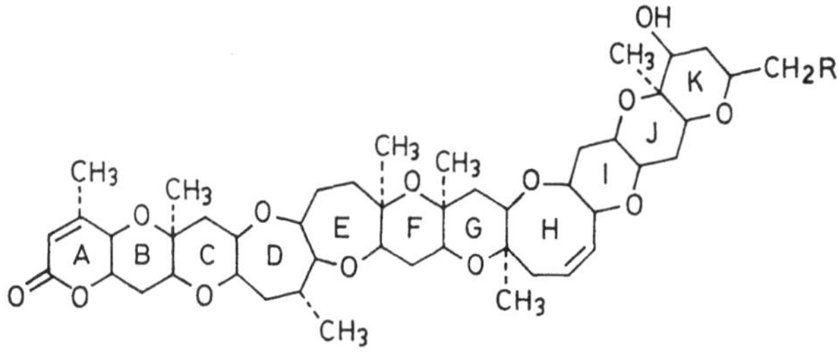

Brevetoxin B   R =

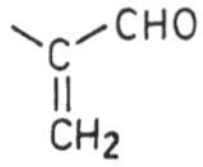

Brevetoxin C   R =

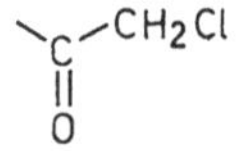

GB-3 toxin   R=

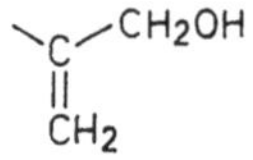

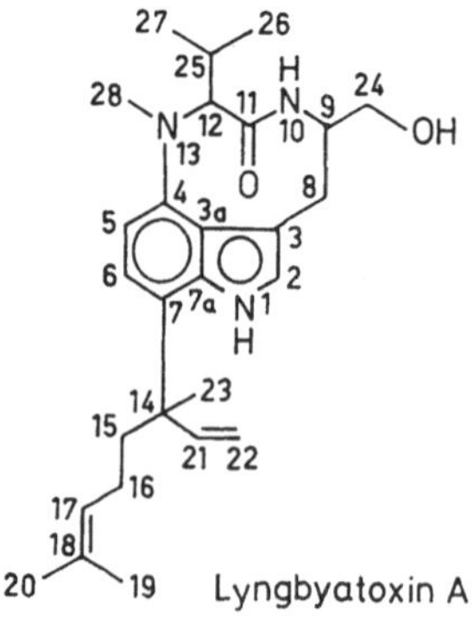

Lyngbyatoxin A

Debromaplysiatoxin

Anatoxin

Als Wirkmechanismen für Antivitamine kommen in Frage:

1. Verbindungen mit ähnlichem chemischen Aufbau wie ein Vitamin verdrängen dieses vom Wirkungsort (kompetitive Antagonisten).
2. Sie wirken enzymatisch strukturverändernd auf Vitamine ein.
3. Sie bilden mit Vitaminen physiologisch unwirksame Komplexe.
4. Die Resorption eines Vitamins wird verschlechtert (Interaktionen fettlöslicher Vitamine untereinander).

Oft wurde Antivitaminwirkung bei Nahrung pflanzlichen Ursprunges beobachtet, ohne jedoch die Wirksubstanz genauer zu definieren oder den Mechanismus beschreiben zu können.

Fischgifte stellen bei Verzehr bestimmter Fischarten ein gesundheitsschädliches Risiko dar. Diese Gefahren gehen von (a) strukturell identifizierten Giftstoffen Tetrodotoxin), (b) von chemisch noch nicht definierten giftigen Sekreten (Neunauge), gifthaltigen Organen (Aalleber führt zur Haffkrankheit; Rogen von Barbe, aber auch Karpfen, Hecht und Blei) oder giftigen Blutbestandteilen (ichthyohämotoxische Fische: Flußaal, Flußwels, Thunfisch) aus.

Im allgemeinen verlaufen die Intoxikationen der zweiten Kategorie leicht (Übelkeit, Erbrechen, Darmbeschwerden; periorale Parästhesien; selten Lähmungen, die nur in Ausnahmefällen zum Tod führen). Die Thermostabilität der auslösenden Faktoren scheint recht unterschiedlich zu sein.

Zu den ursächlich noch nicht aufgeklärten Fischvergiftungen zählen auch Erscheinungen wie „Clupeotoxism", „Hepatotoxism", und die in tropischen Regionen anzutreffende halluzinatorische Fischvergiftung. Die Vergiftungen, die definierten Stoffen noch nicht zugeordnet werden können, unterscheiden sich mitunter nur in der Stärke der Symptome.

Auch bei Genuß als wertvoll geschätzter Fische können gastrointestinale und neurologische Beschwerden auftreten. Seit dem 17. Jahrhundert ist die Ciguatera-Vergiftung bekannt. Vergiftungen treten in tropischen und subtropischen Regionen auf. Das Ciguatoxin stellt ein stark sauerstoffhaltiges Lipid (Molmasse ca. 1000) dar, dessen genaue Struktur noch nicht bekannt ist. Andere toxische Verbindungen sind Maitotoxin und Scaritoxin. Diese toxischen Stoffe werden von Dinoflagellaten gebildet, die von Fischen gefressen werden. Das Vergiftungsbild ist beim Menschen sehr variabel. Symptome treten 1...6 h nach Verzehr der Fische auf. Taubheit und Pelzigsein, evtl. Kribbeln im Mund und Rachenraum, Erbrechen, Diarrhoe und starke Unterleibsschmerzen dauern etwa 24 h. Todesfälle treten auf. Eine zweite Vergiftung innerhalb von 6 Monaten verläuft deutlich schwerer als die erste.

Die neurotoxische Shellfish(Schaltier)-Vergiftung ist ebenfalls mit dem verstärkten Auftreten von Dinoflagellaten an der Küste Floridas (USA) verbunden. Die Symptome sind der paralytischen Shellfish-Vergiftung sehr ähnlich (s. S. 200). Toxische Substanzen sind das Brevetoxin B und C sowie GB-3 (vgl. S. 250).

Die Diarrhoe-Shellfish-Vergiftung wird durch 9 toxische Verbindungen hervorgerufen, die ebenfalls aus Dinoflagellaten stammen. Die 1. Gruppe bilden die Okadain-Säure und deren Derivate, die Dinophysistoxine 1 und 2, die 2. Gruppe Pectenotoxin 1 und 2. Vergiftungen traten auch in den Niederlanden auf.

Von den in lebenden Fischen vorkommenden Giften sind die als Folge von Zersetzungsprozessen entstehenden biogenen Amine zu unterscheiden. Ob bei der "Scrombroid Poisoning" ein Giftstoff in den Histaminstoffwechsel eingreift oder Histamin selbst Ursache dafür ist, scheint noch nicht völlig geklärt.

Neben dem Wissen über identifizierten chemischen Substanzen zuzuordnende Vergiftungserscheinungen sind Kenntnisse vorhanden über Gesundheitsbeeinträchtigungen nach Genuß bestimmter Lebensmittel, deren Ursachen noch weitgehend unbekannt sind und auf deren Darstellung deshalb verzichtet wird.

8.17. Grenzen und Perspektiven des Einsatzes herkömmlicher und neuer Rohstoffe

8.17.1. Einführung

Die Anstrengungen zur besseren Ausnutzung herkömmlicher Rohstoffe und die Suche nach neuen Rohstoffquellen resultieren aus der Notwendigkeit bei wachsender Erdbevölkerung steigende Mengen Nahrungsmittel bereitzustellen und dabei energieökonomische Betrachtungen anzustellen sowie in entwickelten Industriestaaten volksgesundheitliche Aspekte zu bedenken.

Hunger und Unterernährung sind im Grunde genommen politischer Natur. Neben der Beseitigung der politischen Hemmnisse ist zunächst die Effektivität der konventionellen landwirtschaftlichen Produktion zu steigern. Darüber hinaus ist die direkte Nutzung pflanzlicher Rohstoffe für die menschliche Ernährung ökonomisches Erfordernis.

Die Energiekosten zur Gewinnung von tierischem Protein übersteigen die für eine gleiche Menge pflanzlichen Proteins um das 8...10fache (Tab. 8.18).

Tabelle 8.18. Energieaufwendungen zur Proteingewinnung unter industriellen Bedingungen (nach GASSMANN)[1]

tierisches Produkt	MJ/kg Protein	pflanzliches Produkt	MJ/kg Protein
Hühnereier	285	Sojabohnen	30
Broiler	330	Weizen	50
Fisch	530	Mais	65
Kuhmilch	585	Kartoffeln	85
Schweinefleisch	590	Reis	155
Rindfleisch	1300		

[1] Einzellerprotein: 170 MJ/kg Protein

Der Anteil pflanzlichen Proteins am Gesamtproteinaufkommen (290 Mio t) betrug 1980 79%, wobei Getreide 54% und Ölsaaten 17% ausmachten. Während jährlich 66 kg Gesamtprotein pro Kopf der Weltbevölkerung produziert wurden, waren für den Menschen direkt nur 60% dieser Menge verfügbar. Mehr als die Hälfte der pflanzlichen Proteinmenge wird verfüttert (GASSMANN, 1983). Während zudem in der tierischen Produktion bereits deutlich abzusehen ist, daß eine weitere Steigerung problematisch ist, bestehen bezüglich der Pflanzenproduktion enorme Reserven. Man schätzt, daß von den 3×10^{21} J/Jahr photosynthetisch fixierter Energie für die menschliche Nahrung (4 Mrd. Menschen) $1,5 \times 10^9$ J/Jahr verbraucht werden. Nur 0,5% der Photosynthese-Energiemenge werden heute „geerntet" und als Tierfutter oder Nahrung des Menschen verwertet. Sowohl als Energie- als auch Nahrungsquelle könnten damit immense Reserven erschlossen werden.

Auch die Einsichten, daß Energieressourcen und die Belastbarkeit unserer Umwelt (bezüglich des Primärrohstoffaufkommens und der Abfälle) nicht unbegrenzt gegeben sind, finden ihren Ausdruck in der zunehmenden Nutzung bisher als Abprodukte der Lebensmittelproduktion betrachteter Rohstoffe.

Nicht zuletzt lassen volksgesundheitliche Erfordernisse einen höheren Verbrauch an pflanzlichen Proteinen und Produkten günstig erscheinen. Die biologische Wertigkeit von Pflanzenproteinen und tierischen Proteinen ist meist vergleichbar gut, jedoch läßt sich bei Verzehr pflanzlicher Erzeugnisse der Gehalt an tierischen Fetten in wünschenswertem Maße senken und der Ballaststoffgehalt erhöhen.

Der Mensch hat schon immer den überwiegenden Anteil auf der Erde vorhandener pflanzlicher Rohstoffe von der Verwendung als Nahrungsmittel ausgeschlossen. Von ca. 80000 bekannten Pflanzenspezies sollen nur 100…150 geerntet werden, wovon aber nur 20…25 Spezies eine größere Bedeutung zukommt (GUENAULT, 1985). Die Gründe dafür sind neben geschmacklichen Eigenschaften vieler Pflanzen sicherlich in ihrem Gehalt an antinutritiven oder toxischen Inhaltsstoffen (vgl. Abschn. 8.1.) zu sehen. Nur in Einzelfällen gelingt es, in befriedigendem Maße diese gesundheitsbeeinträchtigenden Begleitstoffe der wertvollen Pflanzennährstoffe durch geeignete Behandlungsverfahren unschädlich zu machen oder abzutrennen.

Zahlreiche z. T. hochtoxische Substanzen enthaltende pflanzliche Rohstoffe besitzen jedoch lokale Bedeutung, insbesondere dort, wo Alternativen spärlich gegeben sind. Die dortige Bevölkerung unterzieht solche Rohstoffe einer (oft allerdings nicht vollständigen) Entgiftung durch einfache Bearbeitungsprozesse.

Bei vielen Rohstoffen gelingt es erst seit einigen Jahrzehnten, bei mitunter erheblichen Energieaufwendungen die Wirkung toxischer Inhaltsstoffe auszuschalten. Zunehmend ermöglichen auch züchterische Erfolge den Abbau schadstoffarmer Varietäten solcher Pflanzenspezies (z. B. bei Baumwolle und Lupine), die bislang nur mit relativ aufwendigen Verfahren zu Rohstoffen mit Lebensmittelqualität aufgearbeitet werden konnten. Mitunter erinnert man sich heute auch an solche Nahrungsquellen, die bereits seit frühen Epochen der Menschheitsentwicklung Verwendung fanden.

Werden Proteinprodukte mit neuen Techniken aus herkömmlichen Rohstoffquellen oder aus bislang nicht verwendeten Rohstoffquellen gewonnen, so sind diese auf ihre gesundheitliche Unbedenklichkeit zu prüfen. Wird ein bereits in beschränktem Umfang verwendetes Produkt für den allgemeinen Verbrauch vorgesehen, so sind Hinweise auf den gefahrlosen Einsatz in der Vergangenheit wertvoll, stellen aber keinen hinreichenden Grund für den Verzicht auf eine präklinische Testung dar (formuliert für pflanzliche Proteine durch Codex Alimentarius Commission, 16th Session, 1—12 July, 1985: Alinorm 85/30).

Tabelle 8.19. Lebensmittelrohstoffe und eine Auswahl darin in unbearbeitetem Zustand enthaltener bedenklicher Inhaltsstoffe

Rohstoff	bedenkliche Inhaltsstoffe[1]
Getreide[2]: Weizen, Mais, Hafer, Sorghum, Triticale	Enzyminhibitoren, Allergene, Phytinsäure, Phenole, Mykotoxine
Ölsaaten[3]:	
Sojabohne	vgl. Abschn. 8.17.2.
Baumwollsamen	vgl. Abschn. 8.17.3.
Erdnuß	vgl. Abschn. 8.17.4.
Sonnenblumensamen	vgl. Abschn. 8.17.5.
Rapssamen	vgl. Abschn. 8.17.6.
Sesamsamen	Oxalsäure, Phytinsäure
Leguminosen[4]:	
Erbse	Trypsininhibitoren, Hämagglutinine
Gartenbohne	Trypsininhibitoren, Hämagglutinine
Ackerbohne	vgl. Abschn. 8.17.7.
Limabohne	cyanogene Glycoside
Linse	Hämagglutinine, cyanogene Glycoside
Lupine	vgl. Abschn. 8.17.8.
Kartoffel	Alkaloide
Maniok (Cassava-Strauch)	cyanogene Glycoside
Blattpflanzen (LPC)[5]:	
Luzerne	Saponine, Oxalate, Östrogene, Aminosäuren, Farbstoffe, Alkaloide, Glycoside, Phenole,
Tabak	Nicotin
Molkenproteine	keine
Blut	bei Entfärbeprozessen entstehende Sekundärprodukte
Fischmehl (FPC)[6]	Fluor, Fischgifte (vgl. auch Abschn. 8.2.), Schwermetalle
Zooplankton: antarktischer Krill	Fluor (bis 2400 mg/kg), Fischgifte (vgl. auch Abschn. 8.2.)
Einzellerprotein (SCP)[7]:	
Bakterien, Hefen	vgl. Abschn. 8.17.9.
Algen	
Mikropilze	
Ständerpilze: Agaricus bisporus[8]	Agaritin (vgl. Tab. 8.16, S. 248)
Synthetische Energieträger:	
1,3-Butandiol (BD)	erste orientierende Tierversuche zeigten
2,4-Dimethylheptansäure (DMHS)	eine gute Verträglichkeit

[1] Bei pflanzlichen Rohstoffen ist in vielen Fällen die Abwesenheit von Fremdsamen (z. B. Unkrautsamen, vgl. Abschn. 8.2.), fremden Pflanzenteilen sowie die Vermeidung eines sekundären Befalls durch Pflanzenschädlinge (z. B. Schimmelpilze, vgl. Abschn. 19.1.) Grundvoraussetzung für die gesundheitliche Unbedenklichkeit.
[2] ca. 55% Anteil am Nahrungseiweiß der Weltbevölkerung
[3] ca. 17% Anteil am Nahrungseiweiß der Weltbevölkerung
[4] vgl. auch unter Ölsaaten
[5] *engl.:* leaf protein concentrate
[6] *engl.:* fish protein concentrate
[7] *engl.:* single cell protein
[8] 92% Wasser, 2% unverdauliche Kohlenhydrate, 1,8% Protein; darunter Chitin, Chitosan, Nucleinsäuren

Nachfolgend werden neben Übersichten über einsetzbare Rohstoffe (Tab. 8.19) und dabei zu beachtende Gegebenheiten ausgewählte Rohstoffe bezüglich der Gesamtheit mit ihrem Einsatz verbundener toxikologischer Probleme dargestellt.

8.17.2. Sojabohne

Sojabohnen gehören zu den ältesten Kulturpflanzen des Menschen. Aus Sojabohnen (Abb. 8.12) können gesundheitlich unbedenkliche Proteinpräparate gewonnen werden, die in größerem Maße bereits für das Einsatzgebiet menschliche Ernährung gehandelt werden.

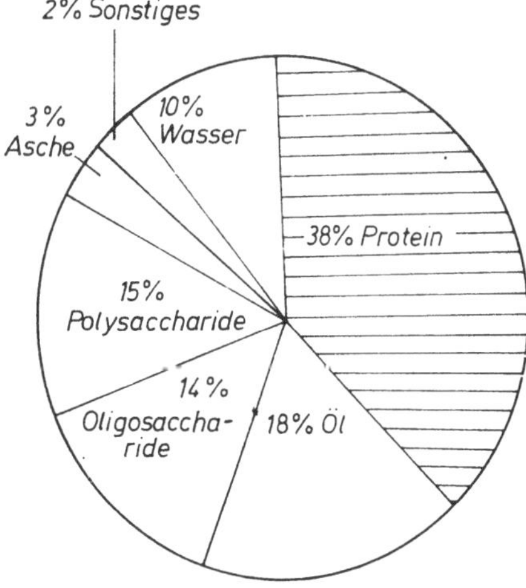

Abb. 8.12. Chemische Zusammensetzung (Mittelwerte) reifer Sojabohnen

Von den antinutritiven Begleitstoffen sind die verschiedenen Protease-Inhibitoren — meist vereinfacht als Trypsininhibitoren (TI) bezeichnet — am besten untersucht. Ihr Gehalt in Sojabohnen beträgt 66...233 TI-Einheiten/mg Protein (1,9 TI-Einheiten entsprechen 1 µg TI). Durch Toasten der Bohnen werden Trypsininhibitoren im notwendigen Umfang inaktiviert. Der Grad der Inaktivierung wird durch feuchte Hitze erhöht. Hämagglutinine (1...3% des Proteinanteils in entfetteten Mehlen; 1 600...3 200 E/mg TM) lassen sich leicht enzymatisch (durch Enzyme des Magens), säurehydrolytisch (pH 1,6) oder durch thermische Behandlung (industriell getoastete Mehle 25...200 E/mg TM) inaktivieren.

Nicht erhitzte Sojabohnen bewirken eine Schilddrüsenvergrößerung, was auch bei Kindern nach Verzehr von Sojamilch auftreten kann. Die goitrogene Wirkung soll von einem unbekannten Oligopeptid ausgehen und kann durch Iodidverabreichung ausgeglichen werden. Östrogen wirksame Isoflavone (Gehalt in Sojamehl in mg/kg: Genistin 1644, Daidzin 581, Glycitein-7-Glucosid 338, Coumestrol 0,4; in Sojakonzentraten wurden vergleichbare Mengen gefunden) sind gegen Autoklavieren stabil und müssen durch eine Alkoholextraktion eliminiert werden. Allergene können bei hypersensitiven Kindern und Erwachsenen wirksam werden, jedoch scheint das allergene Potential von Sojaerzeugnissen zumindest nicht größer als das der Kuhmilch zu sein (vgl. Abschn. 22.2.).

Tabelle 8.20. Welt-Protein-Produktion (nach GASSMANN u. a.)

Rohstoff	1965 Mio t	1985 Mio t	Protein Mio t	Anteil (%)
Sojabohne	36,4	102,4	74,2	69,3
Baumwollsamen	21,2	51,1	15,3	14,3
Erdnuß	15,7	21,6	6,9	6,4
Sonnenblumensamen	8,0	19,4	3,2	3
Rapssamen	5,2	19,2	3,9	3,6
Cocosnuß		35,3	2,6	2,4
Sesamsamen		2,4	0,5	0,5
Linsen		1,7	0,5	0,5
gesamt		253,1	107,1	100,0

[1] Nur ca. 2% wurden 1980 direkt in der menschlichen Ernährung eingesetzt.

Wie bei allen anderen Leguminosen auch, ist beim Verzehr von Sojaprodukten eine erhöhte Flatulenz zu verzeichnen. Das Ausmaß dieser unbeliebten, aber nicht gesundheitsschädigenden Erscheinung kann durch Extraktion mit 80%igem Ethanol oder durch enzymatischen Abbau von Oligosacchariden gemindert bzw. beseitigt werden. Sojasaponine werden nicht resorbiert und gelten als harmlos. Der Gehalt an Phytat verändert sich bei der Verarbeitung wenig. Er beträgt in Proteinpräparaten 1...1,5% und ist für eine verminderte Bioverfügbarkeit von Zink, mitunter auch von Eisen verantwortlich.

Soja kommt in Form nichtfermentierter Produkte (Sojamilch, Tofu) und durch Fermentation gewonnener Sojaprodukte (Shoyu, Miso, Tempen (Sufu, Natto)) zur Verwendung. Dabei werden unerwünschte Inhaltsstoffe und mikrobielle Kontaminationen weitgehend ausgeschaltet.

8.17.3. Baumwollsamen

Die Baumwollpflanze wird seit tausenden von Jahren angebaut, wurde aber bisher überwiegend zur Gewinnung der Baumwollfasern angepflanzt. Neben dem Öl, das bereits seit langer Zeit genutzt wird, können auch Mehle gewonnen werden. Je nach Prozeßführung weisen diese jedoch eine mehr oder weniger verminderte Lysinverfügbarkeit auf.

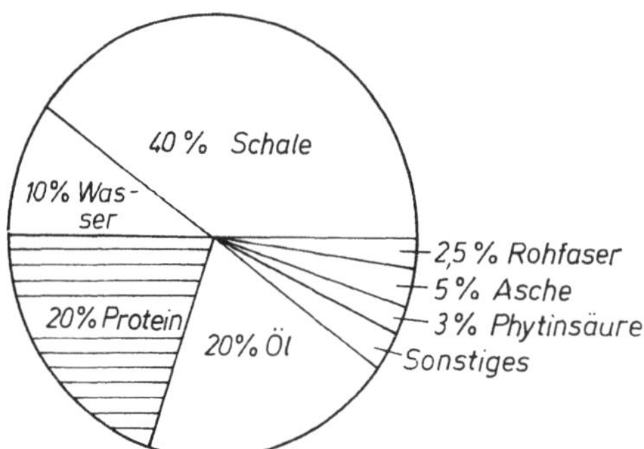

Abb. 8.13. Chemische Zusammensetzung von Baumwollsamen

Als toxischer Inhaltsstoff tritt Gossypol (vgl. Abschn. 8.8.) auf, das in Pigmentdrüsen der Samenkerne lokalisiert ist. Der Gehalt an freiem Gossypol entscheidet über die Verwendbarkeit der Produkte für Ernährungszwecke. Durch Züchtung und Verwendung gossypolarmer Varietäten oder zusätzliche Verfahrensschritte lassen sich Proteinpräparate gewinnen, bei denen der geforderte Grenzwert (bislang 0,045% freies Gossypol) garantiert werden kann. Öle lassen sich bei geeigneter Technologie (Pressung) oder durch Raffinationsprozesse von Gossypol befreien. Entfettetes Baumwollsamenmehl enthält ca. 150 mg freie Phenolsäuren (Sinapinsäure, p-Cumarsäure) und ca. 400 mg veresterte Phenolsäuren/kg. Diese Gehalte sind als gering anzusehen.

Baumwollsamenöl enthält Malvaliasäure und Sterculiasäure (vgl. Abschn. 8.4.) in einer Gesamtkonzentration von 0,5...2,1% und im Mengenverhältnis 6:1. Diese Säuren eignen sich zum qualitativen Nachweis von Baumwollsaatöl (Halphen-Test). Cyclopropenfettsäuren werden bei der Desodorierung oder Hydrierung der Öle beseitigt. Das Vorkommen dieser Säuren und des Gossypols macht deshalb immer eine Raffination von Baumwollsamenöl erforderlich.

8.17.4. Erdnuß

Die Erdnuß (Abb. 8.14) ist eine fettreiche Hülsenfrucht. Während der Ernte weisen die Erdnüsse einen Wassergehalt von ca. 40% auf, weshalb sie anschließend schnell getrocknet werden. Dabei ist häufig ein Befall mit mykotoxinbildenden Schimmelpilzen (vgl. Abschn. 19.1.) festzustellen. Der mögliche Mykotoxingehalt stellt das eigentliche toxikologische Problem beim Erdnußverzehr dar. Entscheidend für die Vermeidung derartiger Kontaminationen sind einwandfreie Trocknungs-, Verarbeitungs- und Lagerbedingungen.

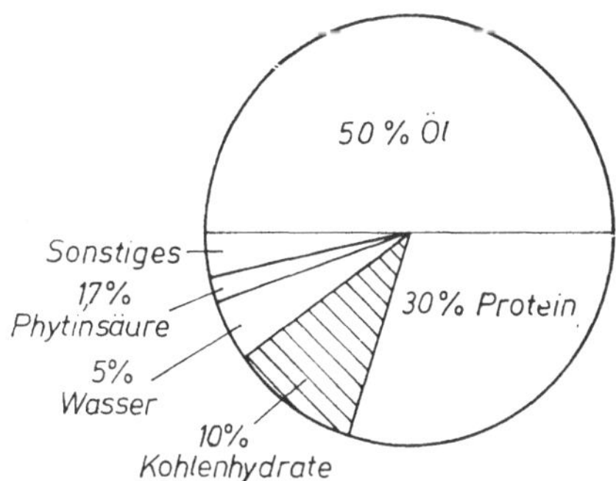

Abb. 8.14. Zusammensetzung von Erdnußsamen

An natürlichen Inhaltsstoffen sind Hämagglutinine und Trypsininhibitoren enthalten, jedoch entstehen keine ernsteren Probleme, da diese Substanzen wie in anderen Samen durch eine Hitzebehandlung einfach zerstört werden. Der Gehalt an Tanninen ist in den Samenhäutchen der Erdnuß besonders hoch, was sich in bitterem Geschmack der späteren Produkte äußert. Ihre Entfernung ist durch Extraktion mit Wasser und Alkoholen (teilweise in Kombination dazu Behandlung mit Bisulfit- oder Citronensäurelösungen) möglich. In der Erdnuß vorkommende Saponine verursachen keine antinutritiven Effekte. In den Samenhäutchen kommen phenolische Glycoside vor, die schwach goitrogen wirken und bei der Erdnußverarbeitung beseitigt werden. Samenhäutchen sollten vor der Verarbeitung der Erdnüsse zu Lebensmitteln entfernt werden. Entfettete Erdnußmehle enthalten meist bedeutend geringere Mengen an Flatulenzfaktoren als entfettete Sojabohnenmehle.

8.17.5. Sonnenblumensamen

Sonnenblumensamen enthalten im Mittel 20% Protein, 46% Lipide und 8% Wasser. Der Schalenanteil beträgt 20...45%. Sonnenblumensamen sind frei von toxischen Inhaltsstoffen und arm an antinutritiven Substanzen. Bei der Verarbeitung können die bis zu 1,8% Phenolsäuren (hauptsächlich Chlorogensäure) im Samen zu Verfärbungen führen (vgl. Abschn. 8.8.).

8.17.6. Rapssamen

Rapssamen (Abb. 8.15) traditioneller Sorten enthalten 50...65% Erucasäure (vgl. Abschn. 8.4.) im Öl. Durch Züchtung der sogenannten Einfachqualitätssorten konnte der Gehalt an Erucasäure in den Fettsäuren im Öl auf 2...7% gesenkt werden. Danach wird nun Rapsöl als Speiseöl wieder voll akzeptiert. Durch Züchtung der sogenannten Doppelqualitätssorten verfügt man heute über gleichermaßen erucasäurearme und

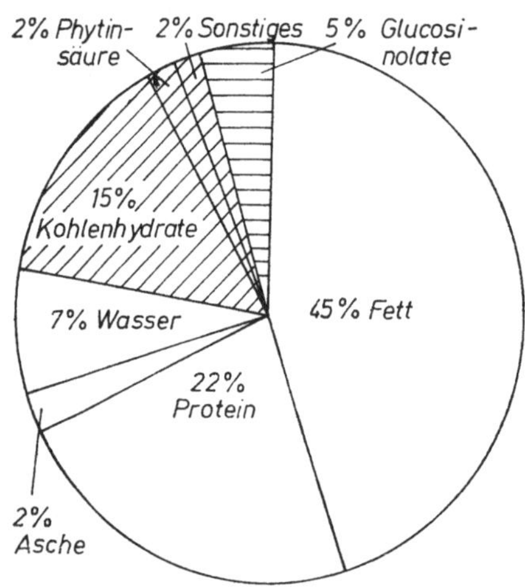

Abb. 8.15. Mittlere Zusammensetzung der reifen Rapssamen traditioneller Sorten. In neuen Sorten hat sich lediglich der Glucosinolatgehalt deutlich erniedrigt, während der Ölertrag nahezu gleich geblieben ist.

glucosinolatarme Sorten. Der Gehalt an Glucosinolaten (vgl. Abschn. 8.5.) beträgt bei diesen Sorten < 1%. Gegenüber traditionellen Sorten (Abb. 8.16) hat sich das Spektrum der Glucosinolate verändert, wobei nach wie vor Progoitrin mengenmäßig überwiegt.

Der Rohfasergehalt ist in den Schalen besonders hoch. Die Schälung von Rapssamen ist erst seit kurzem hinreichend technisch gelöst. Der hohe Gehalt an Phytat (vgl. Abschn. 8.13.) vermindert meßbar die Spurenelementverfügbarkeit (vgl. Kap. 10.), jedoch ist die Entfernung des Phytats meist mit größeren Verlusten an Protein verbunden. Tannine machen wenige % im Rapsmehl aus, da sie hauptsächlich in den Schalen vorkommen.

Phenolische Verbindungen (vgl. Abschn. 8.8.), speziell Phenolsäure-cholin-ester

(Hauptvertreter: Sinapin; 0,2...2% im Samen; ca. 20...30 µmol/g Samen der Doppelqualität), verursachen in Proteinpräparaten senorische Probleme und sind hinsichtlich ihrer toxikologischen Bedeutung weniger untersucht.

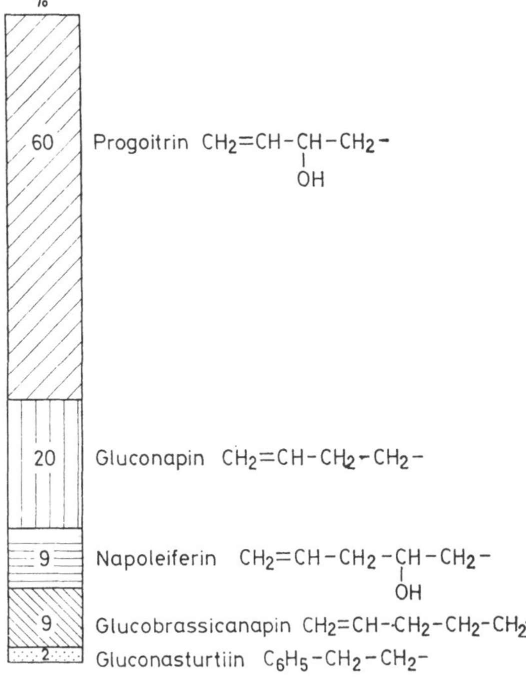

Abb. 8.16. Anteile der einzelnen Glucosinolate am Gesamtglucosinolatgehalt traditioneller Rapssorten

Rapsproteinprodukte (Schrot, Mehle, Konzentrate) können nur in begrenztem Umfang in der Tierernährung eingesetzt werden, da befriedigende Verfahren der Entfernung antinutritiver Substanzen (speziell der Glucosinolate und deren Spaltprodukte) nicht verfügbar sind. Ihre Verwendung in der menschlichen Ernährung scheidet infolge der hohen Toxizität von VOT sowie weiterer Glucosinolatabbauprodukte heute noch aus. Eine teilweise Entgiftung letzterer basiert auf thermischer Inhibierung der Myrosinase, thermischer oder chemischer Zersetzung und Entfernung sowie gezieltem mikrobiellem Abbau. Vielfach sind in Verfahren Extraktionen der Schadstoffe und mehrfache Fällungen des Proteinanteils integriert. Toxikologisch unbedenkliche und damit für den Menschen verzehrbare Proteinpräparate wurden bisher nicht oder nur mit ökonomisch unvertretbaren Aufwendungen bzw. Proteinverlusten erhalten.

17*

8.17.7. Ackerbohne

Bei der Erschließung der Ackerbohne (Abb. 8.17) für die menschliche Ernährung sind die toxischen Wirkungen einer Reihe von Inhaltsstoffen zu beseitigen. Phenolische Verbindungen (Ferulasäure und p-Cumarsäure im entschalten Samen: 2 und < 5 mg/kg; kondensierte Tannine 0,6% im Gesamtsamen, 1,5...6% in den Schalen) sind dabei von geringerer Bedeutung, wenn man von sensorischen Beeinträchtigungen absieht. Der Phytinsäuregehalt beträgt 0,1...1,5% im Samen. Proteaseinhibitoren (0,01...16 IE/g TM als Trypsininhibitor-Aktivität) weisen eine relativ hohe Hitzestabilität auf, während Hämagglutinine (Favin als Einzelsubstanz; 5...100 Einheiten/mg TM) leicht durch Hitzebehandlung reduziert und eliminiert werden können.

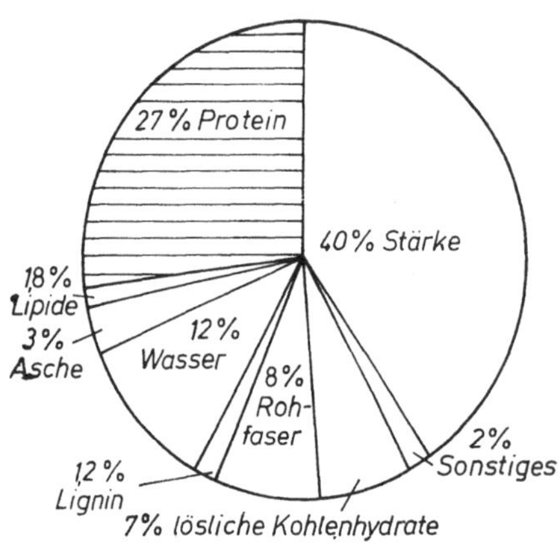

Abb. 8.17. Mittlere chemische Zusammensetzung der reifen Ackerbohne

Ackerbohnen enthalten 0,44...0,82% Vicin und 0,13...0,64% Convicin i.d. TM des Gesamtsamens (vgl. Abschn. 8.5.); ohne spezielle technologische Schritte bewegt sich auch im Mehl der Gehalt an Favismus-Faktoren in gleicher Größenordnung.

Mit Ethanol oder Aceton/Wasser-Gemischen lassen sich 2/3...3/4 des Vicin und Convicin entfernen. Vicin und Convicin sind zudem bei pH 2...7 schwerer löslich (< 3 mg/ml), was bei der Gewinnung von Proteinisolaten ausgenutzt wird. Flatulenzerzeugende Kohlenhydrate (bis 0,7% Raffinose, bis 1,7% Stachyose; bis 2,6% Verbascose in entschalten Bohnen; vgl. Abschn. 8.14.) werden beim Keimen abgebaut, reichern sich aber z. T. in Proteinkonzentraten an. Lipoxygenase und Peroxidase (Inaktivierung durch Dampf- oder Wasserbehandlung bei 70 °C) und weitere Enzyme sind von verarbeitungstechnischem Interesse. Nucleinsäuren (bis 20 mg/g Stickstoff) und Sterole dürften keine toxikologischen Probleme bereiten. Phytoalexine wurden nachgewiesen. Saponine sind nicht enthalten. Der Gehalt von 12 mg HCN/kg (aus cyanogenen Glycosiden) ist unbedeutend. Östrogene Aktivitäten sind möglicherweise auf Isoflavone zurückzuführen.

Die Verfahrensentwicklung hat einen derartig hohen Stand erreicht, daß mit der Einführung von Ackerbohnenpräparaten in die menschliche Ernährung in aller nächster Zukunft gerechnet werden kann.

8.17.8. Lupine

Lupinen werden seit Jahrtausenden (z. B. von der Bevölkerung der Anden oder den Anwohnern des Mittelmeeres) als Kulturpflanze genutzt (Tab. 8.21). Ein hoher Alkaloidgehalt (Tab. 8.22) limitiert den Einsatz in der menschlichen Ernährung. Die wasserlöslichen Alkaloide sind (bes. mit Ethanol/Wasser-Gemischen bei $< 40\%$ Wasser) bis zu 99% auswaschbar, wobei jedoch ein erheblicher Verlust an TM (bis 45%) in Kauf genommen werden muß. Ergebnis neuerer Züchtungen sind ölreiche und alkaloidarme Sorten. Die Trypsininhibitor-Aktivität ist relativ gering (96 E/g). Hämagglutinine sind vorhanden, werden aber bei der Zubereitung praktisch völlig inaktiviert. Der Gehalt von $5,3\dots28,9$ mg HCN/kg Samen (aus cyanogenen Glycosiden) ist unbedenklich.

Tabelle 8.21. Mittlere Zusammensetzung (%) von Lupinensamen
(Lupinus mutabilis)

Protein	37	Kohlenhydrate	20
Öl	18	Wasser	8
Asche	3	Alkaloide	$2\dots3$
Rohfaser	10		

Tabelle 8.22. Alkaloide in Lupinensamen

	Gesamtgehalt (% i. d. TM)	Einzelsubstanzen (%)
Lupinus mutabilis	$2\dots3$	Lupanin (57)
		Spartein (7)
		13-Hydroxylupanin (15)
Lupinus mutabilis (Züchtung)	$0,26\dots0,47$	Lupanin ($59\dots69$)
		Spartein ($0\dots12$)
Lupinus albus	$0,0062\dots0,046$	Lupanin ($15\dots42$)
		Spartein (Spuren)
		13-Hydroxylupanin ($18\dots24$)

8.17.9. Mikrobielle Biomassen

Der Begriff Single Cell Protein (SCP) hat sich als Bezeichnung für Mikrobenprotein international durchgesetzt, wobei darunter nicht nur Produkte einzelliger Organismen verstanden werden. Mikrobielle Biomassen auf der Basis von Hefen (bes. Candida, Saccharomyces), Bakterien (z. B. Pseudomonas, Methylomonas), Pilzen (z. B. Aspergillus, Fusarium, Paecilomyces) und Algen (bes. Scenedesmus, Chlorella, Spirulina, Chlamydomonas, Coelestrum) können auf verschiedensten Rohstoffen (Methanol, Ethanol, Erdgas, n-Alkanen, Erdölfraktionen usw.) bzw. Abfallprodukten (Molke, Sulfitablauge, Melasse usw.) oder durch Photosynthese produziert werden.

Qualitätsmerkmale mikrobieller Biomassen werden durch genetische Eigenschaften des eingesetzten Mikroorganismus sowie durch die Art des Nährmediums und die variablen Fermentations- und Aufarbeitungsbedingungen bestimmt. Neben den nutritiven Bestandteilen (charakterisiert durch Proteingehalt, Aminosäurezusammensetzung) können die mikrobiellen Biomassen außer Restmengen an Nährsubstrat (Methanol, n-Alkane, Aromaten aus Erdölprodukten) und Lösungsmitteln als natürliche Stoffwechselprodukte Substanzen mit z. T. hoher biologischer Aktivität (Antibiotica vgl. Abschn. 12.2.3.; Toxine, vgl. Kap. 19.; Nucleinsäuren in Bakterien bis 28%, in Hefen bis 13%, in Algen bis 6%, vgl. Abschn. 8.15.; Fettsäuren wie z. B. Poly-β-hydroxybuttersäure in Bakterien, verzweigte und cyclische Fettsäuren, vgl. Abschn. 8.4.) enthalten.

Tabelle 8.23. Zusammensetzung ausgewählter Biomassen (%)

	Alge Chlorella pyrenoidosa[1]	Hefe auf Paraffinen[1]	Hefe auf Alkohol[1]	Bakterien auf Paraffinen[1]	Hefe auf Erdölbasis[2]	Bioprotein[3] aus Methanol (Methylomonas clara)	
						Rohbioprotein	isoliertes Reinbioprotein
Protein	55,5	44,0...50,5	61...77,5	51,5...67,0	63...68	80	88...95
Lipide	7,5	10,6	61,0	21,0	13...42	9	1...2
Kohlenhydrate	17,7	26,5	10,5	8,0			
Asche	8,3	9,0	7,0	6,5	4,8...7,7	6	6
Rohfaser	3,1					3	3
Nucleinsäuren	n.b.	6,5	16,5	1,5		12	1...2
Wasser	7,0	4,4	4,5	3,5	6...8	5	5

[1] MAURON, J.: Have Single-Cell Proteins Still a Future? Nestle Res. News 1980/81, S. 70

[2] POKROWSKI, A. A., W. LAUBE, I. N. AKSJUK, G. HENK, T. M. USCHAKOWA und U. HERRMANN: Untersuchungen zur Bestimmung des Futterwertes und der Unschädlichkeit von Fermosin® — Futterhefe. Chem. Techn. **30**, 368 (1978)

[3] nach SCHARF, s. S. 631; Produkt der Hoechst AG

n.b. — nicht bestimmt

Verwendet werden in der Tierernährung Hefebiomassen auf der Grundlage von Abfallprodukten, wie Sulfitablauge und Melasse, sowie Bakterienbiomassen auf der Basis von Methanol. In einigen Ländern werden auch Biomassen mit n-Alkanen als Nährmedium eingesetzt, wobei die Einhaltung von festgelegten Höchstmengen (Tab. 8.24) gefordert wird. Im letzteren Falle sind zur Entfernung von überhöhten Gehalten an Nährsubstrat effektive Extraktionsverfahren einzusetzen. Der Gehalt an toxischen Produkten, insbesondere an Poly-β-hydroxybuttersäure und Nucleinsäuren in mikrobiellen Biomassen kann durch Auswahl geeigneter Organismen, Variation der Kulturbedingungen minimiert bzw. durch Extraktionsverfahren reduziert werden. Bei der Verfütterung an Tiere erfolgt eine Verstoffwechselung der Nucleinsäuren, so daß sich hieraus für den Menschen keine gesundheitlichen Risiken ergeben. Eine Reduktion des Nucleinsäuregehaltes von SCP ist immer dringend geboten, wenn ein Einsatz in der Humanernährung in Erwägung gezogen wird.

Zur Verminderung des Gehaltes an Nucleinsäuren sind Extraktionsverfahren nach Zerstörung der Zellwände, Diffusionsextraktion im Alkalischen (vgl. Abschn. 15.4.), Autolyseschritte, Methoden des Abbaus mit endogenen (Hitzeschockmethode) Enzymen oder exogenen RNasen, sowie kombinierte Verfahren geeignet.

Tabelle 8.24. Empfohlene Höchstmengen in Einzellerprotein (SCP) als Viehfutter[1]

Benzo[a]pyren (als Indikator für die Anwesenheit polycyclischer, aromatischer Kohlenwasserstoffe)	5 µg/kg
Acetylaceton-Reagenz-positive Verbindungen (als Formaldehyd)	20 mg/kg
a) SCP aus Alkanen	
Gesamte Kohlenwasserstoffe	0,5%
Gesamte aromatische Kohlenwasserstoffe	0,05%
b) SCP aus Methanol	
Methanol-Rückstände	20 mg/kg
Formaldehyd	20 mg/kg

[1] DELLWEG, H.: Richtlinien für die Bewertung von Einzellerprotein. Bericht aus der Tätigkeit der IUPAC Commission on Biotechnology. 2. Symp. Mikrobielle Proteingewinnung und Biotechnologie 1980. Verlag Chemie, Weinheim/Deerfield Beach, Florida/Basel 1982

Ein direkter Einsatz mikrobieller Biomassen in der Humanernährung wird aus toxikologischen Gründen heute noch abgelehnt, jedoch scheint die Gewinnung von Proteinisolaten aussichtsreich. Ökonomische Gründe (hoher Aufwand für die Entfernung toxischer Begleitstoffe) sprechen noch gegen den Einsatz dieser Produkte.

9. Vitamine

9.1. Einführung

Vitamine sind essentielle Nahrungsbestandteile, die im Stoffwechsel an enzymatischen oder regelnden Funktionen beteiligt sind. Sie werden von Mensch und Tier nicht oder in nicht genügender Menge selbst synthetisiert. Ist ihre Zufuhr über die Nahrung nicht ausreichend, kommt es zu seit langem bekannten Mangelerkrankungen. Der intrazelluläre Einbau der Vitamine in ein Enzym setzt die Bereitstellung eines Apoenzyms voraus. Da dessen Synthese in der Zeiteinheit jedoch begrenzt ist, ist ein Überangebot des Vitamins wirkungslos. Bei langzeitigem deutlichen Überschreiten des Bedarfes, etwa mit dem Ziel das Wohlbefinden zu steigern oder größeren Schutz gegen bestimmte Krankheiten zu erreichen, werden jedoch pharmakologische oder sogar toxische Effekte beobachtet. Mit solchen Hypervitaminosen ist u. U. schon zu rechnen, wenn die empfohlene tägliche Vitaminaufnahme um mehr als das 10fache überschritten wird (Vitamin A und D). Dies tritt ebenso wie eine zu niedrige Versorgung mit Vitaminen bei normaler, abwechslungsreicher Ernährung praktisch nicht ein (vgl. Abb. 10.3, S. 272).

Vitamine gehören zu den weltweit am meisten verwendeten pharmazeutischen Produkten. Sie finden Anwendung als Arzneimittel und in der Lebensmittelindustrie. Vitamine werden bei der Produktion von Lebensmitteln zugesetzt, um technologisch bedingte Veränderungen zu verhindern (als Antioxidantien, z. B. Vitamin C und E) oder um eingetretene Verluste (z. B. nach thermischer Behandlung) auszugleichen, aber auch um den Gebrauchswert eines Lebensmittels zu verbessern (vgl. Abschn. 14.2.4. und Abb. 8.9, S. 231). Obst-, Frucht- und Gemüsesäfte werden oftmals mit Vitaminen angereichert. Ein toxikologisches Problem resultiert aus letzterem offenbar aber nicht. Hypervitaminosen sind fast immer nur Folge einer zu hohen Dosierung bei Vitamintherapie, von Selbstmedikation oder extrem einseitiger Ernährung über längere Zeit.

9.2. Fettlösliche Vitamine

9.2.1. Vitamin A

Vitamin A wirksame Substanzen werden vom Menschen vor allem in zwei Formen aufgenommen: als Retinol tierischen Ursprungs und als β-Caroten, das in pigmentierten Pflanzen vorkommt. Die α-Carotine werden als nicht toxisch angesehen, da ihre Resorption und Umwandlung in Retinol im tierischen Organismus begrenzt sind. Retinol kommt natürlich vor allem in Leber, Butter und Eigelb vor. Auch Leberöle von Haifischen, Makrelen und Heilbutt sind reich an Vitamin A (vgl. Abschn. 14.4.2., S. 439ff.).

Die einzigen natürlichen Nahrungsmittel, von denen berichtet wird, daß mit ihnen Retinol in toxischen Mengen aufgenommen werden kann, sind die Lebern von großen marinen Fischen und von Eisbären. Akute toxische Vergiftungen wurden bei Fischern und Arktisforschern nach dem Genuß großer Mengen dieser Lebern beobachtet. In diesem Zusammenhang wird von einer Aufnahme von 9 g Retinol (das entspricht einem Verzehr von ca. 300 g Eisbärleber) berichtet. Vergiftungssymptome treten innerhalb weniger Stunden auf und äußern sich in schweren Kopfschmerzen, Schwindelgefühlen, Durchfällen, Erbrechen und geröteten Schwellungen der Haut. Meist klingen diese Symptome in wenigen Tagen wieder ab. 0,6...1,5 g Retinol reichen bei Erwachsenen aus, um diese akuten Vergiftungssymptome auszulösen. Bei Kindern ist bereits einmalig die Dosis von 22,5...90 mg Retinol toxisch, wie versehentliche Überdosierungen bei Vitamin A-Therapie belegen.

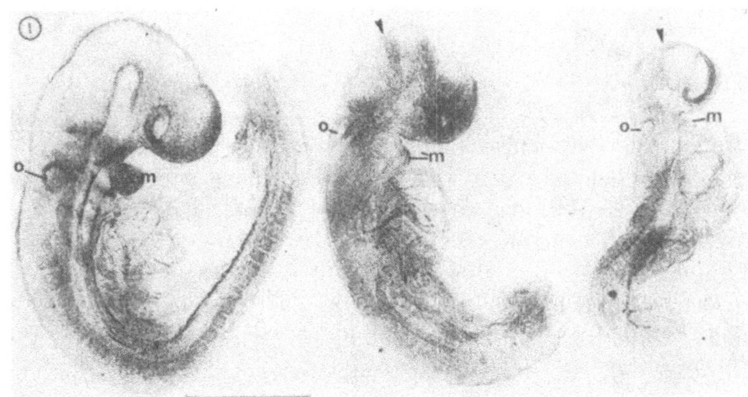

Abb. 9.1. Teratogene Wirkung von 0,5 µg/ml Retinol (Mitte) und 0,5 µg/ml Retinolsäure (rechts); Kontrolle (links).
Embryonen wurden vom 9. Tag an 48 h in vitro in Serum kultiviert. Bei mit Retinol bzw. Retinolsäure behandelten Embryonen befindet sich die Otocyste (o) in Höhe des ersten Branchialbogens (Mandibularbogen, m) statt in Höhe des zweiten Branchialbogens (Hyoidbogen) wie bei den Kontrollembryonen. Das Hirn liegt von vorn bis zur Pfeilspitze offen (MORRIS, G. M. und C. C. STEELE: Teratology **15**, 109 (1977))

Die meisten Vitamin-A-Intoxikationen sind bei chronischer Aufnahme dieses Vitamins im Zusammenhang mit der Behandlung von Hauterkrankungen oder Selbstmedikation zu verzeichnen. Auch bei längerer Aufnahme zeigt sich die größere Empfindlichkeit bes. der Kleinkinder (5,4...18 mg Retinol/d) gegenüber Erwachsenen (30 mg Retinol/d) und die beträchtlichen individuellen Unterschiede in der Sensitivität auf Vitamin A-Überdosierung.
Nach regelmäßiger Einnahme treten bei Erwachsenen Vergiftungserscheinungen erst nach Monaten auf.

In zahlreichen Tierversuchen wurden große Speziesunterschiede in der erforderlichen Dosierung zur Erzielung toxischer Folgen festgestellt. Versuche mit Affen zeigten, daß das Auftreten toxischer Symptome mit dem Plasmagehalt des nicht an Protein gebundenen Vitamin A korreliert. Vitamin A wird in der Leber abgebaut und ist in der Lage, seine eigene Biotransformation in gewissen Grenzen zu stimulieren. Ein langandauerndes Überangebot führt jedoch zu einer Absenkung des Gehaltes an retinolbindendem Protein im Serum, und die tatsächliche Retinolclearance wird dadurch verringert. Leberschäden sind die Folge. Bei jungen Ratten konnten mit Überdosierungen von Vitamin A reversible degenerative Effekte an den Hoden hervorgerufen werden. Versuche mit trächtigen Ratten wiesen teratogene Wirkungen hoher Dosen von Vitamin A nach, wobei Abnormitäten des Gesichtsschädels, der Ohren, Augen und des Gehirns am häufigsten zu beobachten waren (Abb. 9.1). Ein direkter Angriff von Retinol an embryonalen Zellen ist wahrscheinlich, da es die Placenta in frühen Trächtigkeitsstadien passiert. Obwohl ein eindeutiger Nachweis einer teratogenen Wirkung beim Menschen schwierig ist, gibt es einige Fälle von Mißbildungen (Hornhaut, Zentralnervensystem, Gesicht und Schädel), wo während der frühen Schwangerschaft Vitamin A zusätzlich aufgenommen wurde.

In Tierversuchen wurde auch die Interaktion hoher Dosen von Vitamin A mit anderen fettlöslichen Vitaminen nachgewiesen. Vitamin D und A schützen einander vor toxischen Wirkungen einer Überdosierung. Hohe Konzentrationen von Vitamin A vermindern die Absorption von Vitamin E, so daß eine Vitamin-E-Unterversorgung auch auf ein Überangebot von Vitamin A zurückzuführen sein kann. Die Verlängerung der Prothrombinzeit und die verstärkte Blutungsneigung bei Vitamin A-Intoxikation beruhen auf einer verminderten Vitamin K-Resorption im Darm.

9.2.2. Vitamin D

Verschiedene D-Vitamine unterscheiden sich in ihrer biologischen Wirksamkeit. Bei Ratten ist Ergo- und Cholecalciferol gleich wirksam, beim Küken wirkt vorwiegend Cholecalciferol. Was die toxische Wirkung angeht, gibt es Unterschiede zwischen den Calciferolen und den einzelnen Tierspezies. Im Gegensatz zu anderen Vitaminen kann das Vitamin D aus Vitaminvorstufen mit Hilfe des UV-Anteils des Sonnenlichtes in der Haut des Menschen synthetisiert werden. Das entstehende Cholecalciferol wird im Organismus weiter zur 1,25-hydroxylierten Verbindung, der eigentlichen Wirkform, umgewandelt, die für den Calcium- und Phosphorstoffwechsel im Dünndarm und Knochen essentiell ist.

Während die im Organismus gebildete Vitaminmenge keine toxikologischen Probleme aufwirft, können sich aus einem übermäßigen Konsum von Vitamin D beträchtliche Gesundheitsrisiken ergeben. Diese äußern sich in Calcifierung parenchymatöser Gewebe und Folgeerscheinungen (Nieren- und Arterienverkalkung, Läsionen dieser Organe, Hypertension). Obwohl die meisten Personen nach Entzug des Vitamins und Verringerung der Calciumzufuhr gesunden, können Gewebsveränderungen so schwerwiegend sein, daß sie zum Tode führen. Der physiologische Bedarf an Vitamin D ist von äußeren und inneren Faktoren abhängig und wird mit 2,5...10 µg Calciferol/d angegeben, während etwas mehr als 25 µg/d bei Erkrankten an Sarkoidose, Mykobakterium-Infektionen, idiopathischer Hypercalcurie und Hypercalcämie bereits toxische Reaktionen hervorrufen können. 0,250...1,250 mg/d sind für Erwachsene bei langzeitiger Aufnahme toxisch. Herzerkrankungen bei gleichzeitigem Vorliegen von Nieren- oder Blasensteinen lassen an eine Vitamin-D-Empfindlichkeit oder eine Überversorgung mit dem Vitamin denken.

Die beobachteten pathologischen Befunde nach erhöhter Vitamin-D-Aufnahme korrelieren mit dem Anteil an 25-Hydroxycalciferol im Serum, welcher nicht an den spezifischen Carrier (Globulin oder Lipoprotein), sondern an Albumin gebunden ist.

9.2.3. Vitamin E

Die biologische Funktion der Tocopherole im Organismus ist noch nicht völlig abgeklärt. Der Bedarf ist der Zufuhr ungesättigter Fettsäuren proportional, so daß die Wirkung als Antioxidans von Bedeutung sein dürfte. Selen und schwefelhaltige Aminosäuren senken den Bedarf an Vitamin E. Da pharmakologische Anwendungen von Vitamin E in den letzten Jahren zugenommen haben, erscheint die Frage nach unerwünschten oder toxischen Effekten berechtigt. 300 mg/d wurden oft auch über längere Zeit ohne nachteilige Wirkungen verabreicht, während die gleiche Dosis bei einigen Probanden zu Kopfschmerzen, Übelkeit, Magen-Darm-Beschwerden und höhere Mengen zu Muskelschwäche, Creatinurie und gesteigerter Creatinkinaseaktivität im Serum führten. Megadosen von Vitamin E bewirkten eine Verlängerung der Blutgerinnungszeit bei Mensch und Versuchstier (Küken und Ratte), was auf eine Absenkung des Prothrombinwertes im Blut zurückgeführt wird.

α-Tocopherylchinon — ein Metabolit des Vitamin E — ist ein Inhibitor des für die Blutgerinnung wichtigen Vitamin K. Vitamin E selbst beeinträchtigt kompetitiv die Resorption der Vitamine K und A. Über allergische Reaktionen der Haut nach Anwendung Vitamin E-haltiger Deodorants wird berichtet. Bei Ratten führten große Mengen an Vitamin E zu Knochenveränderungen, procancerogenen Wirkungen, Hodenatrophie und Beeinträchtigung der Ovarfunktion.

9.2.4. Vitamin K

Von allen fettlöslichen Substanzen mit Vitamin K-Wirkung, die Derivate des 2-Methylnaphtho-1,4-chinon sind, stammt Vitamin K_1 aus Pflanzen, Vitamin K_2 aus tierischem Gewebe, Bakterien und anderen Mikroorganismen, während Vitamin K_3 (Menadion) ein synthetisches Produkt darstellt, das im Organismus zum Vitamin K_2 umgewandelt wird.

Toxische Reaktionen des für die Blutgerinnung wichtigen Vitamin K sind äußerst selten und ausschließlich durch Überdosierung oder Überempfindlichkeit bei Therapie mit Vitamin K_3 bedingt. Betroffen werden Früh- und Neugeborene, die zur Verhinderung hämorrhagischer Erkrankungen mit dem synthetischen Produkt über längere Zeit mit 5...10 mg/d (i.p.) behandelt wurden.

9.3. Wasserlösliche Vitamine

9.3.1. Vitamin C

Die Annahme, daß Vitamin C in Gramm-Mengen zum Schutz gegen Erkältung und andere Erkrankungen ohne nachteilige Folgen über längere Zeit aufgenommen werden kann, mußte teilweise korrigiert werden, nachdem bei empfindlichen Personen Nebeneffekte wie Magen-Darm-Beschwerden, abdominale Krämpfe und Übelkeit auftraten. Bei Menschen bewirkten Megadosen von Vitamin C (0,5...10 g), wenn sie über lange Zeit eingenommen wurden, eine gesteigerte Oxalsäurebildung, was aber offenbar ohne Auswirkungen bleibt (vgl. Abschn. 8.4.). Ungünstig wirkte sich die übermäßige Aufnahme von Vitamin C auf die Verfügbarkeit von β-Caroten aus. Interaktionen mit Vitamin B_6 sind wahrscheinlich. Akute Vergiftungen mit Ascorbinsäure mit fatalem Ausgang sind beim Menschen nicht beobachtet worden, jedoch kam es zu Frühgeburten bei 16 Frauen, die 6 g Vitamin C 3 Tage lang einnahmen. Die Todgeburten stiegen bei Versuchen mit Meerschweinchen an. Versuchsergebnisse (Ratten) über cocancerogene bzw. tumorpromovierende Wirkungen von hohen Vitamin C-Dosierungen sind bekannt.

9.3.2. Vitamin B$_1$

Thiamin ist bei oraler Aufnahme untoxisch, da die maximal resorbierbare Menge 5 mg beträgt. Parenterale Verabreichungen von Thiamin riefen toxische Effekte (anaphylaktischer Schock, Krämpfe, Wirkungen auf neuro- und cardiovaskuläres System) bei empfindlichen Personen hervor.

9.3.3. Niacin

Nicotinsäure (Niacin) und Nicotinamid (Niacinamid) haben gleiche Vitamineigenschaften, unterscheiden sich aber pharmakologisch und toxikologisch. Während Niacin in therapeutischen Dosen Vasodilatation, Erröten, Hautjucken, Kopfschmerzen und bei empfindlichen Patienten gastrointestinale Beschwerden hervorruft, bewirkt Nicotinamid keine Gefäßerweiterung, ist aber in geringeren Konzentrationen effektiv und erzeugt teratogene Veränderungen beim Küken. Chronische Anwendung von 100 bis 300 mg Niacin kann zu oft irreversiblen Leberschäden führen und bewirkt einen Anstieg des Harnsäurespiegels im Serum, was die Ausbildung einer Arthritis urica beschleunigen kann; außerdem soll es bei längerer Niacinbehandlung zu Herzrhythmusstörungen kommen.

9.3.4. Vitamin B$_6$

Vitamin B$_6$ wird zur Behandlung neurologischer Störungen, die im Zusammenhang mit Beri-Beri- und Pellagra-Erkrankungen auftreten, eingesetzt. Toxische Wirkungen sind beim Menschen nicht beobachtet worden. Kurzfristig tolerierten Hunde, Ratten und Kaninchen Dosierungen bis zu 1 g/kg KM, während langfristig 200 mg/d zu Muskelschwäche, Ataxie und fortschreitenden neurotoxischen Erscheinungen führten.

9.3.5. Pantothensäure

Pantothensäure ist praktisch untoxisch. Gelegentliche leichte gastrointestinale Beschwerden und Harnverhalten nach Aufnahme von Megadosen (10...20 g) waren von kurzer Dauer.

9.3.6. Folsäure

Die therapeutische Anwendung großer Dosen (1 mg/d) dieses Vitamins bei Vorliegen eines unerkannten Vitamin B$_{12}$-Mangels ohne gleichzeitige Supplementierung mit Vitamin B$_{12}$ führte zu irreversiblen Nervenschädigungen. Bei überempfindlichen Personen traten nach Folatgaben (3 mg) Fieber, allgemeine Schmerzen bis zu anaphylaktischen Reaktionen auf. Tierexperimentell (25 mg/kg KM) konnten Nierenschäden und neurotoxische Wirkungen festgestellt werden. Auch beim Menschen riefen 15 mg Folsäure nach 3wöchiger Anwendung Anzeichen einer Beeinflussung des Nervensystems hervor.

9.3.7.   Vitamin B_{12}

Außer schwachen allergischen Reaktionen bei empfindlichen Personen traten keine unerwünschten Effekte bei Vitamin-B_{12}-Therapie auf. Unter Vitamin-B_{12}-Einfluß kam es zu einer Verkürzung der Lebenszeit von Ratten, denen Tumoren implantiert worden waren. Außerdem wurden verstärkende Wirkungen bei verschiedenen cancerogenen Substanzen bei Ratten festgestellt.

10. Mineralstoffe

10.1. Einführung

Nach dem gegenwärtigen Erkenntnisstand muß davon ausgegangen werden, daß die anorganischen Nahrungsbestandteile im Laufe der jahrmillionenlangen Passage durch die Fauna und der Evolution von Tier und Mensch Funktionen übernahmen und das Leben mitgestalten. In Abhängigkeit vom Bedarfsumfang des Wirbeltieres hat man die bisher als lebensnotwendig erkannten Mineralstoffe[1] in Mengenelemente (g/kg TM Nahrung) und Spurenelemente (mg/kg TM Nahrung) eingeteilt.

Zu den Mengenelementen werden gezählt: Natrium, Magnesium, Phosphor (vgl. Abschn. 14.6.4.), Schwefel, Chlor, Kalium und Calcium. Es fällt auf, daß sie mit den Ordnungszahlen 11, 12, 15, 16, 17, 19 und 20 im Periodischen System der Elemente benachbart sind (Abb. 10.1).

1 H																	2 He
3 Li	4 Be											5 B	6 C	7 N	8 O	9 F	10 Ne
11 Na	12 Mg											13 Al	14 Si	15 P	16 S	17 Cl	18 Ar
19 K	20 Ca	21 Sc	22 Ti	23 V	24 Cr	25 Mn	26 Fe	27 Co	28 Ni	29 Cu	30 Zn	31 Ga	32 Ge	33 As	34 Se	35 Br	36 Kr
37 Rb	38 Sr	39 Y	40 Zr	41 Nb	42 Mo	43 Tc	44 Ru	45 Rh	46 Pd	47 Ag	48 Cd	49 In	50 Sn	51 Sb	52 Te	53 I	54 Xe
55 Cs	56 Ba	57 La	72 Hf	73 Ta	74 W	75 Re	76 Os	77 Ir	78 Pt	79 Au	80 Hg	81 Tl	82 Pb	83 Bi	84 Po	85 At	86 Rn

Abb. 10.1. Bisher als essentiell erkannte Elemente und ihre Position im Periodischen System der Elemente

Als klassische Spurenelemente gelten in der Reihenfolge des Nachweises ihrer biologischen Bedeutung für die Fauna Eisen, Iod, Fluor, Kupfer, Mangan, Zink, Cobalt, Molybdän, Selen und Chrom. Sie stehen mit Ausnahme von Molybdän, Fluor und Iod mit den Ordnungszahlen 24, 25, 26, 27, 29, 30 und 34 konzentriert in der ersten großen Periode des Periodischen Systems der Elemente.

Mit Hilfe synthetischer Rationen, die die Präparation von Mangelrationen erlauben, wurde die Lebensnotwendigkeit weiterer Elemente seit 1970 geprüft. Inzwischen liegen Befunde vor, die die Essentialität „Neuer Spurenelemente" (Silicium, Vanadium, Nickel, Arsen, Zinn, Lithium, Cadmium, Blei, Bor) wahrscheinlich machen. Bei anderen waren

---

[1] Über ihre chemische Form, in der sie in der Nahrung vorliegen, gibt es kaum genauere Informationen. Nachfolgend wird deshalb stets von dem „Element" gesprochen, wenngleich gesichert ist, daß in Nahrung und Organismen nicht die elementare Form, sondern Elementverbindungen, -komplexe oder -ionen vorliegen.

die eingesetzten Mengen noch zu hoch (Wolfram), um zu sicheren Aussagen zu kommen. Bisher wurde kein Mangel an „Neuen Spurenelementen" bei Tier und Mensch in der Praxis beobachtet.

Mineralstoffe sind zu einem maßgeblichen Anteil natürliche Inhaltsstoffe in unserer Nahrung. Hinzu kommen diejenigen Mengen, die infolge menschlicher Aktivitäten (Düngung, Be- und Verarbeitung, Lagerung; Kontamination der Umwelt) mit steigender Industrialisierung mitunter verstärkt in die Lebensmittel gelangen. Bei vielen Mineralstoffen entscheidet bereits die Standortsituation beim Pflanzenanbau über spätere Gehalte an Elementen in pflanzlichen Rohstoffen und Nutztieren, weshalb später auch darauf einzugehen sein wird.

Der Organismus benötigt für die Synthese von Enzymen, das Wachstum, die Reproduktion u. a. eine bestimmte Menge eines jeden essentiellen Elementes. Außerdem müssen ein Teil von ihnen durch den ständigen Auf- und Abbau der Organe kontinuierlich ersetzt und auch Verluste über Körperoberflächen (Darm, Haut) ausgeglichen werden. Diese Gegebenheiten bestimmen den Nettobedarf an lebensnotwendigen anorganischen Nahrungskomponenten.

Zur Befriedigung des Nettobedarfes müssen Tier und Mensch wesentlich höhere Elementmengen zugeführt bekommen, da ihre Resorptionsrate nur in Ausnahmefällen 100% beträgt und im Regelfall wesentlich unter dieser Rate bleibt. Die Resorptionsrate der Elemente wird durch zahlreiche Faktoren beeinflußt (vgl. auch Abschn. 4.1.2.). Zu diesen zählen u. a. Alter, Geschlecht, Schwangerschaft, Laktation, Wertigkeit des Elementes, Angebotsform und Biotransformation des Elementes, Antagonisten, Immunstatus und Füllung der schwer oder leicht verfügbaren Pools (vgl. Abschn. 4.3.) im Körper. Der Organismus ist bestrebt, bedarfsdeckende Elementkonzentrationen im Körper und in den Organen aufrecht zu halten. Diese Homöostasie wird im Normalfall durch Resorption, Retention und Exkretion der Elemente erreicht.

Das analytisch in der Nahrung ermittelte Bruttoangebot der Elemente erlaubt demnach nur eingeschränkte Aussagen über die Bedarfsdeckung oder zu erwartende Belastungen durch ein zu reichliches Angebot. Synergistische und antagonistische Wechselwirkungen zwischen den Elementen (Abb. 10.2) oder auch mit organischen Nahrungsinhaltsstoffen (vgl. z. B. Abschn. 8.13.) beeinflussen die Elementverwertung.

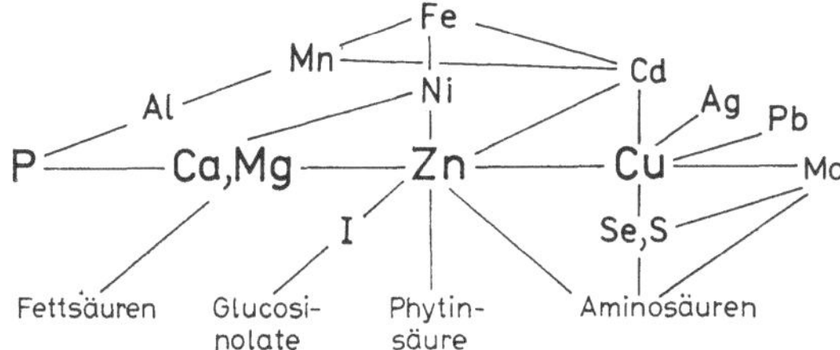

Abb. 10.2. Mögliche Wechselwirkungen zwischen den Elementen

Bei einer Reihe lebensnotwendiger Elemente ist in der Praxis sowohl mit einer defizitären Versorgung als auch mit einem toxischen Überangebot zu rechnen (Abb. 10.3).

Die Toxizität der Elemente wird gleichermaßen durch eine Reihe von Faktoren beeinflußt (vgl. Kap. 5., S. 105). Durch Biotransformation kann die Toxizität verschiedener Elemente sowohl vermindert als auch erheblich gesteigert werden (vgl. Abschn. 10.22. und auch Möglichkeiten der Gewöhnung an Arsen, Abschn. 10.13.).

Die Gefahr einer überhöhten Mengen- und Spurenelementbelastung des Menschen hat im 19. und 20. Jahrhundert durch die Emission verschiedener Elemente (Schwefel, Cadmium, Blei, Fluor, Selen, Arsen, Quecksilber u. a.) zugenommen. Außerdem wurden verschiedene anorganische Komponenten Bestandteil von Gebrauchsgegenständen und Verpackungen (z. B. Zinn, vgl. Kap. 20.), ohne daß die Auswirkungen dieser Belastungen damals bedacht worden sind. In diese Prozesse greift der Mensch erst verstärkt in den letzten Jahrzehnten ein.

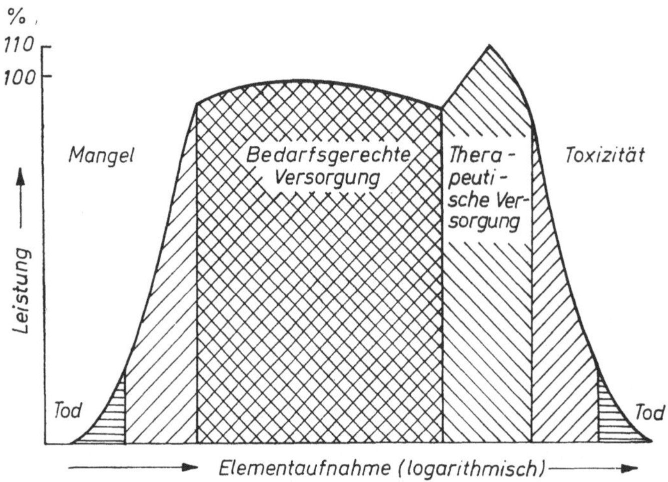

Abb. 10.3. Abhängigkeit der Leistung des Organismus von der Versorgung mit Mineralstoffen. Für einige Elemente existiert kein therapeutischer Bereich, innerhalb dessen die nutritive Wirkung überschritten und eine Leistungsstimulanz (z. B. bei Kupfer, Arsen) beobachtet wird. Vergleichbare Verhältnisse können auch bei Vitaminen (vgl. Kap. 9.) gegeben sein.

Mengen- und Spurenelementmangel kommt beim Menschen auf Grund der Urbanisierung und des weltweiten Handels mit Nahrungsmitteln, wenn man von Eisen und Iod absieht, seltener vor als Intoxikationen mit anorganischen Nahrungs- und Trinkwasserinhaltsstoffen. In ländlichen Gebieten mit lokalem Spurenelementmangel und fehlendem Austausch von Nahrungsgütern wurden jedoch Mengen- und Spurenelementmangelkrankheiten (z. B. Keshan-Krankheit, vgl. Abschn. 10.9.) beschrieben.

Stoffwechselstörungen (z. B. als Folge von Gendefekten) oder eine suboptimale parenterale Ernährung des Menschen verursachen gleichermaßen Spurenelementmangelkrankheiten (z. B. bei Kupfer, Zink).

10.2. Eisen

Gesteine enthalten z. T. extrem unterschiedliche Eisenkonzentrationen (Eruptivgesteine 56 g/kg, Schiefer 47 g/kg, Sandstein 9,8 g/kg, Kalkstein 3,8 g/kg; im Mittel 38 g/kg). Die Flora der Verwitterungsböden des Rotliegenden ist eisenreicher als die der Triasstandorte.

Die Eisenversorgung des Menschen wird am sichersten durch den Verzehr von Leber, Nieren bzw. Innereien und daraus hergestellten Erzeugnissen gewährleistet (Tab. 10.1). Auch Fleisch ist reich an Eisen, während die Milch aller Arten wenig Eisen liefert. Frauenmilch enthält in der Regel < 1 mg Eisen/l. Ihr Eisengehalt wird durch die Eisenversorgung der Mutter nur unbedeutend beeinflußt und nimmt im Lauf der Laktation ab. Eine Eisenergänzung ist bei Ernährung des Säuglings mit Muttermilch im 2. Lebenshalbjahr notwendig.

Alle pflanzlichen Nahrungsmittel und die daraus hergestellten Speisen sind ärmer an Eisen als Fleisch und Innereien. Das Schälen vermindert den Eisenbestand bei Früchten und Samen.

Tabelle 10.1. Eisengehalt von Nahrungsmitteln (mg/kg FM)

Obst		Gemüse		Pflanzliche Nahrungsmittel		Tierische Nahrungsmittel	
Himbeere	6	Kohlrabi	8	Linsen	5	Rindfleisch	16
Sauerkirsche	5	Rote Rüben	6	Erbsen	4	Schweinefleisch	10
Äpfel	3	Grüne Bohnen	6	Weißbrot	7	Hühnerfleisch	6
Weintraube	3	Spinat	4	Mischbrot	8	Schweineleber	100
Pfirsich	3	Blumenkohl	3	Kartoffeln	5	Schweinenieren	32
Pflaumen	2	Rotkraut	3			Kuhmilch	2
Wassermelone	1	Kopfsalat	2				

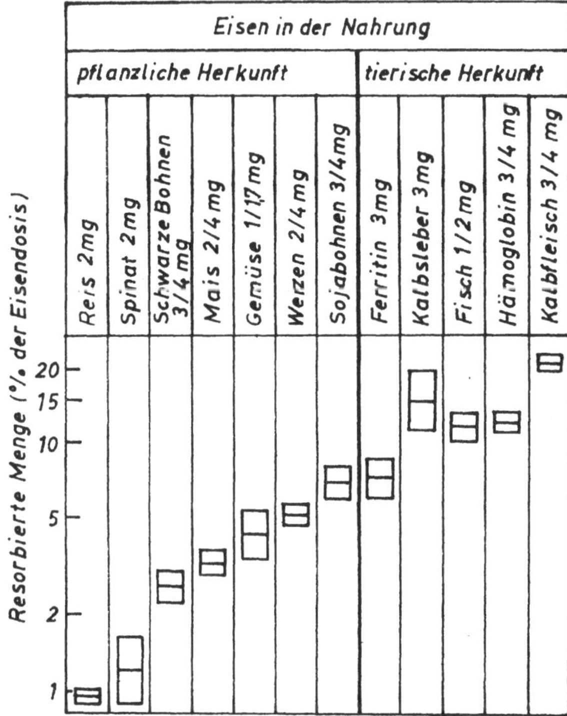

Abb. 10.4. Eisenresorption aus verschiedenen Nahrungsmitteln. (Unter den Lebensmitteln angegebene Mengen beziehen sich auf die jeweilig in den Untersuchungen angebotene Eisenmenge).
Eisen tierischer Nahrungsmittel wird in der Regel zehnfach besser als das pflanzlicher absorbiert. Hämeisen tierischer Produkte wird grundsätzlich besser als Nichthämeisen tierischer oder pflanzlicher Nahrungsmittel resorbiert. Die Resorption des Eisens vom Nichthämeisenanteil der Mahlzeit wird durch Ascorbinsäure aus Fleisch und Fisch, ebenso wie durch verschiedene Fruchtsäuren gefördert, während Weizenkleie, Sojaprodukte, Kuhmilch und Eier die Eisenresorption im Trend vermindern (Phytinsäure, Ballaststoffe, Phosphorproteine).

Der Eisenbedarf des Menschen bewegt sich in folgenden Größenordnungen: Männer und nicht menstruierende Frauen, Jugendliche ab 10 Jahren 14 mg/d, Frauen 15 mg/d, Schwangere und stillende Frauen 20...25 mg/d, Kinder 3...9 Jahre 8...10 mg/d, Säuglinge und Kleinkinder 0,8 mg/kg KM.

Der Eisenbruttobedarf wird durch die unterschiedliche Verfügbarkeit des Eisens der Nahrungsmittel beeinflußt (Abb. 10.4).

Die Mucosa des Duodenum und Jejunum enthält das Transportsystem für Eisen, das die Resorption dem Bedarf anpaßt. Durch Resorption von 10% des Nahrungseisens werden normalerweise die Eisenverluste gedeckt. Erhöhte Eisenverluste werden durch gesteigerte Resorption ausgeglichen. So kann bei Eisenmangel (Anämie) die Resorptionsrate 80...90% des Eisenangebotes betragen. Therapeutisch verabreichtes Eisen (50 mg/d) wird in der Regel zu 50% resorbiert.

Das Eisen der Frauenmilch wird vom Säugling zu 70%, der Kuhmilch zu 30% und der ohnehin deutlich geringere Eisengehalt von Säuglingsnahrungen zu 10% resorbiert. Bei pH-Werten um den Neutralpunkt, wie sie im Dünndarm vorliegen, ist Fe^{2+} besser als Fe^{3+} löslich, deshalb sollten Eisenpräparate zweiwertiges Eisen enthalten.

In der DDR konsumierten Studentinnen 12...17 mg Eisen/d. Der Eisenkonsum erreicht auch in anderen Ländern (Indien 9 mg, bei Gemüseverzehr 60 mg; Schottland 11 mg; USA 14...20 mg; Australien 20...22 mg; Kanada 12 mg, davon 1,2 mg Hämeisen und 11 mg Nichthämeisen) die in der DDR ermittelte Größenordnung. In Schweden nahmen Teenager und schwangere Frauen im Mittel 15 mg Eisen mit einer Schwankungsbreite von 6...28 mg auf. Der Gebrauch oraler Kontrazeptiva beeinflußt die Eisenresorption nicht.

Die vorliegenden Zahlen belegen, daß die Eisenversorgung der Frau häufig im Grenzbereich des angenommenen Bedarfes liegt, während die des Mannes in der Regel befriedigt wird.

Eisenhaltige Enzyme sind u. a. verschiedene Cytochrome, die Katalase und Peroxidase; Transferrin transportiert das Eisen; Hämoglobin der Erythrozyten bindet den Luftsauerstoff (Anteil des Hämoglobineisens am Eisenbestand: 69,7%), Ferritin bzw. Hämosiderin bilden die Eisenspeicher und Myoglobin ist das Hämoprotein des Muskels.
Durch orale Eisenpräparate sind Eisenmangelanämien zu beseitigen.

Überhöhte Eisenbelastungen haben im wesentlichen drei Ursachen:

1. Unachtsamkeit beim Umgang mit Eisenpräparaten, die zu akuter Eisenvergiftung führt,
2. chronische Eisenbelastung als Folge einer erblichen Hämochromatose und
3. multiple Bluttransfusionen bei chronischer Anämie (Thalassämie).

Der normale Serumeisenspiegel beträgt beim Mann 16,1...25,1 µmol/l (900...1 400 µg/l), bei der Frau 14,3...21,5 µmol/l (800...1 200 µg/l). Bei Intoxikationen werden Gehalte bis zu 540 µmol/l (30 000 µg/l) festgestellt. Die Letalität von Eisenintoxikationen ist besonders bei Kindern relativ hoch (bis 50%). Die letale orale Dosis wird für Kinder auf 3...10 g, für Erwachsene auf 10...50 g geschätzt. Die Therapie muß zunächst die Resorption größerer Eisenmengen verhindern. Vor dem Transport zur Klinik sollte Milch und rohes Ei verabreicht werden. Als wertvolles Antidot hat sich Desferrioxamin erwiesen. Parenteral oder p.o. verabreicht, bindet es das nicht resorbierte Eisen und erhöht die Ausscheidungsfähigkeit über die Nieren.

Nach Angaben der WHO sind 0,8 mg Eisen/kg KM/d für den Menschen tolerierbar, wovon Eisenmengen aus Pigmentfarbstoffen, sowie supplementiertes Eisen (Schwangerschaft, Therapie) ausgenommen sind (WHO Food Additives Ser. No. 18. Genf 1983).

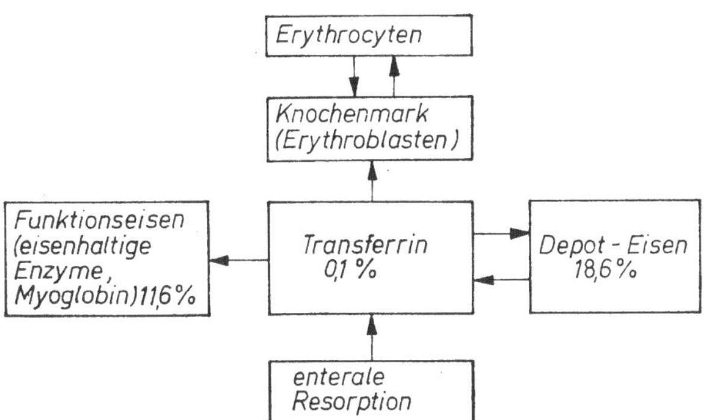

Abb. 10.5. Vereinfachtes Schema des Eisenstoffwechsels.
Resorbiertes Eisen wird im Portalblut vom Plasmatransferrin übernommen. Die Bindungskapazität ist im Normalfall nur zu 30% ausgelastet. Es kann maximal die geringe Menge von 12 mg Eisen aufgenommen werden. Bei parenteraler Ernährung und Eisenvergiftung ist dieser Umstand zu beachten, da freies Eisen toxisch wird.
Bei der Eisenversorgung besitzen eisenhaltige Enzyme Priorität. Es folgen die Hämoglobinbildungsstätten (rotes Knochenmark) und die Muskulatur (Myoglobin). Nicht benötigtes Eisen verschwindet in den Eisendepots (Leber, Milz, Knochenmark) und wird dort vor allem als Ferritin, aber auch als Hämosiderin abgelagert. Es kann im Bedarfsfall mobilisiert werden. Die Eisenexkretion durch den Urin ist niedrig. Über die Galle gelangt Eisen in den Darm. Menstrualblut, Schweiß und Milch sind weitere Eisenausscheidungswege. Eisen wird ohne Schwierigkeiten zum Embryo transferiert.

10.3. Iod

Der Iodgehalt verschiedener Gesteine differiert nur wenig. Im Boden wird das Iod vom Humus gebunden, wodurch sich dort Iodgehalte im Mittel von 5 mg/kg ergeben. Süßwasser enthält mit 2 µg/l weniger Iod als Meereswasser (6 µg/l). Meerespflanzen und -tiere reichern sich mit Iod an. Niederschläge führen Boden und Pflanzen Iod zu. Mit der Entfernung zum Meer nimmt der Iodgehalt des Regens ab.

Der Iodgehalt der Lebensmittel unterliegt erheblichen Schwankungen. Getreide und Getreideerzeugnisse liefern in der Regel < 100...200 µg Iod/kg. Weizenmehl kann wesentlich unter 100 µg/kg enthalten. Auch der Iodanteil der Früchte und des Gemüses beträgt im Mittel < 100 µg/kg. Lediglich blattreiches Gemüse (Petersilie, Dill), verschiedene Pilzarten und technisch bearbeitete Nahrungsmittel (z. B. Kartoffelstärke) liefern in der Regel > 100 µg Iod/kg.

Alle Fleischarten (Rind, Schwein, Schaf, Kaninchen, Puten, Wild) enthalten gleichfalls < 100 µg Iod/kg, die eßbaren Innereien (Leber, Nieren, Lunge) 200...400 µg/kg.

Am meisten Iod liefern Seefische. Ihr Iodanteil schwankt zwischen 0,6...2,9 mg/kg. Bearbeitete Fischprodukte können wesentlich reicher an Iod sein (0,6...5 mg/kg). Krabben und Muscheln (3,7...7,2 mg/kg) vermögen noch mehr Iod anzureichern. Milch und Milcherzeugnisse enthalten 200...800 µg/kg. Sommermilch ist in der Regel ärmer an Iod als Wintermilch. Verschiedene Käsesorten (z. B. Emmentaler) können reich an Iod sein. Eier vermögen bei entsprechendem Iodangebot viel davon aufzunehmen. Frauenmilch enthält Iod in der Kuhmilch entsprechenden Menge, jedoch in Abhängigkeit vom Iodangebot über die Nahrung. Die Iodaufnahme betrug in Finnland im Jahresmittel 340 µg/d, in Schweden 282 µg/d, in Großbritannien 323 µg/d, in den USA

292...1132 µg/d. Der hohe Iodkonsum resultiert dort aus der zusätzlichen Iodverabreichung (auch durch Medikamente, Desinfektionsmittel) an landwirtschaftliche Nutztiere und der Iodierung des Brotes. In der BRD verzehrten Kinder 1,7...2,8 µg/kg KM/d. Mit zunehmendem Alter nahm die Iodaufnahme ab.

Der Iodbedarf des Menschen wird wie folgt angegeben (WHO 1975): Erwachsene 150 µg/d, Schwangere und Stillende 200 µg/d, Kinder und Jugendliche ab 10 Jahren 150 µg/d, Kinder 1 bis 10 Jahre 100 µg/d, Säuglinge bis 12 Monate 50 µg/d.

Die Iodresorption erfolgt im gesamten Intestinum, hauptsächlich aber im proximalen Drittel des Dünndarmes. Es wird rasch und nahezu vollständig resorbiert. Das Iod muß vor der Resorption mit Ausnahme der iodierten Aminosäuren zu Iodid reduziert werden. Einwertige Ionen wie Perchlorat, Rhodanid und Nitrat können die Iodidaufnahme hemmen. Andere Thyreostatica (vgl. Abschn. 8.5.) können die Iodierung beeinträchtigen.

Der Mensch speichert etwa 12 mg Iod, 90% davon sind in der Schilddrüse lokalisiert. Die Iodausscheidung in den Verdauungskanal findet mit Speichel, Magen- und Dünndarmsaft statt. Ein erheblicher Teil davon wird erneut resorbiert. Die Hauptausscheidung erfolgt renal. Auch bei Iodmangel wird eine Iodexkretion festgestellt. Über den Schweiß geht gleichfalls Iod verloren. Nur etwa 10...15% des organisch gebundenen Iods werden vom Menschen mit dem Kot ausgeschieden. Iod gelangt rasch entsprechend der maternalen Versorgung zum Embryo.

Iod ist Bestandteil des Hormons Thyroxin. Goitrogene Substanzen (vgl. Abschn. 8.5.) führen zu einem Iodisations- und Kopplungsdefekt und können sekundären Iodmangel induzieren. Auch ein hoher Nitrat- bzw. Thiocyanatgehalt der Nahrung führt zu einem Iodisationsdefekt. Die gleiche Wirkung haben zu hohe Iodidgaben. Außerdem ist unter dieser Belastung die Sekretion des thyreotropen Hormons (TSH) gehemmt.

Sinkt die Iodzufuhr unter 70 µg/d, wird der Iodvorrat der Schilddrüse (5...10 mg, reicht für 2 Monate) aufgebraucht. Die Folge ist eine verminderte Produktion des Schilddrüsenhormons und in Fortsetzung der Reaktionskette eine gesteigerte Sekretion des TSH des Hypophysenvorderlappens. Die Schilddrüse reagiert bei Iodmangel auf den Stimulus nicht mit der gewünschten Hormonproduktion, sondern mit einer Struma, die am Anfang diffus ist. Bei Fortbestand des Iodmangels verändert sie sich knotig. Sie kann in seltenen Fällen auch maligne entarten. Frauen sind häufiger betroffen als Männer. Die Struma tritt bevorzugt in Phasen hormoneller Umstellung, wie Pubertät, Gravidität und Menopause, auf und wurde bei Menschen aller Kontinente beschrieben. Sie kommt u. a. in den südlichen Gebieten der DDR, BRD, in Österreich und Schweiz gehäuft vor. Durch Iodierung des Speisesalzes (15...25 mg Iod/kg Salz als Kalium- oder Natriumiodat) in 22 Ländern und freiwillige territorial begrenzte Programme in weiteren 35 Ländern ließ sich die Struma insbesondere bei Kindern nahezu verhindern. Bei Erwachsenen blieb die Kropfhäufigkeit fast unverändert. Iod dient der Kropfverhütung, kann jedoch vorhandene Strumen nur begrenzt zurückbilden.

Die Auswirkungen einer überhöhten Iodbelastung sind im Tierversuch intensiv untersucht und für den Menschen von praktischer Bedeutung. Ursache durch Iod induzierter Hyperthyreosen ist autonomes Schilddrüsengewebe. Es können sich kalte (inaktive) und heiße Knoten (aktive) bilden. Letztere produzieren unter dem TSH-Reiz bevorzugt das an Iod ärmere und stoffwechselaktivere Triiodthyronin (T_3). Die in Iodmangelstrumen vorkommenden autonomen Gewebebezirke verursachen bei Iodmangel keine Hyperthyreose, da ihnen das Iodid zur unkontrollierten Hormonproduktion fehlt. Erhalten Patienten mit Iodmangel zusätzlich Iodid (z. B. 100 µg/d), kann bei einigen, deren Schilddrüsen viel autonomes Gewebe produzieren, eine durch Iod induzierte

Hyperthyreose entstehen. In der Regel wird jedoch eine Schilddrüsenüberfunktion erst durch unphysiologisch hohe Iodmengen zwischen 1...100 mg/d ausgelöst. Diese hohen Überdosierungen können bei prädisponierten Personen Hyperthyreosen bis zum thyreotoxischen Koma induzieren. Diese Gefahr ist bei sachgemäßer Handhabung der Iodergänzung über die Iodsupplementierung der Mineralstoffmischungen landwirtschaftlicher Nutztiere, des Speisesalzes und Brotes außerordentlich gering.

Ein immer wieder von Gegnern und Befürwortern der Iodierung zitiertes Beispiel ist die Bevölkerung der australischen Insel Tasmanien. Sie erhielt 80...300 µg Iod/d zusätzlich über Brot verabreicht. Der Anteil von Hyperthyreosen stieg bei ihnen von 0,03% auf maximal 0,13% an, um nach 3...4 Jahren wieder auf die Hyperthyreosehäufigkeit von 0,05% zu fallen. Dabei handelte es sich nicht um die durch Iod induzierte, sondern um die durch stimulierende Antikörper ausgelöste echte BASEDOWsche Erkrankung.

Der Iodstatus von Mensch und Tier wird durch alle Körperteile und Exkrete bzw. Sekrete widergespiegelt. In der Humanmedizin benutzt man die Iodausscheidung über den 24-h-Harn bzw. je g Creatinin als Maßstab des Iodangebotes. Bei renaler Ausscheidung von < 40 µg Iod/d steigt die Iodaktivität der Schilddrüse an.

In weiten Teilen der Welt ist eine Erhöhung des Iodgehaltes der Nahrung geboten.

10.4. Fluor

Der Fluorgehalt der Lithosphäre schwankt nach den Angaben verschiedener Autoren zwischen 270...800 mg/kg. Meerwasser enthält 1,0...1,4 mg/l, Süßwasser 0...2,0 mg/l.

Der Fluorgehalt von Roggenbrot, Weizenbrot, Brötchen und Reis beträgt in Europa 0,2...0,4 mg/kg. Gemüsearten enthalten verzehrsfertig zwischen 0,1...0,4 mg/kg. Von den tierischen Nahrungsmitteln enthält der Fisch am meisten Fluor (Karpfen 2,0 mg/kg FM), Schaffleisch 0,7 mg/kg, Schweineinnereien 0,4 mg/kg, Schweinefleisch 0,25 mg/kg und Eier 0,1 mg/kg. Der normale Fluorgehalt der Frauenmilch schwankt zwischen 25...70 µg/l. Einige Gewürzkräuter und insbesondere Schwarzer Tee (90...400 mg/kg) liefern extrem hohe Fluormengen. Über das Trinkwasser kann natürlicherweise oder durch Fluoridierung erheblich Fluor in die Tagesration gelangen. Auch durch Fluoremission von Phosphat-, Aluminium-, Zement-, Kraftwerken und Ziegelbrennereien können sich die Nahrungsmittel (Gemüse) erheblich mit Fluor anreichern. Petersilie aus der Umwelt eines Emaillewerkes enthielt z. B. 70 mg Fluor/kg, solche aus unbelasteten Gebieten lediglich 1% davon. Wenn das Trinkwasser mit 1 mg/l fluoridiert ist, beträgt die Fluoraufnahme Erwachsener 1,5...2 mg/d. Der Fluorkonsum vermindert sich um 0,6...1 mg/d, wenn das Wasser nicht fluoridiert ist. Die Fluorbelastung des Menschen ist besonders groß, wenn der Fluoranteil der Nahrung und des Trinkwassers hoch ist und wenn zusätzlich (bei Hitze) viel getrunken wird (z. B. Tee). In der VR Ungarn nahmen Erwachsene mit 3000 kcal 0,314 mg Fluor/d auf. In den USA betrug der Fluorgehalt der Nahrung ohne das Fluor des Trinkwassers (fluoridierte Lebensräume) 1,7...3,4 mg/d. In den nichtfluoridierten Gebieten nahmen die Erwachsenen 1 mg Fluor/d auf. Die maximale Fluoraufnahme je Kind bis zum Alter von 6 Monaten betrug in den USA 0,127 mg/kg KM. Babies mit Mutter- oder Kuhmilchernährung nehmen in Gemeinden ohne Trinkwasserfluoridierung signifikant weniger Fluor auf.

Der Fluorbedarf im Sinne der Kariesprophylaxe ist wie folgt anzusetzen: Erwachsene und Jugendliche ab 10 Jahren 1 mg/d, Kinder 4...10 Jahre 0,75 mg/d, Kinder 1...3 Jahre 0,25 bis 0,75 mg/d, Kinder bis 12 Monate 0,25 mg/d.

Das Fluor der Nahrung wird zu 80...90% im Gastrointestinaltrakt resorbiert. Aktive intestinale Transportmechanismen sind unbekannt. Verschiedene Nahrungsbestandteile beeinflussen die Fluorresorption. Die Bioverfügbarkeit dünndarmlöslicher NaF-Präparate vermindert sich bei Einnahme mit 200 ml Vollmilch anstelle von Wasser um 40%. Wahrscheinlich entsteht CaF_2. Als weitere Antagonisten der Fluorresorption werden Natrium, Chlorid, Magnesium, Aluminium, Phosphat und Selen genannt.

Das Fluor wird außerordentlich rasch in den Körper überführt und mit dem Blut (Normalgehalt im Blutplasma: 5...18 µg Fluor/l) zu den Organen geleitet. In Gegenden mit fluoridiertem Trinkwasser ist der Gehalt um das Dreifache höher. Fluor wird entweder über die Nieren ausgeschieden (bis zu 15 mg Fluor/d) oder langsam im Skelett deponiert. Die Fluorbindung in Hydroxylapatitkristalle ist reversibel. Bei niedrigem Blutplasmaspiegel gibt der Knochen Fluor ab. Dieser Prozeß ist über Monate und Jahre wirksam. Mit dem Alter nimmt der Fluorgehalt des Skelettes zu. Bis zu 60% des resorbierten Fluors werden innerhalb eines Tages renal ausgeschieden. Die exkretierte Fluormenge hängt nicht nur von der verzehrten Fluormenge, sondern auch von der Fluoraufnahmekapazität des Skelettes ab. Etwa die Hälfte des resorbierten Fluors dürfte im Knochen deponiert werden. Der Fluorgehalt des Harnes spiegelt den Fluorstatus des Körpers bei einer Fluorbelastung sehr gut wider. Über den Stuhl verlassen etwa 10% des aufgenommenen Fluors den Körper. Dabei dürfte es sich sowohl um nichtresorbiertes als auch in den Darm exkretiertes Fluor handeln.

Spezifische Funktionen des Fluors im Körper sind nicht mit Sicherheit bekannt. Bei der Bekämpfung der Zahnkaries spielt das Fluor eine wesentliche Rolle. Durch seinen Einbau in das Apatitgitter des Zahnschmelzes erhöht sich die Resistenz der Zahnsubstanz gegenüber Säuren. Ferner scheint sich in Gegenwart von Fluor eine verstärkte Remineralisierung der Zahnschmelzoberfläche zu vollziehen und die Polysaccharidsynthese, welche für die Kariesentstehung bedeutsam ist, zu vermindern.

Die Bedeutung des Fluors bei der Prophylaxe der Osteoporose ist nicht geklärt. Bei ihr kommt es zu einem Verlust an Knochenmasse; der Knochenschwund kann die Frakturgrenze überschreiten. Pathogenetisch dominiert der Abbau des Knochens über den Aufbau. Die Wirkung des Fluors auf die Osteoblastenaktivität und die Stabilität des Knochens ist unumstritten. Die praktische Nutzung des Fluors zur Osteoporoseprophylaxe bedarf jedoch der sorgfältigen Langzeitbeobachtung, um die positiven Einflüsse zu bestätigen.

Akute Fluorvergiftungen kommen häufiger vor (Fluortabletten, technisches Versagen bei der Trinkwasserfluoridierung). Die Einnahme von 5...10 g NaF ist meist tödlich. Plasmafluoridkonzentrationen > 2 mg/l sind als toxisch anzusehen, da oberhalb dieses Bereiches Enzymhemmungen auftreten. Hypocalcämie mit Tetanie und Depressionen der Herztätigkeit sowie periphere Gefäßerweiterungen werden beobachtet. Tödliche Fluorintoxikationen beginnen mit Blutdruckabfall und enden im Koma. Zusammenhänge zwischen Trinkwasserfluoridierung und gesteigertem Auftreten von Krebs, Mongolismus und kardiovaskulären Erkrankungen konnten nicht bewiesen werden.

Eine langjährige positive Fluorbilanz kann zu chronischer Fluorose (klinische Zeichen: Zahnschmelzflecken) führen und über die Osteofluorose zur „Crippling-Fluorosis" mit schweren Skelettschäden führen.

Es wird zwischen Industrie- und Trinkwasserfluorose unterschieden. Mit einer Trinkwasserfluorose ist ab 4 mg/l zu rechnen. Diese Zahl gilt insbesondere für heiße Länder.

Knochenfluorose entwickelt sich hauptsächlich infolge beruflicher Exposition. Arbeiter der Stahl-, Aluminium- und Glasindustrie sind besonders gefährdet. Fluorkonzentrationen der Atmosphäre von $> 2,5$ mg/m³ gelten als kritisch. Fluorwerte von > 5 mg/l Harn weisen auf eine Fluorexposition hin. Knochenfluorose kann radiologisch über die zunehmende Spongiosadichte identifiziert werden und beginnt häufig mit Rückensteifheit und Gelenkschmerzen. Die Prognose der Knochenfluorose ist gut.

Die Gefahr der Aufnahme zu hoher Fluormengen über die Nahrung ist gering. In der Regel ist ein erhöhter Fluorgehalt des Wassers Ursache der Fluorbelastung.

Organische Fluorverbindungen (z. B. verwendet als Insekticide) gelten als stark toxisch.

10.5. Kupfer

Der Kupfergehalt der oberen Lithosphäre wird auf $45\ldots70$ mg/kg geschätzt. Basische Gesteine (140 mg/kg) sind reicher an Kupfer als saure (30 mg/kg: Granit, Syenit, Porphyr). Die Geologie des Standortes beeinflußt den Kupfergehalt der Nahrungsmittel sehr stark. Verwitterungsböden des Rotliegenden, der Schiefer, des Gneises, Phyllits und Muschelkalkes produzieren eine kupferreiche, Moor, Torf, diluvialer Sand und Geschiebelehm eine kupferarme Vegetation. Darüber hinaus nimmt die Pflanzenart entscheidend Einfluß auf den Kupfergehalt der Nahrungsmittel. Blattreiches Gemüse enthält in der Regel viel Kupfer und reichert sich in Kupferemissionsgebieten zusätzlich noch mit Kupfer an (Tab. 10.2). Samen, Knollen, Wurzeln speichern mittlere Kupferkonzentrationen. Der Kupferanteil wird durch das Schälen und Mahlen vermindert.

Nahrungsmittel tierischer Herkunft liefern extrem unterschiedliche Kupfermengen (Tab. 10.3). Muttermilch (480 μg/l) ist für Säuglinge im Vergleich zur Kuhmilch (150 μg/l) eine gute Kupferquelle.

Tabelle 10.2. Kupfergehalt pflanzlicher Nahrungsmittel (Mittelwert $\bar{x}$ in mg/kg, Standardabweichung s)

Art	unbelastet		belastet	
	s	$\bar{x}$	$\bar{x}$	s
Kopfsalat	5,0	14[1]	36[1]	13
Petersilie	6,4	12[2]	22[2]	10
Tomaten	3,8	11		
Buschbohnen	3,4	7,4		
Kartoffeln	1,7	6,5		
Möhren	1,9	5,4		
Roggen, Korn	0,8	5,4		
Weizen, Korn	0,9	4,4		
Zwiebeln	1,9	4,4		
Äpfel	0,9	2,7		

[1] $p < 0,001$
[2] $p < 0,01$

Tabelle 10.3. Kupfergehalt ausgewählter tierischer Nahrungsmittel
(Mittelwert $\bar{x}$ in mg/kg, Standardabweichung s)

Art		Leber	Nieren	Großhirn	Fleisch	Milch
Rind	$\bar{x}$	152	15	9,8	2,4	1,1
	s	98	4,0	2,5	0,80	0,33
Schaf	$\bar{x}$	161	22	16	4,9	
	s	201	28	7,2	2,0	
Schwein	$\bar{x}$	23	21	16	4,0	
	s	12	10	4,3	1,0	
Huhn	$\bar{x}$	17	15	19	3,1	3,5
Broiler	s	3,4	1,7	5,3	1,7	0,4

Die Kupferresorption unterliegt der homöostatischen Regulation. Bei einem Kupferangebot von 1,5...3 mg/d über die Nahrung wurde beim Menschen eine scheinbare Resorption von 40...60% festgestellt. Eine bedarfsübersteigende Zufuhr von Calcium, Zink, Cadmium, Molybdän, Eisen und Sulfid vermindert die Kupferresorption bzw. -verwertung. Kupfer wird im Magen, Duodenum und Jejunum resorbiert. Auf einem Defekt des Kupfertransportes in den Darmepithelien oder der serosalen Membran beruht das MENKE-Syndrom.

Die Kupferausscheidung erfolgt beim Menschen hauptsächlich durch die Galle, daneben in vergleichsweise geringen Mengen auch über Urin, Schweiß und Menstrualblut.

Kupfer steuert über verschiedene Enzyme bzw. Proteine sehr unterschiedliche Prozesse im Körper. Zu den kupferabhängigen Proteinen zählen die Cytochromoxidase, Superoxiddismutase, Tyroxinase, Lysyloxidase und das Coeruloplasmin.

Ein Kupferdefizit führt bei Mensch und Tier zu Wachstumsverminderung, nervösen Störungen, Embryonenresorption, Aborten, Skelettschäden, Depigmentierung des Haares, Schäden beim Keratin(Haar-)-Aufbau und Anämie. Beim Menschen wurden Kupfermangelsymptome bei frühgeborenen Kindern mit einer Kupfermangeldiät, schweren Resorptionsstörungen mit Durchfall und totaler parenteraler Ernährung beobachtet.

MENKE'-kinky-hair-Syndrom ist das klassische Beispiel eines menschlichen Gendefektes, der bereits während der intrauterinen Entwicklung zu Kupfermangel führt. Die Krankheit ist x-chromosomal rezessiv erblich. Ohne Kupferbehandlung, die bereits während der intrauterinen Entwicklung angezeigt ist, sterben diese Kinder in der Regel im Alter von 6 Monaten bis 3 Jahren.

Für Kleinkinder und Kinder bis zu 10 Jahren kann aus Bilanzstudien ein Kupferbedarf von 50...80 µg/kg KM/d und für Erwachsene ein solcher von 30 µg/kg/d abgeleitet werden. Daraus ergibt sich ein Bedarf von 0,5...1 mg/d für Säuglinge, 1...2 mg/d für Kinder, 2...3 mg/d für Jugendliche und Erwachsene.

Die meisten Tagesrationen in England, Neuseeland und den USA enthalten 2...4 mg Kupfer. In der DDR, Holland und Schottland wurden 1...2 mg Kupfer/d von Erwachsenen aufgenommen, ohne daß sich Kupfermangel manifestierte. Patienten mit parenteraler Ernährung sollten 0,3 mg Kupfer/d erhalten.

Kupferintoxikationen sind beim Schaf am bekanntesten, während das Schwein hohe Kupferkonzentrationen (250 ppm) verträgt und unter diesen Bedingungen sogar eine verstärkte Zunahme der KM von 8% bringt.

Beim Menschen ist der Morbus WILSON die bekannteste Kupferüberschußkrankheit.

Es handelt sich um eine autosomal rezessiv erbliche Erkrankung. Personen mit Symptomen des Morbus WILSON sind homozygot. Die Krankheit ist durch einen hohen Kupfergehalt von Leber, Gehirn, Nieren und Hornhaut des Auges, einen genetisch bedingten Coeruloplasminmangel, eine herabgesetzte Kupferexkretion über die Galle, einen KAYSER-FLEISCHER-Kornealring und erhöhte Kupfer- und Aminosäureausscheidung im Urin charakterisiert. Sie wird im Alter von 4 bis 30 Jahren manifest. Die Therapie zielt auf die Entfernung des überschüssigen Kupfers aus dem Körper. Chelatbildner (D-Penicillamin, Na-Diethyldithiocarbamat) bewirken einen Anstieg der renalen Kupferausscheidung. Der Verzehr kupferarmer Nahrung bei gleichzeitiger Zufuhr des Kupferantagonisten Zink unterstützt die Therapie. Trotzdem ist es schwierig, eine negative Kupferbilanz aufrechtzuerhalten. Eine möglichst frühe Diagnose ist von entscheidender Bedeutung. Alle Geschwister von Morbus-WILSON-Patienten sind diesbezüglich zu testen. Bei erniedrigter Coeruloplasminkonzentration im Serum, erhöhter Kupferkonzentration im Urin und Kupferwerten der Leber > 250 mg/kg muß eine Behandlung eingeleitet werden.

Die normale Kupferkonzentration der menschlichen Leber (1...90 Jahre) beträgt 22 mg/kg. Säuglinge des ersten Lebensjahres besitzen einen höheren Kupfervorrat in der Leber, der intrauterin gebildet wird. Im Mittel des ersten Lebensjahres wurden 81 mg/kg mit einer Standardabweichung von 92 gefunden, was auf die großen Schwankungen hinweist.

Beim Menschen ist die Analyse der Kupferversorgung schwer, da die Kupfergehalte des Serums nicht immer ein Kriterium des Kupfermangels sind. Der Coeruloplasminspiegel kann bei der MENKES'- und WILSON-Krankheit vermindert sein. Die Cytochrom-C-Oxidase- und Monoaminooxidaseaktivitätsbestimmung gibt Hinweise.

Kupfervergiftungen durch die orale Aufnahme kupferreicher Nahrungsmittel sind äußerst selten und kaum zu erwarten. Akute Vergiftungen mit Kupfersalzen sind mit häufigem Erbrechen verbunden. Bei Einwirkung von Essig auf Kupfer(gefäße) entsteht basisches Kupferacetat (Grünspan), das durch geringe Löslichkeit in Wasser weniger toxisch wirkt. Chronische Kupfervergiftungen durch kupferreiches Gemüse (vgl. Abschn. 14.4.3.) oder kupferhaltige Fungicide (vgl. Abschn. 11.4.) sind mit Sicherheit nicht bewiesen.

Die Beseitigung der erhöhten Kupferzufuhr garantiert im allgemeinen eine rasche Besserung. Die letale orale Dosis für Erwachsene beträgt 10...20 g Kupfersulfat.

Die WHO gibt als vorläufigen Wert für die maximal tolerierbare tägliche Aufnahme des Menschen 0,05...0,5 mg Kupfer/kg KM an (WHO Food Additive Ser. No. 17. Genf 1982).

10.6. Mangan

Die Mangankonzentration der Gesteine ist unterschiedlich (Sandstein 50 mg/kg, Muschelkalk 1 100 mg/kg). Nur das zweiwertige Mangan ist pflanzenverfügbar. Die Pflanzenverfügbarkeit des Mangans steigt mit der Versauerung des Bodens an. Blattreiches Gemüse besitzt Mangan (Kopfsalat 104 ± 63 mg/kg) reichlich, Äpfel und Kartoffeln ($7,0 \pm 3,5$ mg/kg) nur einen Bruchteil im Vergleich zu den erstgenannten Nahrungsmitteln. Getreidekörner enthalten etwa 20 mg Mn/kg. Schälen reduziert den Mangangehalt aller Samen, Früchte und Knollen, so daß Salzkartoffeln und Brot arm an Mangan sind. Tierische Nahrungsmittel enthalten nur in Ausnahmefällen > 10 mg/kg (Leber 7...10 mg/kg; Fleisch $< 1,0$ mg/kg; Hühnerei 1,3 mg/kg; Milch und Milcherzeugnisse beträchtlich unter 1,0 mg/kg). Die Mangankonzentrationen nehmen in der Reihe Boden, Pflanze, Tier ab.

Im Tierversuch zeigte sich, daß Mangansalze sehr rasch resorbiert und ebenso schnell wieder ausgeschieden werden. Mangan wird kontinuierlich im Skelett und Ovar angereichert.

Die Resorptionsrate des inhalierten Mangans ist wahrscheinlich wesentlich $> 3\%$. Größere Manganpartikel verbleiben in den Atemwegen, von wo sie zum Teil expektoriert und verschluckt werden, so daß auch eine gastroenterale Resorption möglich ist.

Das meiste Mangan wird über die Galle ausgeschieden. Auch über die Bauchspeicheldrüse und den Dünndarm gelangt Mangan in den Stuhl. Die renale Manganeliminierung spielt keine wesentliche Rolle. Eisen wirkt als Manganantagonist. Eine Eisenbelastung verschlechtert die Manganresorption.

Mangan ist Cofaktor verschiedener Enzyme, zu denen die Glycosyltransferasen, die in Beziehung zur Mucopolysaccharidsynthese stehen, gehören. Das manganabhängige Enzym Superoxiddismutase schützt die Zellen vor der Zerstörung durch superoxidfreie Radikale. Das manganhaltige Enzym Pyruvatcarboxylase und die durch Mangan aktivierte Phosphoenolpyruvatcarboxylase sind an der Gluconeogenese, die Mangan enthaltende Arginase an der Harnstoffbildung beteiligt.

Ein Mangandefizit führt beim Tier zu einer stillen, symptomarmen Brunst bei normaler Ovulation, einer erhöhten Abortrate, zu Skelettschäden, die vom Knorpel der Epiphysen ausgehen, zu Lähmungen, nervösen Störungen und Veränderungen bei der Gluconeogenese.

Die sogenannte „pallid"-Maus leidet an einem Gendefekt. Sie kann nicht schwimmen und besitzt anomal entwickelte Statolithi (Gleichgewichtssteinchen). Mangangaben von 1 500 ... 2 000 ppm an trächtige „pallid"-Mäuse normalisierten die Statolithi. Die Nachkommen konnten schwimmen. Der gleiche Gendefekt wurde bei einer Nerzmutante beobachtet.

Beim Menschen wurde bisher Manganmangel nicht beschrieben. Lediglich mit Aluminiumpräparaten behandelte Dialysepatienten besaßen einen verminderten Mangangehalt in verschiedenen Organen (Großhirn, Rippe). Auch bei Patienten mit dem ALZHEIMER Syndrom (fortschreitende Demenz) war der Manganspiegel verschiedener Gehirnabschnitte vermindert.

Der geschätzte Manganbedarf des Menschen beträgt 0,035 ... 0,070 mg/kg KM/d, was einem Bruttobedarf bei Erwachsenen von 2 ... 5 mg/d und Kindern von 1 ... 2 mg/d entspricht.

In den verschiedensten Ländern der Welt nahmen Erwachsene zwischen 2,7 ... 4 mg mit der Nahrung auf. Über Vollkornbrot, Blattgemüse und Schwarzen Tee wird dem Körper Mangan zugeführt.

Die Toxizität des oral verabreichten Mangans ist extrem niedrig. Schafe vertrugen ebenso wie andere Tierarten die 30fache Manganmenge des Bedarfes (2 000 ppm) über Jahre und mehrere Generationen ohne Einfluß auf Wachstum und Fortpflanzungsleistung.

Beim Menschen wird durch inhaliertes Mangan das Zentralnervensystem geschädigt. Konzentrationen von 2 ... 5 mg Mn/m³ Luft führen zu chronischen Vergiftungen bei 2 ... 25% der Exponierten. Die Erstsymptome nach Monaten sind Psychosen (Mangan-Irresein). Nach Ablauf der unspezifischen zerebralen Allgemeinsymptome kommt es zu Störungen der psychomotorischen Koordination und des extrapyramidalen Nervensystems. Die Prognosen für eine Besserung der zerebralen Symptome sind nach dem Ende der Manganbelastung nicht günstig.

Im Tierversuch zeigten Leber und Haar sowohl einen Mangel als auch eine Belastung in bezug auf Mangan an. Auch der Mangananteil im Stuhl gibt Hinweise auf die Manganbelastung. Harn- und Blutserumuntersuchungen erlauben keine Hinweise auf den Manganstatus.

Therapeutisch kommt es hauptsächlich darauf an, die Manganexposition zu beenden. Die Therapie mit Chelatbildnern (Na$_2$Ca-EDTA, L-DOPA) ist nicht immer wirksam und von Nebenwirkungen begleitet.

Die Manganaufnahme über die Nahrung führte beim Menschen bisher zu keiner Manganintoxikation. Sie ist auch nicht zu erwarten. Die versehentliche orale Aufnahme extrem hoher Manganmengen führte nach 2 Tagen zu zentralnervösen Störungen. Anschließend traten Tremor und Rigor als dominierende Symptome auf, die nach 14 Tagen spontan verschwanden.

10.7. Zink

Der Zinkgehalt der Erdkruste beträgt 40...50 mg/kg. Zu den zinkreichsten Standorten zählen die Galmeiböden mit ihrer zinkspezifischen Flora; sie werden landwirtschaftlich nicht oder nur wenig genutzt. Granit- und Syenitverwitterungsböden erzeugen in Europa die zinkreichste Vegetation; auf Keuper-, Geschiebelehm-, Löß-, Muschelkalk- und Rotliegendenstandorten wachsen an Zink ärmere Nahrungsmittelrohstoffe. Mit zunehmendem Pflanzenalter nimmt der Zinkgehalt ab. In der Umgebung von Emissionsquellen kann es zu einer Zinkanreicherung des Bodens, der Vegetation und damit auch der Nahrungsmittel kommen (Tab. 10.4). Blattreiche Gemüsearten erhöhen unter diesen Bedingungen ihren Zinkgehalt am umfangreichsten. Die Milch von Kühen dieser Lebensräume erwies sich als zinkreich, wogegen sich im Fleisch Zink nur unbedeutend anreichert.

Tabelle 10.4. Zinkgehalt pflanzlicher Nahrungsmittel in belasteten und unbelasteten Regionen (Mittelwert $\bar{x}$ in mg/kg, Standardabweichung s)

Art	unbelastet		belastet		
	s	$\bar{x}$	$\bar{x}$	s	p
Äpfel	0,3	3	4	1	$> 0,05$
Kartoffeln	4	17	25	6	$< 0,05$
Möhren	8	24	41	10	$< 0,01$
Tomaten	6	26	34	8	$> 0,05$
Zwiebeln	10	26	43	13	$< 0,05$
Kohlrabi	4	29	68	24	$< 0,01$
Gerste, Korn	9	31	56	31	$> 0,05$
Buschbohnen	6	33	47	8	$< 0,01$
Weizen, Korn	3	35	52	15	$< 0,05$
Salat	9	77	301	268	$< 0,05$
Petersilie	52	106	246	218	$< 0,05$

Das Schälen von Samen, Früchten, Knollen und Wurzeln vermindert ihren Zinkgehalt, während Kochen, Konservierung und Aufbewahrung der Speisen in zinkhaltigen Gefäßen, insbesondere bei niedrigem pH-Wert, den Zinkgehalt ansteigen läßt.

Der Zinkgehalt des Fleisches und verzehrbarer Innereien (Tab. 10.5) ist höher als der der Mehrzahl pflanzlicher Nahrungsmittel. Das schalenlose Hühnerei enthält 58 mg Zink/kg.

Die intestinale Resorptionsrate des Zinks kann zwischen 10...90% schwanken. Es wird hauptsächlich im Duodenum und Jejunum resorbiert. Verschiedene Nahrungsbestandteile beeinflussen die Zinkverwertung antagonistisch. Zu diesen zählen Phytinsäure (vgl. Abschn. 8.13.). Beim monogastrischen Tier führt auch ein Calciumüberangebot

Tabelle 10.5. Zinkgehalt tierischer Nahrungsmittel
(Mittelwert $\bar{x}$ in mg/kg, Standardabweichung s)

Art		Leber	Nieren	Großhirn	Fleisch	Milch
Rind	$\bar{x}$	136	88	54	258	23
	s	31	16	10	31	3
Schaf	$\bar{x}$	136	104	53	171	
	s	42	31	9,8	58	
Schwein	$\bar{x}$	184	102	51	108	
	s	80	21	7,5	39	

zu verminderter Zinkverwertung und Zinkmangelerscheinungen. Eine Cadmiumbelastung über die Nahrung verschlechtert die Zinkresorption gleichermaßen.

Picolinsäure (Metabolit des Tryptophans) verbessert die intestinale Zinkresorption. Die bessere Bioverfügbarkeit des Zinks der Frauenmilch resultiert aus den Differenzen in der Proteinzusammensetzung (Albumin- und Kaseinmilch) zwischen Frauen- und Kuhmilch. An Albumin der Kuhmilchmolke gebundenes Zink wird gleichermaßen gut wie das Zink der Frauenmilch resorbiert.

Erkrankungen beeinflussen die Zinkresorption. Beim Tier ist die Zinkresorption bei Zinkmangel, bakteriellen Infektionen, Endotoxämien, Zirrhosen und postoperativ erhöht. Patienten mit Steatorrhoe und Acrodermatitis enteropathica (Gendefekt) leiden unter einer verminderten Zinkabsorption.

Das resorbierte Zink strömt zunächst zur Leber und wird dann zu den Orten des Zinkbedarfes transportiert. Mit Hilfe der homöostatischen Regelmechanismen versucht der Körper, den Zinkspiegel der Organe konstant zu halten.

Oral aufgenommenes Zink wird zum großen Teil über den Kot ausgeschieden. Dabei handelt es sich einerseits um nichtresorbiertes Nahrungszink und andererseits um solches der Pankreasflüssigkeit. Die renale Zinkausscheidung ist niedrig (400 und 600 µg/d). Zink geht ferner durch Haar, Schweiß und Schuppen verloren. Diese Verluste sind von geringer Bedeutung. Die Zinkabgabe durch Milch und Ejakulat kann erheblich sein.

Zinkmangel wurde bei Mensch und Tier beobachtet. Zink ist Bestandteil von über 200 Enzymen und Proteinen. Zinkmangelschäden während des Wachstums beruhen auf dem Zinkbedarf für die DNA- und RNA-Polymerase, die Thymidinkinase und die Nucleotidyltransferase. Zinkmangel führt zu verminderter Nahrungsaufnahme (Hypogeusie), reduziertem Wachstum, Haut- und Haarschäden (Ceratinsynthese), vermindertem Streckungswachstum der langen Skeletteile (Zwergwuchs), Unterentwicklung primärer und sekundärer männlicher Sexualmerkmale sowie eingeschränkter Wundheilung und verminderter Immunität. Die Zinkversorgung während der Schwangerschaft ist für die normale Entwicklung des Embryos bedeutungsvoll.

Zinkmangelsymptome wurden auch bei Patienten mit chronischen Infektionen und totaler parenteraler Ernährung registriert.

Der Zinkbedarf bei Aufnahme einer gemischten Kost wird für den Menschen folgendermaßen veranschlagt: Erwachsene 15 mg/d, Schwangere 20 mg/d, Stillende 25 mg/d, Kinder von 0 bis 10 Jahre 3...10 mg/d, Jugendliche 15 mg/d.

Die Zinkaufnahme der Frau liegt meist zwischen 10...15 mg/d und damit unter dem angenommenen Zinkbedarfswert. Mit ansteigendem Konsum tierischer Eiweiße verbessert sich die Zinkversorgung.

Im Vergleich zu anderen Spurenelementen ist Zink für Mensch und Tier wenig toxisch.

Es scheint auch eine erbliche Hyperzinkämie (Plasmazinkkonzentrationen 2,5...4,4 mg/l, ohne Symptome) zu existieren.

Große Mengen Zink wirken emetisch und schützen auf diese Weise vor Schäden. Zinkvergiftungen (z. T. Massenvergiftungen) wurden nur nach Aufbewahrung säurehaltiger Nahrungsmittel in zinkhaltigen Gefäßen (2,2 g Zink/l Fruchtsaft) und bei Heimdialysepatienten, die zur Dialyse Wasser aus galvanisierten Tanks benutzten, beschrieben (Anstieg der Serumzinkkonzentration auf 7,0 mg/l). Als vorläufiger Wert für die maximal tolerierbare tägliche Aufnahme des Menschen werden 0,3...1,0 mg Zink/kg KM angegeben (WHO Food Additives Ser. No. 17. Genf 1982). Die geringe Toxizität des Zinks wird wahrscheinlich dadurch bedingt, daß die Bildung von zinkbindendem Metallothionein angeregt wird. Unter diesen Aspekten ist die Zinkemission bei der Buntmetallverhüttung, die auch mit einer Cadmiumbelastung verbunden ist, günstiger zu beurteilen. Die Gefahr einer Hyperzinkämie ist im Prinzip auf Schadensfälle beschränkt und dürfte bei hygienisch einwandfreien Rationen nicht vorkommen, so daß Prophylaxe und Therapie auf die Ausschaltung der Zinkquelle zu konzentrieren sind.

Die Ermittlung des Zinkstatus beim Menschen (beim Tier über Skelett-, Hoden- und Haaruntersuchungen) ist schwierig. Für den Menschen wurde empfohlen, nach der Gabe physiologischer Zinkmengen die Aktivitätsänderung der alkalischen Phosphatase des Serums bzw. der Carboanhydrase der Erythrozyten zu bestimmen.

10.8 Cobalt

In der Erdrinde kommen annähernd 40 mg Cobalt/kg vor. Etwa die Hälfte davon enthalten die basischen Gesteine. Sedimentgesteine (Sandstein 0,3 mg/kg, Kalkstein 0,1 mg/kg) liefern in der Regel weniger Cobalt als Eruptivgesteine.

Futter- und Nahrungsmittel, die auf Granit-, diluvialen Sand- und Moorstandorten wachsen, sind arm an Cobalt. Basalt-, Keuper- und Rotliegendesverwitterungsböden erzeugen eine cobaltreiche Flora, deren Cobaltgehalt mit zunehmendem Pflanzenalter abnimmt. In der Regel sind pflanzliche Nahrungsmittel ärmer an Cobalt als tierische. Besonders reich an Cobalt ist die Wiederkäuerleber.

Bilanzversuche mit Kindern zeigten, daß 7...37% des Cobalts der Nahrung (8 bis 20 µg/d) reteniert und 90% mit dem Kot sowie 10% renal ausgeschieden werden.

Cobalt ist Bestandteil des für Menschen essentiellen Vitamins B_{12} (vgl. Abschn. 9.3.7.). Cobaltmangel wurde beim Menschen bisher nicht nachgewiesen. Alle üblichen Ernährungsformen bieten ein höheres Cobaltangebot, als auf Grund ihres Vitamin B_{12}-Gehaltes zu erwarten wäre.

Die perniziöse Anämie des Menschen beruht auf dem Mangel an dem „Intrinsic Factor", der das Cobalt enthaltende Cobalamin bindet und es in die Zellen der Darmschleimhaut transportiert.

Das Vitamin B_{12} wird vom Wiederkäuer (Cobaltbedarf 0,08 ppm) bakteriell im Pansen produziert. Das gebildete Vitamin B_{12} wird im Dünndarm resorbiert. Bei monogastrischen Arten findet die Vitamin B_{12}-Synthese im Colon statt, wo nur noch minimale Mengen des Vitamin B_{12} resorbiert werden. Daher muß Cobalt in Form von Vitamin B_{12} von diesen oral aufgenommen werden. Pharmakologische Dosen von 100 µg $CoCl_2$ stimulieren die Hämatopoese, große Mengen (500 µg $CoCl_2$) schädigen die Hormonsynthese der Schilddrüse (wahrscheinlich Hemmung der Iodaufnahme der Schilddrüse).

Cobalt ist wenig toxisch. Zwischen dem Cobaltgehalt der Nahrung und den toxischen Cobaltmengen besteht eine erhebliche Differenz. Die tägliche Cobaltmenge der Mischkost von 20...200 µg ist im Vergleich zu den 50...500 mg $CoCl_2$, die beim Menschen toxisch wirken können, gering. Symptome der Cobaltintoxikation als Nebenwirkung pharmakologischer Cobaltmengen zur Behandlung refraktärer Anämien sind Appetitlosigkeit, Übelkeit und Durchfall. Seltener kommen Ohrenklingen (Timitus aurium), Taubheit durch Hörnervenschädigung, Hyperthyreose, Struma, Hypotonie und Xanthomatose vor.

Ein Zusatz von Cobaltsalzen zum Bier (1...5 mg/l) zum Zwecke der Schaumstabilisierung (vgl. Abschn. 14.3.) führte in Belgien, Kanada und den USA zur sogenannten Cobalt-Bier-Perimyokardie (z. T. mit tödlichem Ausgang) und wird heute nicht mehr praktiziert.

10.9. Molybdän

Der mittlere Molybdängehalt der Erdrinde wird mit 1,0...2,5 mg/kg angegeben. Der Molybdängehalt der Futter- und Nahrungsmittel wird durch die geologischen Gegebenheiten des Standortes, den Boden-pH-Wert, das Pflanzenalter, die Pflanzen- oder Organart und die Verarbeitung bestimmt.

Leguminosen sind die molybdänreichsten Nahrungsmittel. Auch blattreiche Gemüse enthalten reichlich Molybdän. Knollen, Wurzeln und Getreidesamen sind ärmer an Molybdän (0,1...0,5 mg/kg). Verschiedene Früchte sind molybdänarm ($<$ 0,1 mg/kg). Der Molybdängehalt von Leber und Nieren landwirtschaftlicher Nutztiere schwankt in Abhängigkeit vom Molybdänangebot erheblich (meist aber $>$ 1,0 mg/kg). Fleisch ist molybdänarm (im Mittel $>$ 0,1 mg/kg). Rinder- und Ziegenmilch ist bei entsprechender Versorgung reich an Molybdän (0,25 mg/kg). Sie liefert für Mensch und Tier bedarfsdeckende Molybdänmengen.

Der Molybdänbedarf des Wiederkäuers ($<$ 0,1 ppm) ist auf Grund der Essentialität dieses Elementes für die Bakterien des Vormagensystems größer als der monogastrischer Tiere und des Menschen. Ein primärer Mangel an Molybdän kommt in der europäischen Fauna nicht vor. Die gleiche Aussage kann mit noch größerer Sicherheit für den Menschen getroffen werden. Für die USA wird eine tägliche Zufuhr von 50...150 µg Molybdän bei Kindern von 1 bis 3 Jahren und 150...500 µg bei Erwachsenen als ausreichend betrachtet. Diese Angaben erscheinen zu hoch. Der Molybdänbedarf Erwachsener liegt vermutlich $<$ 100 µg/d.

Molybdän wird zu einem hohen Prozentsatz vom Tier resorbiert. Etwa 10% des resorbierten Molybdäns verläßt über die Galle die Leber und wird so in den Darm ausgeschieden. Die Molybdänsekretion in die Milch (2...3% der verzehrten Menge) ist im Vergleich zum Urin begrenzt. Der Hauptteil des resorbierten Molybdäns verläßt renal den Körper.

Die normale Molybdänausscheidung im 24-h-Harn schwankt bei verschiedenen Populationen zwischen 25 und 68 µg und wird durch den Molybdänverzehr entscheidend beeinflußt. Sie kann bei entsprechend hohem Konsum 500 µg/d betragen, ohne daß Molybdänoseschäden registriert wurden.

Molybdän ist Bestandteil der Enzyme Xanthinoxidase, Aldehydoxidase und Sulfitoxidase. Offenbar enthalten die Enzyme das Metall als einen Molypdopterinkomplex. Wolfram beeinflußt den Molybdänstoffwechsel antagonistisch, in dem es das Molybdän in den Enzymen teilweise ersetzt, ohne seine Funktionen voll zu übernehmen.

·Das Fehlen der Xanthinoxidase (Gendefekt beim Menschen) führt zu Xanthinurie. Angeborener Sulfitoxidasemangel verursacht Sulfiturie. Klinische Symptome sind schwere Hirnschäden, mentale Retardierung, neurologische Symptome, Linsendislokation. Es kommt zu einer vermehrten renalen Sulfit-, Thiosulfat- und S-Sulfocysteinausscheidung anstelle von anorganischem Sulfat. Bei Kindern konnte ein kombinierter Mangel beider Enzyme festgestellt werden. Molybdänapplikation besserte die Krankheitssymptome nicht. Es muß angenommen werden, daß die Patienten mit diesem Gendefekt den aktiven Molypdopterinkomplex nicht synthetisieren können.

Bekannter als der zum Molybdänmangel führende Gendefekt des Menschen sind die Molybdänüberschußsymptome beim Rind (Weidedurchfall; Molybdänose), der von Störungen des Kupferstoffwechsels begleitet wird. Molybdänbelastete Tiere scheiden verstärkt renal einen Kupfer-Molybdän-Komplex aus, in dem das Kupfer nicht mehr genutzt werden kann. Auf diese Weise kommt es zum sekundären Kupfermangel. Auch das Schwefelangebot beeinflußt den Kupfer- und Molybdänstoffwechsel antagonistisch.

Beim Menschen gibt es nur den Hinweis, daß die tägliche Molybdänaufnahme von 10...15 mg durch Bewohner der Ankavanprovinz (UdSSR) mit einer hohen Frequenz der endemischen Gicht zusammenfällt. Die Xanthindehydrogenaseaktivität und Harnsäurekonzentration des Blutes waren bei einem großen Teil der Gichtkranken erhöht. Rinder dieses Gebietes leiden an Molybdänose, die durch Kupfer verhindert bzw. geheilt werden kann.

Bei Arbeiten an einem Röstofen mit molybdänhaltigen Stäuben kam es zu einer Zunahme des Coeruloplasmins im Serum und zu einem geringen Anstieg des Harnsäuregehaltes im Plasma. Hinweise für ein molybdänbedingtes Gichtsyndrom gab es nicht.

Die normale Molybdänaufnahme des Menschen ist weitgehend unbekannt. Ältere Untersuchungen in den USA ergaben eine Aufnahme von 350 µg/d. In Neuseeland wurde wesentlich weniger Molybdän verzehrt; ähnliches gilt für Studenten der DDR.

Mit Ausnahme der parenteralen Ernährung ist nicht zu erwarten, daß ein Molybdändefizit bei Europäern vorkommt. Eine Molybdänbelastung ist gleichermaßen, abgesehen von den genannten Gegenden in der Sowjetunion und einer beruflichen Exposition (Molybdänverarbeitung), nicht gegeben. Eine Molybdänemission durch die verarbeitende Industrie (z. B. auch durch Katalysatorsubstanzen) kann vorkommen. Die daraus resultierende Molybdänanreicherung der Nahrungsmittel übersteigt die natürlichen Gehalte auf Molybdänosestandorten (Moore, Granit-, Schieferverwitterungsböden) nicht.

Molybdänbelastungen und -mangel werden beim Tier durch Nieren, Leber, Haar, Milz, Blutserum gut widergespiegelt. Als Normalwert des Plasmas bzw. Serums (vermutlich < 1 µg/l) beim Menschen werden extrem unterschiedliche Werte angegeben.

10.10. Selen

Der Selengehalt der Gesteine ist sehr different. Reich an Selen sind die Schiefer (0,6 mg/kg). Eruptivgestein und Sandsteine enthalten ebenso wie Kalkgestein nur etwa ein Zehntel dieser Menge. Ein alkalischer pH-Wert des Bodens fördert die Selenaufnahme der Vegetation, ein saurer hemmt diese. Daraus resultiert, daß in Mitteleuropa Löß- und Muschelkalkstandorte eine relativ selenreiche und saure Syenit-, Granit-, Phyllit-, Buntsandstein-, Schiefer- und Gneisverwitterungsböden eine selenarme Flora (führt in Extremfällen zu Selenmangelerscheinungen beim Tier) aufweisen.

Die Verbrennung fossiler Brennstoffe führt auch zur Emission von Selen und seiner Anreicherung in Boden, Pflanze und Tier.

Ältere Pflanzenteile sind ärmer an Selen als jüngere. Pflanzliche Nahrungsmittel (Tab. 10.6) enthalten häufig weniger Selen als tierische (Tab. 10.7).

Einige Pilzarten (Steinpilz, Boletus edulis) speichern viel Selen (17 mg/kg). Die meisten Pilzarten enthalten 0,5 mg/kg, ihr Verzehr verbessert die Selenbilanz. Verschiedene Pflanzenarten (Astragalus, Machaeranthera, Haplopappus, Stanleya) können 1 000 bis 100 000 mg Selen/kg akkumulieren, andere vermögen bis 1 000 mg/kg zu speichern, während die meisten Arten bis zu 30 mg/kg bei einem extrem hohen Selenangebot über den Boden aufnehmen. Die Aufnahme erstgenannter Pflanzengruppen führt beim Tier zu akuter Selenose (alkali disease), der zweitgenannten zu Gruppe chronischer Selenose (blind staggers).

Tabelle 10.6. Vergleich der Selengehalte pflanzlicher Nahrungsmittel (Mittelwerte $\bar{x}_1$ und $\bar{x}_2$ in mg/kg, Standardabweichung s) in einem unbelasteten Gebiet und in einem Industriegebiet[1]

Art	unbelastet		Industriegebiet	
	s	$\bar{x}_1$	$\bar{x}_2$	s
Kartoffeln	0,02	0,07	0,08	0,02
Äpfel	0,03	0,08	0,08	0,02
Kohlrabi	0,02	0,08	0,09	0,04
Zwiebeln	0,03	0,09	0,12	0,03
Möhren	0,02	0,09	0,09	0,03
Buschbohnen	0,04	0,10	0,12	0,03
Tomaten	0,01	0,10	0,09	0,02
Gerste, Korn	0,02	0,14	0,15	0,07
Weizen, Korn	0,03	0,14	0,21	0,09
Kuhmilch	0,03	0,12	0,14	0,05

[1] Signifikanz der Differenzen von $\bar{x}_1$ und $\bar{x}_2$: $p > 0,05$

Tabelle 10.7. Selengehalt tierischer Nahrungsmittel aus einem Gebiet mit normaler Selenversorgung und einem Selenmangelgebiet (Mittelwerte $\bar{x}_1$ und $\bar{x}_2$ in mg/kg; Standardabweichung s)[1]

Art	Normalgebiet		Selenmangelgebiet	
	s	$\bar{x}_1$	$\bar{x}_2$	s
Milch	0,04	0,33	0,05	0,02
Leber	0,28	1,50	0,56	0,25
Muskelfleisch	0,25	0,62	0,24	0,08
Herz	0,22	1,20	0,47	0,17
Nieren	1,05	3,75	2,42	0,97

[1] Signifikanz der Differenzen von $\bar{x}_1$ und $\bar{x}_2$: $p < 0,001$

Von den tierischen Nahrungsmitteln sind Fisch, Leber und Nieren besonders reich an Selen. Frauenmilch (16...28 μg/l) enthält weniger Selen als Kuhmilch (30 μg/l; in Selenmangelregionen 5 μg/l), aber mehr als Kindernahrung auf Kuhmilchbasis. Wahrscheinlich geht bei der Trocknung Selen verloren. Eine selenreiche Ernährung steigert den Selengehalt der Frauenmilch bis 158 μg/l, ohne daß Schäden bei den Säuglingen auftreten.

Bedarfsentsprechende und toxische Selenmengen werden hauptsächlich im Duodenum von Mensch und Tier zu 35...100% resorbiert.

Toxizitätsstudien mit Ratten zeigten eine geringfügig bessere Resorption des Selens aus Körnern im Vergleich zur Resorption aus Seleniten und Selenaten. Erwachsene Menschen resorbieren 50...80% des aufgenommenen Selens (25...260 μg/d). Auch über die Schleimhäute der Nase und Lunge bzw. Haut und Haar wird Selen resorbiert.

Die Nieren, besonders die Nierenrinde, speichern am meisten Selen. Auch Pankreas, Hypophysenvorderlappen und Leber nehmen reichlich Selen auf. Der Selentransfer zum Embryo erfolgt schnell und im großen Umfang.

Im Körper wird ein Teil des Selens in Dimethylselenid umgewandelt. Diese flüchtige Verbindung wurde zuerst bei hoher Selenaufnahme registriert. Sie entsteht nur und wird nur veratmet, wenn ihre Methylierung zum Trimethylselenoniumion, das mit dem Harn ausgeschieden wird, nicht mehr ausreichend ist. Selen kommt mit Harn, Stuhl und Atemluft zur Exkretion. Bei normaler Selenaufnahme erfolgt die Ausscheidung hauptsächlich renal als Trimethylselenoniumverbindung und in Form eines noch nicht identifizierten Stoffwechselproduktes.

Mit dem Kot verlassen bei parenteral ernährten Ratten 10% des Nahrungsselens den Körper, was im wesentlichen die Selenexkretion über die Galle repräsentiert. Die Selenabgabe über die Atemluft ist dosisabhängig. Sie blieb minimal, wenn Ratten < 0,1 ppm Selen mit der Nahrung bekamen, stieg auf annähernd 10% bei Gaben von 1 ppm und erreichte 50%, wenn toxische Selenmengen aufgenommen wurden.

Die Selenresorption bzw. -exkretion wird durch verschiedene Faktoren beeinflußt. Reichliches Proteinangebot verbessert die Selenresorption. Hohe Schwefelmengen (1,7...2,4 g Schwefel/kg TM) des Futters steigern die renale Selenausscheidung. Cyanide schützen vor der Toxizität großer Selenmengen. Leinsamen, der gegen Selenose schützt, besitzt zwei cyanogene Glycoside (vgl. Abschn. 8.5.), die Cyanid freisetzen und diesen Effekt auslösen.

Auch Quecksilber, Silber, Cadmium und Blei beeinflussen die Selenresorption und -ausscheidung.

Selen ist Bestandteil der Glutathionperoxidase von Mensch und Tier. Deren Aufgabe kann bei Selenmangel zum erheblichen Teil durch Glutathion-S-transferase (vgl. Abschn. 4.2.3.5.) übernommen werden. Selen und Vitamin E (vgl. Abschn. 9.2.3.) ergänzen sich bei verschiedenen Stoffwechselprozessen, deshalb können verschiedene Selenmangelkrankheiten durch Selen allein oder auch durch Selen und Vitamin E verhindert bzw. geheilt werden. Für Wachstum und Fortpflanzung weiblicher und männlicher Tiere wird Selen benötigt.

Bei Tieren hemmt Selen die Cancerogenese, möglicherweise durch einen antioxydativen Effekt oder die Beeinflussung immunologischer Prozesse.

Zwischen dem Selengehalt der Umwelt und menschlicher Krebssterblichkeit soll gleichfalls eine inverse Beziehung bestehen.

Selenarm ernährte Ratten weisen charakteristische EKG-Veränderungen auf. Inzwischen wurde eine Form der kongestiven Herzinsuffizienz bei Kleinkindern in der Keshanprovinz (VR China) als Selenmangelkrankheit identifiziert. Sie wird in frühen Stadien durch Selen geheilt; ihr Auftreten kann durch Selenzusatz zum Speisesalz verhindert werden.

Literaturangaben über die Selenaufnahme des Menschen schwanken zwischen 11 und 4990 μg/d (beide Extremwerte in der VR China). Der niedrige Selenverzehr in der Keshanprovinz kommt dem der Bewohner Neuseelands (24...32 μg/d), Finnlands

(30 µg/d) und Schwedens nahe. Dort wurden aber keine Selenmangelsymptome registriert. In Belgien, der BRD und Großbritannien wurden Werte von 47...60 µg/d festgestellt. Größere Selenmengen verzehrten Canadier, Franzosen, Italiener, Japaner, Holländer, US-Amerikaner und Venezuelaner (88...234 µg/d). Diese reichliche Selenaufnahme führte beim Menschen nicht zur Selenose. Bei totaler parenteraler Ernährung kann es zu Selenmangel kommen (empfohlen werden 120 µg Selen/d für Patienten).

Selenvergiftungen wurden beim Tier nach dem Fressen selenangereicherten Futters beschrieben (blind staggers, alkali disease).

Beim Menschen kann eine hohe Selenexposition bei Elektrodenbauern, Kupferschmelzern, Glasarbeitern, Chemiearbeitern (Photochemikalien, Pesticide, Farben, Plast, Gummi usw.) vorkommen. Die Aufnahme erfolgt beim Menschen durch Inhalation des Staubes, über die Haut oder über den Magen-Darm-Kanal.

Der Selenstatus wird durch alle Körperteile und insbesondere Milch, Blutserum, Leber, Pankreas, Skelettmuskel, Herz und Haar widergespiegelt.

Der Selengehalt des Blutserums Erwachsener schwankt zwischen 28...340 µg/l, der des Kopfhaares zwischen 0,36...2,9 mg/kg. Der Selengehalt des Harnes schwankt gleichermaßen stark (Mittelwert 34 ± 24 µg Selen/l). Bei beruflich Exponierten betrug die mittlere renale Exkretion 84 µg Selen/l.

Die Gefahr einer Selenintoxikation über die Nahrung ist in Europa gering.

10.11. Chrom

Der geschätzte Chromgehalt der Erdkruste beträgt 90...200 mg/kg. In Serpentin- und Basaltverwitterungsböden kommt das Metall besonders reichlich vor.

Im Boden wird das pflanzenverfügbare Cr^{6+} schnell in unlösliches Cr^{3+} umgewandelt. Die Reduktion verläuft in saurem Boden schneller als in alkalischem.

Eine Düngung mit Chromverbindungen ist zur Erhöhung des Chromgehaltes der Nahrungsmittel wenig effektiv, da in den Boden eingebrachtes Cr^{6+} rasch fixiert wird. Chrom wird hauptsächlich an den Wurzeln gebunden und später zu den Blättern transportiert. Blattreiche Gemüse sind reicher an Chrom als eßbare Samen- und Körnerteile. Schalen von Früchten und Samen enthalten mehr Chrom als der eßbare Inhalt.

Weizenkorn (0,32 mg/kg), Weizenkleie (0,42 mg/kg) und Weizenmehl (0,25 mg/kg) speichern etwa gleiche Chrommengen wie Orangen (0,31 mg/kg) und Erdbeeren (0,34 mg/ kg). Spinat (1,0 mg/kg), Möhren (0,78 mg/kg) und Kartoffeln (0,54 mg/kg) sind chromreicher. Rinderleber (1,77 mg/kg), Geflügelfleisch (0,70 mg/kg) und Austern (2,16 mg/kg) sowie Eier (Eigelb 3,84 und Eiweiß 0,65 mg/kg) liefern reichlich Chrom, während Milch (0,13 mg/kg), Butter (0,15 mg/kg) und insbesondere Zucker arm an Chrom sind.

Frauenmilch enthielt in Finnland und in den USA 0,4 bzw. 0,3 ng/ml. Finnische Mütter nahmen 30 µg Chrom/d auf. Das ist weniger als der in den USA angenommene Chrombedarf des Erwachsenen von 50...200 µg/d. In den USA (78 bzw. 52 und 70 µg/d), der BRD (62 µg/d), Japan (130 µg/d) und Schweden (182 µg/d) wurde wesentlich mehr Chrom verzehrt. Aus der Brauereihefe wurde ein Chromkomplex isoliert, der als Glucosetoleranzfaktor wirkt. Auch in der Luzerne konnte ein organischer Chromkomplex nachgewiesen werden. Die biologische Verfügbarkeit dieser Chromverbindungen soll besonders groß sein.

Die Resorption des Cr^{3+} ist wesentlich schlechter als die des Cr^{6+}. Der Mensch resorbiert etwa 0,8% des Cr^{3+} und etwa 2% des Cr^{6+}. Ältere Personen mit verschlechterter Glucosetoleranz resorbieren etwa 8% des Nahrungschroms.

Chrom aus Bier (0,48...56 ng/ml) wird im gleichen Umfang wie das anderer Nahrungsmittel resorbiert.

Chrom kommt reichlich in den Nieren vor. Haare bauen Chrom rasch ein und wieder aus. Bei laktierenden Individuen beginnt die Chromexkretion zuerst über die Milch, dann folgen Harn und Kot. Erwachsene Männer aus den USA schieden 0,5 ng Chrom/ml mit dem Harn (0,8 µg/d) aus. Ältere Untersuchungen bei Frauen aus den USA brachten eine renale Chromausscheidung von 7...12 ng/ml (6...10 µg/d). Wahrscheinlich sind diese Werte zu hoch.

Chrom wird rasch und relativ umfangreich zur Placenta und von dieser zum Fetus transportiert. Der mütterliche Organismus verarmt während der Schwangerschaft an Chrom.

Chrom ist für eine normale Glucosetoleranz von Tier und Mensch bedeutungsvoll. Nicht jeder ältere Diabetiker und nicht jedes unterernährte Kind reagiert jedoch auf Chromgaben, da ein pathologisch veränderter Kohlenhydratstoffwechsel auch durch andere Schäden verursacht werden kann. Chromarme parenterale Ernährung führte gleichfalls zu einer Glucoseintoleranz. Eine Dosis von 150...250 µg Chrom/d normalisiert die Glucosetoleranz; Nebenwirkungen des Chrommangels verschwanden. 20 µg Chrom/d hielten den Patienten anschließend bei gutem Befinden.

Chrom steht auch in Verbindung zum Serumcholesterolspiegel. Bei chromarm ernährten Ratten senkten Chromgaben den Cholesterolspiegel. Ähnliches wird vom Menschen nach Aufnahme chromreicher Brauereihefe berichtet. Chromarme Torulahefe blieb dagegen wirkungslos. In mehreren Versuchen senkten Brauereihefegaben den LDL-Cholesterolspiegel des Menschen, während gleichzeitig die HDL-Fraktion anstieg. Die Triglyceridkonzentration blieb unverändert. Der Minimalbedarf des Menschen beträgt 50 µg Chrom/d.

Auf Grund der unterschiedlichen Bioverfügbarkeit wird von MERTZ (1977) eine Chromaufnahme von 50...200 µg/d als empfehlenswert angesehen.

Cr^{6+} ist wesentlich toxischer als Cr^{3+}. Bei Ratten und Mäusen führte die lebenslange Aufnahme von 5 µg Cr^{3+}/l in Wasser zu keinen toxischen Effekten. Auch 20 ppm Chromoxid bewirkten bei Mäusen über drei Generationen keine wesentlichen Veränderungen. Chronische Belastungen mit chromhaltigem Staub werden in Verbindungen mit einer erhöhten Inzidenz von Krebs in Verbindung gebracht, ohne daß einwandfreie Beweise dafür vorliegen. Das gilt insbesondere für Lungenkrebs. Die Identifizierung des Chromstatus von Tier und Mensch ist bisher nicht mit Sicherheit möglich, eignen soll sich dazu der Chromgehalt des Haares. Gewisse Probleme bereitet die Analytik des Chroms, da die leichte Verflüchtigung des Metalls bei Veraschungsprozessen hinderlich ist.

Die Gefahr einer Chromintoxikation ist weniger bedeutungsvoll als die der marginalen Chromversorgung des Menschen.

10.12. Aluminium

Aluminium ist am Aufbau der Erdrinde mit 80 g/kg umfangreich beteiligt. Mit zunehmender Versauerung des Bodens nimmt die Löslichkeit des Metalls zu. Dies tritt besonders in den Tropen und Subtropen auf. In den industrialisierten Gebieten führt auch der saure Regen zur Senkung des pH-Wertes und Aluminiumanreicherung der Flora.

Europäer und Amerikaner verzehren 2...160 mg Al/d. Das Aluminium wird hauptsächlich aus blattreichen Gemüsen aufgenommen. Auch über Verunreinigungen, Verpackungsmaterial (Folie), Kochtöpfe, Grillen bzw. Braten in Aluminiumfolie und -gefäßen kann Aluminium in die Nahrung gelangen. Diese Mengen sind toxikologisch unbedeutend. Darüber hinaus enthält Wasser das Metall. In Gebieten Großbritanniens fand man Mengen von $> 1\,000\ \mu g/l$ im Trinkwasser. Der Aluminiumgehalt kann zusätzlich erhöht sein, wenn dem Wasser Aluminiumsulfat zur Ausfällung trüber organischer Bestandteile zugesetzt wird.

Resorbiertes Aluminium wird von Gesunden hauptsächlich über die Nieren ausgeschieden. Bei einer normalen Aufnahme von $2\ldots3$ mg Al/d gelangt nur sehr wenig des Metalls in die Blutbahn. Die renale Aluminiumausscheidung beträgt dann 10 bis 15 $\mu g/d$.

Bei Verabreichung von Aluminiummengen von 5 oder 125 mg/d wurde praktisch keine Anreicherung des Metalls im Körper gesunder, erwachsener Männer bei 20tägiger Bilanz registriert. Männer scheiden bei hohen Aluminiumgaben renal mehr Aluminium als die mit der Kontrolldiät aus; bei beiden Gruppen betrug der Anteil des über den Harn exkretierten Aluminiums $< 1\%$. Diese Befunde lassen auf eine sehr niedrige Resorptionsrate bei Gesunden schließen. Nach Gaben von $1\ldots3$ g Aluminium/d vervielfacht sich der Aluminiumgehalt des Harnes Gesunder, ohne daß der resorbierte Anteil über 1% ansteigt.

Weder bei Pflanzen noch bei Tier und Mensch gibt es bisher experimentell gesicherte Hinweise für die Lebensnotwendigkeit des Aluminiums.

Im medizinischen Bereich kommen Aluminium beschichtete Verbandmaterialien bei großflächigen Wunden zum Einsatz. Oral angewendete aluminiumhaltige Präparate werden als Antidiarrhoica, Harze zur Senkung des Kaliumspiegels bei niereninsuffizienten Patienten, Antacida und Phosphatbinder bei niereninsuffizienten Patienten eingesetzt.

Krankhafte Prozesse (Magenschleimhaut, Hyperparathyreoidismus usw.) und aluminiumhaltige Medikamente können die Resorption des Aluminiums um das $20\ldots40$-fache erhöhen. Die besondere Gefährdung ist bei der Niereninsuffizienz gegeben. Auch bei notwendiger Dialyse ist eine Aluminiumbelastung durch den Kontakt des Blutes mit potentiell aluminiumkontaminierter Dialysespülflüssigkeit (z. B. normales Trinkwasser) und der Applikation aluminiumhaltiger phosphatbindender Substanzen möglich. Auch ohne Dauertherapie mit Aluminiumverbindungen finden sich bei einer Niereninsuffizienz hohe Aluminiumgehalte im Blutplasma. Bei normaler Nierenfunktion ist der Organismus offenbar vor einer Aluminiumanreicherung geschützt. In letzter Zeit wurde berichtet, daß Chelatbildner (Desferrioxamin) erfolgreich zur erhöhten Ausscheidung von inkorporiertem Aluminium beitragen können.

Aus dem als Phosphatbinder eingesetzten Aluminiumhydroxid kann das Metall auf Grund seines amphoteren Verhaltens mit hoher Löslichkeit im stark sauren und stark basischen Medium bereits im Magen freigesetzt und wirksam werden. Aluminiumphosphat wird mit dem Kot ausgeschieden. Zwischenzeitlich gibt es verschiedene, nur in vitro experimentell belegte Theorien, wonach sich mit zunehmendem Alter und abnehmender Calciumresorption, die Aluminiumresorption bzw. -speicherung bei Gesunden verbessert. Calmodulin, dessen Struktur und Funktion durch Aluminium verändert werden kann, soll daran beteiligt sein.

Bereits vor 100 Jahren wurde die neurotoxische Wirkung des Al^{3+} tierexperimentell systematisch untersucht (SIEM, 1885; DÖLKEN, 1897). Später brachte man die erhöhte Aluminiumablagerung im Gehirn in Verbindung mit der ALZHEIMER-Krankheit und erkannte ihre Bedeutung für niereninsuffiziente Patienten.

Bei gesunden Tieren und Menschen bestehen zwischen Blut und Geweben, Knochen, Gehirn und Verdauungskanal natürliche Barrieren, die bei verschiedenen Krankheiten, zu denen unter anderen das ALZHEIMER-Syndrom und die Nierensuffizienz zählen, durchbrochen werden. Bei chronischen Erkrankungen und akuten Infektionen soll Aluminium in Skelett und Gehirn deponiert werden.

Patienten mit totaler parenteraler Ernährung auf Caseinbasis speichern gleichfalls extrem hohe Aluminiummengen im Skelett bzw. Blutplasma und scheiden renal reichlich Aluminium aus.

Tierexperimentell konnte gezeigt werden, daß ein erhöhtes Aluminiumangebot den Aluminiumgehalt und die Aktivität der Acetylcholinesterase des Gehirnes erhöhte.

Die klinische Symptomatik der chronischen Aluminiumintoxikation niereninsuffizienter Patienten wird durch eine progressive Enzephalopathie, eine Osteopathie und Anämie charakterisiert. Die therapeutischen Möglichkeiten sind bei dieser Form der Aluminiumintoxikation nach dem gegenwärtigen Erkenntnisstand unbefriedigend. Prophylaktisch am wirkungsvollsten ist die Verminderung der Aluminiumaufnahme (Trinkwasser, Umkehrosmose liefert aluminiumarmes Wasser für die Dialyse, keine Kochgefäße aus Aluminium, Einschränkung der Therapie mit Aluminiumverbindungen).

Zur Identifizierung einer Aluminiumbelastung sind Bestimmungen im Blutplasma, Harn und Haar geeignet.

Im unteren Konzentrationsbereich ist die analytische Erfassung des Aluminiums infolge vielfältiger Kontaminationsmöglichkeiten während des Analysenverfahrens nicht unproblematisch.

10.13. Arsen

Der Arsengehalt der Erdkruste beträgt $1{,}5\ldots2$ mg/kg. Eruptivgestein, Kalk- und Sandstein ($1{,}5\ldots3$ mg/kg), Schiefer- und Tongestein (14 mg/kg), Phosphate (22 mg/kg) und Kohle (13 mg/kg) können unterschiedliche Mengen des Elementes speichern. Unberührte Böden weisen Gehalte von $0{,}1\ldots40$ mg/kg (Mittel: 5 mg/kg) auf. Durch Pesticide, Arsenemission und Kulturmaßnahmen reichert sich der Boden enorm mit Arsen an. Ein Kraftwerk kann bis zu 1 t Arsen/d emittieren. Meereswasser enthält $2\ldots5$ µg Arsen/l, Binnengewässer $0{,}1\ldots800$ µg/l.

Die meisten Nahrungsmittel enthalten $< 0{,}3$ mg Arsen/kg. Ohne besondere Arsenbelastung kann von folgenden Konzentrationen in Nahrungsmitteln ausgegangen werden: Getreidesamen $0{,}05\ldots0{,}4$ mg/kg, Gemüse $0{,}05\ldots0{,}8$ mg/kg, Früchte $0{,}03\ldots1$ mg/kg, Fleisch $0{,}005\ldots0{,}1$ mg/kg FM, Milch $0{,}01\ldots0{,}05$ mg/l, Eier $0{,}01\ldots0{,}1$ mg/kg FM. Nahrungsmittel des Meeres sind ungleich reicher an Arsen. Meeresfische enthalten 2 bis 80 mg/kg, Austern $3\ldots10$ mg/kg, Muscheln $> 10\,000$ mg/kg.

Die Arsenaufnahme Erwachsener schwankt in Abhängigkeit vom Seefischanteil in der Nahrung von $10\ldots170$ µg/d, er kann aber auch wesentlich höher sein (900 µg/d). Im Mittel mehrerer europäischer, amerikanischer und asiatischer Länder werden 100 bis 150 µg/d von Erwachsenen konsumiert.

Der Arsenbedarf des Tieres beträgt < 50 ppb, wahrscheinlich sogar < 25 ppb.
Arsenarm (< 10 ppb) ernährte Tierarten zeigten Mangelerscheinungen (langsames Wachstum; verminderte Fortpflanzungsleistung; während der Laktation plötzliche Todesfälle; Schäden der Mitochondrien von Herz- und Skelettmuskulatur; erhöhte Sterblichkeit). Deshalb muß Arsen zu den lebensnotwendigen Elementen gezählt werden.

Ausgehend von den im Tierversuch erzielten Ergebnissen könnte der Arsenbedarf des Menschen 6 µg/kcal (12...25 µg/d) für Erwachsene betragen.

Das in der Natur vorkommende Arsen unterliegt der Biotransformation, die zur Erhöhung und Erniedrigung der Toxizität führen kann.

Ein Pilz (Penicillium brevicaule) kann z. B. das Arsen des Schweinfurter Grüns der Tapeten in das hochtoxische Trimethylarsin umwandeln. Verschiedene Pilze der Böden (Aspergillus, Fusarium, Penicillium) vermögen gleichfalls unterschiedliche Arsenverbindungen zu Trimethylarsin zu reduzieren (vgl. Abschn. 10.22.).

In der Nahrungskette warmer Meere wird von Algen aufgenommenes Arsen entgiftet. Diese Biotransformation macht das Leben im Meereswasser und den Verzehr der Meeresfauna und -flora möglich. Die Meeresfauna enthält dadurch das Arsen hauptsächlich als Arsenobetain. Dieses wird von Mensch und Tier schnell exkretiert und bedeutet so keine Gefahr.

Resorption, Retention, Ausscheidungsweg und Exkretionsform werden durch Menge und chemische Form des Arsens beeinflußt. Arsenobetain wird vom Menschen schnell resorbiert und vollständig ausgeschieden (85% in 5 d). Es liegt im Urin als Arsenobetain vor, wird folglich nicht biotransformiert. Im Verdauungskanal und in der Leber wird die chemische Form des Arsens von Bakterien bzw. Enzymen verändert. Verschiedene Tierarten scheiden das als As^{5+} aufgenommene Element methyliert (Dimethylarsinsäure) aus. Vor der Methylierung muß das As^{5+} zu As^{3+} reduziert werden. Schwefelhaltige Aminosäuren binden Arsen.

Skelettmuskel, Skelett, Leber, Blut, Lunge, Nieren und Haare speichern resorbiertes Arsen. Im Ei lagert sich relativ wenig Arsen ab. Arsen wird dagegen zum Embryo transferiert und kann dort teratogen wirken.

Die renale Arsenexkretion ist ein guter Indikator der Arsenbelastung. Beim Erwachsenen besitzen 66% des Arsens eine biologische Halbwertszeit von 2,1 d, 30% von 9,5 d und 4% von 38 d. Arsen kann in begrenzten Mengen über die Galle ausgeschieden werden.

Bei der Ernährung ist zwischen Mangelversorgung (< 25 ppb), normaler Arsenversorgung (350...500 ppb) und therapeutischen Dosierungen (3,5...5,0 ppm) zu unterscheiden; zudem ist die Angebotsform des Arsens zu beachten.

Insbesondere muß der pharmakodynamische Dosisbereich abgegrenzt werden. Sogenannte Arsenesser können nach entsprechender Gewöhnung 0,5 g Arsen/d bei sehr guter Gesundheit und verbesserter Leistungsfähigkeit aufnehmen. Ohne Gewöhnung wirken bereits 0,1 g Arsen tödlich.

Arsen regt eine verstärkte Bildung roter Blutkörperchen an, was die positive Wirkung des Elementes erklären kann. Auch bei der Mast landwirtschaftlicher Nutztiere (Schwein, Pute, Broiler) wurden in der Vergangenheit organische Arsenpräparate erfolgreich eingesetzt (vgl. Abb. 10.3).

Akute Arsenvergiftungen des Menschen treten bei unterschiedlicher Dosierung auf. Intoxikationszeichen können nach 8 min (Arsen in gelöster Form) bis 10 h (Arsensalze) nach der Aufnahme sichtbar werden (krampfartige abdominale Schmerzen, Erbrechen, wäßriger Durchfall, Blutdruckabfall, Nierenversagen). Arsenwasserstoffvergiftungen führen innerhalb 2 h zu Übelkeit, Erbrechen, Hämolyse, Hämaturie und Gelbfärbung der Haut (12 h). Die Hämodialyse vermindert den Arsengehalt des Blutes.

Die chronische Arsenvergiftung (Arsenismus) ist schwieriger zu erkennen. Sie führt zu Appetitlosigkeit, Schwäche, Übelkeit, Erbrechen, trockener Kehle, Durchfall, Müdigkeit, Kribbeln der Hände und Füße, Ikterus, Hautröte. Später können Haarausfall, brüchige Nägel, Hautausschlag und Hyperkeratose hinzukommen. Chronische Arsenvergiftungen wurden auch durch einen zu hohen Arsengehalt des Wassers verursacht (Taiwan, USA, Chile, Kanada). Bei diesen chronischen Vergiftungen kam bei 11% der Patienten auch Akrocyanose (blaue Verfärbungen der Finger und Füße) vor.

Bei einer Arsenvergiftung werden Enzyme mit aktiven SH-Gruppen gehemmt, dadurch ist der Einsatz von 2,3-Dimercaptopropan-1-ol (BAL) bei Arsenvergiftungen sinnvoll. Auch Chelatbildner (D-Penicillamin) werden appliziert. Diese Antidote helfen aber nicht immer.

Die cancerogene Wirkung einer Arsenbelastung wird vermutet, ist jedoch noch nicht restlos geklärt, da sie meist mit der erhöhten Aufnahme anderer Schadelemente verbunden ist. Das gilt auch für die Arsenaufnahme beim Tabakrauchen.

Bedingt durch die Biotransformation des Arsens sind Arsenintoxikationen durch den natürlichen Arsengehalt der Nahrungsmittel nicht oder nur in Ausnahmefällen (Gemüse auf stark arsenbelastetem Boden) zu erwarten.

Für den Menschen ist eine Aufnahme von maximal 0,002 mg anorganischem Arsen/kg KM/d tolerierbar (WHO Food Additives Ser. No. 18. Genf 1983).

10.14. Beryllium

Die Erdkruste enthält 2 mg/kg Beryllium. Im Boden kommen 0,1...5 mg/kg vor. Durch Emission belastete Standorte speichern bis zu 2300 mg/kg des Metalls. Kohle enthält 20 mg/kg, die bei der Verbrennung in die Umwelt gelangen.

Beryllium wurde in den USA bei der Produktion fluoreszierender Lampen (Neonleuchtzeichen) eingesetzt. Es wird zur Herstellung unmagnetischer, nicht funkensprühender Metallegierungen hoher Härte und Widerstandsfähigkeit gegen Hitze und Säuren verwendet und wegen anderer spezifischer Eigenschaften in steigendem Maße weltweit eingesetzt.

Die normale Berylliumkonzentration in Nahrungsmitteln ist weitestgehend unbekannt. Beryllium besitzt etwa die gleiche Verbreitung in den Nahrungsmitteln wie das Molybdän (Tab. 10.8).

Tabelle 10.8. Berylliumgehalt verschiedener Nahrungsmittel (mg/kg)

Geschälter Reis	0,08
Knäckebrot	0,12
Kartoffeln	0,17
Tomaten	0,24
Grüner Kopfsalat	0,33

Blattreiches Gemüse ist reicher an Beryllium als Getreide und daraus hergestellte Teigwaren. Der Berylliumgehalt in Kartoffeln liegt zwischen dem in Getreideerzeugnissen und blattreichem Gemüse. Tabak ist reich an dem Metall (Tab. 10.9). Er enthält Beryllium in der Größenordnung des Cadmiumvorkommens. 2 bis 10% des Berylliums werden im Zigarettenrauch wiedergefunden.

Beryllium wird leicht von Haut und Lungen resorbiert. Seine Resorption über den

Magen-Darm-Kanal wurde wenig untersucht, ist aber nachweisbar. Vom Verdauungs-kanal resorbiertes Beryllium wird nicht im Blut angereichert, sondern rasch über Nieren, Magen- und Darmschleimhaut, Galle (beim Vogel auch über das Ei) wieder ausgeschie-den.

Knochen, Muskel, Fett und Haare speichern Beryllium. Der Berylliumbestand in Leber, Pankreas, Milz und Lunge wird nur langsam abgebaut. Unter Streßeinflüssen sinkt der Berylliumgehalt des Skelettes. Das Schadelement reichert sich dann in der Leber und Lunge an.

Tabelle 10.9. Berylliumgehalt des Tabakes und Zigarettenrauches

Zigarettenmarke	Gehalt des Rauches (µg/Zigarette)	Gehalt des Tabakes (µg/Zigarette)
1	0,074	0,74
2	0,011	0,68
3	0,021	0,47

Beryllium ist nach dem gegenwärtigen Erkenntnisstand weder für die Flora noch für die Fauna lebensnotwendig.

Anfangs wurde die Berylliumintoxikation (Beryllose) mit der Sarkoidose (Morbus Boeck-verwechselt.

Berylliumverbindungen wirken unterschiedlich toxisch. Hocherhitzte Oxide ($> 1100\,^\circ$C) sind weniger aktiv als bei niedrigeren Temperaturen entstandenes Berylliumoxid. Letztere führten tierexperimentell zu stärkeren entzündlichen und granulomatösen Veränderungen. Klinische Schä-den nach oraler Aufnahme des Berylliums wurden beim Menschen nicht beobachtet. Diese traten nach Hautkontakt oder Inhalation berylliumhaltigen Staubes oder anderer Berylliumverbindun-gen auf. Akute Beryllose manifestiert sich an der Haut, am oberen Respirationstrakt und in der Lunge. Die Dermatitis äußert sich als juckende, zum Teil verstärkte papulöse Hautveränderung. Sie tritt nach entsprechender Vorsensibilisierung als Folge der Hautkontamination auf.

Berylliumbedingte Schäden der oberen Luftwege führen zu einer Rhinopharingitis, die häufig mit einem normalen, viralen Schnupfen verwechselt wird (Schwellungen, Nasenbluten, Tracheo-bronchitis, trockener Husten).

Eine ernste Manifestation der akuten Beryllose ist die Pneumonitis, die nach kurzer Beryllium-exposition (3 d) oder schleichend nach längerer Dauerexposition auftritt. Letztere äußert sich als trockenes Husten, substernale Schmerzen und Luftnot. Die Mehrzahl der Fälle konnte innerhalb 6 Monaten geheilt werden. Es gab aber auch tödliche Ausgänge. Durch Verbesserung der Arbeits-bedingungen wurden z. B. in den USA nach 1968 keine Fälle akuter Beryllose mehr beschrieben.

Die chronische Beryllose ist wesentlich stärker verbreitet und gefährlicher. Klinische Zeichen sind eine chronische interstitielle Pneumonitis, sowie pulmonale granulomatöse Veränderungen. In den USA erkrankten hauptsächlich Frauen, ohne daß davon ein geschlechtsspezifisches Risiko abgeleitet werden kann. Die Latenz- oder Inkubationszeit kann 30 Jahre nach dem Ende der Exposition betragen. Nach einem symptomfreien Intervall führten Streßsituationen (Operation, Schwangerschaft, Laktation, Infektionen) zur Manifestation der Erkrankung. Dabei spielen im-munologische Mechanismen eine erhebliche Rolle.

Beryllium in verschiedensten Angebotsformen vermag beim Tier maligne Tumoren hervorzurufen, wobei eine eigenartige Speziesspezifität beobachtet wurde. Arten, die gegen Beryllose anfällig und damit immunologisch reagierten, entwickelten keine malig-nen Tumoren. Beim Menschen ist die Cancerogenität des Berylliums nicht geklärt.

10.15. Blei

Blei ist am Aufbau der Erdrinde mit 16 mg/kg beteiligt. Der Bleigehalt der Nahrungsmittel wird durch Emission stärker als durch die geologische Herkunft des Standortes
beeinflußt.

Nach den vorliegenden Schätzungen wurden in den 70er Jahren jährlich annähernd 450000 t
Blei emittiert. Als globale Quellen anthropogener Bleiemission treten insbesondere die Antiklopf-
mittel der Treibstoffe, die Blei-, Zink-, Kupfer-, Eisen- und Stahlproduktion und die Kohle-
bzw. Ölverbrennung in Erscheinung.

Die Bleiaufnahme der Flora erfolgt nur zum Teil über die Wurzel, erhebliche Mengen
gelangen über den Sproß in die Pflanze bzw. sind diesem aufgelagert. Insbesondere
blattreiches Gemüse vermag so sich erheblich mit Blei anzureichern (Tab. 10.10), während Äpfel, Kohlrabis, Möhren, Tomaten und Zwiebeln wesentlich weniger Blei enthalten. Das Schälen der Früchte vermindert ihren Bleigehalt beträchtlich, da das Metall
hauptsächlich an der Oberfläche lokalisiert ist. Die Bleiaufnahme über das Wasser kann
grundsätzlich die Bleikonsumtion mit anderen Nahrungsmitteln übersteigen.

Tabelle 10.10. Bleigehalt ausgewählter Lebensmittel im Wirkungsbereich eines Bleiemittenten
(Mittelwert $\bar{x}$ und geringster sowie höchster ermittelter Gehalt in mg/kg)

Pflanzenart	$\bar{x}$		Pflanzenart	$\bar{x}$	
Salat	80	(14—158)	Kohlrabi	7	(2—14)
Spinat	78	(50—105)	Möhre	7	(7—8)
Petersilie	60	(16—115)	Rote Beete	7	(3—12)
Weißkraut	29	(15—43)	Sauerkirsche	6	(5—10)
Johannisbeere	28	(20—35)	Birne	5	(4—6)
Erdbeere	27	(14—35)	Tomate	3	(2—3)
Augustapfel	8	(6—10)	Zwiebel	3	(2—6)

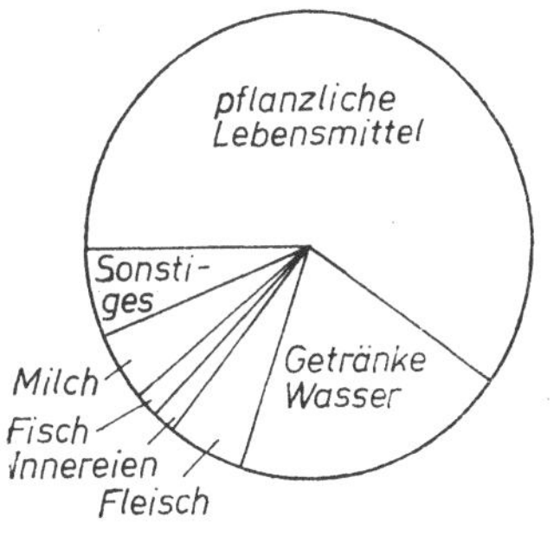

Abb. 10.6. Anteil verschiedener Lebensmittel an der Bleiaufnahme in der Bundesrepublik Deutschland.
Es wurde eine wöchentliche Zufuhr von 1,5...3 mg Blei festgestellt, womit die duldbare Menge von 3 mg/Woche (WHO)
nahezu ausgeschöpft wird.

In England ergaben entsprechende Berechnungen, daß bei einem Bleigehalt des Wassers
von 20 µg/l 517 µg Blei durch das Wasser und 140 µg Blei über andere Nahrungsquellen aufgenommen werden. In den USA wurde eine Aufnahme durch den Menschen
über Trink- und Speisenwasser von 330 µg Blei/d ermittelt. In den USA gelten 50 µg
Blei/l als Trinkwasserstandard, den gleichen Grenzwert weist die WHO aus.
Die mittlere tägliche Bleiaufnahme von Erwachsenen wird auf 100...300 µg/d veranschlagt (1,5...5 mg/kg KM). Bei Kleinstkindern wurde eine Aufnahme über Fertig-

nahrung von 4,4...47 mg/d ermittelt. In der Regel ist Muttermilch ärmer an Blei als die Fertignahrung. Als duldbare wöchentliche Aufnahmemenge für den Menschen werden 3 mg angegeben (WHO).

Leber (0,5...6,0 mg/kg) und Nieren (2...7 mg/kg) von Schlachttieren speichern regelmäßig mehr Blei als Fleisch (0,05...0,17 mg/kg). Der Übergang des Bleis in den Muskel ist geringer als zur Leber und Niere. Kuhmilch enthält im Regelfall < 20 µg/kg. Frauenmilch weist etwa die gleiche Menge auf, ihr Gehalt an Blei kann wie bei Kuhmilch allerdings erheblich schwanken (11...277 µg/l).

Blei kann über den Gastrointestinaltrakt, die Lunge und Haut in den Organismus gelangen. Beim Tier gelangt Blei fast ausschließlich auf oralem Weg in den Körper. Es wird vornehmlich im Dünndarm resorbiert, wobei die Resorptionsrate bei Mensch und Tier 5...20% beträgt. Das Alter beeinflußt die Bleiresorption signifikant. Bei Kindern muß mit Bleiresorptionsraten von 40...90% gerechnet werden. Dieser hohe Anteil könnte auf Pinocytose zurückzuführen sein. Verschiedene Nahrungsbestandteile (Fett, Eiweiß, Calcium, Vitamin D, Lactose, Eisen) beeinflussen die Bleiresorption. Bei Eisenmangelratten war die Bleiresorption von 9 auf 16% erhöht.

Die cutane Aufnahme ist mit Ausnahme beim Bleitetraethyl bzw. -methyl niedrig.

Abnormal hohe Bleiverunreinigungen durch Konservendosen (Bleilot), Keramikgefäße, bleihaltige Pesticide (besonders im Weinbau) werden heute durch geeignete Überwachung verhindert.

Die pulmonale Bleiresorption wird durch die Größe der in der Luft vorkommenden Bleipartikel bestimmt. 20...60% (von ca. 25 µg/d) eingeatmeten Bleis verbleiben in der Lunge, von diesen werden 80...100% resorbiert.

Das resorbierte Blei wird in drei unterschiedlich schnell das Metall austauschende Organgruppen eingelagert. Blut, Herz, Lunge, Leber, Niere, Gehirn und der Verdauungskanal zählen zu den rasch das Blei austauschenden Organen. Muskel und Haut halten Blei länger zurück, geben es aber schneller ab als das am längsten Blei speichernde Skelett. Beruflich nicht exponierte Personen weisen 90% ihres Bleigehaltes im Knochen auf.

Der Weichgewebeanteil tauscht Blei schneller aus und ist toxikologisch bedeutungsvoller. Nieren, Leber und Gehirn können erhebliche Bleimengen aufnehmen, wogegen die Belastung des Muskels weitgehend unabhängig von der Exposition ist. Blei wird zum Embryo transferiert.

Die Exkretion des Bleis erfolgt über Nieren, Galle und Kot, begrenzt auch über Haar, Nägel, Milch und Schweiß. Ein beruflich nicht bleiexponierter Mensch schied mit dem Harn 76%, durch gastrointestinale Sekretion 16% und über Haar, Nägel, Schweiß, Hautabschilferungen 8% des Bleis aus.

In jüngster Zeit gelang es, Hinweise auf die Lebensnotwendigkeit des Bleis zu erhalten. Bei intrauterin bleidepletierten Ratten kam es zu Wachstumsdepressionen und veränderten Blutparametern. Hämatocrit-, Hämoglobin- u. a. Werte waren bei den bleiverarmten Tieren herabgesetzt. Dies wird durch eine bei Bleimangel verminderte Eisenresorption verursacht. Bleimangelerscheinungen wurden durch einen Bleigehalt des Futters < 50 µg/kg ausgelöst. Ein primärer Bleimangel bei Tier und Mensch ist in Folge des wesentlich größeren Angebotes in der Praxis auszuschließen.

Bleibelastung führt bei Tier und Mensch zu folgenden Ausfallserscheinungen:

— Verminderte Nahrungsaufnahme (bei > 250 ppm Blei),
— Wachstumsverminderung entsprechend des herabgesetzten Futterverzehrs,
— erhöhte Sterblichkeit (Jungtiere reagieren empfindlicher als ältere),

— verminderte Reproduktionsleistungen bei männlichen und weiblichen Tieren (mutagene Veränderungen der Spermatozoen, embryonaler Frühtod, verminderte Geburtsmasse),
— verminderte Hämsynthese und Globinbildung, verkürzte Lebensdauer der Erythrozyten, evtl. Anämie,
— Hemmung der δ-Aminolävulinsäuredehydratase (ALAD), Coproporphyrinogenoxidase, Ferrochelatase,
— Anstieg der δ-Aminolävulinsäuresynthese,
— Veränderungen intellektueller, sensorischer, neuromuskulärer und psychologischer Funktionen des Nervensystems (Kinder reagieren empfindlicher als ältere; höhere Bleimengen können Enzephalopathie induzieren),
— Nierenschäden (mitochondriale Veränderungen, Kerneinschlußkörperchen, interstitielle Fibrose, Tubulusatrophie),
— Rückresorption von Aminosäuren, Glucose, Phosphat ist gestört.

Beim Menschen stehen Bleikoliken, Paresen sowie Enzephalopathien im Vordergrund der Symptomatik (Abb. 10.7).

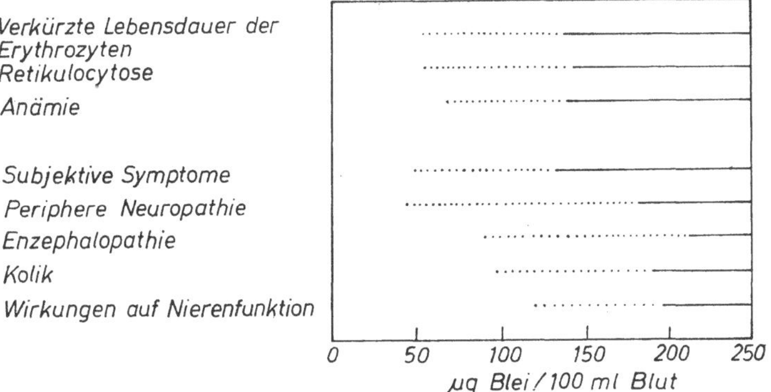

Abb. 10.7. Bleigehalt des Blutes bei verschiedenen bleiüberschußbedingten Ausfallerscheinungen beim Menschen.

Der Bleigehalt von Knochen, Nieren, Leber und Haar spiegelt eine Exposition über einen längeren Zeitraum wider. Der Blutbleispiegel wird zwar oft als der beste Indikator einer Belastung angesehen, charakterisiert jedoch den Bleigehalt von Knochen und Zähnen nicht in ausreichendem Umfang.

Die ALAD-Aktivität ist neben dem Blutbleigehalt der bekannteste biochemische Indikator des Bleistatus. Beide Parameter sind Grundlage der Normen für die höchstzulässige Bleiexposition der Bevölkerung der EG (Tab. 10.11).

Der Bleigehalt der Nahrung und des Kotes gibt Hinweise auf die aktuelle Belastung des Körpers, sagt aber wenig über den Bleistatus aus.

Über die Zunahme der Bleiexposition in unserer Zeit im Vergleich zu früheren Epochen liegen widersprüchliche Angaben vor. Einerseits waren in vorindustrieller Zeit einige anthropogene Quellen für Blei unbekannt (z. B. Organobleiverbindungen), andererseits waren damals andere Kontaminationsquellen (z. B. Bleirohre für Wasserleitungen, bleilässige Gefäße) vorhanden.

Tabelle 10.11. Biologische Normen für die Bleibelastung der Bevölkerung

Anteil der untersuchten Gruppe (%)	Blut-Blei-Spiegel (µg/l)	ALAD-Aktivität (E/l)
100	350	20
90	300	25
50	200	35

10.16. Cadmium

Der Cadmiumgehalt der Lithosphäre beträgt < 1 mg/kg. Buntmetalle enthalten Cadmium, das den niedrigsten Schmelzpunkt unter den Buntmetallen besitzt, deshalb vor diesen flüchtig wird und auf diese Weise in die Umwelt gelangen kann. Unabhängig von Cadmiumemissionen buntmetallverhüttender Betriebe wird der Cadmiumgehalt der Pflanzen durch die geologische Herkunft des Standortes beeinflußt. Auf Granitverwitterungsböden wächst in Europa die cadmiumreichste Flora, während auf Moor und Torf in Folge ihres hohen Huminsäureanteils die cadmiumärmste Vegetation steht. Auf calciumreichen Standorten des Löß, der Kreide, des Keupers und Muschelkalkes wächst eine Pflanzenwelt, die relativ geringe Cadmiummengen aufweist.

Stärker industrialisierte und urbanisierte Länder bzw. Gebiete besitzen in der Regel eine etwas cadmiumreichere Flora als die ländlichen Lebensräume. Ursache dafür ist die umfangreiche Verbrennung fossiler Brennstoffe in den Industrieballungsgebieten, bei der auch Cadmium emittiert wird.

Alle blattreichen Gemüsearten sind von Natur aus cadmiumreich, auf cadmiumreichen Standorten wird ihr Gehalt weiter gesteigert (Tab. 10.12). Wurzeln, Knollen, Samen und Früchte sind cadmiumärmer als blattreiche Gemüse.

Fleisch, Milch (im normalbelasteten Lebensraum $0,050 \pm 0,043$ mg/kg, im cadmiumbelasteten Gebiet $0,057 \pm 0,081$; nichtsignifikante Differenz) und Eier reichern sich auch bei hohem Cadmiumgehalt des Futters nur unbedeutend mit dem Metall an. Cad-

Tabelle 10.12. Cadmiumgehalt ausgewählter Nahrungsmittel in einem normalbelasteten und einem cadmiumbelasteten Gebiet (Mittelwerte $\bar{x}_1$ und $\bar{x}_2$ in mg/kg, Standardabweichung s sowie Faktor der Vervielfachung des Gehaltes im belasteten Gebiet)

Pflanzenart	normalbelastet		cadmiumbelastet		Vervielfachung
	s	$\bar{x}_1$	$\bar{x}_2$	s	
Kopfsalat	0,14	0,35	5,1	4,0	15
Petersilie	0,11	0,14	1,1	1,3	8
Zwiebeln	0,050	0,096	0,40	0,19	4
Möhren	0,064	0,073	0,57	0,49	8
Äpfel	0,063	0,051	0,11	0,071	2
Kartoffeln	0,024	0,038	0,11	0,19	3
Roggen, Korn	0,045	0,068	0,26	0,15	4
Weizen, Korn	0,025	0,051	0,34	0,23	7
Tomaten	0,015	0,032	0,18	0,18	6
Buschbohnen	0,035	0,028	0,10	0,046	4

mium wird in erster Linie in den Nieren und der Leber abgelagert. In Skelettmuskulatur erhöht sich der Cadmiumgehalt nur geringfügig im Vergleich zur Niere. Nieren langlebiger Tierarten cadmiumbelasteter Gebiete sollten nicht verzehrt werden. Mit zunehmendem Alter steigt der Cadmiumgehalt der Nieren stark an.

Der Grenzwert der FAO/WHO für die noch tolerierbare Cadmiumaufnahme beträgt für Erwachsene 50...70 µg/d.

Nach den bisherigen Erkenntnissen benötigen Tiere < 20 ppb Cadmium für eine normale Entwicklung.

Mit 15 ppb Cadmium ernährte Ziegen und cadmiumarm ernährte Ratten wuchsen langsamer als Kontrolltiere mit 300 ppb. Die cadmiumarm ernährten Ziegen besaßen eine ungenügende Konzeptionsrate. Ihre Nachkommen wiesen eine hohe Sterblichkeitsrate auf. 68 ppb Cadmium deckten den Cadmiumbedarf. Diese Cadmiummenge ist sowohl in den Futter- als auch Nahrungsmitteln enthalten, so daß kein Mangel bei Tier und Mensch vorkommt.

Innerhalb 96 h inkorporieren Hennen 2,3 %, Schweine 1,9 % und Rhesusaffen 4,0 % des mit dem Futter verabreichten Metalls. Die Cadmiumresorption erfolgt außerordentlich rasch. Bereits 45 min nach Cadmiumapplikation mit dem Futter hatten Hennen 10 % resorbiert. Die Exkretion erfolgt ebenso schnell. Bereits 6 h nach der Gabe kamen nur noch 2 % der verabreichten Menge im Körper vor. Nieren und Leber akkumulierten 4 d nach der Applikation die Hauptmenge des Cadmiums. Fleisch und Eier enthielten nur unbedeutende Cadmiummengen. Ein Cadmiumtransfer zum Embryo findet statt, ist aber bedeutend kleiner als bei anderen Spurenelementen (z. B. Nickel, Kupfer, Mangan, Zink).

Die Hauptmenge des resorbierten Cadmiums wird in den Darminhalt, wahrscheinlich über die Galle ausgeschieden. Die Cadmiumexkretion über den Harn reicht nicht aus, um die schnelle Ausscheidung des Metalls nach der Resorption zu erklären. Die Cadmiumausscheidung im Harn beträgt beim nichtexponierten Menschen < 2 µg/l, bei beruflich exponierten finden sich wesentlich höhere Gehalte im Harn.

Die Cadmiumeliminierung über den Kot beträgt bei unbelasteten Personen 10 bis 50 µg/d. Die Ausscheidung über den Schweiß bleibt unbedeutend. Im Kopfhaar exponierter Personen und Tiere können erhebliche Cadmiummengen vorkommen. Die pulmonale Cadmiumresorption liegt mit etwa 50 % bedeutend höher als die intestinale. Raucher weisen höhere Cadmiumgehalte in Nieren aus als Nichtraucher.

Akute inhalative und orale Cadmiumvergiftungen sind selten. Letztere können bei Aufbewahrung von Lebensmitteln in cadmierten Behältern entstehen. Ihre Symptome entsprechen denen einer akuten Gastroenteritis (Übelkeit, Erbrechen, Durchfall, Muskelkrämpfe, erhöhter Speichelfluß).

Die bekannteste orale Massenvergiftung ist die Itai-Itai-Krankheit. Sie wurde durch den hohen Cadmiumgehalt von Flußwasser ausgelöst. Dieses erhöhte den Cadmiumgehalt des Reises und führte nach dessen jahrelangem Verzehr zu Gelenkbeschwerden, Skelettdeformationen und Spontanfrakturen. Die Itai-Itai-Krankheit wurde sehr wahrscheinlich durch einen Vitamin-D-Mangel begünstigt. Ferner konnten hypochrome Anämie, Nierenschädigungen, Proteinurie, Glucosurie und Aminoazidurie festgestellt werden. Die Itai-Itai trat fast ausschließlich bei mehrgebärenden Frauen in der Menopause auf. Die cadmiumbedingte Osteomalacie, Osteoporose wurde auch bei anderen cadmiumbelasteten Arbeitern beobachtet. Als Ursache der Krankheit werden u. a. auch cadmiumbedingte Nierenschäden diskutiert.

Ein Zusammenhang zwischen Cadmiumbelastung und Hypertonie ist beim Menschen umstritten. Hypertoniker speicherten mehr Cadmium in den Nieren.

Resorbiertes Cadmium wird zunächst in der Leber als Metallothionein gespeichert.
Im Blutplasma wird wenig von diesem Protein gefunden. Trotzdem ist es wahrscheinlich
für die Cadmiumanreicherung in den Nieren verantwortlich. Die biologische Halbwertszeit des Cadmiums in der Nierenrinde beträgt 10...30 Jahre, was seine kontinuierliche
Anreicherung in den Nieren bis zum Alter von 50 bis 60 Jahren erklärt. Die sogenannte
kritische Cadmiumkonzentration in der Nierenrinde, die zu Schädigungen der Nierentubuli führt und in der Folge die Ausscheidung niedermolekularer Proteine zuläßt,
wird mit 100...200 mg Cadmium/kg FM Nierenrinde angegeben.

Das Auftreten einer niedermolekularen Proteinurie zusammen mit einer renalen
Cadmiumexkretion von > 5 µg/g Creatin weisen auf eine Tubulus-Schädigung der Nieren
des Menschen durch Cadmium hin.

Die Cadmiumakkumulation der Nieren ist irreversibel, weshalb die Prophylaxe einer
oralen und inhalativen Belastung größte Bedeutung besitzt. Dabei bedarf auch die
Cadmiumaufnahme durch den Tabakrauch der Beachtung. Eine Zigarette enthält etwa
1 µg Cadmium.

Fertignahrung für Kleinkinder ist häufig cadmiumreicher als Muttermilch. Säuglinge
und Kleinstkinder sollten vor einer Belastung besonders geschützt werden, da im Tierversuch bei Jungtieren eine höhere Cadmiumresorption als bei adulten Tieren beobachtet
wurde.

Die Cadmiumbelastung in einem Lebensraum kann am sichersten über den Cadmiumgehalt des Kotes und Kopfhaares bestimmt werden. Der normale Gehalt des Kopfhaares
Erwachsener beträgt $< 0,5$ mg/kg (Tab. 10.13).

Tabelle 10.13. Cadmiumgehalt des menschlichen Kopfhaares von Werktätigen verschiedener
cadmiumbelasteter Lebensräume im Vergleich zu einem Kontrollgebiet (Mittelwerte $\bar{x}$ in mg/kg;
Standardabweichung s)

	Lebensräume				Kontrollgebiet
	1	2	3	4	
$\bar{x}$	711	200	48	6,4	0,43
s	637	194	53	8,1	0,28

Die normale Cadmiumaufnahme von Bewohnern der DDR betrug 15...16 µg/d,
Schwedens 17 µg/d, der BRD 31 µg/d, der USA 30...47 µg/d und Japans 41...80 µg/d.
Reichlicher Verzehr von Fleisch, Eiern und Milcherzeugnissen sorgt für eine niedrige
Cadmiumbelastung.

Der Verzehr von Innereien (Nieren, Leber), blattreichem Gemüse und abgeschwächt
Getreideerzeugnissen führt zu einer höheren Cadmiumaufnahme. Da Cadmium fest
an Metallothionein gebunden ist, gibt es keinen Chelatbildner, der ohne Risiko bei
cadmiumbelasteten Menschen eingesetzt werden kann.

10.17. Lithium

In der Erdkruste kommen 50...65 mg Lithium/kg vor. Die einzelnen Gesteinsarten enthalten unterschiedliche Lithiummengen. Die geologische Herkunft des Bodens beeinflußt seinen Lithiumgehalt. Moor- und Torfböden sind wesentlich ärmer an Lithium

(3...4 mg/kg). Die Flora der Schiefer-, Keuper- und Gneisverwitterungsböden ist reicher an Lithium als die der diluvialen und alluvialen Bildungen.

Der Lithiumgehalt verschiedener pflanzlicher Nahrungsmittel wird durch die geologische Herkunft stark beeinflußt (Tab. 10.14). Es muß davon ausgegangen werden, daß unabhängig von der Nahrungsart, die Versorgung des Menschen mit Lithium erheblichen Schwankungen unterworfen ist. Gemüse der verschiedensten Art enthält mehr Lithium als alle Getreideerzeugnisse. Auch Obst (z. B. Äpfel 3,3 mg/kg) liefert in der Regel weniger Lithium als Gemüse. Schälen der Früchte, Knollen und Körner vermindert ihren Lithiumgehalt (Kartoffelschale $2,9 \pm 1,7$ mg/kg, Kartoffelinneres $2,4 \pm 1,6$ mg/kg).

Tabelle 10.14. Lithiumgehalt ausgewählter pflanzlicher Nahrungmittel in lithiumreichen und lithiumarmen Regionen (Mittelwerte $\bar{x}_1$ und $\bar{x}_2$ in mg/kg, Standardabweichung s, Signifikanz der Unterschiede)

Art	lithiumreich		lithiumarm		p
	s	$\bar{x}_1$	$\bar{x}_2$	s	
Kopfsalat	8,2	17	4,8	6,1	$< 0,001$
Tomaten	10	14	7,7	2,3	$> 0,05$
Kohlrabi	12	12	2,8	2,4	$< 0,05$
Möhren	7,1	10	5,8	4,7	$> 0,05$
Kohl	7,7	9,9	1,7	1,0	$< 0,01$
Roggen, Korn	2,5	4,1	1,0	0,4	$< 0,001$
Weizen, Korn	2,8	2,9	0,7	0,4	$< 0,001$
Gerste, Korn	1,1	1,1	0,7	0,4	$< 0,001$

Tierische Nahrungsmittel sind lithiumreich, wobei die Lithiumaufnahme der Tiere den Lithiumgehalt in den verzehrbaren Teilen bestimmt. Schweinefleisch enthält 3...4 mg/kg, Herz 8 mg/kg, Leber 16 mg/kg und Nieren 13 mg/kg. Kuhmilch enthält 1...5 mg Lithium/kg.

Die Tagesaufnahme des Menschen an Lithium wurde bisher nicht systematisch bestimmt.

Die Resorption des Metalls erfolgt außerordentlich schnell und nahezu vollständig. Sie findet hauptsächlich im Jejunum und Ileum statt, die im Colon ist völlig unbedeutend. Die Resorptionshalbwertszeit des Lithiums nach einmaliger oraler Gabe betrug 0,15 h, seine Eliminierungshalbwertszeit 29 h. Die biologische Halbwertszeit des Lithium beim Menschen beträgt 16...24 h.

Lithium permeiert in die einzelnen Organe unterschiedlich schnell. Vom Gehirn wird es nur langsam aufgenommen. Nach der Einstellung des Gleichgewichtes ist die Konzentration im Muskel oder Knochen höher als im Extrazellularraum, im Gehirn nur halb so hoch wie im Serum. Lithium wird im Knochen gespeichert.

Auch Milch, Speichel und alle anderen Körperflüssigkeiten enthalten nach Lithiumgaben reichlich Lithium. Nach den bei Ratten erzielten Ergebnissen sind die Wege der Lithiumausscheidung altersabhängig. Fünf Tage alte Ratten scheiden etwa die Hälfte des Lithiums mit dem Harn, den Rest über den Kot aus. 15 Tage alte Ratten exkretieren 80...90% renal. Nur 10...20% gelangen in den Kot, wobei der Hauptanteil davon über die intestinale Mucosa in den Darm abgegeben wird. Verarmung an Natrium verminderte die renale Lithiumexkretion, Natriumbelastung verbesserte sie.

Lithium wird zum Embryo transferiert und gelangt in die Muttermilch. Bei Mäusen wirkt die sechsfache therapeutische Serumlithiummenge des Menschen teratogen.

Obwohl bisher keine unmittelbare Beteiligung des Lithium am Aufbau von Enzymen und anderen lebensnotwendigen Stoffgruppen nachgewiesen wurde, scheint es lebensnotwendig zu sein. Lithiumarm ernährte Ziegen ($<$ 1 ppm im Futter) wachsen langsamer als Tiere mit 20 ppm im Futter. Das Lithiumdefizit führt bei Ziege und Ratte zu einer verminderten Fortpflanzungsleistung und erhöhten Sterblichkeit der Nachkommen.

Der Lithiumbedarf der Ziege könnte 1...5 ppm i.d. TM Futter betragen.

Bereits im vergangenen Jahrhundert (1897) wurde die Vermutung geäußert, daß Lithium bei Depressionen therapeutisch wirksam sei, jedoch erst nach 1949 kamen Lithiumsalze in der Psychiatrie zum Einsatz. Dabei wurden zahlreiche Nebenwirkungen bis zur Lithiumintoxikation registriert.

Die manisch depressiven Patienten werden durch orale Gabe von Lithiumsalz (z. B. 2 $\times$ 0,3 g/d über 1...2 Wochen) auf einen Lithiumgehalt von 0,6...0,8 mmol/l Serum eingestellt. Diese Lithiumkonzentration muß im Serum genau kontrolliert werden, da schon bei 2,0 mmol/l toxische Auswirkungen zu erwarten sind.

Da teratogene Wirkungen des Lithiums nicht auszuschließen sind, sollte die Therapie bei einer Schwangerschaft abgesetzt werden. Bei einer Lithiumintoxikation stehen neurologische Symptome im Vordergrund. Sie ist zumeist die Folge einer Überdosis bei fehlender Kontrolle des Lithiumspiegels. Bei einer Intoxikation ist vor allem die Unterbrechung der Lithiumapplikation geboten. Bei fortgeschrittenen Stadien ist Hämodialyse die Methode der Wahl. In weniger ausgeprägten Fällen kann die Zufuhr physiologischer Kochsalzlösungen sinnvoll sein, da sie die eingeschränkte Lithiumclearance verbessert.

10.18. Nickel

Die Lithosphäre enthält im Mittel 75 mg Nickel/kg, ultrabasische Gesteine (Periodotit, Serpentin) speichern viel Nickel. Ihre sogenannte Nickelflora ist artspezifisch diesem Überangebot angepaßt und kann bis 1000 mg/kg Nickel akkumulieren. Die geologische Herkunft des Bodens beeinflußt den Nickelgehalt der Vegetation.

Der Gehalt an Nickel in Nahrungsmitteln wird durch deren Art, das Pflanzenalter, den verwendeten Pflanzenteil und den Zubereitungsprozeß beeinflußt. Leguminosen sind auf Grund ihrer hohen Ureasekonzentration, die Nickel als essentiellen Bestandteil enthält, reich an dem Metall. Bei Anbau auf nickelreichen oder -belasteten Standorten verdreifachte sich ihr Nickelbestand (Tab. 10.15). Blattreiche Gemüsearten sind von Natur aus reich an Nickel und können ihren Gehalt auf nickelreichen Standorten ebenso vervielfachen. Früchte, Getreidesamen, Knollen und Wurzeln sind in der Regel erheblich ärmer an Nickel als Blätter und akkumulieren auch auf nickelreichen Standorten weniger das Metall. Das Schälen von Knollen, Samen und Früchten vermindert den Nickelanteil der Nahrungsmittel (im Falle von Kartoffeln um ca. 50%).

Mahlen und Zubereitung der Speisen in nickelhaltigen Gefäßen kann den Gehalt an Nickel in den Nahrungsmitteln mäßig erhöhen. Von den verzehrbaren Körperteilen reichern sich die Nieren am stärksten mit Nickel an. Leber, Großhirn und Skelettmuskel folgen in dieser Reihenfolge mit deutlichem Abstand. Nickel wird auch in Eier und Milch transferiert. Die dabei feststellbare Nickelanreicherung kann in Abhängigkeit vom Umfang der Belastung und der Einwirkungszeit erheblich sein.

Tabelle 10.15. Nickelgehalt ausgewählter Nahrungsmittel in normalbelasteten und nickelreichen Lebensräumen (Mittelwerte $\bar{x}_1$ und $\bar{x}_2$ in mg/kg, Standardabweichung s, Faktor der Vervielfachung des Gehaltes am nickelreichen Standort)

Art	nickelreich		normalbelastet		Vervielfachung
	s	$\bar{x}_1$	$\bar{x}_1$	s	
Buschbohnen	1,6	3,1	8,2	5,0	3
Petersilie	0,62	1,7	11	7,6	6
Kopfsalat	0,59	1,4	11	9,8	8
Tomaten	0,34	0,58	1,9	0,86	3
Äpfel	0,17	0,43	1,3	0,82	3
Weizen, Korn	0,13	0,30	1,3	0,92	4
Roggen, Korn	0,14	0,26	1,0	0,47	4
Zwiebeln	0,55	0,83	2,1	1,3	3
Kartoffeln	0,23	0,56	1,0	0,6	2
Möhren	0,27	0,50	2,2	1,9	4

Tabelle 10.16. Nickelgehalt normalbelasteter ausgewählter tierischer Nahrungsmittel (Mittelwert $\bar{x}$ in mg/kg, Standardabweichung s)

	Schwein			Rind				Huhn
	Fleisch	Leber	Nieren	Fleisch	Leber	Nieren	Milch	Ei
$\bar{x}$	0,11	0,20	0,41	0,21	0,45	0,40	0,22	0,28
s	0,045	0,059	0,31	0,090	0,29	0,37	0,11	0,069

Der normale Nickelgehalt verschiedener tierischer Nahrungsmittel ist in Tab. 10.16 angegeben; der von Frauenmilch beträgt 33...39 µg/l. Frauenmilch enthält im Mittel mehr von dem Metall als Kuhmilch, ohne daß diesen Unterschieden eine biologische Bedeutung beigemessen wird. Säuglingsnahrung auf Milchbasis ist ärmer an Nickel als Frauenmilch.

Die Nickelaufnahme Erwachsener in den USA, Italien und Schweden betrug 100 bis 700 µg/d.

Der Nickelbedarf für den Menschen ist bisher unbekannt. Aus Tierversuchen kann abgeleitet werden, daß er wesentlich < 0,5 ppm betragen muß. Ein primäres Nickeldefizit des Menschen in unserer Region ist von den bisher vorliegenden Ergebnissen nicht abzuleiten. Bei parenteraler Ernährung besteht die Gefahr eines Mangels an Nickel.

Kinder resorbierten 40% des mit der Nahrung aufgenommenen Nickels. Die Retentionsrate betrug 20%. Der größere Teil des ausgeschiedenen Nickels verließ über den Kot den Körper; 23% wurden renal ausgeschieden. Bei Erwachsenen ist die Resorptionsrate wesentlich niedriger. Sie wird mit 1...6% des Nickels aus Nahrung oder Getränken angegeben. Nickel kann die Placenta rasch und in relativ großen Mengen passieren. Es wird vom Embryo in größeren Mengen inkorporiert. Bei Zigaretten und Zigarren werden 10...20% des Nickels in den Rauch überführt und von der Lunge resorbiert. Personen, die 2 Päckchen Zigaretten/d rauchen, können auf diese Weise bis zu 5 mg Nickel jährlich aufnehmen. Nickel wird auch von der Haut über die Schweißkanäle und Haarfollikel resorbiert und vom Keratin gebunden. Tiere scheiden Nickel über die Galle aus.

Auch über den Schweiß (Sauna) und das Haar können erhebliche Nickelmengen ausgeschieden werden.

Bisher wurden drei Enzyme (Einführungs-Hydrogenase, Kohlenmonoxid-Dehydrogenase, Methyl-CoM-Reduktase) anaerober Bakterienarten nachgewiesen, die Nickel enthalten. Auch die Uregenase enthält Nickel.

Nickelarm ernährte Tiere ($< 0{,}10$ ppm) wachsen langsamer, reproduzieren sich schlechter, entwickeln Haut- und Haarschäden, scheiden renal mehr Calcium aus, leiden an einer verminderten Zinkresorption, bilden weniger Hämoglobin und haben eine verminderte Ureaseaktivität im Panseninhalt, die durch eine erhöhte Aktivität der ATP-Harnstoffamidolase kompensiert wird. Bei Ratten führt Nickelmangel zur verminderten Aktivität verschiedener Dehydrogenasen und Transaminasen. Die Lebenserwartung mit Nickel unterversorgter Tiere war vermindert.

Die Toxizität des Nickels kommt beim Menschen infolge der Inhalation (Nickelcarbonyl, Nickelstaub) am Arbeitsplatz bzw. in deren Umwelt vor (erhöhtes cancerogenes Risiko). Akute Nickelvergiftungen werden meist durch Nickelcarbonyl verursacht. Hautkontakt mit Nickel kann bei hypersensitiven Personen eine Allergie (vgl. Kap. 22.) verursachen. Sie wird auch durch orthopädische und medizinische Implantationen verursacht. Die Toxizität des Nickels nach oraler Aufnahme ist sehr gering.

Nach den im Tierversuch erzielten Ergebnissen wirken erst Gaben von > 250 ppm nachteilig. Solche Nickelkonzentrationen kommen in Nahrungsmitteln nicht vor. Im Tierversuch vermindern orale Nickelgaben von > 250 ppm den Futterverzehr, verminderten das Wachstum und die Eiproduktion und erhöhten die Mortalität. Die nickelbelasteten Tiere weisen weniger Zink und Magnesium im Skelett auf.

Die pulmonale Aufnahme von Nickel und Nickelcarbonyl ist ungleich gefährlicher. Die Parenchymzellen der Lungen sind Angriffspunkte des Nickelcarbonyls. Es entstehen Ödeme und Hämorrhagien. Als Folge davon kommt es zu einer verminderten Sauerstoffversorgung. Auch andere Organe weisen dann Ödeme auf. Nickelcarbonyl passiert als Molekül die alveolaren Membranen und schädigt diese. In der Zelle freigesetzte Nickelionen können dann von Biomolekülen gebunden werden und setzen deren Funktionsfähigkeit herab. Hohe Nickelmengen hemmen die ATP-ase und mindern die ATP-Verwertung. Auch die Aktivität der RNA-Polymerase wird durch das Metall gehemmt. Zunehmende Beachtung wird der möglichen Embryotoxizität des Nickels (bes. bei Nickelcarbonylexposition) beigemessen.

Im Tierversuch zeigten sich nach maternaler Nickelbelastung Embryonenresorption, unspezifische Mißbildungen, erhöhte neonatale Sterblichkeit und verminderte Geburtsmassen.

Einige Stunden nach der Exposition ist der Nickelgehalt des 8-h-Harns ein geeignetes Diagnosehilfsmittel (leichte Vergiftung: < 100 µg/l, mittlere Vergiftungen: 100 bis 500 µg/l, schwere Vergiftungen: > 500 µg/l).

Auch der Nickelgehalt des Kotes und Kopfhaares gibt Hinweise auf die Belastung am Arbeitsplatz (Tab. 10.17).

Zur Behandlung einer Nickelintoxikation wurden bisher chelatbildende Substanzen eingesetzt (BAL, vgl. S. 306; Penicillamin, Na-Diethyldithiocarbamat). Letzteres wirkte am erfolgreichsten.

Nickelvergiftungen durch einen zu hohen Gehalt in der natürlichen Nahrung wurden bisher beim Menschen nicht beschrieben. Nickelhaltige Chemikalien verdienen dennoch Beachtung, besonders unter dem Aspekt ihrer möglichen Cancerogenität und Embryotoxizität.

Tabelle 10.17. Vergleich des Nickelgehaltes von Harn, Kot und Kopfhaar nickelunbelasteter und nickelbelasteter Personen (Mittelwerte $\bar{x}_1$ und $\bar{x}_2$, Standardabweichung s, Signifikanz der Differenzen von $\bar{x}_1$ und $\bar{x}_2$ jeweils p $<$ 0,001)

Probenmaterial	unbelastet		belastet		Vervielfachung
	s	$\bar{x}_1$	$\bar{x}_2$	s	
Harn (µg/l)	3,1	7,7	95	53	12
Kot (mg/kg)	1,1	3,6	41	23	11
Kopfhaar (mg/kg)	1,6	1,6	84	81	52

10.19. Quecksilber

Die Lithosphäre enthält 45...83 µg Quecksilber/kg.

Jährlich gelangen 30000 t Quecksilber aus der Erdkruste in die Atmosphäre. Weitere 10000 t kommen weltweit durch den Bergbau, 3000 t durch Kohle-, 400...1500 t durch Ölverbrennung und 2000 t durch Verhüttung, Stahl-, Zement- und Phosphatproduktion gasförmig in die Umwelt (insgesamt 46000 t). Die Aufenthaltsdauer des Quecksilbers in der Atmosphäre beträgt 6...90 d, im Boden 1000 Jahre, in den Ozeanen 2000 Jahre und in Sedimenten Mio von Jahren.

Neben der natürlichen Emission und anderen durch Menschen verursachten Belastungen gelangt Quecksilber bei der elektrolytischen Herstellung von Chlor und Natronlauge aus NaCl in die Umwelt. Pro t produziertes Chlor gelangten früher 150...250 g Quecksilber in Abwässer. Darüber hinaus wurde und wird Quecksilber bei der Papier-, Acetaldehyd- und Vinylchloridproduktion freigesetzt. Die Landwirtschaft verwendete und setzt örtlich immer noch quecksilberhaltige Saatgutbeizen ein (vgl. Abschn. 11.4.), was zu Massenvergiftungen im Irak, Pakistan und Guatemala nach dem Verzehr gebeizten Saatgutes durch den Menschen führte.

Anorganisches Quecksilber wird von den Pflanzen wahrscheinlich erst nach Überführung in Methylquecksilber (vgl. Abschn. 10.22.) über die Wurzel und den Sproß aufgenommen. Die Biotransformation erfolgt durch Bakterien und Pilze im Boden, aber auch im Pansen und Blinddarm.

Getreide enthält ungemahlen 4...85 µg/kg, Kartoffeln enthalten 6...35 µg/kg, Gemüse 1...20 µg Quecksilber/kg, wobei unter dem Einfluß des differenten Quecksilbergehaltes im Boden die Konzentrationen in pflanzlichen Erzeugnissen extrem schwanken und durch Düngung mit Klärschlamm durchaus bis auf das Zehnfache steigen können. Backwaren weisen Gehalte von 10...20 µg/kg, Milch und Milcherzeugnisse von 2...10 µg Quecksilber/kg auf.

Fleisch verschiedener Tierarten enthält 5...35 µg/kg, Fisch ist mit 2...5000 µg/kg meist reich an Quecksilber. Süßwasserfische können bedeutend mehr dieses Schwermetalls enthalten, wobei die Zubereitung den Gehalt des Fisches nur unbedeutend verändert.

Speisepilze vermögen viel Quecksilber zu akkumulieren (0,01...95 mg/kg). Von diesen erwiesen sich die Champignons (Agaricus-Arten), Schopftintlinge (Coprinus comatus), Nelkenschwindlinge (Marasmus oreades) und Steinpilze (Boletus edulis) am quecksilberreichsten. Champignons mit Quecksilber belasteter Lebensräume können 72...200 mg des Schwermetalls pro kg enthalten.

Trinkwasser enthält im Normalfall $<$ 1 µg/l.

Die tägliche Quecksilberaufnahme wird wesentlich durch den Verzehr von Fischen oder Pilzen und deren Quecksilbergehalt bestimmt. In der BRD schwankte die Aufnahme von Quecksilber bei Testpersonen von 3...27 µg/d (Abb. 10.8), in Japan von 3...71 µg/d

20*

und in Großbritannien nahmen zwei Testpopulationen 13...19 µg/d auf. Für die Quecksilberaufnahme Erwachsener haben die WHO/FAO den Grenzwert von 350 µg/Woche festgelegt.

Anorganisches Quecksilber wird in den Sedimenten, Böden und Gewässern mikrobiologisch methyliert (vgl. Abschn. 10.22.).

Ungefähr 95% des Methylquecksilbers werden im Verdauungskanal resorbiert. Innerhalb von 3 Tagen erfolgt seine Verteilung in alle Organe. Das Gehirn speichert 10% des aufgenommenen Quecksilbers, 7% finden sich im Blut. Der Quecksilbergehalt der Organe ist nicht sehr unterschiedlich. Es bestehen aber große artspezifische Differenzen. Methylquecksilber passiert die Placenta rasch und wird in allen fetalen Geweben abgelagert. Zum Zeitpunkt der Geburt ist der Quecksilbergehalt des fetalen Blutes um 20% höher als der des maternalen.

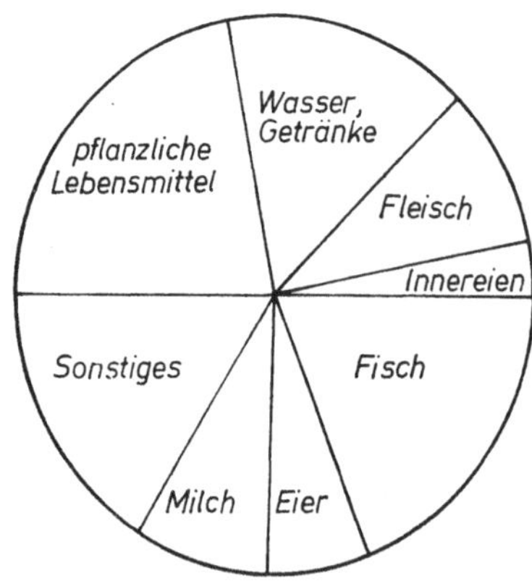

Abb. 10.8. Anteil einzelner Lebensmittel und Lebensmittelgruppen an der Gesamtaufnahme von Quecksilber in der BRD.
Die wöchentliche Gesamtzufuhr wird dort mit 100...200 µg angegeben. Für Fische und Fischerzeugnisse wurden mitunter besondere Begrenzungen für den Quecksilbergehalt ausgesprochen (in BRD z. B. 1 mg/kg).

Etwa 1% des Methylquecksilbers im Körper wird täglich in anorganisches umgewandelt. Dieser Prozeß ist für die Ausscheidung bedeutungsvoll. Etwa 80% des Quecksilbers verlassen mit dem Kot in anorganischer Form den Körper. Methylquecksilber wird über die Galle rasch eliminiert, später reabsorbiert und in anorganisches Quecksilber umgewandelt. Die biologische Halbwertszeit des Quecksilbers beträgt für den Menschen 70 Tage und ist mit großen individuellen Unterschieden belastet.

Bisher gibt es keine experimentellen Belege der Lebensnotwendigkeit des Quecksilbers für Flora und Fauna.

Akute Inhalation von Dämpfen elementaren Quecksilbers führt hauptsächlich zu pulmonalen und nervalen Symptomen (Husten, erhöhte Erregbarkeit, Tremor). Bei oraler Vergiftung (vor allem durch Sublimat, $HgCl_2$) kommt es zur akuten Gastroenteritis, Stomatitis, Colitis sowie gelegentlich zu akutem Nierenversagen.

Die Quecksilbervergiftung des Menschen wurde durch die Katastrophen in Japan (Minimata-Krankheit zwischen 1950 und 1960) und im Irak (1971/1972 durch den Verzehr mit Quecksilber gebeizten Getreides) beschrieben.

Methylquecksilberbelastungen führen zunächst zum Verlust des Gefühls in den Extremitäten und im Mundbereich (Parästhesie). Erst später kommt es zu Störungen der Bewegungskoordination (Ataxie), zu undeutlichem Sprechen (Dysarthrie) und Verlust des Gehörs.

Methylquecksilbervergiftung ist durch die Irreversibilität der Schäden, ihre Auswirkungen allein auf das Zentralnervensystem und die lange Latenzzeit (Wochen oder Monate) zwischen Beginn der Belastung und Auftreten der Vergiftungssymptome charakterisiert. Das Methylquecksilber zerstört die Neuronen des Nervensystems. Methylquecksilber bildet mit biologisch wirksamen Substanzen, die eine SH-Gruppe besitzen, stabile Komplexe und macht sie so unwirksam.

Nach den Berechnungen (NORDBERG und STRANGERT, 1976) verursacht die Aufnahme von 50 µg Quecksilber/d durch Erwachsene bei 3% der Population Vergiftungserscheinungen, der Verzehr von 200 µg/d läßt 8% erkranken.

Das sich entwickelnde Nervensystem ist gegenüber Methylquecksilber empfindlicher als das adulte. Kinder mit Methylquecksilber belasteter Mütter (350 µg/l Blut) wurden mit schweren zerebralen Schäden geboren. Methylquecksilber wird mit der Milch ausgeschieden und führt zu extrem hohen Gehalten im Blut von Säuglingen. Eine Quecksilberabgabe aus dem Amalgam der Zähne ist wahrscheinlich.

Zur Identifizierung einer Belastung mit Quecksilber ist der Gehalt im Blut geeignet. Die Normalwerte des Blutes schwanken in weiten Grenzen von unter 12...25 µg/l. Toxische Erscheinungen traten beim Menschen mit 200 µg/l in Erscheinung (Parästhesie). Weitere Symptome (Ataxie, Gehörstörungen, Dysarthrie) sind bei > 500 µg/l zu erwarten. Todesfälle traten ab 1300 µg/l Blut auf.

Medikamente gegen Methylquecksilbervergiftungen sind wenig wirksam. Sie beruhen auf starker Komplexbildung, die die Metallverbindung im Verdauungskanal halten oder rascher in eine ausscheidbare Form überführen.

10.20. Thallium

In der Lithosphäre sollen etwa 3 mg Thallium/kg vorkommen, wobei die Angaben extrem schwanken. Die geologische Herkunft des Standortes beeinflußt den Thalliumgehalt von Böden (unbelastete Böden: 0,2...1 mg/kg, kontaminierte Böden: bis zu 73, im Mittel 15 mg/kg) und Flora.

Thallium kommt auch in Mengen bis 2 mg/kg in der Kohle vor, so daß Thalliumemission bei der Verbrennung nicht auszuschließen ist. Beim Abrösten sulfidischer Erze verdampft Thallium, schlägt sich auf Staub nieder und gelangt in die Umwelt.

Weitere Quellen der Thalliumemissionen sind Zementwerke, die Schwefelkiesabbrände als Zuschlagstoffe zur Verbesserung der Abbindeeigenschaften des Zementes benutzen.

Die Weltjahresproduktion für industrielle Zwecke betrug in den 70er Jahren 20 t (Herstellung optischer Gläser, von Schmuckimitationen, Katalysatoren, Halbleitern, Rodenticiden (vgl. Abschn. 11.5.), Feuerwerkskörpern, Farben, Lacken).

In der Medizin wurde früher Thallium zur therapeutischen Epilation (Enthaarung) benutzt, wobei Vergiftungs- und Todesfälle auftraten.

Pflanzen nehmen im Boden lagerndes Thallium über die Wurzel auf. Blattreiches Gemüse akkumuliert das Metall. Die Thalliumaufnahme über Blätter ist begrenzt. Weißkohl, Kohlrabi und Kopfsalat reichern besonders viel des Metalls in verzehrbaren Teilen an, während Möhren und Sellerieknollen (Wurzelverdickungen) auch auf belasteten Böden thalliumarm bleiben (Tab. 10.18).

Tabelle 10.18. Thalliumgehalt verschiedener Gemüsearten normaler und thalliumbelasteter Standorte (mg/kg)

Art		normal	thalliumbelastet	Vervielfachung
Weißkohl		0,1	25	250
Kohlrabi	Kraut	0,3	90	300
	Knolle	0,2	11	55
Kopfsalat		0,03	5,9	20
Sellerie	Knolle	0,1	0,2	1
Möhren		0,1	0,1	0

Für Erwachsene ist eine Aufnahme von $< 20\ \mu g/d$, d. h. ein Gehalt von $< 0,1$ mg Thallium/kg Nahrungsmittel anzustreben.

Auf belasteten Standorten mit $3\ldots21$ mg Thallium/kg Boden (im Mittel < 10 mg/kg) speicherte Spinat $1,3\ldots12$ mg/kg, Kopfsalat $0,8\ldots5,9$ mg/kg, Rettich 0,4 mg/kg, Gurken 0,1 mg/kg und Rote Bete 0,6 mg/kg. Brassicaceaen scheinen besonders viel des Metalls anzureichern.

In den tierischen Nahrungsmitteln kommt weniger Thallium vor. Es reichert sich in Nieren und Leber an. Bei Schweinen mit 2 ppm Thallium im Futter blieb der Thalliumgehalt der Nieren im Bereich von 1 mg/kg. Muskel enthält weniger Thallium. Auch Muscheln thalliumbelasteter Gewässer speicherten relativ wenig von diesem Metall.

Der Verzehr beim Erwachsenen wird mit 20 μg Thallium/d angegeben.

Thalliumverbindungen sind rasch, vor allem im Dünndarm resorbierbar. Tl^+ und Tl^{3+} werden bei oraler Aufnahme gleich gut resorbiert und inkorporiert. Bakteriell, in Gegenwart von Vitamin B_{12} als Methylgruppenlieferant gebildetes Dimethylthallium (vgl. Abschn. 10.22.) wird wesentlich schlechter als anorganisches Thallium resorbiert, aber nach den gleichen Prinzipien im Körper verteilt. Thalliumverbindungen reichern sich in der Haut und deren Anhängen an. Außerdem wird Thallium bevorzugt in Nieren, Herzmuskel und Speicheldrüsen gespeichert. 24 Stunden später gelangt das Metall auch in das Gehirn. Die biologische Halbwertszeit des Thalliums wird mit 14 Tagen angegeben. Es kann noch Monate nach der Aufnahme im Harn nachgewiesen werden. Für den Stoffwechsel des Thalliums ist von Bedeutung, daß es sich physikochemisch nur wenig vom Kalium unterscheidet. Die Natrium-Kalium-abhängige ATPase kann nicht zwischen Thallium und Kalium unterscheiden, weshalb Thallium wie Kalium in den Erythrozyten angereichert, durch Membranen weitergegeben und in den Darm ausgeschieden wird. Die Exkretion in den Dünndarm überwiegt dabei, obwohl sie auch in den Dickdarm erfolgt. Dieser enterohepatische Kreislauf (vgl. Abb. 4.13, S. 58) trägt maßgeblich zur Verzögerung der Exkretion des Thalliums bei. In der Niere wird Thallium wie Kalium rückresorbiert. Durch eine kaliumreiche Ernährung wurde bei der Ratte die renale Thalliumausscheidung erhöht. Auch Diuretica erhöhten bei Ratten die renale Thalliumausschwemmung.

Thallium wird diaplacentar transferiert, allerdings schwanken die Angaben über den Umfang des placentaren Transportes artspezifisch erheblich. Thallium wirkt embryotoxisch und teratogen.

Es gibt bisher keine Hinweise, daß Thallium für Pflanze und Tier lebensnotwendig ist.

Das klinische Bild einer akuten oralen Thalliumintoxikation des Menschen sind Übelkeit, Brechreiz und Erbrechen. Nach einem symptomfreien Intervall von 2...3 d kommt es zur Gastroenteritis, schweren Brechkrämpfen und Diarrhoen. In den folgenden 2...10 d entwickelt sich eine toxische Polyneuropathie. Die taktile Empfindlichkeit kann so gesteigert sein, daß die Bettdecke auf den Beinen unerträglich ist. Obere Extremitäten sind weniger betroffen. Der Höhepunkt wird in der 3. bis 4. Woche erreicht. Lähmungen und psychische Störungen können zurückbleiben. Regelmäßig fällt nach 14 Tagen das Kopfhaar aus. Augenbrauen, Scham- und Achselhaar werden gleichermaßen betroffen. Weitere Schadsymptome sind trophische Hautstörungen, wechselnde Ausfälle des vegetativen Nervensystems (Miktionsstörungen, Sphinkterschwäche) und weiße Querstreifen der Fingernägel (MEESsche Bänder). Die chronische Thalliumaufnahme in der Nähe eines thalliumemittierenden Zementwerkes führte zwar zu Fehlbildungen bei Kindern, deren Mütter während der Schwangerschaft mit Thallium belastet waren, jedoch ließ sich dieser Zusammenhang nicht statistisch sichern.

Zum Nachweis der Thalliumbelastung des Menschen sind Harn und Kopfhaar (Normalwert: 5...20 µg/kg) besonders geeignet. Die normale Konzentration im Harn beträgt 0,3...0,5 µg/l, belastete Zementarbeiter und Bewohner der Umgebung exkretieren bis zum 10fachen dieser Menge. Bei akuter Vergiftung wurden Werte von < 300 µg Thallium/l Harn gefunden.

Die Analyse des Thalliumgehaltes im Haar erlaubt auch die zeitliche Fixierung einer chronischen Thalliumbelastung bei Tier und Mensch. Die Therapie der akuten Vergiftung beschränkt sich auf den Einsatz von Berliner Blau; es tauscht Kationen gegen Thallium aus, wodurch in den Darm ausgeschiedenes Thallium aus dem Körper entfernt werden kann.

10.21. Zinn

Die Erdkruste enthält 3 mg Zinn/kg. In den Gesteinen kommen unterschiedliche Zinnmengen vor (Schiefer 6 mg/kg, Eruptivgesteine 2 mg/kg, Sand- und Kalkgestein 0,5 mg/kg). Der Boden ist im Vergleich zu diesen mit 1...20 mg/kg (Mittel: 10 mg/kg) zinnreich. Zinnbelastete Standorte weisen bis zu 800 mg/kg auf.

Die jährliche Weltproduktion an Zinn beträgt 225000 t. Es wird zur Herstellung von Weißblech (Konservendosen), Löt-, Lager-, Glocken- bzw. Typenmetallen und Legierungen verwendet. Anorganische Zinnverbindungen kommen bei der Glashärtung, Farb- und Katalysatorproduktion, Stabilisierung von Parfüms und Seifen zum Einsatz. Organische Zinnverbindungen werden als Plastadditive (bes. PVC, vgl. Kap. 20.) und als Biocide (Fungicide, Akaricide, Moluskicide, Chemosterilantien, Holzschutzmittel, Textilschutzmittel, Krankenhausdesinfektionsmittel, Antiwurmmittel für Geflügel (vgl. Kap. 11. und 12.) verwendet.

Die normale Zinnaufnahme des Menschen ohne eine besondere Zinnkontamination beträgt bis zu 2 ppm. Bei teilweisem Verzehr konservierter Nahrungsmittel und Getränke aus Büchsen bewegt sich der Zinnverzehr bei 1...45 mg/d. Hauptquelle für Zinn in der menschlichen Ernährung sind unlackierte verzinnte Konservendosen.

Mit 100 g Fruchtsaft oder z. B. Ananas aus frisch geöffneten Dosen kann der Verbraucher 15...60 mg Zinn aufnehmen. Die Aufbewahrung geöffneter Dosen im Kühlschrank erhöht den

Zinngehalt des Inhalts um das Mehrfache. Der Verzehr von 100 g Inhalt solcher angerissenen Dosen kann die Zinnaufnahme auf 200 mg/d steigern.

Als sichere Konzentration werden Gehalte bis etwa 200 mg Zinn/kg Nahrung angegeben (WHO Food Additives Ser. No. 17. Genf 1982).

Der Zinngehalt von Nahrungsmitteln aus Weißblechdosen wird außerdem durch den pH-Wert, den Anteil komplexbildender Säuren, die Konsistenz, Lagerzeit und Lagertemperatur beeinflußt. Verschiedene Fleischerzeugnisse aus Indien enthielten z. B. 13...191 mg Zinn/kg.

Die Methylierung des Zinns hat für seine Toxizität Bedeutung (vgl. Abschn. 10.22.).

Bakterien verschiedener Sedimente wandeln anorganisches Zinn zu Di- und Trimethylzinn um. Dadurch gelangen hochgiftige Verbindungen in das Ökosystem, die zum Teil allerdings bereits auch infolge ihrer Anwendung als Biocide dorthin gelangen können.

Am toxischsten scheinen Triorganozinnverbindungen zu wirken.

Die Resorptionsrate des anorganischen Sn^{2+} und Sn^{4+} bei der Ratte betrug nach oraler Gabe von 20 mg/kg KM 2,8 bzw. 0,64%. Diese Resorptionsrate wurde auch beim Menschen bei einer Aufnahme von 50 mg Zinn/d gefunden. Männer mit 0,11 mg Zinn in der Tagesration resorbierten 50% des angebotenen Metalls.

Das resorbierte anorganische Zinn wird in Nieren, Leber, Skelett und allen Organen verteilt. In den Nieren reicherte sich das Metall an. Die biologische Halbwertszeit des Zinns im Skelett der Ratte betrug 20...40 d, die bei der Maus 29 d.

Der placentare Transfer des Zinns ist gering. In tierischen und menschlichen Embryonen kommt nur wenig Zinn vor.

Ratten schieden nach oraler Aufnahme von anorganischem Zinn innerhalb 48 h 50% des resorbierten Zinns wieder aus. Nach i.v. Applikation von Sn^{2+} exkretierten Ratten 35% mit dem Harn und 11% über die Galle. Auch im Amalgam von Zahnfüllungen vorkommendes Zinn wird durch den Speichel teilweise gelöst und gelangt so in den Körper. Im Harn des Menschen wurde methyliertes Zinn nachgewiesen.

Die Lebensnotwendigkeit des Zinns wurde von SCHWARZ et al. 1970 belegt. Durch Zulage von 2 ppm Zinn wurde das Wachstum zinnarm ernährter Ratten verbessert. Die Versuche bedürfen aber noch der Bestätigung bei anderen Tierarten. Für die normale Zahnentwicklung und Cariesverhütung hat Zinn keine Bedeutung.

Die Toxizität des anorganischen Zinns ist im Vergleich zu anderen Schwermetallen gering, obwohl bei Ratten unterschiedliche Befunde vorliegen. Konzentrationen von < 450 ppm (anorganisches Zinn) verursachten bei Ratten keine toxischen Wirkungen. In anderen Untersuchungen traten bereits bei Gaben von 5 ppm Zinn als $SnCl_2$ in Langzeitstudien Schäden auf. Zinn hemmte bei Ratten die Kollagensynthese des Femurs und verminderte die Aktivität der sauren und alkalischen Phosphatase.

Erwachsene mit 250 mg Zinn/kg Nahrung oder 5...7 mg Zinn/kg KM verspüren Leibschmerzen. Die Aufnahme von 100 mg Zinn/d soll ungefährlich sein. Der Verzehr von 50 mg/d erhöhte die renale und faecale Calciumausscheidung des Menschen nicht, verminderte aber die Zinnverwertung signifikant. Dieser Befund wurde durch weitere Versuche beim Menschen bestätigt, da hier 36 mg/d die Zinnresorption statistisch gesichert verminderten. Im Tierversuch konnte in letzter Zeit gezeigt werden, daß anorganisches Sn^{2+} genotoxisch wirkt und die Porphyrinbiosynthese beeinflußt.

Wesentlich toxischer sind organische Zinnverbindungen, insbesondere Triethylzinn. Es verursacht charakteristische Veränderungen im Myelin und Ödeme in der weißen

Substanz des Zentralnervensystems, während Trimethylzinn neuronale Veränderungen in bestimmten Regionen (Hippocampus) induziert.

Weitere Untersuchungen müssen die Wirkung einer Zinnbelastung des Menschen auch unter dem Aspekt seiner Biotransformation klären.

10.22. Biotransformationsreaktionen von Spurenelementen

Chemische Verbindungen (Naturstoffe und Syntheseprodukte, organisch oder anorganisch) unterliegen in allen Bereichen der Ökosphäre Ab- und Umbauprozessen, die — entsprechend der Persistenz der Substanzen und dem Angebot an biotischen und abiotischen Reaktionspartnern — mehr oder weniger schnell verlaufen. Bei organischen Verbindungen führen diese Transformationen schließlich zur Mineralisierung. Die so entstehenden Substanzen verfügen zumeist über neue Verhaltensweisen, sowohl hinsichtlich ihrer Mobilität wie auch in bezug auf ihre biologischen Eigenschaften. Ein wesentlicher Teil der Reaktionen wird dem chemisch-physikalisch-biologischen Begriffskomplex „Selbstreinigungsvermögen" zugeordnet, wobei zu beachten ist, daß einige Transformationsvorgänge mit Toxizitätssteigerungen verbunden sind, wenngleich diese Prozesse fast durchweg am Anfang der Reaktionsketten stehen. Auch führt die Erhöhung der Mobilität zu Verlagerungen innerhalb der Kompartimente, häufig im Sinne von Verdünnungen sowie der Wegführung von chemosensiblen Rezeptoren.

Prinzipiell verlaufen die Reaktionen in so komplizierten Ökosystemen wie dem Boden oder dem Sediment nach den gleichen Mechanismen wie in den relativ isolierten Systemen Zelle, Organ, Organismus. Entscheidend ist lediglich das Vorhandensein (oder Angebot) spezifischer Fermente, ferner ein definiertes Milieu (pH-Wert) oder die Anwesenheit physikalischer Einflußfaktoren (z. B. Strahlung einer bestimmten Wellenlänge). Die überaus große Vielzahl der die Reaktion bestimmenden biotischen und abiotischen Elemente in komplexen Systemen sollte nicht die Tatsache überdecken, daß es sich auch in der Ökosphäre um Reaktionen handelt, die den elementaren Gesetzen der Chemie folgen.

Biotransformationsreaktionen von Spurenelementen in der Ökosphäre haben eine entscheidende Bedeutung, da Toxizität, Persistenz, Ausbreitungsverhalten und Fähigkeit zur Bioakkumulation in hohem Maße von der Form des Vorkommens der Elemente abhängen. Besonders relevant ist in diesem Zusammenhang die Alkylierung von toxischen Spurenmetallen und -metalloiden, insbesondere die Methylierung (und Demethylierung), die sowohl biotisch als auch abiotisch verlaufen kann.

Die biologische Methylierung ist ein allgemeiner Prozeß bei lebenden Organismen, wenngleich er nicht stets durch denselben Mechanismus abläuft. Obwohl die biologische Funktion der Methylierung noch nicht völlig geklärt ist — ein Grund ist möglicherweise die damit verbundene Verflüchtigung der gebildeten Verbindungen — ist sie als Reaktion auf die Toxizität anorganischer und teilweise auch organischer Schwermetallverbindungen anzusehen (Detoxifizierung vor allem bei Mikroorganismen). Für höhere Organismen, insbesondere den Warmblüter, sind die gebildeten Metallalkyle äußerst toxisch und haben ein hohes Potential an Bioakkumulation.

Eine bedeutende Rolle in der Mobilität toxischer Elemente und Verbindungen kommt der metabolischen Aktivität von Mikroorganismen zu, wobei die Geschwindigkeit der Reaktionen durch viele Bedingungen beeinflußt wird (allgemeine mikrobiologische Aktivität und Faktoren, die auf diese einwirken, z. B.: Temperatur, Konzentration, biochemische Verfügbarkeit, Redoxpotential, pH-Wert, synergistische oder antagonistische Effekte anderer metabolischer oder chemischer Prozesse).

Die Methylierung — d. h. die Bindung einer oder mehrerer Methylgruppen — ist für
viele Elemente bzw. deren Verbindungen beschrieben worden: Hg, Sn, Pd, Pt, Au, Tl,
Pb, As, Se, Te, S, Si, Ge, P, Cr, Zn, Cd, Fe, Cu und Sb.

Allgemein werden für die am stärksten interessierenden toxischen Spurenmetalle und -metalloide
verschiedene Mechanismen der Methylierung diskutiert:

— Die Methylierung durch Methylcorrinoidderivate, deren wichtigster und weit verbreiteter
  Vertreter Methylcobalamin (Vitamin B_{12}) ist, und bei dem die Methylgruppe a) als Carbanion
  (CH_3^-) oder b) als Radikal ($CH_2\cdot$) übertragen werden kann.
— Transmethylierungsreaktionen, bei denen ein Übergang der Methylgruppe von anderen methylierten Metallverbindungen, z. B. von methylierten Zinn- oder Bleiverbindungen, auf
  anorganisches Quecksilber stattfindet.
— die Methylierung durch S-Adenosylmethionin (Übertragung von CH_3^+).

Daneben wird noch eine Vielzahl anderer möglicher Methyldonatoren natürlicher und anthropogener Herkunft erörtert, z. B. Methionin, Humin- und Fulvosäuren u. v. a.

Am besten untersucht (initiiert durch Unglücksfälle, so die Minamata-Krankheit) und wahrscheinlich von größter öko- und humantoxikologischer Bedeutung sind Methylierungs-, Trans-
methylierungs- und Demethylierungsreaktionen beim Quecksilber (dessen Biomethylierung in
Sedimenten von JENSEN u. a. 1969 erkannt wurde). Solche Umwandlungen vollziehen sich in
aquatischen und terrestrischen Systemen, aber auch in lebenden Organismen. Es wurden sowohl
biotische als auch abiotische Reaktionen, die einen Beitrag zum ökologischen Quecksilbercyclus
leisten, beschrieben (Abb. 10.9; vgl. auch Abschn. 10.19.).

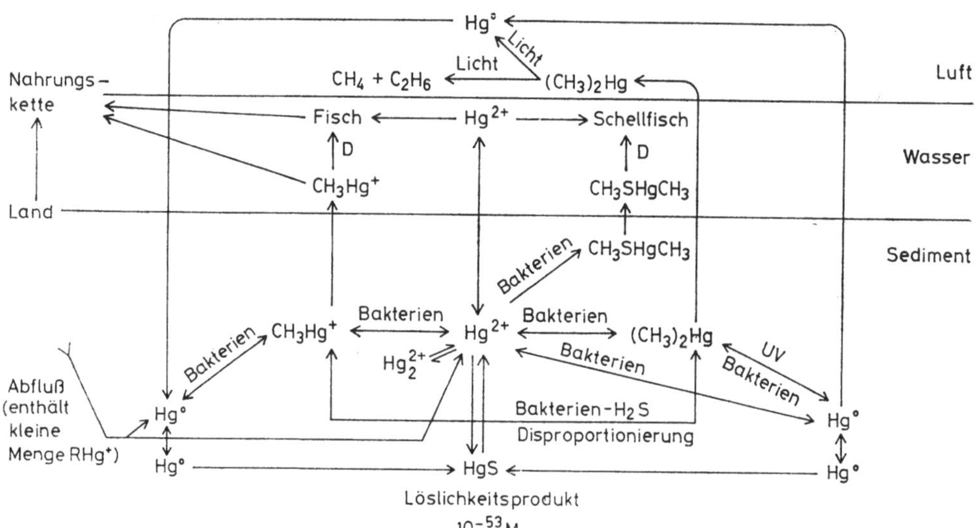

Abb. 10.9. Quecksilberkreislauf in der Umwelt

Auf Grund seiner langen Halbwertszeit und seiner Fähigkeit, Membranen schnell zu durchdringen, kann sich das stark neurotoxische Methylquecksilber in aquatischen und terrestrischen
Nahrungsketten anreichern und so zu einer Gefährdung des Menschen führen. Eine besonders
wichtige Rolle spielen bei Quecksilber-Biotransformationsreaktionen Mikroorganismen, vor allem
in Sedimenten, aber auch im Boden sowie im Intestinaltrakt von Säugern u. a. Tieren. Folgende
durch Mikroorganismen vermittelte Umwandlungsreaktionen beim Quecksilber sind bis jetzt
beschrieben worden:

$$Hg^{2+} \rightarrow \text{Ethyl-Hg/Methyl-Hg/(Methyl)}_2\text{Hg/Hg}^0$$
$$Hg^+ \rightarrow Hg^0$$

Phenyl-Hg $\rightarrow$ Methyl-Hg/Benzen $+$ Hg^0/(Phenyl)$_2$Hg

Ethyl-Hg $\rightarrow$ Ethan $+$ Hg^0

Methyl-Hg $\rightarrow$ Methan $+$ Hg^0/Hg^{2+}

Methoxyethyl-Hg $\rightarrow$ Methyl-Hg

Als Methylierungsmittel, die in biologischen Systemen für Quecksilber verfügbar sind, wurden Methylcorrinoidderivate (Methylcobalamin) erkannt. Sie wurden bisher als einzige für fähig gehalten, Methylgruppen als Carbanionen in anorganische Quecksilbersalze einzuführen und scheinen sowohl bei der enzymatischen als auch bei der nichtenzymatischen Methylierung eine Rolle zu spielen (Abb. 10.10).

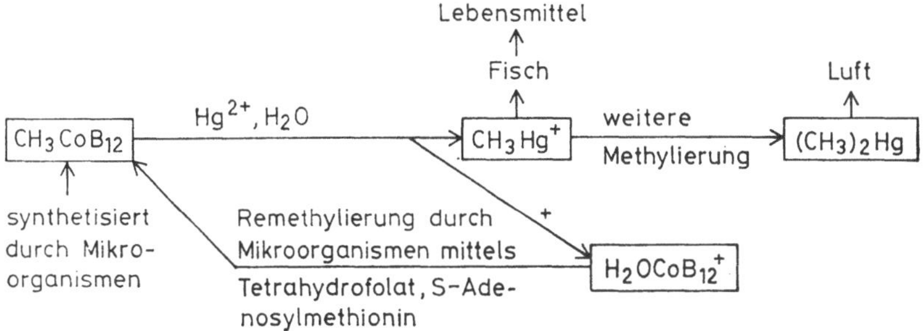

Abb. 10.10. Quecksilbermethylierung durch Methylcobalamin (CRAIG, P.: New Scientist, 11. 6. 1981, S. 694)

Neben diesem ersten bekannten Beispiel für einen klar definierten Mechanismus der Methylquecksilbersynthese werden auch die anderen beschriebenen Methylübertragungen prinzipiell für möglich gehalten bzw. sind nachgewiesen worden, so die Methylierung von anorganischem Quecksilber durch biologisch gebildete (oder anthropogen eingetragene) Methylzinnverbindungen, die Quecksilbermethylierung durch eine „fehlerhafte" Methioninbiosynthese, die abiotische Methylierung von anorganischem Quecksilber im Boden, die auf Humin- und Fulvonsäuren zurückgeführt wurde und andere total abiotische Quecksilbermethylierungsreaktionen.

Als zweites Element, für dessen Verbindungen Methylierungsreaktionen beschrieben worden sind, sei Arsen angeführt. Hier gelang ebenfalls der Nachweis der Methylierung in verschiedenen Säugern sowie in der Umwelt. Produkte der Reaktion von As(V) mit anaeroben Bakterien sind die extrem toxischen, flüchtigen Produkte Dimethylarsen und Trimethylarsin, die jedoch aerob schnell zu weniger toxischen Verbindungen reduziert werden. In der Umwelt konnte Arsen durch den Transfer von CH_3^+ (von S-Adenosylmethionin) methyliert werden (vgl. Abschn. 10.13.).

Die biologische Methylierung von Zinn (vgl. Abschn. 10.21.) verdient ebenfalls Interesse, da sich einerseits die Anwendung seiner Verbindungen in den hochindustrialisierten Ländern in den letzten 10 Jahren mehr als verdoppelt hat (Biocide; PVC-Stabilisatoren; vgl. Kap. 20 und 11.4.) und weitere Anwendungsbereiche zu erwarten sind; zum anderen sind diese Verbindungen (Butyl- und Octylverbindungen) relativ stabil im wäßrigen Milieu, sie dürften daher geeignete Substanzen für den Carbanionentransfer sein. Es ist zu vermuten, daß die methylierten Verbindungen (R_3SnCH_3, $R_2Sn(CH_3)_2$) eine höhere Toxizität aufweisen, zumal bekannt ist, daß die einfachen Methylzinnverbindungen stark neurotoxisch sind. Zweiwertiges Zinn kann über eine freie Radikalreaktion durch Methylcorrinoidderivate methyliert werden. Die mikrobielle Methylierung von Sn(IV) durch eine Pseudomonas-Art, die aus der Chesapeake Bay isoliert wurde, gelang. Die biologisch erzeugten Dimethylzinnverbindungen waren in der Lage, Hg(II)-Ionen zu methylieren. Man kann annehmen, daß solche Transmethylierungen mit Quecksilber auch in der Biosphäre vorkommen.

Nun laufen in biologischen Systemen und in der Ökosphäre überhaupt in Gegenwart
verschiedener Substrate nicht nur Alkylierungsreaktionen, sondern auch Entalkylie-
rungsreaktionen ab, insbesondere auch bei Organoquecksilber- und Organozinnverbindungen. Dieser Toxizitätswandel ist sowohl aus ernährungs- als auch umwelttoxikolo-
gischer Sicht von großer Bedeutung. Als Mechanismen werden für Methylquecksilber
vor allem der direkte biologische Abbau durch Mikroorganismen, daneben der indirekte
biologische Abbau durch metabolische Nebenprodukte von Mikroorganismen, Metabolismus in Leber und Niere und chemischer Abbau angegeben, wobei anorganisches Hg,
teilweise Hg^0 als Endprodukte entstehen.

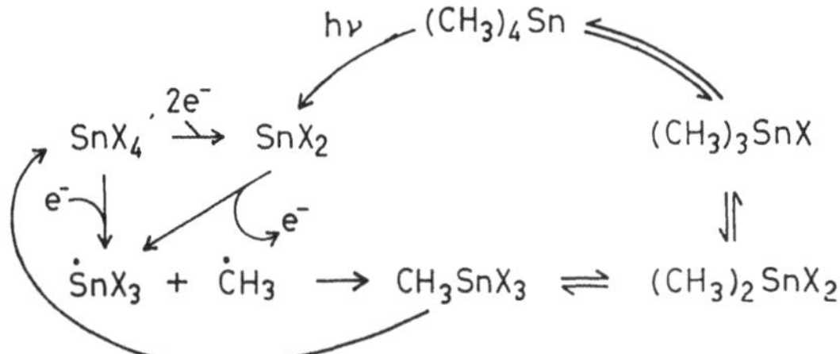

Abb. 10.11. Biologischer Cyclus für Zinn (nach RIDLEY, W. P., L. J. DIZIKES und J. M. WOOD
Science **197** (4301), 329 (1977))

Die reaktiven Organozinnverbindungen sind in der Umwelt Luft, Wasser, verschiedenen Nucleophilen, wie Aminen, reaktiven Oberflächen und Sonnenlicht ausgesetzt. Außerdem sind Oxyda-
tions-, Reduktions- und Hydrolysereaktionen ubiquitär im lebendem Organismus. Transforma-
tions- und Abbaureaktionen laufen sowohl rein chemisch als auch durch metabolische Systeme
von Organismen ab und sind vielfach beschrieben. Der Abbau erfolgt nach dem Schema R_4Sn
$\rightarrow R_3SnX \rightarrow R_2SnX_2 \rightarrow RSnX_3 \rightarrow SnX_4$. Er wird sowohl im Boden und auf Pflanzen wie auch in
Tieren beschrieben.

11. Rückstände aus der Pflanzenproduktion

11.1. Einführung

Der rasche Anstieg der Weltbevölkerung fordert bei annähernd konstanter bzw. nur wenig erweiterungsfähiger landwirtschaftlicher Nutzfläche steigende Erträge pflanzlicher Produkte und darauf aufbauend eine Erhöhung der Produktion tierischer Lebensmittel und Rohstoffe. Grundlage hierfür sind in der pflanzlichen Produktion neben verbesserten Kulturmaßnahmen und dem Anbau von Hochleistungssorten vor allem Verfahren der Intensivierung, wie z. B. Düngungsmaßnahmen. Darin eingeschlossen ist die Senkung der Verluste während der Vegetationsperiode, der Ernte und der Lagerung durch Einsatz von Pflanzenschutzmitteln (PSM) (Tab. 11.1) bzw. Wachstumsregulatoren. Leistungssteigerungen in der tierischen Produktion sind außer durch züchterische Maßnahmen, durch Verbesserung in den Haltungsbedingungen, den Einsatz chemischer Verbindungen zur Gesunderhaltung der Tiere und zur Verbesserung der Futterausnutzung (Mastleistung) zu erreichen.

Von den auf der Erde vorkommenden ca. 350000 Pflanzenarten werden für die Ernährung des Menschen nur ca. 0,1% genutzt. Der Hauptanteil für die Ernährung entfällt auf nur wenige Kulturen (Weizen, Reis, Mais; Produktionsumfang für alle Getreidearten annähernd 1000 Mio t/Jahr; Zuckerrüben und Zuckerrohr zusammen 700 Mio t/Jahr; Kartoffeln 200 Mio t/Jahr).

Tabelle 11.1. Wichtige Wirkstoffgruppen der Pflanzenschutzmittel und ihre Anwendung

Wirkstoffgruppe: Pesticide[1]	Mittel zur Bekämpfung von Schadorganismen
Acaricide	Spinnmilben
Algicide	Algen
Bactericide	Bakterien
Fungicide	Pilzen
Graminicide	unerwünschten Gräsern
Herbicide[2]	Unkräutern
Insekticide	Insekten
Larvicide	Insektenlarven
Limacide	Schnecken und Muscheln
Molluscicide	Schnecken
Nematicide	Nematoden
Ovicide	Eistadien der Insekten und Spinnmilben
Rodenticide	Nagetieren
Viricide	Viren

[1] einschl. Repellent: Mittel zur Abschreckung von Schädlingen, ohne diese gesundheitlich zu schädigen oder abzutöten
[2] einschl. Defoliantien: Zur Entlaubung von Pflanzen bestimmte Herbicide.
Desiccantien: Zur Krautabtötung eingesetzte Stoffe.

Ein wesentlicher Anteil der potentiellen Ernte geht aber in der pflanzlichen Produktion für die menschliche und tierische Ernährung verloren. Nach Schätzungen der FAO werden diese Verluste insgesamt auf 30...40% beziffert (Abb. 11.1). Insgesamt wird der wertmäßige Anteil an Verlusten auf jährlich 70...90 Mrd. $ geschätzt, wobei ca. 40% auf Schädlinge, ca. 34% auf Pflanzenkrankheiten und ca. 26% auf Unkräuter zurückzuführen sind.

Für die tierische Produktion lassen sich Verluste nicht so konkret wie für den Pflanzenbau darstellen. Neben allgemeinen Leistungsminderungen durch Umwelt- und Fütterungseinflüsse ist es z. B. das epidemische Auftreten von Krankheiten, das beträchtliche Verluste in der tierischen Produktion verursacht.

Die Produktion pflanzlicher und tierischer Nahrungsmittel steht im engen Zusammenhang mit der Anwendung chemischer Substanzen, deren Einsatz die ausreichende Bereit-

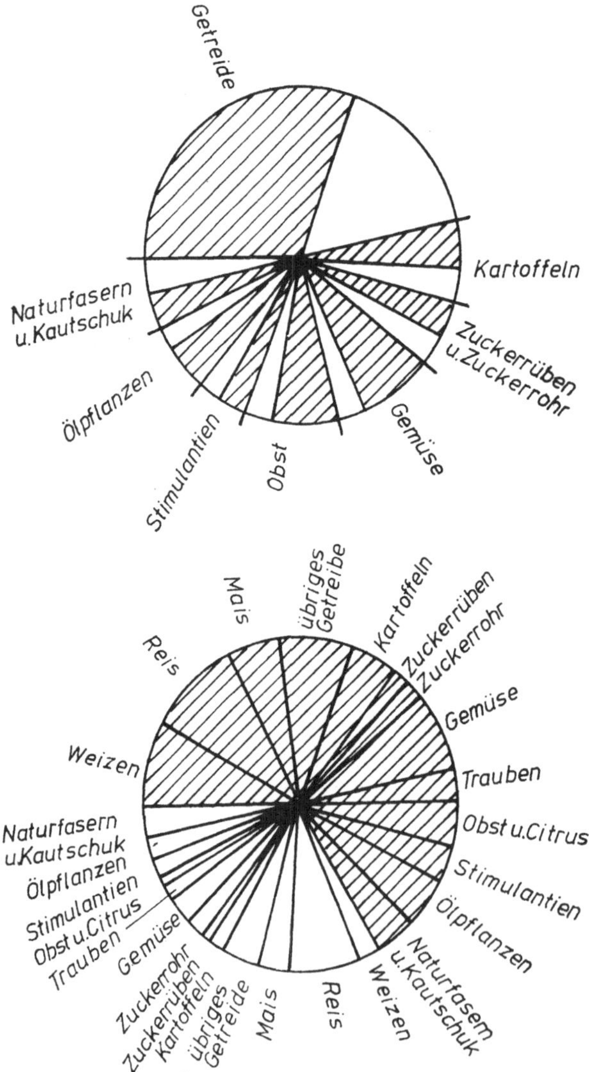

Abb. 11.1. Mögliche Ernte (dunkel) und Verluste (hell) landwirtschaftlicher Produkte (nach CRAMER, H. H.: Pflanzenschutz-Nachrichten (Bayer) 1 (1967))

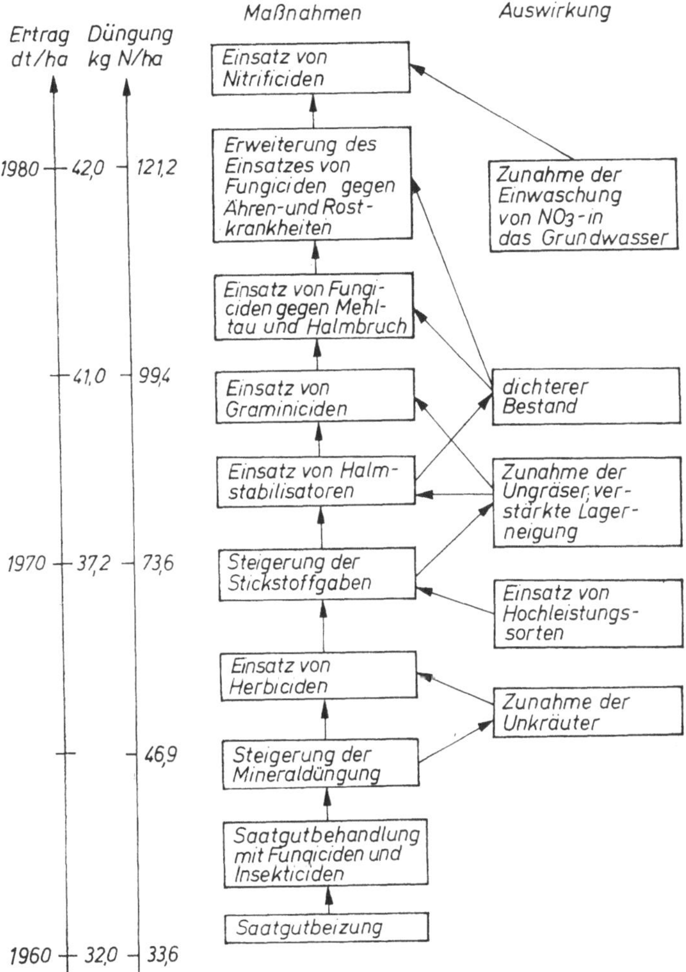

Abb. 11.2. Auswirkungen des Einsatzes chemischer Stoffe in der Landwirtschaft und deren Zusammenwirken mit anderen Maßnahmen und Anbaubedingungen im Getreidebau (Weizen) in der DDR

stellung von Lebensmitteln sichert, wobei die verschiedenen Maßnahmen oftmals ineinandergreifen (Abb. 11.2).

Die Anwendung dieser Mittel ist im wesentlichen auf die landwirtschaftliche Phase der Lebensmittelproduktion bezogen. Ihre Anwesenheit im späteren Lebensmittel ist nicht notwendig und auch nicht erwünscht. Vor allem bei schwer abbaubaren oder langsam aus dem Nutztierkörper ausscheidbaren Stoffen können Restmengen in Lebensmittel gelangen. Von der WHO/FAO werden *„alle in der Nahrung von Mensch und Tier vorkommenden Substanzen oder Mischungen von Substanzen, die aus der Anwendung eines Pflanzenschutzmittels oder Wachstumsregulators herrühren, einschließlich aller speziell genannten Derivate, wie Abbau- und Umwandlungsprodukte, Metaboliten, Reaktionsprodukte und Verunreinigungen, die als toxikologisch bedeutsam angesehen werden"*, als solche Rückstände definiert. Sinngemäß gilt die für Rückstände in oder auf pflanzlichen

Produkten vorgenommene Definition auch für Rückstände in tierischen Produkten, die aus der Anwendung von Wirkstoffen in der tierischen Produktion herrühren.

Das Vorkommen gesundheitlich bedenklicher Restmengen derartiger Stoffe ist beispielsweise durch folgende geeignete Maßnahmen auszuschließen:

1. Festlegung von Höchstmengen (maximum residue levels).
2. Anwendungsverbot bestimmter Stoffe bei Pflanzen und Tieren, von denen Lebensmittel gewonnen werden.
3. Festlegung von Warte- und Absetzfristen zwischen letzter Mittelanwendung und Lebensmittelgewinnung.

Die Beschreibung einer Rückstandssituation ist immer an das behandelte Objekt gebunden, wobei zwei Parameter von entscheidender Bedeutung sind: die verwendete Aufwandmenge und der Zeitpunkt nach der Behandlung. Bezieht man sich auf den Zeitpunkt des Inverkehrsetzens eines Produktes als Lebensmittel, so spricht man von den „terminal residues", den Endrückständen. Die terminal residues lassen sich auch bei Kenntnis der Aufwandmenge nicht einfach berechnen. Sie sind außer von der Höhe der Initialrückstände (Anfangsdepots auf der Pflanze oder im Tier), vom Einfluß verschiedener Faktoren, die ihre Abnahme bewirken, abhängig. Dieser Prozeß wird als Rückstandsdynamik bezeichnet (Abb. 11.3).

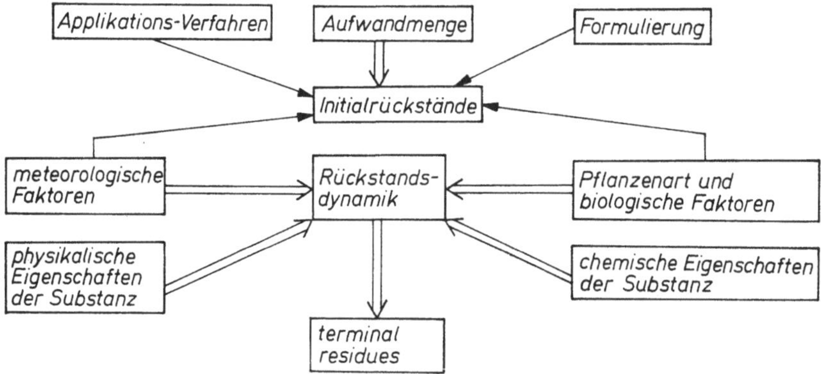

Abb. 11.3. Einflußfaktoren auf die Bildung der Initialrückstände und die Rückstandsdynamik

Im tierischen Organismus sind es vor allem die Wechselbeziehungen zwischen Resorption — Distribution und Metabolisierung — Inkorporation in Geweben — Exkretion, die die Höhe der Rückstände beeinflussen. Die terminal residues stellen die eine Grundlage für die toxikologische Bewertung eines Wirkstoffes dar, die durch die Daten der toxikologischen Untersuchungen an Labor- und Nutztieren für die zumeist gesetzliche Festlegung von maximal zulässigen Rückständen (MZR[1], Höchstmengen[2], Toleranzen) zu ergänzen sind. Im Ergebnis der rückstandstoxikologischen Bewertung eines Wirkstoffes sind

1. maximal zulässige Rückstandsmengen und
2. Karenz- oder Wartezeiten bzw. Anwendungsbegrenzungen

festzulegen. Diese sind für die pflanzlichen Produkte im Pflanzenschutzmittelverzeichnis und für die in der tierischen Produktion eingesetzten Wirkstoffe u. a. im Tierarzneimittelverzeichnis und in der Futtermittelverordnung enthalten.

Bei der Bewertung der im Bereich von ppt bis ppm vorliegenden Rückstandsmengen (vgl. Tab. 3.1, S. 24) ergeben sich die Probleme ihrer analytischen Zuverlässigkeit und toxikologischen Relevanz.

---

[1] DDR
[2] BRD

Bei der toxikologischen Bewertung von Rückstandsdaten sind deshalb generell die unterste Bestimmungsgrenze sowie die Wiederfindungsraten bei niedrigen Konzentrationen und die Reproduzierbarkeit der Methode bedeutsam. Eine Aussage zur toxikologischen Relevanz derart geringer Rückstandsmengen wird um so schwieriger, je weniger toxisch ein Wirkstoff ist. Deshalb ist aus toxikologischer Sicht die Wahl eines geeigneten Verhältnisses zwischen den duldbaren Rückstandsmengen und der untersten Bestimmungsgrenze sinnvoll. Dem entspricht u. a. eine Einteilung der Wirkstoffe in Toxizitätsgruppen (Tab. 11.2) bzw. die Regelung, daß 1/10 des niedrigsten Toleranzwertes als vernachlässigbarer Rückstand zu bewerten ist.

Tabelle 11.2. Kriterien für die Einstufung von Pflanzenschutzmitteln und Mitteln zur biologischen Prozeßkontrolle (MBP) (nach BEITZ und ACKERMANN)

Toxizitäts-gruppe	LD_{50} p.o. (Ratte) (mg/kg)	NOEL (mg/kg Futter)	Mutagenität	Persistenz im Boden (Halbwertszeit in Monaten)	Wirkstoff-kumulation
1	2	3	4	5	6
I	> 1500	> 250	—	≤ 1	—
II	$50\ldots1500$	$10\ldots250$	$(+)$	$1\ldots3$	$+$
III	< 50	< 10	$+$	> 3	$++$

Bei der toxikologischen Beurteilung der Wirkstoffgruppen treten Unterschiede zwischen diesen Gruppen zutage. Das hängt vor allem mit dem Zeitpunkt des Auftretens und der Bekämpfung der Schaderreger durch die chemischen Mittel bzw. der Einflußnahme auf die Kulturpflanzen durch die chemische Substanz zusammen. Insekticide, Akaricide und Fungicide müssen beim Auftreten der Schaderreger zumeist bis kurz vor der Ernte eingesetzt werden, wobei die Karenzzeit den letztmöglichen Zeitpunkt festlegt. Eine Differenzierung zwischen den Wirkstoffen und der gleichen Kulturpflanzenart wird durch die Persistenz, d. h. die Beständigkeit des Wirkstoffes bedingt. Eine Ausnahme bilden hier die Beizung, Inkrustierung oder Pillierung von Saat- und Pflanzgut, die zu keinen oder geringen Rückständen im Erntegut führen. Im Falle der Wachstumsregulatoren ist bei Anwendung von Siccantien und Mitteln zur Reifebeschleunigung gleichfalls mit höheren terminal residues zu rechnen, da diese Mittel kurz vor der Ernte angewandt werden. Anders ist es bei den Mitteln zur Halmstabilisierung im Getreide sowie zur Keim- oder Blühstimulierung, die ein geringes Rückstandsniveau in den Ernteprodukten aufweisen. Die biologische Wirkungsweise der Herbicide und die daraus resultierende Anwendungsspezifik (Vorauflauf- oder Nachauflaufverfahren) bedingen eine Reihe von Faktoren, die zu relativ geringen terminal residues führen:

1. Die Initialrückstände auf der Pflanze müssen unter der phytotoxischen Dosis liegen. Überdosierungen schädigen oder vernichten die Kultur.
2. Die im Vorauflaufverfahren angewandten Herbicide können nur über die Aufnahme des Wirkstoffes aus dem Boden in die Kulturpflanzen gelangen.
3. Der biologisch vorgegebene Zeitabstand zwischen Nachauflaufbehandlung und Ernte ist zumeist ausreichend groß für die entscheidende Abnahme der Rückstände.

Daraus ergeben sich die Merkmale für die rückstandstoxikologisch relevanten Herbicide:

1. Hohe Verträglichkeit gegenüber Kulturpflanzen mit Anwendung im Vor- und Nachauflaufverfahren.
2. Hohe Persistenz auf den Pflanzen und im Boden.
3. Gute Translocierbarkeit aus dem Boden in die Pflanze.
4. Gute Speicherbarkeit in bestimmten Organen der Pflanze.

Beurteilt man schließlich die verschiedenen Wirkstoffgruppen aus rein toxikologischer Sicht, so sind die Rodenticide als die für den Menschen und seine Umwelt gefährlichste Gruppe zu nennen, gefolgt von den Insekticiden und Akariciden. Die Klassifizierung der Gifte und damit die Einstufung in Giftklassen wird international unterschiedlich gehandhabt, widerspiegelt jedoch immer diese Aussagen.

11.2. Herbicide

Die toxikologische Beurteilung von Rückständen nach dem Einsatz von Herbiciden fällt gegenüber den anderen Wirkstoffgruppen günstiger aus. Herbicide hinterlassen bei fachgerechter Anwendung relativ niedrige Rückstände in den Ernteprodukten, und die überwiegende Mehrzahl der Wirkstoffe ist als mindertoxisch zu bezeichnen.

Wenn in den letzten Jahren trotzdem herbicide Wirkstoffe vordergründig in die Diskussion gerieten, so sind die Ursachen in den toxikologisch relevanten Nebenprodukten der technischen Wirkstoffe zu suchen. Das betrifft vor allem das 2,3,7,8-Tetrachlordibenzo-p-dioxin (2,3,7,8-TCDD), das in 2,4,5-T als Nebenprodukt auftreten kann und beim Einsatz von 2,4-D- sowie 2,4,5-T-Präparaten (agent orange) zur chemischen Kriegsführung der USA in Vietnam zu Spätschäden bei Neugeborenen führte (vgl. Abschn. 13.3.6.). Der Gehalt an 2,3,7,8-TCDD ist jetzt auf 0,01 mg/kg im technischen Wirkstoff begrenzt worden. Darüber hinaus sind es Nitrosamine (vgl. Kap. 18.), die im Trifluralin, aber auch in Dialkylaminsalzen von Wirkstoffen vorkommen können.

Anorganische Verbindungen

Nur noch von historischem Interesse sind solche Verbindungen wie Eisen- oder Kupfersulfat, die durch bedeutend wirksamere organische Verbindungen verdrängt wurden. Die Anwendung von Chloraten ($NaClO_3$; $KClO_3$) erfolgt als Totalherbicid. Die aus phytotoxischen Gründen notwendige Karenzzeit von über zwei Monaten schließt eine Rückstandsbehandlung in den Ernteprodukten der nachgebauten Kultur aus.

Von Warmblütern p.o. aufgenommenes Chlorat wird schnell resorbiert und innerhalb von 48 h vor allem renal (90%) ausgeschieden.

Chlorierte aliphatische Aldehyde und Carbonsäuren

TCA (Tab. 11.3) kann bei Anwendung hoher Aufwandmengen Rückstände bilden, so z. B. in Kartoffeln (...0,04 mg/kg). Von Dalapon sind unter ähnlichen Bedingungen Rückstände in Spargel, Äpfeln, Erdbeeren und Weinbeeren gefunden worden.

Die Wirkstoffe werden nach oraler Verabreichung an Warmblüter gut resorbiert und über Urin und Faeces ausgeschieden, innerhalb von 48 h 65...70% Dalapon (Hund) bzw. 78% unverändertes TCA (Rattenurin). Dalapon und TCA (auch als Metabolit von Chloralhydrat) führen konzentrationsabhängig zu Rückständen in Organen, Geweben und der Milch.

Tabelle 11.3. Chlorierte aliphatische Aldehyde und Carbonsäuren

Wirkstoff	chemische Bezeichnung	Löslichkeit in Wasser (g/l)	LD_{50} p.o. (Ratte) (mg/kg)	NOEL (mg/kg KM)
Chloralhydrat[1]	Trichloracetaldehyd-hydrat	4 000	480	
Dalapon[2]	Na-Salz der 2,2-Dichlor-propionsäure	500	6 600...8 100	50 (Ratte, 2 Jahre)
DCU[1]	1,3-Bis-1-hydroxy-2,2,2-trichlor-ethyl-harnstoff	0,48	6 680	
TCA[2]	Na-Salz der Trichloressigsäure	10 000	3 300...5 000	80 (Ratte, 2 Jahre)

[1] wird zu TCA metabolisiert
[2] Die Bestimmung der Rückstände erfolgt kolorimetrisch oder mittels GC.

Phenoxyalkansäuren

Zur Anwendung kommen vorrangig Na-, K- oder Alkylaminsalze, die praktisch nicht flüchtig sind und deren Löslichkeit in Wasser weit über 100 g/l liegt (Tab. 11.4).

Wuchsstoffherbicide finden vorrangige Anwendung im Getreideanbau. In den Getreidekörnern sind mitunter Rückstände bis zu 0,2 mg/kg feststellbar, meist jedoch unter der Nachweisgrenze (0,02...0,1 mg/kg). Die Persistenz nimmt in der Reihenfolge 2-Methyl-4-chlor-, Dichlor- und Trichlor-Substitution zu, ebenso sind die Propionsäurederivate stabiler als die der Essigsäure. In Kartoffeln findet man Rückstände bis zu 0,04 mg/kg. Hohe Rückstände werden nach Einsatz von 2,4,5-T im Forst in wildwachsenden Beeren gefunden, wenn keine Karenzzeit eingehalten wird.

In den Pflanzen erfolgt die Biotransformation durch Konjugatbildung, Abspaltung der Alkansäure und bei den Buttersäurederivaten durch β-Oxydation.

Von Versuchstieren werden p.o. applizierte Wirkstoffe schnell und fast vollständig

Tabelle 11.4. Chemische Struktur, Wasserlöslichkeit und toxikologische Daten von Phenoxyalkansäuren

Wirkstoff[1]	R_1	R_2	R_3	Löslichkeit in Wasser (mg/l)	LD_{50} p.o. (Ratte) (mg/kg)	NOEL (mg/kg KM)	ADI (mg/kg KM/d)
2,4-D	Cl	H	CH_2	890	375...590	31,25 (Ratte, 2 Jahre)	0,1
						12,5 (Hund, 2 Jahre)	
2,4-DB	Cl	H	$CH_2-CH_2-CH_2$	47	700	10,0 (Ratte, 90 d)	
Dichlorprop	Cl	H	$CH(CH_3)$	350	442...800	4,0 (Ratte, 90 d)	
Dichlofop-methyl	Cl	H	$-C_6H_4-O-CH(CH_3)$	50	557...580	12,5 (Ratte, 90 d)	
						8,0 (Hund, 15 Monate)	
MCPA	CH_3	H	CH_2	1 500	630...724	2,5 (Ratte, 90 d)	
MCPB	CH_3	H	$CH_2-CH_2-CH_2-$	440	680	1,0 (Ratte, 90 d)	
Mecoprop	CH_3	H	$CH(CH_3)$	620	582...1 210	2,5 (Ratte, 90 d)	
2,4,5-T	Cl	Cl	CH_2	278	495...752	3,0 (Ratte, 2 Jahre)	0,03

[1] Die Bestimmung der Rückstände erfolgt mit der DC oder GC nach Umsetzung zu Methyl-, Trichlorethyl- u. a. Estern

resorbiert. Die maximale Konzentration im Serum wird nach 2...7 h erreicht, die Halbwertszeiten betragen bei Ratten ca. 3...10 h sowie bei Schweinen 12 h und mehr. Die Ausscheidung erfolgt bevorzugt renal, außer Diclofopmethyl (80% mit Faeces). Bei hohen Dosen, die zur Überschreitung der renalen Transportkapazität führen, verlängern sich die Invasions- und Eliminierungsphase.

Neben den bei den Pflanzen genannten Metaboliten treten ringhydroxylierte Verbindungen auf, die überwiegend als Konjugate renal ausgeschieden werden. Höhere Dosierungen führen zu Rückständen in der Niere, aber auch in der Milch nach Aufnahme über das Futter.

Vermutete cancerogene Eigenschaften von 2,4-D und 2,4,5-T konnten nicht bestätigt werden. Dosisabhängige teratogene Effekte treten erst weit über den als NOEL angegebenen Dosen auf.

Phenolderivate

Das wichtigste Anwendungsgebiet der Phenolderivate (Tab. 11.5) ist der Getreidebau. In den Körnern sind bis auf Nitrofen keine Rückstände (Nachweisgrenzen 0,05...0,1 mg/kg) ermittelt worden. Von DNOC, Dinoseb und Dinosebacetat werden zumeist keine

Tabelle 11.5. Chemische Struktur, Wasserlöslichkeit und toxikologische Daten von Phenolderivaten

Wirkstoff[1]	R_1	R_2	R_3	Löslichkeit in Wasser (mg/l)	LD_{50} p.o. (Ratte) (mg/kg)	NOEL (mg/kg KM)
Bromoxynil	Br	CN	Br	130	190...440	5,0 (Ratte, 3 Monate)
Dinoseb	NO_2	NO_2	$CH(CH_3)CH_2-CH_3$	50	40...50	5,0 (Ratte, 6 Monate)
Dinoseb-acetat[2]	NO_2	NO_2	$CH(CH_3)CH_2-CH_3$	2200	55	5,0 (Ratte, 2 Jahre) 0,2 (Hund, 2 Jahre)
DNOC	NO_2	NO_2	CH_3	125	25...30	5,0 (Ratte, 6 Monate)
Ioxynil	J	CN	J	1,8	110...120	5,5 (Ratte, 3 Monate)
Nitrofen[3]	H	NO_2	H	1,0	2400...6800	5,0 (Ratte, 2 Jahre) 5,0 (Hund, 2 Jahre)

[1] Die Bestimmung der Rückstände erfolgt mittels DC, HPLC oder GC
    nach Derivatisierung der OH-Gruppe
[2] $O-CO-CH_3$ statt OH
[3] $-O-\text{(Ring)}-Cl$ statt $-OH$ (mit Cl in ortho-Stellung)

oder höchstens Rückstände an der Nachweisgrenze ermittelt, anders sieht die Rückstandssituation nach Anwendung als Siccant aus.

Nach p.o. Applikation von DNOC wird nach 10 min die maximale Konzentration im Blut erreicht, davon 90% in der Albuminfraktion. Dinoseb u. a. Wirkstoffe werden nicht so gut resorbiert. Die Ausscheidung einmalig applizierter Dosen erfolgt innerhalb von 4...9 d. Für Dinoseb betragen die Halbwertszeiten in Organen und Geweben 14 bis 36 h sowie für Nitrofen im Serum > 30 h, wodurch es zur Rückstandsbildung (Nitrofen vorrangig in Fettgeweben) kommt. Die Metabolisierung der NO_2-Verbindungen führt in Ratten und Wiederkäuern zu Aminoderivaten, daneben treten Oxydation der Seitenkette (Dinoseb), Hydrolyse (Bromoxynil) und Ringhydroxylierung auf.

Die dinitro-substituierten Phenole stellen die Wirkstoffgruppe mit der höchsten akuten Toxizität dar. Nitrofen gilt als cancerogene Verbindung gegenüber Labornagern und führt bereits bei niedrigen Dosen zu teratogenen Effekten bei Ratten (bei Kaninchen erst ab 80 mg/kg KM).

Phenylcarbamate

Zum Erntetermin sind keine Rückstände von Barban im Getreidekorn, von Phenmedipham in Zuckerrüben, Erdbeeren und Spinat sowie von Propham und Proximpham in Zuckerrüben und verschiedenen Gemüsekulturen zu finden. Nach Anwendung zur Keimhemmung sind auf den Kartoffeln Chlorpropham-Rückstände zwischen 0,96...6,6 mg/kg nachweisbar, die sich durch Waschen und Schälen auf 0,02...0,1 mg/kg und durch Kochen unter 0,1 mg/kg reduzieren lassen.

Tabelle 11.6. Chemische Struktur, Wasserlöslichkeit und toxikologische Daten von herbiciden Phenylcarbamaten

Wirkstoff[1]	R_1	R_2	Löslichkeit in Wasser (mg/l)	LD_{50} p.o. (Ratte) (mg/kg)	NOEL (mg/kg KM)
Barban	Cl	$CH_2-HC{\equiv}C-CH_2Cl$	11	600	7,5 (Ratte, 2 Jahre) 10,0 (Kaninchen, 6 Monate)
Chlorpropham	Cl	$CH(CH_3)_2$	89	3800...8000	100 (Ratte, 2 Jahre) 50 (Hund, 2 Jahre)
Phenmedipham	[2]	CH_3	10	8000	10,0 (Ratte, 90 d) 5,0 (Hund, 90 d)
Propham	H	$CH(CH_3)_2$	250	ca. 9000	80 (Ratte mit geringer Tierzahl, 90 d)
Proximpham	H	$N=C(CH_3)_2$	500	1540	5,0 (Ratte, 90 d)

[1] Die Bestimmung der Rückstände erfolgt mit der DC oder HPLC bzw. Pyrolyse-GC.

[2] Phenyl—NH-CO-O- (mit CH₃ in meta-Stellung)

Der Abbau der Wirkstoffe (Tab. 11.6) führt einerseits bis zu substituierten Anilinen und andererseits durch Hydroxylierung im Ring bis zu Aminophenolen, die als Konjugate vorliegen.

Phenylharnstoffe

Die Anwendung der Phenylharnstoffe (Tab. 11.7) sowie Buturon, Chloroxuron, Defenuron und Fenuron reicht von Getreide bis zu Gemüse- und Obstkulturen. Charakteristisch ist ihre hohe Persistenz im Boden, aber auch in Erntegütern sind von einigen Wirkstoffen Rückstände ermittelt worden. Das betrifft vor allem Spargel und Möhren. Desgleichen waren in Spinat Rückstände von Monolinuron bis zu 0,3 mg/kg nachweisbar. In den meisten Kulturen liegen die Rückstände in Nähe der Nachweisgrenze (bis zu 0,1 mg/kg).

Die N-Demethylierung ist eine der Abbaureaktionen, die über die entsprechenden Phenylcarbamate bis zu den substituierten Anilinen führt.

Nach p.o. Applikation der Wirkstoffe an Ratten erfolgt eine rasche Resorption, so daß bei Monuron die maximale Konzentration im Blut nach 2 Stunden erreicht ist. Die Eliminierung erfolgt bevorzugt — mit nur geringer Neigung zur Rückstandsbil-

Tabelle 11.7. Chemische Struktur, Wasserlöslichkeit und toxikologische Daten von herbiciden Phenylharnstoffderivaten

Wirkstoff[1]	R_1	R_2	R_3	Löslichkeit in Wasser (mg/l)	LD_{50} p.o. (Ratte) (mg/kg)	NOEL (mg/kg KM)	
Bromuron	H	Br	CH_3	237	1920	5,0	(Ratte, 3 Monate)
Chlorbromuron	Cl	Br	OCH_3	50	2150...4280	15,8	(Ratte, 3 Monate)
						7,9	(Hund, 3 Monate)
Chlortoluron	Cl	CH_3	CH_3	70	10000	15,0	(Hund, 3 Monate)
Diuron	Cl	Cl	CH_3	42	3400	12,5	(Ratte, 2 Jahre)
						6,25	(Hund, 2 Jahre)
Linuron	Cl	Cl	OCH_3	75	1500...4000	6,25	(Ratte, 2 Jahre)
						3,12	(Hund, 2 Jahre)
Metobromuron	H	Br	OCH_3	330	2700...3875	12,5	(Ratte, 1 Jahr)
						6,25	(Hund, 2 Jahre)
Monolinuron	H	Cl	OCH_3	580	1472...2100	12,5	(Ratte, 2 Jahre)
						0,62	(Hund, 3 Monate)
Monuron	H	Cl	CH_3	230	3400...3700	12,5	(Ratte, 2 Jahre)
Methabenzthiazuron	[2]			59	2500...7500	30,0	(Ratte, 2 Jahre)
						5,0	(Hund, 2 Jahre)

[1] Die Bestimmung der Rückstände erfolgt mit DC oder HPLC bzw. nach Derivatisierung mit der GC (AFID)

[2] (Struktur: Benzothiazol-2-yl)$-N(CH_3)-CO-NH-CH_3$

dung — über den Urin. Die Metabolisierung durch oxydative N-Demethylierung und Ringhydroxylierung führt zu nachweisbaren Rückständen (11...25% innerhalb von 6 bis 8 d), die als Konjugate mit dem Harn ausgeschieden werden.

s-Triazine

Die meisten s-Triazine (Tab. 11.8) verfügen über ein breites Einsatzspektrum und sind im Boden sehr persistent, so daß sie von den Pflanzen während der gesamten Vegetationsperiode aufgenommen werden können. In Getreidekörnern, einschließlich Mais, bilden die eingesetzten Wirkstoffe keine Rückstände (Nachweisgrenze 0,02 mg/kg).

Tabelle 11.8. Chemische Struktur, Wasserlöslichkeit und Toxizitätsdaten der herbiciden s-Triazine

Wirkstoff	R_1	R_2	R_3	Löslichkeit in Wasser (mg/l)	LD_{50} p.o. (Ratte) (mg/kg)	NOEL (mg/kg KM)	
Atrazin	Cl	C_2H_5	$i\text{-}C_3H_7$	70	3080	5,0	(Ratte, 2 Jahre)
						0,375	(Hund, 2 Jahre)
Cyanazin	Cl	C_2H_5	$C(CH_3)_2CN$	171	149...334	0,6	(Ratte, 2 Jahre)
						0,625	(Hund, 2 Jahre)
Desmetryn	SCH_3	CH_3	$i\text{-}C_3H_7$	580	1390	10,0	(Ratte, 3 Monate)
Prometryn	SCH_3	$i\text{-}C_3H_7$	$i\text{-}C_3H_7$	48	2100...3750	2,5	(Ratte, 2 Jahre)
						3,75	(Hund, 2 Jahre)
Propazin	Cl	$i\text{-}C_3H_7$	$i\text{-}C_3H_7$	8,6	5000	10,0	(Ratte, 3 Monate)
Simazin	Cl	C_2H_5	C_2H_5	5	5000	5,0	(Ratte, 2 Jahre)
						3,0	(Hund, 2 Jahre)
Terbutryn	SCH_3	C_2H_5	$i\text{-}C_3H_7$	58	2380...2980	20	(Ratte, 3 Monate)
						25	(Hund, 6 Monate)

In Wurzelgemüse können in Abhängigkeit von dem Termin der letzten Behandlung und der Aufwandmenge Rückstände bis zu 0,5 mg/kg enthalten sein. In Möhren sind nach einmaliger Behandlung mit Prometryn-Präparaten keine Rückstände > 0,02 mg/kg nachzuweisen, aber nach zweimaliger Behandlung in Abhängigkeit von der Bodenart bis zu 0,1 mg/kg. In Äpfeln wurden nur nach mehrjähriger Anwendung von hohen Aufwandmengen Simazin-Rückstände bis zu 0,05 mg/kg ermittelt. In Kohlgemüsearten traten Rückstände von Desmetryn bei zu später Anwendung auf.

Ein Abbau erfolgt über die Abspaltung der Chlor- bzw. Mercaptogruppen zu Hydroxyverbindungen. Gleichfalls kommt es zur N-Dealkylierung, wobei beide in Konjugate überführt werden.

Die Wirkstoffe werden von Ratten nach p.o. Applikation rasch resorbiert und weitestgehend metabolisiert. Neben N-Dealkylierung kommt es zur Dechlorierung bzw. S-Demethylierung unter Bildung der Hydroxyderivate (LD_{50} p.o. von Hydroxycyanazin:

5000 mg/kg Ratte). Die Ausscheidung erfolgt innerhalb von 24 h zu 42...85% (^{14}C-Aktivität) renal und faecal. In der Milch von Kühen wurden keine Rückstände gefunden.

Sonstige N-Heterocyclen

Eine Übersicht vermittelt Tab. 11.9. Amitrol ist nach Anwendung von 3- bis 7fach überhöhten Aufwandmengen in Äpfeln (0,04...0,09 mg/kg) nachweisbar. Bei Anwendung von Diquat als Herbicid sind nur in Salat Rückstände von maximal 0,1 mg/kg gefunden worden, dagegen wurde Paraquat nach Einsatz zum pfluglosen Umbruch in verschiedenen Gemüsekulturen (0,02...0,05 mg/kg) nachgewiesen. Während Lenacil bei fachgerechter Anwendung nur zu Rückständen von maximal 0,03 mg/kg (Erdbeeren) und 0,04 mg/kg (Zuckerrüben) führt, sind solche von Metribuzin in Tomaten und Kartoffeln nicht beschrieben worden.

Amitrol   Diquat   Lenacil

Metribuzin   Paraquat   Picloram

Nach p.o. Applikation ist bei Warmblütern nur eine geringe Resorption von Diquat und Paraquat (Mensch 5%) zu verzeichnen. Die Eliminierung erfolgt weitestgehend als Wirkstoff, hauptsächlich über die Faeces, und ist nach 4 Tagen abgeschlossen (bei Paraquat zwischenzeitlich die höchste Konzentration in der Lunge). In Schlachtprodukten und der Milch von Kühen treten keine Wirkstoffrückstände auf. Dahingegen führt Picloram nach mehrmaliger Aufnahme sowie nach dem Beweiden behandelter Flächen durch Schafe und Kühe zu relevanten Rückständen in der Niere, weniger in anderen Geweben und der Milch. Picloram wird nicht metabolisiert und nach einmaliger p.o. Gabe relativ schnell ausgeschieden. Eine geringe Metabolisierung weist auch Amitrol in Ratten auf (maximal 6% der ^{14}C-Aktivität). Die Maximalwerte im Blutplasma werden nach 1 Stunde erreicht, die Halbwertszeit beträgt 21 Stunden. Nur Metribuzin wird in Ratte, Hund und Schwein weitestgehend metabolisiert (Desaminierung, Oxydation) und vorwiegend renal ausgeschieden (nach 96 h > 90%).

Sonstige Herbicide

Ein großer Teil von Herbiciden gehört sehr verschiedenen Stoffklassen an (Tab. 11.10). Ihr Einsatz erfolgt in den verschiedensten Kulturen, wobei sich die Rückstände zumeist in der Nähe der Nachweisgrenze bewegen. Von Propachlor sind aber in Kohlarten 0,05...0,4 mg/kg und von Pentachlor in Tomaten nach 2- bis 3maliger Anwendung bis zu 0,37 mg/kg und in Möhren bis zu 0,17 mg/kg ermittelt worden. Bei Buminafos

Tabelle 11.9. Struktur und Toxizitätsdaten ausgewählter N-heterocyclischer Herbicide

Wirkstoff	chemische Bezeichnung	Löslichkeit in Wasser (g/l)	LD_{50} p.o. (Ratte) (mg/kg)	NOEL (mg/kg KM)	ADI (mg/kg KM/d)
Amitrol[1]	3-Amino-1,2,4-triazol	280	25000	0,02 (Ratte, 2 Jahre) 12,5 (Hund, 2 Jahre)	0,00003[2]
Diquat	1,1'-Ethylen-2,2'-dipyridilium-dibromid	670	200...440	0,75 (Ratte, 2 Jahre) 1,22 (Hund, 4 Jahre)	0,008
Lenacil	3-Cyclohexyl-5,6-trimethylenuracil	0,006	11000	2,0 (Ratte, 90 d)	
Metribuzin	4-Amino-6-tertbutyl-3-(methylthio)-1,2,4-triazin(4H)-on	1,2	1937...2345	5,0 (Ratte, 2 Jahre) 2,5 (Hund, 2 Jahre)	
Paraquat[3]	1,1'-Dimethyl-4,4'-dipyridilium-dichlorid	100	110...200	1,25 (Hund 2 Jahre) 1,5 (Ratte, Reproduktion)	0,002
Picloram	4-Amino-3,5,6-trichlorpicolinsäure	0,43	3750...8200	150 (Ratte, 2 Jahre) 150 (Hund, 2 Jahre)	

[1] 20 mg/kg KM führen bei Ratten zu Schilddrüsen- und Leberkarzinomen [2] conditional [3] vgl. Abb. 11.4; S. 349

Tabelle 11.10. Struktur und Toxizitätsdaten ausgewählter Herbicide

Wirkstoff	chemische Bezeichnung	Löslichkeit in Wasser (mg/l)	LD_{50} p.o. (Ratte) (mg/kg)	NOEL (mg/kg KM)
Buminafos	0,0-Di-n-butyl-(1-n-butylaminocyclohexyl)-phosphonat	170	7000	140 (Ratte, 130 d)
Dichlobenil	2,6-Dichlorbenzonitril	18	1500...4500	1,0 (Ratte, 2 Jahre)
Glyphosat	N-Phosphonomethylglycin	10000	4320	15,0 (Ratte, 2 Jahre)
Metazol	2-(3,4-Dichlorphenyl)-4-methyl-1,2,4-oxadiazol-din-3,5-dion	1,5	1350	25 (Ratte, 90 d)
Pentanochlor	N-(3-Chlor-4-methylphenyl-2-methylpentansäureamid	8...9	10000	100 (Ratte, 140 d)
Propachlor	N-Isopropylchloracetanilid	700	1200	5,0 (Ratte, 2 Jahre)
Triasulfuron	Triazinyl-chlorethoxy-phenylsulfonylharnstoff	5	> 5000	0,5 (Ratte, 2 Jahre)
Trifluralin	N,N-Dipropyl-2,6-dinitro-4-trifluormethyl-anilin	< 1	10000	100 (Ratte, 90 d) 25 (Hund, 90 d)

treten Rückstände nur nach Einsatz als Siccant auf, und von Dichlobenil wurden in Weintrauben Rückstände bis zu 0,11 mg/kg sowie in Zwiebellauch und Porree bis zu 0,06 mg/kg gefunden. Bei Glyphosat treten nur dann Rückstände an Kernobst auf, wenn die Früchte durch Sprühschleier ungewollt getroffen werden (bis zu 3,0 mg/kg).

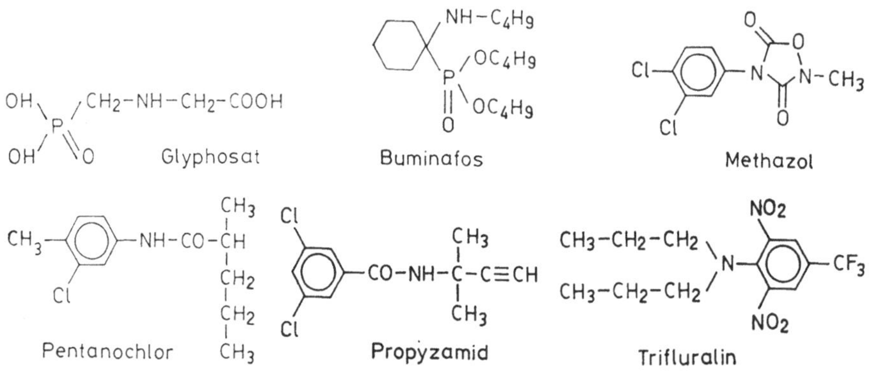

Glyphosat — Buminafos — Methazol

Pentanochlor — Propyzamid — Trifluralin

Nach Resorption der p.o. applizierten Substanzen erfolgt die Ausscheidung als Wirkstoff (70% renal) beim Trifluralin bzw. nach fast vollständiger Metabolisierung (Ringhydroxylierung) beim Dichlobenil. Buminafos, Pentanochlor, Propachlor und Propyzamid werden zu unterschiedlichen Anteilen metabolisiert und eliminiert. Von den Wirkstoffen ist keine gravierende Rückstandsbildung zu erwarten, die Ausscheidung mit der Milch beträgt von Propyzamid 0,19%.

11.3. Insekticide, Akaricide, Begasungsmittel

11.3.1. Insekticide

Die Bekämpfung tierischer Schaderreger gehört zu den umwelt- und ernährungstoxikologisch problembehafteten Methoden des Pflanzenschutzes. Die Insekticide sind eine chemisch und toxikologisch vielgestaltige Substanzgruppe. Ihr gehören die in der Biosphäre persistentesten und biochemisch hochwirksame Verbindungen an.

Die Suche nach insekticiden Wirkstoffen orientierte sich an folgenden Forderungen:

1. Hohe insekticide Wirksamkeit,
2. geringe akute Toxizität für Warmblüter,
3. breites Wirkungsspektrum gegen Schaderreger,
4. einfache und billige Synthese und damit verbunden
5. niedriger Preis,
6. anhaltende Wirkungsdauer.

Es dürften zur Zeit ca. 300...400 Wirkstoffe im Einsatz sein, die in Kombination oder unterschiedlich formuliert in fast unübersehbarer Anzahl kommerziell verfügbar sind. Die Einteilung der Wirkstoffe erfolgt allgemein nach ihrer chemischen Struktur:

1. Natürlich vorkommende Insekticide und ihre synthetischen Analoge (Pyrethrine, Pyrethroide, Synergisten),
2. insekticide Chlorkohlenwasserstoffe,
3. insekticide Carbamate,
4. insekticide Phosphorsäureester.

Pyrethrine, Pyrethroide und Synergisten

Einige Tier- und ca. 2000 Pflanzenarten produzieren körpereigene insektentötende Wirkstoffe, von denen bislang lediglich in wenigen Fällen Reindarstellung und Strukturaufklärung gelangen. Die technische Nutzung ist nur beschränkt möglich.

Eine Gruppe derartiger insekticider Pflanzeninhaltsstoffe sind die Pyrethrine. Sie werden durch Extraktion aus den getrockneten Blüten einiger landwirtschaftlich angebauter Chrysanthemumarten, in denen sie bis zu 1,3% enthalten sind, als Pyrethrum (Wirkstoffe sind vier Ester: Pyrethrin I, Pyrethrin II, Cinerin I, Cinerin II) gewonnen. Die Pyrethrine haben nur eine geringe Warmblütertoxizität und sind aus diesem Grunde gut für den Einsatz als Insekticid im Haushalt geeignet (LD_{50} 200...2600 mg/kg). Wegen ihrer Empfindlichkeit gegenüber Einflüssen wie Licht, Wärme und Sauerstoff haben sie nur kurze Karenzzeiten. Resistenzerscheinungen sind selten.

	R_1	R_2
Pyrethrin I	$-CH_3$	$-CH=CH_2$
Pyrethrin II	$-COOCH_3$	$-CH=CH_2$
Cinerin I	$-CH_3$	$-CH_3$
Cinerin II	$COOCH_3$	$-CH_3$

Der Abbau der Pyrethrine im Warmblüterorganismus erfolgt an der Alkohol- oder Säurekomponente, nicht durch Esterhydrolyse.

Aus ökonomischen Gründen sind bereits seit den 50er Jahren synthetische Produkte auf dem Markt (Pyrethroide), von denen das Allethrin (Estergemisch aus synthetischem Allethonol und Chrysanthumsäure) als erstes im größeren Maßstab hergestellt wurde. In den letzten Jahren wurde die Pallette der Pyrethroide um einige Verbindungen mit verbesserten insekticiden und physikalischen Eigenschaften erweitert (Tab. 11.11). Durch Zusatz von Piperonylbutoxid (LD_{50} > 7500 mg/kg, Ratte; ADI 0,03 mg/kg KM/d) zu den Pyrethrinen erzielt man eine wesentlich höhere Toxizität als durch Addition beider Wirkungen zu erwarten wäre. Über den Mechanismus dieses synergistischen Effektes besteht noch keine Klarheit. Die Mischungsverhältnisse von Pyrethrinen und Synergisten liegen zwischen 1 : 2 und 1 : 20. Die bislang identifizierten, natürlich vorkommenden Synergisten besitzen alle die Methylendioxyphenyl-Gruppierung. Die bedeutendste Verbindung mit synergistischer Wirkung ist das Piperonylbutoxid geblieben.

Piperonylbutoxid

Tabelle 11.11. Pyrethroide (nach KEMPTER und JUMAR)

Substanz	chemische Struktur	relative Wirkung	LD_{50} p.o. (Ratte) (mg/kg)
Pyrethrin I[1]		1	340
Resmethrin	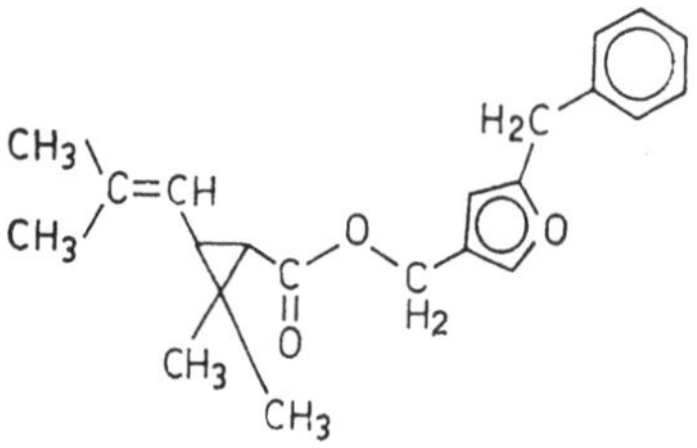	21	1500
Permethrin	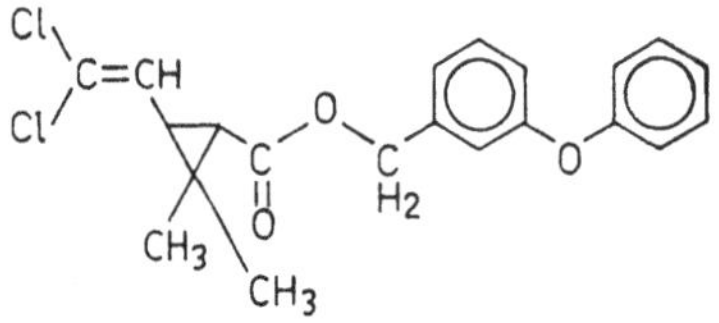	30	1750
Cypermethrin	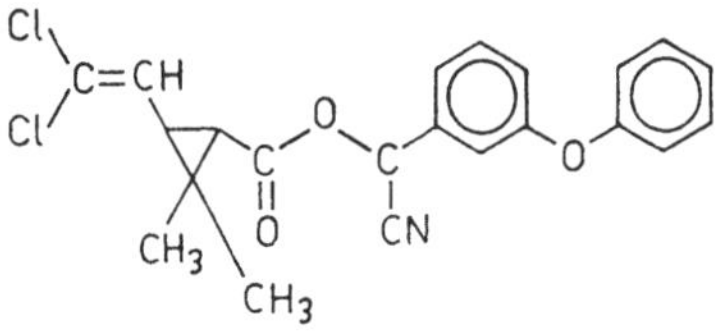	33	300
Dekamethrin (Bromethrin, Deltamethrin)		1150	60
Fenvalerate	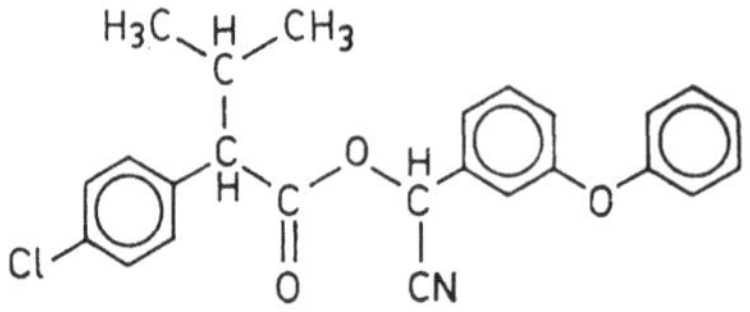	22	400
Fluvalinate	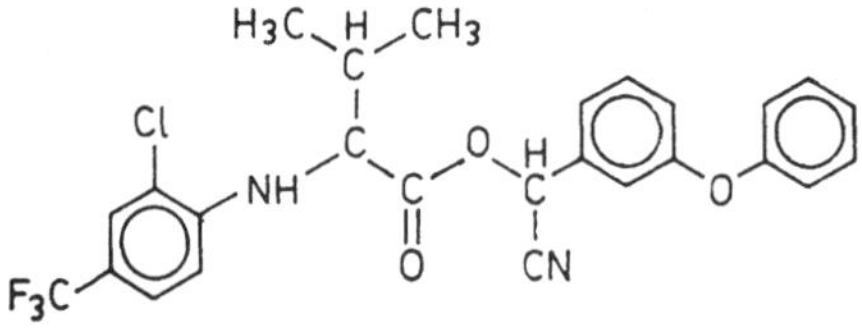	25	

[1] NOEL 10 mg/kg KM, ADI 0,04 mg/kg KM/d

Chlorierte Kohlenwasserstoffe

Die Gruppe der chlorierten Kohlenwasserstoffe bildete den Beginn der Entwicklung synthetischer Pflanzenschutz- und Schädlingsbekämpfungsmittel. Seit der Anwendung im 2. Weltkrieg haben einige klassische Vertreter dieser Stoffklasse auch heute noch eine große Bedeutung, insbesondere bei der Malariabekämpfung. Gegen die chlorierten Kohlenwasserstoffe, insbesondere deren Hauptvertreter, das DDT, wurden Restriktionen ausgesprochen. Diese beruhen auf der Erkenntnis, daß lipophile Verbindungen dem enzymatischen Abbau nur sehr langsam unterliegen, in Nahrungsketten angereichert, im Fettgewebe gespeichert und über die Milch ausgeschieden werden. Da die Verbindungen auch über Jahre im Boden persistieren, wirkt sich das in zahlreichen Ländern ausgesprochene Verbot verschiedener chlorierter Kohlenwasserstoffe (DDT, Aldrin, Dieldrin) nur langsam, jedoch sichtbar stetig aus. Überschreitungen von Toleranzen sind die Ausnahme. Der Gehalt an chlorierten Kohlenwasserstoffen in der Humanmilch kann als Indikator für die Belastung mit chlorierten Kohlenwasserstoffen angesehen werden. In den Jahren seit der Einschränkung bzw. dem Verbot einzelner Verbindungen sind z. B. die Gehalte an DDE in der Muttermilch ca. um die Hälfte, von Hexachlorbenzen auf 1/6 zurückgegangen. Diese Aussagen haben jedoch nur regionale Bedeutung (Schweiz, DDR, BRD, Schweden, USA, Canada u. a.). In zahlreichen Entwicklungsländern ist diese Tendenz weniger ausgeprägt.

Zur Bestimmung der chlorierten Kohlenwasserstoffe im ng- bis pg-Bereich wird heute fast ausschließlich die GC mit Elektroneneinfangdetektor an gepackten bzw. Kapillarsäulen angewandt. Lebensmittelspezifische clean-up-Verfahren sind notwendig und Methoden der DC prinzipiell ebenso einsetzbar.

DDT: Mit der Suche nach wirksamen Kontaktinsekticiden durch MÜLLER im Auftrag der Geigy AG und der Entdeckung der insekticiden Wirkung des bereits 1874 von ZEIDLER beschriebenen DDT (Dichlordiphenyltrichlorethan) begann die Entwicklung der synthetischen Insekticide. Das DDT, durch Kondensation von Chloral mit Chlorbenzen unter dem Einfluß von Schwefelsäure gewonnen, ist eine licht-, luft- und säurestabile Verbindung. Alkalieinfluß führt unter Abspaltung von HCl zum 2,2-Bis(p-chlorphenyl)-1,1-dichlorethylen (DDE), das im Fettgewebe des Organismus bevorzugt gespeichert wird. Der Abbau des DDT im Warmblüter wird durch enzymatische reduktive Dechlorierungen zum 2,2-Bis(p-chlorphenyl)-1,1-dichlorethan (DDD) bzw. Dehydrochlorierungen bei sukzessivem Verlust der aliphatischen Chloratome über olefinische Zwischenstufen zur 2,2-Bis(p-chlorphenyl)-essigsäure (DDA) geführt. DDA wird frei und konjugiert (Glucuronsäure, Peptide, Fettsäuren) mit dem Urin ausgeschieden. Speziesspezifische Biotransformationen werden beschrieben (z. B. Bildung von 4,4'-Dichlorbenzophenon in Mikroorganismen und Insekten). Die Induktion abbauender Mechanismen trägt zur Resistenz gegenüber DDT bei (vgl. Abschn. 4.2.). Der genaue Wirkungsmechanismus des DDT ist bislang ungeklärt. Beeinflussungen der Nervenmembranen und damit Störungen des Na^+-Transportes und Inhibierungen der ATPase werden diskutiert.

Methoxychlor: Entsprechend der Synthese des DDT wird es aus Anisol und Chloral dargestellt. Die insekticide Wirkung ist gegenüber dem DDT deutlich geringer, die Alkalibeständigkeit größer. Die Biotransformation scheint nach dem gleichen Reaktionsweg abzulaufen, jedoch wird eine Speicherung im Fettgewebe nicht beobachtet. Der mikrobielle Abbau scheint gegenüber dem DDT verstärkt möglich zu sein, demzufolge ist die Persistenz geringer.

γ-HCH: Durch radikalische Addition von Chlor an Benzen entsteht ein Isomerengemisch mit einem Anteil von 10...18% γ-Isomeres. Dieses wird in einer Reinheit > 99% als Lindan bezeichnet. Die Verbindung ist im sauren und neutralen Bereich stabil, unterliegt jedoch ebenfalls der HCl-Abspaltung durch Alkalien (bis zu Trichlorbenzen).

Die Biotransformation des Lindans erfolgt bis zu niedrig chloriertem Benzen und Phenolen über verschiedene Reaktionsmechanismen, die Ausscheidung aus dem Warmblüterorganismus als freie Metabolite und Konjugate (Glucuronide, Mercaptursäuren). γ-HCH (wie auch die anderen HCH-Isomere) stimuliert die Aktivität der mischfunktionellen Monooxygenasen (vgl. Abschn. 4.2.) und die Glutathiontransferasen. Der Wirkungsmechanismus des Lindan scheint ebenfalls in einer Beeinflussung des Zentralnervensystems zu liegen.

Die Rückstandssituation beim Lindan ist weniger problematisch als beim DDT. Wohl werden auch Lindan und seine lipophilen Abbauprodukte im Körperfett gelöst, jedoch findet eine schnelle Elimination statt (Halbwertszeit: 1,5 d). Als Kontaminationsquellen kommen fast ausschließlich

Tabelle 11.12. Chemische Struktur und toxikologische Eigenschaften chlorierter Insekticide

Substanz	Struktur	LD$_{50}$ p.o. (Ratte) (mg/kg)	NOEL (mg/kg KM)	ADI (mg/kg KM/d)
DDT 2,2-Bis(p-chlorphenyl)-1,1,1-trichlorethan	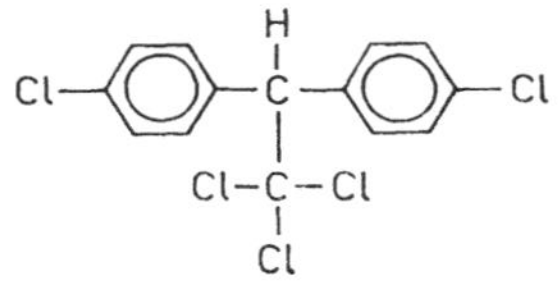	200...500	0,5 (DDT + DDE)	0,005 (bis 1979)
Lindan γ-1,2,3,4,5,6-Hexachlorcyclohexan	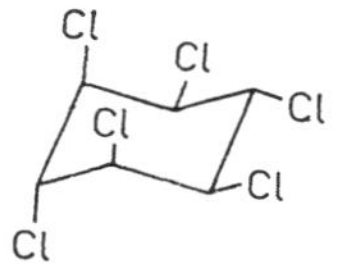	150...230	1,0	0,01 (1977)
Methoxychlor 2,2-Bis(p-methoxychlor-phenyl)-1,1,1-trichlorethan	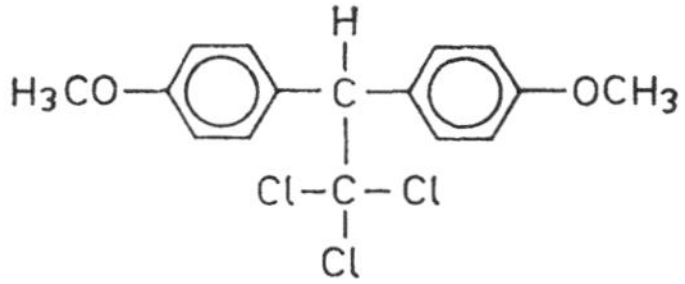	5000...6000		0,1
Aldrin 1,2,3,4,10,10-Hexachlor-1,4,4a,5,8,8a-hexa-hydro-1,4-endo-exo-5,8-dimethanonaphthalen	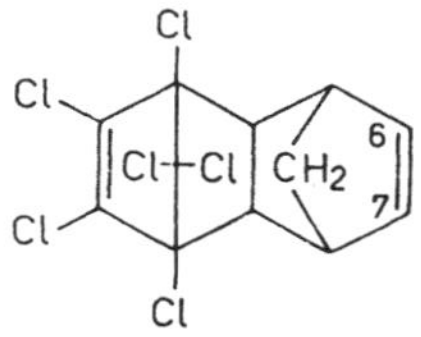	10...70		0,0001
Dieldrin 1,2,3,4,10,10-Hexachlor-6,7-epoxi-1,4,4a,5,6,7,8,8a-octahydro-endo-1,4-exo-5,8-dimethanonaphthalen		40...100	0,01	0,0001
Endrin (Stereoisomeres des Dieldrin)		7...40		0,0002

Toxaphen (Substanzgemisch: chloriertes Camphen 67…69% Cl)	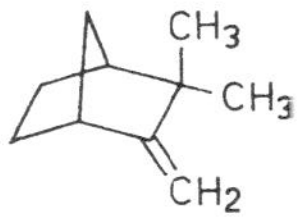 Camphen	40…120		
Chlordan	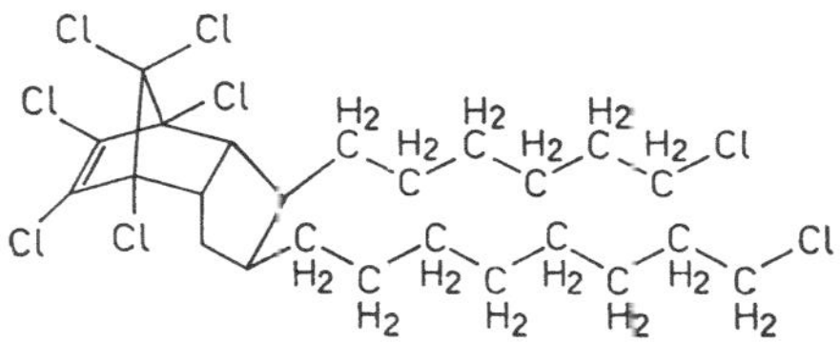	200…550		0,001
Heptachlor 1,4,5,6,7,8,8-Heptachlor-3a,4,7,7a-tetrahydro-6,7-methano-inden	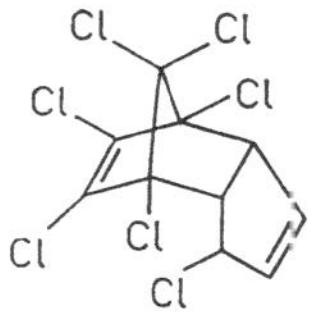	90…135	0,05 (Heptachlor-epoxid)	0,0005
Endosulfan 6,7,8,9,10,10-Hexachlor-1,2,5a,6,9,9a-hexahydro-6,9-methano-2,4,3-benzodioxathiepin-3-oxid	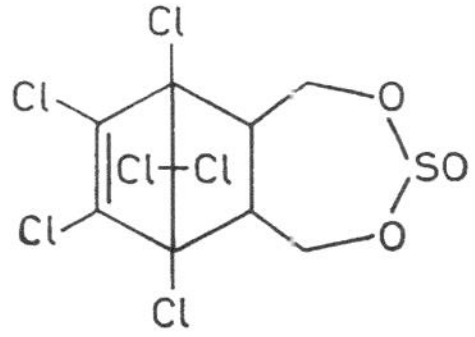	100		0,0075

Lebensmittel tierischen Ursprungs in Frage. Die Rückstandssituation ist, abgesehen von Kontaminationen akzidentellen Ursprungs, durch eine Nichtausschöpfung der zulässigen Höchstmengen gekennzeichnet (vgl. Abb. 11.5 und 11.6, S. 352f).

In der BRD wurden im Jahre 1979 ca. 20% der maximal zulässigen Dosis erreicht. Entgegen dem Rückstandsverhalten beim DDT ist jedoch eine Abnahme der Konzentration an Gesamt-HCH in der Umwelt nicht festzustellen. Dies dürfte im wesentlichen auf die Anwendung des technisch anfallenden Isomerengemisches (enthält das größere Rückstände bildende α- und β-Isomere) zurückzuführen sein. Der Einsatz des technischen HCH ist heute in Industriestaaten verboten.

Die Ernährung des Säuglings mit Muttermilch stellt offensichtlich eine entwicklungsgeschichtlich bedingte optimale Versorgung des jungen Organismus dar. Deshalb ist das Stillen für die Entwicklung des Neugeborenen unbedingt zu empfehlen, obwohl bekannt ist, daß die Muttermilch mit Rückständen chlorierter Kohlenwasserstoffe kontaminiert ist. Eine Nutzen-Risikoabschätzung fällt zugunsten des Säuglings aus, wobei sich toxikologische Sicherheitsfaktoren zwischen 10 und 100 ergeben. Mit dieser Problematik hat sich die Deutsche Forschungsgemeinschaft (DFG) („Rückstände und Verunreinigungen in Frauenmilch", Verlag Chemie, Weinheim 1984) intensiv auseinandergesetzt. Nach einem Bericht der DFG nimmt die Stillhäufigkeit und Stillzeit in der BRD stetig zu. Damit verbunden sind insbesondere ernährungsphysiologische Vorteile wie verbesserte Resorptionsraten (Bioverfügbarkeit) von Spurenelementen, muttermilchspezifische Darmbesiedlung, günstige Proteinsyntheseraten. Weiterhin stehen einem bislang nicht nachgewiesenen Risiko durch Pesticidrückstände in Muttermilch die Versorgung mit Abwehrstoffen (passive Immunisierung), eventuell erniedrigte Morbidität und günstigere psychosoziale Bedingungen gegenüber.

Toxaphen: Das Fraß- und Kontaktinsekticid wird durch Photochlorierung von Camphen gewonnen. Es stellt ein Gemisch dar, aus dem bisher 177 Verbindungen isoliert, aber nur wenige strukturell aufgeklärt werden konnten. Gegenüber anderen Insekticiden besitzt es den Vorteil der Bienenungefährlichkeit, zeigt jedoch eine hohe Fischtoxizität. Die Kumulation im Fettgewebe ist geringer als beim DDT. Bei Einhaltung einer Karenzzeit (ca. 30 d) liegen die Rückstandswerte unter 0,5 mg/kg.

Chlordan, Heptachlor, Endosulfan: Diese Kontakt- und Fraßgifte werden durch DIELS-ALDER-Reaktion gewonnen. Chlordan und Heptachlor werden im Organismus gespeichert, Heptachlor als Epoxid über die Milch ausgeschieden. Als abbauende Reaktionen wurden Dehydrochlorierung und Hydroxylierung festgestellt. Auf Grund seiner chronischen und kumulativen Toxizität ist das Chlordan in zahlreichen Ländern verboten. Das Endosulfan wird vom Warmblüter z. T. unverändert, z. T. als Thiodandiol und das Sulfat konjugiert renal ausgeschieden. Die Ausscheidung aus dem Körper verläuft schnell, so daß die Gefahr der Kumulation nicht besteht.

Aldrin, Dieldrin, Endrin: Die Synthese dieser Kontakt- und Fraßgifte verläuft nach dem Syntheseprinzip von DIELS und ALDER und ggf. anschließender Epoxydierung mit H_2O_2 (Dieldrin). Die Namensgebung erfolgte zu Ehren der Entdecker dieser Reaktion. Durch Reaktion von Cyclopentadien mit 1,2,3,4,7,7-Hexachlorbicyclo[2.2.1.]heptadien und Epoxydierung entsteht das Endrin. Wegen ihrer chronischen Toxizität sind die Verbindungen jedoch schon in einzelnen Ländern verboten, bzw. in ihrer Anwendung starken Restriktionen unterworfen.

Der Abbau dieser Verbindungen im Organismus ist noch nicht in allen Einzelheiten geklärt. Die Umwandlung von Aldrin in Dieldrin, die Oxydation zu hydrophilen Metaboliten und deren Ausscheidung im Harn sind gesicherte Abbaureaktionen. Während der chlorierte Teil der Moleküle als chemisch inert angesehen werden muß, lassen Doppelbindung bzw. Epoxydierung am chlorfreien Ringsystem metabolisierende Reaktionen zu.

Carbamate

Die toxische Wirkung der Gruppe der Carbamate (N-Methylcarbaminsäureester) ist bereits seit der Strukturaufklärung des Physostigmins (Eserin) 1926 durch STEDMANN bekannt. Ihr Wirkungsmechanismus beruht ähnlich wie bei den Phosphorsäureestern auf einer Hemmung der Cholinesterase, was zur Anhäufung von Acetylcholin in den postsynaptischen Membranen führt und dadurch Dauererregung bis zum Exitus bewirkt.

Tabelle 11.13. Chemische Struktur und toxikologische Eigenschaften insekticider N-Methylcarbamate $CH_3-NH-CO-O-R_2$

Substanz	chemische Struktur R_2	LD_{50} p.o. (Ratte) mg/kg)	NOEL (mg/kg KM)	ADI (mg/kg KM/d)
Carbaryl (N-Methyl-naphthyl-1-carbamat)	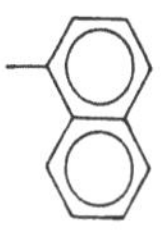 *(Strukturformel: Naphthyl)*	400...600	10 (Ratte) 1,8 (Hund)	0,01
Carbofuran (2,2-Dimethyl-2,3-dihydro-benzofuranyl-7-N-methyl-carbamat)	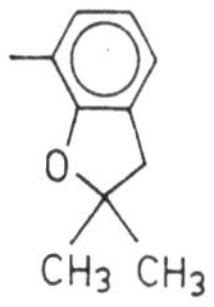 *(Strukturformel: Benzofuranyl, CH_3 CH_3)*	8...14	0,5 (Ratte) 1,25 (Hund)	0,003 (t)
Propoxur	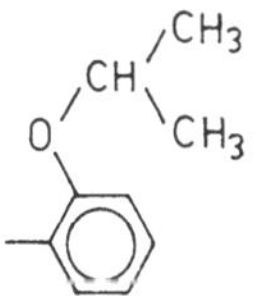 *(Strukturformel: $O-CH(CH_3)_2$ an Phenyl)*	100	3,0 (Ratte)	0,02
Aldicarb [2-Methyl-2-(methylthio)-propionaldehyd-0-(methyl-carbamoyl]-oxim	$-N=CH-C(SCH_3)(CH_3)CH_3$	0,84	0,125 (Ratte) 0,25 (Hund)	0,001
Isolan	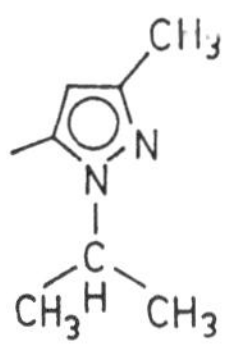 *(Strukturformel: Pyrazol, CH_3, N, N, $CH(CH_3)_2$)*	54		
Ethiofencarb	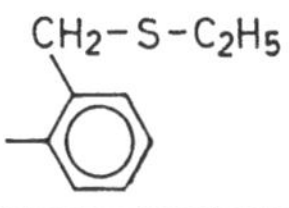 $CH_2-S-C_2H_5$ *(an Phenyl)*	400	0,25 (Ratte) 1,53 (Maus)	0,1 (t)

Untersuchungen zu Struktur-Wirkungs-Beziehungen führten zu genauen Kenntnissen über die Bindung der Insekticide an die Cholinesterase.

Unterschiede zur Hemmkinetik der Phosphorsäureester sind dadurch gekennzeichnet, daß die Halbwertszeiten der spontanen Reaktivierung bei den Carbamaten in Größenordnungen von Minuten liegen, während bei den Phosphorsäureestern die Hemmung des phosphorylierten Enzyms durch „Alterung" irreversibel wird. Die Toxizität gegenüber Säugern ist über einen breiten Bereich verteilt (LD_{50} 1...900 mg/kg; Ratte). Der Metabolismus der Verbindungen verläuft sowohl über N-Acylspaltungen, Oxydation zu CO_2 sowie über Hydroxylierungen der CH_3-Gruppe bzw. der Phenylgruppen. Auf der Hemmung des MFO-Komplexes durch Synergisten (Benzodioxole, Propargylester) beruht deren verstärkende Wirkung. Die Gruppe der insekticiden Carbamate umfaßt bis heute ca. 40 Wirkstoffe.

Tabelle 11.14. Chemische Struktur und toxikologische Eigenschaften ausgewählter Phorphor-

Substanz	chemische Bezeichnung
Phosphorsäuretriester[2]	
Dichlorvos (DDVP)	0,0-Dimethyl-0-(2,2-dichlorvinyl)-phosphorsäureester
Mevinphos	0,0-Dimethyl-0-(1-carboxymethoxy-prop-1-en-2-yl)-phosphonsäureester
Chlorfenvinphos	0,0-Diethyl-0-[1-(2,4-dichlorphenyl)-2-chlorvinyl]-phosphorsäureester
Thionphosphorsäuretriester	
Parathion	0,0-Diethyl-0-(p-nitrophenyl)-thionphosphorsäureester
Parathion-methyl	
Thiolphosphorsäuretriester	
Demeton-S-methyl (Metasystox)	0,0-Dimethyl-0-(2-ethylmercaptoethyl)-thiophosphorsäureester
Dithiophosphorsäuretriester	
Malathion	0,0-Dimethyl-S-(1,2-dicarbethoxyethyl)-dithiophosphorsäureester
Dimethoat	0,0-Dimethyl-S-(N-methyl-carbamoylmethyl)-dithiophosphorsäureester
Omethoat	
Phosphonsäurediester[3]	
Trichlorphon	0,0-Dimethyl-(2,2,2-trichlor-1-hydroxy)-ethan-phosphonsäureester

[1] Die Nomenklatur der Phosphorsäureester ist nicht einheitlich. So haben sich in verschiedenen Ländern unterschiedliche Bezeichnungsweisen entwickelt, die z. T. grundlegend voneinander abweichen. Insbesondere in Skandinavien hat man versucht, ein logisches System der Bezeichnung in Abhängigkeit von der Oxydationszahl des Phosphors aufzubauen. Hier verwendet wird das Ordnungsprinzip in 5 Typen nach KEMPTER und JUMAR.

Carbaryl: Es ist das älteste und am häufigsten angewandte insekticide Carbamat und steht am Anfang der Entwicklung der gesamten Verbindungsklasse. Neben der Cholinesterase beeinflußt Carbaryl auch die Aktivität der Peroxidase. Der Abbau der Verbindung verläuft nach Hydrolyse über das Naphthol und Naphtholsulfat, sowie über an unterschiedlichen Positionen hydroxyliertes Carbaryl, das als Sulfat und Glucuronid ausgeschieden werden kann. Auch N-Hydroxymethyl-bildung am intakten Carbaryl wurde beobachtet. Ernährungstoxikologisch entstehen bei sachgemäßer Anwendung des Wirkstoffes und Einhaltung der Karenzzeiten keine Probleme.

Aldicarb: Es ist ein extrem toxisches systemisches Insekticid, das sowohl als Bodeninsekticid als auch als Nematicid eingesetzt wird. Untersuchungen ergaben, daß Aldicarb die Reproduktion

säureester[1]

chemische Struktur			LD$_{50}$ p.o. (Ratte) mg/kg)	NOEL (mg/kg KM, Ratte)	ADI (mg/kg KM/d)
R$_1$	R$_2$	R$_3$			
CH$_3$	CH$_3$	$-\mathrm{C}=\mathrm{CCl_2}$	62	0,033	0,004
CH$_3$	CH$_3$	$-\overset{\mathrm{CH_3}}{\mathrm{C}}=\mathrm{CH-COOCH_3}$	3,7	0,025	0,015
C$_2$H$_5$	C$_2$H$_5$	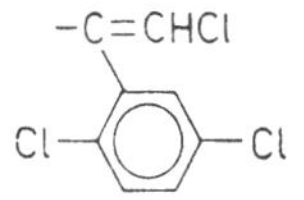 $-\mathrm{C}=\mathrm{CHCl}$ (2,4-Dichlorphenyl)	4000		0,002
C$_2$H$_5$	C$_2$H$_5$	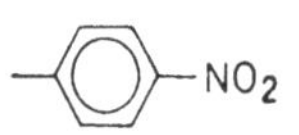 Phenyl-NO$_2$	6,4	0,05	0,005
CH$_3$	CH$_3$	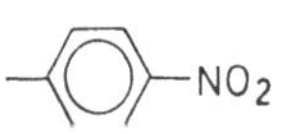 Phenyl-NO$_2$	15...20	0,1	0,001
CH$_3$	CH$_3$	$-\mathrm{CH_2-CH_2-S-CH_2-CH_3}$	1,7		0,005
CH$_3$	CH$_3$	$-\overset{}{\mathrm{CH-COOC_2H_5}}$; $\mathrm{CH_2-COOC_2H_5}$	1200	1,25	0,02
CH$_3$	CH$_3$	$-\mathrm{CH_2-CO-NH-CH_3}$	250		0,02
			50	0,05	0,0005
CH$_3$	CH$_3$	$-\overset{\mathrm{OH}}{\mathrm{CH}}-\mathrm{CCl_3}$	630		0,01

[2] weitere Vertreter: Naled und das dem Chlorfenvinphos Bromanaloge Bromfenvinphos.

[3] weiterer Vertreter ist das Butonat, 0,0-Dimethyl-(2,2,2-trichlor-1-n-butyryloxy)-ethan-phosphonsäureester

nicht beeinflußt, daß es weder teratogen noch cancerogen im Säureorganismus ist. Das toxische Prinzip beruht allein auf der Hemmung der Cholinesterase.

Der Metabolismus des Wirkstoffes wird eingeleitet durch die Oxydation der Thioethergruppe zu Aldicarbsulfoxid, das zum Sulfon weiteroxydiert bzw. zum Aldicarb-Sulfoxidoxim hydrolysiert wird. Die Ausgangsverbindung wird ebenfalls zum Oxin hydrolysiert, aus denen dann wie auch bei den Sulfoxiden bzw. Sulfonen die Nitrile gebildet werden. Für die meisten Ernteprodukte sind Karenzzeiten von 90...120 d notwendig.

Carbofuran: Es ist ein leicht systemisches Bodeninsekticid mit breitem Wirkungsspektrum, zeigt jedoch auch akaricide Wirkungen. Applikationen von 10, 20 und 100 ppm in der Zeit von

zwei Jahren führten nur in der höchsten Dosis bei Ratten zu Aktivitätsminderung bei der Cholinesterase. Im AMES-Test zeigte Carbofuran keine mutagene Wirkung. Im Boden wird der Wirkstoff
innerhalb von 194 bis 434 d in Abhängigkeit von pH, Temperatur und Feuchtigkeit nach einer
Reaktion 1. Ordnung abgebaut. Unter dem Einfluß bestimmter Actinomyceten im Boden wird
dieser Vorgang wesentlich beschleunigt. Das erste Abbauprodukt ist durch Hydrolyse gebildetes
Phenol, hydroxylierte Carbofurane wurden ebenfalls nachgewiesen. 3-Hydroxycarbofuran ist der
Hauptmetabolit in Hühnern, zusätzlich wurden freies und konjugiertes 3-Ketocarbofuran, Carbo-
furanphenol, 3-Hydroxy-carbofuranphenol, N-Hydroxymethylcarbofuran und 3-Hydroxy-N-
hydroxymethylcarbofuran nachgewiesen. Eine Karenzzeit zwischen 14 und 80 d, in Abhängigkeit
von den landwirtschaftlichen Produkten, garantiert die Einhaltung der Toleranzwerte.

Organische Phosphorsäureester

Die wohl umfangreichste und vielfältigste geschlossene Gruppe insekticider Wirkstoffe
sind die organischen Phosphorsäureester (Tab. 11.14). Die Entwicklung dieser Verbindungsklasse begann bereits Anfang des Jahrhunderts und ist mit den Namen MICHA-
ELIS und ARBUSOV (Begründer der klassischen Phosphoresterchemie) verbunden. Die
biologische Wirkung der organischen Phosphorsäureester wurde jedoch erst in der
Mitte der 30er Jahre von SCHRADER erkannt, der bei der Suche nach akariciden bzw.
aphiciden Wirkstoffen das Tabun synthetisierte.

Es ist darauf zu verweisen, daß ein maßgebliches Motiv für die Entwicklung dieser Substanzklasse die Verwendung für militärische Zwecke darstellte. Es existieren heute zahlreiche Verbindungen, die den unterschiedlichsten Strukturklassen angehören. Bei deren Einsatz entstehen
Probleme, die mit lebensmitteltoxikologischen Grundsätzen nicht zu beherrschen sind. Vielmehr
sind spezielle Analysenverfahren, Toleranzen, Grenzwerte und Verfahren der Vermeidung und
Beseitigung einer Kontamination anzuwenden.

Die Phosphorsäureester bieten gegenüber den anderen Verbindungsklassen große
Vorteile:

1. Leichte Hydrolysierbarkeit, damit leichte enzymatische und abiotische Abbaubarkeit
   (meistens Entgiftung),
2. hohe Toxizität und damit geringe Aufwandmenge,
3. große Variabilität der Verbindungen und aus diesen Eigenschaften mit resultierend,
4. größtenteils unproblematische ernährungstoxikologische Einschätzung.

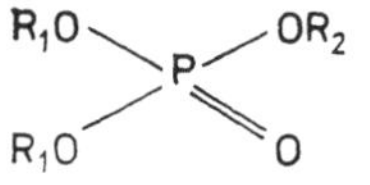

Phosphorsäuretriester 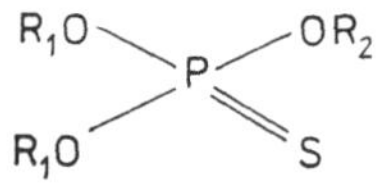   Thionphosphorsäuretriester· 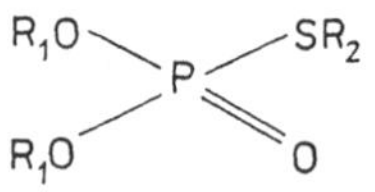   Thiolphosphorsäuretriester

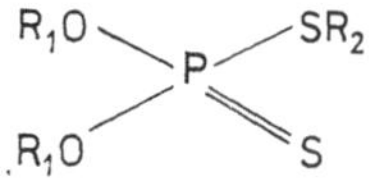

Dithiophosphorsäuretriester 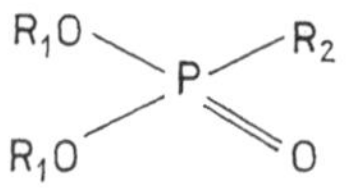   Phosphorsäurediester

Die biologische Wirkung der Phosphorsäureester beruht vorwiegend auf der Hemmung der Acetylcholinesterase und führt dadurch zur Akkumulation von Acetylcholin.
Durch Variation des Moleküls gelang es, die den ersten Verbindungen anhaftende hohe
Warmblütertoxizität zu reduzieren, z. B. durch Einführung von P=S-Analogen eine
verminderte phosphorylierende Wirkung zu erzielen.

Als biotransformierende Reaktionen treten in der Phase I Oxydationen, Hydrolysen, Reduktionen, Isomerisierung, Desalkylierung, Abbau der Carboxylgruppe und als Phase II Reaktionen, Konjugationen mit Sulfat bzw. Glucuronsäure in Erscheinung.

1. Phosphorsäuretriester:

Phosphorsäureester dieses Typs sind Kontakt-, Fraß- und Atemgifte und zeigen teilweise auch systemische Wirkung. Auf Grund ihrer geringen Warmblütertoxizität werden sie auch gegen Hygieneschädlinge eingesetzt.

Dichlorvos findet neben dem Einsatz als Spritzmittel auch in Form von „strips" im Haushalt Anwendung. Auch höhere Dampfkonzentrationen führen zu keiner Beeinträchtigung der Cholinesteraseaktivität beim Menschen. Mutagenitätstests verliefen negativ. Wegen seiner geringen Beständigkeit entstehen bei sachgemäßer Anwendung der Verbindung keine Rückstandsprobleme.

Mevinphos ist ein systemisches Insekticid und Akaricid, das durch eine hohe Inhibitorwirkung gekennzeichnet ist. Auf Grund seiner geringen Hydrolysebeständigkeit ist es rückstandstoxikologisch ohne Bedeutung.

2. Thionphosphorsäuretriester:

In diese Gruppe gehören das 1944 von SCHRADER entdeckte Parathion, E 605 und das Methylanalogon Parathion-methyl. Die Verbindungen werden im Organismus zu den toxischen O-Analogen (Paraoxon) oxydiert und zeigen eine sehr hohe akute Warmblütertoxizität. Durch Variationen der Substituenten am Phenylring entstehen weniger toxische Insekticide.

3. Thiolphosphorsäuretriester:

In diese bedeutende Stoffklasse gehört eine Reihe im großen Umfang eingesetzter systemischer Insekticide. Ein wichtiger Vertreter dieser „Systox"-Gruppe ist das Demeton-S-methyl [Metasystox; O,O-Dimethyl-O-(2-ethylmercaptoethyl)-thiophosphorsäureester]. Die Thiolform des Gemisches ist die für die systemische Wirkung verantwortliche toxische Komponente. Die metabolische Oxydation verläuft über die Oxydation des Sulfidschwefels zum Sulfoxid und Sulfon; beide Verbindungen stellen ebenfalls Wirkstoffe dar.

4. Dithiophosphorsäuretriester:

Die wichtigsten Vertreter dieser Gruppe sind das durch Addition von Dithiophosphorsäureestern an aktive C=C-Doppelbindung zu erhaltende Malathion sowie das systemische Insekticid Dimethoat. Sowohl das Malathion als auch ein Oxydationsprodukt (P—O-Analoges) des Dimethoats (Omethoat) zeigen zusätzlich gute akaricide Wirkung. Malathion besitzt nur eine geringe Warmblütertoxizität und wird als Mittel gegen Säugetierschädlinge in der Landwirtschaft und gegen Hausfliegen, Läuse und Mücken eingesetzt. In Kombination mit anderen phosphororganischen Verbindungen soll es potenzierende Wirkung zeigen. Malathion ist auch ein häufig eingesetzter Wirkstoff gegen die Anopheles-Mücke. Rückstandsprobleme entstehen bei Einhaltung der Karenzzeiten nicht. Eine Reihe Verbindungen dieser Substanzklasse finden breite Anwendung als Akaricide.

5. Phosphonsäurediester:

Zu dieser Gruppe gehören die neben ihrem Einsatz als Kontakt- und Fraßgifte häufig auch im Veterinärsektor zur Bekämpfung von Ektoparasiten eingesetzten Wirkstoffe

Trichlorphon und Butonat. Das Rückstandsverhalten dieser Verbindungen ist gut untersucht; bei sachgemäßer Anwendung und Einhaltung der Karenzzeiten entstehen keine Probleme.

Neuere Methoden der Insektenbekämpfung

Steigendes Umweltbewußtsein, bessere Einsicht in die Wirkungsmechanismen insektizider Wirkstoffe und das Bemühen, die Belastung des Menschen durch Rückstände aus Pflanzenschutz- und Schädlingsbekämpfungsmaßnahmen so gering wie möglich zu halten, zwingt zu Überlegungen nach neuen Bekämpfungsmethoden und -mitteln.

Chemosterilantien

In den vergangenen 30 Jahren wurden insbesondere in den USA durch die Verwendung sterilisierter Insekten gute Erfolge bei der Vernichtung bzw. Reduzierung von Insektenpopulationen erzielt. Die theoretischen Grundlagen wurden von KNIPLING erarbeitet; die Methode der "sterile male technique" erstmals bei der Ausrottung der Schraubenwurmfliege auf Curaeao, in Texas und Florida erprobt. Während bei diesen Versuchen die Sterilisierung durch γ-Strahlung erreicht wurde, die aber kostpieliger und apparativer Aufwendungen bedarf, unternahmen MITLIN, LA BRECQUE und ASCHER Versuche, mittels Chemosterilantien die Abtötung der Eier oder Spermien zu erreichen. Die wichtigsten Verbindungen mit sterilisierenden Wirkungen gehören zur Klasse der Aziridine. Die bekanntesten Vertreter sind Apholat, Tepa und Metepa. Der Wirkungsmechanismus dieser Verbindungen beruht offensichtlich auf der Fähigkeit, alkylierend zu wirken. Damit ergeben sich aber auch sofort Probleme beim Freilandeinsatz, da sie eine hohe Warmblütertoxizität zeigen und mutagene, teratogene und cancerogene Wirkungen zu befürchten sind.

Apholat

	R
Tepa	H
Metepa	CH$_3$

Repellents

Bereits im alten Ägypten benutzte man Pflanzenextrakte zum Schutz gegen Insekten. PLINIUS berichtet, daß die Römer Cypressen, Granatapfelschalen und Wolfsbohnen zur Insektenabwehr nahmen. Ähnliche Wirkung wird dem Knoblauch, dem Methenöl, dem Campfer, dem Pfefferminzöl und anderen Naturstoffen zugeschrieben. Aus ihnen wurden im Laufe der Zeit eine Reihe von ätherischen Ölen isoliert, die als Repellents in Form von Mückenwasser (Campfer, Methenöl und Zimtöl) zum Einreiben benutzt wurden. Die sytematische Suche nach synthetischen Repellents begann in den 30er Jahren in England und den USA. Aus dem breiten Angebot aus den unterschiedlichsten Alkoholen und Säurederivaten sind das N,N-Diethyl-3-methylbenzoesäureamid, der Phthalsäuredimethylester sowie das 2-Ethyl-hexan-1,3-diol zu erwähnen, die Haupt-

bestandteile der zur Zeit im Handel befindlichen Präparate sind. Das Hauptanwendungsgebiet liegt noch auf insektenabwehrenden Bestandteilen von Kosmetika und in der
Seuchenhygiene zur Abwehr der Überträger der Malaria, des Gelb- und Fleckfiebers.
Bedeutsame Belastungen der Umwelt sowie toxikologische Probleme sind mit dem Einsatz der Mittel nicht verbunden.

Pheromone (Sexuallockstoffe)

Kopulationsbereite Insekten sondern aus bestimmten Drüsen arteigene Duftstoffe zur
Information des Partners ab. Äußerst geringe Schwellenkonzentrationen (bis $10^{-13}\,\mu g/ml$)
sind charakteristisch für diese Stoffklasse. Insekten-Sexuallockstoffe sind danach die
biochemisch aktivsten Verbindungen, die es bisher zu isolieren gelang.

Die bislang jedoch noch im Entwicklungsstadium befindliche Methode des Einsatzes
von Lockstoffen würde der Bekämpfung von Schadinsekten völlig neue Möglichkeiten
eröffnen. Durch die Verwendung von Sexuallockstoffen würde es gelingen, große Massen
von Schädlingen auf einem begrenzten Raum zu konzentrieren und hier gezielt mit dem
Einsatz geeigneter Insekticide zu vernichten. Neben dem Schutz von Nutzinsekten ist
die geringe Umweltbelastung, da weder Mensch, Tier und Pflanze kontaminiert werden,
ein unschätzbarer Vorteil. Weiterhin würden Resistenzentwicklungen bei den Schadinsekten ausgeschlossen und die äußerst geringe Aufwandmenge ein zusätzlicher Vorteil.

Gegenwärtig wird mit großem Aufwand an der Isolierung und Strukturaufklärung artspezifi-
scher Lockstoffe gearbeitet; erste Versuche zur praktischen Anwendung waren vielversprechend.
Als erster Sexuallockstoff wurde das Bombykol aus den Weibchen des Seidenspinners (Bombyx
mori) isoliert und seine Konstitution als eines der vier möglichen Isomeren des Hexadeca-10,12-

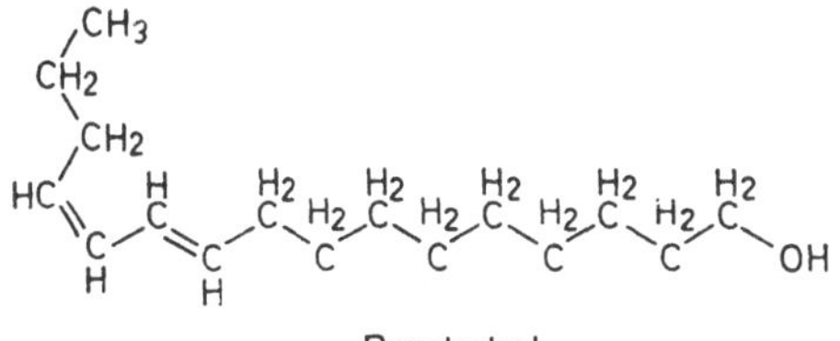

Bombykol 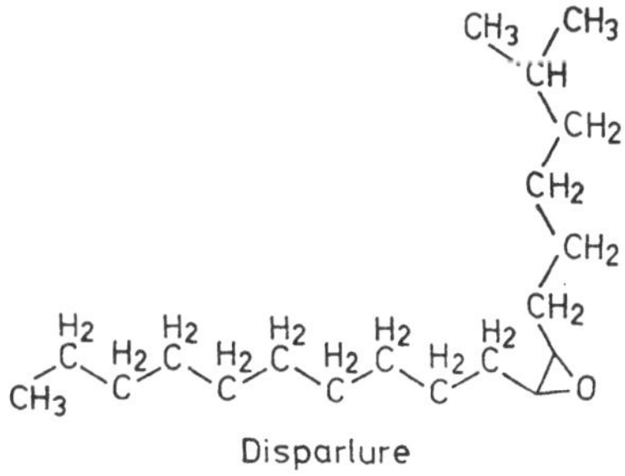   Disparlure

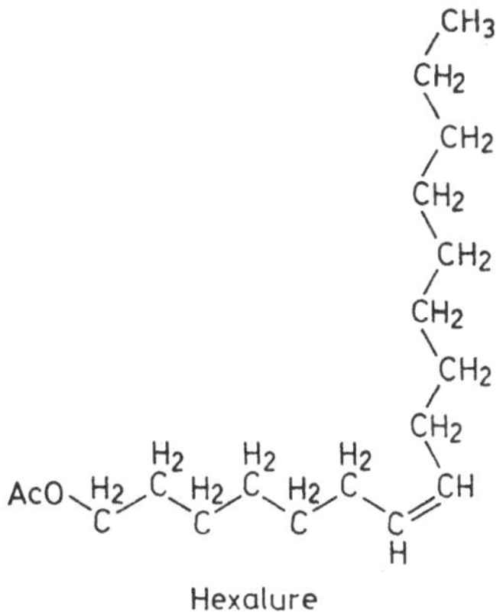

Hexalure 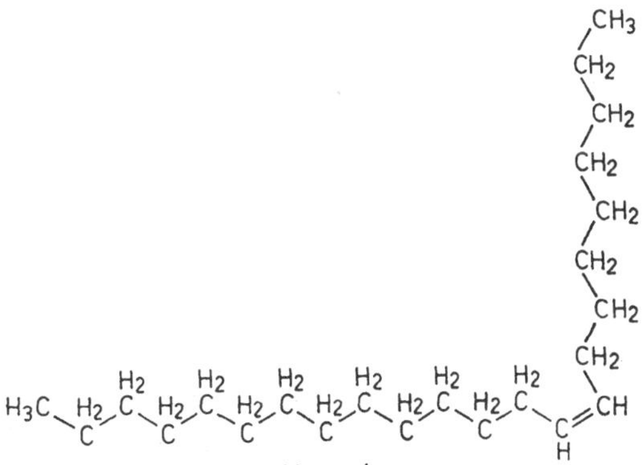   Muscalure

dien-1-ols aufgeklärt. Die Totalsynthese dieser Verbindung ist bereits beschrieben worden. Die Substanz hat einen Verhaltensschwellenwert von 2×10^2 Molekülen/ml Luft am Rezeptor. Die Isolierung des Bombykol aus dem Seidenspinner als Lockstoff eines Nutzinsektes ist jedoch nur von theoretischem Interesse, hat die Forschung auf dem Gebiet der Pheromone jedoch stark angeregt.

Die Strukturaufklärung einiger Sexuallockstoffe von Schadinsekten gelang in letzter Zeit; so wurden der Lockstoff des Schwammspinners (Porthetria dispar), Dispulare (cis-7,8-Epoxy-2-methyloctadecan), des Männchens der roten Baumwollkapselmotte (Pectinophora gossypiella), Hexalure (Hexadec-cis-7-en-1-ol-acetat), das Pheromon der Hausfliege (Musca domestica), Muscalure (Tricos-cis-9-en)und Lockstoffe von weiteren Insektenarten beschrieben.

Auch der Einsatz synthetischer Lockstoffe hat eine gewisse Bedeutung erlangt, ohne jedoch die Wirkungsintensität und -spezifität der Naturstoffe zu erreichen, so z. B. Vanillin als Lockstoff für Termiten, Trimedlure [4- oder 5-Chlor-2-methylcyclohexancarbonsäure-tert-butylester] als Lockmittel für die Mittelmeerfruchtfliege und Siglure (6-Methyl-3-cyclohexan-1-carbonsäure-sec-butylester) für Termiten.

Trimedlure

Siglure

11.3.2. Akaricide

Als Akaricide bezeichnet man chemische Verbindungen, die zur Bekämpfung von Milben und deren Entwicklungsstadien im Pflanzenbau eingesetzt werden. Die Schädigung der Kulturpflanzen durch Spinnmilben im Obst-, Wein- und Hopfenanbau führt zu schweren Verlusten. Intensive Monokulturen, Anwendung von Insekticiden zur Vernichtung der natürlichen Feinde der Milben und schnelle Ausbildung von Resistenzerscheinungen sind die Hauptursachen. In den Anfängen des chemischen Pflanzenschutzes benutzte man zur Bekämpfung von Spinnmilben im Obstbau z. B. Schwefel und Schwefelkalkbrühen und Mineralöle wegen ihrer ovociden Wirkung als Winterspritzmittel. Der Gruppe der Akaricide gehören heute Wirkstoffe aus den unterschiedlichsten Verbindungsklassen an. Aus der Gruppe der Azo- und Azomethinverbindungen hat sich das Fenazox (Azoxybenzen) und das Chlorfensulfid (p-Chlorphenyl-2,4,5-trichlor-phenylazo-sulfid) auf dem Markt behauptet. Aus der gleichen Gruppe seien noch das Fenaminosulf (Na-Salz der p-Dimethyl-aminophenyl-diazosulfonsäure) und das Amitraz (2-Methyl-1,3-bis-2,4-dimethyl-phenylimino-2-aza-propan) erwähnt. Veresterte Nitrophenole haben sich als gute akaricid-wirksame Mittel erwiesen, von denen u. a. das Dinocap ([2,4-(bzw.

Fenazox

Chlorfensulfid

Fenaminosulf

Amitraz

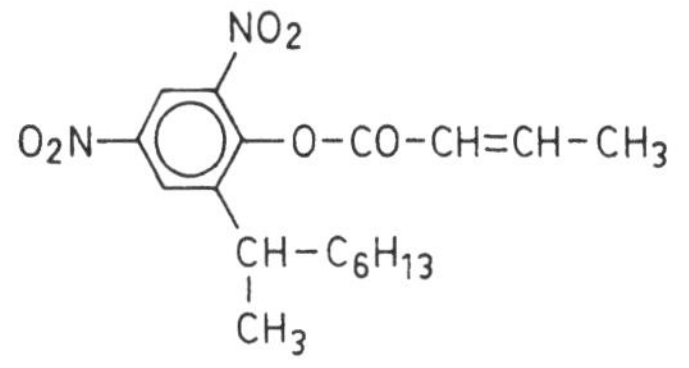

Dinocap

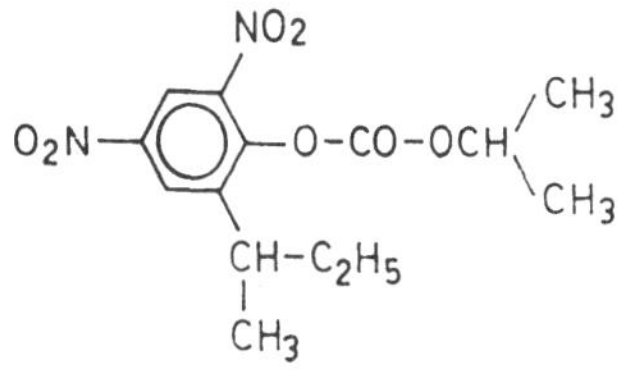

Dinobuton

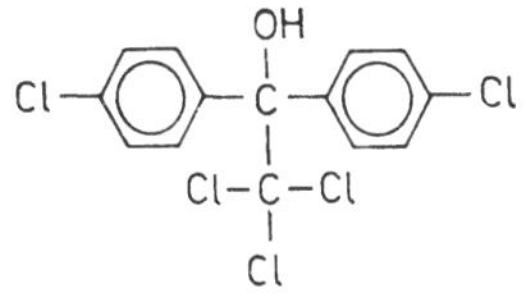

Dicofol

2,6)-Dinitro-6-(bzw. 4)-isooctyl-phenyl]-crotonat) und das Dinobuton (Isopropyl-[2-butyl-(2)-4,6-dinitro-phenyl-carbonat) Verwendung finden.

Durch Einführung der OH-Gruppe in das DDT-Molekül wird dem ausschließlich insekticiden Wirkstoff hohe akaricide Aktivität verliehen. Das 1,1-Bis(4-chlorphenyl)-2,2,2-trichlorethanol, Dicofol, ist der bekannteste Vertreter aus der Gruppe der Diphenylcarbinole. Auch unter den Carbamaten, Phosphorsäureestern und den zinnorganischen Verbindungen sind Akaricide bekannt. In neuester Zeit finden in steigendem Maße auch Wirkstoffe Anwendung, die als Fungicide akaricide Wirkung zeigen, wie z. B. einige Dithiocarbaminsäurederivate und fluorhaltige Sulfonsäureamide.

Über den Wirkungsmechanismus der Akaricide, mit Ausnahme der Phosphorsäureester, ist bislang wenig bekannt, es dürften jedoch für jede Verbindungsklasse unterschiedliche Mechanismen in Frage kommen.

11.3.3. Begasungsmittel

Begasungsmittel sind eine spezielle Gruppe von Pesticiden, deren Gemeinsamkeit außer in ihrer Toxizität darin besteht, daß sie bei normaler Temperatur und normalem Luftdruck Gase oder Flüssigkeiten mit einem hohen Dampfdruck sind. Eine chemische Ähnlichkeit besteht zwischen ihnen nicht, es sei denn, es handelt sich um verschiedene Vertreter einer bestimmten Gruppe von Begasungsmitteln, z. B. den bromierten niederen Alkanen. Das einzige, was ihnen aus chemisch-struktureller Sicht gemeinsam ist, sind eine niedrige relative Molmasse und eine geringe Polarität — beides Voraussetzungen für ihren gasförmigen Zustand bzw. für ihre hohe Flüchtigkeit.

Begasungsmittel (Tab. 11.15) sind hoch toxisch und ihre Toxizität ist wenig selektiv, d. h., sie sind für Nutztiere und den Menschen ebenso toxisch wie für Insekten und andere Schädlinge. Diese Eigenschaft sowie ihre Durchdringungsfähigkeit und Flüchtigkeit als Gase bestimmt ihre Einsatzgebiete. Sie können zur Entseuchung von Erdböden, leeren Lagerräumen und leeren Behältern eingesetzt werden. Das verbindet sie mit den Desinfektionsmitteln. Sie werden zur Bekämpfung von Schädlingen in Höhlen und Erdgängen (Wühlmäuse u. ä.) benutzt. Ihr hauptsächliches Anwendungsgebiet ist die Schädlingsbekämpfung in Vorratsgütern in geschlossenen Räumen (in Silos, in Schiffs- und Waggonräumen, unter Plastikfolien usw.). Das macht sie zu Vorrats-

Tabelle 11.15. Eigenschaften und Anwendung von Begasungsmitteln

Begasungsmittel	Verhalten	Anwendung	akute Toxizität (MAK-Werte in cm³/m³)	ADI-Wert (mg/kg KM/d)	höchstzulässige Rückstände (mg/kg Lebensmittel)
Methylbromid	wird von der Oberfläche des begasten Guts adsorbiert, verschwindet aber bei Belüftung wieder; ein Teil setzt sich mit Proteinen (bes. mit Gluten) um; dabei werden methylierte Aminosäurereste (N-Methylhystidin, Dimethylsulfonium-Verbindungen des Methionin, O-Methyl-serin u. a.) sowie anorganisches Bromid gebildet	zur Bekämpfung von Vorratsschädlingen in Getreidekörnern (nicht in Mehlen) und Leguminosensamen sowie zur Behandlung von Böden vor der Bepflanzung	20	Methylbromid: 0 0^1 anorganisches Bromid: 10 $50^{2,3}$ über die chronische Toxizität von Methylbromid ist wenig bekannt, als Methylierungsmittel ist es jedoch verdächtig, mutagen und cancerogen zu sein	
Ethylendibromid	verhält sich wie Methylbromid, die Umsetzungsprodukte mit Proteinen sind jedoch wegen der Möglichkeit der Bildung von Ethylenbrücken komplizierterer Art	früher wie Methylbromid	25	Ethylendibromid: 0 0^1 anorganisches Bromid: 10 $50^{2,3}$ da in bezug auf unverändertes Ethylendibromid die geforderte Rückstandsfreiheit unter Praxisbedingungen nicht garantiert ist, wird Ethylendibromid zur Begasung von Erntegütern nicht mehr angewendet	
Ethylendichlorid	verhält sich hinsichtlich Adsorption und Desorption wie Methylbromid bzw. Ethylendibromid; über das chemische Verhalten ist wenig bekannt, die Reaktionen dürften dem des Ethylenbromids analog sein, jedoch wesentlich langsamer verlaufen	früher zur Bekämpfung von Vorratsschädlingen in Getreidekörnern, auch in Kombination mit Ethylendibromid und Tetrachlorkohlenstoff	100	0 0^1 wird nicht mehr eingesetzt, da die Rückstandsfreiheit auch nach Vermahlen und Verbacken nicht garantiert ist	
Tetrachlorkohlenstoff	wird adsorbiert und dringt bis ins Korninnere ein, ohne sich chemisch zu verändern, es wird in der Fettphase gelöst	früher zur Bekämpfung von Vorratsschädlingen in Getreide, vor allem in Kombination mit Ethylendichlorid und -dibromid sowie mit Schwefelkohlenstoff	25	0 0^1 wird aus dem gleichen Grunde wie Ethylendichlorid nicht mehr eingesetzt	

Tabelle 11.15. Fortsetzung

Be-gasungs-mittel	Verhalten	Anwendung	akute Toxizität (MAK-Werte in cm^3/m^3)	ADI-Wert (mg/kg KM/d)	höchstzu-lässige Rückstände (mg/kg Lebensmittel)
Schwefel-kohlen-stoff	verhält sich im wesent-lichen wie Tetrachlor-kohlenstoff, die Ad-sorption ist gering, aber die Eindringrate hoch; das chemische Verhal-ten ist wenig erforscht	früher zur Be-kämpfung von Vorratsschäd-lingen in Ge-treide, in Kom-bination mit Ethylendibro-mid oder Tetra-chlorkohlenstoff	20	0	0[1] wird aus dem gleichen Grunde wie Ethylendichlorid nicht mehr eingesetzt
Ethylen-oxid	wirkt auf alle funktio-nelle Gruppen von Proteinen, insbesondere auf SH-Gruppen, alky-lierend; darauf beruht seine Giftwirkung (Protoplasma- und Enzymgift); sehr reak-tionsfähig, vor allem in Gegenwart von Wasser	früher zur Be-kämpfung von Vorratsschäd-lingen in trok-kenen (wegen der Gefahr grö-ßerer Umset-zungen mit In-haltsstoffen) Nahrungsgütern	50	nicht festgelegt wegen seiner hohen Reak-tionsbereitschaft und der Bildung möglicher Mutagene und Cancerogene, aber auch wegen seiner Explosivität nicht mehr in der Anwen-dung	
Cyan-wasser-stoff[4] (Blau-säure)	wird adsorbiert und dringt ins Innere des begasten Guts ein; auch nach Belüftung und längerer Lagerung sind Rückstände nachweis-bar; es wird angenom-men, daß HCN mit Aldosen unter Bildung von Cyanhydrinen rea-giert, welche langsam zerfallen (vgl. Abschn. 8.5.)	zur Bekämpfung von Insekten, Mäusen u. a. Schädlingen in Getreidevorrä-ten, zur Entwe-sung von Lager-räumen, Mühlen u. ä., wird heute mehr und mehr durch andere Be-gasungsmittel, vor allem durch Methylbromid ersetzt	10	0,05	ungemah-lenes Getreide: 75 Mehl: 6
Phos-phor-wasser-stoff (Phos-phin), Alu-minium-phosphid[5]	der entstandene PH$_3$ wird durch Belüften und Wenden (Umschau-feln des begasten Guts) leicht entfernt; das ent-standene Aluminium-hydroxid wird bei der normalen Reinigung des Getreides (im Aspi-rateur) entfernt; che-mische Umsetzungen mit PH$_3$ sind nicht be-kannt, die Vitamine A	zur Bekämp-fung von Insek-ten, Nagetieren und anderen Vorratsschäd-lingen in Form von AlP-Tablet-ten oder AlP-Pulver in Beu-teln; deswegen gut dosierbar und universell anwendbar	0,1	über die Langzeitwirkung bei Säugetieren und Menschen ist wenig bekannt nicht fest-gelegt	ungemah-lenes Getreide: 0,1 Mehl: 0 um Rückstände von nicht umgesetztem AlP zu vermei-den, soll der Wassergehalt des zu behandelnden Getrei-

Tabelle 11.15. Fortsetzung

Be-gasungs-mittel	Verhalten	Anwendung	akute Toxizität (MAK-Werte in cm³/m³)	ADI-Wert (mg/kg KM/d)	höchst-zulässige Rückstände (mg/kg Lebensmittel)
	und B_2 werden nicht verändert; bei UV-Ein-wirkung neigt es zur Selbstentzüdnung	(auch in kleine-ren Räumen, in Eisenbahnwag-gons, unter Fo-lien u. a.)			des nicht unter 12% betra-gen
Di-chlorvos	wirkt vorwiegend in-sekticid als Cholineste-raseinhibitor; Bega-sungsmittelrückstände werden durch Hydro-lyse inaktiviert, dabei können auch Methylie-rungen stattfinden	zur Bekämpfung von Insekten in Lagerräumen, Tierställen u. a.		(vgl. Tab. 11.14)	

[1] Nachweisempfindlichkeit der Analysenmethode: 0,01 mg/kg
[2] einschließlich des natürlich vorkommenden Bromids
[3] Genauigkeit der Analysenmethode: ± 1 mg/kg
[4] wird auch als Calciumcyanid eingesetzt, welches mit Wasser Cyanwasserstoff bildet
[5] Phosphorwasserstoff wird heute fast ausschließlich als Aluminiumphosphid eingesetzt, das sich mit Wasser zu Phosphin und Aluminiumhydroxid umsetzt. Früher war auch der Einsatz von Calciumphosphid üblich, das aber auch Di- und Triphosphin (P_2H_4 und P_3H_5) bildet, welche zur Selbstentzündung neigen und schwerer entfernbar (und damit toxischer) sind als Phosphin

schutzmitteln. Begast werden insbesondere Erntegüter, also pflanzliche Rohstoffe, die noch nicht zu Lebensmitteln verarbeitet worden sind, sowie Lebensmittel in gas-dichter Verpackung.

Nach genügend langer Einwirkungsdauer, deren Länge sowohl von der Wirksamkeit des Begasungsmittels als auch von der Widerstandsfähigkeit des zu bekämpfenden Schädlings abhängt, erfolgt eine gründliche Belüftung, durch die das in der Atmosphäre befindliche Begasungsmittel entfernt wird. Die hohe Toxizität der Begasungsmittel ist somit in erster Linie ein arbeitsmedizinisches bzw. -schutztechnisches Problem.

Ernährungstoxikologisch relevant sind erstens die auch durch intensive Belüftung nicht mehr entfernbaren Rückstände und zweitens Umsetzungsprodukte mit Lebens-mittelinhaltsstoffen. Die Höhe der Rückstände, die nicht entfernbar sind, wird vor allem von der Oberflächenbeschaffenheit des begasten Gutes bestimmt. Bei glatter Ober-fläche und fester Beschaffenheit des Materials (unbeschädigte Getreidekörner, Legumi-nosensamen, Ölsamen) werden nur Spuren des Begasungsmittels aufgenommen, bei großer (rauher) Oberfläche und weicher Konsistenz (Tabakblätter, Kräuter, Mahlpro-dukte) können jedoch erhebliche Mengen adsorbiert werden. Von weiterer, allerdings zweitrangiger Bedeutung ist die Zusammensetzung des begasten Materials. Die meisten Begasungsmittel sind wenig polar, lösen sich also gut in Fetten und Ölen.

Zerfallsprodukte von Begasungsmitteln oder Umsetzungsprodukte von Lebensmittel-inhaltsstoffen sind meist (aber durchaus nicht immer) weniger toxisch als die Begasungsmittel selbst. Sie können aber dennoch von ernährungstoxikologischer Bedeutung sein, wenn sie in relativ hohen Konzentrationen auftreten (z. B. anorganisches Bromid nach Begasung mit Methylbromid u. ä.). Außerdem sind die Zerstörung wertbestimmender Inhaltsstoffe (Vitamine, polyungesättigte Fettsäuren) und die Entstehung weiterer Sekundärprodukte Kriterien für die ernährungsphysiologische und -toxikologische Einschätzung und die daraus abzuleitenden Festlegungen, welche Erntegüter mit welchen Begasungsmitteln und unter welchen Bedingungen behandelt werden dürfen. Meist verändern sich die Rückstände bei der Be- und Verarbeitung der Rohstoffe. Oft verschwinden sie völlig, aber viele Begasungsmittel, die früher (bis in die 60er Jahre) in verschiedenen Ländern Asiens und Afrikas (nicht in Europa) insbesondere zur Begasung von Getreide angewendet worden sind, werden heute nicht mehr eingesetzt, da ihre Rückstände relativ hoch sind und ihr Entweichen beim Mahlen und Backen nicht ausreichend garantiert ist (vgl. Tab. 11.15).

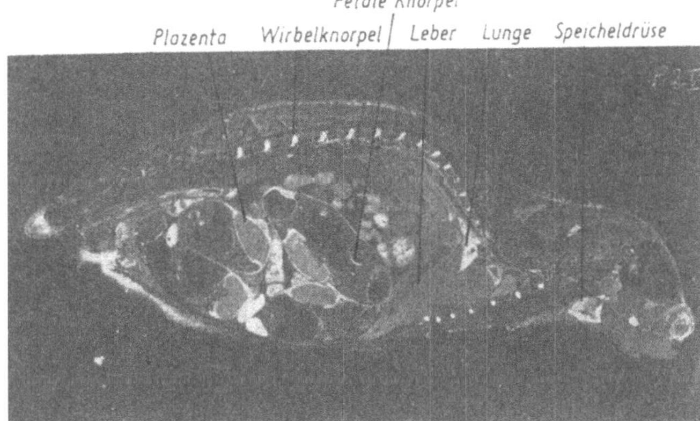

Abb. 11.4. Ganzkörper-Autoradiogramm einer trächtigen Ratte 2 h nach i. v. Verabreichung von ^{14}C-Paraquat. Der Wirkstoff geht in die Feten über (vgl. S. 328).

11.4. Fungicide

Die Vorbeugung und Bekämpfung pilzparasiter Erkrankungen der Kulturpflanzen durch Einsatz chemischer Mittel (Fungicide) ist eine unverzichtbare Maßnahme zur Sicherung der Ernteerträge. Während in früheren Zeiten hauptsächlich anorganische, aus rückstandstoxikologischer Sicht relativ harmlose Stoffe (basische Kupfersalze, Schwefel, Polysulfide) angewandt wurden, benutzt der moderne Pflanzenschutz eine Vielzahl organisch-synthetischer Fungicide mit zumeist erhöhter Fungitoxizität.

Durch den in letzter Zeit forcierten Einsatz hochwirksamer systemischer Wirkstoffe konnte anfangs die Aufwandmenge und damit die Rückstandsbelastung der Erntegüter erheblich reduziert werden. Dies bedeutet aber nicht zwangsläufig, daß damit auch das Potential der biologischen Wirkung verringert ist; es ist zumeist nur konzentriert worden. Der Einsatz systemischer Fungicide mit speziellen Wirkungsmechanismen führte jedoch in zahlreichen Fällen schnell zur Ausbreitung resistenter, auf diese Wirkmechanismen nicht ansprechender Keime, so daß auf die Anwendung der klassischen Kontaktfungicide mit relativ breitem Wirkungsspektrum weiterhin nicht völlig verzichtet werden kann. Rückstandstoxikologische Probleme ergeben sich hauptsächlich aus der relativ hohen Persistenz einiger Wirkstoffe, wie z. B. Hexachlorbenzen (HCB) und Carbendazim, sowie aus dem Vorkommen von Abbauprodukten und Metaboliten, die gegenüber den ursprünglich ausgebrachten Wirkstoffen veränderte toxikologische Eigenschaften aufweisen und deshalb in die Rückstandsbeurteilung einzubeziehen sind.

Weiterhin ist zu beachten, daß bei Anwendung systemischer Wirkstoffe der in das Pflanzeninnere eingedrungene Anteil der Rückstände durch einfache Maßnahmen, wie z. B. Abwaschen, nicht mehr entfernt werden kann und deshalb nahezu vollständig auf verzehrsfertige Lebensmittel übergeht.

Die im praktischen Pflanzenschutz angewandten Fungicide gehören unterschiedlichen chemischen Stoffklassen an. Zu den wichtigsten zählen:

1. Dithiocarbamidsäurederivate,
2. Phthalimidderivate (Perchlormethylsubstituierte Amide),
3. Benzimidazolcarbamate.

Aus rückstandstoxikologischer Sicht bedeutsam sind weiterhin Quecksilber- und Zinnorganica sowie einzelne Vertreter aus weiteren speziellen Stoffklassen wie z. B. Oxathiine, Triazole, Pyrimidine, Morpholine u. a.

Dithiocarbamate

Von den fungiciden Dithiocarbamaten finden zwei Verbindungsklassen, die Dimethyldithiocarbamate und die Ethylen-bis-dithio-carbamate, weltweite Anwendung. Wichtige Wirkstoffe sind das Zink- und Eisen(III)-salz sowie das Oxydationsprodukt (Thiram) der Dimethyldithiocarbamidsäure sowie das Mangan- und Zinksalz und die gleichzeitig Mangan und Zink enthaltende Komplexverbindung (Mancozeb) der Ethylen-bis-dithiocarbamidsäure. Die Dimethyldithiocarbamate werden hauptsächlich gegen Obstschorf, Botrytis-Fäule und Peronospora-Erkrankungen eingesetzt. Ethylen-bis-dithiocarbamate zeigen eine gute Wirkung gegen Phytophthora infestans an Kartoffeln und Tomaten.

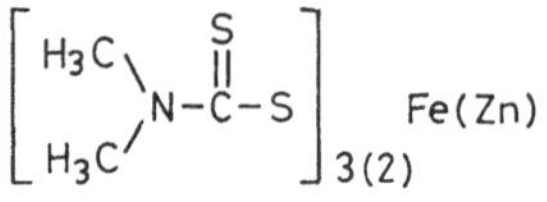

Ferbam (Ziram)

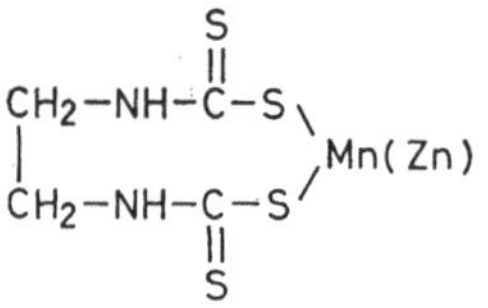

Maneb (Zineb), Mancozeb

Das unterschiedliche Wirkungsspektrum beider Klassen von Dithiocarbamaten deutet auf verschiedene Wirkungsmechanismen hin. Die biologische Aktivität der Dimethyldithiocarbamate wird hauptsächlich auf die Fähigkeit der Bindung essentieller Metallionen (z. B. aus metallhaltigen Enzymen) sowie auf die Ausbildung eines Redoxsystems, das in physiologische Redoxsysteme eingreift, zurückgeführt.

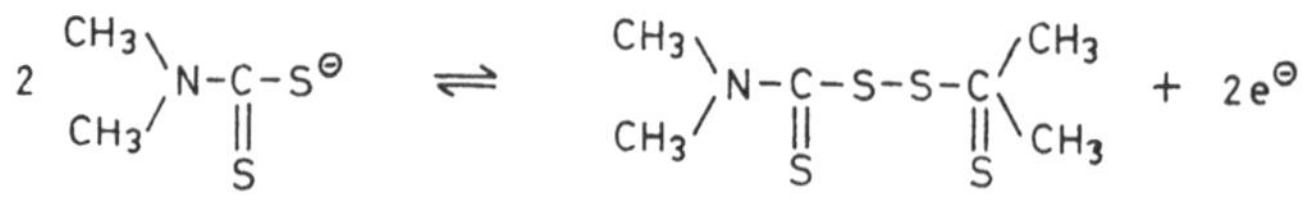

Dimethyl-dithiocarbamat Tetramethyl-thiuramdisulfid

Bei den Bis-dithiocarbamaten wird die Fungitoxizität in erster Linie auf die Senfölbildung zurückgeführt. Die biologische Aktivität von Senfölen beruht hauptsächlich auf ihrer Fähigkeit, essentielle Sulfhydrylgruppen zu addieren und damit wichtige biochemische Reaktionen zu hemmen (vgl. Abschn. 8.5.).

Die Blockierung essentieller Sulfhydrylgruppen durch Fungicide ist als das wirksame Prinzip auch anderer Wirkstoffe (Mercaptidbildung durch Schwermetalle, Reaktion mit Thiophosgen bei Anwendung von Trichlormethylmercaptan-Fungiciden) erkannt worden. Gegenüber dem Warmblüterorganismus gelten die Dithiocarbamat-Fungicide als akut mindertoxisch. Im chronischen Versuch zeigen einige Wirkstoffe demgegenüber eine relativ hohe Toxizität, wobei thyreotoxische Effekte im Vordergrund stehen (Tab. 11.16). Hinzuweisen ist auf die mehrfach nachgewiesene schnelle Bildung cancerogener Nitrosamine (vgl. Kap. 18.) durch die Reaktion von Dithiocarbamat-Fungiciden und Nitrit (vgl. Abschn. 11.7.5.).

Tabelle 11.16. Toxikologische Eigenschaften von Dithiocarbamat-Fungiciden

Wirkstoff	chemische Bezeichnung	LD_{50} p.o. (Ratte) (mg/kg)	NOEL (mg/kg KM)	ADI (mg/kg KM/d)
Nabam	Dinatrium-ethylen-bis-dithiocarbamat	395		
Maneb	Mangan-ethylen-bis-dithiocarbamat	7500		0,005
Zineb	Zink-ethylen-bis-dithiocarbamat	> 5200		0,005
Mancozeb	Mangan-, Zink-ethylen-bis-dithiocarbamat	> 8000		0,005
Propineb	Zink-1,2-propylen-bis-dithiocarbamat	8500	0,5 (Ratte, 2 Jahre) 75 (Hund, 28 Monate)	0,005
Ferbam	Eisen(III)-dimethyl-dithiocarbamat	5700	12,5 (Ratte) 5,0 (Hund)	0,005
Ziram	Zink-dimethyldithio-carbamat	1400	12,5 (Ratte) 5,0 (Hund)	0,005
Thiram, TMTD	Tetramethyl-thiuramdi-sulfid	780...865	2,5 (Ratte) 5,0 (Hund)	0,005

Das Rückstandsverhalten der Dithiocarbamate wird in starkem Maße durch ihre physikalisch-chemischen Eigenschaften geprägt. Die Metall-Dithiocarbamat-Komplexe, die im Falle der Bis-dithiocarbamate polymerer Natur sind, sind nur in trockenem Zustand ausreichend stabil. Bereits durch den Einfluß von Luftfeuchtigkeit und -sauerstoff werden sie zersetzt. Dies äußert sich u. a. darin, daß technische Wirkstoffe wechselnde Anteile von Abbauprodukten enthalten. Der Gehalt an unzersetztem Wirkstoff liegt zumeist unter 90%.

Unter dem Einfluß von Pflanzeninhaltsstoffen verläuft der Abbau derart schnell, daß Rückstände der unzersetzten Wirkstoffe im Innern der Pflanzen sowie in Maceraten rückstandshaltiger Pflanzen nicht zu erwarten sind.

Während Dimethyldithiocarbamate in Pflanzen verschiedene Konjugate mit Aminosäuren bilden, in denen die Dithiocarbamat-Struktur noch erhalten ist, sind derartige Reaktionen bei den Bis-dithiocarbamaten nicht bekannt. Das Abbauverhalten dieser Verbindungsklasse wird durch primäre Bildung von Isothiocyanat infolge Schwefelwasserstoffabspaltung aus der Dithiocarbamatfunktion bestimmt. Infolge der hohen Reaktivität von Senfölen und der Bis-Struktur der Fungicide kommt es zu einer Vielzahl von Folgereaktionen, in deren Verlauf eine relativ große Zahl von Produkten unterschiedlicher Toxizität gebildet werden. Diese Produkte, unter denen der Ethylenthioharnstoff (ETU)[1] wegen ausgeprägter toxischer Wirkungen (thyreotoxisch, cancerogen) der besonderen Beachtung bedarf, können als Rückstände an dithiocarbamat-behandelten Kulturen auftreten. Sie bilden sich aber darüber hinaus auch als Metabolite im Säugetierorganismus. So ist die Toxizität der Bis-dithiocarbamate u. a. auf die metabolische Bildung des ETU zurückzuführen.

Über den Abbau und Metabolismus liegen zahlreiche Fakten vor (Abb. 11.7). Danach bestehen hinsichtlich der Intensität des Abbaus zwischen den einzelnen Wirkstoffen erhebliche Unterschiede. Das chemisch instabilere Maneb bildet infolge der katalytisch-oxydativen Wirkung des Mangans höhere Anteile von Abbauprodukten und zeigt auch eine wesentlich höhere Toxizität als z. B. das chemisch weitaus stabilere Zineb. Die An-

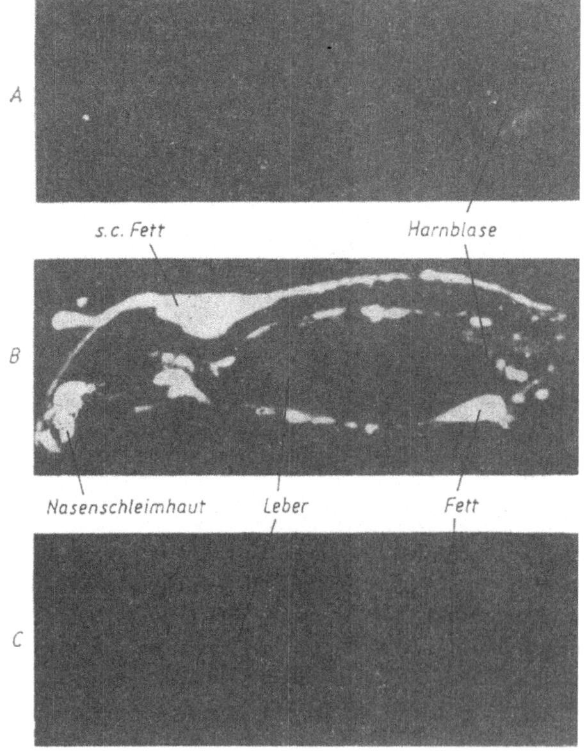

Abb. 11.5. Autoradiogramme von Mäusen 24 h nach o. p. Verabreichung von α-HCH (A), β-HCH (B) oder γ-HCH (C).
Die Tiere hatten 22, 32 oder 21 µg (entsprechend 4 µ Ci) $^{14}C-$HCH-Isomeres erhalten. Die HCH-Isomeren bilden in lipophilen Geweben (einschließlich Nervengewebe) Rückstände. Mit der Gallenflüssigkeit werden Konjugate ausgeschieden.

---

[1] abgeleitet vom engl. Ethylenethiourea.

wendung von Maneb ist deshalb auch aus toxikologischen Gründen erheblich eingeschränkt worden.

Im Ergebnis der Untersuchungen zum ETU-Problem (vgl. IUPAC-Report) wurden in zahlreichen Ländern Toleranzwerte zum Vorkommen von ETU in technischen Wirkstoffen sowie der Rückstände in Lebensmitteln festgelegt. Nach WHO-Empfehlungen sollten ETU-Rückstände in Lebensmitteln unter 0,01 mg/kg bleiben.

Zur Vermeidung überhöhter ETU-Rückstände ist zu beachten, daß beim Erhitzen (bes. unter Luftabschluß, z. B. bei Konservierungsprozessen) der Abbau der Bisdithiocarbamat-Fungicide in Richtung ETU gefördert wird.

Rückstände der unzersetzten Dithiocarbamat-Wirkstoffe lassen sich in einfacher Weise ohne Extraktion und clean up durch Behandeln der rückstandshaltigen Probe mit heißer Mineralsäure und photometrischer Messung des abdestillierten Schwefelkohlenstoffes (nach Absorption in kupferacetathaltiger Diethanolaminlösung) erfassen. Zur Rückstandsbestimmung des ETU wird überwiegend die GC eingesetzt.

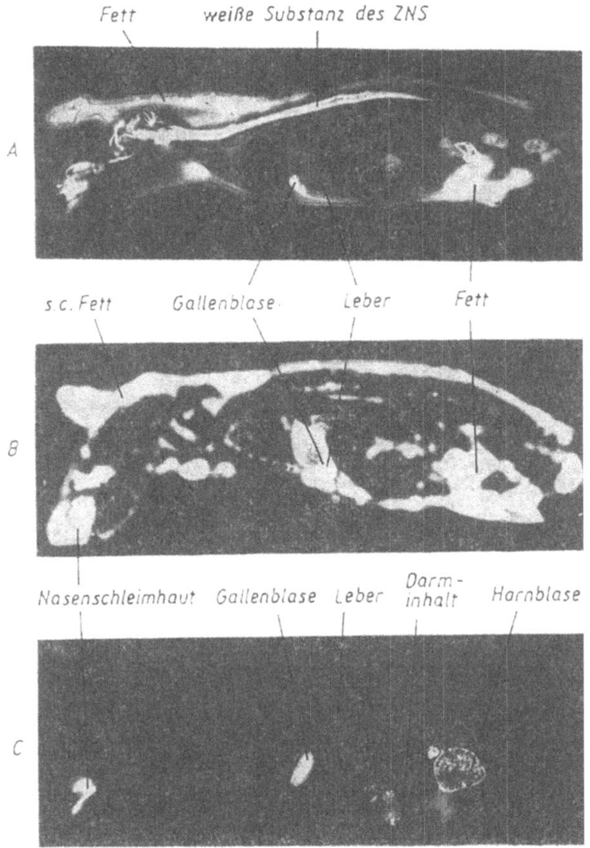

Abb. 11.6. Autoradiogramme von Mäusen 72 h nach i. p. Verabreichung von α-HCH (A), β-HCH (B) oder γ-HCH (C).
Im Vergleich zur Messung nach 24 h (Abb. 11.5) sind die Rückstände von α-HCH deutlich gesunken und die von γ-HCH unter die Nachweisgrenze abgefallen. β-HCH-Rückstände (B) verbleiben dagegen lange Zeit im Organismus. (NAKJIMA, E., H. SHINDO und N. KURIHARA: Radioisotopes **19**, 531 (1970))

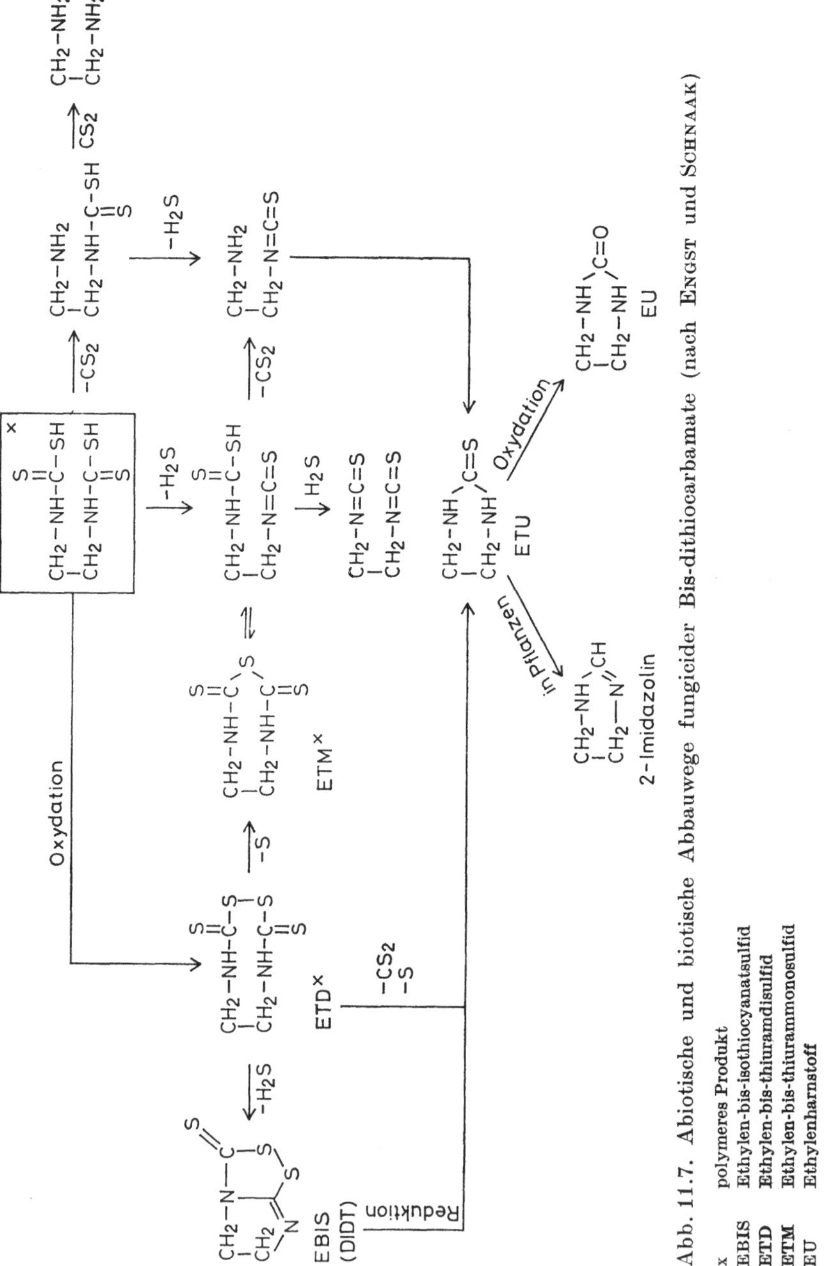

Abb. 11.7. Abiotische und biotische Abbauwege fungicider Bis-dithiocarbamate (nach Engst und Schnaak)

x   polymeres Produkt
EBIS   Ethylen-bis-isothiocyanatsulfid
ETD   Ethylen-bis-thiuramdisulfid
ETM   Ethylen-bis-thiurammonosulfid
EU   Ethylenharnstoff

Phthalimid-Fungicide

Durch Einführung einer Trichlormethylthiogruppe an den Imidostickstoff des Phthalimids bzw. des Tetrahydrophthalimids erhält man hochwirksame Fungicide (Folpet, Captan).

Diese Fungicide zeigen ein breites Wirkungsspektrum. Sie werden hauptsächlich im Obst-, Wein- und Gemüsebau eingesetzt und haben vor allem die Kupferpräparate weitgehend verdrängt. Captan und Folpet sind Beispiele für die Wechselbeziehung zwischen einer hohen Reaktivität zu Sulfhydrylstoffen und fungitoxischer Wirkung. Die Trichlormethylthiogruppe wird unter dem Einfluß von Sulfhydrylstoffen gespalten, wobei als aktives Agens das intermediär gebildete Thiophosgen entsteht. Dieses reagiert spontan mit verfügbaren Sulfhydrylgruppen und tötet somit die Pilzzelle ab. Dieser Wirkungsmechanismus tritt unter dem Einfluß einer Eiweißmangelernährung verstärkt hervor, so daß bei einer Verarmung an verfügbaren Sulfhydrylgruppen auch ein starker Anstieg der akuten Toxizität gegenüber Warmblütern eintritt. Unter den Bedingungen einer ausreichenden Eiweißversorgung gelten die Fungicide als akut mindertoxisch (Tab. 11.17, Abb. 11.8).

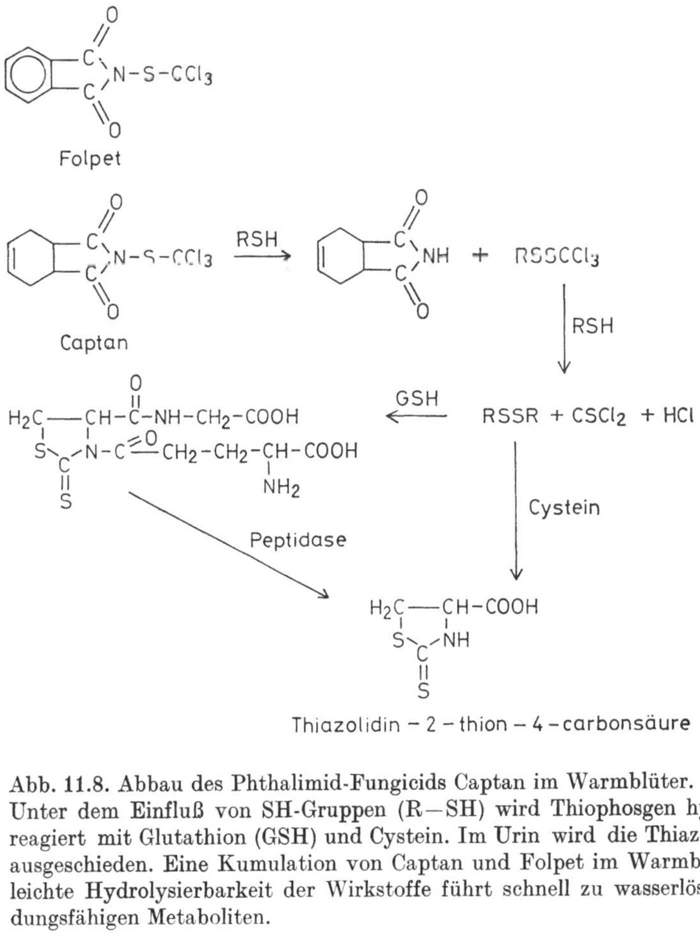

Thiazolidin − 2 − thion − 4 − carbonsäure

Abb. 11.8. Abbau des Phthalimid-Fungicids Captan im Warmblüter.
Unter dem Einfluß von SH-Gruppen (R—SH) wird Thiophosgen hydrolytisch gebildet. Dieses reagiert mit Glutathion (GSH) und Cystein. Im Urin wird die Thiazolidin-2-thion-4-carbonsäure ausgeschieden. Eine Kumulation von Captan und Folpet im Warmblüter ist nicht bekannt. Die leichte Hydrolysierbarkeit der Wirkstoffe führt schnell zu wasserlöslichen und damit ausscheidungsfähigen Metaboliten.

Tabelle 11.17. Toxikologische Eigenschaften von Phthalimid-Fungiciden[1]

Wirkstoff	chemische Bezeichnung	LD$_{50}$ p.o. (Ratte) (mg/kg)	NOEL (mg/kg KM)	ADI (mg/kg KM/d)
Folpet	N-Trichlormethylthio-phthalimid[2])	> 10000		0,1
Captan	N-(Trichlormethylthio)-tetrahydro-phthalimid[2]	9000	50 (Ratte, 2 Jahre) 100 (Hund, 2 Jahre) 19 (Schwein)	0,1
Captafol	N-(1,1,2,2-Tetrachlorethylthio)-tetrahydro-phthalimid	4600	12,5 (Ratte, 2 Jahre) 10 (Hund)	0,05 (0,1)
Dichlo-fluanid	N,N-Dimethyl-N'-phenyl-N'-fluordichlormethylthiosulfamid	> 2500	75 (Ratte) 25 (Hund)	0,3

[1] Zur Rückstandsbestimmung der Wirkstoffe sind die Spektrophotometrie, Polarographie, GC und HPLC anwendbar (Del RE, A.: Residue Rev. 74, 99 (1980))
[2] Strukturformel siehe Abb, 11.8

Benzimidazol-Fungicide

Hauptvertreter dieser systemischen Fungicide ist das Carbendazim, das aber auch als fungitoxisches Abbauprodukt und Metabolit anderer Wirkstoffe (Benomyl, Thiophanat-methyl; Abb. 11.9) entsteht. Ein weiterer wichtiger vom Benzimidazol abgeleiteter Vertreter (Tab. 11.18) ist das Parbendazol, das wie das Thiabendazol als Nacherntebehandlungsmittel und als Anthelmintikum (vgl. Abschn. 12.2.1.) Bedeutung erlangt hat. Der Wirkstoff Fuberidazol dient zur Herstellung quecksilberfreier Saatgutbeizmittel.

Aus der Anwendung des Carbendazims und anderer BCM-bildender Fungicide ergeben sich trotz der geringen akuten Toxizität dieser Wirkstoffe rückstandstoxikologische Probleme. Die genetische Aktivität ist mehrfach beschrieben worden. Die Befunde zur chronischen Toxizität haben in verschiedenen Ländern zu Anwendungsbeschränkungen geführt. Diese Befunde sind u. a. mit der relativ hohen Persistenz des BCM in verschiedenen Teilen der Umwelt zu sehen. So beträgt die Halbwertszeit im Boden in Abhängigkeit von der Bodenart 3...12 Monate. Damit ist die Möglichkeit gegeben, daß Wirkstoffrückstände auf Nachfolgekulturen übergehen. An pflanzlichen Kulturen sind Rückstände des BCM und seiner Metabolite häufig noch mehrere Wochen bis Monate nach der letzten Behandlung nachweisbar (Abb. 11.9).

Rückstände des BCM in biologischem Material lassen sich u. a. unter Ausnutzung der Fungitoxizität in einfacher Weise durch Dünnschichtchromatographie mit biologischer Detektion nachweisen.

Hexachlorbenzen

Hexachlorbenzen besitzt systemisch fungicide Eigenschaften. Es dient als Saatgutbeizmittel und zur Bodenbehandlung. Infolge der nur geringen fungiciden Wirkung sind die erforderlichen Aufwandmengen relativ hoch. Hinsichtlich der Stabilität in der Umwelt reiht sich HCB in die Reihe der persistenten polyhalogenierten Kohlenwasserstoffe ein. HCB kumuliert im Fettgewebe, weshalb seine Anwendung als Fungicid stark eingeschränkt wurde (Abb. 11.10).

Als Metabolite in der Ratte bilden sich mehrere chlorierte Phenole, die in freier Form sowie als Glucuronide ausgeschieden werden. Auch Cysteinkonjugate sind festgestellt worden, die durch die

Tabelle 11.18. Chemische Struktur und toxikologische Daten ausgewählter Benzimidazol-Fungicide

Wirkstoff	chemische Struktur	LD_{50} p.o. (Ratte) (mg/kg)	NOEL (mg/kg KM)	ADI (mg/kg KM/d)
Carbendazim (BCM, MBC) Benzimidazol-2-carbamid-säuremethylester	$-NH-COOCH_3$	15000		
Parbendazol[1]	5-n-Butyl-BCM	70		
Thiabendazol[2] 2-(4'-Thiazolyl)benzimidazol		3100	10 (Ratte) 20 (Hund) 3 (Mensch)	0,01
Fuberidazol 2-(2'-Furyl)benzimidazol		1100		
Benomyl	vgl. Abb. 11.9	> 10000	2500 ppm (Ratte, 2 Jahre) 500 ppm (Hund, 2 Jahre)	
Thiophanat-methyl	vgl. Abb. 11.9	6000	23 (Maus) 8 (Ratte) 50 (Hund)	0,08

[1] vgl. Tab. 12.2
[2] vgl. Tab. 12.2 und 14.1

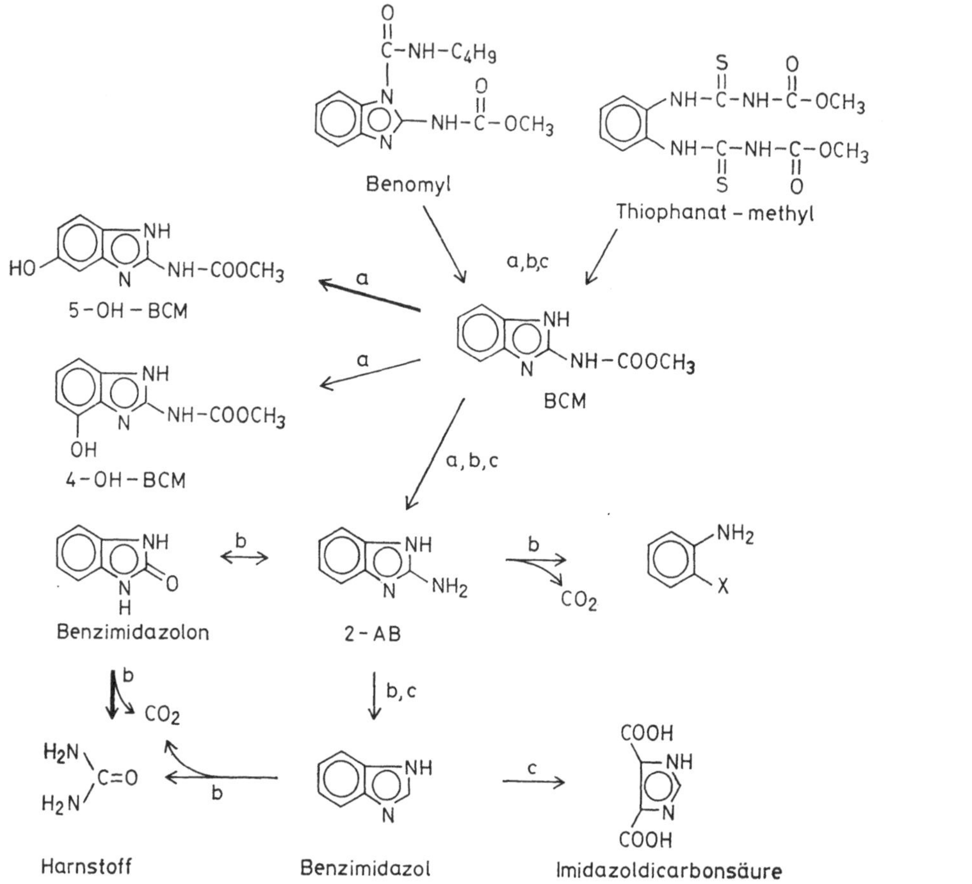

Abb. 11.9. Abbau von BCM im Warmblüter (*a*), in Pflanzen (*b*) und im Boden (*c*).
Als Hauptmetabolit in Pflanzen ist 2-Aminobenzimidazol (2-AB) nachweisbar. In Abhängigkeit
von der Applikationsform kann nach mehrwöchiger Einwirkungsdauer der Gehalt an 2-AB in
Pflanzen den BCM-Gehalt sogar übersteigen. 2-AB zeigt bei Ratten im Vergleich zum BCM eine
erhöhte akute Toxizität.

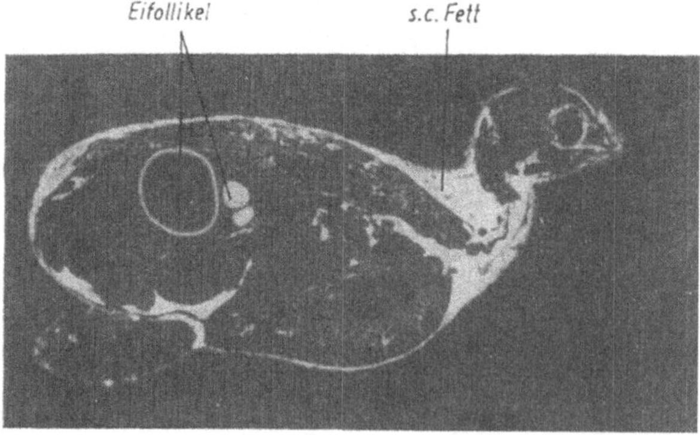

Abb. 11.10. Ganzkörper-Autoradiogramm einer legenden Japanischen Wachtel (Coturnix coturnix
japonica) 14 Tage nach oraler Verabreichung von ^{14}C-Hexachlorbenzen. Die chlororganische Verbindung bildet in Eiern und im Fettgewebe hohe Rückstände.

Intestinalflora biotransformiert werden (vgl. Abschn. 4.2.). Die Halbwertszeit in weiblichen Ratten beträgt 4...5 Monate. HCB ist mutagen und teratogen. Es wurde als vorläufiger ADI-Wert 0,0006 mg/kg vorgeschlagen.

Das ubiquitäre Vorkommen von HCB resultiert nicht ausschließlich aus der Anwendung als Fungicid (vgl. Abb. 13.1 und 13.2).

Metallorganische Fungicide

Verschiedene Quecksilber- und Zinnverbindungen werden weltweit als Fungicide eingesetzt. Quecksilberorganische Wirkstoffe dienen zur Saatgutbeizung und werden in der holzverarbeitenden Industrie, hauptsächlich bei der Papierherstellung, verwendet. Nach der Struktur lassen sich drei Gruppen unterscheiden, die Alkyl- und Alkoxy- sowie die Arylquecksilbersalze. Wichtige Vertreter sind Ethylquecksilberchlorid, Methoxyethylquecksilberchlorid und Phenylquecksilberacetat.

Hinsichtlich des umwelttoxikologischen Verhaltens gelten Quecksilber-Fungicide als besonders suspekt. Alle Verbindungen sind von hoher akuter und chronischer Toxizität (LD_{50} von Methoxyethylquecksilberchlorid und Phenylquecksilberacetat: 40 mg/kg; Ratte; p.o.) und besitzen einen relativ hohen Dampfdruck. Das erfordert u. a. strenge arbeitshygienische Maßnahmen beim Umgang mit diesen Stoffen. In jedem Fall ist auszuschließen, daß gebeiztes Saatgut dem Verzehr zugeführt wird. Zwischenfälle dieser Art sind mehrfach bekannt geworden und haben zu zahlreichen Todesfällen geführt.

Organoquecksilberverbindungen $R_1 - Hg - R_2$

	R_1	R_2
Ethylquecksilberchlorid	Cl	C_2H_5
Methoxyethylquecksilberchlorid	Cl	$CH_3-O-C_2H_4-$
Phenylquecksilberacetat	⟨◯⟩-	$-O-COCH_3$

$[\langle◯\rangle-]_3 Sn-R$

	R
Fentinacetat	$-OCOCH_3$
Fentinhydroxid	$-OH$

Der besonderen Beachtung bedarf die Quecksilberexposition der Bevölkerung durch Rückstände in der Nahrung. Der Einsatz der hochtoxischen Alkylquecksilberpräparate ist zwar erheblich reduziert worden, dennoch ist ein Vertreter, das Methylquecksilber (CH_3-Hg^+), in verschiedenen Sphären der Umwelt nachweisbar (vgl. Abschn. 10.22.). Methylquecksilber entsteht durch biotische Methylierung aus anderen Quecksilberverbindungen und reichert sich besonders in der aquatischen Kette an. In den Jahren von 1953 bis 1960 hat es z. B. eine große Zahl von Vergiftungsfällen gegeben, die auf den Verzehr quecksilberkontaminierter Fische aus der japanischen Minamatabucht, die durch Industrieabwässer besonders stark belastet war, zurückgeführt wurden.

Alkylquecksilberverbindungen schädigen das Nervensystem, während die Arylverbindungen hauptsächlich als Blutgifte wirken. Um die Quecksilberbelastung weiter zu reduzieren, ist man bemüht, diese Beizmittel zunehmend durch weniger persistente organisch-synthetische Fungicide zu ersetzen.

Die Quecksilberaufnahme über die Nahrung wurde 1971 in England und Schweden mit etwa 5...10 μg/Person/d angegeben, wobei der Anteil von Methylquecksilber unter 2 μg/Person/d lag. Hauptquelle der Quecksilberaufnahme ist der Fischverzehr. Nach WHO-Angaben enthalten 99% des Weltfischfanges Quecksilberrückstände bis zu 0,5 μg/kg. Bei 95% des gefangenen Fisches beträgt der Quecksilbergehalt weniger als 0,3 μg/kg.

Der Expositionsgrad des Menschen läßt sich durch Bestimmung des Quecksilbergehaltes im Blut bzw. im Urin ermitteln. Bei Personen, die keinen Fisch verzehren, wurden in England und Schweden Quecksilber-Blutwerte von etwa 0,005 μg/g ermittelt. Die obere Grenze für den Normalwert beträgt 0,05 μg/g Blut bzw. 25 μg/l Urin. Nach WHO-Empfehlungen sollte die wöchentliche Quecksilberaufnahme unter 0,3 mg/Person (0,005 mg/kg KM) betragen, wobei der Anteil von Methylquecksilber 2/3 dieser Höchstmenge nicht überschreiten soll. Ein ADI-Wert ist nicht festgelegt (vgl. Kap. 10.).

Unter den zinnorganischen Stoffen haben sich besonders die Triphenylzinnverbindungen im praktischen Pflanzenschutz seit langem bewährt. In Analogie zu den Quecksilberverbindungen haben die Alkylderivate einen beachtlichen Dampfdruck und sind toxischer als die Arylverbindungen. So bewirken bei Ratten bereits 5...10 ppm Triethylzinnhydroxid im Futter eine Verringerung der Wachstumsrate.

Wichtige Fungicide sind das Triphenylzinnacetat (Fentinacetat: LD$_{50}$ 125 mg/kg, Ratte, p.o.) und das Triphenylzinnhydroxid (Fentinhydroxid: LD$_{50}$ 500 mg/kg, Maus, p.o.). Stoffwechseluntersuchungen haben gezeigt, daß die Triphenylzinnverbindungen nur zu einem geringen Teil resorbiert werden. Der größte Teil wird mit den Faeces ausgeschieden. Ein Zweijahrestest an Meerschweinchen ergab für Fentinacetat einen NOEL von 5 ppm. Untersuchungen zur Teratogenität an Ratten ergaben bei einer Dosierung von 15 mg Fentinacetat/kg p.o. keine teratogene Wirkung. Der ADI-Wert für Triphenylzinn-Fungicide beträgt 0,0005 mg/kg KM/d.

11.5. Rodenticide

Beträchtliche Verluste an Lebensmitteln können durch Nagetiere (Ratten, Mäuse) hervorgerufen werden. Außerdem sind mit Ratten- und Mäusebefall — vor allem in Lebensmittellagern — Verschmutzungen durch Urin, Kot, Haare und Kadaver verbunden. Die dabei auftretenden Verluste sind weit höher als bei direktem Fraß anzusetzen. Nagetiere sind zudem Übertrager von Krankheiten und Keimen, die den Menschen gefährden. Die Bekämpfung schädlicher Nagetiere ist deshalb ein wesentliches hygienisches Problem.

Zum Einsatz in der Nagetierbekämpfung kommen Gifte mit akuter (Tab. 11.19) bzw. chronischer Wirkung. Die chronisch wirkenden Rodenticide sind Abkömmlinge des Cumarins (Warfarin, Coumachlor, Coumafuryl) und des Indandions (Pindon, Diphacinon, Chlorphacinon). Sie wirken als Antagonisten des Vitamins K$_1$ und damit als Hemmer der Vitamin-K-abhängigen Prothrombinbildung. Die Folge der Intoxikation mit diesen Verbindungen sind bei ausbleibender Blutgerinnung und zusätzlicher Kapillarschädigung Organ- und Gewebsblutungen. Die Wirkung tritt auch durch Addition subletaler Dosen auf (vgl. S. 113).

Tabelle 11.19. Rodenticide mit akut toxischer Wirkung

Wirkstoff	chemische Struktur	LD_{50} p.o. (mg/kg)	spezifische Wirkungen
Scillirosid (Glucosid der roten Meerzwiebel)		0,70 ($\male$ Ratte) 0,43 ($\female$ Ratte)	Erbrechen (daher keine Gefährdung für Mensch und Haustiere)
Crimidin 2-Chlor-6-dimethylamino-4-methylpyrimidin		1,25 (Ratte)	kurze Latenzzeit; keine Wirkung über vergiftete Tiere (Sekundärvergiftung)
Natriumfluoracetat		0,22 (Ratte)	Gefahr der Sekundärvergiftung
Antu α-Naphthylthioharnstoff		6,4...7,4 (Ratte)	Verstärkung der Kapillardurchlässigkeit
Kayonex® Methylen-bis-(1-thiosemicarbazid)		25...32 (Wanderratte)	

Tabelle 11.19. Fortsetzung

Wirkstoff	chemische Struktur	LD_{50} p.o. (mg/kg)	spezifische Wirkung
5-(4-Chlorphenyl)-silatran	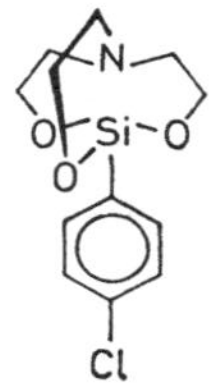	1...4 (Wanderratte)	schnelle Hydrolyse; keine Sekundär-vergiftung
Zinkphosphid		40...50 (Wanderratte, Maus)	Umsetzung zum Phosphin im Magensaft
Thallium(I)-sulfat		15 (Wanderratte) 76 (Hausratte)	

Mit sachgerechter Ausbringung dieser auch für den Menschen starken Gifte in Form von Ködern ist allgemein keine direkte Kontamination der Lebensmittel verbunden.

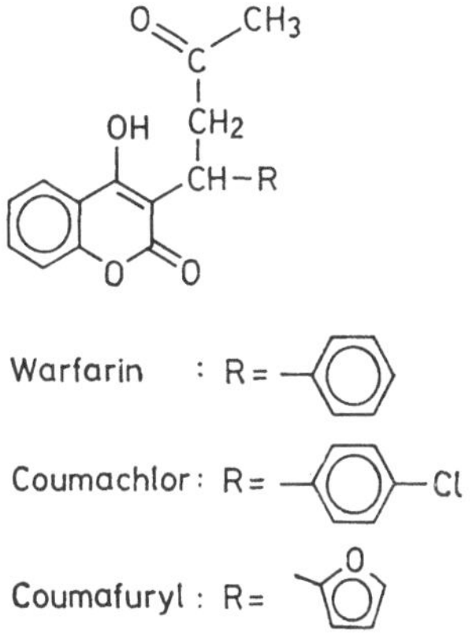

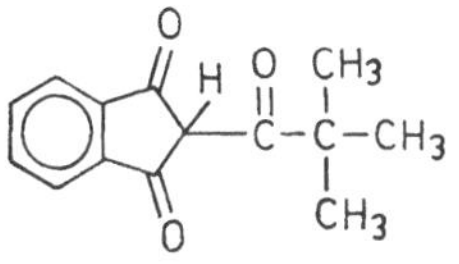

Warfarin : R = (Phenyl)

Coumachlor : R = (Phenyl)—Cl

Coumafuryl : R = (Furyl)

Pindon

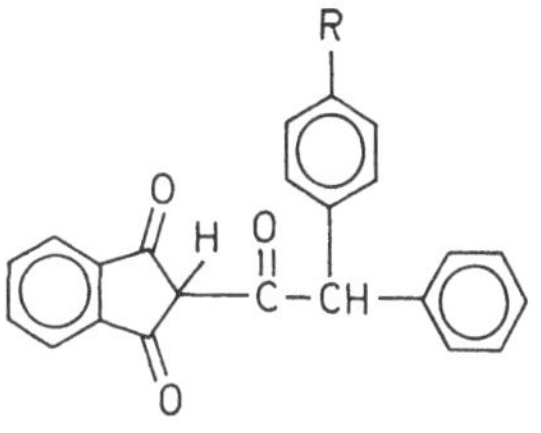

Diphacinon : R = H
Chlorphacinon : R = Cl

11.6. Molluskicide

Mittel zur Schneckenbekämpfung werden nur in Form von Ködern ausgebracht. Eine Kontamination von Lebensmitteln ist dadurch weitgehend auszuschließen. Anwendung finden Metaldehyd (LD_{50} p.o. 600...1000 mg/kg, Hund), Mercaptodimethur (LD_{50} p.o. 130 mg/kg, Ratte), Clonitralid (LD_{50} p.o. > 5000 mg/kg, Ratte) und Trifenmorph (LD_{50} p.o. 1400 mg/kg, Ratte).

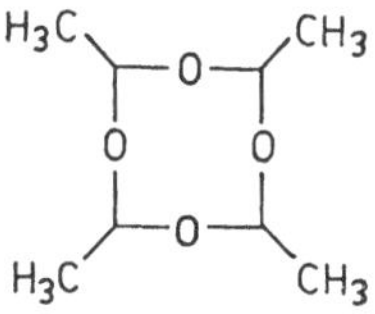

Metaldehyd

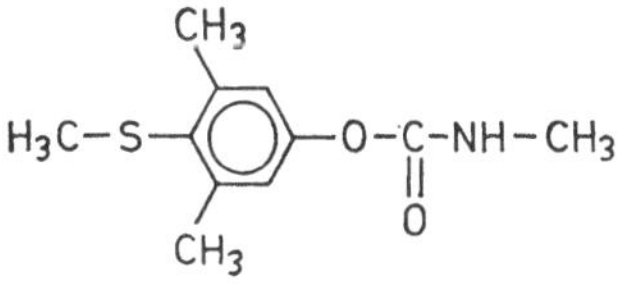

Mercaptodimethur

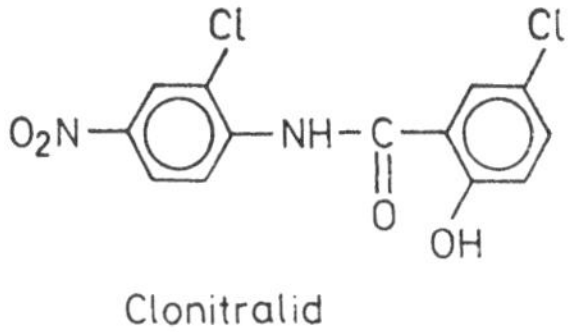

Clonitralid

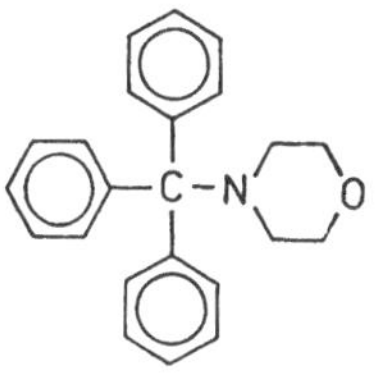

Trifenmorph

11.7. Mittel zur Steuerung biologischer Prozesse

11.7.1. Einführung

Im Pflanzenbau haben vor allem in den letzten Jahrzehnten Wirkstoffe Einzug gehalten, die im Gegensatz zu den Pflanzenschutzmitteln zu einer Leistungsstabilisierung oder zu Verlustminderungen in der Wachstums- bzw. Lagerphase über die Beeinflussung biochemischer Prozesse in der Pflanze führen. Im Vordergrund stehen Beeinflussungen der Wachstumsprozesse mit Auswirkungen auf die Festigkeit und damit die Resistenz von Geweben, wobei der Halmstabilisierung bei Getreide eine besondere Bedeutung zukommt.

Zunehmende Bedeutung erlangen auch Mittel zur Reifebeschleunigung bzw. Seneszenzauslösung zur Vereinfachung der Ernteverfahren sowie Keimhemmungsmittel. Unter den ertragssteigernden Faktoren spielen seit den Erkenntnissen von Justus von Liebig über die Ernährung der Pflanzen die anorganischen Düngemittel die bedeutendste Rolle.

11.7.2. Wachstumsregulatoren/Halmstabilisatoren

Wachstumsregulatoren (*engl.*: plant growth regulators) sind Verbindungen, die spezifisch auf Wachstumsvorgänge und Reifungsprozesse der Pflanzen einwirken, ohne sie bei der normal angewandten Dosis abzutöten. Letzteres grenzt sie von den Herbiciden ab, die zwar z. T. in geringen Konzentrationen ebenfalls wachstumsbeeinflussend wirken können (vgl. Wuchsstoffherbicide aus den Gruppen der Phenoxyalkansäuren, Halogenbenzoesäuren und aliphatische Carbonsäuren), deren Einsatzgebiet jedoch auf die Abtötung eines unerwünschten Pflanzenwachstums abzielt.

Hauptaufgabengebiet der Wachstumsregulatoren ist die Verminderung des Längenwachstums bei Getreide bei gleichzeitiger Stabilisierung der Standfestigkeit in Verbindung mit Maßnahmen der Ertragssteigerung (vgl. Abb. 11.2). Weiterhin werden sie eingesetzt zur Blühstimulierung, zur Ausbildung parthenocarper Früchte, zur Fruchtausdünnung oder zur Erleichterung der Ernte. Teilweise kann mit Wachstumsregulatoren eine Reifebeschleunigung durch Abspaltung des Reifungshormons Ethylen (vgl. Ethephon) erreicht werden. In ihrer Wirkung zurückzuführen sind die Wachstumsregulatoren auf natürliche (native) wachstumsregulierend wirkende Verbindungen (Auxine, Gibberelline, Cytokinine). Im praktischen Einsatz befindet sich eine Reihe synthetischer Verbindungen, die vor allem als Inhibitoren bzw. Induktoren auf hormonale Vorgänge in die Pflanze einwirken (Tab. 11.20).

Die Einordnung von landwirtschaftlicher wie auch von lebensmittelhygienisch-toxikologischer Seite erfolgt auf Grund ihrer Einsatzbedingungen wie bei Pesticiden (Anforderungen der Zulassung; Festlegung von maximal zulässigen Rückständen bzw. Höchstmengen; Karenzzeiten) zur Absicherung der Unbedenklichkeit der behandelten pflanzlichen Produkte.

11.7.3. Keimhemmungsmittel

Zur Gruppe der Keimhemmungsmittel gehören einige Wirkstoffe mit herbiciden Eigenschaften (vgl. Tab. 11.6: Propham, Chlorpropham). Einsatz finden sie im wesentlichen bei Speise-, Futter- und Industriekartoffeln, um Qualitätsminderungen infolge frühzeitiger Keimungsprozesse während der Lagerung auszuschließen bzw. zu vermindern. Mit chlorprophamhaltigen Präparaten behandelte Kartoffeln sind für Speisezwecke gründlich zu waschen, zu schälen und zu kochen. Unter diesen Bedingungen liegen die Rückstände innerhalb des toxikologisch vertretbaren Toleranzbereiches.

Tabelle 11.20. Wachstumsregulatoren

Wirkstoff	Struktur	LD$_{50}$ p.o. (mg/kg)	physiologische Effekte
a) natürliche Wachstumsregulatoren (Phytohormone)			
Auxine 2-(Indol-3-yl)-essigsäure	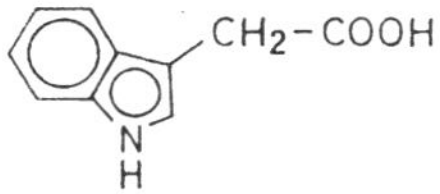 CH_2–COOH		Förderung des Streckungswachstums, in höheren Konzentrationen Stimulierung der endogenen Ethylen-Synthese
Gibberelline Gibberellinsäure A 3	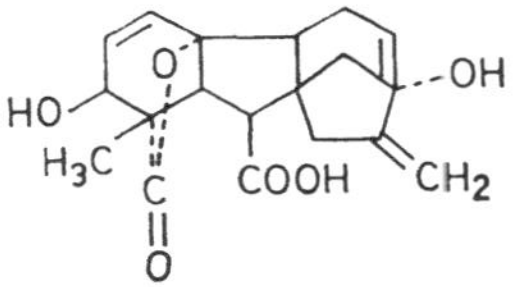		Förderung des Streckungswachstums, Blühinduktion, Auslösung parthenocarpen Fruchtwachstums
Cytokinine Zeatin	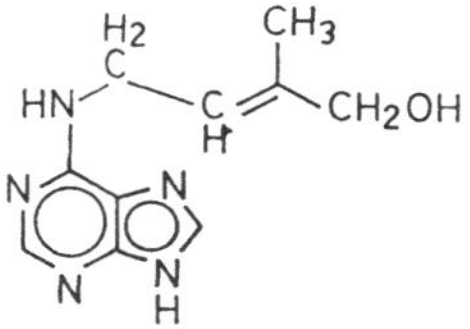		Förderung der Zellteilung und Zelldehnung, Seneszenzinhibitor
Absiscinsäure	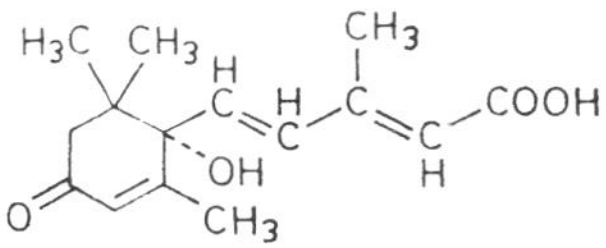		Hemmung des Wachstums, Beschleunigung der Seneszenz und Reifung
Ethylen	$H_2C=CH_2$		Dämpfung des Wachstums, Beschleunigung der Seneszenz und Reifung

Tabelle 11.20. Fortsetzung

Wirkstoff	Struktur	LD_{50} p.o. (mg/kg)	physiologische Effekte
b) synthetische Wachstums- regulatoren:			
Chlormequat CCC®	$[Cl-CH_2-CH_2-\overset{\oplus}{N}(CH_3)_3]\,Cl^{\ominus}$	1070 (Hamster) 215...1020 (Maus) 330...750 (Ratte)	Hemmung der Gibberellinsäure-synthese und damit Dämpfung des Streckungswachstums, bei Getreide Verkürzung der Internodienabstände
Cycocel®		60...81 (Kaninchen) 100 (Hund) 7...50 (Katze)	
Chlorphonium			Dämpfung des Streckungswachstums durch Abspaltung des Reifungs-hormons Ethylen Dämpfung des Wachstums, Blühinduktion und Beschleunigung von Seneszenz- und Reifungsprozessen, bei Getreide Ver-kürzung der Internoedinabstände
Ethephon Cepha®	$Cl-CH_2-CH_2-\overset{\overset{\textstyle O}{\|}}{P}(OH)_2$ Na – Salz	4200 (Ratte)	
Daminocide	$CH_2-CO-NH-N(CH_3)_2$ $\|$ CH_2-COOH	8400 (Ratte)	Dämpfung des Streckungswachstums, Blühinduktion, Reifebeschleunigung

11.7.4. Nitrificide

Nitrificide sollen in Verbindung mit hohen Stickstoffdüngergaben im Boden die Umsetzung von Ammoniumstickstoff in das leicht auswaschbare und damit das Grundwasser kontaminierende Nitrat durch Hemmung nitrifizierender Bakterien verlangsamen. Ihr Einsatz steht damit in unmittelbarem Zusammenhang mit den Düngungsmaßnahmen bzw. mit den Maßnahmen der Beseitigung von Exkrementen aus der Massentierhaltung (Gülle).

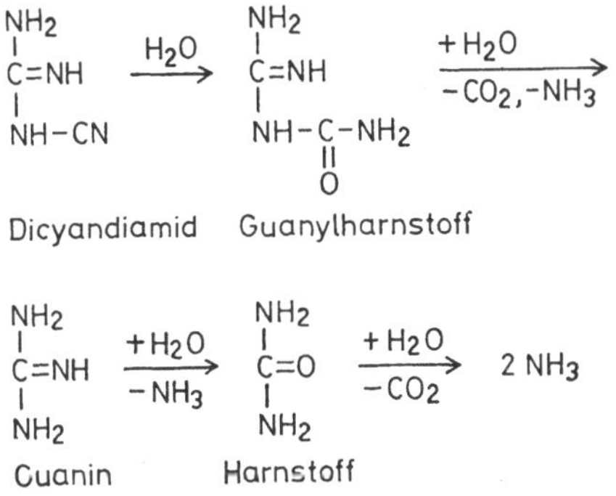

$$
\begin{array}{ccc}
\underset{|}{NH_2} & & \underset{|}{NH_2} \\
C=NH & \xrightarrow{H_2O} & C=NH \\
| & & | \\
NH-CN & & NH-\underset{\underset{O}{\|}}{C}-NH_2
\end{array}
\quad \xrightarrow[-CO_2,\,-NH_3]{+H_2O}
$$

Dicyandiamid   Guanylharnstoff

$$
\begin{array}{ccc}
\underset{|}{NH_2} & & \underset{|}{NH_2} \\
C=NH & \xrightarrow[-NH_3]{+H_2O} & C=O \\
| & & | \\
NH_2 & & NH_2
\end{array}
\quad \xrightarrow[-CO_2]{+H_2O} \quad 2\,NH_3
$$

Guanin   Harnstoff   Abb. 11.11. Zersetzung von Dicyandiamid im Boden

Tabelle 11.21. Akute Toxizität von Nitrapyrin (R = —CCl$_3$) und dessen wichtigsten Abbauproduktes und Rückstandes 6-Chlorpicolinsäure (R = —COOH)[1]

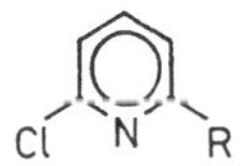

Nitrapyrin   R = —CCl$_3$
6-Chlorpicolinsäure   R = —COOH

Tierart	LD$_{50}$ p.o. (mg/kg)	
	Nitrapyrin	6-Chlorpicolinsäure
Ratte ♂	1072	2830
♀	1231	2180
Kaninchen, Maus	713	

[1] ADI 15 mg/kg KM/d (Ratte), 50 mg/kg KM/d (Hund)

Dicyandiamid hemmt in hohen Dosierungen (z. B. 30 kg/ha) die Nitrifikation. Da es selbst zu pflanzenverfügbaren N-Formen umgesetzt wird, stellt es kein ernährungstoxikologisches Risiko dar. Eines der ersten synthetischen Nitrificide ist das Nitrapyrin (N-Serve®, 1-Chlor-6-trichlormethylpyridin, Tab. 11.21). Untersuchungen ergaben für die 6-Chlorpicolinsäure eine ADI von 15 mg/kg KM/d (Ratte) bzw. 50 mg/kg KM/d (Hund). Rückstände von Nitrificiden sind wie die von Pesticiden zu bewerten.

Weitere, jedoch weniger bedeutungsvolle Verbindungen mit Nitrificid-Wirkung sind: 2-Amino-4-chlor-6-methylpyrimidin, Sulfathiazol, Thioharnstoff, N-2,5-Dichlorphenylsuccinamidsäure, 4-Amino-1,2,4-triazol-hydrochlorid, Guanylthioharnstoff, 2-Mercapto-benzthiazol. Die Langzeitwirkung dieser Nitrificide ist wesentlich geringer als beim N-Serve®, so daß sie kaum eine ernährungstoxikologische Bedeutung erlangen dürften.

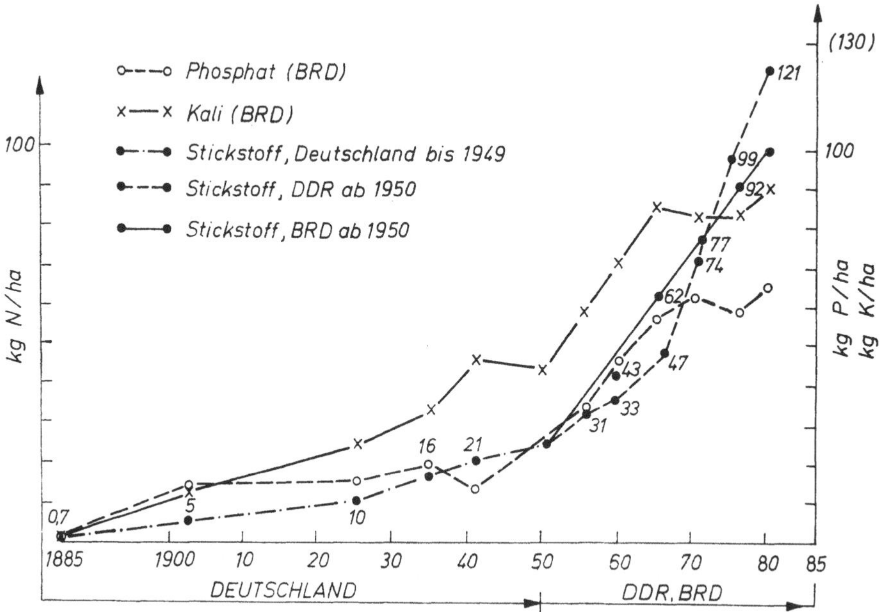

Abb. 11.12. Entwicklung des durchschnittlichen jährlichen Stickstoffverbrauches in Deutschland bis 1949 sowie in der DDR und BRD im Vergleich zu Phosphat- und Kali-Anwendung. (Weltweite Verwendung von Düngemitteln siehe RUSSELL, R. S. und G. W. COOKE: *"Contributions of Chemistry to Removing Soil Contaminants to Crop Production."* In: SHEMILT, L. W.: *"Chemrawn II."* S.S. 637)

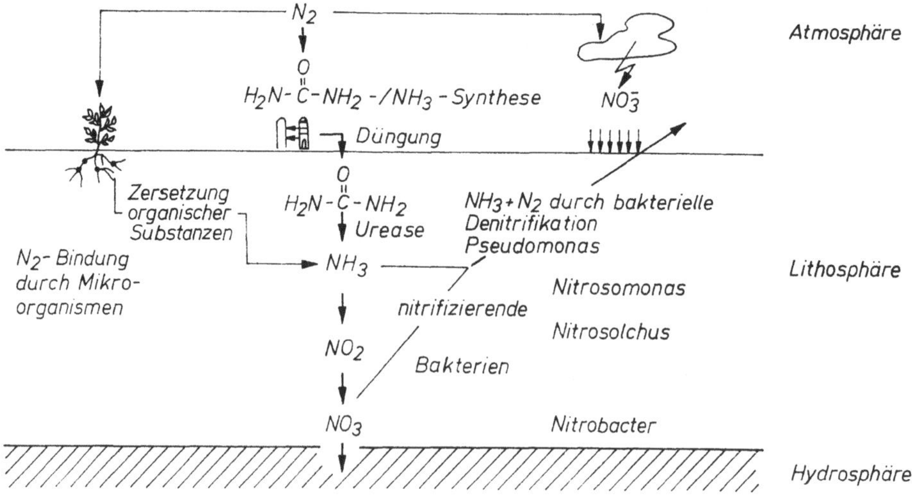

Abb. 11.13. Stickstoffkreislauf in der Natur

11.7.5. Düngemittel

Der Verbrauch an Düngemitteln pro Flächeneinheit hat in den letzten Jahrzehnten beträchtlich zugenommen. Im Vordergrund stehen dabei die Mineralstoffe Stickstoff (Ammoniumsalze, Nitrat), Kalium (als Kaliumchlorid, Kaliumsulfat), Phosphor (Phosphat) sowie Calcium. Unter speziellen Bedingungen finden zusätzlich Spurenelemente Anwendung (u. a. Magnesium, Bor, Kupfer, Molybdän). Ernährungstoxikologische Probleme können sich zum einen aus Verunreinigungen der anorganischen Dünger mit toxischen Schwermetallen — vor allem Cadmium — ergeben (vgl. Kap. 10.). Zum anderen hat der stark erhöhte Einsatz von anorganischen Stickstoffdüngemitteln zu einer fortschreitenden Belastung von Boden und Wasser und über diese der pflanzlichen Nahrungskette mit Nitraten geführt (Abb. 11.12 und 11.13). Durch die Reduktion zum toxischen Nitrit hat sich in stark belasteten pflanzlichen Nahrungsmitteln und Wassereinzugsgebieten ein ernährungstoxikologisch relevanter Risikofaktor herausgebildet (vgl. Abschn. 14.6.2.)

12. Rückstände aus der Tierbehandlung

12.1. Einführung

Moderne und effektive Verfahren in der tierischen Produktion haben in der Folge den Einsatz einer Reihe chemischer Substanzen erforderlich gemacht, die einerseits der Gesunderhaltung der landwirtschaftlichen Nutztiere bei Massenhaltung (z. B. Seuchenschutz) dienen, andererseits die Produktivität durch Beeinflussung der Futterausnutzung erhöhen, damit zu einer gesteigerten Leistungsfähigkeit beitragen und teilweise auch eine Qualitätsverbesserung der Schlachtprodukte ermöglichen. Wesentliche Bedeutung in der Tierzucht haben dabei Substanzen zur Steuerung von Reproduktionsfunktionen erlangt.

Zur Bewertung von Chemikalien in der Tierproduktion und den Grundsätzen ihrer Bewertung siehe auch Abschn. 11.1.

12.2. Tierarzneimittel

Tierarzneimittel (Veterinärpharmaca) sind Verbindungen, die zur Therapie oder Prophylaxe gezielt in höheren Dosierungen den Tieren verabreicht werden (Tab. 12.1). Sie liegen im Anwendungsbereich des Tierarztes entsprechend den in Tierarzneimittelverzeichnissen festgelegten Anwendungsbedingungen, werden entsprechend den Indikationen zeitlich begrenzt eingesetzt und unterliegen den Bestimmungen des Arzneimittel-, Apotheken- und Suchtmittelrechtes. Dabei sind die dort festgelegten Wartezeiten einzuhalten, die den lebensmittelhygienisch-toxikologischen Anforderungen entsprechend tolerierbare Rückstände bzw. Rückstandsfreiheit garantieren.

12.2.1. Antiparasitica

Antiparasitica werden im pour-on-Verfahren (Oberflächenbehandlung — Ectoparasiticide) bzw. oral (Antihelminthica, Fasciolide) eingesetzt.

Als Ectoparasiticide eingesetzte Arzneimittel basieren vorzugsweise auf mindertoxischen Phosphor- und Phosphonsäureestern (z. B. Heptenophos, Coumaphos, Trichlorphon, Butonat; vgl. Abschn. 11.3.). Infolge ihrer leichten Zersetzlichkeit, schon nach relativ kurzen Wartezeiten, sind sie ernährungstoxikologisch wenig relevant. Einsatz finden neuerdings auch insekticide Präparate auf Pyrethroidbasis (z. B. Permethrin, vgl. Abschn. 11.3.), die toxikologisch ähnlich zu bewerten sind.

Antihelminthica (Tab. 12.2) werden zur innertherapeutischen Behandlung bei Wurmbefall eingesetzt. Die Ausscheidung dieser Substanzen erfolgt vorzugsweise über Faeces und Urin und nur in Spuren über die Milch. Rückstände treten nur wenige Stunden nach der Verabreichung und zudem in niedrigen Konzentrationen auf.

Tabelle 12.1. Auswahl von Anwendungsgruppen für Tierarzneimittel

Anabolica	Hyperämica
Analeptica	Immunseren/γ-Globuline
Analgetica/Antipyretica	Impfstoffe
Anazida	Infusionslösungen/Elektrolytlösungen
Antihelminthica	Cardiaca/Kreislaufmittel
Antiallergica/Antihistaminica	Caustica
Antianämica	Coccidiostatica
Antibiotica	Corticosteroide
Antidiarrhoica	Laryngologica/Stomatologica
Antidoba	Laxantia
Antiepileptica	Lokalanästhetica
Anticonvulsia	Magen-Darm-Therapeutica
Antimycotica	Mastitistherapeutica
Antiseptica	Mittel zur Behandlung von Stenosen des Strichkanals
Antitetanica	Mittel zur Resorptionsbeschleunigung
Bronchospasmolytica	Neuroleptica
Chemotherapeutica	Ophthalmica
Cytostatica	Otologica
Dermatica	Parasympathikomimetica
Diätetica/Nutritiva/Roborantia	Provocatoria
Diuretica	Sedativa/Hypnotica/Narkotica
Ectoparasitica	Spasmolytica
Emetica/Antiemetica	Tranquilicer
Hämostyptica/Antithrombotica/	Uterotherapeutica
Antifibrinolytica/Antikoagulantia	Uterotonica
Hepatica/Cholagoga	Vitamine
Hormone	

Tabelle 12.2. Verbindungen zur Bekämpfung von Wurmbefall (Antihelminthica)

Wirkstoff	chemische Struktur	Wirkung
Thiabendazol 2-(4-Thiazolyl)-benzimidazol	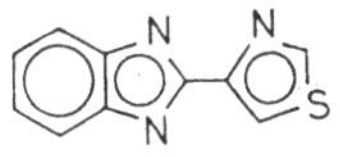	3100 (Ratte)[1] 1395 (Maus)[1] 3850 (Kaninchen)[1]
Parbendazol 5-Butyl-2-benzimidazol-carbaminsäure-methylester	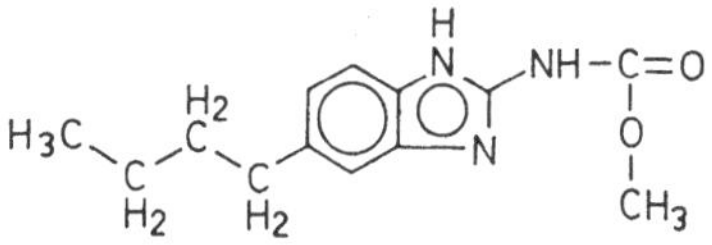	70 (Ratte)[2] 210 (Maus)[2]
Fenbendazol	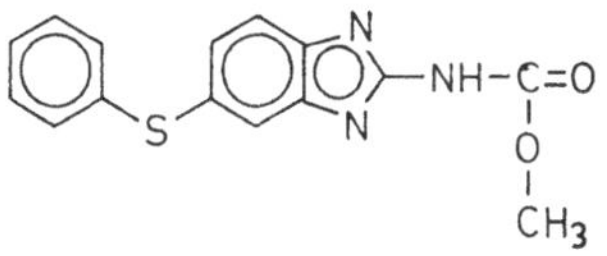	

[1] LD_{50} p.o. (mg/kg); vgl. Tab. 11.18 und Tab. 14.1
[2] TDL_0, vgl. Tab. 11.18

Tabelle 12.3. Verbindungen zur Leberegelbekämpfung (Fasciolide)

Wirkstoff	chemische Struktur	LD_{50} p.o. (mg/kg)
Niclofolan (5,5'-Dichlor-3,3'-dinitro- 1,1-biphenyl-2,2'-diol)		10 (Ratte) 50 (Goldhamster) TDL_0 10 (Goldhamster, Teratogenität)
Nitroxynil (4-Hydroxy-3-iod-5-nitro- benzonitril)		LDL_0 125 (Mensch)
Oxyclozanid (2,2'-Dihydroxy-3,3'-5,5',6- pentachlor-benzanilid)		1000 (Ratte)

Tabelle 12.4. Fasciolid-Ausscheidung in der Milch 120 h nach oraler Verabreichung

Substanz	Dosis (mg/kg KM)	Applikationsart	Rückstände (mg/kg Milch)
Niclofolan	3	p.o.	0,02
Oxyclozanid	10	p.o.	0,01
Nitroxynil	10	s.c.	0,2

Fasciolide werden als hochwirksame Verbindungen zur Bekämpfung der Leberegel
eingesetzt (Tab. 12.3). Ihr Einsatz erfolgt 1- bis 2malig im Jahr, wenn Tiere auf verseuchten Weiden gehalten werden. Die Rückstände können nach oraler Verabreichung
jedoch über längere Zeit persistieren (Tab. 12.4). Die Ausscheidung in der Milch wird
als toxikologisch unbedeutend angesehen.

12.2.2. Coccidiostatica

Coccidiostatica sind Wirkstoffe mit chemotherapeutischen Eigenschaften, die unter
Bedingungen der Dauerapplikation zur Prophylaxe gegenüber verschiedenen Protozoen
aus der Gruppe der Eimeriaarten bei Hühnern (Kükenruhr) und Puten eingesetzt werden.
Sie zeichnen sich im allgemeinen durch eine geringe Toxizität aus (Tab. 12.5). Auf Grund
der schnellen Ausscheidung ist eine Anreicherung in tierischen Geweben nicht zu erwarten, so daß ihre Anwendung bis zum Ende der Mastperiode unter Einbeziehung einer
Ausnüchterungszeit möglich ist.

Tabelle 12.5. Wichtige Coccidiostatica

Wirkstoff	chemische Struktur	LD$_{50}$ p.o. (mg/kg)	toxische Effekte
Furazolidon (Furoxon) N-(5-Nitro-2-furfuryliden)- 3-amino-2-oxazolidon	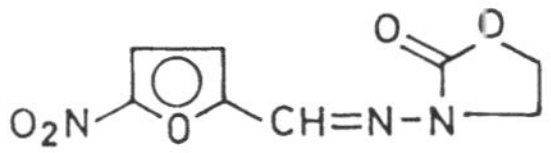	2336 (Ratte) 793 (Maus) TDL$_0$ 11 (Mensch)	Verminderung der Befruchtungs- und Schlupfleistung, Verzögerung der Geschlechtsreife bei Hühnern
Amprolium 1-(4-Amino-2-n-propyl-5-pyrimidyl-methyl)-2-picolinium-chlorid HCl	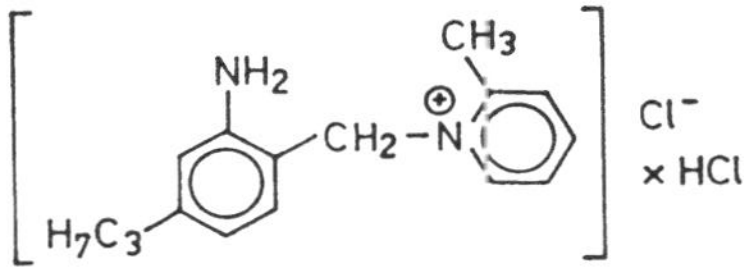	4200...5700 (Küken) 4000 (♂, Ratte) 4890 (♀, Ratte) 3980 (Maus)	Polyneuritis NOEL (Ratte) 20 mg/kg/d
Zoalen (DOT) 3,5-Dinitro-o-toluamid	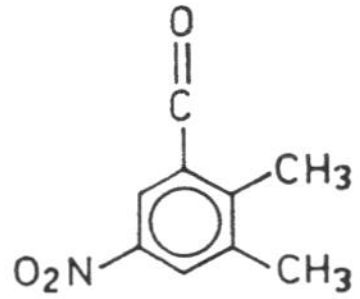	275 (Küken 600 (Ratte) > 250 (Katze, Hund)	Ataxie NOEL (Ratte) 62,5 mg/kg/d
Metichlorpindol (Coyden, Rigecoccin, Clopidol) 3,5-Dichlor-2,6-dimethyl-4-pyridinol	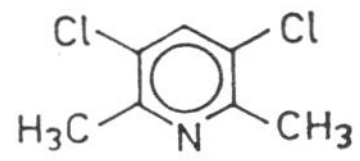	≈ 3000 (Küken) > 16000 (Ratte) ≈ 8000 (Kaninchen)	Wachstumsdepression ab 300 mg/kg NOEL (Ratte) 15 mg/kg/d
Buquinolat Ethyl-4-hydroxy-6,7-diisobutoxy-3-chinolincarboxylat	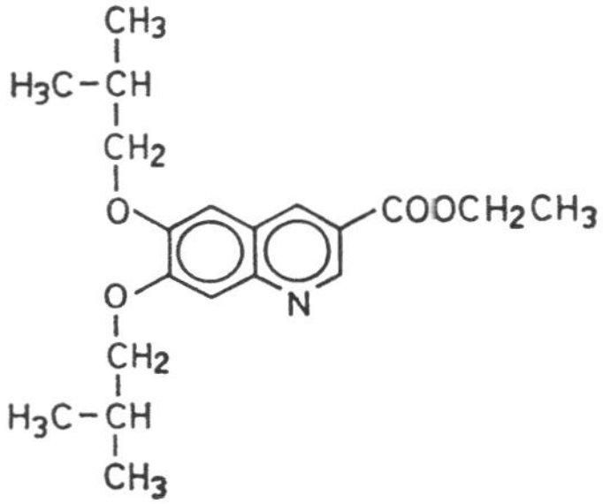	> 135 (Küken) > 7500 (Ratte) > 7500 (Maus)	

Tabelle 12.5. Fortsetzung

Wirkstoff	chemische Struktur	LD_{50} p.o. (mg/kg)	toxische Effekte
Robenidin			
Monensin-Na	(vgl. Tab. 12.8)		
Salinomyzin	(vgl. Tab. 12.8)		

12.2.3. Chemotherapeutica

Chemotherapeutica (Antibiotica, vgl. Tab. 12.9; Sulfonamide usw.) sind zur Prophylaxe bzw. Therapie nur unter Kontrolle des Tierarztes einzusetzen, so daß eine Belastung der Schlachtprodukte auszuschließen ist. Voraussetzung dazu ist die exakte Einhaltung der Anwendungsbedingungen und Anwendungskonzentrationen sowie der gesetzlich vorgeschriebenen und aus dem Ausscheidungs- und Metabolisierungsverhalten abgeleiteten Wartezeiten.

Bei Einhaltung dieser Forderungen stellen Chemotherapeutica kein ernährungstoxikologisches Problem dar. Eine fortwährende Kontrolle auf Rückstände von Chemotherapeutica kann mittels des Hemmtestes mit verschiedenen Stämmen des *Bacillus subtilis* erfolgen.

12.2.4. Psychopharmaca

Der Einsatz von Psychopharmaca erfolgt zur Egalisierung von Streßfaktoren bei Nutztieren. Tranquilizer sind Stoffe mit sedativer Wirkung, die ohne hypnotisch-narkotische Nebeneffekte Spannungs- und Angstzustände beseitigen. Sie zeigen dabei im allgemeinen eine hohe biologische Aktivität. Bei Nutztieren bewirken sie eine Verminderung des Transportrisikos (z. B. bei Schweinen den Herztod). Tranquilizer gehören unterschiedlichen chemischen Klassen an. Neben dem natürlich vorkommenden Alkaloid Reserpin sind es vor allem synthetische Verbindungen, die zur Anwendung gelangen (Tab. 12.6).

Weiterhin können Tranquilizer zur Ruhigstellung während der Mastperiode eingesetzt werden, wodurch Verbesserungen in der Mastleistung zu erreichen sind. Trotz der Verwendung verhältnismäßig niedriger Dosen sind bei durchgehender Verabreichung Rückstände in tierischen Organen (bes. Leber, Nieren) und Geweben nachweisbar (Tab. 12.7).

Als Metaboliten treten beim Hydroxyzin p-Chlorbenzhydrylpiperazin und p-Chlorbenzhydrol auf, während die Benzodiazepinderivate leicht zum gleichen Benzophenon, dem 7-Chlor-2-methylaminobenzophenon hydrolysiert werden. Daneben treten Hydroxylierungen und Demethylierung auf.

Zur Ausschaltung einer ständigen und damit unerwünschten Einwirkung von Rückständen auf den Menschen werden allgemein Wartezeiten zwischen letzter Verabreichung und Schlachtung vorgeschrieben, die eine praktische Rückstandsfreiheit garantieren. Problematischer ist demgegenüber die Anwendung von Psychopharmaca als Beruhigungsmittel beim Transport zum Schlachthof, da unter diesen Einsatzbedingungen keine vollständige Eliminierung aus dem Organismus garantiert ist.

Eine routinemäßige Kontrolle auf Rückstände von Psychopharmaca erfolgt in der Regel noch nicht.

12.3. Mastfördernde Mittel (Ergotropica)

Die Anwendung von Wachstums- und mastfördernden Substanzen in der Landwirtschaft hat Ende der 40er Jahre dieses Jahrhunderts mit der Verfütterung von Streptomycin an Küken begonnen. Neben einer Reihe von Antibiotica, die im Verlaufe der

Tabelle 12.6. Toxizität von Psychopharmaca

Wirkstoff	chemische Struktur	LD_{50} p.o. (mg/kg)	spezifische Wirkungen
Hydroxyzin 2-{2-[4-(p-Chlor-α-phenylbenzyl)-1-piperazinyl]ethoxy}-ethanol	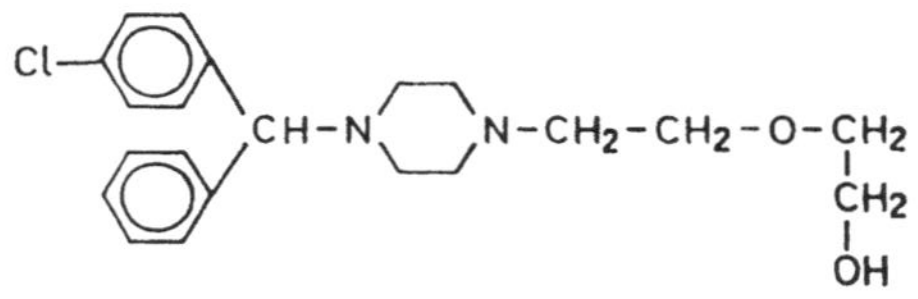	840 (Ratte) 480 (Maus)	
Meprobamat 2-Methyl-2-propyl-1,3-propandiol-dicarbamat	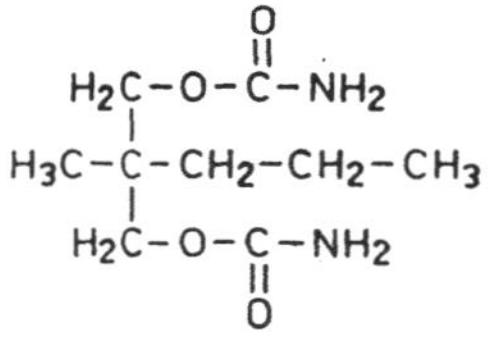	1000 (Ratte) 750 (Maus) 1410 (Goldhamster)	TDL_0 280 (Mensch, ZNS)
Diazepam 7-Chlor-1,3-dihydro-1-methyl-5-phenyl-2H-1,4-benzodiazepin-2-on	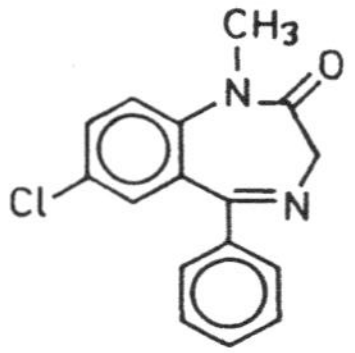	710 (Ratte) 535 (Maus)	TDL_0 0,143 (Mensch, Auge) 1,43 (Mensch, ZNS)
Chlordiazepoxid 7-Chlor-2-methyl-amino-5-phenyl-4-oxid-3H-1,4-benzodiazepin	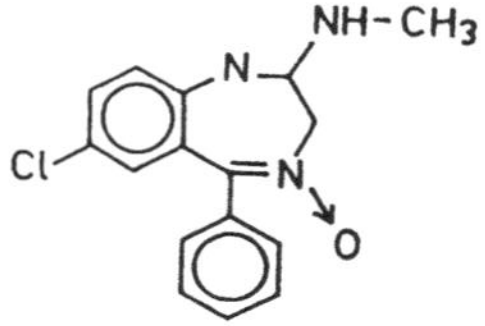	548 (Ratte) 600 (Maus) 590 (Kaninchen)	TDL_0 4 (Mensch, ZNS)

Tabelle 12.7. Hydroxyzin-Rückstände bei Mastbullen (6fache Überdosierung der Praxiskonzentration von 5 mg/kg KM) (nach H. ACKERMANN)

Wartezeit in Tagen	Hydroxyzin-Rückstände (mg/kg)		
	Leber	Nieren	Muskelfleisch
1	0,20	n.n....0,04	n.n....0,02
2	0,18	n.n....0,02	0,05
5	0,08	n.n.	n.n.
9	0,03	n.n....0,05	n.n.
17	n.n.	n.n.	—

n.n. bedeutet $< 0,02$ (Leber) und $< 0,01$ (Niere, Muskelfleisch)

Jahre in die Fütterungsregime einbezogen wurden, finden heute auch synthetische Verbindungen aus verschiedenen Gruppen Anwendung, die unter dem Begriff Chemobiotica zusammengefaßt werden können. Ihre Anwendung erfolgt im Gegensatz zu den Tierarzneimitteln in niedrigen Konzentrationen (10...100 mg/kg) kontinuierlich mit dem Futter über längere Zeiträume, entsprechend den im Futtermittelnormativen festgelegten Mengen.

Die Wirkung dieser Verbindungen muß auf verschiedene Mechanismen zurückgeführt werden:

1. Veränderungen in der Zusammensetzung der Darmflora,
2. Hemmung bakterieller katabolischer Prozesse im Darm,
3. Hemmung entzündlicher Prozesse in der Darmwand,
4. Verbesserung der Resorptionsverhältnisse,
5. Aktivierung des Schilddrüsensystems,
6. Aktivierung des Nebennierenrindensystems,
7. Steigerung der Lipogenese,
8. Hemmung der L-Aminosäureoxidase.

12.3.1. Antibiotica

Antibiotica finden seit mehr als 30 Jahren zur Therapie bzw. Prophylaxe von Tierkrankheiten sowie für nutritive Zwecke Anwendung (Tab. 12.8). Ihr Einsatz kann nachweisbare Rückstände in Fleisch, Organen, Eiern und Milch zur Folge haben, so daß der Verbraucher laufend mit Antibiotica konfrontiert werden kann. Diese Konfrontation, verbunden mit möglichen schädlichen Auswirkungen wie Allergien (Penicilline), Resistenzausbildung oder auch direkten toxischen Auswirkungen (z. B. blut- und leberschädigende Wirkungen von Chloramphenicol, teratogene oder cocancerogene Wirkungen von Griseofulvin) hat zum Einsatzverbot einer Reihe von Antibiotica im nutritiven Einsatzbereich geführt (Penicilline, Tetracycline).

Als generelle Forderungen für den nutritiven Einsatz von Antibiotica gelten:

1. Keine Anwendung von Antibiotica, die in der Humanmedizin eingesetzt werden oder gegenüber den in der Humanmedizin eingesetzten Antibiotica Kreuzresistenz ausbilden können.
2. Anwendung solcher antibiotischer Wirkstoffe, die nicht oder nur schwer resorbiert werden (Tab. 12.9).

Tabelle 12.8. Antibioticagruppen: chemische Struktur und Toxizität des jeweils in der Gruppe erstgenannten Antibioticums

Antibioticagruppe Wirkstoff	chemische Struktur	LD_{50} p.o. (mg/kg)	TDL_0	
Penicilline Benzylpenicillin[1,2] (Penicillin G) Penicillin V[1,2]		6916 (Ratte)		
Tetracycline		TC 807(Ratte, Maus)	600 (Frau)	systemisch Leber, Niere
			240 (Frau)	teratogen
Tetracyclin (TC)[1] Chlortetracyclin (CTC)[1,2] Oxytetracyclin (OTC)[1,2]		CTC 2500 (Maus) OTC 2240 (Maus)	114 (Mann)	Sensibilisierung, Haemorrhagien
			420 (Frau)	teratogen 24.—28. Woche
Macrolidantibiotica Oleandomycin[1,3] Erythromycin[1,2] Leucomycin[1] Spiramycin[1,3] Tylosin[1,3]		6700 (Ratte)		

Die chemischen Strukturformeln sind jeweils in der Spalte „chemische Struktur" abgebildet.

Für die Tetracycline gilt:

	R_1	R_2
TC	H	H
CTC	Cl	H
OTC	H	OH

Polypeptidantibiotica
Bacitracin[1,3]
Polymyxin B[1]
Tyrothricin[1]

25 (Maus)

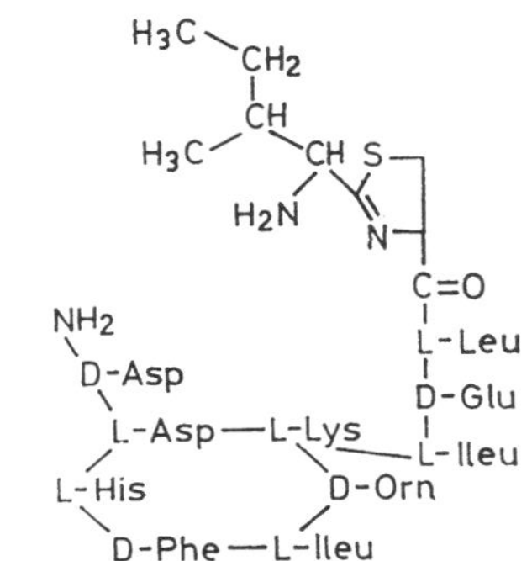

Oligosaccharidantibiotica
Streptomycin[1]

Neomycin[1]

9000 (Maus, Ratte)

680 (Frau)   teratogen

112 (Ratte)   teratogen

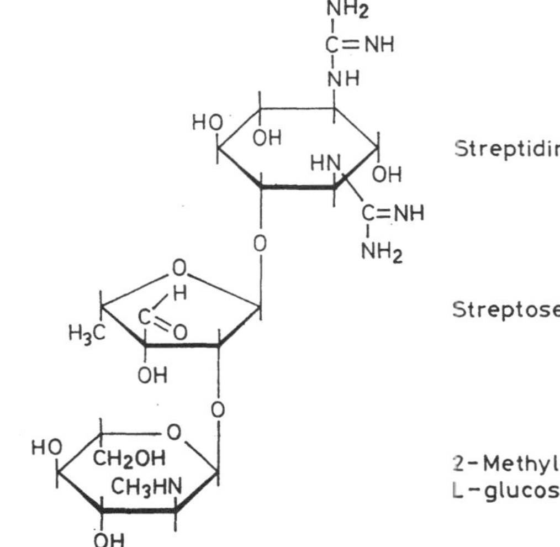

Tabelle 12.8. Fortsetzung

Antibioticagruppe Wirkstoff	chemische Struktur	LD_{50} p.o. (mg/kg)	TDL_0		
Polyetherantibiotica Salinomycin[3]		57,4 (Maus)	36	(Maus)	embryotoxisch, teratogen
Monensin[3]		50,3 (Ratte)	1,6	(Kaninchen)	embryotoxisch, teratogen
Lasolicid[3]		21,0 (Kaninchen)	5	(Ratte)	3-Generationstest
P-haltige Glycolipid-antibiotica Moenomycin[3] (Flavomycin)	Bausteine: D-Glucose, D-Glucosamin, D-Chinovosamin, PO_4-Ester-Gruppe	14400 Ratte) 11700 (Maus)			
Streptothricine Nourseothricin[3]	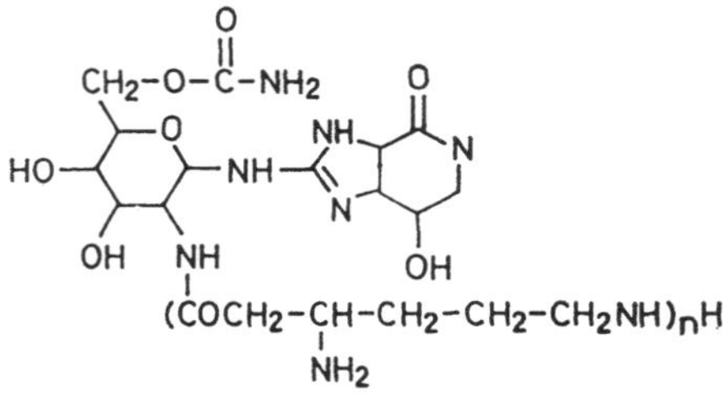	1150 (Maus) 595…706 (Ratte)			
sonstige Antibiotica Chloramphenicol[1]		3400 (Ratte) 2640 (Maus)	1700 440 3822	(Frau) (Kind) (Ratte)	cancerogen ZNS teratogen

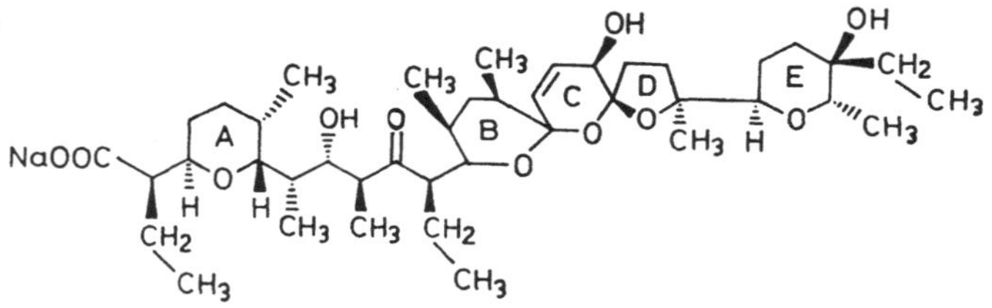

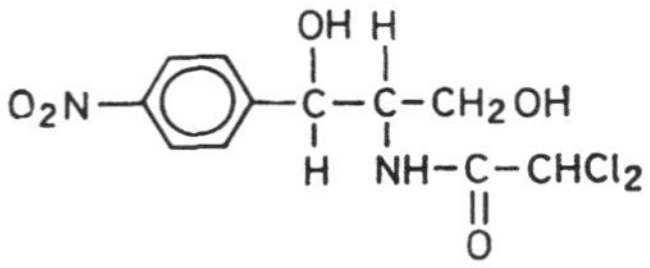

[1] Anwendung nur in der Veterinärmedizin   [2] Als Fütterungsantibiotica nicht mehr zugelassen.   [3] Als Fütterungsantibiotica zugelassen.

Tabelle 12.9. Resorptionsverhalten ausgewählter
Antibiotica nach oraler Verabreichung

Antibioticum	Resorption (%)
Penicillin G	10...25
Oleandomycin	40
Tetracycline	30...70
Streptomycine	0...5
Bacitracin	0
Moenomycin	0
Nourseothricin	0

3. Reduzierung der verabreichten Antibiotica-Dosis auf das unbedingt notwendige
   Maß.
4. Festlegung von Wartezeiten, nach denen in Lebensmitteln keine mit entsprechend
   empfindlichen Methoden nachweisbaren Rückstände auftreten.

Die Kontrolle auf Antibiotica-Rückstände erfolgt über den Hemmtest mit entsprechend empfindlichen Stämmen von *Bacillus subtilis*. Für Chloramphenicol-Rückstände ist der biologische
Nachweis zu unempfindlich, hier sind chemische Methoden (GC, HPLC) anzuwenden.

12.3.2. Chemobiotica

Der Einsatz nicht antibiotisch wirkender Substanzen und von Stoffen ohne Hormonwirkung als mastfördernde Mittel erfolgte beginnend mit Nitrovin Anfang der 70er
Jahre. Neben diesem Stoff haben vor allem Chinoxalinderivate breite Bedeutung gefunden (Tab. 12.10), deren mutagene Aktivität (Chinoxalin ist nicht mutagen; Chindoxin
ist mutagener als Chinoxalin-N-oxid) an das Vorhandensein der N-Oxidgruppen gebunden ist[1]. An die N-Oxid-Struktur ist auch die mastfördernde Wirkung der Chinoxalinderivate gebunden.

Die Di-N-oxide werden durch die Chinoxalin-di-N-oxid-Reduktase der Bakterienflora des
Darmkanals in Chinoxalin-N-oxid überführt, ein dabei wahrscheinlich entstehendes aktives Intermediärprodukt wird für die bactericide Wirksamkeit verantwortlich gemacht.

Der Einsatz mastfördernder Mittel ist im Rahmen der Futtermittelgesetzgebung im
allgemeinen auf bestimmte Jungtieraufzucht- und Mastabschnitte beschränkt. Durch
die damit bedingte Festlegung von Wartefristen stellt die sachgemäße Anwendung
dieser Verbindungen kein lebensmittelhygienisches Risiko dar.

12.3.3. Thyreostatica

Verbindungen mit thyreostatischer Wirkung hemmen die Synthese von Hormonen der
Schilddrüse. Sie können dabei eine Verminderung der Iodidoxydation zu Iod, des Einbaus von Iod in Tyrosin oder der Bildung von Thyronin aus zwei Molekülen jodiertem
Tyrosin verursachen. Folge davon ist eine Herabsetzung des Grundumsatzes. Dabei
kommt es trotz gleichbleibender oder verminderter Futteraufnahme zu einer Vermehrung der Körpermasse des Tieres, wobei die Mastleistungssteigerungen im Gegen-

---

[1] BENTIN, L., E. PRELLER und B. KOWALSKI: Mutagenicity of Quindoxin, its Metabolites, and
two Substituted Quinoxalin-di-N-oxides. Antimicrob. Agents Chemother. **20**, 336 (1981).

Tabelle 12.10. Chemobiotica mit ergotropen Eigenschaften

Wirkstoff	Struktur	LD_{50} p.o. (mg/kg)	toxische Effekte
Nitrovin 1,5-Bis-(5-nitro-2-furyl)-guanylhydrazono-1,4-pentadien-hydrochlorid		> 6400 (Maus) > 12800 (Küken)	im Bakterientest schwache mutagene Wirkung
Olaquindox 2[N-(2-hydroxyethyl)-carbamoyl]-3-methyl-chinoxalin-N^1,N^4-dioxid		3300 (Maus) 1700 (Ratte) ca. 1000 (Katze)	mutagene Wirkung; Beeinflussung der Fortpflanzungsleistung (Ratte > 25 mg/kg KM/d); teratogene Effekte (Ratte, 180 mg/kg KM/d); NOEL 20 mg/kg KM (Ratte)[1]
Carbadox Methyl-3-[2-chinoxalinyl-methylen]-carbazat-N^1,N^4-dioxid			mutagene Wirkung; maligne Hepatome (50 ppm 25%, 100 ppm 70% und 300 ppm 100% der Tiere)[2]
Cyadox 2-[N-(Cyanethyl)-carbamoyl]-3-methylchinoxalin-N^1,N^4-dioxid			embryotoxische und schwache mutagene Wirkung

	R_1	R_2	R_3	R_4
Olaquindox	O	O	$-CH_3$	$-CO-NH-CH_2-CH_2-OH$
Carbadox	O	O	$-CH_3$	$-CH=N-NH-CO-OCH_3$
Cyadox	O	O	H	$-CH=N-NH-CO-CH_2-CN$
Chinoxalin	–	–	H	H
Chinoxalin–N–oxid	O	–	H	H
Chindoxin	O	O	H	H

Ambazon[3] Benzo-chinoguanyl- hydrazono- thiosemicarbazon		4950 (Ratte) > 750 (Maus)
Pseudothymin[3] 6-Methyluracil		8560 (Ratte)

[1] SCHLATTER, CH.: Zur toxikologischen Beurteilung von BAYO-N-OX®. BAYO-N-OX-Symposium, Düsseldorf, 25. 2. 1977

[2] SYKORA, J. und V. VORTEL: Cancerogene Orientierungsstudie von Cyadox und Carbadox an Ratten. Biol. Chem. Vet. (Praha) 20, 21 (1984)

[3] Ergampur®: Gemisch aus Ambazon und Pseudothymin

satz zu den anabolwirkenden Steroiden vorwiegend auf erhöhte Wassereinlagerung in der Muskulatur zurückzuführen ist. Für die Tiermast als geeignet haben sich Thiouracile und Mercaptoimidazole erwiesen, wobei vor allem das Methylthiouracil (2-Mercapto-4-hydroxy-6-methylpyrimidin) Bedeutung erlangte.

Methylthiouracil

Durch die Verminderung der Hormonproduktion kommt es zu einer Steigerung der TSH-Sekretion mit der Möglichkeit der Schilddrüsenvergrößerung. Die strumigene Wirkung kann bei einem latenten Iodmangel verstärkt werden.

Die Anwendung von Thyreostatica in der Tiermast ist im Interesse des Verbraucherschutzes in den meisten Ländern verboten.

Eine vergleichbare Wirkung wie die synthetischen Thyreostatica zeigen auch einige natürlich vorkommende Verbindungen, z. B. die Thio- und Isothiocyanate oder Rhodanidionen (vgl. Abschn. 8.5.).

12.4. Substanzen mit Hormonwirkung

Mit dem Einsatz von Hormonpräparaten in der tierischen Produktion sollen die Hauptziele

— der Reproduktionssteuerung mit dem Ziel einheitlicher Geburtstermine und
— einer Stimulation der Mast (anabole Wirkung)

erreicht werden.

Im Rahmen der Reproduktionssteuerung kommen vorwiegend synthetische Brunftsynchronisatoren (Gestagene) und Ovulationsinduktoren (Gonadotropine, Prostaglandine) zur Anwendung.

Gestagene entfalten ihre Wirkung — wie auch die Mast fördernde Östrogene — bei oraler Verabreichung, während Gonadotropine und Prostaglandine nur parenteral wirksam sind. Gestagene sind synthetische steroide Verbindungen, die sich vom Progesteron (Chlormadinonacetat, Megasterolacetat, Melangesterolacetat) bzw. Testosteron (Norgestrol, Norethisteronacetat) ableiten lassen.

In der Milch sind bei oraler Verabreichung von Brunftsynchronisatoren an Rinder keine Rückstände nachweisbar.

Bei Schweinen findet zur Brunftsynchronisation auch das nichtsteroide Metalibur Anwendung. Es bewirkt eine reversible Blockierung der Gonadotrophinausschüttung und ist auch beim Menschen wirksam.

Gonadotropine sind hormonwirksame Proteine bzw. Glycoproteide des Hypophysenvorderlappens, die für die Follikelreifung (*Follikel-stimulierendes Hormon* — FSH) sowie für die Ovulationsauslösung und Gelbkörperbildung (*Luteinisierendes Hormon* — LH) verantwortlich sind.

Prostaglandine sind natürlich vorkommende Hydroxy- und Ketocarbonsäuren mit luteolytischer Aktivität. Im Diöstrus bewirken sie eine vorzeitige Brunstauslösung und können bei Trächtigkeit zu deren Abbruch führen. Neben der Beeinflussung der glatten Muskulatur, des Herz-Kreislauf-Systems, der Wirkung auf die Niere und das Nervensystem sind sie an Entzündungsprozessen, beim Sehvorgang, an der Thrombozytenaggregation und der Schmerzauslösung beteiligt. Ferner wirken sie blutdrucksenkend und beeinflussen die Exkretion verschiedener Drüsen. Synthetische Analoge der Prostaglandine (Cloprostenol, Fluprostenol, Sulproston) werden zur Brunstsynchronisation eingesetzt. Die Ausscheidung erfolgt rasch über Harn und Faeces, die Ausscheidung über Milch ist von untergeordneter Bedeutung.

Die maststimulierenden natürlichen Östrogene sind chemisch auf das Grundskelett des Östrons zurückzuführen. Für die östrogene Wirkung mit verantwortlich ist eine Keto- oder Hydroxylgruppierung in 3- und in 17-Stellung (Östradiol). Strukturelle Ähnlichkeiten bestehen zwischen dem Östradiol und einigen pflanzlichen (Isoflavanole, vgl. Abschn. 8.8.) bzw. synthetischen östrogenwirksamen Verbindungen (Stilbene; Diethylstilböstrol). Ein bedeutsames synthetisches Östrogen ist das Trenbolonacetat (TBA).

Chlormadinoacetat

Norethisteronacetat

Metalibur

Trenbolonacetat

Diethylstilböstrol (DES)

Die rückstandstoxikologische Beurteilung östrogenwirksamer Substanzen muß von folgenden Gesichtspunkten ausgehen:

— Für körpereigene steroide Verbindungen, wie z. B. das 17β-Östradiol und entsprechende Verbindungen sowie Peptide und Proteohormone (*Pregnant Mare Serum Gonadotropin* — PMSG; hypophysäre Gonadotropine), bestehen im Organismus physiologische Abbauwege zu inaktiven Stoffen innerhalb kurzer Zeiten; außerdem sind sie oral nicht wirksam.

— Körperfremde steroidwirksame Verbindungen, z. B. Stilbene, weisen eine starke orale Wirksamkeit und lange Verweildauer infolge eines enterohepatischen Kreislaufes (Recycling-Phaenomen, vgl. Abb. 4.13, S. 58) auf und stellen somit eine beträchtliche Gefährdung für den Verbraucher dar.

Mögliche Schadwirkungen bestehen in der Störung von Stoffwechselfunktionen (Cyclusanomalien, Fertilitätsstörungen bei der Frau, Feminisierungserscheinungen beim Mann). Mutagene, cancerogene und teratogene Effekte sind nicht auszuschließen (DES: TDLo Frau 35 mg/kg, cancerogen; Metalibur: TDLo Schwein 20 mg/kg, teratogen; Testosteron: TDLo Frau 35 mg/kg, teratogen). Der Einsatz von östrogen wirksamen Verbindungen für Mastzwecke ist in zahlreichen Ländern auf Grund dieser Bedenken nicht zugelassen.

13. Umweltchemikalien

13.1. Einführung

Der Begriff „Umweltchemikalien" gehört zu den in den vergangenen etwa 20 Jahren
entstandenen Substantiven mit dem Vorwort „Umwelt", deren Definitionen sich mit
wachsenden Erkenntnissen (auch über mangelnde Kenntnisse) im Verlaufe ihrer Anwendung veränderten. Der ursprüngliche Inhalt des Wortes „Umweltchemikalien"
tendierte in mehrere Richtungen. Man zählte zu dieser Gruppe Substanzen (definierte
Verbindungen, Addukte aus wechselnden Ausgangsstoffen, monomereinheitliche und
-uneinheitliche Polymere, Gemische), die beabsichtigt oder ungewollt in die Ökosphäre
eingetragen werden, im Gegensatz zu den Stoffen, die Bestandteile geschlossener Kreis-
läufe in Techno- oder Soziosphäre sind. Heute weiß man, daß prinzipiell jede Substanz,
auch wenn sie nur im Milligramm-Maßstab synthetisiert und verschlossen aufbewahrt
wird, Bestandteil lokaler, regionaler oder globaler biogeochemischer Zyklen werden
kann — werden doch nahezu alle neuen Verbindungen von der Grundlagen- und angewandten Forschung auf ihre biologischen Aktivitäten oder andere technologische Verwendungsmöglichkeiten im Laboratorium oder Freiland überprüft. Weiterhin werden
als Umweltchemikalien gern Stoffe bezeichnet, die augenfällige, zumeist toxische Wirkungen in der Ökosphäre ausüben. Auch diese Tendenz ist überholt; es ist bekannt,
daß jede Substanz stoffliche Veränderungen (z. T. beabsichtigte) verursacht, als deren
Ergebnis unmittelbare, Langzeit-, Spät-, sekundäre oder weitere Folgewirkungen vom
nutritiven bis zum toxischen Bereich entstehen. Das trifft sowohl für Substanzen zu, die
global im Millionen-Jahrestonnen-Maßstab produziert werden (und die mit vergleichsweise geringer biologischer Aktivität ausgestattet sind), wie z. B. Baustoffe, Plaste,
Elaste, als auch für Verbindungen mit höchster toxischer Aktivität, wie etwa das
2,3,7,8-Tetrachlor-dibenzo-p-dioxin, das zumeist nur in g-Mengen in die Ökosphäre
gelangt. Letztlich wurden in den Begriff der Umweltchemikalien ursprünglich nahezu
ausschließlich anthropogene Artefakte subsummiert.

Dieser Aspekt hat in den letzten Jahren besonders einschneidende Veränderungen erfahren,
die in den folgenden Erkenntnissen begründet sind:

— Eine Reihe besonders umweltwirksamer Verbindungen, wie z. B. das SO_2, verfügen sowohl
   über anthropogene wie auch natürliche Quellen.

— Einige Naturverbindungen, z. B. toxische Pflanzeninhaltsstoffe, erhalten durch den Eintrag
   anthropogener Substanzen neue toxische Eigenschaften. So wurden z. B. durch verschiedene
   Giftpflanzen, wie den Fleckenschierling (Conium maculatum L.) und die Herbstzeitlose (Col-
   chicum autumnale L.) vor 1940 nur selten Tiervergiftungen verursacht, da diese Pflanzen nicht
   als Nahrung anerkannt und aufgenommen wurden. Durch den Einsatz herbizider Chlorphen-
   oxyalkansäuren werden in diesen Pflanzen Inhaltsstoffe gebildet, die ihre Attraktivität als
   Futter steigern, was zur Aufnahme und zu Intoxikationen führt.

— Eine heute noch kaum übersehbare Zahl ökotoxisch wirksamer Verbindungen, die noch bis
   vor wenigen Jahren eindeutig als anthropogene Artefakte kategorisiert wurden, entstehen in

allen Bereichen der Biosphäre durch Biotransformationen oder spontan und unkontrolliert (und gegenwärtig wohl auch unkontrollierbar) in der Technosphäre. Die bekanntesten Beispiele für solche Bioproduktionen sind die Bildung von Hexachlorbenzen (HCB) im Verlaufe des Metabolismus von γ-Hexachlorcyclohexan und die Entstehung von Methylquecksilber durch Methylierung in Hydro- und Pedosphäre. Durch pyrolytische Prozesse (z. B. in Müllverbrennungsanlagen) werden u. a. aus PVC-Plasten HCB und aus chlorierten Phenolen und deren Syntheseprodukten gleichfalls HCB sowie polychlorierte Dioxine, Naphthaline und Benzofurane gebildet.

— Durch Reaktionen von gezielt oder unbeabsichtigt in die Ökosphäre eingebrachten Stoffen mit ursprünglich nicht toxischen, natürlich vorkommenden Substanzen (z. B. die Reaktion von Chlor mit Humin- und Fulvosäuren bei der Wasserchlorung) können neue Stoffe mit erheblichen Toxizitätswerten spontan synthetisiert werden.

— In der Ökosphäre natürlich vorkommende Stoffe, die zuvor nie durch ökotoxische Wirkungen in Erscheinung getreten sind, werden durch anthropogene Veränderungen des Milieus (z. B. pH-Wert-Herabsetzung durch sauren Regen) in einen biologisch verfügbaren Zustand überführt und somit in die Lage versetzt, ökotoxische Effekte auszulösen. Das bekannteste Beispiel hierfür ist die Mobilisierung unlöslicher Al-Oxide, die einen Beitrag zum Waldsterben liefern.

Es wird deutlich, daß der Begriff „Umweltchemikalien" mit zunehmendem Stand unseres Wissens eine stetige Ausdehnung seines Inhalts und pragmatische Deutungen erfährt.

Das breite Spektrum der Wirkungen und des Verhaltens der in die Ökosphäre eingetragenen Substanzen wird außer durch ihre biologischen, chemischen und physikalischen Eigenschaften wesentlich auch durch die Eintragsformen und diese wiederum durch die Eintragsquellen mitbestimmt; eine Tatsache, die vor allem von der Grundlagenforschung nicht selten unerkannt bleibt. Für lokale, regionale und nicht selten auch globale Stoffkonzentrationen ist es wesentlich, ob der Eintrag punktförmig konzentriert, strich- oder flächenförmig erfolgt. Auch ist es sehr viel leichter, einen nach Art, Menge, Ort und Zeitpunkt gezielten Eintrag, wie z. B. bei rezeptpflichtigen Pharmaca, Lebensmitteladditiven und Pflanzenschutzmitteln (PSM), vor allem dort, wo die Anwendung dieser Stoffgruppen gesetzlich geregelt ist, zu kontrollieren. Bei einigen besonders interessanten (hauptsächlich persistenten) Verbindungen aus der PSM-Palette erfolgt diese Kontrolle auch außerhalb des Anwendungsbereiches, z. T. weltweit, wie dies die zahlreichen Publikationen über chlorierte Kohlenwasserstoffe in Organen und Geweben von Bewohnern der Antarktis und tropischer Regionen in Afrika, Südamerika, Australien und Ozeanien belegen. Haben diese Verbindungen ein klar abgrenzbares Wirkmuster (z. B. die insekticiden Eigenschaften von DDT), so kann man mit Hilfe von Monitoring-Programmen (z. B. durch die Verfolgung des DDT-Spiegels in Humanlipiden) den Stand der Anwendung dieser Stoffe kontrollieren. Bei Verbindungen mit mehreren Anwendungs- und Eintragsmustern sind Rückschlüsse auf den Einsatz in einem speziellen Anwendungsbereich aus derartigen Monitoring-Analysen prinzipiell falsch. Dies wird häufig z. B. am HCB demonstriert, von dem nahezu ausschließlich bekannt ist, daß es als fungicides Saatgutbeizmittel angewendet wird. Der HCB-Spiegel in Humanlipiden wird daher ebenso konsequent wie unzutreffend der Anwendung dieses Wirkstoffes als Pesticid zugeschrieben.

Das HCB (Abb. 13.1) ist zwar das augenfälligste, aber keinesfalls das einzige Beispiel für diffuse Eintragsmuster pesticider Wirkstoffe. Neben der Verwendung dieser Aktivsubstanzen zur Bekämpfung zahlreicher Schaderreger außerhalb der Pflanzenproduktion (z. B. im Materialschutz) finden sie auch zahlreiche Anwendungen rein technischer Natur, wie etwa als Vulkanisationshilfsmittel, Weichmacher, Pyrotechnika, Flammschutzmittel, gelangen als Abprodukte oder Verunreinigung anderer Stoffe in alle Bereiche der Ökosphäre und werden schließlich mißbräuchlich zu Suicid, in verbrecherischer Absicht oder zur Kriegsführung benutzt (Abb. 13.2).

Es ist hier noch ein Aspekt zu erwähnen, der heute angesichts der schädigenden Nebenwirkungen von Chemieprodukten nicht selten in Vergessenheit gerät. Die Synthesen von Chemieprodukten mit herausragenden biologischen und technischen Eigenschaften galten allgemein bis etwa Mitte des 20. Jahrhunderts als Pionierleistungen von Forschung und Technik. Mögliche Effekte außerhalb des Anwendungsbereiches interessierten allenfalls Arbeitsmediziner, Toxikologen und forensische Chemiker, kaum Ökologen. Waren doch die angestrebten Wirkungen dieser im allgemeinen Gebrauch befindlichen Arznei-, Konservierungs-, Pflanzenschutz-, Dünge-, Wasch- oder Textilhilfsmittel, der Plaste, Elaste, Kunstfasern, Farb-, Bau- und Bauhilfsstoffe usw. auf humanitäre Ziele ausgerichtet; sie sollten den Menschen ein leichteres Leben mit mehr Gesundheit und weniger

1. *Anwendung der Verbindung als*

- Ausgangsstoff zur Herstellung des Holzschutzmittels Pentachlorphenol und des Weichmachers Pentachlorthiophenol
- Weichmacher und flammhemmender Zusatz zu Plasten, Elasten, Schmiermitteln u. a.
- Bestandteil pyrotechnischer Erzeugnisse wie Leucht- und Nebelkerzen
- fungicides Saatgutbeizmittel[1]
- Grundchemikalie in Forschung und Technik, z. B. zur Porositätskontrolle von Graphitanoden, als Flußmittel bei der Aluminiumproduktion

2. *Anfall als Abprodukt bei der*

- Herstellung von Tetrachlorethen (Perchlorethen), Trichlorethen und Tetrachlormethan durch Chlorierung aliphatischer Kohlenwasserstoffe
- Produktion von Chlorethen (Vinylchlorid) durch Pyrolyse von Dichlorethen
- Chloralkalielektrolyse im Diaphragma-Verfahren
- Magnesiumherstellung aus Magnesiumoxid

3. *Durch Verunreinigung anderer Chemieprodukte, wie z. B.*

- der Pflanzenschutzmittel Quintocen, Dacthal, Triazinen, Hexachlorcyclopentadien
- Pentachlorphenol enthaltender Holzschutzmittel

4. *Durch abiotische und biotische Bildung in der Bio- und Technosphäre*

- bei der Pyrolyse von Pentachlorphenol, Polychlorierten Biphenylen, PVC, dem Insekticid Mirex u. a.
- als Metabolit des Insekticids Lindan

[1] einziger gezielter und kontrollierter Eintrag

Abb. 13.1. Eintragsquellen für Hexachlorbenzen in die Ökosphäre

Hunger bringen und haben einen entscheidenden Beitrag zur Verlängerung des menschlichen Lebens geleistet.

Die wichtigsten sozialen und ökonomischen Funktionen von Erzeugnissen chemischer und verwandter Industrien in der Volkswirtschaft und Infrastruktur eines Landes liegen in der Befriedigung echter, gelegentlich aber auch künstlich hervorgerufener bzw. stimulierter Bedürfnisse einer stetig wachsenden Anzahl von Menschen und in der Notwendigkeit, immer mehr Naturstoffe durch Syntheseprodukte zu ersetzen.

Ein wesentliches Kriterium für Verhalten und Wirkungen chemischer Verbindungen in der Ökosphäre ist ihre Fähigkeit zur langfristigen Anreicherung in biologischen Strukturen. Am deutlichsten ausgeprägt ist dies bei allen lipophilen Stoffen. Hauptsächlich chlororganische aromatische und aromatische Ein- und Mehrkernverbindungen reichern sich in den Lipidanteilen von Ökosystemen an. Diese Erscheinung wird ganz allgemein — ohne Beachtung der Mechanismen — als ökologische Anreicherung (auch: ökologische Magnifikation) bezeichnet. Man kann dabei Organismen unterschiedlicher Stufen innerhalb einer Nahrungskette, trophischer Ebenen, betrachten (Abb. 13.3).

Sind Stoffe in Wasser sehr wenig löslich, haben sie entsprechend dem LE CHATELIERschen Prinzip das Bestreben, in ein Substrat überzugehen, das ihren physikalischen Eigenschaften besser entspricht. Dies ist in diesem Falle zunächst das Phytoplankton und Zooplankton, das z. T. über erhebliche Anteile an Lipiden (bis zu 30% der Trockensubstanz) verfügt. Die nächsten Glieder in dieser aquatischen Nahrungskette sind herbivore (pflanzenfressende) Fische. Diese wiederum dienen den carnivoren Fischen als Nahrung (dritte Anreicherungsstufe), und die letzten werden von Meeressäugern, Greifvögeln oder schließlich von Menschen aufgenommen, die dann Endglieder dieser Nahrungskette sind. Bei der Bioakkumulation (Biomagnifikation) können vom Wasser bis zum Greifvogel Anreicherungsfaktoren bis zu 100000 festgestellt werden.

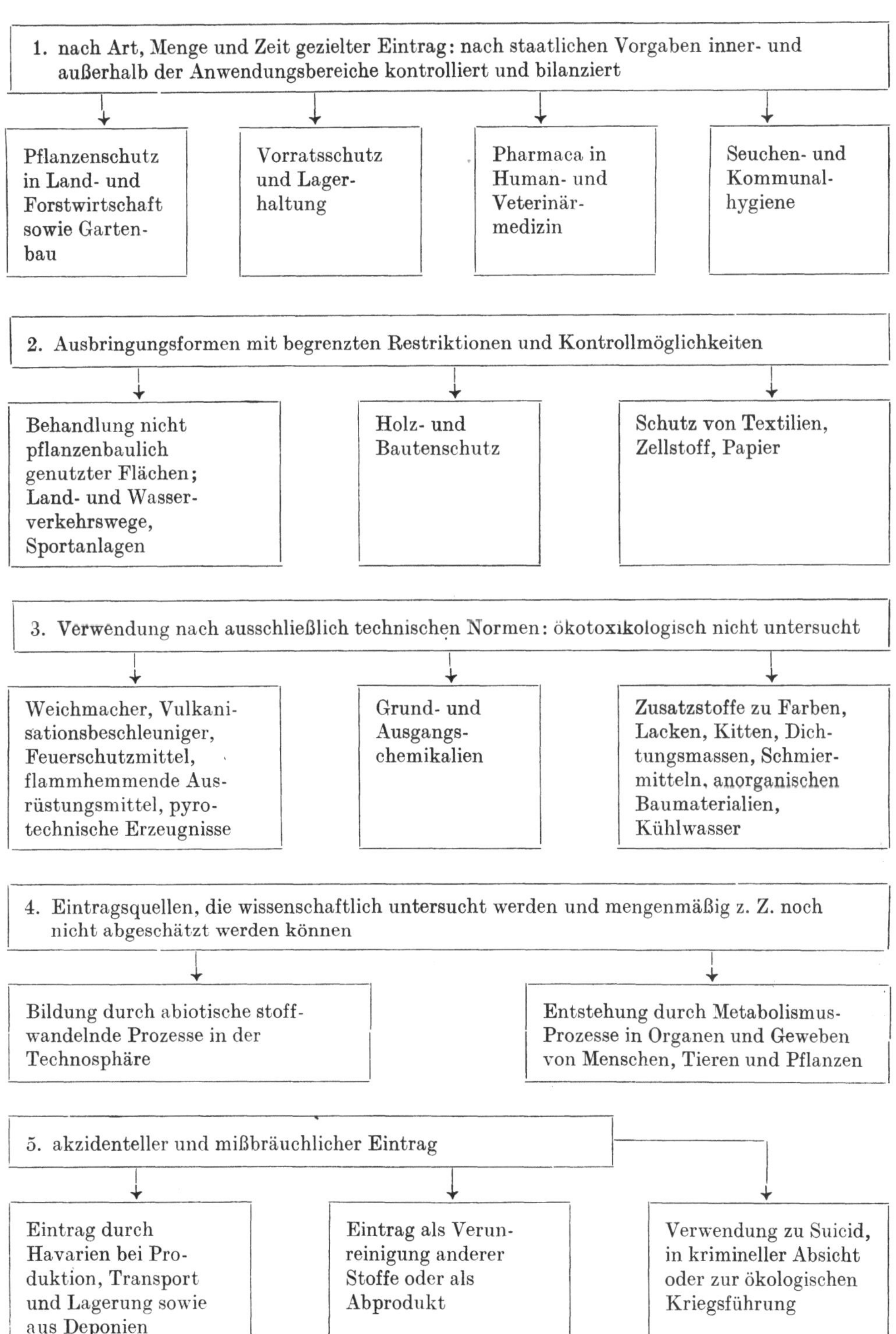

Abb. 13.2. Eintragquellen pesticider Wirkstoffe in die Ökosphäre

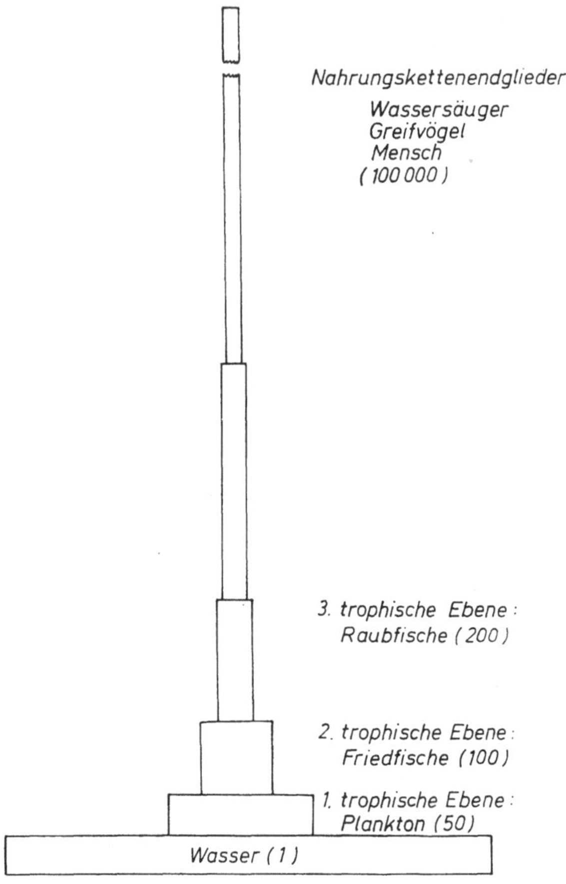

Abb. 13.3. Schematische Darstellung einer Bioakkumulation innerhalb aquatischer Nahrungsketten (in Klammern dimensionslose Konzentrationsangaben für eine in Wasser sehr wenig lösliche Verbindung, wie z. B. Hexachlorbenzen)

Tabelle 13.1. Für Verhalten und Wirkungen in der Ökosphäre maßgebliche physikalische Eigenschaften bzw. empirische oder errechnete Kennziffern von 2,3,7,8-Tetra-CDD im Vergleich zu anderen umweltwirksamen Verbindungen (nach Kenaga)

Verbindung	Wasserlöslichkeit (mg/kg)	K_{OW}	K_{OC}	BCF Rind Fett/Futter	BCF Fisch/ Wasser
TCDD	0,0002	1400000	468000	3,5	35500
DDT	0,0017	960000	23000	0,9	84000
Lindan	0,15	65000	911	0,5	560
2,4,5-T	238	4	53	0,001	25

OW	Verteilungskoeffizient n-Octanol/Wasser
OC	Organische Kohlenstoff-Adsorptionsrate
CF Rind	Bioakkumulationsfaktoren, Relation Pansenfett/Futter (Durchschnittswerte)
BCF Fisch/Wasser	Bioakkumulationsfaktoren, Relation Fischgewebe/Wasser

Als Modell für die Voraussage des Bioakkumulationsverhaltens wird allgemein das Konzentrationsverhältnis eines Stoffes im Zweiphasensystem n-Octanol:Wasser (Biokonzentrationsfaktor, BCF) herangezogen. Diese Betrachtungen gelten jedoch nicht nur für aquatische Nahrungsketten, wo sie allerdings besonders gut studiert sind, sondern auch für terrestrische Anreicherungen innerhalb trophischer Ebenen (Tab. 13.1).

13.2. Eintrag ökotoxisch wirksamer Substanzen in die Umwelt

Die unmittelbare Abgabe chemischer Stoffe in Atmo-, Hydro-, Litho- und Pedosphäre kann sowohl anthropogenen Ursprungs sein — also aus der Techno- und Soziosphäre stammen — wie auch natürliche Quellen (Mineralien, Mikroorganismen, Pflanzen, Tiere, Menschen) haben. Global bestehen bei vielen Substanzen hinsichtlich der emittierten Mengen erstaunlich geringe Unterschiede zwischen den beiden Quellentypen; auch wird der natürliche Eintrag, der schwerer erfaßbar ist, nicht selten unterschätzt. Die wesentlichsten Unterschiede beruhen hauptsächlich auf der Eintragsform. Anthropogene Emittenten geben die wesentlichen Mengen ihrer Stoffe zunächst vorwiegend punktförmig oder auf relativ kleine Flächen konzentriert ab. Die bedeutendsten Ausnahmen bilden Kraftfahrzeuge und viele Produkte des täglichen Lebens wie Haushaltchemikalien, Farben usw. Demgegenüber sind die meisten natürlichen Quellen diffus und verursachen daher, auch wenn die global auf diese Weise produzierten oder freigesetzten Mengen vergleichsweise sehr groß sind (siehe Methan, Methyljodid, Terpenkohlenwasserstoffe, Abgabe von Metallen aus der Lithosphäre durch Verwitterung), global nur relativ geringe Konzentrationserhöhungen in den Eintragsmedien. Die Ausnahmen bilden hierbei tektonische Prozesse, die gleichfalls sehr große Mengen verschiedener ökotoxisch bedeutsamer Stoffe nahezu punktförmig an die Ökosphäre abgeben (Abb. 13.4).

Wenn allgemein der anthropogenen Produktion die größere Aufmerksamkeit gewidmet wird, so hat dies — neben der bereits erwähnten, zumeist massierten Form des Eintrages — vor allem einen besonderen Grund:

Die Palette der aus biotischen und abiotischen Quellen produzierten Stoffe verändert sich allenfalls in geologischen Zeiträumen sichtbar, und die an die Ökosphäre abgegebenen Mengen natürlicher Stoffe sind gegenwärtig noch relativ geringen (durchweg anthropogen bedingten) Veränderungen unterworfen. Demgegenüber weiten sich sowohl das Sortiment wie auch die produzierten Mengen der Chemieprodukte in allen Zweigen der Volkswirtschaft, der Forschung, der Infrastruktur und des täglichen Lebens mit stetig steigenden Zuwachsraten aus. Nach HODGESON und GUTHRIE (1980) befanden sich Ende der 70er Jahre global etwa 60000 kommerzielle oder im allgemeinen Gebrauch befindliche Verbindungen bzw. Fertigpräparate im Umlauf und diese Zahl nimmt jährlich um etwa 1000 neue Substanzen zu. Sicherlich ist hier die Dunkelziffer groß und veraltete Verbindungen verschwinden vom Markt; trotzdem kann man sehr wohl von einer zunehmenden Durchdringung aller Bereiche des menschlichen Lebens mit neuen Chemieprodukten sprechen.

Die Zusammenstellung wesentlicher Kategorien von Chemieprodukten wäre unvollständig, wollte man nicht erwähnen, daß bei vielen chemischen Syntheseprozessen auch heute noch mehr oder weniger große Mengen von Abprodukten (Tab. 13.2) anfallen, obgleich man dies — nicht zuletzt aus Gründen der Ökonomie — zu minimieren versucht. Diese Aschen, Teere, Pasten, Schlämme, Laugen, Säuren, Schäume, Aerosole und Gase — um die wichtigsten Typen zu nennen — verfügen häufig über keine definierte chemische Konstitution und sind daher nur nach chemischen Strukturmerkmalen und physikalischen Eigenschaften definiert; sie besitzen aber z. T. hohe Toxizitätswerte. Gerade diese Abprodukte versucht man durch Verbringung in Sonderdeponien von regionalen und globalen biogeochemischen Zyklen weitgehend fernzuhalten. Daß dies keineswegs immer gelingt, ist durch Havarien bekannt geworden.

Quelle	anthropogen				natürlich, anthropogen beeinflußt, natürlich und anthropogen	
Eintrag	lokal		strichförmig, großflächig		lokal	großflächig
	gezielt[1]	unbeabsichtigt	beabsichtigt	unbeabsichtigt	Mengenmäßige Unterteilung in ausschließlich natürliche, anthropogen beeinflußte oder gemischt natürlich-anthropogene Bildung bzw. Freisetzung zumeist ungenau oder nicht möglich. Erfassung oder Schätzung ausschließlich durch Hochrechnungen, z. T. nach repräsentativen Analysenergebnissen	
	Zumeist kontrollierbar und z. T. im Bereich des Inputs, in Einzelfällen auch außerhalb, kontrolliert		Eintrag durch Hochrechnungen aus Produktionsdaten und repräsentativen Analysenergebnissen abschätzbar			
Beispiele	• Pharmaca • Lebensmittel-additive • Pflanzen-schutz- und Schädlings-bekämpfungs-mittel • Mittel zur Steuerung biologischer Prozesse	• gasförmige, feste und flüssige Abprodukte industrieller Anlagen • Halogen-kohlenwasser-stoffe bei der Wasserchlo-rung • PCDD und PCDF in Müllverbren-nungsanlagen	• Pflanzen-nährstoffe • Chemiepro-dukte des täglichen Bedarfs • Tausalze • Mißbrauch zu militäri-schen Zwecken	• gasförmige, feste und flüssige Abprodukte stationärer und mobiler Kleinemitten-ten	• geotektonische Prozesse: Freisetzung z. B. von SO_2, Hg • Konzentrationen von Menschen und Großtieren: Bildung und Freisetzung von NH_3 und Aminen; in Gegenwart von NO und Katalysatoren (Methanal) bzw. in saurem Milieu: Bildung von Nitrosaminen	Produktion u. Freisetzung organischer und anorganischer Naturprodukte • durch lebende Organismen (Methan, Terpene, H_2S) • bei der natürlichen Zersetzung, Humifizierung, Inkohlung oder Mineralisierung von Biota (Schwermetalle, Nitrat) • bei der Verwitterung von Mineralien (Schwermetalle) • durch Biotransformation anthropogen und natürlich vorkommender Elemente und Verbindungen (z. B. Metallalkyle)

[1] gezielter Eintrag: nach Art, Menge, Zeit und Einsatzort bekannt u. z. T. verbindlich vorgeschrieben

Abb. 13.4. Ausgewählte Beispiele für anthropogene Fertigung bzw. spontane Bildung chemischer Stoffe in Bio-, Techno- und Soziosphäre

Tabelle 13.2. Jährliche Abfallmengen gefährlicher Stoffe
in einigen ausgewählten west- und nordeuropäischen Industriestaaten

Land	Menge (10^3 t)
BRD	2 000
Dänemark	60
Schweden	520
Norwegen	120
Großbritannien	11 000
Niederlande	240
Frankreich	2 000

13.3. Polyhalogenierte Kohlenwasserstoffe

Unter den polyhalogenierten Kohlenwasserstoffen besitzen die aromatischen Verbindungen besondere Bedeutung. Sie liegen stets als Isomerengemische (Tab. 13.3) vor. Die Isomeren weisen im allgemeinen deutliche Unterschiede in ihren biologischen Wirkungen auf. Daneben sind die Halogenalkane und -alkene beachtenswert.

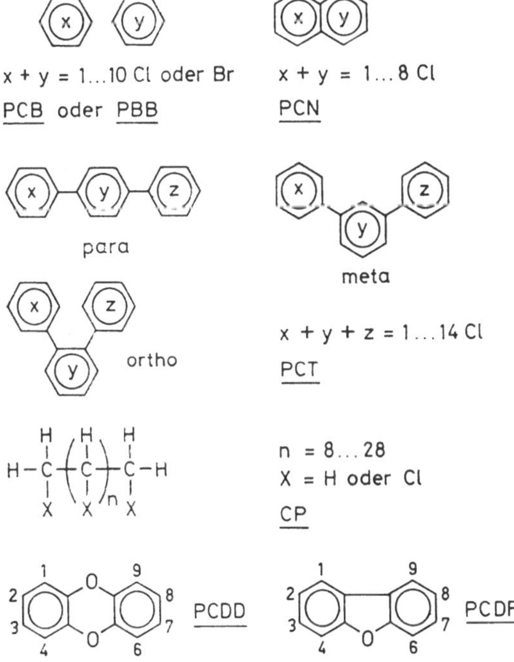

13.3.1. Polychlorierte Biphenyle

Die polychlorierten Biphenyle (PCB), seit 1881 bekannt, wurden ab 1930 durch Chlorierung von Biphenyl in Gegenwart eines Eisenkatalysators industriell hergestellt. Das Rohprodukt wurde dann durch fraktionierte Destillation in Typen aufgetrennt

Tabelle 13.3. Anzahl der möglichen Isomere polychlorierter Biphenyle (PCB), Dibenzofurane (PCDF) und Dibenzo-p-dioxine (PCDD)

Anzahl der Chloratome je Molekül	Anzahl der Isomere		
	PCB	PCDF	PCDD
1	3	4	2
2	12	16	10
3	24	28	14
4	42	38	22
5	46	28	14
6	42	16	10
7	24	4	2
8	12	1	1
9	3	—	—
10	1	—	—
Summe	209	135	75

Tabelle 13.4. Hersteller handelsüblicher polychlorierter Biphenyle

Land	Handelsname	Haupttypen (Chlorgehalt)
USA	Aroclor	1242^1, 1254^1, 1260^1, $1016\ (41\%)^2$
Japan	Kanechlor	KC 300 (43%), KC 400 (48%), KC 500(50%)
BRD	Clophen	A 30 (42%), A 50 (54%), A 60 (60%), C^2
Frankreich	Phenoclor	DP 6 (60%)
Italien	Fenclor	
ČSSR	Delor	106 (58%)
UdSSR	Sovol	

[1] die letzten beiden Ziffern geben den Chlorgehalt in % an
[2] neuere Substitutionsprodukte, die vorwiegend Tri- und Tetrachlorbiphenyle enthalten, Clophen C ersetzt Clophen A 60

(Tab. 13.4). Die wichtigsten Typen haben einen Chlorgehalt von 40...60% und bestehen aus etwa 60 bis 100 Einzelkomponenten. In den unterschiedlich stark chlorierten PCB-Gemischen enthalten die Moleküle 3 bis 7 Chloratome (Abb. 13.5).

Die PCB sind farblose, viskose Flüssigkeiten, unlöslich in Wasser, löslich in organischen Lösungsmitteln, resistent gegen Säuren, Basen, Oxydation und Reduktion, thermisch äußerst stabil und nicht entflammbar. Sie weisen relativ hohe Siedepunkte, sehr geringe Dampfdrücke, sehr hohe Viskositäten, Dielektrizitätskonstanten und spezifische Widerstände (ausgezeichnete Isolationseigenschaften) auf. Sie erwiesen sich als gutes Isoliermaterial, Weichmacher, Imprägnierungs-, Flammschutz-, Dispergier- und Stabilisierungsmittel. Der wachsende Bedarf an PCB in der Industrie führte ab 1950 zu einem Anstieg der Produktion (Tab. 13.5). Diese bis dahin in ihren Auswirkungen auf die Umwelt wenig beachtete Entwicklung erlangte nach der Auffindung von PCB-Rückständen in Seevögeln und Fischen 1966 in Schweden (JENSEN) größte Aufmerksamkeit. Die äußerst persistenten PCB hatten sich im Laufe der Jahre in der Umwelt derart angereichert, daß sie nunmehr analytisch faßbar waren. Überall in der Welt durchgeführte Rückstandsuntersuchungen auf PCB bestätigten, daß die PCB wie DDT inzwischen ubiquitär geworden waren. Als Kontaminationsquellen kamen verbrauchte PCB, die z. B. bei der Müllverbrennung unzersetzt in die Atmosphäre gelangen, PCB-Abfälle der industriellen Verarbeitung, die vielfach in Flüsse abgeleitet wurden, sowie das Entweichen von PCB aus offenen Systemen, wie z. B. aus PCB-haltigen Schutzanstrichen in Frage. Silos gaben noch 20 Jahre nach Anbringen des Anstrichs PCB an Futtermittel ab, die auch in der Kuhmilch nachweisbar waren.

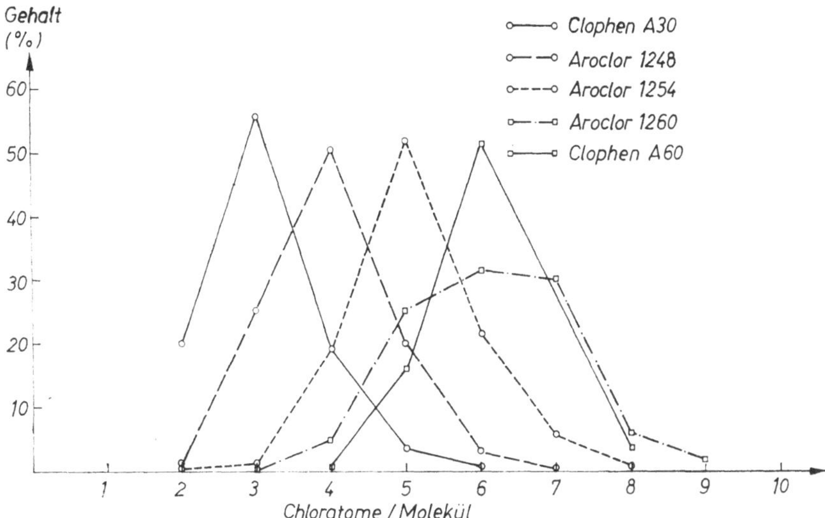

Abb. 13.5. Prozentualer Gehalt der Isomerengruppen in einigen handelsüblichen PCB-Typen (Clophen: SCHULTE, E., und R. MALISCH: Fresenius Z. Anal. Chem. **314**, 545 (1983); Aroclor: ALBRO, P. W., J. T. CORBETT und J. L. SCHROEDER: J. Chromatography **205**, 103 (1981); vgl. Tab. 13.4)

Tabelle 13.5. Entwicklung von Produktion und Verbrauch von PCB in einigen ausgewählten Ländern

Land	Zeitraum	Produktion und Verbrauch	t
	seit 1930	geschätzte Gesamtproduktion in der Welt	2 000 000
	1970	Maximum der jährlichen Weltproduktion	100 000
	1976	Rückgang der Weltproduktion auf	33 000
USA	1930...1977	Gesamtproduktion	600 000
USA	1970	Maximum der jährlichen Produktion	40 000
		Verbrauch: 56% in der Elektroindustrie, 30% als Weichmacher, 12% in Hydraulikflüssigkeiten und Schmierfetten	
USA	1957...1971	Verbrauch in Durchschreibepapier[1]	20 000
USA	1978	Verbrauch in elektrischen Einrichtungen[2]	240
Japan	1962...1971	Verbrauch: 65% in der Elektroindustrie, 11% als Wärmeübertragungsmittel, 18% in Durchschreibepapier	44 800
Japan	1970	Jahresproduktion[3]	12 000
BRD	seit 1950	Verbrauch in Transformatoren[4]	30 000...33 000
BRD	1974	Jahresproduktion	11 000
BRD	1979	Jahresproduktion[5]	7 000
Schweden	bis 1972	Jahresverbrauch, hauptsächlich in der Elektroindustrie sowie in Farben[6]	600

[1] das Papier enthielt 2...6% PCB (Aroclor 1242)
[2] Produktion und Verbrauch 1979 verboten
[3] Produktion und Verbrauch 1972 verboten
[4] 75% der Gesamtproduktion in der BRD wurden in der Elektroindustrie verbraucht
[5] Regelung der Anwendungsgebiete 1978, Anwendung nur noch in geschlossenen Systemen (Transformatoren, Kondensatoren und Hydraulikflüssigkeiten im Bergbau)
[6] Import und Verbrauch 1972 gesetzlich geregelt

Seit 1972 sind daher Produktion und Verbrauch von PCB schrittweise reduziert bzw. gänzlich verboten worden. Da in der Umwelt die Hexa- und Heptachlorbiphenyle besonders persistent sind, wurden nach 1970 in den USA und der BRD als Austausch von Aroclor 1242 bzw. Clophen A 60 die PCB-Typen Aroclor 1016 bzw. Clophen C auf den Markt gebracht.

Es wird angenommen, daß hochchlorierte PCB-Isomere in der Biosphäre eine Halbwertszeit von 10 bis 100 Jahren haben können. Man nimmt an, daß der größte Teil der Weltproduktion sich unkontrollierbar in der Umwelt befindet (Tab. 13.6). Die Beseitigung anfallender PCB-Abfälle ist ohne Zweifel ein großes Problem; schon wenn man bedenkt, daß in den USA noch 20 Mio PCB-kontaminierte Transformatoren im Einsatz sind. Es gibt neuerdings fahrbare Anlagen, die Transformatorenöle durch Zersetzung der PCB mit Natrium dekontaminieren.

Tabelle 13.6. PCB-Kontaminationsquellen der Umwelt

PCB-haltige Anlagen und Produkte:

— elektrische Anlagen: Transformatoren, Kondensatoren, Gleichrichteranlagen, Drosseln für Leuchtstofflampen, Isolierungen von Drähten und Kabelmassen
— Schutzanstriche von Holz, Metall, Zement und Beton (z. B. Futtermittelsilos)
— Altpapier: Farbstoffträger von Durchschreibepapier und Illustrierten, Photokopierpapiere
— Hydraulikflüssigkeiten
— Wärmeübertragungsflüssigkeiten industrieller Anlagen
— Schmiermittel und Öle
— Klebstoffe (z. B. Selbstklebeartikel)

Als Verfahren zur PCB-Beseitigung kommen nur die Verbrennung auf See oder auf dem Lande bei 1200 °C, die Untertagedeponie, das Verpressen in poröse Schichten oder die Ablagerung auf geordneten Oberflächendeponien in Betracht. Die Seeverbrennung ist bereits im Golf von Mexiko und vor der niederländischen Küste praktiziert worden. In der BRD wird bisher nur die Landverbrennung und die Ablagerung in einer Untertagedeponie praktiziert. Die PCB sind der Aufmerksamkeit sicherlich so lange entgangen, da ihre akute Wirkung als leichttoxisch bis praktisch nichttoxisch klassifiziert werden muß. Selbst bei Arbeitern in der PCB-Produktion sind nur einige Fälle von Chlorakne beobachtet worden. In Japan erkrankten 1968 über 1300 Personen, als sie Reisöl verzehrt hatten, das mit PCB kontaminiert war. Während des Desodorierungsprozesses war das Reisöl durch ein Leck im Wärmeübertragungssystem mit Kanechlor 400 verunreinigt worden. Die Symptome der sogenannten Yusho-Krankheit waren vor allem Akne und Ödeme, dunkle Pigmentierungen der Haut sowie nervöse und gastrointestinale Störungen. Zunächst betrachtete man als Ursache den Gehalt von 2000...3000 mg PCB/kg im Reisöl (Aufnahme von 0,5...2,0 g PCB/Person). Spätere Untersuchungen des toxischen Reisöls ergaben, daß es nur etwa 1000 mg PCB/kg, aber zusätzlich noch 7,8 mg polychlorierte Dibenzofurane (PCDF)/kg, polychlorierte Quaterphenyle und unter den PCDF 0,45 mg 2,3,7,8-Tetrachlordibenzofuran/kg enthielt (Tab. 13.7). Es ist bekannt, daß in Wärmeübertragungssystemen beim längeren Erhitzen von PCB auf 300 °C in Gegenwart von Sauerstoff PCDF gebildet werden. Auch in handelsüblichen PCB-Typen sind geringe Mengen von PCDF und polychlorierten Naphthalenen (PCN) nachgewiesen worden.

Die einzelnen PCB-Isomere (Tab. 13.3) sind in ihrer biologischen Wirkung sehr unterschiedlich zu bewerten. Über die Langzeitwirkung geringerer PCB-Dosen auf den Menschen ist bisher sehr wenig bekannt. PCB mit bis zu 4 Chloratomen im Molekül sind anders zu bewerten als solche mit 5 und mehr Chloratomen, die hoch persistent sind. Neben dem Chlorierungsgrad spielt auch die Position der Chloratome eine wichtige Rolle. Der wichtigste biologische Effekt der PCB ist die Induzierung mikrosomaler Enzyme in der Leber (vgl. Abschn. 4.2.).

Generell gilt, daß die metabolische Abbaubarkeit mit zunehmendem Chlorierungsgrad abnimmt. PCB werden primär durch Hydroxylierung und Konjugation mit Glucuronsäure biotransformiert. Als weitere Metabolite sind in Leber, Lunge und Fettgewebe von Yusho-Patienten Methylthio- und Methylsulfon-Metaboliten von PCB identifiziert worden.

Tabelle 13.7. Auswahl der am stärksten toxischen Isomeren der PCB, PCDD und PCDF

Gruppe		PCDD	PCDF	PCB	LD_{50} p.o. (Meerschwein) ($\mu g/kg$)
	Isomeres	$2,3,7,8^1$			2
		$1,2,3,7,8^1$			< 10
			$2,3,7,8^1$		7
			$2,3,4,7,8^1$		< 10
				$3,3',4,4',5,5'$	500
		$1,2,3,6,7,8$	$1,2,3,7,8$	$3,3',4,4'$	< 1000
		$1,2,3,7,8,9$	$1,2,3,6,7,8$		< 1000
		$1,2,3,4,7,8$	$1,2,3,7,8,9$		< 1000
			$1,2,3,4,7,8$		< 1000
			$2,3,4,6,7,8$		< 1000
				$2,3,3',4,4',5,5'$	> 3000
				$2,3',4,4',5,5'$	> 10000
		$2,3,7$			> 29000
		$1,2,3,7$			> 100000

cancerogen, mutagen

Tierische Nahrungsmittel, besonders Fische, sind durchweg mit PCB-Rückständen kontaminiert. Auf Grund der vorliegenden Erkenntnisse ist die Festlegung eines fundierten ADI-Wertes nicht möglich. In Japan setzte man nach der Yusho-Affäre einen ADI-Wert von 60 μg/Person/d fest.

Bei der Analyse der PCB sind auch die PCDF und polychlorierte Dibenzodioxine (PCDD) mit zu berücksichtigen. PCDF und PCDD entstehen in geringen Mengen bei der Produktion und thermischen Belastung der PCB (z. B. bei der Müllvorbrennung). In Flugascheproben sind mehr als 60 PCDF und 30 PCDD nachgewiesen worden. Die Analytik ist wegen der großen Zahl der möglichen Einzelkomponenten (Tab. 13.3) problematisch. Für die Analyse der PCDF und PCDD kommt nur die Kapillar-Gaschromatographie in Betracht. Mit der GC/MS-Technik können alle PCDF- und PCDD-Komponenten identifiziert werden. Für die quantitative Bestimmung der PCB gibt es noch keine befriedigende Lösung. Methoden sind entweder sehr aufwendig oder ermöglichen keine detaillierte Information über die Isomerenzusammensetzung.

Bis etwa 1975 erfolgten die Untersuchungen durch GC an gepackten Säulen mit einem ECD (*electron capture detector*). Man erhält im Chromatogramm etwa 4 bis 10 Hauptpeaks, die durch externen Vergleich mit einem handelsüblichen PCB-Typ, der dem Analysenprofil am besten entspricht, ausgewertet werden (Screening-Test, Routineuntersuchungen). Bei einer Schnellmethode werden PCB mit $LiAlH_4$ zum Biphenyl dehydrochloriert. Ein anderer Weg ist die Perchlorierung der PCB zum Decachlorbiphenyl mittels $SbCl_5$. Eine vollständige Auftrennung der vorhandenen PCB-Isomere und ihre quantitative Bestimmung kann nur mittels GC/MS an Dünnfilm-Glas- oder Quarz-Kapillarsäulen mit ECD erfolgen.

13.3.2. Polychlorierte Naphtalene

Die polychlorierten Napthalene (PCN) wurden durch katalytische Chlorierung von Naphthalen hergestellt und in den USA unter der Bezeichnung Halowex in den Handel gebracht. Es wurden PCN-Typen, die insgesamt 79 Isomere enthalten, mit einem Chlorgehalt von 22…62% erzeugt. Die jährliche Weltproduktion betrug ca. 5000 t. Die PCN haben ähnliche Eigenschaften wie die PCB und wurden vor allem in Kondensatoren, als Ölzusätze und als Weichmacher in Kabelmassen und Kunststoffen verwandt. Chlornaphthalen ist ein altbekanntes Holzschutzmittel.

Die PCN sind ebenfalls als Umweltkontaminanten erkannt worden. Obwohl die PCN vom Produktionsumfang her (10% der PCB-Menge) keine große Bedeutung haben, müssen sie doch als stark toxische Substanzen beachtet werden. In der PCB-Analytik können die PCN Störungen verursachen. Der Grad der Toxizität der PCN steigt generell mit dem Grad der Chlorierung. Stark toxisch sind die Penta- und Hexachlornapthalene (beim Menschen: Chlorakne; schwere Leberschäden: akute Leberatrophie mit Todesfällen). Hochchlorierte PCN haben in den USA und der BRD mehrfach Rindersterben (X-disease) verursacht.

13.3.3. Polychlorierte Terphenyle

Über die Produktion der polychlorierten Terphenyle (PCT) ist wenig bekannt. Sie begann bereits 1930 und wurde um 1970 praktisch beendet. In dieser Zeit wurden in den USA, der BRD, Japan und einigen anderen Ländern jährlich ca. 5000 t hergestellt. Für Schweden wurde 1974 ein Jahresverbrauch von nur 5...10 t angegeben; in den letzten Jahren wurde die Weltjahresproduktion auf ca. 600 t geschätzt. In den USA wurde hauptsächlich der PCT-Typ Aroclor 5460 mit einem Chlorgehalt von 60% gehandelt.

Die PCT haben gleiche Eigenschaften wie die PCB, könnten daher diese auf allen Gebieten vertreten und wurden auch häufig im Gemisch mit PCB angewendet. Wichtige Anwendungsgebiete für PCT waren die Elektronikindustrie, die metallverarbeitende Industrie (z. B. beim Walzen von Blech), Wärmeaustauschermedien in Kraftwerken, Weichmacher in Harzen, Klebstoffen, Gießwachsen, Dichtungsmassen und Schutzanstrichen von Betonsilos sowie Flammschutzmittel.

Die PCT sind in der Umwelt offensichtlich ebenfalls weit verbreitet. Die PCT sind sehr komplexe Gemische, so daß ihre Identifizierung und Quantifizierung schwierig ist. Über die Verteilung und das Vorkommen der PCT in der Umwelt, ihren Metabolismus und ihre Anreicherung in Nahrungsketten sind keine konkreten Aussagen möglich. Bisher wurden PCT in Vögeln, Wasserorganismen, Sedimenten, Gewässern, Papiererzeugnissen (Lebensmittelverpackungen), Kuhmilch (Kontaminationsquelle waren Futtermittelsilos) und im menschlichen Organismus nachgewiesen. Bemerkenswert ist, daß in Japan in Blutproben von Personen höhere Gehalte an PCT als an PCB gefunden wurden, obwohl der PCB-Verbrauch 20- bis 30mal größer war als der von PCT. Die Toxikologie der PCT ist noch ungeklärt. Bekannt ist, daß sie mikrosomale Enzyme der Leber induzieren.

13.3.4. Polybromierte Biphenyle

Die polybromierten Biphenyle (PBB) wurden praktisch nur in den USA in den Jahren von 1970 bis 1974 durch Bromierung von Biphenylen in Gegenwart von Aluminiumchlorid als Katalysator in größeren Mengen hergestellt (Jahresproduktion 1000...2000 t). Das technische Produkt enthielt hauptsächlich Hexabrombiphenyl und wurde unter der Bezeichnung Firemaster BP-6 auf den Markt gebracht. Es diente lediglich als Flammschutzmittel für Kunststoffe und Textilien. Zu einem Zwischenfall kam es, als 1973 in Michigan (USA) versehentlich anstelle des Mineralzusatzes Magnesiumoxid Firemaster dem Rinderfutter beigemischt wurde. Über 10000 Bewohner nahmen danach mit Milch und Fleischprodukten PBB-Rückstände auf. Erst 1977 waren die Lebensmittel wieder frei von PBB.

Die Umweltbelastung durch PBB ist wegen der begrenzten Produktion praktisch ohne Bedeutung. Die potentielle Toxizität der PBB wird als hoch eingeschätzt. In den Faeces von Hunden konnte als Metabolit von Firemaster BP-6 6-Hydroxy-2,4,5,2'-4'-5'-hexabrombiphenyl nachgewiesen werden. Beim Erhitzen des PBB auf 230...260 °C sowie bei der GC wurde 1,3,4,7,8-Pentabromdibenzofuran gebildet.

13.3.5. Chlorparaffine

Die Chlorparaffine (CP) werden seit 1930 in zahlreichen Ländern durch Chlorierung reiner n-Alkane aus Gasölfraktionen der Erdöldestillation im UV-Licht in steigendem Umfang unter den verschiedensten Handelsbezeichnungen hergestellt (Jahresweltproduktion 1977: 230000 t). Dabei wird pro Methylengruppe nur ein Wasserstoffatom durch Chlor substituiert, so daß der maximale Chlorgehalt ca. 72% betragen kann. Die Handelsprodukte besitzen einen Chlorgehalt von 40 bis 70%.

Die CP sind farblose, wasserunlösliche, viskose Flüssigkeiten. CP werden vor allem als Weichmacher und Flammschutzmittel für Kunststoffe, Gummi und Textilien sowie als Zusätze zu Lacken, Druckfarben, Klebstoffen, Schmiermitteln, Dichtungsmassen, Bohr- und Schneidölen in der Metallverarbeitung eingesetzt. Die Toxizität der CP wird als gering angesehen. Über das Vorkommen in der Umwelt ist wenig bekannt. Es gibt keine Hinweise für eine Anreicherung der CP in Nahrungsketten. In Gewässern und Sedimenten sind offenbar keine CP vorhanden. Auch in Lebensmitteln war bisher keine Rückstandsbildung zu beobachten. Bei der Verbrennung erfolgt eine Zerstörung der CP. Die Analytik der CP ist problematisch, da sie eine unüberschaubare Anzahl von Isomeren enthalten.

Die CP erscheinen derzeitig als wenig bedenkliche Substitutionsprodukte der PCB, PCN und PCT. Es ist jedoch Skepsis angebracht, solange die Toxikologie noch nicht ausreichend abgeklärt ist und noch keine ausreichend zuverlässige Analysenmethodik vorliegt, was auch mit der modernen GC nicht erreichbar scheint und wozu noch neue Wege gefunden werden müssen.

13.3.6. Polychlorierte Dibenzodioxine und Dibenzofurane

Im Jahre 1898 wurde von HERXHEIMER erstmals die Hauterkrankung Chlorakne (später auch als Pernakrankheit benannt) beschrieben, die bei Beschäftigten in der Chlorphenolproduktion und -verarbeitung beobachtet wird und von der man heute weiß, daß sie auf Einwirkungen von PCDD zurückzuführen ist. Seit Beginn der 50er Jahre haben die PCDD durch eine Reihe von Havarien (vgl. Abb. 13.6) für Aufsehen gesorgt (Höhepunkt war ein Zwischenfall bei der ICMESA in Seveso/Italien). Die gleiche Verbindungsgruppe wurde in den Jahren von 1962 bis 1971 als Verunreinigung des herbiciden Wirkstoffes 2,4,5-T (vgl. Abschn. 11.2.) eingesetzt. PCDD haben auch durch unsachgemäße Verbringung industrieller Abprodukte (Giftmüllskandale) die Öffentlichkeit beschäftigt. PCDF standen weniger im öffentlichen Interesse.

Das 2,3,7,8-Tetrachlordibenzo-p-dioxin (2,3,7,8-TCDD) weist im Tierversuch extrem niedrige LD_{50}-Werte auf (Tab. 13.7, S. 397). Es ist die giftigste und eine der persistentesten durch Menschen direkt oder unbeabsichtigt erzeugten chemischen Verbindungen, toxischer als alle chemischen Kampfstoffe. Indessen können diese Extremwerte der Toxizität nicht bei allen Isomeren beobachtet werden. So liegen die Toxizitäten der Mono-, Di-, Tri-, Hepta- und Octachlorverbindungen um mindestens drei Zehnerpotenzen niedriger, und auch nicht alle Tetra-, Penta- und Hexachlorverbindungen weisen die gleiche hohe Toxizität auf wie das 2,3,7,8-TCDD oder TCDF. Man sollte daher im Zusammenhang mit extremen Toxizitäten besser nicht von „den Dioxinen" sprechen, sondern die speziellen Verbindungen benennen.

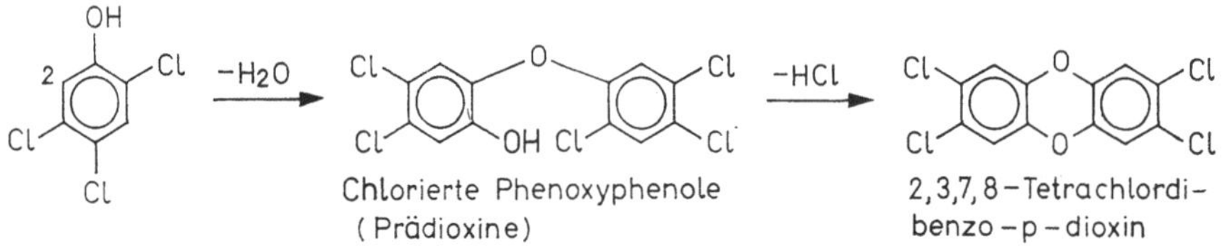

Abb. 13.6. Spontane Bildung von PCDD während des Produktionsprozesses und besonders bei Havarien führt zur Verunreinigung von Polychlorphenolen (End- oder Zwischenprodukte). In Müllverbrennungsanlagen können auf gleichem Wege über mit Polychlorphenolen behandelte Materialien PCDD entstehen (Gl. (13.1)). Havarien: 1953 BASF Ludwigshafen, 1956 Boehringer Ingelheim, 1963 Philips Duphar Amsterdam, 1964 Dow Chem. Comp. Midland Mich., 1968 Coalite Chem. Prod. Derbyshire, 1976 ICMESA, Seveso, Italien.
Durch Anwendung von mit PCDD kontaminierten 2,4,5-T-Präparaten bei Entlaubungsaktionen 1961…1971 wurden in Vietnam durch die Armee der USA mehr als 110 kg 2,3,7,8-TCDD großflächig verteilt (WESTING, H. A.: Ecol. Bull. (Stockholm) **27**, 285 (1978)).

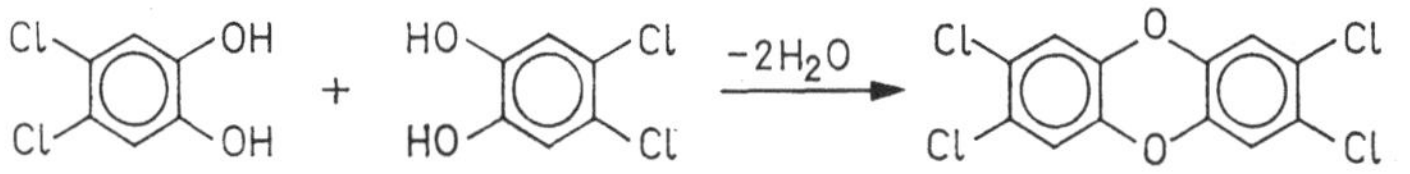

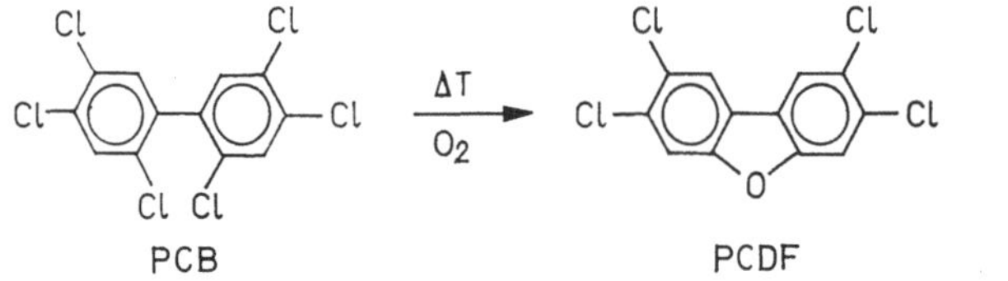

Die ersten systematischen Zusammenhänge zwischen der Bildung bzw. Freisetzung der PCDD und deren Toxizität wurden von SANDERMANN dargestellt, wobei besonders auf die spontane thermische Dimerisierung von Polychlorphenolen (PCP) zu PCDD hingewiesen wurde. Inzwischen ist bekannt, daß mit PCP behandelte Materialien (Holz, Cellulose-Produkte, Häute) bei Verbrennung in Müllverbrennungsanlagen in der Flugasche PCDD hinterlassen können. Man weiß auch, daß technische Chargen von PCP mit PCDD-Mengen kontaminiert sein können. Die PCDD-Mengen können in beiden Prozessen minimiert werden. Diese Kontamination hat wesentliche Konsequenzen:

— Alle mit verunreinigten PCP behandelten Materialien sind zwangsläufig mit den persistenten PCDD kontaminiert. PCP findet man im Holz- und Materialschutz sowie als Desinfektionsmittelzusätze (bactericide und fungicide Wirkungen). Die Jahresweltproduktion an Pentachlorphenol liegt bei ca. 100000 t.
— Alle Syntheseprodukte, bei denen PCP als Ausgangsmaterial dient, sind mit PCDD kontaminiert, da diese über eine hohe Thermostabilität verfügen. Von Interesse sind Finalprodukte aus 2,4-Dichlorphenol und besonders 2,4,5-Trichlorphenol: 2,4,5-T; Nitrofen und 2,4,6-Triphenyl-4'-nitrophenylether — als Herbicide und Wärmeaustauschmedien sowie hydraulische Flüssigkeiten im Gebrauch — sowie der bactericide Wirkstoff Hexachlorophen (2,2'-Dihydroxy-

3,3′,5,5′,6,6′-hexachlordiphenylmethan), ein Zusatz zu Desinfektionsmitteln, Seife, Zahnpaste und Kosmetika.
— Es muß damit gerechnet werden, daß die zuvor genannten Verbindungen bei Hitzeeinwirkung oder Photolyse wieder das 2,4-Di- bzw. 2,4,5-Trichlorphenol freigeben.

Eine weitere Möglichkeit zum Eintrag von PCDD in die Ökosphäre könnte bei der Herstellung von Cellulose aus Holz gegeben sein, wenn das Restlignin durch mehrstufiges Bleichen mit Chlor und Alkalien entfernt wird. Die hierbei durch Demethylierung und Chlorung entstehenden Poly-chlor-brenzcatechine sollen durch Erhitzen unter Wasser- und Salzsäureabspaltung zu PCDD reagieren können, was allerdings offenbar auf seine Praxisrelevanz bisher nicht überprüft wurde.

Auf die PCB als Quelle für PCDF ist hinzuweisen (vgl. Abschn. 13.3.1.).

Als weitere Quelle für PCDD sei darauf verwiesen, daß kommerzielle Dünger aus wärmegetrock-netem Klärschlamm der Jahre 1981 und 1984 sowie eine analoge Probe aus dem Jahr 1933, nur unwesentliche qualitative und quantitative Unterschiede im PCDD-Gehalt aufweisen. Da 1933 2,4,5-T noch nicht entdeckt war, das Hexachlorophen sowie die zu dieser Zeit noch nicht in den heutigen Mengen angewandten PCP für die Kontamination der Klärschlammproben mit PCDD keineswegs allein verantwortlich gemacht werden können, vermutet man als Primärquelle die Abwasserchlorung (Reaktionen von Chlor mit Humin- und Fulvonsäuren zu PCP). An der Mün-dung einer Abwasserkläranlage bzw. bei industriellen Einleitern wurde Pentachlorphenol (40 bis 70 ng/l) gefunden, das in Sedimenten zu 1 µg/kg auftrat. Man vermutet mikrobielle Prozesse ebenso wie Kondensationsreaktionen in alkalischer Lösung und Wärmeeinwirkungen bei der Trocknung als Quellen für PCDD. Die Bildung der PCP bei der Wasserchlorung (insbes. aus Humin-stoffen) ist inzwischen gesichert (vgl. Abschn. 14.2.3.2.). Nach den vorliegenden Erkenntnissen muß man PCDD und PCDF in biotischen und abiotischen Strukturen als weitestgehend ubiquitär bezeichnen. Auch bei der Verbrennung fossiler Energieträger sollen sie entstehen, was jedoch noch nicht völlig bewiesen ist. Physikalisch-chemische Bedingungen für eine Mobilität der Verbindun-gen über abiotische Strukturen der Ökosphäre sind, entsprechend den extrem niedrigen Wasser-löslichkeiten und niedrigen Dampfdruckwerten, praktisch nicht gegeben. Die Voraussetzungen für Akkumulationen in den lipophilen Anteilen von Organismen sind jedoch gut.

Die Persistenz von 2,3,7,8-Tetrachlordibenzo-p-dioxin (im folgenden mit TCDD abgekürzt) ist hoch. Die aus Modellversuchen gewonnenen Halbwertszeiten werden mit 1 bis 2 Jahren beziffert. Mikrobiologische Abbaumöglichkeiten werden zwar erwähnt, Mechanismen aber nicht beschrieben. Photochemische Reaktionen, die allerdings nur in den obersten Bodenschichten stattfinden können, weisen hier einige Effizienz auf. Vertikale Bewegungen in tiefere Bodenschichten und mögliche Grundwasserkontamina-tionen scheiden wegen fehlender Wasserlöslichkeit ebenso aus wie ein Transport mit der Bodenluft in die Atmosphäre. Über ein Codestillationsvermögen mit dem Boden-wasser ist nichts bekannt. Die Aufnahme der Verbindung aus dem Boden in pflanzliche und somit auch in tierische Organismen erscheint wegen der geringen Wasserlöslichkeit unwahrscheinlich, obgleich geringfügige Translokationen von ^{14}C-TCDD in Hafer-pflanzen aus Hydrokulturen beobachtet wurden. Dieser Effekt hätte auch nur Interesse in dem Sinne, daß auf diese Weise der Boden von TCDD gereinigt werden könnte, was aber offensichtlich nicht möglich ist. Auch topische Kontaminationen von Kultur-pflanzen, wie sie in der Umgebung langsam fließender PCDD- oder PCDF-Quellen, wie z. B. von Müllverbrennungsanlagen, vorkommen könnten, regen nicht zu Persistenz- oder Abbauversuchen an. Maximale Rückstandskonzentrationen (Toleranzwerte) — nach Behandlung mit Pflanzenschutzmitteln oder Schwermetallimmissionen sinn-voll und praktizierbar — sind hier nicht diskussionsfähig. Die wesentlichen Verdünnungs-effekte auf und in pflanzlichen Organen und Geweben dürften wiederum auf photo-chemische Reaktionen sowie auf die natürlichen Zuwachsraten der Pflanzen zurück-zuführen sein. Wechselwirkungen mit Bodenmikroorganismen finden offenbar nicht statt.

Die in der Pedosphäre beobachtete Persistenz setzt sich in der Hydrosphäre fort, obgleich die Möglichkeiten des Übergangs in pflanzliche und tierische Organismen viel größer sind. Eine Stoffveränderung findet im Wasser nur in geringem Maße statt, die Verbindungen gelangen schließlich in das Sediment, wo sie persistent und gegenüber mikrobiellen Angriffen nahezu unzugänglich sind. In den großen kanadisch-nordamerikanischen Seen ist das Wasser — verursacht durch chlorphenolherstellende oder -verarbeitende chemische Betriebe — stark mit den Verbindungen kontaminiert. Im Sediment städtischer und stadtnaher Fluß- und Seenteile des Lake Huron wurden im Durchschnitt 100 µg/kg und in stadtfernen Regionen 100 ng/kg an PCDD und PCDF gefunden. Über TCDD-Gehalte in Flußfischen von 70...810 ng/kg und in Garnelen von 18...42 ng/kg vier Monate nach den letzten Entlaubungsaktionen der US-amerikanischen Aggressoren wurde in Vietnam berichtet. In den Eiern von Silbermöwen (Larus argentatus) im Lake Huron fand man 43...90 ng/kg und im Lake Ontario 44...64 ng/kg TCDD. Besorgniserregend sind die Beobachtungen, wonach im Fettgewebe einer Robbe in der Ostsee (vor Schweden) 40 ng/kg PCDF vorkamen, wobei die Hauptmengen aus den am meisten toxischen 2,3,7,8-Tetra-, 2,3,4,7,8-Penta- und 1,2,3,4,7,8- sowie 1,2,3,6,7,8-Hexa-Isomeren bestanden. Ergebnisse von Untersuchungen zur Speicherung von PCDD und PCDF in Humangeweben mit dem Ziel von Monitoring- oder Surveillance-Verfahren sind lediglich für das TCDD verwertbar und wurden hauptsächlich an stark exponierten Personen, wie US-amerikanischen Soldaten, die am Krieg in Vietnam beteiligt waren, und Arbeitern aus chlorphenolherstellenden oder -verarbeitenden Fabriken angestellt. Die genannten Zahlen sind wenig aufschlußreich, da Werte von unbelasteten Personen nicht vorliegen. In 22 von 23 Autopsiewerten von Einwohnern aus der Region der großen Seen von Kanada wurden 4,1...130 ng TCDD/kg Fettgewebe gefunden (eine Probe war negativ). In Kanada und Schweden waren 1...600 ng/kg nachweisbar. Leberproben der mit dem kontaminierten Reisöl vergifteten Einwohner von Taiwan ergaben folgende Befunde: Obgleich das Reisöl ein breites Spektrum von ca. 40 Tri- bis Hexa-Isomeren der PCDF enthielt, waren in den Leberproben nahezu ausschließlich solche Isomere nachweisbar, deren laterale 2-, 3-, 7- und 8-Positionen ganz oder teilweise mit Cl-Atomen besetzt waren. Die 2,3,7,8-Chlor-Verbindungen besitzen entweder eine besonders hohe Stabilität oder es liegt ein art- bzw. organspezifisches Retentionsvermögen vor.

13.3.7. Halogenalkane und -alkene

Das gegenwärtige Wissen über die Verbreitung dieser Stoffe ist fast ausschließlich auf die leicht flüchtigen, niedrig siedenden und niedrigmolekularen Halo(gen)alkane und -alkene (HA) beschränkt. Die Ursachen dafür liegen im chemisch-analytischen Nachweis, der für die genannten Stoffe nach Anreicherung mittels der Kapillar-Gaschromatographie relativ leicht gelingt, für die anderen organischen Chlorverbindungen aber noch schwierig ist.

Die Belastung der Umweltmedien in besiedelten Gebieten ist überwiegend anthropogenen Ursprungs. HA werden als Syntheseausgangsprodukte und Lösemittel eingesetzt und entstehen als Nebenprodukte bei der Verwendung von Chlor und anderen Oxydationsmitteln in der Papier- und Lebensmittelindustrie und der Trinkwasseraufbereitung (vgl. Abschn. 14.2.3.2.).

Nach Schätzungen wurden schon 1973 weltweit fast 40 Mt HA produziert und 8 Mt Chlor für die Trinkwasserdesinfektion verbraucht.

In der Umwelt kann es zur Kumulierung von HA kommen und Konzentrationen bis zu mehreren ppm wurden gefunden.

Der Mensch ist gegenüber HA über die Luft, das Trinkwasser und die Lebensmittel exponiert, in denen die Stoffe in Konzentrationen von µg/kg zu finden sind. Hinzu kommen in ihrer Größenordnung schwer abschätzbare Expositionen durch den Gebrauch von Haushaltchemikalien (z. B. Fleckentferner), Kosmetika und Arzneimitteln. Berufliche Belastungen sind in diese Betrachtung nicht eingeschlossen.

Nach Resorption der HA kommt es anscheinend nicht zu einer Anreicherung im menschlichen Organismus. Analysen ergaben für Gewebeproben die gleichen Konzentrationen an HA, die auch in entsprechenden Umweltproben gefunden wurden.

In der BRD kalkulierte man 1981 anhand von HA-Konzentrationen, die in Luft, Trinkwasser und Lebensmitteln vorgefunden wurden, die theoretisch höchsten Aufnahmen für Tri- und Tetrachlormethan sowie Tri- und Tetrachlorethylen pro Person auf 189,3 µg/d, wovon nur 6,0 µg aus Lebensmitteln und 5,1 µg aus dem Trinkwasser stammten. Messungen der pulmonalen Resorption ergaben, daß diese mit fallender Konzentration der HA in der Atemluft abnimmt und bei Konzentrationen von 1...10 µg/m^3 zwischen 0 und 30% liegt. 1,1,1-Trichlorethan und Tetrachlorethen werden überhaupt nicht resorbiert, nachdem sich ein steady-state zwischen Organismus und umgebender Luft eingestellt hat. Dafür sprechen auch Befunde aus den USA, die an hospitalisierten Patienten erhoben wurden. Dort wurde bei stoffwechselgesunden Nichtrauchern aus einer Großstadt die Ausscheidung von 5 verschiedenen Halomethanen, 3 Haloethanen (darunter Trichlorethan), 3 Haloethenen (darunter Tetrachlorethen) in der Exspirationsluft nachgewiesen.

Bei der Metabolisierung der HA werden aus einigen Verbindungen Metaboliten gebildet, die eine kovalente Bindung mit verschiedenen Zellbestandteilen, auch mit der DNA, eingehen. Das wird mit den cancerogenen Eigenschaften, die den HA Tri- und Tetrachlormethan und 1,1,2-Trichlorethan, Tri- und Tetrachlorethen und Chlorethen (Vinylchlorid, vgl. Abschn. 20.2.) zugeschrieben werden, und den mutagenen Eigenschaften, die von 1,1,1-Trichlorethan, Dichlormethan, Tribrommethan, Dichlorbrommethan, Dibromchlormethan, 1,2-Dichlorethan, Tri- und Tetrachlorethen und Chlorethen bekannt sind, in Verbindung gebracht.

Auf die Ergebnisse epidemiologischer Untersuchungen wurde bereits hingewiesen (vgl. Abschn. 14.2.3.2.).

Vom hygienisch-toxikologischen Standpunkt aus sind Tetrachlormethan, Tri- und Tetrachlorethen, 1,1,2- und 1,1,1-Trichlorethan, 1,2-Dichlorethan, Chlorethen und die Trihalomethane toxikologisch verdächtige Substanzen, die aber auch Indikatorwert für andere Verunreinigungen haben.

Die Diskussion über zulässige Höchstdosen und tolerierbare Konzentrationen von HA ist weltweit noch in vollem Gange. Normen für einzelne Stoffe und Stoffgruppen wurden in einigen Staaten anhand verschiedener Kriterien festgelegt oder vorgeschlagen. Wie rasch sich dabei die toxikologische Bewertung verändert, erkennt man z. B. an Trinkwassergrenzwertvorschlägen für das Trichlorethen, für das 1973 0,5 mg/l (UdSSR), aber 1981 0,03 mg/l (WHO) empfohlen wurde. Eine eingehendere Diskussion der Grenzwertproblematik für HA ist an dieser Stelle nicht möglich.

Weitere Untersuchungen zur Exposition und zur Frage der Gesundheitsgefährdung durch HA werden eine bessere Beurteilung des von den in der Umwelt vorhandenen HA ausgehenden Risikos erlauben.

26*

14. Lebensmittelzusatzstoffe

14.1. Einführung

Lebensmittelzusatzstoffe sind chemische Stoffe, die Lebensmitteln in zweckgebundener Absicht (Verbesserung der Haltbarkeit, der Konsistenz, des Aussehens, des Geschmackes, der Bekömmlichkeit usw.) zugesetzt werden und die dazu bestimmt sind, mitverzehrt zu werden.

Ein Zusatzstoff kann sowohl ein synthetisch hergestellter als auch ein natürlich vorkommender Stoff bzw. eine mit einem natürlichen Stoff identische, aber synthetisch gewonnene Verbindung sein. Früher wurden die Zusatzstoffe synthetischer und natürlicher Herkunft stärker getrennt und die künstlichen zusammen mit den unerwünscht und unbeabsichtigt in Lebensmittel gelangenden Stoffen, den Verunreinigungen oder Kontaminanten, als Fremdstoffe bezeichnet (vgl. Kap. 2.). „Fremd für ein Lebensmittel" oder „synthetisch" zu sein, ist nicht zwangsläufig mit „gesundheitsschädlich" gleichzusetzen, und die natürliche Herkunft garantiert keine gesundheitliche Unbedenklichkeit (vgl. Kap. 8.). Deshalb ist der Fremdstoff-Begriff immer mehr verlassen worden. Er findet sich nur noch in juristischen Formulierungen (vgl. Kap. 23.).

Die erste und unabdingbare Forderung für den Einsatz eines Lebensmittelzusatzstoffes ist die ernährungstoxikologische Unbedenklichkeit der zu verwendenden Stoffmenge. Ein solcher Stoff wird bewußt zugesetzt, und darum hat es der Mensch in diesem Falle — anders als bei den Kontaminanten — in der Hand, welchen Stoff er in Lebensmittel gelangen läßt und welchen er davon ausschließt.

Die akute orale Toxizität der Stoffe gibt hierbei nur eine grobe Orientierung (vgl. Abschn. 6.2.). Stoffe, die (bei Ratten oder anderen Versuchstieren) eine LD_{50} < 1000 mg/kg aufweisen, werden als Lebensmittelzusatzstoffe meist nicht in Betracht gezogen. Über die Einsatzmengen der Lebensmittelzusatzstoffe entscheidet die über den NOEL ermittelte ADI bzw. die maximal zulässige Konzentration in Lebensmitteln (vgl. Kap. 7.).

Ein Zusatzstoff sollte keine cancerogenen oder mutagenen Effekte verursachen. Eine ADI wird nur für solche Stoffe ausgesprochen, für die das zutrifft.

Dieser Standpunkt wurde zum ersten Male 1958 im DELANEY-Amendment (frei übersetzt: DELANEY-Klausel) zum Food and Drug Act der USA mit Gesetzeskraft formuliert, wonach keine chemische Verbindung als Lebensmittelzusatzstoff verwendet werden darf, die im Tierexperiment Krebs erzeugt hat. Diese Auffassung ist in der Folgezeit von den Verantwortlichen in allen Ländern, auch vom Expertenausschuß für Lebensmittelzusatzstoffe der FAO/WHO übernommen worden. Der erste Zusatzstoff, der auf Grund dieser Festlegung 1970 in den USA verboten wurde, war der Süßstoff Cyclamat (vgl. Abschn. 14.5.4.3.). Damals schlossen sich fast alle Länder dem Verbot an. Als jedoch 1977 aus Kanada bekannt wurde, daß auch der Süßstoff Saccharin (vgl. Abschn. 14.5.4.3.) bei Ratten eine cancerogene Wirkung zeigt (allerdings bei extrem hohen Dosen), wurde das zum Anlaß genommen, die Frage der Vereinbarkeit der Verwendung eines Zusatzstoffes mit dem Vorhandensein einer cancerogenen Wirkung noch einmal zu überdenken. Dem Verbot des Saccharins, das in Kanada ausgesprochen wurde, schlossen sich damals andere Länder nicht an.

Auch die Nichtanwendung einer Substanz kann ebenso mit gesundheitlichen Belastungen (einem echten Gesundheitsrisiko) verbunden sein wie die Verwendung einer Substanz. Ein gutes Beispiel dafür ist die Verwendung von Nitrit zum Pökeln von Fleisch. Hier stehen sich die Beseitigung des gefährlichen Fleischvergifters *Clostridium botulinum* (vgl. Abschn. 19.2.) und die Möglichkeit der Bildung cancerogener Nitrosamine (vgl. Kap. 18.) gegenüber.

Heute nehmen die gesundheitlichen Belange nach wie vor die erste Stelle ein, aber man beurteilt differenzierter. Auch der heutige Standpunkt toleriert cancerogene Wirkungen bei Lebensmittelzusatzstoffen nicht, aber er anerkennt, daß es zumindest bei nicht-genotoxischen Cancerogenen (vgl. Abschn. 7.6.7.) einen NOEL und damit einen abschätzbaren ADI-Wert geben kann. An Stelle der kategorischen Ablehnung solcher Chemikalien wird eine abgewogene Risiko/Nutzen-Einschätzung in Betracht gezogen.

Lebensmittelzusatzstoffe können toxisch wirkende, meist herstellungsbedingte Verunreinigungen als Nebenprodukt (nicht umgesetzte Ausgangsstoffe, Lösungsmittel- und Katalysatorreste u. a.) enthalten. Darum gehören zur toxikologischen Charakterisierung eines Lebensmittelzusatzstoffes auch Reinheitsanforderungen (höchstzulässige Mengen an möglichen toxischen Verunreinigungen in mg/kg Zusatzstoff). ADI-Werte für Lebensmittelzusatzstoffe sind nur bei Einhaltung entsprechender Reinheitsvorschriften gültig.

Eine zweite Voraussetzung für die Zulassung eines Lebensmittelzusatzstoffes ist seine Effektivität bezüglich der beabsichtigten Wirkungen. Wenn ein Lebensmittelzusatzstoff nicht den gewünschten Nutzen erbringt, ist seine Anwendung nicht gerechtfertigt. Er wird dann meist auch nicht zugelassen (zumindest nicht für den betreffenden Zweck), selbst wenn er gesundheitlich völlig unbedenklich ist.

Nicht selten ist der optimale Nutzeffekt eines Lebensmittelzusatzstoffes gegeben, ohne daß sein Verzehr an den ADI-Wert heranreicht. Dann richtet sich die Höhe der Zulassung nach den Mengen, die in der Praxis erforderlich sind. Damit kommt zum üblichen Sicherheitsfaktor (vgl. Abschn. 7.3.) eine weitere, durch die Effektivität des Lebensmittelzusatzstoffes bedingte Sicherheitsspanne (10...100 und mehr). Es kann jedoch auch vorkommen, daß ein vielseitig einsetzbarer Lebensmittelzusatzstoff, vor allem wenn dieser einen relativ niedrigen ADI-Wert aufweist, so vielen Lebensmitteln zugesetzt werden könnte, daß der ADI-Wert in der Summe überschritten wird. In solchen Fällen wird die Zulassung in der Reihenfolge der höchsten Nutzeffekte begrenzt.

Der Begriff „Lebensmittelzusatzstoff" ist im deutschen Sprachgebiet auf diejenigen Stoffe begrenzt, die ihrem Wesen nach im Lebensmittel verbleiben und mit verzehrt werden. Dagegen umfaßt der englische Begriff „Food Additive"[1] alle Stoffe, die Lebensmitteln bei ihrer Gewinnung, ihrer Be- und Verarbeitung oder Verpackung absichtlich zugesetzt werden, und zwar unabhängig davon, ob sie im Lebensmittel verbleiben oder nicht.

Der englische Begriff vereint somit die im Deutschen getrennten Gruppen der Lebensmittelzusatzstoffe und der technischen Hilfsstoffe in sich. Beide Sprachregelungen haben gewisse Vor- und Nachteile. Nachfolgend werden einige (nicht alle) Gruppen von technischen Hilfsstoffen unter den Zusatzstoffen behandelt (was mehr dem Ausdruck „Food Additive" entspricht). Dies ist nicht zuletzt auch deswegen sinnvoll, weil von der WHO und FAO die englische Definition gebraucht wird.

---

[1] Den Food Additives stehen nur die völlig unbeabsichtigt in Lebensmittel gelangenden Contaminants gegenüber.

14.2. Stoffe zur Verlängerung der Haltbarkeit

14.2.1. Einführung

Lebensmittel sind, wenn sie nicht in irgendeiner Weise bearbeitet und dabei in geeigneter Weise getrocknet, steril abgepackt oder mit einem anderen physikalischen Konservierungsverfahren haltbar gemacht worden sind, verderbliche Güter. Sie können durch eigene Enzyme, durch Sauerstoffeinwirkung oder durch Mikroorganismen (Bakterien, Schimmelpilze, Hefepilze; vgl. Kap. 19.) chemisch so verändert werden, daß sie ungenießbar sind. Dementsprechend unterscheidet man einen enzymatischen, einen oxydativen und einen mikrobiellen Verderb. Diese Vorgänge werden durch physikalische Faktoren wie Licht- und Wärmeeinwirkung unterstützt. Außerdem machen tierische Schädlinge (Milben, Würmer, Insekten, Nagetiere; vgl. Kap. 11.), die auch Krankheitserreger übertragen können, Lebensmittel für den menschlichen Genuß unbrauchbar.

Die Erhaltung der Lebensmittel ist vor allem ein gesundheitliches, aber auch ein ökonomisches Problem. Stoffe mit keimtötender (konservierender) Wirkung gehören zu den ältesten Lebensmittelzusatzstoffen. Ihre Anwendung geht bis in die frühe Antike zurück (Schwefeldioxid in Form des Schwefelns von leeren Weinfässern; Nitrit bzw. Nitrat in Form des Pökelns von Fleisch mit Salpeter; Räuchern).

Stoffe mit haltbarkeitsverlängernder Wirkung sind ihrer Natur nach chemisch und biochemisch reaktiv, sonst wären sie nicht effektiv. Dennoch dürfen sie nicht gesundheitsschädigend sein. Bei den meisten dieser Stoffe ist hinsichtlich ihrer toxikologischen Unbedenklichkeit ein breiter Sicherheitsspielraum gegeben. Die ohnehin mit einem hohen Sicherheitsfaktor versehene ADI wird oft nicht ausgeschöpft. Es gibt aber auch Fälle, in denen mangels Alternativen bis an die Grenze der Sicherheit gegangen werden muß. In keiner anderen Gruppe von Lebensmittelzusatzstoffen stehen sich Nutzen und Risiko der Anwendung so unmittelbar gegenüber wie bei den haltbarkeitsverlängernden Stoffen. Die Verhütung weitaus größerer Schäden kann mitunter auch die Anwendung toxischer Stoffe (z. B. Nitrit, Schwefeldioxid, Formaldehyd) rechtfertigen (vgl. Abschn. 14.1.).

Lebensmittelzusatzstoffe, welche speziell den enzymatischen Lebensmittelverderb hemmen, gibt es nicht. Die lebensmitteleigenen Enzyme werden, wenn sie nicht durch Erhitzen oder andere physikalische Verfahren inaktiviert werden, von den antimikrobiell wirkenden Stoffen mitgetroffen, da deren Wirkung oft auf einer Eiweißschädigung beruht.

Die wichtigste Gruppe der antimikrobiell wirkenden Stoffe sind die Konservierungsstoffe. Ihr Charakteristikum ist eine die Mikroorganismen meist nur in ihrer Entwicklung hemmende, aber lang anhaltende (sog. „weiche") Wirkung. Ihnen folgen die Desinfektionsmittel (vgl. Abschn. 14.2.3.), die eine sofort einsetzende und radikal keimabtötende (sog. „harte") Wirkung besitzen. Weiterhin schließen sich an die Konservierungsmittel die Fungicide (vgl. Abschn. 11.4.) und die Begasungsmittel (vgl. Abschn. 11.3.3.) an. Die Substanzen dieser beiden letztgenannten Gruppen sind „harte" Wirkstoffe, von denen nach Anwendung höchstens geringfügige Rückstände auf oder in den behandelten Lebensmitteln vorkommen dürfen. Die drei letztgenannten Stoffgruppen sind nicht Zusatzstoffe im Sinne der Definition (vgl. S. 404), spielen aber in der Lebensmittelhygiene eine unersetzbare Rolle, die Rückstände von einigen ihrer Vertreter können in Lebensmitteln vorkommen.

Lebensmittelzusatzstoffe, die gegen die oxydative Veränderung von Lebensmitteln eingesetzt werden, sind Antioxydantien sowie deren Synergisten und Metallfänger.

14.2.2. Konservierungsstoffe

Konservierungsstoffe sind chemische Verbindungen, die Lebensmitteln zur Verhinderung des mikrobiellen Verderbs zugesetzt werden.

In der DDR ist die Verwendung des Begriffes Konservierungsmittel für diese Stoffe gesetzlich fixiert (vgl. Kap. 23.). In anderen deutschsprachigen Ländern versteht man unter Konservierungsmitteln die physikalischen Verfahren der Lebensmittelkonservierung (Trocknen, Gefrieren, Sterilisieren, Pasteurisieren), s. Kap. 24.

Konservierende Stoffe, die zugleich auch lebensmittelverändernd wirken, sind Kochsalz, Essig, Rübenzucker und Ethanol. Ihr antimikrobieller Effekt ist unspezifischer Natur und beruht auf einer Erhöhung des osmotischen Druckes der wäßrigen Phase des Lebensmittels, der die Mikrobenzelle gleichsam austrocknet, oder einer Senkung des pH-Wertes. Diese Stoffe machen das im Lebensmittel vorhandene Wasser für die Mikroorganismen unverfügbar, so daß sie darin nicht lebensfähig sind.

Der mikrobielle Verderb setzt stets einen Mindestwassergehalt des Lebensmittels voraus, der aber von Lebensmittel zu Lebensmittel unterschiedlich hoch ist. Als grobe Richtlinie kann gelten, daß die Grenze des Bakterienwachstums bei einem Wassergehalt liegt, der mit einem Feuchtigkeitsgehalt der Luft von 75% (relativ) im Gleichgewicht steht (vgl. auch Abschn. 19.2.).

Die Konservierungsstoffe im eigentlichen Sinne (Tab. 14.1 und 14.2) haben eine spezifische Wirkung. Sie dringen in die Mikrobenzelle ein und reagieren dort mit lebenswichtigen Bausteinen, vorwiegend mit Enzymen und anderen Proteinen, aber auch mit Nucleinsäuren und Membranen.

Die Wirksamkeit eines Konservierungsstoffes hängt daher in starkem Maße von seiner Fähigkeit ab, in die Mikrobenzelle einzudringen. Diese ist nur bei einer gewissen Lipophilität gewährleistet. Die meisten Konservierungsstoffe sind schwache Säuren bzw. deren Salze. Sie können nur in undissoziiertem Zustand als freie Säuren Membranen lebender Zellen passieren. Damit ist die Wirkung dieser Konservierungsstoffe pH-abhängig und eine Wirksamkeit ist bei vielen dieser Stoffe nur in saurem Milieu gegeben. Je schwächer der Säurecharakter eines Konservierungsstoffes ist, um so größer ist sein wirksamer pH-Bereich. Undissoziierbare Konservierungsstoffe sind auch bei hohen pH-Werten wirksam.

Außer in ihrer antimikrobiellen Wirksamkeit unterscheiden sich Konservierungsstoffe auch in ihren Wirkungsspektren bezüglich der Zielorganismen. Einige haben ein breites Spektrum (sie sind universell einsetzbar, weisen aber oft nur eine geringe Aktivität auf), während andere nur gegen Bakterien oder Schimmelpilze oder Hefepilze wirksam sind.

Eine Eigenheit der Konservierungsstoffe ist, daß sie nur prophylaktisch angewendet werden können, d. h. ihr Einsatz ist nur bei hygienisch einwandfreien Lebensmitteln (also Lebensmitteln mit einer niedrigen Keimzahl) sinnvoll. Dies hängt mit ihrer mehr keimhemmenden als keimtötenden (vgl. S. 406) Wirkung zusammen. Ihr Mißbrauch, um bereits verdorbene Lebensmittel wieder aufzu„frischen", ist nicht möglich. Das unterscheidet sie grundlegend von den keimtötenden Desinfektionsmitteln. Es gibt allerdings auch Konservierungsstoffe mit Desinfektionsmittelcharakter. Hier ist vor allem das Hexamethylentetramin zu nennen, dessen Wirkung auf der Freisetzung von Formaldehyd (ein echtes Desinfektionsmittel) beruht.

Tabelle 14.1. Zugelassene Konservierungsstoffe

Stoff	Wirkungsweise	Anwendung	Verhalten im menschlichen Organismus (ADI-Wert, in mg/kg KM/d)
Ameisensäure sowie deren Na- oder Ca-Salze	wirkt vor allem unspezifisch als Säure (in relativ hohen Konzentrationen und bei niedrigem pH), hemmt aber auch Häm-Enzyme; gegen Hefepilze und Bakterien	für Fruchtpulpen und Fruchtrohsäfte, die zur Weiterverarbeitung bestimmt sind (Halbfabrikate)	wird resorbiert und in den Stoffwechsel einbezogen (0…3)
Essigsäure	wirkt nur unspezifisch als Säure (Absenken des pH-Wertes auf 3,0…3,5), daher relativ hohe Konzentrationen erforderlich; gegen Bakterien, vor allem pathogene Keime	nur dort, wo ihr Eigengeschmack nicht störend wirkt und auch dann oft in Kombination mit anderen Konservierungsmitteln; für Mayonnaisen, Salate, Gemüse-, Fleisch- und Fisch-Erzeugnisse	wird resorbiert und in den Stoffwechsel einbezogen (ohne Begrenzung)
Propionsäure sowie deren Na- oder Ca-Salze	wirkt unspezifisch durch kompetitive Enzymhemmung sowie Konkurrenz mit Aminosäuren; wirksam bis pH 6,5; gegen Schimmelpilze und Bakterien	für Hefebackwaren gegen *Bacillus mesentericus*, den Verursacher des „Fadenziehens"	wird resorbiert und in den Stoffwechsel einbezogen (ohne Begrenzung)
Sorbinsäure sowie deren Na-, K- oder Ca-Salze (trans-trans-Hexadien-2,4-säure)	hemmt einige Enzyme des Kohlenhydratstoffwechsels; wirksam bis ca. pH 6,5; gegen Hefe- und Schimmelpilze, auch gegen *Clostridium botulinum* in Fleisch	für fast alle Zwecke: Margarine, Käse, Fleischwaren, Gemüse, Obst, Getränke	wird resorbiert und in den Stoffwechsel einbezogen (0…25)
Benzoesäure sowie deren Na- oder Ca-Salze	hemmt Enzyme der oxydativen Phosphorylierung und des Citronensäurecyclus; wirksam in saurem Milieu (bis ca. pH 5) gegen Hefe- und Schimmelpilze	für alle Lebensmittel, die ausreichend sauer sind: Fischerzeugnisse, Obst- und Gemüseprodukte, Getränke	wird resorbiert und überwiegend als Hippursäure (Glycin-Konjugat) mit dem Harn ausgeschieden (0…5)

p-Hydroxybenzoesäureester (PHB-Ester) sowie deren Na-Salze	wirkt wie Phenol durch Denaturierung von Eiweiß und Membranschädigung; wirksam bei allen pH-Werten, die in Lebensmitteln vorkommen; gegen Hefe- und Schimmelpilze	infolge phenolischen Geschmackes begrenzte Einsatzfähigkeit, vor allem in nichtsauren Lebensmitteln, oft in Kombination mit anderen Konservierungsstoffen; für Milch-, Fleisch- und Fisch-Erzeugnisse	werden hydrolysiert und resorbiert, mit dem Harn teils als freie p-Hydroxybenzoesäure, teils als deren Konjugate mit Glucuronsäure oder Glycin ausgeschieden (0...10)
schweflige Säure, Schwefeldioxid sowie Na- und K-Sulfit, -Hydrogensulfit und -Bisulfit[1]	hemmt Enzyme, spaltet Disulfidbrücken von Eiweißen unter Bildung von Thiolen und S-Sulfonaten und wird an Nucleotide gebunden; wirksam vor allem in saurem Milieu (pH 3...5); gegen Bakterien	wegen der zerstörenden Wirkung auf Thiamin nur dort anwendbar, wo Vitamin B_1 nur in unbedeutenden Mengen vorhanden ist; für Wein, Obst- und Gemüseprodukte (vorwiegend Halbfabrikate)	wird resorbiert und hauptsächlich zu Sulfat oxydiert; Umsetzungen mit DNA (mit mutagenen Effekten) sind nur bei Mikroorganismen und niedrigem pH-Wert (ca. pH 5) beobachtet worden (0...0,7)
Hexamethylentetramin, Urotropin	wirkt infolge der Bildung von Formaldehyd in saurem Milieu (auch im Magen) eiweißdenaturierend und enzymhemmend; gegen Bakterien	nur für Fischmarinaden	wird im Magen in Formaldehyd und Ammoniumionen gespalten, Formaldehyd wird zu Ameisensäure oxydiert und diese in den Stoffwechsel einbezogen (0...15)
Nitrat (Na- oder K-Salz)[2]	wirkt nach seiner enzymatischen Umwandlung (durch Mikroorganismen, auch im Verdauungstrakt des Menschen) in Nitrit; nur gegen anaerobe Bakterien	zum Pökeln von Fleisch bei der Käse-Herstellung	wird resorbiert und zum größten Teil unverändert mit dem Harn ausgeschieden, ein kleiner Teil wird zu Nitrit reduziert (0...5)
Nitrit (Na- oder K-Salz)[2]	hemmt Enzyme durch Umsetzung mit Amino- und Thiolgruppen, reagiert mit Hämoproteinen; wirksam ist die freie salpetrige Säure, weshalb die Wirkung mit sinkendem pH-Wert steigt; nur gegen Bakterien (*Clostridium botulinum*)	zum Pökeln von Fleisch (dabei zugleich „Umrötung" und Ausbildung des Pökelaromas)	wird resorbiert, 30...40% werden unverändert mit dem Harn ausgeschieden, der Rest wird umgesetzt: mit Hämoglobin zu Methämoglobin, mit Myoglobin zu Nitrosomyoglobin oder mit sekundären Aminen zu Nitrosaminen (vgl. Kap. 18.) (0...0,2)

Tabelle 14.1. Fortsetzung

Stoff	Wirkungsweise	Anwendung	Verhalten im menschlichen Organismus (ADI-Wert, in mg/kg KM/d)
Diphenyl	hemmt das Wachstum von Schimmelpilzen, Mechanismus ungeklärt; Wirkung vom pH-Wert unabhängig	zur Oberflächenkonservierung von Citrusfrüchten	wird zu Hydroxydiphenylen oxydiert und als Glucuronsäure-Konjugat mit dem Harn ausgeschieden (0…0,05; bedingt …0,25)
o-Phenylphenol und sein Na-Salz	wirkt wie Diphenyl und zugleich wie ein Phenol, d. h. es denaturiert Eiweiße und hemmt Enzyme; gegen Pilze und Bakterien	zur Oberflächenkonservierung von Citrusfrüchten	wird teilweise zu 2,5-Dihydroxydiphenyl oxydiert und wie dieses als Glucuronsäure-Konjugat mit dem Harn ausgeschieden (0…0,2; bedingt …1,0)
Thiabendazol[3]	hemmt das Wachstum von Schimmelpilzen, Mechanismus ungeklärt; Wirkung vom pH-Wert unabhängig	zur Oberflächenkonservierung von Citrusfrüchten und Bananen	wird hydroxyliert und größtenteils als Glucuronsäure-Konjugat mit dem Harn ausgeschieden (0…0,05)

[1] vgl. Abschn. 14.6.3.
[2] vgl. Abschn. 14.6.2.
[3] vgl· Tab. 11.18 und Tab. 12.2; Strukturformel s. S. 357

Tabelle 14.2. Nicht oder nicht mehr zugelassene Konservierungsstoffe

Stoff	chemische Formel	Wirkungsweise	Anwendung	Grund für die Nichtzulassung
Borsäure und Borax	H_3BO_3 $Na_2B_4O_7 \times 10 H_2O$	blockiert Enzyme des Phosphatstoffwechsels; auch in neutralem Milieu wirksam, vor allem gegen Hefepilze, die antimikrobielle Wirkung ist jedoch schwach	für neutrale Lebensmittel wie Margarine, Fleischwaren u. ä., zuletzt nur noch für Garnelen, Krabben und Kaviar, für diese in einigen Ländern noch in Gebrauch	Borsäure und Borax werden gut resorbiert, aber nur langsam ausgeschieden, so daß die Gefahr einer Akkumulation im Organismus besteht
Salicylsäure		wirkt wie ein Phenol eiweißdenaturierend und enzymhemmend; nur in stark saurem Milieu wirksam; gegen Hefe- und Schimmelpilze	für Sauergemüse (Gurken) Marmelade und Kompotte (auch im Haushalt verwendet)	hat eine relativ hohe akute Toxizität (minimale letale Dosis beim Hund: 0,45…0,5 g/kg KM), wird gut resorbiert, aber nur langsam ausgeschieden, so daß die Gefahr einer Akkumulation besteht
Pyrokohlensäurediethylester		reagiert mit Amino- und Thiolgruppen von Eiweißen, bewirkt somit Eiweißdenaturierung und Enzymhemmung, tötet Mikroorganismen schnell ab; pH-unabhängig	zur Entkeimung von Wein, Fruchtsäften und alkoholfreien Getränken	galt zunächst als völlig harmlos, weil er in Wasser zerfällt, wobei Ethanol und Kohlendioxid entstehen, wurde aber später verboten, weil sich in Gegenwart von Ammoniumionen und Aminogruppen cancerogene Ethylurethane bilden

Tabelle 14.2. Fortsetzung

Stoff	chemische Formel	Wirkungsweise	Anwendung	Grund für die Nichtzulassung
Dehydracet-säure sowie deren Na-Salz		hemmt Oxydationsenzyme; wirksam bis pH 6,5; gegen Hefe- und Schimmelpilze	war für Lebensmittel mit hohem pH-Wert (Käse, Margarine, Backwaren) sowie für Gemüse (Kürbisse) vorgeschlagen	gelangte wegen zu hoher Toxizität (LD_{50}, p.o. Ratten: 570 mg/kg; Hunde: 400 mg/kg) sowie wegen der langsamen Ausscheidung aus dem Organismus bei uns nicht zur Anwendung
Furylfuramid		hemmt Redoxvorgänge der Zelle und beeinflußt wahrscheinlich die Synthese von Zellmembranen; pH-unabhängig; gegen Bakterien	für Lebensmittel mit hohem pH-Wert, vor allem Fleisch-, Fisch-, Soja-Erzeugnisse	erwies sich (wie auch andere Nitrofuranderivate) als mutagen und cancerogen; war eine Zeitlang in Japan zugelassen, bei uns jedoch nicht
Carbendazim	vgl. Tab. 11.18	stark fungicid wirksam, ähnlich Thiabendazol	war für die Oberflächenkonservierung von Kernobst und Citrusfrüchten vorgeschlagen	gelangte wegen mutagener und teratogener Wirkung nicht zur Anwendung
Nisin	Antibioticum (ein Polypeptid)	wirkt gegen anaerobe Sporenbildner; zerstört die Membran des Zytoplasmas, wirkt gegen Sporen stärker als gegen ausgewachsene Zellen, hemmt das Auskeimen der Sporen; stärkere Wirkung bei pH 6,5...6,8	zur Käseherstellung, insbesondere Schmelzkäse	ADI: 33000 Einheiten/ kgKM/d

Hinsichtlich ihrer ernährungstoxikologischen Bewertung reicht die Skala von „unbedenklich" bei denjenigen Konservierungsstoffen, die resorbiert und vollständig zu CO_2 und Wasser verstoffwechselt werden (z. B. Sorbinsäure) bis zu „nicht unbedenklich" bei solchen Konservierungsstoffen, die einen gewissen Desinfektionsmittelcharakter haben (z. B. Hexamethylentetramin; Schwefeldioxid) oder wie beim Nitrit (vgl. Abschn. 14.6.2.). Etliche der „nicht unbedenklichen" Konservierungsstoffe, die früher verwendet worden sind, sind heute nicht mehr zugelassen oder sind als Neuentwicklungen gar nicht erst zugelassen worden (Tab. 14.2).

Es existieren dabei landesspezifische Besonderheiten. So wird die Borsäure in verschiedenen Ländern noch angewendet, z. B. in der Sowjetunion, und das in der DDR zugelassene Hexamethylentetramin ist in anderen Ländern, z. B. in der Bundesrepublik Deutschland, verboten. Die beiden „nicht unbedenklichen" Konservierungsstoffe Schwefeldioxid und Nitrit (bzw. Nitrat) sind dagegen überall noch im Gebrauch, da sie bis jetzt durch nichts anderes zu ersetzen sind (vgl. Abschn. 14.1.).

Im allgemeinen ist jedoch die Toxizität der Konservierungsstoffe gering. Gemessen an den Konzentrationen, die in der Praxis zur Konservierung benötigt werden, erscheint eine Gesundheitsgefährdung nicht gegeben. Die durchschnittlichen Tagesaufnahmen mit Lebensmitteln betragen oft nur ein Zehntel oder gar nur ein Hundertstel des ADI. Wenn man die „aktuelle Sicherheitsspanne" errechnet, dann schneiden vertraute Konservierungsstoffe wie Kochsalz, Zucker und vor allem Ethanol schlechter ab als die chemisch wirkenden Konservierungsstoffe (Tab. 14.3). Dies verdeutlicht, wie sicher im Prinzip die Konservierungsmittel sind.

Tabelle 14.3. Aktuelle Sicherheitsbreite[1] von Konservierungsstoffen[2]

Konservierungsstoff	chronische Verträglichkeit (Tier) (% im Futter)	Anwendungskonzentration in Lebensmitteln (%)	aktuelle Sicherheitsbreite
Kochsalz[2]	1	2...3	0,3...0,5
Nitrit[2]	0,02	0,01	2
Schwefeldioxid	0,2	0,02	10
Ethanol[2]	4	20	0,2
Saccharose	ca. 60	60	1
Ameisensäure	0,2	0,3	0,7
Essigsäure	10	1	10
Propionsäure	3	0,3	10
Sorbinsäure	5	0,1	50
Benzoesäure	1	0,1	10
PHB-Ester	1	0,05	20
Diphenyl	0,1	0,005	20

[1] Quotient aus der Konzentration des Konservierungsstoffes in mg/kg Futter, die in Versuchstieren bei täglicher Verabreichung über lange Zeit hinweg keine nachteiligen Folgen ausgelöst hat, und der erforderlichen Anwendungskonzentration in mg/kg Lebensmittel.

$$\text{aktuelle Sicherheitsbreite} = \frac{\text{chronische Verträglichkeit}}{\text{Anwendungskonzentration}}$$

[2] nach LÜCK, E.: Z. Lebensm.-Technol. u. Verfahrenstechn. **31**, 169 (1980)

[3] Die niedrigen Vergleichszahlen bei diesem Stoff ergeben die hohe Anwendungskonzentration

14.2.3. Desinfektions- und Reinigungsmittel

14.2.3.1. Einführung

Desinfektions- und Reinigungsmittel sind keine Lebensmittelzusatzstoffe, sondern technische Hilfsstoffe. Sie spielen in allen Bereichen des Umgangs mit Lebensmitteln für deren hygienisch einwandfreie Beschaffenheit, Appetitlichkeit und Lagerfähigkeit eine wichtige Rolle aber ihre Rückstände können zu lebensmitteltoxikologischen Problemen führen.

Desinfektionsmittel sind antimikrobiell stark wirksame Substanzen und unterscheiden sich von den Konservierungsstoffen hauptsächlich dadurch, daß sie Mikroorganismen schlagartig abtöten und dann zu wirken aufhören. Die Wirkung bei den Konservierungsmitteln beschränkt sich meist auf eine Entwicklungshemmung und hält über längere Zeit an. Desinfektionsmittel machen auch stark mikrobiell befallenes Material keimfrei. Desinfektionsmittel sind gewöhnlich aggressiv und auch für den Menschen hoch toxisch, Konservierungsstoffe dagegen in der Regel nicht. Desinfektionsmittel dürfen nicht in Lebensmitteln vorkommen.

Trotz dieser scharfen Trennlinie gibt es Übergänge zwischen beiden Stoffgruppen, so wie es auch Übergänge zu anderen Stoffgruppen, den Vorratsschutzmitteln und den Begasungsmitteln (vgl. Abschn. 11.3.3.), gibt.

Reinigungsmittel sind schmutzlösende, zumeist grenzflächenaktive Substanzen, bei denen enge Beziehungen zu Desinfektionsmitteln bestehen. Ihre Anwendung geht dem Einsatz von Desinfektionsmitteln im allgemeinen voran, beide werden oft auch in Kombination verwendet. Die Reinigungsmittel besitzen selbst auch eine gewisse (wenn auch wesentlich geringere) keimabtötende Wirkung. Zwischen beiden Stoffgruppen gibt es fließende Übergänge.

Die größte Gruppe der Desinfektionsmittel sind jene mit oxydierender Wirkung. Zu ihnen gehört vor allem das Chlor, eines der ältesten und auch heute noch billigsten Desinfektionsmittel. Es wird vor allem in Kombination mit Natronlauge (einem Reinigungsmittel) angewendet. Dabei entsteht Hypochlorit, das als Oxydationsmittel fungiert. Chlor wird entweder in freier Form als Gas in die Natronlauge eingeleitet oder in Form chlorabspaltender Stoffe, wie Chlorkalk, oder organischer Chlorträger, wie Chloramin B (Benzensulfochloramid) und Chloramin T (p-Toluensulfonamid), die mit Wasser Hypochlorit bilden, zugesetzt. Desinfiziert werden damit Gefäße, Behälter und Rohrleitungen, die mit Lebensmitteln (z. B. Milch) in Berührung kommen. Aus Gründen des Korrosionsschutzes muß die Desinfektionslösung alkalisch (pH-Wert > 9) sein. Zur Entkeimung (Chlorung) von Trinkwasser muß freies Chlor ohne Alkalizusatz verwendet werden (vgl. Abschn. 14.2.3.1.).

Weitere oxydierend wirkende Stoffe sind Peroxide, vor allem Wasserstoffperoxid, und Persäuren, wie Perschwefelsäure, Perameisensäure und Peressigsäure. Ihre Anwendung ist unproblematisch; als saure Desinfektionsmittel können sie (auch in Kombination mit Wasserstoffperoxid) überall da zum Einsatz gelangen, wo die Anwendung alkalischer Mittel nicht möglich oder ungünstig ist.

Sehr wirksame Desinfektionsmittel sind auch Ozon und Chlordioxid, die aber wegen ihrer hohen akuten Toxizität (Tab. 14.4) genau dosiert werden müssen. Beide Stoffe

Tabelle 14.4. MAK-Werte ausgewählter Desinfektionsmittel
(in cm^3 gasförmiger Stoff pro m^3 Luft)

Ozon[1]	0,1
Chlordioxid	0,1
Chlor	0,5
Formaldehyd	5
Acetaldehyd	200
Phenol	5

[1] LC_{50} bei 15 min Exposition von Ratten: 2...8 cm^3/m^3 Luft

eignen sich gut zur Desinfektion von Wasser, Ozon darüber hinaus auch als Vorratsschutzmittel (Begasungsmittel) für Ernteprodukte (Getreide, Kartoffeln u. a.).

Oxydationsmittel fördern generell Alterungsvorgänge bei Lebewesen, sie schädigen
Proteine (Enzyme), insbesondere SH-gruppenhaltige, und Zellmembranen, indem sie
die Peroxydation von mehrfach ungesättigten Fettsäuren, welche Bestandteile der
membranbildenden Phosphatide sind, einleiten. Damit setzen sie zugleich Radikalketten-
reaktionen in Gang, die zu einer Reihe toxischer Produkte führen (vgl. Kap. 16.).
Ihre hohe akute Toxizität für alle Lebewesen (Mikroorganismen, Pflanzen, Tiere und
den Menschen gleichermaßen) beruht auf der Zerstörung lebenswichtiger Funktionen.
Aus ernährungstoxikologischer Sicht sind dagegen die Zerstörung wertvoller Inhaltsstoffe der mit ihnen in Berührung gekommenen Lebensmittel (vor allem Vitamine)
und die darin gebildeten Sekundärprodukte beachtenswert (vgl. Abschn. 14.2.3.2.).

Eine andere Gruppe von Desinfektionsmitteln sind kationische Tenside und Ampholytseifen. Kationische Tenside sind die Salze quaternärer Ammoniumverbindungen (auch
Pyridiniumverbindungen), von deren vier organischen Resten einer eine langkettige
Alkyl- oder Alkarylgruppe ist, so daß diese Kationen waschaktive Eigenschaften haben. Sie
werden auch „Quats" genannt. Die Ampholytseifen besitzen außer einer solchen quater-
nären Ammoniumgruppe eine anionische Gruppe, so daß sie nach außen elektrisch neutral sind (Betaincharakter). Die desinfizierende Wirkung dieser Stoffe beruht ebenfalls
auf einer Schädigung von Zellmembranen, der allerdings ein anderer Mechanismus
zugrunde liegt. Sie sind auf Grund ihrer waschaktiven Eigenschaften zugleich Reinigungsmittel. Ausschließlich Reinigungsmittel sind dagegen die anionaktiven und nichtionogenen Tenside. Einen desinfizierenden Effekt haben jedoch auch sie, da mit der
Beseitigung von Schmutzstoffen auch Mikroorganismen entfernt werden.

Alle oberflächenaktiven Desinfektions- und Reinigungsmittel stellen ein gewisses
Rückstandsproblem dar, denn sie lassen sich, da sie an Oberflächen anhaften, durch
Abspülen mit Wasser nur schwer entfernen. Zum Beispiel wird damit gerechnet, daß
nach Desinfektion mit einer 1%igen Ampholytlösung an Polyethylenoberflächen ohne
Nachspülen 1 mg Detergens pro m^2 zurückbleibt und nach mehrmaligem Abspülen
ein technisch unvermeidbarer Rückstand von 0,2 mg/m^2 verbleibt.

Die dritte Gruppe von Desinfektionsmitteln sind Aldehyde. Hier sind insbesondere
die beiden ersten Glieder der Alkanal-Reihe, der Formaldehyd und der Acetaldehyd
(Paraldehyd), zu nennen. Sie werden gasförmig oder als wäßrige Lösungen
eingesetzt. Sie sind Reduktionsmittel und ebenso aggressiv wie die oxidierend wirkenden Stoffe Ozon, Chlordioxid und Chlor. Die desinfizierende wie auch die toxische Wirkung der Aldehyde beruht auf ihrer Fähigkeit, mit Aminogruppen unter Bildung
SCHIFFscher Basen zu reagieren. Dabei entstehen formylierte (bzw. acetylierte) Proteine

und Nucleinsäuren. Das macht sie zu potentiellen Mutagenen und Cancerogenen. Im Organismus werden sie sehr schnell zu den entsprechenden Säuren (Ameisensäure, Essigsäure) oxydiert. Aldehyde (bes. Formaldehyd) wirken vor allem als Inhalationsgifte toxisch, während sie in Lebensmitteln nicht mehr als freie Aldehyde, sondern als deren Umsetzungsprodukte vorliegen. Die Toxizität dieser Reaktionsprodukte ist noch wenig aufgeklärt, jedoch auf jeden Fall geringer als die der Aldehyde selbst. Die formylierten und acetylierten Eiweiße sind teils gut, teils nicht verwertbar (vgl. Kap. 15.).

Eine neuere Gruppe von Desinfektionsmitteln sind Iodophore. Bei ihnen handelt es sich um eine Kombination aus einem Tensid und Iod. Desinfizierend wirksam ist das Iod. Um es wasserlöslich zu machen, ist es an einen Träger, einen oberflächenaktiven Stoff gebunden; dieser kann ein anion- oder ein kationaktives Tensid sein, meist sind es nichtionische Ethoxy- oder Propoxyverbindungen. Diese Desinfektionsmittel sind nur im sauren Bereich wirksam. Bei ihnen verbindet sich die oxydierende Wirkung des Iods, die der des Chlors ähnlich ist, mit der reinigenden Wirkung des Detergenses. Die Träger stellen — wie andere oberflächenaktive Stoffe — ein gewisses Rückstandsproblem dar.

Ebenfalls desinfizierend wirken Phenole und deren Derivate. Sie werden für spezielle hygienische Zwecke (z. B. in der Intensivtierhaltung) eingesetzt. Ihre toxische Wirkung beruht auf einer Zerstörung von Zellmembranen und einer Denaturierung von Eiweißen im Zellinnern. Intoxikationen durch phenol-kontaminierte Nahrungsmittel sind jedoch selten, da sich Phenole schon in geringen Konzentrationen geruchlich und insbesondere geschmacklich unangenehm bemerkbar machen.

Alkalien (Natronlauge u. a.) und Säuren sind in erster Linie Reinigungsmittel, zeigen aber in genügend hohen Konzentrationen auch keimtötende Effekte.

14.2.3.2. Sekundärprodukte der Trinkwasseraufbereitung

Der für die Bekämpfung trinkwasservermittelter Krankheiten wichtigste Schritt der letzten 100 Jahre war die Einführung der Chlorung in die Wasseraufbereitung mit dem Ziel einer sicheren Desinfektion des Wassers.

Heute werden anstatt des Chlors auch andere Stoffe eingesetzt (Chlordioxid, Ozon, Iod), die mit Kontaminanten des Trinkwassers reagieren.

Solche Kontaminanten, die damit gleichzeitig Präkursoren für Reaktionsprodukte darstellen, können natürlichen Ursprungs sein, wie Humin- und Fulvonsäuren, die als organische Bodenbestandteile ubiquitär sind, oder Chlorophyll und Uracil, die beim Abbau organischer Substanz frei werden und, wie die ersten, vor allem in Oberflächenwässern vorkommen. Ammoniak, Phenole, Amine und Acetonitrile, die als Präkursoren anthropogenen Ursprungs bekannt geworden sind, gelangen mit Industrieabwässern, aber auch aus der Luft und von der Bodenoberfläche durch Auswaschung bzw. Abspülung in das Wasser. Präkursoren wie Pyrrol und polycyclische aromatische Kohlenwasserstoffe (PAK) entstehen bei der Verrottung und Verwesung organischen Materials und sind in häuslichen Abwässern enthalten, können aber auch als Syntheseausgangsund Zwischenprodukt (Pyrrol) oder als Verbrennungsrückstand von Kohlenwasserstoffen (PAK) in der Umwelt angereichert werden. Der oxydative Angriff des Chlors führt zur Bildung von Trihalomethanen (= THM, wie Trichlormethan [Chloroform], Chlordibrommethan, Dichlorbrommethan, Tribrommethan [Bromoform] und anderen), chlorierten aliphatischen Mono- und Dicarbonsäuren, chlorierten PAK, Chloraminen, Chlorphenolen, Chloracetonitrilen und weiteren Chlorverbindungen, aber auch zu chlorfreien Oxydationsprodukten. Die flüchtigen Verbindungen unter diesen waren der chemischen Analyse (Kapillargaschromatographie, MS) leichter zugänglich als die nichtflüchtigen (HPLC und MS) und sind daher genauer untersucht.

Chlordioxid reagiert vom Prinzip her ähnlich, allerdings entstehen fast keine THM und Chlorphenole und insgesamt nur etwa 7% der Menge an Chlorverbindungen, die bei vergleichbaren Bedingungen durch Chloreinwirkung entstünden. Es ist, wie auch bei der Ozonung, mit Produkten zu rechnen, die der Erfassung entgehen und deren toxikologische Bewertung noch aussteht.

Nicht völlig aufgeklärt ist die Haloformreaktion, die zur Bildung der THM führt. Präkursoren sind vor allem Stoffe mit Acetylgruppen. Humin- und Fulvosäuren gelten als die entscheidenden. Das bei der Chlorung entstehende ClO^- und vielleicht auch Cl_2O werden als die eigentlich wirksamen Reaktionspartner angesehen. Verschiedene Faktoren (Temperatur, pH-Wert, Chlordosis, Präkursoren-, Br^-- und I^--Konzentration) beeinflussen die Reaktion. Das Ausmaß der Bildung bromierter Methane, aber auch der THM insgesamt, hängt von der Konzentration des in Oberflächenwässern allgegenwärtigen Br^- ab, welches zunächst vom Chlor oxydiert wird und dann weiter reagiert. Bei entsprechender Bromidkonzentration können Tribommethan und die Chlorbrommethane den Hauptanteil der THM ausmachen. Analog können auch iodierte Produkte entstehen.

Die wenigsten Informationen über Reaktionsprodukte liegen bei Ozonanwendung vor. Sicher ist hierbei, daß nur ein geringer Anteil der Gesamtmenge an Stoffen bis zu CO_2 und Wasser abgebaut wird, der überwiegende Anteil wird oxydativ in Reaktionsprodukte mit niedrigerer Molmasse und besserer Wasserlöslichkeit umgewandelt.

Alle genannten Sekundärprodukte wurden nur in Konzentrationen < 1 mg/kg im Trinkwasser gefunden.

Bei der toxikologischen Wertung der Oxydationsmittel zur Wasseraufbereitung sind die Wirkungen der Mittel selbst, worüber erstaunlich wenig bekannt ist, die ihrer reaktiven Umwandlungsprodukte und der aus Präkursoren entstehenden Sekundärprodukte zu berücksichtigen. Die letzteren sind von besonderer Aktualität. Einige THM und andere Sekundärprodukte haben mutagene und cancerogene Eigenschaften, weshalb im weiteren besonders auf diese Stoffe eingegangen wird (siehe auch Kap. 13.).

Die THM können 10...90% der Gesamtmenge organischer Halogenverbindungen des Wassers ausmachen. $CHCl_3$, das vom quantitativen und vom toxikologischen Aspekt aus gegenwärtig an erster Stelle steht, wurde in Konzentrationen bis zu 310 µg/l im Trinkwasser gefunden, die Konzentrationen der anderen THM liegen in der Regel bis zu mehreren Zehnerpotenzen niedriger (in Abhängigkeit von der Br^--Konzentration im Wasser).

Die jährliche Trichlormethanaufnahme mit dem Wasser wurde für die USA auf 0,73...343 mg/Person/Jahr kalkuliert. $CHCl_3$ erwies sich bei hoher Dosierung als cancerogen. Die niedrigste gefundene wirksame Dosis betrug 0,1 mg/kg KM/d bei Mäusen und rief Hepatome hervor; 90...250 mg/kg KM/d führten bei Ratten zu epithelialen Nierentumoren und 100...500 mg/kg KM/d bei Mäusen zu heptatozellulären Karzinomen. Neuere Untersuchungen machen wahrscheinlich, daß Trichlormethan als Cancer-Promotor wirkt. Geht man davon aus, daß Wirkungsweise und Dosisbereich auch für den Menschen zutreffen, sind die im Trinkwasser vorhandenen Mengen (unter den europäischen Bedingungen werden Mittelwerte von 10 µg/l selten überschritten) an $CHCl_3$ vielleicht von geringer Bedeutung.

Alle bromierten THM haben mutagene Eigenschaften und sind zum gegenwärtigen Zeitpunkt ebenfalls als gesundheitsgefährdend zu betrachten.

Epidemiologische Studien (bezogen auf gechlortes/nicht gechlortes Wasser bzw. auf Trichlormethan im Trinkwasser) in den USA und den Niederlanden haben einen signifikanten Zusammenhang zwischen der Chlorung des Trinkwassers und einer erhöhten Inzidenz von Karzinomen des Verdauungstraktes (Magen, Colon, Rektum, Oesophagus) gezeigt. Verantwortlich hierfür sind vermutlich nicht allein die THM, sondern Substanzen aus der großen Gruppe noch nicht erfaßter Sekundärprodukte und möglicherweise auch andere Wasserinhaltsstoffe, da der Vergleich Oberflächenwasser/Grundwasser eine erhöhte Krebsinzidenz für das Oberflächenwasser ergab.

Um über die toxischen Eigenschaften der noch nicht erfaßten Substanzen summarische Informationen zu erhalten, wurden durch eine Reihe von Untersuchern die nichtflüchtigen organischen Bestandteile verschiedener Roh- und Trinkwässer mittels Adsorberharzen und anderer Hilfsmittel angereichert und der Mutagenitätstestung unterworfen. Dabei fand man, daß die mutagene Aktivität dieser Gemische bei gleichem Ausgangswasser nach jeder Behandlungsstufe, in der Chlor zum Einsatz gekommen war, höher war als vorher.

Über die Toxizität der Produkte, die bei der Anwendung von Chlordioxid gebildet werden, ist noch so wenig bekannt, daß keine toxikologische Wertung möglich ist. Das gleiche gilt für Ozon.

Wägt man den Nutzen der chemischen Wasserdesinfektion gegen das damit verbundene toxische Risiko ab, gilt für alle Mittel: Das höchste Gesundheitsrisiko geht von den trinkwasservermittelten Infektionskrankheiten aus. Die Desinfektion des Wassers muß deshalb sicher sein und so erfolgen, daß auch eine Wiederverkeimung des Rohrnetzes ausgeschlossen wird. Die einzige überall anwendbare Methode ist gegenwärtig die Wasserchlorung. Das toxische Risiko kann durch eine Reihe von Maßnahmen gering gehalten werden. Hierzu gehören die Senkung des Gehaltes an Präkursoren und die Wahl solcher Aufbereitungstechnologien, die den Gehalt des abgegebenen Trinkwassers an toxischen Sekundärprodukten auf das unvermeidliche Maß beschränken.

14.2.4. Antioxydantien und Synergisten

Antioxydantien sind Stoffe, die den oxydativen Verderb von Lebensmitteln verhindern oder zumindest verzögern. Die sowohl umfangmäßig als auch hinsichtlich der toxikologischen Auswirkungen am stärksten vom oxydativen Verderb betroffene Gruppe von Nährstoffen sind die Fette einschließlich der Fettbegleitstoffe. Sie unterliegen bei Anwesenheit von Luftsauerstoff der Autoxydation (vgl. Kap. 16.).

Antioxydantien sind — allgemein gesprochen — Radikalfänger, die sich mit den Radikalen der Autoxydationskette zu so stabilen Addukten umsetzen, daß damit ein Abbruch der Radikalkettenreaktion gegeben ist. Zu solchen Reaktionen sind

1. freie Radikale (A·) befähigt, die so stabilisiert sind, daß sie neue Radikalketten nicht zu initiieren vermögen, also nicht prooxydativ wirken können, sich aber andererseits mit freien Radikalen der Autoxydationsketten (R· bzw. ROO·) zu stabilen Verbindungen vereinigen,

$$R\cdot \quad + A\cdot \to R-A$$
$$ROO. + A\cdot \to R-OO-A,$$
(14.1)

2. solche Stoffe (A), die sich mit freien Radikalen der Fettautoxydation zu relativ stabilisierten Radikalen umsetzen

$$A + R\cdot \quad \to \cdot A-R$$
$$A + ROO\cdot \to \cdot A-OO-R,$$
(14.2)

(dazu gehören Chinone, die dabei zu substituierten Semichinonradikalen werden), die dann gemäß Gl. (14.1) weitere Radikale binden, und

3. Verbindungen mit funktionellem Wasserstoff (AH), die unter Abgabe dieses Wasser-
   stoffes Radikalketten abbrechen und dabei stabilisierte Radikale der zuerst genannten
   Art bilden:

$$AH + R\cdot \quad \rightarrow RH + A\cdot$$
$$AH + ROO\cdot \rightarrow ROOH + A\cdot \tag{14.3}$$

Zu der zuletzt genannten Gruppe gehören solche einwertigen Phenole und aromatischen
Amine, die bei Abspaltung eines Wasserstoffatoms aus der OH- oder NH_2-Gruppe reso-
nanzstabilisierte Radikale bilden. Ferner gehören zweiwertige Phenole, welche Chinone
bilden können, also zweiwertige Phenole vom Hydrochinon- oder Brenzcatechintyp,
sowie die entsprechenden aromatischen Diamine dazu.

Als Antioxydantien für technische Produkte (vgl. Kap. 20.) finden alle genannten
Antioxydanstypen Verwendung, während für die Verlängerung der Haltbarkeit von
Nahrungsfetten (also als Lebensmittelzusatzstoffe) nur phenolische Antioxydantien
zugelassen sind. Fettantioxydantien sind also Stoffe mit funktionellem Wasserstoff,
die diesen Wasserstoff in einer Einstufenreaktion unter Bildung eines stabilisierten Radikals abzugeben in der Lage sind.

Stoffe, die ihren funktionellen Wasserstoff nur paarweise und ohne Bildung freier
Radikale abzugeben vermögen, sind als Antioxydantien unwirksam. Sie können aber
die Wirksamkeit phenolischer Antioxydantien erhöhen, indem sie ihren Wasserstoff
auf die gebildeten freien Radikale übertragen und auf diese Weise die phenolischen
Antioxydantien regenerieren. Solche Stoffe heißen Synergisten (SH_2):

$$SH_2 + 2A\cdot \rightarrow S + 2AH$$
$$2SH + 2A\cdot \rightarrow S-S + 2AH. \tag{14.4}$$

Synergistisch wirksam sein können Verbindungen mit aliphatischen OH-, NH_2-
und SH-Gruppen.

Manchmal werden auch Stoffe wie die Citronensäure, die Phosphorsäure u. a. als Synergisten
bezeichnet. Auch sie haben einen haltbarkeitsverlängernden Effekt auf sauerstoffempfindliche
Lebensmittel, aber dieser beruht nicht auf einer Abgabe von Wasserstoff an dehydrierte Antioxydantien, sondern auf einer Inaktivierung von prooxydativ (autoxydationsfördernd) wirkenden
mehrwertigen Schwermetallionen.

Die Unterscheidung zwischen Antioxydantien und Synergisten ist in der Praxis nicht
so leicht wie diese klare Differenzierung erwarten läßt. Das liegt zum einen daran, daß
Lipide zwar die auffälligsten autoxydablen Lebensmittelbestandteile sind, aber nicht
die einzigen. Oxydative Veränderungen treten auch an vielen luftempfindlichen nicht-
lipidischen Pflanzeninhaltsstoffen (darunter vor allem dem Vitamin C) auf. Solche Stoffe
sind oft mit phenolischen Pflanzeninhaltsstoffen vergesellschaftet, die unter dem Einfluß pflanzeneigener Peroxydasen (solange diese noch nicht durch Hitzeeinwirkung
denaturiert sind) zu chinoiden Stoffen oxydiert werden, die zu intensiv braungefärbten
Produkten polymerisieren (vgl. Abschn. 8.8. und 15.5.). An diesen als „enzymatische
Bräunungen" bezeichneten Vorgängen lassen sich derartige oxydative Veränderungen
auch optisch erkennen. Zur Verhinderung oder Verzögerung dieser Bräunungen eignen

sich, da es sich um eine Oxydation phenolischer Verbindungen handelt, auch Synergisten. In solchen Fällen wirken Synergisten auch ohne die Vermittlung echter Antioxydantien antioxydativ.

Zum zweiten enthalten alle natürlichen Fette natürliche Antioxydantien. Die wichtigste Gruppe der natürlich vorkommenden Antioxydantien ist die Gruppe der Tocopherole (Vitamin E), deren häufigste Vertreter das α-, das β-, das γ- und das δ-Tocopherol sind (Abb. 14.1). Pflanzliche Öle enthalten 100...500 mg/kg Gesamttocopherol, Keimöle sogar wesentlich mehr (Weizenkeimöl 3...4 g/kg), während Fette tierischer Herkunft nur 10...30 mg/kg Gesamttocopherol enthalten. Auch raffinierte Pflanzenöle enthalten Tocopherole, wenn auch in etwas vermindertem Maße. Die Anwesenheit dieser Antioxydantien macht es möglich, daß Synergisten auch ohne gleichzeitigen Zusatz phenolischer Antioxydantien autoxydationshemmend wirken. Der wichtigste Synergist ist die Ascorbinsäure (Vitamin C). Um diese wasserlösliche Substanz fettlöslich und auf diese Weise mit Fetten mischbar zu machen, wird sie auch in Form ihrer Ester mit Fettsäuren, vor allem in Form des Ascorbylpalmitats, eingesetzt (Abb. 14.2).

Von den auf dem Lebensmittelsektor einsetzbaren Antioxydantien sind die Tocopherole aus ernährungstoxikologischer Sicht unbedenklich. Ihr Zusatz ist wegen der

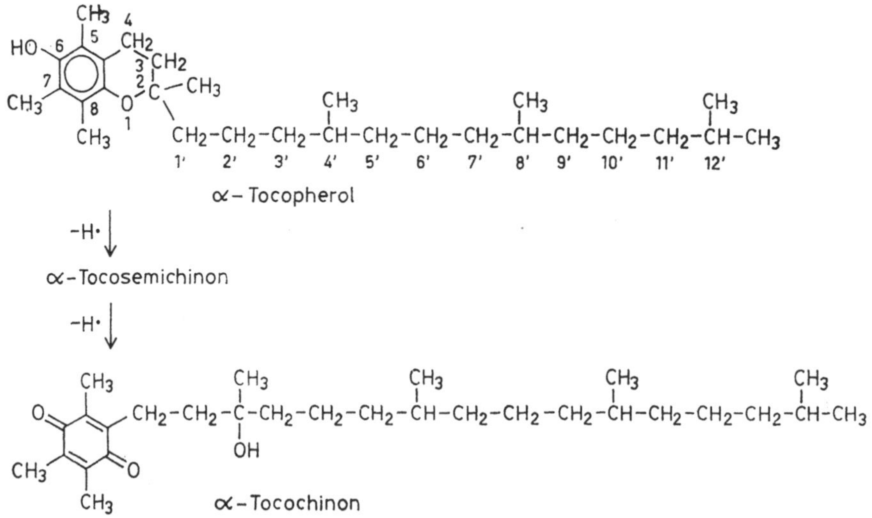

Abb. 14.1. α-Tocopherol und sein Oxydationsprodukt α-Tocochinon.
Die Tocopherole unterscheiden sich nur in der Zahl der Methylgruppen in der 5-, 7- und 8-Position des 6-Hydroxychromanringes. Die mengenmäßig wichtigsten Tocopherole sind das α-Tocopherol (5,7,8-Trimethyltocol), das γ-Tocopherol (7,8-Dimethyltocol) und das δ-Tocopherol (8-Methyltocol). Das α-Tocopherol ist das mit der höchsten Vitamin-E-Wirkung, während die höchste antioxydative Wirkung das δ-Tocopherol besitzt. Tocopherole haben 3 asymmetrische Kohlenstoffatome (in den Positionen 2, 4' und 8'); von biochemisch unterschiedlicher Aktivität sind jedoch nur diejenigen Epimeren, die unterschiedliche Raumstrukturen am C-Atom 2 besitzen. Die natürlich vorkommenden Tocopherole sind optisch einheitlich und werden der D-Konfiguration zugeordnet, synthetische Tocopherole sind dagegen Racemate.
Die Tocopherole können als „Krypto"-Hydrochinone aufgefaßt werden: Die Bindung zwischen dem Sauerstoffatom 1 und dem Kohlenstoffatom 2 ist leicht hydrolysierbar, wobei der Dihydropyranring aufgespalten wird und zwei freie Hydroxylgruppen (eine phenolische und eine alkoholische) entstehen. Das Hydrochinon wird über das Semichinon zum entsprechenden Tocochinon dehydriert.

Vitamin-E-Wirkung sogar als eine erwünschte Werterhöhung zu betrachten, um so mehr, da die Tocopherole licht- und sauerstoffempfindlich sind und der natürliche Vitamin-E-Gehalt von landwirtschaftlich produzierten Nahrungsgütern bei deren Be- und Verarbeitung zu Lebensmitteln oft erheblich vermindert wird. Unzuträgliche Überdosierungen von Tocopherolpräparaten sind normalerweise nicht zu erwarten (vgl. Kap. 9.).

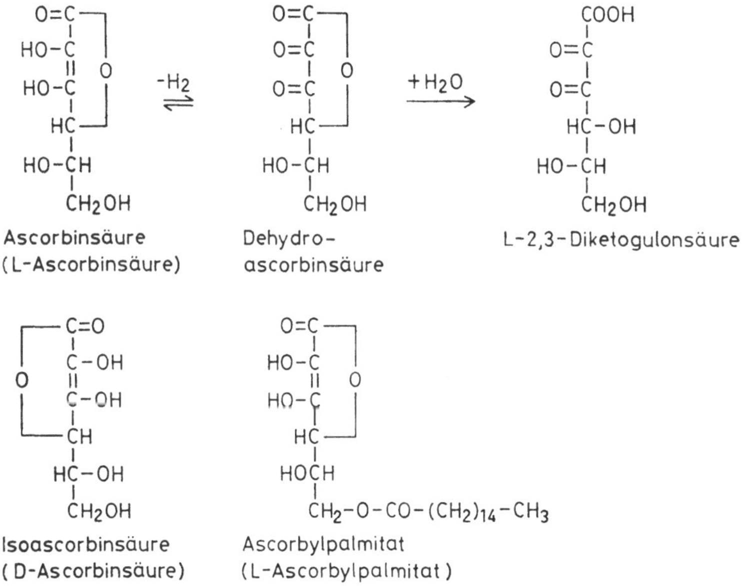

Abb. 14.2. Ascorbinsäure und ihr Oxydationsprodukt Dehydroascorbinsäure.
Die Ascorbinsäure kann als das γ-Lacton der 2,3-Dehydrogulonsäure (Enolform der 2-Ketogulonsäure) aufgefaßt werden. Ihre Acidität beruht auf der Endiolgruppierung. Sie wird zu Dehydroascorbinsäure (einem neutralen γ-Lacton) dehydriert. Dabei können ihre beiden Wasserstoffatome nicht in zwei aufeinanderfolgenden Schritten abgehen, wie das bei den Hydrochinon-Antioxydantien der Fall ist, sondern nur gleichzeitig. Darum ist die Ascorbinsäure kein echtes Antioxydans, sondern ein Synergist. Die Dehydroascorbinsäure kann wieder in Ascorbinsäure reduziert oder durch Aufnahme von Wasser in 2,3-Diketogulonsäure umgewandelt werden.

Anders sieht es mit der Beurteilung der anderen Antioxydantien aus. Obwohl schwerwiegende toxikologische Befunde aus Langzeit-Fütterungsexperimenten an Laboratoriumstieren, insbesonders Hinweise auf mutagene oder cancerogene Wirkungen nicht vorliegen, werden sie überall mit Skepsis betrachtet. Das betrifft besonders die phenolischen Antioxydantien BHT und BHA (Tab. 14.5), aber auch die natürlich vorkommende Nordihydroguajaratsäure als Brenzcatechin-Abkömmling. Der Grund für die bestehenden Vorbehalte ist darin zu sehen, daß diese Stoffe physiologisch fremdartig (Xenobiotica) sind, von denen man nicht weiß, welche Umsetzungen sie im Organismus eingehen können, und Radikale bilden (Radikale gelten als toxisch). Man ist bestrebt, alles vom menschlichen Körper fernzuhalten, was Radikale entstehen lassen kann (Bestrahlungen aller Art; zu hoch bestrahlte Lebensmittel; starke Oxydantien usw.). Es ist zwar richtig, daß Radikalreaktionen die Eigenart haben, sich in unkontrollierbarer Weise auszuweiten, zu verzweigen und so einen hohen Grad von Unordnung zu

Tabelle 14.5. Antioxydantien

Chemische Bezeichnung	Struktur	Anwendungsgebiet (ADI, in mg/kg KM/d)
Tocopherole (Vitamin E)	vgl. Abb. 14.1	für alle Fette, fetthaltige Lebensmittel und Getreideprodukte, auch für Kindernahrungsmittel (0...2)
Gallussäure-Ester: Propyl-, Octyl- und Dodecylgallat	$R = $ Propyl-, Octyl- oder Dodecyl	für wasserfreie Fette und Öle, (0...0,2)
Di-tert-Butyl-hydroxytoluen (BHT)		
tert-Butylhydroxy-anisol (BHA) (Gemisch aus dem 2- und dem 3-Isomeren)	2 – Isomer	für wasserfreie Fette und Öle (0...0,5, vorläufig; als Summe von BHT, BHA und TBHQ)
tert-Butylhydrochinon (TBHQ)		
Nordihydroguajaratsäure (NDGA)		ADI nicht festgelegt
Anoxomer	Copolymerisat aus tert-Butylhydrochinon, Divinylbenzen, p-tert-Butylphenol und einigen anderen Phenolen; ein nicht resorbierbares Antioxydans	(0...8; vorläufig)
Santoquin, Ethoxyquin		zur Oberflächenbehandlung von Äpfeln und Birnen (von der WHO noch nicht beurteilt)

Tabelle 14.5. Fortsetzung

Chemische Bezeichnung	Struktur	Anwendungsgebiet (ADI, in mg/kg KM/d)
XAX-M	Polykondensationsprodukt aus 2,2,4-Trimethyl-1,2-dihydrochinolin und Acetaldehyd, z. B.:	nur für Futtermittel (von der WHO noch nicht beurteilt)

schaffen, die für so hoch geordnete Organisationsformen wie die lebenden Zellen schädlich sein muß, aber die Radikale, die aus Antioxydantien entstehen, sind relativ stabil und wenig aggressiv. Sie sind nicht Ausgangspunkt neuer Radikalketten, sondern fangen nur Radikale anderer Reaktionsketten ab. Hieraus ergibt sich eine Schutzwirkung für den Organismus, die zwar bekannt ist, über deren Umfang und mögliche Bedeutung man aber noch wenig weiß. Es ist erwiesen, daß bei oraler Verabreichung nicht nur von Tocopherolen, sondern auch von Antioxydantien, wie BHT und BHA, die Gewebeschäden, die in den Atmungsorganen bei Einwirkung luftverschmutzender Oxydantien (Ozon und Stickoxiden) entstehen, erheblich geringer bleiben. Antioxydantien und ihre

Tabelle 14.6. Synergisten

Chemische Bezeichnung	Struktur	Anwendungsgebiet (ADI, in mg/kg KM/d)
Ascorbinsäure (L-Ascorbinsäure) (Vitamin C)	siehe Abb. 14.2	für alle Lebensmittel insbes. wasserreiche, auch Kindernahrungsmittel (0...15)
Fettsäureester der Ascorbinsäure Ascorbylpalmitat Ascorbylstearat	siehe Abb. 14.2	für alle Lebensmittel, insbes. wasserarme auch Kindernahrungsmittel (0...1,25)
Isoascorbinsäure (D-Ascorbinsäure) (ohne Vitamin-C-Wirkung)	siehe Abb. 14.2	für Obstkonserven und Fleischwaren (0...5)
Thiodipropionsäure[1]	$S \big\langle \substack{CH_2-CH_2-COOH \\ CH_2-CH_2-COOH}$	für wasserreiche Produkte (0...3)
Dilaurylthiodipropionsäure[1]	der Dilaurylester der Thiodipropionsäure	wasserfreie Fette und Öle (0...3)

[1] Wirkungsmechanismus unbekannt

Radikale könnten sich als allseitig verwendbare Gegenmittel gegenüber allem erweisen, was zerstörerische Radikale hervorbringt.

Eine gesunde Skepsis, die aber das Positive nicht aus dem Auge verliert, ist jedoch angebracht. Das gilt besonders für die 1,2-Dihydrochinolinderivate Santoquin und XAX-M, weil die N-Radikale, die aus ihnen entstehen, Bedenken verursachen.

Die als Lebensmittelzusatzstoffe verwendbaren Synergisten sind toxikologisch wenig problematisch: sie sind keine Radikalbildner und werden vollständig verwertet. Der Zusatz von Ascorbinsäure ist wegen des Vitamin-C-Effektes sogar eine Wertsteigerung.

14.2.5. Komplexbildner (Metallfänger)

Die Autoxydation von Fetten (sowie auch andere Prozesse des oxydativen Verderbs) wird durch Schwermetallionen, die in zwei verschiedenen Oxydationsstufen vorliegen können, erheblich gefördert (vgl. Kap. 16.).

Die wichtigsten dieser Prooxydantien sind die Ionenpaare Cu^+/Cu^{2+} und Fe^{2+}/Fe^{3+}. Sie kommen als natürliche Mineralstoffe in allen Lebensmitteln und Fetten natürlicher Herkunft ubiquitär vor und können zusätzlich als bearbeitungsbedingte Verunreinigungen vorliegen. Schon geringe Mengen genügen, um polyungesättigte Fettsäuren und andere sauerstoffempfindliche Substanzen (vor allem Vitamin C) zu zerstören. Sie lassen sich jedoch durch Stoffe inaktivieren, die mit ihnen Komplexe bilden, in denen eine Änderung des Ladungszustandes nicht mehr möglich ist. Die letzte Bedingung ist ganz entscheidend. In Komplexen, in denen eine Änderung der Oxydationsstufe möglich ist (z. B. bei Kupfer im Chlorophyll-Kupferkomplex und bei Eisen im Häm-Komplex) wird die prooxydative Wirkung meist sogar verstärkt. Komplexbildner, die Schwermetallionen abfangen und inaktivieren, werden auch Metallfänger genannt. Sie binden auch andere Metallionen, die nichtprooxydativ wirken, wie Ca^{2+} und Mg^{2+}, und finden deshalb auch zu anderen Zwecken Verwendung (Tab. 14.7).

Die meisten Komplexbildner sind natürliche Lebensmittelbestandteile und insofern vom toxikologischen Standpunkt aus unproblematisch. Der wirksamste Komplexbildner ist jedoch ein Syntheseprodukt, die Ethylendiamintetraessigsäure (EDTA). Diese Substanz wird zur klinischen Behandlung von Metallvergiftungen verwendet. Gerade wegen seiner starken metallbindenden Wirkung ist bei einer Verwendung als Lebensmittelzusatzstoff Vorsicht geboten. Es kann zu Störungen im Mineralstoffhaushalt kommen. EDTA wird kaum als Metallfänger für Prooxydantien, aber in geringem Umfang Konserven von Fischen und Krustentieren zugesetzt, um Magnesium zu binden und das Auskristallisieren von Ammoniummagnesiumphosphat zu verhindern. Ein häufig gebrauchter Metallfänger sind die Phosphorsäure und ihre Salze (vgl. Abschn. 14.6.4.).

14.3. Stoffe zur Verbesserung der Konsistenz

14.3.1. Einführung

Unter der Konsistenz eines Lebensmittels versteht man seine äußere (physikalische) Beschaffenheit, die sich aus seiner stofflichen Zusammensetzung, dem Verteilungsgrad seiner Komponenten, dem Grad ihrer Durchmischung und ähnlichen Faktoren ergibt. Konsistenzverbessernde Stoffe sind daher Stoffe mit einer vorwiegend physikalischen

Tabelle 14.7. Komplexbildner (Metallfänger)

Chemische Bezeichnung	Anwendungsgebiet (ADI, in mg/kg KM/d)
Citronensäure und ihre Salze	für alle wasserreichen Lebensmittel, auch als Gärungs- und Geschmacksstoff (nicht limitiert)
Citronensäureester von Fettsäuremonoglyceriden	für fettreiche Lebensmittel, auch als Emulgator (nicht limitiert)
Weinsäure	für wasserreiche Lebensmittel, auch als Säuerungs- und Geschmacksstoff L-Weinsäure (natürliche Weinsäure) und DL-Weinsäure (synthetische Weinsäure): kein ADI-Wert festgelegt
Milchsäure	für wasserreiche Lebensmittel, auch als Säuerungsstoff (nicht limitiert)
Phosphorsäure und deren Salze	für viele andere Zwecke (vgl. Abschn. 14.6.4.) (0...70)
Sorbitol	vor allem als Süßungsmittel für Diätlebensmittel, wegen laxativer Wirkung nicht für gewöhnliche Lebensmittel verwendet (nicht limitiert); vgl. Abschn. 14.5.4.2.
Dinatriumsalz der Ethylendiamintetraessigsäure (EDTA)	geringe Verwendung als Zusatzstoff (0...2,5)

Wirkung: Sie verbessern und erhalten die feine Verteilung und gegenseitige Durchdringung von Lebensmittelbestandteilen, die nicht miteinander mischbar sind bzw. ermöglichen erst das Einarbeiten einer Komponente in die andere. Der Zustand der Feinverteilung verbessert nicht nur das äußere Erscheinungsbild eines Lebensmittels, was dessen Appetitlichkeit und Schmackhaftigkeit erhöht, sondern fördert auch oft dessen Verdaubarkeit und Bekömmlichkeit, hat also einen positiven ernährungsphysiologischen Effekt.

Um wirksam zu sein, müssen konsistenzverbessernde Stoffe in relativ großen Konzentrationen (1...5%, mitunter sogar noch mehr) zugesetzt werden. Allerdings sind diese Stoffe biochemisch und chemisch wenig aktiv, d. h. sie sind weder befähigt, im Organismus mit körpereigenen Stoffen (Enzymen, Nucleinsäuren, Membranen usw.) chemische Reaktionen einzugehen, also toxische Effekte hervorzurufen, noch mit anderen Lebensmittelbestandteilen unter Bildung toxischer Umwandlungsprodukte zu reagieren.

Die meisten Stoffe dieser Gruppe sind natürlichen Ursprungs oder aus normalen Lebensmittelbestandteilen zusammengesetzt. Werden sie von den Verdauungsenzymen des Magen-Darm-Traktes hydrolysiert und resorbiert, werden sie wie Nährstoffe verwertet, wenn sie nicht resorbiert werden, werden sie mit den Faeces ausgeschieden. In diesem Falle können jedoch Störungen im Darm auftreten: Wenn hochmolekulare Stoffe nach Art der Ballaststoffe die Peristaltik des Darms zu stark anregen, kann es zu Diarrhöen kommen. Ebenfalls laxativ wirken gut wasserlösliche (vor allem hygroskopische) Stoffe, die nicht resorbiert werden. Sie erhöhen den osmotischen Druck des Darminhalts derartig, daß die normalerweise einsetzende Entwässerung im Dickdarm nicht oder nur unvollkommen funktioniert. Weiterhin können nicht resorbierte Stoffe im Dickdarm von den Bakterien der Darmflora abgebaut werden, was meist mit einer verstärkten Bildung von Darmgasen verbunden ist. (Durch die Tätigkeit der Darmbakterien können einige der hochmolekularen Verbindungen aufgeschlossen und damit partiell resorbierbar gemacht werden.)

Unverträglichkeiten dieser Art, insbesonders eine laxierende Wirkung, können die Einsetzbarkeit konsistenzverbessernder Stoffe erheblich begrenzen (entsprechend niedriger ADI-Wert).

Ausgesprochen toxisch wirken können jedoch produktionsbedingte Verunreinigungen (Rückstände von toxischen Schwermetallen, organischen Lösungsmitteln u. a.). Wenn diese technisch unvermeidbar sind, können sie die Anwendbarkeit eines an sich untoxischen Zusatzstoffes limitieren, d. h., sein ADI von „unbegrenzt" in einen endlichen Zahlenwert umwandeln.

14.3.2. Emulgatoren

Emulgatoren sind grenzflächenaktive Stoffe. Sie setzen die an Phasengrenzflächen herrschenden Grenzflächenspannungen herab und ermöglichen so die Bildung disperser Systeme aus Fett- und Wasserphasen. Diese Verhaltensweise wird dadurch ermöglicht, daß Emulgatormoleküle sowohl über polare als auch über unpolare Atomgruppierungen verfügen, die aber in einem langgestreckten Molekül räumlich voneinander getrennt sind.

Emulgatoren mit überwiegend unpolaren Gruppierungen lösen sich in Ölen und können kleine Mengen Wasser darin emulgieren, sie bilden Emulsionen vom Typ „Wasser-in-Öl" (das Öl ist die äußere, das Wasser die innere Phase). Emulgatoren mit starken polaren Gruppen lösen sich in Wasser und emulgieren darin Öle, sie bilden Emulsionen vom Typ „Öl-in-Wasser", bei denen das Wasser die äußere und Öl die innere Phase ist.

Zur Charakterisierung der hydrophilen (polaren) und lipophilen (unpolaren) Eigenschaften eines Emulgators unabhängig von seiner stofflichen Zusammensetzung ist die HLB-Skala (Hydrophilic-Lipophilic-Balance-Skala) aufgestellt worden. Sie umfaßt die Werte 0 (lipophil) bis 20 (hydrophil).

Die lipophilen Gruppen sind Alkyl- und Arylgruppen. Ihre Lipophilie wird allein durch ihre Größe bestimmt, sie kann durch Kettenverzweigung (Bulk-Bildung) erhöht werden. Die hydrophilen Gruppen können chemisch sehr unterschiedlicher Natur sein; sie unterscheiden sich auch hinsichtlich ihrer hydrophilen Stärke erheblich. Nach dem Charakter des hydrophilen Teils erfolgt die Einteilung der Emulgatoren in anionaktive, kationaktive, amphotere und nichtionogene.

Anionaktive Emulgatoren sind solche, bei denen der hydrophile Teil eine anionische Gruppe — eine Sulfonsäuregruppe ($-SO_3^-$), eine Sulfatgruppe ($-O-SO_3^-$), eine Phosphat- [$-O-P(OH)O_2^-$] oder eine Carbonsäuregruppe ($-COO^-$) — ist. Das zugehörige Kation ist von untergeordneter Bedeutung. Kationaktive Emulgatoren sind solche, bei denen der hydrophile Teil ein Kation — ein tertiäres oder quarternäres Ammoniumion ($-NHR_2^+$ oder $-NR_3^+$) oder auch ein Pyridiniumion — ist. Auch hier spielt das dazugehörige Anion keine funktionelle Rolle. Amphotere Emulgatoren enthalten sowohl eine anionische als auch eine kationische Gruppe, haben also Betaincharakter, d. h. sie sind nach außen elektrisch neutral. Nichtionogene Emulgatoren besitzen hydrophile Gruppen, die nicht dissoziieren. Das sind besonders Hydroxylgruppen und Ethergruppen. Auch Aminogruppen kommen in Betracht, aber diese haben schon einen etwas kationischen Charakter. Da die nichtionogenen polaren Gruppen wesentlich schwächer wirksam sind als die ionisierbaren, müssen erstgenannte immer gehäuft vorhanden sein, wenn der Emulgator eine nennenswerte Hydrophilie aufweisen soll. Gewöhnlich liegt eine Anhäufung von OH-Gruppen bzw. eine Anhäufung von Ethergruppen in Form von Polyglycolethern [$-O-CH_2-CH_2-(-O-CH_2-CH_2-)_n-OH$] vor. Auch Estergruppierungen ($R_1-CO-O-R_2$) kommen als hydrophile Gruppen in Betracht.

Starke anionische Emulgatoren (Sulfonate und Sulfate) sowie kationische und synthetische amphotere Emulgatoren werden als Lebensmittelemulgatoren nicht verwendet. Diese finden hauptsächlich als Wasch- bzw. Reinigungsmittel Verwendung. Die starken kationischen und amphoteren Tenside haben darüber hinaus eine desinfizierende Wirkung. Sie sind für den Menschen toxisch.

Die überwiegende Mehrzahl der als Lebensmittelzusatzstoffe anwendbaren Emulgatoren sind nichtionogen (Tab. 14.8). Der unpolare Teil ist in jedem Fall eine langkettige Fettsäure (Palmitin-, Stearin- oder Ölsäure) von natürlich vorkommenden Fetten, der polare Teil sind hauptsächlich OH-Gruppen. Diese gehören Polyalkoholen (Glycerol: Mono- und Diglyceride; Sorbitolanhydrid: Sorbitanfettsäureester; Saccharose: Zuckerfettsäureester) oder Polyglycolethern (Polyglycolfettsäureester) an. Die freien OH-Gruppen dieser Emulgatoren können ganz oder teilweise mit Essigsäure verestert sein (acetylierte Mono- und Diglyceride usw.), aber auch mit Milchsäure, Weinsäure oder Citronensäure. Zur Verstärkung der hydrophilen Eigenschaften können Hydroxylgruppen mit Polyglycolethern verethert sein (Sorbitan-Fettsäure-Polyglycolether).

Die genannten Emulgatoren sind untoxisch. Einige von ihnen (die Mono- und Diglyceride) sind normale Produkte der enzymatischen Fettspaltung im Verdauungstrakt. Die meisten anderen werden in natürlich vorkommende Nahrungsbestandteile gespalten und wie diese resorbiert und metabolisiert. Eine gewisse physiologische Fremdartigkeit weisen die polyglycoletherhaltigen Emulgatoren auf, aber auch diese Struktur ist für den Organismus problemlos.

Einschränkungen in der Anwendung können durch herstellungsbedingte toxische Verunreinigungen notwendig werden. So ist der ADI-Wert von Saccharosefettsäureestern wegen technisch nicht entfernbarer Reste des Lösungsmittels Dimethylformamid (maximal zulässiger Gehalt 50 mg/kg) auf 25 mg/kg KM/d festgelegt worden.

14.3.3. Gelier- und Dickungsmittel

Als Gelier- und Dickungsmittel werden Lebensmittelzusatzstoffe bezeichnet, die in Wasser kolloidale (viskose) Lösungen, Pseudogele oder Gele bilden oder zumindest in Wasser quellbar sind. Es sind makromolekulare Substanzen von kugeliger Gestalt, die eine große Zahl hydrophiler Gruppen gleichmäßig verteilt über das gesamte Molekül tragen. Sie können sich deshalb mit einer Hydrathülle umgeben (Hydrokolloide).

Wie bei den Emulgatoren sind die hydrophilen Eigenschaften um so größer, je stärker polar diese hydratisierenden Gruppen sind. Je nach ihren rheologischen Eigenschaften werden sie in flüssigen, cremigen, pastenförmigen und festen Lebensmitteln als Dickungsmittel, Bindemittel, Emulsions- und Schaumstabilisatoren, Füllmittel, Geliermittel, Schutzkolloide u. ä. eingesetzt. Sie dienen bei der Herstellung energiereduzierter Lebensmittel, insbesondere beim Austausch von Saccharose gegen Süßstoffe, zur Erhaltung von Fülle und Vollmundigkeit.

Es gibt vier Gruppen von Gelier- und Dickungsmitteln:

— Proteine (nur Gelatine und Natriumcaseinat),
— native und modifizierte Stärken,
— Cellulosederivate und
— natürlich vorkommende Hydrokolloide (sog. Pflanzengummis).

Tabelle 14.8. Emulgatoren

Stoff	Strukturformel[1]	Emulgatortyp (HLB-Zahl)	Verhalten im Organismus (ADI, in mg/kg KM/d)
Lecithin[2]		amphoter Wasser/Öl (ca. 3)	dieser natürliche Bestandteil der Fette wird wie sie vollständig verwertet (nicht limitiert)
Mono- und Diglyceride[3]		nichtionogen Wasser/Öl hängt von der Zusammensetzung ab: je höher der MG-Gehalt, um so höher die HLB-Zahl; (für Monostearin ist sie 3...4, in der hydratisierten Form sogar ca. 7)	MG und DG sind Produkte der enzymatischen Fettverdauung im Magen-Darm-Trakt; sie werden ebenso verwertet wie natürliche Fette (nicht limitiert)
acetylierte Mono- und Diglyceride	die freien OH-Gruppen der MG und DG sind ganz oder teilweise mit Essigsäure verestert	nichtionogen Wasser/Öl niedriger als bei den entsprechenden freien MG und DG	die acetylierten MG und DG werden im Magen-Darm-Trakt wie Fette hydrolysiert. Die Bruchstücke werden resorbiert und metabolisiert (nicht limitiert)
lactylierte Mono- und Diglyceride	die freien OH-Gruppen der MG und DG sind ganz oder teilweise mit Milchsäure verestert	nichtionogen Wasser/Öl niedriger als bei den entsprechenden freien MG und DG; nur die OH-Gruppen der Milchsäure und die nicht veresterten OH-Gruppen der MG und DG sind hydrophil	verhalten sich wie die acetylierten MG und DG (nicht limitiert)
mit Citronensäure veresterte Mono- und Diglyceride	die freien OH-Gruppen der MG und DG sind ganz oder teilweise mit Citronensäure verestert. Von der dreibasischen Citronensäure können ein oder zwei COOH-Gruppen beteiligt sein, wobei mit MG sowohl intra- als auch intermolekulare Diester gebildet werden können; mindestens eine COOH-Gruppe der Citronensäure bleibt unverestert	anionaktiv Öl/Wasser höher als bei den entsprechenden freien MG und DG, abhängig vom Grad und der Art der Veresterung	verhalten sich wie die acetylierten MG und DG (nicht limitiert)

mit Weinsäure veresterte Mono- und Diglyceride	die freien OH-Gruppen der MG und DG sind ganz oder teilweise mit Weinsäure verestert. Von der zweibasischen Weinsäure können eine oder alle beide COOH-Gruppen beteiligt sein; im ersten Fall entstehen anionaktive Emulgatoren, im anderen Falle bildet die Weinsäure eine Brücke zwischen MG- oder DG-Molekülen und es entstehen nichtionogene Emulgatoren	teilweise anionaktiv Öl/Wasser teilweise nichtionogen Wasser/Öl je nach Grad und Art der Veresterung höher oder niedriger als bei den entsprechenden MG und DG	verhalten sich wie die acetylierten MG und DG; die zulässige Tageshöchstmenge wird durch die Weinsäure begrenzt (0…30; bezogen auf die gesamte Weinsäureaufnahme)
mit Diacetylweinsäure veresterte Mono- und Diglyceride	die freien OH-Gruppen der MS und DG sind mit Diacetylweinsäure (Weinsäure, deren OH-Gruppen acetyliert sind) ganz oder teilweise verestert; dabei treten Brückenbildungen nicht auf, d. h. eine der beiden COOH-Gruppen der Diacetylweinsäure bleibt immer frei	anionaktiv Öl/Wasser höher als die HLB-Zahl der entsprechenden freien MG und DG dieser Emulgator-Typ besitzt gegenüber der vorangegangenen wenig Vorteile, ist aber wegen der eingebauten Weinsäure wesentlich teurer; er wird aus diesem Grunde in der Praxis nicht verwendet	werden im Magen-Darm-Trakt zu MG und DG und acetylierter Weinsäure hydrolysiert; diese wird nur zu einem geringen Teil metabolisiert, zum größten Teil Ausscheidung als schwerlösliches Calciumsalz über den Darm, nach (geringfügiger) Resorption Ausscheidung über die Nieren (0…50)
Sorbitanfettsäureester „Span"-Emulgatoren	Mono- und Trifettsäureester des Sorbitolanhydrids (Sorbitans) Span 20: Monolaurat Span 40: Monopalmitat Span 60: Monostearat Span 80: Monoelat Span 65: Tristearat Span 85: Trioleat	nichtionogen Wasser/Öl abhängig vom Veresterungsgrad Span 60: 4,7	die Sorbitanfettsäureester werden im Verdauungstrakt mindestens zu 90% hydrolysiert; ein Teil des freigesetzten Sorbitans wird resorbiert und davon der größte Teil über die Nieren ausgeschieden, nur ein sehr kleiner Teil wird metabolisiert; die nichthydrolysierten Sorbitanester und die nichtresorbierten Sorbitane werden über den Darm ausgeschieden; Störungen im Darm treten nicht auf (0…25; gilt für die Summe aller Sorbitanester)

Tabelle 14.8. Fortsetzung

Stoff	Strukturformel[1]	Emulgatortyp (HLB-Zahl)	Verhalten im Organismus (ADI, in mg/kg KM/d)
oxethylierte Sorbitanfettsäureester „Tween"-Emulgatoren	Sorbitanfettsäureester, deren freie Hydroxyl-Gruppen mit Polyglycoletherketten, die aus 10…20 Oxethylen-Einheiten bestehen, verethert sind und die dadurch hydrophiler geworden sind $(O-CH_2-CH_2-)_n-OH$ (n = 10…20) Tween 20: Monolaurat Tween 40: Monopalmitat Tween 60: Monostearat Tween 80: Monooleat Tween 65: Tristearat Tween 85: Trioleat	nichtionogen Öl/Wasser abhängig vom Veresterungsgrad Tween 60: 15	die oxethylierten Sorbitanfettsäureester werden im Verdauungstrakt fast vollständig hydrolysiert (die Triester etwas schlechter als die Monoester); das entstandene Polyoxyethylen-Sorbitan wird zum größten Teil (mehr als 90%) über den Darm ausgeschieden; von dem, was resorbiert wird, wird der größte Teil (mehr als 80%) über die Nieren ausgeschieden und der Rest wird metabolisiert; große Mengen verursachen Diarrhöe, für Lebensmittel nicht zugelassen (0…25)
Saccharosefettsäureester	hauptsächlich die Mono- und Difettsäureester sowie etwas Triester der Saccharose; bevorzugt werden die drei primären OH-Gruppen der Saccharose verestert	nichtionogen Öl/Wasser abhängig von der Zusammensetzung, überwiegend Monoester: ca. 13, überwiegend Di- und Triester: ca. 8	werden im Verdauungstrakt vollkommen in Saccharose und Fettsäuren gespalten und als solche resorbiert und verwertet; toxisch wirksam können jedoch — herstellungsbedingt — unentfernbare Reste des Lösungsmittels Dimethylformamid sein; darum ist der Einsatz limitiert (0…25; dazu die Bedingung, daß der Dimethylformamidgehalt nicht größer als 1 mg/kg und der Methanolgehalt nicht größer als 10 mg/kg ist)

Sucroglyceride	Mischung aus MG und DG sowie Saccharose-fettsäureestern; sie werden durch Um-esterung natürlicher Fette (Triglyceride) mit Saccharose erhalten, die Zusammensetzung ist vom Verhältnis der Ausgangsstoffe sowie von den Reaktionsbedingungen abhängig	nichtionogen Emulgatortyp und HLB-Zahl sind von der Zusammensetzung abhängig	siehe MG und DG sowie Saccharosefettsäureester; wegen unvermeidlicher Dimethyl-formamidrückstände limitiert (0...25; dazu die gleichen Reinheitsanforderungen wie bei Saccharosefettsäureestern)
Polyglycerin-fettsäureester	Fettsäureester des Polyglycerins neben den gewünschten Monoestern ent-stehen bei der Herstellung auch Di-, Tri- und höhere Ester $HO{-}(CH_2{-}CH{-}CH_2{-}O{-})_n H$ $\qquad\quad OH \qquad n>1$	nichtionogen Öl/Wasser hängt von der Länge der Polyglycerinkette sowie vom Veresterungsgrad ab; Diglycerin-monoester: ca. 10	werden im Verdauungstrakt in Fettsäuren und Polyglycerin gespalten, das Polyglycerin wird hauptsächlich über die Nieren ausgeschieden (0...25)
Propylenglycol-fettsäureester	Fettsäureester des 1,2-Propylenglycols nur die Monoester haben eine schwache Emulgatorwirkung sowie die von dessen Di- und Trimeren (1) $CH_2{-}O{-}COR$ (2) $CH{-}OH$ (3) CH_3	nichtionogen Wasser/Öl hängt von der Zusammen-setzung und dem Veresterungs-grad ab, 2...3	werden im Verdauungstrakt in Fettsäuren und Propylen-glycol gespalten, das 1,2-Propan-diol wird hauptsächlich über die Nieren ausgeschieden (0...25)
Natrium-, Kalium- oder Calciumsalze von Fettsäuren	$R{-}COO^- + Na^+$ $\qquad\qquad\quad (K^+)$ $(R{-}COO)_2Ca$	Alkalisalze: Öl/Wasser (ca. 19) Calciumsalz: undissoziiert und wasser-unlöslich, Stabilisator für Wasser/Öl	werden resorbiert und ver-wertet (nicht limitiert)

Tabelle 14.8. Fortsetzung

Stoff	Strukturformel[1]	Emulgatortyp (HLB-Zahl)	Verhalten im Organismus (ADI, in mg/kg KM/d)
Natriumstearoyl-lactylat	Natriumsalz des Esters der Stearinsäure und der Lactoylmilchsäure (dem Milchsäureester der Milchsäure)	anionaktiv Öl/Wasser sehr hydrophil	die Stearoyl- wie auch die Lactoylesterbindungen werden im Magen-Darm-Trakt gespalten und die Bruchstücke resorbiert und verwertet (wegen unzureichender Kenntnisse über das physiologische Verhalten jedoch limitiert (0...2,5; vorläufig)

[1] R = Alkylrest einer natürlichen langkettigen Fettsäure, in der Hauptsache der Palmitinsäure ($C_{15}H_{31}$), der Stearinsäure ($C_{17}H_{35}$) und der Ölsäure ($C_{17}H_{33}$) mitunter auch der Laurinsäure ($C_{11}H_{23}$).

[2] Das natürliche Lecithin ist ein Phosphatidgemisch, das aus Lecithin, Cephalin und Inositphosphatid besteht und dem noch andere Lipoide (Tocopherole, Stearine) sowie Kohlenhydrate und Aminosäuren beigemischt sind. Die Zusammensetzung hängt von verschiedenen Faktoren, insbesondere von der Herkunft, ab. Lecithin ist die Hauptkomponente, aber auch das ist keine einheitliche Substanz, sondern eine Mischung gleichartiger Verbindungen mit unterschiedlicher Fettsäurezusammensetzung.

[3] Was in der Praxis als „Monoglycerid" bezeichnet wird, ist stets eine Mischung aus Mono- und Diglyceriden sowie anderen Bestandteilen. Das ist herstellungsbedingt. „Monoglyceride" werden durch Umesterung von Triglyceriden mit Glycerol erhalten. Die Reaktion führt zu einem Gleichgewicht, welches Produkte ergibt, die zu 35...60% aus Monoglyceriden, zu 35...50% aus Diglyceriden, zu 1...20% aus Triglyceriden, zu 1...10% aus Glycerol und zu 1...10% aus freien Fettsäuren bestehen. Durch nachgeschaltete Anreicherungsverfahren lassen sich daraus Produkte erhalten, die 90...95% Monoglyceride, 1...5% Diglyceride und jeweils unter 1% von den anderen Komponenten enthalten. 1- und 2-Monoglyceride liegen stets nebeneinander vor; das Gleichgewicht liegt bei 90% 1- und 10% 2-Monoglycerid.

Polysaccharide sind nur dann vom Organismus als Nährstoffe verwertbar, wenn sie im Magen-Darm-Trakt in resorbierbare Bruchstücke gespalten werden.

Universell wirksame Polysaccharidasen gibt es nicht, die polysaccharidspaltenden Enzyme sind sehr spezifisch: Sie sind bezüglich der Bausteine, der Position, der Bindung und der Bindungsart (α-glycosidisch oder β-glycosidisch) festgelegt und greifen das Makromolekül außerdem an verschiedenen Stellen (in der Mitte oder von den Enden her) an. Über Enzyme, die β-glycosidische Bindungen spalten, verfügt der menschliche Organismus nicht und von den α-glycosidischen Bindungen werden nicht alle hydrolysiert. Aber auch nicht alle Hydrolyseprodukte werden gut resorbiert und vom Organismus verwertet.

Diejenigen Gelier- und Dickungsmittel, die hydrolysiert und resorbiert werden, sind gut verträglich. Jene, die nicht oder nur unvollständig hydrolysiert und resorbiert werden, können Darmstörungen hervorrufen, falls sie dort in zu hohen Konzentrationen vorliegen. Wenn sie ein hohes Wasserbindungsvermögen aufweisen, verhindern sie die Wasserresorption im Darm (Diarrhöen). Im Dickdarm können sie von den Bakterien der Darmflora in Fettsäuren, Alkohole und Gase, wie Wasserstoff, Methan und Kohlendioxid, umgewandelt werden und damit Blähungen hervorrufen. Toxisch im Sinne einer echten Schadwirkung sind sie nicht, jedoch zwingt ihre laxierende Wirkung oft zu Einschränkungen in der Anwendung. Diese Begrenzungen finden ihren Ausdruck in den ADI-Werten (Tab. 14.9, S. 434).

Eine sekundäre nachteilige Wirkung durch solche Stoffe kann sich aus der Beeinflussung der Verfügbarkeit anderer Nahrungsbestandteile, insbesondere aus einer Behinderung der Resorption lebenswichtiger Mineralstoffe ergeben. Der gleiche Einfluß kann aber auch einen wünschenswerten Effekt erzeugen, wenn toxische Schwermetalle gebunden und so im Darm zurückgehalten und unresorbiert ausgeschieden werden (vgl Abschn. 5.7.3. S. 119).

Die modifizierten Stärken sind, soweit die Modifizierung nicht in einer Bildung von Querverbindungen (Brückenverknüpfungen) zwischen den Stärkemolekülen besteht, hydrolysierbar, resorbierbar und energetisch verwertbar. Ihre Anwendung braucht deshalb nicht aus Verträglichkeitsgründen limitiert zu werden.

Die Cellulosederivate sind dagegen nicht spaltbar. Während aber die Celluloseether (Cellulosemethylether, -ethylether usw. einschließlich Carboxymethylcellulose) eine gewisse Wasserlöslichkeit besitzen und darum laxativ wirken, besitzt die mikrokristalline Cellulose (MKC) solche Eigenschaften nicht. Ihr Einsatz unterliegt darum nicht einer Limitierung. Sie ist allerdings mehr ein Füllstoff und Stabilisator als ein Geliermittel.

Die Pflanzengummis werden nicht oder nur partiell verwertet. Ihre Einsatzmöglichkeiten sind jedoch nicht in jedem Falle limitiert. Allerdings bedeutet die Kennzeichnung „unbegrenzt" nicht, daß sie in jeder beliebigen Höhe aufgenommen werden können. Es wird vielmehr davon ausgegangen, daß bei „guter Herstellungspraxis" der Zusatz dieser Stoffe so gering bleibt, daß die Verträglichkeitsgrenze nicht erreicht wird.

14.3.4. Feuchthaltemittel

Feuchthaltemittel werden eingesetzt, damit bestimmte Lebensmittel (bes. Feinbackwaren und Konditorei-Erzeugnisse) nicht austrocknen und ihr frisches Ansehen erhalten bleibt.

Alle Feuchthaltemittel sind hygroskopisch und gehören chemisch den Polyalkoholen an. Das gebräuchlichste Feuchthaltemittel ist Glycerol, das gelegentlich durch Propandiol und Sorbitol (Diabetiker-Süßungsmittel vgl. Abschn. 14.5.2.) ersetzt wird. Glycerol

Tabelle 14.9. Gelier- und Dickungsmittel

Stoff	Zusammensetzung	Herkunft	Anwendung	Verhalten im Organismus (ADI)
Stärke und Stärkeprodukte native Stärke:				
·Amylose	D-Glucose, in α-1,4-Bindung	alle stärkehaltigen Agrarprodukte (Kartoffeln, Weizen, Mais, Reis, Maniok u. a.)	Dickungsmittel	vollkommen verwertbar (nicht limitiert)
Amylopectin	D-Glucose, (Hauptkette) und α-1,6-Bindung (Kettenverzweigung), teilweise mit Phosphorsäure verestert			
vorbehandelte Stärken: säurebehandelte Stärke alkalibehandelte Stärke enzymbehandelte Stärke gebleichte Stärke erhitzte Stärke (Dextrin) Stärkehydrolyseprodukte	wie Amylose und Amylopectin, teilweise hydrolysiert		Dickungsmittel, Stabilisatoren, Bindemittel	vollkommen verwertbar (nicht limitiert)
modifizierte Stärken:				
oxydierte Stärke	einige der primären CH_2OH-Gruppen (6-C-Atome) sind zu COOH-Gruppen oxydiert			
Hydroxypropylstärke	OH-Gruppen am 6-C-Atom teilweise mit Propylenglycol verestert			
acetylierte Stärke	OH-Gruppen am 6-C-Atom teilweise mit Essigsäure verestert			

phosphatierte Stärke	OH-Gruppen am 6-C-Atom teilweise mit Phosphorsäure verestert		Dickungsmittel, Stabilisatoren, Bindemittel	vollkommen verwertbar (nicht limitiert)
Distärkephosphat (auch acetyliert oder phosphatiert)	durch Phosphorsäure vernetzte Stärke			
Distärkeadipat (auch acetyliert oder phosphatiert)	durch Adipinsäure vernetzte Stärke			
Distärkesuccinat (auch acetyliert oder phosphatiert)	durch Bernsteinsäure vernetzte Stärke			
Distärkeglycerol (auch acetyliert oder phosphatiert)	durch Glycerol vernetzte Stärke			
künstliche Polyglucosen:				
Polydextrose	chemisch polymerisierte Glucose		Dickungsmittel, Stabilisator, massegebender Füllstoff	wird nicht verwertet, wirkt laxierend (0...70)
Xanthan	von dem Bakterium Xanthomonas campestris produzierte Polyglucose		Dickungsmittel, Stabilisator	wird nur teilweise im Darm gespalten und geringfügig resorbiert, wirkt in großen Mengen laxierend (nicht limitiert)
Cellulosederivate: Methyl-Cellulose Ethylcellulose Hydroxypropylcellulose Carboxymethylcellulose	D-Glucose in β-1,4-Bindung, OH-Gruppen am C-Atom 6 teilweise mit Methanol usw. verethert, Mizellstruktur der nativen Cellulose weitgehend aufgehoben	aus nativer Cellulose (aus Holz, Baumwolle u. ä.)	Dickungsmittel Stabilisatoren	nicht verwertbar wirkt laxierend (0...25, gilt für die Summe aller Cellulose-Ether)

Tabelle 14.9. Fortsetzung

Stoff	Zusammensetzung	Herkunft	Anwendung	Verhalten im Organismus (ADI)
mikrokristalline Cellulose	Glucose, in α-1,4-Bindung (durch Säure partiell hydrolysierte Cellulose, die Mizellstruktur ist weitgehend aufgehoben)	aus nativer Cellulose (aus Holz, Baumwolle)	Stabilisator, massegebender Füllstoff	wird nicht verwertet, wirkt nicht laxierend sehr kleine Mengen werden persorbiert, aber mit dem Harn oder der Galle wieder ausgeschieden; ähnlich verhalten sich andere natürlich vorkommende Pflanzenbestandteile (nicht limitiert)
andere Polysaccharide **pflanzlicher Herkunft** (Pflanzengummis):				
Pectin	D-Galacturonsäure, in α-1,4-Bindung, die Carboxylgruppen teilweise mit Methanol verestert; hochverestertes Pectin: > 50 (55…74%) niederverestertes Pectin: < 50 (15…44%)	Apfeltrester, Schalen von Citrusfrüchten	Geliermittel, Dickungsmittel, Stabilisator	wird größtenteils (etwa zu 90%) verwertet (nicht limitiert)
amidiertes Pectin	niederverestertes Pectin, dessen freie Carboxylgruppen teilweise amidiert sind		Geliermittel, Dickungsmittel, Stabilisator	wie Pectin (nicht limitiert)
Alginsäure und Alginate	D-Mannuronsäure in β-1,4-Bindung und L-Guluronsäure in β-1,4-Bindung	Braunalgen	Dickungsmittel	wird nicht verwertet (0…50); Kaliumalginat (0…25)
Agar-Agar	aus Agarose und Agaropectin. Agarose besteht aus D-Galactose in β-1,4-Bindung und 3,6-Anhydro-L-Galactose	Rotalgen (vor allem Gellidium-Arten)	Dickungsmittel, Stabilisator	wird nicht verwertet (nicht limitiert)

	in α-1,3-Bindung; etwa jeder 10. Galactoserest ist am C-Atom 6 mit Schwefelsäure verestert, Agaropectin ist aus den gleichen Bausteinen, aber komplizierter aufgebaut			
Furcellaran (dänischer Agar)	ähnlich Agar-Agar aus β-D-1,4-Galactose und 3,6-Anhydro-α-D-1,3-Galactose, teilweise mit Schwefelsäure verestert	Furcellaria fastigiata (eine Rotalgenart)	Geliermittel, Dickungsmittel	wird nicht verwertet (0…75)
Carrageenan	ähnlich Agar-Agar aus β-D-1,4-Galactose und 3,6-Anhydro-α-D-1,3-Galactose, teilweise mit Schwefelsäure verestert	Irisch-Moos	Geliermittel, Dickungsmittel	wird nicht verwertet (0…50)
Guarmehl	zwei Drittel D-Mannose in β-1,4-Bindung und ein Drittel Galactose in α-1,6-Bindung; nach jeweils zwei Mannoseresten findet eine Kettenverzweigung durch Galactose in 1,6-glucosidischer Bindung statt	Samen der Guar-bohnen (Indien, Pakistan)	Dickungsmittel, Stabilisator	wird nicht verwertet (nicht limitiert)
Johannisbrotkernmehl	etwa 85% Galactomannan wie im Guarmehl, 6% Protein, 2% Asche	Samen des Johannisbrotbaums (Mittelmeerländer)	Dickungsmittel, Stabilisator	wird nicht verwertet (nicht limitiert)
Gummi arabicum (Akaziengummi, Sudangummi)	D-Galactose in β-1,3-Bindung (Hauptkette), dazu L-Arabinose, L-Rhamnose und D-Glucuron-säure in stark verzweigten Seitenketten	Harzausscheidun-gen von Akazien-arten im Senegal und Sudan	Dickungsmittel, Stabilisator	wird nicht verwertet (nicht limitiert)
Traganth	verzweigtes Polysaccharid aus L-Arabinose, D-Xylose, L-Fucose, D-Galacturonsäure	Harzausscheidun-gen von Astragalus-Arten (Kleinasien und Vorderasien)	Dickungsmittel, Stabilisator	wird nicht verwertet (nicht limitiert)

Tabelle 14.9. Fortsetzung

Stoff	Zusammensetzung	Herkunft	Anwendung	Verhalten im Organismus (ADI)
Karaya-Mehl (indischer Traganth)	verzweigtes Polysaccharid aus aus L-Rhamnose, D-Galactose, D-Galacturonsäure und D-Glucuronsäure, des teilweise acetyliert ist	Harzausscheidungen von Sterculia urens (ein Baum in Indien)	Dickungsmittel, Stabilisator	wird nicht verwertet (0…20; vorläufig)
Tara-Mehl (peruanisches Johannisbrotkernmehl)	ein Galactomannan ähnlich dem des Guarmehls	Samen von Caesalpinia tinctoria	Dickungsmittel, Stabilisator	wird nicht verwertet (0…12,5; vorläufig)
Proteine				
Gelatine	Polypeptid	aus tierischen Stützgeweben, insbesondere ein Milchprotein	Geliermittel, Stabilisator, Emulgator	wird vollständig verwertet (nicht limitiert)
Natrium-Caseinat	phosphathaltiges Protein		Stabilisator, Emulgator	wird vollständig verwertet (nicht limitiert)

„nicht limitiert" bedeutet nicht, daß dieser Zusatzstoff in unbegrenzter Menge aufgenommen werden darf, sondern daß er im Rahmen des technisch Notwendigen ohne Einschränkung eingesetzt werden kann

wird im Darm resorbiert, die beiden anderen jedoch nicht bzw. nur teilweise, so daß laxierende Wirkungen auftreten können. Ebenfalls als Feuchthaltemittel können die Natriumsalze der Milchsäure und einiger anderer organischer Säuren (vgl. Abschn. 14.5.5.) eingesetzt werden.

14.4. Stoffe zur Verbesserung des Aussehens

14.4.1. Einführung

Ein angenehmes Aussehen von Lebensmitteln ist nicht nur eine Frage der Ästhetik oder der besseren Wettbewerbsfähigkeit auf dem Markt, sondern kann darüber hinaus beträchtlichen Einfluß auf den Genußwert der betreffenden Produkte und somit auf deren Bekömmlichkeit und Verwertbarkeit haben.

Eine große Zahl von Lebensmitteln enthalten von Natur aus Geruchs-, Geschmacks- und Farbstoffe. Viele dieser Inhaltsstoffe sind jedoch instabil und werden bei der Verarbeitung und Lagerung dieser Lebensmittel zerstört. Neben der Absicht einer möglichst originalgetreuen Wiederherstellung des Aussehens eines Lebensmittels sind es aber auch Verbrauchererwartungen (z. B. gefärbte Marmeladen, Getränke und Zucker- und Konditorwaren), die ein Färben von bestimmten Lebensmitteln als wünschenswert erscheinen lassen. Die Einstellung zum Farbeindruck von Lebensmitteln ist offenbar Ergebnis eines Erfahrungs- und Lernprozesses. Abzulehnen sind Manipulationen, die auf Vortäuschen und Verdeckung von Mängeln gerichtet sind. Zum Zwecke der Korrektur bzw. Erzeugung eines ansprechenden Aussehens werden Lebensmittelfarbstoffe und farbkorrigierende Mittel eingesetzt.

14.4.2. Lebensmittelfarbstoffe

Die wichtigsten Farbstoffklassen sind

1. pflanzlicher Herkunft: Carotenoide (gelb, orange und rot), Flavonoide (gelb), Anthocyane (rot, blau oder violett, abhängig vom pH-Wert, vgl. Abschn. 8.8., S. 226), Chlorophylle (grün, vgl. Abb. 8.3, S. 209) und Betalaine (rot),
2. tierischer Herkunft: Häminfarbstoffe (rot),
3. sekundär gebildete, meist dunkelbraune Farbstoffe: Produkte der enzymatischen Bräunung (Polyphenole, vgl. Abb. 8.9, S. 231; Catechine, Phlobaphene), der nichtenzymatischen Bräunung (Melanoidine, vgl. Abschn. 15.2.) und von Erhitzungsvorgängen (Caramele),
4. anorganische Pigmentfarbstoffe und
5. synthetische organische Lebensmittelfarbstoffe[1].

Die natürlichen Lebensmittelfarbstoffe (Tab. 14.10) sind gesundheitlich unbedenklich, haben aber die Nachteile, daß sie ebenso licht-, hitze-, sauerstoff-, säure- oder alkaliempfindlich sind, wie es auch für die in Lebensmitteln vorhandenen typisch ist. Zudem besitzen sie meist eine schwache Anfärbewirkung. Auch können die Präparate je nach der Rohstoffsituation von unterschiedlicher Zusammensetzung sein, was ihren Einsatz in der Lebensmittelindustrie erschwert.

---

[1] Solche synthetischen Farbstoffe, die mit natürlich vorkommenden identisch sind, werden toxikologisch wie natürliche Lebensmittelfarbstoffe bewertet.

Tabelle 14.10. Natürliche Lebensmittelfarbstoffe

Chemische Bezeichnung	Verbindungsklasse	Farbe	ADI (mg/kg KM/d)
Caroten (α-, β-, γ-Caroten)	Polyenfarbstoff (Carotenoid)	gelb	nicht festgelegt
β-apo-Carotenal	desgl.	orange	0…5
β-apo-Carotensäure-methyl- oder ethylester	desgl.	orange	0…5
Annatto (Hauptbestandteil ist Bixin)	desgl.	orange	0…0,06
Xanthophylle[1]	desgl.	gelb	nicht festgelegt
Crocetin (Safran-Farbstoff)	desgl.	gelb	noch nicht entschieden
Alkanna (Hauptbestandteil ist Alkannin)	Naphthochinon-farbstoff	rot	nicht festgelegt
Rote Beete-Farbstoff (Hauptbestandteil ist Betanin)		rot	nicht festgelegt
Cochenille (Hauptbestandteil ist Carminsäure)	Anthrachinon-farbstoff	rot	nicht festgelegt
Curcuma (Turmeric) (Hauptbestandteil ist Curcumin)	Cinnamoyl-methanfarbstoff	gelb	0…0,1
Riboflavin, Lactoflavin (Vitamin B_2)	Isoalloxazin-farbstoff	gelb	0…0,5
Anthocyane[2]	Benzopyrylium-farbstoffe	rot, blau, violett (pH-abhängig)	nicht festgelegt
Chlorophyll	Porphyrinfarbstoff (vgl. Abb. 8.3., S. 209)	grün	nicht festgelegt
Chlorophyll-Kupfer-Komplex[3]	desgl.	grün	0…15
Chlorophyllin-Kupfer-Komplex[4]	desgl.	grün	0…15
Caramel[5]		braun	ohne Zusatz hergestellt: nicht liminiert mit Zusatz von Ammoniak hergestellt: 0…100

[1] Keto- und/oder hydroxylgruppenhaltige Carotene (z. B. Canthaxanthin)
[2] bilden bei niedrigen pH-Werten Benzopyryliumkationen, vgl. S. 227
[3] wie Chlorophyll, aber nicht mit Mg, sondern mit Cu als Zentralatom
[4] wie [3], aber statt der beiden Estergruppen ($-COO-CH_3$ und $-COO-C_{20}H_{39}$) die freien Säuren bzw. deren Na-Salze: mit Natronlauge verseiftes Chlorophyll; hydrophiler Farbstoff
[5] Röstprodukt von Saccharose und anderen Zuckerarten

Wegen der Unbeständigkeit der natürlichen Farbstoffe wurden bereits im Mittelalter anorganische Pigmentfarbstoffe angewendet. Darunter befanden sich Oxide und Sulfide toxischer Elemente wie Quecksilber, Cadmium, Blei, Antimon und Arsen.

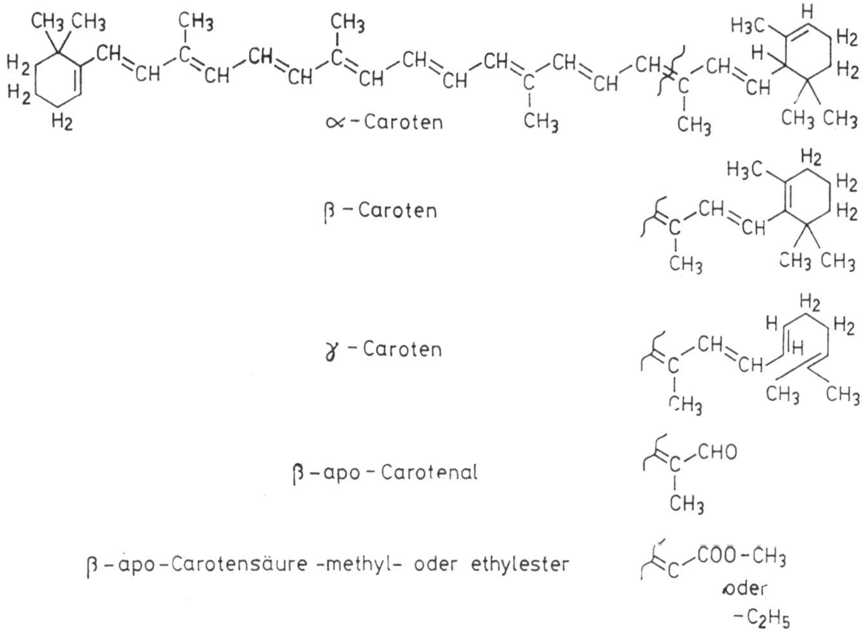

α - Caroten

β - Caroten

γ - Caroten

β - apo - Carotenal

β - apo - Carotensäure -methyl- oder ethylester

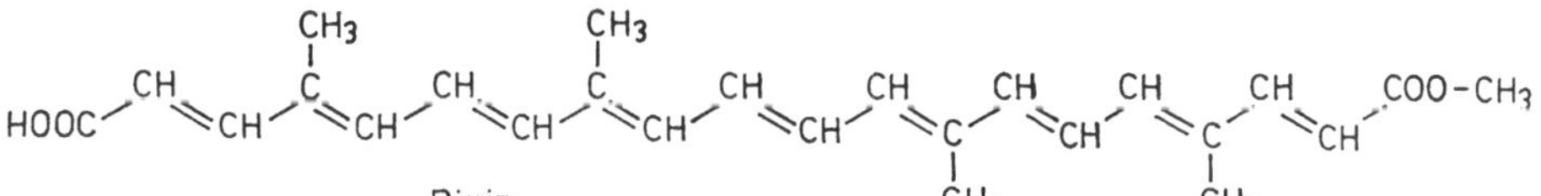

Bixin

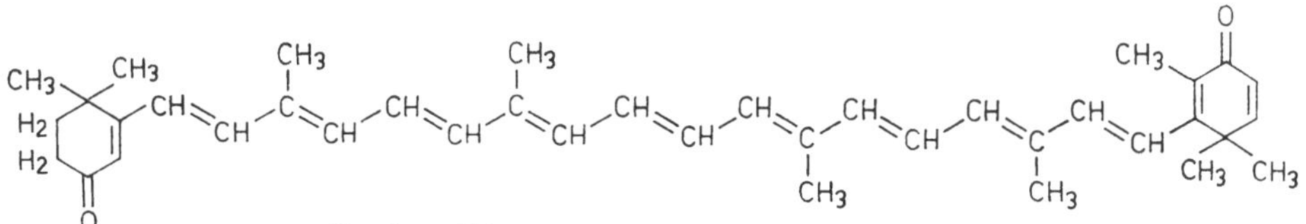

Canthxanthin

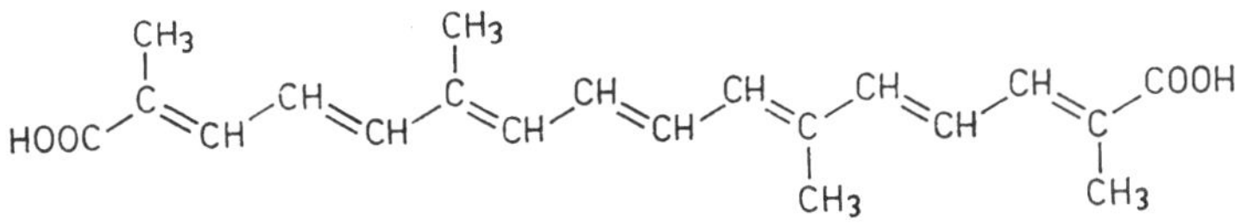

Crocetin

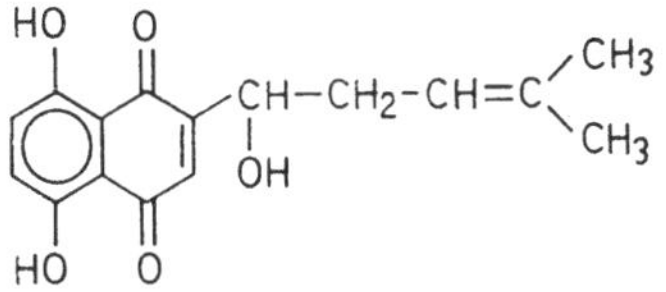

Alkannin

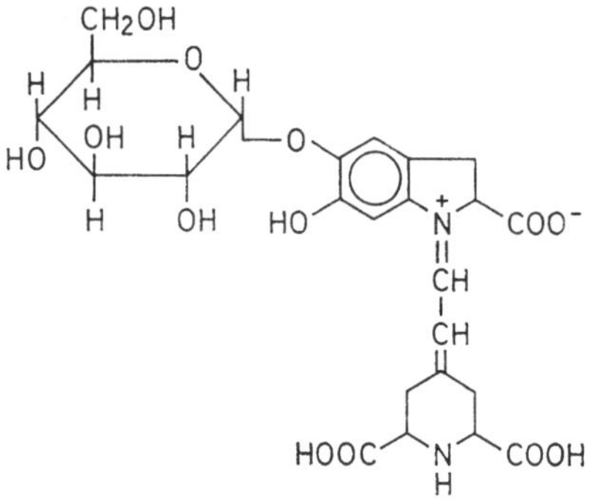

Betanin

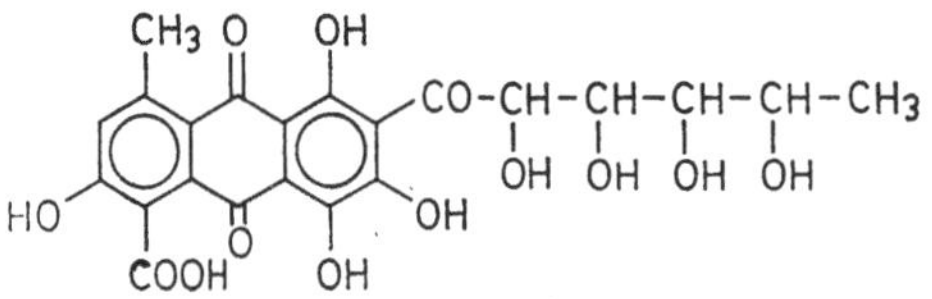

Carminsäure

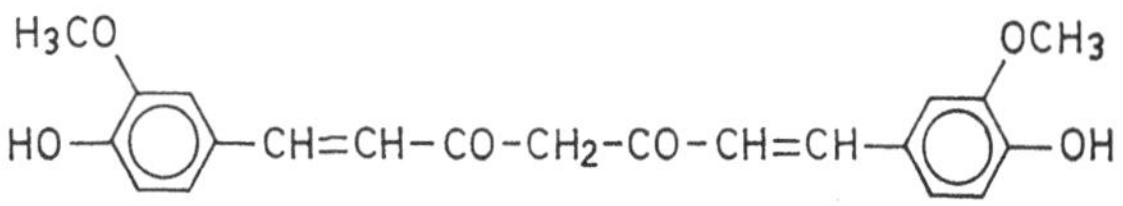

Curcumin

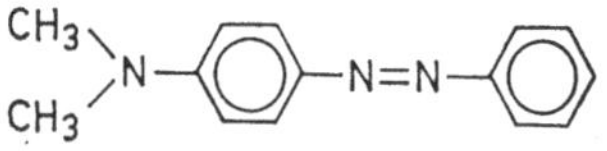

4-Dimethylaminoazobenzen
(Buttergelb)

Wenn sich seinerzeit Massenvergiftungen in Grenzen gehalten haben, so ist das ausschließlich auf die schlechte Resorbierbarkeit dieser meist auch in der Magensäure unlöslichen Verbindungen zurückzuführen. Die Magistrate einiger Städte sahen sich damals genötigt, die Anwendung solcher Färbemittel zu verbieten und die Einhaltung dieses Verbotes zu kontrollieren.

Es erschien als ein großer Fortschritt, als mit den Entdeckungen der Teerfarbstoffe und dem Aufkommen einer chemischen Großindustrie in der zweiten Hälfte des vorigen Jahrhunderts neuartige organische Farbstoffe verfügbar wurden.

Diese primär als Textilfarbstoffe entwickelten Färbemittel eigneten sich auch für das Anfärben von Lebensmitteln und besaßen folgende Vorteile: Sie waren hitze- und lichtstabil und veränderten sich unter den Bedingungen, unter denen Lebensmittel bearbeitet, gelagert und zubereitet werden, kaum. Zudem ließen sie sich in großen Mengen billig herstellen, besaßen eine hohe Farbkraft und waren von stets gleichbleibender Zusammensetzung. Auch die Möglichkeit, sie durch geringe strukturelle Veränderungen in nahezu unbegrenzter Weise zu variieren (sowohl hinsichtlich ihrer Farbe als auch hinsichtlich ihrer Löslichkeit in Wasser oder Fett) erwies sich als günstig.

Schon frühzeitig wurde jedoch auch erkannt, daß synthetische organische Farbstoffe toxisch sein können.

Das Farbengesetz von 1887 verbot die Anwendung von Pikrinsäure und solcher Farbstoffe, die herstellungsbedingt kleine Mengen Arsen oder toxischer Schwermetalle enthalten konnten, so das Fuchsin (ein Triphenylmethanfarbstoff). Angewendet werden durften alle Farbstoffe, die nicht verboten waren. Die meisten der zu Lebensmitteln zugesetzten synthetischen Farbstoffe waren Azofarbstoffe. Allmählich stellte sich heraus, daß fettlösliche (nur Amino- und lipophile Gruppen enthaltende) Azofarbstoffe relativ toxisch, und wasserlösliche (sulfonierte und carboxylierte) Azofarbstoffe relativ untoxisch waren. Bereits 1923 wurde auf die schädliche Wirkung des zum Färben von Margarine verwendeten fettlöslichen Azofarbstoffes Buttergelb hingewiesen. Verboten wurde er aber erst, als es 1937 japanischen Toxikologen gelang, seine cancerogene Wirkung an Tieren experimentell nachzuweisen.

Das Buttergelb war nicht der einzige Farbstoff, der bei Verfütterung an Versuchstiere Tumore verursacht hat, sondern auch andere Azofarbstoffe sowie einige fettlösliche Triphenylmethanfarbstoffe. Die unmittelbare Folge dieser Erkenntnis war, daß in allen Ländern die Anwendung fettlöslicher synthetischer Farbstoffe verboten wurde. Eine weitere Folge war eine Ergänzung des Lebensmittelgesetzes in den USA (DELANEY-Amendment, vgl. Abschn. 14.1.). Um die allgemein eingetretene Unsicherheit bezüglich der Verwendbarkeit von Farbstoffen zu beenden, hat die Deutsche Forschungsgemeinschaft (Bundesrepublik Deutschland) eine Liste der als ernährungstoxikologisch unbedenklich anzusehenden Farbstoffe veröffentlicht. Sie enthält nur wasserlösliche synthetische Farbstoffe (überwiegend Azofarbstoffe), einige natürliche Farbstoffe (Carotenoide, Chlorophyll, Carmin und Lactoflavin) sowie einige anorganische Pigmentfarbstoffe (Calciumcarbonat und -sulfat, Eisenoxide, Titandioxid, Gold, Silber und Aluminium, die Aluminium- und Calciumlacke der genannten Farbstoffe). Diese Liste ist bis zum Einsetzen der toxikologischen Bewertung der Farbstoffe durch die WHO (Tab. 14.11) in mehreren Ländern Grundlage für die lebensmittelrechtliche Zulassung von Farbstoffen geworden.

Es liegen inzwischen umfangreiche Untersuchungen über die Beziehungen zwischen chemischer Struktur und cancerogener Wirkung von synthetischen Farbstoffen vor. Die wichtigsten Schlußfolgerungen, die gewonnen wurden, sind:

1. Jeder künstliche Farbstoff muß mindestens eine starke anionische Gruppe, am besten eine Sulfonsäuregruppe (wenigstens aber eine Carboxylgruppe) besitzen.

Azofarbstoffe:

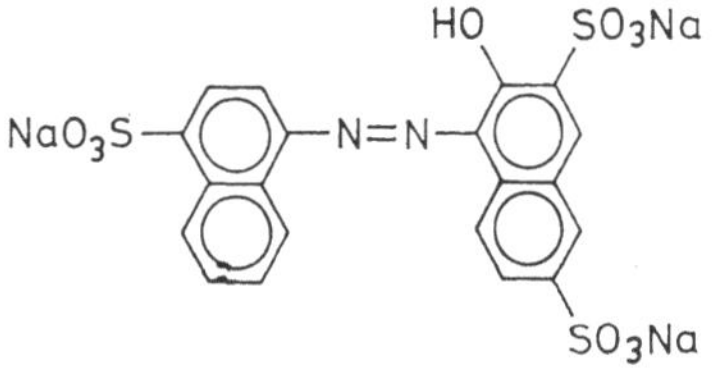

Amaranth

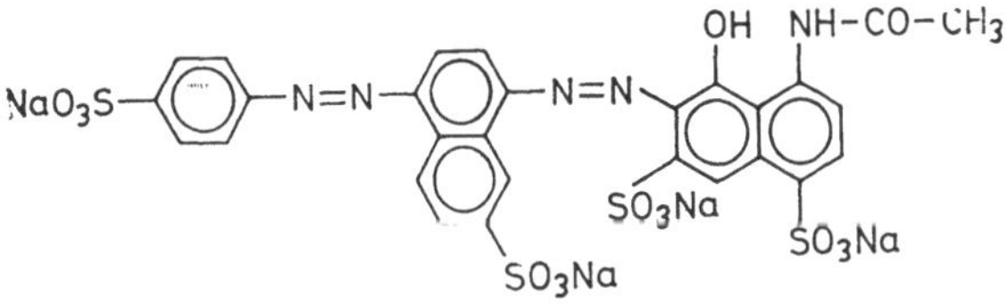

Brillantschwarz BN

Triphenylmethanfarbstoffe:

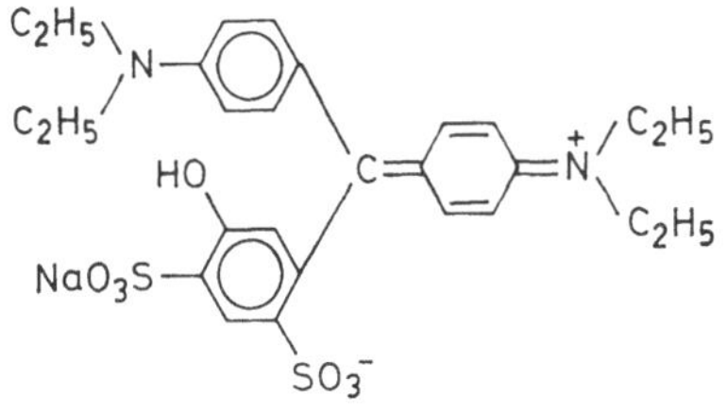

Patentblau V

andere Farbstoffe:

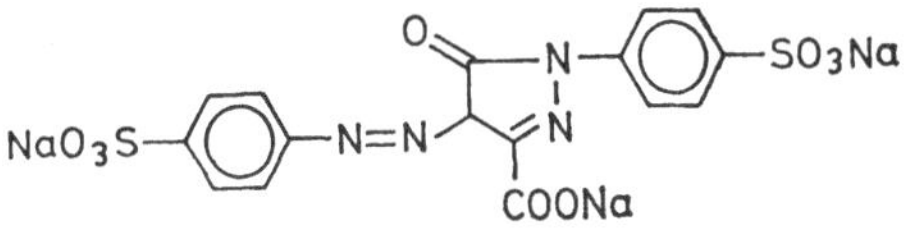

Tartrazin

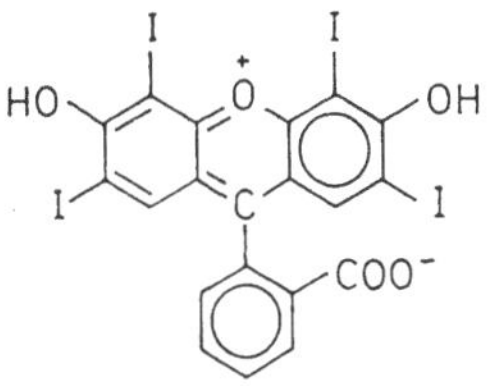

Erythrosin

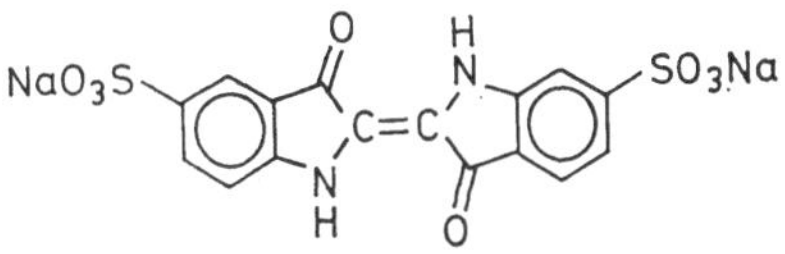

Jndigotin J
(Jndigocarmin)

Tabelle 14.11. Synthetische Lebensmittelfarbstoffe (Liste der FAO/WHO, 1984)

Chemische Bezeichnung	Farbe	Colour-Index (1956)	ADI (mg/kg KM/d)
Azofarbstoffe			
Allura Red AC	rot	16035	0...7
Amaranth (Naphtolrot S)	rot	66185	0...0,75
Azorubine	rot	14720	0...4
Citrus Red. No. 2	rot	12256	ohne
Fast Red E	rot	16045	ohne
Lithol Rubine BK	rot	15850	ohne
Ponceau 2R	rot	16150	ohne
Ponceau 4R (Cochenillerot A)	rot	16255	0...4
Ponceau 6R	rot	16290	ohne
Ponceau SX	rot	75670	ohne
Red 2G	rot	18050	0...0,2
Red 10B	rot	17200	ohne
Scarlet GN (Scharlach GN)	rot	14815	ohne
Sudan Red G	rot	12150	ohne
Orange G	orange	16230	ohne
Orange GGN	orange	15980	ohne
Orange I	orange	14600	ohne
Sudan G	orange	11920	ohne
Sunset Yellow FCF (Gelborange S)	orange	15985	0...2,5
Chrysoine (Chrysoin S)	gelb	14270	ohne
Fast Yellow (Echtgelb)	gelb	13015	ohne
Yellow 27175 N	gelb	13445	ohne
Brown FK	braun	—	ohne
Brown HT	braun	20285	0...0,25
Chocolate Brown HT	braun	—	ohne
Black 7984	schwarz	35445	ohne
Brillant Black PN (Brillantschwarz BN)	schwarz	28440	0...1
Triphenylmethanfarbstoffe			
Acid Fuchsin FB (di- und trisulfoniertes Fuchsin)	violett	42685	ohne
Methylviolett	violett	42535	ohne
Violet 5 BN	violett	42650	ohne
Blue VRS	blau	42045	ohne
Brillant Blue FCF	blau	42090	0...12,5
Patent Blue V	blau	42051	ohne
Fast Green FCF	grün	42053	0...12,5
Guinea Green B	grün	42085	ohne
Light Green SF Yellowish	grün	42095	ohne
andere Farbstoffe			
Eosine (Tetrabromfluorescein)	rot	45380	ohne

Tabelle 14.11. Fortsetzung

Chemische Bezeichnung	Farbe	Colour-Index (1956)	ADI (mg/kg KM/d)
Erythrosine (Tetraiodfluoescein)	rot	45430	0…2,5
Rhodamin B	rot	45170	ohne
Orange RN	orange	15970	ohne
Naphthol Yellow S	gelb	10316	ohne
Quinoline Yellow (Chinolingelb)	gelb	47005	0…0,5
Tartrazine	gelb	19140	0…7,5
Yellow 2G	gelb	18965	ohne
Food Green S	grün	44090	ohne
Indanthrene Blue RS	blau	69800	ohne
Indigotine I (disulfoniertes Indigo; Indigocarmin)	blau	73015	0…5
Benzylviolet 4B	violett	42640	ohne

2. Da Azofarbstoffe im Organismus an der Azogruppe reduktiv unter Bildung von zwei aromatischen Aminoverbindungen gespalten werden, die ihrerseits cancerogen wirken können, wenn sie nicht genügend hydrophil sind, müssen sich Sulfonsäuregruppen an jedem Molekülteil befinden, das sich an eine Azogruppe anschließt.

Bei den heute zugelassenen Lebensmittelfarbstoffen sind die inzwischen anerkannten Anforderungen an die chemische Struktur erfüllt. Mit Ausnahme von Erythrosin (das eine Carboxylgruppe sowie zwei Hydroxyl- und eine Oxoniumgruppe enthält) sind alle Farbstoffe sulfoniert. Die Azofarbstoffe (Amaranth und Brillantschwarz BN) sind an allen Fragmenten, die nach Spaltung der Azogruppen entstehen können, sulfoniert. Ebenso wichtig wie das Fehlen einer cancerogenen Wirkung bei den Farbstoffen selbst, ist das weitgehende Nichtenthaltensein von herstellungsbedingten Verunreinigungen aller Art (nicht umgesetzte Ausgangsstoffe, Nebenreaktionsprodukte, Reste von toxischen Schwermetallen usw.).

14.4.3. Farbkorrigierende und farbstabilisierende Stoffe

Die farbkorrigierenden, farbverändernden, farberhaltenden und farbstabilisierenden Stoffe sind selbst nicht gefärbt. Sie gehen aber mit natürlichen Nahrungsbestandteilen (die Farbstoffe sein können oder auch nicht) Umsetzungen ein, was zu Farbeffekten führt. Stoffe dieser Gruppe sind also chemisch reaktiv. Daher sind von ihnen auch unerwünschte Nebenreaktionen sowohl mit anderen Lebensmittelinhaltsstoffen als auch mit körpereigenen Substanzen des Organismus zu erwarten. Sie sind darum toxikologisch kritischer als die zugelassenen Lebensmittelfarbstoffe zu bewerten.

Sinn des Einsatzes dieser Stoffe ist es, die Entstehung von Mißfarben zu vermeiden, sei es durch Erhaltung erwünschter Färbungen oder sei es durch die Verhütung oder Beseitigung unerwünschter Farberscheinungen.

Zu dieser Stoffklasse gehören:

1. Bleichmittel,
2. Kupfersulfat,
3. Schwefeldioxid und
4. Nitrit.

Als Bleichmittel wurden früher Stoffe mit stark oxydierenden Eigenschaften, insbesondere zur Behandlung von Mehl, eingesetzt: Chlor, Chlordioxid, Stickoxide, Stickstofftrichlorid, Chlor-Nitrosylchlorid-Gemische, Ammoniumpersulfat und Benzoylperoxid. Sie wirken lediglich farbaufhellend, aber nicht backverbessernd und bewirken darüber hinaus eine Verminderung des Nährwertes (durch Zerstörung von Vitaminen, insbesondere des B-Komplexes). Durch sie erfolgt die Bildung des hochtoxischen Methioninsulfoximins aus Kleberprotein und Stickstofftrichlorid (Ursache des Bäckerekzems). Einige von ihnen werden in verschiedenen Ländern noch eingesetzt (Chlor, Chlordioxid, Acetonperoxid und Persulfate). Für Chlordioxid, das wie die Persulfate auch backverbessernd wirkt, gibt es sogar den ADI-Wert 0...30 mg/kg KM/d.

Diese Mehlbehandlungsmittel sind nicht zu verwechseln mit Kaliumbromat, einigen organischen Säuren (Adipin-, Bernsteinsäure usw.) und vor allem Ascorbinsäure (Vitamin C), die zwar auch zur Mehlbehandlung eingesetzt werden, aber ausschließlich eine backverbessernde Wirkung besitzen.

Durch Zusatz von Kupfersulfat erhält das Chlorophyll (vgl. Abb. 8.3, S. 209) eine höhere Stabilität und auch höhere Farbkraft, indem das Mg^{2+} durch Cu^{2+} ersetzt wird. Dies ist prinzipiell bei Gemüsekonserven anwendbar, indem man deren Aufgußflüssigkeit etwas Kupfersulfat zusetzt. In der Praxis hat sich das aber nicht durchgesetzt, da man sehr genau dosieren muß, um einen gegenteiligen Farbeffekt (Grünfärbung wirkt künstlich und ruft dann beim Verbraucher Skepsis hervor) zu vermeiden. Außerdem wirken Überdosierungen prooxydativ (man zerstört so das Vitamin C), und es besteht die Gefahr einer überhöhten Kupferaufnahme (Kupfer gehört zu den Spurenelementen, bei denen der physiologische und der toxische Wirkungsbereich nahe beieinander liegen, vgl. Abschn. 10.5.).

Anders zu beurteilen sind die bereits fertigen Chlorophyll-Kupfer-Komplexe bzw. Chlorophyllin-Kupfer-Komplexe (vgl. Tab. 14.10).

Schwefeldioxid verhindert unerwünschte Dunkelfärbungen. Nitrit wandelt Myoglobin in das ebenso rotgefärbte, aber zusätzlich kochbeständige Nitrosomyoglobin um (Pökeln). Beide Stoffe können jedoch mehrere Funktionen im Lebensmittel aufweisen und werden deshalb im Abschn. 14.6. behandelt.

14.5. Stoffe zur Verbesserung des Geschmackes

14.5.1. Einführung

Der Einsatz geschmacksverbessernder Stoffe wird durch die gleichen Argumente gerechtfertigt, wie dies für Stoffe zur Verbesserung des Aussehens und der Konsistenz (vgl. Abschn. 14.4.1.) geschieht.

Der Geschmackssinn ist in dominierender Weise am Zustandekommen eines positiven oder negativen Urteils über den Genußwert von Speisen und Getränken beteiligt. Die über den Geschmackssinn vermittelten Lustempfindungen erheben das Essen und

Trinken aus einer für das Überleben notwendigen Brenn- und Baustoffzufuhr zu einem ästhetischen Akt, der das physische wie das psychische Gesamtbefinden erheblich mitbestimmt.

Für die vier Grundgeschmacksrichtungen süß, sauer, salzig, bitter sind jeweils Rezeptoren auf der Zunge lokalisiert. Die auf diesen vier Haupteindrücken basierenden Geschmacksempfindungen reichen aber bei weitem nicht aus, um das zu beschreiben und zu erklären, was man Aroma oder Flavour nennt. Geschmacksempfindungen werden durch Geruchsempfindungen (Geruchsstoffe; in der Kosmetik: Duftstoffe; in der Lebensmittelindustrie: Aromastoffe) ergänzt.

Die Gesamtheit aller Reize, die von einem Lebensmittel auf die Rezeptoren in Mund und Nase ausgeübt werden, machen das aus, was man unter dem Geschmack versteht.

14.5.2. Aromastoffe

Aromastoffe werden nur wahrgenommen, wenn sie sich in der Gasphase des Mund- und Nasenraumes befinden.

Um dorthin zu gelangen, müssen diese flüssigen oder festen Stoffe einen genügend hohen Dampfdruck aufweisen. Substanzen mit einem sehr hohen Dampfdruck verflüchtigen sich jedoch zu schnell. Die Reizschwellen für Aromastoffe sind sehr niedrig. Die Grenze der geruchlichen Wahrnehmbarkeit liegt z. B. für Pfefferminzöl bei einer Verdünnung von $1 : 1\,500\,000$ und die der geschmacklichen Wahrnehmung bei einer Verdünnung von $1 : 4\,000\,000$.

Alle Aromastoffe sind lipophil. Zellmembranen stellen für sie kein wesentliches Hindernis dar, so daß diese Stoffe schon in Mund und Nase gut resorbiert werden.

Die aus Pflanzen extrahierbaren Aromastoffe sind ölige Flüssigkeiten, die wegen ihrer Verdampfbarkeit auch als ätherische Öle bezeichnet werden.

Ätherische Öle bestehen selten aus einer oder nur wenigen Komponenten, meist liegen Mischungen vieler, chemisch oft verwandter Verbindungen vor (Tab. 14.12). Es können bis zu 50 und noch mehr Bestandteile sein und jede Kombination (auch jedes Mengenverhältnis) kann eine andere Duftkomposition ergeben.

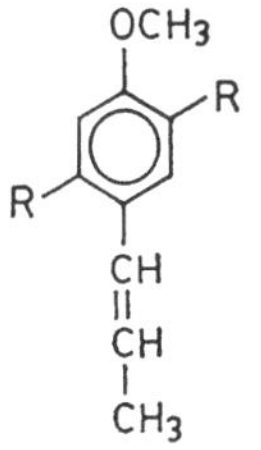

	R
trans–Anethol	–H
β–Asaron	–OCH$_3$

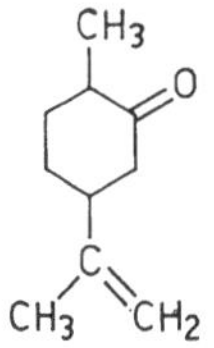

Carvon
(Monoterpenketon)

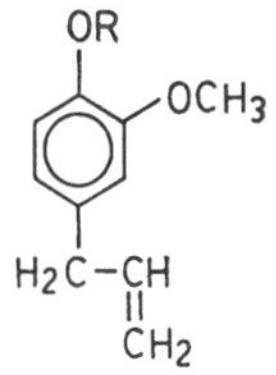

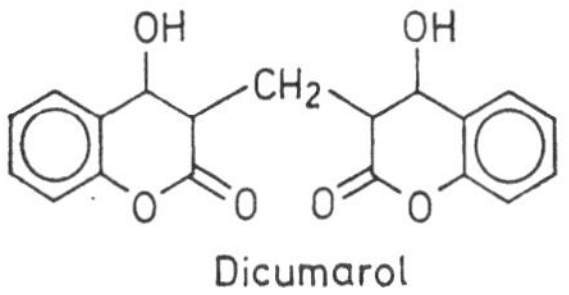

Dicumarol

	R
Eugenol	H
Eugenolmethylether	CH$_3$

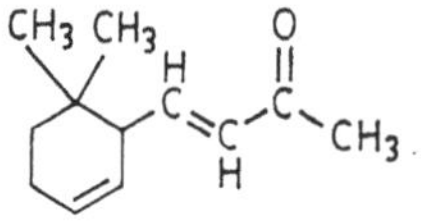

α – Jonon 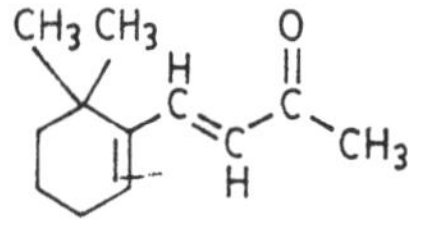   β – Jonon 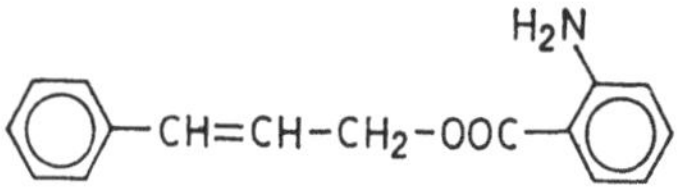   Zimtalkoholanthranilsäureester

In Pflanzen sind die Duftstoffe sekundäre Stoffwechselprodukte, die auf **größere Tiere und Insekten** teils anlockend, teils abstoßend wirken und mitunter gegenüber parasitären Mikroorganismen Schutz bieten. Viele Pflanzen, die einen hohen Gehalt an ätherischen Ölen aufweisen, verwendet der Mensch seit uralten Zeiten als Gewürz- und/oder Arzneipflanzen. Das bedeutet jedoch nicht, daß die Bestandteile ätherischer Öle generell als heilsam und gesundheitsfördernd anzusehen sind. Pharmazeutische und toxische Effekte liegen auch bei diesen Substanzen nahe beieinander.

Unter den Aromastoffen, die in Pflanzenextrakten enthalten sind, gibt es solche, die traditionell zum Würzen verwendet werden. Darunter sind manche zu finden, die ausschließlich toxisch (mitunter sogar cancerogen) wirken. Viele natürlich vorkommenden Aromastoffe werden seit langem auch synthetisch hergestellt. Zu den Aromastoffen, die nur synthetisch erhältlich sind, zählt als älteste Substanz das Ethylvanillin.

14.5.3. Geschmacksverstärker

Geschmacksverstärker sind Stoffe, die keinen oder nur einen geringen Eigengeschmack aufweisen, aber die geschmacklichen Eigenschaften anderer Geschmacksstoffe verstärken, verbessern oder auch modifizieren. Man unterscheidet dabei sogenannte Enhancer, die in Konzentrationen von 1 g/kg und mehr wirksam sind, und sogenannte Potentiators, die bereits in Konzentrationen von 100 mg/kg den Geschmack verstärken. Daneben gibt es die sogenannten Modifier, welche einen Geschmack umwandeln (z. B. einen sauren in einen süßen).

Der am längsten bekannte und am häufigsten angewendete Geschmacksverstärker ist das Mononatrium-L-glutamat (kurz Glutamat genannt), das als Enhancer wirkt. Es findet breite Anwendung in Fleisch- und Fischkonserven, in Trockensuppen, Tomatenmark, Ketschup und auch als Küchengewürz.

Seine geschmacksverstärkende Wirkung wurde zu Beginn dieses Jahrhunderts in Japan erkannt. Es ist in einer bestimmten Seetang-Art (Laminaria japonica) enthalten, die in Japan schon seit Jahrhunderten zur Verbesserung des Geschmackes von Suppen und ähnlichen Nahrungsmitteln verwendet wird. Heute wird Glutamat aus Weizenkleber hergestellt.

Die L-Glutaminsäure ist ein natürlicher Bestandteil aller Proteine, der Nahrungsproteine und auch der körpereigenen Proteine des Menschen. Trotzdem ruft die Aufnahme großer Mengen des Mononatrium-L-glutamates bei empfindlichen Menschen Symptome hervor, die als China-Restaurant-Syndrom bekannt geworden sind.

In der Hauptsache werden drei Symptome beobachtet: Ein Gefühl des Brennens im Genick, in den Unterarmen und im vorderen Brustkorb, ein Druckgefühl in den Augenhöhlen und Brustschmerzen. Einige Patienten klagen auch über Kopfschmerzen bzw. ein Hämmern im Kopf, über Kiefer- und Genickstarre, Krämpfe, Schweißausbruch und werden sogar bewußtlos. Solche Symptome zeigen sich 15...25 min nach oraler Aufnahme von Natrium-L-glutamat in Mengen von 1,5...12 g. Sie treten nur mit freiem L-Glutamat, nicht mit peptidgebundenem L-Glutamat und nicht mit freiem D-Glutamat auf. Bei leerem Magen ist die Wirkung größer, sie steigt bei i.v. Applikation sehr stark an. Vermutlich ist ein Ansteigen des L-Glutamatspiegels des Blutes Ursache für diese Störungen. Bei der Aufnahme von Proteinen muß das Glutamat erst durch Hydrolyse freigesetzt werden und sein Übergang aus dem Darm in das Pfortaderblut erfolgt so langsam,

Tabelle 14.12. Ausgewählte toxikologisch relevante Aromastoffe und ihre Einschätzung durch das Joint FAO/WHO Expert Committee on Food Additives

Aromastoff (Herkunft)	toxikologische Bewertung	ADI (mg/kg KM/d)
trans-Anethol (Anis, Sternanis, Fenchel)	Verdacht, Leberkrebs zu erzeugen (an Mäusen nicht bestätigt); ausreichende Langzeituntersuchungen stehen noch aus	0…2,5 (vorläufig)
β-Asaron (Calmusöl; Calmus deutscher Ingwer, wächst aber auch in Asien und Nordamerika)	Calmusöl und das β-Asaron wirken herz- und leberschädigend; bösartige Muskelfasergeschwülste im Darmbereich (Ratte)	0
Benzylacetat (Jasminöl)	wird hydrolysiert und resorbiert, der Benzylteil wird zu Benzoesäure oxydiert und als Hippursäure ausgeschieden; Verdacht auf cancerogene Wirkung nicht bestätigt; im AMES-Test nicht mutagen; ausreichende Langzeituntersuchungen fehlen	0…5 (vorläufig)
D-Carvon (Kümmel, Dill) und L-Carvon (Krauseminze)	Langzeituntersuchungen noch nicht abgeschlossen	0…1 (vorläufig)
Cumarin (Waldmeister, Tonkabohne, verschiedene Gras- und Kleearten, Lavendel)	hepatotoxisch (vgl. Abschn. 8.8.) bis zur Klärung, ob Cumarin cancerogen für Menschen ist, sollte es nicht als Zusatzstoff verwendet werden. Dicumarol, das ebenfalls in Gras- und Klee-Arten vorkommt, hemmt die Blutgerinnung und findet pharmazeutische Anwendung	0
Cyanwasserstoff (Blausäure; in Form cyanogener Glycoside in bitteren Mandeln, den Samen von Kirschen, Pflaumen, Pfirsichen, Aprikosen, in Maniokwurzeln)	Blausäure und ihre Salze sind maßgebliche Aromastoffe bestimmter Essenzen, dürfen aber nicht als Zusatzstoffe verwendet werden (vgl. Abschn. 8.5.)[1]	
Estragol (Estragon, Basilikum, Kerbel, Anis, Sternanis, Fenchel)	Estragol und seine Metaboliten sind im AMES-Test mutagen und verursachen Lebergeschwülste (Mäuse); Untersuchungen reichen noch nicht aus	0

Tabelle 14.12. Fortsetzung

Aromastoff (Herkunft)	toxikologische Bewertung	ADI (mg/kg KM/d)
Eugenol (Zimt, Piment, Gewürznelken)	im Zweijahres-Test (Ratten) nicht-cancerogen; nur bei den weiblichen Tieren eines Hybrid-Mäusestammes verursachte es Lebertumore; in anderem Versuch mit Mäusen nicht cancerogen; auch im AMES-Test nicht mutagen, wird daher als nicht cancerogen betrachtet	0...2,5 (vorläufig)
Eugenolmethylether (Lorbeerblätter, Zimt, Piment)	unzureichende toxikologische Daten	
α- und β-Jonon (Himbeeren, Orangen)	Vorstufen der Biosynthese von α- und β-Caroten bzw. von Vitamin A; werden im Organismus metabolisiert; die ADI gilt für beide Stoffe einzeln oder in Kombination	0...0,1
Menthol (Pfefferminze)	L-Menthol und DL-Menthol (synthetisch) sind toxikologisch unbedenklich (vgl. Tab. 8.16, S. 247)	0...0,2
n-Nonanal (Citrusöle, Ingwer)	wie Octanal; wird über Pelargonsäure metabolisiert; die ADI gilt einzeln oder in Kombination mit Octanal	0...0,1
n-Octanal (Citrusöle)	wird zur Caprylsäure oxydiert, diese kommt in vielen Nahrungsmitteln natürlich vor; die ADI gilt für Octanal allein oder in Kombination mit Nonanal	0...0,1
Safrol (Campheröl, Sassafrasöl, Sternanis) und Isosafrol (Sternanis)	beide sind Bestandteile vieler Aroma-essenzen, cancerogen (vgl. Abschn. 8.8.); Aromakonzentrate, die Safrol und Isosafrol als Hauptbestandteile erhalten, sollten nicht als Zusatzstoffe verwendet werden	0
α- und β-Thujon (Salbei, Wermut)	pharmakologische Wirkung auf das ZNS (vgl. Tab. 8.16, S. 247) keine ernährungstoxikologisch relevanten Daten[1]	0
Zimtaldehyd (Zimt, Kassia)	Hinweise auf toxische Effekte gibt es nicht, aber wegen der strukturellen Ähnlichkeit mit Zimtalkoholanthranil-ester besteht noch ein Verdacht auf Carcinogenität	0...0,7 (vorläufig)

Tabelle 14.12. Fortsetzung

Aromastoff (Herkunft)	toxikologische Bewertung	ADI (mg/kg KM/d)
Zimtalkoholanthranil- säureester (synthetisch)	widersprüchliche Angaben zur Leber- tumorentstehung (Mäuse)	0
Ethylmethylphenyl- glycidat (synthetisch)	neurologische u. a. Schädigungen, toxische Effekte offenbar auf Verunreinigungen zurückzuführen; unter den Verunreinigungen waren auch Stoffe, die strukturelle Ähnlichkeit mit Zimtaldehyd besitzen, angegebene ADI setzt voraus, daß Präparate 99% der trans- und cis- Isomeren des Ethylmethylphenyl- glycidats enthalten	0...0,5

[1] Es gilt als nicht praktikabel, Gewürze und Lebensmittel, die diese Stoffe als Spurenbestandteile enthalten, zu verbie- ten, jedoch soll ihr Gehalt im Endprodukt so gering wie möglich sein [WHO Techn. Rep. Ser. No. 669 (1981)]

daß die Leber in der Lage ist, das ankommende Glutamat zu verwerten. Bei einem L-Glutamat-Stoß ist die Leber jedoch überfordert und der Glutamat-Gehalt des Blutes steigt an. Aus dem Blut tritt das Glutamat jedoch weder ins Gehirn, noch in die Placenta, noch in die Milchdrüsen über, so daß neurotoxische und embryotoxische Effekte sowie durch Stillen bedingte Schäden an Kindern nicht auftreten. Allerdings soll L-Glutamat nicht Nahrungsmitteln zugesetzt werden, die für Kinder bestimmt sind, die jünger als 12 Wochen sind.

Für größere Kinder und Erwachsene ist die ADI für freies L-Glutamat (ungeachtet der Menge, die in Form von Protein aufgenommen wird) 0...120 mg/kg KM. Der Erwachsene kann am Tage somit etwa 8 g L-Glutamat mit der Nahrung ohne nachteilige Folgen aufnehmen.

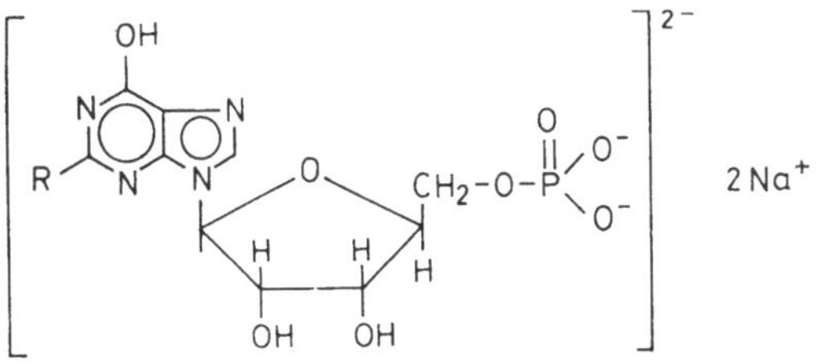

	R
Dinatrium−5'−inosinmonophoshat	−H
Dinatrium−5'−guanosinmonophoshat	−NH₂

Ebenfalls in Japan wurde wenige Jahre später Dinatrium-5'-inosinmonophosphat entdeckt. Dieses und das Dinatriumsalz der 5'-Guanylsäure (Guanosin-5'-monophosphor-säure) (wirksame Konzentration: 75...500 mg/kg) wirken als Potentiatoren und bei den gleichen Nahrungsmitteln geschmacksverbessernd wie das Glutamat.

Die erwähnten 5'-Nucleotide stellten als Zusatzstoffe kein ernährungstoxikologisches

Problem dar. Die genannten erforderlichen Einsatzmengen sind so gering, daß sie weit unter der Gesamtmenge an Nucleotiden liegt, die natürlicherweise in der Nahrung enthalten ist. Die FAO/WHO haben deshalb keinen ADI-Wert festgelegt.

	R
Maltol	$-CH_3$
Ethylmaltol	$-CH_2-CH_3$

Maltol ist ein Verstärker des süßen Geschmackes von kohlenhydratgesüßten Lebensmitteln (Limonaden, Fruchtsäften, Marmeladen, Süßwaren). Mit Maltolkonzentrationen von 5...75 mg/kg soll man den Saccharosegehalt bis 15% senken können, ohne dabei den Süßgeschmack zu mindern. Noch stärker wirksam soll der Ethylmaltol sein.

Maltol galt lange Zeit als toxikologisch unsicher, hat aber seit 1981 eine ADI von 0...1 mg/kg KM erhalten, während das Ethylmaltol seit 1971 mit einer ADI von 0 bis 2 mg/kg KM eingestuft wurde.

Süßungsmittel und zugleich Verstärker des süßen Geschmackes ist das Thaumatin (Talin). Dieses Protein wird aus den Früchten der in Afrika heimischen Staude Thaumatococcus daniellii gewonnen. Es besitzt einen eigenen süßen Geschmack, wirkt aber stark in Kombination mit anderen Süßungsmitteln.

Ein echter Geschmackswandler ist das Mirakulin, ebenfalls ein natürlich vorkommendes Glycoprotein, das aus der Mirakelfrucht, der Frucht des ebenfalls in Afrika heimischen Baumes Synsepalum dulcificum isoliert werden kann. Mirakulin verleiht sauren Lebensmitteln (Citrusfrüchten, Rhabarber, Joghurt usw.) einen angenehmen süßen Geschmack.

Mirakulin kann aber nicht einfach wie ein Zusatzstoff eingesetzt werden, da es zunächst kurze Zeit (2 ... 4 min) auf die Zunge einwirken muß, bevor der geschmackswandelnde Effekt eintritt. Es ist also getrennt von dem sauren Lebensmittel, das süß schmecken soll, einzunehmen und eine Weile im Munde zu behalten. Die Wirkung hält mehrere Stunden an.

Die beiden Proteine Thaumatin und Mirakulin bestehen aus normalen Aminosäuren. Sie werden wie andere Proteine im Magen-Darm-Trakt hydrolysiert und im Organismus metabolisiert. Über toxische Nebenwirkungen ist nichts bekannt. Eine Bewertung durch die Expertengruppe der FAO/WHO ist bisher nur an Thaumatin vorgenommen worden, aber eine ADI-Festlegung ist auch hier noch nicht erfolgt.

14.5.4. Süßungsmittel

14.5.4.1. Einführung

Viele Lebensmittel besitzen auf Grund ihres natürlichen Zuckergehaltes einen süßen Geschmack. Die wichtigsten geschmacklich wirksamen Zuckerarten sind Glucose, Fructose, Saccharose, Maltose und Lactose.

Diese Süßungsmittel bezeichnet man jedoch nicht als Lebensmittelzusatzstoffe (vgl. Definition S. 404), weil sie

1. auf Grund ihres verwertbaren Energieinhalts Nährstoffe sind und
2. in solchen Mengen zugegeben werden müssen (wenn ein wahrnehmbarer süßer Geschmack entstehen soll), daß sie zu maßgebenden Bestandteilen des betreffenden Lebensmittels werden.

Süßungsmittel, die definitionsgemäß zu den Lebensmittelzusatzstoffen zu zählen sind, werden als Süßstoffe bezeichnet. Sie unterscheiden sich von den Kohlenhydrat-Süßungsmitteln vor allem dadurch, daß sie eine wesentlich höhere Süßkraft besitzen. Sie werden infolgedessen

1. nur in geringen Mengen zugesetzt und sind
2. auch dann nicht als Nährstoffe anzusehen, wenn sie ebenso verwertbar sind wie die Zucker.

Die früher als charakteristisch angesehenen Unterscheidungsmerkmale, wonach Süßstoffe synthetischer und Zucker natürlicher Herkunft, Süßstoffe nicht metabolisierbar, Zucker aber metabolisierbar sind, wurden durch neuere Entwicklungen in Frage gestellt. Auch das Unterscheidungsmerkmal, wonach bei Süßstoffen mit toxischen Nebenwirkungen zu rechnen ist, Zucker aber unbedenklich in jeder Höhe konsumiert werden können, ist nach neueren ernährungsphysiologischen Erkenntnissen weitgehend aufgehoben worden. Vor allem unser Hauptsüßungsmittel Saccharose ist unter Kritik geraten, weil sie

— an der Entwicklung der Zahnkaries maßgeblich beteiligt ist,
— ein wichtiger Faktor bei der Entwicklung von Übergewicht und Fettsucht ist,
— bei Stoffwechselentgleisungen wie dem Diabetes mellitus nicht vertragen wird und
— möglicherweise zur ernährungsbedingten Belastung von Herz- und Kreislauf beiträgt.

Das weltweit zu beobachtende Ansteigen des Pro-Kopf-Verbrauches an Saccharose und das damit in Verbindung zu bringende Ansteigen von Zivilisationskrankheiten, lassen die breitere Anwendung von Austauschstoffen für die Saccharose wünschenswert erscheinen.

Nicht immer läßt die Saccharose sich einfach durch Süßstoffe ersetzen. Einerseits ist es schwer, die richtige Süßnote zu treffen, andererseits können bei einigen mit Süßstoff gesüßten Lebensmitteln die Masse, das Mundgefühl, eine gewohnte Konsistenz, die Haltbarkeit und verschiedenes andere fehlen, was mit der Substitution der Saccharose verlorengeht.

Die nicht immer gegebene Ersetzbarkeit der Saccharose durch Süßstoffe hat zur Suche nach solchen Süßungsmitteln geführt, die der Saccharose in ihren erwünschten Eigenschaften (Süßkraft, Süßnote, Masse, Gelierfähigkeit) gleichen, die aber nicht ihre unerwünschten Eigenschaften besitzen. In Anknüpfung an traditionelle Süßungsmittel (Stärkesirup, Invertzucker, Sorbit) ist eine Reihe von Süßungsmittel entwickelt worden, die etwa die gleiche Süßkraft wie Saccharose haben, sich aber in ihren anderen Eigenschaften mehr oder weniger deutlich von ihr unterscheiden. Diese Stoffe sind ebenfalls nicht Zusatzstoffe im Sinne der Definition. Sie sind aber auch keine Lebensmittel, die der Mensch bedenkenlos in jeder Höhe aufnehmen könnte. Sie nehmen eine Zwischenstellung ein und für viele von ihnen bestehen Verträglichkeitsgrenzen.

14.5.4.2. Energiereiche Süßungsmittel

Süßungsmittel dieser Art (Tab. 14.13) sind die süß schmeckenden Mono- und Disaccharide sowie die aus ihnen durch Hydrierung freier Carbonylgruppen hergestellten Zuckeralkohole. Sie alle haben etwa die gleiche Süßkraft (höchstens doppelt so groß) wie Saccharose mit dem gleichen Energieinhalt (4,1 kcal/g, 17,2 kJ/g). Aus toxikologischer Sicht

Tabelle 14.13. Resorptionsverhalten und toxikologische Bewertung einiger in der Natur nicht oder nur in geringen Mengen vorkommender Süßungsmittel mit dem gleichen Energieinhalt wie Saccharose

Stoff	Resorption, Wirkung im Darm	ADI (mg/kg KM/d)
Saccharide		
Lactulose (Disaccharid aus Galactose und Fructose)	keine Resorption, da sie nicht hydrolysiert wird, starke lexative Wirkung	noch nicht bewertet
Sorbose	noch unbekannt	noch nicht bewertet
Xylose	noch unbekannt	noch nicht bewertet
Zuckeralkohole		
Sorbitol	passiv, laxative Wirkung	nicht limitiert (empfohlene Tageshöchstmenge pro Person: 20 g)
Xylitol	passiv, leichte laxative Wirkung	nicht limitiert
Lactitol	passiv, leichte laxative Wirkung (ähnlich Xylitol)	nicht limitiert
Mannitol	passiv, laxative Wirkung	0...50 (vorläufig)
Maltitol	wird hydrolysiert und teils aktiv (Glucose), teils passiv (Sorbitol) resorbiert, laxative Wirkung	noch nicht bewertet
Palatinit (Mischung aus Glucosido-1,6-sorbitol und Glucosido-1,6-mannitol)	wird im Darm unvollständig in Glucose, Sorbitol und Mannitol gespalten und zu etwa 25% verwertet, weniger laxativ als Sorbitol	0...25 (vorläufig)
hydrierter Glucosesirup (Lycasin) Mischung aus Sorbitol, Maltitol und höheren Polyolen	wird teilweise hydrolysiert und entsprechend der Zusammensetzung teils aktiv, teils passiv, teils gar nicht resorbiert, wirkt weniger laxativ als Sorbitol und Palatinit	0...25 (vorläufig)

sind sie prinzipiell unproblematisch, denn Störungen treten erst bei relativ hoher Zufuhr auf.

Ob die Süßungsmittel verwertet werden oder nicht (ob sie tatsächlich Energie liefern oder nicht) hängt von ihrer Resorbierbarkeit ab. Auch die Frage der Verträglichkeit für Diabetiker wird von der Resorbierbarkeit insofern mitbestimmt, als nichtresorbierte Substanzen den Blutzuckerspiegel nicht erhöhen können. In erster Linie entscheidet hierüber, wieviel Glucose aus dem betreffenden Süßungsmittel durch Hydrolyse (etwa eines glucosehaltigen Disaccharids oder Zuckeralkohols) im Darm freigesetzt werden kann. Dagegen hängt die Frage der Kariogentität naturgemäß nicht von der Resorbierbarkeit ab. Hier wirkt sich vor allem die Anwesenheit von Fructose in energiereicher Bindung, wie sie in der 1-Glucosido-2-fructosid-Bindung der Saccharosebindung vorliegt, kariesfördernd aus.

Als stark hydrophile Verbindungen können Zucker und Zuckeralkohole biologische Membranen nur schwer durchdringen. Eine Resorption dieser Stoffe im Darm durch passive Diffusion findet darum nur in geringem Maße statt. Dabei ist der Anteil der passiven Resorption bei den kleineren Monosacchariden und deren Zuckeralkoholen etwas größer als bei den doppelt so großen Disacchariden und deren Alkoholen. Die in der Natur auftretenden Monosaccharide werden größtenteils aktiv resorbiert (vgl. Abschn. 4.1.1.3.), alle Di- und höheren Oligosaccharide jedoch erst nach ihrer Hydrolyse. Für die normalerweise nicht in den Nahrungsmitteln vorkommenden Zucker und die Zuckeralkohole (von denen einige auch in Beeren u. ä. vorkommen, z. B. das Sorbitol) gibt es keine Carrier, sie werden daher nicht oder nur langsam (passiv) resorbiert.

Normalerweise werden die im Magen-Darm-Trakt anfallenden Saccharide schnell resorbiert. Wenn das nicht geschieht, wird der Wasserhaushalt des Darms gestört und es kommt infolge einer erhöhten Wasserretention zu Diarrhöen. Außerdem werden nicht resorbierte Kohlenhydrate von der Mikroflora des Dickdarms verstoffwechselt, so daß es zu Blähungen infolge der Bildung von Gasen (Wasserstoff, Methan, Kohlendioxid) kommt (vgl. Abschn. 8.14.).

Eine geringe Resorbierbarkeit schränkt somit die Einsetzbarkeit der Süßungsmittel ein.

Zu den Süßungsmitteln, die den Charakter von Xenobiotica aufweisen, gehören Zuckeralkohole und einige Mono- und Disaccharide, insbesondere diejenigen, die eine L-Konfiguration besitzen (L-Fructose).

14.5.4.3. Energiearme Süßungsmittel (Süßstoffe)

Eine große Zahl chemischer Verbindungen schmeckt süß, darunter sind sowohl natürlich vorkommende als auch synthetische organische Stoffe.

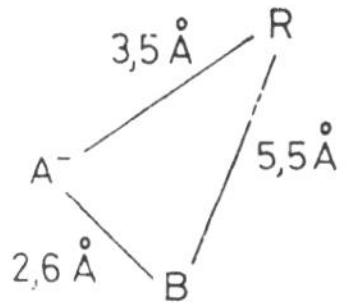

Abb. 14.3. Strukturmodell für Stoffe mit süßem Geschmack

AH oder A$^-$ — Protonendonator (hier ohne Proton wiedergegeben);
B — Protonenakzeptor (Atom mit freiem Elektronenpaar);
R — hydrophobe Gruppe (Alkyl- oder Arylgruppe)

Süßschmeckende Stoffe besitzen alle eine Dreiergruppierung (Abb. 14.3). Diese muß aus einem Protonendonator AH, einem Protonenakzeptor B und einer hydrophoben Moleküleinheit R bestehen, welche sich in einer ganz bestimmten räumlichen Anordnung befinden. Diese Dreiergrup-

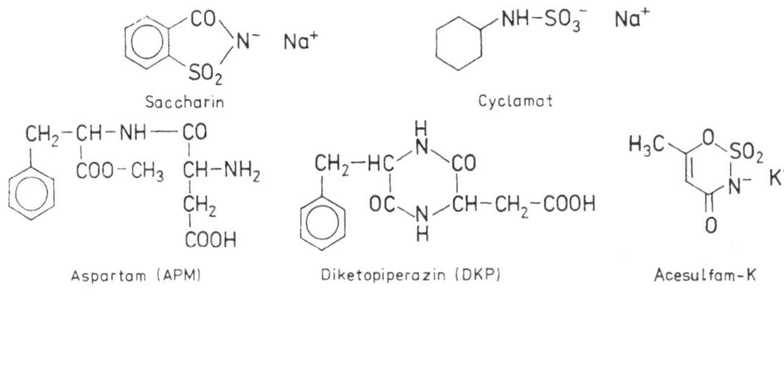

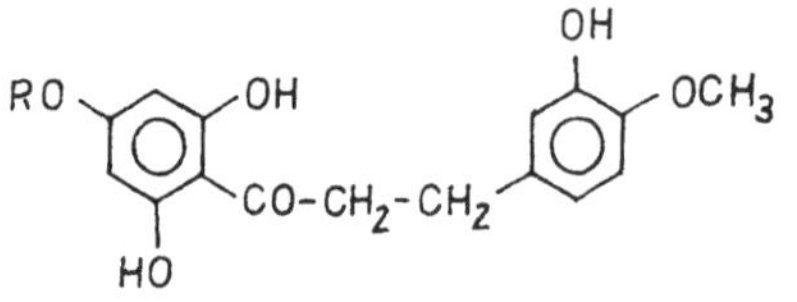

R = Neohesperidosyl —
(α-L-Rhamnose (1-2)-β-D-Glucosyl-)

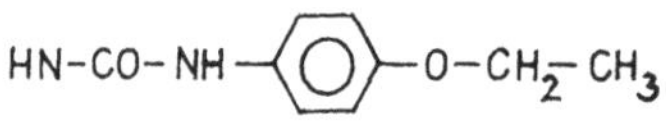

Dulcin

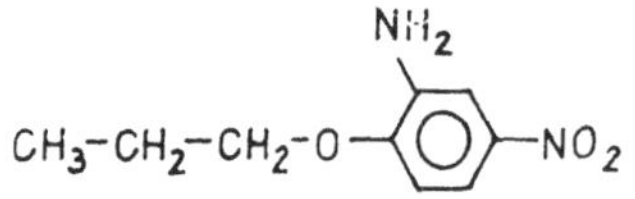

2-Propoxy-5-nitranilin (Ultrasüß)

Tabelle 14.14. Süßstoffe

Süßstoff	Süßkraft (bezogen auf Saccharose)	ADI (mg/kg KM/d)
Synthetische Süßstoffe		
Saccharin (Na-Salz des o-Benzoesäuresulfimid)	300	0...2,5
Cyclamat (Na-Salz der Cyclohexylaminsulfonsäure)	30	0...11
Aspartam (L-Asparagyl-L-phenyl-alanin-methylester)	150	0...40
Acesulfam-K (K-Salz des 3,4-Dihydro-1,2,3-oxathiazin-4-on-2,2'-dioxid	200	0...9
Neohesperidin-dinydrochalcon	1 000	
Natürliche Süßstoffe		
Monellin[1]	1 000	
Thaumatin[1]	2 000	
Glycyrrhizin[2]	50	
Steviosid[2]	150	
Nicht mehr verwendete Süßstoffe		
Dulcin (p-Ethoxy-phenylharnstoff)	150	
Ultrasüß (P 4000)	1 000	

[1] Protein
[2] Glycosid

pierung ist Voraussetzung für die Auslösung der Empfindung „süß" bei Berührung eines Süß-stoffmoleküls mit einem auf der Zunge befindlichen, auf Süßes ansprechenden Rezeptor. Ein solcher Rezeptor ist ein Proteinmolekül, das eine ähnliche Atomgruppierung besitzt wie das Süß-stoffmolekül, mit diesem eine vorübergehende Bindung eingeht und sich dabei so deformiert, daß sich eine elektrische Ladungsumverteilung ergibt. Letztere wird an das Gehirn weitergeleitet und dort als Süßempfindung wahrgenommen.

Nur wenige süße Stoffe sind als Süßungsmittel geeignet. Der hauptsächliche Grund dafür ist die Toxizität der meisten süßschmeckenden Verbindungen. Die Anforderungen, die bezüglich des Nachweises der gesundheitlichen Unbedenklichkeit an Süß-stoffe gestellt werden, sind hoch. Diejenigen Süßstoffe, welche die langjährigen (und kostenintensiven) Prüfungen bestanden haben, können als die toxikologisch bestuntersuchten Zusatzstoffe betrachtet werden.

Es gibt auch noch andere Kriterien für die Einsetzbarkeit eines Süßstoffes als Süßungsmittel: Verfügbarkeit, Wirtschaftlichkeit der Herstellung, Stabilität und Geschmacksnote. Die Art der Süße, die bei süßstoffgesüßten Lebensmitteln empfunden wird, weicht von der Saccharose-Süße (an der sich traditionsgemäß der Süßgeschmack orientiert) in der Praxis mehr oder weniger stark ab. Solche Abweichungen, die vom Verbraucher zumeist abgelehnt werden, steigen mit zunehmender Konzentration an. Daraus ergibt sich für diese Stoffe auch eine sinnesphysiologisch bedingte Grenze der Anwendbarkeit. Diese Grenze kann durch Kombination von zwei oder mehr Süßstoffen erweitert werden, denn Süßstoffmischungen haben mitunter eine höhere Süßkraft als sich rein rechnerisch durch Addition der Süßkraft ihrer Komponenten ergibt und auch eine angenehmere (der Saccharose näher kommende) Geschmacksnote.

Fast jeder Süßstoff stellt eine Art Prototyp für eine ganze Gruppe strukturell ähnlicher Verbindungen dar, die auch süß schmecken. Aus der Vielzahl von Derivaten eines Grundgerüstes hat gewöhnlich nur ein Vertreter als bestmögliche Variante Eingang in die Praxis gefunden.

Der älteste seit über 100 Jahren angewendete Süßstoff, der auch heute noch eine bedeutende Rolle spielt, ist das Saccharin. Auch in Zeiten eines relativ hohen Saccharinverbrauches (während der beiden Weltkriege und unmittelbar danach) waren nachteilige gesundheitliche Auswirkungen nicht erkennbar. Deshalb galt das Saccharin lange Zeit als toxikologisch unbedenklich. Jedoch traten in drei jeweils über zwei Generationen geführten Fütterungsversuchen an Ratten Mitte der 1970er Jahre (insb. bei männlichen Tieren der zweiten Generation) Blasentumore auf.

Zu dieser Zeit stand das Saccharin in den USA auf Grund des DELANEY-Amendments (vgl. S. 404) kurz vor dem Verbot, in Kanada wurde es sogar verboten. Die Tumoren waren zwar nur in den Versuchsgruppen mit extrem hohen Dosen (5% Saccharin im Futter, und das täglich bis zum Lebensende verabreicht) vorgekommen, aber der Verdacht einer Cancerogenität war damit experimentell begründet. Er veranlaßte die Expertengruppe für Lebensmittelzusatzstoffe der FAO/WHO die ursprüngliche ADI für Saccharin von 5 mg/kg KM/d (für Diabetiker und Fettsüchtige 15) auf 2,5 mg/kg KM/d (für alle) herabzusetzen und für den Gehalt des Saccharins an o-Toluensulfonamid (dem Hauptverunreinigungsprodukt des nach dem REMSEN-FAHLBERG-Verfahren hergestellten Saccharins) zusammen mit p-Toluensulfonamid eine Höchstgrenze von 100, später 25 mg/kg Süßstoff zu fordern. Der Verdacht einer cancerogenen Wirkung von Toluensulfonamid konnte bisher tierexperimentell nicht bestätigt werden, allerdings hat es sich im AMES-Test als mutagen erwiesen. Dagegen haben auch retrospektive epidemiologischen Studien ergeben, daß die ständige Aufnahme von Saccharin eine leichte Erhöhung des Krebsrisikos (bei Männern und bei Rauchern, insb. bei männlichen Rauchern) mit sich bringt.

Heute wird Saccharin nicht als ein Cancerogen mit genotoxischen Eigenschaften betrachtet, sondern als ein Cancer-Promoter (vgl. Abschn. 6.7.).

Seit etwa 1960 ist das Cyclamat in Gebrauch. Es wurde 1970 auf Grund eines Zwei-Jahres-Fütterungsversuches an Ratten, bei dem einige Tiere am Ende ihres Lebens Blasenkrebs bekommen hatten, in den USA verboten. Es war der erste Zusatzstoff, auf den das DELANEY-Amendment Anwendung fand. Die meisten anderen Länder schlossen sich dem Verbot an. Die FAO/WAO nahm die ursprüngliche ADI von 50 mg/kg KM/d vollkommen zurück. Später, als die Cancerogenität in weiteren Untersuchungen nicht bestätigt werden konnte, wurden die Anwendungsbeschränkungen in den meisten Ländern (ausgenommen in den USA) schrittweise aufgehoben bzw. gelockert.

Die FAO/WHO legte 1978 eine ADI von 4 mg/kg KM fest und erhöhte sie 1982 auf 11 mg/kg KM/d.

Dieser ADI-Wert berücksichtigt, daß das Cyclamat von der Bakterienflora des menschlichen Dickdarms in Cyclohexylamin umgewandelt werden kann, welches anschließend resorbiert wird und im Organismus gewisse toxische (nach Untersuchungen an Mäusen vor allem embryotoxische) Wirkungen hervorrufen kann. Resorbiertes Cyclamat wandelt der Mensch nicht in Cyclohexylamin um; es wird unverändert über den Harn ausgeschieden. Die Rate der bakteriellen Umwandlung von Cyclamat in Cyclohexylamin ist von Mensch zu Mensch und von seiner Tagesform bzw. der seiner Mikroflora im Darm abhängig. Sie kann in Extremfällen bis 40% ansteigen, liegt aber im Durchschnitt um 1%. Cyclohexylamin ist nicht nur ein Metabolit der Darmflora, sondern auch ein Hydrolyseprodukt des Cyclamats. Es entsteht besonders in saurem Milieu (vor allem in Colagetränken und Citruslimonaden). Gleichzeitig ist es auch eine herstellungsbedingte Verunreinigung. Die beiden letzten Herkunftsformen fallen aber gegenüber dem Metaboliten Cyclohexylamin mengenmäßig wenig ins Gewicht. In grober Näherung verhalten sich die Mengen von produktionsbedingtem Kontaminanten : Hydrolyseprodukt : Metabolit wie 1 : 10 : 250, wenn man den maximal zulässigen Cyclohexylamingehalt des Cyclamats von 20 mg/kg und eine Umsatzrate durch die Darmflora von 1% zugrunde legt.

Ein neuerer Süßstoff (1965 entdeckt) ist Aspartam. Es schmeckt angenehm süß, ist nicht toxisch, aber auch nicht stabil (cyclisiert unter Methanolabspaltung zu einem Diketopiperazin).

Im Organismus wird er in Asparginsäure, Phenylalanin und Methanol gespalten. Die Befürchtungen, daß die genannten Metaboliten toxische Nebenwirkungen haben könnten, sind durch eingehende Untersuchungen an Tieren und Menschen entkräftet worden. Insbesondere waren Gefahren für Kinder (Methanol als Ursache für Acidose und Blindheit, vgl. Abschn. 8.12.2.; Asparaginsäure als Verursacher ähnlicher Symptome wie Glutaminsäure, vgl. Abschn. 14.5.3.; erhöhte Asparaginsäurewerte im Blut als Ursache für Nekrosen im Hypothalamus; Phenylalanin als Verursacher der Phenylketonurie) vermutet worden. Außerhalb des menschlichen Organismus entsteht hydrolytisch aus dem Ester ein cyclisches Dipeptid (3-Carboxymethyl-6-benzyl-2,5-diketopiperazin, kurz Diketopiperazin bzw. DKP genannt). Dieses DKP ist nicht so toxisch, wie zunächst befürchtet worden ist. Es ist aber ein unerwünschtes Umwandlungsprodukt und mindert zudem die Süßungseigenschaften des Aspartams. Da Aspartam ohnehin ein teurer Süßstoff ist (für seine Herstellung können nur die L-Formen der beiden Aminosäuren und nicht die billigeren Racemate eingesetzt werden), beeinträchtigt diese Umwandlung die Rentabilität des Einsatzes.

Ebenfalls ein neuerer Süßstoff (1967 in der Bundesrepublik Deutschland entdeckt) ist Acesulfam-K. Acesulfam-K besitzt einen angenehmen Süßgeschmack, ist völlig stabil, wird im Körper nicht metabolisiert und hat sich in umfangreichen Toxizitätsuntersuchungen als gesundheitlich unbedenklich erwiesen.

Eine ganze Gruppe von neuen Süßstoffen sind die Dihydrochalcone, die aus den in Citrusfrüchten vorkommenden bitteren Flavonoiden (Naringin, Hesperidin, vgl. Abschn. 8.8.) durch Ringspaltung (Chalconbildung) und Hydrierung (Dihydrochalconbildung, zur Verhinderung der Recyclisierung) erhalten werden. Sie können aber auch synthetisch hergestellt werden. Ihr wichtigster Vertreter ist das Neohesperidin-dihydrochalcon. Diese Süßstoffe sind toxikologisch unbedenklich, haben aber wegen ihres eigenartigen Geschmacksverhaltens keinen Eingang in die Praxis gefunden. Die Süßempfindung wird nicht, wie bei anderen Stoffen üblich, auf der Zungenspitze wahrgenommen, sondern weiter hinten, setzt verzögert ein und klingt nur langsam ab. Außerdem hat der Süßgeschmack eine mentholartige Note.

Glycyrrhizin (vgl. Abschn. 8.5.) und Steviosid sind natürlich vorkommende Süßstoffe mit regional begrenzter Bedeutung.

Monellin und Thaumatin sind Proteine mit süßem Geschmack, die in den Früchten von Gewächsen vorkommen (Monellin in Dioscoreophyllum cumminsii und Thaumtin in Thaumatococcus daniellii), die in Afrika heimisch sind.

Dulcin ist fast so lange bekannt wie Saccharin, wird aber wegen seiner cancerogenen sowie anderer chronisch-toxischer Wirkungen schon seit Jahrzehnten nicht mehr eingesetzt. Auch Ultrasüß war wegen toxischer Nebenwirkungen nur kurze Zeit (nach dem Zweiten Weltkrieg) in Gebrauch.

14.5.5. Säuren

Säuren werden sowohl zur Erzielung eines sauren Geschmackes als auch zur Erhöhung der Haltbarkeit leichtverderblicher Lebensmittel gegenüber mikrobiellem Verderb eingesetzt (vgl. Abschn. 14.2.2.).

Die Säuren, die zum Erzeugen eines sauren Geschmackes herangezogen werden, sind organische Säuren — Essigsäure, L(+)-Milchsäure, D(−)-Milchsäure, Brenztrauben-säure, Bernsteinsäure, L(−)-Äpfelsäure, D(+)-Weinsäure, L(−)-Weinsäure, Fumar-säure, Citronensäure, Adipinsäure — die chemisch oder biotechnologisch hergestellt werden. Sie sind im übrigen mit denen identisch, die in der Natur vorkommen. Unter-schiede können sich dort ergeben, wo eine Säure optisch aktiv ist; die natürlich vor-kommende Säure liegt dann stets in einer der beiden optisch aktiven Formen vor, während das Syntheseprodukt ein Racemat ist. Es können dann gewisse Einschrän-kungen des nicht in der Natur vorkommenden optischen Isomeren und auch des Race-mats angebracht sein, während das natürliche Isomer das Prädikat „nicht limitiert" erhält.

So ist z. B. die Verwendung von L-Weinsäure begrenzt (ADI: 0...30 mg/kg KM/d), während die natürliche D-Weinsäure und die racemische DL-Weinsäure unbegrenzt eingesetzt werden können. Die D-Milchsäure und die DL-Milchsäure sollen nicht zur Herstellung von Kleinkinder-nahrungen eingesetzt werden, allerdings entkräften neueste Befunde die Vorbehalte gegen das D-Isomere.

Außer den organischen Säuren wird für bestimmte Zwecke als einzige anorganische Säure die Phosphorsäure verwendet. Sie wird speziell zur Herstellung von Colagetränken eingesetzt, da ihr Geschmack gut zum Eigengeschmack des Colaextraktes paßt.

14.5.6. Bitterstoffe

Substanzen mit bitterem Geschmack sind in Pflanzen weit verbreitet. Einige Extrakte werden als Würz- und verdauungsanregende Mittel eingesetzt (Hopfen, Enzian, Pom-meranzenschalen).

Bitterstoffe gehören verschiedenen chemischen Stoffklassen an. Meist sind es Gemische che-misch miteinander verwandter Verbindungen (Terpene im Enzian; terpenähnliche Bittersäuren des Hopfens: Humulon, Lupulon u. a.), oder bittere Flavonoide (z. B. in Schalen von Citrusfrüch-ten: Hesperidin, Naringin, Neohesperidin, vgl. Abschn. 8.8.) — aus einigen können süß schmek-kende Stoffe gewonnen werden (vgl. Abschn. 14.5.4.3.) — oder auch Alkaloide (Chinin; Coffein, vgl. Abschn. 8.2.). Die weniger komplizierten Verbindungen lassen sich auch synthetisch her-stellen. Der synthetische Bitterstoff Saccharoseoctaacetat ist aus natürlichen Bausteinen (Saccha-rose und Essigsäure) aufgebaut, kommt aber in der Natur nicht vor.

Bitterstoffe werden nicht nur wegen ihres bitteren Geschmackes, sondern auch oft wegen ihrer guten verdauungsfördernden, die Sekretion von Verdauungssäften stimulierenden Wirkung (Aperitifs, Bitterliköre), wegen ihrer anregenden Wirkung (Coffein, Chinin) sowie auch wegen technologisch wertvoller Eigenschaften (eiweißfällende, schaumstabilisierende und haltbarmachende Wirkung des Hopfens beim Bier) eingesetzt. Sie können jedoch unerwünschte Reizwirkungen auf das Verdauungssystem (z. B. die bitteren Röststoffe des Kaffees) oder unbeabsichtigte pharmakologische Nebenwirkungen (Chinin) besitzen. Saccharose-octaacetat wird im Organismus in Saccharose und Essigsäure gespalten, in den normalen Stoffwechsel einbezogen und gilt deshalb als toxikologisch unbedenklich (eine toxikologische Einschätzung des Expertenausschusses der FAO/WHO liegt nicht vor).

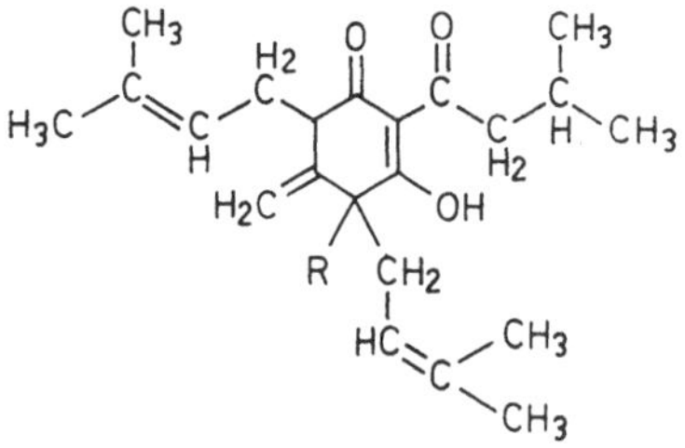

Humulon: R = -OH

Lupulon: R = $-CH_2-CH(CH_3)_2$

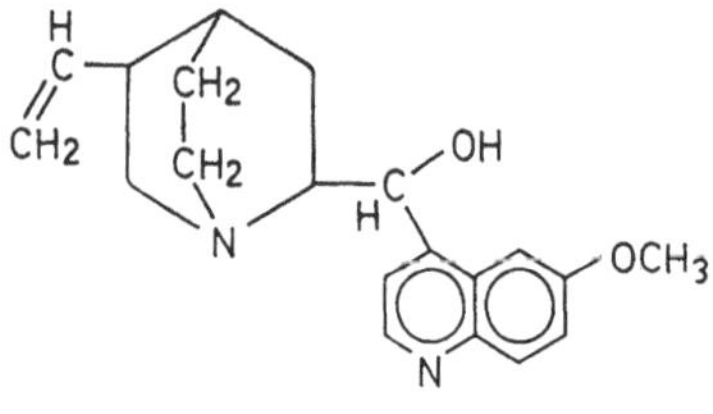

Chinin

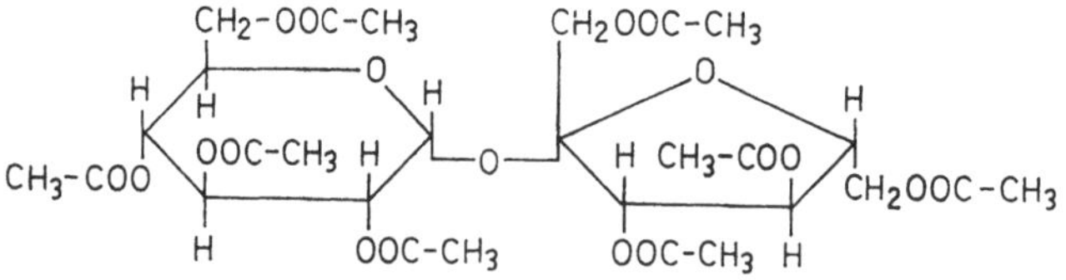

Saccharose - octaacetat

14.6. Zusatzstoffe mit mehreren Funktionen

14.6.1. Einführung

Die meisten Lebensmittelzusatzstoffe haben ein Hauptanwendungsgebiet und werden bei der Einteilung diesem zugeordnet. Andere Lebensmittelzusatzstoffe sind dagegen vielseitig einsetzbar. Deshalb werden hier in dieser speziellen Gruppe Nitrit bzw. Nitrat, Schwefeldioxid und Phosphat zusammengefaßt.

14.6.2. Nitrit und Nitrat

Nitrit und Nitrat (genauer deren Natrium- oder Kaliumsalze) werden zum Pökeln von Fleisch und Fleischwaren verwendet und erfüllen dabei gleich drei Funktionen:

1. Sie verhindern das Wachstum des toxinbildenden Bakteriums *Clostridium botulinum* (vgl. Abschn. 19.2.) und sind damit Konservierungsmittel (vgl. Tab. 14.1, S. 409).

2. Sie bewirken eine Umrötung des roten, aber wenig beständigen Fleischfarbstoffes Myoglobin. Myoglobin wird beim Pökeln von Fleisch durch Nitrit in das ebenfalls rot gefärbte, aber kochbeständige Nitrosomyoglobin umgewandelt.
3. Sie sind für die Entstehung des typischen Pökelgeschmackes von Fleischerzeugnissen verantwortlich und sind somit Aromabildner (vgl. Abschn. 14.5.).

Wirksam ist in jedem Falle nur das Nitrit, das Nitrat erlangt erst nach seiner Reduktion zu Nitrit technologische und toxikologische Bedeutung. Eine Reduktion von Nitrat zu Nitrit ist in allen Medien leicht möglich (in Lebensmitteln unter der Einwirkung bakterieller Nitratreduktasen, in lebenden pflanzlichen und tierischen Organismen durch ähnliche Enzyme). Nitrit wird in Form von Nitritpökelsalz (Kochsalz mit 0,4...0,5% Natriumnitrit; früher 0,5 bis 0,6%) zugesetzt oder aus dem der Pökellake in einer Konzentration von 1 bis 2% zugesetzten Salpeter (Kaliumnitrat) von der Pökelflora, das sind Bakterien verschiedener Gattungen wie Mikrococcus, Spirillum und Achromobacter, gebildet.

Nitrit kann sich mit sekundären Aminen bzw. Amiden zu N-Nitroverbindungen umsetzen. Dadurch ist die Kausalkette Nitratvorkommen — Nitritbildung — Nitrosaminentstehung (vgl. Kap. 18.) gegeben.

Während Nitrat eine geringe akute Toxizität besitzt (letale Dosis für den Menschen 30...35 mg/kg KM), ist Nitrit wesentlich toxischer (letale Dosis für den Menschen: 32 mg/kg KM). Nitrosamine bzw. Nitrosamide gelten als hochtoxisch.

Über Nitratvergiftungen ist wenig bekannt. Wenn sie auftreten, dann sind stets die Symptome einer Nitritvergiftung (Methämoglobinbildung) vorhanden. Akute Nitritvergiftungen sind wegen der hohen Toxizität des Nitrits schon zahlreicher aufgetreten, insbesondere bei Kindern, die auf Nitrit erheblich empfindlicher reagieren als Erwachsene.

Die toxische Wirkung des Nitrits beruht auf einer Oxydation des Hämoglobins zu Methämoglobin, d. h. einer Oxydation von Fe^{2+} zu Fe^{3+}, die den Sauerstofftransport im Blut unterbindet (Hypoxie). Dieser tritt bereits auf, wenn 20% des Hämoglobins in Methämoglobin umgewandelt sind.

Akute Vergiftungen durch Nitrosamine besitzen bei Menschen keine ernährungstoxikologische Bedeutung.

Für die Gesamtheit der Bevölkerung (und besonders für Kinder) verdienen jedoch vor allem die chronischen Vergiftungen Beachtung. Nitrat hat hierbei eine untergeordnete, aber seine Folgeprodukte Nitrit und Nitrosamin eine um so stärkere Bedeutung. Schon eine relativ niedrige Nitritaufnahme führt zu Methämoglobinämie und Nitrosamine bzw. Nitrosamide sind als starke Cancerogene gefährlich, insbesondere für die Leber. Die Gefahr einer von Nitrit hervorgerufenen Methämoglobinämie kann durch gleichzeitige Aufnahme von Vitamin C vermindert werden.

Im übrigen ist noch nicht geklärt, in welchem Maße der Zusatz von Nitrit und Nitrat zu Fleisch zur Entstehung cancerogener Nitrosamine beiträgt. Ein großer Teil des Nitrits wird für die Bildung des Nitrosomyoglobins (nicht cancerogen, da α-H-Atome fehlen) abgefangen.

Unter diesen Umständen dürften Nitrit und Nitrat als Lebensmittelzusatzstoffe eigentlich nicht mehr angewendet werden. Ein Verbot dieser Stoffe als Pökelstoffe ist aber bisher in keinem Lande erfolgt, auch nicht in den USA, wo das DELANEY-Amendment (vgl. S. 404) einen solchen Schritt eigentlich vorschreibt. Die Gründe dafür sind:

1. Nitrat und damit zusammenhängend, Nitrit und Nitrosamine können in den Medien der Umwelt auch natürlichen Ursprungs sein. Dazu kommt, daß der natürliche

Gehalt des Bodens, des Trinkwassers und pflanzlicher Produkte an Nitrat durch einem erhöhten Einsatz von Stickstoffdünger zur Erzielung hoher Erträge in der Landwirtschaft (vgl. Abb. 11.12 und 11.13, S. 368f) erheblich angestiegen ist. Bestimmte Gemüsearten enthalten mitunter so große Mengen Nitrat, daß für Kleinkinder bereits die Gefahr der Methämoglobinämieentstehung gegeben sein kann. Aus diesem Grunde gelten für Gemüse (insbes. Möhren und Spinat), das für die Herstellung von Kleinkindernahrungen bestimmt ist, schärfere Bestimmungen (Zulassung nur geringerer Nitratrückstände).

Es wird eingeschätzt (nach Angaben aus England und den USA), daß die wöchentliche Nitrataufnahme durch den Erwachsenen etwa 400...450 mg beträgt, wovon etwa 100 mg mit dem Trinkwasser, 210...225 mg mit Gemüse und etwa 110 mg mit Fleischerzeugnissen aufgenommen werden. Durch die Nichtanwendung von Nitrit und Nitrat als Lebensmittelzusatzstoffe wird zwar die Belastung vermindert, aber nicht beseitigt.

2. Das Behandeln von Fleisch und von Fisch mit Nitrat oder Nitrit ist eine zwingend notwendige volksgesundheitliche Maßnahme, um das Wachstum des gefährlichen Toxinbildners *Clostridium botulinum* zu unterdrücken (vgl. Abschn. 19.2.).

Eine Alternative für Nitrit/Nitrat als Pökelstoff ist bisher noch nicht gefunden worden. Von den Konservierungsmitteln ist unter dem in Fleisch herrschenden und wegen der zu fordernden Wirksamkeit gegen *Clostridium botulinum* nur Sorbinsäure in Betracht zu ziehen. Sie könnte Nitrit teilweise ersetzen. Die Ascorbinsäure fördert dagegen nur den Umrötungsprozeß.

Nutzen und Risiko stehen sich in der Frage des Zusatzes von Nitrit bzw. Nitrat in einer Weise gegenüber, die trotz aller Risiken zugunsten ihrer Anwendung sprechen, jedoch ist ihr Einsatz auf das geringstmögliche Maß zu beschränken.

Die besonderen Gefahrenmomente für Kleinkinder begründen sich wie folgt:

1. Die Acidität in ihrem Magen ist geringer, was Mikroorganismen, die nitratreduzierende Enzyme besitzen, ein besseres Wachstum ermöglicht.
2. Das Fötalhämoglobin kleiner Kinder ist empfindlicher gegenüber einer Einwirkung von Nitrit und geht leichter in Methämoglobin über als das von Erwachsenen.
3. Kleinkinder verfügen noch nicht über das Enzymsystem, das Methämoglobin reduziert.
4. Die Flüssigkeitsaufnahme von Kleinkindern ist im Verhältnis zur Körpermasse größer als bei Erwachsenen, wodurch die Gefährdungsmöglichkeiten bei Trinkwasserbelastung ansteigen.

14.6.3. Schwefeldioxid

Schwefeldioxid ist einer der reaktionsfähigsten Lebensmittelzusatzstoffe. Es besitzt ein einsames Elektronenpaar und lagert sich deshalb leicht an Moleküle mit einer Elektronenpaarlücke an. Verbindungen mit Elektronenpaarlücken sind in biologischen Systemen häufig und darum auch Bestandteile vieler Lebensmittel. Die hohe Reaktionsbereitschaft erklärt einerseits die Vielseitigkeit der Anwendung von Schwefeldioxid und seine gute Wirksamkeit, andererseits aber auch seine hohe Toxizität.

Schwefeldioxid ist hierbei eine Sammelbezeichnung für eine Reihe chemisch unterschiedlicher Verbindungen. Das Gas Schwefeldioxid (SO_2) liegt in wäßriger Lösung als schweflige Säure (H_2SO_3)

vor. Diese schwache Säure ist in Abhängigkeit vom pH-Wert mehr oder weniger stark dissoziiert und liegt dann als Hydrogensulfition (HSO_3^-) oder Sulfition (SO_3^{2-}) vor. Bei pH-Werten über 7 dimerisiert sie zum Disulfit- (oder Metabisulfit-)ion ($S_2O_5^{2-}$). In welcher Form Schwefeldioxid angewendet wird, ist gleichgültig. Entscheidend für seinen Zustand im Lebensmittel sind dessen pH-Wert und Wassergehalt. Die Konzentration des Schwefeldioxids selbst spielt eine untergeordnete Rolle, da sie normalerweise verhältnismäßig gering ist. Dementsprechend sind auch Wirkungsweise und Toxizität aller Anwendungsformen äquivalent.

Das wichtigste Einsatzgebiet des Schwefeldioxids ist die chemische Konservierung. Es reagiert mit den Disulfidbrücken von Eiweißen unter Aufsprengung der Verknüpfung

$$\begin{array}{ccc}
\sim\!\!S & & \sim\!\!S\text{--}SO_3^- \\
\;\;| & +\;\; SO_3^{2-} \;\longrightarrow & \;\;+ \\
\;\;S\!\!\sim & & S^-\!\!\sim
\end{array}$$

und inaktiviert auf diese Weise Enzyme. Das macht es zu einem wirksamen Mittel sowohl gegen den mikrobiellen als auch gegen den enzymatischen Verderb. Voraussetzung für eine antimikrobielle Effektivität ist jedoch das Eindringen des Konservierungsstoffes in die Mikrobenzelle. Dazu sind nur die undissoziierte Säure und das Hydrogensulfition befähigt, was bedeutet, daß Schwefeldioxid nur in saurem Milieu antimikrobiell wirksam ist. Die Permeationsfähigkeit der verschiedenen Schwefeldioxid-Formen bedingen auch eine gewisse Selektivität der Wirkung. Da das HSO_3^--Ion Bakterienwände durchdringt, nicht aber Hefepilzwände, werden in schwach saurem Milieu Essigsäure- und Milchsäurebakterien wesentlich stärker gehemmt als Hefen, was das Schwefeldioxid für die Weinherstellung geeignet macht. Die antimikrobiell wirksamste Form, das H_2SO_3 (es ist je nach Mikrobenspezies 100...1000mal wirksamer als HSO_3^-), liegt nur bei sehr niedrigen pH-Werten vor.

Die Fähigkeit, mit Carbonylgruppen zu reagieren, befähigt das Schwefeldioxid auch, unerwünschte Umsetzungen in Lebensmitteln, wie die MAILLARD-Reaktion (vgl. Kap. 15.), zu unterbinden. Diese Bräunungsreaktionen gehen bei der Lagerung von Lebensmitteln bei relativen Luftfeuchtigkeiten zwischen 30 und 70% (Maximum 50%) vor sich, wo die Autoxydation nur noch eine untergeordnete Rolle spielt und der mikrobielle Verderb noch nicht einsetzt. Seine reduzierende Wirkung macht das SO_2 (zusammen mit seiner enzymhemmenden Wirkung) außerdem bei der Oxydation von pflanzeneigenen Polyphenolen (enzymatischen Bräunung, vgl. Abschn. 8.8.) zu einem Stoff mit antioxydativer Wirkung (die aber nicht mit der einem Fettantioxydans zu verwechseln ist). Ihre zuverlässige Wirksamkeit sowie der Fakt, daß schweflige Säure flüchtig ist und sich aus offenen Systemen teilweise allmählich von selbst verflüchtigt bzw. durch Kochen vertrieben werden kann, erklären die Beliebtheit, mit der sie als Konservierungsmittel, Antioxydans und Bleichmittel eingesetzt wird. Diese Beliebtheit wird jedoch durch den Nebeneffekt des Ausbleichens von Farbstoffen (vgl. Abschn. 14.4.2.) und die Zerstörung von Thiamin (Vitamin B_1) gemindert. Für Lebensmittel, die wichtige Thiaminträger sind, wie Fleisch, Fisch und Eierzeugnissen darf Schwefeldioxid nicht angewendet werden. Hauptanwendungsgebiete sind die Weinherstellung und die Konservierung von Obst- und Tomatenhalbfabrikaten.

Die verhältnismäßig hohe chronische Toxizität des Schwefeldioxids beruht (wie die antimikrobielle Wirkung) hauptsächlich auf einer Hemmung von Enzymen infolge einer Aufspaltung von —S—S-Brücken zwischen Proteinmolekülen, die für deren Funktionalität (unter anderem der Enzymaktivität) notwendig ist. Betroffen sind vor allem Enzymsysteme, die von Nicotinsäureamid-Adenosyl-Dinucleotid (NAD^+) bzw. dessen Phosphat ($NADP^+$) abhängig sind, sowie flavinhaltige Redoxenzyme. Neben der Hemmung solcher Enzyme findet im Organismus aber auch eine Entgiftung des Sulfits durch Oxydation zu Sulfat durch das Enzym Sulfitoxidase, die in Leber, Herz und Nieren vorkommt, statt. Welchen Anteil die verschiedenen möglichen biochemischen Reaktionen am Gesamtgeschehen haben, ist noch unbekannt. Die Schäden, die an Ratten nach einjähriger Verfütterung von 0,5…2% Natriumbisulfit mit dem Futter zu beobachten waren, betrafen das Nervensystem, die Fortpflanzungsorgane, das Knochengewebe, die Nieren und andere Organe. Eine cancerogene Wirkung wurde nicht festgestellt. Die ADI ist vom Expertenausschuß für Lebensmittelzusatzstoffe auf 0,7 mg/kg KM/d festgelegt worden. Das ist ein ziemlich niedriger Wert, der schon mit 200 ml Wein erreicht wird, wenn er die zulässige Höchstmenge von 300 mg SO_2/l enthält.

14.6.4. Phosphate

Phosphor ist essentieller Bestandteil aller Verbindungen, die an den Regelmechanismen im Organismus beteiligt sind. Der Körper eines Erwachsenen enthält etwa 1% Phosphor, d. h. ca. 700 g. Davon liegen 79% im Skelett, 9% in der Muskulatur, 1% im Gehirn, der Rest (11%) in den übrigen Organen vor. Das im Skelett hauptsächlich als Calciumphosphat (mit geringen Mengen Magnesium und Fluorid) deponierte Phosphat stellt ein riesiges Reservoir dar, aus dem in Mangelsituationen fehlendes Phosphat mobilisiert wird.

In allen diesen Verbindungen kommt der Phosphor nur in seiner fünften Oxydationsstufe (Phosphorsäure bzw. Phosphat) vor. Die vielen möglichen Phosphorsäuren, die sich nur durch ihren Wassergehalt und ihre Kettenlänge unterscheiden, stehen in wäßriger Lösung miteinander im Gleichgewicht. Ihre Salze sind jedoch stabil. Außer den Orthophosphaten, die sich von der Orthophosphorsäure (H_3PO_4) ableiten, gibt es die Di- (früher Pyro-), Tri- usw. bis Polyphosphate, die sich von der linear kondensierten Polyphosphorsäure, $H_{n+2}P_nO_{3n+1}$ (n = 400…20000), sowie die cyclisch kondensierten Polyphosphate, die sich von der hypothetischen Metaphosphorsäure $[(HPO_3)_n,$ n = 4…20] ableiten.

Die Polyphosphate sind nur dann toxischer als die Orthophosphate, wenn sie unter Umgehung des Verdauungstraktes (s.c., i.v.) verabreicht werden, aber nicht bei oraler Aufnahme.

Linear kondensierte Polyphosphate werden an der Darmschleimhaut enzymatisch gespalten, die niedrig kondensierten schneller, die höher kondensierten langsamer. In jedem Fall entsteht Orthophosphat.

Cyclische Polyphosphate werden nicht hydrolysiert, sie kommen deshalb als Lebensmittelzusatzstoffe nicht in Betracht. Die Reinheitsanforderungen der FAO/WHO verlangen, daß Polyphosphate höchstens 8% cyclische Phosphate (berechnet als P_2O_5) enthalten.

Die Phosphorsäure ist eine schwache, in Lebensmitteln einbasige Säure, deren Acidität mit der organischer Säuren vergleichbar ist. Das Restanion $H_2PO_4^-$ dissoziiert erst bei nahezu neutralem pH-Wert ein weiteres Proton ab. Das macht das Ionenpaar $H_2PO_4^-$/HPO_4^{2-} zu einem ausgezeichneten Puffersystem (höchste Pufferkapazität bei pH 6,8).

Die freie Phosphorsäure dient als Genußsäure zur Herstellung von alkoholfreien Erfrischungsgetränken, insbesondere von Colagetränken sowie zum Ansäuern von Fruchtsäften. Die sauren Salze finden zur Senkung des pH-Wertes in verschiedensten Lebensmitteln sowie in Kombination mit Natriumbicarbonat als Triebmittel für Backpulver Verwendung. Die alkalischen Phosphate können zur Anhebung des pH-Wertes eingesetzt werden, was z. B. bei der Schmelzkäseherstellung für eine gute Proteindispersion und zur Verbesserung der emulgierenden und wasserbindenden Eigenschaften von Proteinen notwendig ist. Die gleichen Eigenschaften werden zur Steigerung der Hydratation und der Wasserbindung in Fleisch und Fisch, so bei Gefrierfleisch und Gefrierfisch nach dem Auftauen, zur Verbesserung und Erhaltung des Verteilungszustandes unlöslicher Lebensmittelbestandteile in Kondensmilch und Käsecremes sowie zur Stabilisierung von Emulsionen genutzt. Die puffernden Eigenschaften der primären und sekundären Phosphate werden dort ausgenutzt, wo konstante pH-Verhältnisse für die Bearbeitung oder Stabilisierung von Lebensmitteln erforderlich sind.

Monophosphate entfernen Metallionen, welche bei der Lebensmittelverarbeitung stören können (Calcium-, Magnesium-, Eisen- und andere Übergangsmetallionen) durch Ausfällen, Polyphosphate bilden mit ihnen Komplexe, wobei die Metallionen zwar in Lösung gehalten, aber inaktiviert werden. Da auf diese Weise prooxydative Metallionen (Cu^{2+}, Fe^{3+}, Ni^{2+}) gebunden werden, wirken Phosphate als Metallfänger und hemmen die Autoxydation von Fetten (vgl. Abschn. 14.2.5.).

Die gleichen Komplexe können jedoch im Darm resorbiert und vom Körper verwertet werden. Gewöhnlich werden Resorption und Retention dieser Metalle durch die Bildung solcher Komplexe erhöht, deshalb sind Calcium- und Eisenphosphate zur Aufbesserung des Mineralstoffgehaltes von Lebensmitteln anwendbar.

Auf die gleiche Weise können Eisen-, Kupfer- und Calciumionen in Fruchtsäften und ähnlichen Getränken gebunden werden, um dort die Entstehung von Fehlgeschmack und Trübungen zu verhindern. Das Wachstum von Mikroorganismen kann durch Polyphosphate gehemmt werden, was ebenfalls auf die Komplexbindung von Metallen zurückgeführt wird.

Vielfältig sind die Variations- und Verwendungsmöglichkeiten von Stärken und Proteinen, die mit Phosphorsäure verestert sind.

Über den Bedarf des Menschen an Phosphat bestehen noch keine klaren Vorstellungen. Gewöhnlich wird eine tägliche Aufnahme in etwa der Höhe empfohlen, wie sie das Food and Nutrition Board der USA genannt hat, nämlich von 800 mg Phosphor für Erwachsene und Kinder bis zu 10 Jahren und von 1 200 mg Phosphor für Schwangere, Stillende und Jugendliche von 11 bis zu 18 Jahren. Dieser Bedarf wird durch den natürlichen Phosphorgehalt der Nahrung reichlich gedeckt.

Für den Erwachsenen werden vereinzelt jedoch auch Tagesaufnahmemengen zwischen 1 und 2 g (für Schwerarbeiter und Sportler sogar noch höhere Werte) gefordert. Durch die steigende Verwendung von Phosphaten als Lebensmittelzusatzstoffe ist in der heutigen Zeit nicht die Gefahr einer Unterversorgung mit Phosphor gegeben, sondern es deutet sich eher die Gefahr einer überhöhten Zufuhr an.

Über die höchstzulässige Tageszufuhr an Phosphat bestehen aber noch ebenso unklare Vorstellungen. Einige Autoren wollen an Kindern ein durch Konzentrationsschwäche, „Zappeligkeit", Widerspenstigkeit und Aggressivität gekennzeichnetes hyperkinetisches Syndrom beobachtet haben, das auf einen zu hohen Phosphatgehalt der Nahrung zurückgeführt werden kann. Folglich halten sie schon eine Aufnahme von weit unter den genannten Bedarfsempfehlungen liegenden Phosphormengen durch Jugendliche für gefährlich, was unzureichend wissenschaftlich begründet erscheint. Zu bedenken ist auch, daß bei Jugendlichen als Heranwachsenden der Phosphatbedarf höher ist als bei Erwachsenen.

Bei Untersuchungen an Menschen ist festgestellt worden, daß bei Aufnahmen von 2,1…2,4 g Phosphor/d mit der Nahrung der Kot eine breiige Konsistenz bekommt und Diarrhöen auftreten können.

Die Verträglichkeitsgrenze ist ein fließender Wert. Folgende Faktoren sind mitbestimmend:

1. Entwicklungsphase des Menschen, seine körperliche Aktivität und besondere Situationen, wie Schwangerschaft, Laktation u. a.,
2. die gleichzeitige Zufuhr anderer Mineralstoffe, insbesondere von Calcium, Magnesium, Eisen und anderen Metallen (gegenseitige Beeinflussung),
3. Resorbierbarkeit des in der Nahrung enthaltenen Phosphats (organisch gebundener Phosphor wird erst nach Freisetzung als Phosphat resorbierbar; Phytinphosphat (vgl. Abschn. 8.13.) ist nicht oder nur begrenzt nach Phytaseeinwirkung resorbierbar),
4. Einfluß anderer Nahrungsbestandteile z. B. auch auf eine laxative Wirkung höherer Phosphatmengen.

Die FAO/WHO nennt als Maximum Tolerable Daily Intake (MTDI) für den Menschen 70 mg/kg KM (berechnet als Phosphor), das sind für einen 60 kg schweren Erwachsenen 4,2 g Phosphor. Dieser Wert wird nicht als ADI-Wert bezeichnet, weil es für einen essentiellen Nahrungsbestandteil keine Null-bis-Spanne geben kann. Er leitet sich aus dem NOEL eines Fütterungsversuchs (Ratten), bei denen höhere Dosen Nephrocalcinose verursachten, ab.

14.7. Enzyme

Enzyme sind Prozeßhilfsmittel (vgl. Definition des Begriffes Lebensmittelzusatzstoff, S. 404). Bis zur Mitte des 20. Jahrhunderts sind Enzympräparate für den Einsatz in der Lebensmittelindustrie hauptsächlich aus tierischem oder pflanzlichem Material (Lab, Pepsin, Papain) gewonnen worden. Heute produziert man den größten Teil dieser Stoffe aus Mikroorganismen unterschiedlicher Provenienz.

Enzyme stellen extrazelluläre Ausscheidungen von Emers- oder Submerskulturen des betreffenden Mikroorganismus in ein Nährsubstrat dar. Mit wirtschaftlichen Verfahren, die den Zugang zu intrazellulären Enzymen gestatten, ist in naher Zukunft zu rechnen. Die Präparate werden flüssig, fest oder immobilisiert gehandelt.

Auch Enzympräparate, die bei der Herstellung von Bedarfsgegenständen angewandt oder diesen zugesetzt werden, sind gesundheitlich zu überwachen. Gegenwärtig sind Proteasen für den Einsatz in Waschmitteln von aktueller Bedeutung.

Bei der Herstellung von Lebensmitteln werden heute vorzugsweise Amylasen, Pectinasen und verschiedene Proteasen eingesetzt.

Die WHO teilt die Enzympräparate vom toxikologischen Standpunkt aus in fünf Klassen ein:

1. Enzyme, die aus eßbaren Gewebeteilen von Tieren gewonnen werden;
2. Enzyme, die aus eßbaren Gewebeteilen von Pflanzen gewonnen werden;
3. Enzyme, die von Mikroorganismen erhalten werden, die traditionell in der Lebensmittelproduktion Verwendung finden;
4. Enzyme, die von nichtpathogenen Mikroorganismen erhalten werden, welche im allgemeinen als harmlose Kontaminanten in Lebensmitteln gefunden werden;
5. Enzyme, die von (toxikologisch) wenig bekannten Mikroorganismen erhalten werden.

Die Präparate aus eßbarem tierischem oder pflanzlichem Material können als Lebensmittel angesehen werden und sind mit anderen naturidentischen Lebensmittelzusatzstoffen in bezug auf ihre toxikologische Bewertung vergleichbar.

Mikrobielle Enzympräparate kommen — von geringen Ausnahmen abgesehen — als technische Produkte zum Einsatz. Auf die Herstellung mit einem den anderen Lebensmittelzusatzstoffen vergleichbaren Reinheitsgrad wird gegenwärtig aus ökonomischen Gründen meist verzichtet. Diese Präparate enthalten Nebenaktivitäten und Verunreinigungen durch andere Stoffwechselprodukte der Mikroorganismen sowie aus dem Nährsubstrat. Die Präparate stellen somit keine einheitlichen und chemisch definierten Substanzen dar. Durch verschiedene Einflüsse (pH-Wert, Temperatur, Fremdorganismen, Verfahrensführung) können die Begleitstoffe·von Charge zu Charge variieren. Toxikologisch von untergeordneter Bedeutung sind die Proteine der Enzyme selbst, obwohl Allergien bzw. Haut- und Schleimhautschädigungen (speziell durch Proteinasen), die durch Enzymeiweiß hervorgerufen wurden, bekannt sind. Aus diesem Grunde wird nach dem Enzymeinsatz bei der Herstellung eines Lebensmittels eine Denaturierung durch Hitzebehandlung oder eine Abtrennung gefordert. In festen Waschmitteln sind Enzyme granuliert einsetzbar.

Viele Mikroorganismen sind in der Lage, Stoffwechselprodukte zu synthetisieren, die die menschliche Gesundheit beeinträchtigen können. Dazu gehören Bakterientoxine, Mycotoxine (vgl. Abschn. 19.2.), Antibiotica, ungewöhnliche Aminosäuren u. a. m., deren Toxizität es zu bedenken gilt. Enzympräparate werden in niedrigen Dosierungen eingesetzt. Die Menge ist abhängig von der Aktivität und beträgt erfahrungsgemäß 10 bis 1 000 mg/kg. Trotz dieser geringen Dosen sind toxikologische Prüfungen vor Einsatz der Präparate zu fordern, da die Aufnahme subakuter Mengen eventuell vorhandener Toxine in Betracht zu ziehen bzw. auszuschließen ist.

Tabelle 14.15. Mikroorganismen und deren Stoffwechselprodukte

Mikroorganismus	Hauptenzym	Bemerkungen
Bac. subtilis[1]	Amylasen	Antibiotica
	Proteasen	Bacitracin
		Subtilin
Bac. mesentericus	Amylasen	Brotverderber
	Proteasen	
Streptomyces griseus	Proteasen	Antibiotica
Aspergillus niger var.[1]	Amylasen	unbekannte Toxine
	Katalase	
	Glucoseoxidase	
Aspergillus oryzae var.[1]	Amylasen	Maltorycin
	Proteasen	β-Nitropropansäure
	Lipasen	
Penicillium notatum	Pectinasen	Penicillin
	Katalase	
Endothia parasitica	mikrobielles Lab	Skyrin, Regulosin
Rhizopus oryzae	Amylasen	Pilz gilt als fakultativ

[1] Die im Text dargestellte Einteilung der für die Enzymproduktion verwendeten Mikroorganismen durch die WHO ist nicht ohne Widersprüche: Von den aufgeführten Mikroorganismen werden *Aspergillus niger* und *oryzae*, *Rhizopus oryzae* und *Bacillus subtilis* traditionell bei der Lebensmittelherstellung angewandt. Auch bestimmte Varietäten dieser Mikroorganismen können schädliche Stoffwechselprodukte bilden.

Mit Hilfe chemischer oder chemisch-physikalischer Methoden sind nur wenige, ausgewählte toxische Substanzen in Enzympräparaten zu erfassen. Zur toxikologischen Bewertung von Enzymen ist daher die Durchführung von Toxizitätsuntersuchungen mit dem Mikroorganismus (Pathogenität) bzw. am Präparat selbst unerläßlich. Die Anforderungen sind entsprechend der Klassifizierung der Mikroorganismen durch die WHO zu variieren.

Wichtig sind die Feststellung der akuten oralen Toxizität in Nagern, der subakuten und subchronischen Toxizität in Fütterungstests, screening-Tests zur Prüfung auf Mutagenität sowie die Prüfung auf Mutagenität in vivo an Tieren. Weitergehend sind unter besonderen Voraussetzungen Prüfungen auf Teratogenität, Cancerogenität sowie Fertilitäts- und Reproduktionsstudien zu fordern.

Bei immobilisierten Enzymen sind das Immobilisierungsagenz und das Trägermaterial in die Bewertung einzubeziehen.

Zur Erhöhung der Ausbeute an Enzymen werden Mutanten der produzierenden Mikroorganismen erzeugt. Neben der Behandlung mit chemischen Reagenzien oder mit ionisierenden Strahlen gewinnt gegenwärtig die Genmanipulation (gene engineering) an Bedeutung.

Toxikologisch beachtenswert ist dabei die Übertragung von unbekannten genetischen Informationen, die einen vorher als harmlos angesehenen Mikroorganismus entscheidend verändern können.

15. Sekundärprodukte aus Eiweißen und Kohlenhydraten

15.1. Einführung

Unter den Bedingungen der in Haushalt und Industrie üblichen Bearbeitungsprozesse unterliegen Proteine und Kohlenhydrate vielfältigen Umsetzungen, bei denen sie mit sich selbst sowie mit anderen Lebensmittelbestandteilen reagieren können. Dadurch kann es besonders bei Proteinen zu einer Nährwertminderung infolge Aminosäurezerstörung bzw. -modifizierung, zu verringerter Verdaulichkeit aber auch gelegentlich zur Bildung gesundheitsbeeinträchtigender Produkte kommen.

Der Aufklärung verarbeitungsbedingter Reaktionsabläufe ist eine gesteigerte Aufmerksamkeit zuteil geworden, seit beobachtet wurde, daß geschädigte Proteine histopathologische Veränderungen bzw. Mutationen an bestimmten Salmonellen-Mutanten auszulösen vermögen. Die vielfach belegte Korrelation zwischen Mutagenität und Cancerogenität läßt Befürchtungen über die Zusammenhange zwischen der Ernährung und den Krebserkrankungen beim Menschen verständlich erscheinen.

Eine Bewertung der im Tierexperiment erzeugten Schädigungen durch verarbeitungsbedingte Protein- und Kohlenhydratveränderungen steht in vielen Fällen noch aus. Ebensowenig ist bisher eine Relevanz dieser Befunde für die menschliche Gesundheit abzuleiten; es ist zu bedenken, daß selbst modifizierte Aminosäuren bei relativ leichter Verfügbarkeit für den Organismus ungewöhnliche Verbindungen darstellen. Weitgehend wird die Auffassung vertreten, daß eine die Risikoparameter berücksichtigende schonende Lebensmittelbehandlung aus heutiger Sicht keine Veranlassung zu Bedenken gibt.

15.2. Veränderungen durch erhöhte Temperatur

Die als MAILLARD-Reaktion bekannten Reaktionsfolgen sind die bedeutsamsten Umsetzungen, die Aminosäuren, Peptide und Proteine vor allem bei Wärme- und Hitzeeinwirkung in Gegenwart von Verbindungen mit Carbonylgruppen eingehen.

Hauptreaktionspartner sind die ε-Aminogruppen von Lysin sowie die α-Aminogruppen freier oder N-terminaler proteingebundener Aminosäuren und die Carbonylgruppen von Zuckern oder oxydierten Lipiden. Verbindungen anderer Stoffklassen können analog reagieren, sobald sie die genannten funktionellen Gruppierungen besitzen. Die Reaktion findet bevorzugt in Systemen mit Wasseraktivitäten von 0,5...0,7 statt. Bei Kühllagerung bereits nachweisbar, wird sie durch Erwärmen verstärkt.

In einer ersten Phase der Reaktion entstehen Aminodesoxycarbonylverbindungen (AMADORI-Produkte), die bei mildem Erwärmen noch stabil sind. Wasserabspaltungen, Isomerisierungen und Fragmentierungen der Zuckerkomponenten, STRECKER-Abbau von Aminosäuren, Kondensationen, Polymerisationen, Cyclisierungen und andere bei Erhitzung eintretende Reaktionen liefern die für die zweite Phase der Umsetzung typische Fülle der häufig geruchs- und geschmackswirksamen sowie gelb bis braun gefärbten Substanzen.

Insbesondere aus Modellversuchen mit Aminosäuren und Zuckern ist bekannt, daß Aminodesoxycarbonylverbindungen verminderten Nährwert besitzen; die AMADORI-

Verbindungen verschiedener essentieller Aminosäuren sind z. B. für Ratten biologisch
nicht verwertbar. Für den verringerten Nährwert MAILLARD-geschädigter Proteine
wird in erster Linie die Abnahme der biologischen Verfügbarkeit von Lysin verantwortlich gemacht. Ferner ist für Desoxyfructosylphenylalanin eine Hemmung der
Proteinsynthese an Küken und eine Hemmung der Tryptophan-Resorption bei Ratten,
für ε-Desoxyfructosyllysin ebenfalls bei Ratten die Hemmung der Threonin-, Prolin-
und Glycin-Resorption beschrieben worden.

$$
\begin{array}{ccc}
\mathrm{HC-NHR'} & & \mathrm{H_2C-NHR'} \\
\| & & | \\
\mathrm{COH} & \rightleftharpoons & \mathrm{CO} \\
| & & | \\
\mathrm{R} & & \mathrm{R}
\end{array}
$$

1-Amino-1-desoxy-ketose

$$
\begin{array}{ccc}
\mathrm{HCOH} & & \mathrm{HCO} \\
\| & & | \\
\mathrm{C-NHR'} & \rightleftharpoons & \mathrm{HC-NHR'} \\
| & & | \\
\mathrm{R} & & \mathrm{R}
\end{array}
$$

2-Amino-2-desoxy-aldose

Amino-desoxy-carbonyl-
verbindungen (Amadori-Produkte)

Freie AMADORI-Produkte werden im Darm resorbiert und unverändert im Urin
ausgeschieden, proteingebundene erscheinen nach Freisetzung ebenfalls im Urin und
in den Faeces. Verdauungsenzyme bewirken nur eine minimale Regeneration, jedoch
können durch die Darmflora Lysin und andere Aminosäuren aus den AMADORI-Pro-
dukten teilweise wieder freigesetzt werden.

Histopathologische Veränderungen des Nierengewebes nach der Verfütterung von
ε-Desoxyfructosyllysin an Ratten haben mit großer Wahrscheinlichkeit keine Bedeutung für die menschliche Gesundheit. Die Verbindung ist offensichtlich nicht mutagen.
Vergleichbare Veränderungen wurden nach Verfütterung von alkaligeschädigtem Protein an Ratten beschrieben.

Stärkere Erhitzung führt zur Abnahme der Eiweißverdaulichkeit und zur verminder-
ten Verfügbarkeit der meisten Aminosäuren. Dabei spielen tiefgreifende molekulare
Veränderungen und Proteinvernetzungen eine Rolle. Proteingebundene MAILLARD-
Produkte der zweiten Stufe sind deshalb nur in stark verringertem Maße verwertbar.
Eine umfangreiche Untersuchung der Langzeitfütterung von MAILLARD-gebräunten
Proteinen an Ratten ließ keine toxische Wirkung erkennen.

Das Verhalten der Melanoidine ist von ihrer Molmasse abhängig. Der größte Teil
wird mit den Faeces ausgeschieden. Relativ niedermolekulare Verbindungen werden in
höherem Maße resorbiert und im Urin ausgeschieden als hochmolekulare. Bedenkliche
Wirkungen sollten demzufolge nur von niedermolekularen und Prämelanoidinen ausgehen können.

Bei der Verfütterung von aus Glucose und Glycin entstandenen wasserlöslichen braunen Prämelanoidinen an Ratten ist bei Dosen von 2 g N/kg Futter eine vorübergehende
Wachstumsverzögerung beobachtet worden. Als Erklärung für eine gleichzeitig verminderte Caseinverdaulichkeit sowie eine geringere N-Retention wurden Protease-
inaktivierung, Hemmung der Absorption von Aminosäuren, Bildung unverdaulicher

Peptide und verminderte Proteinsynthese diskutiert. Weiterhin war eine Hypertrophie von Blinddarm, Leber und Niere sowie eine verminderte Fruchtbarkeit zu konstatieren. Es ist ungeklärt, ob diese Effekte auf Mangelernährung oder Toxizität zurückzuführen sind.

Für Verbindungen der zweiten Phase der MAILLARD-Reaktion (T $\geq$ 100 °C) ist mutagene Wirkung im AMES-Test und in anderen Tests nachgewiesen worden. Das gilt nicht nur für Modellgemische, sondern auch für gebratene, gekochte und gebackene Lebensmittel. Besonders empfindlich sind offensichtlich Fleisch und Fleischwaren, in geringerem Maße Fisch. Die Bildung der Mutagene nimmt mit steigender Temperatur und Erhitzungszeit zu. Nach bisherigen Erkenntnissen entstehen in stärke- und zuckerreichen Lebensmitteln erheblich geringere Mengen genotoxischer Substanzen als in Fleisch oder Fisch.

Die bisher in ihrer Struktur aufgeklärten Mutagene sind heterocyclische Amine (Tab. 15.1) mit z. T. erheblicher Wirkung. Nicht in jedem Falle wirken sie spontan, sondern bedürfen häufig einer Aktivierung durch den Stoffwechsel. Die Expression der Mutagenität und die kovalente Bindung an DNA ist an die mikrosomale Aktivierung gebunden. Für Trp-P-2 ist die eines N—OH-Metaboliten und die Bindung an DNA belegt (Abb. 15.1). Es sind auch Faktoren bekannt, die selbst unwirksam sind, aber die Wirkung von Mutagenen verstärken. Einige Verbindungen können in vitro genetische Schäden in Säugetierzellen hervorrufen. Eine schwache cancerogene Wirkung ist nicht auszuschließen. Eine Hemmung der Mutagenbildung ist durch Zusatz von Sojaprotein, Antioxydantien, Ölsäure und anderen Stoffen beobachtet worden.

Analytisch lassen sich Proteinveränderungen der ersten Phase der MAILLARD-Reaktion im Aminosäurechromatogramm der betroffenen Proteine erkennen. Zur Ermittlung der Ausmaße einer durch Glucose oder Lactose verursachten Lysinblockierung dient die Bestimmung von Furosin und Pyridosin nach saurer Hydrolyse (Abb. 15.2).

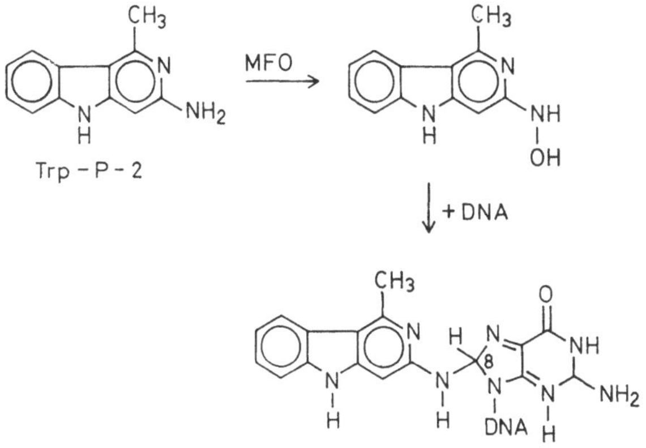

Abb. 15.1.: Biologische Aktivierung von Trp-P-2.
Die C8-Position am Guanidin stellt die kovalente Bindungsstelle dar. Durch die N-Hydroxylierung wird die Nucleophilie der exocyclischen NH_2-Gruppe verstärkt. Comutagene Stoffe (Norharman, Harman) wirken über die Beeinflussung von Membranen des aktivierenden MFO-Komplexes (LAU, P. und Y. LUH: Metabolism of Comutagens and Mutagens produced from Tryptophan Pyrolysis. In: FINLEY, J. W., und D. W. SCHWARS: Xenobiotics in Foods and Feeds. Am. Chem. Soc., Washington 1983). Nachdem die Mutagenität der Pyrolyseprodukte im AMES-Test gefunden wurde, konnte nunmehr auch die Cancerogenität einzelner Verbindungen (z. B. Glu-P-1: Leber, Lunge, Gehirn u. a.) bei Ratten belegt werden (TAKAJAMA, S., S. MASUDA, M. MOGAMI, H. OLIGAKI, S. SATO und T. SUGIMURA: Gann **75**, 207 (1984)).

Tabelle 15.1. Chemische Struktur, Vorkommen und Wirksamkeit ausgewählter Mutagene in erhitzten Lebensmitteln[1]

Abkürzung	chemische Bezeichnung	chemische Struktur	Vorkommen	Behandlung	Gehalt (ng/g)
Trp-P-1	3-Amino-1,4-dimethyl-4H-pyrido[4,3-b]indol	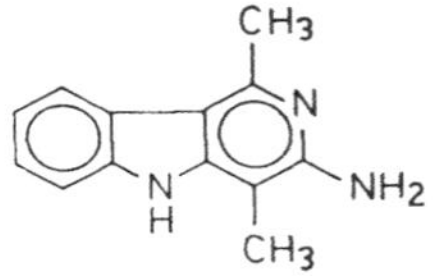	Tryptophan-Pyrolysat Sardine Rindfleisch Pilze, Zwiebeln	getrocknet, gegrillt gebraten, gegrillt gegrillt	13,3 53
Trp-P-2	3-Amino-1-methyl-5H-pyrido[4,3-b]indol	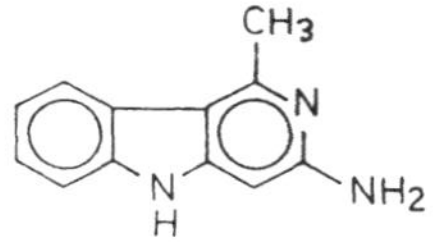	Tryptophan-Pyrolysat Sardine Rindfleisch	getrocknet, gegrillt gegrillt	13,1
IQ	2-Amino-3-methyl-imidazo[4,5-f]chinolin	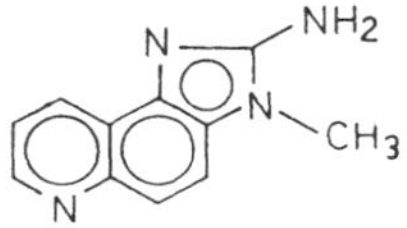	Sardine Rindfleisch	getrocknet, gegrillt gebraten (Elektroplatte)	158 0,59
MeIQ	2-Amino-3,4-dimethyl-imidazo[4,5-f]chinolin	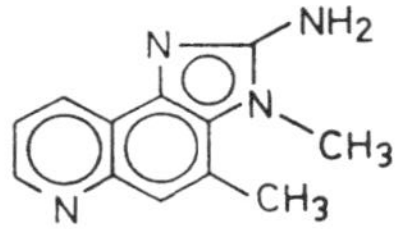	Sardine	getrocknet, gegrillt	72
MeIQx	2-Amino-3,8-dimethyl-imidazo[4,5-f]chinolin	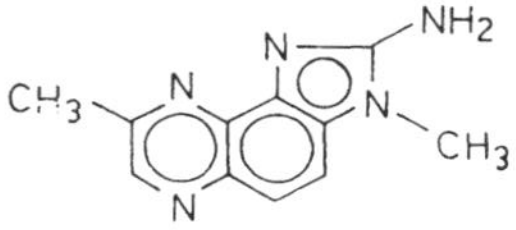	Rindfleisch	gebraten (Elektroplatte)	2,4
Orn-P-1	4-Amino-6-methyl-1H-2,5,10,10-b-tetraazafluoranthen	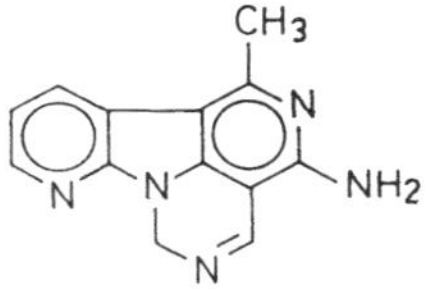	Ornithin-Pyrolysat		

Glu-P-1	2-Amino-6-methyl-dipyrido[1,2-α:3′,2′-d]imidazol	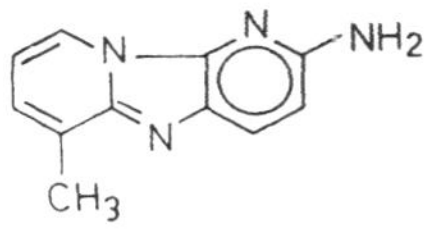	Glutaminsäure-Pyrolysat		
AαC	2-Amino-α-carbolin		Sojaglobulinpyrolysat Kücken Rindfleisch	gebraten (Flamme) gegrillt (Flamme)	180 300
Lys-P-1	3,4-Cyclopenten-pyrido[3,2-a]carbazol	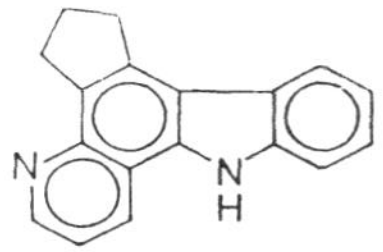	Lysin-Pyrolysat		
Phe-P-1	2-Amino-5-phenylpyridin	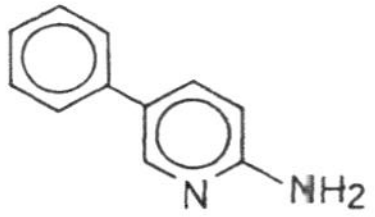	Phenylalanin-Pyrolysat		

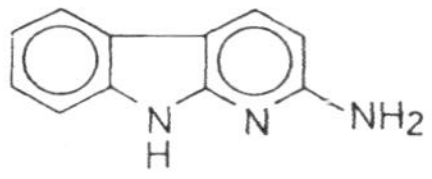

[1] NAGAO, M., S. SATO und T. SUGIMURA: Mutagens Produced by Heating Foods. In: WALLER, G. R. und M. S. FEATHER: The Maillard Reaction in Foods and Nutrition. Adv. Chem. Ser. 215, Am. Chem. Soc., Washington 1983

In Abwesenheit von Carbonylverbindungen kann das Erhitzen (z. B. Kochen, Braten, Grillen, Autoklavierung) proteinreicher Lebensmittel zu Vernetzungen (Isopeptidbindungen), zur Bildung von Lysinoalanin (LAL) und analogen Aminosäuren sowie zur Aminosäurezerstörung führen. Welche Veränderung überwiegt, ist sowohl von der Intensität der Einwirkung als auch von der Proteinart und dem Milieu abhängig.

Die Erhitzung von Proteinen kann infolge Umsetzung von Lysin mit Glutamin oder

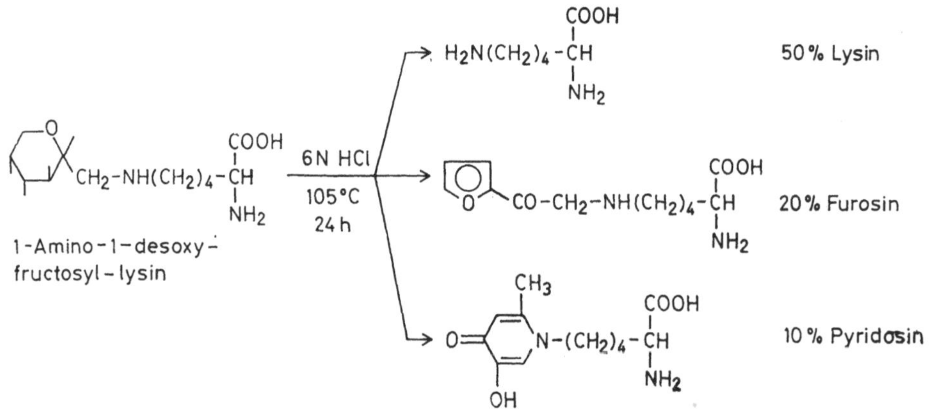

Abb. 15.2. Ermittlung der Lysinblockierung durch Kohlenhydratkomponenten (MAURON, J.: Methodology of Detect Nutritional Damage During Thermal Food Processing. In: BIRCH, G. G. und K. J. PARKER: Food and Health Science and Technology. Appl. Sci. Publ., London 1980)

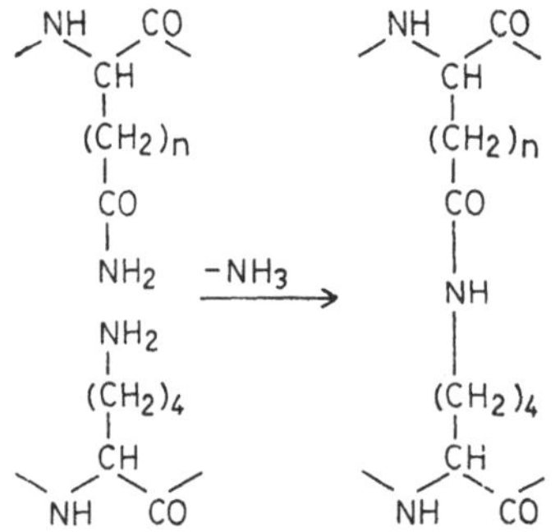

Abb. 15.3. Entstehung von Isopeptidbindungen durch Umsetzung von Lysin mit Asparagin (n = 1) oder Glutamin (n = 2) (BJARNASON, J. und K. J. CARPENTER: Brit. J. Nutr. 24, 313 (1970))

Asparagin zur Ausbildung von Isopeptidbindungen führen (Abb. 15.3). Diese verursachen eine Vernetzung von Peptidketten und dadurch vermutlich eine erschwerte Verdaulichkeit.

Aus freiem ε-(γ-Glutamyl)lysin können Ratten Lysin regenerieren. ε-(β-Asparagyl)-lysin dagegen kann weder im freien Zustand noch im Proteinverband von ihnen verwertet werden; es wird im Gegensatz zu Glutamyllysin in der Niere nicht hydrolysiert. Isopeptidbindungen lassen sich sauer hydrolysieren.

Starkes Erhitzen cystinreicher Proteine kann die Spaltung von Disulfidbrücken verursachen und über Dehydroalanin zur Entstehung von Lysinoalanin und Lanthionin führen. Die gebildeten Mengen sind abhängig von der Höhe und der Einwirkungszeit der Temperatur, dem pH-Wert und der Proteinart. Die Fähigkeit zur Lysinoalaninbildung ist besonders bei Eiklar- und Milchproteinen sowohl wegen ihrer Aminosäurezusammensetzung als auch wegen der technologischen Erhitzungsprozesse ausgeprägt (Tab. 15.2).

Tabelle 15.2. Lysinoalanin in Milchprodukten[1]

Lebensmittel	Behandlung	Lysinoalanin mg/kg Rohprotein
UHT-Milch		40...60
Autoklavierte Milch		170...570
Sterilisierte Kaffeesahne		360...1 160
Ungezuckerte Kondensmilch	Erhitzung	120...320
Copräzipitate		20...680
verschiedene Milchpulver		nicht nachweisbar
Hühnereiklar, fest		120...150
Hühnereiklar, -pulver		150...160
Na-, K-, Ca-Caseinat	Alkalibehandlung	nicht nachweisbar...1 530
Schaumeiweiß		nicht nachweisbar...53 150

[1] FRITSCH, R. J. und H. KLOSTERMEYER: Z. Lebensm.-Unters. Forsch. 172, 435, 440 (1981); 176, 341 (1984)

Starkes Erhitzen kann ferner die Fragmentierung von Aminosäuren zur Folge haben. In gepökeltem Material kann insbesondere freies, aber auch gebundenes Prolin beim Braten je nach Temperatur vor oder nach Nitrosierung decarboxyliert werden und so N-Nitrosopyrrolidin bilden. Generell sind in Reaktionsverläufen entstandene sekundäre Amine bei Anwesenheit von Nitrit als potentielle Nitrosaminbildner anzusehen (vgl. Kap. 18.).

Autoklavieren und ähnliche Hitzebelastungen von proteinhaltigen Lebensmitteln können sich in einer Tryptophanzerstörung und somit in einem Nährwertverlust äußern. Ratten schieden hitzegeschädigte tryptophanhaltige Modellpeptide im Harn aus.

Bei sehr intensiver Erhitzung unterliegen Proteine und ihre Bausteine einer Pyrolyse. Diese thermische Zersetzung ist zwar im Hinblick auf Aromabildung an Modellsystemen mit Aminosäuren untersucht worden, über den komplexen Verlauf der Reaktion in Lebensmitteln ist dagegen noch sehr wenig bekannt.

Pyrolyseprodukte sowohl von Aminosäuren als auch von Peptiden und Proteinen zeigten im AMES-Test in Gegenwart von Lebermikrosomen eine mutagene Wirkung, wenn bei der Erhitzung wenigstens 400 °C erreicht wurden. Tryptophanhaltige Modellpeptide erwiesen sich nach Erhitzen auf 500...600 °C als besonders wirksam. Mutagene Substanzen sind auch in angekohlten Partien proteinreicher Lebensmittel, wie Fisch oder Rindfleisch, nachgewiesen worden.

Extrakte aus trockenen Pyrolysaten von Tryptophan, Glutaminsäure, Lysin, Ornithin, Cystein zeigten in dieser Reihenfolge abnehmende mutagene Wirkung (vgl. Tab. 15.1). Try-P-1, Prp-P-2, Glu-P-1 und AαC wiesen in Konzentrationen von 10^{-5} M genotoxisches Verhalten gegenüber menschlichen Lymphoblastoidzellen auf. Abschätzungen des von Pyrolyseprodukten aus Fleisch ausgehenden täglichen Risikos (US-amerikanische Verhältnisse) ergaben, daß das mutagene Po-

tential dieser Stoffe der genotoxischen Aktivität von 5 Zigaretten entspricht und das der Afla-
toxin-B1-Belastung 200fach übersteigt.

In hocherhitzten Lebensmitteln ist es schwierig, zwischen Produkten der Pyrolyse und der zweiten Phase der MAILLARD-Reaktion zu differenzieren. Wie bei der MAILLARD-Reaktion sind auch in Pyrolysaten heterocyclische Amine isoliert worden. Andererseits wird angenommen, daß die bei der Proteinpyrolyse entstehenden mutagenen Verbindungen von etwas anderer Art sind als die in der zweiten Phase der MAILLARD-Reaktion beobachteten. Bedeutsam für die Intensität der Mutagenbildung ist außer den Erhitzungsbedingungen offensichtlich der Wassergehalt des Materials.

Bei der Pyrolyse von Kohlenhydraten entstehen ebenfalls Mutagene. Es handelt sich um Dicarbonylverbindungen, von denen bisher besonders Methylglyoxal (ca. 150 µg/g Instantkaffee) neben den viel, aber weniger aktiven Glyoxal und Diacetyl (ca. 100 µg/g Instantkaffee) als wirksam erkannt wurden. Im Gegensatz zu den Pyrolyseprodukten aus Proteinen oder Aminosäuren wirken sie direkt auf Salmonella typhimurium TA 100. Analog verhalten sich Mutagene aus geröstetem Kaffee. Es wird zur Zeit diskutiert, ob beim Menschen ein Zusammenhang zwischen Kaffeeverzehr und Pankreas- und Eierstockkrebs besteht.
Für die analytische Erfassung von Mutagenen in Pyrolysaten wird empfohlen, den Wasser-, Methanol- oder Ethylacetatextrakt durch saure und basische Verteilung sowie Chromatographie (z. B. an Sephadex LH 20 oder XAD-2) zu reinigen, bevor eine Identifizierung durch GC oder HPLC vorgenommen wird.

Caramelisierte Saccharose, Maltose, Glucose, Fructose, Mannose und Arabinose bewirken eine gesteigerte Häufigkeit von Chromosomenaberation. Im AMES-Test zeigten caramelisierte Produkte jedoch keine mutagene Wirkung.

15.3. Veränderungen durch Bestrahlung

Bei den zur Bestrahlung von Lebensmitteln im allgemeinen angewandten Dosen ist eine Modifizierung von Proteinen und Kohlenhydraten nicht zu befürchten. Durch eine intensivere Bestrahlung werden Veränderungen ausgelöst (vgl. dazu Kap. 21.).

15.4. Veränderungen durch Hydroxylionen

Der Einwirkung von Hydroxylionen werden Proteine hauptsächlich ausgesetzt zur besseren Extraktion aus unkonventionellen Resourcen bei gleichzeitiger Verminderung des Gehaltes an unerwünschten Begleitstoffen (z. B. nucleinsäurearme Hefeproteine) sowie zur Veränderung funktioneller Eigenschaften (z. B. spezielle Milchprodukte).

Die dabei beobachteten Modifizierungen von Aminosäureseitenketten mit den Folgereaktionen Racemisierung, Racemisierung mit β-Eliminierung und Addition oder Hydrolyse nehmen mit steigender Alkalikonzentration, Einwirkungszeit sowie Temperatur zu. Sie sind auch abhängig von der Proteinart, d. h. der Menge und Position der modifizierbaren Aminosäuren im Peptidverband sowie von der Gegenwart anderer Ionen. Prädestiniert für Veränderungen sind Milch- und Eiproteine. Für einzelne Proteine ist Lysinoalaninbildung bereits bei schwach saurem pH-Wert beobachtet worden.
Hydroxylionen reagieren besonders mit Cystein-, 0-substituierten Serin- und Threoninresten (0-Glycosyl- oder 0-Phosphorylderivaten) unter Bildung von Lysinoalanin und analogen Aminosäuren. Weniger leicht werden Cystein, Serin und Threonin angegriffen.
Die Umsetzung wird durch eine Carbanionbildung und damit Racemisierung am α-C-Atom eingeleitet. Die anschließende Umlagerung mit begleitender β-Eliminierung führt zur Entstehung der reaktiven Zwischenprodukte Dehydroalanin bzw. β-Methyldehydroalanin (Abb. 15.4). Bei

der folgenden nucleophilen Addition anderer Aminosäureseitenketten entstehen nichtproteinogene Aminosäuren, die bei geeigneter Anordnung Peptidketten vernetzen (Abb. 15.5). Bevorzugte Partner für die Addition sind Lysin, Cystein und aus Arginin durch Harnstoffabspaltung im Alkalischen entstandenes Ornithin.

Die alkaliinduzierte Veränderung gebundener Aminosäuren führt zwangsläufig zu einer Verminderung des Nährwertes und einer schlechteren enzymatischen Angreifbarkeit.

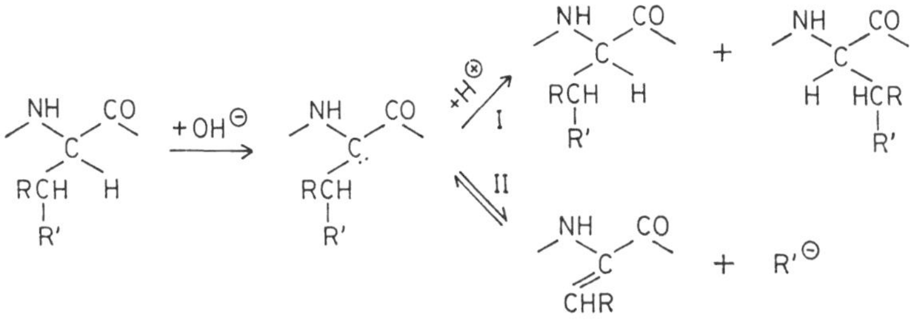

R = H, CH$_3$

I Racemisierung

II β – Eliminierung (R = H : Dehydroalanylrest)

R = CH$_3$: β – Methyldehydroalanylrest)

Abb. 15.4. Bildung von Folgeprodukten durch Einwirkung von Hydroxidionen auf Aminosäurereste.

Verfütterung von Lysino- oder Ornithinoalanin enthaltendem Protein führte bisher zwar nur bei Ratten und in speziellen Fällen bei Mäusen zu Nephrocytomegalie in Epithelzellen der Niere, und gilt auf Grund der vorangehenden unbekannten biochemischen Prozesse als bedenklich. Von den vier Lysinoalanin-Isomeren sind die mit L-Lysin besonders wirksam. Freies Lysinoalanin ist wirksamer als gebundenes; die auslösenden Mengen betragen etwa 100 mg/kg bzw. 2000 mg/kg. Analoge histophologische Effekte sind für Produkte der MAILLARD-Reaktion verzeichnet worden.

Lysinoalanin wird vom Tierkörper z. T. unverändert, z. T. metabolisiert in den Faeces und im Urin ausgeschieden bzw. oxydativ abgebaut. Welcher Weg bevorzugt wird, ist offensichtlich von der Tierart abhängig; ebenso differieren die Abbauprodukte geringfügig.

Ratten können als Lysinoalanin vorliegendes Lysin nicht.bzw. nur sehr begrenzt nutzen. Zwar setzt in der Rattenniere vorhandene ε-Alkyllysinase Lysin aus ^{14}C-markiertem Lysinoalanin frei, dieses wird aber dann in zelleigene Proteine eingebaut. Dagegen ist für Küken diese Aminosäure sowie Cystein aus Lanthionin in begrenztem Maße verfügbar.

Obwohl bisher keine ernährungsbedingte Gefahr für den Menschen erkennbar ist, sind Lysinoalaningehalte in Lebensmitteln möglichst niedrig zu halten. Die mit der Nahrung aufgenommenen Mengen sind im allgemeinen gering; nur bei bestimmter Säuglingsernährung sind beträchtliche Werte erreicht worden (Tab. 15.2). Die Gehalte an proteingebundenem Lysinoalanin sind höher als die des freien.

Die beiden wichtigsten Reaktionsprodukte Lysinoalanin und Lanthionin lassen sich im Aminosäurechromatogramm nachweisen und mengenmäßig erfassen; so sind sichere Aussagen über das Ausmaß eingetretener Proteinschädigung möglich.

Zwangsläufig werden bei Alkalieinwirkung einige L-Aminosäuren in D-Aminosäuren umgewandelt (s. Abb. 15.4). Der mittlere relative Racemisierungsgrad R proteingebun-

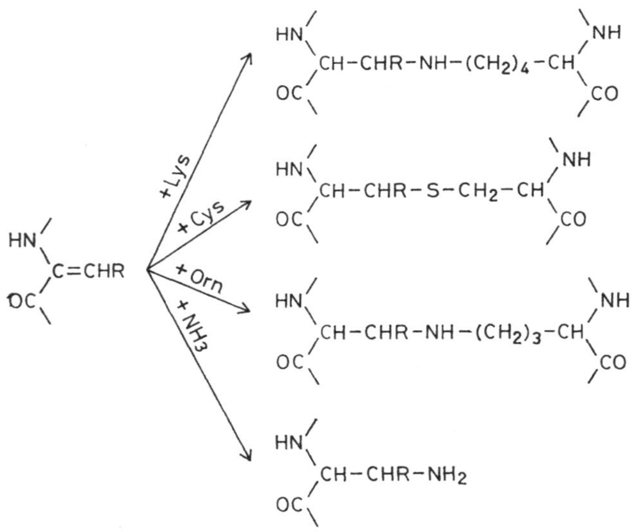

Substituent	
R = H	R = CH_3
Lysinoalanin	Lysino-β-methylalanin
Lanthionin	3-Methyllanthionin
Ornithinoalanin	Ornithino-β-methylalanin
β-Aminoalanin	β-Amino-β-methylalanin

Abb. 15.5. Entstehung von Peptidkettenvernetzungen durch nichtproteinogene Aminosäuren nach β-Eliminierung infolge Alkalieinwirkung.
Lysinoalanin, Lanthionin und Ornithinoalanin können auch durch Erhitzen entstehen. Zusatz von Cystein und von anderen Disulfidbrücken reduzierenden Agentien vermindert die Lysinoalaninbildung.

dener Aminosäuren entspricht bei vielen Proteinen der Reihenfolge

$$R_{Ser}, R_{Thr} > R_{Phe} > R_{Ala} > R_{Tyr} > R_{Val} > R_{Pro}.$$

Entsprechend ihrem individuellen Aufbau sind Proteine gegenüber Racemisierung unterschiedlich anfällig (Tab. 15.3).

Tabelle 15.3. Enzymatisch bestimmter mittlerer Racemisierungsgrad R nach 120 min Erhitzung bei 90 °C und pH 12[1]

Proteine	R (%)	
	vor der Behandlung	nach der Behandlung
Casein	1,0	12,3
α_5-Casein	1,0	20,8
β-Casein	1,4	7,8
ϰ-Casein	0,8	13,3
Ovalbumin	1,6	11,5
Rinderserumalbumin	1,3	9,0
Ackerbohnenproteinisolat	1,0	14,7
Sojaproteinisolat	1,2	15,5
Hefeproteinisolat	1,4	9,0
Weizengluten (nach JONES)	1,0	12,5
Gelatine	1,5	4,9

[1] KRAUSE, W.: Untersuchungen zu Proteinveränderungen durch Alkalibehandlung. Dissertation B, TU Dresden 1981

D-Aminosäuren erschweren die enzymatische Angreifbarkeit, dadurch dürfte auch die Freisetzung von Lysinoalanin behindert werden. Toxische Effekte von D-Aminosäuren sind nicht auszuschließen.

Das Ausmaß der Racemisierung läßt sich mit optischen, chromatographischen, mikrobiologischen oder enzymatischen Methoden erfassen.

15.5. Veränderung durch Oxydation

Gegenüber einer Oxydation sind besonders Methionin, Cystein und Tryptophan empfindlich. Wichtige oxydativ wirkende Systeme sind Wasserstoffperoxid, oxydierte Lipide (Radikale und Oxydationsprodukte), Sauerstoff mit Schwermetallionen, Sauerstoff mit Polyphenolen und Phenoloxydasen bei neutralem pH-Wert, Sauerstoff mit Polyphenolen und Hydroxylionen, Sulfit. Die Photooxydation findet bisher wenig Aufmerksamkeit.

Neben einer oxydativen Zerstörung von Aminosäuren ist die Modifizierung von Seitenketten und die Vernetzung von Peptidketten bei der Einschätzung von Nährwertverlusten in Rechnung zu stellen. In Tierversuchen waren freie Cysteinsäure und freies Methioninsulfon biologisch nicht verfügbar. Unabhängig davon bewirkt es ein Sinken des Methioninspiegels im Blut und im Muskel von Ratten und eine Aktivitätsverminderung von Enzymen im Gewebe.

Gebundenes Methioninsulfoxid ist nach Reduktion in vivo vermutlich teilweise verwertbar.

Methioninsulfoxid läßt sich nach alkalischer Hydrolyse, Methioninsulfon nach saurem Abbau geschädigter Proteine nachweisen. Für die Erfassung der Oxydationsprodukte des Cysteins und Cystins existieren noch keine völlig befriedigenden Verfahren.

Phenolische Substanzen in pflanzlichen Lebensmitteln (vgl. Abschn. 8.8.) sowie proteingebundenes Tyrosin unterliegen vielfach gekoppelten oxydativen Veränderungen. Aus enzymatisch leicht hydroxylierbaren Monophenolen können die besonders reaktiven o-Chinone entstehen (Abb. 15.6), die in vielfältiger Weise weiter reagieren. Die auffälligsten Veränderungen sind die Polymerisation zu braun gefärbten Melanoidinen und die Blockierung bzw. oxydative Veränderung der Aminosäuren Lysin, Cystein sowie wahrscheinlich Methionin und Tryptophan.

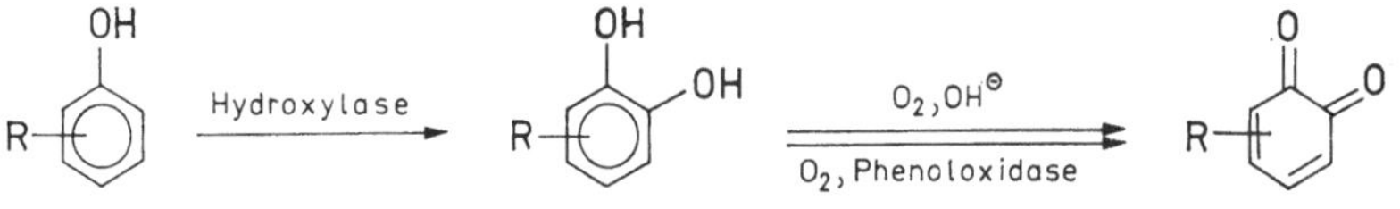

Abb. 15.6. Enzymatische Hydroxylierung phenolischer Substanzen

Wasserstoffperoxid in Gegenwart von Peroxidase kann in Proteinen durch Bildung von 3,3'-Dityrosin Peptidketten vernetzen (Abb. 15.7), wobei die räumliche Anordnung der Tyrosylreste im Molekül die Oxydationsempfindlichkeit beeinflußt. Besonders rasch wird das Phenolation (pH > 8,5) angegriffen. Ist Brenzkatechin zugegen, wird Lysin an der ε-Position oxydativ desaminiert. Es ist möglich, daß in die oxydative Gelbildung ferulasäurehaltiger Weizenpentosanfraktionen auch Proteine einbezogen sind.

Die genannten Veränderungen sind mit einem Nährwertverlust und verminderter Verdaulichkeit der Proteine verbunden. An Kaffeesäure gebundenes Lysin wird von Ratten überwiegend in den Faeces ausgeschieden.

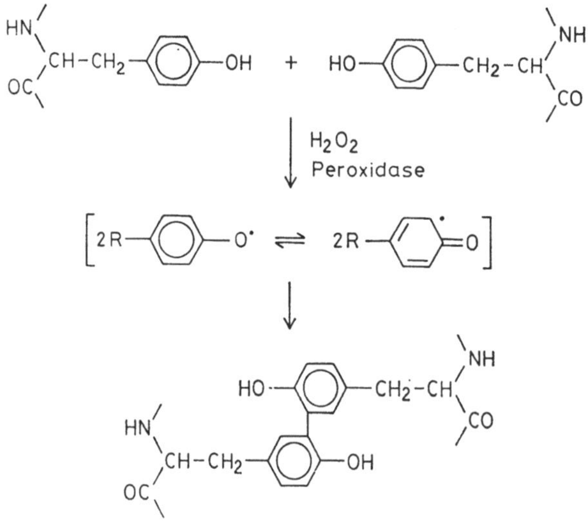

Abb. 15.7. Vernetzung von Peptidketten durch Bildung von 3,3'-Dityrosin. Dityrosin ist UV-fluoreszenzspektroskopisch oder im Aminosäurechromatogramm erfaßbar.

15.6. Veränderungen durch enzymatische Modifizierung

Aus verschiedenen Aminosäuren können durch Decarboxylierung biogene Amine gebildet werden. Vorrangig wirksam sind enzymatische Prozesse bei Mikrobentätigkeit, aber auch Erhitzung. Entsprechend bearbeitete Lebensmittel wie Käse, alkoholische Getränke, Schokolade bzw. infizierte Lebensmittel, z. B. Fische, enthalten demzufolge häufig merkliche Mengen biogener Amine (vgl. Abschn. 8.3.).

15.7. Veränderungen durch chemische Modifizierung

Die gezielte chemische Modifizierung von Aminosäureseitenketten in Proteinen dient bevorzugt der Veränderung funktioneller Eigenschaften, der Abtrennung toxischer Begleitstoffe und der Verbesserung des biologischen Wertes. Die dabei genutzten Verfahren und Reagentien sind im allgemeinen teuer und die Endprodukte toxikologisch noch nicht umfassend abgesichert.

Acetyliertes oder succinyliertes Fischprotein oder Casein sowie succinyliertes Lactalbumin weisen einen geringeren PER-Wert als die unveränderten Proteine auf. Durchgreifende reduktive Alkylierung von Proteinen mit Formaldehyd und Natriumborhydrid erzeugt ε-N-dimethyliertes Lysin und führt im allgemeinen zu verminderter Verdaulichkeit. In geringem Maße tritt Vernetzung auf.

Der kovalente Einbau limitierender Aminosäuren über ihre aktiven N-Hydroxysuccinimidester erfolgt in Form einer Isopeptidbindung am Lysin.

Glycosylierung von Protein modifiziert die ε-Aminogruppe des Lysins. Glycosyliertes Casein führte bei Ratten zu signifikant vermindertem Wachstum.

16. Sekundärprodukte von Fetten

Fette (Lipide) setzen sich aus den sogenannten Neutralfetten (Triglyceride) und den Fettbegleitstoffen (Lipide: Phosphatide, Sterine, fettlösliche Vitamine und Provitamine, fettlösliche Farbstoffe, freie Fettsäuren u. a.) zusammen. Die Fettbegleitstoffe fallen mengenmäßig wenig ins Gewicht, sind aber von hoher funktioneller Bedeutung. Chemische Veränderungen in Fetten, insbesondere die Bildung von Sekundärprodukten, prägen sich in den Fettbegleitstoffen oft in stärkerem Maße aus als in den Triglyceriden und setzen bei ihnen meist zuerst ein.

Die Folge derartiger Umwandlungen an Fetten sind Geruchs- und Geschmacksveränderungen (Off Flavor), das Auftreten toxischer Stoffe und Nährwertverminderung (durch Zerstörung essentieller Fettsäuren und fettlöslicher Vitamine). Von wenigen Ausnahmen abgesehen sind diese Veränderungen unerwünscht und werden als Fettverderb bezeichnet. Auf die vielfältigen Formen des Fettverderbs, wie Ranzigwerden, Seifigwerden, Talgigwerden u. a., und auf die Komplexität haben schon TÄUFEL und ROTHE (1949) hingewiesen. Es gibt zwei Arten des Fettverderbs, den mikrobiellen und den oxydativen.

Der mikrobielle Verderb setzt gewöhnlich vor dem oxydativen ein, er kann jedoch nur dort stattfinden, wo die Voraussetzungen für das Gedeihen von Mikroorganismen gegeben sind. Das ist bei allen wasserhaltigen Fetten (Butter, Margarine, Mayonnaise) sowie bei allen wasser- und fetthaltigen Lebensmitteln (Milch, Käse, Wurst) der Fall.

Beim mikrobiellen Verderb entstehen vorwiegend Hydrolyseprodukte, in der Hauptsache freie Fettsäuren. Diese machen sich, wenn sie kurzkettig sind, geruchlich stark bemerkbar, vor allem die Buttersäure. Daneben treten Produkte eines sekundären Stoffwechsels der Mikroorganismen (insbes. Methylketone) auf, die ebenfalls geruchs- und geschmacksintensiv hervortreten. Solche Veränderungen werden zur Herstellung bestimmter Lebensmittel auch bewußt herbeigeführt (z. B. Methylketonbildung bei der Käsereifung; Diacetylbildung bei der Milchverbutterung). Diese Sekundärprodukte sind aus ernährungstoxikologischer Sicht von untergeordneter Bedeutung (Ausnahmen vgl. Abschn. 19.1.). Weitaus schädlicher sind dagegen einige der Sekundärprodukte des oxydativen Fettverderbs.

Der oxydative Fettverderb findet bei allen Nahrungsfetten statt, tritt aber am auffälligsten bei Fetten mit einem hohen Gehalt an mehrfach ungesättigten Fettsäuren (PUFA = *poly-unsaturated fatty acids*) in Erscheinung. Der Beginn seines Eintretens, sein Tempo und sein Ausmaß sind von der Zusammensetzung der Fette (vom Grad ihrer Ungesättigtheit, der Anwesenheit von Pro- und Antioxydantien) und von den äußeren Bedingungen (Anwesenheit von Luftsauerstoff; Zufuhr von Energie wie Licht, Wärme u. a.) abhängig.

Der oxydative Fettverderb ist ein spontan einsetzender Prozeß, bei dem der Sauerstoff der Luft mit Fetten umgesetzt wird und den man darum auch als Fettautoxydation bezeichnet. Die ersten Produkte, die gebildet werden, sind Fettsäurehydroperoxide (ROOH), die jedoch nicht in freier Form vorliegen, sondern sich noch im Triglycerid-Verband befinden. Die Fettautoxydation ist eine über freie Radikale verlaufende Kettenreaktion. Wie alle Kettenreaktionen besteht sie aus Kettenstart, Kettenfortsetzung und Kettenabbruch und wie alle Radikalreaktionen verzweigt sie sich und führt zu einer schwer übersehbaren Zahl von Endprodukten (Abb. 16.1).

Schon der Kettenstart ist nicht wie gewöhnlich eine einfache singuläre Radikalbildungsreaktion, sondern zeigt sich vielgestaltig. In der ersten Phase, wenn noch keine Hydroperoxide vorhanden sind, leiten Reaktionen die Autoxydation ein, von denen nur eine zur Bildung eines freien Radikals (im Sinne einer Neubildung) führt (Gl. (16.1)). Dieses Fettsäureradikal addiert ein Sauerstoffmolekül, dessen Grundzustand abweichend von anderen Gasmolekülen die Biradikalform (im Triplett-Zustand) ist, und bildet ein Fettsäureperoxyradikal (Gl. (16.8)), welches sich mit einer noch nicht oxydierten Fettsäure zu einem Fettsäurehydroperoxid und einem neuen Fettsäureradikal umsetzt (Gl. (16.9)). Diese Reaktionen bilden einen Reaktionscyclus, in dessen Verlauf Fettsäurehydroperoxide gebildet werden. Haben sich genügend Fettsäurehydroperoxide angesammelt, tritt die Autoxydation in ihre autokatalytische Phase: Die Hydroperoxide zerfallen entweder in einer monomolekularen (von Energiezufuhr abhängigen) (Gl. (16.4)) oder in einer bimolekularen Reaktion (Gl. (16.5)) unter Bildung neuer freier Radikale. Da jedes dieser Radikale zum Ausgangspunkt einer neuen Radikalkette werden kann (wenn es nicht in einer Abbruchreaktion abgefangen wird), findet eine Selbstbeschleunigung (Autokatalyse) der Autoxydation statt. Eine andere Art von Beschleunigung kann bei Anwesenheit von Übergangsmetallionen (Kupfer-, Eisen-, Cobaltionen) oder deren Komplexen eintreten. Diese Metallionen zerlegen unter ständigem Wechsel ihres Ladungszustandes Fettsäurehydroperoxide ebenfalls unter Bildung freier Radikale. Die metallkatalysierte Autoxydation ist am Beispiel des Eisens (Gl. (16.6) und Gl. (16.7)) dargestellt. Auch diese beiden Reaktionen sind radikalbildende Reaktionen und somit Kettenstartreaktionen. Dagegen sind die Reaktionen Gl. (16.2) und (16.3) nicht im strengen Sinne Startreaktionen. Bei der Reaktion Gl. (16.2) handelt es sich um die Reaktion eines Fettsäuremoleküls mit Singulett-Sauerstoff. Sie führt ohne Zwischenbildung freier Radikale zum Hydroperoxid und wird somit zur Vorstufe für eine der Startreaktionen Gl. (16.4) bis (16.7). Singulett-Sauerstoff ($^1O_2$) ist ein angeregter (energiereicher), aber immer noch molekularer Sauerstoff, der beispielsweise durch Energieübertragung von angeregtem Chlorophyll auf Triplett-Sauerstoff (Sauerstoff im energetischen Grundzustand) entstanden sein kann (Gl. (16.21)).

Die Startreaktion Gl. (16.3) ist an sich eine Kettenfortsetzungsreaktion, da kein neues Radikal gebildet, sondern nur eine Radikalstelle übertragen wird. Sie taucht deshalb auch als eine der möglichen Fortsetzungsreaktionen auf (Gl. (16.11)), ist aber nur äußerlich mit ihr identisch. Bei der Reaktion Gl. (16.11) stammt das Hydroxylradikal aus einer Fettautoxydationsreaktion, beispielsweise aus Gl. (16.4), während es bei der Reaktion Gl. (16.3) auf andere Weise entstanden ist, zum Beispiel durch Spaltung von Wasserstoffperoxid, in pflanzlichen Zellen durch Umsetzung mit Ferredoxin (Gl. (16.22)) oder durch Umsetzung mit dem Superoxidanion $\cdot O_2^-$ (Gl. (16.23)).

Da außer R$\cdot$ und ROO$\cdot$ auch andere Radikale gebildet werden können, sind auch andere Kettenfortsetzungsreaktionen möglich (Gl. (16.10)). Ebenso zahlreich sind die möglichen Kettenabbruchreaktionen (Auswahl: Gl. (16.12) bis (16.16)). Darüber hinaus

A. Kettenstart (Bildung freier Radikale)

spontane Autoxydation:

$$RH \xrightarrow{h.\nu} R\cdot + H\cdot \qquad (16.1)$$

$$RH + {}^1O_2 \rightarrow ROOH \qquad (16.2)$$

$$RH + \cdot OH \rightarrow R\cdot + H_2O \qquad (16.3)$$

autokatalysierte Autoxydation:

$$ROOH \xrightarrow{h.\nu} RO\cdot + \cdot OH \qquad (16.4)$$

$$2\,ROOH \rightarrow RO\cdot + ROO\cdot + H_2O \qquad (16.5)$$

metallkatalysierte Autoxydation:

$$ROOH + Fe^{3+} \rightarrow ROO\cdot + H^+ + Fe^{2+} \qquad (16.6)$$

$$ROOH + Fe^{2+} \rightarrow RO\cdot + OH^- + Fe^{3+} \qquad (16.7)$$

B. Kettenfortsetzung (Weitergabe des ungepaarten Elektrons)

$$\rightarrow R\cdot + O_2 \longrightarrow ROO\cdot \qquad (16.8)$$

$$ROO\cdot + RH \rightarrow ROOH + R\cdot \rightarrow \qquad (16.9)$$

$$RO\cdot + RH \longrightarrow ROH + R\cdot \longrightarrow \qquad (16.10)$$

$$\cdot OH + RH \longrightarrow H_2O + R\cdot \longrightarrow \qquad (16.11)$$

C. Kettenabbruch (Abfangen freier Radikale)

spontaner Kettenabbruch:

$$2\,R\cdot \rightarrow R{-}R \qquad (16.12)$$

$$R\cdot + RO\cdot \rightarrow R{-}O{-}R \qquad (16.13)$$

$$2\,RO\cdot \rightarrow R{-}OO{-}R \qquad (16.14)$$

$$R\cdot + ROO\cdot \rightarrow R{-}OO{-}R \qquad (16.15)$$

$$2\,ROO\cdot \rightarrow \text{verschiedene Produkte} \qquad (16.16)$$

durch Antioxydantien bewirkter Kettenabbruch:

$$ROO\cdot + AH \rightarrow ROOH + A\cdot \qquad (16.17)$$

$$ROO\cdot + A\cdot \rightarrow ROOA \qquad (16.18)$$

$$R\cdot + A\cdot \rightarrow R{-}A \qquad (16.19)$$

$$\mathbf{A\cdot + A\cdot \rightarrow A{-}A} \qquad (16.20)$$

D. Im biologischen Bereich vorkommende Initialreaktionen:

$$\text{Chlorophyll*} + O_2 \rightarrow \text{Chlorophyll} + {}^1O_2 \qquad (16.21)$$

Abb. 16.1. Schematische Darstellung des Radikalkettenmechanismus der Fettautoxydation

$$\text{Ferredoxin}^- + H_2O_2 \rightarrow \text{Ferredoxin} + OH^- + \cdot OH \tag{16.22}$$

$$\cdot O_2^- + H_2O_2 + OH^- + \cdot OH + O_2 \tag{16.23}$$

E. Umsetzungen von Fettautoxydationsprodukten mit anderen Lebensmittelbestandteilen
Umsetzungen von Aldehyden und Epoxiden mit Aminoverbindungen

$$R-CH_2-CHO + R'-NH_2 \rightarrow R-CH_2-CH=NR' \xrightarrow{R''CH_2CHO} R-\underset{\underset{CH-CH_2R''}{\|}}{C}-CH=NR' \tag{16.24}$$

$$R-NH + R'-\underset{\underset{O}{\diagdown\diagup}}{CH-CH}-R'' \rightarrow R'-\underset{\underset{R-NH}{|}}{CH}-CHOH-R'' \tag{16.25}$$

$$\underset{H}{\overset{O}{\diagdown}}C-CH_2-\underset{H}{\overset{O}{C\diagup}} \rightleftharpoons \underset{H}{\overset{O}{\diagdown}}C-CH=CH-OH \xrightarrow{2RNH_2} RN=CH-CH=CH-NHR \tag{16.26}$$

Umsetzungen von Radikalen und Hydroperoxiden mit Proteinen

$$PH + ROO\cdot \rightarrow P\cdot + ROOH \tag{16.27}$$

$$PH + RO\cdot \rightarrow P\cdot + ROH \tag{16.28}$$

$$P\cdot + P\cdot \rightarrow P-P \tag{16.29}$$

$$P\cdot + P \rightarrow P-P\cdot \xrightarrow{P} P-P-P\cdot \tag{16.30}$$

$$ROOH + PH \rightarrow [ROOH...PH] \begin{array}{l} \nearrow RO\cdot + P\cdot + H_2O \\ \searrow RO\cdot + \cdot OH + PH \end{array} \tag{16.31}$$

R·	= Fettsäureradikal
RH	= nichtoxydierte Fettsäure
ROO·	= Fettsäureperoxyradikal
ROOH	= Fettsäurehydroperoxid
RO·	= Fettsäureoxyradikal
A·	= Antioxydansradikal (relativ stabiles Radikal, das nicht in der Lage ist, wie R· zu reagieren)
AH	= unverbrauchtes Antioxydans
Chlorophyll*	= angeregtes Chlorophyll
$^1O_2$	= Singulett- (angeregter) Sauerstoff
$\cdot O_2^-$	= Superoxidanion
PH, P	= Protein
P·	= Proteinradikal

Abb. 16.1. Fortsetzung

gibt es durch Antioxydantien bewirkte Kettenabbruchreaktionen. Reaktion Gl. (16.17) ist noch keine Abbruchreaktion, leitet aber die eigentlichen Abbruchreaktionen (Gl. (16.18)—Gl. (16.20)) ein.

Die Ablösung eines Wasserstoffatoms aus einer Kohlenwasserstoffkette, wie sie in den langkettigen Fettsäuren der natürlichen Fette vorliegt, erfordert eine hohe Energiezufuhr und findet unter normalen Bedingungen nicht statt. Gelockert wird die CH-Bindung in einer CH_2-Gruppe durch die Nachbarschaft einer Ethylengruppe ($-CH_2=CH_2-$). Darum tritt eine Radikalbildung unter gewöhnlichen Bedingungen nur bei ungesättigten Fettsäuren auf, sie erfolgt an deren α-Methylengruppen.

Besonders aktiviert sind jene Methylengruppen, die sich zwischen zwei Doppelbindungen befinden (Linolsäure, Abb. 16.2). Die PUFA (Linolsäure, Linolensäure und noch höher ungesättigte Fettsäuren) sind deshalb die bevorzugten Angriffspunkte beim oxydativen Fettverderb. Bei dem nach der Ablösung eines Wasserstoffatoms entstandenen Radikal ist die Radikalstelle nicht genau lokalisiert. Es existiert in drei mesomeren Grenzformen, von denen zwei Formen (I und III) konjugierte Doppelbindungen besitzen (vgl. Abb. 16.2 und 16.3). Sie befinden sich auf einem niedrigeren Energieniveau als die Form mit den isolierten Doppelbindungen (II) und sind darum stärker als diese am Grundzustand des Radikals beteiligt. Bei der Umsetzung mit Sauerstoff entstehen somit zwei isomere Hydroperoxide mit jeweils zwei konjugierten Doppelbindungen.

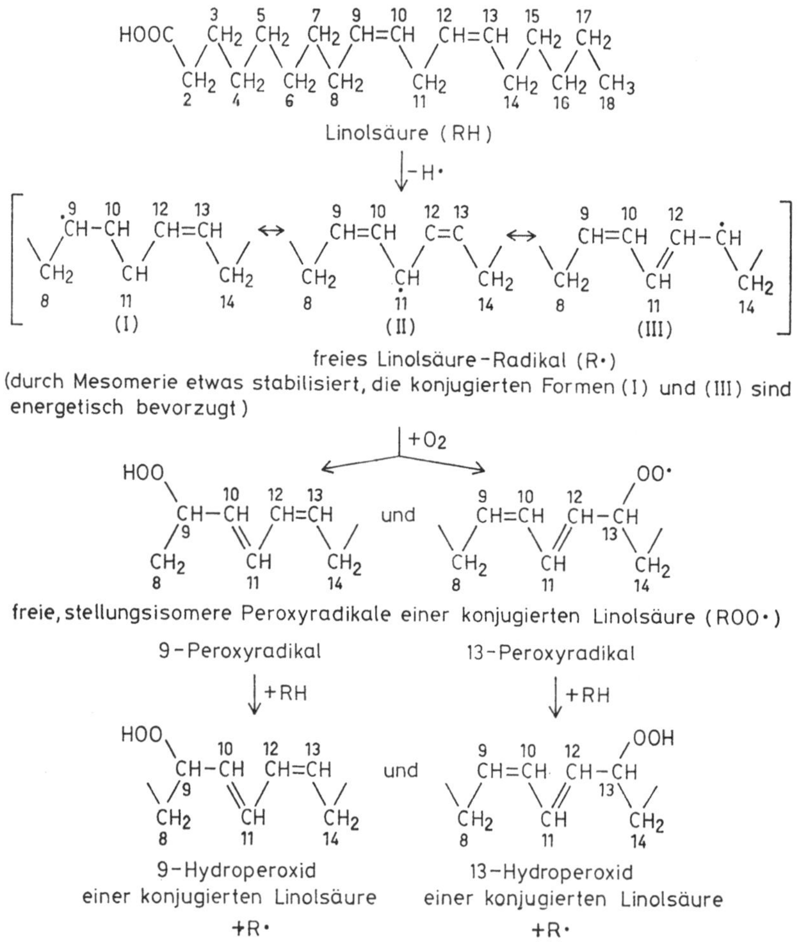

Abb. 16.2. Autoxydation (nichtenzymatische Peroxydation) von Linolsäure (bis zum Hydroperoxid)

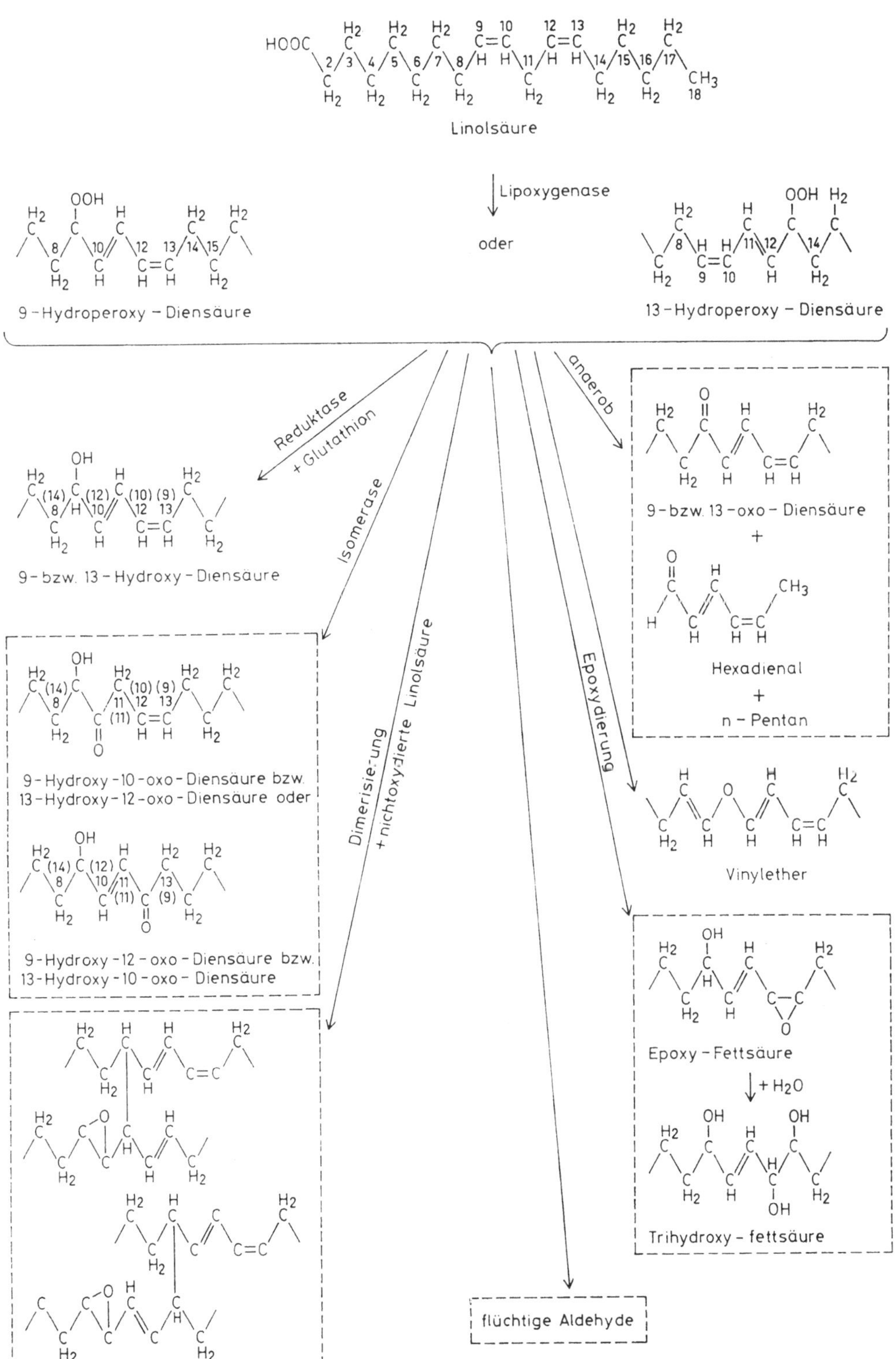

Abb. 16.3. Enzymatische Peroxydation von Linolsäure (nach GARDNER)

Aus den Hydroperoxiden bilden sich in Folgereaktionen größere Moleküle (intra- und intermolekular vernetzte Kondensations- und Polymerisationsprodukte mit Peroxidbrücken, Etherbrücken und C—C-Verknüpfungen) und teils kleinere Moleküle (Aldehyde, Ketone, Kohlenwasserstoffe, Epoxide u. a.). Viele dieser Sekundärprodukte sind ihrerseits reaktionsfähig und können sich untereinander, mit noch nicht oxydierten Fettsäuren sowie mit anderen Lebensmittelinhaltsstoffen umsetzen.

So können sich Aldehyde mit Aminosäuren und Proteinen unter Bildung von SCHIFFschen Basen umsetzen und Bräunungsprodukte nach Art der MAILLARD-Produkte (vgl. Kap. 15.) bilden (Gl. (16.24)); auch Umsetzungen mit Epoxiden sind möglich (Gl. (16.25)).

Malondialdehyd, der bei der Autoxydation polyungesättigter Fettsäuren entsteht, kann mit zwei Aminogruppen reagieren und kovalente Quervernetzungen in und zwischen Eiweißmolekülen verursachen (Gl. (16.26); vgl. auch S. 469ff.).

Proteine (PH) können sich aber auch schon am Radikalkettenmechanismus beteiligen (Gl. (16.27) und (16.28)). Die dabei entstehenden Proteinradikale (P·) sind mittels EPR-Technik (electron paramagnetic resonance) nachgewiesen worden. In Folgereaktionen können auch dabei Quervernetzungen entstehen (Gl. (16.29) und (16.30)).

Proteine können auch radikalbildend und damit prooxydativ (autoxydationsfördernd) wirksam sein (Gl. (16.31)).

In tierischen Geweben wird die Fettautoxydation größtenteils durch Hämproteine initiiert.

Die Autoxydation von Fetten kann außerdem durch Enzyme initiiert werden. In vielen Pflanzen sind Lipoxygenasen nachgewiesen worden, die Linolsäure in Hydroperoxide umwandeln. Welches der beiden isomeren konjugierten Linolsäurehydroperoxide entsteht, hängt von der Herkunft der Lipoxygenase ab. Auch Folgereaktionen können enzymatisch gesteuert sein (Abb. 16.3).

Als Funktion der Lipoxygenasen in Geweben wird die Bildung von Aromastoffen (insbes. Aldehyde) bei Reifungsprozessen angenommen. Damit würde übereinstimmen, daß Fettperoxydationsvorgänge eine bedeutende Rolle bei der Alterung lebender Zellen spielen.

Die enzymatische Fettperoxydation spielt nur in solchen Lebensmitteln eine Rolle, die noch nicht bearbeitet, zumindest noch nicht hitzebehandelt worden sind. In unbearbeiteten Erntegütern setzt der enzymatisch-oxydative Fettverderb dann ein, wenn das Zellgewebe mechanisch geschädigt ist.

Die Vielzahl der möglichen Sekundärprodukte einschließlich deren Folgeprodukte, die je nach Herkunft, Vorgeschichte und Zusammensetzung des betreffenden Fettes, nach Art und Größe der Einflußfaktoren sowie nach Art und Dauer einer Behandlung in qualitativer wie auch in quantitativer Hinsicht sehr unterschiedlich sein können, erschwert eine analytische Charakterisierung erheblich. Dies macht eine exakte toxikologische Voraussage im Einzelfall nahezu unmöglich.

Von ernährungstoxikologischer Relevanz sind auch die Produkte der Fettoxydation, die weder geruchlich noch geschmacklich in Erscheinung treten. Diese werden durch die Sinne des Menschen nicht erfaßt, sie sind aber reaktionsfähig und können funktionsschädigende Reaktionen im Organismus auslösen. Dazu gehören vor allem die mutagen wirkenden Epoxide und Oxydationsprodukte des Cholesterols. Diese Stoffe werden als die gesundheitlich gefährlichsten angesehen, die in oxydierten Fetten vorkommen können.

Oxydationsprodukte des Cholesterols (vor allem Epoxide) werden heute für die schädigende Wirkung des Cholesterols auf Herzkranzgefäße und Arterien sowie auch für den durch UV-Bestrahlung ausgelösten Hautkrebs verantwortlich gemacht. Mit der Nahrung aufgenommenes oxydiertes Cholesterol ist wahrscheinlich die Ursache für die Entstehung von Krebstumoren im Magen-Darm-Trakt.

Ein sehr reaktionsfähiges und darum ernährungstoxikologisch bedeutsames Fettautoxydationsprodukt ist der bereits erwähnte Malondialdehyd. Er setzt sich mit den Purin- und Pyrimidinbestandteilen der Nucleinsäuren um und blockiert auf diese Weise die DNA-Replikation. Damit hängt es zusammen, daß freier Malondialdehyd stark mutagen und wahrscheinlich auch stark cancerogen ist. Die hohe Reaktivität des Malondialdehyds führt aber auch zu raschen Umsetzungen mit anderen Nahrungsbestandteilen, insbesondere mit Proteinen.

Die dabei entstehenden Quervernetzungen vermindern zwar die enzymatische Spaltbarkeit dieser Proteine und verringern damit ihren Ernährungswert, aber der in den Brücken verankerte Malondialdehyd ist physiologisch unwirksam und somit untoxisch. Die Umsetzung mit Proteinen ist als eine Entgiftungsreaktion zu betrachten.

Die Komplexität der Vorgänge erlaubt auch heute trotz aller Fortschritte in der Analytik und Toxikologie meist nur eine summarische Erfassung der einzelnen Stoffklassen. Deren Bewertung gründet sich dann auf Ergebnisse von Fütterungsversuchen an Tieren, bei denen nicht chemisch definierte Substanzen zur Untersuchung gelangt sind, sondern hochgradig oxydierte bzw. an Oxydationsprodukten angereicherte Fette.

Mit Sekundärprodukten besonders stark belastet sind Brat- und Siedefette. Die hohen Temperaturen, denen sie ständig ausgesetzt sind (180 bis 250 °C), und der freie Zutritt von Luftsauerstoff bedingen eine hohe Oxydationsrate. Hinzu kommen prooxydative Einflüsse, die teils vom Bratgut (thermisch abgebaute Proteine und Kohlenhydrate, MAILLARD-Produkte u. a.), teils von den Fritiergefäßen (wenn diese aus Kupfer oder kupferhaltigen Legierungen bestehen) ausgehen. Thermisch oxydierte Fette enthalten im allgemeinen Produkte, die sich von denen der gleichen Fette, die unter normalen Bedingungen einem Autoxydationsprozeß unterlegen gewesen sind, qualitativ und quantitativ unterscheiden.

Ein Teil dieser Produkte macht sich äußerlich durch Veränderungen in Geruch, Geschmack und Färbung (Dunkelwerden) sowie durch Erhöhung der Viskosität und anderer physikalischer Kennzahlen bemerkbar, aber andere, die toxikologisch ebenso bedeutsam sind, sind sinnesphysiologisch nicht wahrnehmbar.

Um den Frischezustand gebrauchter Fritierfette zu charakterisieren, gibt es eine Reihe von Analysenverfahren, die vom einfach durchzuführenden Schnelltest bis zu zeit- und apparateaufwendigen Verfahren reichen. Ihre Ergebnisse korrelieren mehr oder weniger gut mit den wahren Gehalten an toxisch relevanten Verbindungen.

Als Schnelltest am gebräuchlichsten sind neben der sensorischen Bewertung eine Bestimmung der Säurezahl (Bildung freier Säuren), des Gehaltes an petroletherunlöslichen Fettsäuren (Bildung oxydierter und darum relativ polarer Fettsäuren) und die Erniedrigung des Rauchpunktes (Bildung von Abbauprodukten). Daneben werden die Verseifungsfarbzahl (VFZ) und die Alkalifarbzahl (AFZ; Vertiefung der Farbe des Fettes bei Alkalibehandlung mit und ohne Verseifung) als Kriterien des Verdorbenheitsgrades benutzt.

Anspruchsvollere Verfahren versuchen, die Stoffklassen zu erfassen, die in thermisch oxydierten Fetten die größte Bedeutung haben: Das sind oxydierte sowie di- und polymerisierte Triglyceride. In ihnen haben sich als Artefakte cyclische Fettsäuren (Cyclo-hexan- und Cyclopentanderivate; vgl. im Gegensatz dazu Cyclopropenfettsäuren, Abschn. 8.4.) gebildet. Sie unterscheiden sich zudem von den unverbrauchten Trigly-ceriden durch eine höhere Molekülgröße und durch eine gewisse Polarität.

Somit lassen sie sich durch kombinierte säulenchromatographische Verfahren (durch Gelpermeationschromatographie auf Grund ihrer höheren Molekülgröße und durch Adsorptionschromatographie auf Grund ihrer höheren Polarität) abtrennen und erfor-derlichenfalls durch MS, IR-Spektrometrie u. ä. weiter charakterisieren.

Die teilweise über Ethersauerstoff- und Peroxidsauerstoff verbundenen, teilweise aber auch in direkter C—C-Bindung verknüpften Triglyceride bzw. die aus diesen Struk-turen hervorgehenden cyclischen Fettsäuren haben bei forcierter Verfütterung an Ratten zu einer Verminderung der Futterverwertung und zu einer Wachstumsverzögerung geführt.

Sie haben darüber hinaus den Fettmetabolismus verändert und pathologische Verände-rungen in verschiedenen Organen, insbesondere in der Leber und in den Nieren, hervor-gerufen. Die Meinungen darüber, wieviel ein Mensch von einem mehrfach erhitzten Fett aufnehmen darf, ohne seine Gesundheit zu gefährden, bzw. wie oft ein Fett zum Fritieren verwendet werden darf, bevor es als verdorben bezeichnet werden muß, gehen weit auseinander. Es gibt in vielen Ländern empirisch festgelegte Richtwerte, einen allgemein anerkannten (verbindlichen) ADI-Wert gibt es nicht.

17. Polycyclische aromatische Kohlenwasserstoffe

Polycyclische aromatische Kohlenwasserstoffe (PAK, Tab. 17.1) entstehen durch unvollständige Verbrennung oder Pyrolyse organischer Verbindungen und sind als krebserzeugende Bestandteile der Ruße und Teere eng mit der Entwicklung der chemischen Krebsforschung verknüpft. Sie sind extrem lipophil, haben hohe Schmelzpunkte und niedrige Dampfdrucke.

Zur Anreicherung und Isolierung der PAK in Lebensmitteln hat sich eine Kombination von extrahierenden und chromatographischen Methoden als geeignet erwiesen. Zur Identifizierung und Bestimmung ist die UV-Spektroskopie bedingt geeignet, d. h. wenn ausreichende Trennungen und Konzentrationen mindestens im µg-Bereich vorliegen. Die Fluoreszenzspektralanalyse ist um etwa 3 Größenordnungen empfindlicher und kann vor allem durch In-situ-Analysen (Abb. 17.1 und 17.2) gekoppelt mit der DC oder in Kombination mit der HPLC eingesetzt werden. Die Kapillar-GC, gekoppelt mit einem nach Möglichkeit hoch auflösenden Massenspektrometer kann in sogenannten Profilanalysen aus komplizierten Gemischen von PAK eine hohe Trennung von über 100 Einzelsubstanzen erzielen. Die Profile der PAK unterscheiden sich voneinander in Abhängigkeit von der jeweiligen Kontaminationsquelle.

Die PAK sind in der Umwelt ubiquitär und kommen niemals als Einzelindividuen, sondern stets im Gemisch vor. Benzo[a]pyren (BaP) — international unter Einhaltung bestimmter Voraussetzungen als Leitsubstanz der PAK anerkannt — ist in Lebensmitteln im µg/kg-Bereich (0,1...10 µ/gkg), in Tabakrauch (0,5...20 µg/100 Zigaretten), in Luft (1...1000 ng/m³), in Trinkwasser (0,1...10 ng/l), im Boden (0,1...1000 µg/kg), in Teeren (bis zu 30 g/kg) enthalten. Die PAK kontaminieren die Lebensmittel aus verschiedenen Quellen:

— Technologisch und zubereitungsbedingt über Rauchgase (Grillen über Holzkohle, Räuchern, direkte Rauchgastrocknung),
— umweltbedingt über Luft und Boden,
— durch Migration aus rußstabilisierten Bedarfsgegenständen.

Eine zubereitungsbedingte Bildung ist beim sachgerechten Rösten, Backen, Braten und Fritieren zu vernachlässigen.

Etwa 200 PAK einschließlich ihrer Derivate sind tierexperimentell cancerogen. Sie verhalten sich in bezug auf ihre Wirkung weitgehend analog dem BaP, sind aber im allgemeinen nicht wirksam wie BaP, d. h., zur Tumorerzeugung sind höhere Einzel- und Gesamtdosen und/oder längere Latenzzeiten nötig. Die lokale cancerogene Wirkung überwiegt, in einigen Fällen wurden jedoch auch systemische Wirkungen gefunden. BaP ist bei den getesteten 9 verschiedenen Tierspezies einschließlich der subhumanen Primaten cancerogen (nach Hautapplikation, Inhalation, intratrachealer Applikation, s.c., i.p., intramuskulärer Injektion, transplacentar und p.o.). BaP ist mutagen und embryotoxisch. Die akute Toxizität der PAK ist gering und beträgt im Falle des BaP s.c. bei der Ratte 50 und i.p. bei der Maus 250 mg/kg KM.
Die PAK werden im Gastrointestinaltrakt durch passive Diffusion resorbiert. Nach Übergang

Tabelle 17.1. Chemisch-physikalische Eigenschaften und Toxizitätsdaten ausgewählter polycyclischer aromatischer Kohlenwasserstoffe

Bezeichnung der Substanz nach IUPAC (Beilstein)	Strukturformel	Fp (°C)	Kp (°C)	cancerogen	mutagen	niedrigste publizierte toxische Dosis (mg/kg)
Benzo[a]pyren (3,4-Benzpyren)	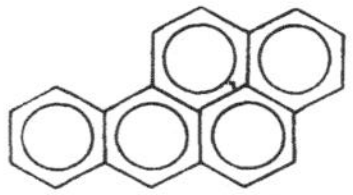	178,1	495,5	+++	+	0,25…1000
Benzo[e]pyren (1,2-Benzpyren)	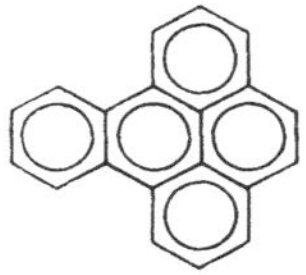	178,7	492,9	±	±	140…516
Benz[a]anthracen (1,2-Benzanthracen)	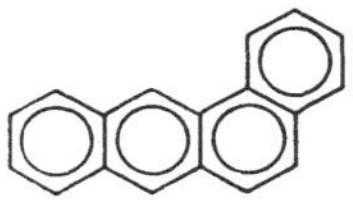	167	437,5	+	+	2…240
Benzo[b]fluoranthen (3,4-Benzfluoranthen)	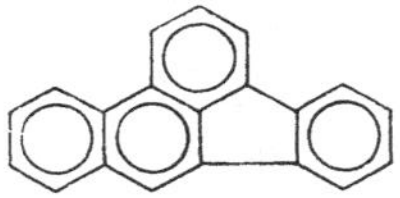	168,3	481,2	++	+.	40…72
Benzo[k]fluoranthen (11,12-Benzfluoranthen)	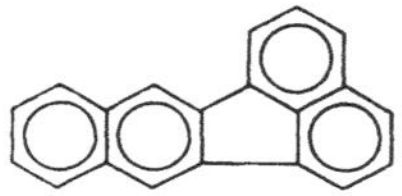	215,7	481	++	+	72…2640
Indeno[1,2,3-c,d]pyren	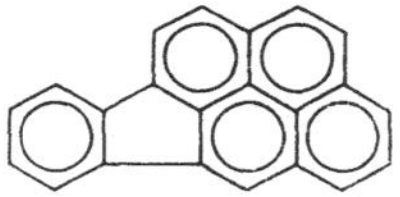	163,6	534	++	+	72

Benzo[g,h,i]perylen (1,12-Benzperylen)	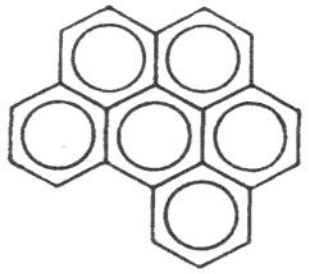	278,3	542	±	±	24
Dibenz[a,h]anthracen (1,2,5,6-Dibenzanthracen)	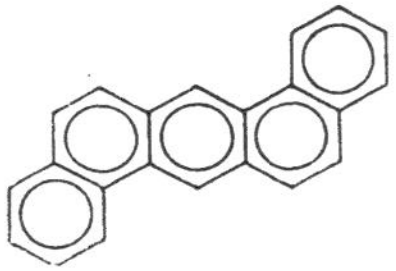	266,6	535	+ + +	+	0,006…400
Dibenz[a,i]pyren (3,4,9,10-Dibenzpyren)	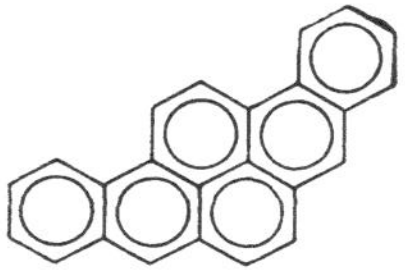	282	275 (0,05 mm Hg)	+ +	+	—
Dibenzo[a,e]fluoranthen (2,3,5,6-Dibenzfluoranthen)	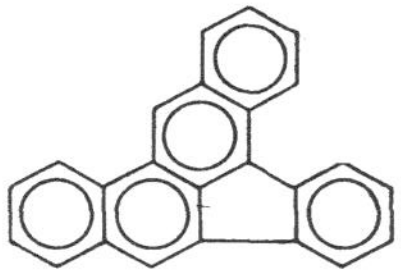	232	595	+	—	—
Coronen	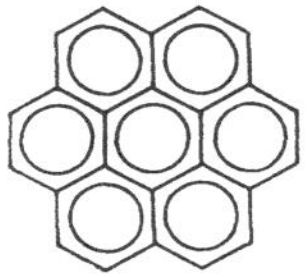	438	590	±	+	—
Chrysen	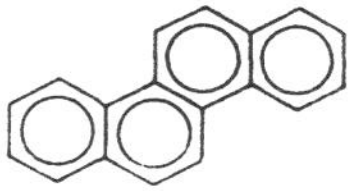	255	441	+	+	99…200

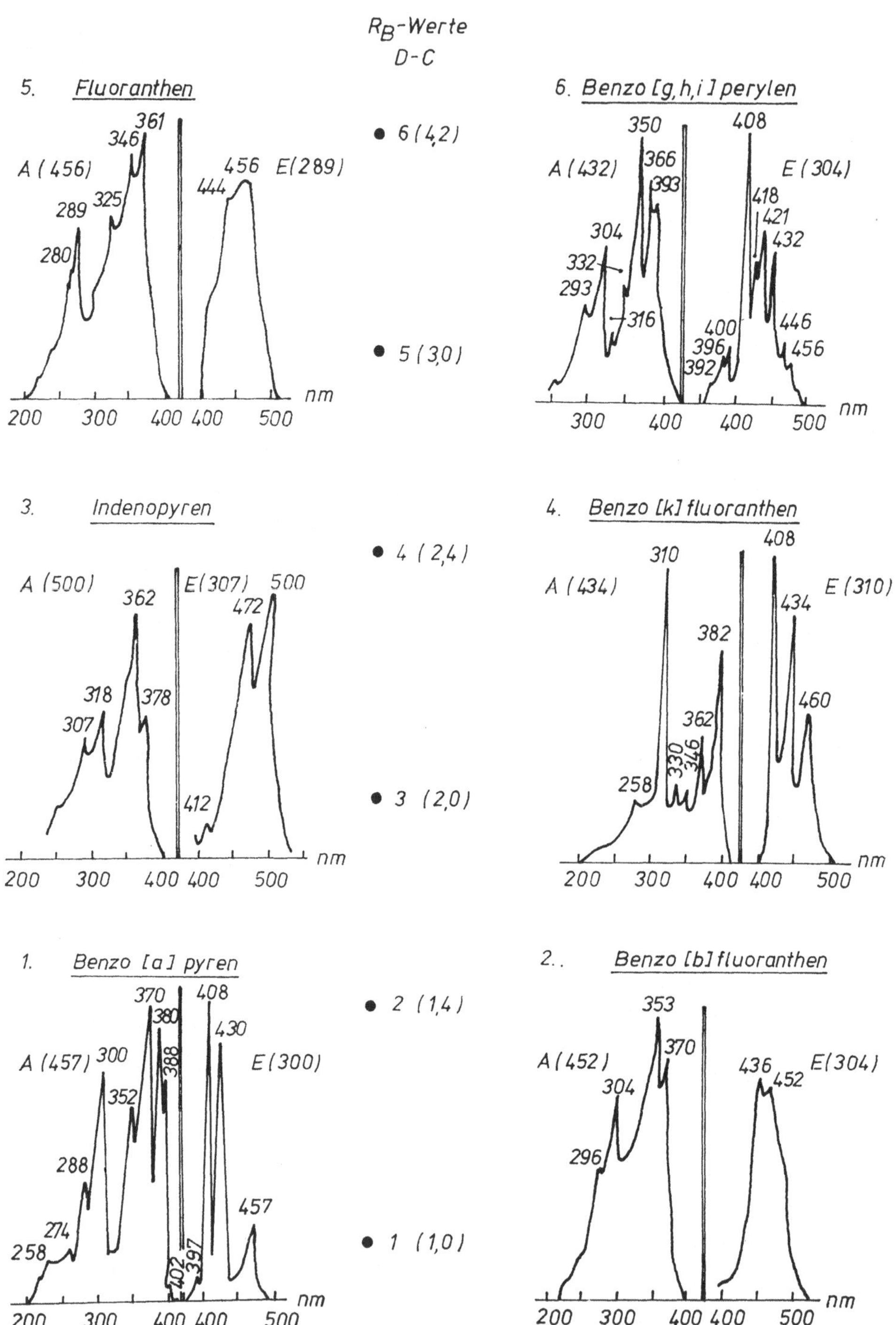

Abb. 17.1. Identifizierung von ausgewählten polycyclischen aromatischen Kohlenwasserstoffen auf der Basis der in situ-Anregungs- und Fluoreszenzspektren (direkt von der mit acetylierter Cellulose beschichteten Platte aufgenommen).

in den Blutstrom werden sie innerhalb von Minuten schnell verteilt. Auch die Placentaschranke wird durch die PAK durchbrochen (Embryotoxizität).

Nach der Absorption werden die PAK in der Phase I vom Cytochrom P-450 zu verschiedenen Arenoxiden, Phenolen und Chinonen (hydrophile Metabolite) umgewandelt, die in der Phase II zu wasserlösliche Glucuronide, Sulfatester oder Glutathion-Konjugate metabolisiert werden. Unabhängig von der Art der Aufnahme ist die hepatobiliäre Exkretion und die Eliminierung über die Faeces der Hauptweg der Ausscheidung der PAK aus dem Organismus. Durch Induktion werden qualitative Änderungen des Metabolitmusters bewirkt. Die induzierbaren Formen der Enzymsysteme der Phase I bilden durch Induktion in stärkerem Maße Epoxide in 7,8- und 9,10-Position, die reaktive Metabolite bilden, die als ultimale Cancerogene (vgl. S. 83) eine Giftung bewirken. Durch Epoxidhydratasen werden die Epoxide der PAK zu Dihydrodiolen umgesetzt. Diese sogenannten proximaten Cancerogene werden durch Epoxidasen in stark mutagene und cancerogene Diolepoxide umgesetzt. Als ultimales Cancerogen wurde bei BaP (vgl. Abb. 4.20, S. 85) das 7β,8α-Dihydroxy-7,8,9,10-tetrahydrobenzo[a]pyren-9α, 10α-epoxid nachgewiesen, das auf Grund seines elektrophilen Charakters mit informationstragenden Biopolymeren, wie DNA, RNA oder Proteinen zu stabilen Addukten reagiert (Abb. 17.3.). Die daraus resultierende Veränderung der genetischen Information wird als das kausale Ereignis in der Umwandlung einer Normal- in eine Krebszelle angesehen. Die Stoffwechselprodukte von menschlichem Gewebe, Zellen und Mikrosomenpräparationen sind die gleichen wie bei vergleichbarem tierischen Gewebe.

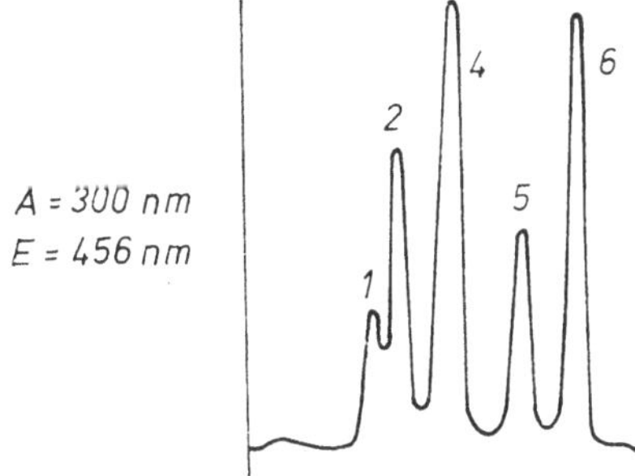

Abb. 17.2. Bestimmung ausgewählter polycyclischer aromatischer Kohlenwasserstoffe durch Aufnahme von Fluoreszenzortskurven nach DC-Trennung. Nach Einstellung der Anregungs- und Emissionswellenlängen am Fluoreszenzspektralphotometer werden die mittels DC (acetylierte Cellulose) getrennten Fluoreszenzflecke kontinuierlich an einer Schlitzplatte eines Dünnschichtscanners vorübergeführt. Beim Durchfahren der Platte wird die Änderung der Fluoreszenzintensität registriert.

(Fritz, W.: Nahrung **23**, 63 (1979))

A — Anregungswellenlänge (nm); E — Emissionswellenlänge (nm)
1 = Benzo[a]pyren (0,01 μg)
2 = Benzo[b]fluoranthen (0,02 μg)
4 = Benzo[k]fluoranthen (0,02 μg)
5 = Fluoranthen (0,1 μg)
6 = Benzo[g,h,i]perylen (0,04 μg)

Der Expositionsgrad über Lebensmittel liegt schätzungsweise bei 0,2...1 mg BaP/Jahr pro Kopf der Bevölkerung, täglich 0,5...2,5 μg und entspricht etwa in der Größenordnung der Aufnahme über Atemluft.

Für Cancerogene wie PAK in Lebensmitteln ist eine Aufstellung von wissenschaftlich begründeten Toleranzwerten, die ein Risiko für den Menschen ausschließen, außerordentlich schwierig und z. Z. noch nicht möglich. Internationale Fachgremien lehnten deshalb grundsätzlich die Aufstellung von zulässigen Grenzdosen für Cancerogene ab, so das Expertenkomitee der FAO/WHO und das WHO-Komitee für Krebsprophylaxe. Diese Forderung nach „Nulltoleranzen" ist aber für viele Cancerogene unrealistisch und nicht erfüllbar, da eine vollständige Eliminierung aller Cancerogene aus Lebensmitteln praktisch unmöglich ist. Die Verringerung der Belastung senkt unter Berücksichtigung der syncancerogenen Wirkung verschiedener Cancerogene das Krebsrisiko im Sinne der Krebsprimärprophylaxe. Aus lebensmittelhygienisch-toxikologischer Sicht ist es deshalb erforderlich, kontrollierbare Grenzwerte festzulegen, um den Gesetzgeber in die Lage zu versetzen, im Rahmen der technischen und ökonomischen Möglichkeiten eine Einschätzung cancerogener Noxen anzustreben und ihre weitere Reduzierung auf der Basis neuerer Erkenntnisse betreiben zu können. Derartige Limitwerte repräsentieren — und das muß eindeutig gesagt werden — jedoch nicht die physiologische Unbedenklichkeit des geduldeten Gehalts, sondern lediglich dessen Unvermeidbarkeit und den Ausschluß des offensichtlichen und vermeidbaren Risikos. Sie entsprechen dem viel diskutierten "socially acceptable levels of risk".

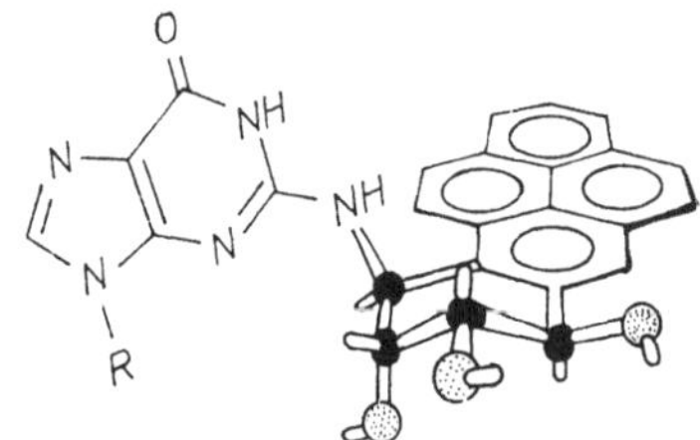

Abb. 17.3. Reaktionsprodukt aus Benzo[a]pyren-diol-epoxid und Guanin (aus der DNA, RNA). Die 2-Aminogruppe des Guanins ist an die C10-Position des Benzypyrengrundkörpers gebunden (nach WEINSTEIN et al.: Science **197**, 592 (1977)).

Der europäische Trinkwasserstandard begrenzt die PAK auf 200 ng/l, in der BRD sieht die Fleisch-Verordnung BGB I 553 vom 6. 6. 1973 einen Höchstgehalt von 1 μg BaP/kg eßbaren Anteil in Räucherwaren vor.

Durch technologische Maßnahmen (z. B. indirekte Trocknung von Lebensmitteln zur Vermeidung einer Kontamination mit Rauchgasen; Reduzierung der umweltbedingten Kontamination) kann der Gehalt an PAK in Lebensmitteln gesenkt werden.

18.   N-Nitrosoverbindungen

Die Klasse der N-Nitrosoverbindungen mit der allgemeinen Formel

$$O{=}N{-}N{\big\langle}{\genfrac{}{}{0pt}{}{R_1}{R_2}}$$

werden in zwei große Hauptgruppen unterteilt, die Nitrosamine und die Nitrosamide
(Tab. 18.1). Nitrosamine sind N-Nitrosoderivate sekundärer Amine, bei denen R_1 und
R_2 Alkyl- oder Arylreste darstellen, während Nitrosamide einen Acylrest enthalten. Die
niedermolekularen Nitrosamine sind gut wasserlöslich und wasserdampfflüchtig.

Für die analytische Erfassung dieser flüchtigen Nitrosamine ist die GC in Verbindung mit dem
Thermal Energy Analyzer (TEA) hinsichtlich Reproduzierbarkeit (Variationskoeffizient < 10p%),
Analysenschnelligkeit und Empfindlichkeit (Erfassungsgrenze 0,1 µg/kg) die Methode der Wahl
(Abb. 18.1 und 18.2).

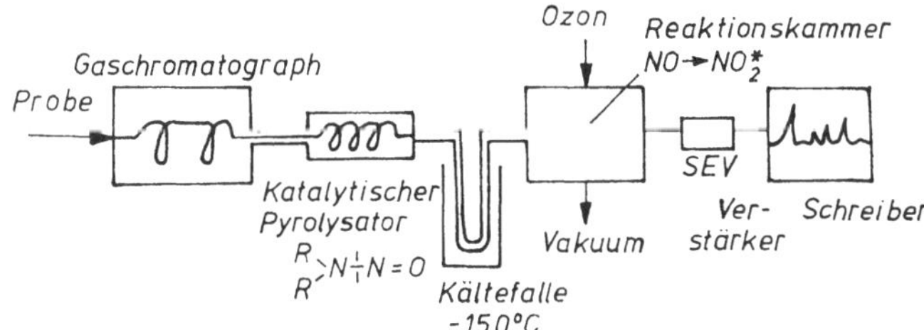

Abb. 18.1 Blockschema eines Gaschromatographen mit Thermal Energy Analyzer.
Die Anreicherung der Nitrosamine aus Lebensmitteln erfolgt durch Vakuumdestillation aus alka-
lischer Lösung und Überführen nach Ansäuern des Destillates in Dichlormethan.
Nach Einengen und Trennung durch GC werden die flüchtigen Nitrosamine im Pyrolysator
bei 475 °C katalytisch zersetzt. Über eine Kühlfalle (etwa -150 °C) gelangt das NO-Radikal in die
Reaktionskammer, während die Verunreinigungen des Lebensmittelextraktes ausgefroren werden.
Das NO-Radikal reagiert mit Ozon zum NO_2-Radikal, das unter Emission von Licht (Lumineszenz)
im Bereich von 600...3000 nm in den Grundzustand zurückgeht. Der Bereich von 600...800 nm
wird mit einem SEV gemessen. Über einen Photomultiplier wird das Signal verstärkt und registriert.

Der TEA-Detektor ist zwar hochspezifisch, aber nicht selektiv für N-Nitrosostrukturen. Er
spricht auch auf C-Nitroso-, O-Nitroso-, C-Nitro-, N-Nitro- und O-Nitrogruppen an. Diese Stör-
möglichkeiten können durch geeignete Kombinationen chemischer und physiko-chemischer Verfahrensschritte weitgehend ausgeschaltet werden. Ein systematischer Vergleich von Resultaten,
die mit dem TEA-Detektor erhalten wurden, mit den Ergebnissen aus der Kombination GC hoch-
auflösende MS zeigten bei einem weiten Spektrum unterschiedlicher Lebensmittelproben gute
Übereinstimmung.

Tabelle 18.1. Chemisch-physikalische Eigenschaften und Toxizitätsdaten ausgewählter N-Nitrosoverbindungen

Substanz	chemische Struktur	Kp (°C) 760 mm Hg	Absorptionsmaximum	LD_{50} (mg/kg)	Cancerogenität	Mutagenität	niedrigste publizierte toxische Dosis (mg/kg)
N-Nitrosodimethylamin (DMNA)	$O=N-N(CH_3)_2$	151	230 332	18...45	Leber, Niere, Atemtrakt	+	7...370
N-Nitrosodiethylamin	$O=N-N(C_2H_5)_2$	177	230 340	216...280	Leber, Niere, Atemtrakt	+	2...960
N-Nitrosodipropylamin (NDPA)	$O=N-N(C_3H_7)_2$	81 (5 mm Hg)	233 339	480...600	Leber, Niere, Ösophagus	+	143...1150
N-Nitrosopyrrolidin	$O=N-N$ (Pyrrolidinring)	214	230 333	650...900	Leber, Lunge	+	3900
N-Nitrosopiperidin	$O=N-N$ (Piperidinring)	215 (721 mm Hg)	235 337	60...334	Leber, Lunge, Ösophagus	+	680...3650
N-Nitroso-N-methyl-harnstoff	$O=N-N(CH_3)(C(=O)-NH_2)$	124	231 234	50...180	Magen, Pankreas, Haut		5...282
N-Nitroso-diethanolamin	$O=N-N(CH_2-CH_2OH)_2$	114 (1,5 mm Hg)	234 345	11300	Leber, Niere	—	150

N-Nitrososarcosin	$O=N-N\begin{smallmatrix}CH_3\\CH_2-COOH\end{smallmatrix}$	Fp 66	234. 337	184 bis 5000	Ösophagus	—	29...225
N-Nitrosoprolin	$O=N-N$ (Pyrrolidin-COOH)	100	238 343				
N'-Nitrosonornicotin	$O=N-N$ (Pyrrolidin-Pyridin)	154	237 261 269 357	> 1000	Ösophagus, Lunge		375...3300

Die Gruppe der nichtflüchtigen Nitrosamine umfaßt Nitrosamine mit polaren Gruppen, wie N-Nitrosodiethanolamin, das tabakspezifische N-Nitrosonornicotin, nitrosierte Aminosäuren, aber auch nitrosierte Harnstoffe und Amide, die sehr instabil sind. Eine einheitliche Analysenmethodik wie bei den flüchtigen Nitrosaminen gibt es deshalb nicht.

N-Nitrosoverbindungen stellen aus ernährungstoxikologischer Sicht ein besonderes Problem dar, da in Lebens- und Genußmitteln unvermeidbar gleichermaßen beide Vorstufen von N-Nitrosoverbindungen — nitrosierbare Aminstrukturen der verschie-

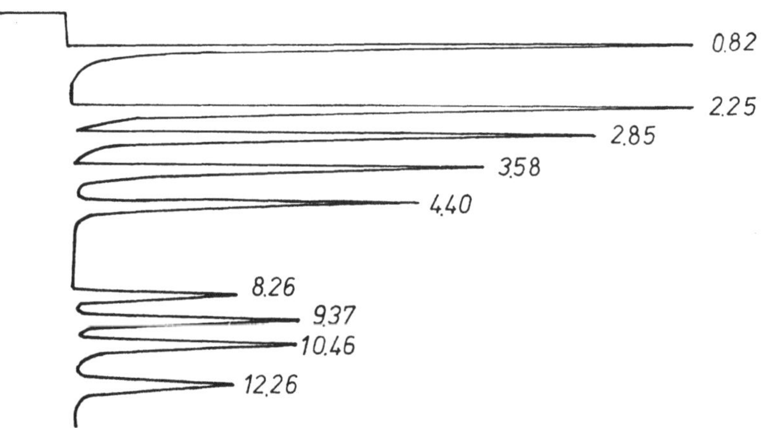

RT	AREA	TYPE	CAL	AMOUNT	NAME
2.25	76989.10	BV	1	13.006	PPB DMNA
2.85	57748.90	VB	2	14.193	DENA
3.58	52710.60	PB	3	14.668	ETBNA
4.40	50178.70 +	BB	4	ISTD 1	DPNA
8.26	40707.80	BV	5	14.077	DBNA
9.37	5870.20	VV	6	16.239	NPIP
10.46	64682.30	VB	7	19.963	NPYR
12.26	50516.90	BP	8	16.020	NMORPH

Abb. 18.2. Gaschromatographische Trennung eines Testgemisches flüchtiger Nitrosamine und Detektion mittels TEA.
Gaschromatograph: Hewlett-Packard 5880 A; Detektor: TEA 502 A, Thermo Electron Corporation, USA.
Standardlösungen: Nitrosodimethylamin (DMNA), Nitrosodiethylamin (DENA), Ethyl-tert-butylnitrosoamin (ETBNA), Nitrosodipropylamin (DPNA), Nitrosodibutylamin (DBNA), N-Nitrosopiperidin (NPIP), N-Nitrosopyrrolidin (NPYR), N-Nitrosomorpholin (NMORPH); Interner Standard: Nitrosodipropylamin (DPNA).
GC: Stahlsäule 10′ × 1/8″, 10% Carbowachs 20M-TPA auf 80/100 mesh Chromosorb WAW; Argon (15 ml/min); Injektortemperatur 200°C, Säulentemperatur 130°C, Attenuation 7, Threshold 5, Bl-Mode 1. TEA: Pyrolysator 475°C, TEA-Vakuum „GC-Mode": 0,25 mm, TEA-Vakuum „Vent-Mode": 0,15 mm, Attenuation 256, Ausdruck: RT — Retentionszeit, Fläche des Peaks, Menge des Nitrosamins in ppb.

densten Art, aber auch die Nitrosierungsmittel — vorkommen. Als nitrosierbare Vorstufen kommen in erster Linie sekundäre Amine und Amide, aber auch primäre und tertiäre Amine, quartäre Ammoniumverbindungen und Diamine infrage, die als Lebensmittelinhaltsstoffe (Amine, Amide, Aminosäuren, Peptide, Lecithine, Derivate von Aminozuckern, Zwischen- und Endprodukte der MAILLARD-Reaktion, Nucleinbasen und -säuren) vorliegen. Das Nitrosierungsmittel stammt in der Regel aus dem Nitrit, aber auch nitrose Gase in Verbrennungsabgasen müssen in Betracht gezogen werden. Die Quelle für das Nitrit ist das Nitrat — soweit Nitrit nicht direkt wie bei der Pökelung von Fleischwaren (vgl. Abschn. 14.6.2) zum Einsatz kommt. Aus Nitrat kann Nitrit durch Einwirkung von Mikroorganismen u. a. im Speichel entstehen. Somit ist die zunehmende Nitratbelastung der Erntegüter und vor allem des Trinkwassers u. a. als Folgen einer gesteigerten Stickstoffdüngung auch hinsichtlich der Nitrosaminproblematik als Risikofaktor einzuschätzen.

Der Ablauf der Nitrosierungsreaktion ist abhängig von den pH-Bedingungen, der Temperatur, von der unterschiedlichen Basizität des am Stickstoff befindlichen Elektronenpaares, von der elektrophilen Aktivität der eintretenden NO-Gruppe, von der Konzentration der Reaktionspartner sowie von der speziellen chemischen Struktur des Amins (Nachbargruppeneffekte).

$$R_1R_2NH + HO-NO \rightarrow R_1R_2N-NO + H_2O$$

$$R_1-\underset{O}{\overset{||}{C}}-N-R_2 + HO-NO \rightarrow R_1-\underset{O}{\overset{||}{C}}-\underset{N=O}{\overset{|}{N}}-R_2 + H_2O$$

Die Bildung von Nitrosaminen läuft bevorzugt im sauren Bereich ab, Stickoxide vermögen aber primäre und sekundäre Amine auch in neutraler und alkalischer Lösung unabhängig von der Basizität des Amins zu nitrosieren. Halogenide- und Pseudohalogenide (X^-) beschleunigen die N-Nitrosierung durch Bildung von NOX, die reaktiver sind als N_2O_3. Thiocyanationen sind Bestandteil des Speichels. Die Reihenfolge ihrer katalytischen Aktivität ist: $I^- > SCN^- > Br^- > Cl^-$. Als potentielle Inhibitoren der Nitrosaminbildung sind alle Substanzen anzusehen, die mit salpetriger Säure schneller reagieren als mit sekundären Aminen. In Nahrungsmitteln können u. a. Inhaltsstoffe, wie Phenole (Tannine, Chlorogensäure; vgl. Abschn. 8.8.), Vitamin C, E und A, hemmend wirken.

N-Nitrosoverbindungen können auf vielfältige Weise Lebensmittel kontaminieren (DMNA-Gehalte in µg/kg): durch technologisch bedingte Bildung beim Darren (Malz 0,5...320; Bier 0,1...68 (Abb. 18.4)), Räuchern und Pökeln (in Fleischprodukten 0,1...6), zubereitungsbedingt durch Braten (in Bacon 0,1...12 und bis 45 µg Nitrosopyrrolidin/kg).

Zu berücksichtigen ist auch eine Aufnahme über Genußmittel wie mit dem Tabakrauch. Die Exposition eines normalen Rauchers (20 Zigaretten/d) beträgt etwa 15 µg/d und übersteigt damit um das 10- bis 15fache die Exposition aus Lebensmitteln. Bedarfsgegenstände aus Gummi (z. B. Sauger) können bei direktem Kontakt mit Lebensmitteln oder Speichel Nitrosamine abgeben. Durch Entwicklung verbesserter Produktionsverfahren werden die Nitrosamingehalte stark abgesenkt. In einer Reihe von Pesticiden mit nitrosierbaren Strukturen (z. B. Triazine, Harnstoffe) wurden flüchtige (z. B. in Dinitroanilinderivate bis 150 mg/kg) und nichtflüchtige Nitrosamine (z. B. in Triethanolaminsalzen bis 260 mg N-Nitrosodiethanolamin/kg) nachgewiesen (vgl. Abschn. 11.2.). Es besteht aber auch die Möglichkeit, daß Pesticide als Lebensmittelrückstände in Lebensmittel oder endogen im Organismus nitrosiert werden können. In Modellversuchen konnte gezeigt werden, daß bei pH 2 und 37 °C mit 1×10^{-3} Mol Nitrit aus dem Fungicid Ziram 10^{-4} M 8% der theoretischen Ausbeute an DMNA gebildet wurden. In Anbetracht der in Lebens-

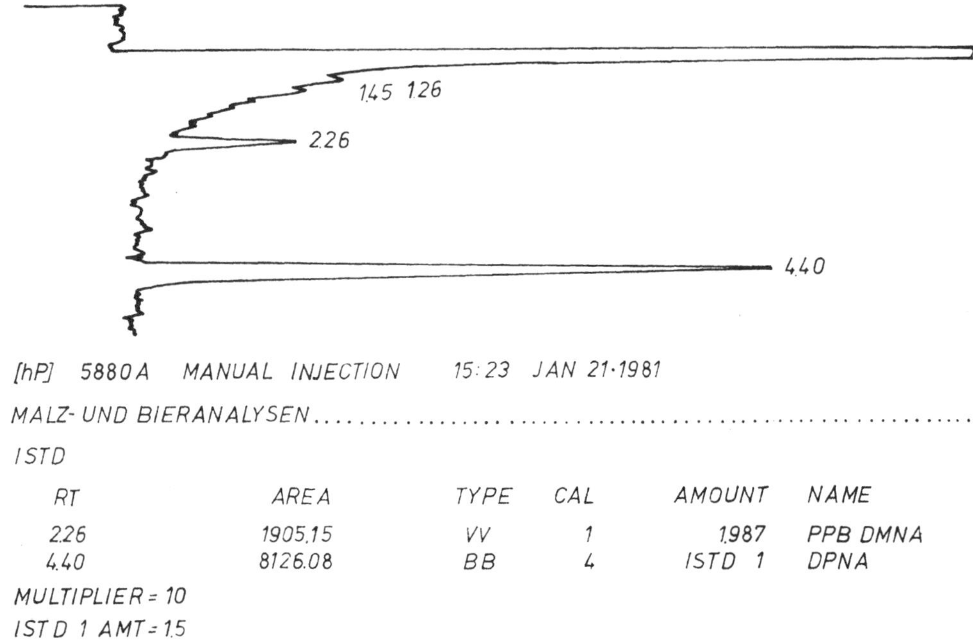

Abb. 18.3. Gaschromatographische Untersuchung von Bier auf flüchtige Nitrosamine und Detektion mittels TEA (Bedingungen s. Abb. 18.2)

mitteln zu erwartenden geringen Rückstandsmengen an Pesticiden ist eine Gefährdung weniger in Betracht zu ziehen, solange nicht Nitrosoverbindungen als Kontaminanten aus der großtechnischen Synthese im angewendeten Produkt vorhanden sind. Eine endogene Bildung von Nitrosaminen im menschlichen Magen-Darm-Trakt ist grundsätzlich möglich, denn tierexperimentell konnte eine endogene Bildung nach Verfüttern der nichtcancerogenen Vorstufen durch nachfolgende Tumorbildung und durch analytische Charakterisierung der gebildeten Nitrosamine im Magensaft der Versuchstiere nachgewiesen werden.

N-Nitrosoverbindungen gehören zu den stärksten, heute bekannten chemischen Cancerogenen.

Von mehr als 300 tierexperimentell getesteten Nitrosaminen sind 90% krebserzeugend. Sie sind bei allen bisher getesteten 39 Tierspezies, einschließlich der subhumanen Primaten, als krebserzeugend erkannt worden und erzeugen im Versuchstier ein weiteres Spektrum bösartiger Tumoren in praktisch allen wesentlichen Organen wie Zunge, Speiseröhre, Vor- und Drüsenmagen, Darm, Leber, Niere, Harnblase u. a. Darüber hinaus können sie allgemein toxisch, mutagen, embryotoxisch und teratogen wirken. Es ist bis jetzt keine Tierart bekannt, die gegen Nitrosoverbindungen resistent ist.

Dosis-Wirkungs-Studien zeigen, daß noch 10 µg DMNA/kg Futter bei der Maus cancerogen sind. Verallgemeinerte Aussagen über Struktur-Wirkungs-Beziehungen sind möglich. Bei symmetrischen ($R_1 = R_2$) aliphatisch-offenkettigen oder cyclischen Nitrosaminen nimmt die cancerogene Potenz mit zunehmender Molmasse innerhalb homologer Reihen ab. Symmetrisch substituierte Nitrosamine induzieren in der Ratte vorwiegend Lebertumoren, während unsymmetrisch substituierte Nitrosamine im wesentlichen Tumoren in der Speiseröhre erzeugen. Die chronische Gabe von DMNA erzeugt ausschließlich Lebertumoren, während höhere Einzeldosen der gleichen Verbindung im wesentlichen Nierentumoren hervorrufen.

Nitrosamine sind chemisch meist sehr stabil. Nitrosamide hingegen sind überwiegend instabil und liefern beim alkalikatalysierten Zerfall in der Regel Diazoalkane. Die unterschiedliche chemische Reaktivität der Einzelverbindungen verursacht große Unterschiede in ihrer biologischen Wirkung. Nitrosamine sind Präcancerogene, die im Organismus durch eine über mischfunktionelle Oxidasen ausgeführte Hydroxylierung am α-C-Atom zu proximaten Cancerogenen aktiviert werden (vgl. Abschn. 4.2.). Diese zerfallen in die ultimaten, elektrophilen Wirkformen Alkyldiazohydroxid bzw. Alkylcarbeniumion, die dann mit nucleophilen Zentren der DNA und anderen Biopolymeren reagieren und somit genotoxische Effekte auslösen.

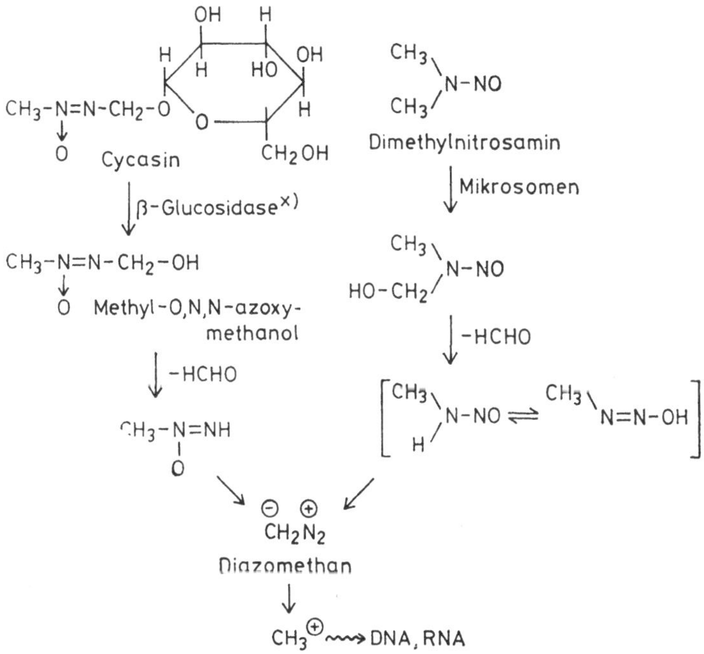

Abb. 18.4. Stoffwechsel von Nitrosodimethylamin und Cycasin (x Enzym der Mikroflora des Darmes)

Im Gegensatz hierzu bedürfen Nitrosamide keiner enzymatischen Aktivierung. Sie zerfallen im Organismus infolge ihrer hohen chemischen Reaktivität spontan in alkylierende Agentien. Nitrosamine wirken deshalb systemisch, Nitrosamide vermögen sowohl lokal am Applikationsort als auch systemisch Krebs auszulösen. Andererseits sind auch metabolische Entgiftungsreaktionen wie die Reduktion des Nitrosamins zum Hydrazin, die enzymatische Denitrosierung bzw. das Abfangen proximaler und ultimaler Cancerogene durch Zellbestandteile wie Wasser oder SH-Verbindungen möglich.

Es wurde geschätzt, daß 1980 mit der Nahrung in der BRD täglich 1,1 µg DMNA aufgenommen wurden. Davon stammten über 64% aus dem Bier, 10% aus Fleisch- und Wurstwaren und 26% aus sonstigen Lebensmitteln wie Käse u. a. Eine Verminderung des Nitrosamingehaltes kann im Bier durch eine Änderung der Technologie erreicht werden. Bei Fleischwaren wurde der Zusatz von Nitrat und Nitrit reduziert, auch ein Zusatz von Ascorbinsäure vermindert die Nitrosaminbildung. Ab 1982 wurde die tägliche mittlere pro Kopf-Aufnahme in der BRD von 1,1 µg auf 0,5 µg DMNA gesenkt.

Präventivmaßnahmen zur Verringerung einer möglichen endogenen Belastung müssen sich im wesentlichen auf die Verringerung der oralen Nitrataufnahme über Lebensmittel und Trinkwasser und die Vermeidung der Aufnahme leicht nitrosierbarer Substanzen beschränken. Ein Beispiel ist das extrem leicht nitrosierbare Arzneimittel Aminophenazon, dessen Anwendung nach Erkennung des in vivo-Nitrosierungsrisikos eingeschränkt worden ist.

Die Gesamtexposition durch N-Nitrosoverbindungen über die Belastung aus der Umwelt und endogene Bildung wird auf 10 µg/d geschätzt, das entspricht einer Gesamtbelastung von 240 mg oder 4 mg/kg KM in 70 Jahren. Da im Tierversuch mit einer Gesamtdosis von 20 mg DMNA/kg KM, über die Lebenszeit verteilt, Tumoren erzeugt wurden, ist ein Krebsrisiko durch N-Nitrosoverbindungen nicht auszuschließen. Man kann einschätzen, daß nach Erkennung von Expositionen und deren Ursache im Falle der Nitrosoverbindungen bereits Präventivmaßnahmen ergriffen werden konnten, die die Belastung des Menschen deutlich vermindern. Allerdings ist die Bedeutung der endogenen Nitrosaminbildung im Vergleich zur exogenen Exposition noch ungeklärt.

19. Toxische Substanzen mikrobieller Herkunft

19.1. Mykotoxine

Mykotoxine sind giftige Stoffwechselprodukte von Schimmelpilzen, die auf Lebens- und Futtermitteln gebildet werden und in diese migrieren können. Schimmelpilze sind ubiquitär vorkommende Mikroorganismen. Ihre Bedeutung als Vorratsschädlinge ist ebenso bekannt, wie die Verwendung mancher Arten für Fermentationszwecke, etwa zur Bereitung bestimmter Käsesorten oder zur Synthese von Citronensäure oder Penicillin.

Das Wissen um Vergiftungen (Mykotoxikose) nach Genuß von verschimmelten Lebens- und Futtermitteln ist relativ alt. Eine derartige Pilztoxikose ist z. B. der sogenannte „Ergotismus", eine Erkrankung, die vor allem in früheren Jahrhunderten durch Verbacken von Mehl, das die Sclerotien von *Claviceps purpurea* (Mutterkorn) enthielt, hervorgerufen wurde (vgl. Abschn. 8.2.).

Die wissenschaftliche Mykotoxinforschung wurde 1960 durch die Aufklärung eines zunächst rätselhaften Massensterbens von etwa 100000 Truthühnern in Großbritannien eingeleitet. Als Ursache dieser als „Truthahn-X-Krankheit" bezeichneten Erkrankung wurden Toxine des Schimmelpilzes *Aspergillus flavus*, die mit verschimmeltem Erdnußmehl verfüttert worden waren, erkannt. Nach dem Erzeugerorganismus nannte man diesen Stoff „Aflatoxin".

Mykotoxine gehören den verschiedensten chemischen Gruppen an, die sehr unterschiedliche Wirkungen beim tierischen und menschlichen Organismus hervorrufen. Die meisten Mykotoxine können hinsichtlich ihres chemischen Grundgerüstes in Gruppen eingeteilt werden, innerhalb derer chemisch-physikalische Eigenschaften und auch toxikologische Kriterien Gemeinsamkeiten aufweisen.

Mykotoxine sind kristalline Substanzen, die auf Grund ihrer oft aromatischen Struktur im UV absorbieren und in vielen Fällen fluoreszieren. Die Aflatoxine sind in Wasser und polaren organischen Lösungsmitteln löslich, unlöslich in unpolaren Lösungsmitteln. Sie sind gegenüber Licht und an der Luft instabil, vor allem in polaren Lösungsmitteln. Aflatoxine werden durch Alkali, z. B. Ammoniak, und durch Oxydationsmittel, z. B. Hypochlorit, zersetzt. Gegenüber den Temperaturen, wie sie bei der Wärmebehandlung von Lebensmitteln auftreten, sind sie beständig.

Auf Grund ihrer sehr unterschiedlichen chemischen Struktur ist die Analytik nicht einheitlich. Mykotoxine lassen sich mittels DC und HPLC (günstig mit Fluoreszenzdetektion), DC und GC nach Derivatisierung bzw. GC/MS identifizieren. Für Aflatoxine steht ein Bioassay (Hühnerembryonentest; LD_{50} 0,2 µg/Embryo) zur Verfügung.

Es sind mehr als 200 Schimmelpilzarten bekannt, die unter bestimmten Bedingungen Mykotoxine in Lebensmitteln produzieren können. Die bedeutendsten Toxinbildner der gemäßigten Klimazone sind auf Grund ihrer ökologischen Ansprüche die Fusarium-, Aspergillus- und Penicillium-Arten. Die wichtigsten, in gemäßigten Klimazonen nachgewiesenen Mykotoxine sind die Aflatoxine, Ochratoxin A, Patulin, Fusariotoxin T2, Zearalenon und Citrinin. Hohe Aflatoxingehalte werden vor allem in Produkten aus tropischen Ländern nachgewiesen. So wurden in 39 von 40 beanstandeten Erdnußproben 1,3...1600 µg Aflatoxin B_1/kg, 1,5...744 µg Aflatoxin B_2/kg, 1,0...1540 µg Aflatoxin G_1/kg und 1,0...548 µg Aflatoxin G_2/kg gefunden. Erdnußbutter enthielt von 3,3...5,2 µg Aflatoxin B_1/kg, die übrigen Aflatoxine von 0,5...5,2 µg/kg. In Kenia lagen die durchschnittlichen Aflatoxingehalte in Lebensmitteln bei 0,1...0,3 µg/kg und in Bier bei 0,05...0,17 µg/l. Nicht sichtbar verschimmelte Rohstoffe, wie z. B. Haselnüsse, enthielten bis zu 50 µg Aflatoxin/kg. Die Verteilung der Aflatoxine in befallener Ware ist sehr inhomogen. Im allgemeinen sind in einer Partie Erdnüsse weniger als 0,5% der Kerne mit Aflatoxinbildnern bewachsen. Der Aflatoxingehalt einzelner Kerne kann aber sehr unterschiedlich sein und bis zu 900 mg/kg betragen. Fütterungsbedingt können Aflatoxine in tierische Lebensmittel übergehen. Schweine, die ein Futter mit einem Gehalt von 500 µg Aflatoxin B_1/kg erhalten hatten, enthielten in der Leber 137 und in der Niere 54 µg/kg. In Leberproben des Handels enthielten 11 von 38 Lebern 0,02...6,6 µg Aflatoxin B_1/kg. In Milchpulver wurde bis zu 6,4 µg Aflatoxin M_1/kg gefunden.

Mit Ochratoxin A waren in USA und Europa 1...8,3% der Maisproben mit Konzentrationen von 15...200 µg/kg, 1...8,5% der Weizenproben mit 15...115 µg/kg und 7,1% der *Aspergillus ochraceus* befallenen Kaffeeproben mit 20...360 µg/kg kontaminiert. In Gebieten mit endemischer Nephropathie enthielten 28,9% der Schinkenproben 40...70 µg/kg und 12% an Wurstproben 10...920 µg Ochratoxin A/kg.

Patulin war in Apfelsäften in Konzentrationen von 0,02...0,3 mg/kg, und in Faulstellen von Äpfeln, die mit *Penicillium expansum* befallen waren, in Konzentrationen von 0,3...42 mg/kg nachweisbar. Der Gehalt kann bis zu 1 g/kg ansteigen.

Fusariotoxin T2 konnte in Nordamerika und Mitteleuropa in Mais in Konzentrationen von 0,02...2 mg/kg und in Gerste bis zu 25 mg/kg gefunden werden. Zearalenon wurde in 1...82% der Maisproben in Konzentrationen von 0,7...170 mg/kg und in Weizen mit 5...10 mg/kg in USA und Europa nachgewiesen. Bier aus Zambia enthielt bis zu 2,47 mg/l und in Lesotho 0,3...2 mg Zearalenon/l. Citrinin wurde aus gelbem Reis isoliert, aber auch in Dänemark bei 13,6% Gerstenproben in Konzentrationen von 0,16...2 mg/kg nachgewiesen. Penicillinsäure wurde in 35% der untersuchten Maisproben in Konzentrationen von 5...230 µg/kg und in 25% Bohnen in Konzentrationen von 11...179 µg/kg gefunden.

Nur von einigen wenigen Mykotoxinen kennt man die Stoffwechselvorgänge und weiß, wie die Mykotoxikosen biochemisch zu erklären sind. Dazu zählen die Aflatoxine, die wegen ihrer hohen Toxizität und weiten Verbreitung zweifelsohne die dominierende Rolle spielen. Sie gehören zu den Furanofuran-Schimmelpilzmetaboliten, bei denen zwischen Dihydrofuranofuranen (DHFF) und Tetrahydrofuranofuranen (THFF) unterschieden wird (Tab. 19.1). DHFF-Verbindungen weisen eine 2,3-Vinylether-Doppelbindung auf, die in der Säugetierzelle durch mikrosomale Enzyme zum Epoxid oxydiert werden kann. Da die Epoxidbildung als Aktivierung eines Procancerogens zum ultimaten Cancerogen angesehen wird, sind alle DHFF-Verbindungen als potentielle Cancerogene anzusehen (vgl. Abschn. 4.2.).

Mykotoxine wie Ochratoxin A werden nach Übergang in den Blutstrom in den meisten Geweben, vor allem in der Leber, der Niere und den Muskeln verteilt. Die Ausscheidung erfolgt über Faeces und Urin. Die Halbwertszeit von Ochratoxin A beträgt im Plasma der Ratte 60 Stunden.

Nach der Absorption werden — soweit bekannt — die Aflatoxine in der Phase I vom Cytochrom P-450 in hydrophile Metabolite umgewandelt, die in der Phase II zu wasserlöslichen Glucuroniden (Abb. 19.1), Sulfatestern oder Glutathion-Konjugaten entgiftet werden können. Andererseits muß Aflatoxin B_1 zur Entfaltung seiner toxischen Wirkung erst in eine aktive Form umgewandelt werden. Durch Cytochrom P-450 werden extrem elektrophile Metaboliten wie das Aflatoxin B_1-8,9-Epoxid gebildet, das als ultimates Cancerogen eine Giftung bewirkt. Auf Grund seines stark elektrophilen Charakters bindet es in der Reihenfolge DNA > RNA > poly G > poly A > poly U > poly C zu stabilen Addukten.

Das Epoxid kann aber auch durch Kopplung mit Glutathion oder durch Hydroxylierung und anschließender Bildung von Konjugaten entgiftet werden. Damit könnte auch die Abnahme der Toxizität bei stimuliertem Stoffwechsel erklärt werden.

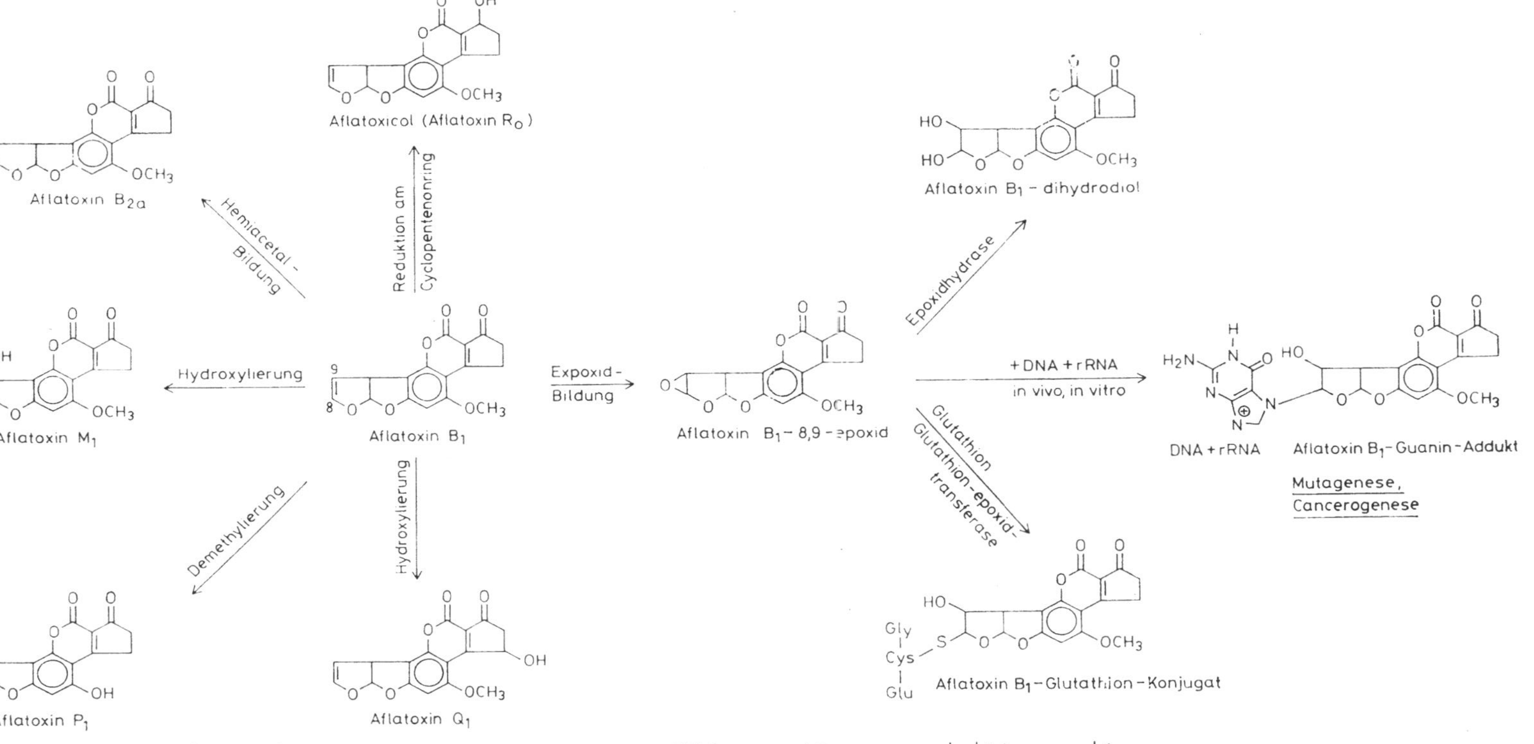

Abb. 19.1. Biotransformation von Aflatoxin B_1.

Aflatoxin P_1 ist für Ratten 10- bis 20mal weniger giftig als B_1. Aflatoxin M_1 war der erste identifizierte Metabolit. Er wurde 1963 in der Milch von Kühen gefunden, die aflatoxinhaltiges Futter gefressen hatten. M_1 wird bis zu 3% mit der Milch ausgeschieden, der größere Anteil im Kot und im Urin. Die menschliche Leber hydroxyliert B_1 zu M_1, was dann bevorzugt über den Urin ausgeschieden wird. In seiner akuten Toxizität ist M_1 mit dem B_1 vergleichbar, es ist jedoch deutlich weniger cancerogen. $B_{2\alpha}$ ist das Hemiacetal und wird sehr schnell mikrosomal gebunden. Seine Toxizität ist sehr schwach. Von verschiedenen Autoren wird es aber auch als das „akute" Toxin diskutiert, weil es bei physiologischen pH-Werten leicht kovalent an Aminogruppen von Enzymen, Aminosäuren, Proteinen gebunden wird und dadurch in den normalen Stoffwechsel eingreift. Q_1 (beim Menschen Hauptmetabolit zu 30...50%) entsteht wie M_1 durch Hydroxylierung. Gegenüber Hühnerembryonen ist Q_1 etwa 18mal weniger toxisch als B_1. Aflatoxin R_0 ist etwa 18mal weniger toxisch für eintägige Enten als B_1, ist jedoch noch cancerogen.

Tabelle 19.1. Einteilung der Mykotoxine auf Grund ihrer chemischen Struktur in Gruppen, modifi-

Mykotoxine	An-zahl	Strukturformel

1. Furanofurane — 34

1.1. Aflatoxine[1] — 7

B_1
G_1
M_1
Parasiticol
Aflatoxin B_2
G_2
M_2

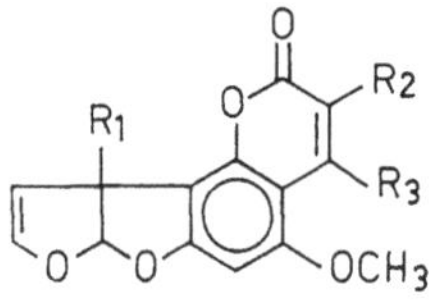

	R_1	R_2	R_3
Aflatoxin B_1	H	$-CO-CH_2-CH_2-$	
Aflatoxin G_1	H	$-COO-CH_2-CH_2-$	
Aflatoxin M_1	OH	$-CO-CH_2-CH_2-$	
Parasiticol	H	H	$-CH_2CH_2OH$

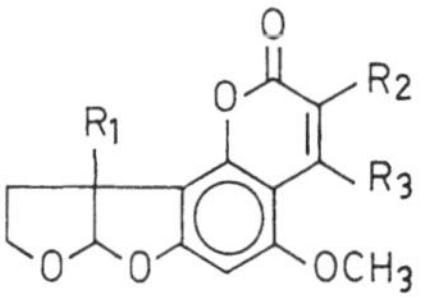

	R_1	R_2	R_3
Aflatoxin B_2	H	$-CO-CH_2-CH_2-$	
Aflatoxin G_2	H	$-COO-CH_2-CH_2-$	
Aflatoxin M_2	OH	$-CO-CH_2-CH_2-$	

1.2. Sterigmatocystin-Gruppe[2] — 9

Sterigmatocystin

Aspertoxin

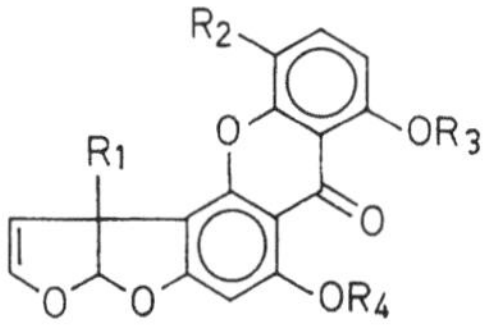

	R_1	R_2	R_3	R_4
Sterigmatocystin	H	H	H	CH_3
Aspertoxin	OH	H	CH_3	CH_3

1.3. Austocystin-Gruppe[2] — 11

Sterigmatin

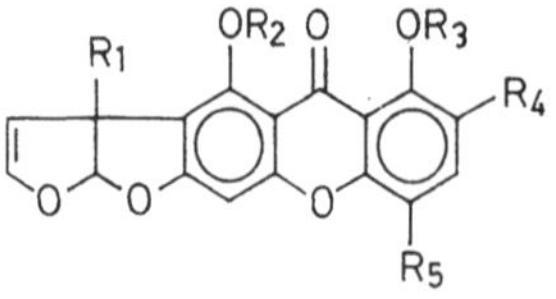

	R_1	R_2	R_3	R_4	R_5
Sterigmatin	H	H	H	H	H

ziert nach REISS

Vorkommen	Toxizität		
	LD_{50} (mg/kg)	chronisch C = Cancerogen T = Teratogen M = Mutagen	Wirkung
Erdnüsse	(p.o.; Ente)		
Getreide	0,36	CTM	Hepatotoxine
Reis		C M	Hepatocancerogene
Mais	0,8		
Nüsse	0,8	C M	REYE's Syndrom
Milch			
Leber	0,25		
Niere	1,7	C	
	2,5		
Milchprodukte	3,1		
Getreide, Mais	166 p.o. (Ratte)	C M	Hepatotoxin
	60 i.p. (Ratte)		Hepatitis
Wurst			Nephrotoxin
Ölsaaten	0,7 μg/Ei		Hepatotoxin
		M	

Tabelle 19.1. Fortsetzung

Mykotoxine	Anzahl	Strukturformel
1.4. Versicolorin-Gruppe[3]	7	
Versicolorin A		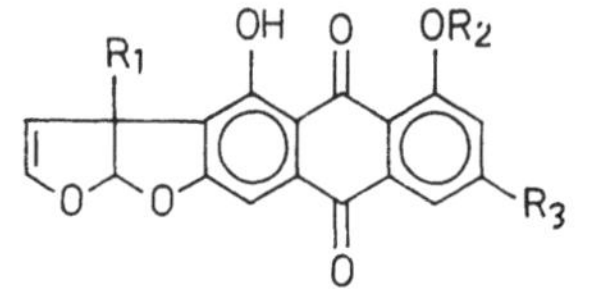

	R_1	R_2	R_3
Versicolorin A	H	H	OH

Mykotoxine	Anzahl	Strukturformel
2. Substituierte Pyrone und Hydoxyxanthone	8	
Kojisäure		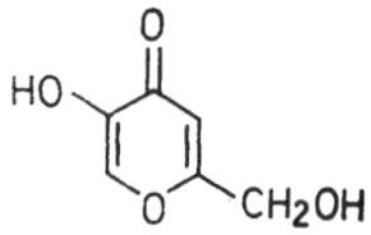
Secalonsäure D		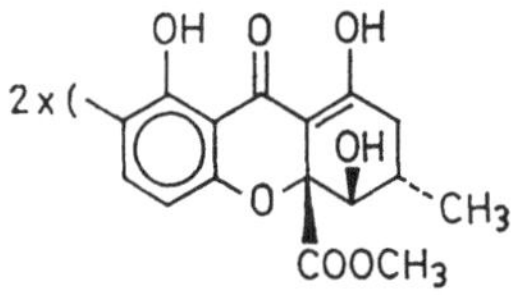
3. Substituierte Chinone	34	
3.1. p-Benzochinone	8	
Fumigatin		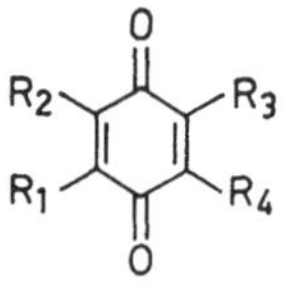

	R_1	R_2	R_3	R_4
Fumigatin	H	CH_3	OH	OCH_3

Mykotoxine	Anzahl	Strukturformel
3.2. Hydroxy-anthrachinone	11	
Emodin		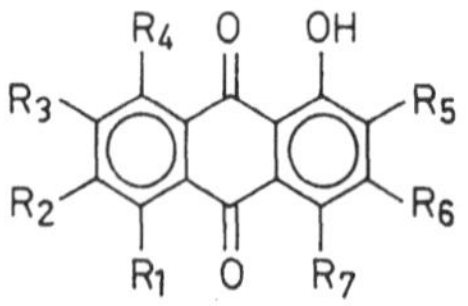
Islandicin		

	R_1	R_2	R_3	R_4	R_5	R_6	R_7
Emodin	H	CH_3	H	OH	H	OH	H
Islandicin	H	H	H	OH	H	CH_3	OH

Vorkommen	Toxizität		Wirkung
	LD_{50} (mg/kg)	chronisch C = Cancerogen T = Teratogen M = Mutagen	
Derivate bei der Biosynthese der Aflatoxine		M	
Mais, Sojabohne	10 i.p. (Maus)	M	Neurotoxin
	42 i.p. (Maus)		epilepsieähnliche Symptome
Trockenfisch	letale Dosis 300...400 mg/kg (Maus)		
Käse	letale Dosis 3,7 mg/kg (Eintagsküken)	C M	
Reis	6,3...7,2 s.c. (Maus)	C M	Hepatocancerogen

Tabelle 19.1. Fortsetzung

Mykotoxine	Anzahl	Strukturformel

3.3. Luteoskyrin-Gruppe 3
  Luteoskyrin

  Rugulosin

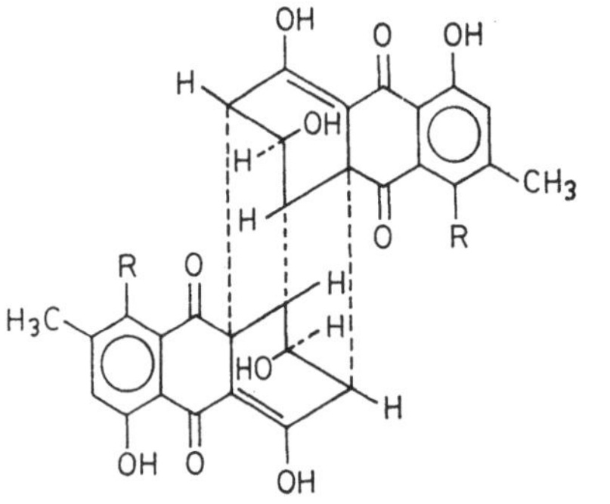

Luteoskyrin : R = OH
Rugulosin : R = H

3.4. Nidurufin-Gruppe 4
  Nidurufin

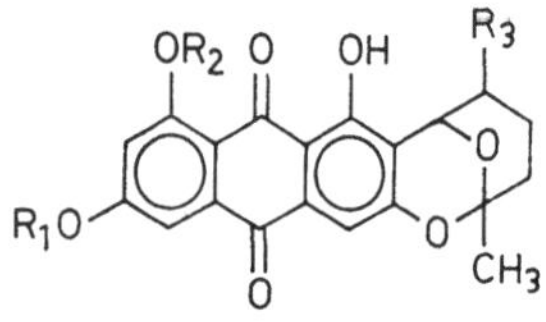

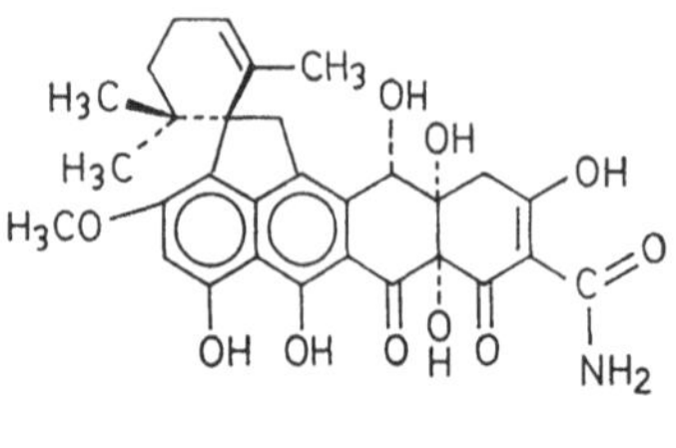

	R_1	R_2	R_3
Nidurufin	H	H	OH

3.5. Naphthochinone 8
  Viomellein

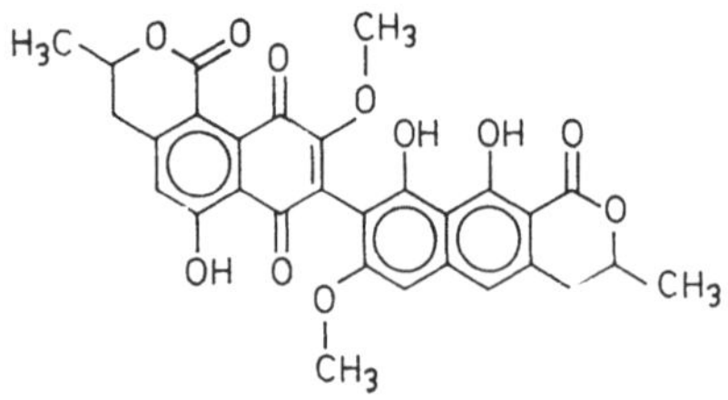

  Viridicatumtoxin

Vorkommen	Toxität			Wirkung
	LD_{50} (mg/kg)	chronisch C = Cancerogen T = Teratogen M = Mutagen		
Reis	221 p.o. (Maus) 145 s.c. (Maus) 6,65 i.v. (Maus) 6,3 s.c. (Maus, neugeboren) 154...2000 s.c. (Maus, erwachsen)	C		Hepatotoxin Hepatocancerogen
Reis Fleisch- erzeugnisse	1300 p.o. (Maus)	C M		Hepatocancerogen
Fleisch- erzeugnisse				Hepatotoxin
	122,4 p.o. (Ratte)	M		Cardiotoxin Nekrosen der Nierentubuli

Tabelle 19.1. Fortsetzung

Mykotoxine	An-zahl	Strukturformel

4. Ungesättigte Lactone — 31

4.1. Fünfgliedrige Lactone — 10

Penicillinsäure

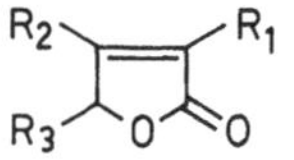

Patulin

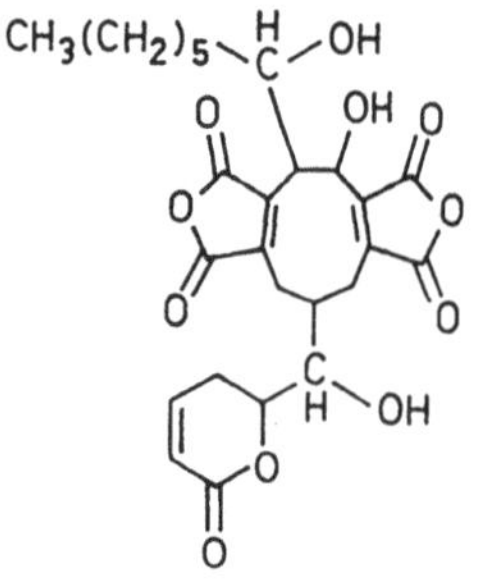

	R_1	R_2	R_3
Penicillinsäure	H	$-OCH_3$	$OH, -C=CH_2$
Patulin	H	$-CH-O-CH_2-CH=$ (OH)	

Mycophenolsäure

$$HOOC-CH_2-CH_2-\overset{CH_3}{C}=CH-CH_2$$

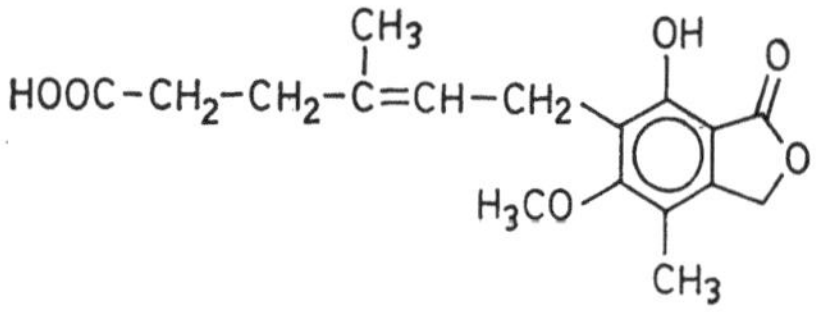

4.2. Sechsgliedrige Lactone — 21

8-Methoxypsoralen

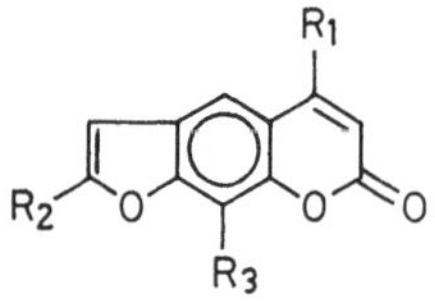

8-Methoxypsoralen (Xanthotoxin)

$R_1 = R_2 = H \; ; \; R_3 = OCH_3$

Ochratoxin A

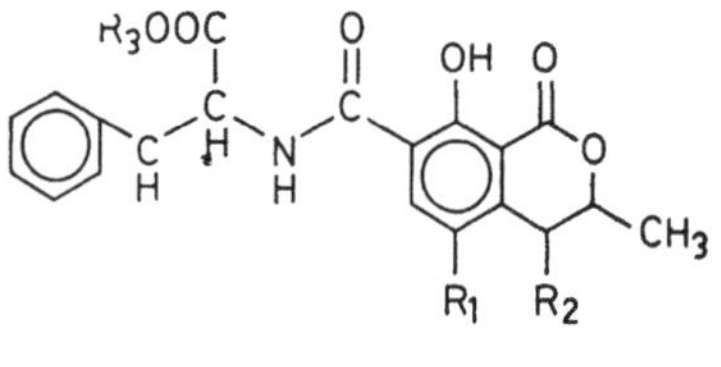

	R_1	R_2	R_3
Ochratoxin A	Cl	H	H

Rubratoxin B

$CH_3(CH_2)_5$

Vorkommen	Toxizität		
	LD$_{50}$ (mg/kg)	chronisch[1] C = Cancerogen T = Teratogen **M = Mutagen**	Wirkung
Bohnen, Mais	600 p.o. (Maus)	C M	lokale Sarcome
Kern-, Steinobst	35 p.o. (Maus)	CTM	lokale Sarcome
Apfelsaft, Getreide, Malzkeime, Brot	15 s.c. (Maus) 25 i.v. (Maus) 5 i.p. (Maus)		Neurotoxin Hyperkeratosen Störung des Leber- stoffwechsels
Käse	700 p.o. (Ratte) 2500 p.o. (Maus) 550 i.v. (Maus)	M	Anämie
			Lichtsensibilisie- rend, Dermatoxin
Getreide, Mais, Kaffee, Bier, Niere, Leber, Fleisch	60 p.o. (Maus) 40 i.p. (Maus) 30 i.v. (Maus) 20 p.o. (Ratte) 9,1 p.o. (Meer- schweinchen)	CT	Hepatotoxin Hepatocancerogen Nephrotoxin Endemische Nephropathie des Balkans
Getreide	6,4...400 p.o. (Ratte)		Hepatotoxin
Mais	0,35 i.p. (Ratte)	TM	embryotoxisch

Tabelle 19.1. Fortsetzung

Mykotoxine	An-zahl	Strukturformel
Citreoviridin		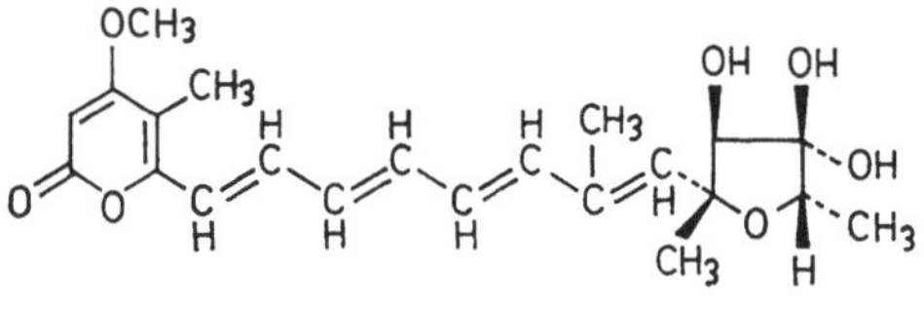
Byssochlaminsäure		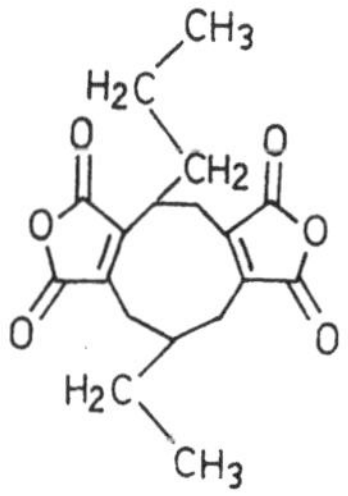
5. Griseofulvine und Mollicelline	13	
5.1. Griseofulvin-Gruppe Griseofulvin	5	

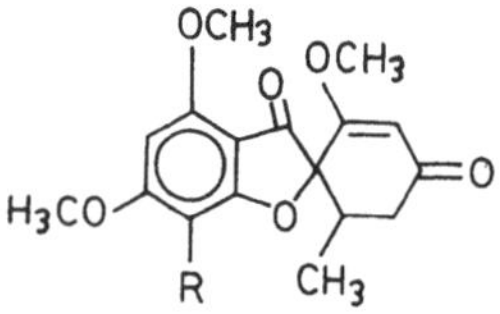

Griseofulvin : R = Cl

| 5.2. Mollicellin-Gruppe Mollicellin C | 8 | 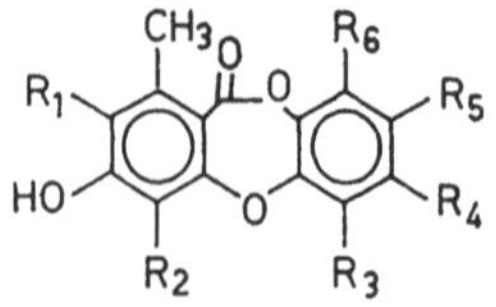 |

	R_1	R_2	R_3	R_4	R_5	R_6
Mollicellin C	H	CHO	CH_3	$-\overset{\text{O}}{\underset{\|}{C}}-CH=C\begin{smallmatrix}CH_3\\CH_3\end{smallmatrix}$	OCH_3	OH

Vorkommen	Toxizität			Wirkung
	LD_{50} (mg/kg)	chronisch	C = Cancerogen T = Teratogen M = Mutagen	
Fleisch-erzeugnisse	3,3 s.c. (Ratte)			Neurotoxin kardiale Beri-Beri
Fruchtsaft	94 p.o. (Ratte)			Byssochlamys fulva befallenes Getreide „Hämorrhagisches Geflügelsyndrom"
Fleisch-erzeugnisse	400 i.v. (Ratte)	CT	M	Hepatotoxin Cytostaticum

Tabelle 19.1. Fortsetzung

Mykotoxine	An-zahl	Strukturformel

---

6. Epoxitrichothecene	41	
6.1. Tetracyclische Epoxitrichothecene	30	

Scirpen
Trichodermin

T-2-Tetraol

Neosolaniol
Trichothecin
T-2-Toxin
(Fusariotoxin T 2)

Nivalenol

Fusarenon

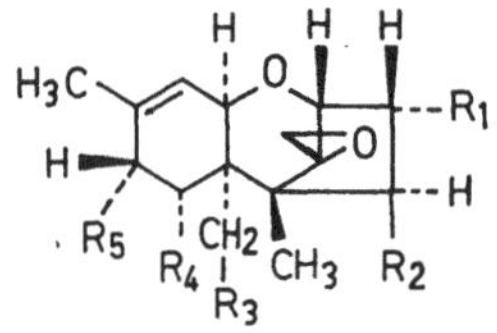

	R_1	R_2	R_3	R_4	R_5
Scirpen	H	H	H	H	H
Trichodermin	H	OAc	H	H	H
T-2-Tetraol	OH	OH	OH	H	OH
Neosolaniol (Solaniol)	OH	OAc	OAc	H	OH
Trichothecin	H	O-isoCrot	H	H	=O
T-2-Toxin (Fusariotoxin T 2)	OH	OAc	OAc	H	O-isoVal
Nivalenol	OH	OH	OH	OH	=O
Fusarenon (Fusarenon X)	OH	OAc	OH	OH	=O

6.2. Makrocyclische Epoxitrichothecene Verrucarin A	11	

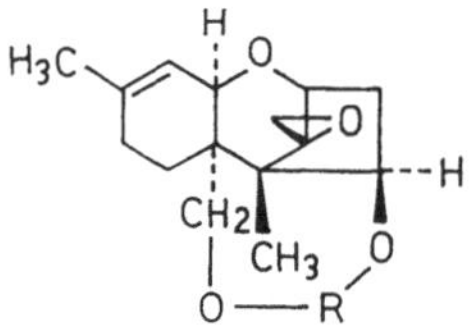

Verrucarin A $-\overset{O}{\overset{\|}{C}}CHOHCHMeCH_2CH_2O\overset{O}{\overset{\|}{C}}CH=CHCH=CH\overset{O}{\overset{\|}{C}}-$

7. Polycyclisch substituierte monomere Indolverbindungen	9	
7.1. Cyclopiazonsäure		

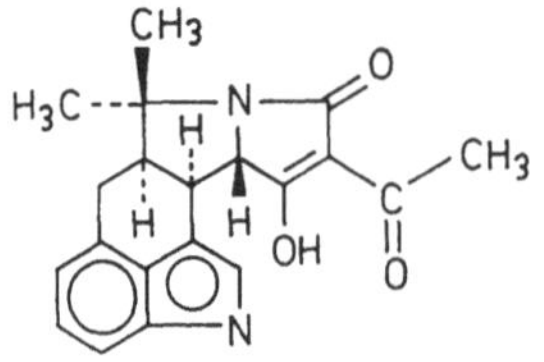

Vorkommen	Toxizität		
	LD_{50} (mg/kg)	chronisch C = Cancerogen T = Teratogen M = Mutagen	Wirkung
Getreide			alimentäre, toxische Aleukie, Erbrechen, Futterverweigerung Leukämie Verdauungsstörungen
Mais			Arthritis Wachstumsstörungen Emetica
Hirse	4 p.o. (Ratte, Schwein) 3 p.o. (Meerschweinchen)		Dermatoxin embryotoxisch; Emetica
Reis	7 s.c. (Maus) 3...5 p.o. (Maus)	 M	hämorrhagisches Syndrom, Übelkeit Dermatoxin, Karyorrhexis, fetotoxisch
Trockenfutter Stroh	0,0005 i.p. (Maus)		Myrothecio-Toxikose
Mais, Käse Fleischprodukte	2,3 i.p. (Ratte) 36...63 p.o. (Maus)		degenerative Veränderungen Niere, Milz, Langerhanssche Inseln

Tabelle 19.1. Fortsetzung

Mykotoxine	Anzahl	Strukturformel
7.2. Paspalin-Gruppe	5	
Paspalin		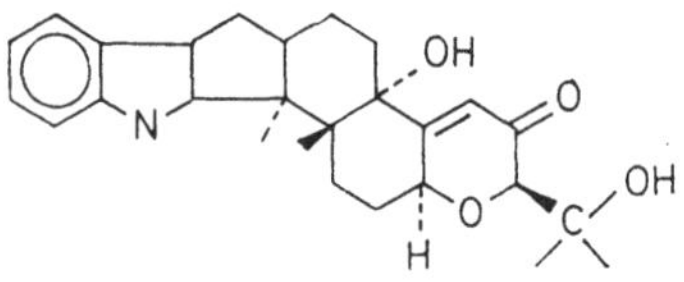
Paxillin		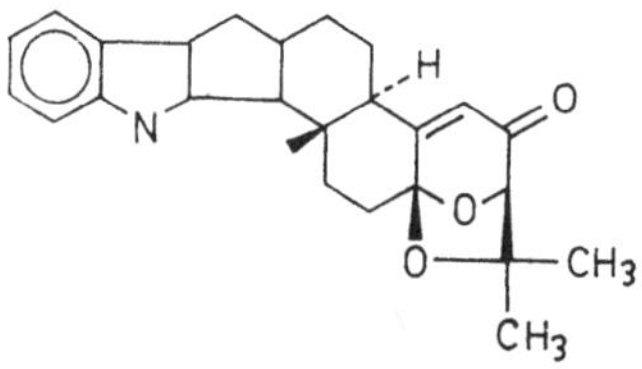
7.3. Penitrem-Gruppe	3	
Penitrem A		
Penitrem B		
8. Cyclische Dipeptide	33	
8.1. Substituierte Piperazindione		
8.1.1. Fumitremorgen-Gruppe	6	
Fumitremorgen B		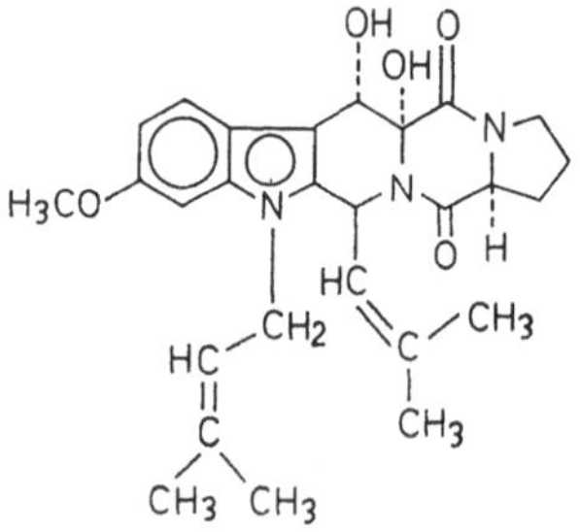
Verrucologen TR 1		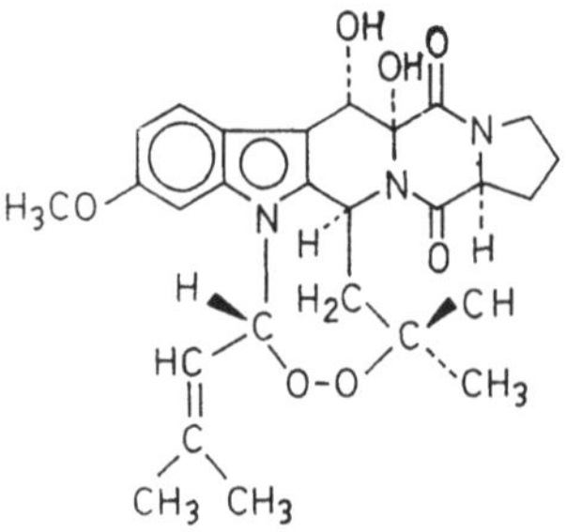

Vorkommen	Toxizität		Wirkung
	LD_{50} (mg/kg)	chronisch C = Cancerogen T = Teratogen M = Mutagen	
			Tremorgen
	150 i.p. (Maus)		
Fleischprodukte	1,05 i.p. (Maus) 5,8 i.p. (Maus)		Tremorgen, neurotoxisches Syndrom
Fleischprodukte			Tremorgen
Fleischprodukte	20 p.o. (Maus) 2,4 i.p. (Maus)		Tremorgen Ataxie

Tabelle 19.1. Fortsetzung

Mykotoxine	An-zahl	Strukturformel

8.1.2. Brevianamid-Gruppe   5
       Brevianamid A

CH_3 CH_3

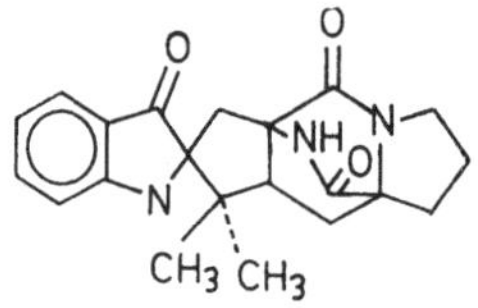

8.1.3. Gliotoxin-Gruppe   4
       Gliotoxin

CH_2OH

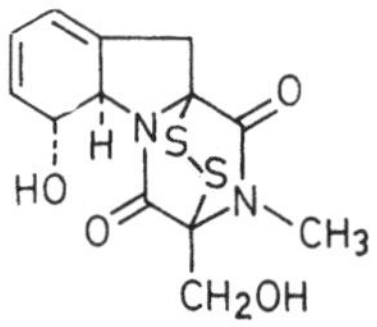

8.1.4. Sporidesmin-Gruppe   13
       Sporidesmin

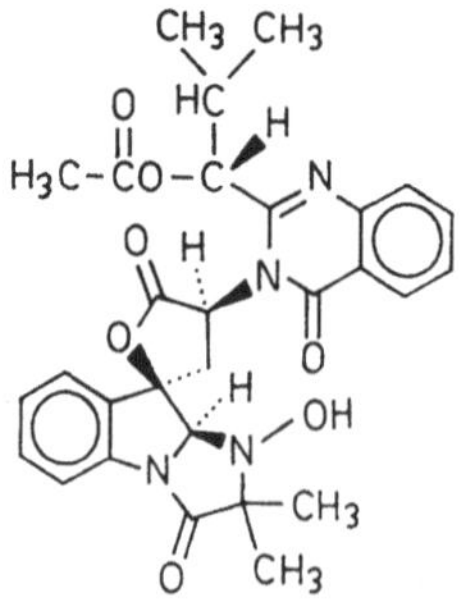

	R_1	R_2	R_3	R_4	R_5
Sporidesmin	Cl	OH	OH	$-S-S-$	CH_3

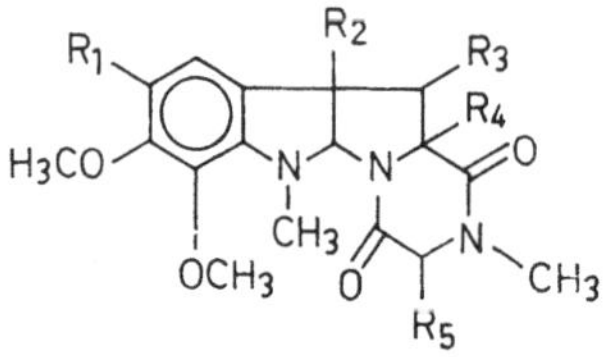

       Roquefortin

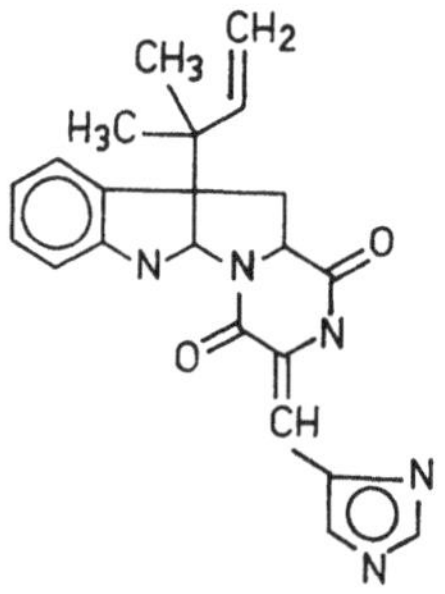

8.2. Cyclische Dipeptide   5
     Tryptoquivalin

Vorkommen	Toxizität		Wirkung
	LD_{50} (mg/kg)	chronisch C = Cancerogen T = Teratogen M = Mutagen	
Fleischprodukte	> 40 i.p. (Maus)		
Brot Fleischerzeugnisse			Hepatotoxin Ödeme pleurale Ergüsse
	Toxische Grenzdosen an HeLaZellen 0,04…10 ng/ml		Hepatotoxin Cytotoxin Photosensibilisator, ödematöse Schwellungen
Käse, Fleischerzeugnisse	169…189 i.p. (Maus)		Hepatotoxin Neurotoxin
			Tremorgen

Tabelle 19.1. Fortsetzung

Mykotoxine	Anzahl	Strukturformel
Tryptoquivalon		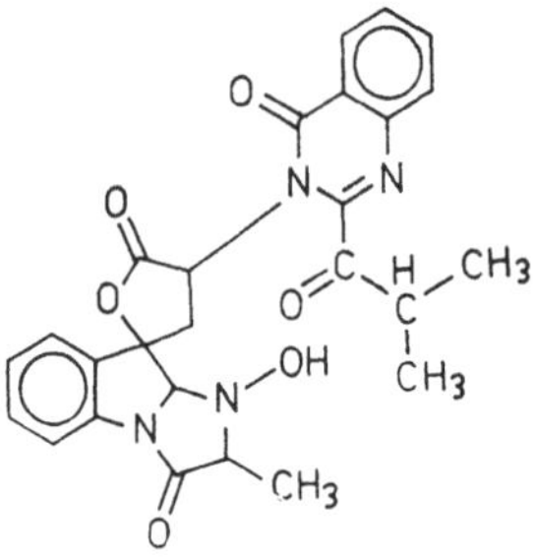
9. Lactame	4	
9.1. Lactame von γ-Aminosäuren	2	
Tenuazonsäure		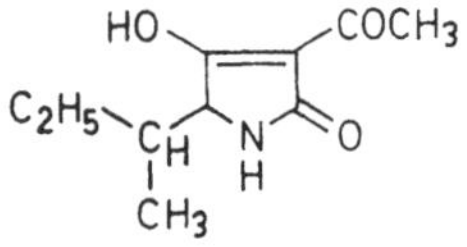
Erythroskyrin		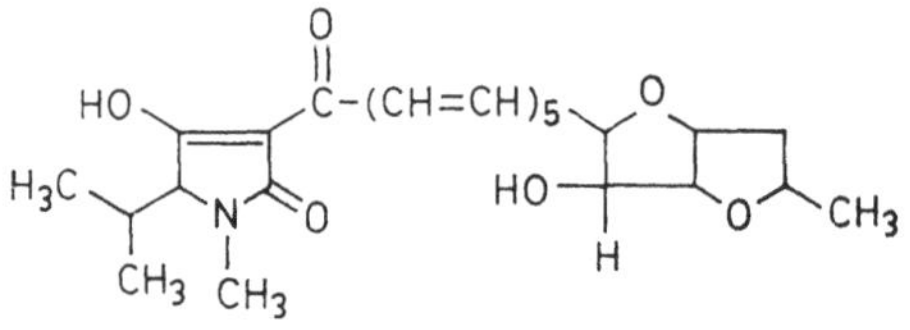
9.2. Lactame von δ-Aminosäuren	2	
Viridicatin Viridicatol		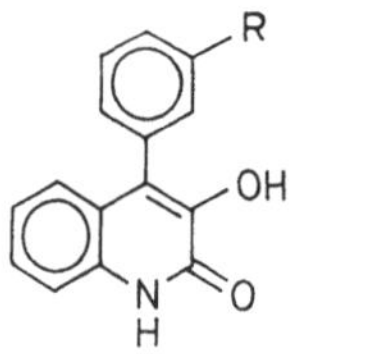 Viridicatin : R = H Viridicatol : R = OH
10. Cyclische Polypeptide	6	
Aspercolorin A		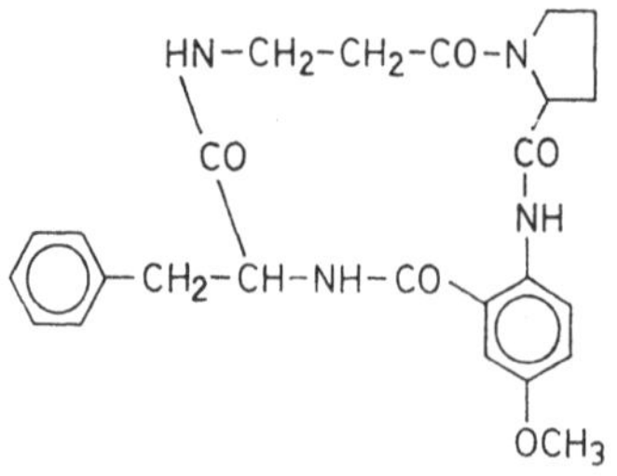

Vorkommen	Toxizität			Wirkung
	LD_{50} (mg/kg)	chronisch[1] C = Cancerogen T = Teratogen **M = Mutagen**		
				Tremorgen
Brot				Hämotoxin
Fleischwaren	**60 i.p. (Maus)**			
				Wachstumshemmung

Fortsetzung Tabelle 19.1.

Mykotoxine	Anzahl	Strukturformel
Cyclochlorotin (Islanditoxin)		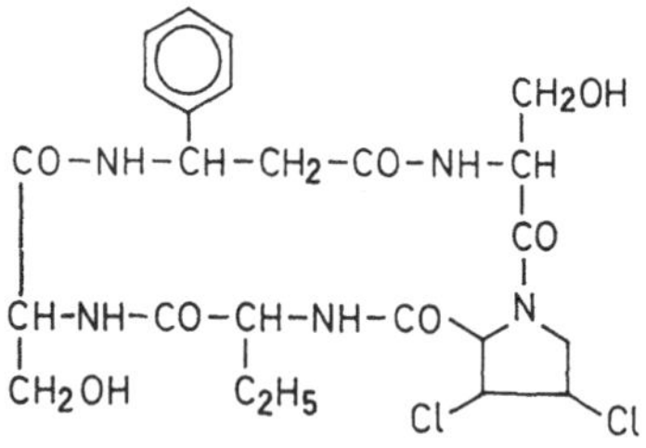
Simatoxin		
Malformin A_1		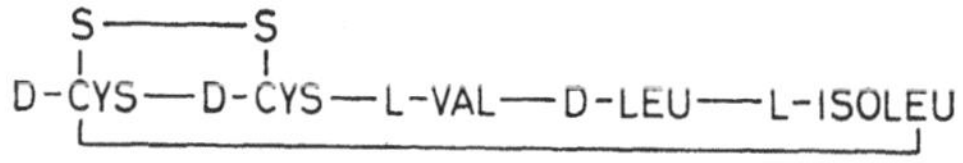
Malformin C		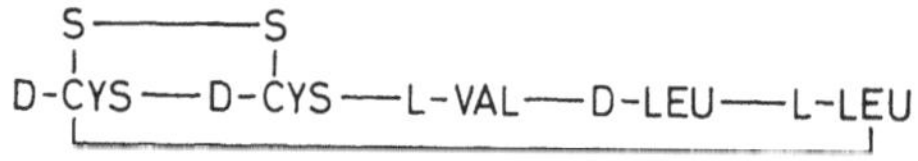
11. Cytochalasane	23	
11.1. Cytochalasine	15	
Phomin (Cytochalasin B)		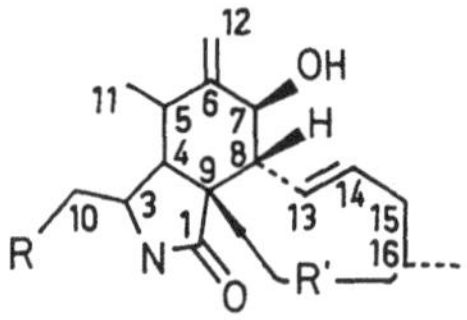
11.2. Chaetoglobosine	8	
Chaetoglobosin A		
12. Verschiedenartige Mykotoxine	17	
12.1. Makrocyclische Lactone	3	
Zearalenon (F-2-Toxin)[4]		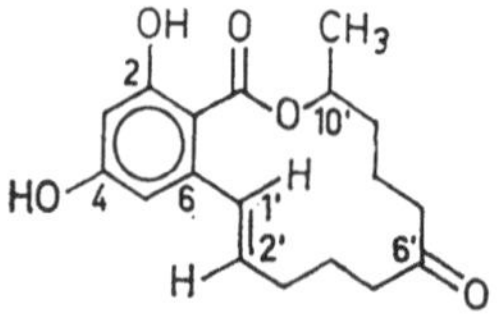

	R	R'
Phomin (Cytochalasin B)	Phenyl	$-O-C(=O)-CH=CH-CH(OH)-CH_2-CH_2-CH_2-$

Vorkommen	Toxizität		Wirkung
	LD_{50} (mg/kg)	chronisch C = Cancerogen T = Teratogen M = Mutagen	
Reis, Getreide, Malz	6,55 p.o. (Maus) 0,47 s.c. (Maus) 0,33 i.v. (Maus)	C	Hepatocancerogen
	10 i.p. (Ratte)	M	
	3,1 i.p. (Maus)		Mißbildungen bei Pflanzen
	0,9 i.p. (Ratte)		
	1...20 parenteral (Maus)		Hemmung der Cytokinese, Erhöhung der Permeabilität der Blutgefäße
		M	REYES Syndrom Cytolyse bei HeLa-Zellen
Mais, Getreide Hirse, Reis, Bier, Sorghum	2000 p.o. (Maus)	C M	Hepatocancerogen Fusariotoxikose Vulvovaginitis Unfruchtbarkeit

Tabelle 19.1. Fortsetzung

Mykotoxine	Anzahl	Strukturformel
12.2. Citrinin-Gruppe Citrinin	2	
12.3. Phomenon-Gruppe PR-Toxin	2	
12.4. Xanthocillin-Gruppe Xanthocillin Xanthoascin	2	
12.5. Weitere Toxine Maltorycin	8	
Moniliformin		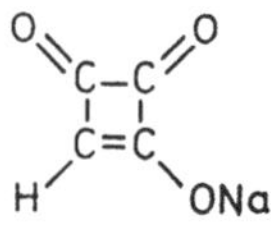
β-Nitropropansäure		
Fumitoxine		
Fumitoxin A (steroidähnlich)		

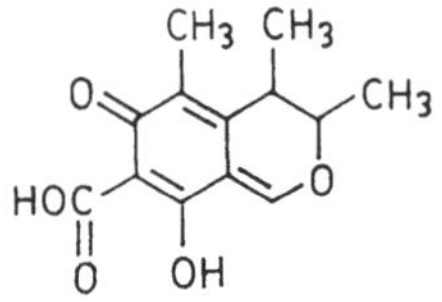

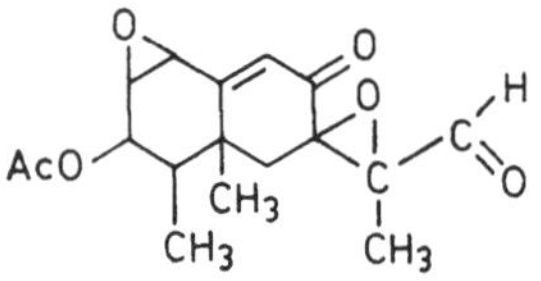

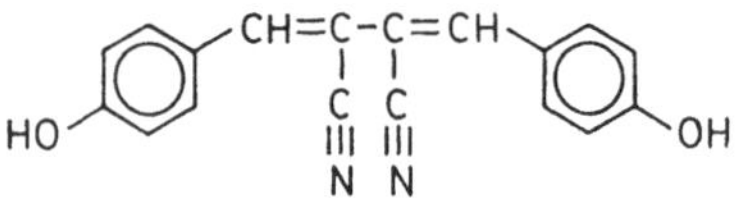

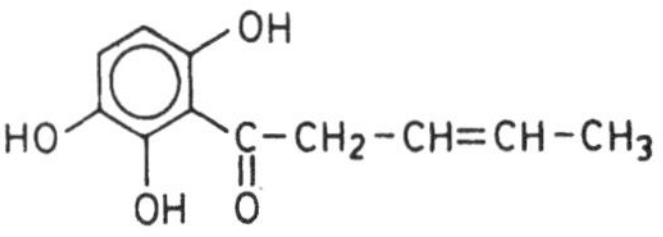

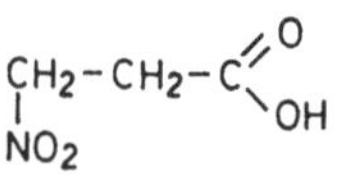

---

[1] substituierte Cumarine
[2] substituierte Xanthene
[3] substituierte Anthrachinone
[4] vgl. Abschn. 8.7.

Vorkommen	Toxizität		
	LD_{50} (mg/kg)	chronisch C = Cancerogen T = Teratogen M = Mutagen	Wirkung
Reis, Gerste Weizen, Fleischprodukte	110 p.o. (Maus) 67 s.c. (Ratte) 35 i.p. (Maus)	C M	Nephrotoxin
Käse, Fleisch-erzeugnisse	58 p.o. (Ratte) 11 i.p. (Ratte) 72...140 p.o. (Maus)		Hepatotoxin Hämorrhagien Abort
	40 p.o. (Maus) 35 i.p. (Maus)		Hepatotoxin Gelbsucht, tödlich verlaufende Degeneration des Herzmuskels
	3 i.p. (Maus) 50 p.o. (Ratte) 3,7 p.o. (Entenküken) 24 i.p. (Maus)		Hepatotoxin Muskellähmung endemische Blutkrankheit, Atemlähmung, Koma, Myocardschaden
	100 i.v. (Maus)		blutdrucksenkend
	200 mg (Hühnerembryo) (4 µg/kg)		

Beim Sterigmatocystin reagiert die Glucuronsäure mit der phenolischen OH-Gruppe des Toxins, die mit dem Urin ausgeschieden wird. Die Giftung erfolgt mit Cytochrom P-450 zum Epoxid, das als ultimates Cancerogen mit Guanin der DNA ein Addukt bildet.

Mykotoxine erzeugen Mykotoxikosen bei Mensch und Tier. Neben der akuten Toxizität sind infolge der geringen Aufnahme in unseren Breiten vor allem die chronischen Schäden zu beachten. Mykotoxikosen weisen ein breites Erscheinungsbild auf (vgl. Tab. 19.1). Aflatoxine sind für die meisten Tierarten sowohl akut als auch chronisch toxisch. Im Vordergrund der akuten Aflatoxikose stehen Leberschäden in Form von Parenchymzelldegeneration, Hämorrhagien und Gallengangsproliferationen, weiterhin Störungen der Funktion des Nervensystems mit Krämpfen und Lähmungen und Gleichgewichtsstörungen. Die Tiere zeigen ein gehemmtes Wachstum, eine verminderte Futteraufnahme und einen Masseverlust. Die chronische Aflatoxikose ist ebenfalls durch Schädigung der Leber gekennzeichnet. Aflatoxin B_1 erzeugt vorwiegend hepatocelluläre Karzinome, vermag aber auch in geringerem Umfang Karzinome des Drüsenmagens und Adenokarzinome des Colons zu verursachen. Es ist das wirksamste oral wirkende Lebercancerogen. Verglichen mit anderen oral wirksamen Lebercancerogenen ergeben sich folgende Werte für die tägliche Aufnahme des Toxins pro kg Ratte, die mit Sicherheit Tumoren erzeugen: Aflatoxin B_1: 10...15 µg; N-Nitrosodimethylamin: 750 µg; Buttergelb (p-Dimethylaminoazobenzen; vgl. Abschn. 14.4.2.): 9000 µg. Die anderen Aflatoxine sind weniger wirksam. Aflatoxin G_1 erzeugt Nierentumoren, Aflatoxin B_2 ebenfalls Lebertumoren. Aflatoxin M_1 ist ebenso wie die Aflatoxine B und G akut und chronisch toxisch. Pathologische Veränderungen werden vor allem an der Leber sichtbar, wobei Nekrosen im Leberparenchym und Proliferation des Gallengangepithels besonders ausgeprägt sind. Es können aber auch Hämorrhagien der Nieren und des Verdauungstraktes sowie Nierennekrosen auftreten.

Die Folgen der Aflatoxinwirkung beim Menschen lassen sich in vier Gruppen einteilen:

1. Akute Schädigungen (vorrangig der Leber),
2. cirrhotische Veränderungen (Lebercirrhose),
3. karzinomatöse Entartungen (Leberkarzinom),
4. teratogene und genetische Schäden.

In tropischen Gebieten wurde durch Untersuchungen bewiesen, daß bestimmte Bevölkerungsgruppen auf Grund der Lebensgewohnheiten und des Klimas ständig Aflatoxine mit der Nahrung zu sich nehmen. Ein Teil der aufgenommenen Toxine wird als Aflatoxin M_1 mit dem Urin wieder ausgeschieden, wie z. B. an verschiedenen Bevölkerungsgruppen auf den Philippinen nachgewiesen werden konnte. Damit erscheint bewiesen, daß die Metabolisierung der Aflatoxine beim Menschen vergleichbare Wege geht wie bei den bisher geprüften Versuchstieren.

Epidemiologische Untersuchungen bestätigen, daß in Gegenden mit hoher Aflatoxinbelastung in der täglichen Nahrung, die bei feuchtwarmen Klimaten und bei unzureichender Vorratspflege besonders befürchtet werden muß, überdurchschnittlich Lebercirrhosen und primäre Leberkarzinome bei der Bevölkerung vorkommen. Erhebungen dieser Art liegen aus Südafrika sowie aus Thailand und Hongkong vor. Der Anteil der mit Aflatoxin verseuchten Lebensmittel beispielsweise in Uganda wurde auf 40% geschätzt. Die Häufung von Lebercirrhosen bei Kindern in Indien werden als aflatoxinbedingt angesehen. Akute Leberschädigung wurde nach Verzehr von Spaghetti gefunden, die große Mengen Aflatoxin enthielten. Eine weitere Vergiftung führte nach übermäßigem Genuß im Haushalt verschimmelter Nüsse bei einer bereits bestehenden akuten Leberdystrophie zum Tode. Aus der Leber des Verstorbenen konnte Aflatoxin B_1 isoliert werden.

REYES Syndrom (Encephalopathie und fettige Degeneration der Leber und Eingeweide) besonders bei Kindern wurde in Thailand, Neuseeland, Kanada und der CSSR auf Aflatoxine zurückgeführt, wobei ein Synergismus mit anderen Mykotoxinen (Chaetoglobosin A) nicht ausgeschlossen werden kann.

Die KASHIN-BECK-Erkrankung, seit dem vergangenen Jahrhundert im Osten der Sowjetunion, in Nordchina und Nordkorea als Erkrankung des wachsenden Skeletts bekannt, wird als „Osteoarthrosis deformans" bezeichnet. Besonders bei Kindern zeigen sich chronische Arthritis, Wachstumsstörungen und degenerative Skelettstörungen. Als Ursache der Krankheit wird der Verzehr von Getreide, das mit *Fusarium sporotrichioides* kontaminiert ist und Fusarientoxine gebildet hat, angesehen. Auch die alimentäre toxische Aleukie, die bereits im 19. Jahrhundert in einzelnen Regionen der heutigen UdSSR mit schubweisen Erkrankungen des Blutbildungssystems mit Agranulocytose, extremer Leukopenie, Sepsis und nekrotischer Angina und im Endstadium mit schwerer Anämie auftrat, kann auf fusarienkontaminiertes Getreide zurückgeführt werden. Als Mykotoxine wurden Epoxitrichothecene isoliert, u. a. das T2-Toxin, Neosolaniol, T2-Tetraol und Zearalenon. Die Mykotoxikose ist vor allem als Folge des Verzehrs von überwintertem Getreide aufgetreten. Schaden der Haut werden ebenfalls vor allem durch Mykotoxine vom Trichothecen-Typ hervorgerufen. Sie werden weiterhin, vor allem das T2-Toxin, für die Entstehung von Tumoren im Verdauungstrakt bei Mensch und Tier verantwortlich gemacht. Die endemische Nephropathie des Balkans, die vor allem in Jugoslawien, Rumänien und Bulgarien bei der Landbevölkerung als chronische, lebensbedrohende Nierenerkrankung auftrat, wird auf eine Mykotoxikose durch Ochratoxin A zurückgeführt. Als weitere Folge einer Mykotoxikose ist die Immunsuppression anzusehen. Die meisten Mykotoxine verhindern die Entwicklung der aktiven Immunität.

Eine wissenschaftliche Ableitung für die Festlegung von Grenzwerten von krebserzeugenden Mykotoxinen in Lebensmitteln ist nicht möglich (vgl. Kap. 17., S. 491), abgesehen von den völlig unzureichenden Kenntnissen über synergistische Wirkungen. In der Hygienepraxis sind durch den Gesetzgeber Höchstmengenregelungen für die Begrenzung von Mykotoxinen in Lebensmitteln festgelegt, die flankiert werden von zulässigen Höchstgehalten in Futtermitteln, um neben dem Schutz der Nutztiere auch den Übergang von Mykotoxinen (z. B. Aflatoxin M oder Ochratoxin A) in Milch- und Fleischprodukte zu verhindern. Beim Vergleich der in verschiedenen Ländern gültigen Höchstmengenregelungen zeigen sich oft erhebliche Unterschiede, die von verschiedenen gesundheitspolitischen Erwägungen abhängen. Auch die Frage, ob ein Land primär Produzent oder Verbraucher potentiell mykotoxinhaltiger Rohstoffe oder Lebensmittel ist, entscheidet entsprechende Festlegungen. Die gesetzlich fixierten Höchstmengen betreffen mitunter nur Aflatoxin B_1, bei manchen auch die Summe B_1, B_2, G_1 und G_2 und schließen oft auch M, Ochratoxin A und Patulin mit ein.

Bei Kenntnis der Ökologie bekannter lebensmittelverderbender Schimmelpilze kann während der Lebensmittelproduktion und vor allem bei der Lagerhaltung durch Kühlung, Trocknung oder Konservierungsmittel Einfluß auf das Pilzwachstum genommen und eine damit möglicherweise verbundene Mykotoxinbildung verhindert werden. So haben sich zur Reduzierung des Aflatoxingehaltes in Erdnüssen geeignete Kulturmaßnahmen, Anbau resistenter Sorten, gute Sortierung, einwandfreie Lagerung und Transport als wirkungsvolle Maßnahmen erwiesen. Der sicherste Schutz ist grundsätzlich die Verhinderung von Schimmelwachstum und die laufende Überwachung von Rohstoffen und Zwischenprodukten.

Das Verschimmeln eines Lebensmittels kann ebensowenig wieder rückgängig gemacht werden wie die Mykotoxinbildung. Aflatoxine sind bei Temperaturen bis zu 140 °C und im sauren Medium beständig; sie werden durch normale Be- und Verarbeitungsverfahren nicht zerstört. Bei der Anwendbarkeit von Entgiftungsverfahren ist zu beachten, daß die analytisch festgestellte Abnahme der Konzentration eines Mykotoxins nicht die Gewähr für eine Entgiftung bietet, da die Bildung ebenfalls toxischer Abbau- und Umwandlungsprodukte möglich ist. Nur ein biologischer Test kann die Wirksamkeit der Entgiftung belegen.

Neben der Wirtschaftlichkeit dürfen vor allem die sensorischen und ernährungsphysiologischen Eigenschaften eines Lebensmittels nicht negativ beeinflußt werden. Als unbedenklich dürften dabei alle Methoden anzusehen sein, bei denen kontaminierte Bestandteile durch Aussortieren entfernt werden (z. B. verfärbte, geschrumpfte oder anderweitig veränderte Erdnüsse, die sehr oft stark aflatoxinhaltig sind). Auch Verfahren bei der Lebensmittelverarbeitung, bei denen zentrifugiert, ausgepreßt, filtriert oder mit Adsorbentien gearbeitet wird, können den Mykotoxingehalt absenken (Herstellung von weitgehend aflatoxinfreien Ölen aus aflatoxinkontaminierten Erdnüssen). Die Entgiftung mit Oxydationsmitteln, mit Ammoniak oder anderen Chemikalien kommt für Lebensmittel kaum in Frage, allenfalls für Futtermittel. Ein Abbau durch Mikroorganismen ist möglich, wenn diese ohnehin für die Herstellung eines Lebensmittels verwendet werden (bei der Vergärung von aflatoxin-, ochratoxin- oder patulinhaltigen Rohstoffen).

Die Mykotoxinproblematik hat durch die Strukturwandlung in der Landwirtschaft zugenommen. Die Konzentration bei der Viehhaltung bei zurückgehendem Eigenversorgungsgrad an Futtermitteln kann zu einer beträchtlichen Zunahme des Einsatzes von Mischfutter führen, wenn Rückstände von Ölfrüchten dafür verwendet werden. Futtermittel können offensichtlich verschimmelt sein bzw. tragen versteckte Schimmelnester. Außerhalb der spezifischen Klimagebiete angebauter Mais kann Quelle für Fusarientoxine sein. Aflatoxine, Ochratoxine und einige Fusarientoxine können aus dem Futter in tierische Lebensmittel übergehen. Die fortschreitende Mechanisierung der Erntemethoden hat höhere Verletzungsquoten des Erntegutes zur Folge. Wundparasiten, wie Fusarien und Penicillien, erschweren die Lagerhaltung und führen zur Bildung von Toxinen.

Der steigende Umsatz von abgepackten Portionen an Brot, Käse und anderen schimmelgefährdeten Lebensmitteln in Folien sowie die Erhöhung des Verbrauches an Schalenfrüchten aus warmen Gebieten lassen das Mykotoxinrisiko ansteigen, wenn dabei höherer Verderb zugelassen wird.

Sichtbar verschimmelte Lebensmittel sind unproblematisch. Sie werden im allgemeinen nicht verzehrt. Die größte Gefahr für die Gesundheit geht jedoch von jenen Rohstoffen aus, die verschimmelt waren und dadurch mykotoxinhaltig wurden. Durch die Verarbeitung ist der Schimmelbefall und die mögliche Mykotoxinbildung äußerlich nicht mehr feststellbar.

Ständig werden neue Mykotoxine identifiziert, ihre Zahl ist bereits auf über 200 angewachsen, jedoch nur für relativ wenige Mykotoxine gibt es ausreichend Testsubstanzen und auch — davon abhängig — einfache zuverlässige Analysenmethoden. Beim Auftreten einer Mykotoxikose, z. B. bei Tieren, ist es schwierig, aus verpilztem mykotoxinhaltigem Futter das wirkende Mykotoxin zu identifizieren. Das Wissen besonders um den Stoffwechsel und die Toxizität bei vielen Mykotoxinen ist noch lückenhaft. Die Bedeutung der Mykotoxinproblematik ist erkannt, ihre Grenzen derzeit aber nicht absehbar.

19.2. Toxine der Bakterien

Akute Erkrankungen durch Lebensmittel werden überwiegend durch bestimmte lebensmittelvergiftende oder pathogene Bakterienarten verursacht. Bei falscher Behandlung während der Gewinnung und Herstellung, des Vertriebes und der Zubereitung der Lebensmittel können sich diese Bakterien im Produkt vermehren und dann nach Genuß der Speisen entsprechende Erkrankungen hervorrufen. Neben den lebensmittelpathogenen Bakterien, wie den Salmonellen, nehmen vor allem die lebensmittelvergiftenden Bakterien, die während des Wachstums in Lebensmitteln Giftstoffe bilden können, in der Praxis an Bedeutung zu.

Voraussetzung für die sichere Verhütung dieser bakteriellen Lebensmittelvergiftungen ist eine genaue Kenntnis der Erreger und ihrer Toxine, ihrer technologisch wichtigen Eigenschaften und der Nachweisverfahren. In den letzten Jahren wurden hierzu in Forschung und Praxis zahlreiche neue Erkenntnisse gewonnen. Trotzdem nehmen in allen hochentwickelten Industriestaaten die Erkrankungsgeschehen zu. Dabei ist die überwiegende Mehrzahl der Erkrankungen nach dem Genuß von mikrobiell verunreinigten Lebensmitteln bedingt. Durch diese Lebensmittelvergiftungen wird nicht nur der Gesundheitszustand einer großen Anzahl von Menschen beeinträchtigt, sondern es treten auch erhebliche wirtschaftliche Verluste auf, so allein im Jahr 1977 in der BRD durch Salmonellen 240 Millionen DM und in den USA innerhalb eines Vierteljahres Verluste von 65 Millionen Dollar. In den letzten 40 Jahren haben sich deshalb internationale Organisationen, insbesondere die WHO und die FAO, um die Entwicklung von Programmen zur Hygienesicherung in der Lebensmittelversorgung bemüht.

Die Erkrankungen nach dem Genuß von Lebensmitteln durch Mikroorganismen lassen sich einteilen in

— mikrobielle Infektionen (Toxikoinfektionen) durch Bakterien (Typhus und Paratyphus); andere Salmonellosen, Shigellosen, Diphtherie, Streptococcen, Scharlach, Milzbrand, Brucellosen, Tuberkulose und Tularämie,
— Lebensmittelvergiftungen durch *Escherichia* (*E.*) *coli*, Proteus, Aricona, Citrobacter und durch aerobe und anaerobe Sporenbildner, durch Viren und Reketsien (Hepatitis infektiosa, Maul- und Klauenseuche, Kuhfieber) und durch Protocon (Amöbendissenterie),
— mikrobielle Intoxikationen (Toxikosen), das sind Lebensmittelvergiftungen durch Staphylococcen, *Bacillus* (*Bac.*) *botulinum* und *Bac. perfringens*, aber auch durch aerobe Sporenbildner, wie *Bac. cereus*.

Je nach ihrer Ätiologie werden lebensmittelvergiftende Mikroorganismenarten in Krankheitserreger des Infektionstyps und des Intoxikationstyps unterteilt (Tab. 19.2).

Infektionstyp: Mikroorganismen des Infektionstyps — auch als pathogene Mikroorganismen beschrieben — bilden Toxine (Endotoxine) in der noch lebenden Zelle oder beim Zerfall der Mikroorganismenzelle. Die Toxine werden nach dem Absterben der Zelle frei und entfalten erst dann ihre krankheitsauslösende Wirkung. Der Pathogenese geht beim Infektionstyp grundsätzlich eine Übertragung von lebenden Mikroorganismenzellen über das Lebensmittel auf den Menschen voraus.

Intoxikationstyp: Mikroorganismen des Intoxikationstyps — auch toxigene Mikroorganismen oder Toxinbildner genannt — bilden Toxine als Stoffwechselprodukte (Exotoxine). Sie werden in Lebensmitteln freigesetzt, wo es zu einer Anreicherung kommen kann. Diese Toxine werden auch als Enterotoxine bezeichnet. Die ätiologische Wirkung geht hierbei stets von dem produzierten Enterotoxin und nicht von der lebenden Zelle aus. So sind Erkrankungen auch dann noch möglich,

Tabelle 19.2. Bakterielle Lebensmittelvergiftungen

Erreger (Krankheit)	Übliche Inkubationszeit	Wichtige Krankheitssymptome	Lebensmittel, in denen Erreger häufig vorkommen	Toxine
E. coli	12...72 h	akuter Durchfall, häufig blutiger Stuhl, Wasserverlust	Gemeinschaftsverpflegung, Salate, Frischobst, -gemüse	thermostabile Enterotoxine bzw. thermolabile Exotoxine
S. enteritidis, *S. typhimurium,* *S. choleraesuis* u. a. (Salmonellen-Enteritis)	6...76 h, seltener bis 72 h	Durchfall, Leibschmerzen, Entkräftigung, Fieber	Frischfleisch (Hackfleisch); Geflügel, Eier, Eiprodukte, Salate, fäkal kontaminierte Lebensmittel	thermolabiles Exotoxin
Sh. dysenteriae, *Sh. sonnei* u. a. (Bakterienruhr)	1...7 d	Durchfall, Leibschmerzen, Tenesmen, häufig blutiger Stuhl, meist Fieber	Milch, Milchprodukte (Butter), fäkal kontaminierte Lebensmittel	Endotoxin bzw. thermolabiles Exotoxin
Vibrio parahaemolyticus	12...15 h, seltener 2...48 h	Durchfall, Leibschmerzen, Erbrechen, gelegentlich Fieber	Fische, Muscheln, Krabben	Exotoxin
Staph. aureus (Staphylococcen-Enterotoxikose)	1...3 h, seltener 3...6 h	Übelkeit, Erbrechen, Leibschmerzen, Durchfall kein Fieber	Milch, Milchprodukte, Speiseeis, Backwaren mit Kremfüllung, Fleisch-, Wurstwaren, Fischhalbkonserven, Salate	thermostabiles Exotoxin (Enterotoxin)
Cl. botulinum (Botulismus)	12...26 h, mitunter 4 h...4 d	Schwindel, Schluck-, Sprech- und Sehbeschwerden, Verstopfung, Tod durch Lähmung der Atmung	Konserven (pH 4,5), Fleisch-, Wurstdauerwaren mit anaeroben Bedingungen, Fisch, Fischwaren	thermolabiles Endotoxin
Cl. perfringens	10...12 h, seltener 6...22 h	Leibschmerzen, Durchfall, Übelkeit, selten Fieber	vorgekochte schlecht gekühlte Lebensmittel, Wurst, Geflügel, Fisch	Enterotoxin
Bac. cereus	2...6 h, seltener 6...24 h	anfangs Erbrechen, Leibschmerzen, Durchfall, kein Fieber	Süßspeisen aus Getreideprodukten, Suppen, Klöße, Gemüse	Endotoxin

wenn ein enterotoxinhaltiges Lebensmittel verzehrt wird, nachdem die lebenden Zellen bereits abgestorben sind.

Zu dieser Gruppe des Intoxikationstyps gehören als klassische Vertreter *Clostridium* (*Cl.*) *botulinum* und enterotoxinbildende Staphylococcen. Nach MOSSEL gliedert man die Lebensmittelvergifter in 3 Gruppen unter Zugrundelegung des Lebensmittels als Vektor für pathogene und toxigene Mikroorganismen in ihrer Abhängigkeit von der Minimalinfektionsdosis. Die minimale Infektionsdosis (als MID angegeben) ist die Anzahl eines Krankheitserregers in einem Gramm oder Milliliter Lebensmittel, die erforderlich ist, um eine Erkrankung auszulösen. Sie ist nach MOSSEL von 2 Faktoren abhängig:

1. der Pathogenität der Virulenz einer Mikroorganismenart,
2. dem physiologischen Status des betreffenden Menschen.

Die Gruppe 1 umfaßt die Erreger der klassischen Gastroenteritiden, wie Bauchtyphus (Typhus abdominalis), Parasitosen u. a. Das Lebensmittel stellt für diese pathogenen Mikroorganismen einen neutralen Träger dar, wobei eine Vermehrung der Krankheitserreger nicht zu erfolgen braucht. MOSSEL nennt für diese Gruppe als MID den Wert 1, d. h., schon eine Zelle löst grundsätzlich eine Krankheit aus.

Zur Gruppe 2 zählen als klassisches Beispiel die Salmonellen, die Erreger der Salmonellosen. Ihnen dient das Lebensmittel noch als neutraler Vektor. Doch finden hier bereits Wachstum und Vermehrung statt. Wird bei Salmonellen die MID von 10^4 oder meistens 10^6 je Gramm Lebensmittel erreicht, so kann eine Enteritis auftreten. Dasselbe gilt auch für weitere pathogene oder bedingt pathogene Mikroorganismen, wie z. B. *Cl. perfringens*, enteropathogene Enterobakteriaceae u. a. (MID über 10^6 je g oder ml). Nach erfolgter Kontamination mit einer primär niedrigen Anzahl von Salmonellen oder anderen enteropathogenen Erregern muß im Lebensmittel eine intensive Vermehrung stattfinden, um den pathogenen „Schwellenwert" von 10^6 je Gramm (oder Milliliter) zu erreichen.

Zur Gruppe 3 rechnet MOSSEL die Enterotoxinbildner, wie *Cl. botulinum* und Staphylococcen. Als Voraussetzung der Toxinsynthese ist neben Wachstum und Vermehrung der Enterotoxinbildner die Anwesenheit bestimmter Substrate erforderlich.

Charakterisierung der bakteriellen Toxine

Bakterielle Toxine werden im allgemeinen in Exo- und Endotoxine unterteilt. Diese Einteilung beruht auf der unterschiedlichen Freisetzung der Gifte aus der Bakterienzelle in die Umgebung. Exotoxine sind bakterielle Gifte, die nicht an die Bakterienzelle gebunden sind und von wachsenden und sich vermehrenden Mikroorganismen gebildet und in das umgebende Kulturmedium abgegeben werden. Alle bisher bekannten Exotoxine sind Proteine. Exotoxine besitzen zum Teil Enzymcharakter (z. B. Lecithinase, Hyaluronidase).

Das Wirkungsprinzip der einzelnen Enterotoxine ist bisher noch nicht völlig geklärt. Offensichtlich wirken die Enterotoxine über unterschiedliche Mechanismen. Am besten ist bisher das pathogenetische Prinzip des Choleraenterotoxins untersucht. Die Vibrionen geben das Toxin ins Darmlumen ab. Nach einigen Minuten erfolgt die Adsorption an die Zellwand des Dünndarmepithels. Nach einer bestimmten Latenzzeit wird die Produktion eines membrangebundenen Enzyms, der Adenylcyclase, stimuliert. Dieses Enzym bewirkt eine vermehrte Freisetzung des cyclischen Adenosin-3′,5′-monophosphats (cAMP).

Das cAMP regt die Dünndarmepithelien zur aktiven Sekretion von Chloridionen und wahrscheinlich auch Bicarbonationen an. Gleichzeitig kommt es zu einer verminderten Natrium-Rückresorption. Insgesamt resultiert daraus ein Flüssigkeitsverlust in das Darmlumen. Bei schweren Cholerafällen verlieren die Patienten stündlich bis zu einem Liter Körperflüssigkeit. Den gleichen Wirkungsmechanismus wie das Choleraenterotoxin besitzen offensichtlich die thermolabilen Enterotoxine der Enterobacteriaceae und ein Diarrhoe erzeugendes Enterotoxin von *Bac. cereus*. Diese Enterotoxine führen ebenfalls zu einer Aktivierung des Adenylcyclase-cAMP-Systems.

Thermostabile *E. coli*-Enterotoxine, Yersinia-enterocolitica-Enterotoxin und Shigella-Enterotoxin rufen keinen Anstieg der cAMP-Konzentration hervor.

Die Enterotoxinbildung wird z. T. als ein Prostaglandin vermittelter Effekt diskutiert. Diese Hypothese wird dadurch gestützt, daß Indomethazin, ein Prostaglandin-Synthesehemmer, die intestinale Flüssigkeitsansammlung verhindert, wenn Indomethazin zusammen mit Enterotoxinen appliziert wird.

Endotoxine sind Bauelemente der bakteriellen Zellwand, die vorwiegend mit dem Zerfall der Mikroorganismen frei werden. Endotoxine bestehen aus einem Lipopolysaccharid-Proteinkomplex. Im Vordergrund der toxischen Wirkung steht ein generalisiertes Kreislaufversagen, es kommt zum Endotoxinschock.

Der Begriff Enterotoxin wurde geprägt, um auszudrücken, über welches Erfolgsorgan die Mikroorganismen bzw. ihre Stoffwechselprodukte den Makroorganismus vornehmlich schädigen. Eine einheitliche Definition fehlt.

Enterotoxine werden heute im wesentlichen durch 2 Merkmale charakterisiert:

— Exotoxincharakter: Toxinfreisetzung durch Diffusion oder aktiven Transport, ohne Zellysis;
— Enterosorptionswirkung: Bei Einwirken auf die Mucosa Sekretion von Flüssigkeit und Ionen in das Darmlumen ohne morphologisch faßbare Zellschädigung.

Neuere Befunde haben gezeigt, daß diese Definition nicht für alle Enterotoxine zutrifft. Das Enterotoxin von *Cl. perfringens* besitzt keinen echten Exotoxincharakter, d. h. die Toxinfreisetzung erfolgt nicht durch Diffusion oder aktiven Transport, sondern das Enterotoxin wird bei Lysis der Zelle freigesetzt. Grundsätzlich werden entsprechend ihrem Verhalten gegenüber einer thermischen Behandlung thermolabile und thermostabile Enterotoxine unterschieden. Als Unterscheidungskriterium wird angegeben, daß thermolabile Enterotoxine bei Temperaturen um etwa 60 °C und einer Einwirkungsdauer von 10...30 min inaktiviert werden. Thermostabile Enterotoxine überstehen dagegen eine Einwirkung von 100 °C für 30 min, je nach Reinheitsgrad des Toxins, ohne wesentlichen Aktivitätsverlust.

Der Wirkungsmechanismus der Staphylococcen-Enterotoxine ist noch nicht völlig geklärt. Nach oraler Aufnahme greifen sie offensichtlich am zentralen Nervensystem bzw. an verschiedenen Organsystemen an und wirken nur z. T. direkt auf das Darmepithel.

Toxinbildung bei lebensmittelhygienisch wichtigen Mikroben

● *E. coli*

E. coli kommt bei Mensch und Tier einerseits als obligater Darmbewohner vor, andererseits sind diese Keime die Ursache von Enteritiden und extraintestinalen Infektionen. Auf Grund unterschiedlicher Wirkungsmechanismen bei der Pathogenese werden enteropathogene *E. coli*, enteroinvasive *E. coli*, enterotoxigene *E. coli* und fakultativ enteropathogene *E. coli* unterschieden. Die enterotoxigenen *E. coli* (ETEC) sind die besterforschte Gruppe der enteropathogenen *E. coli* (EEC). Aus der Literatur geht hervor, daß sie besonders häufig in Gebieten vorkommen, wo die Cholera endemisch ist, daß sie Erwachsene wie Kinder mit gleicher Häufigkeit befallen. Bemerkenswert ist auch die Ähnlichkeit der schweren ETEC-Diarrhoe mit dem Krankheitsbild der Cholera. Es zeigen sich die typischen Reißwasserstühle, die oft mit ungeheurem Flüssigkeitsverlust und schwerem Krankheitsgefühl einhergehen. Es ist nötig, Flüssigkeit und Salze durch Infusion zu ersetzen, um der Exsikkose entgegenzuwirken. Im Gegensatz zur Cholera kann die ETEC-Diarrhoe jedoch auch weniger gravierend oder sogar recht harmlos verlaufen. Dies hängt u. a. mit der Ausbildung verschiedener Toxine zusammen.

Die ETEC werden auch als Erreger der Reisekrankheit (Travellers disease) angesehen. Es ist eine Durchfallerkrankung, die bei einem Reisenden aus einer Industrienation in ein tropisches Land innerhalb von 12 Stunden bis zu 5 Tagen nach seiner Ankunft auftritt.

Die Virulenz der ETEC beruht im wesentlichen auf der Wirkung von Toxinen, die gemäß ihrer Hitzeempfindlichkeit in zwei Kategorien (LT, ST) eingeteilt werden. LT ist das hitzelabile Toxin. Es wird bei 60 °C nach 30 min inaktiviert. Es ist ein Exotoxin, d. h. es wird von lebenden Bakterien ins Medium abgegeben.

ST ist das hitzestabile Toxin, das in mindestens zwei Typen vorkommt. Es übersteht Temperaturen bis zu 20 °C während 15 min unbeschadet, obwohl es ein Protein ist. Ein großer Teil des gebildeten thermolabilen *E. coli*-Enterotoxins verbleibt in der Bakterienzelle, nur ein geringer Anteil ist extrazellulär verfügbar. Darin ist eine mögliche Ursache für den relativ milden Verlauf von coli-bedingten Durchfällen beim Menschen zu sehen.

● Salmonellen

Das klinische Bild der Salmonellose ist meist durch Diarrhoe, Fieber und Allgemeinstörungen gekennzeichnet.

Salmonella (S.) typhi und *S. paratyphi* A, B und C sind in der Lage, in die Blutbahn einzudringen und führen zu septikämischen Allgemeinerkrankungen.

Die Pathogenese der durch Salmonellen hervorgerufenen Durchfälle beruht auf der Endotoxinwirkung und dem Vermögen der Keime, in die Epithelzellen der Darmschleimhaut einzudringen. Die für verschiedene Salmonellen nachgewiesenen Enterotoxine zeigen thermolabile und -stabile Eigenschaften.

● Shigellen

Shigellen rufen beim Menschen Enteritiden hervor und treten im wesentlichen nur beim Menschen und den Primaten auf. Der Mensch ist Reservoir und auch gleichzeitig Überträger der Erreger. Ein Teil der Erkrankungen ist auf den Genuß sekundär kontaminierter Lebensmittel zurückzuführen. Die Aufnahme von weniger als 1000 virulenten Keimen kann schon eine Erkrankung hervorrufen.

Der Wirkungsmechanismus der Shigellen beruht auf ihrem Vermögen, sich an die Darmepithelzellen anzulagern, einzudringen und sich darin zu vermehren. Daneben wurde die Bildung von Enterotoxinen nachgewiesen. Die Bedeutung der Entertoxine bei der Auslösung einer Shigellen-Erkrankung ist noch nicht völlig geklärt. Mutierte Stämme, die die Fähigkeit zur Toxinbildung besaßen, jedoch nicht in der Lage waren, in die Darmepithelzellen einzudringen, riefen keine klinische Erkrankungen hervor. Diese Beobachtungen deuten darauf hin, daß die Wirkung von Enterotoxinen den klinischen Verlauf der Shigellose beeinflußt. Das aus *Shigella (Sh.) flexneri*-Stämmen gewonnene Enterotoxin erwies sich als thermo- und säurestabil, während andere Shigella-Typen thermolabile Toxine bilden.

● *Yersinia enterocolitica*

Yerinia (Y.) enterocolitica ist weltweit verbreitet und in den letzten Jahren zunehmend bei Mensch und Tier isoliert worden. Die Keime wurden sowohl bei erkrankten als auch bei gesunden Individuen nachgewiesen. Beim Menschen führt eine klinisch manifeste *Y.-enterocolitica*-Infektion in der Mehrzahl zu Enteritiden, die durch leichte bis schwere Durchfälle gekennzeichnet sind und teilweise mit Allgemeinstörungen einhergehen. Daneben werden septikämische und rheumatische Verlaufsformen sowie Hauterkrankungen und andere Krankheitsbilder beschrieben.

Die Epidemiologie der Erkrankungen ist noch nicht völlig geklärt. Als mögliche Infektionsquellen werden u. a. Lebensmittel tierischer Herkunft (primär und sekundär infiziert) und der

Kontakt mit Tieren angesehen. Im Zusammenhang mit der Pathogenese der Enteritiden werden sowohl Enteroinvasität als auch Enterotoxin-Bildungsvermögen der *Y.-enterocolitica*-Stämme diskutiert. Das *Y.-enterocolitica*-Enterotoxin zeigt in seinen chemisch-physikalischen Eigenschaften bzw. in seinem Wirkungsmechanismus Analogien zum thermostabilen *E. coli*-Enterotoxin.

Besonders bedeutsam ist, daß *Y.-enterocolitica*-Stämme in der Lage sind, bereits im Lebensmittel Toxine zu bilden. Durch die hohe Thermo- und pH-Stabilität des gebildeten Enterotoxins würde dieses vorgebildete Toxin im weiteren Verlauf der Zubereitung der Speisen nicht mehr zerstört werden.

● Andere Enterobacteriaceae

Es ist bekannt, daß Citrobacter, Hafnia, Proteus, Klebsiella, Enterobacter und Serratia Durchfälle unterschiedlichen Grades verursachen können. Der Wirkungsmechanismus dieser Erreger ist noch nicht sicher geklärt. Die Bedeutung des Enterotoxinbildungsvermögens bei der Pathogenese wird diskutiert. Als Enterotoxinbildner wurden bisher Stämme von Citrobacter, Klebsiella, Enterobacter, Serratia und Proteus erkannt.

● Pseudomonaden

Von den Pseudomonaden (Ps.) gilt besonders *Ps. aeruginosa* als pathogen. Die durch diese Pseudomonasart hervorgerufenen Verdauungsstörungen zählen zu den unspezifischen Lebensmittelvergiftungen. Der Wirkungsmechanismus von *Ps. aeruginosa* muß als noch nicht völlig geklärt angesehen werden. Das gebildete Toxin ist thermolabil. Eine Trypsinbehandlung führt zur Inaktivierung. Das Enterotoxin scheint nicht mit anderen toxischen Produkten des Erregers, wie Hämolysin, Protease, Lecithinase, (Phospholipase C) oder dem letalen Toxin, übereinzustimmen.

● *Bac. cereus*

Bac. cereus wurde mehrfach im Zusammenhang mit Lebensmittelvergiftungen isoliert. *Bac. cereus* als aerober Sporenbildner gehört zu den ubiquitären Keimen und ist häufig in sensorisch unveränderten Lebensmitteln nachzuweisen. Eine Gefährdung der menschlichen Gesundheit ergibt sich erst, wenn 10^6/g oder mehr *Bac. cereus*-Keime im Lebensmittel vorkommen.

Über welchen Mechanismus *Bac. cereus* eine Lebensmittelvergiftung hervorruft, ist noch nicht völlig geklärt. Erschwert wird die Klärung der Pathogenese durch die Tatsache, daß *Bac. cereus* zwei verschiedene Formen der Lebensmittelvergiftung hervorruft. So ist die Erkrankung einmal durch Diarrhoe und abdominale Schmerzen bei einer Inkubationszeit von 8…16 Stunden gekennzeichnet und zum anderen durch Erbrechen etwa 1…5 Stunden nach Aufnahme der kontaminierten Lebensmittel. Die krankmachende Wirkung von *Bac. cereus* wird auf seine proteolytischen Eigenschaften und die Bildung von biogenen Aminen, insbesondere von Muscarin, Neurin, Tyramin und Histamin zurückgeführt. Weiterhin wird die Bildung von Lecithinase C diskutiert. Dieses Ferment spaltet Lecithin in Diglycerin und säurelösliches Phosphorylcholin. Phosphorylcholin erhöht die Darmmobilität und könnte so eine Enteritis hervorrufen. Es wird die Ansicht vertreten, daß alle Lecithinase-C-positiven Bacillus-Arten Lebensmittelvergiftungen verursachen können. Neuere Untersuchungen haben bewiesen, daß *Bac. cereus* in der Lage ist, ein oder mehrere Enterotoxine zu bilden. Diese Enterotoxine sind nach dem heutigen Wissensstand hauptsächlich für die Lebensmittelvergiftung durch *Bac. cereus* verantwortlich. Das „Diarrhoe-Enterotoxin" ist hitzeempfindlich. Bei einem pH-Wert zwischen 5 und 10 hat das Enterotoxin seine höchste biologische Aktivität. Zum Erbrechen-Enterotoxin liegen bisher keine Angaben vor.

Cl. perfringens

Unter den *Cl. perfringens*-Stämmen sind bisher die Typen A, C und D im Zusammenhang mit Enteritiden beim Menschen isoliert worden. *Cl. perfringens* Typ C ruft eine schwere Erkrankung in Form einer Enteritis necroticans mit hoher Mortalitätsrate hervor. Dagegen verursachen *Cl. perfringens* Typ A-Stämme eine relativ milde Gastroenteritis. Die Erkrankung ist durch eine Inkubationszeit von 8...24 Stunden, abdominale Schmerzen, Diarrhoe, vereinzelt auch durch Übelkeit und Erbrechen gekennzeichnet. *Cl. perfringens* Typ A gehört neben Salmonellen und *Staph. aureus* zu den drei häufigsten Verursachern bakterieller Lebensmittelvergiftungen beim Menschen.

Ätiologisch ist wichtig, daß durch die Erhitzung der Speisen die hemmende Begleitflora abgetötet wird, *Cl. perfringens* Typ A-Sporen außer bei Autoklavierung der Speisen dagegen nicht. Vielmehr führt eine Wärmebehandlung von Lebensmitteln zwischen 60 °C und 100 °C oftmals zu einem darauffolgenden verstärkten Auskeimen der Sporen, und bei entsprechenden Aufbewahrungstemperaturen kommt es zu einer Vermehrung der Keime mit einer Generationszeit bis zu 8 min. Als lebensmittelhygienisch bedenklich wird eine Keimzahl ab 10^6 Keime/g angesehen. Als Ursache für die Lebensmittelvergiftungen durch *Cl. perfringens* wurde lange Zeit die Phospholipase-C-Aktivität (α-Toxin) angesehen. Dieser Faktor ist jedoch nicht in der Lage, das klinische Bild einer Gastroenteritis mit Sicherheit hervorzurufen. Mittlerweile gelang der Nachweis einer enterotoxisch wirksamen Substanz auf klinischem Wege, ohne daß eine exakte Aufklärung möglich war. Die Enterotoxin-Produktion bei *Cl. perfringens* erfolgt nur in der Sporulationsphase des Wachstums, nicht während der vegetativen Vermehrung. Dadurch unterscheidet sich *Cl. perfringens* von anderen Enterotoxinbildnern. Das Enterotoxin wird bei der Lysis der Zelle freigesetzt. Es konnte gezeigt werden, daß eine positive Beziehung zwischen der Enterotoxinproduktion und der Sporulationsrate besteht. Die Sporulierung als Phase des physiologischen Wachstums erfolgt leicht und gut im Dünndarm. Bisher wurde davon ausgegangen, daß *Cl. perfringens* nur sehr schwer in Lebensmitteln sporuliert und daher die Enterotoxinbildung in Lebensmitteln kaum eine Rolle spielt. Jüngste Untersuchungen zeigen jedoch, daß in gekochtem Fleisch experimentell eine Versporung und Enterotoxinbildung nachzuweisen ist. Allerdings war das Fleisch zum Zeitpunkt des Enterotoxinnachweises bereits als verdorben und genußuntauglich beurteilt worden. Das Toxin ist hitzelabil. Durch eine Temperatureinwirkung von 60 °C über 5 min wird es inaktiviert.

● *Cl. botulinum*

Der Erreger des Botulismus, *Cl. botulinum*, ist ein grampositives, streng anaerobes Stäbchen. Man unterscheidet anhand biochemischer Merkmale, insbesondere der serologischen Spezifität der Toxine, sechs Typen von *Cl. botulinum*, die mit den Buchstaben A...F bezeichnet werden. Für den Menschen haben vor allem die Typen A, B, E und F Bedeutung, während die Typen C und D vor allem bei Geflügel, Rindern und Schafen verbreitet sind. In Europa kommt *Cl. botulinum* B häufiger vor als der Typ A, der bisher am meisten in den USA nachgewiesen wurde und auch die schwersten Erkrankungen mit hoher Todesfolge verursacht. Typ E wird im Gegensatz zu den Typen A und B vorwiegend durch Meeresprodukte, wie Fische und Muscheln, verbreitet.

Die typischen Symptome des Botulismus treten beim Menschen gewöhnlich 12...36 Stunden, in extremen Fällen 4 Stunden bis zu 4 Tage nach Genuß der toxinhaltigen Speisen auf. Neben Müdigkeit, Kopfschmerzen, Übelkeit, Erbrechen sind Lähmungserscheinungen z. B. der Augen, Schlund- und Zungenmuskulatur (Sprachlähmungen) sowie der Speichelsekretion typisch. Die Körpertemperatur ist nicht erhöht. Der Tod tritt im allgemeinen durch Atemlähmung zwischen dem 3. und 6. Tag ein. Der Botulismus ist nicht auf den Menschen begrenzt, es können auch Tiere sterben.

Botulinustoxine, von denen die Typen A...F unterschieden werden, sind die stärksten bekannten Bakteriengifte. Sie gehören zu den stärksten Giften überhaupt. Es sind Nervengifte, von denen schätzungsweise bereits 0,035 mg genügen, um einen Menschen zu töten. Als Exotoxine werden sie von den Bakterienzellen in das umgebende Medium, Lebensmittel, ausgeschieden. Chemisch handelt es sich um Proteine aus 19 verschiedenen Aminosäuren. Doch ist ihre Aminosäuresequenz bisher nicht bekannt. Die relative Molmasse der Toxine Typ A und B beträgt 900000 bis 1 Million. Botulinustoxine hemmen die Freisetzung des Acetylcholins. Dadurch wird die Reizübertragung an den Nervenendplatten auf den Muskel verhindert und als Folge treten Lähmungserscheinungen auf. Sie haben somit die gleiche Wirkung wie das Curare-Pfeilgift der südamerikanischen Indianer. Botulinustoxine sind beständig gegen Säuren und werden auch durch die Magensalzsäure nicht zerstört. Dagegen sind die Toxine nicht hitzebeständig. Unter Laboratoriumsbedingungen genügt 10 Minuten langes Erhitzen auf 80 °C oder wenige Minuten Kochen zur Zerstörung. Die Toxinbildung durch *Cl. botulinum* erfolgt im typischen Falle nur in aufbewahrten Lebensmitteln, wenn dem Erreger ausreichend Zeit zur Massenvermehrung gegeben wird. Anaerobe Bedingungen, z. B. in Konserven bzw. Vakuumverpackungen, müssen außerdem gegeben sein. *Cl. botulinum* spielt eine besondere Rolle als Standardorganismus bei der Herstellung von Sterilkonserven. Seine Sporen sind die hitzeresistentesten Formen aller bekannten pathogenen Mikroorganismen. Der D-Wert für Sporen der Typen A und B beträgt 0,1…0,2 min bei 121 °C, für Typ E liegt der D-Wert niedriger.

Bei der Festlegung von Sterilisationsregimes zur Konservenherstellung wird die sichere Abtötung von möglicherweise im Füllgut enthaltenen *Cl. botulinum*-Sporen als Mindestforderung erhoben. Dabei geht man davon aus, daß damit alle anderen, eventuell vorhandenen pathogenen Mikroorganismen abgetötet werden. Durch *Cl. botulinum* befallene Lebensmittel weisen nicht in jedem Fall eindeutige Verderbsmerkmale, wie Gasbildung und üblen Geruch, auf. Bei geräucherten Fleisch- und Wurstwaren kann der Verderb durch Räucherstoffe sensorisch überdeckt sein. Da bereits der Genuß sehr geringer Mengen botulinustoxinhaltiger Lebensmittel zu schwersten Erkrankungen führen kann, muß vor dem Verkosten zweifelhafter Produkte, seien es auch kleinste Proben, dringend gewarnt werden. Besonders bekannt ist die Nestbildung in Lebensmitteln, z. B. in Konserven oder in anaeroben Kernzonen, z. B. im rohen Schinken. Dies führt mitunter dazu, daß manche Menschen erkranken, während andere gesund bleiben, obwohl sie alle von demselben Lebensmittel gegessen haben.

• Staphylococcen

Die Erreger der Staphylococcen, Enterotoxikosen, sind fakultativ pathogene Stämme von *Staphylococcus* (*Staph.*) *aureus*, die ein im Magen- und Darmkanal des Menschen wirksames Enterotoxin bilden. Die kugelförmigen Bakterien sind unbeweglich, grampositiv, fakultativ anaerob und bilden gewöhnlich einen gelben Farbstoff. Sie sind biochemisch durch die Bildung von Hämolysin, das die roten Blutkörperchen zerstört, und Desoxyribonuclease, einem Desoxyribonucleinsäure abbauenden Enzym sowie durch die Säurebildung aus Glucose und Mannit unter anaeroben Bedingungen charakterisiert. Als wichtigstes biochemisches Merkmal zur Differenzierung von enterotoxinbildenden Stämmen wird die positive Koagulasebildung angesehen. Allerdings sind auch vereinzelt negative Stämme beschrieben worden. *Staph. aureus* ist weit verbreitet und kommt vor allem im Nasen- und Rachenraum sowie auf der Haut und im Verdauungstrakt vom Menschen vor. Die Keimträger müssen nicht unbedingt Krankheitssymptome aufweisen. Der Krankheitsverlauf ist dadurch charakterisiert, daß nach 1 bis 6 Stunden nach Aufnahme der enterotoxinhaltigen Speisen Übelkeit, Erbrechen, Leibschmerzen und Durchfall auftreten. Normalerweise sind die Beschwerden nach 3 bis 5 Stunden, spätestens nach 1 Tag abgeklungen, in schweren Fällen kommt es zum Kreislaufkollaps mit Bewußtseinsstörungen. Leitsymptom ist auf jeden Fall das Erbrechen mit Kreislaufbeteiligung. Todesfälle sind sehr selten.

Die Toxinbildung erfolgt gewöhnlich im Lebensmittel, also außerhalb des Körpers, und das Toxin wird mit der Nahrung aufgenommen. Doch wird auch berichtet, daß sich die Enterotoxinbildner im Verdauungstrakt vermehren können. Die Wirkung der Enterotoxine erfolgt über das zentrale Nervensystem. Zur Enterotoxinbildung kommt es nur, wenn das mit einem entsprechenden *Staph. aureus*-Stamm kontaminierte Lebensmittel die notwendigen Voraussetzungen zur Vermehrung und Toxinbildung bietet. Zur Auslösung von Enterotoxikosen wird das Erreichen einer MID von $10^5 \ldots 10^6$/g Lebensmittel für erforderlich gehalten.

Staph. aureus benötigt verschiedene organische Substanzen zum Wachstum, so Aminosäuren als Stickstoffquelle und Vitamine der B-Gruppe (Thiamin, Nicotinsäure). Die Entwicklung von *Staph. aureus* ist in einem weiten pH-Bereich möglich. Als unterste Grenze wird pH 4,4 angegeben. Die Optimaltemperatur des Wachstums liegt um 37 °C, und auch bei 40 °C findet noch Wachstum statt. Staphylococcen zeichnen sich besonders durch ihre Toleranz gegen Austrocknen sowie hohe Salzkonzentration aus. Die meisten Stämme wachsen noch bei Konzentrationen von 10% Kochsalz. Die Enterotoxine sind unter optimalen Bedingungen bereits nach 6stündigem Wachstum von *Staph. aureus* in Lebensmitteln nachweisbar. Die Enterotoxine von *Staph. aureus* sind wasserlösliche Proteine, die aus 18 verschiedenen Aminosäuren, vorwiegend Asparagin, Glutamin, Lysin und Valin, bestehen. Sie sind resistent gegen proteolytische Enzyme, wie Trypsin und Renin, jedoch nicht gegen Pepsin bei pH 2. Serologisch werden 7 Toxintypen unterschieden, die mit den Buchstaben A, B, C_1, C_2, D, E und F gekennzeichnet werden.

Alle Toxintypen haben pathogene Wirkung. Zur Auslösung einer typischen Staphylococcentoxikose beim Menschen genügt die Aufnahme von $20 \ldots 25$ μg reinen Enterotoxin B. Das ergaben Versuche, die mit Freiwilligen durchgeführt wurden. Von über 1000 untersuchten Stämmen verschiedener Herkunft erwiesen sich 19% als Enterotoxinbildner. Die Mehrzahl bildet Enterotoxin A, durch das auch die meisten Lebensmittelvergiftungen verursacht werden. Am zweithäufigsten sind die Stämme, die Enterotoxin B bilden, und an dritter Stelle folgt die Kombination der serologischen Typen A und B. Die relative Molekülmasse der Toxine wird mit $30\,000 \ldots 35\,000$ angegeben. Als Merkmal von besonderer praktischer Bedeutung ist die Thermostabilität der Enterotoxine hervorzuheben. *Staph. aureus*-Zellen werden durch Hitzeeinwirkung eher abgetötet als die von ihnen gebildeten Toxine inaktiviert werden. Besonders thermostabil ist das Enterotoxin B, während A das thermolabilste ist. Bei der Einschätzung der Hitzestabilität ist zu bedenken, daß das Medium, in dem die Erhitzung der Enterotoxine erfolgt, von praktischem Einfluß ist. Lebensmittel üben im allgemeinen eine Schutzwirkung aus. Versuche ergaben, daß die in Lebensmitteln von *Staph. aureus*-Stämmen gebildeten Enterotoxine durch Hitzeeinwirkung von 30 min bei 95 °C nicht vollständig inaktiviert wurden, selbst bei 20minütigem Autoklavieren bei 121 °C waren noch Toxinreste nachweisbar. Besonders von Interesse ist die Tatsache, daß durch 24stündiges Bebrüten bei 25 °C eine Reaktivierung der durch Hitzebehandlung inaktivierten Enterotoxine B und C eintritt. Aus der Sterilität von Lebensmitteln kann also nicht gleichzeitig auf Enterotoxinfreiheit geschlossen werden. Im Gegensatz zu botulismustoxinhaltigen können enterotoxinhaltige Lebensmittel nicht durch 15minütiges Kochen toxinfrei gemacht werden. Auch gegen Kälteeinwirkung sind die Enterotoxine resistent. Sensorisch ist es den Lebensmitteln nicht anzumerken, wenn sie Enterotoxine enthalten. Selbst bei Größenordnungen von 10^8 Staphylococcen/g Lebensmittel sind Verderbnismerkmale nicht nachweisbar. Die Prevention von Staphylococcen-Enterotoxikosen besteht in der Beachtung allgemein hygienischer Forderungen bei der Bearbeitung und Verarbeitung von Lebensmitteln. Die Bildung von Enterotoxinmengen, die zu Lebensmittelvergiftungen führen, benötigen eine Vermehrung der Enterotoxinbildner auf Werte über 10^5 Keime/g. Wichtig ist die Einhaltung der Kühlkette. Bei Temperaturen unter 6,7 °C erfolgt weder Vermehrung noch Toxinbildung.

In der DDR und in anderen Ländern Europas sind die empfohlenen Richtwerte für koagulase-positive Staphylococcen zwischen 10 und 1000/g festgelegt. Im allgemeinen wird angestrebt, daß nicht mehr als 100 koagulase-positive Staphylococcen/1 g Lebensmittel enthalten sind.

Schlußbemerkungen

Zur Enterotoxinproblematik konnten bereits beachtliche Erkenntnisse gewonnen werden, andererseits sind aber noch deutliche Lücken im Wissen über die Bakterientoxine vorhanden. Für die weitere Bearbeitung der Enterotoxine aus lebensmittelhygienischer Sicht stehen zwei Problemkreise im Vordergrund:

— Erweiterung der Kenntnisse über die Mikrobenarten, die grundsätzlich in der Lage

sind, Enterotoxine zu bilden und damit Lebensmittelvergiftungen verursachen können;
— Untersuchungen über die Möglichkeit der Enterotoxinbildung in Lebensmitteln und über gegebenenfalls wirkende Einflußfaktoren.

Damit im Zusammenhang stehen die Nachweismethoden für Enterotoxine. Notwendig sind Verfahren, die eine kurzfristige Aussage zur Frage erlauben, ob in Lebensmitteln vorhandene Mikroben die Fähigkeit zur Enterotoxinbildung besitzen und mit deren Hilfe evtl. präformierte Enterotoxine nach Art und Menge nachweisbar sind. Derzeit ist der Nachweis bakterieller Enterotoxine nur in einigen Speziallaboratorien möglich.

Es besteht aber kein Zweifel, daß eine große Anzahl der mit Durchfall einhergehenden Lebensmittelvergiftungen durch enterotoxinbildende Mikroben verursacht werden.

Möglicherweise werden aber noch andere Krankheitsbilder durch bakterielle Enterotoxine im weitesten Sinne verursacht. Mit erweitertem Wissen über die Ursache und Pathogenese derartiger Erkrankungen sind auch vermehrt Möglichkeiten zur Prophylaxe und zur Therapie gegeben.

20. Synthetische Polymere im Lebensmittelverkehr

20.1. Einführung

Bedarfsgegenstände, die beim Verkehr mit Lebensmitteln oder beim Genuß von Lebensmitteln Verwendung finden und dabei mit diesen in unmittelbare Berührung kommen, sind wie Lebensmittel toxikologisch zu beurteilen und können nur eingesetzt werden, wenn sie gesundheitlich unbedenklich sind. Für die Herstellung von Verpackungswerkstoffen bzw. -mitteln in Form von Folien bzw. Behältern, ferner Eß-, Trink- und Kochgeschirr, Küchengeräte sowie Rohrleitungen und Behälterauskleidungen werden die unterschiedlichsten Materialien verwendet.

Wegen ihres intensiveren und längeren Kontaktes mit Lebensmitteln beanspruchen Verpackungswerkstoffe aus Plasten (Kunststoffe) und Metallen das besondere lebensmitteltoxikologische Interesse. Korrosionsvorgänge bei Metallen (vgl. Kap. 10.) sind u. a. die Ursache, daß Lebensmittel mit Metallspuren kontaminiert werden. Dabei ist zu berücksichtigen, daß viele Metalle in unterschiedlicher Menge in Lebensmitteln ubiquitär sind. Auch bei Lebensmittelverpackungen aus Plasten besteht die Möglichkeit, daß monomere Anteile und Verarbeitungshilfs- und Zusatzstoffe (Additive) in kleinen Mengen in das Lebensmittel übergehen (migrieren) und damit direkt oder indirekt in den menschlichen Körper gelangen. Dieser als Migration bezeichnete Vorgang hängt im wesentlichen von folgenden Bedingungen ab: Art des Plastmaterials, Migrationseigenschaften der Additive, Art des Verpackungsgutes, Lagertemperatur, Oberflächenbeschaffenheit, Kontaktdauer und -fläche. Bei der Beurteilung der gesundheitlichen Eignung spielt deshalb die Größe der Migration unter praktischen Bedingungen eine ebenso wichtige Rolle wie die ermittelten Toxizitätswerte der migrierenden Stoffe.

Tabelle 20.1. Plastverarbeitungs-, Hilfs- und Zusatzstoffe

Stoffgruppen	Gehalte im Fertigprodukt (%)
Katalysatoren	bis 0,2
Emulgatoren	bis 2,5
Stabilisatoren	0,5...3
Antioxydantien	0,05...1
UV-Absorber	bis 0,5
Antistatika	0,01...4
Optische Aufheller	0,01...0,15
Farbpigmente und Farbstoffe	bis 1
Formtrennmittel und Gleitmittel	bis 3
Weichmacher	bis 60

Während die synthetischen Hochpolymeren im allgemeinen als praktisch unlöslich angesehen werden können und daher vom menschlichen bzw. tierischen Organismus ohne absorbiert zu werden wieder ausgeschieden werden, trifft dies für die eigentlichen Restmonomere und die in ihrem chemischen Aufbau sehr unterschiedlichen Additive nicht zu.

Die Frage der Cancerogenität kann bei den Hochpolymeren mit ziemlicher Sicherheit verneint werden. Ebenso ist es unmöglich, die LD_{50} oder den NOEL anzugeben. Anders ist es bei den monomeren Ausgangsstoffen, wie z. B. Vinylchlorid, wo die Frage der chronischen Toxizität, besonders im Hinblick auf Cancerogenität, im Vordergrund steht.

Auf Grund der Vielzahl möglicher Additive (Tab. 20.1) muß man sich bei der Darstellung auf eine Auswahl beschränken, wobei einerseits die Wichtigkeit der Stoffe bzw. deren typische toxikologische Eigenschaften, andererseits aber auch die Zugänglichkeit wissenschaftlicher Daten über diese Stoffe eine wesentliche Rolle gespielt haben.

20.2. Monomere

Die sogenannten Restmonomere bedürfen der Beachtung; sie sind die Ausgangsstoffe für die Herstellung der Hochpolymeren (Tab. 20.2). Als einzige Verbindung wurde das monomere Vinylchlorid (VCM) als cancerogen beim Menschen erkannt. Sowohl bei Inhalation als auch bei oraler Aufnahme wirkt VCM im Tierversuch cancerogen (Entstehung von Angiosarkomen der Leber und anderer Organe), was beim Menschen ebenfalls nachgewiesen ist. Die sogenannte VC-Krankheit ist aus arbeitsmedizinischer Sicht von großer Bedeutung (Schädigung des letzten Knochengliedes an Fingern und Zehen, Akroosteolyse), der Verdacht auf mutagene und teratogene Eigenschaften bedarf noch der epidemiologischen Absicherung. Eine Aufnahmemenge, unterhalb der eine gesundheitliche Schädigung grundsätzlich auszuschließen ist, kann nach dem gegenwärtigen Wissensstand nicht angegeben werden. Eine Lebenszeitstudie an Ratten zeigte, daß 1,7 mg/kg KM bei täglicher oraler Aufnahme noch cancerogen wirken. In vitro-Versuche weisen darauf hin, daß durch mischfunktionale Oxydasen VCM zum Chlorethylenoxid metabolisiert wird. Nach spontaner Umwandlung in den Chloracetaldehyd kann die Ausscheidung als N-Acetyl-S-(2-hydroxyethyl)cystein oder nach Oxydation als S-Carboxymethylcystein und Thiodiglycolsäure erfolgen.

Der Restmonomerengehalt in Polyvinylchlorid-(PVC)-Lebensmittelverpackungen ist von großer Bedeutung, da eine Migration in Lebensmitteln nachgewiesen ist. Höchstgehalte (Tab. 20.3) dürfen in PVC-Erzeugnissen und Lebensmitteln nicht überschritten werden. Die wahrscheinliche tägliche Aufnahmemenge über die Verpackung dürfte 0,1 µg betragen.
Der Nachweis des VCM erfolgt gaschromatographisch mittels der head-space-Technik.

Vermutlich auch cancerogen beim Menschen wirkend ist Acrylnitril anzusehen. Bei Ratte und Hamster wurde Teratogenität nachgewiesen. Wie beim Vinylchlorid sollte die Aufnahme über die Nahrung als Folge der Migration auf die niedrigste technologisch erreichbare Menge reduziert werden. Beim Styren hält es das Expert Committee on Food Additives für möglich, eine vorläufige unschädliche Tagesdosis (0,04 mg/kg KM) festzusetzen. Man nimmt an, daß die tägliche Aufnahme über verpackte Lebensmittel 4 µg beträgt.

Tabelle 20.2. Monomere Ausgangsstoffe für die Herstellung von Kunststoffen

Monomere	Synonym	Kp. (°C)	Fp. (°C)	LD_{50} p.o. (Ratte) (mg/kg)	Langzeittoxizität cancerogen Tier	cancerogen Mensch	mutagen	IARC-Klassifikation[4]
Vinylchlorid	VCM	−13,4	−153,8	500	+	+	+	1
Vinylidenchlorid	VDC	32	−122,1	1 500	+−	−	+	3
Vinylacetat	VAC	72,2…72,3	−93,2	2920	keine Daten bekannt			—
Styren[1]		145,2	−30,6	5000	+−	−	+	3
Formaldehyd		−19	−118	800	+	−	+	2B
Acrylnitril	ACN	77,5…79	−83,5	82	+	+−	+	2A
Epichlorhydrin		116	−48	90	+	−	+	2B
ε-Caprolactam		139/12 mm	69…71	2000…4000	keine Daten bekannt			—
Organische Diisocyanate[2]		251	19,5…21,5	5800	keine Daten bekannt			—
Methylacrylat		80,5	−75	200[3]	keine Daten bekannt			—
Chloropren		59,4		251	−	−	+	—

[1] und Styrenoxid (LD_{50} 4 290 mg/kg, Ratte); in vivo-Metabolit bei der Ratte mit aktiven mutagenen Eigenschaften. Beim Menschen kein Zwischenprodukt des Stoffwechsels.

[2] 2,4- und 2,6-Toluendiisocyanat (hauptsächlich als Mischung vorliegend), 1,5-Naphthalenisocyanat, 4,4′-Methylendiphenyldiisocyanat.

[3] Kaninchen

[4] 1 ≙ Kategorie von Chemikalien, die beim Menschen Krebs erzeugen

2 ≙ Kategorie von Chemikalien, die beim Menschen wahrscheinlich Krebs erzeugen (A hoher Grad der Wahrscheinlichkeit)

3 ≙ Kategorie von Chemikalien, die beim Menschen nicht als krebserregend eingeordnet werden können (B niedriger Grad der Wahrscheinlichkeit)

Tabelle 20.3. Grenzwerte für Monomere (mg/kg)

Monomere	Fertigerzeugnis	Lebensmittel
Vinylchlorid	1	0,05
Vinylidenchlorid	2	0,05
Acrylnitril	0,1	0,05
Styren	1...10	
Vinylacetat	5	

Anm.: Von vielen nationalen Richtlinien übernommene Grenzwerte.

20.3. Katalysatoren

Organische Peroxide (Tab. 20.4) stellen die hauptsächlichst bei der Polymerisation verwendeten Katalysatoren dar. Da ihre Konzentration sehr gering ist und außerdem infolge ihrer Wirkungsweise fast immer eine völlige Zersetzung stattfindet, spielen sie für die gesundheitliche Beurteilung der Migrate eine geringere Rolle. Die allgemeine Forderung in den nationalen Positivlisten beschränkt sich daher auf die Feststellung, daß Peroxide nicht nachweisbar sein dürfen.

Tabelle 20.4. Akute Toxizität von Katalysatoren

	LD_{50} p.o. (Ratte) (mg/kg)
Dibenzoylperoxid	500[1]
Di-tert-butylperoxid	25000
tert-Butylhydroperoxid	406
Cumylhydroperoxid	382
Dicumylperoxid	4100

[1] LDL_0

20.4. Stabilisatoren

Zur Erzielung einer besseren Alterungsbeständigkeit von Kunststoffen werden diesen Stabilisatoren zugesetzt. Sie sollen insbesondere vor Wärme-, Licht- und Sauerstoffeinwirkung schützen. Durch thermische Belastung bei der Herstellung und Verarbeitung von PVC kommt es zur Chlorwasserstoffabspaltung und Autoxydation. Aufgabe der Stabilisatoren ist es, den Chlorwasserstoff zu binden (Gl. (20.1) und (20.2)), die Autoxydation zu verhindern und Initialstellen auszuschalten (Gl. (20.3)).

$$(C_{17}H_{35}-COO)_2\,Pb\;+\;2\,HCl\;\longrightarrow\;PbCl_2\;+\;2\,C_{17}H_{35}COOH \qquad (20.1)$$

$$(n-C_8H_{17})_2\,Sn\,(-S-CH_2-COO-i-C_8H_{17})_2\;+\;2\,HCl\;\longrightarrow$$
$$(n-C_8H_{17})_2\,SnCl_2\;+\;2\,HS-CH_2-COO-i-C_8H_{17} \qquad (20.2)$$

Tabelle 20.5. Stabilisatoren in Kunststoffen

Stabilisator-Typ	Allgemeine Formel	LD_{50} p.o. (Ratte) (mg/kg)
Ba-/Cd-, Ca-/Zn-, Ba-/Zn-, Pb-Stabilisatoren	$(R-COO)_2Ba$, $(C_{17}H_{35}COO)_2Pb$	118 ($BaCl_2$) 88 ($CdCl_2$)
Organozinnstabilisatoren: Organozinnmercaptide[1]	R_1\Sn/S-R_2 ; R_1/Sn\S-R_2	1900...2000
Organozinncarboxylate[2]	R_1\Sn/OOC-R_2 ; R_1/Sn\OOC-R_2	4000...6000
Esterzinnverbindungen[3]	$R_1-OOC-CH_2-CH_2$\Sn/X ; $R_1-OOC-CH_2-CH_2$/Sn\X	1430...2350
Metallfreie Stabilisatoren: β-Aminocrotonsäureester	$CH_3-C=CH-COOR$ mit NH_2 (Aminocrotonsäureester)	1000...7240
2-Phenylindol	2-Phenylindol	> 6000
Diphenylthioharnstoff	Diphenylthioharnstoff	(i.p. Maus) 500
Costabilisatoren: Organische Phosphite	$RO-P$/OR \OR	1600...3200
Epoxyverbindungen: epoxydierte Soja- und Ricinusöle	$CH_3-(CH_2)_7-CH-CH-(CH_2)_7-COOR$ mit O-Brücke	28700
Polyole: Pentaerythritester		40000

[1] $R_1 = -CH_3$; n-C_8H_{17}, $R_2 = -CH_2-COO$-Alkyl; $-CH_2-CH-O-CO$-Alkyl; Alkyl-
[2] $R_1 = $ n-C_8H_{17}, $R_2 = -CH=CH-COOC_2H_5$; $-C_{11}H_{23}$
[3] $R_1 = -C_4H_9$; X = Cl; Isooctylthioglycolat

Gleichung (20.1) ist ein Beispiel für einen Bleistabilisator auf der Basis von Stearaten; bei den Gl. (20.2) und (20.3) handelt es sich um die Wirkungsweise von Organozinn-Stabilisatoren. Hinsichtlich der Toxizität der eingesetzten Stabilisatoren bestehen große Unterschiede, da es sich um sehr verschiedenartige Verbindungen handelt (Tab. 20.5).

Obgleich Blei-, Cadmium- und Bariumverbindungen sehr wirksame Stabilisatoren für PVC sind, ist ihr Einsatz im Lebensmittelsektor wegen der hohen Toxizität der beim Stabilisierungsprozeß entstehenden löslichen Metallsalze verboten.

Große Bedeutung haben dagegen Organozinn-Stabilisatoren (Tab. 20.6) erlangt. Gegenüber den anorganischen Zinnverbindungen ist ihre große Lipidlöslichkeit hervorzuheben, was eine unterschiedliche Aufnahme durch den Organismus zur Folge hat. Daraus resultiert auch eine ausgeprägte Affinität zum Zentralnervensystem. Die Toxizität wird fast ausschließlich durch die an das Zinn gebundenen Alkylgruppen bestimmt. Der anionische Rest ist dagegen von geringerer Bedeutung. Große Unterschiede in der biologischen Wirkung bestehen zwischen Tetra-, Tri-, Di- und Monoalkylzinnverbindungen. So führen vor allem Trialkylzinnverbindungen in ihren niederen Gliedern (Trimethyl- und Triethylderivate) zu schweren Veränderungen des Zentralnervensystems und Auftreten von cerebralen Ödemen. Mit zunehmender n-Alkylkettenlänge nimmt die Toxizität ab (Tab. 20.7); einen ähnlichen Trend weisen Dialkylzinnverbindungen auf. Sie zeigen jedoch nicht die hohe Neurotoxizität wie letztere. Monoalkylzinnverbindungen, auch die mit geringerer Kohlenstoffzahl, haben die geringste Toxizität. Im allgemeinen sind die toxischen Wirkungen der Diorganozinnverbindungen reversibel. Wie im Falle der Triorganozinnderivate hemmen sie die Sauerstoffaufnahme in den Mitochondrien, doch ist der Mechanismus der toxischen Wirkung grundlegend von diesen verschieden. Dialkylzinnverbindungen zeigen eine Hemmwirkung auf die α-Ketosäure-Oxydation. Bisher gibt es keinerlei Hinweise für eine cancerogene Wirkung.

Eine Besonderheit der Dialkylzinnverbindungen ($C_4 \ldots C_8$) besteht darin, daß sie im Tierexperiment Thymusatrophy und Hemmung thymusabhängiger Immunreaktionen bewirken (Abb. 20.1). Andere Alkylzinnverbindungen (Dimethylzinndichlorid und entsprechende Verbindungen mit mehr als 10 C-Atomen sowie n-Octylzinntrichlorid und Tri-n-octylzinnchlorid) zeigen diesen Effekt nicht. Tagesdosen von 1,14 mg/kg KM Di-n-octylzinndichlorid bzw. 1,73 mg/kg KM Di-n-octylzinndiethylmaleat (berechnet aus experimentell gefundenen Migrationswerten mit einem Sicherheitsfaktor 1000) hatten keinen Einfluß auf Wachstum und Entwicklung der lymphatischen Organe.

Tabelle 20.6. Für PVC-Lebensmittelverpackungen einsetzbare Organozinnstabilisatoren

Lfd. Nr.	Stabilisatoren	LD$_{50}$ p.o. (Ratte) (mg/kg)	NOEL (mg/kg KM)	Immuntoxizität
1	Di-n-octyl-zinn-bis(thioglycolsäure-iso-octylester)	1 000 … 3 700 2 000	1,6 … 3,75 0,65	[1]
2	Di-n-octyl-zinn-bis(ethylmaleinat)	2 070	1,25	[1]
3	Mono-n-octyl-zinn-tris(thioglycolsäure-iso-octylester)	> 4 000	179	
4	Mischung aus 1 und 3		50	[2]
5	Di-methyl-zinn-bis(thioglycolsäure-iso-octylester)	1 380	5	[3]
6	Mono-methyl-zinn-tris(thioglycolsäure-iso-octylester)	1 265		
7	Mischung aus 5 und 6	1 145 … 2 150	5	
8	n-Butyl-thiostannonsäure	> 20 000		
9	Di-(2-carbobutoxy-ethyl)-zinn-bis(thioglycolsäure-iso-octylester)	1 430		
10	2-Carbobutoxy-ethylzinn-tri(thioglycolsäure-iso-octylester)	1 230		

[1] Bis zu 5 mg/kg KM/d keine Beeinträchtigung der Gewichtsentwicklung von Thymus, Milz und Leber durch Di-n-octylzinndichlorid bei oraler Aufnahme

[2] Bis zu 30 mg/kg KM/d keine signifikanten Abweichungen von der Kontrolle

[3] Dimethyl-zinndichlorid zeigt keine immunsuppressive Wirkung

[4] Bis zu 450 mg/kg KM/d keine signifikanten Abweichungen von der Kontrolle. Lymphozytentoxizität zeigt sich dagegen im in vitro-Metabolismus. Di-(2-carboxyethyl)-zinndichlorid gibt diesen Effekt nicht.

Tabelle 20.7. Akute orale Toxizität von Organozinnverbindungen

| | | LD$_{50}$ p.o. (Ratte) (mg/kg) | |
		X = Cl	X = SCH$_2$COOC$_8$H$_{17}$[1]
RSnX$_3$	CH$_3-$	1370	920
	n-C$_4$H$_9-$	2300	1063
	n-C$_8$H$_{17}-$	3800	3400
	C$_4$H$_9$OOC$-$CH$_2-$CH$_2-$	5500	1230
R$_2$SnX$_2$	CH$_3-$	74	1210
	n-C$_4$H$_9-$	126	510
	n-C$_8$H$_{17}-$	7000	1975
	C$_4$H$_9$OOC$-$CH$_2-$CH$_2-$	2350	1430
R$_3$SnX	CH$_3-$	9	20
	n-C$_4$H$_9-$	349	1350
	n-C$_8$H$_{17}-$	29200	26550

[1] Iso-octyl

Dialkylzinnvergiftungen lassen sich mit dem Antidot 2,3-Dimercaptopropanol (BAL) bzw. D-Penicillamin behandeln. Es sind nur wenige Stoffwechseluntersuchungen bekannt. Vermutlich findet als Folge der biologischen Oxydation eine stufenweise Entalkylierung statt. Zwischenprodukte sind wahrscheinlich α- und β-C-Atom-hydroxylierte Derivate. Aus Migrationsuntersuchungen geht hervor, daß beim Kontakt mit Lebensmitteln nur sehr geringe Stabilisatormengen, in der Hauptsache als Dialkylzinndichloride, übergehen (0,01...0,45 mg/kg). In einigen Ländern ist eine Mengenbegrenzung des organischen Zinnstabilisators im Lebensmittel bzw. in der Migrationslösung (z. B. 10 μg Zinn/dm^2 im Prüffett) verbindlich.

Zur Identifizierung der Stabilisatoren wird vorwiegend die DC herangezogen. Für quantitative Migrationsstudien eignet sich die GC nach Umsetzung der Stabilisatorkomponenten Mono-n-octylzinn-tri-, Di-n-octylzinn-di- und Tri-octylzinn-mono-thioglycolsäure-2-ethyl-hexylester mit Ethylmagnesiumchlorid in die entsprechenden Tetraalkylzinnverbindungen. Weitere Methoden der Migrationsmessung basieren auf der radiochemischen Messung von radiokohlenstoff-markierten Organozinn-Stabilisatoren im repräsentativen Modellversuch.

Andere Stabilisatoren, wie 2-Phenylindol, Harnstoffderivate und β-Aminocrotonsäureester, sind dagegen von geringerer toxikologischer Bedeutung.

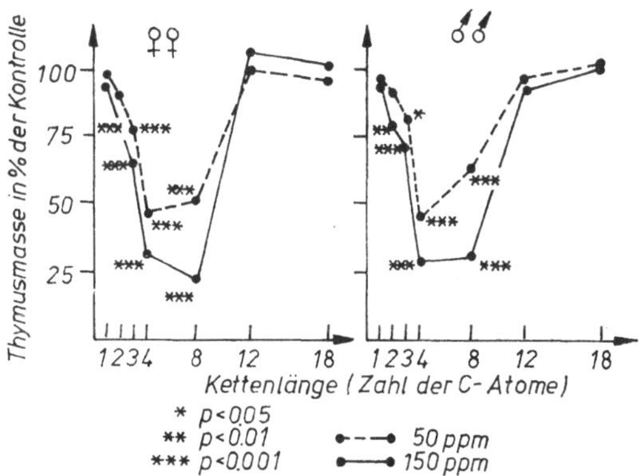

Abb. 20.1. Zusammenhang zwischen der Länge der Alkylkette von Dialkylzinnverbindungen und ihre Wirkung auf die Thymusmasse (Gruppen von 10 männlichen und 10 weiblichen Ratten, die 0, 50 oder 150 ppm dieser Verbindungen 2 Wochen lang erhielten) (nach SEINEN, W. et al.: Toxicol. Appl. Pharmacol. **42**, 197 (1977))

20.5. Antioxydantien

Bei oxydationsempfindlichen Kunststoffen wie Polyolefinen und modifizierten Polystyrentypen kann nur durch den Zusatz von Antioxydantien die Oxydation und die daraus resultierenden Alterungserscheinungen verzögert werden. Ihre Wirkung beruht darauf, daß sie in den Radikalkettenmechanismus der Autoxydation durch Kettenabbruch eingreifen.

Eine Stabilisierung wird dadurch erreicht, daß die Reaktion lt. Gl. (20.5) in Konkurrenz zur Reaktion lt. Gl. (20.4) tritt. Der Kettenabbruch erfolgt schließlich durch eine folgende Umsetzung gemäß Gl. (20.6). Diese als primäre Antioxydantien bezeichneten Verbindungen sind in ihrer Mehrzahl sterisch gehinderte Phenole (Tab. 20.8). Bei den sekundären Antioxydantien, sogenannte Synergisten, handelt es sich meistens um Thioether und Phosphite. Durch Reaktion mit Hydroperoxiden werden nicht-radikalische Produkte gebildet.

$$R^{\cdot} + O_2 \longrightarrow ROO^{\cdot} \qquad\qquad (20.4)$$

$$ROO^{\cdot} + RH \longrightarrow ROOH + R^{\cdot}$$

$$(20.5)$$

$$(20.6)$$

Generell haben Antioxydantien die Eigenschaft, bestimmte biologische Prozesse (Enzymsysteme) zu hemmen. Es kommen daher für den Einsatz nur biologisch weniger aktive Verbindungen in Frage. Dreifach in 2-, 4- und 6-Stellung substituierte Phenole erfüllen diese Bedingung. Verbindungen mit hoher Molmasse, wie z. B. Thiobisphenole und Methylenbisphenole (Molmasse 300...600), haben den Vorteil, daß neben verminderter Migrationsneigung gleichzeitig nur in sehr geringen Mengen vom Organismus resorbiert werden. Einige Antioxydantien mit niedriger Molmasse, wie 2,6-Di-tert-butyl-p-cresol (BHT) und 2- und 3-tert-Butyl-4-hydroxy-anisol (BHA) finden auch zur direkten Stabilisierung von Fetten Anwendung.

BHT ist gut resorbierbar und führt zur Hypertrophie der Hepatozyten und zur Induktion mischfunktioneller Oxidasen. Auch Aktivitätserniedrigungen der Katalase und Peroxidase wurden beobachtet. Bei chronischen Vergiftungen mit BHT erniedrigte sich auch die Aktivität der Cholinesterase des Blutes.

Hinsichtlich der Migrationstendenz phenolischer Antioxydantien mit niedriger Molmasse bestehen große Unterschiede zwischen Polyethylen hoher Dichte und Polyethylen niedriger Dichte. Beim

Tabelle 20.8. Für Lebensmittelverpackungen einsetzbare Antioxydantien

Substanz	Molmasse	LD_{50} p.o. (Ratte) (mg/kg)	NOEL (90-Tage-Versuch, ppm)
2- und 3-tert-Butyl-4-hydroxy-anisol	180	2200	0,50 (ADI in mg/kg KM/d)
2,6-Di-tert-butyl-p-cresol	220	1700	0,50 (ADI in mg/kg KM/d)
n-Octadecyl-3-(3,5-di-tert-butyl-4-hydroxyphenyl)-propionat	531	> 10000	50 (ADI in mg/kg KM/d)
Tetrakis[methylen(3,5-di-tert-butyl-4-hydroxy-hydrocinnamat)]methan	1178	> 5000	
4,4'-Thio-bis-(3-methyl-6-tert-butylphenol)	326	5000	500
2,2'-Methylen-bis-[4-methyl-6-(methyl-cyclohexyl)-phenol]	387	3200	5000
Dilauryl-thio-dipropionat	515	2500	30000
Tris(nonylphenyl)phosphit	689	14000 (Maus)	
2,4-Bis-n-octylthio-6-(4'hydroxy-3',5'-di-tert-butyl-anilino)-1,3,5-triazin	589	> 5000	20000

Einsatz von Polyethylen niedriger Dichte werden deshalb in fetthaltigen Lebensmitteln 50- bis 100fach höhere Werte gefunden.

Für Nachweis und Identifizierung hat sich die DC ausgezeichnet bewährt. Zur quantitativen Erfassung werden die mittels DC getrennten Antioxydantien eluiert und UV-spektrophotometrisch bestimmt. Gute antioxydative Eigenschaften hat auch Ruß (Carbon Black), der als Verunreinigung nicht mehr als 0,5 ppm 3,4-Benzpyren enthalten darf (vgl. Kap. 17.).

20.6. UV-Absorber

Gegen lichtinduzierte Abbauvorgänge in Kunststoffen werden zur Stabilisierung Lichtschutzmittel eingesetzt. Ihre Schutzwirkung beruht im wesentlichen darauf, daß die schädliche UV-Strahlung absorbiert und in harmlose Wärmeenergie umgewandelt wird. Die technisch wichtigsten UV-Absorber sind o-Hydroxybenzophenone, Hydroxyphenylbenzotriazole, nickelorganische Verbindungen sowie Vertreter der Klasse der sterisch

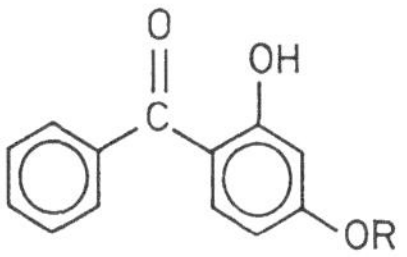

R = H, $-CH_3$, $-C_8H_{17}$

2,4-Dihydroxybenzophenone

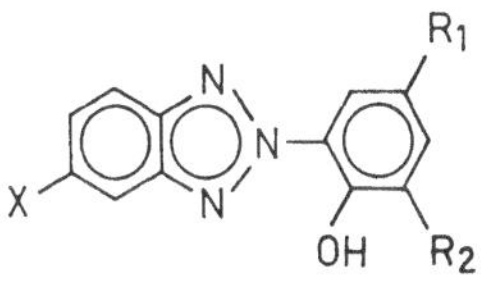

Hydroxyphenylbenzotriazole

X = H, Cl

R_1 = $-CH_3$, verzweigte Alkyle

R_2 = H, verzweigte Alkyle

Tabelle 20.9. Für Lebensmittelverpackungen einsetzbare UV-Absorber

Substanz	LD$_{50}$ p.o. (Ratte) (mg/kg)	NOEL (90-Tage-Versuch, ppm)
2-Hydroxy-4-methoxybenzo-phenon	> 10000	1000
2,4-Dihydroxybenzo-phenon	8600	190
2-Hydroxy-4-n-octoxy-benzophenon	> 10000	6000
2-(2'-Hydroxy-5'-methylphenyl)-benzotriazol	> 5000	2000
2-(2'-Hydroxy-3'-tert-butyl-5'-methylphenyl)-5-chlorbenztriazol	5000	2500
Polyester aus 1-(2-Hydroxy-ethyl)-4-hydroxy-2,2,6,6-tetramethylpiperidin und Bernsteinsäure-dimethylester	15000	450 mg/kg KM/d
Nickelkomplex des 3,5-Di-tert-butyl-4-hydroxy-benzylphosphonsäure-monoethylester	3750	3200

gehinderten Amine (Tab. 20.9). Solche Energieumwandlungen verlaufen über schnelle strahlungslose Übergänge (Abb. 20.2).

Stoffwechseluntersuchungen zeigten, daß z. B. das 2-Hydroxy-4-n-octoxy-benzophenon zu 90% unverändert in den Faeces und 10% als Glucuronid-Konjugat mit dem Urin ausgeschieden werden. Höhere Konzentrationen als der NOEL rufen Nierenalterationen hervor. o-Hydroxybenzophenone mit niedriger Alkylseitenkette zeigen eine höhere Absorptionsrate. Untersuchungen zum Stoffwechselverhalten von ^{14}C-markiertem 2-(2'-Hydroxy-5'-methylphenyl)-benzotriazol ergaben, daß 70% der Dosis im Urin und 25% im Kot ausgeschieden werden. 81% der Gesamtradioaktivität wurden innerhalb von 48 Stunden nach der Applikation wieder eliminiert. Nach 7 Tagen war praktisch keine Rest-Radioaktivität mehr in den Organen nachweisbar. Die Migrationswerte liegen im Durchschnitt < 1 mg/kg. Für fetthaltige Lebensmittel und alkoholische Getränke (> 10% Ethanol) ist der Einsatz von UV-stabilisierten Lebensmittelverpackungen im allgemeinen nicht geeignet.

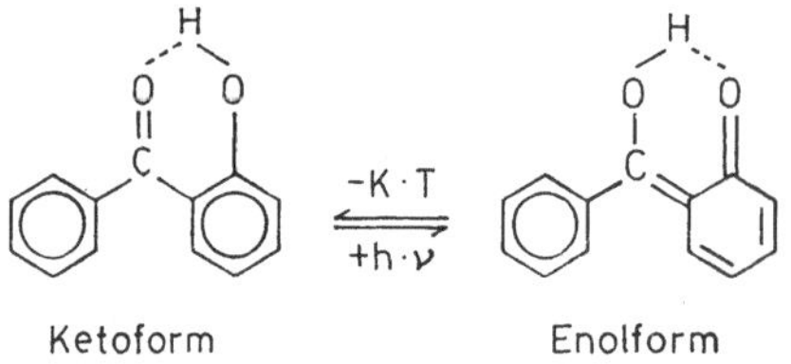

H
O   O
C
Ketoform
−K·T
+h·ν
H
O   O
C
Enolform

Abb. 20.2. Wirkungsmechanismus der UV-Absorber vom Benzophenon-Typ

20.7. Antistatika

Zur Verminderung der elektrostatischen Aufladung von Polymeren dient die Ausrüstung mit Antistatika. Wirkungsweise und zu erzielender antistatischer Effekt setzen notwendigerweise eine gewollte Migration aus dem Polymerinneren voraus. Die meisten verwendeten Antistatika sind grenzflächenaktive Substanzen; ihre Wirkung besteht darin, daß sie die Oberflächenleitfähigkeit erhöhen. Die Antistatika werden chemisch in kationaktive, anionaktive und nichtionogene Verbindungen unterteilt.

Im allgemeinen nimmt die orale Toxizität in der gleichen Reihenfolge ab. Da es sich nicht um chemisch reine Verbindungen, sondern um Homologengemische handelt, die je nach Herkunft der Stoffe in der Zusammensetzung variieren können, sind abweichende Toxizitätswerte durchaus möglich. Die Unterschiede sind jedoch nicht sehr groß (Tab. 20.10).

Tabelle 20.10. Toxizitätsdaten von Antistatika

Substanz	LD$_{50}$ p.o. (Ratte) (mg/kg)	NOEL (90-Tage-Versuch, ppm)
kationaktive Verbindungen:		
Dialkyldimethylammoniumchlorid	5000	
anionaktive Verbindungen:		
n-Dodecylbenzensulfonat	1260	5000
Alkylsulfonat(C$_{10}$ − C$_{18}$)Na-Salz	2650	
Alkylsulfate		
C$_n$H$_{2n-1}$SO$_3$ONa n = 12	2640	1000
n = 14	> 3500	
n = 18	> 3000	1000
Dodecylethersulfat (3EO)[1]	1000...2000	1000
nichtionogene Verbindungen:		
Laurylpolyglycolether (7EO)[1]	4150	11800 (4-Wochen-Versuch)
Fettalkohol(C$_{12-14}$)polyglycolether (2EO)[1]	14900	
Fettsäureethanolamid-polyglycolether	8400	
Alkylolamide von Fettsäuren	> 3200	1000
Polyethylenglycole	20000...50000	
Polypropylenglycole 1800−4000	9760...57000	

[1] EO ≙ Ethoxylierungsgrad

Stoffwechseluntersuchungen bei Ratten mit linearen Alkylbenzolsulfonaten haben gezeigt, daß nach Resorption die Ausscheidung innerhalb von 72 Stunden quantitativ beendet ist. Als Metaboliten wurden Sulfophenylbuttersäure und Sulfophenylvaleriansäure gefunden. Der Abbau erfolgt bei den geradzahligen Kohlenstoffketten durch ω,β-Oxydation. Es liegen keine Anzeichen für eine Cancerogenität und Teratogenität vor.

Die eigentliche gesundheitliche Problematik liegt in der gewollten Migration. Nach Möglichkeit soll diese niedrig sein bei gleichzeitiger maximaler antistatischer Wirkung. Es wird daher zu prüfen sein, in welchem Fall die migrierten Antistatikamengen noch zu tolerieren sind bzw. wegen erhöhter Migration die Verwendung im Lebensmittelsektor abzulehnen ist.

20.8. Optische Aufheller

Zur Erhöhung des Weißgrades werden optische Aufheller eingesetzt (Tab. 20.11). Es ist ersichtlich, daß es sich um wenig toxische Substanzen handelt, deren Einsatzmenge mit max. 0,15% ebenfalls sehr niedrig liegt. Optische Aufheller der Stilben-Reihe zeigen trotz großer struktureller Ähnlichkeiten mit östrogenen Substanzen nicht deren östrogene Wirkung.

(R_1, R_2 = Triazin, Benzotriazol, Naphthotriazol)
Phenylcumarine

Bis-(styril)-biphenyle

Tabelle 20.11. In Bedarfsgegenständen aus Kunststoffen einsetzbare optische Aufheller

Substanzklasse	LD_{50} p.o. (Ratte) (mg/kg)	NOEL (mg/kg KM)
Bis-(styril)-biphenyle (Stilben)	2000...> 10000	2000 (362...498-Tage-Versuch)
Triazolderivat	> 6300 (Maus)	
2,5-Bis(5'-tert-butyl-benzoxazolyl(2')]-thiophen	> 5000	3000 (90-Tage-Versuch)

20.9. Weichmacher

In den meisten Ländern ist die Verwendung von PVC mit einem höheren Gehalt als 6%
Weichmacher wegen der hohen Fettlöslichkeit für Lebensmittelzwecke verboten. Eine
Ausnahme machen Folien mit hoher Sauerstoffdurchlässigkeit zum Verpacken von
Frischfleisch, wobei der Höchstgehalt 22% nicht überschreiten darf. Hierbei wird vor-
ausgesetzt, daß die Migration nicht höher als 60 mg/kg ist (Tab. 20.12).

Tabelle 20.12. Für Lebensmittelverpackungen einsetzbare Weichmacher

Weichmacher	LD_{50} p.o. (Ratte) (mg/kg)	NOEL (mg/kg KM)
Di-2-ethylhexyl-phthalat (DEHP)	31000	7500 (90-Tage-Versuch) 5000 (2-Jahres-Versuch)
Di-2-ethylhexyl-adipat (DEHA)	9110	25000 (90-Tage-Versuch)

Reproduktionsversuche mit DEHP über 2 Generationen hatten bei einer täglichen Dosis von
0,20 g/kg KM Ratte keine negativen Auswirkungen. DEHP wird leicht absorbiert. Über 90%
werden über den Urin wieder ausgeschieden. Metaboliten sind 5-Keto-2-ethylhexyl-phthalat,
5-Carboxyl-2-ethylhexyl-phthalat, 5-Hydroxy-2-ethylhexyl-phthalat und 2-Carboxymethylbutyl-
phthalat. Bei Ratten und Mäusen wurde nach oraler Aufnahme vermehrt das Vorkommen gut-
artiger und maligner Leberzellentumoren festgestellt und eine Dosis-Wirkungs-Abhängigkeit
beobachtet. Höhere Konzentrationen rufen Testicular-Schädigungen hervor. DEHP und sein
Metabolit Mono-(2-ethylhexyl)phthalat sind teratogen und embryotoxisch.

Dominante Lethalmutationen wurden in Mäusen nach systemischer, aber nicht nach oraler Verabreichung festgestellt. Es wurde bewiesen, daß DEHP keine kovalente Bindung mit DNA eingeht und deshalb nicht die Merkmale einer genotoxischen Substanz bei Ratten aufweist.

Bei Ratten wurden nach täglicher oraler Verabreichung von 2000 mg/kg über 14 Tage Hepatomegalie, Hodenatrophy und eine massive Peroxisomen-Proliferation und ein Anstieg peroxisomaler Enzyme in der Leber beobachtet.

Langzeitversuche mit Di-2-ethylhexyl-adipat zeigten, daß tägliche Konzentrationen von $0\ldots25$ g/kg KM bei Ratten und Mäusen keine Wachstumsstörungen bewirken. Histopathologische Veränderungen wurden nicht festgestellt. Allerdings traten bei Mäusen ähnlich wie mit DEHP nach Fütterung mit 20 g/kg vermehrt Leberzellentumoren auf. Über die Absorption, die Verteilung, den Metabolismus und die Ausscheidung liegen keine Angaben vor.

Für beide Weichmacher läßt sich zur Zeit noch keine Einschätzung über die Cancerogenität beim Menschen machen. Die Migration von DEHP und DEHA ist außerordentlich hoch besonders bei fettreichen Lebensmitteln wie Käse. Bereits nach einem Tag sind aus einer PVC-Verpackung bis zu 50% des Weichmachers ausgewandert, nach 10 Tagen verbleiben nur noch 10% in der PVC-Folie. Polymerweichmacher zeigen dagegen eine wesentlich geringere Tendenz zur Migration.

20.10. Grundlagen und Regelungen für die Zulassung eines Additivs

Um eine Gesundheitsgefährdung weitgehend auszuschließen, wurden in zahlreichen Ländern durch gesetzgeberische oder andere Maßnahmen Regelungen geschaffen, die den unbedenklichen Einsatz von Kunststoffen im Kontakt mit Lebensmitteln gewährleisten sollen. Im allgemeinen wird dabei nach zwei Prinzipien verfahren: Das erste Prinzip sieht eine Mengenbegrenzung im Kunststoff vor, wobei in einer Positivliste alle erlaubten Verarbeitungshilfs- und Zusatzstoffe mit den zulässigen Höchstkonzentrationen im Plastmaterial aufgeführt sind. Das zweite Prinzip geht von einer Mengenbegrenzung der migrierten Verbindung bzw. Verunreinigung im Lebensmittel aus. Auch hierbei liegt eine Positivliste zugrunde. Doch sind die zugelassenen Additive nicht mehr mit ihrer jeweiligen maximalen Einsatzmenge aufgeführt, sondern mit ihrem ADI-Wert, der praktisch der zulässigen Migratmenge (Toleranzwert) in einem Kilogramm Lebensmittel entspricht. Neben diesem spezifischen Migrationswert ist es gebräuchlich, noch den Begriff der Globalmigration zu verwenden und als weiteres Beurteilungskriterium heranzuziehen. Damit werden nicht nur bekannte, sondern auch unbekannte Verunreinigungen mengenmäßig begrenzt. Im allgemeinen liegt der Richtwert zwischen 5 und 10 mg/dm². Ein Vergleich beider Prinzipien zeigt, daß beide Vor- und Nachteile haben. Verschiedene Länder wenden daher beide Prinzipien gleichzeitig an.

Voraussetzung für beide ist, daß unter standardisierten Bedingungen die Migration in Lebensmittelsimulantien bestimmt wird und durch einen Tierversuch (meist Ratte) der NOEL bekannt ist. Ist der gefundene Migrationswert kleiner als der aus dem Tierversuch unter Einbeziehung eines Sicherheitsfaktors errechnete Wert (ADI)[1], so sind im allgemeinen die Bedingungen für eine Zulassung erfüllt (Abb. 20.3).

Bei der Berechnung der vom Menschen mit der Nahrung zu erwartenden Aufnahme wird von der Annahme ausgegangen, daß täglich bis zu 1 kg verpacktes Lebensmittel verzehrt werden (in Einzelfällen, wie Fetten, entsprechend weniger). Unterschiedliche Auffassungen gibt es hinsichtlich der Verpackungskontaktfläche, mit der 1 kg Lebensmittel in Berührung kommt (6...20 dm²). Dadurch ergeben sich oftmals Vergleichsschwierigkeiten. Nur in Ausnahmefällen wird es möglich sein, Migrationsuntersuchungen direkt am Lebensmittel durchzuführen. International ist es

---

[1] Bei sogenannten indirekten Lebensmittel-Additiven (migrierte Verpackungsbestandteile) aus einem 90tägigen Fütterungstest errechneter Wert.

daher üblich, lebensmittelsimulierende Lösungsmittel zu verwenden. Gebräuchlich sind destilliertes Wasser, 3%ige Essigsäure, 8...20 Vol%iger Alkohol sowie natürliches bzw. synthetisches Fett. Auch die Gebrauchsbedingungen sind in den meisten Ländern standardisiert. So wird z. B. für einen Kontakt bei Raumtemperatur bis zu mehreren Monaten eine Versuchstemperatur von 40 °C und eine Versuchsdauer von 10 Tagen angewendet. Um den großen technischen Aufwand zu reduzieren, der bei der Erstellung von Migrationsdaten erforderlich ist, sind verstärkt Bemühungen im Gange, wenigstens einen Teil dieser Tests durch Anwendung mathematischer Modelle vorauszuberechnen.

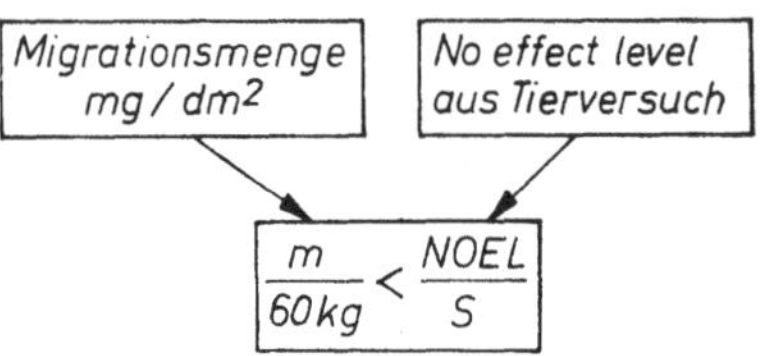

Abb. 20.3. Berechnung und Beurteilung der zulässigen Migration

S — Sicherheitsfaktor (100...1 000)

m — vom Menschen aufgenommene Menge der migrierten Substanz in mg/d

Interessante Neuentwicklungen hinsichtlich der Verringerung unerwünschter Migrationen scheinen Ladungstransferkomplexe zu sein, die sich zwischen Additiven und Polymeren bilden.

21. Behandlung von Lebensmitteln und Bedarfsgegenständen mit ionisierender Strahlung

21.1. Einführung

Die gezielte Anwendung von Strahlungsenergie zur Erzielung biologischer, physikalischer oder chemischer Effekte sowohl in der Medizin wie auch in der Lebensmitteltechnik wird besonders seit den 40er Jahren unseres Jahrhunderts forciert.

Schon Endes des 19. Jahrhunderts wurden Röntgenstrahlen zur Abtötung von Bakterien angewendet. Grundlegende theoretische Arbeiten liegen seit der ersten Hälfte des 20. Jahrhunderts vor. Jedoch erst durch die Beherrschung der gesteuerten Kernspaltung, die Verfügbarkeit künstlicher Radionuclide sowie durch den Einsatz von Elektronenbeschleunigern erhielt dieses Verfahren eine technologische Basis und damit eine größere praktische Bedeutung.

Verschiedene Strahlenarten übertragen unterschiedliche Energiebeträge (Tab. 21.1). Während die Anwendung der Mikrowellenenergie in einigen hochentwickelten Industrieländern sehr verbreitet ist, gibt es nach wie vor in den meisten Staaten gegen den Einsatz ionisierender Strahlung bei Lebensmitteln gesundheitliche und legislative Vorbehalte, die besonders mit strahlenchemischen Reaktionen begründet werden.

Mikrowellen sind wegen ihrer niedrigen Quantenenergie nicht in der Lage, Bindungen von Lebensmittelbestandteilen zu spalten (Tab. 21.2) und können somit keine strahlenchemischen Veränderungen auslösen. Aber auch die elektrische Erwärmung mittels Mikrowellen ist nicht als

Tabelle 21.1. Quantenenergien von Strahlungsarten

Strahlenart	Quantenenergie (eV)	Wellenlänge (cm)
γ-Strahlung	1 240 000	10^{-10}
Röntgen-Strahlung	124 000	10^{-9}
UV-Licht	4,1	3×10^{-5}
sichtbares Licht	2,5	5×10^{-5}
Infrarot-Licht	$1,2 \times 10^{-2}$	10^{-2}
Mikrowellen	$1,2 \times 10^{-5}$	10
Radiowellen	4×10^{-9}	30.000

Tabelle 21.2. Bindungsenergien ausgewählter chemischer Bindungen

Bindung	Energie (eV)
Benzyl-COOH	2,4
H_3C-CH_3	3,8
$N-NHCH_3$	4,0
$H-CH_3$	4,5
$H-OH$	5,2

Tabelle 21.3. Lebensmitteltechnologisch und toxikologisch akzeptable Strahlenarten und -energien

Strahlenart	Maximalenergien (MeV)
γ-Strahlung	5
(^{60}Co, ^{137}Cs)	($\leq 1{,}33$ MeV)
Röntgen-Strahlung	5
e^--Strahlung	10

alternatives Verfahren einzustufen, da im Vergleich zu herkömmlichen Erhitzungsverfahren erheblich abweichende Veränderungen in Lebensmitteln festzustellen sind.

Bei der Anwendung ionisierender Strahlung (γ-, e^--, Röntgen-Strahlen) sind sehr intensive Effekte im Lebensmittel zu erwarten, was vor allem die Dezimierung von Mikroorganismen, die Beeinflussung biochemischer Vorgänge und Modifizierungen technologischer Eigenschaften betrifft. Fälschlicherweise wird nicht selten ionisierende Strahlung in die Nähe von Aktivierung oder Radioaktivität gerückt und damit die Verbraucher unberechtigt beunruhigt. In der Lebensmittelindustrie geprüfte und angewandte Strahlung führt aber zu keiner induzierten Aktivität, was mehrfach durch experimentelle Arbeiten belegt ist.

n-Strahlung führt in Lebensmitteln auf Grund von Kernreaktionen zur induzierten Aktivierung, e^--Strahlung ab 16 MeV. Bei 10 MeV und 50 kGy (Mrad) sind fast nur Isomerieeffekte, jedoch kaum Kernreaktionen zu erwarten (Tab. 21.3). Unterhalb der COULOMB-Barriere von 16 MeV sind z. B. Stickstoff, Chlor, Natrium bei 7 MeV sowie Quecksilber und Blei bei 10 MeV zu Kernreaktionen durch e^--Bremsstrahlung (γ, n-Reaktion) fähig. Auf Grund der in Lebensmitteln vorkommenden empfindlichen Elemente können daher folgende instabile Isotope in geringem Umfang durch n-Einfang entstehen: ^{38}Cl, ^{24}Na, ^{55}Fe, ^{32}P, ^{3}H. Daraus wäre zu folgern, daß bei Einsatz von e^--Strahlung von 10 MeV stark gesalzene Lebensmittel kritischer zu beurteilen wären. Die insgesamt induzierte Strahlung beträgt maximal 1% der natürlichen ^{40}K-Strahlung.

Folgende Klassifizierung der Anwendungsgebiete wird durch das Expertenkomitee von FAO/IAEA/WHO vorgenommen:

1. Niedrig-Dosis-Anwendung (bis 1 kGy):

- Inhibierung des Sprossens bzw. Keimens
- Insektenabtötung
- Verzögerung von Reifungsvorgängen

2. Mittlere Dosisanwendung (1 ... 10 kGy):

- Reduktion der mikrobiellen Keimbelastung
- Reduzierung nicht sporogener pathogener Keimbelastungen
- Verbesserung technologischer Eigenschaften von Lebensmitteln

3. Hochdosis-Anwendung (10 ... 50 kGy):

- Sterilisation für industrielle Prozesse
- Eliminierung von Viren.

Die IAEA und WHO mit ihren Spezialorganisationen sowie das gemeinsame Expertenkomitee von FAO/WHO/IAEA koordinieren und überwachen die Aktivitäten zur Lebensmittelbestrahlung, so daß eine sinnvolle Einordnung für dieses Alternativverfahren in die Lebensmitteltechnologie erfolgt. Durch die Erarbeitung von Standards (General Standard of Irradiated Foods) durch die Codex Alimentarius Commission wird erreicht, daß den Gesundheitsbehörden aller Staaten einheitliche legislative Prinzipien im Rahmen von Zulassungsverfahren vorliegen.

Die wesentlichsten Standardforderungen seien erwähnt:

— Verwendung von geschlossenen Strahlungsquellen und geprüften Anlagen mit homogenem Strahlenfeld einschließlich definierter Maximalenergien,

— Messung der vom Produkt durchschnittlich absorbierten Energie durch zuverlässige geeichte Methoden sowie regelmäßige Inspektionen der Anlagen,

— gezielte Anwendung von Strahlungsenergie nur nach Ausschöpfung der Prinzipien eines optimalen Hygieneregimes und des Nachweises, daß herkömmliche Technologien nicht zum Ziel führen,

— gewissenhafte Qualitätskontrolle des Endproduktes.

Die Lebensmittelbestrahlung sollte hygienisch und technologisch folgendermaßen eingeordnet werden bzw. zeigt auf folgenden Gebieten wesentliche Vorteile:

Vorrangig empfiehlt sich dieses Verfahren zur Behandlung hitzeempfindlicher Produkte (z. B. Gewürzentkeimung), des weiteren bei der Notwendigkeit einer 100%igen Durchdringung des Gutes (Salmonellenfreiheit von Futtermitteln, Geflügelschlachtkörpern, Flüssigeiprodukten; absolute Sterilität von Diäten für die Intensivtherapie, Kosmonautenkost, Laboratoriumstierfutter usw.), der Behandlung fertig verpackter Lebensmittel im Fließbandsystem, als Kombinationsverfahren mit konventionellen Methoden (1. Stufe: Frostung, 2. Stufe: Bestrahlung, 3. Stufe: thermische Sterilisation), Herstellung von Konserven für die Langzeitlagerung sowie neuer qualitativ hochwertiger Erzeugnisse, zur Optimierung von Technologien sowie Erhöhung der Produktionssicherheit durch Gewährleistung stabiler Parameter (Unterschreitung des Grenzwertes für Keim- und Sporengehalt in Gewürzen für Gefrierspeisen oder Fleischindustrie), Reduzierung der Belastung mit chemischen Stoffen (z. B. Ausschaltung der Anwendung von Ethylenoxid bei Gewürzen, Keimhemmungsmittel bei Kartoffeln) und der Energieeinsparung (Lagerung bestrahlter Zwiebeln bei Normaltemperatur).

Die Strahlenbehandlung könnte als ergänzende Methode der Lebensmittelbehandlung Verluste erheblich senken und somit einen Beitrag zur Lebensmittelversorgung leisten. Es sei auch auf Perspektiven aufmerksam gemacht, mit Strahlung pathogenfreie kommunale Abwässer zu erhalten, um Infektketten (Salmonellosen, Finnenproblem, Zunahme der Virosen über Lebensmittel u. ä.) zu unterbrechen und einen Beitrag zur Wiederverwendung des Wassers zu leisten.

21.2. Theorie der Strahleneinwirkung und deren toxikologische Auswirkungen

Die eintretenden strahleninduzierten, chemischen Veränderungen hängen von der absorbierten Energiedosis in der Summe sowie von der Energiedichte (Dosisleistung pro Zeiteinheit) ab. Während bis etwa 1970 Gesetzmäßigkeiten der Radiolyse in Lebensmitteln kaum erkannt waren, ist es mittels Hochleistungsanalytik (z. B. ESR, GC-MS, HPLC, IR-Spektroskopie, Elektrophorese) zunehmend gelungen, Primär- und Folgeprodukte qualitativ und quantitativ zu ermitteln. Diese erkannten Substanzen wurden toxikologisch bewertet und Ergebnisse von einem Lebensmittel auf chemisch ähnlich zusammengesetzte übertragen. Die wesentlichsten Details des strahlenchemischen Abbaus von Kohlenhydraten, Fetten und Eiweißen sowie von Lebensmittelgruppen sind heute gut bekannt. Elektromagnetische Strahlung verliert beim Durchgang von Materie Energie durch den Compton-Effekt, den photoelektrischen Effekt oder durch Erzeugung von Elektronen. Für hochenergiereiche Strahlung (γ-, β-, Röntgen-Strahlung, langsame Neutronen) ist der Compton-Effekt am wichtigsten. Bei höheren Energien können Elektronen herausgeschlagen werden, es entstehen Kationen, bei geringen Energien werden Elektronen nur auf ein höheres Energieniveau gehoben. Das angeregte Molekül dissoziiert entweder in freie Radikale oder gibt die Energie über Fluoreszenz, Phosphoreszenz bzw. durch Stoßaktivierung gemäß Jablonsky-Term-Schema ab.

Die Anzahl primär veränderter Moleküle ist annähernd nach folgender Beziehung zu berechnen:

$$X = 10^{-7} \times G \times M \times D \tag{21.1}$$

X — Wahrscheinlichkeit einer Änderung eines Moleküls mit der Molmasse M; G — Zahl der Änderungen pro 100 eV eingesetzter, absorbierter Energie; M — Molmasse; D — Energiedosis (kGy)

G-Werte (Tab. 21.4) sind empirisch ermittelte Konstanten. X-Werte (Tab. 21.5) berechnet man z. B. für Wasser (M= 18, D = 10) wie folgt:

$$X = 10^{-7} \times 4 \times 18 \times 10 = 7,2 \times 10^{-5}.$$

Danach werden bei der Wasserbestrahlung mit 10 kGy im Durchschnitt 7,2 von 100 000 Molekülen verändert.

Mit der Zunahme der Molmasse (M) steigt die Wirkung an. Es folgen Sekundäreffekte der radiolytischen Produkte untereinander bzw. mit Substanzen in ihrer Nähe, wobei

Tabelle 21.4. Anzahl angeregte Moleküle, Ionen und Radikale bei Absorption von 100 eV (G-Werte)

Verbindung	G-Wert
H_2O	4,08
$OH^{\cdot}$	2,72
$H^{\cdot}$	0,55
$e^-(aq)$	2,63
H^+	3,63
OH^-	1,00
H_2	0,45
H_2O_2	0,68
Doppelbindung	0,07

Tabelle 21.5. Wahrscheinlichkeiten (X-Werte) von Moleküländerungen in Lebensmitteln bei einer Energie von 10 kGy

Verbindung	X-Wert
Wasser	$7,2 \times 10^{-5}$
Aminosäure (M = 150)	6×10^{-4}
Monosaccharid (M = 180)	$7,2 \times 10^{-4}$
Fettsäure (M = 350)	14×10^{-4}
DNA (M = 10^9)	4000

nur kleinere Spaltprodukte größere Diffusionswege zurücklegen können. Die Reaktionen folgen in der Regel den kinetischen Gesetzen, z. T. sind Reaktionskonstanten bestimmt worden.

Der Gesamteffekt der Radiolyse ist stets etwa konstant, wobei die Inhaltsstoffe eine Schutzfunktion untereinander ausüben. Mittels Beziehung (21.1) kann abgeschätzt werden, daß ein Lebensmittel mit 10...20% Eiweiß sowie 20 verschiedenen Aminosäuren 0,1...0,2 mg Spaltprodukte je kg Aminosäure entstehen, was bekanntlich dem Effekt einer Hitzebehandlung entspricht. Die chemischen Änderungen nehmen bei Temperatursenkung ab, da auch die Beweglichkeit der Radikale abnimmt. Entsprechend geringer ist auch die Wirkung auf vegetative Mikroorganismen und Sporen. Bei Reduktion des Wassergehaltes (a_w-Senkung) durch Trocknung, Salzen, Zuckern usw. wird in gleicher Weise die Resistenz von Keimen erhöht.

Die radiolytischen Produkte sind nach den vorliegenden umfangreichen Arbeiten in ihrer Struktur vorhersagbar, d. h. sie sind abhängig von der konkreten Struktur des Inhaltsstoffes (z. B. von der jeweiligen Grundstruktur des Saccharides, der Amino- bzw. Fettsäure usw.) sowie von der quantitativen Zusammensetzung des Lebensmittels. Die Menge der Radiolyseprodukte steigt linear mit der Höhe der Dosis.

Die amerikanische Expertengruppe der Federation of American Societies for Experimental Biology hat in den Jahren 1977 bis 1979 alle Spaltprodukte eines mit 56 kGy bestrahlten Fleisches eingehend einer toxikologischen Bewertung unterzogen und eine gesundheitliche Relevanz nicht festgestellt. Die über 100 analysierten flüchtigen Substanzen (Konzentration 1...100 µg/kg, Gesamtmenge 9 mg/kg) kommen auch weitgehend in unbestrahlten Lebensmitteln vor und sind gut bekannt.

Die Lebensmittelbestrahlung kann heute als das am intensivsten bearbeitete Konservierungsverfahren bezeichnet werden. Darüber liegen sehr viele Kurzzeitstudien sowie Multigenerations-Fütterungsstudien vor. Einige kritisch zu bewertende Befunde stellten sich bei gründlicher Überprüfung vielfach als methodische Fehler heraus (z. B. Verwendung nichtgasdichter Verpackung zur Lagerung der bestrahlten Produkte und dadurch bedingte Oxydationsverluste an essentiellen Nährstoffen; Nichtbeachtung der gesteigerten Zerstörung von Vitamin E bei der Futterbilanzierung; Veränderungen von Fetten und Eiweißen durch autolytische strahlenresistente Enzyme).

Auch Mutagenitäts- und Teratogenitätsstudien haben bisher keine kritischen Befunde ergeben. Der erfolgreiche Einsatz von strahlensterilisiertem Futter für Laboratoriumstiere sowie von Krankendiäten in der Intensivtherapie in mehreren Ländern über Jahre belegen zusätzlich die gesundheitliche Eignung dieses Verfahrens. Diese positiven Erkenntnisse waren 1980 für die WHO die Basis, mit 10 kGy behandelte Lebensmittel als toxikologisch unbedenklich einzustufen und den Gesundheitsbehörden zu empfehlen, auf weitere toxikologische Tests zu verzichten.

21.3. Strahlenwirkung auf Verpackung

Lebensmittel werden vielfach verpackt bestrahlt, wobei die Auswirkungen von Energiedosen bis maximal 50 kGy auf Hochpolymere zu berücksichtigen sind (Tab. 21.6 und 21.7; vgl. Kap. 20.).

Strahlenchemisch, gesundheitlich und toxikologisch bedeutsam sind Gasbildungen (H_2, CO_2, CO, Alkane, Alkene, HCN, HNO_3, C_2N_2, H_2, HCl, Fluorkohlenwasserstoffe,

Tabelle 21.6. Wirkung ionisierender Strahlung auf Hochpolymere bei Zimmertemperatur unter Ausschluß von Sauerstoff

überwiegende Vernetzung	überwiegend Abbau
Polyethylen	Polymethacrylate
Polypropylen	Polyvinylidenchlorid
Polystyrol	Polytetrafluorethylen
Polyacrylate	Cellulose
Polyamid	Cellulosederivate
PVC	Polycarbonate
Polyester	
Polysiloxane	
Naturkautschuk	

Tabelle 21.7. Durchschnittliche Gesamtausbeute strahleninduzierter Veränderungen und relative chemische Stabilität von Hochpolymeren

Material	Duchschnittl. Gesämtausbeute 10^{-14} mol/g/Gy[1]	Relative chemische Stabilität[2]
Polystyrol	0,13	1
Polytetrafluorethylen	0,20	1,5
Polyethylenterephthalat	0,38	2,9
Polyamid	0,72	5,5
Polycarbonat	0,83	6,4
Polyacrylnitril	1,01	7,8
Polymethylacrylat	1,13	8,7
Polysiloxan	2,2	16,9
Polypropylen	3,66	28,1
Polyethylen	5,35	41,1
Polyvinylchlorid	5,94	45,9
Cellulose	17,7	136,1

[1] $\dfrac{\text{Summe der erfaßten Gesamtausbeuten der chemischen Veränderungen}}{\text{Anzahl der erfaßten chemischen Veränderungen}}$

[2] $\dfrac{\text{Durchschnittliche Gesamtausbeute bei einem beliebigen Material}}{\text{Durchschnittliche Ausbeute der chemischen Veränderungen bei Polystyrol}}$

CF_2O), das Entstehen langlebiger „eingefrorener" freier Radikale (Lebensdauer bis mehrere Monate z. B. in Polyethylen, Bestimmung mittels ESR) sowie Zersetzungen und u. a. Reaktionen (Erfassung mittels IR- sowie UV-VIS-Spektrophotometrie). Die daraus resultierenden physikalischen Änderungen der Elastizität, Zieh- und Schlagfestigkeit, Gaspermeabilität und Mikrobendurchlässigkeit beeinflussen erheblich die Verwendbarkeit der Hochpolymeren. In ähnlicher Weise trifft das für Klebstoffe, Lacke und Farben zu, die ebenso auf ihre Strahlenresistenz zu untersuchen sind, wie auch Schweißnähte. Von Bedeutung können auch negative sensorische Auswirkungen bestrahlter hochpolymerer Folien auf darin verpackte Lebensmittel sein. Der Umfang der Veränderungen hängt primär von der Strahlendosis, aber auch von der Zusammensetzung des Kunststoffes (insbes. der Anteil von Stabilisatoren, Antioxydantien, vgl. Kap. 20.) sowie von der Anwesenheit von Sauerstoff ab. Papier und Zellglas zeigen schon im Dosisbereich von 1...10 kGy größere Sprödigkeit und Verfärbungen, Glas reversible

Verfärbungen. Metalle selbst werden nicht beeinträchtigt, jedoch dabei verwendete Lacke und Dichtungsmassen sind auf ihre Resistenz zu prüfen. Unter 1 kGy sind keine nennenswerten Beeinträchtigungen sowohl des Packmittels selbst als auch sekundäre sensorische Produktbeeinträchtigungen zu erwarten, besonders oberhalb 10 kGy treten jedoch deutliche Veränderungen ein, so daß Qualitätsprüfungen als auch in Zulassungsverfahren vorgeschriebene Prüfvorschriften erweitert und modifiziert werden müssen.

21.4. Mikrobiologische Aspekte

Mikroorganismen (Abb. 21.1) sind auf Grund ihres phylogenetisch niedrigen Entwicklungsniveaus strahlungsresistenter als der Mensch. In der Regel werden mit 25 kGy sterile Produkte erzielt, manche Systeme lassen sich schon mit weniger, andere wiederum erst mit etwa 50 kGy sterilisieren. Viren werden je nach Spezies bei Anwendung von 10...200 kGy abgetötet. Die Abtötung von Keimen läßt sich als monomolekulare Reaktion beschreiben:

$$N = N_0 \times e^{\frac{-D}{Do}} \qquad (21.2)$$

N — Keimgehalt; N_0 — Anfangsgehalt; Do — mittlere Energiedosis der Inaktivierung; D — angewendete Energiedosis

Je nach Wachstumsphase, Alter der Kulturen, Spezies, Medium (bes. Wasseraktivität = a_w-Wert) usw. variiert die Resistenz erheblich. Üblich ist die Ermittlung des D_{10}-Wertes, das ist die Energiedosis, womit ein bestimmter Anfangskeimgehalt um 1 Zehnerpotenz reduziert werden kann. Frühere Laboratoriumsbefunde, die negative Aspekte konstatierten (Erhöhung der Virulenz und des Selektionsdruckes, diagnostische Probleme, gesteigerte Mykotoxinbildung), konnten an Lebensmitteln nicht bestätigt werden. So schätzten die WHO 1976 und 1980 sowie internationale Expertengremien der Lebensmittelmikrobiologie nochmals 1983 ein, daß andere Behandlungsverfahren, wie z. B. Erhitzen, Salzen, Mikrowellen, UV- und Sonnenlicht, gleichgerichtete Änderungen der Mikroflora bewirken und keine strahlenspezifischen Risiken nachzuweisen sind. Im

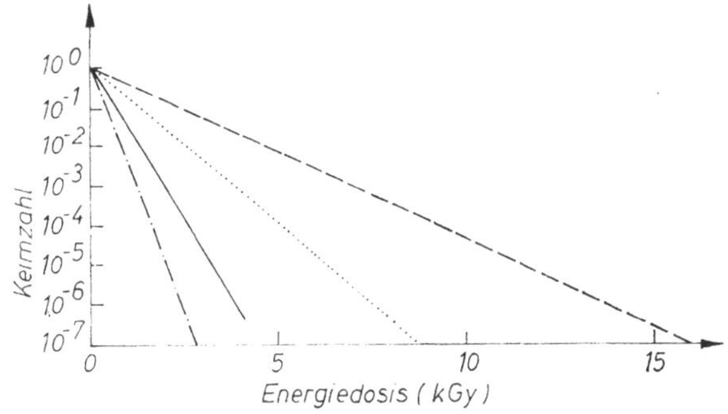

Abb. 21.1. Empfindlichkeit ausgewählter Mikroorganismen gegenüber ionisierender Strahlung

–·–·–   *Escherichia coli; Aspergillus flavus*
———   *Salmonella typhimurium; Staphylococcus aureus*
– – – –   Chlostridien
......   Saccharomyces (meiste Spezies)

36*

Gegenteil: Virulenzänderungen sowie Teilschädigungen von vegetativen Keimen, Sporen und Viren führen in kombinierter Anwendung von Hitze oder Salz zu positiven Auswirkungen (Reduktion von *Clostridium perfringens* und Viren, Herabsetzung von Sterilisationstemperaturen). Auf Grund der 100%igen Durchdringung des Bestrahlungsgutes sind Effekte erzielbar, die bisher von keinem anderen Verfahren erreicht wurden. So sind zahlreiche praktische Probleme der Hygiene und Mikrobiologie lösbar, wie

— die Unterbrechung des Salmonelleninfektionscyclus Umwelt—Pflanze—Tier—Lebensmittel—Mensch durch Eliminierung dieser Keime, z. B. in Schlachtgeflügel, Frischfleisch, Futtermitteln, Eiprodukten,

— die Reduzierung der Infektionen mit Campylobacter und Yersinien über Fleisch und -erzeugnisse,

— die Eliminierung von Keimen des Vibrio parahaemolyticus in Fischen und Meeresprodukten,

— das Zurückdrängen von Intoxikationen durch Herabsetzung der Clostridien durch kombinierte Anwendung von Strahlung, Salz und Kühlung,

— die Bereitstellung rückstandsfreier keimarmer Gewürze mit ca. 10^2 KBE/g und reduzierter Sporenzahl für bestimmte Produkte (Gefrierspeisen, Konserven, Präserven, Großbetriebe der Fleischverarbeitung, trinkfertige Instantbrühen),

— die Sterilisierung von Produkten in der Verpackung (Kosmonautenkost, Diät für die Intensivtherapie, Futter für SPF Laboratoriumstiere),

— die Herstellung von neuartigen Konserven für die Langzeitlagerung (bis zu 15 Jahren) durch Kombination von Frostung, Strahlung und Erhitzung,

um auf die aktuellsten Anwendungsgebiete hinzuweisen.

21.5. Strahlenchemische Veränderungen ausgewählter Lebensmittelgruppen im Vergleich zu konventionellen Bearbeitungsverfahren

Ionisierende Strahlung ruft chemische Veränderungen in Lebensmitteln hervor, die grundsätzlich in der Intensität vergleichbar mit konventionellen Verfahren sind. Eine grundsätzliche Verallgemeinerung ist bei Einbeziehung aller Nähr- und Wirkstoffe, von Enzymaktivitäten und biochemischen Eigenschaften sowie physikalischen Parametern nicht möglich. Als grobe Näherung gilt, daß Energiedosen bis 10 kGy Änderungen etwa in gleicher Größenordnung wie klassische Erhitzungsmethoden (Pasteurisieren, Kochen, Sterilisieren) hervorrufen. Auf wesentliche, strahlungsspezifische Änderungen in Lebensmitteln ist hinzuweisen. Von den Aminosäuren sind Glutaminsäure, Asparaginsäure, Serin und Glycin die strahlenempfindlichsten; Peptide und Kohlenhydrate sind im hier interessierenden Energiedosisbereich wenig empfindlich. Die MAILLARD-Reaktion (vgl. Kap. 15.) wird durch Bestrahlung beschleunigt. In Peptidketten werden vorrangig Seitenverzweigungen durch Decarboxylierung und Desaminierung angegriffen. Fette sind auf Grund der beschleunigten Oxydation die kritischste Komponente, so daß fettreiche Lebensmittel für höhere Strahlungsdosen ungeeignet sind. Dabei sei besonders auf sensorisch relevante Abbauprodukte verwiesen, die bereits im Spurenbereich durch Veränderung ihrer relativen Konzentration sehr bedeutsame

Qualitätseinbußen bewirken können. Bei den Vitaminen sind je nach Lebensmittel und den jeweils konkreten Bestrahlungsbedingungen keine bis starke Zerstörungen zu erwarten. Es ist daher bei Beurteilung dieses Aspektes stets erforderlich, Bestimmungen des jeweiligen Vitamins vor und nach der Bestrahlung vorzunehmen und die Auswirkungen für bestimmte Verbrauchergruppen an Hand der Gesamternährungssituation zu bewerten. Sehr große Bedeutung ist der hohen Strahlenresistenz von Enzymen beizumessen, da nennenswerte Inaktivierungen in Lebensmitteln erst ab ca. 50 kGy völlige Hemmungen bei etwa 200 kGy erreicht werden, so daß z. B. ein mit 50 kGy strahlensterilisiertes Lebensmittel durchaus einem intensiven enzymatischen Verderb unterliegen kann.

Maisstärke (trocken, in Plastiksäcken, e^--Strahlung, 10 MeV, 0,1…50 kGy) zeigt mit steigender Energiedosis eine Zunahme der Malondialdehydbildung bis 3,2 mg/kg bei 50 kGy, nach 30 Tagen Lagerung wurde eine Abnahme auf 0,46 mg/kg beobachtet. Obwohl MAD spezifische Wirkungen zeigt, werden toxikologische Bedenken nicht erhoben, da 1…2 mg MAD/kg auch in handelsüblichem Schweineschmalz ermittelt wurden. Weizenmehl unter gleichen Bestrahlungsbedingungen zeigt bei 50 kGy eine MAD-Bildung bis 1,15 mg/kg (nach 30 d 0,64 mg/kg). Auch eine Verringerung der Molmasse der Polysaccharide wurde nachgewiesen.

Maisstärkelösungen (neutral, sauerstoffhaltig; 5%ig; e^--Strahlung, bis $8,9 \times 10^{18}$ eV/ml) zeigen eine signifikante Bildung von Peroxidverbindungen (etwa 4×10^{-3} Mol/l, Bestimmung mittels Titanylsulfat) sowie Carbonylverbindungen (Aldehyde, Ketone). Die Peroxidausbeute G beträgt nur 50%, die Carbonylausbeute etwa 200% bezogen auf entstehende Primärradikale $OH^\cdot$, $H^\cdot$, e_{aq}^-, H_2O_2). Carbonyl- und Peroxidbestimmung sind hier als strahlenspezifische Indikatoren solcher Produkte geeignet. Andere Untersuchungen an verschiedenen Stärkelösungen zeigen mit Zunahme der Dosis eine Abnahme der inneren Reibung, pH-Abfall, Abnahme des Iodbindungsvermögens und eine Zunahme des Reduktionsvermögens.

Zucker (Lactose, Saccharose, Fructose, Glucose) in wäßrigen Lösungen (Energiedosis 20 bis 64 kGy, e^--Strahlung, 2,7 MeV) bestrahlt, führen zu reaktiven Spaltprodukten, wie sie sonst unter Einwirkung von Aminosäuren bei der MAILLARD-Reaktion entstehen. Saccharose und auch Polyalkohole neigen strahleninduziert zur Bräunung. Zu beachten ist daher das abweichende, häufig intensivere Bräunungsverhalten solcher Lebensmittel besonders bei ihrer Weiterverarbeitung.

Tabelle 21.8. Primäre Radiolyseprodukte
aus bestrahltem Schweinefett

Stoffklasse	Anzahl
Alkane	17
Alkene	15
Aldehyde	11
freie Fettsäuren	10
Methylester	4
Diolfettsäureester	9
	Σ 66

Fleischarten (Lamm, Hammel, Geflügel, Kalb, Rind, Schwein) und Fette (Butterfett, Talg, Schmalz) zeigen nach Behandlung bis 60 kGy besonders signifikante flüchtige Radiolyseprodukte, die im oberen Dosisbereich zu typischem Bestrahlungsgeruch und -geschmack führen. Aus Talg und Schmalz konnten 41 Kohlenwasserstoffe (Alkane, Alkene, Alkadiene; Tab. 21.8) und in großen Mengen Hexadecanal, Octadecanal und Octadecenal nachgewiesen werden. Die meisten Kohlenwasserstoffe sind 1 bis 2 C-Atome kürzer als die im Fett am stärksten vertretene Fettsäure. Aus Butterfett wurden besonders hohe Mengen CO_2 freigesetzt. Durch die Bestrahlung von Fettsäureestern und Triglyceriden sowie Protein-, Lipid- und Lipoproteinfraktionen von Rindfleisch konnte die Herkunft der Spaltprodukte zugeordnet werden. Danach stammen die Kohlenwasserstoffe vorrangig aus den Fettsäuren, aus Proteinen und Aminosäuren werden besonders CO_2, H_2S, Di-

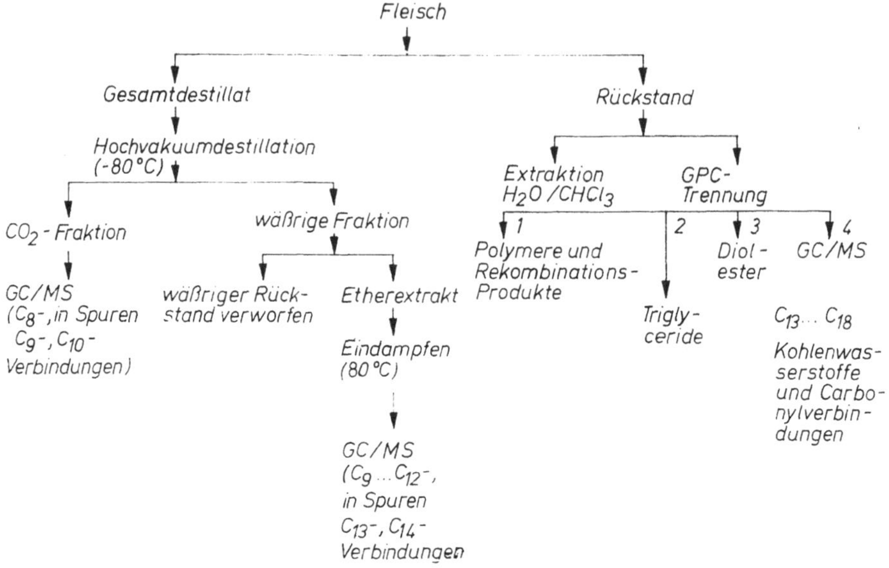

Abb. 21.2. Schema zur Abtrennung von Radiolyseprodukten aus Triglyceriden bestrahlten Rindfleisches (MERRIT, C.: Food Irradiation Information **10**, 20 (1980)).
Die Leistungsfähigkeit der Methodik ist durch den Nachweis von 75 primären Radiolyseprodukten belegt (Tab. 21.8).

methylsulfid, Methylmercaptan wie auch Toluen und Benzen gebildet. Alkohole und Ketone entstehen nur in geringen Konzentrationen, Alkohole sehr wahrscheinlich durch Reaktionen der Alkylradikale mit Wasser.

21.6.   Ernährungshygienische Aspekte

Die Höhe der Nährwertveränderungen hängt von der applizierten Energiedosis ab. Im Bereich bis 1 kGy kann man von unbedeutenden, bei mittleren Energiedosen (1...10 kGy) von leichten bis ausgeprägten Reduzierungen essentieller Inhaltsstoffe sprechen. Ein beachtenswerter Abbau ist besonders bei Vitamin C, B-Vitaminen (insbes. Thiamin, Vitamin B_2, Folsäure) und E-Vitaminen zu beobachten, obwohl die Zerstörungsrate nicht die Größe anderer (z. B. thermischer) Verfahren übertrifft. Zur Minimierung von Vitaminverlusten ist es daher ratsam, die Bestrahlungsbedingungen zu optimieren und die Bestrahlung in gefrostetem Zustand, unter Inertgas oder im Vakuum, bei Verwendung sauerstofffreier, gasdichter Verpackung, Einsatz von naturidentischen oder anderen geeigneten Inhibitoren bzw. Antioxydantien, durchzuführen.

Zu beachten ist auch stets der Anteil des jeweils strahlenbehandelten Produktes an der Gesamtnahrung eines Landes. Beispielsweise könnten auch geringere Thiaminzerstörungsraten in Fischen bei einseitiger, frischreicher Ernährung in bestimmten Regionen bedeutsam sein. Die Hochdosisbestrahlung (10...50 kGy) kann neben dem häufiger beschriebenen Bestrahlungsgeruch und -geschmack zu sehr ausgeprägten Vitaminzerstörungen führen sowie die biologische Wertigkeit der Produkte je nach Produkt und Bestrahlungsbedingungen deutlich herabsetzen.

21.7. Legislative Aspekte und Ausblick

Die Feststellung der gemeinsamen Expertenkommission der WHO/FAO/IAEA, daß mit 10 kGy bestrahlte Lebensmittel als gesundheitlich unbedenklich anzusehen sind, hat in vielen Staaten zu größeren Initiativen geführt (z. B. Frankreich, Belgien, Niederlande, DDR). Die FDA der USA erlaubt seit 1984 den Einsatz von bis 1 kGy für die Behandlung von Früchten und Gemüse und 30 kGy zur Gewürzentkeimung. Auch durch die Verabschiedung der speziellen Standards durch die Codex Alimentarius Commission der WHO ist mit vermehrter industrieller Anwendung dieses Verfahrens zu rechnen. Industriemäßige Anlagen arbeiten z. B. für Kartoffeln (Japan, Italien), Zwiebeln (VR Ungarn, DDR) und in Belgien für 24 verschiedene Produkte (u. a. Spargel, Geflügel, Fleisch). An Schwerpunktaufgaben, die aus gesundheitlicher und toxikologischer Sicht auf diesem Gebiet noch zu bearbeiten sind, sind zu nennen

— die endgültige Abklärung der toxikologischen Eigenschaften mit hohen Energiedosen (10...50 kGy) bestrahlter Lebensmittel,

— die weitere Prüfung ausgewählter Lebensmittel hinsichtlich Veränderungen der biologischen Wertigkeit von Eiweiß sowie der B-Vitamine,

— die Untersuchung des Verhaltens folsäurereicher Lebensmittel,

— die Prüfung geeigneter Kombinationsverfahren zwecks Minimierung der Strahlungsdosis.

22. Nahrungsmittelunverträglichkeit

22.1. Einführung

Nahrungsmittelunverträglichkeiten (*engl.: food sensitivity*) sind individuell vorkommende anomale Reaktionen auf einzelne Nahrungsmittel oder Nahrungsmittelkomponenten. Dabei können sowohl vielgestaltige pathologische Erscheinungen auftreten als auch unterschiedliche Agentien als Auslöser fungieren. Allerdings heben sich bestimmte Erkrankungen und bestimmte Auslöser durch eine besondere Häufigkeit ab. Die verantwortlichen Substanzen wirken nicht im eigentlichen Sinne toxisch: Sie entfalten weder bei allen Personen gleichermaßen ihre pathogene Wirkung noch rufen sie identische Krankheitsbilder hervor.

Die Terminologie auf dem Gebiet der Nahrungsmittelunverträglichkeit ist diffus. Häufig wird der Terminus Nahrungsmittelunverträglichkeit als Oberbegriff gefaßt, dem Nahrungsmittelallergie, -überempfindlichkeit, -intoleranz, -idiosynkrasie untergeordnet werden. Die Intoleranz

Tabelle 22.1. Einteilung der Nahrungsmittelunverträglichkeiten nach dem Pathomechanismus (nach TAYLOR, 1985)

Bezeichnung	Wirkungsmechanismus	Beispiele klinischer Erscheinungsbilder
Nahrungsmittelallergie	Immunologische Reaktion unter Beteiligung spezifischer Antikörper oder sensibilisierter Lymphozyten	vgl. Tab. 22.5
Nahrungsmittelintoleranz	Stoffwechselstörung infolge eines angeborenen (mitunter auch durch Arzneimitteleinnahme induzierten) Enzymmangels	Lactoseintoleranz Phenylketonurie Tyraminempfindlichkeit unter Behandlung mit Monoaminoxidasehemmern Histaminempfindlichkeit unter Behandlung mit Isoniazid
Anaphylaktoide Reaktionen gegen Nahrungsmittel	Pseudoallergische Reaktionen durch Aufnahme oder Freisetzung anaphylaktisch wirksamer Mediatoren (Histamin, SRS-A, Prostaglandine) ohne Beteiligung antigenspezifischer immunologischer Mechanismen	Wirkung vasoaktiver Amine (Histamin, Tyramin) aus Lebensmitteln (vgl. Tab. 8.4, S. 207)
Nahrungsmittelidiosynkrasie	Unbekannter Wirkungsmechanismus	Zöliakie (Glutenüberempfindlichkeit) durch Sulfit oder Tartrazin induziertes Asthma

wird mitunter der Allergie gleichgesetzt, oder sie beschreibt eine durch Enzymmangel verursachte Stoffwechselstörung. Die begriffliche Unsicherheit rührt aus der Zeit her, da man in Unkenntnis zugrundeliegender pathologischer Mechanismen lediglich eine phänomenologische Beschreibung scheinbar identischer oder ähnlicher Krankheitsbilder zu liefern vermochte.

Trotz zahlreicher noch bestehender Unklarheiten soll der von TAYLOR (1985) angegebenen Nomenklatur gefolgt werden, die die Nahrungsmittelunverträglichkeiten nach dem Pathomechanismus zu gliedern versucht (Tab. 22.1). Unter den Begriff der Nahrungsmittelidiosynkrasie sind alle Unverträglichkeiten mit weitgehend unbekannter Entstehungsweise gestellt. Die Zuordnung mancher klinischer Krankheitsbilder ist so lange problematisch, wie nicht eindeutig ein bestimmter Mechanismus nachgewiesen ist. Manche Autoren behandeln z. B. die Zöliakie als einen allergischen Prozeß, da sich Gliadinantikörper haben nachweisen lassen, ohne daß allerdings ihre Rolle im Krankheitsgeschehen geklärt wäre.

22.2. Nahrungsmittelallergie

Allergische Vorgänge stellen eine Entgleisung, eine krankmachende Ausweitung der Immunantwort dar. Charakteristisch ist ein Sensibilisierungsvorgang: Nicht der erste, sondern ein späterer zweiter oder wiederholter Kontakt mit dem auslösenden Agens ruft pathologische Erscheinungen hervor. Auf die erste Konfrontation werden wie bei jeder Immunantwort spezifisch mit dem Antigen reagierende humorale oder zelluläre Körperbestandteile gebildet.

Tabelle 22.2. Charakteristik der Immunglobuline (Ig)

Klasse	Anzahl der Subklassen	Gehalt im Normal-Serum (mg/ml)	Biologische Bedeutung
IgG	4	12,5	bildet Antigen-Antikörper-Komplexe, ist wichtig für Infektionseindämmung und Antigenentfernung IgG_1, G_2, G_3 aktivieren Komplement IgG_1 tritt mitunter bei allergischen Erkrankungen auf, bindet sich an Makrophagen und Killer-Lymphozyten, bildet gewebezerstörende Immunkomplexe mit Antigen und Komplement
IgA	2	2,0	schützt mucosale Oberflächen (als sekretorisches IgA), aktiviert Komplement über „alternate pathway"
IgM	2	0,9	bindet Antigen aktiviert in vielen Fällen Komplement wird rasch nach Antigenkontakt gebildet, bildet gewebezerstörende Immunkomplexe mit Antigen und Komplement
IgD	2	0,03	Bedeutung unbekannt, kommt an Lymphozytenmembran gebunden vor
IgE	1	0,0005	wird an Rezeptoren von Mastzellen, basophilen Granulozyten und Makrophagen gebunden beteiligt an Entstehung atopischer Erkrankungen vom Sofort-Typ (klassische anaphylaktische Antikörper, „Reagine") Serum- und Gewebekonzentration steigt bei atopischen Personen, jedoch nicht korreliert mit Schwere der Symptome oder allergischer Empfindlichkeit

Tabelle 22.3. Zellkooperation bei der Immunantwort

Zelle	Reaktion
Makrophagen	phagocytieren und präsentieren modifiziertes Antigen an Lymphozyten
B-Zellen (T-Zellunabhängig)	entwickeln sich zu IgM-produzierenden Plasmazellen, bilden Memoryzellen aus
B-Zellen (T-Zellabhängig)	entwickeln sich unter Einfluß der T-Helfer-Zellen zu IgG- oder IgE-produzierenden Plasmazellen, bilden Memoryzellen aus
T-Zellen	entwickeln sich zu T-Effektor-Zellen (Reaktion mit dem Antigen vom Typ der verzögerten Überempfindlichkeit), bilden Memoryzellen, T-Helfer-Zellen (Anregung der Antikörperproduktion der B-Zellen), T-Suppressor-Zellen (Begrenzung und Beendigung der Immunantwort)

Tabelle 22.4. Charakteristik der lokalen Immunität im Bereich des Gastrointestinaltraktes

darmassoziiertes lymphatisches Gewebe (gut-associated lymphoid tissue, GALT)	lokalisiert in PEYERschen Plaques, Appendix und verteilt in gesamter Darmwand
PEYERsche Plaques	enthalten T-Suppressor-, T-Helfer-, B-Präkursor-Zellen
Darmwand	enthält Makrophagen, T-Helfer-, T-Effektor-, B-Zellen, speziell Plasmazellen
Plasmazellen der Darmwand	synthetisieren in großen Mengen IgA
IgA	durchwandert Epithelzellen, wird, mit secretory piece versehen, ins Darmlumen sezerniert, schützt Mucosaoberfläche
Lymphozyten	werden in der Darmwand durch Antigenkontakt spezifisch geprägt
Kooperation mit anderen mucosalen Oberflächen	Transport sensibilisierter Lymphozyten über Lymphgefäße z. B. in die Lunge und in die lactierende Brustdrüse

Die löslichen Substanzen finden sich unter den Immunglobulinen (Tab. 22.2), die Zellen unter den T-Lymphozyten (T-Effektor-Zellen, T-Helfer-Zellen, T-Suppressor-Zellen, T-Memory-Zellen, B-Zellen, B-Memory-Zellen, N-(Null)-Zellen).

Lymphozyten mit Gedächtnisfunktion bewahren eine Information über die Struktur der immunisierenden Substanz. Ein Zweitkontakt zu späterem Zeitpunkt aktiviert die Gedächtniszellen und löst eine sehr viel schnellere Reaktion des Organismus mit Antikörperproduktion oder Vermehrung der spezifischen T-Zellen aus. Die an der Immunantwort beteiligten Zellen kooperieren in jedem Stadium der Reaktion auf vielfältige Weise miteinander (Tab. 22.3).

Im Normalfall neutralisieren die gebildeten Immunglobuline das Antigen, binden es zu Antigen-Antikörper-Komplexen, aktivieren das proteolytische Komplementsystem. Die spezifischen Immunzellen binden das Antigen ebenfalls, produzieren Mediatoren, die phagozytierende Zellen anlocken und ihr Eindringen in die betreffenden Gewebe erleichtern. Im Gewebe mit mucosaler Oberfläche (Gastrointestinal-, Respirationstrakt) existiert ein relativ unabhängiges lokales Abwehrsystem, das durch einige Besonderheiten charakterisiert ist (Tab. 22.4).

Die Immunvorgänge laufen ab, um die Integrität des Organismus zu bewahren und ihn zu schützen. Eine Beeinträchtigung durch exogene Noxen, z. B. aus der Nahrung, ist vor allem in zweierlei Hinsicht möglich:

— Nahrungsbestandteile beeinflussen direkt die Aktivität an der Immunantwort
beteiligter Mechanismen, Zellen, Faktoren.

— Nahrungsbestandteile rufen eine überschießende Immunantwort bei einzelnen
Individuen hervor. Diese Reaktionsweise wird als Allergie bezeichnet. Sie äußert
sich in zahlreichen, scheinbar verschiedenen Krankheitsbildern an unterschiedlichen Orten des Körpers (Tab. 22.5).

Die Ursachen für die anomale, allergische Reaktion des Körpers sind unklar. Zahlreiche Einzelbefunde sind erhoben worden, die eine Klassifizierung der Erkrankungen
möglich machen (Tab. 22.6).

Als Symptome einer Allergie gegen Nahrungsmittel dominieren gastrointestinale
Beschwerden. Respiratorische Affektationen kommen viel seltener als bei anderen
Allergieformen vor.

Unsicherheit besteht in der Einordnung etlicher bekannter Krankheitsbilder in den allergischen
Formenkreis. Von einigen Erkrankungen (irritables Colon, Morbus Crohn, Migräne, Multiple
Sklerose, Epilepsie, Verhaltensstörungen, Hyperaktivität) vermutet man, daß sie durch Nahrungs-
mittel, vielleicht in allergischer Weise, verursacht werden.

Im Grunde kann jedes Lebensmittel als Allergen auftreten (Tab. 22.7).
Die enthaltenen allergenen Substanzen sind nur in wenigen Lebensmitteln näher charakterisiert worden (Tab. 22.8). In den meisten Fällen handelt es sich um Proteine, deren
immunogene Potenz im allgemeinen am größten ist. Neben Polysacchariden können auch
Substanzen geringer Molmasse allergen wirken. Dies trifft für zahlreiche Xenobiotica
zu, wobei die Beteiligung allergischer Prozesse umstritten ist (Tab. 22.9). Niedermolekulare Stoffe können als Hapten an einen immunogenen Träger, zumeist Protein, gebunden werden und als Antigen eine Immunantwort auslösen.

Tabelle 22.5. Klinische Erscheinungsbilder der Nahrungsmittelallergie

Ort der Manifestation	Symptomatik
Gastrointestinaltrakt	Übelkeit
	Erbrechen
	Bauchschmerzen
	Durchfall
	Flatulenz
	Mikroblutungen der Darmmucosa
	Lippen- und Zungenödem
	Pharyngitis
Haut	Urticaria
	QUINCKE-Ödem
	Pruritus
	Ekzem
	Exanthem
Respirationstrakt	Rhinitis
	Asthma bronchiale
Generalisiert	Anaphylaktischer Schock
	Fieber
Verschieden	Lymphknotenschwellung
	Arthritis
	Konjunktivitis

Tabelle 22.6. Klassifizierung allergischer Reaktionen

Reaktion	Typ nach GELL und COOMBS	Reaktionsmechanismus	klinische Beispiele
Anaphylaktischer Soforttyp	I	Produktion von IgE-Antikörpern, die mit gebundenem Allergen an Mastzellen, basophilen Granulozyten, Makrophagen haften, diese Zellen lysieren, dadurch Mediatoren mit pharmakologischer Wirkung freisetzen	Allergische Rhinitis Urticaria Asthma Gastrointestinale Beschwerden
Zytotoxischer Soforttyp	II	Anlagerung von Antikörpern (meist IgG oder IgM) oder Antikörperkomplexen an Zelloberflächen und Lysis der Zellen	Ekzem Autoallergie
Arthus-phänomen	III	Reaktion präzipitierender IgG- und IgM-Antikörper mit überschüssigem Antigen, Phagocytose der Immun-komplexe durch Granulozyten, die dadurch lysieren und gewebe-zerstörende Enzyme freisetzen	Serumkrankheit Glomerulonephritis Arthritis Colitis[1] Zöliakie[1]
Verzögerte Überempfindlichkeit	IV	Spezifisch sensibilisierte Lymphozyten geben nach Antigenkontakt Lymphokine mit chemotaktischer, mitogener, zytotoxischer Aktivität frei	Ekzem Kontaktdermatitis Zöliakie[1] Morbus CROHN[1]

[1] vermutet

Selten prägt sich die atopische Erkrankung gegenüber einem einzigen Allergen aus. Oft sind mehrere in einem Lebensmittel oder in verwandten (z. B. den aus verschiede-nen Arten einer Pflanzengattung hergestellten) Nahrungsmitteln enthaltene Substanzen für die allergische Reaktion verantwortlich. Empfindlichkeit gegenüber einem Nahrungs-mittel kann auch Ausdruck einer allgemeinen allergischen Veranlagung sein, die sich gegenüber zahlreichen Noxen bei unterschiedlichen Applikationswegen äußert.

Über die Häufigkeit der Nahrungsmittelallergie lassen sich nur ungenaue Aussagen machen. Die Angaben in der Literatur variieren von 0,3 bis über 10%, sogar bis fast 30%. Die Unsicherheit erklärt sich daraus, daß

— Unverträglichkeitserscheinungen nach Nahrungsaufnahme voreilig einem bestimm-ten Lebensmittel zugeschrieben werden,

— allergische Reaktionen selbst in medizinischen Fachkreisen nur ungenügend von anderen Unverträglichkeitserscheinungen abgegrenzt werden,

— beweisende Provokationstests in Doppel-Blind-Studien wegen des hohen zeitlichen und materiellen Aufwands sowie des damit für den Patienten verbundenen Risikos selten unternommen werden.

So bleiben Erhebungen zur Häufigkeit der Lebensmittelallergie oft auf der Stufe der Befragung stecken. Als Meßgröße dient die Mitteilung des Befragten, er habe nach Einnahme bestimmter Lebensmittel Störungen meist im Gastrointestinalbereich beobachtet. Auch wird mitunter schon die Ablehnung, das Meiden des Lebensmittels als ausreichendes Kriterium bewertet. Es ist aber z. B. kaum glaubhaft, daß 27% der 3jährigen Kinder in Finnland an einer Nahrungsmittelallergie leiden sollen, obwohl gerade diese Ziffer aus einer experimentellen Untersuchung und der Beob-

Tabelle 22.7. Nahrungsmittel mit allergener Wirkung

Nahrungsmittel		Angaben zum enthaltenen Allergen bzw. zur Wirkung
Früchte[1]	Erdbeeren	hitzelabil; Hautreaktionen (Urticaria)
	Orangen	Samenprotein; Urticaria, Asthma
	Bananen	Verlust der allergenen Potenz beim Trocknen
	Tomaten	Glycoproteine
Gemüse	Kartoffeln	hitzelabil
	Spinat	hitzelabil
	Sellerie	hitzelabil
Leguminosen	Sojabohnen	in roher Form selten allergen (vgl.
	Sojamehl	Abschn. 8.17.2.)
	Erdnuß	hitzestabil (vgl. Tab. 22.8)
	Linsen	hitzestabil
	Bohnen	bedingt hitzestabil
	Erbsen	bedingt hitzestabil
Getreide	Mehl	Rhinitis, Asthma
	Weizen	bedingt hitzestabil
	Roggen	bedingt hitzestabil
	Gerste	hitzelabil
	Mais	hitzelabil
	Reis	selten allergen
	Hafer	selten allergen
weitere Pflanzensamen	Buchweizen	stark allergen
	Senf	stark allergen (tödlicher Ausgang des Hauttests beschrieben)
	Baumwolle	stark allergen (tödlicher Ausgang des Hauttests beschrieben)
	Sesam	
	Mohn	
	Kümmel	
	Anis	
	Rhicinus	Protein
Getränke	Kakao	bedingt hitzestabil; Ausschlag, Kopfschmerz, Verdauungsbeschwerden
	Tee	selten allergen
	Bier	hitzestabile Allergene wahrscheinlich aus Hopfen
Fisch[2]		Proteine (vgl. Tab. 22.8)
Schalentiere	Krebse	Hautreaktionen (Urticaria, QUINCKE-Ödem)
	Muscheln	
	Hummer	
	Austern	
	Langusten	
	Krabben	
Hühnereier		vgl. Tab. 22.8
Kuhmilch		vgl. Tab. 22.8

[1] auch Blütenstaub
[2] vgl. auch Abschn. 8.16.

Tabelle 22.8. Proteine allergener Nahrungsmittel

Nahrungsmittel	Protein	Molmasse	Anteil am Gesamtprotein (%)	Hitzestabilität	Allergenität
Kuhmilch	Casein	20000	82	++	++
	β-Lactoglobulin	36000	10	+	++[1]
	α-Lactalbumin	14500	4	–	+
	Serumalbumin	67000	1	–	+
	Immunglobuline		2	–	+
Hühnerei	Ovalbumin	44000	70	–	++
(Eiklar)	Ovomucoid	27000	15	++	++[2]
	Conalbumin		9		+
	Lysozym	15000		+	+
	Ovoglobulin		7	–	–
Fisch	Myogen	18000		–	+
Dorsch	Allergen M	12328			++
Erdnuß	Arachin	180000…330000		+	+
	Conarachin	140000…295000		+	+

[1] Kohlenhydratanteil bis 11%
[2] Kohlenhydratanteil bis 24%

achtung von Hauttests und gastrointestinalen Störungen abgeleitet werden. Offensichtlich ist allerdings, daß die Inzidenz der Nahrungsmittelallergie im Kindesalter häufiger als im Erwachsenenalter und ihre stetige altersabhängige Abnahme zu beobachten ist. Eindeutig nachgewiesene Allergien in der Säuglings- und Kleinkindperiode verlieren oftmals ihre Ausprägung, und das betroffene Individuum wird beschwerdefrei. Ausmaß und Geschwindigkeit des Symptomabbaus variieren mit den Allergien: Milch- und Eiallergien verlieren sich häufiger als Fisch- und Erdnußallergien.

Im Kindesalter am häufigsten und von der größten Relevanz ist die Kuhmilchallergie. Es folgen Allergien gegen Ei, Sojabohne, Erdnuß. Dabei ist allerdings zu berücksichtigen, welche überragende Rolle Kuhmilch gegenüber anderen Lebensmitteln in diesem Lebensabschnitt spielt. Weil weitaus häufiger aufgenommen als andere Lebensmittel, wird sie ein höheres Risiko allergener Wirksamkeit bergen. Es fehlen aber — erst recht für das Erwachsenenalter — Untersuchungen und Daten, die Verzehrs- und Allergiehäufigkeit zueinander in Beziehung setzen. Welchen Einfluß die Verzehrsgewohnheiten auf das Auftreten von Allergien ausüben, zeigt ein Vergleich der Häufigkeitsdaten einer europäischen Population mit Angaben aus den USA. Für die amerikanische Bevölkerung werden Getreide- und Sojaprodukte sowie Erdnüsse als potente Allergene angesehen, in der für die BRD zutreffenden Liste erscheinen diese nicht (Tab. 22.10). Eine klare Häufigkeitsziffer der Nahrungsmittelallergie läßt sich demnach weder für bestimmte Lebensmittel noch für die Nahrung allgemein angeben. TAYLOR (1985) schätzt für die Gesamtbevölkerung eine Häufigkeit < 1%.

Im Vordergrund des Interesses sollte der individuelle Organismus stehen, dessen Neigung zur Überempfindlichkeit sich durch ein auslösendes Agens in bestimmte Richtung kanalisiert und eine Allergie hervorbringt. Dafür spricht eine genetische Komponente: Kinder allergischer Eltern leiden häufiger an allergischen Erscheinungen als Kinder nichtallergischer Eltern. Zudem reagieren die betroffenen Personen oft nicht nur auf ein einziges, sondern auf verschiedene Nahrungsmittel allergisch.

Das weitaus am meisten genannte allergieauslösende Lebensmittel ist die Kuhmilch. Ursache ist zum einen der in den vergangenen 100 Jahren enorm angesteigene Konsum, den die industrialisierte Milchproduktion möglich gemacht hat. In verarbeiteter, ver-

Tabelle 22.9. Xenobiotica mit allergener bzw. anaphylaktoider Wirkung

Konservierungsmittel	Ameisensäure Benzoesäure p-Hydroxybenzoesäureester Sorbinsäure schweflige Säure, Sulfite
Antioxydantien	Octylgallat Dodecylgallat Nordehydroguajaretsäure
Farbstoffe	Tartrazin Erythrosin Patentblau Amaranth Indigotin Cochenillerot
Pflanzenschutzmittel	Aldrin Chlordan Naphthylessigsäure 2,4-Dichlorphenoxyessigsäure 2,4,5-Trichlorphenoxyessigsäure
Süßstoffe	Saccharin
Antibiotica	Penicillin Tetracyclin
Mikroorganismen	Schimmelpilze Hefe
Blütenstaub Insektenbestandteile	
Geschmacksstoffe	Natriumglutamat (vgl. Abschn. 14.5.)

Tabelle 22.10. Häufigste Allergene bei 600 Nahrungsmittelallergien (nach WERNER, 1979)

Lebensmittel	Häufigkeit (%)
Kuhmilch	42
Hühner	33
Fisch	11
Citrusfrüchte	4
Fleisch	3
Hülsenfrüchte	2
Zwiebeln	1
andere Gemüse	1

deckter Form ist die Milch Bestandteil zahlreicher Erzeugnisse. Zum anderen ist sie infolge der gesunkenen Stillfreudigkeit zu einem Hauptnahrungsmittel in der Säuglingsperiode geworden. Der Mensch wird mit Kuhmilchnahrungen in einer Entwicklungsphase konfrontiert, in der sich das Immunsystem noch im Reifungsprozeß befindet. Zwar sind zum Zeitpunkt der Geburt die Immunmechanismen vorhanden und quantitativ gut entwickelt, funktionell aber nicht optimal. Während der Schwangerschaft überträgt die Mutter Antikörper der IgG-Klasse diaplacentar auf den Feten. Im kindlichen Organismus setzt die Immunglobulinsynthese erst nach der Geburt ein. Eine Übertragung mütterlicher Proteine mit dem Colostrum und der Milch, wie sie für verschiedene Tierarten (Schwein, Ratte) nachgewiesen ist, findet beim Menschen nicht statt. Höhermolekulare Verbindungen können die Darmepithelien nicht in nennenswertem Ausmaß durchdringen. Offenbar ist aber die Invasion geringer Mengen möglich, die für eine Sensibilisierung ausreichen und als Antigen wirken. Mit zunehmendem Alter funktioniert die Schleimhautbarriere besser und setzt der antigenen Stimulation größere Hemmnisse entgegen.

Die Applikation von Kuhmilch bzw. Säuglingsnahrungen auf Kuhmilchbasis stellt deshalb besonders in der Neonatalperiode eine bedenkliche Belastung dar. Die Häufigkeit allergischer Symptome nimmt altersabhängig ab: Etwa die Hälfte der Kuhmilchallergien wird im ersten Lebensmonat diagnostiziert, im zweiten Monat nur noch etwa ein Zehntel. Auch sinkt offenbar die Inzidenz anderer, nicht durch Nahrungsmittel ausgelöster atopischer Erkrankungen mit der Länge der Stillphase (CANT, 1984).

Von nicht mit Fremdbeimengungen belasteter Frauenmilch ausgehende allergische Wirkungen sind bislang nicht bekannt geworden. Dies dürfte sowohl an der weitgehenden Immuntoleranz des Neugeborenen gegenüber mütterlichen Proteinen als auch an der immunologischen Schutzfunktion der Humanmilch liegen. Mit der Frauenmilch wird eine Reihe immunologisch wirksamer Komponenten sezerniert (sekretorisches IgA, Lysozym, Lactoferrin, Lymphozyten). Diese Faktoren entfalten im Intestinaltrakt eine antimikrobielle und antiallergene Wirkung dadurch, daß sie antigene Strukturen binden und neutralisieren oder Oberflächenrezeptoren der Epithelzellen blockieren, an die sich invasive Mikroorganismen vor ihrer Penetration in das Gewebe anlagern.

Allerdings können auch von der Frauenmilch schädigende Wirkungen ausgehen. Dies geschieht, wenn Bestandteile der mütterlichen Nahrung mit der Milch sezerniert werden. Allergische Erkrankungen, häufig in der Erscheinungsform des Ekzems, werden nach verschiedenen, von der Mutter aufgenommenen Lebensmitteln beobachtet (Kuhmilch, Hühnerei, Fisch, Schokolade, Bohnen). Die meisten ekzematischen gestillten Kinder reagieren im Hauttest gegenüber Kuhmilch- und Eiprotein positiv. In Frauenmilch lassen sich Kuhmilch- (β-Lactoglobulin) und Hühnereiprotein (Ovalbumin, Ovomucoid) in ng-Mengen nachweisen.

Als auslösende Allergene der Kuhmilch kommen alle der etwa 20 enthaltenen Proteine in Betracht. Bedeutungsvoll sind vor allem β-Lactoglobulin, Casein und α-Lactalbumin (Tab. 22.8). Ihre Allergenität ist vor allem durch technologische, in geringem Maße durch küchenmäßige Behandlung zu beeinflussen. Im Vordergrund steht die Hitzeempfindlichkeit der Proteine, die zu einer verminderten Allergenität nach Wärmeeinwirkung führt. Betroffen sind vor allem globuläre Proteine, aber auch die sensibilisierende Wirkung des Caseins sinkt mit der thermischen Intensität des Prozesses. Gleichzeitig, zumeist durch Bindung der ε-Aminogruppe des Lysins aus dem Protein an reduzierende Zucker entstehen dabei MAILLARD-Produkte. Ihre in anderem Zusammenhang nachgewiesene allergisierende Wirkung spielt offenbar unter diesen Bedingungen nur eine untergeordnete Rolle.

Auch bei anderen Nahrungsmitteln bietet die Hitzeinaktivierung eine Möglichkeit zur Allergenzerstörung. Die Hitzestabilität vieler Antigene macht das Verfahren nur bedingt brauchbar. Trocknung, Lagerung, Denaturierung, Proteolyse, technologische Behandlung, Einarbeitung in andere Lebensmittel führen mitunter zum Verlust der Allergenität.

Der häufig erfolglose Versuch, das allergieauslösende Agens zu zerstören, macht die Eliminationsdiät zur wichtigsten Behandlungsform. Über Jahre der Behandlung hin kann die Schwere der Allergie bis zur Bedeutungslosigkeit abnehmen. In akuten allergischen Phasen werden Antihistaminica verabreicht.

Zur Diagnose der Nahrungsmittelallergie bieten sich verschiedene Immuntechniken an (Bestimmung des spezifischen IgE im Radioallergosorbent-Test, Hauttest), die im Falle einer Allergie vom Sofort-Typ verläßliche Aussagen liefern. Für die Wahl einer geeigneten Therapie begnügt man sich meist mit der diagnostischen Maßnahme eines Eliminations-Provokations-Testes.

22.3. Nahrungsmittelintoleranz

Nahrungsmittelintoleranz bezeichnet eine durch einen Enzymmangel hervorgerufene Stoffwechselstörung (Enzymopathie), die den normalen Abbau bestimmter Nahrungsbestandteile verhindert. Es kommt zu einer Anhäufung der nicht abgebauten Substanz, zur Umsetzung über andere Stoffwechselwege und zur Bildung unphysiologischer und toxischer Metaboliten. Diese Metaboliten rufen oberhalb einer nicht mehr tolerierbaren Konzentration für die betroffene Störung spezifische pathologische Erscheinungen hervor (Tab. 22.11).

Im weiteren Sinne haben unter die Intoleranzen Krankheitszustände zu zählen, in denen die Ernährung des Individuums nicht seiner besonderen Stoffwechselsituation angepaßt ist (Fettsucht und Hyperlipidämie infolge zu energie-, fett- oder cholesterolreicher Nahrung; seniler Katarakt infolge überhöhter Lactose- und damit Galactosezufuhr).

Die weltweit häufigste Intoleranzerscheinung ist die Lactoseintoleranz (Tab. 22.12), deren Krankheitsbild den gastrointestinalen Störungen der Kuhmilchallergie ähnelt. Es fehlt die für die Lactoseverdauung erforderliche β-Galactosidase, die neben anderen Disaccharidasen (vier Maltasen, darunter eine mit Saccharose-Isomaltase-Aktivität, eine Trehalase) in der Bürstensaummembran der Dünndarmepithelzelle lokalisiert ist.

Tabelle 22.11. Ausgewählte Nahrungsmittelintoleranzen

Bezeichnung	Enzymmangel	Symptomatik
Lactoseintoleranz	β-Galactosidase der Dünndarmmucosa	Durchfall, Bauchschmerz
Saccharoseintoleranz	Saccharase-Isomaltase der Dünndarmmucosa	Durchfall, Bauchschmerz
Galactoseintoleranz	Galactose-1-phosphat-uridyltransferase	Erbrechen, Durchfall, Ikterus, Hepatomegalie, Katarakt
Favismus (vgl. Abschn. 8.5.)	Glucose-6-phosphat-Dehydrogenase	Hämolytisches Syndrom

Tabelle 22.12. Formen der Lactoseintoleranz

Lactasemangel	Beschreibung
kongenital	Angeborener Enzymdefekt mit Fehlen der β-Galactosidase
primär erworben	Absinken der β-Galactosidaseaktivität nach der Stillperiode
sekundär erworben	Mangel an β-Galactosidase infolge krankhaft veränderter Darmmucosa (atrophe Villi bei Sprue, Zöliakie, infektiöser Diarrhöe)

Die kongenitale Lactoseintoleranz ist relativ selten. Sie äußert sich in den ersten Tagen nach der Geburt durch wäßrige, saure Stühle. Durch Schleimhautbiopsien läßt sich der Enzymmangel bestätigen. Die Ernährung der Säuglinge muß mit lactosefreien Präparaten erfolgen.

Häufiger ist der sekundäre Lactasemangel, der nach gastrointestinalen Erkrankungen auftritt, die mit Schleimhautschädigungen einhergehen. Eine flache Mucosa ohne ausgeprägte Zotten findet sich im histologischen Bild nach Sprue, Zöliakie, infektiösen Diarrhöen, Kwashiorkor. Betroffen ist nicht allein die β-Galactosidase, sondern auch eine Reihe anderer in der Bürstensaummembran lokalisierter Verdauungsenzyme. Diese Enzyme besitzen eine verglichen mit der Lactase höhere Aktivität und bewältigen auch im mäßigen Mangelzustand das Substratangebot. Eine Schleimhautschädigung offenbart sich deshalb funktionell zunächst als Lactasemangel. Diese Form der Lactoseintoleranz ist passager und verschwindet zumeist mit normalisiertem Schleimhautzustand. Schwierig ist mitunter, diese Normalisierung herbeizuführen, z. B. bei durch Proteinmangel bewirkter Mucosaschädigung im Kleinkindalter. Die verminderte Resorptionskapazität der Mucosa, wirkt dem Therapiezweck entgegen. Es empfiehlt sich die Verwendung lactosefreier (z. B. mit bakteriellen β-Galactosidasen behandelter) Milchpräparate.

Die erworbene primäre Form des Lactasemangels äußert sich im Kindes- und Erwachsenenalter. Die β-Galactosidaseaktivität liegt im Säuglingsalter im Normalbereich und sinkt während des Kleinkindalters ab. Dieses Verhalten des Enzyms ist von Säugetieren bekannt. Es zeigen sich rassische Differenzen: In den USA weisen $70\ldots95\%$ der afroamerikanischen und nur $6\ldots10\%$ der weißen Bevölkerung diese Form des Lactasemangels auf. Bestimmungen der β-Galactosidaseaktivität in vielen Teilen der Welt machen eine dem Selektionsdruck folgende genetische Adaptation wahrscheinlich. Der erworbene primäre Lactasemangel als Regelfall bei den Säugern erweist sich als ungünstig für Völker, die eine jahrtausendelange Tradition der Milchviehhaltung und des Verzehrs lactosehaltiger Milchprodukte besitzen.

Die pathogene Wirkung der Lactose beim β-Galactosidasemangel besteht darin, daß sie im Dünndarm nicht abgebaut wird, in den Dickdarm gelangt und dort mikrobiell rasch umgesetzt wird. Es entstehen als Folge des anaeroben Mikrobenstoffwechsels große Mengen niederer Carbonsäuren (Milch-, Essigsäure) und Gase (Methan, Wasserstoff, Kohlendioxid). Die Carbonsäuren senken das pH, beschleunigen die Darmpassage und behindern durch ihre osmotische Wirksamkeit die Wasserresorption. Wäßrige Stühle, Bauchschmerzen, Darmblutungen sind die Folge.

Die mikrobielle Gasproduktion erlaubt eine elegante Diagnosemethode der Lactosemalabsorption, da sich der gebildete Wasserstoff in der Atemluft nachweisen läßt.

Andere Disaccharidintoleranzen äußern sich ähnlich der Lactoseintoleranz, treten aber bedeutend seltener auf.

Die Galactoseintoleranz, obwohl mit gastrointestinalen Störungen verbunden, beruht auf einem Enzymmangel in Leber und Blutzellen. Die Umwandlung der Galactose in Glucose ist auf der Stufe der Galactose-1-phosphatdehydrogenase gestört. Galactose-1-phosphat staut sich an. Die Therapie besteht im Entzug der Galactosequellen.

22.4. Anaphylaktoide Reaktionen

Anaphylaktoide Wirkungen von Nahrungsmitteln (Tab. 22.9, S. 575) sind ohne genauere Diagnose nicht von Nahrungsmittelallergien zu unterscheiden. Die klinischen Symptome gleichen einander. Im Gegensatz zu allergischen Reaktionen provozieren die Nahrungsmittel keine immunologische Reaktion, sondern greifen an den Effektormechanismen der Immunkaskade an. Sie setzen aus Mastzellen und Granulozyten pharmakologisch wirksame Substanzen frei, die zu krankhaften Zell- und Gewebeveränderungen führen (Histamin, Heparin, Serotonin, vgl. Abschn. 8.3.; SRS-A: slow reacting substance of

Tabelle 22.13. Vorkommen natürlicher Salicylate

Obst	Äpfel
	Beerenobst (Stachel-, Johannis-, Him-, Brom-, Erd-, Heidelbeere)
	Citrusfrüchte
	Rhabarber
	Kirschen
	Pflaumen
Gemüse	Kartoffeln
	Gurken
	Tomaten
	Erbsen
Getränke	Obstsäfte und -weine
	Bier
	Tee

anaphylaxis, Leukotrien C; PAF: platelet activating factor; ECF-A: eosinophils chemotactic factor, wahrscheinlich Leukotrien B).

In vielen Fällen ist dieser Wirkungsmechanismus nicht bewiesen. Hinweise auf eine immunologische Reaktion fehlen. Verschiedentlich werden anaphylaktoide Reaktionen als Pseudoallergie bezeichnet.

Möglich sind auch Reaktionen, die durch einen hohen Gehalt der anaphylaktisch wirksamen Substanzen von Nahrungsmitteln ausgelöst werden (z. B. biogene Amine, vgl. Abschn. 8.3.).

Häufiger Auslöser anaphylaktoider Reaktionen sind Farbstoffe (vor allem Tartrazin), Salicylate (Tab. 22.13), Derivate der schwefligen Säure (vgl. Kap. 14.). Sulfite und Metabisulfite rufen Asthma und Urticaria hervor. Als weiterer Wirkmechanismus sind direkte Aktivierung des Komplementsystems sowie Einflüsse auf den Prostaglandinstoffwechsel zu diskutieren. Letzteres ist beispielsweise durch Lebensmittel mit sehr hohem Arachidonsäuregehalt möglich.

22.5. Nahrungsmittelidiosynkrasien

Nahrungsmittelunverträglichkeiten, deren Entstehungsmechanismus unbekannt ist, werden als Idiosynkrasien bezeichnet. Die Abgrenzung zu anderen Unverträglichkeiten ist fließend.

Bei der Zöliakie liegt eine Überempfindlichkeit gegen das in Weizen, Roggen, Gerste, Hafer enthaltene Protein Gluten vor. Die Mucosa des oberen Dünndarms verflacht, es kommt zu verminderter Resorptionskapazität und Malabsorption.

Die Überempfindlichkeit zeigt sich beim Erwachsenen bereits innerhalb weniger Stunden nach Provokation. Die Ätiologie der Erkrankung ist unklar. Es werden sowohl immunologische als auch toxische Mechanismen diskutiert.

Die immunologische Hypothese nimmt die allergene Wirkung des Glutens im Intestinaltrakt an. Diese Ansicht stützt sich auf den Nachweis präzipitierender Antikörper in Serum und Sekreten und eine zellvermittelte Immunreaktion gegen Gluten bei Zöliakiepatienten. Diese Befunde können aber auch als Folge einer zytotoxischen Schädigung gedeutet werden, die durch bei der Glutenverdauung gebildeten Peptide auf den Enterozyten gesetzt wird.

37*

Etwa 5% der erwachsenen Bevölkerung (Angabe für Skandinavien) leiden am Syndrom des irritablen Colons. Die Symptome sind Verstopfung wechselnd mit Durchfällen, Bauchschmerzen, Blähungen.

Die Ätiologie ist unbekannt. Man vermutet neben psychischen Faktoren einen negativen Einfluß ballaststoffarmer Nahrung. Dadurch wird der bakteriellen Fermentation Substrat entzogen, die Transitzeit und die TM des Chymus und der Faeces erhöht.

Ungenügende Zufuhr von Ballaststoffen mit der Nahrung wird mit einer Reihe in den Industrieländern verbreiteter Erkrankungen in Zusammenhang gebracht. Es werden genannt: Appendizitis, Verstopfung, Divertikulose, Darmkrebs, ischämische Herzkrankheiten, Diabetes. Die Zusammenhänge sind korrelativ und zumeist spekulativ. Diese Überlegungen haben die Aufmerksamkeit erhöht, die man der Rolle von Ballaststoffen für die Dickdarmverdauung, den mikrobiellen Stoffwechsel in Caecum und Colon und den Auswirkungen des Dickdarmmilieus auf den Wirtsorganismus widmet.

Andererseits können Ballaststoffe Idiosynkrasien auslösen, die sich vornehmlich in einer starken Bildung von Darmgas äußern. Normalerweise werden 400...650 ml Gas/d ausgeschieden. Mengen über 1 500 ml/d verursachen Beschwerden. Die Darmgasproduktion steigt unter im Dünndarm nicht oder schwer verdaulichen Kohlenhydraten. Lactose wirkt bei β-Galactosidasemangel in diesem Sinne. Rohe Kartoffelstärke, nicht aber rohe Weizenstärke erhöht die Gasbildung. Eine Anhebung auf das 10-...12fache der Basalproduktion an Darmgasen wird nach Bohnenverzehr gemessen (Flatulenz, vgl. Abschn. 8.14.).

23. Lebensmittelrecht der Deutschen Demokratischen Republik

Grundlage des Verkehrs mit Lebensmitteln ist in der DDR das Gesetz vom 30. 11. 1962 über den Verkehr mit Lebensmitteln und Bedarfsgegenständen (GBl. I Nr. 12 S. 111). Diese Rechtsbestimmung, die im Interesse der Erhaltung und Förderung der Gesundheit der Bevölkerung erlassen wurde, ist als sogenanntes Rahmengesetz aufzufassen, da es ausschließlich grundsätzliche Regelungen zum Lebensmittelverkehr enthält. Einzelheiten werden in Durchführungsbestimmungen, Anordnungen, Anweisungen und Richtlinien geregelt. Diese können zügig dem wissenschaftlichen Erkenntnisstand und den volksgesundheitlichen und volkswirtschaftlichen Anforderungen angepaßt werden, ohne daß die grundsätzliche Rechtsbestimmung der Änderung bedarf. Daher erfüllt das Lebensmittelgesetz nach wie vor alle rechtlichen Voraussetzungen für die Inverkehrgabe ernährungsphysiologisch hochwertiger und hygienisch einwandfreier Lebensmittel.

Das Lebensmittelgesetz erfaßt unter dem Begriff „Lebensmittel" alle Stoffe, die zur Deckung des Nahrungsbedarfes dienen oder die zum Genuß bestimmt sind, gleich, ob sie vom Menschen gegessen, getrunken oder auf andere Weise aufgenommen werden. Mit dieser Begriffsbestimmung wird also nicht zwischen Nahrungsmitteln und Genußmitteln unterschieden, die sich unter gesundheitlichem Aspekt nicht immer eindeutig trennen lassen.

Im Lebensmittelgesetz werden die „diätetischen Lebensmittel" besonders definiert, die für eine Ernährung bestimmt sind, die besonderen körperlichen Zuständen, besonderen Umweltbedingungen oder der einem bestimmten Lebensalter Rechnung tragen.

Wasser, das unmittelbar oder als Bestandteil von Lebensmitteln genossen wird oder mit Lebensmitteln in Berührung kommen kann, ist ebenfalls ein Lebensmittel im Sinne des Lebensmittelgesetzes. Damit muß auch das für Reinigungszwecke im Lebensmittelverkehr verwendete Wasser Trinkwasseransprüchen genügen.

Das Lebensmittelgesetz regelt auch den Verkehr mit Bedarfsgegenständen. Hierunter werden im Sinne des Gesetzes vor allem Gegenstände verstanden, die bei der Herstellung, beim Transport oder im Handel mit Lebensmitteln in Berührung kommen oder beim Genuß verwendet werden. Gleichzeitig werden mit erfaßt alle Mittel, die der menschlichen Körperpflege dienen, alle Bekleidungsgegenstände, soweit sie mit der menschlichen Haut in Berührung kommen können sowie Mittel zur Reinigung und Pflege der Bedarfsgegenstände.

Die umfangreichen Festlegungen in Rechtsbestimmungen, die zur Gewährleistung der gesundheitlichen Unbedenklichkeit der Nahrung und zur hygienischen Gestaltung des Lebensmittelverkehrs erlassen wurden, sind den jeweiligen Normativen zu entnehmen.

Grundsätzlich ist der Verkehr mit Lebensmitteln so zu gestalten, daß bei ihrem bestimmungsgemäßen Verzehr eine Gesundheitsschädigung des Menschen ausgeschlossen ist. Für alle Verfahren zur Gewinnung, Herstellung und Verarbeitung von Lebensmitteln muß nachgewiesen sein, daß sie hygienisch und gesundheitlich unbedenklich sind. Dies gilt insbesondere für neue Verfahren, deren Anwendung nur mit Genehmigung des Ministeriums für Gesundheitswesen bzw. der von ihm beauftragten Organe zulässig ist. Im Sinne des „Verursacherprinzips" hat der Entwickler bzw. Anwender eines neuen Verfahrens den Nachweis der gesundheitlichen Unbedenklichkeit jeweils selbst zu erbringen. Die wissenschaftliche Überprüfung dieses Nachweises behält sich das Ministerium für Gesundheitswesen vor, das dazu erforderlichenfalls Einrichtungen bestimmt. Beispiele hierfür sind die nachfolgend aufgeführten Referenzlaboratorien bzw. für ausgewählte Plastformstoffe die auf Seite 585 genannten Bezirks-Hygieneinstitute (= BHI, HI = Hygiene-Institut):

Referenzlaboratorium	Zuständiges Institut
Diätetische Lebensmittel	BHI Dresden
Enzyme als Lebensmittelzusatzstoffe	BHI Magdeburg
Haushaltchemie	BHI Dessau
Hygienische Bewertung von Spielwaren	HI Zwickau
Lebensmittelbestrahlung	BHI Schwerin
Mykotoxine in Lebensmittel	BHI Berlin
Gemeinschaftsverpflegung	HI Eberswalde
Tierarzneimittel	BHI Rostock

Nachfolgend werden die Rechtsbestimmungen genannt und z. T. auszugsweise widergegeben, die vom Gesetzgeber zur Sicherung der hygienisch-toxikologischen Unbedenklichkeit der Nahrung erlassen wurden.

Anordnung über Fremdstoffe in Lebensmitteln[1]

Im Sinne des Lebensmittelgesetzes sind Fremdstoffe in Lebensmitteln alle Stoffe, die den betreffenden Lebensmitteln nach Art und Menge und von Natur aus oder auf Grund herkömmlicher physiologischer Behandlungsverfahren nicht eigen sind und als Bestandteile der Lebensmittel mitgegessen, -getrunken, -gekaut bzw. -geraucht oder geschnupft werden. Als Fremdstoffe gelten nicht Stoffe, für deren Zugabe zu Lebensmitteln der Gehalt an Nährstoffen maßgeblich ist. Weiterhin gelten nicht als Fremdstoffe Vitamine, Provitamine, Würz-, Duft- und Geschmacksstoffe natürlicher Herkunft und Stoffe, die diesen im chemischen Aufbau gleich sind, sowie Luft, Stickstoff, Kohlendioxid und Ethylalkohol.

Die Anordnung über Fremdstoffe in Lebensmitteln unterscheidet zwischen Zusatzstoffen, den Zusatzstoffen gleichgestellten Stoffen und Kontaminanten.

Zusatzstoffe sind Stoffe, die den Lebensmitteln, deren Rohstoffen und Zwischenprodukten und dem Tabak zugesetzt werden und vom Menschen in unveränderter oder veränderter Form aufgenommen werden. Den Zusatzstoffen sind gleichgestellt

— modifizierte Lebensmittelinhaltsstoffe,

---

[1] vom 10. August 1981 (GBl. Sdr. Nr. 1072)

— Stoffe, die im Rahmen technologischer Prozesse verwendet und aus den Lebensmitteln soweit entfernt werden, daß sie oder ihre Umwandlungsprodukte nur als unvermeidbare Anteile in den verzehrsfertigen Lebensmitteln verbleiben sowie

— den Lebensmitteln nicht eigene Stoffe, die bei der Anwendung neu zugelassener Behandlungsverfahren entstehen.

Kontaminanten sind Stoffe, die in oder auf Lebensmittel gelangen, unbeabsichtigt dort verbleiben und die nicht dazu bestimmt sind, von Menschen aufgenommen zu werden.

Zusatzstoffe dürfen nur in den notwendigen Mengen eingesetzt werden, sie müssen in den mit den Lebensmitteln zum Verzehr gelangenden Mengen gesundheitlich unbedenklich sein. Sie dürfen nicht zur Bildung gesundheitlich bedenklicher Stoffe in den Lebensmitteln führen und sie nicht nachteilig beeinflussen. Die Zusatzstoffe haben bestimmte Reinheitsanforderungen zu erfüllen.

Kontaminanten dürfen in Lebensmitteln nur in gesundheitlich unbedenklichen Mengen enthalten sein und dürfen die Lebensmittel ebenfalls nicht nachteilig beeinflussen.

Mit der Rechtsbestimmung wurden die nachfolgenden 13 Zusatzstoffe allgemein zugelassen: Adipinsäure, Äpfelsäure, Agar-Agar, Alginsäure und deren Calcium-, Kalium- und Natriumverbindungen, Amylopectin, Citronensäure, Guarmehl, Guarkernmehl, Gummi arabicum, Johannisbrotkernmehl, Lecithin, Milchsäure, Traganth, Weinsäure.

Etwa 450 weitere Zusatzstoffe dürfen für bestimmte Lebensmittel verwendet werden. Die Anordnung nennt die jeweilig zulässigen Höchstmengen in Gramm je Kilogramm Lebensmittel und gibt gegebenenfalls an, für welche konkreten Anwendungszwecke der Einsatz der Zusatzstoffe zulässig ist (z. B. zur Oberflächenbehandlung, zur Bleichung, als Klärmittel). Die für diätetische Lebensmittel zusätzlich zugelassenen Zusatzstoffe werden gesondert genannt.

Alle Zusatzstoffe müssen bestimmte Reinheitsanforderungen erfüllen, die hinsichtlich des Metallgehaltes je Kilogramm wie folgt festgelegt wurden:

3,0 mg Arsen
10 mg Blei
1,0 mg Cadmium
25 mg Kupfer
0,5 mg Quecksilber
25 mg Zink

Weitergehende Forderungen (z. B. Gehalt an freien Glycerolen in Polyglycerolester oder von Toluensulfonamid in Saccharin) sind gesondert ausgewiesen. Die Einhaltung dieser Reinheitskriterien ist Voraussetzung für die Anwendung von Zusatzstoffen.

Die Rechtsbestimmung ist im Sinne einer Positivliste aufzufassen, die die Anwendung von Zusatzstoffen nur entsprechend den Bedingungen der Anordnung zuläßt. Sollen andere Zusatzstoffe eingesetzt, für bestimmte Lebensmittel zugelassene Stoffe für andere Lebensmittel verwendet oder aber ein Zusatzstoff in höherer als der festgelegten Menge angewendet werden, bedarf es grundsätzlich der Genehmigung des Ministeriums für Gesundheitswesen. Entsprechend dem sogenannten Verursacherprinzip hat der Hersteller bzw. Anwender dabei nicht nur die technologische Notwendigkeit zu begründen, sondern gleichzeitig den Nachweis der gesundheitlichen Unbedenklichkeit zu führen.

Hinsichtlich der Kontaminanten in Lebensmitteln weist die Rechtsbestimmung zulässige Höchstmengen für die Metalle Blei, Zink, Kupfer, Zinn, Quecksilber, Arsen und Cadmium, für polychlorierte Biphenyle, für das biogene Amin Histamin sowie für den Nitrat- und Nitritgehalt aus. Die Metallgrenzwerte folgen unter Berücksichtigung der Ernährungsgewohnheiten der Bevölkerung der DDR internationalen Empfehlungen. Die Grenzwertfestlegung für polychlorierte Biphenyle erwiesen sich vorrangig für Fisch und Fischerzeugnisse (höchstens 1,0 mg/kg) als notwendig. Der Histamingrenzwert von 300 mg/kg sichert die Vermeidung von Lebensmittelvergiftungen durch biogene Amine in Fisch und Fischerzeugnissen, während die für verschiedene Lebensmittel festgelegten Nitrat- und Nitritgrenzwerte insbesondere einer überreichlichen Anwendung von Stickstoffdüngern bei pflanzlichen Lebensmitteln vorbeugen bzw. geringe Gehalte bei Kindernahrung sichern sollen (höchstzulässiger Nitratgehalt in Kleinkinderfertignahrung auf Gemüsebasis 300 mg/kg).

Anordnung über Rückstände von Pflanzenschutzmitteln, Vorratsschutzmitteln und Mitteln zur Steuerung biologischer Prozesse in Lebensmitteln — Rückstandsmengen-Anordnung[1]

Diese Rechtsbestimmung, für Begrenzung der Rückstände von Pesticiden in Lebensmitteln erlassen, stellt wie die Anordnung über Fremdstoffe in Lebensmitteln ein Normativ im Sinne von Positivlisten dar. Es dürfen nur solche Pflanzenschutzmittel, Vorratsschutzmittel und Mittel zur Steuerung biologischer Prozesse in Lebensmitteln angewendet werden, die auf der Grundlage der in der Anordnung ausgewiesenen Wirkstoffe hergestellt worden sind.

Die Einteilung der Wirkstoffe erfolgte entsprechend ihrer Toxizität in 3 Gruppen, wobei als vernachlässigbarer Rückstand gilt, wenn nachfolgende maximal zulässige Rückstandsmengen nicht überschritten werden:

Gruppe I: 0,1 mg   Wirkstoff/kg Lebensmittel
Gruppe II: 0,02 mg   Wirkstoff/kg Lebensmittel
Gruppe III: 0,004 mg Wirkstoff/kg Lebensmittel

Säuglings- und Kindernahrung einschließlich Milch darf in keinem Falle mehr als die vorgenannten maximal zulässigen Rückstandsmengen für die einzelnen Toxizitätsgruppen enthalten.

Beim Vorhandensein mehrerer Pflanzenschutzmittel, Vorratsschutzmittel und Mittel zur Steuerung biologischer Prozesse mit gleichem toxikologischem Wirkprinzip dürfen von jedem einzelnen Wirkstoff nur soviel Prozent der jeweils maximal zulässigen Rückstandsmenge enthalten sein, daß die Summe dieser Prozente 100 nicht übersteigen.

Die Rechtsbestimmung unterteilt die Lebensmittel entsprechend ihrem besonderen Verhalten gegenüber Pesticiden in 20 verschiedene Lebensmittelgruppen (z. B. Kernobst, Beerenobst, Steinobst oder Wurzelgemüse, Blattgemüse, Kohlgemüse) und läßt 37 Wirkstoffe als Insekticide/Akaracide, 25 Wirkstoffe als Fungicide mit 52 Wirkstoffen als Herbicide/Mittel zur Steuerung biologischer Prozesse zu. Weitere 24 Wirkstoffe

---

[1] vom 3. Juni 1980 (GBl. Sdr. Nr. 1054)

bleiben Sonderanwendungsgebieten (z. B. zur Begasung) vorbehalten. Für DDT und Hexachlorbenzol sind im Sinne des ubiquitären Vorkommens in Lebensmitteln ebenfalls maximal zulässige Rückstandsmengen ausgewiesen.

Neue Pesticide dürfen nur angewendet werden, wenn hierfür die Zustimmung des Ministeriums für Gesundheitswesen vorliegt, was die Festlegung maximal zulässiger Rückstandsmengen mit einschließt. Zur Festlegung dieser Werte sowie der hygienisch-toxikologischen Bewertung aller mit dem Einsatz von Pflanzenschutzmitteln, Vorrats-schutzmitteln und Mitteln zur Steuerung biologischer Prozesse im Zusammenhang stehenden Fragen wird das Ministerium für Gesundheitswesen durch einen besonders hierfür berufenen Prüfungsausschuß beraten.

Anordnungen über Plaste für Bedarfsgegenstände[1-10]

Diese Rechtsbestimmungen regeln die Verwendung von Plastwerkstoffen und Plast-formstoffen zu Bedarfsgegenständen, die bei bestimmungsgemäßem oder vorauszu-sehendem Gebrauch mit Lebensmitteln in Berührung kommen können. Während Plast-werkstoffe grundsätzlich vom Ministerium für Gesundheitswesen zugelassen werden, erteilen die Genehmigungen für die einzelnen Plastformstoffe nachstehend festgelegte Bezirks Hygieneinspektionen und -institute (BHI):

Plastformstoffe aus	Zuständiges Institut
Aminoplasten	BHI Suhl
Phenoplasten	BHI Gera
Polyethylen	BHI Berlin
Polyamid	BHI Dresden
Polystyrol	BHI Karl-Marx-Stadt
Polyvinylchlorid	BHI Rostock
Zellglas	BHI Schwerin
Epoxidharz, ungesättigtes Polyesterharz	BHI Cottbus
Polymethacrylat	BHI Karl-Marx-Stadt
Sonstigen Plastwerkstoffen	BHI Berlin

Alle in den Anordnungen nicht genannten Hilfs- und Zusatzstoffe sind nicht zuge-lassen, die zugelassenen dürfen z. T. in unbegrenzter, z. T. in begrenzter Menge Ver-wendung finden. Mit der Anordnung Nr. 9 wird der Gehalt an monomerem Vinyl-chlorid in Polyvinylchlorid auf höchstens 1 mg je kg begrenzt.

[1] Anordnung Nr. 1 über Plaste für Bedarfsgegenstände vom 4. 8. 1964 (GBl. II Nr. 90 S. 752)
[2] Anordnung Nr. 2 vom 20. 6. 1967 über Plaste für Bedarfsgegenstände (GBl. Sdr. Nr. 553)
[3] Anordnung Nr. 3 vom 22. 4. 1968 über Plaste für Bedarfsgegenstände (GBl. II Nr. 46 S. 255)
[4] Anordnung Nr. 4 vom 28. 7. 1970 über Plaste für Bedarfsgegenstände (GBl. II Nr. 69 S. 496)
[5] Anordnung Nr. 5 vom 13. 7. 1971 über Plaste für Bedarfsgegenstände (GBl. II Nr. 59 S. 514)
[6] Anordnung Nr. 6 vom 16. 10. 1972 über Plaste für Bedarfsgegenstände (GBl. II Nr. 65 S. 721)
[7] Anordnung Nr. 7 vom 15. 7. 1976 über Plaste für Bedarfsgegenstände (GBl. Sdr. Nr. 553/1)
[8] Anordnung Nr. 8 vom 20. 12. 1976 über Plaste für Bedarfsgegenstände (GBl. Sdr. Nr. 553/2)
[9] Anordnung Nr. 9 vom 18. 8. 1983 über Plaste für Bedarfsgegenstände (GBl. I Nr. 25 S. 247)
[10] Anordnung Nr. 10 vom 7. 12. 1987 über Plaste für Bedarfsgegenstände (GBl. I Nr 31 S. 313)

In bisher 7 Anweisungen für die Prüfung von Bedarfsgegenständen aus Plasten wurden besondere Richtlinien für die Untersuchung von Plastformstoffen festgelegt.[1-7]

Anordnung über Elastomere für Bedarfsgegenstände[8]

Die Rechtsbestimmung legt die Bedingungen fest, unter denen natürliche und synthetische Kautschuke, Gummiwerkstoffe und Gummierzeugnisse zu Bedarfsgegenständen im Sinne des Lebensmittelgesetzes verarbeitet werden dürfen. Während synthetische Kautschuke grundsätzlich vom Ministerium für Gesundheitswesen zugelassen werden, erteilt die Genehmigung für Gummiwerkstoffe und Gummierzeugnisse die Bezirks-Hygieneinspektion und -institut Halle. Die Anordnung wird ergänzt durch eine Richtlinie für die gesundheitliche Beurteilung von Elastomeren für Bedarfsgegenstände auf Basis Festkautschuk und zwar für Gummiwerkstoffe und Gummierzeugnisse

1. auf Basis von Naturkautschuk, 1,4-cis-Polyisopren, Polybutadien, Butadien-Styrol- und Butadien-Acrylnitril-Mischpolymerisation,

2. auf Basis von Polychlorbutadien und

3. auf Basis von Silikonkautschuk.

In der Richtlinie werden die zugelassenen Hilfs- und Zusatzstoffe wie Vulkanisationsbeschleuniger und Vulkanisiermittel, Füllstoffe, Verzögerer, Beschleunigeraktivatoren, Weichmacher und Faktis, Alterungs- und Lichtschutzmittel, Verarbeitungshilfsmittel sowie anorganische und organische Farbstoffe genannt. Grundsätzlich dürfen Gummierzeugnisse die mit ihnen in Berührung kommenden Lebensmittel nicht nachteilig beeinflussen.

Anordnung über den Verkehr mit Lebensmittelfarbstoffen und Lebensmittelfarben — Lebensmittelfarbstoff-Anordnung[9]

Die Rechtsbestimmung legt die gesundheitlichen Bedingungen fest, die bei der Herstellung von Lebensmittelfarbstoffen und Lebensmittelfarben zu beachten sind. Sie gilt gleichermaßen für die Anwendung solcher Farbstoffe und Farben für Lebensmittel. Unterschieden wird zwischen

— natürlichen organischen Lebensmittelfarbstoffen (21 Farbstoffe zugelassen),

— künstlichen organischen Lebensmittelfarbstoffen (10 Farbstoffe zugelassen),

---

[1] Anweisungen über die Richtlinie für die Prüfung von Bedarfsgegenständen aus Plasten Nr. 1 vom 18. 10. 1965 (VuM MfGe Nr. 22/65 S. 169)

[2] dto. Nr. 2 vom 2. 11. 1966 (VuM MfGe Nr. 23/66 S. 168)

[3] dto. Nr. 3 vom 11. 3. 1968 (VuM MfGe Nr. 7/68 S. 75)

[4] dto. Nr. 4 vom 5. 9. 1968 (VuM MfGe Nr. 20/68 S. 154)

[5] dto. Nr. 5 vom 1. 9. 1970 (VuM MfGe Nr. 19/70 S. 115)

[6] dto. Nr. 6 vom 30. 10. 1974 (VuM MfGe Nr. 20/74 S. 168)

[7] dto. Nr. 7 vom 24. 10. 1978 (VuM MfGe Nr. 1/79 S. 9)

[8] vom 20. November 1970 (GBl. II Nr. 95 S. 660)

[9] vom 8. November 1982 (GBl. I Nr. 1/1983 S. 1)

— künstlichen organischen Lebensmittelfarbstoffen für besondere Anwendungszwecke (8 Farbstoffe zugelassen),

— anorganische Pigmentfarbstoffe für besondere Anwendungszwecke (8 Farbstoffe zugelassen).

Die Lebensmittelfarbstoffe dürfen bestimmte Gehalte an Schwermetallen und etherlöslichen Bestandteilen nicht überschreiten. Wäßrige Lösungen von Lebensmittelfarben dürfen in bestimmter Weise konserviert werden und müssen festgelegte mikrobiologische Anforderungen erfüllen.

Die Färbung von Lebensmitteln darf nur unter sparsamster Verwendung von Lebensmittelfarbstoffen und Lebensmittelfarben vorgenommen werden und darf einen Gehalt an wertbestimmenden Bestandteilen nicht vortäuschen. Mit künstlichen organischen Lebensmittelfarbstoffen und anorganischen Pigmentfarbstoffen gefärbte Lebensmittel müssen als „gefärbt" gekennzeichnet werden.

Anordnung über den Verkehr mit Konservierungsmitteln[1]

Konservierungsmittel im Sinne der erlassenen Rechtsvorschrift sind Stoffe, die dazu bestimmt sind, mikrobiell bedingte nachteilige Veränderungen von Lebensmitteln zu verzögern oder zu verhindern. Als Konservierungsmittel sind zugelassen

— Ameisensäure
— Benzoesäure
— p-Hydroxybenzoesäure-ethyl- und propylester
— Propionsäure
— Sorbinsäure
— Schwefeldioxid

und für Einzelanwendungen Hexamethylentetramin, Calciumacetat, Sorboylpalmitat und oligodynamisches Silber.

Konservierungsmittel dürfen nur bestimmten Lebensmitteln zugesetzt werden, wobei festgelegte Höchstmengen nicht überschritten werden dürfen. Die Anordnung nennt nicht die zulässigen Konservierungsmittelrestmengen, die in Lebensmitteln evtl. nach den Behandlungsverfahren noch vorhanden sind (z. B. Restgehalt an Schwefeldioxid in Trockenprodukten). Derartige Angaben weist die Anordnung über Fremdstoffe in Lebensmitteln aus. Der Zusatz von Konservierungsmitteln zu Lebensmitteln ist nicht kennzeichnungspflichtig.

Anordnung über den Verkehr mit Aromastoffen, Essenzen und Grundstoffen — Essenzen-Anordnung[2]

Mit dieser Rechtsbestimmung, die sowohl für die Herstellung als auch für die Verwendung von Aromastoffen, Essenzen und Grundstoffen im Lebensmittelverkehr gilt, wird hinsichtlich der Aromastoffe zwischen

— natürlichen Aromastoffen (Stoffe, die in pflanzlichen oder tierischen Rohstoffen vorkommen und daraus mit Hilfe physikalischer Verfahren gewonnen werden),

---

[1] vom 1. 4. 1985 (GBl. I Nr. 12 S. 151)
[2] vom 8. November 1982 (GBl. I Nr. 1/1983 S. 6)

— naturidentischen Aromastoffen (Stoffe, die den natürlichen Aromastoffen in Lebensmitteln in ihrem chemischen Aufbau gleich sind; sie werden durch Synthese hergestellt oder durch chemische Verfahren aus pflanzlichen oder tierischen Rohstoffen isoliert) und

— künstlichen Aromastoffen (Stoffe, die durch Synthese hergestellt werden und nicht naturidentisch sind)

unterschieden. Durch thermische Behandlung oder mikrobielle Umsetzung aus tierischen oder pflanzlichen Rohstoffen hergestellte konzentrierte Aromastoffgemische werden naturidentischen Aromastoffen gleichgestellt. Den naturidentischen Aromastoffen gleichgestellt wurden auch die chemischen Substanzen Ethylmaltol (40), Ethylvanillin (200) und Saccharoseoctaacetat (25), wobei die Klammerausdrücke die höchstzulässige Menge in mg/kg Lebensmittel angeben.

Mit der Rechtsbestimmung wurden für die Herstellung von Aromastoffen, Essenzen und Grundstoffen die nachstehend aufgeführten Pflanzen oder Pflanzenteile und deren Zubereitungen ausgeschlossen: Birkenteeröl, Bittermandelöl mit freier oder gebundener Blausäure, Campherbaum, Engelsüßwurzel, Poleyminze, Quillaiarinde, Reinfarn, Sassafras, Steinklee, Tonkabohne, Wacholderteeröl, Waldmeister.

Entsprechend dem Anliegen der Rechtsvorschrift, weitestgehend natürliche und naturidentische Aromastoffe zu verwenden, wurde die Zahl der zugelassenen künstlichen Aromastoffe auf insgesamt 15 begrenzt, die aus einer Tabelle einschließlich der zugelassenen Höchstmenge im Lebensmittel hervorgehen.

Anordnung über die Herstellung und Verwendung von Nitritpökelsalz für Fleischerzeugnisse[1]

Diese den gesundheitlichen Erfordernissen bei der Pökelung und Umrötung von Fleisch und Fleischerzeugnissen Rechnung tragende Rechtsbestimmung läßt nur noch ein Nitritpökelsalz mit einem Gehalt von 0,4 bis 0,5% Natriumnitrit in einem Gemisch mit Speisesalz zu, nicht mehr jedoch die Verwendung von Nitraten. Mit dem Normativ wird der Restgehalt an Natriumnitrit in den Fertigerzeugnissen wie folgt begrenzt:

Fleischkonserven: höchstens 50 mg/kg

übrige Fleischerzeugnisse, sofern die Verwendung von Nitritpökelsalz erlaubt ist: höchstens 100 mg/kg

Anordnung über Enzyme als Zusatzstoffe für Lebensmittel und Bedarfsgegenstände[2]

Die zunehmende Verwendung von Enzymen im Lebensmittelverkehr machte über die Festlegungen in der Anordnung über Fremdstoffe in Lebensmitteln[3] hinaus die Vorgabe einheitlicher Verfahrensweisen für deren Herstellung und Anwendung aus gesundheitlicher Sicht erforderlich. Danach bedarf jedes Enzym grundsätzlich der Zu-

---

[1] vom 10. August 1982 (GBl. I Nr. 33 S. 593)
[2] vom 26. Juni 1986 (GBl. I Nr. 23 S. 341)
[3] S. S. 582

Tabelle 23.1. Für die Zulassung von Enzymen in Abhängigkeit vom Mikroorganismus durchzuführende Untersuchungen

	A) Mikroorganismen, die traditionell bei der Lebensmittelproduktion genutzt werden	B) Mikroorganismen, die als harmlose Kontaminanten in Lebensmitteln gefunden werden	C) Mikroorganismen, die nicht in A oder B eingeordnet werden können
Pathogenität	−	−	+
Akute orale Toxizität (Maus und Ratte)	+	+	+
Subakute orale Toxizität (Ratte 4 Wochen)	−	+	+
Subchronische orale Toxizität (Ratte)	−	+	+
Mikrobielle und in-vitro-Mutagenität[1]	+	+	+
in-vitro-Mutagenität	−	−	+
Teratogenität (Ratte)	−	−	+[2]
Toxizitätsstudien am Finalprodukt	−	−	+[2]
Karzinogenität (Ratte) Fertilitäts- und Reproduktionsstudien	−	−	+[2]

+ = Test erforderlich
− = Test nicht erforderlich

[1] nach mindestens 2 verschiedenen Verfahren
[2] Diese Prüfungen können vom Ministerium für Gesundheitswesen gefordert werden.

lassung durch das Ministerium für Gesundheitswesen, wobei alle notwendigen Unterlagen zur Vorprüfung bei der Bezirks-Hygieneinspektion und -institut Magdeburg einzureichen sind. Nachstehende Tab. 23.1 gibt für Enzyme mikrobiellen Ursprungs Auskunft über die in Abhängigkeit vom Mikroorganismus für die Zulassung durchzuführenden Untersuchungen.

Anordnung über die Behandlung von Lebensmitteln und Bedarfsgegenständen mit ionisierender Strahlung[1]

Mit dieser Rechtsbestimmung wird die Anwendung ionisierender Strahlung mit einer Energiedosis von 0,5 Gy (50 rd) bis 50 kGy (5 Mrd) im Lebensmittelverkehr zugelassen, wobei jede Bestrahlung des Nachweises der gesundheitlichen Unbedenklichkeit und der Genehmigung durch das Ministerium für Gesundheitswesen bedarf. Die für die Strahlenbehandlung vorgesehene Energiedosis ist entsprechend dem Bestrahlungsziel auf das unbedingt erforderliche Maß zu beschränken. Dabei ist grundsätzlich davon auszugehen, daß die Strahlenbehandlung für ein Lebensmittel nur einmal in Frage kommt.

[1] vom 21. März 1984 (GBl. I Nr. 11 S. 151)

Strahlenbehandelte Lebensmittel sind durch eine Genehmigungsnummer des Ministeriums für Gesundheitswesen kenntlich zu machen. Diese Kennzeichnung entfällt, wenn der Anteil strahlenbehandelter Lebensmittel weniger als ein Zehntel des verpackten Lebensmittels beträgt. Zur Weiterverarbeitung bestimmte Lebensmittel sind, um eine weitere Strahlenbehandlung auszuschließen, grundsätzlich als „strahlenbehandelt" einschließlich der absorbierten mittleren Energiedosis zu kennzeichnen.

24. Lebensmittelrecht der Bundesrepublik Deutschland

24.1. Einführung

Grundlage des Lebensmittelrechtes in der Bundesrepublik Deutschland ist seit dem 1. Januar 1975 das Gesetz über den Verkehr mit Lebensmitteln, Tabakerzeugnissen, kosmetischen Mitteln und sonstigen Bedarfsgegenständen — LMBG — vom 15. August 1974[1], daß das Lebensmittelgesetz von 1927 (LMG), das während seiner Gültigkeit erhebliche Änderungen erfuhr, abgelöst hat. Hauptziel des LMBG ist u. a. die Erweiterung des Schutzes der Allgemeinheit vor möglichen Gesundheitsschäden sowie vor Täuschungen und Irreführung ohne unnötige Behinderung der wirtschaftlichen Entwicklung. Das LMBG ist von seiner Konzeption ebenso wie das LMG als zentrales Dach- und Rahmengesetz angelegt. Es enthält allgemeine Regelungen mit Verboten und Geboten, einen Verwaltungsteil und die Aufführung der Sanktionen. Die speziellen Bestimmungen sind dem Verordnungsgeber überlassen. Daneben sind für das Lebensmittelrecht eine Reihe von selbständigen Nebengesetzen von Bedeutung, die für Spezialgebiete ergingen und vorwiegend der Ergänzung des LMBG dienen, denen aber zum Teil auch eine eigenständige Bedeutung zukommt.

Zu den Nebengesetzen gehören:

— Biersteuergesetz vom 14. März 1952[2];
— Blei- und Zinkgesetz vom 25. Juni 1887[3];
— Branntweinmonopolgesetz vom 8. April 1922[4];
— DDT-Gesetz vom 7. August 1972[5];
— Farbengesetz vom 5. Juli 1887[6];
— Fleischhygienegesetz in der Neufassung vom 28. September 1981[7];
— Geflügelfleischhygienegesetz in der Neufassung vom 15. Juli 1982[8];
— Getreidegesetz vom 3. August 1977[9];
— Handelsklassengesetz in der Neufassung vom 23. November 1972[10];
— Margarinegesetz in der Neufassung vom 27. Februar 1986[11];
— Milchgesetz vom 31. Juli 1930[12];

---

[1] BGBl. I S. 1945
[2] BGBl. I S. 148
[3] RGBl. I S. 273
[4] RGBl. I S. 405
[5] BGBl. I S. 1385
[6] RGBl. I S. 277
[7] BGBl. I S. 1045
[8] BGBl. I S. 993
[9] BGBl. I S. 1521
[10] BGBl. I S. 2201
[11] BGBl. I S. 326
[12] RGBl. I S. 421

— Salzsteuergesetz in der Fassung vom 25. Januar 1960[1];
— Weingesetz in der Neufassung vom 27. August 1982[2].

Von der besonderen gesetzlichen Ermächtigung zum Erlaß von Rechtsverordnungen
hat der Verordnungsgeber — in der Regel der Bundesminister für Jugend, Familie,
Frauen und Gesundheit — seit Bestehen des LMBG hinreichend Gebrauch gemacht.
Im Rahmen der sog. horizontalen Vorschriften sind für eine Vielzahl von Produkten
Einzelregelungen getroffen worden, so z. B. durch die

— Lebensmittelkennzeichnungs-Verordnung,
— Nährwert-Kennzeichnungsverordnung,
— Fertigpackungsverordnung,
— Zusatzstoff-Zulassungsverordnung.

Bei den vertikalen Vorschriften, die sich nur auf eine bestimmte Gattung von Produkten beziehen, ergingen u. a. die

— Butterverordnung,
— Eiprodukteverordnung,
— Fleischverordnung,
— Hackfleischverordnung,
— Käseverordnung,
— Kaffeeverordnung,
— Kakaoverordnung,
— Konfitürenverordnung,
— Verordnung über Milcherzeugnisse,
— Speiseeisverordnung.

Daneben sind die lebensmittelrechtlichen Vorschriften der Europäischen Gemeinschaft (EG) für das Lebensmittelrecht in der Bundesrepublik Deutschland von erheblicher Bedeutung. Nach dem Vertrag zur Gründung der Europäischen Gemeinschaft
(EWG) vom 25. März 1957[3] ist die Errichtung eines gemeinsamen Marktes Ziel dieser
Gemeinschaft auf wirtschaftlichem Gebiet (Art. 2 EWG-Vertrag). Zur Verwirklichung
dieses Zieles dienen u. a. der freie Warenverkehr mit dem Verbot der mengenmäßigen
Einfuhrbeschränkung innerhalb der Gemeinschaft (Art. 3a, 30 EWG-Vertrag) und
die Angleichung der innerstaatlichen Rechtsvorschriften, worunter auch die Harmoni-
sierung des Lebensmittelrechts fällt (Art. 3 EWG-Vertrag).
Zur Erfüllung ihrer Aufgaben kann der Rat und die Kommission der EG u. a. gemäß
Art. 189 EWG-Vertrag Verordnungen und Richtlinien erlassen.
Die EWG-Verordnungen haben allgemeine Geltung. Sie sind in allen ihren Teilen
verbindlich und gelten unmittelbar in jedem Mitgliedstaat. Sie gehen in der Europäischen
Gemeinschaft allen innerstaatlich erlassenen Gesetzen vor. Dies hat sich insbesondere
im deutschen Weinrecht, einem speziellen Teil des gesamten Lebensmittelrechts, aus-
gewirkt. Für diesen Bereich ergingen eine Vielzahl von EWG-Verordnungen, die für das
Weinrecht in der Bundesrepublik Deutschland bestimmend sind und es vorwiegend
geprägt haben. Hinsichtlich des übrigen Lebensmittelrechts verfolgen die ergangenen

---

[1] BGBl. I S. 50
[2] BGBl. I S. 567
[3] BGBl. II S. 766

EWG-Verordnungen weitgehend Marktordnungsgesichtspunkte. Als Beispiel sind aufzuführen:

— VO (EWG) Nr. 1411/71 zur Festlegung ergänzender Vorschriften für die gemeinsame Marktorganisation für Milch und Milcherzeugnisse vom 29. Juni 1971[1];

— VO (EWG) Nr. 1035/72 über eine gemeinsame Marktorganisation für Obst und Gemüse vom 18. Mai 1972[2];

— VO (EWG) Nr. 2772/75 über Vermarktungsnormen für Eier vom 29. Oktober 1975[3];

— VO (EWG) Nr. 103/76 über gemeinsame Vermarktungsnormen für bestimmte frische oder gekühlte Fische vom 19. Januar 1976[4].

Den von der EG erlassenen Richtlinien kommt für die Harmonisierung des Lebensmittelrechts innerhalb der Europäischen Gemeinschaft eine erhebliche Bedeutung zu. Allerdings stellen die Richtlinien kein unmittelbar geltendes Recht dar. Sie richten sich nur an die Mitgliedsstaaten der EG und sind für diese lediglich in dem zu erreichenden Ziel verbindlich. Den einzelnen Mitgliedsstaaten bleibt es überlassen, Form und Mittel zu wählen, um sie in das nationale Recht umzusetzen. So wurde z. B. bei der Verordnung über diätetische Lebensmittel — Diätverordnung — in der Neufassung vom 21. Januar 1982[5] die EG-Richtlinie 77/94/EWG „Richtlinie des Rates vom 21. Dezember 1976 zur Angleichung der Rechtsvorschriften der Mitgliedsstaaten über Lebensmittel, die für eine besondere Ernährung bestimmt sind"[6] berücksichtigt.

Die EG-Richtlinie 92/112/EWG „Richtlinie des Rates vom 18. Dezember 1978 zur Angleichung der Rechtsvorschriften der Mitgliedsstaaten über die Etikettierung und Aufmachung von für den Endverbraucher bestimmten Lebensmitteln sowie die Werbung hierfür"[7] wurde durch zwei Verordnungen in das Recht der Bundesrepublik Deutschland umgesetzt und zwar in der

— Verordnung über die Kennzeichnung von Lebensmitteln (Lebensmittel-Kennzeichnungsverordnung — LMKV) vom 6. September 1984[8];

— Verordnung über Fertigpackungen (Fertigpackungsverordnung — FPV) vom 18. Dezember 1981[9].

Die Wahrung des Rechtes bei der Auslegung und Anwendung des EWG-Vertrages obliegt nach Art. 164 EWG-Vertrag dem Europäischen Gerichtshof in Luxemburg (EuGH). Dessen Rechtsprechung zu lebensmittelrechtlichen Fragen im Rahmen des Art. 30 EWG-Vertrag hat das Lebensmittelrecht in der Bundesrepublik Deutschland erheblich beeinflußt. Durch das sog. Cassis-Urteil vom 20. Februar 1979[10] hat der EuGH klargestellt, daß jede Handelsregelung der Migliedstaaten, die geeignet ist, den innergemeinschaftlichen Handel unmittelbar oder mittelbar tatsächlich oder potentiell zu

---

[1] ABl. Nr. L 148/4

[2] ABl. Nr. L 118/1

[3] ABl. Nr. L 282/56

[4] ABl. Nr. L 20/79

[5] BGBl. I S. 71

[6] ABl. Nr. L 26 S. 55

[7] ABl. Nr. L 33 S. 1

[8] BGBl. I S. 1221

[9] BGBl. 1 S. 1585

[10] Rs 120/78 — veröffentlicht in der Sammlung lebensmittelrechtlicher Entscheidungen — LRE Bd. 12 S. 1 = Zeitschrift für das gesamte Lebensmittelrecht — ZLR 1979, 343

behindern, eine Maßnahme mit gleicher Wirkung wie eine mengenmäßige Einfuhrbeschränkung im Sinne des Art. 30 EWG-Vertrag darstellt. Dies bedeutet, daß bis zur Harmonisierung des Lebensmittelrechtes bzw. bestimmter einzelner Fallgruppen der nationale Gesetzgeber eigenständig den Verkehr mit Lebensmitteln regeln kann. Jedoch sind grundsätzlich alle Lebensmittel, die in einem Mitgliedsstaat der EG rechtmäßig hergestellt und in den Verkehr gebracht sind, in allen anderen Mitgliedsstaaten zuzulassen, also unbeschadet entgegenstehender nationaler Regelungen in einzelnen Mitgliedsstaaten. Von diesem allgemeinen Grundsatz können Ausnahmen nur bei Vorliegen zwingender Erfordernisse anerkannt werden, so insbesondere zum Schutz der öffentlichen Gesundheit, der Lauterkeit des Handelsverkehrs oder zur Gewährleistung eines wirksamen Verbraucherschutzes. Bei Vorliegen berechtigter Ausnahmegründe für die Aufrechterhaltung nationaler Bestimmungen sind jedoch nur die Maßnahmen gerechtfertigt, die den freien Warenverkehr in der EG am wenigsten behindern, z. B. durch ausreichende Kenntlichmachung einer Abweichung in der Beschaffenheit eines Lebensmittelerzeugnisses, sofern dadurch ein Irrtum des Verbrauchers ausgeschlossen wird.

24.2. Begriffsbestimmungen des LMBG

Das LMBG erfaßt neben Lebensmitteln auch Tabakerzeugnisse, kosmetische Mittel sowie sonstige Bedarfsgegenstände. Der erste Abschnitt des Gesetzes enthält die Begriffsbestimmungen für Lebensmittel, Zusatzstoffe, Tabakerzeugnisse, kosmetische Mittel, Bedarfsgegenstände und Verbraucher sowie sonstige Begriffsbestimmungen (Herstellen, Inverkehrbringen, Behandeln und Verzehren).

24.2.1. Lebensmittel

Unter dem Begriff Lebensmittel fallen alle Stoffe, die dazu bestimmt sind, in unverändertem, zubereitetem oder verarbeitetem Zustand von Menschen verzehrt zu werden. Ihnen gleichgestellt sind auch Umhüllungen, Überzüge oder sonstige Umschließungen, die zum Mitverzehr bestimmt sind. Ebenso wie das LMG 1927 unterscheidet das LMBG nicht zwischen Nahrungsmitteln und Genußmitteln, sondern beide sind unter dem Begriff Lebensmittel zusammengefaßt, zumal ihre Abgrenzung in vielen Fällen schwierig, zugleich aber auch entbehrlich erscheint. Dagegen verwendet das LMBG nicht den Begriff des diätetischen Lebensmittels, abgesehen von der Verbotsvorschrift über gesundheitsbezogene Werbung in § 18 LMBG. Die Begriffsbestimmung über diätetische Lebensmittel findet sich in § 1 der Diätverordnung.

Nicht zu den Lebensmitteln zählen die Arzneimittel. Die Abgrenzung erfolgt durch § 2 Abs. 3 Nr. 1 des Arzneimittelgesetzes — AMG — vom 24. August 1976[1] und § 1 Abs. 1 Halbsatz 1 LMBG. Danach sind alle Stoffe, die dazu bestimmt sind, von Menschen zu anderen Zwecken als zur Ernährung oder zum Genuß verzehrt zu werden, Arzneimittel, wenn sie die übrigen Voraussetzungen des § 2 AMG erfüllen.

24.2.2. Zusatzstoffe

Das LMBG ersetzt in § 2 Abs. 1 den im LMG verwandten Fremdstoffbegriff durch den weitergefaßten, auch international gebräuchlichen Begriff des Zusatzstoffes (food addi-

---

[1] BGBl. I S. 169

tive). Dieser Begriff stellt nicht mehr allein auf die Beschaffenheit, auf den ernährungs-
physiologischen Nutzwert ab, sondern in erster Linie auf die Zweckbestimmung des
Stoffes. Unter Zusatzstoffe fallen grundsätzlich alle Stoffe, die dazu bestimmt sind,
Lebensmitteln zur Beeinflussung ihrer Beschaffenheit oder zur Erzielung bestimmter
Eigenschaften oder Wirkungen zugesetzt zu werden. Ausgenommen von dieser weiten
Begriffsbestimmung sind jedoch diejenigen Stoffe, die natürlicher Herkunft oder den
natürlichen chemisch gleich sind und nach allgemeiner Verkehrsauffassung überwiegend
wegen ihres Nähr-, Geruchs- oder Geschmackswertes oder als Genußmittel verwendet
werden, sowie Trink- und Tafelwasser. Durch diese Ausnahmeklausel wird zwischen
„Zusatzstoff" und „Nicht-Zusatzstoff" unterschieden. Damit wird gleichzeitig sichergestellt, daß die Ausnahmeregelung auf den Kreis der gebräuchlichen Lebensmittel
im Sinne des allgemeinen Sprachgebrauches („normale" Lebensmittel) beschränkt bleibt
und diese mithin nicht dem Zusatzstoffverbot in § 11 LMBG[1] unterliegen.

Der Begriff des Zusatzstoffes wird in Abs. 2 der vorgenannten Bestimmung erweitert
durch eine Gleichstellung mit den nachfolgend aufgeführten Stoffen und Stoffgruppen:

— Mineralstoffe und Spurenelemente sowie deren Verbindungen, außer Kochsalz,
— Aminosäuren und deren Derivate,
— Vitamine A und D sowie deren Derivate,
— Zuckeraustauschstoffe, ausgenommen Fructose,
— Süßstoffe,
— der Oberfläche von Lebensmitteln zugesetzte Stoffe, sofern sie keine „normalen"
  Lebensmittel sind, sowie Stoffe, die nicht dazu bestimmt sind, Lebensmitteln zu-
  gesetzt zu werden oder auf das Lebensmittel übergehen oder mit dem Lebensmittel
  verzehrt werden zu können.

Die Bestimmung des § 2 Abs. 3 LMBG enthält darüber hinaus eine Ermächtigung
für den zuständigen Bundesminister durch Rechtsverordnung weitere Stoffe in die
Gleichstellung einzubeziehen. Damit besteht die Möglichkeit, gesundheitlich nicht unbedenkliche Stoffe den Zusatzstoffen gleichzustellen. Auf Grund dieser Ermächtigung
wurde in der Verordnung über das Inverkehrbringen von Zusatzstoffen und einzelnen
wie Zusatzstoffe verwendeten Stoffen (Zusatzstoff-Verkehrsverordnung — ZVerkV)
vom 10. Juli 1984[2] den Zusatzstoffen gleichgestellt:

— Adipinsäure,
— Nicotinsäure,
— Nicotinsäureamid,
— Nitritpökelsalz.

Darüber hinaus soll die Ermächtigung in § 2 Abs. 3 LMBG die Durchführung er-
lassener EG-Verordnungen oder EG-Richtlinien des Rates oder der Kommission der
Europäischen Gemeinschaften in das deutsche Recht ermöglichen.

24.2.3. Kosmetische Mittel

Die kosmetischen Mittel sind aus den Bedarfsgegenständen herausgenommen worden,
um für den Verbraucher einen stärkeren Schutz als bei den sonstigen Bedarfsgegenstän-

---

[1] s. dazu Abschnitt 5.1.
[2] BGBl. I S. 897

38*

den herbeizuführen. Demzufolge geht der Gesetzgeber bei der Definition der kosmetischen Mittel in § 4 LMBG — ebenso wie bei denen der Lebensmittel und Arzneimittel — von der Zweckbestimmung aus. Diese Mittel müssen der äußeren Reinigungspflege des Menschen oder seiner Mundhöhle dienen. Innerlich anzuwendende Mittel scheiden als Kosmetika im Sinne des Gesetzes aus. Der Begriff der kosmetischen Mittel ist weit auszulegen. Für die Zweckbestimmung kommt es entscheidend auf die allgemeine Verkehrsauffassung an, d. h. auf die Auffassung, die die beteiligten Verkehrskreise über die Verwendung des einzelnen Erzeugnisses gewonnen haben. Dabei kommt der Aufmachung, wie das Erzeugnis in den Verkehr gebracht wird bzw. wie dafür geworben wird, eine nicht unerhebliche Bedeutung zu. Ähnlich wie bei dem Lebensmittelbegriff sind die kosmetischen Mittel von den Arzneimitteln deutlich abgegrenzt. Unter letzterem Begriff fallen die Stoffe, die überwiegend dazu bestimmt sind, Krankheiten, Leiden, Körperschäden oder krankhafte Beschwerden zu lindern oder zu heilen. Dient dagegen ein Mittel nicht nur der Pflege sondern auch der Verhütung von Erkrankungen, so kann es noch als kosmetisches Mittel gelten. Den kosmetischen Mitteln stehen Stoffe oder Zubereitungen aus Stoffen, die zur Reinigung oder Pflege von Zahnersatz dienen, gleich.

24.2.4. Bedarfsgegenstände

Der Gesetzgeber hat von einer allgemeinen Definition der Bedarfsgegenstände abgesehen und in § 5 LMBG durch zusammenfassende Bezeichnungen und Beschreibungen des Verwendungszweckes in der Form eines Katalogsystems die Gegenstände umschrieben, die als Bedarfsgegenstände anzusehen sind. Es sind dies im einzelnen:

— Gegenstände zur Verwendung bei der Herstellung, dem Behandeln, dem Inverkehrbringen und dem Verzehr von Lebensmitteln;
— Verpackungsmaterial für kosmetische Mittel und für Tabakerzeugnisse;
— Gegenstände, die mit den Mundschleimhäuten in Berührung kommen;
— Gegenstände zur Körperpflege;
— Spielwaren und Scherzartikel;
— Bekleidungsgegenstände;
— Reinigungs-, Pflege- und Imprägnierungsmittel;
— Spül- und Desinfektionsmittel;
— Geruchsverbesserungs- und Insektenvertilgungsmittel.

Wie bei den Zusatzstoffen setzt die Ermächtigungsklausel in Abs. 3 des § 5 LMBG den Verordnungsgeber in die Lage, auf die nicht voraussehbare technische Entwicklung im Bereich der Bedarfsgegenstände angemessen zu reagieren und weitere Gegenstände den Bedarfsgegenständen gleichzustellen.

Eine besondere Bedeutung im Rahmen der Bedarfsgegenstände haben die Kunststoffe erlangt. Sie haben als Füllgüter weitgehend die früher üblichen Materialien wie Blech, Glas, Holz und Papier verdrängt. In § 5 Abs. 1 Nr. 1 und 2 LMBG sind sie nicht besonders erfaßt worden[1].

---

[1] Zum Problem Kunststoffe in Bedarfsgegenstände vgl. die Empfehlungen der Kunststoff-Kommission des Bundesgesundheitsamtes in Abschnitt 3.4.

24.3. Verkehr mit Lebensmitteln

Der zweite Abschnitt des LMBG enthält alle Gebots- und Verbotsnormen für das Herstellen, Behandeln und Inverkehrbringen von Lebensmitteln.

24.3.1. Verbote zum Schutz der Gesundheit bei Lebensmitteln

Nach § 8 LMBG ist es verboten, Lebensmittel, deren Verzehr geeignet ist, die menschliche Gesundheit zu schädigen, für andere herzustellen oder zu behandeln bzw. selbst in den Verkehr zu bringen. Dabei wird unter Schädigung im Sinne dieser Vorschrift nicht nur eine Krankheit im medizinischen Sinne verstanden, sondern auch das Herbeiführen einer vorübergehenden, allerdings nicht ganz geringfügigen Beeinträchtigung der Gesundheit. Allerdings ist es nicht erforderlich, daß eine Schädigung tatsächlich eingetreten ist. Es genügt, wenn bei Verzehr des Lebensmittels die Möglichkeit einer Gesundheitsschädigung vorliegt. Aus dem Schutzgedanken des § 8 LMBG heraus ist es auch nicht gestattet, gesundheitsschädliche Lebensmittel mit einer entsprechenden Kenntlichmachung in den Verkehr zu bringen.

24.3.2. Verbote zum Schutz der Gesundheit bei Kosmetika

In § 24 LMBG wurde für Kosmetika im Grundsatz eine ähnliche Schutzregel wie für Lebensmittel in § 8 LMBG getroffen. Allerdings setzt die Schutzbestimmung des § 24 LMBG einen bestimmungsgemäßen oder vorauszusehenden Gebrauch voraus. Das bedeutet andererseits, daß Schäden, die durch unsachgemäße oder unübliche Anwendung verursacht werden, nicht unter das Verbot des § 24 LMBG fallen. Damit ist zwangsläufig die Verantwortlichkeit des Herstellers herabgesetzt. Wie bei § 8 LMBG für Lebensmittel genügt auch bei Kosmetika nicht der bloße Verdacht oder die vage Möglichkeit des Eintrittes einer Gesundheitsschädigung bei bestimmungsgemäßen Gebrauch des Erzeugnisses.

24.3.3. Verbote zum Schutz der Gesundheit bei Bedarfsgegenständen

Durch die Regelung in § 30 LMBG soll der Verbraucher bei dem bestimmungsgemäßen oder vorauszusehenden Gebrauch von Bedarfsgegenstände vor Gesundheitsschädigungen geschützt werden. Dabei erstreckt sich das Verbot, soweit es sich auf das Herstellen, Behandeln oder Inverkehrbringen bezieht (§ 30 Nr. 1 und 2 LMBG), ausdrücklich auf die stoffliche Beschaffenheit, insbesondere durch toxikologisch wirksame Stoffe oder durch Verunreinigungen. Die Eignung zur Gesundheitsschädigung kann bei Übergang von toxikologisch wirksamen Stoffen wie Blei, Cadmium oder Arsen, aber auch durch Bestandteile von Kunststoffen (Weichmacher, Antioxydantien) aus Bedarfsgegenständen auf Lebensmittel vorliegen. Aber auch ätzende und reizende Eigenschaften von Bedarfsgegenständen, die nicht immer durch toxikologisch wirksame Stoffe bedingt sind, werden von dem Begriff der stofflichen Zusammensetzung erfaßt.

Spielwaren, die wie weiter oben schon dargestellt, als Bedarfsgegenstände gelten, sind, sofern sie aus Weich-PVC mit hohem Weichmacheranteil bestehen, in hohem Maße geeignet, die menschliche Gesundheit zu schädigen. Werden Teile dieser Spielwaren verschluckt und geraten in den Magen-Darm-Trakt, so können mit dem Vorgang des enzymatischen Weichmacherabbaues lebensgefährliche Darmverletzungen hervorgerufen werden.

Die Verbotsregelung für Bedarfsgegenstände erstreckt sich nach § 30 Nr. 3 LMBG auf die Verwendung von Lebensmittelbedarfsgegenständen in gesundheitsgefährdender Art und Weise, sofern sie nicht schon dem Verbot nach § 30 Nr. 1 LMBG unterliegen. Hier kommen insbesondere Holz- und Bambusstäbchen, Drähte und Metallstifte in Betracht, die bei der Herstellung von Fleischerzeugnissen wie Schaschlik und Süßwaren (z. B. Eis- und Bonbonlutscher, Marzipanfiguren) eingearbeitet werden.

Schließlich enthält die Schutzvorschrift des § 30 LMBG in Nr. 4 das ausdrückliche Verbot, Reinigungs- und Pflegemittel sowie Spielwaren so in den Verkehr zu bringen, daß sie mit Lebensmitteln verwechselt werden können. Vor Inkrafttreten des LMBG sind in der Bundesrepublik Deutschland z. B. Spülmittel mit Zitronenabbildungen oder mit Zugabe von Zitronensaft oder Zitronenaroma vertrieben worden, die insbesondere bei Kindern, aber auch bei Ausländern zu Verwechslungen mit Limonaden geführt haben. Das gleiche gilt für Spielwaren aus Kunststoffen mit hohem Weichmacheranteil, sofern diese in Aussehen und in der Größe mit entsprechenden Lebensmitteln wie z. B. Käse verwechselt werden können. Hier kommen insbesondere die Lebensmittel-Imitationen für Kinder-Kaufläden in Betracht.

24.3.4. Verbote zum Schutz der Gesundheit durch Übergang von Stoffen auf Lebensmitteln

Nach § 31 LMBG ist es verboten, Gegenstände als Bedarfsgegenstände gewerbsmäßig so zu verwenden oder für solche Zwecke in den Verkehr zu bringen, daß von ihnen Stoffe auf Lebensmittel oder deren Oberfläche übergehen, ausgenommen gesundheitlich, geruchlich und geschmacklich unbedenkliche Anteile, die technisch unvermeidbar sind. Als Gegenstände in diesem Sinne gelten alle Geräte und Materialien für die gewerbsmäßige Bearbeitung, Verarbeitung, Zubereitung, Weitergabe und Abgabe von Lebensmitteln, Eß- und Trinkgeräte, Transportmitteln wie Fässer, Kannen, Konservendosen, Tanks und Säcke sowie nicht zuletzt das Verpackungsmaterial. Bei letzterem sind die früher verwandten Rohstoffe wie Blech, Glas, Holz und Papier weitgehend von Kunststoffen verdrängt worden und aus unserem heutigen Wirtschaftsleben nicht mehr hinwegzudenken. Die Gefahr des Überganges auf Lebensmittel bei Kunststoffen und die dadurch möglicherweise herbeigeführten gesundheitlichen Beeinträchtigungen von Verbrauchern dieser Lebensmittel liegt auf der Hand. Die Prüfung, ob im Einzelfalle eine derartige Gefahr gegeben bzw. auszuschließen ist, obliegt dem Hersteller bzw. Anwender dieser Gegenstände, es sei denn, der zuständige Bundesminister habe von seiner Ermächtigung durch Erlaß einer Rechtsverordnung nach § 31 Abs. 2 LMBG Gebrauch gemacht und damit eine entsprechende Regelung getroffen[1].

Um die Prüfung für Hersteller und Anwender von Kunststoffen zu erleichtern, hat der Präsident des Bundesgesundheitsamtes im Frühjahr 1957 die „Kommission des Bundesgesundheitsamtes für die gesundheitliche Beurteilung von Kunststoffen und anderen Polymeren im Rahmen des Lebensmittelgesetzes" (Kunststoff-Kommission des BGA) einberufen[2].

---

[1] Die nach § 30 Abs. 2 LMBG erlassenen Rechtsverordnungen sind in Abschnitt 4.3. aufgeführt
[2] Bundesanzeiger Nr. 163 vom 27. August 1957

Unter den Begriff „Kunststoff" fallen alle durch Abwandlung von Naturprodukten, Polymerisation, Polykondensation oder Polyaddition gewonnenen hochpolymeren Stoffe, also nicht nur Thermoplaste und Duroplaste, sondern auch Elastomere, ferner hochpolymere Stoffe für Beschichtungen und als Bindemittel für Lacke.

Der Kommission des Bundesgesundheitsamtes gehören Lebensmittelchemiker, Pharmakologen, Toxikologen, Analytiker und Sachverständige der Kunststoffindustrie an. Sie erarbeiten Empfehlungen für die gesundheitliche Beurteilung der Kunststoffe und deren Hilfsstoffe sowie die erforderlichen Untersuchungsmethoden. Den Empfehlungen liegen Positivlisten der Ausgangsstoffe, der Hilfsmittel und Kunststoffadditiven, zum Teil mit Mengenbegrenzungen zugrunde.

Die von der Kunststoff-Kommission erstellten Untersuchungsvorschriften für Kunststoffe erfassen allgemeine und spezielle Untersuchungsmethoden, Methoden für die Reinheitsprüfung von Ausgangs-, Hilfs- und Zusatzstoffen, weiteren Unterlagen zur Beurteilung von Kunststoffen als Bedarfsgegenstände, besondere Reinheitsanforderungen sowie für Kunststoffe und andere nichtmetallische Werkstoffe für den Trinkwasserbereich.

Die Empfehlungen des Bundesgesundheitsamtes stellen keine Rechtsnormen dar, sind mithin für die Hersteller und Verwender nicht verbindlich, stellen aber nach dem derzeitigen Stand der Wissenschaft und Technik fest, unter welchen Bedingungen ein Bedarfsgegenstand aus hochpolymeren Stoffen den Anforderungen des § 31 LMBG entspricht. Die Empfehlungen sind in der Reihenfolge ihres Erscheinens mit arabischen Ziffern numeriert. Um Irrtümer auszuschließen werden die Empfehlungen, die im Bundesgesundheitsblatt veröffentlicht werden, mit römischen Ziffern gekennzeichnet. Bisher liegen folgende Empfehlungen zu den einzelnen Kunststoffgruppen vor[1]:

    I Weichmacherhaltige Hochpolymere

   II Weichmacherfreies Polyvinylchlorid, weichmacherfreie Mischpolymerisate des Vinylchlorids und Mischungen dieser Polymerisate mit anderen Mischpolymerisaten und chlorierten Polyolefinen mit überwiegendem Gehalt an Vinylchlorid in der Gesamtmischung

  III Polyäthylen

  IV weggefallen

   V Polystyrol, das ausschließlich durch Polymerisation von Styrol gewonnen wird

  VI Styrol-Misch- und Pfropfpolymerisate und Mischungen von Polystyrol mit Polymerisaten

 VII Polypropylen

VIII Kunststoff-Rohre für Getränkeleitungen von Schankanlagen

  IX Farbmittel zum Einfärben von Kunststoffen und anderen Polymeren für Bedarfsgegenstände

   X Polyamide

  XI Polycarbonate und Mischungen von Polycarbonaten mit Polymerisaten bzw. Mischpolymerisaten

---

[1] Der vollständige Text der Empfehlungen einschließlich der Untersuchungsvorschriften ist abgedruckt in Franck, Kunststoffe im Lebensmittelverkehr, Stand Juli 1987.

XLV Vernetzte Polyharnstoffe als Bindemittel für Holzspäne u. dgl.

XLVI Vernetztes Polyäthylen

XLVII Spielwaren aus Kunststoffen und anderen Polymeren sowie aus Papier, Karton und Pappe

XLVIII Materialien zur Außenbeschichtung von Hohlgläsern

IL Weiche Polyurethan-Schaumstoffe als Polstermaterial für Obst

L Acrylnitril-Misch- und Pfropfpolymerisate

LI Temperaturbeständige Beschichtungssysteme aus Polymeren für Brat-, Koch- und Backgeräte

LII Füllstoffe für Bedarfsgegenstände aus Kunststoffen.

24.4. Ermächtigungen zum Schutz der Gesundheit

Das LMBG hat die frühere Lösung des Problems mit einer pauschalen Sammelermächtigung (§ 5 Nr. 1 LMG) zum vorbeugenden Gesundheitsschutz aufgegeben und sich für umfangreiche Einzelermächtigungen, die jeweils den einzelnen Bereichen zugeordnet sind (§§ 9, 26, 32 LMBG), entschieden. Die Ermächtigungen sollen insbesondere einem vorbeugenden Verbraucherschutz dienen und den jeweiligen Verordnungsgeber in die Lage versetzen, schon zur Verhütung von Gesundheitsgefährdungen Rechtsverordnungen zu erlassen.

24.4.1. Ermächtigung zum Schutz der Gesundheit für Lebensmittel

In § 9 Abs. 1 LMBG sind die einzelnen Ermächtigungstatbestände aufgeführt, die bei Lebensmitteln schon eine Gefährdung der Gesundheit verhindern sollen. Daher können Rechtsverordnungen nach dieser Ermächtigung bereits bei Vorliegen einer abstrakten Gefahr erlassen werden. Die Ermächtigung bezieht sich auch auf alle Herstellungs- und Behandlungsverfahren. Von besonderer Bedeutung ist die Regelung in § 9 Abs. 4 LMBG in der Fassung vom 26. November 1986[1] für das Inverkehrbringen von Lebensmitteln, die durch Umweltkontaminanten verunreinigt sind. Das Inverkehrbringen von Lebensmitteln kann verboten oder beschränkt werden, wenn Lebensmittel radioaktive Stoffe oder Verunreinigungen der Luft, des Wassers oder des Bodens unbeabsichtigt ausgesetzt waren, z. B. durch Autoabgase oder Umweltchemikalien im Bereich industrieller Anlagen.

Von der Ermächtigung nach § 9 Abs. 1 LMBG wurde bisher — jedenfalls zum Teil — in folgenden Rechtsverordnungen Gebrauch gemacht:

— Quecksilberverordnung, Fische vom 6. Februar 1975[2];
— Eiprodukte-Verordnung vom 19. Februar 1975[3];
— Diätverordnung in der Neufassung vom 21. Januar 1982[4];
— Hackfleischverordnung vom 10. Mai 1976[5];

---

[1] BGBl. I S. 2089
[2] BGBl. I S. 485
[3] BGBl. I S. 537, 1031
[4] BGBl. I S. 71
[5] BGBl. I S. 1186

— Aflatoxinverordnung vom 30. November 1976[1];
— Erukasäureverordnung vom 24. Mai 1977[2];
— Nährwert-Kennzeichnungsverordnung vom 9. Dezember 1977[3];
— Käseverordnung in der Neufassung vom 14. April 1986[4];
— Zusatzstoff-Verkehrsverordnung vom 10. Juli 1984[5].

24.4.2. Ermächtigung zum Schutz der Gesundheit für kosmetische Mittel

Die Bestimmung des § 26 Abs. 1 LMBG enthält die Ermächtigung für kosmetische Mittel
Rechtsverordnungen zu erlassen, um eine Gefährdung der menschlichen Gesundheit zu
verhüten. Die Vorschrift entspricht im wesentlichen der Regelung in § 9 LMBG für
Lebensmittel. Danach können für die Herstellung und den Vertrieb kosmetischer Mittel
Genehmigungs- und Anzeigepflichten festgelegt werden. Von besonderer Bedeutung
sind die Anforderungen an die mikrobiologische Beschaffenheit bestimmter kosmetischer
Erzeugnisse. Dies gilt insbesondere für den Fall des Vorhandenseins von Bakterien in
Kosmetika.

Von der Ermächtigung hat der Verordnungsgeber durch Erlaß der Kosmetikverordnung in der Neufassung vom 19. Juni 1985[6] Gebrauch gemacht. In dieser Verordnung
werden in der Anlage 1 in Verbindung mit § 1 die Stoffe aufgeführt, die bei dem gewerbs-
mäßigen Herstellen oder Behandeln nicht verwendet werden dürfen (insgesamt 371
Stoffe, wobei für Hilfsstoffe eine Sonderregelung getroffen ist). Anlage 2 in Verbindung
mit § 2 bezeichnet die Stoffe, die in kosmetischen Mitteln nur unter Einhaltung der
angegebenen Einschränkungen und sonstigen Bedingungen verwendet werden dürfen
(64 Stoffe). Auch hier gilt eine Sonderregelung für Hilfsstoffe. Die Vorschrift der §§ 3,
3 a und 3 b der Kosmetikverordnung mit den Anlagen 3 bis 7 enthalten Regelungen über
die Verwendung von Farbstoffen, Konservierungsstoffen und Ultraviolett-Filter mit
sog. Positiv- und Negativlisten.

24.4.3. Ermächtigung zum Schutz der Gesundheit für Bedarfsgegenstände

Für Bedarfsgegenstände ist ähnlich wie für Lebensmittel und kosmetische Mittel eine
Ermächtigung in § 32 LMBG getroffen worden. Auch hier kann die Verwendung bestimm-
ter Stoffe oder die Anwendung bestimmter Verfahren bei der Produktion durch sog.
Negativlisten beschränkt oder völlig untersagt werden. Andererseits kann vorgeschrie-
ben werden, daß nur ganz bestimmte zugelassene Stoffe für die Herstellung gewisser
Bedarfsgegenstände Verwendung finden dürfen.

Weiterhin besteht die Möglichkeit, Reinheitsanforderungen für bestimmte Stoffe
aufzustellen und Höchstmengen für fertige Erzeugnisse festzulegen. Schließlich können
auch Warnhinweise und Gebrauchsanweisungen bindend vorgeschrieben werden.

---

[1] BGBl. I S. 3313
[2] BGBl. I S. 782
[3] BGBl. I S. 2569
[4] BGBl. I S. 412
[5] BGBl. I S. 897
[6] BGBl. I S. 1082

Auf Grund der Ermächtigung nach § 32 Abs. 1 LMBG wurden erlassen:

— Vinylchlorid-Bedarfsgegenstände-Verordnung vom 26. Oktober 1979[1];
— Flammschutz-Bedarfsgegenstände-Verordnung vom 15. Juli 1980[2];
— Nitrosamin-Bedarfsgegenstände-Verordnung vom 15. Dezember 1981[3];
— Spielwaren- und Scherzartikel-Verordnung vom 28. Februar 1984[4].

24.4.4. Ermächtigung zum Schutz der Gesundheit für Hygienevorschriften

Die Ermächtigungen zum Schutz der Gesundheit in den §§ 9, 26, 32 LMBG werden für den Bereich der hygienischen Behandlung von Lebensmitteln durch § 10 LMBG ergänzt. Ziel dieser Vorschrift ist der Schutz vor der Gefahr einer ekelerregenden oder sonst nachteiligen Beeinflussung von Lebensmitteln wie z. B. durch Mikroorganismen oder Verunreinigungen. Danach kann der Verordnungsgeber eine bundeseinheitliche Hygieneverordnung erlassen, wovon er allerdings bisher noch keinen Gebrauch gemacht hat. Dies hat zur Folge, daß die bisher erlassenen Hygienevorschriften der einzelnen Bundesländer, die sich allerdings weitgehend auf den Verkehr mit Erzeugnissen tierischer Herkunft beschränken, weiter fortbestehen. In der Vorschrift ist sichergestellt, daß bei einer bundeseinheitlichen Hygieneverordnung den regionalen Unterschieden Rechnung getragen werden kann.

24.5. Zusatzstoffe in Lebensmitteln

Die Regelung der Zusatzstoffe in Lebensmitteln im derzeit geltenden LMBG ist für das gesamte Lebensmittelrecht von weitreichender Bedeutung. Die besonders in den beiden letzten Jahrzehnten festzustellende vermehrte industrielle Herstellung von Lebensmitteln hat die Verwendung von chemischen Zusätzen wie Emulgatoren, Farbstoffe, Frischhaltemittel und Konservierungsstoffe mit sich gebracht. Dadurch ist die Gefahr gesundheitsschädlicher Einwirkungen bei dem Verzehr von Lebensmitteln mit Zusatzstoffen erheblich vergrößert. Andererseits hat sich die Abneigung weiterer Teile der Bevölkerung gegen diese Lebensmittel vergrößert. Dem hat der Gesetzgeber im neuen Lebensmittelrecht Rechnung getragen. Die getroffenen Regelungen dienen in erster Linie dem Schutz der Gesundheit, aber auch der Klarheit und Überschaubarkeit, um den Verbraucher vor Täuschungen über die Qualität der Lebensmittel, denen fremde Stoffe zugesetzt worden sind, zu schützen.

24.5.1. Zusatzstoffverbot

Das Verbot des Herstellens und Behandelns von Lebensmitteln, denen Zusatzstoffe zugesetzt wurden, folgt aus § 11 LMBG. Mit in diese Verbotsregelung werden auch Ionenaustauscher einbezogen, durch die nicht zugelassene Stoffe in Lebensmittel gelangen können. Im übrigen unterliegt die Verwendung von Ionenaustauschern dem Mißbrauchsprinzip. Bestimmte Ionenaustauscher können für die Herstellung von Lebens-

---

[1] BGBl. I S. 1773
[2] BGBl. I S. 1013
[3] BGBl. I S. 1406
[4] BGBl. I S. 376

mitteln verboten oder beschränkt werden. Dem Zusatzstoffverbot unterliegen auch gezielte Behandlungsverfahren zur Ergänzung nicht zugelassener Zusatzstoffe in Lebensmitteln. Darunter fallen sowohl physikalische Verfahren als auch chemische Umsetzungen. Ausgenommen von diesem Verbot sind Stoffe, die bei der üblichen küchenmäßigen Zubereitung von Lebensmitteln entstehen sowie Aminosäuren. Das Herstellungs- und Behandlungsverbot wird darüber hinaus noch durch ein allgemeines Verkehrsverbot ergänzt. Dies soll mit zum Schutz vor Gesundheitsschäden beitragen und erweist sich als konsequente Folge des Herstellungs- und Behandlungsverbotes.

Von dem Zusatzstoffverbot ausgenommen sind die sog. Hilfs- und Verschwindestoffe, sofern sie oder ihre Umwandlungsprodukte im Endergebnis nur noch in technisch unvermeidbaren und gesundheitlich, geruchlich und geschmacklich unbedeutenden Anteilen enthalten sind und wenn diese Anteile zudem keine technologische Wirkung mehr entfalten.

Das Verbotsprinzip der Zusatzstoffe erstreckt sich weiterhin nicht auf destilliertes und demineralisiertes Wasser sowie Luft, Stickstoff und Kohlendioxid, soweit sie nicht als Treibgase verwendet werden.

Enzyme und Kulturen von Mikroorganismen, die begrifflich als Zusatzstoffe anzusehen sind, unterliegen für das gewerbsmäßige Herstellen oder Behandeln von Lebensmitteln, die in den Verkehr gebracht werden sollen, nicht dem Zusatzstoffverbot (§ 11 Abs. 3 Satz 1 LMBG). Aus der gesetzlichen Regelung in § 11 Abs. 3 Satz 1 LMBG ergibt sich für Enzyme und Mikroorganismenkulturen eine vorweggenommene Zulassung.

24.5.2. Ermächtigung für Zusatzstoffe

Durch § 12 LMBG werden die zuständigen Bundesminister zum Erlaß von Rechtsverordnungen ermächtigt, Zusatzstoffe allgemein oder für bestimmte Lebensmittel oder für bestimmte Verwendungszwecke zuzulassen. Voraussetzung für den Erlaß derartiger Rechtsverordnungen sind technologische, ernährungsphysiologische und diätetische Erfordernisse, sofern sie mit dem Schutz des Verbrauchers vereinbar sind.

Darüber hinaus erstreckt sich die Ermächtigung auf die Festsetzung von Höchstmengen und Reinheitsanforderungen. Dabei ist von Bedeutung, daß die Höchstmengen nicht nur für Zusatzstoffe sondern auch für die Umwandlungsprodukte festgesetzt werden können.

Von der Ermächtigung nach § 12 LMBG hat der Verordnungsgeber durch eine Reihe von Rechtsverordnungen Gebrauch gemacht. Als wohl wichtigste Verordnung erweist sich die Verordnung über die Zulassung von Zusatzstoffen zu Lebensmitteln (Zusatzstoff-Zulassungsverordnung — ZZulV — vom 22. Dezember 1981[1].

24.5.2.1. Zusatzstoff-Zulassungsverordnung — ZZulV

Die ZZulV enthält die Zulassung von Zusatzstoffen im Sinne von § 2 LMBG für Lebensmittel. Allerdings werden in der Verordnung nicht alle zugelassenen Zusatzstoffe aufgeführt. Ein Teil wird in Spezialverordnungen geregelt. Demzufolge sieht § 2 Abs. 3 ZZulV vor, daß sich die Verordnung nicht auf folgende Lebensmittel erstreckt:

— Fleisch und Fleischerzeugnisse,
— Milch und Milcherzeugnisse,

---

[1] BGBl. I S. 1625, 1633

— Eiprodukte,
— Speiseeis,
— Kaugummi,
— Aromen,
— Trinkwasser und
— Speisesalz, letzteres soweit es sich nicht um Calciumcarbonat oder Magnesiumcarbonat handelt.

In der ZZulV befindet sich keine Regelung über das Inverkehrbringen und die Kennzeichnung der Zusatzstoffe sowie über Reinheitsanforderungen an die Zusatzstoffe selbst. Bei den nach der ZZulV zugelassenen Zusatzstoffen handelt es sich entweder um allgemeine oder nur beschränkt zugelassene Stoffe; sie sind in den Anlagen 1 bzw. 2 aufgeführt.

24.5.2.1.1. Allgemeine und beschränkte Zulassung

Bei den allgemein zugelassenen Zusatzstoffen gemäß Anlage 1 handelt es sich um:

— Acetate,
— D-Äpfelsäure,
— Carbonate,
— Chloride,
— Citrate,
— Glycerin,
— Gummi arabicum,
— Lactate,
— Lecithine,
— Malate,
— Mono- und Diglyceride von Speisefettsäuren,
— 6-Palmitoyl-L-ascorbinsäure,
— oxidativ abgebaute Stärke,
— Sulfate,
— Tartrate und
— Tocopherole.

Die in der Anlage 2 zu § 1 ZZulV aufgeführten Zusatzstoffe sind nur unter Beschränkungen zugelassen, die sich auf den Verwendungszweck und/oder die Höchstmenge beziehen. Dabei handelt es sich um nachfolgende Stoffgruppen:

— alkalisch wirkende Stoffe,
— Backbetriebsmittel,
— Bleichmittel,
— Dickungsmittel,
— Emulgatoren,
— geschmacksbeeinflussende Stoffe,
— Mittel zur Erhaltung der Rieselfähigkeit,
— sauer wirkende Stoffe,
— Süßstoffe,
— Treibgase,

— Trennmittel,
— Überzugsmittel,
— verschieden wirkende Stoffe.

24.5.2.1.2. Konservierungsstoffe

Zum Schutz gegen mikrobiellen Verderb von Lebensmitteln sind in der Liste A
der Anlage 3 zu § 3 ZZulV folgende Konservierungsstoffe zugelassen:

— Sorbinsäure,
— Benzoesäure,
— PHB-Ester,
— Ameisensäure,
— Propionsäure,
— Diphenyl,
— Orthophenylphenol,
— Thiabendazol.

In der Liste B der Anlage 3 werden die Lebensmittel aufgeführt, denen die zugelassenen Konservierungsstoffe zugesetzt werden dürfen und gleichzeitig auch die Höchstmengen festgelegt. Der Gehalt an Konservierungsstoffe in Lebensmittel ist grundsätzlich bei der Abgabe an den Verbraucher kenntlich zu machen.

24.5.2.1.3. Schwefeldioxid

Als weitere Zusatzstoffe ist nach Anlage 4, Liste A des § 4 ZZulV auch Schwefeldioxid
zugelassen. Es dient in der Lebensmitteltechnologie sowohl als Konservierungsstoff
gegen mikrobiellen Verderb als auch zum Schutz vor fermentativer Veränderung der
Lebensmittel, wie auch als Bleichmittel.

In der Liste 4 A sind weiterhin als Zusatzstoffe aufgeführt:

— Natriumsulfit,
— Natriumhydrogensulfit,
— Natriumdisulfit,
— Kaliumdisulfit,
— Calciumsulfit,
— Calciumhydrogensulfit.

Die Anlage 4 Liste B führt 24 Lebensmittel auf, denen Schwefeldioxid oder daraus
entwickelte Stoffe zugeführt werden können und legt gleichzeitig die Höchstmengen
fest, wobei alle nicht in Nr. 1—24 aufgeführten Lebensmitteln entsprechend Nr. 25
höchstens 10 mg/kg an Schwefeldioxid enthalten dürfen. Die angegebenen Höchstmengen beziehen sich nach § 7 Abs. 2 ZZulV auf den Zeitpunkt des Inverkehrbringens.

24.5.2.1.4. Antioxidantien

Die Verwendung von Antioxidantien, welche Lebensmittel und ihre Inhaltsstoffe
vor dem Verderben durch chemische Veränderungen infolge Einwirkung von Luft
bzw. Sauerstoff durch Oxydation schützen sollen, ist in der ZZulV nur geregelt, soweit

sie als Zusatzstoff anzusehen ist. Ist dies nicht der Fall, wie z. B. bei der Citronensäure oder L-Ascorbinsäure, dann ist ihre Verwendung ohnehin gestattet.

In § 5 ZZulV Anlage 5 A sind unter Nr. 1 als Antioxidantien

— Propylgallat,
— Octylgallat,
— Dodecylgallat,
— Butylhydroxianisol (BHA),
— Butylhydroxitoluol (BHT)

zugelassen, aber nur beschränkt auf sieben Lebensmittelbereiche. Bei diesen ergab sich nach sorgfältiger Überprüfung die technische Notwendigkeit eines Zusatzes von Antioxidantien. Bei der Auswahl der Lebensmittelgruppen blieben Grundnahrungsmittel ausgeklammert. Im einzelnen handelt es sich um folgende Bereiche (gemäß Anlage 5 B):

— 1. Suppen, Brühen, Bratensoßen, Würzsoßen, jeweils in trockener Form;
— 2. Kartoffelerzeugnisse auf Basis gekochter Kartoffeln;
— 3. Knabbererzeugnisse auf Getreidebasis;
— 4. Marzipanmasse und marzipanähnliche Erzeugnisse;
— 5. Kaugummi;
— 6. Aromen;
— 7. Wallnußkerne.

Die in Anlage 5 Liste A Nr. 2 aufgeführten bereits allgemein zugelassenen Zusatzstoffe

— Ascorbate,
— Citrate,
— Lactate,
— Lecithine,
— Orthophosphate,
— 6-Palmitoyl-L-ascorbinsäure,
— Tartrate,
— Tocopherole,

die der Verbesserung antioxidierender Wirkung als Synergisten dienen, können für alle Lebensmittel verwendet werden.

Als Lösungsmittel und Trägerstoffe für Antioxidantien sind in Anlage 5 Liste C zugelassen:

— Orthophosphorsäure,
— Propylenglykol,
— Glycerin,
— Sorbit,
— destilliertes Wasser.

Für Verwendung der Zusatzstoffe als Antioxidantien sind in der Liste B und C der Anlage 5 zulässige Höchstmengen festgesetzt, die sich bei gleichzeitiger Zusetzung mehrerer Antioxidantien prozentual vermindern (§ 5 Nr. 4 ZZulV).

24.5.2.1.5. Farbstoffe

Die Verwendung von Farbstoffen als Zusatzstoffe für Lebensmittel regelt § 6 ZZulV. Dagegen werden von dieser Bestimmung nicht die färbenden Lebensmittel, die keine

Zusatzstoffe sind (z. B. Fruchtsäfte, Paprika), erfaßt; sie richten sich nach den allgemeinen lebensmittelrechtlichen Bestimmungen des LMBG.

In der Liste A der Anlage 6 zu § 6 ZZulV sind unter Nr. 1 Farbstoffe (Lactoflavin und beta-Carotin) aufgeführt, die keine Zusatzstoffe sind und daher auch keiner Zulassung bedürfen.

Ohne jede Einschränkung dürfen zur Färbung metallisches Silber und Gold sowie Zuckerkulör verwendet werden (Liste A Nr. 2).

Die in der Liste A Nr. 3 und 4 aufgeführten Farbstoffe sind nur zur beschränkten Verwendung zugelassen; sie dürfen der Masse oder der Oberfläche bestimmter Fischerzeugnisse, Obstkonserven, Cremespeise, Puddings, Kunstspeiseeis, kandierten Früchten, Zuckerüberzüge, Zuckerwaren, Marzipan, Liköre und Trinkbranntweine, Margarine, Schnittkäse und mitverzehrbaren Hüllen von Gelbwurst zugesetzt werden.

Für die Färbung der Oberfläche von Käse, die nicht zum Verzehr bestimmt sind, ist nur Rubinpigment BK (Litholrubin BK) zugelassen (Liste A Nr. 5). Bei dem Stempeln von Fleisch in der Fleischbeschau, zum Stempeln von Verpackungsmaterial und zum Bemalen von Eiern sind insgesamt 14 Farben zugelassen.

Als Lösungsmittel und Trägerstoffe für Farbstoffe werden in der Anlage 6 Liste C insgesamt 19 Farbstoffe aufgeführt mit ihrer jeweiligen Verwendungsfähigkeit.

24.5.2.2. Zusatzstoff-Verkehrsverordnung — ZVerkV

Die Verordnung über das Inverkehrbringen von Zusatzstoffen und einzelnen wie Zusatzstoffe verwendeten Stoffen (Zusatzstoff-Verkehrsverordnung — ZVerkV) vom 10. Juli 1984[1] setzt Normen für die Beschaffenheit der Zusatzstoffe und über ihr Inverkehrbringen, einschließlich der Lebensmittel, die keine Zusatzstoffe sind, aber wie Zusatzstoffe verwendet werden. Daneben enthält die Verordnung Vorschriften über Verwendungs- und Verkehrsverbote sowie über die Kennzeichnung und Warnhinweise. Die Verordnung besteht aus einem Textteil und vier Anlagen.

24.5.2.2.1. Reinheitsanforderungen

In § 2 der ZVerkV in Verbindung mit den Anlagen 1 und 2 werden für Zusatzstoffe, den Zusatzstoffen gleichgestellte Stoffe und wie Zusatzstoffe verwendete Stoffe Reinheitsanforderungen gestellt, die in allgemeine und in besondere Reinheitsforderungen aufgeteilt sind.

Die in Anlage 1 aufgestellten allgemeinen Reinheitsanforderungen sollen sicherstellen, das Zusatzstoffe keinen in toxikologischer Hinsicht gefährlichen Gehalt an anorganischen Verbindungen enthalten. Für Farbstoffe ist in Nr. 1 der Anlage 1 eine besondere Regelung getroffen. Sie dürfen keinen nachweisbaren Gehalt an Cadmium, Quecksilber, Selen, Tellur, Uran, Chromat, in verdünnter Salzsäure lösliche Bariumverbindungen, polycyclischen aromatischen Kohlenwasserstoffen mit drei oder mehr kondensierten Kernen, 2-Naphthylamin, Benzidin und 4-Aminobiphenyl aufweisen. Hinsichtlich Arsen, Blei, Antimon, Kupfer, Chrom, Zink, Bariumsulfat, Nebenfarbstoffe, Isomere und Homologe, andere Synthesezwischenprodukte und freie aromatische Amine sind zulässige Höchstwerte in der Anlage 1 Nr. 1 festgesetzt.

Die übrigen Stoffe dürfen keinen in toxikologischer Hinsicht gefährlichen Gehalt an

---

[1] BGBl. I S. 897

anorganischen Verbindungen, insbesondere von Schwermetallen, aufweisen. Die nach-
genannten Stoffe dürfen in folgenden Mengen in ihnen enthalten sein:

Arsen	max.	3 mg/kg
Blei	max.	10 mg/kg
Zink	max.	25 mg/kg
Kupfer und Zink zusammen	max.	50 mg/kg.

Die besonderen Reinheitsanforderungen der Anlage 2 erfassen folgende Stoffe und
Stoffgruppen:
— Farbstoffe,
— Konservierungsstoffe,
— Antioxidationsmittel,
— Emulgatoren, Stabilisatoren,
— Verdickungsmittel, Geliermittel, modifizierte Stärken,
— Säurungsmittel, Säureregulatoren,
— Trennmittel, Überzugsmittel, Kaumassen,
— Geschmacksverstärker, einige Aromastoffe,
— Zuckeraustauschstoffe, künstliche Süßstoffe,
— Stoffe für sonstige technologische Zwecke,
— Stoffe für besondere Ernährungszwecke, Vitamine.

Für jeden Stoff werden neben der Verkaufsbezeichnung und der chemischen Bezeichnung einschließlich Synonyme und sonstiger Bezeichnungen die Beschreibung der Beschaffenheit und der besonderen Reinheitsanforderung aufgeführt.

Die Bestimmung über die Reinheitsanforderungen im ZVerkV wird ergänzt durch die
in der Anlage 3 aufgeführten Analysenmethoden, die für die Bestimmung der Reinheit
anzuwenden sind.

24.5.2.2.2. Nitritpökelsalz und Natriumnitrit

Außerdem enthält die ZVerkV noch zusätzliche Vorschriften für Nitritpökelsalz und
Natriumnitrit. Die Regelung findet ihre Berechtigung in dem Umstand, daß gegen die
Verwendung von Nitriten für die menschliche Ernährung erhebliche toxikologische Bedenken bestehen, andererseits die Praxis nicht auf Verwendung dieser Stoffe bei der
Herstellung gepökelter Fleischerzeugnisse verzichten kann. Daher bedarf die Herstellung von Nitritpökelsalz, einem Gemisch von Speisesalz und Natriumnitrit, einer behörd-
lichen Genehmigung. Diese muß mit bestimmten Auflagen verbunden sein. Auch für
die Einfuhr von Nitritpökelsalz sind in § 5 ZVerkV bestimmte Regelungen getroffen
worden.

24.5.2.3. Weitere Zusatzstoff-Zulassungen

Außerhalb der Zusatzstoff-Zulassungsverordnung werden in einer Reihe von Spezialverordnungen die Zulassung von Zusatzstoffen geregelt. Zum Teil haben diese Verordnungen den absoluten Vorrang, teilweise einen beschränkten Vorrang gegenüber den
Zulassungen der ZZulV. Im einzelnen handelt es sich um nachfolgende Verordnungen:

— Verordnung über diätetische Lebensmittel (Diätverordnung) vom 21. Januar 1982[1];

---

[1] BGBl. I S. 71

— Verordnung über vitaminisierte Lebensmittel (Vitaminverordnung) vom 1. September 1942[1];

— Verordnung über Nährwertangaben bei Lebensmittel (Nährwert-Kennzeichnungsverordnung) vom 9. Dezember 1977[2];

— Verordnung über Fleisch und Fleischerzeugnisse (Fleisch-Verordnung) vom 21. Januar 1982[3];

— Verordnung über die gesundheitliche Anforderung an Eiprodukte und deren Kennzeichnung (Eiprodukte-Verordnung) vom 19. Februar 1975[4];

— Verordnung über Milcherzeugnisse vom 15. Juli 1970[5];

— Käseverordnung vom 14. April 1986[6];

— Verordnung über Speiseeis vom 15. Juli 1933[7];

— Verordnung über die Zulassung von Zusatzstoffen für die Herstellung von Kaugummi (Kaugummi-Verordnung) vom 20. September 1972[8];

— Verordnung über Kaffee, Zichorie, Kaffee-Ersatz und Kaffeezusätze vom 12. Februar 1981[9];

— Verordnung über Kakao und Kakaoerzeugnisse vom 30. Juni 1975[10];

— Verordnung über die Verwendung von Zusatzstoffen bei der Aufbereitung von Trinkwasser (Trinkwasser-Aufbereitungs-Verordnung) vom 19. Dezember 1959[11];

— Verordnung über natürliche Mineralwasser, Quellwasser und Tafelwasser (Mineral- und Tafelwasser-Verordnung) vom 1. August 1984[12];

— Verordnung über den Verkehr mit Essig und Essigessenzen (Essig-Verordnung) vom 25. April 1972[13];

— Aromenverordnung vom 22. Dezember 1981[14];

— Verordnung über Konfitüren und ähnliche Erzeugnisse (Konfitürenverordnung) vom 26. Oktober 1982[15].

24.6. Bestrahlungsverbot für Lebensmittel

Nach § 13 LMBG ist die gewerbsmäßige Behandlung von Lebensmittel mit ionisierenden und ultravioletten Strahlen und das Inverkehrbringen dieser Lebensmitteln grundsätzlich wegen einer möglichen gesundheitlichen Gefährdung verboten. Ausnahmen von

---

[1] RGBl. I S. 538
[2] BGBl. I S. 2569
[3] BGBl. I S. 89
[4] BGBl. I S. 537, 1031
[5] BGBl. I S. 1150
[6] BGBl. I S. 412
[7] RGBl. I S. 510
[8] BGBl. I S. 1825
[9] BGBl. I S. 225
[10] BGBl. I S. 1760
[11] BGBl. I S. 762
[12] BGBl. I S. 1036
[13] BGBl. I S. 732
[14] BGBl. I S. 1625, 1677
[15] BGBl. I S. 1434

diesem Verbot können durch Rechtsverordnungen gemäß der Ermächtigung in § 13 Abs. 2 LMBG zugelassen werden, wenn sie mit dem Schutz der Verbraucher vereinbar sind. Von dieser Ermächtigung hat der Verordnungsgeber durch die Lebensmittel-Bestrahlungs-Verordnung vom 19. Dezember 1959[1] Gebrauch gemacht. Dadurch ist die Behandlung von Lebensmitteln mit ionisierenden Strahlen (Elektronen-, Gamma- und Röntgenstrahlen) zu Kontroll- und Meßzwecken zugelassen. Offene radioaktive Stoffe dürfen nicht verwandt werden und umschlossene radioaktive Stoffe nicht mit dem Lebensmittel in Berührung kommen. Die von dem Lebensmittel absorbierte Strahlendosis darf 10 rad nicht überschreiten.

Außerdem ist die Behandlung durch direkte Bestrahlung mit ultravioletten Strahlen zur Entkeimung von Trinkwasser, der Oberfläche von Obst- und Gemüseerzeugnissen sowie von Hartkäse bei der Lagerung erlaubt. Die bei der Entkeimung von Luft durch ultraviolette Strahlen hervorgerufene indirekte Bestrahlung von Lebensmitteln ist gleichfalls zugelassen.

24.7. Rückstandsregelungen

Neben der Regelung der Zusatzstoffe fallen im Lebensmittelbereich den Rückstandsregelungen eine immer größer werdende Bedeutung zu. Neben der Schadstoffbelastung aus der Luft und dem Boden auf Pflanzen und Tiere haben in den letzten Jahren Rückstände aus Pflanzenbehandlungsmittel und Tierarzneimittel eine besondere Rolle gespielt. Gegen die sich daraus ergebende Gefahr der Beeinträchtigung der gesundheitlichen Qualität der Lebensmittel erweisen sich die Vorschriften der §§ 13 und 14 LMBG als Schutzbestimmungen für den Verbraucher.

24.7.1. Rückstände aus Pflanzenschutz- oder sonstige Mittel

Durch § 14 LMBG ist es verboten, Lebensmittel gewerbsmäßig in den Verkehr zu bringen, wenn in oder auf ihnen Pflanzenbehandlungsmittel, Düngemittel, andere Pflanzen- oder Bodenbehandlungsmittel, Vorratschutzmittel oder Schädlingsbekämpfungsmittel bzw. deren Abbau- oder Reaktionsprodukte vorhanden sind, die die festgesetzten Höchstmengen überschreiten. Das Verkehrsverbot erstreckt sich auch auf Lebensmittel, bei dem Pflanzenschutzmittel verwendet wurden, die nicht zugelassen sind. Über die Zulassung von Pflanzenschutzmittel entscheidet nach § 11 Pflanzenschutzgesetz in der Neufassung vom 15. September 1986[2] in Verbindung mit §§ 1 ff der Verordnung über die Prüfung und Zulassung von Pflanzenschutzmitteln vom 4. März 1969[3] die Bundesanstalt für Land- und Forstwirtschaft (biologische Bundesanstalt).

Die Verwendung bestimmter gesundheitsschädlicher, früher gebräuchlicher Pflanzenschutzmittel sind durch die Pflanzenschutz-Anwendungsverordnung vom 19. Dezember 1980[4] verboten. Nach Anlage 1 dieser Verordnung fallen u. a. darunter:

— Aldrin,
— Chlordan,

---

[1] BGBl. I S. 761
[2] BGBl. I S. 1505
[3] BGBl. I S. 183
[4] BGBl. I S. 2335

— Heptachlor,

— Hexachlorbenzol,

— Arsen- und Quecksilberverbindungen.

Nach den Anlagen 2 und 3 der Verordnung dürfen eine Reihe weiterer Pflanzenbehandlungsmittel nur noch im beschränkten Umfang verwendet werden.

Die jeweilig zulässige Höchstmenge an Pflanzenschutz- und sonstigen Mitteln in und
auf Lebensmitteln und Tabakerzeugnissen ergibt sich aus der Pflanzenschutzmittel-
Höchstmengenverordnung vom 24. Juni 1982[1]. In drei Anlagen zu dieser Verordnung
sind die jeweiligen Höchstmengen in Milligramm pro Kilogramm für die einzelnen Stoffe
und das entsprechende Lebensmittel festgelegt.

24.7.2. Rückstände aus Stoffen mit pharmakologischer Wirkung

Die Vorschrift des § 15 LMBG enthält ein Verkehrsverbot für Lebensmittel, die von
Tieren gewonnen werden, in denen Stoffe mit pharmakologischer Wirkung oder deren
Umwandlungsprodukte vorhanden sind, die die festgesetzten Höchstmengen überschrei-
ten. Der Begriff „Stoffe mit pharmakologischer Wirkung" ist im Gesetz nicht definiert.
Aus der amtlichen Begründung zum LMBG ergibt sich, daß darunter in erster Linie
Arzneimittel und solche Zusatzstoffe zu Futtermitteln, die einen besonderen Einfluß
auf Beschaffenheit, Zustand und Funktion des Körpers ausüben können, vor allem die
Nutzleistung steigern oder dem vorbeugenden Gesundheitsschutz dienen, fallen. Daher
werden von diesem Begriff u. a. erfaßt:

— Antibiotika,

— Oestrogene,

— Thyreostatika,

— Sulfonamide,

— Anabolica,

— Sedative.

Daneben werden Rückstände mit pharmakologischer Wirkung, die als Arzneimittel
zugelassen oder registriert werden, toleriert, wenn bei der Anwendung der Wirkstoffe
die festgesetzte Wartezeit bzw. eine Mindestwartezeit von fünf Tagen eingehalten wird.
Ergänzt wird diese Regelung durch das Arzneimittelgesetz vom 24. August 1976[2],
das genaue Regelungen über Registrierung und Vertrieb dieser Mittel enthält und damit
auch dem Mißbrauch des „grauen Tierarzneihandels" entgegenwirkt.

24.8. Täuschungsschutz

Ein weiterer Schwerpunkt des LMBG liegt in den Vorschriften über den Täuschungs-
schutz für Verbraucher. Dabei erweist sich § 17 LMBG mit den umfassenden allgemeinen
Täuschungs- und Irreführungsverboten für Lebensmittel sowohl für die Rechtsprechung
in Lebensmittelsachen als auch für die Lebensmittelüberwachung als die bedeutsamste

---

[1] BGBl. I S. 745
[2] BGBl. I S. 2445

und wichtigste Vorschrift für diesen Bereich[1]. Daneben enthält § 18 LMBG das Verbot
für krankheitsbezogene Werbung, § 22 LMBG ein Werbeverbot für Tabakerzeugnisse
in Funk- und Fernsehen und § 27 LMBG Verbote zum Schutz vor Täuschung für kosmetische Mittel.

24.9. Lebensmittelbuch

Für die rechtliche Beurteilung eines Lebensmittelerzeugnisses ist die „Verkehrsauffassung" von entscheidender Bedeutung, es sei denn, diese ergibt sich aus allgemein verbindlichen Rechtsnormen. Der Begriff der „Verkehrsauffassung" umfaßt die Auffassung
aller am Verkehr mit Lebensmitteln beteiligten Kreise, mithin der Hersteller, Händler
und Verbraucher, über die Beschaffenheit eines Lebensmittels, den Aussagegehalt seiner
Bezeichnung und den Verwendungszweck des Erzeugnisses. Im wesentlichen ist dieser
Begriff der Verkehrsauffassung deckungsgleich mit dem Begriff der „berechtigten Ver-
brauchererwartung". Die Verkehrsauffassung über die Beschaffenheit eines Lebensmittels
kann örtlich oder regional verschieden sein. Ist dies bei dem Herstellungsort und dem
Absatzort der Fall, dann kommt es entscheidend auf die Verkehrsauffassung des Absatz-
ortes an, damit der dortige Verbraucher nicht durch ihm unbekannte Abweichungen
getäuscht wird.

Um die Feststellung der Verkehrsauffassung für verschiedene Lebensmittelbereiche
zu erleichtern, ist in § 33 LMBG das „Deutsche Lebensmittelbuch" in einer neuen Form
konzipiert worden. Durch die „Deutsche Lebensmittelbuchkommission", deren Zusammensetzung in § 34 LMBG geregelt ist, werden Leitsätze erlassen, in denen die Herstellung, Beschaffenheit oder sonstige Merkmale von Lebensmitteln, die für die Verkehrs-
fähigkeit von Bedeutung sind, beschrieben wird. Diese Leitsätze stellen keine verbindlichen Normen dar, sondern sind gutachtliche Äußerungen der Kommission, „verobjekti-
vierte Sachverständigengutachten", die in einem gerichtlichen Verfahren voll nachge-
prüft werden können[2].

24.10. Überwachung

Im 7. Abschnitt des LMBG ist die Lebensmittelüberwachung geregelt. Die Einzelheiten
der Durchführung der Überwachung ergeben sich aus § 41 LMBG. Die Probenahme mit
der Möglichkeit der Zurücklassung einer sog. Zweitprobe sowie die bei der Probenahme
zu beachtenden Förmlichkeiten sind in § 42 LMBG geregelt. Duldungs- und Mitwir-
kungspflichten sind in § 43 LMBG niedergelegt. Für die Durchführung der Überwachung
sind gemäß § 40 LMBG die einzelnen Bundesländer zuständig, die auch weitere ergänzende Vorschriften für die Überwachung erlassen können.

24.11. Schlußbemerkung

Die Darstellung des Lebensmittelrechts in der Bundesrepublik Deutschland konnte
im Hinblick auf den Umfang des LMBG und die zahlreichen einschlägigen Nebengesetze

---

[1] Zur Übersicht über die Rechtsprechung in Lebensmittelsachen seit 1979/1980 vgl. Benz, Aktuelle
Probleme zum Lebensmittelrecht in ZLR 1985, 339ff., 1986, 1ff., 1986, 381ff. und 1987, 1ff.

[2] Sämtliche Leitsätze sind veröffentlicht in Franck/Nüse/Benz, Deutsches Lebensmittelbuch,
Stand Dezember 1987 und im Bundesanzeiger Nr. 140a vom 1. 8. 1987, Stand Dezember 1987

und Rechtsverordnungen sowie die Vielzahl der einzelnen Probleme nur schwerpunktartig erfolgen.

Dabei stand die Darstellung der Verbote zum Schutz der Gesundheit im Rahmen des Verkehrs mit Lebensmitteln, der Vorschriften über Zusatzstoffe, Bestrahlungsverbot und Rückstandsregelungen im Vordergrund; insoweit liegt eine umfassende Übersicht über das derzeit geltende Lebensmittelrecht vor.

25. Literatur

Aufgabengebiet der Lebensmitteltoxikologie

Bund für Lebensmittelrecht und Lebensmittelkunde e. V.: „*Wie sicher sind unsere Lebensmittel? Wissenschaftler antworten*" (2. Aufl.). Behr's, Hamburg 1983 (Schriftenreihe des Bundes für Lebensmittelrecht und Lebensmittelkunde e. V., 102)

Engst, R. und A. Szokolay: „*Allgemeines zur Fremdstoffproblematik*". In: Rosival, L., R. Engst und A. Szokolay: „*Fremd- und Zusatzstoffe in Lebensmitteln*". VEB Fachbuchverlag, Leipzig 1978

Genigeorgis, C. A. und H. Riemann: "*Food Safety and Food Poisoning*". In: Rechcigl, M.: "*Nutrition and the World Food Problem*". S. Karger, München/Paris/London/New York/Sidney/Basel 1979

Gibson, G. G. und R. Walker: "*Food Toxicology — Real or Imaginary Problems*". Taylor and Francis, London/Philadelphia 1985

Haenel, H.: Human Nutrition: Safety and Risk. Nahrung **24**, 335 (1980)

Hathcock, J. N.: "*Nutritional Toxicology*", Academic Press, New York/London/Paris/San Diego/San Francisco/Sao Paulo/Sydney/Tokyo/Toronto. Vol. I (1982), Vol. II (1987)

Lewerenz, H. J.: „*Lebensmitteltoxikologie*". In: Klöcking, H. P. und W. D. Wiezorek: „*Aktuelle Probleme der Toxikologie*", Band 3. Druckhaus FREIHEIT, Halle 1983

Lindner, E.: „*Toxikologie der Nahrungsmittel*" (3. Aufl.). Georg Thieme Verlag, Stuttgart 1986

Roberts, H. R.: "*Food Safety*". John Wiley and Sons, New York/Chichester/Brisbane/Toronto 1981

Truhaut, R. und R. Ferrando: "*Toxicology and Nutrition*". S. Karger, Basel/München/Paris/London/New York/Sidney 1978

Dosis und Wirkung

Ariens, E. J., A. M. Simonis und J. Offermeier: "*Introduction to General Toxicology*" (2nd revised Edition). Academic Press, New York 1978

Ariens, E. J. und A. M. Simonis: "*General Principles of Nutritional Toxicology*". In: Hathcock, J. N.: "*Nutritional Toxicology*", Vol. I. Academic Press, New York/London/Paris/San Diego/San Francisco/Sao Paulo/Sydney/Tokyo/Toronto 1982

Bridges, J. W., D. J. Benford und S. A. Hubbard: Mechanisms of Toxic Injury. In: Williams, G. M., V. C. Dunkel und V. A. Ray: Cellular Systems for Toxicity Testing. Ann. N. Y. Acad. Sci **407** (1983)

De Bruin, A.: "*Biochemical Toxicology of Environmental Agents*". Elsevier/North-Holland Biomedical Press, Amsterdam 1976

Forth, W., D. Henschler und W. Rummel: „*Allgemeine und spezielle Pharmakologie und Toxikologie*" (5., Aufl.). B. I.-Wissenschaftsverlag, Mannheim/Wien/Zürich 1987

Hapke, H.-J.: „*Toxikologie für Veterinärmediziner.*" Ferdinand Enke Verlag, Stuttgart 1988

Hathway, D. E.: "*Molecular Aspects of Toxicology.*" The Royal Society of Chemistry, Burlington House, London 1984

Homburger, F., J. A. Hayes und E. W. Pelikan: "*A Guide to General Toxicology.*" S. Karger, Basel/New York 1983

KUSCHINSKY, G. und H. LÜLLMANN: „*Kurzes Lehrbuch der Pharmakologie und Toxikologie* (10., überarb. und erweiterte Aufl.). Georg Thieme Verlag, Stuttgart/New York 1984

MARKWARDT, F.: „*Allgemeine und spezielle Pharmakologie*" (4., überarb. und erweiterte Aufl.). VEB Verlag Volk und Gesundheit, Berlin 1983

OHNESORGE, F. K.: Gift in unserer Nahrung. Ernähr.-Umsch. **31**, 140 (1984)

PASCOE, D.: "*Toxicology*". Edward Arnold Publ., London 1983

SCHELER, W.: „*Grundlagen der Allgemeinen Pharmakologie*" (2., überarb. und erweiterte Aufl.). VEB Gustav Fischer Verlag, Jena 1980

THER, L.: „*Grundlagen der experimentellen Arzneimittelforschung.*" Wissenschaftl. Verlagsgesellschaft m.b.H., Stuttgart 1965

Principles and Methods for Evaluating the Toxicity of Chemicals, Part 1. Environmental Health Criteria 6. WHO, Genf, 1978

WIRTH, W. und Ch. GLOXHUBER: „*Toxikologie*" (4. Aufl.). Georg Thieme Verlag, Stuttgart/New York 1985

Resorption, Verteilung, Exkretion

BADER, H.: „*Lehrbuch der Pharmakologie und Toxikologie.*" Edition Medizin, Verlag Chemie, Weinheim/Deerfield Beach, Florida/Basel 1982

BINNS, T. B.: "*Absorption and Distribution of Drugs.*" Livingstone, Edinburgh 1964

MATTHEWS, H. B.: Excretion of Insecticides. Pharmacol. Ther. **4**, 657 (1979)

MEIER, J., H. RETTIG und H. HESS: „*Biopharmazie, Theorie und Praxis der Pharmakokinetik.*" Georg Thieme Verlag, Stuttgart/New York 1981

MERTZ, D. P.: „*Die extrazelluläre Flüssigkeit.*" Georg Thieme Verlag, Stuttgart 1962

PFEIFER, S., P. PFLEGEL und H.-H. BORCHERT: „*Grundlagen der Biopharmazie.*" VEB Verlag Volk und Gesundheit, Berlin 1984; Verlag Chemie, Weinheim/Deerfield Beach, Florida/Basel 1984

PITTS, R. F.: "*Physiology of the Kidney and Body Fluids.*" Year Book Publ., Chicago 1974

PRITCHARD, J. B.: "*Renal Handling of Environmental Chemicals.*" In: HOOK, J. B.: "*Organ Toxicity.*" Raven Press, New York 1981

ROZMAN, K., T. ROZMAN, L. BALLHORN und H. GREIM: Hexadecane Enhances Non-biliary Intestinal Excretion of Stored Hexachlorobenzene by Rats. Toxicology **24**, 107 (1982)

SCHELER, W.: „*Grundlagen` der Allgemeinen Pharmakologie.*" VEB Gustav Fischer-Verlag, Jena 1980

SEMENZA, G. und E. CARAFOLI: "*Biochemistry of Membrane Transport.*" Springer-Verlag, Berlin/ Heidelberg/New York 1977

Biotransformation

BAKKE, J. und J.-A. GUSTAFSSON: Mercapturic Acid Pathway Metabolites of Xenobiotics: Generation of Potentially Toxic Metabolites During Enterohepatic Circulation. Trends Pharmacol. Sci. **5**, 517 (1984)

BONSE, G. und M. METZLER: „*Biotransformation organischer Fremdsubstanzen.*" Georg Thieme Verlag, Stuttgart 1978

GUENGERICH, F. P. und T. L. Mac DONALD: Chemical Mechanisms of Catalysis by Cytochrome P-450: A Unified View. Acc. Chem. Res. **17**, 9 (1984)

KETTERER, B.: The Role of Nonenzymatic Reactions of Glutathione in Xenobiotic Metabolism. Drug Metab. Rev. **13**, 161 (1982)

KUMAR, A., M. R. SATYANARAYANA RAO und G. PADMANABAN: A Comparative Study on the Early Effects of Phenobartital and 3-Methylcholanthrene on the Synthesis and Transport of Ribonucleic Acid in Rat Liver. Biochem. J. **186**, 81 (1980)

LEGRAVEREND, C., S. O. KÄRENLAMPI, S. W. BIGELOW, P. A. LALLEY, C. A. KOZAK, J. A. WOMACK und D. W. NEBERT: Aryl Hydrocarbon Hydroxylase Induction by Benzo[a]anthracene: Regulatory Gene Localized to the Distal Portion of Mouse Chromosome 17. Genetics **107**, 447 (1984)

Mac DONALD, T. L.: Chemical Mechanisms of Halocarbon Metabolism. Crit. Rev. Toxicol. **11**, 85 (1983)

OESCH, F.: Enzymes as Regulators of Toxic Reactions by Electrophilic Metabolites. Arch. Toxicol., Suppl. 2, 215 (1979)

OESCH, F.: *"Chemical Carcinogenesis by Polycyclic Aromatic Hydrocarbons"*. In: NICOLIN, C.: *"Chemical Carcinogenesis"*, Plenum Publ. Co., New York 1982

PELKONEN, O., N. T. KARKI und R. TUIMALA: A. Relationship Between Cord Blood and Maternal Blood Lymphocytes and Term Placents in the Induction of Aryl Hydrocarbon Hydroxylase Activity. Cancer Lett. 13, 103 (1981)

PFEIFER, S. und H. H. BORCHERT: *,,Pharmakokinetik und Biotransformation"*. VEB Verlag Volk und Gesundheit, Berlin 1980

PHILLIPS, I. R., E. A. SHEPHERD, R. M. BARNEY, S. F. PIKE, B. R. RABIN, R. NEATH und N. CARTER: Induction and Repression of the Major Phenobarbital-induced Cytochrome P-450 Measured by Radioimmunoassay. Biochem. J. 212, 55 (1983)

RUCKPAUL, K. und H. REIN: *"Cytochrome P-450"*. Akademie-Verlag, Berlin 1984

SCHENKMAN, J. B. und D. KUPFER: *"Hepatic Cytochrome P-450 Monooxygenase System."* Pergamon Press, New York 1982

WANG, P. P., P. BEAUNE, L. S. KAMINSKY, G. A. DANNAN, F. F. KADLUBAR, D. LARREY und F. P. GUENGERICH: Purification and Characterization of Six Cytochrome P-450 Isozymes from Human Liver Microsomes. Biochemistry 22, 5375 (1983)

WATERMAN, M. R. und R. W. ESTABROOK: The Induction of Microsomal Electron Transport Enzymes. Mol. Cell. Biochem. 53/54, 267 (1983)

WRIGHT, A. S.: The Role of Metabolism in Chemical Mutagenesis and Chemical Carcinogenesis. Mutat. Res. 75, 215 (1980)

Toxikokinetische Analyse

BUNGAY, P. M., R. L. DEDRICK und H. B. MATTHEWS: Pharmacokinetics of Halogenated Hydrocarbons. Ann. N.Y. Acad. Sci. 320, 257 (1979)

DOST, F. H.: *,,Grundlagen der Pharmakokinetik."* Georg Thieme Verlag, Stuttgart 1968

KLOTZ, U.: *,,Klinische Pharmakokinetik."* Gustav Fischer Verlag, Stuttgart/New York 1984

KÜBLER, W.: *,,Pharmakokinetik der enteralen Resorption."* In: GLADTKE, E. und H. M. von HATHINGBERG: *,,Pharmakokinetik."* Springer-Verlag, Berlin/Heidelberg/New York 1977

MEIER, J., H. RETTIG und H. HESS: *,,Biopharmazie, Theorie und Praxis der Pharmakokinetik."* Georg Thieme Verlag, Stuttgart/New York 1981

PFEIFER, S., P. PFLEGEL und H.-H. BORCHERT: *,,Grundlagen der Biopharmazie."* VEB Verlag Volk und Gesundheit, Berlin 1984; Verlag Chemie, Weinheim/Deerfield Beach, Florida/Basel 1984

SUNDLOF, S. E., L. G. HANSEN, G. D. KORITZ und S. M. SUNDLOF: The Pharmacokinetics of Hexachlorobenzene in Male Beagle. Distribution, Excretion, and Pharmacokinetic Model. Drug Metab. Disposition 10, 371 (1981)

Einflußfaktoren auf die Toxizität

ABEL, E. L., R. BUSH und B. A. DINTCHEFF: Exposure of Rats to Alcohol in utero Alters Drug Sensitivity in Adulthood. Science 212, 1531 (1981)

ASOKAN, P. und S. K. TANDON: Effect of Cadmium on Hepatic Metallothionein and in Early Development of the Rat. Environ. Res. 24, 201 (1981)

ATWAL, A. S., N. A. M. ESKIN, B. E. Mac DONALD und G. M. VAISEY: The Effects of Phytate on Nutrition Utilization and Zinc Metabolism in Young Rats. Nutr. Rep. Int. 21, 257 (1980)

AUTRUP, H., F. C. WEFALD, A. M. JEFFREY, H. TATE, R. D. SCHWARTZ, B. F. TRUMP und C. C. HARRIS: Metabolism of Benzo[a]pyrene by Cultured Tracheobronchial Tissues from Mice, Rats, Hamsters, Bovines and Humans. Int. J. Cancer 25, 293 (1980)

BALL, W. L., J. W. SINCLAIR, M. CREVIER und K. KAY: Modification of Parathion's Toxicity for Rats by Pretreatment with Chlorinated Hydrocarbon Insecticides. Can. J. Biochem. Physiol. 32, 440 (1954)

BÄR, F.: Die toxikologische Bewertung (Sicherheitsspannen, Höchstmengen) im Rahmen des Lebensmittelgesetzes (Lebensmittel-Zusatzstoffe und Pestizidrückstände). Arch. Toxicol. 32, 51 (1974)

BHARGAVA, A. K. und D. KUTTY: Organchlorine Pesticides in Specimens from Women Undergoing Spontaneous Abortion, Premature or Full-Term Delivery. J. Anal. Toxicol. 5, 6 (1981)

BIRT, D. F., D. S. HRUZA und P. Y. BAKER: Effects of Dietary Protein Level on Hepatic Microsomal Mixed-Function Oxidase Systems during Aging in Two Generations of Syrian Hamsters. Toxicol. Appl. Pharmacol. 68, 77 (1983)

BLEYL, D. W. R.: Beeinflussung der Maneb-Toxizität durch chronische Ethanolaufnahme — Pränataltoxikologische Untersuchungen zur Risikogruppenproblematik. Nahrung 28, 497 (1984)

BLEYL, D. W. R., B. NICKEL und M. KUJAWA: Beeinflussung der Reproduktion bei Ratten auf Grund einer DDE-Mobilisation durch Ethanol-Verabreichung während der Trächtigkeit und Laktation. Nahrung 28, 357 (1984a)

BLEYL, D. W. R., H. J. LEWERENZ, R. PLASS und S. KLEIN: Untersuchungen zur Nephrotoxizität von Phenyl-Hg-acetat an Alloxan-diabetischen Ratten. Nahrung 28, K 5 (1984)

BLEYL, D. W. R. und H. SEIDLER: Toxikologische Untersuchungen mit Maneb an Ratten aus kleinen und großen Nestern. Nahrung 29, 421 (1985)

BODE, J. C., C. BODE, R. HEIDELBACH, H.-K. DÜRR und G. A. MARTINI: Therapy of Chronic Active Hepatitis. Hepato-gastroenterol. 31, 30 (1984)

BONDAREV, G. I., A. A. ANISOVA, T. E. ALEKSEEVA und J. K. SYRZANCEV: Beurteilung von niederverestertem Pektin als prophylaktisches Mittel bei Bleivergiftung. Vopr. Pitanija (Moskau) 2, 65 (1979)

BOTTOMS, S. F., N. E. JUDGE, P. M. KUHNERT und R. J. SOKOL: Thiocyanate and Drinking during Pregnancy. Alcohol. Clin. Exp. Res. 6, 391 (1982)

BUYNITZKY, S. J., C. O. WARE und W. G. RAGLAND: Effect of Viral Infection on Drug Metabolism and Pesticide Disposition in Ducks. Toxicol. Appl. Pharmacol. 46, 267 (1978)

CALABRESE, E. J.: *"Pollutants and High-Risk Groups."* John Wiley and Sons, New York 1976

CALABRESE, E. J.: *"Nutrition and Environmental Health — The Influence of Nutritional Status on Pollutant Toxicity and Carcinogenicity,"* Vol. I and II. John Wiley and Sons, New York 1980 und 1981

CZYGAN, P., H. GREIM, A. J. GARRO, F. SCHAFFNER und H. POPPER: The Effect of Dietary Protein Deficiency on the Ability of Isolated Hepatic Microsomes to Alter the Mutagenicity of a Primary and a Secondary Carcinogen. Cancer Res. 34, 119 (1974)

De BETHIZY, J. D., J. M. SHERRILL, D. E. RICKERT und T. E. HAMM: Effects of Pectin-containing Diets on the Hepatic Macromolecular Covalent Bindung of 2,6-Dinitro-[3 H]-toluene in Fischer-344 Rats. Toxicol. Appl. Pharmacol. 69, 369 (1983)

DOI, R., M. TAGAWA, H. TANAKA und K. NAKAYA: Hereditary Analysis of the Strain Difference of Methylmercury Distribution in Mice. Toxicol. Appl. Pharmacol. 69, 400 (1983)

DORSEY, J. L. und J. T. SMITH: Comparison of Hepatic Cytochrome P-450 Levels in Obese Mice and Nonobese Mice. Nutr. Rep. Int. 24, 777 (1981)

DOULL, J.: *"Factors Influencing Toxicology"*. In: CASARETT, L. J. und J. DOULL: *"Toxicology — The Basic Science of Poisons"*. Macmillan Publishery Co., Inc., New York 1975

ERSHOFF, B. H.: Synergistic Toxicity of Food Additives in Rats Fed a Diet Low in Dietary Fiber. J. Food Sci. 41, 949 (1976)

EICHELBAUM, M.: Genetische Polymorphismen des oxidativen Arzneimittelstoffwechsels. Internist 24, 117 (1983)

FARIS, R. A. und T. C. CAMPBELL: Exposure of Newborn Rats to Pharmacologically Active Compounds may Permanently Alter Carcinogen Metabolism. Science 211, 719 (1981)

FARRELL, G. C. und L. ZALUZNY: Microsomal Protein Synthesis and Induction of Cytochrome P-450 in Cyrrhotic Rat Liver. Aust. J. Exp. Biol. Med. J. 62, 291 (1984)

FAUSTMAN-WATTS, E., C. GIACHELLI, J. GREENAWAY, A. FANTEL, T. SHEPARD und M. JUCHAU: Methylcholanthrene (MC) or Phenobarbital (PB) Pretreatment of Rat Embryos: Effects on Teratogenicity in vitro. Teratology 29, 28 A (1984)

FISHBEIN, L.: An Overview of Some Metabolic and Modulating Factors in Toxicity and Chemical Carcinogenesis. J. Am. Coll. Toxicol. 2, 63 (1983)

FRIEND, M. und D. O. TRAINER: Duck Hepatitis Virus Interaction with DDT and Dieldrin in Adult Mallards. Bull. Environ. Contam. Toxicol. 7, 202 (1972)

GALLOWAY, S. M., P. E. PERRY, J. MENESES, D. W. NEBERT und R. A. PEDERSEN: Cultured Mouse Embryos Metabolize Benzo[a]pyrene During Gestation: Genetic Differences Detectable by Sister Chomatid Exchange. Proc. Nat. Acad. Sci. 77, 3524 (1980)

GRICE, H. C. und J. D. BUREK: *"Age-Associated (Geriatric) Pathology: Its Impact on Long-Term Toxicity Studies."* In: GRICE, H. C.: *"Current Issues in Toxicology"*. Springer-Verlag, New York/Berlin 1984

HACKMAN, R. M.: The Influence of Dietary Zinc and Genetic Factors on Drug Induced Malformations in Rats and Mice. Diss. Abstr. Int. B **42**, 3636 (1981)

HARADA, S., D. P. AGARWAL, H. W. GOEDDE, S. TAGAKI und B. TSHIKAWA: Possible Productive Role Against Alcoholism for Aldehyde Dehydrogenase Isozyme Deficiency in Japan. Lancet II, 827 (1982)

HOENSCH, H.: Fremdstoff-abbauendes Enzym-System der menschlichen Leber. Fortschr. Med. **99**, 784 (1981)

HUBÁLEK, Z. und V. BAŘDOS: Effect of Cyclophosphamide on the Infection of Mice with Tohyna. Zentralbl. Bakeriol. Hyg., I Abt. Orig. **A 251**, 145 (1981)

IPPEN, H., S. HÜTTENHAIN und D. AUST: Klinisch-experimentelle Untersuchungen zur Entstehung der Porphyrine. I: Allgemeine und tierexperimentelle Modelluntersuchungen. Arch. Derm. Forsch. **245**, 110 (1972)

KHERA, K. S., C. WHALEN und F. IVERSON: Effects of Pretreatment with SKF-525 A, N-Methyl-2-Thioimidazole, Sodium Phenobarbital, or 3-Methylcholanthrene on Ethylenthiourea induced Teratogenicity in Hamsters. J. Toxicol. Environ. Health **11**, 287 (1983)

LEAKEY, J. E. A.: *"Ontogenesis."* In: CALDWELL, J. und W. B. JAKOBY: *"Biological Basis of Detoxication."* Academic Press, New York 1983

MALLETT, A. K., A. WISE und I. R. ROWLAND: Effect of Dietary Cellulose on the Metabolic Activity of the Rat Caecal Microflora. Arch. Toxicol. **52**, 311 (1983)

NARANG, A. P. S., D. V. DATTA und V. S. MATHUR: In vitro Drug Metabolism in Humans with Different Liver Diseases. Int. J. Clin. Pharm. Ther. Toxicol. **21**, 495 (1983)

National Academy of Sciences: *"Special Risk due to Inborn Error of Metabolism. Principles for Evaluating Chemicals in the Environment."* Washington, D.C. (1975)

NEALE, M. G. und D. V. PARKE: Effects of Pregnancy on the Metabolism of Drugs in the Rat and Rabbit. Biochem. Pharmacol. **22**, 1451 (1973)

NEBERT, D. W.: *"Genetic Differences in Drug Metabolism: Proposed Relationship to Human Birth Defects."* In: *"Handbook of Experimental Pharmacology"*, Vol. 65, 49. Springer-Verlag, Berlin 1983

NEBERT, D. W., N. M. JENSEN, H. SHINOZUKA, H. W. KUNZ und T. J. GILL: The Ah Phenotyp Survey of Forty-eight Rat Strains and Twenty Inbred Mouse Strains. Genetics **100**, 79 (1982)

OBERLEAS, D. und B. F. HARLAND: Phytate Content of Foods: Effect on Dietary Zinc Bioavailability. J. Am. Diet. Assoc. **79**, 433 (1981)

PAST, M. R. und D. E. COOK: Drug Metabolism in a Reconstituted System by Diabetes-Dependent Hepatic Cytochrom P-450. Res. Commun. Chem. Pathol. Pharmacol. **37**, 81 (1982)

PROIA, A. D., D. J. MCNAMARA, K. D. G. EDWARDS und K. E. ANDERSON: Effect of Dietary Pectin and Cellulose on Hepatic and Intestinal Mixed-function Oxidations and Hepatic 3-Hydroxy-3-methylglutaryl-Coenzyme A Reductase in the Rat. Biochem. Pharmacol. **30**, 2553 (1981)

ROBERTSON, I. G. C. und L. S. BIRNBAUM: Age-Related Changes in Mutagen Activation by Rat Tissues. Chem.-Biol. Interactions **38**, 243 (1982)

ROOTS, I.: Genetische Ursachen für die Variabilität der Wirkungen und Nebenwirkungen von Arzneimitteln. Internist **23**, 601 (1982)

ROWLAND, I., M. DAVIES und P. GRASSO: Biosynthesis of Methylmercury Compounds by the Intestinal Flora of the Rat. Arch. Environ. Health **32**, 24 (1977)

ROWLAND, I., H. J. DAVIES und J. G. EVANS: *"The Effects of the Gastrointestinal Flora on Tissue Content of Mercury and Organomercurial Neurotoxicity in Rats Given Methylmercury Chlorids."* In: HOLMSTADT, B., R. LAUWERY, M. MERCIER und M. ROBERFROID: *"Mechanisms of Toxicity and Hazard Evaluation"*. Elsevier/North-Holland, Amsterdam 1980

SCHULZ, R.: Intestinale Biotransformation von Fremdstoffen bei der Ratte in vivo: Abhängigkeit von diätetischen Faktoren. Dissertation, Med. Fak. Universität Tübingen 1981

Anforderungen an lebensmitteltoxikologische Untersuchungen

BALLS, M., R. J. RIDDELL und A. N. WORDEN: *"Animals and Alternatives in Toxicity Testing."* Academic Press, London 1983

Committee on Long-Term Holding of Laboratory Rodents: Long-term Holding of Laboratory Rodents. ILAR News **19**, L 1 (1976)

EDWARD, A. G.: *"Animals Care and Maintenance."* In: HAYES, A. W.: *"Principles and Methods in Toxicology."* Raven Press, New York 1982

Environmental Protection Agency: Proposed Health Effects Test Standards for Toxic Substances Control Act Test Rules. Federal Register **44**, 27334 (1979)

FALCOI, G., A. NAVA und A. CUTTICA: *"Good Laboratory Practice and Animal Care."* In: BARTOŠEK, A. GUAITANA und E. C. PACE: *"Animals in Toxicological Research."* Raven Press, New York 1982

Food Safety Council: Proposed System for Food Safety Assessment. Food Cosmet. Toxicol. **15**. Suppl. 2. 1 (1978)

FOX, J. G., P. THIBERT, D. L. ARNOLD, D. R. KREWSKI und H. C. GRICE: Toxicology Studies. II. The Laboratory Animal. Food Cosmet. Toxicol. **17**, 661 (1979)

HEINE, W.: *"Importance of Quality Standards and Quality Control in Small Laboratory Animals for Toxicological Research."* In: BARTOŠEK, I., A. GUAITANA und E. C. PACE: *"Animals in Toxicological Research."* Raven Press, New York 1982

HEINECKE, H.: „*Grundlagen des Tierversuches.*" In: KLÖCKING, H. P. und W. D. WIEZOREK: „*Aktuelle Probleme der Toxikologie.*" Band 1/1. Druckhaus FREIHEIT, Halle 1982

HOMBURGER, F., J. A. HAYER und E. W. PELIKAN: *"A Guide to General Toxicology."* S. Karger, Basel 1983

HURNI, H.: *"The Provision of Laboratory Animals."* In: PAGET, G. E.: *"Methods in Toxicology."* Blackwell Scientific Publ., Oxford/Edinburgh 1970

OSER, B. L.: The Rat as Model for Human Toxicological Evaluation. J. Toxicol. Environ. Health **8**, 521 (1981)

Principles and Methods for Evaluating the Toxicity of Chemicals, Part 1. Environmental Health Criteria 6. WHO Genf 1978

Procedures for Investigating Intentional and Unintentional Food Additives. Techn. Rep. Ser. No. **348**, Genf 1967

Procedures for the Testing of Intentional Food Additives to Establish their Safety for Use. Techn. Rep. Ser. No. **144**, Genf 1958

ROSIVAL, L. und H. J. LEWERENZ: „*Beurteilung der Zusatz- und Fremdstoffe vom Standpunkt der Toxikologie und der chemischen Hygiene.*" In: ROSIVAL, L., R. ENGST und A. SZOKOLAY: „*Fremd- und Zusatzstoffe in Lebensmitteln.*" VEB Fachbuchverlag, Leipzig 1978

SPIEGEL, A.: „*Versuchstiere.*" VEB Gustav Fischer Verlag, Jena 1975

SMITH, D. H.: „*Alternativen zu Tierversuchen.*" Gustav Fischer Verlag, Stuttgart/New York 1982

Toxicological Evaluation of Certain Food Additives with a Review of General Principles and of Specifications. Techn. Rep. Ser. No. **539**, Genf 1974

TRUHAUT, R.: *"Principles of Toxicological Evaluation of Food Additives."* In: GALLI, C. L., R. PAOLETTI und G. VETTORAZZI: *"Chemical Toxicology of Food."* Elsevier/North-Holland, Biomedical Press, Amsterdam/New York/Oxford 1978

VETTORAZZI, G.: *"Handbook of International Food Regulatory Toxicology."* Vol. 1: *"Evaluations."* MTP Press Limited, Lancaster 1980.

ZBINDEN, G.: *"Progress in Toxicology. Special Topics"*, Vol. 1. Springer-Verlag, Berlin/Heidelberg/New York 1973

Akute, subchronische und chronische Toxizitätsprüfung

BALAZS, T.: *"Measurement of Acute Toxicity."* In: PAGET, G. E.: *"Methods in Toxicology."* Blackwell Scientific Publ., Oxford/Edinburgh 1970

BARNES, J. M. und I. A. DEUZ: Experimental Methods Used in Determining Chronic Toxicity. Pharmacol. Rev. **6**, 191 (1954)

BASS, R., P. GÜNZEL, D. HENSCHLER, J. KÖNIG, D. LORKE, D. NEUBERT, E. SCHÜTZ, D. SCHUPPAN und G. ZBINDEN: LD_{50} Versus Acute Toxicity. Critical Assessment of the Methodology Currently in Use. Arch. Toxicol. **51**, 183 (1982)

BENITZ, K. F.: *"Measurements of Chronic Toxicity."* In: PAGET, G. E.: *"Methods in Toxicology."* Blackwell Scientific Publ., Oxford/Edinburgh 1970

BLISS, C. I.: The Calculation of the Dosage-Mortality Curve. Am. Appl. Biol. **22**, 134 (1935)

BROWN, V. K. H.: *"Acute Toxicity Testing."* In: BALLS, M., R. J. RIDDELL und A. N. WORDEN: *"Animals and Alternatives in Toxicity Testing".* Academic Press, London 1983

CHAN, P. K., G. P. O'HARA und A. W. HAYES: *"Principles and Methods for Acute and Subchronic Toxicity."* In: HAYES, A. W.: *"Principles and Methods of Toxicology."* Raven Press, New York 1982

CHANTER, D. O. und R. HEYWOOD: The LD_{50} Test: Some Considerations of Precision. Toxicol. Lett. **10**, 303 (1982)

DAVIDOW, B. und E. C. HAGAN: *„Akute Giftigkeit."* In: EICHHOLTZ, F.: *„Die toxische Gesamtsituation auf dem Gebiet der menschlichen Ernährung."* Springer-Verlag, Berlin/Göttingen/Heidelberg 1956

Deutsche Forschungsgemeinschaft, Kommission für Pflanzenschutz-, Pflanzenbehandlungs- und Vorratsschutzmittel. Mitteilung VIII: *„Kriterien zur toxikologischen Bewertung von Pflanzenschutz-, Pflanzenbehandlungs- und Vorratsschutzmitteln."* Boldt Verlag, Boppard 1974

FITZHUGH, O. G.: *„Chronische orale Giftigkeit."* In: EICHHOLTZ, F.: *„Die toxische Gesamtsituation auf dem Gebiet der menschlichen Ernährung."* Springer-Verlag, Berlin/Göttingen/Heidelberg 1956

FRAWLEY, J. P.: *„Bestimmung des Dosen-Bereichs und der subakuten Toxizität."* In: EICHHOLTZ, F.: *„Die toxische Gesamtsituation auf dem Gebiet der menschlichen Ernährung."* Springer-Verlag, Berlin/Göttingen/Heidelberg 1956

GRICE, H. C. und J. BUREK: *"Age-Associated (Geriatric) Pathology: Its Impact on Long-Term Toxicity Studies."* In: GRICE, H. C.: *"Current Issues in Toxicology."* Springer-Verlag, New York/Berlin/Heidelberg/Tokyo 1984

HEYWOOD, R.: *"Long-term Toxicity."* In: BALLS, M., R. J. RIDDELL und A. N. WORDEN: *"Animals and Alternatives in Toxicity Testing."* Academic Press, London 1983

JOSELOW, M. M.: *"Systematic Toxicity Testing for Xenobiotics in Foods."* In: FINLEY, J. W. und D. E. SCHWASS: *"Xenobiotics in Foods and Feeds."* Am. Chem. Soc., Washington, D.C. 1983

LITCHFIELD, J. T. und E. WILCOXON: A Simplified Method of Evaluating Dose-effect Experiments. J. Pharmacol. Exp. Ther. **96**, 99 (1949)

LOOMIS, T. A.: Acute and Prolonged Toxicity Tests. J. Assoc. Off. Agric. Chem. **58**, 645 (1975)

LORKE, D.: A New Approach to Practical Acute Toxicity Testing. Arch. Toxicol. **54**, 275 (1983)

MORRISON, J. K., R. M. QUINTON und H. REINERT: *"The Purpose and Value of LD_{50} Determinations."* In: BOYLAND, E. und R. GOULDING: *"Modern Trends in Toxicology".* Vol. 1. Butterworth, London 1968

OECD: Guidelines for Testing of Chemicals. OECD, Paris 1981

SCHNIEDERS, B. und P. GROSDANOFF: *„Zur Problematik von chronischen Toxizitätsprüfungen. Ziel, Durchführung und Bewertung"* (AMI-Berichte 1/1980). Dietrich Reimer Verlag, Berlin 1980

SCHÜTZ, E. und H. FUCHS: A New Approach to Minimizing the Number of Animals Used in Acute Toxicity Testing and Optimizing the Information of Test Results. Arch. Toxicol. **51**, 197 (1982)

ZBINDEN, G. und M. FLURY-ROVERSI: Significance of the LD_{50}-Test for the Toxicological Evaluation of Chemical Substances. Arch. Toxicol. **47**, 77 (1981)

Reproduktionstoxikologische Untersuchungen

BAEDER, C., G. A. S. WICKRAMARATNE, H. HUMMLER, J. MERKLE, H. SCHÖN und H. TUCHMANN-DUPLESSIS: Identification and Assessment of the Effects of Chemicals on Reproduction and Development (Reproductive Toxicology). Food Chem. Toxicol. **23**, 377 (1985)

BERRY, C. L.: *"Reproductive Toxicity."* In: BALLS, M., R. J. RIDDELL und A. N. WORDEN: *"Animals and Alternatives in Toxicity Testing".* Academic Press, London 1983

CHRISTIAN, M. S. und P. E. VOYTEK: *"In vivo Reproductive and Mutagenicity Tests."* In: HOMBURGER, F., J. A. HAYES und E. W. PELIKAN: *"A Guide to General Toxicology".* S. Karger, Basel 1983

DIXON, R. L. und J. L. HALL: *"Reproductive Toxicology".* In HAYES, A. W.: *"Principles and Methods of Toxicology".* Raven Press, New York, 1982

Food and Drug Administration Advisory Committee on Protocols for Safety Evaluations: Panel on Reproduction: Report on Reproduction Studies in the Safety Evaluation of Food Additives and Pesticide Residues. Toxicol. Appl. Pharmacol. **16**, 265 (1970)

FRIEDMAN, L.: Symposium on the Evaluation of the Safety of Food Additives and Chemical Residues. II. The Role of the Laboratory Animal Study of Intermediate Duration for Evaluation of Safety. Toxicol. Appl. Pharmacol. **16**, 498 (1969)

GRIFFIN, J. P.: *"Current Problems and Current Requirements in Reproduction Studies"*. In BALLANTYNE, B.: *"Current Approaches in Toxicology"*. John Wright and Sons, Bristol 1977

LEWERENZ, H. J.: *"Reproduktionstoxikologie."* In: KLÖCKING, H. P. und W. D. WIEZOREK: *"Aktuelle Probleme der Toxikologie"*, Bd. 4/2. Druckhaus FREIHEIT, Halle 1984

LOCKEY, J. E., G. K. LEMASTERS und W. R. KEYE, Jr.: *"Reproduction: the New Frontier in Occupational and Environmental Health Research."* Alan R. Liss Inc., New York 1984

MANN, T. und C. LUTWAK-MANN: *"Adverse Effects of Chemicals on Male Reproductive Function in Mammals."* In: VOUK, V. B. und P. J. SHEEHAN: *"Methods for Assessing the Effects of Chemicals on Reproductive Functions."* SCOPE-Public No. 20. John Wiley and Sons, Chichester/ New York/Brisbane/Toronto/Singapore 1983

MATTISON, D. R.: *"Drugs, Xenobiotics and the Adolescent: Implications for Reproduction."* In: SOYKA, L. F. und G. P. REDMOND: *"Drug Metabolism in the Immature Human."* Raven Press, New York 1981

McLACHLAN, J. A., R. R. NEWBOLD, K. S. KORACH, J. C. LAMB IV und Y. SUZUKI: *"Transplacental Toxicology: Prenatal Factors Influencing Postnatal Fertility."* In: KIMMEL, C. A. und J. BUELKE-SAM: *"Developmental Toxicology."* Raven Press, New York 1981

MUNRO, I. C. und R. F. WILLES: *"Reproductive Toxicity and the Problems of in Utero Exposure."* In: GALLI, C. L., R. PAOLETTI und G. VETTORAZZI: *"Chemical Toxicology of Food."* Elsevier North-Holland, Biomedical Press, Amsterdam/New York/Oxford 1978

MUNRO, I. C.: *"Reproductive Toxicity."* In: GALLI, C. L., S. D. MURPHY und R. PAOLETTI: *"The Principles and Methods in Modern Toxicology."* Elsevier North-Holland, Biomedical Press, Amsterdam/New York/Oxford 1980

NEUMANN, F., W. ELGER, H. STEINBECK und K.-J. GRÄF: *"The Role of Androgens in Sexual Differentiation of Mammals."* In: REINBOTH, R.: *"Intersexuality in the Animal Kingdom."* Springer-Verlag, Berlin 1975

OETTEL, M., J. FROSCH, H. NÜRBERGER und K. STADE: Ausgewählte Probleme der experimentellen Reproduktionstoxikologie im Rahmen der Arzneimittelentwicklung. Zentralbl. Pharm. **123**, 1 (1984)

PALMER, A. K.: *"Reproductive Toxicology Studies and their Evaluation."* In BALLANTYNE, B.: *"Current Approaches in Toxicology."* John Wright and Sons, Bristol 1977

PALMER, A. K.: *"Regulatory Requirements for Reproductive Toxicology: Theory and Practice."* In: KIMMEL, C. A. und J. BUELKE-SAM: *"Developmental Toxicology."* Raven Press, New York 1981

WILSON, J. G.: *"Critique of Current Methods for Teratogenicity Testing in Animals and Suggestions for their Improvement."* In: SHEPARD, T. H., R. MILLER und M. MAROIS: *"Methods for Detection of Environmental Agents that Produce Congenital Defects."* North-Holland/America Elsevier, Amsterdam/New York 1975

WYROBEK, A. J., L. A. GORDON, J. G. BURKHART, M. W. FRANCIS, R. W. KAPP Jr., G. LETZ, H. V. MALLING, J. C. TOPHAM und M. D. WHORTON: An Evaluation of the Mouse Sperm Morphology Test and Other Sperm Tests in Nonhuman Mammals. Mutat. Res. **115**, 1 (1983)

Pränataltoxikologische Untersuchungen

ARIYUKI, F., H. ISHIHARA, K. HIGAK und M. YASUDA: A. Study of Fetal Growth Retardation in Teratological Tests: Relationship Between Body Weight and Ossification of the Skeleton in Rat Fetuses. Teratology **26**, 263 (1982)

BEACH, R. S., M. E. GERSHWIN und L. S. HURLEY: Persistent Immunological Consequences of Gestation Zinc Deprivation. Am. J. Clin. Nutrit. **38**, 579 (1983)

BLEYL, D. W. R., B. NICKEL und M. KUJAWA: Beeinflussung der Reproduktion auf Grund einer DDE-Mobilisierung bei Ratten durch Alkohol-Verabreichung während der Trächtigkeit und Laktation. Nahrung **28**, 4, 357 (1984)

BLEYL, D. W. R.: Grenzen und Möglichkeiten der in-vitro-Technik für pränataltoxikologische Untersuchungen. Nahrung **28**, 1053 (1984)

BLEYL, D. W. R., S. KLEIN und H. WOGGON: Vergleichende Untersuchungen mit zwei organischen

Quecksilberverbindungen allein oder in Kombination mit Ethanol nach prä- oder postnataler Applikation an Mäusen. Nahrung **29**, 93 (1985)

BLEYL, D. W. R. und W. KOZERKE: Quantitative Bestimmung des Ossifikationsgrades fetaler Rattenknochen mittels Bildanalyse. Nahrung **29**, 629 (1985)

CHAMBERS, P. L. und D. W. NORRISS: Chlorinated Hydrocarbons in Birds and Mammals. Arch. Toxicol., Suppl. **6**, 206 (1983)

CALLOWAX, W. D. und N. T. BROWN: Frequency of Mouse Vocalizations Following in utero Exposure to FUDR. Teratology **29**, 5B (1984),

COLE, R. J., J. COLE, L. HENDERSON, N. A. TAYLOR, C. F. ARLETT und T. REGAN: Short-term Tests for Transplacentally Active Carcinogens. Mutat. Res. **113**, 61 (1983)

DANIELSSON, B. R. G., L. DENCKER und A. LINDGREEN: Transplancental Movement of Inorganic Lead in Early and Late Gestation in the Mouse. Arch. Toxicol. **54**, 97 (1983)

EMA, M. und S. KANCH: Studies on the Pharmacological Basia of Fetal Toxicity of Organs. III. Fetal Toxicity of Potassium Nitrate in Two Generations of Rats. Folia Pharm. Jap. **81**, 469 (1983)

GROSDANOFF, P.: Mögliche Gründe für die unterschiedlichen Versuchsergebnisse von embryo-toxikologischen Untersuchungen. AMI-Bericht **1**, 125 (1981)

HEINECKE, H.: Jungentransport als Verhaltenstest bei der Maus. I. Ermittlung des „Labor-standards". Z. Versuchstierkd. **24**, 326 (1982)

HENSCHLER, D.: Transplacentare Carcinogenese. Arch. Gynakol. **235**, 335 (1983)

KHERA, D. S.: Common Fetal Aberrations and Their Teratologic Significance a Review. Fundam. Appl. Toxicol. **1**, 13 (1981)

KIMMEL, C. A. und J. F. YOUNG: Correlating Pharmacokinetics and Teratogenic Endpoints. Fundam. Appl. Toxicol. **3**, 250 (1983)

KLAUS, S. und A. ERDMANN: Vereinfachte Methodik des Schwimmtests bei der Maus. Z. Versuchs-tierkd. **22**, 296 (1980)

KREYBIG, Th. von: *„Experimentelle Praenatal-Toxikologie."* Cantor KG, Aulendorf 1968

LEAKEY, J. E. A.: *"Ontogenesis."* In: J. CALDWELL und W. B. JACOBYSS. *"Biological Basis of Detoxication."* Academic Press, London 1983

NAU, H., R. ZIERER, H. SPIELMANN, D. HEUBERT und Ch. GANSAU: A New Model for Embryo-toxicity Testing: Teratogenicity and Pharmacokinetics of Valproin Acid Following Constant-Rate Administration in the Mouse Using Human Therapeutic Drug and Metabolite Concentrations. Life Sci. **29**, 2803 (1981)

NEUBERT, D.: The Use of Culture Techniques in Studies on Prenatal Toxicity. Pharmacol. Ther. **18**, 397 (1982)

NISHIMURA, M., M. IIZUKA, S. IWAKI und A. KAST: Repairability of Drug-Induced "Wawy Ribs" in Rat Offspring. Arzneim.-Forsch. **32**, 1618 (1982)

TURCAN, R. G., P. P. TAMBURIN, G. G. GIBSON, D. V. PARKE und A. M. SYMONS: Drug Metabolism. Cytochrome P-450 Spin State and Phospholipid Changes During Pregnancy in the Rat. Biochem. Pharmacol. **30**, 1223 (1981)

VARELA-ALVAREZ, H., J. D. SINK und L. L. WILSON: Certain Physiological Factors Affecting Organochlorine Pesticide Metabolism in Young Ovines Contaminated in Utero. J. Agric. Food Chem. **21**, 409 (1973)

VESELL, E. S.: Dynamically Interacting Genetic and Environmental Factors that Affect the Response of Developing Individuals to Toxicants. Banbury Rep. **11**, 107 (1982)

WEATHERHOLTZ, W. M. und R. E. WEBB: Influence of Dietary Protein on the Activity of Micro-somal Epoxidase in the Growing Rat. J. Nutr. **101**, 9 (1971)

WISE, A., A. K. MALLETT und I. R. ROWLAND: Dietary Fibre, Bacterial Metabolism and Toxicity of Nitrate in the Rat. Xenobiotica **12**, 111 (1982)

WORKER, N. A. und B. B. MIGICIVSKY: Effect of Vitamin D on the Uticization of Zinc, Cadmium and Mercury in the Chick. J. Nutr. **75**, 222 (1961)

YAGER, J. D. und R. YAGER: Oral Contraceptive Steroids as Promoters of Hepatocarcinogenesis in Female Spraque-Dawley Rats. Cancer Res. **40**, 3680 (1980)

ZABIK, M. E. und R. SCHEMMEL: Dieldrin Storage of Obese, Normal, and Semistarved Rats. Arch. Environ. Health **27**, 25 (1973)

PAVLIK, A. und O. BENESOVA: Behavioral and Teratological Models Induced by Metabolic Cyto-toxic and Receptor Action. Cas. Lek. Ces. **122**, 540 (1983)

PROTAIS, P., J.-J. BONNET, J. COSTENTIN und J.-C. SCHWARTZ: Rat Climbing Behavior Elicited by Stimulation of Cerebral Dopamine Receptors. Naunym-Schmiedeberg's Arch. Pharmacol. **325**, 93 (1984)

SCHMIDT, R. R. und P. K. ABBOTT: Altered Postnatal Mitogenic Responsiveness of Adult Rat Spleenic Lymphocytes Following In utero Exposure to Corn Oil. Teratology **27**, 411 (1983)

SPIELMANN, H., H.-G. EIBS und U. JACOB-MÜLLER: In vitro Methods for the Study of the Effects of Teratogens on Preimplantation Embryos. Acta Morphol. Acad. Sci. Hung. **28**, 105 (1980)

SPYKER-CRAMER, J. M., J. B. BARNETT, D. L. AVERY und M. F. CRAMER: Immunoteratology of Chlordane: Cell-Mediated and Humoral Immune Response in Adult Mice Exposed in Utero. Toxicol. Appl. Pharmacol. **62**, 402 (1982)

STAHLMANN, R., U. BLUTH und D. NEUBERT: *"Effects of Some 'Indirectly' Alkylating Agents on Differentation of Limb Buds in Organ Culture."* In: NEUBERT, D. und H. J. MERKER: *"Culture Techniques."* Walter de Gruyter, Berlin 1981

TEMBROCK, G.: Grundlagen einer Verhaltens-Teratologie. Med. Reihe **27**, 125 (1978)

TICHA, R., J. SANTAVY und Z. MATLOCHA: Fetal Alcohol Syndrome: Amino Acid Pattern. Acta Paediatr. Acad. Sci. Hung. **24**, 143 (1983)

VARELA-ALVAREZ, H., J. D. SINK und L. L. WILSON: Certain Physiological Factors Affecting Organochlorine Pesticides Metabolism in Ovine Females. J. Agric. Food Chem. **21**, 409 (1973)

Cancerogenitätstestung

BASS, R., P. GROSDANOFF, F. LEUSCHNER, D. SCHMÄHL und G. ZBINDEN: *„Zur Problematik von Cancerogenitätsstudien bei Arzneimitteln — Ziel, Durchführung und Bewertung."* Diedrich Reimer Verlag, Berlin 1981

BOHRMANN, J. S.: Identification and Assessment of Tumor-Promoting and Cocarcinogenic Agents. CRC, Crit. Rev. Toxicol. **11**, 121 (1983). Food and Drug Administration: Nonclinical Laboratory Studies, Good Laboratory Practice Regulations. Federal Register **43**, No. 247, Dec. 22, 1978, 59986...60025

CHESS, M. J., J. WILBOURN und H. BARTSCH: Information Bulletin on the Survey of Chemicals Being Tested for Carcinogenicity. No. 10. IARC/WHO, Lyon 1982

HARTWELL, J. L.: Survey of Compounds which have been Tested for Carcinogenic Activity. Public. Health Ser. Publ. No. 149. 2nd Edition. Washington, DC, US Gvt. Print. Off., Washington 1951

HOLMBERG, B., J. RANTANEN und E. ARRHENIUS: Estimation and Evaluation of Carcinogenic Activity — Guidelines and Viewpoints. Bratt Institut für Neues Lernen, Chartwell-Bratt Ltd. 1979 IARC/WHO: IARC Monographs on the Evaluation of the Carcinogenic Risk of Chemicals to Humans. Vol. 1...34 Lyon 1972...1984 IARC/WHO: Screening Tests in Chemical Carcinogenesis. IARC Sci. Publ. No. 12. Lyon 1976

MILLER, J. A. und E. C. MILLER: Chemical Carcinogenesis: Mechanisms and Approaches to its Control. J. Natl. Cancer Inst. **47**, V (1971)

MONTESANO, R., H. BARTSCH, E. BOYLAND, G. DELLA PORTA, L. FISHBEIN, R. A. GRIESEMER, A. B. SWAN und L. TOMATIS: Handling Chemical Carcinogens in the Laboratory — Problems of Safety. IARC Sci. Publ. No. 33. Lyon 1979

MONTESANO, R., H. BARTSCH, L. TOMATIS und W. DAVIS: Molecular and Cellular Aspects of Carciogen Screening Tests. IARC Sci. Publ. No. 27. Lyon 1980

OECD Guidelines for Testing of Chemicals No. 451, 1981, p. 1...17, Carcinogenicity Studies.

SAFFIOTTI, U.: Risk-Benefit Considerations in Public Policy on Environmental Carcinogenesis. In: Proc. 11th Canadian Cancer Research Conference, Toronto, Ontario, May 6—8, 1976

SCHRAMM, T., B. TEICHMANN und K.-H. HORN: Testung von Substanzen auf cancerogene Wirkung an Säugetieren unter spezieller Berücksichtigung von Arzneimitteln. Arch. Geschwulstforsch. **46**, 506 (1976)

SCHRAMM, T., B. TEICHMANN und G. BUTSCHAK: Kurzzeit-Tests als eine Stufe im Rahmen der Prüfung von Substanzen auf cancerogene Wirkung. Arch. Geschwulstforsch. **47**, 567 (1977)

SCHRAMM, T.: Chemische Kanzerogenese. Arch. Geschwulstforsch. **55**, 409 (1985)

SCOTT, R. E., J. J. WILLE und M. L. WIER: Mechanisms for the Initiation and Promotion of Carcinogenesis: A Review and a New Concept. Mayo Clin. Proc. **59**, 107 (1984)

SHUBIK, P. und D. B. CLAYSON: Application of the Results of Carcinogen Bioassays to Man. In: IARC Sci. Publ. No. 13. Lyon 1976

SHUBIK, P., A. BROWN, J. R. P. CABRAL, D. CLAYSON, I. HIGGINS, W. LEVIN, P. MAGEE, M. L. MENDELSOHN, R. A. SQUIRE und B. K. BERNARD: Criteria for Evidence of Chemical Carcinogenicity. Science **225** (1984) 4663, 682

SONNTAG, J. M., N. F. PAGE und U. SAFFIOTTI: Guidelines for Carcinogen Bioassays in Small Rodents. Natl. Cancer Inst. Carcinogenesis Techn. Rep. Ser. No. 1. Nat. Inst. Health., DHEW Publ. No. (NIH) 76...801, Washington, DC, U.S. Gvt. Print. Off., 1976, 1...65

STICH, H. F. und R. H. C. SAN: "*Short-term Tests for Chemical Carcinogens.*" Springer-Verlag, New York/Heidelberg/Berlin 1981

Survey of Compounds which have been Tested for Carcinogenic Activity, 1978 Volume, NIH Publ. No. 80—453, U.S. Dept. Health. Educat. Welfare, U.S. Gvt. Print. Off. Washington, DC, 20402, 1980, 1...1331

TEICHMANN, B., T. SCHRAMM und M. TEICHMANN: „*Substanzen mit cancerogener Wirkung*" (3. Ausgabe). Zentralinstitut für Krebsforschung, Berlin-Buch 1979

TEICHMANN, B. und T. SCHRAMM: "Human" and "Animal Carcinogens". In: Carcinogenic Risks — Strategics on Intervention. IARC Sci. Publ. No. 25. Lyon 1979

TOMATIS, L.: Extrapolation of Test Results to Man, In: IARC Sci. Publ. No. 13. Lyon 1976

TOMATIS, L.: The Contribution of Epidemiological and Experimental Data to the Control of Environmental Carcinogens. Cancer Lett. **26**, 5 (1985)

TROSKO, J. E.: A New Paradigm is Needed in Toxicological Evaluation. Environm. Mutagenesis **6**, 767 (1984)

TURUSOV, V. S.: Pathology of Tumors in Laboratory Animals. Vol. 1: Tumors of the rat, Part 1 and Part 2. IARC Sci. Publ. No. 5 (1973) und No. 6 (1976), Lyon

TURUSOV, V. S.: Pathology of Tumors in Laboratory Animals. Vol. 2: Tumors of the Mouse, IARC Sci. Publ. No. 23. Lyon 1979

TURUSOV, V. S.: Pathology of Tumors in Laboratory Animals. Vol. 3: Tumors of the Hamster. IARC Sci. Publ. No. 34. Lyon 1984

WEISBURGER, J. H.: "*Chemical Carcinogenesis.*" In: CASARETT, L. J. und J. DOULL: "*Toxicology — The Basic Science of Poisons.*" MacMillan Publ. Co., New York 1975

WEISBURGER, J. W. und G. M. WILLIAMS: Carcinogen Testing. Current Problems and New Approaches. Science **214**, 401 (1981).

WEISBURGER, J. H. und G. M. WILLIAMS: Bioassays for Carcinogens: In vitro and in vivo Tests. In: SEARLE, C. E.: "Chemical Carcinogens", 2nd Edit., Vol. 2, ACS Monogr. **182**. Am. Chem. Soc., Washington, DC. 1984

Assessment of the Carcinogenicity of Chemicals. Techn. Rep. Ser. No. 576, Genf 1974

Principles and Methods for Evaluating the Toxicity of Chemicals. Environmental Health Criteria 6. Part 1. Genf 1978

WHO/IARC: Long-term and short-term Screening Assays for Carcinogens: A Critical Appraisal. IARC Monographs on the Evaluation of the Carcinogenic Risk of Chemicals to Humans. Suppl. 2. Lyon 1980

WHO/IARC/IPCS/CEC: Approaches to Classifying Chemical Carcinogens According to Mechanisms of Action. IARC Int. Techn. Rep. No. 83/001. Lyon 1983

Mutagenitätstestung

BÖHME, H. und J. SCHÖNEICH: "*Environmental Mutagens.*" Akademie-Verlag, Berlin 1977

KILBEY, B. J., M. LEGATOR, W. NICHOLS und C. RAMEL: "*Handbook of Mutagenicity Test Procedures*". Elsevier, Amsterdam/New York/Oxford 1984

OBE, G.: "*Mutations in Man.*" Springer-Verlag, Berlin/Heidelberg/New York/Tokyo 1984

DE SEERES, F. J. und A. HOLLAENDER: "*Chemical Mutagens-Principles and Methods for their Detection*", Vol. 1...9. Plenum Press, New York/London 1970...1984

STOLTZ, D. R., B. STAVRIC, R. KLASSEN und T. MUISE: "*The Health Significance of Mutagens in Foods.*" In: STICH, H. F. (ed): "*Carcinogens and Mutagens in the Environment*". Vol. 1: "*Food Products.*" CRC Press, Boca Raton, Florida 1982

STOLTZ, D. R., B. STAVRIC, D. KREWSKI, R. KLASSEN, R. BENDALL und B. JUNKINS: Mutagenicity Screening of Foods. I. Results with Beverages. Environ. Mutagen **4**, 477 (1982)

Stoltz, D. R., B. Stavric, R. Stapley, R. Klassen, R. Bendall und D. Krewski: Mutagenicity Screening of Foods. II. Results with Fruits and Vegetables. Environ. Mutagen **6**, 343 (1984)

Toxikologische Bewertung

Bär, F.: Die toxikologische Bewertung (Sicherheitsspannen, Höchstmengen) im Rahmen des Lebensmittelgesetzes (Lebensmittel-Zusatzstoffe und Pestizidrückstände). Arch. Toxicol. **32**, 54 (1974)
Clegg, D. J.: *"Toxicological Basis of the ADI-Present and Future Considerations."* In: Frehse, H. und H. Geissbühler: *"Pesticide Residues. A. Contribution to their Interpretation, Relevance and Legislation."* Pergamon Press, Oxford/New York/Toronto /Sydney/Paris/Frankfurt 1979
Cornfield, J.: Carcinogenic Risk Assessment. Science **198**, 693 (1977)
Darby, W. J.: *"How Safe is Safe? Uncertainties Associated with the Evaluation of the Health Hazards of Chemicals in Food."* In: Galli, C. L., R. Paoletti und G. Vettorazzi: *"Chemical Toxicology of Food."* Elsevier/North Holland, Biomedical Press, Amsterdam/New York/Oxford 1978
Deutsche Forschungsgemeinschaft: Verfahrensgrundsätze zur Ermittlung von Sicherheitsfaktoren für die gesundheitliche Beurteilung von Pflanzenbehandlungsmitteln. In Arbeitsgruppe Toxikologie der Kommission für Pflanzenschutz-, Pflanzenbehandlungs- und Vorratsschutzmitteln: Datensammlung zur Toxikologie der Herbizide, Bd. 2, 4. Lieferung. Verlag Chemie, Weinheim 1983
Elias, P. S.: *"The Acceptable Daily Intake for Man (ADI) as a Chronic Toxicity Index."* In: Galli, C. L., R. Paoletti und G. Vettorazzi: *"Chemical Toxicology of Food."* Elsevier/North Holland Biomedical Press, Amsterdam/New York/Oxford 1978
Food Safety Council: Proposed System for Food Safety Assessment. Food Cosmet. Toxicol. **16**, Suppl. 2, 1 (1978)
Food Safety Council: Quantitative Risk Assessment. Food Cosmet. Toxicol. **18**, 711 (1980)
Gaylor, D. W.: The Use of Safety Factors for Controlling Risk. J. Toxicol. Environ. Health **11**, 329 (1983)
Gehring, P. J. und K. S. Rao: *"Toxicologic Data Extrapolation."* In: Cralley, L. V. und L. J. Cralley: *"Patty's Industrial Hygiene and Toxicology"*, Vol. III. John Wiley and Sons, New York/Chichester/Brisbane/Toronto 1979
Grice, H. C.: *"Interpretation and Extrapolation of Chemical and Biological Carcinogenicity Data to Establish Human Safety Standards."* In: Grice, H. C.: *"Current Issues in Toxicology."* Springer-Verlag, New York/Berlin/Heidelberg/Tokyo 1984
Grice, H. C.: *"The Acceptance of Risk-Benefit Decisions."* In: Galli, C. L., R. Paoletti und G. Vettorazzi: *"Chemical Toxicology of Food."* Elsevier/North Holland, Biomedical Press, Amsterdam/New York/Oxford 1978
Grunow, W.: Zur toxikologischen Beurteilung von Lebensmittelzusatzstoffen. Ernährungslehre und -praxis. Beilage zur Ernährungs-Umschau für die Unterrichtung und Fortbildung von Nachwuchskräften. Nr. 4, 1313 (1975)
Hall, R. L.: Naturally Occuring Toxicants and Food Additives: Our Perception and Management of Risks. Naeringsforskning **22**, Suppl. 16, 6 (1978)
Hansen, K.: Die toxikologische Beurteilung von Pestizidrückständen. Berichte Landwirtschaft **50**, 383 (1972)
Henschler, D.: Veränderungen der Umwelt — Toxikologische Probleme. Angew. Chem. **85**, 317 (1973)
Henschler, D.: Probleme der toxikologischen Risikoermittlung von Nahrungsfremdstoffen. Zbl. Bakt. Hyg., I. Abt. Orig. B **163**, 118 (1976)
Henschler, D.: Zusatzstoffe und Schädlingsbekämpfungsmittel — Probleme der Risikoermittlung. Ernähr. Umsch. **21**, 3 (1974)
Hogan, M. D. und D. G. Hoel: *"Extrapolation to Man."* In: Hayes, A. W.: *"Principles and Methods of Toxicology."* Raven Press, New York 1982
Lewerenz, H. J.: Grundlagen der toxikologischen Bewertung von Fremdstoffen in der Nahrung. In Kongreß- und Tagungsberichte der Martin-Luther-Universität Halle—Wittenberg: Bio-

logische Begründungen für hygienische Grenzwerte. Wissenschaftl. Beiträge 1982/53 (R 78) Halle (Saale) 1982

MILLER, C. T., D. KREWSKI und I. C. MUNRO: *"Conventional Approaches to Safety Evaluation"*. In: HOMBURGER, F.: *"Safety Evaluation and Regulation of Chemicals."* S. Karger, Basel 1983

MUNRO, I. C. und D. R. KREWSKI: Risk Assessment and Regulatory Decision Making. Food Cosmet. Toxicol. **19**, 549 (1981)

OHNESORGE, F. K.: Kriterien für die Bewertung der toxikologischen Untersuchungen von Pflanzenbehandlungsmitteln. In: Deutsche Forschungsgemeinschaft; Kommission für Pflanzenschutz-, Pflanzenbehandlungs- und Vorratsschutzmittel. Mitteilung XII: Chemischer Pflanzenschutz, Rückstände und Bewertung. Boldt Verlag, Boppard 1980

OHNESORGE, F. K.: Ernährungstoxikologische Probleme durch zunehmende Umweltbelastung. Ernähr.-Umsch. **30**, 103 (1983)

OSER, B. L.: Benefit/Risk: Whose? What? How much? Food Technol. **32**, 55 (1978)

PAINTER, O. E. und R. SCHMITT: *"The 'Acceptable Daily Intake' as a Quantified Expression of the Acceptability of Pesticide Residues."* In: FREHSE, H. und H. GEISSBÜHLER: *"Pestici Residues. A Contribution to their Interpretation, Relevance and Legislation."* Pergamon Press, Oxford/New York/Toronto/Sydney/Paris/Frankfurt 1979

RODRICKS, J. V. und R. G. TARDIFF: *"Biological Bases for Risk Assessment."* In: HOMBURGER, F.: *"Safety Evaluation and Regulation of Chemicals."* S. Karger, Basel 1983

SHARRATT, M.: *"Uncertainties Associated with the Evaluation of the Health Hazards of Environmental Chemicals from Toxicological Data."* In: HUNTER, W. J. und J. G. P. M. SMEETS: *"The Evaluation of Toxicological Data for the Protection of Public Health."* Pergamon Press, Oxford/New York/Toronto/Sydney/Paris/Frankfurt 1977

VETTORAZZI, G.: The Safety Evaluation of Food Additives: The Dynamics of Toxicological Decision. Lebensm.-Wiss. Technol. **8**, 195 (1975)

VETTORAZZI, G.: *"Safety Factors and their Application in the Toxicological Evaluation."* In: HUNTER, W. J. und J. G. P. M. SMEETS: *"The Evaluation of Toxicological Data for the Protection of Public Health."* Pergamon Press, Oxford/New York/Toronto/Sydney/Paris/Frankfurt 1977

Schad- und Fremdstoffe in der Nahrung

ASKAR, A. und H. TREPTOW: Lebensmittelvergiftung II. Toxische Kontaminaten in Rohmaterial und in verarbeiteten Lebensmitteln (1. und 2. Teil). Alimenta **20**, 147 (1981) und **21**, 3 (1982)

Autorenkollektiv: „*Ernährung-Lexikon*". VEB Fachbuchverlag, Leipzig 1985

BELITZ, H.-D. und W. GROSCH: „*Lehrbuch der Lebensmittelchemie*" (3. Aufl.). Springer-Verlag, Berlin/Heidelberg/New York 1987

BERG, H. W., J. F. DIEHL und H. FRANK: „*Rückstände und Verunreinigungen in Lebensmitteln.*" Dr. Diedrich Steinkopff Verlag, Darmstadt 1978

FRANZKE, C.: „*Lehrbuch der Lebensmittelchemie*" (2 Bände). Akademie-Verlag, Berlin 1988

GABOVIC, R. D.: Hygienische Klassifizierung von Lebensmittelvergiftungen nichtbakteriellen Ursprungs aus der Sicht der Lebensmitteltoxikologie (russisch). Vopr. Pitanija S. 55 (1983)

Official Methods of Analysis of the AOAC, AOAC, Arlington (USA), 14. Aufl. 1984

ROSIVAL, L., R. ENGST und A. SZOKOLAY: „*Fremd- und Zusatzstoffe in Lebensmitteln.*" VEB Fachbuchverlag, Leipzig 1978

SOUCI, S. W.: Zur Problematik der Fremdstoffe in Lebensmitteln. Sci. Reports Ist. Superiore Sanita **2**, 380 (1962)

VELVART, J.: „*Toxikologie der Haushaltprodukte.*" Verlag Hans Huber, Bern 1981

WIRTH, W. und CH. GLOXHUBER: „*Toxikologie*" (4. Aufl.). Georg Thieme Verlag, Stuttgart/New York 1985

Native Schadstoffe

ASKAR, A. und M. M. MORAD: Lebensmittelvergiftungen. 1. Toxine in natürlichen Lebensmitteln. Alimenta **19**, 59 (1980)

KAEMMERER, K.: „*Nahrungsbestandteile mit besonderer oder ungeklärter Wirkung.*" In: CREMER, H.-D., L. HEILMEYER, H.-J. HOLTMEIER, D. HÖTZEL, H. A. KÜHN, J. KÜHNAU und N. ZÖLL-

NER: „*Ernährungslehre und Diätetik. Ein Handbuch in 4 Bänden.*" Georg Thieme Verlag, Stuttgart/New York 1980

LIENER, I. E.: "*Toxic Constituents of Plant Foodstuffs*" (2. Aufl.). Academic Press, New York/London 1980

LINDNER, E.: „*Toxikologie der Nahrungsmittel*" (3. Aufl.). Georg Thieme Verlag, Stuttgart 1986

LINDNER, E.: „*Toxische Wirkungen von „natürlichen" Lebensmitteln.*" In: CREMER, H.-D., L. HEILMEYER, H.-J. KOLTMEIER, D. HÖTZEL, H. A. KÜHN, J. KÜHNAU und N. ZÖLLNER: „*Ernährungslehre und Diätetik. Ein Handbuch in 4 Bänden*". Georg Thieme Verlag, Stuttgart/New York 1980

SCHELINE, R. R.: "*Mammalian Metabolism of Plant Xenobiotics.*" Academic Press, London/New York/San Francisco 1978

Toxicant Occuring Naturally in Foods. National Academy of Sciences, Washington, D.C., 2. Aufl., 1973

Coffein, Theophyllin, Theobromin

BARONE, J. und H. G. GRICE: Report of Fifth International Caffeine Workshop, Cancun, 1984. Food. Chem. Toxicol. **23**, 389 (1985)

DEWS, P. B.: "*Caffeine.*" Springer-Verlag, Berlin/Heidelberg/New York/Tokyo 1984

TARKA, ST. M.: The Toxicology of Cocoa and Methylxanthines: a Review of the Literature. Crit. Rev. Toxicol. **16**, 275 (1982)

Mutterkornalkaloide

LORENZ, K.: Ergot on Cereal Grains. CRC, Crit. Rev. Food Sci. Nutr. **11**, 311 (1979)

OPITZ, K.: Der Ergotismus und seine heutige Bedeutung. Getreide, Mehl, Brot **18**, 281 (1984)

WOLFF, J., H.-D. OCKER und H. ZWINGELBERG: Bestimmung von Mutterkornalkaloiden in Getreide und Mahlprodukten durch HPLC. Getreide, Mehl, Brot **37**, 331 (1983)

Pyrrolizidinalkaloide

WHO-IARC Monographs on the Evaluation of Carcinogenic Risk of Chemicals to Human, Vol. 10, IARC, Lyon 1976

ROBINS, D. J.: "*The Pyrrolizidine Alkaloids.*" In: HERZ, W., H. GRISEBACH und G. W. KIRBY: „*Fortschritte der Chemie organischer Naturstoffe*", Band 41. Springer-Verlag, Wien/New York 1982

ROITMAN, J. N.: "*Ingestion of Pyrrolizidine Alkaloids: A Health Hazard of Global Proportion.*" In: FINLEY, J. W. und D. E. SCHWASS: "*Xenobiotics in Foods and Feeds*". ACS Symp. Ser. **234**, Amer. Chem. Soc. Washington D.C. 1983

Steroidalkaloide der Gattung Solanum

JADHAV, S. M.: Formation and Control of Chlorophyll and Glycoalkaloids in Tuber of Solanum tuberosum L. and Evaluation of Glycoalkaloid Toxicity. In: CHICHESTER, C. O., E. M. MRAK und G. F. STEWART: "*Advances in Food Research*", Vol. 21, 1975

MORRIS, S. C. und T. H. LEE: The Toxicity and Teratogenicity of Solanacae Glycoalkaloids, Particularey those of the Potato (Solanum tuberosum): A Review. Food Technol. Aust. **36**, 118 (1984)

OSMAN, ST. F.: Glycoalkaloids in Potatoes. Food Chem. **11**, 235 (1983)

RIPPERGER, H. und K. SCHREIBER: "*Solanum Steroid Alkaloids.*" In: RODRIGO, R. G. A.: "*The Alkaloids.*" Vol. XIX. Academic Press, New York 1981

Biogene Amine

ASKAR, A.: Biogene Amine in Lebensmitteln und ihre Bedeutung. Ernähr.-Umsch. **29**, 143 (1982)

PFANNHAUSER, W. und U. PECHANEK: Biogene Amine in Lebensmitteln. Bildung, Vorkommen, Analytik und toxikologische Bewertung. Z. ges. Hyg. **30**, 66 (1984)

Smith, T. A.: Amines in Food. Food Chem. **6**, 169 (1980—81)

Täufel, K.: Biogene Amine in Lebensmitteln und ihre Auswirkung bei der Ernährung. Nahrung **14**, 229 (1970)

Carbonsäuren

FAO Food Nutrit. Paper No. 3. Dietary Fats and Oils in Human Nutrition. Rom 1977

Hodgkinson, A.: "*Oxalic Acid in Biology and Medicine.*" Academic Press, London/New York/ San Francisco 1977

Jelliffe, D. B. und K. L. Stuart: Acute Toxic Hypoglycemia in the Vomiting Sickness of Jamaica. Br. Med. J. **1**, 75 (1954)

Kramer, J. K. G., F. D. Sauer und W. J. Pigden: "*High and Low Erucic Acid Rapeseed Oils.*
* Production, Usage, Chemistry, and Toxicological Evaluation.*" Academic Press, Toronto/ New York/Paris/San Diego/San Francisco/Sao Paulo/Sydney/Tokyo 1983

Mattson, F. H.: "*Potential Toxicity of Food Lipids.*" In: "*Toxicant Occuring Naturally in Foods.*" Nat. Acad. Sci., Washington, D.C., 2. Aufl., 1973

Roy, D. N.: Toxic Amino Acids and Proteins from Lathyrus Plants and Other Leguminous Species: A Literature Review. Nutr. Abstr. Rev. Ser. A **51**, 691 (1981)

Phenolische Verbindungen

Abou-Donia, M. B.: Physiological Effects and Metabolism of Gossypol. Residue Rev. **61**, 124 (1976)

Friedman, M.: Nutritional and Toxicological Aspects of Food Safety. Adv. Exp. Med. Biol. **177**. Plenum Press, New York/London 1984

Hermann, K.: Pflanzenphenole als Inhaltsstoffe in Lebensmitteln. Ernähr.-Umsch. **27**, 75 (1980)

Hughes, R. E. und H. K. Wilson: Flavonoids: Some Physiological and Nutritional Considerations. Progr. Med. Chem. **14**, 285·(1977)

Kühnan, J.: The Flavonoids: A Class of semi-essential Food Components: Their Role in Human Nutrition. World Rev. Nutr. Diet. **24**, 117 (1976)

Quian, S.-Z. und Z.-G. Wang: Gossypol: A Potential Antifertility Agent for Males. Ann. Rev. Pharmacol. Toxicol. **24**, 329 (1984)

Singleton, V. L. und F. H. Kratzer: Plant Phenolics. In: "Toxicants Occuring Naturally in Food." Nat. Acad. Sci., Washington, 2. Aufl., 1973

Singleton, V. L.: Naturally Occuring Food Toxicants: Phenolic Substances of Plant Origin Common in Foods. Adv. Food Res. **27**, 149 (1981)

Cumarin

WHO-IARC Monographs on the Evaluation of Carcinogenic Risk of Chemicals to Man. Vol. 10. IARC, Lyon 1976

Pilzgifte

Bresinsky, A. und H. Besl: „*Giftpilze. Ein Handbuch für Apotheker, Ärzte und Biologen.*" Wissenschaftl. Verlagsgesellsch. mbH, Stuttgart 1985.

Drewelow, B. und P. Lange: Giftige Pilzarten. Medizin aktuell **9**, 215 (1983)

Flamer, R.: „*Differentialdiagnose der Pilzvergiftungen.*" Gustav Fischer Verlag, Stuttgart/New York 1980

Flammer, R.: „*Pilze.*" In: Moeschlin, S., s. Nachtrag

Wucke, K., K. Horn und A. Giebelmann: Über Pilzvergiftungen. Z. ges. Hyg. **31**, 446 (1985)

Verschiedene natürliche Schadstoffe

Aquatic (Marine and Freshwater) Biotoxins. Environmental Health Criteria 37. WHO, Genf 1984

Askar, A. und H. J. Bielig: Lebensmittelallergie. Aus der Sicht des Lebensmittelchemikers. Alimenta **13**, 3 (1974)

ASKAR, A., S. K. EL-SAMAHY und M. G. Abd EL-FADEEL: Phytinsäure in Lebensmitteln. Alimenta 22, 131 (1983)

BELSEY, M. A.: The Epidemiology of Favism. Bull. WHO 48, 1 (1973)

BENDER, A. E.: Haemagglutinins (Lectins) in Beans. Food Chem. 11, 309 (1983)

BIRK, Y.: *"Saponins."* In: LIENER, I. E.: *"Toxic Constituents of Plant Foodstuffs."* Academic Press, New York/London 1969

ERMANS, A. M., N. M. MBULAMOKO, F. DELANGE und R. AHLUWALIA: The Role of Cassava in the Ethiology of Endemic Goitre and Cretinism (IDRC-136e). Intern. Developm. Res. Centre, Ottawa, Canada 1980

FENWICK, G. R., R. K. HAENEY und W. J. MULLIN: Glucosinolates and their Breakdown Products in Food and Food Plants. CRC, Crit. Rev. Food Sci. Nutr. 18, 123 (1983)

GOLDSTEIN, I. J. und C. E. HAYES: The Lectins: Carbohydrate-binding Proteins of Plants and Animals. Adv. Carbohydrate Chem. Biochem. 35, 128 (1978)

GOODWIN, B. F. J.: Food Allergies Associated with Cereal Products. Food Chem. 11, 321 (1983)

GOSSENS, J. F. und A. J. VAN LAERE: High-Performance Liquid Chromatography of Isoflavonoid Phytoalexins in French Bean (Phaseolus vulgaris). J. Chromatogr. 267, 439 (1983)

HALSTEAD, B. W. und E. J. SCHANTZ: Paralytic Shellfish Poisoning. WHO Offset Publication No. 79. Genf, 1984

IRELAND, P. A. und S. Z. DZIEDZIC: Analysis of Soybean Sapogenins by High-Performance Liquid Chromatography. J. Chromatogr. 325, 275 (1985)

KAMKE, W. und B. FROSCH: Nahrungsmittelallergie. Z. Ernährungswiss. 22, 65 (1983)

NACHBAR, M. S. und J. D. OPPENHEIM: Lectins in the United States Diet: A Survey of Lectins in Commonly Consumed Foods and a Review of the Literature. Am. J. Clin. Nutr. 33, 2338 (1980)

OAKENFULL, D.: Saponins in Food — A Review. Food Chem. 6, 19 (1981)

OKE, O. L.: Toxicity of Cyanogenic Glycosides. Food Chem. 6, 97 (1980/81)

REDDY, N. R., S. K. SATHE und D. K. SALUNKE: Phytates in Legumes and Cereals. Adv. Food Res. 28, 1 (1982)

RICHARDSON, M.: Protein Inhibitors of Enzymes. Food Chem. 6, 235 (1980/81)

RING, J.: Nahrungsmittelallergie und andere Unverträglichkeitsreaktionen durch Nahrungsmittel. Klin. Wschr. 62, 795 (1984)

RIZK, A.-F. und G. E. WOOD: Phytoalexins of Leguminous Plants. CRC, Crit. Rev. Food Sci. Nutr. 10, 245 (1980)

SKULBERG, O. M., G. A. CODD und W. W. CARMICHAEL: Toxic Blue-Green Algal Bloom in Europe. A Growing Problem. Ambio 13, 244 (1984)

THIEL, C. und E. FUCHS. Nahrungsintoleranzen durch Fremdstoffe. Münch. med. Wschr. 125, 451 (1983)

TROLL, W. und J. YAVELOW: *"Protease Inhibitors in the Diet as Anticarcinogens."* In: *"Diet, Nutrition, and Cancer. From Basic Research to Policy Implications."* Alan R. Liss., New York 1983

TSCHESCHE, R. und G. WULFF: „Chemie und Biologie der Saponine." In: HERZ, W., H. GRISEBACH und G. .W. KIRBY: „Fortschritte der Chemie organischer Naturstoffe." Band 30. Springer-Verlag, Wien/New York 1973

VERDEAL, K. und D. S. RYAN: Naturally-Occuring Estrogens in Plant Foodstuffs — A Review. J. Food Prot. 42, 577 (1979)

WEKELL, I. C. und I. LISTON: *"Seafood Biotoxicants."* In: NEWBERNE, P. M.: *"Trace Substances and Health. A Handbook,"* Part II. Marcel Dekker INC, New York/Basel 1982

WHITAKER, J. R.: *"Protease and Amylase Inhibitors in Biological Materials."* In: FINLEY, J. W. und D. E. SCHWASS: *"Xenobiotics in Foods and Feeds."* ACS Symp. Ser. 234, Amer. Chem. Soc., Washington D.C., 1983

WOOD, G. E.: Stress Metabolites in Plants — A Growing Concern. J. Food Prot. 42, 496 (1979)

YANG, M. G. und O. MICKELSEN: *"Cycads."* In: LIENER, I. E.: *"Toxic Constituents of Plant Foodstuffs."* Academic Press, New York/London 1969

ZAHNLEY, J. C.: *"Stability of Enzyme Inhibitors and Lectins in Foods and the Influence of Specific Binding Interactions."* In: FRIEDMANN, M.: *"Nutritional and Toxicological Aspects of Food Safety."* Plenum Press, New York/London 1984

Nichtkonventionelle Lebensmittelrohstoffe

Askar, A.: Schädliche Substanzen in Bohnen und ihre Eliminierung. Ernähr.-Umsch. **30**, 331 (1983)

Becker, E. W.: Die ernährungsphysiologische Bedeutung von Mikroalgen. Ernähr.-Umsch. **30**, 171 (1983); vgl. dazu: **31**, 343 (1984)

Cremer, H.-D.: Die Bedeutung des pflanzlichen Eiweißes für die menschliche Ernährung. Ernähr.-Umsch. **23**, 75 (1976)

Davis, P.: "*Single Cell Protein.*" Academic Press, London/New York/San Francisco 1974

Fenwick, G. R.: The Assessment of a New Protein Source-Rapeseed. Proc. Nutr. Soc. **41**, 277 (1982)

Friedman, M.: "*Protein Nutritional Quality of Foods and Feeds.*" Part 2: "*Quality Factors-Plant Breeding, Composition, Processing, and Antinutrients.*" Marcel Dekker, INC., New York 1975

De Groot, A. P.: "*Safety Aspects of Single Cell Protein.*" In: Overmire, T. G.: "*Microbial Conversion Systems for Food and Fooder Production and Waste Management.*" (Proceedings of a Regional Seminar, Kuwait Inst. Sci. Res., Kuwait 12.–17. 11. 1977)

Gassmann, B.: Preparation and Application of Vegetable Proteins, Especially Proteins from Sun-Flower Seed, for Human Consumption. An Approach. Nahrung **27**, 351 (1983)

Gesellschaft für Biotechnologische Forschung mbH. Braunschweig–Stöckheim:

Mikrobielle Proteingewinnung und Biotechnologie. 2. Symposium 1980. Verlag Chemie, Weinheim/Deerfield Beach, Florida/Basel 1982

Goldberg, I.: "*Single Cell Protein.*" Springer-Verlag, Berlin/Heidelberg/New York/Tokyo 1985

Hatzold, T.: Chemische und chemisch-technische Untersuchungen zur Beurteilung von Lupinen (L. mutabibis) als Nahrungsmittel für den Menschen. Schwerpunkt: Lipid- und Alkaloidfraktionen. Dissertation, FB Ernährungswiss., Universität Gießen, 1982

Mengel, K.: Perspektiven der pflanzlichen Produktion als Energie- und Rohstoffquelle. Kali und Steinsalz **8**, 76 (1980)

Mieth, G., K. D. Schwenke, B. Raab und J. Brückner: Rapeseed: Constituents and Protein Products. Part I. Composition and Properties of Proteins and Glucosinolates. Nahrung **27**, 675 (1983)

Proceedings of the 7th International Rapeseed Conference. Poznan, 14.–17. Mai 1987

Scharf, U. und M. Schlingmann: Lebensmitteltechnologie im Aufbruch: Nichtkonventionelle funktionelle Lebensmittelproteine. Int. Z. Lebensm.-Technol. u. Verf.-Technik. **34**, 302 (1983)

Sipos, E. F.: Herstellung, Beschreibung und Verwendung von Sojakonzentraten und Sojamehlen. Amer. Soybean Assoc., Wien 1983

Schmandke, H.: "*Die Ackerbohne — Vicia faba — als Lebensmittelrohstoff.*" Akademie-Verlag, Berlin 1988

Schoeneberger, H., C. Ildefonso, R. Gross, H.-D. Cremer und I. Elmadfa: Bestimmung antinutritiver Inhaltsstoffe in Lupinen. II. Akt. Ernähr. **6**, 144 (1981)

Schreiber, W.: Krill — eine neue Chance? Ernähr.-Umsch. **28**, 228 (1981)

"*Vorkommen und Metabolisierung von Kohlenwasserstoffen in natürlichen Systemen*" (Sitzungsberichte der AdW der DDR, Nr. 16/N). Akademie-Verlag, Berlin 1980

Wilcke, H. L., D. T. Hopkins und D. H. Waggle: "*Soy Protein and Human Nutrition.*" Academic Press, New York/San Francisco/London 1979

Vitamine und Antivitamine

Alhadeff, L., C. T. Gualtieri und M. Lipton: Toxic Effects of Water-Soluble Vitamins. Nutr. Rev. **42**, 33 (1984)

Ferrando, R.: Traditional and Non-Traditional Foods. FAO Food Nutrit. Ser. No 2. Rom 1981

Hayes, K. S. und D. M. Hegsted: "*Toxicity of The Vitamins.*" In: "*Toxicants Occuring Naturally in Foods.*" Nat. Acad. Sci., Washington, 2. Aufl., 1973

Ketz, H.-A.: "*Grundriß der Ernährungslehre*" (2. Aufl.). VEB Gustav Fischer Verlag, Jena 1984

Lindner, E.: "*Toxikologie der Nahrungsmittel*" (3. Aufl.). Georg Thieme Verlag, Stuttgart 1986

Miller, D. R. und K. C. Hayes: "*Vitamin Excess and Toxicity.*" In: Hathcock, J. N.: "*Nutritional Toxicology*" s. S. 615

Somogyi, J. C.: "*Antivitamins.*" In: "*Toxicants Occuring Naturally in Foods.*" Nat. Acad. Sci., Washington, 2. Aufl., 1973
Somogyi, J. C.: Naturally Occuring Toxicants in Food. Bibl. Nutr. Dieta **29**, 110 (1980)

Mineralstoffe

Anke, M.: „*Mineralstoffe.*" In: A. Püschner und O. Simon: „*Grundlagen der Tierernährung*" (3. Aufl.). VEB Gustav Fischer Verlag, Jena 1982
Costa, M., A. J. Kraker und St. R. Patierno: "*Toxicity and Carcinogenicity of Essential and Non-essential Metals.*" In: "*Progress in Clinical Biochemistry an Medicine.*" Springer-Verlag, Berlin/Heidelberg/New York/Tokyo 1984
Craig, P. J.: "*Metal Cycles and Biological Methylation.*" In: Hutzinger, O.: "*Handbook of Environmental Chemistry.*" Vol. 1, Part A: "*The Natural Environment and the Biogeochemical Cycles.*" Springer-Verlag, Berlin/Heidelberg/New York 1980
Friberg, L.: "*Handbook on the Toxicology of Metals.*" Elsevier, Amsterdam 1980
Hapke, H.-J.: Toxikologische Bewertung von Schwermetallen als Verunreinigungen in Lebensmitteln. Bundesgesundhbl. **26**, 46 (1983)
Kirchgessner, M. und A. M. Reichlmayr-Lais: „*Bedarf und Verwertung von Spurenelementen.*" In: Zumkley, H.: „*Spurenelemente.*" Georg Thieme Verlag, Stuttgart/New York 1983
Luckey, T. D. und B. Venugopal: "*Metal Toxicity in Mammals.*" Vol. 1: "*Physiological and Chemical Basis for Metal Toxicity.*" Plenum Press, New York/London 1977
Nielsen, F. H.: Ultratrace Elements in Nutrition. Ann. Rev. Nutr. **4**, 21 (1984)
Ohnesorge, F. K.: „*Die Bewertung der Schwermetallbelastung im Kindesalter.*" In: Gladtke, E., G. Heimann, I. Lombeck und I. Eckert: „*Spurenelemente. Stoffwechsel, Ernährung, Imbalancen, Ultra-Trace-Elements.*" Georg Thieme Verlag, Stuttgart/New York 1985.
Sandstead, H. H.: Trace Element Interactions. J. Lab. Clin. Med. **98**, 457 (1981)
Underwood, E. J.: "*Trace Elements in Human and Animal Nutrition.*" Academic Press, New York/San Francisco/London 1977
Venugopal, B. und T. D. Luckey: "*Metal Toxicity in Mammals.*" Vol. 2: "*Chemical Toxicity of Metals and Metalloids.*" Plenum Press, New York/London 1978
Zimmerli, B.: Schwermetalle in Lebensmitteln. Schweiz. Arch. Tierheilkd. **125**, 709 (1983)

Eisen

Brown, E. B.: "*Therapy for Disorders of Iron Excess.*" In: Sarkar, B.: "*Biological Aspects of Metals and Metal-Related Diseases.*" Raven Press, New York 1983
Forth, W. und W. Rummel: „*Eisen, Pharmakotherapie des Eisenmangels.*" In: Forth, W., D. Henschler und W. Rummel: „*Allgemeine und spezielle Pharmakologie und Toxikologie*" (5. Aufl.). Bibliographisches Institut, Mannheim/Wien/Zürich, B. I.-Wissenschaftsverlag. 1987
Kies, C.: Nutritional Bioavailability of Iron. ACS Symp. Ser. 203. Am. Chem. Soc., Washington D.C. 1982
Mooris, E. R.: An Overview of Current Information of Bioavailability of Dietary Iron in Humans. Federation Proc. **42**, 1716 (1983)
Saarinen, U. und M. A. Simes: Iron Absorption from Breast Milk, Cows Milk, and Tron-supplemented formula. Ped. Res. **13**, 143 (1979)

Iod

Abdulla, M., M. Jägerstadt, K. Kolar, A. Nordén, A. Schütz und S. Svenson: "*Essential and Toxic Inorganic Elements in Prepared Meals.*" In: Brätter, P. und P. Schramel: "*Trace Element — Analytical Chemistry in Medicine and Biology*", Band 2. Walter de Gruyter, Berlin/New York 1983
Koutras, D. A., P. D. Papaetrou, X. Yatagana und B. Malamos: Dietary Sources of Iodine in Areas with and without Iodine-deficiency Goiter. Am. J. Clin. Nutr. **23**, 870 (1970)

MENG, W., M. VENTZ, S. WEBER und J. BEDNAR: Struma und alimentärer Jodmangel in der DDR.
    Dtsch. Gesundheitswes. **36**, 1275 (1981)
PFANNSTIEL, P. und F. A. HORSTER: Jodmangel in der Bundesrepublik Deutschland. Dtsch.
    Med. Wochenschr. **107**, 867 (1982)

Fluor

DÄSSLER, H.-G.: *„Einfluß von Luftverunreinigungen auf die Vegetation"* (2. Aufl.). VEB Gustav
    Fischer Verlag, Jena 1981
Fluorine and Fluorides: Environmental Health Criteria 26. WHO, Genf 1984
STRUBELT, O.: Die Toxizität der Fluoride. Dtsch. Med. Wochenschr. **110**, 730 (1985)
TÖTH, K. und E. SUGAR: Fluorine Content of Foods and the Estimated Daily Intake from Foods.
    Acta Physiol. Acad. Sci. Hung. **51**, 361 (1978)

Kupfer

ANKE, M., A. HENNIG, H.-J. SCHNEIDER, H. LÜDKE, W. v. GAGERN und H. SCHLEGEL: *"The
    Interrelationship between Cadmium, Zinc, Copper and Iron in Metabolism of Hens, Ruminants
    and Man."* In: MILLS, C. F. *"Trace Element Metabolism in Animals",* Band 1. Livingstone,
    Edingburgh/London 1970
GRÜN. M.: *„Die Bedeutung des Spurenelementes Kupfer in der menschlichen Ernährung."* In:
    ANKE, M. und H.-J. SCHNEIDER: *„Mengen- und Spurenelemente",* Band 1. Wiss. Publ. Karl-
    Marx-Univ., Leipzig 1981
OWEN, CH. A.: *"Copper Deficiency and Toxicity. Aqauired and Inherited in Plants, Animal, and
    Man."* Noyes Publ., Park Ridge (N.J.) 1981

Mangan

HURLEY, L. S.: *"Nutritional Aspects of Manganese."* In: BRÄTTER, P. und P. SCHRAMEL: *"Trace
    Element — Analytical Chemistry in Medicine and Biology",* Band 3. Walter de Gruyter, Berlin/
    New York 1984
Manganese: Environmental Health Criteria **17**. WHO, Genf 1981

Zink

BROWN, M. A., J. V. THOM, G. L. ORTH, P. COVA und J. JUAREZ: Food Poisoning Involving Zinc
    Contamination. Arch. Environ. Health **8**, 657 (1964)
MILLS, B. J. und R. D. LINDEMAN: *„Zink."* In: ZUMKLEY, H.: *„Spurenelemente."* Georg Thieme
    Verlag, Stuttgart/New York 1983

Cobalt

ALEXANDER, C. S.: Cobalt — Beer Cardiomyopathy. Am. J. Med. **53**, 395 (1982)
VERSIECK, J.: *„Cobalt."* In: ZUMKLEY, H.: *„Spurenelemente."* Georg Thieme Verlag, Stuttgart/
    New York 1983
(siehe auch unter Thallium)

Molybdän

LENER, J. und B. BIBR: Effects of Molybdenum in the Organism (A Review). J. Hyg. Epidemiol.
    Microbiol. Immunol. **28**, 405 (1984)
VERSIECK, J.: *„Molybdän."* In: ZUMKLEY, H.: *„Spurenelemente."* Georg Thieme Verlag, Stuttgart/
    New York 1983

Selen

Brätter, P., V. E. Negrette, U. Rösick, W. G. Jaffè, H. Mendez und G. T. E. Fandacredesa:
  "*Effects of Selenium Intake in Man at High Dietary Levels of Seleniferrous Areas of Venezuela.*"
  In: Brätter, P. und P. Schramel: "*Trace Element — Analytical Chemistry in Medicine and
  Biology*", Band 3. Walter de Gruyter, Berlin/New York 1984
Newland, L. W.: "*Arsenic, Beryllium, Selenium and Vanadium.*" In: Hutzinger, O.: "*Handbook
  of Environmental Chemistry*". Vol. 3, Part B: "*Anthropogenic Compounds*". Springer-Verlag,
  Berlin/Heidelberg/New York 1982
Shamberger, R. J.: "*Biochemistry of Selenium.*" Plenum Press, New York/London 1983
Shamberger, R. J.: „*Selen.*" In: Zumkley, H.: „*Spurenelemente.*" Georg Thieme Verlag, Stutt-
  gart/New York 1983
Spallholz, J. E.: "*Selenium in Biology and Medicine.*" Avi Publ. Co., Westport 1981
Subcommittee on Selenium: Selenium in Nutrition. National Academy Press, Washington (D.C.)
  1983

Chrom

Abdulla, M., M. Jagerstad, K. Kolar, A. Nordèn, A. Schütz und S. Svensson: "*Essential
  and Toxic Inorganic Elements in Prepared Meals.*" In: Brätter, P. und P. Schramel:
  "*Trace Element — Analytical Chemistry in Medicine and Biology*", Band 2. Walter de Gruyter,
  Berlin/New York 1983
Anderson, R. A.: Nutritional Role of Chromium. Sci. Total Environ. **17**, 13 (1981)
Langard, S.: "*Biological and Environmental Aspects of Chromium.*" Elsevier, North Holland
  Biomedical Press, Amsterdam/New York/Oxford 1982

Aluminium

Alfrey, A. C.: Aluminium Intoxication. N. Engl. J. Med. **310**, 1113 (1984)
Haug, A.: Molecular Aspects of Aluminium Toxicity. CRC, Crit. Rev. Plant Sci. **1**, 345 (1984)
Krueger, G. L., T. K. Morris, R. R. Suskind und E. M. Widner: The Health Effects of Alu-
  minium Compounds in Mammals. Crit. Rev. Toxicol. **13**, 1 (1984)
Rickenbacher, U.: Toxikologie von Aluminiumverbindungen. Mitt. Lebensmittelunters. Hyg.
  75, 69 (1984)

Arsen

Anke, M.: "*Arsenic.*" In: Underwood, E. J. und W. Mertz: "*Trace Elements in Human and
  Animal Nutrition.*" Academic Press, New York/London 1985
Arsenic. Environmental Health Criteria **18**. WHO, Genf 1981
Dickerson, O. B.: „*Arsen.*" In: Zumkley, H.: „*Spurenelemente.*" Georg Thieme Verlag, Stutt-
  gart/New York 1983
Fowler, B. A.: "*Biological an Environmental Effects of Arsenic.*" Elsevier, Amsterdam/New York/
  Oxford 1983
(siehe auch unter Selen)

Beryllium

Cummings, B., M. R. Kaser, G. Wiggins, M. G. Ord und L. A. Stochen: Beryllium Toxicity.
  Biochem. J. **208**, 141 (1982)
(siehe auch unter Selen)

Blei

Grün, M.: Blei in der Umwelt. 1. Pflanze (Fortschrittsbericht für die Landwirtschaft und Nahrungsgüterwirtschaft). Akademie der Landwirtschaftswissenschaften der DDR, Institut für
  Landw. Information und Dokumentation 1984

GRÜN, M.: Blei in der Umwelt. 2. Tier. (Fortschrittsbericht für die Landwirtschaft und Nahrungs-
    güterwirtschaft) Akademie der Landwirtschaftswissenschaften der DDR, Institut für Landw.
    Information und Dokumentation 1984
KEHOE, R. A.: Pharmacology and Toxicology of Heavy Metals: Lead. Pharmacol. Ther. A, **1**,
    161 (1976)
KNUTTI, R.: Die Bleibelastung der Züricher Bevölkerung im Hochmittelalter (9.–11. Jahr-
    hundert). Mitt. Lebensmittelunters. Hyg. **73**, 186 (1982)
Lead. Environmental Health Criteria 3. WHO, Genf 1977
NEWLAND, L. W. und K. A. DAUM: *"Lead."* In: HUTZINGER, O.: *"Handbook of Environmental
    Chemistry."* Vol. 3, Part B: *"Anthropogenic Compounds."* Springer-Verlag, Berlin/Heidel-
    berg/New York 1982
REICHLMAYR.LAIS, A. M. und M. KIRCHGESSNER: Zur Essentialität von Blei für das tierische
    Wachstum. Z. Tierphysiol. Tierernähr. Futtermittelkd. **46**, 1 (1981)
SINGHAL, R. L. und J. A. THOMAS: *"Lead Toxicity."* Urban und Schwarzenberg, Baltimore/
    München 1980
WOGGON, H. und D. JEHLE: „*Über die Kadmium- und Bleibelastung von Kleinkindern durch
    Fertignahrung.*" In: ANKE, M. und H.-J. SCHNEIDER: „*Cadmium*", Band 2. Wiss. Publ.
    Friedrich-Schiller-Univ., Jena 1977

Cadmium

ANKE, M., G. KLINGER und M. GRÜN: *"The Sex and Age Dependence of the Cadmium Concentration
    in Human Beings and Animals."* In: ANKE, M., CHR. BRÜCKNER, H. GÜRTLER und M. GRÜN:
    „*Mengen- und Spurenelemente*", Band 2. Wiss. Publ. Karl-Marx-Univ., Leipzig 1982
FÖRSTNER, U.: *"Cadmium."* In: HUTZINGER, O.: *"Handbook of Environmental Chemistry."* Vol. 3,
    Part A: *"Anthropogenic Compounds."* Springer-Verlag, Heidelberg/New York 1980.
FRIBERG, L., M. PISCATOR, G. F. NORDBERG und T. KJELLSTRÖM: *"Cadmium in the Environment"*
    (2nd Ed.). CRC Press, Cleveland 1974
SCHWARZ, K. und J. E. SPALLHOLZ: *"The potential essentiality of cadmium."* In: ANKE, M. und
    H.-J. SCHNEIDER: *"Cadmium"*, Band 2. Wiss. Publ. Friedrich-Schiller-Univ., Jena 1977
SHERLOCK, J. C.: Cadmium in Foods and the Diet. Experientia **40**, 152 (1984)
WEBB, M.: *"The Chemistry, Biochemistry and Biology of Cadmium."* Elsevier, North Holland Bio-
    medical Press, Amsterdam/ New York/Oxford 1979
ZUMKLEY, H.: „*Cadmium.*" In: ZUMKLEY, H.: „*Spurenelemente.*" Georg Thieme Verlag, Stutt-
    gart/New York 1983

Lithium

ANKE, M., B. GROPPEL, H. KRONEMANN und M. GRÜN: *"Evidence for the Essentiality of Lithium
    in Goats."* In: ANKE, M., W. BAUMANN, H. BRÄUNLICH und Chr. BRÜCKNER: „*Spurenele-
    mentsymposium*", Band 4. Wiss. Publ. Karl-Marx-Univ., Leipzig und Friedrich-Schiller-
    Univ., Jena 1983
PICKETT, E. E.: *"Evidence for the Essentiality of Lithium in the Rat."* In: ANKE, M., W. BAUMANN,
    H. BRÄUNLICH, Chr. BRÜCKNER: „*Spurenelementsymposium*", Band 4. Wiss. Publ. Karl-
    Marx-Univ., Leipzig und Friedrich-Schiller-Univ., Jena 1983
SMITHBERG, M. und P. K. DIXIT: Teratogenic Effects of Lithium in Mice. Teratology **26**, 239
    (1982)

Nickel

ANKE, M., B. GROPPEL, H. KRONEMANN und M. GRÜN: *"Nickel, an essential trace element."* In:
    SUNDERMAN, F. W. jr. et al.: *"Nickel in the Human Environment."* Oxford University Press
    1984
ANKE, M., M. GRÜN, B. GROPPEL und H. KRONEMANN: Die Bedeutung des Nickels für den Men-
    schen. Zentralbl. Pharm. **121**, 474 (1982)
BROWN, ST. S. und F. W. SUNDERMAN: *"Nickel Toxicology."* Academic Press, London/New York/
    Toronto/Sidney/San Francisco 1980
Nickel in the Human Environmeut. IARC Scientific Publications Nr. 53 IARC, Lyon 1984

Nickel Toxikology. Proceedings of the 2nd International Conference on Nickel Toxicology. 3—5 Sept 1980 (Hrsg.: S. STANLEY). Academic Press, London 1980.

NRIAGU, J. O.: *"Nickel in the Environment"*. John Wiley and Sons, New York/Chichester/Brisbane/Toronto 1980

Quecksilber

CLARKSON, T. W., R. HAMADA und L. AMIN-ZAKI: *"Mercury"*. In: NRIAGU J. O.: *"Changing Metal Cycles and Human Health"*. Dahlem Konferenzen. Springer Verlag, Berlin/Heidelberg/New York/Tokyo 1984

DIEHL, J. F. und R. SCHELENZ: Quecksilber in Lebensmitteln. Med. Ernähr. **12**, 241 (1971)

INSKIP, M. J. und J. K. PIOTROWSKI: Review of the Health Effects of Methylmercury. J. Appl. Toxicol. **5**, 113 (1985)

KAISER, G. und G. TÖLG: *"Mercury"*. In: HUTZINGER, O.: *"Handbook of Environmental Chemistry"*. Vol. 3, Part. A: *"Anthropogenic Compounds"*. Springer-Verlag, Heidelberg/New York 1980

Mercury. Environmental Health Criteria 1. WHO, Genf 1976

Thallium

CRÖSSMANN, G.: Thallium — eine neue Umweltkontaminante? Angew. Botanik **58**, 3 (1984)

FORTH, W.: Thallium-Vergiftung. Münch. Med. Wochenschr. **125**, 65 (1983)

NESSLER, F. und CHR. BRÜCKNER: *„Der biogeochemische Kreislauf des Schwermetalls Thallium (Tl)."* In: ANKE, M., CHR. BRÜCKNER, H. GÜRTLER und M. GRÜN: *„Mengen- und Spurenelemente"*, Band 2. Wiss. Publ. Karl-Marx-Univ., Leipzig 1982

SMITH, I. C. und B. L. CARSON: *"Trace Metals in the Environment."* Vol. 1: *"Thallium"* (1977). Vol. 6: *"Cobalt"* (1981). Ann. Arbor Sci. Publ. INC., Ann Arbor

STOLL, B. und G. RÖHRBORN: Zur Mutagenität und Teratogenität von Thallium. Rheinisches Ärzteblatt **35**, 469 (1981)

Zinn

KUJAWA, M., R. M. MACHOLZ, K. PFAFF und H. WOGGON: Zinnwirkung auf Ratten. 2. Mitt.: Vergleich der Wirkung von Zinn (II)chlorid und in Hefe inkorporiertes Zinn. Nahrung **24**, 455 (1980)

SCHÄFER, S. G. und U. FEMFERT: Tin — A Toxic Heavy Metal? A. Review of the Literature. Regulatory Toxicol. Pharmacol. **4**, 57 (1984)

SCHWARZ, K.: *"Newer essential trace elements (Sn, V, F, Si): Progress report and outlook."* In: HOEKSTRA, W. G., J. W. SUTTIE, H. E. GANTHER und W. MERTZ: *"Trace Element Metabolism in Animals"*, Band 2. University Park Press, Baltimore/London/Tokyo 1974

Biotransformation von Spurenelementen

BRINCKMANN, F. E. und J. M. BELLAMA: Organometals and Organometalloids. ACS Symp. Ser. **82**, Amer. Chem. Soc. Washington D.C. 1978

BROSSET, C.: The Mercury Cycle. Water, Air, Soil Pollut. **16**, 253 (1981)

HUTZINGER, O.: *"The Handbook of Environmental Chemistry"*, Vol. 1, Part A. Springer-Verlag, Berlin/Heidelberg/New York 1980

JENSEN, S. und A. JERNELÖV: Biological Methylation of Mercury in Aquatic Organisms. Nature **223**, 753 (1969)

KRENKEL, P.: *"Heavy Metals in the Aquatic Environment."* Pergamon Press, Oxford 1975

NRIAGU, J. O.: Environmental Biogeochemistry. Vol. 2, Ann. Arbor Science, Ann Arbor 1976

RAPSOMANIKIS, S. und J. H. WEBER: Environmental Implications of Methylation of TIN(II) and Methyltin(IV)ion in the Presence of Manganose Dioxide. Environ. Sci. Technol. **19**, 352 (1985).

Rogers, R. D.: Abiological Methylation of Mercury in Soil. J. Environ. Qual. **6** (4), 463 (1977)
Woggon, H. und S. Klein: Methylierungsreaktionen bei Spurenelementen. Nahrung **27**, 21 (1983)
Wood, J. M.: Alkylation of Metals and the Activity of Metal Alkyls. Toxicol. Environ. Chem. Rev. **7**, 229 (1984)

Pesticide

Beitz, H., H. J. Goedicke und U. Banasiak: Rückstandstoxikologische Bewertung des Einsatzes von Pflanzenschutzmitteln und Mitteln zur Steuerung biologischer Prozesse. Fortschrittsberichte für die Land- und Nahrungsgüterwirtschaft **20**, 1982. Institut für landwirtschaftliche Information und Dokumentation der AdL der DDR, Berlin
Büchel, K. H.: „*Pflanzenschutz und Schädlingsbekämpfung.*" Georg Thieme Verlag. Stuttgart 1977
Deutsche Forschungsgemeinschaft: „*Datensammlung zur Toxikologie der Herbizide*", Band 1 und 2. Verlag Chemie, Weinheim 1983
Deutsche Forschungsgemeinschaft: Rückstandsanalytik von Pflanzenschutzmitteln. Mitteilung IV der Kommission für Pflanzenschutz-, Pflanzenbehandlungs- und Vorratsschutzmittel. Verlag Chemie GmbH, Weinheim. 1. Lieferung. 1969
Heitefuss, R.: „*Pflanzenschutz.*" Georg Thieme Verlag, Stuttgart 1975
IUPAC-Report: Ethylenthiourea. Pure Appl. Chem. **49**, 675 (1977)
IUPAC-Report: A Review of Methods for Residue Analysis of the Systemic Fungicides Benomyl, Carbendazim, Thiophanat, Methyl, and Thiabendazole. Pure Appl. Chem. **52**, 2567 (1980)
Kempter, G. und A. Jumar: „*Chemie organischer Pflanzenschutz- und Schädlingsbekämpfungsmittel*" (2. Aufl.). VEB Deutscher Verlag der Wissenschaften, Berlin 1983
Maier-Bode, H.: „*Herbizide und ihre Rückstände.*" Ulmer Verlag, Stuttgart 1971
Medved, L. I.: „*Spravocnik po pesticidom.*" Verlag Uroshaji, Kiew 1974
Menzie, C. M.: Metabolism of Pesticides. Update I, II, III. US Dept. Interior, Fish & Wildlife Serv. Special Sci. Report-Wildlife, No. 212, No. 232, Washington D.C. 1974...1980
Packer, K.: Nanogen Index. A Dictionary of Pesticides and Chemical Pollutants. Nanogen International, Freedom (USA) 1975
Perkow, W.: „*Wirksubstanzen der Pflanzenschutz- und Schädlingsbekämpfungsmittel.*" Verlag Paul Parey, Berlin 1982
Residue Rev. Bd. 1...94. Springer-Verlag, New York/Berlin/Heidelberg/Tokyo 1962...1985
Saxena, R. C.: "*Naturally Occuring Pesticides and their Potential.*" In: Shemilt, L. W.: "*Chemrawn II*", s. unten
TGL 27796: Rückstände von Pflanzenschutzmitteln und Wachstumsregulatoren. Bestimmung der Rückstände Blatt 1...32. Akad. Landwirtschaftswiss. DDR, Berlin
Wegler, R.: „*Chemie der Pflanzenschutz- und Schädlingsbekämpfungsmittel,*" Band 1 (1970), 2 (1970), 3 (1976), 4 (1977), 5 (1977), 6 (1981). Springer-Verlag, Berlin/Heidelberg/New York.
Worthing, C. R.: "*The Pesticide Manual*" (7th Edition). BCPC, London 1983

Mittel zur Steuerung biologischer Prozesse

Bruisma, J.: "*Modifying Crop Performance with Plant Growth-Regulating Chemicals.*" In: Shemilt L. W.: "*Chemrawn II.*"
Russell, R. C. und G. W. Cooke: "*Contributions of Chemistry to Removing Soil Contraints Crop Production.*" In: Shemilt, L. W.: "*Chemrawn II.* (Chemical Research Applied to World Needs) Chemistry and World Food Supplies: The New Frontiers." Pergamon Press, Oxford/New York/Toronto/Sydney/Paris/Frankfurt (Main) 1983

Rückstände aus der Tierbehandlung

Deutsche Forschungsgemeinschaft: „*Rückstände in Lebensmitteln tierischer Herkunft.*" Verlag Chemie, Weinheim 1983
Deutsche Forschungsgemeinschaft: „*Anwendung von Thyreostatika bei Tieren, die der Gewinnung von Lebensmitteln dienen.*" Boldt-Verlag, Boppard 1976

DUNLOP, R. H.: "*Chemistry in the Control of Ruminant Animal Diseases and Reduction of Physical and Biological.*" In: SHEMILT, L. W.: "*Chemrawn II.*" s. S. 637

LU, F. C. und J. RENDEL: Anabolic Agents in Animal Production. FAO/WHO Symposium Rome, March 1975. Environmental Quality and Safety. Suppl. Vol. V. Georg Thieme Verlag, Stuttgart 1976

STRESS und Z. O. MULLER: "*Recent Development in Feed Additives.*" In: SHEMILT, L. W.: "*Chemrawn II.*" s. S. 637

Umweltchemikalien

HEINISCH, E.: Menschliche Organe und Gewebe als Indikatoren territorialer Schadstoffbelastungen. Aus der Arbeit von Plenum und Klassen der Akad. der Wissensch. der DDR (Berlin) **9**, H. 5, 1 (1984)

HEINISCH, E.: Aufgaben der Ökotoxikologie. Wiss. Fortschr. **33**, 70 (1983)

HODGSON, E. und F. E. GUTHRIE: "*Introduction to Biochemical Toxicology.*" Blackwelt, Oxford 1980

ILIF, N.: Organic Chemicals in the Environment. New Scientist **53**, 263 (1972)

KORTE, F.: „*Ökologische Chemie.*" Georg Thieme Verlag, Stuttgart/New York 1980

PCB, PCN, PCT, PBB, CP, PCDD, PCDF

Anonym (The Dow Chemical Company, Midland, USA): The Trace Chemistry of Fire. Eigenpublikation 1978

BAUGHMAN, R. und M. MESELSON: An Analytical Method for Detecting TCDD (Dioxin): Levels of TCDD in Samples from Vietnam. Environ. Health Perspect. **5**, 27 (1973)

BOLLEN, W. B. und L. A. NORRIS: Influence of 2,3,7,8-Tetrachloridbenzo-p-dioxin on Respiration in a Forest Floor and Soil. Bull. Environ. Contam. Toxicol. **22**, 648 (1979)

BUSER, H. R. und H. P. BOSSHARDT: Polychlorierte Dibenzo-p-dioxine, Dibenzofurane und Benzole in der Asche kommunaler und industrieller Verbrennungsanlagen. Mitt. Lebensmittelunters. Hyg. **69**, 191 (1978)

CATTABENI, F., A. CAVALLARO und G. GALLI: "*Dioxin. Toxicological and Chemical Aspects*". SP Medical & Scientific Books, Spectrum Publ., INC., Jamaica 1978

HUTZINGER, O., S. SAFE und V. ZITKO: "*The Chemistry of PCB's.*" CRC Press, Cleveland/Ohio 1974

ISENSEE, A. R. und G. E. JONES: Adsorption and Translocation of Root and Floiar Applied 2,4-Dichlorophenol, 2,7-Dichlorodibenzo-p-dioxin and 2,3,7,8-Tetrachlorodibenzo-p-dioxin. J. Agric. Food. Chem. **19**, 1210 (1971)

JENSEN, S.: The PCB story. Ambio **1**, 123 (1972)

KIMBROUGH, R. D.: "*Halogenated Biphenyls, Terphenyls, Naphthalenes, Dibenzodioxins and Related Products.*" Elsevier/North-Holland, Biomedical Press, Amsterdam/New York 1980

LAMPARSKI, L. L. u. a.: Presence of Chlorodibenzo-Dioxins in a Sealed 1933 Sample of Dried Municipal Sludge. Chemosphere **13**, 361 (1984)

MATTHEWS, H., G. FRIES, A. GARDNER, L. GARTHOFF, J. GOLDSTEIN, Y. KU und J. MOORE: Metabolism and Biochemical Toxicity of PCBs and PBBs. Environ. Health Perspect. **24**, 147 (1978)

NAGAYAMA, I., M. KURATSUNE und Y. MASUDA: Determination of Chlorinated Dibenzofurans in Kanechlor and "Yusho Oil". Bull. Environ. Contam. Toxicol. **15**, 9 (1976)

OGLIVIE, D.: Dioxin Found in the Great Lakes Basin. Ambio **10**, 38 (1981)

OLIE, K., P. L. VERMEULEN und O. HUTZINGER: Chlorodibenzo-p-dioxins and Chlorodibenzofurans are Trace Compounds of Fly Ash and Flue Gas of Some Municipal Incinerators in the Netherlands. Chemosphere **6**, 455 (1977)

RAPPE, C., H. R. BUSER und H.-P. BOSSHARDT: Polychlorinated Dibenzo-p-dioxins (PCDDs) and Dibenzofurans (PCDFs): Occurrence Formation and Analysis of Environmentally Hazardous Compounds. CIPAC-Symposium, Baltimore 1979

SANDERMANN, W.: Dioxin. Die Entstehungsgeschichte des 2,3,7,8-Tetrachloridbenzo-p-dioxins (TCDD, Dioxin, Sevesogift). Naturwiss. Rundsch. **37**, 1973 (1984)

SUNDSTRÖM, G., O. HUTZINGER und S. SAFE: The Metabolism of Chlorobiphenyls — A Review. Chemosphere **5**, 267 (1976)

ZELL, M. und K. BALLSCHMITER: Baseline Studies of the Global Pollution: III. Trace Analysis of Polychlorinated Biphenyls (PCB) by ECD Glass Capillary Gas Chromatography in Environmental Samples of Different Trophic Levels. Fresenius' Z. Anal. Chem. **304**, 337 (1980)

Halogenalkane und -alkene

BAUER, U.: Belastung des Menschen durch Schadstoffe in der Umwelt — Untersuchungen über leichtflüchtige organische Halogenverbindungen in Wasser, Luft, Lebensmitteln und im menschlichen Gewebe. Mitteilungen I. ... IV. Zbl. Bakt. Hyg., I. Abt. Orig. B **174**, 15, 200, 556 (1981)

SINGH, H. B., L. J. SLAS, H. SHIGEISHI, A. J. SMITH, E. SCRIBNER und L. A. CAVANAGH: Atmospheric Distribution, Sources and Sinks of Selected Halocarbons, Hydrocarbons, SF_6, and N_2O. U.S. EPA, Research Triangle Park, North Carolina EPA-600/3-79-107 (1979)

Zusatzstoffe

Techn. Rep. Ser. des Joint FAO/WHO Expert Committee on Food Additives:

11. Report. Techn. Rep. Ser. No. 383. Genf 1968
13. Report. Techn. Rep. Ser. No. 445. Genf 1970
14. Report. Techn. Rep. Ser. No. 462. Genf 1971
22. Report. Techn. Rep. Ser. No. 631. Genf 1978
23. Report. Techn. Rep. Ser. No. 648. Genf 1980
24. Report. Techn. Rep. Ser. No. 683. Genf 1982
25. Report. Techn. Rep. Ser. No. 710. Genf 1984
26. Report. Techn. Rep. Ser. No. 733. Genf 1986
27. Report. Techn. Rep. Ser. No. 759. Genf 1987
28. Report. Techn. Rep. Ser. No. 763. Genf 1988

Toxicological Evaluation of Certain Food Additives:

WHO Food Additives Ser. No. 5. Genf 1974
WHO Food Additives Ser. No. 6. Genf 1975
WHO Food Additives Ser. No. 8. Genf 1975
WHO Food Additives Ser. No. 10. Genf 1978
WHO Food Additives Ser. No. 12. Genf 1977
WHO Food Additives Ser. No. 17. Genf 1982
WHO Food Additives Ser. No. 19. Genf 1984
WHO Food Additives Ser. No. 20. Genf 1987

Specifications for Identity and Purity:

FAO Food Nutrit. Paper No. 25. Rom 1982
Food Additives Data System (Registerband zu o.g. Publikationen):
FAO Food Nutrit. Paper No. 30. Rom 1984
Autorenkollektiv: *"Lebensmittel-Lexikon"* (2. Aufl.). VEB Fachbuchverlag, Leipzig 1981
FURIA, T. E.: *"Handbook of Food Additives"* (2nd Edit.). CRC Press, Cleveland/Ohio 1972
KUHNERT, P., W. POLERT und K. A. SCHROETER: *"Lebensmittel-Zusatzstoffe; Zusatzstoffbegriff und Zulassung von Zusatzstoffen im Lebensmittelrecht"* (2. Aufl.). Deutscher Fachverlag, Frankfurt am Main 1983
PILNICK, W.: Food Additives, Recent Development in Food Industry. Gordian, Schriftenreihe Nr. 1. Gordian GmbH, Hamburg 1973
SCHORMÜLLER, J.: *"Handbuch der Lebensmittelchemie."* Band I: *"Die Bestandteile der Lebensmittel."* Springer-Verlag, Berlin/Heidelberg/New York 1965
TAYLOR, R. J.: *"Food Additives."* John Wiley and Sons, Chichester/New York/Brisbane/Toronto 1980

Konservierungsmittel (einschließlich Schwefeldioxid)

Lück, E.: „Chemische Lebensmittel-Konservierung — Stoffe, Wirkungen, Methoden." Springer-Verlag, Berlin/Heidelberg/New York 1977
Lück, E.: Chemische Lebensmittelkonservierung/Gestern — heute — morgen. Teil I. Z. Lebensm.-Technol. u. Verf.-Techn. **31**, 169 (1980). Teil II. **31**, 261 (1980)

Antioxydantien und Synergisten

A Review of the Technological Efficancy of some Antioxidants and Synergists. Food Additives Ser. No. 3. Genf 1972
Selbmann, H. F.: Antioxydantien. Z. Lebensm.-Technol. u. Verf.-Techn. **32**, 257 (1981)

Emulgatoren

Schuster, G.: „Emulgatoren für Lebensmittel." Akademie-Verlag, Berlin 1985

Farbstoffe

Druckrey, H.: Schädliche und unschädliche Farbstoffe für Lebensmittel. Z. Krebsforsch. **60**, 344 (1955)
Souci, S. W.: Auszug aus Mitteilung 2 der Wissenschaftlichen Commission der Deutschen Forschungsgemeinschaft zur Bearbeitung des Lebensmittelfarbstoffproblems. Z. Lebensm.-Unters. -Forsch. **96**, 264 (1953)

Süßungsmittel

Ammon, R. und J. Holló: Natürliche und synthetische Zusatzstoffe in der Nahrung des Menschen. 14. Internat. Symposium der Commission Internationale des Industries Agricoles et Alimentaires (C.I.I.A.) vom 8.—11. 10. 1972 in Saarbrücken. Dr. Dietrich Steinkopff-Verlag, Darmstadt 1974
Bär, A.: Safety Assessment of Polyol Sweetners — Some Aspects of Toxicity. Food Chem. **16**, 231 (1985)
Fazio, T., J. W. Howard und F. O. Haenni: Survey of Cyclohexylamine Content of Food Products Containing Cyclamates. J. Assoc. Off. Analyt. Chemists **53**, 1120 (1970)
Filer, L. J., G. L. Baker und L. D. Stegink: Effect of Aspartame Loading on Plasma and Erythrocyte Free Amino Acid Concentrations in one-Year-Old Infants. J. Nutr. **113**, 1591 (1983)
Gassmann, B.: Gründe, Grundlagen und Grenzen des Zuckeraustausches in Lebensmitteln. Lebensm.-Ind. **29**, 271 (1982)
Guggenheim, G.: Health and Sugar Substitutes Proceedings of the ERGOB Conference on Sugar Substitutes. Genf vom 30. 10. bis 1. 11. 1978. S. Karger, Basel/München/Paris/London/New York/Sidney 1979
Hicks, R. M.: Promotion: Is Saccharin a Promoter in the Urinary Bladder? Food Chem. Toxicol. **22**, 755 (1984)
Inglett, G. E.: Symposium: Sweeteners. Papers from a Symposium on Sweeteners held at the American Chemical Society Meeting in Dallas, Texas, on April 9—13, 1973. AVI Publ. Co., Westport 1974
Paulus, K. und A. Fricker: Zuckerersatzstoffe: Anforderungen und Eigenschaften am Beispiel von Palatinit. Z. Lebensm.-Technol. u. Verf.-Techn. **31**, 128 (1981)
Renwick, A. G.: The Fate of Intense Sweeteners in the Body. Food Chem. **16**, 281 (1985)
Saccharin: Current Status. Food Chem. Toxicol. **23**, 417 (1985)
Steinink, L. D., M. C. Brummel, L. J. Filer und G. L. Baker: Blood Methanol Concentrations in One-Year-Old Infants Administered Grades Doses of Aspartame. J. Nutr. **113**, 1600 (1983)
Steinink, D. D. und L. J. Filer: "Aspartame — Physiology and Biochemistry." Marcel Dekker, New York/Basel 1984
Steinink, L. D., L. J. Filer und G. L. Baker: Effect of Aspartame and Sucrose Loading in Glutamate-Susceptible Subjects. Am. J. Clin. Nutr. **34**, 1899 (1981)

Nitrit und Nitrat

Kotter, L. und H. Schmidt: Zur Problematik der Anwendung von Stoffen bei Fleischerzeugnissen. Z. Lebens.-Technol. u. Verf.-Techn. **31**, 53 (1980)

Nitrates, Nitrites and N-Nitroso Compounds. Environmental Health Criteria 5. WHO, Genf 1978

Sitzungsbericht: Food Safety and Quality — Nitrites. Hearings before the Subcommittee on Agricultural Research and General Legislation of the Committee on Agriculture, Nutrition, and Foresty. United States Senate, 95. Congress, 2. Session, 13.…17. Sept. 1978, Washington 1978

Phosphat

Davidson, St., R. Passmore, J. F. Brock und A. S. Truswell: *"Human Nutrition and Dietetics"* (7nd Edit.). Verlag Churchill, Livingstone/Edinburgh/London/New York 1979

Feldheim, W.: Untersuchungen zum Calcium- und Phosphorstoffwechsel beim Menschen. 2. Mitt.: Die tägliche Aufnahme an Phosphat. Akt. Ernähr. **6**, 135 (1981)

Fleischel, H.: Phosphorbedarf und Phosphorversorgung des Menschen. Die Phosphorsäure **27**, 186 (1967)

Hafer, H.: *„Die heimliche Droge — Nahrungsphosphat: Ursache, Verhaltensstörungen, Schulversagen und Jugendkriminalität"* (3. Aufl.). Kriminalistik-Verlag, Heidelberg 1984

Lang, K.: Phosphatbedarf und Schäden durch hohe Phosphatzufuhr. Z. Lebensm.-Unters. -Forsch. **110**, 450 (1959)

Lauersen, F.: Über gesundheitliche Bedenken bei der Verwendung von Phosphorsäure und primärem Phosphat in Erfrischungsgetränken. Z. Lebensm.-Unters.-Forsch. **96**, 418 (1953)

Spickett, J. T. und R. R. Bell: The Influence of Dietary Phosphate on the Toxicity of Orally Ingested Lead in Rats. Food Chem. Toxicol. **21**, 157 (1983)

Desinfektions- und Reinigungsmittel

Edelmeyer, H.: Rückstandsprobleme bei der Desinfektion im Lebensmittelbereich. Z. Lebensm.-Technol. u. Verf.-Techn. **30**, 189 (1979)

Teuschler, G. und H. Reuter: Reinigung und Desinfektion in Gemeinschaftsküchen. Ernährungsforschung **30**, 47 (1985)

Schüssler, H.-J.: Desinfizierende Wirkung für die Lebensmittelindustrie — ein kurzer Überblick aus anwendungstechnischer Sicht. Z. Lebensm.-Technol. u. Verf.-Techn. **31**, 46 (1980)

Trinkwasseraufbereitung

Kühn, W. und H. Sontheimer: Oxydationsverfahren in der Trinkwasseraufbereitung. Universität Karlsruhe, 1979

Drinking Water Disinfectants. Environ. Health Perspect. **46** (1982)

Enzyme

General Standard for Enzyme Regulations. The Association of Microbial Food Enzyme Producers (AMFEP), Brüssel 1980 Deutsche Forschungsgemeinschaft Mikroorganismen für Lebensmitteltechnik, Kommission für Ernährungsforschung, Kommission zur Prüfung fremder Stoffe bei Lebensmitteln, Gemeinsame Mitteilung, Harald-Boldt-Verlag, Boppard, 1974

Engst, R. und H.-J. Lewerenz: Beitrag zur hygienisch-toxikologischen Beurteilung der Enzymanwendung. Ann. Technol. Agric. **21**, 619 (1972)

FAO Food Nutrit. Paper No. 19, Rom, 1981

Reed, G.: *"Enzymes in Food Processing"* (2nd Edit.). Academic Press, New York/San Francisco/London 1975

Ruttloff, H.: *„Industrielle Enzyme."* VEB Fachbuchverlag, Leipzig 1978

WHO Techn. Rep. Ser. No. 669. Genf, 1981

WHO. Techn. Rep. Ser. No. 759. Genf, 1987

WHO, Report on a Working Group: Health Impact of Biotechnology. WHO Regional office Europe 1982. Swiss Biotechn. **5**, 7 (1984)

Sekundärprodukte aus Eiweißen und Kohlenhydraten

BALTES, W.: Chemical Changes in Food by the Maillard Reaction. Food Chem. **9**, 59 (1982)

COMMONER, B., A. VITHAYATHILL und P. DOLARA: Mutagenic Analysis as a Means of Detecting Carcinogens in Foods. J. Food Prot. **41**, 996 (1978)

ERIKSSON, C.: "MAILLARD *Reactions in Food.*" Pergamon Press, Oxford 1981

FINOT, P. A.: Nutritional and Metabolic Aspects of Protein Modification during Processing. In: FEENEY, R. E. und J. R. WHITAKER: "Modification of Proteins". Adv. Chem. Ser. **198**, Am. Chem. Soc., Washington D.C., 1982

GOULD, D. H. und J. T. MacGREGOR: Biological Effects of Alkalitreated Protein and Lysinoalanine: An Overview. Adv. Exp. Med. Biol. **86 B**, 29 (1977)

HURREL, R. F.: "*Interaction of Food Components during Processing.*" In: BIRCH, G. G. und K. J. PARKER: "*Food and Health Science and Technology.*" Appl. Sci. Publ., London 1980

LUDWIG, E.: Untersuchungen zur MAILLARD-Reaktion zwischen β-Lactoglobulin und Lactose (3. Mitt.). Nahrung **23**, 707 (1979)

MASTERS, P. M. und M. FRIEDMAN: Amino Acid Racemization in Alkali-treated Food Proteins — Chemistry, Toxicology, and Nutritional Consequences. In: WHITAKER, J. R. und M. FUJIMAKI: "Chemical Deterioration of Proteins." Adv. Chem. Ser. **123**, Am. Chem. Soc., Washington D.C. 1980

MAURON, J.: Influence of Processing on Protein Quality. Bibl. Nutr. Dieta **34**, 56 (1985)

MATSUMOTO, T., D. YOSHIDA, S. MIZUSAKI und H. OKAMOTO: Mutagenic Activity of Amino Acid Hydrolyzates in Salmonella typhimurium TA 98. Mutation Res. **48**, 279 (1977); Mutagenicities of the Pyrolyzates of Peptides and Proteins. Mutat. Res. **56**, 281 (1978)

NEUKOM, H.: "*Oxidative Crosslinking of Proteins and other Biopolymers.*" In: SIMIC, M. G. und M. KAREL: "*Autoxidation in Food and Biological Systems.*" Plenum Press, New York/London 1980

RICHARDSON, T. P. und J. W. FINLEY: "*Chemical Changes in Food During Processing.*" AVI Publ., Co., Westport 1985

UHDE, W. J. und R. MACHOLZ: Mutagene Substanzen in Aminosäure- und Proteinpyrolysaten sowie hitzebehandelten Lebensmitteln. Nahrung (im Druck)

URBAIN, W. M.: "*Radiation Chemistry of Proteins.*" In: ELIAS, P. S. und A. J. COHEN: "*Radiation Chemistry of Mayor Food Components.*" Elsevier, Amsterdam 1977

WALLER, G. R. und M. S. FEATHER: The MAILLARD Reaction in Food and Nutrition. Adv. Chem. Ser. **215**, Am. Chem. Soc., Washington D.C., 1983

WHITAKER, J. R. und R. E. FEENEY: Behavior of O-glycosyl and O-phosphoryl Proteins in Alkaline Solution. Adv. Exp. Med. Biol. **86 B**, 155 (1977)

MAGA, J. A.: Lysinoalanine in Foods. J. Agric. Food Chem. **32**, 955 (1984)

Sekundärprodukte aus Fetten

ADDIS, P. B., A. S. CSALLANY und S. E. KINDOM: Some Lipid Oxidation Products as Xenobiotics. In: FINLEY, J. F. und D. E. SCHWASS: "Xenobiotics in Foods and Feeds". ACS Symp. Ser. **234**, Am. Chem. Soc., Washington D.C. 1983

GARDNER, H. W.: Decomposition of Linoleic Acid Hydroperoxids. Enzymic Reactions Compared with Nonenzymic. J. Agric. Food Chem. **23**, 129 (1975)

GARDNER, H. W.: Lipid Hydroperoxide Reaktivity with Proteins and Amino Acids — A Review. J. Agric. Food Chem. **27**, 220 (1979)

GARDNER, H. W.: Effects of Lipid Hydroperoxides on Food Components. In: FINLEY, J. F. und D. E. SCHWASS: "Xenobiotics in Foods and Feeds". ACS Symp. Ser. **234**, Am. Chem. Soc., Washington D.C. 1983

FRANZKE, C.: „*Lehrbuch der Lebensmittelchemie*", Band 1. Akademie-Verlag, Berlin 1981

KAREL, M., K. SCHAICH und R. B. ROY: Interaction of Peroxidizing Methyl Linoleate with some Proteins and Amin Acids. J. Agric. Food Chem. **23**, 159 (1975)

SESSA, D. J.: Biochemical Aspects of Lipid-Derived Flavors in Legumes. J. Agric. Food Chem. **27**, 234 (1979)

SIMIC, M. G. und M. KAREL: "*Autoxidation in Food and Biological Systems.*" Plenum Press, New York/London 1980

Polycyclische aromatische Kohlenwasserstoffe

CLAR, E.: "*Polycyclic Hydrocarbons.*" Academic Press, London/New York; Springer-Verlag, Berlin/
    Göttingen/Heidelberg 1964
FRITZ, W.: Untersuchungen über Quellen und Umfang der Kontamination von Lebensmitteln
    mit polycyclischen aromatischen Kohlenwasserstoffen sowie Möglichkeiten ihrer Reduzierung.
    Dissertation B, Humboldt-Universität Berlin, 1981
WHO-IARC-Monographs on the Evaluation of the Carcinogenic Risk of Chemicals to Man. Vol.
    32. IARC, Lyon 1983

N-Nitrosoverbindungen

EISENBRAND, G.: „*N-Nitrosoverbindungen in Nahrung und Umwelt. Eigenschaften, Bildungswege,
    Nachweisverfahren und Vorkommen*". Wissenschaftliche Verlagsgesellschaft mbH, Stuttgart
    1981
FRITZ, W. und W.-J. UHDE: Zur Erfassung flüchtiger cancerogener Nitrosamine in Lebensmitteln
    mit der Gerätekombination Gaschromatograph-Thermal Energy Analyzer. Z. ges. Hyg. **30**,
    306 (1984)
IUPAC Report on Pesticides (10): Commission on Terminal Pesticide Residues. Nitrosamines
    and Pesticides: A special Report on the Occurence of Nitrosamines as Terminal Residues
    resulting from Agricultural Use of certain Pesticides. Pure Appl. Chem. **52**, 499 (1980)
PREUSSMANN, R.: Das Nitrosaminproblem. Bericht über das Abschlußkolloquium der Senats-
    kommission zur Prüfung von Lebensmittelzusatz- und Inhaltsstoffen zum Schwerpunkt-
    programm „Analytik und Entstehung von N-Nitrosoverbindungen" am 8./9. 10. 1982 in
    Bonn. Deutsche Forschungsgemeinschaft, Verlag Chemie, Weinheim 1983
WHO-IARC-Monographs on the Evaluation of the Carcinogenic Risk of Chemicals to Humans.
    Vol. 17: Some N-Nitroso Compounds. IARC, Lyon 1978

Mykotoxine

FRANK, H. K.: „*Aflatoxine. Bildungsbedingungen, Eigenschaften und Bedeutung für die Lebens-
    mittelwirtschaft.*" B. Behr's Verlag, Hamburg 1974
FRITZ, W.: Untersuchungen zum Vorkommen ausgewählter Mykotoxine in Lebensmitteln. Z.
    ges. Hyg. **29**, 650 (1983)
REISS, J.: „*Mykotoxine in Lebensmitteln.*" Gustav Fischer Verlag, Stuttgart/New York 1981
WHO-IARC-Monographs on the Evaluation of the Carcinogenic Risk of Chemicals to Humans.
    Vol. 1 (1972), Vol. 10 (1976) und Vol. 31 (1983), IARC, Lyon

Toxine der Bakterien

KOLB, E.: Neuere Erkenntnisse über den molekularen Wirkmechanismus einiger Bakterientoxine,
    insbesondere des Diphtherie-, des Cholera-, des Koli-, des Botulinum- und des Shigellatoxins
    sowie des Tetanospasmins und der Toxine des Staphylococcus aureus. Z. Gesamte Inn. Med.
    39, 85 (1984)
LITZKE, L. F. und G. SCHEIBNER: Bakterielle Enterotoxine und ihre lebensmittelhygienische Be-
    deutung. Mh. Vet. Med. **37**, 580 (1982)
MÜLLER, G.: „*Grundlagen der Lebensmittelmikrobiologie.*" VEB Fachbuchverlag, Leipzig 1983
Schweizerische Gesellschaft für Lebensmittelhygiene (SGLH): Neue Erkenntnisse über Erreger
    mikrobieller Lebensmittelvergiftungen. Schriftenreihe H. 13 (1983)
The Role of Food Safety in Health and Development. Techn. Rep. Ser. No. 705. Genf 1984

Bedarfsgegenstände

GÄCHTER, R. und H. MÜLLER: „*Taschenbuch der Kunststoff-Additive, Stabilisatoren, Hilfsstoffe,
    Weichmacher, Füllstoffe, Verstärkungsmittel.*" Carl Hanser Verlag, München/Wien 1979
LEFAUX, R.: „*Les matieres plastiques dans l'industrie alimentaire.*" Compagnie francaise d'edition,
    Paris 1972

WHO-IARC Monographs on the Evaluation of the Carcinogenic Risk of Chemicals to Man. IARC,
    Lyon. Vol. 19 (1979) und Vol. 29 (1982)
Woggon, H. und W.-J. Uhde: Lebensmittelhygienische und -toxikologische Gesichtspunkte beim
    Einsatz von Plasten und Plasthilfsstoffen, insbesondere Stabilisatoren im Lebensmittelsektor.
    Z. ges. Hyg. 17, 461 (1971)

Sekundärprodukte der Bestrahlung

Brynjolfsson, A.: Chemiclearance of Food Irradiation Process: Its Scientific Basis. IAEA-SM-
    250/27
Codex General Standard of Irradiated Foods and Recommended International Code of Practice
    for the Operation of Radiation Facilities Used for the Treatment of Foods. FAO/WHO, Rom
    1984
Elias, P. S.: Food Irradiation and Food Packaging. Chem. Ind. 10, 336 (1979)
Farkas, I.: Recent Developments in Implementation of Food Irradiation. IFFIT Report No. 46 a.
    Wageningen, August 1984
Grünewald, T.: Untersuchungen zur Bestrahlung von Trockenprodukten. Berichte Bundes-
    forschungsanstalt für Ernährung, Karlsruhe 1984
Grünewald, Th.: Lebensmittelbestrahlung. Z. Lebensm.-Unters. -Forsch. 180, 357 (1985)
Ingram, M. und J. Farkas: Microbiology of Foods Pasteurised by Ionising Radiation. Acta
    Aliment. 6, 123 (1977)
Jantz, A. und P. Krey: Zur Behandlung von Lebensmitteln und Bedarfsgegenständen mit
    ionisierender Strahlung. Z. ges. Hyg. 29, 442 (1983)
Josephson, E. S. und M. S. Peterson: "Preservation of Food by Ionizing Radiation." CRC Press,
    Boca Raton 1982/83
Kampelmacher, E. H.: Lebensmittelbestrahlung. Mitt. Lebensmittelunters. Hyg. 76, 10 (1985)
Kiefer, J.: „Biologische Strahlenwirkung. Eine Einführung in die Grundlagen von Strahlenschutz
    und Strahlenanwendung." Springer-Verlag, Berlin/Heidelberg/New York 1981
Radiation control of salmonellae in food and feed products. Techn. Rep. Ser. No. 22. IAEA, Wien
    1963
Schüttler, Ch. und W. Bögl: Behandlung von Gewürzen mit ionisierenden Strahlen. Chemische,
    sensorische, mikrobiologische und toxikologische Aspekte. Teil I und II. Forschungsberichte
    des Bundesgesundheitsamtes, ISH H. 35 und 49 (1984)
STH-Berichte. Teil I ... VI. Eine Literaturstudie: Der Einfluß von Mikrowellen auf Veränderungen
    in Lebensmitteln im Vergleich zu konventionellen Verfahren. Dietrich Reimer Verlag, Berlin
    1979 ... 1982
STH-Berichte. Teil I ... II. Eine Literaturstudie: Strahlenbehandlung von medizinischen Artikeln
    und Verpackungsmaterialien. Dietrich Reimer Verlag, Berlin 1979
STH-Berichte. Teil I ... V. Eine Literaturstudie: Der Einfluß der Strahlenbehandlung auf die einzel-
    nen Lebensmittel. Dietrich Reimer Verlag, Berlin 1980 ... 1981
The Microbiological Safety of Irradiated Food. Codex alimentarius commission. Report CX/FH
    83/9 (1983)
Training Manual of Food Irradiation Technology and Techniques. Techn. Rep. No. 114. IAEA,
    Wien 1970
Truhaut, R. und L. Saint-Lebe: Food Preservation by Irradiation. (Proc. Wageningen, Nov.
    1977). IAEA, Wien 11, 31 (1978)
Wholesomeness of Irradiated Food. Techn. Rep. Ser. No. 659. Genf 1981
Wiesner, L.: Industrielle Anwendung von Radionukliden und strahlentechnischen Verfahren.
    Jahrbuch der Atomwirtschaft 167 (1982)

Nahrungsmittelunverträglichkeit

Cant, A. J.: Diet and the Prevention of Childhood Allergic Disease. Human Nutrit.: Appl. Nutrit
    38A, 455 (1984)
Chandra, R. K.: "Food Intolerance." Elsevier, New York 1984
Conning, D. M. und A. B. G. Lansdown: "Toxic Hazards in Food." Croom Helm, London/
    Canberra 1983
Flatz, G. und H. W. Rotthauwe: "The Human Lactase Polymorphism: Physiology and Genetics

of *Lactose Absorption and Malabsorption*. In: STEINBERG, A. G., A. G. BEARN, A. G. MOTULSKI
und B. CHILDS: "*Progress in Medical Genetics*", Vol. 2. W. B. Saunders, Philadelphia 1977
KAMKE, W. und B. FROSCH: Nahrungsmittelallergie. Z. Ernährungswiss. **22**, 65 (1983)
RING, J.: Nahrungsmittelallergie und andere Unverträglichkeitsreaktionen durch Nahrungsmittel.
Klin. Wochenschr. **62**, 795 (1984)
TAYLOR, S. L.: Food Allergies. Food Technol. **39**, 98 (1985)

Lebensmittelrecht der DDR

Anordnung vom 25. August 1988 über das Verbot der Anwendung von Stoffen mit pharmakologischer Wirkung an landwirtschaftlichen Zucht- und Nutztieren (GBl. I, Nr. 19, S. 223)
Anordnung vom 30. Juni 1988 über Rückstände von Wirkstoffen aus Pflanzenschutzmitteln in
Lebensmitteln — Rückstandsmengen-Anordnung — (GBl. Sonderdruck 1311)
„*Lebensmittelgesetz und damit in Zusammenhang stehende weitere Rechtsvorschriften.*" Staatsverlag
der DDR, Berlin 1987

Lebensmittelrecht der BRD

I. Lehrbücher und Kommentare:

FRANCK: „*Kunststoffe im Lebensmittelverkehr.*" Carl-Heymanns-Verlag, Köln 1985
FRANCK/NÜSE: „*Deutsches Lebensmittelbuch.*" Carl-Heymanns-Verlag, Köln 1982
HOLTHÖFER/NÜSE/FRANCK: „*Deutsches Lebensmittelrecht*", 6. Aufl., Carl-Heymanns-Verlag, Köln
1982
KLOESEL/SPERLICH/BERGNER: „*Lebensmittel- und Bedarfsgegenständegesetz.*" Wissenschaftliche
Verlagsgesellschaft, Stuttgart 1975
KUHNERT/PÖLERT/SCHROETER: „*Lebensmittel-Zusatzstoffe*", 2. Aufl., Deutscher Fachverlag,
Frankfurt 1983
SCHORMULLER: „*Lehrbuch der Lebensmittelchemie*", 2. Aufl., Springer-Verlag, Heidelberg 1974
ZIPFEL: „*Lebensmittelrecht.*" C.-H.-Beck-Verlag, München 1986

II. Sammlungen und Zeitschriften:

Deutsche Lebensmittel-Rundschau, Herausgeber: K. G. BERGNER, Wissenschaftliche Verlagsgesellschaft, Stuttgart
Fleischwirtschaft, Deutscher Fachverlag, Frankfurt am Main
LRE-Sammlung lebensmittelrechtlicher Entscheidungen, Herausgeber: H. BENZ, Carl-Heymanns-Verlag, Köln
ZLR — Zeitschrift für das gesamte Lebensmittelrecht, Deutscher Fachverlag, Frankfurt am Main

Nachtrag

Grundlagen der lebensmitteltoxikologischen Prüfung und Bewertung

ANDERS, M. W.: "*Bioactivation of Foreign Compounds.*" Academic Press, Orlando/San Diego/
New York/London/Toronto/Montreal/Sydney/Tokyo 1985
ANDERSON, D. und D. M. CONNING: "*Experimental Toxicology. The Basic Principles.*" Royal
Society of Chemistry, London 1988
CLASSEN, H.-G., P. S. ELIAS, W. P. HAMMES und H. F. SCHMIDT: „*Toxikologisch-hygienische
Beurteilung von Lebensmittelinhalts- und Zusatzstoffen sowie bedenklicher Verunreinigungen.*"
Verlag Paul Parey, Berlin/Hamburg 1987
CONCON, J. M.: "*Food Toxicology.*" Part A: "*Principles and Concepts,*" Part B: "*Contaminants
and Additives.*" Marcel Dekker, Inc., New York/Basel 1988
Environmental Health Criteria 70. Principles for the Safety Assessment of Food Additives and
Contaminants in Food. WHO, Genf 1987
HALEY, T. und W. O. BERNDT: "*Handbook of Toxicology.*" Hemisphere Publ. Co., Washington
1987

JAKOBY, W. B.: "*Enzymatic Basic of Detoxification*," Vol. I und Vol. II (1980). Academic Press, New York/London/Toronto/Sydney/San Francisco

KLAASSEN, C. D., M. O. AMDUR und J. DOULL: "*Casarett and Doull's Toxicology. The Basic Science of Poisons.*" Macmillan Press, Houndmills 1986

LUDEWIG, R. und K. LOHS: „*Akute Vergiftungen — Ratgeber für toxikologische Notfälle.*" VEB Gustav Fischer Verlag, Jena 1988

MARKWARDT, F., H. MATTHIES und W. OELSNER: „*Medizinische Pharmakologie.*" Georg Thieme Verlag, Leipzig 1985

MILLER, K.: "*Toxicological Aspects of Food.*" Elsevier, London/New York 1987

MOESCHLIN, S.: „*Klinik und Therapie der Vergiftungen.*" Georg Thieme Verlag, Stuttgart 1986

PAULSON, G. D., J. CALDWELL, D. H. HUTSON und J. J. MENN: Xenobiotic Conjugation Chemistry. ACS Symp. Ser. 299. Amer. Chem. Soc., Washington 1986

SINELL, H.-J.: „*Einführung in die Lebensmittelhygiene.*" Verlag Paul Parey, Berlin/Hamburg 1985

SINGER, B. und H. BARTSCH: The Role of Cyclic Nucleic Acid Adducts in Carcinogenesis and Mutagenesis. IARC Sci. Publ. No 70. IARC, Lyon 1986

SNELL, K. und B. MULLOCK: "*Biochemical Toxicology — A Practical Approach.*" IRL Press, Oxford/Washington 1987

THOMAS, J. A., K. S. KORACH und J. A. McLACHLAN: "*Endocrine Toxicology*". Raven Press, New York 1985

VENITT, S. und J. M. PARRY: "*Mutagenicity Testing — A Practical Approach.*" IRL Press, Oxford/Washington 1984

Schad- und Fremdstoffe in der Natur

ASKAR, A. und H. TREPTOW: „*Biogene Amine in Lebensmitteln. Vorkommen, Bedeutung und Bestimmung.*" Verlag Eugen Ulmer, Stuttgart 1986

AYRES, J. C. und J. C. KIRSCHMAN: Impact of Toxicology on Food Processing. AVI Publ. Co., INC., Westport 1981

Deutsche Forschungsgemeinschaft: Kriterien und Spezifikationen zur Charakterisierung und Bewertung von Einzellerproteinen (Single Cell Proteins) zur Nutzung in Lebensmitteln für die menschliche Ernährung. Mitteilung X der Kommission zur Prüfung von Lebensmittelzusatz- und -inhaltsstoffen. Verlag Chemie, Weinheim 1987

Deutsche Forschungsgemeinschaft: Polychlorierte Biphenyle, Bestandsaufnahme über Analytik, Vorkommen, Kinetik und Toxikologie. Mitteilung XIII der Senatskommission zur Prüfung von Rückständen in Lebensmitteln. Verlag Chemie, Weinheim 1988

Environmental Health Criteria 58: Selenium. WHO, Genf 1987

Environmental Health Criteria 61: Chromium. WHO, Genf 1987

Environmental Health Criteria 63: Organophosphorus Insecticides. A General Introduction. WHO, Genf 1986

Environmental Health Criteria 64: Carbamate Pesticides. A General Introduction. WHO, Genf 1987

Environmental Health Criteria 71: Pentachlorophenol. WHO, Genf 1987

Environmental Health Criteria 76: Thiocarbamate Pesticides. A General Introduction. WHO, Genf 1988

FIEDLER, H. J. und H. J. RÖSLER: „*Spurenelemente in der Umwelt.*" VEB Gustav Fischer Verlag, Jena 1987

GARATTI, S., S. PAGLIALUNGA und N. S. SCRIMSHAW: "*Single Cell Protein. Safety for Animal and Human Feeding.*" Pergamon Press, Oxford/New York 1979

HABERMEHL, G. G. und H. CH. KREBS: Gifttiere und ihre Waffen. Naturwissensch. **73**, 459 (1986)

HENNIG, A.: Ergotropika in der Tierproduktion. Ernährungsforschung **29**, 73 (1984)

HUTZINGER, O.: "*Environmental Chemistry.*" Vol. 1A, 1B, 1C (The Natural Environment and the Biogeochemical Cycles). Vol. 1B, 2B (Reactions and Processes). Vol. 3A, 3B (Anthropogenic Compounds). Springer-Verlag, Berlin/Heidelberg/New York 1980 ... 1984

KORTE, F.: „*Lehrbuch der ökologischen Chemie — Grundlagen und Konzepte für die ökologische Beurteilung von Chemikalien*" (2. Aufl.). Georg Thieme Verlag, Stuttgart/New York 1987

KROGH, P.: "*Mycotoxins in Food.*" Academic Press, London/San Diego/New York/Berkeley/Boston/Sydney/Tokyo/Toronto 1987

MACHLIN, L. J.: "*Handbook of Vitamins.*" Nutritional, Biochemical and Clinical Aspects. Marcel Dekker, New York/Basel 1984

MACKARNESS, R.: „*Allergie gegen Nahrungsmittel und Chemikalien.*" Hippokrates Verlag GmbH, Stuttgart 1986

MARQUIS, J. K.: "*Contemporary Issues in Pesticide Toxicology and Pharmacology.*" S. Karger, Basel/München 1986

MARR, I. L., M. S. CRESSER und L. J. OTTENDORFER: „*Umweltanalytik. Eine allgemeine Einführung.*" Georg Thieme Verlag, Stuttgart/New York 1988

MORRIS, C. R. und J. R. P. CABRAL: Hexachlorobenzene. Proceedings of an International Symposium IARC. Lyon 1986

MOORE, J. W. und S. RAMAMOORTHY: Organic Chemicals in Natural Waters. Applied Monitoring and Impact Assessment. Springer-Verlag, New York/Berlin/Heidelberg/Tokyo 1984

OEHME, F. W.: "*Toxicity of Heavy Metals in the Environment,*" Part 1 (1978) und Part 2 (1979). Marcel Dekker, INC, New York/Basel

PAQUETTE, G., D. B. KUPRANYCZ und F. R. VAN DE VOORT: The Mechanisms of Lipid Autoxidation. I. Primary Oxidation Products. Can. Inst. Food Sci. Technol. J. **18**, 112 (1985); II. Non Volatile Secondary Oxidation Products. Can. Inst. Food Sci. Technol. J. **18**, 197 (1985)

PFANNHAUSER, W.: „*Essentielle Spurenelemente in der Ernährung.*" Springer-Verlag, Berlin/Heidelberg/New York/London/Paris/Tokyo 1988

PIRIE, N. W.: "*Leaf Protein and its By-products in Human and Animal Nutrition.*" Cambridge Univ. Press, Cambridge 1987

RECHCIGL, M.: "*CRC Handbook of Naturally Occuring Food Toxicants.*" CRC Press, INC., Boca Rato (Fl.) 1982

RINGPFEIL, M., B. NAGEL, TH. KREUTER, M. MOO-YOUNG und C. ROLZ: Recommended Methods for Characterization of Agricultural Residues and Feed Products Derived Through Bioconversion (IUPAC Applied Chemistry Division, Commission on Biotechnology). Pure Appl. Chem. **59**, 573 (1987)

SAFE, S.: Polychlorinated Biphenyls (PCBs)-Mammalian and Environmental Toxicology. Environmental Toxin Series 1. Springer-Verlag, Berlin/Heidelberg/New York/London/Paris/Tokyo 1987

SCHLATTER, J. und J. LÜTHY: Vorkommen und Toxizität von Phytoalexinen in pflanzlichen Lebensmitteln. Mitt. Gebiete Lebensm. Hyg. **77**, 404 (1986)

SEEGER, R. und H.-G. NEUMANN: „*Gift-Lexikon.*" Dtsch. Apotheker-Verlag, Stuttgart 1988

TEUSCHER, E. und U. LINDEQUIST: „*Biogene Gifte. Biologie, Chemie, Pharmakologie.*" Akademie-Verlag, Berlin 1988

THIER, H.-P. und H. FREHSE: „*Rückstandsanalytik von Pflanzenschutzmitteln.*" Georg Thieme Verlag, Stuttgart/New York 1986

URBAN, W. M.: "*Food Irradiation.*" Academic Press, Orlando/San Diego/New York/Austin/Boston/London/Sydney/Tokyo/Toronto 1986

WATSON, D. H.: "*Natural Toxicants in Food Progress and Prospect.*" Verlag Chemie, Weinheim/E. Horwood Ltd., Chichester 1987

WHO: Food Irradiation. A Technique for Preserving and Improving the Safety of Food. WHO, Genf 1988

WIELAND, T.: "*Peptides of Poisonous Amanita Mushrooms.*" Springer-Verlag, Berlin/Heidelberg/New York/London/Paris/Tokyo 1986

2nd International Symposium on Health Effects of Drinking Water Disinfectants and Disinfection By-Products. Environmental Health Perspectives **69**, 1—312 (1986)

26. Autorenanschriften

Dr. M. Achtzehn
Bezirkshygiene-Institut
DDR-4000 Halle

Dr. habil. H. Ackermann
Akademie der Wissenschaften der DDR
Zentralinstitut für Ernährung
DDR-1505 Bergholz-Rehbrücke

Prof. Dr. sc. M. Anke
Karl-Marx-Universität Leipzig
Sektion Tierproduktion und Veterinärmedizin
Wissenschaftsbereich Tierernährungschemie
DDR-6900 Jena

Prof. Dr. sc. H. Beitz
Akademie der Landwirtschaftswissenschaften der DDR
Institut für Pflanzenschutzforschung
DDR-1532 Kleinmachnow

Dr. H. Benz
Schillerstr. 5
D-5400 Koblenz

Dr. sc. D. W. R. Bleyl
Akademie der Wissenschaften der DDR
Zentralinstitut für Ernährung
DDR-1505 Bergholz-Rehbrücke

Doz. Dr. sc. H.-H. Borchert
Humboldt-Universität Berlin
Sektion Chemie
Wissenschaftsbereich Pharmazie
DDR-1120 Berlin

Prof. Dr. sc. R. Engst
Käthe-Kollwitz Str. 3
DDR-1505 Bergholz-Rehbrücke

Dr. sc. W. Fritz
Märkische Heide 53
DDR-1532 Kleinmachnow

Prof. Dr. sc. E. Heinisch
Akademie der Wissenschaften der DDR
Institut für Geographie und Geoökologie
DDR-1199 Berlin

MR Dr. H. Hoering
Forschungsinstitut für Hygiene und Mikrobiologie
DDR-9933 Bad Elster

Dr. habil. K.-H. Horn
Akademie der Wissenschaften der DDR
Zentralinstitut für Krebsforschung
DDR-1115 Berlin-Buch

Dr. A. Jantz
Bezirkshygiene-Institut
DDR-2700 Schwerin

Dr. S. Klein
Akademie der Wissenschaften der DDR
Institut für Geographie und Geoökologie
DDR-1199 Berlin

Dr. R. Knoll
Akademie der Wissenschaften der DDR
Zentralinstitut für Ernährung
DDR-1505 Bergholz-Rehbrücke

Dr. F. Kretzschmann
Akademie der Wissenschaften der DDR
Zentralinstitut für Ernährung
DDR-1505 Bergholz-Rehbrücke

Prof. Dr. sc. M. Kujawa
Akademie der Wissenschaften der DDR
Zentralinstitut für Ernährung
DDR-1505 Bergholz-Rehbrücke

R. Levy
Bezirkshygiene-Institut
DDR-3000 Magdeburg

Dr. sc. H. J. Lewerenz
Akademie der Wissenschaften der DDR
Zentralinstitut für Ernährung
DDR-1505 Bergholz-Rehbrücke

Prof. Dr. sc. E. Ludwig
Technische Universität Dresden
Sektion Chemie
Wissenschaftsbereich Lebensmittelchemie und techn. Biochemie
DDR-8027 Dresden

Prof. Dr. sc. R. Macholz
Akademie der Wissenschaften der DDR
Zentralinstitut für Ernährung
DDR-1505 Bergholz-Rehbrücke

Dr. R. Plass
Akademie der Wissenschaften der DDR
Zentralinstitut für Ernährung
DDR-1505 Bergholz-Rehbrücke

Dr. H. Paulenz
Ministerium für Gesundheitswesen
Hauptabteilung Hygiene und Staatliche Hygieneinspektion
Abteilung und Hauptinspektion Lebensmittel- und Ernährungshygiene
DDR-1020 Berlin

Dr. sc. H. Rein
Akademie der Wissenschaften der DDR
Zentralinstitut für Molekularbiologie
DDR-1115 Berlin-Buch

Prof. Dr. sc. K. Ruckpaul
Akademie der Wissenschaften der DDR
Zentralinstitut für Molekularbiologie
DDR-1115 Berlin-Buch

Dr. W. Schnaak
Akademie der Wissenschaften der DDR
Zentralinstitut für Ernährung
DDR-1505 Bergholz-Rehbrücke

Prof. Dr. sc. J. Schöneich
Akademie der Wissenschaften der DDR
Zentralinstitut für Genetik und Kulturpflanzenforschung
DDR-4325 Gatersleben

Prof. Dr. habil. T. Schramm
Akademie der Wissenschaften der DDR
Zentralinstitut für Krebsforschung
DDR-1115 Berlin-Buch

Dr. H. Woggon
Falkenhorst 10
DDR-1585 Potsdam

Dr. H.-J. Zunft
Akademie der Wissenschaften der DDR
Zentralinstitut für Ernährung
DDR-1505 Bergholz-Rehbrücke

27. Sachverzeichnis